人間科学の百科事典

日本生理人類学会 編

丸善出版

刊行にあたって

　「生物としての人間（ヒト）」を研究対象とする人類学，人間工学，家政学，体育学，看護学，福祉学，心理学，デザイン学など人間科学の研究領域や，住宅，家電品，車両等の製品開発・設計の現場において「ヒト」を知ることは極めて重要なことである．しかし，本当の意味で「ヒト」を知ることは決して容易なことではない．「ヒト」を知るためにはさまざまな観点から多面的にとらえ，「ヒト」の全体像を見ていく必要があるが，今まで「ヒト」を多面的にとらえ，詳細に解説した事典は刊行されていなかった．

　本事典は，まず人間科学に関連する重要な中項目約260を選定し，それらを「ヒトの遺伝」「カラダの構造」「カラダの機能」「脳と心」「ヒトの感覚」「ヒトと環境」「ヒトの営み」「健康と生活」「社会と文化」「ヒトを測る」の10章に分けて解説したものである．この中で人間科学領域で用いられる重要キーワード約5000語が説明されている．それぞれの解説の中で最新の科学的成果を踏まえ，「ヒト」の機能的特性，構造的特性等を明らかにするとともに，現代社会・文化と「ヒト」の関係についても言及している．また，巻末には重要キーワード，人名などの索引を充実させ，辞書的な使い方もできるようになっている．さらに本書は冊子体としての出版とともに，電子版の出版も計画されており，新しい活用法が期待できる．こうしたことから製品開発・設計の現場における問題発見・解決型の用途にも十分に対応できるものと思われる．

　本事典は，『カラダの百科事典』に続く日本生理人類学会編としては2冊目の事典として刊行されるものである．日本生理人類学会の中に『人間科学の百科事典』編集幹事会，編集委員会を設置し，中項目，キーワードの選定，執筆者の選定等を行ってきた．また，執筆者はすべて日本生理人類学会の会員であり，本学会の総力を結集して創り上げたものである．

　日本生理人類学会は，1978年に結成された生理人類学懇話会に端を発し，現在約1000名の会員を擁している．本学会では英文誌「Journal of PHYSIOLOGICAL ANTHROPOLOGY」（Web of Science 収録誌；Impact Factor 有）を BioMed Central（BMC）よりオープンアクセスジャーナルとして刊行するとともに，和文誌「日本生理人類学会誌」も年4回刊行している．また，2014年11月に開催された大会は第71回となり，会員規模に比して非常に活発な学会活

動を行っている．

　生理人類学という言葉を初めて耳にする読者は少なくないものと思われる．1983年11月に発行された『人間工学事典』（人間工学用語研究会編，日刊工業新聞社）の中で，生理人類学は次のように説明されている．

　「ヒトの生物科学的特性を探求する人類学の中にあって，特に生理的機能からヒトの特性を研究する科学をいう．人類学の中には古くから生理学的研究の流れがあるが，生理人類学はその点を明確にし，標榜したものである．生理人類学の研究対象はヒトの生理的な機能特性に関することはすべて含まれるといっても過言ではない．わが国では高次神経や骨格筋の機能研究に始まり，個体レベルの作業容量，環境適応能の研究へと発展してきている．今日，我々が生活している環境は，かつて我々の祖先が生活していた環境とは著しく異なっている．人工照明，冷・暖房設備の普及は一面では快適な生活環境をもたらしたが，他方，昼夜逆転生活や冷房病のような新たな問題を生じさせた．また，生産設備や交通機関の機械化は騒音，振動や大気汚染をもたらしている．現在，人類が直面しているこのような問題について明確な解答を与えることができる科学として，生理人類学は大きな期待と注目を集めている（後略）」．

　このように生理人類学は，現代文明の中で生活している「ヒト」の人類学であり，真に「ヒト」に合致する文明を構築することに貢献できるものと考えている．
　本事典は，こうした生理人類学の観点から「ヒト」について多面的に解説したものであり，人類学，人間工学，家政学，体育学，看護学，福祉学，心理学，デザイン学などの人間科学領域の研究者，学生，製品開発・設計者などの専門家のみならず，公共図書館，学校・大学などの教育機関，さらには個人ユーザーなど，多くの方に興味深く読んで戴けるものと確信している．
　なお，本事典の編集・刊行に当たって，丸善出版（株）企画・編集部の松平彩子さんはじめ，編集部の皆様には大変お世話になった．ほぼ当初の予定通り刊行できたことは松平さんのご尽力の賜である．ここに編集委員会を代表して心よりお礼を申し上げたい．

2014年12月

編集委員長
勝浦哲夫

■編集委員一覧　（五十音順）

編集委員長
勝浦　哲夫　千葉大学大学院工学研究科

編集幹事
岩永　光一　千葉大学大学院工学研究科
安河内　朗　九州大学大学院芸術工学研究院

編集委員
青柳　　潔　長崎大学大学院医歯薬学総合研究科
安陪　大治郎　九州産業大学健康・スポーツ科学センター
石橋　圭太　千葉大学大学院工学研究科
井上　芳光　大阪国際大学人間科学部
岡田　　明　大阪市立大学大学院生活科学研究科
草野　洋介　国立病院機構長崎病院
工藤　　奨　九州大学大学院工学研究院
古賀　俊策　神戸芸術工科大学大学院・芸術工学研究科
小谷　賢太郎　関西大学システム理工学部
小林　宏光　石川県立看護大学看護学部
下村　義弘　千葉大学大学院工学研究科
恒次　祐子　森林総合研究所構造利用研究領域
中村　晴信　神戸大学大学院人間発達環境学研究科
仲村　匡司　京都大学大学院農学研究科
野口　公喜　パナソニック(株)エコソリューションズ社
原田　　一　東北工業大学ライフデザイン学部
樋口　重和　九州大学大学院芸術工学研究院
前田　享史　北海道大学大学院工学研究院
山崎　和彦　実践女子大学生活科学部

■執筆者一覧 (五十音順)

青柳　潔	長崎大学大学院医歯薬学総合研究科
跡見　友章	帝京科学大学医療科学部
安陪　大治郎	九州産業大学健康・スポーツ科学センター
安部　恵代	長崎大学大学院医歯薬学総合研究科
天野　達郎	神戸大学大学院人間発達環境学研究科（学術研究員）
有馬　和彦	長崎大学大学院医歯薬学総合研究科
李　スミン	千葉大学環境健康フィールド科学センター
易　強	静岡県工業技術研究所ユニバーサルデザイン科
生田　英輔	大阪市立大学大学院生活科学研究科
池田　耕一	日本大学理工学部
石橋　圭太	千葉大学大学院工学研究科
一之瀬　智子	大阪国際大学国際関係研究所（特別研究員）
市丸　雄平	東京家政大学家政学部
伊東　太郎	武庫川女子大学大学院健康・スポーツ科学研究科
井上　馨	北海道大学大学院保健科学研究院
井上　芳光	大阪国際大学人間科学部
今井　美和	石川県立看護大学健康科学講座
岩切　一幸	労働安全衛生総合研究所有害性評価研究グループ
岩永　光一	千葉大学大学院工学研究科
岩宮　眞一郎	九州大学大学院芸術工学研究院
岩本　直樹	長崎大学大学院医歯薬総合研究科
上田　博之	大阪信愛女学院短期大学
江頭　優佳	九州大学大学院統合新領域学府（博士後期課程）
海老根　直之	同志社大学大学院スポーツ健康科学研究科
大井　尚行	九州大学大学院芸術工学研究院
大上　安奈	東洋大学食環境科学部
大野　央人	鉄道総合技術研究所人間工学研究室
大場　健太郎	首都大学東京大学院人間健康科学研究科
大箸　純也	近畿大学産業理工学部
岡田　明	大阪市立大学大学院生活科学研究科
尾崎　博和	航空自衛隊航空医学実験隊
垣鍔　直	名城大学理工学部
片岡　洵子	元日本女子体育大学特任教授
勝浦　哲夫	千葉大学大学院工学研究科
金子　祐樹	宇宙航空研究開発機構有人宇宙ミッション本部
金田　晃一	千葉工業大学工学部
神谷　達夫	成美大学経営情報学部
川初　清典	北海道循環器病院心臓リハビリセンター
河原　雅典	富山大学芸術文化学部
菊池　吉晃	首都大学東京大学院人間健康科学研究科
北村　真吾	国立精神・神経医療研究センター精神保健研究所

執筆者一覧

金　　ヨンキュ	九州大学大学院芸術工学研究院
木 村 彰 孝	長崎大学教育学部
清 田 岳 臣	札幌国際大学人文学部
清 田 直 恵	大阪保健医療大学保健医療学部
草 野 洋 介	国立病院機構長崎病院
工 藤　　奨	九州大学大学院工学研究院
国 田 賢 治	札幌国際大学スポーツ人間学部
粟 原 浩 平	釧路工業高等専門学校建築学科
黒 川 修 行	宮城教育大学教育学部
小伊藤 亜希子	大阪市立大学大学院生活科学研究科
古 賀 俊 策	神戸芸術工科大学大学院・芸術工学研究科
小坂井 留 美	北翔大学生涯スポーツ学部
小 崎 智 照	九州大学大学院芸術工学研究院
小 柴 朋 子	文化学園大学服装学部
小 谷 賢太郎	関西大学システム理工学部
東風谷 祐 子	東京家政大学大学院（特別研究員）
小 林 宏 光	石川県立看護大学看護学部
近 藤 徳 彦	神戸大学大学院人間発達環境学研究科
斉 藤　　進	労働科学研究所
櫻 川 智 史	静岡県工業技術研究所工芸科
迫　　秀 樹	静岡文化芸術大学デザイン学部
下 村 義 弘	千葉大学大学院工学研究科
庄 山 茂 子	長崎県立大学国際情報学部
白 川 修一郎	睡眠評価研究機構
世 良 俊 博	大阪大学臨床医工学融合研究教育センター
曽 根 良 昭	美作大学（特任教授）
高 倉 潤 也	九州大学大学院統合新領域学府（博士後期課程）
高 崎 裕 治	秋田大学教育文化学部
髙 橋 隆 宜	千葉大学環境健康フィールド科学センター
高 橋 直 樹	日本原子力研究開発機構バックエンド研究開発部門
髙 橋 良 香	京都大学生存圏研究所（ミッション専攻研究員）
高 原　　良	（株）イトーキソリューション開発統括部
竹 島 伸 生	鹿屋体育大学スポーツ生命科学系
立 川 公 子	武蔵野大学人間科学研究所（客員研究員）
崔　　多 美	九州大学大学院統合新領域学府（博士後期課程）
辻 村 誠 一	鹿児島大学大学院情報生体システム工学専攻
恒 次 祐 子	森林総合研究所構造利用研究領域
津 村 有 紀	純真短期大学食物栄養学科
栃 原　　裕	九州大学大学院芸術工学研究院名誉教授
戸 田 直 宏	パナソニック（株）エコソリューションズ社
百々 尚 美	北海道医療大学心理科学部
中 里 未 央	福岡青洲会病院総合内科
中 西 美 和	慶應義塾大学理工学部
中 村 晴 信	神戸大学大学院人間発達環境学研究科
中 村 由 紀	同志社大学スポーツ健康科学研究科（博士前期課程）
仲 村 匡 司	京都大学大学院農学研究科
縄 田 健 悟	九州大学持続可能な社会のための決断科学センター
西 村 貴 孝	長崎大学大学院医歯薬学総合研究科

v

執筆者一覧

野口 公喜	パナソニック（株）エコソリューションズ社
則内 まどか	首都大学東京大学院人間健康科学研究科（客員准教授）
橋口 暢子	九州大学大学院医学研究院
橋本 修左	武蔵野大学人間科学研究所
濱崎 啓太	芝浦工業大学工学部
林 恵嗣	静岡県立大学短期大学部
林 静子	石川県立看護大学大学院看護学研究科（博士後期課程）
原田 一	東北工業大学ライフデザイン学部
樋口 重和	九州大学大学院芸術工学研究院
平木場 浩二	九州工業大学大学院情報工学研究院
平林 由果	金城学院大学生活環境学部
深沢 太香子	京都教育大学教育学部
福岡 義之	同志社大学大学院スポーツ健康科学研究科
福田 裕美	福岡女子大学国際文理学部
福場 良之	広島大学人間文化学部
藤原 勝夫	金沢大学医薬保健研究域医学系
堀内 雅弘	山梨県富士山科学研究所環境共生研究部
真家 和生	大妻女子大学博物館
前田 亜紀子	群馬大学教育学部
前田 隆浩	長崎大学大学院医歯薬学総合研究科
前田 享史	北海道大学大学院工学研究院
三浦 朗	広島大学人間文化学部
宮崎 良文	千葉大学環境健康フィールド科学センター
向江 秀之	（株）豊田中央研究所
村木 里志	九州大学大学院芸術工学研究院
本井 碧	九州大学大学院統合新領域学府（博士後期課程）
森 一彦	大阪市立大学大学院生活科学研究科
森田 健	福岡女子大学国際文理学部
矢口 智恵	北海道文教大学人間科学部
安河内 朗	九州大学大学院芸術工学研究院
安河内 彦輝	筑波大学医学医療系
山内 太郎	北海道大学大学院保健科学研究院
山崎 和彦	実践女子大学生活科学部
山田クリス孝介	佐賀大学医学部
山田 冨美雄	大阪人間科学大学人間科学部
横山 真太郎	北翔大学生涯スポーツ学部
李 宙営	千葉大学環境健康フィールド科学センター（特任助教）
劉 欣欣	労働安全衛生総合研究所有害性評価研究グループ
若林 斉	千葉工業大学工学部
若村 智子	京都大学大学院医学研究科

目　次

1. ヒトの遺伝　（編集担当：青柳　潔・山崎和彦）

生命の起源 ―― 2	人類 ―― 27
細胞 ―― 4	遺伝学 ―― 30
生と死 ―― 6	遺伝の法則 ―― 32
発生 ―― 9	遺伝子 ―― 34
タンパク質 ―― 11	表現型と遺伝子型 ―― 37
生殖 ―― 13	遺伝病 ―― 40
免疫 ―― 15	遺伝子とがん ―― 43
進化 ―― 17	感覚受容体 ―― 45
種 ―― 20	遺伝子工学 ―― 47
自然選択 ―― 22	再生医療 ―― 50
霊長類 ―― 25	ゲノムとビジネス ―― 52

2. カラダの構造　（編集担当：工藤　奨・下村義弘）

骨格 ―― 56	内臓 ―― 84
関節 ―― 59	消化器 ―― 86
運動器 ―― 62	皮膚 ―― 88
筋 ―― 65	手 ―― 90
筋紡錘 ―― 67	足 ―― 92
運動単位 ―― 69	眼 ―― 94
循環器 ―― 71	耳 ―― 96
心臓 ―― 73	身体サイズ ―― 98
血液 ―― 75	体型 ―― 101
神経系 ―― 77	成長 ―― 103
ニューロン ―― 79	性徴 ―― 105
感覚器 ―― 82	体組成 ―― 107

体表面積 ——— 109	姿勢 ——— 111

3. カラダの機能 （編集担当：井上芳光・古賀俊策）

呼吸 ——— 114	姿勢反射 ——— 155
循環系 ——— 117	伸張反射 ——— 158
酸塩基平衡 ——— 120	巧緻性 ——— 160
自律神経系 ——— 122	振戦 ——— 162
消化と吸収 ——— 125	一側優位性 ——— 164
体温調節 ——— 128	エネルギー代謝 ——— 166
発汗 ——— 131	無酸素能力 ——— 169
血圧調節 ——— 134	有酸素能力 ——— 171
内分泌 ——— 136	生理的多型性 ——— 173
免疫 ——— 139	全身的協関 ——— 176
直立二足歩行 ——— 142	機能的潜在性 ——— 178
活動電位 ——— 144	ホメオスタシス ——— 180
筋収縮 ——— 146	自律性情動反応 ——— 182
眼球運動 ——— 149	概日リズム ——— 184
音声 ——— 151	生体リズム ——— 187
反射 ——— 153	性差/性徴 ——— 189

4. 脳と心 （編集担当：原田 一）

脳 ——— 192	錯覚 ——— 213
覚醒水準 ——— 194	性格 ——— 215
意識 ——— 196	情動・感情 ——— 217
遠心性コピー ——— 199	快適性 ——— 220
注意 ——— 201	感性 ——— 223
記憶 ——— 203	ストレス ——— 226
夢 ——— 206	精神的ストレス ——— 229
知能 ——— 209	季節性感情障害 ——— 231
サブリミナル効果 ——— 211	

5. ヒトの感覚 (編集担当：恒次祐子・樋口重和)

視覚 ——— 234	痛覚 ——— 257
視力 ——— 237	触圧覚 ——— 259
視野 ——— 239	温度感覚 ——— 262
視認性 ——— 241	方向感覚 ——— 264
立体視 ——— 243	平衡感覚 ——— 267
色覚 ——— 245	時間感覚 ——— 269
内因性光感受性網膜神経節細胞（ipRGC） ——— 247	重量感覚 ——— 271
	感覚の年齢差・性差 ——— 273
聴覚 ——— 249	特殊感覚の法則 ——— 275
味覚 ——— 252	共感覚 ——— 277
嗅覚 ——— 254	感覚の統合 ——— 279

6. ヒトと環境 (編集担当：野口公喜・前田享史)

温度 ——— 282	グレア ——— 326
寒冷環境 ——— 285	色 ——— 328
高温環境 ——— 287	空気質 ——— 330
耐寒性 ——— 289	高圧環境 ——— 333
耐暑性 ——— 292	潜水 ——— 335
温熱指数 ——— 295	低圧環境 ——— 337
至適温度 ——— 298	宇宙環境 ——— 339
湿度 ——— 300	重力 ——— 342
空調 ——— 302	音 ——— 344
電磁波 ——— 304	騒音 ——— 347
放射線 ——— 306	超音波 ——— 349
赤外線 ——— 308	振動 ——— 351
紫外線 ——— 310	動揺 ——— 353
光/可視光線 ——— 312	乗り物 ——— 355
測光量 ——— 315	加速度 ——— 357
色温度 ——— 317	気候 ——— 359
採光 ——— 319	極地 ——— 362
光源 ——— 321	森林 ——— 364
照明 ——— 323	都市 ——— 366

地下空間	368	環境適応能	373
オフィス	370	適応	376

7. ヒトの営み (編集担当：安陪大治郎・中村晴信)

栄養	380	身体作業	408
食行動	382	単調作業	410
生活姿勢	384	操作性	412
住生活	386	作業能力	414
入浴	388	動作経済の法則	416
睡眠	390	疲労	418
学習	392	遊び	420
被服	394	休養	422
特殊服/防護服	396	余暇	424
歩行	398	生存競争と行動	426
運搬	400	脳内自己刺激行動	428
労働	402	恋愛	430
交代制勤務	404	育児	432
精神作業	406		

8. 健康と生活 (編集担当：草野洋介・小林宏光)

寿命	436	食生活と健康	451
成長・発達	438	運動と健康	453
老化	440	飲酒と喫煙	456
介護	442	メタボリック・シンドローム	459
QOL と ADL	444	がん	461
感染症	446	こころの健康	463
ロコモティブシンドローム	448		

9. 社会と文化 (編集担当：岡田 明・仲村匡司)

衣文化	466	食文化	474
住宅/住居	469	人口	476
住文化/住宅のデザイン	471	死	478

コミュニケーション ─── 480	道具 ─── 499
集団行動 ─── 482	職人技 ─── 501
利他行動 ─── 484	機械 ─── 503
男女の役割 ─── 486	工業デザイン ─── 505
パーソナルスペース ─── 488	PAデザイン ─── 507
テリトリー ─── 490	ワークライフバランス ─── 509
ヒューマンインタフェース ─── 492	テクノアダプタビリティ ─── 511
バーチャルリアリティ ─── 494	文化的適応 ─── 514
標識/サイン ─── 496	

10. ヒトを測る （編集担当：石橋圭太・小谷賢太郎）

心電図 ─── 518	酸素摂取量/エネルギー代謝量 ─── 557
心拍出量 ─── 520	ストレスホルモン ─── 560
心拍変動 ─── 522	反応時間 ─── 562
血圧 ─── 524	フリッカー値 ─── 564
胃電図 ─── 526	生理的負担 ─── 566
筋電図 ─── 528	生体観察 ─── 569
皮膚電気活動 ─── 530	生体計測 ─── 571
眼球電図 ─── 532	作業域 ─── 573
網膜電図 ─── 534	動作分析 ─── 575
体温 ─── 536	主観評価法 ─── 578
皮膚温 ─── 538	性格検査 ─── 580
発汗量 ─── 541	シミュレーション ─── 583
脳波 ─── 544	チェックリスト ─── 585
事象関連電位 ─── 547	尺度と統計的検定 ─── 587
fMRI ─── 550	代表値 ─── 589
脳磁図 ─── 553	実験計画法 ─── 591
近赤外分光法 ─── 555	多変量解析 ─── 594

●項目名五十音索引　xiii
●参考文献　597
●和文事項索引　661

●欧文事項索引　715
●和文人名索引　773
●欧文人名索引　778

項目名五十音索引

■ A～Z

fMRI 550
PAデザイン 507
QOLとADL 444

■ あ

足 92
遊び 420

育児 432
意識 196
一側優位性 164
遺伝学 30
遺伝子 34
遺伝子工学 47
遺伝子とがん 43
胃電図 526
遺伝の法則 32
遺伝病 40
衣文化 466
色 328
色温度 317
飲酒と喫煙 456

宇宙環境 339
運動器 62
運動単位 69
運動と健康 453
運搬 400

栄養 380
エネルギー代謝 166
遠心性コピー 199

音 344
オフィス 370

音声 151
温度 282
温度感覚 262
温熱指数 295

■ か

介護 442
概日リズム 184
快適性 220
学習 392
覚醒水準 194
加速度 357
活動電位 144
がん 461
感覚器 82
感覚受容体 45
感覚の統合 279
感覚の年齢差・性差 273
眼球運動 149
眼球電図 532
環境適応能 373
感性 223
関節 59
感染症 446
寒冷環境 285

記憶 203
機械 503
気候 359
季節性感情障害 231
機能の潜在性 178
嗅覚 254
休養 422
共感覚 277
極地 362
筋 65
筋収縮 146

近赤外分光法　555
筋電図　528
筋紡錘　67

空気質　330
空調　302
グレア　326

血圧　524
血圧調節　134
血液　75
ゲノムとビジネス　52

高圧環境　333
高温環境　287
工業デザイン　505
光源　321
交代制勤務　404
巧緻性　160
呼吸　114
こころの健康　463
骨格　56
コミュニケーション　480

■さ

採光　319
再生医療　50
細胞　4
作業域　573
作業能力　414
錯覚　213
サブリミナル効果　211
酸塩基平衡　120
酸素摂取量/エネルギー代謝量　557

死　478
紫外線　310
視覚　234
時間感覚　269
色覚　245
事象関連電位　547
姿勢　111
姿勢反射　155
自然選択　22

実験計画法　591
湿度　300
至適温度　298
視認性　241
シミュレーション　583
視野　239
尺度と統計的検定　587
種　20
住生活　386
住宅/住居　469
集団行動　482
住文化/住宅のデザイン　471
重量感覚　271
重力　342
主観評価法　578
寿命　436
循環器　71
循環系　117
消化器　86
消化と吸収　125
情動・感情　217
照明　323
触圧覚　259
食行動　382
食生活と健康　451
職人技　501
食文化　474
自律神経系　122
自律性情動反応　182
視力　237
進化　17
神経系　77
人口　476
振戦　162
心臓　73
身体サイズ　98
身体作業　408
伸張反射　158
心電図　518
振動　351
心拍出量　520
心拍変動　522
森林　364
人類　27

睡眠　390
ストレス　226
ストレスホルモン　560

性格　215
性格検査　580
生活姿勢　384
性差/性徴　189
生殖　13
精神作業　406
精神的ストレス　229
生存競争と行動　426
生体観察　569
生体計測　571
生体リズム　187
成長　103
性徴　105
成長・発達　438
生と死　6
生命の起源　2
生理的多型性　173
生理的負担　566
赤外線　308
全身的協関　176
潜水　335

騒音　347
操作性　412
測光量　315

■た
体温　536
体温調節　128
耐寒性　289
体型　101
耐暑性　292
体組成　107
代表値　589
体表面積　109
多変量解析　594
男女の役割　486
単調作業　410
タンパク質　11

チェックリスト　585
地下空間　368
知能　209
注意　201
超音波　349
聴覚　249
直立二足歩行　142

痛覚　257

手　90
低圧環境　337
適応　376
テクノアダプタビリティ　511
テリトリー　490
電磁波　304

道具　499
動作経済の法則　416
動作分析　575
動揺　353
特殊感覚の法則　275
特殊服/防護服　396
都市　366

■な
内因性光感受性網膜神経節細胞（ipRGC）　247
内臓　84
内分泌　136

入浴　388
ニューロン　79

脳　192
脳磁図　553
脳内自己刺激行動　428
脳波　544
乗り物　355

■は
パーソナルスペース　488
バーチャルリアリティ　494
発汗　131

発汗量　541
発生　9
反射　153
反応時間　562

光/可視光線　312
皮膚　88
皮膚温　538
被服　394
皮膚電気活動　530
ヒューマンインタフェース　492
表現型と遺伝子型　37
標識/サイン　496
疲労　418

フリッカー値　564
文化的適応　514

平衡感覚　267

方向感覚　264
放射線　306
歩行　398
ホメオスタシス　180

■ま

味覚　252
耳　96

無酸素能力　169

眼　94
メタボリック・シンドローム　459
免疫（1. ヒトの遺伝）　15
免疫（3. カラダの機能）　139

網膜電図　534

■や

有酸素能力　171
夢　206

余暇　424

■ら

利他行動　484
立体視　243

霊長類　25
恋愛　430

老化　440
労働　402
ロコモティブシンドローム　448

■わ

ワークライフバランス　509

1. ヒトの遺伝

［青柳　潔・山崎和彦］

　600〜700万年前，ヒト（人類）の祖先は，チンパンジー・ボノボの祖先と別れた．以後子孫を増やし，今や世界中に人類は生存するようになった．受精により子は生まれるが，子は父親，母親の性質を受け継ぐ．これが遺伝である．1865年，オーストリアのメンデルはエンドウを使って遺伝の法則を発見した．現在それは，「メンデルの法則」（優性の法則，分離の法則，独立の法則）とよばれている．その後，遺伝を決定する遺伝子の本体がDNAであることが分かり，ヒトゲノムプロジェクトが完了し，ポストゲノムとよばれる時代に入った．ポストゲノムといっても人類がその遺伝情報の意味を掌握したわけではない．膨大な遺伝子のもつ生命情報をもとに作成されるタンパク質の機能解析をはじめとする各領域において研究が進められている．ゲノム情報の個体間の相違を見つけ，疾患との関連が研究されている．こうしたデータの集積が，疾患の予知と診断，副作用の予測，最適な治療法の選択などに活かされるようになっている．

生命の起源
origin of the life

現時点での最大公約数的な生命の定義は，①他と区別可能な隔壁をもち，②みずからを管理し複製できる個体で，一般的には細胞以上の個体を指す（この定義に従うと他の細胞を借りて増殖し，自身では自己複製ができないウイルスは生命とはよばない）．自己複製可能な細胞単位が獲得された時点が「生命」の誕生といってよいだろう．また生命の起源となると細胞獲得までの前駆的な化学反応も含むことになり，細胞獲得後の生命活動では分子の集合と結合または解裂の組合せが連続的に進行し，細胞によって自己管理されることで生命活動が維持される．

●プレ生命となる分子進化　海が形成される以前の地表ではメタン，アンモニア，窒素，硫化水素，水のほか不活性元素であるヘリウム，アルゴンが存在していたとされる．これら原始惑星に存在した単純な化合物から出発しアミノ酸，核酸などに分子進化したと推測されている．メタン，アンモニア，水素，水の混合気体に放電すると化学反応の結果としてアミノ酸が生成することから[1]，雷が原始大気に活性化エネルギーを与えアミノ酸が合成されたと考えられ，生命はタンパク質から発生したとする説が先行していた．近年，初期の地球にも存在していたと思われる簡単な化合物，シアナミド，アセチレン，アルデヒドおよびこれらの誘導体とリン酸からリボ核酸（RNA）を構成する単量体であるピリミジンリボヌクレオチドが水溶液中で合成され[2]（図1），生命がRNAから始まったとするRNAワールド説[3]を支持するにいたっている．

●鏡の中のアミノ酸　タンパク質を構成するアミノ酸はその構造上，左手と右手の関係にあり互いがミラーイメージとなっており鏡像異性体（対掌異性体）とよばれている．地球上の生命体に採用されているのはL-アミノ酸である．その鏡像体がD-アミノ酸になる．ゲノムに記録されているのはアミノ酸配列だけで「L-アミノ酸という選択」は記録されていない．なぜ地球上の生命体がL-アミノ酸だけのホモキラリティーを選択したのか謎であったが，最近アストロバイオロジーの見地からL-アミノ酸の地球外飛来説が有力視されるようになった．実際に地球上で発見された隕石からアミノ酸，核酸，脂質などが検出されており，アミノ酸はL-アミノ酸に偏っていた[4]．またアミノ酸前駆体（5-エチル-5-メチルヒダントイン，イソバリンの前駆体）にシンクロトロンおよび自由電子レーザー由来の強い円偏光を照射したところ光学活性が誘起され鏡像体過剰にいたることが実験的にも示されている[5]．さらにオリオン大星雲の大質量星形成領域と猫の手星雲（猫肉球に似ていることからそうよばれている）など9つの星形成領域から円偏光が観測されており[6]．惑星の創成期に円偏光にさらされることで宇宙空間に

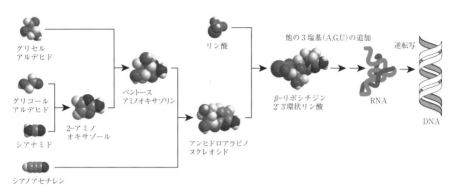

図1　単純な化合物から遺伝子（DNA）までの分子進化

存在するアミノ酸，核酸などの光学活性分子に鏡像体過剰を生じたと推測されている．こうしてすでに鏡像体過剰をもったアミノ酸が隕石によって地球上にもたらされ，それまでに地球上でも生成されていたラセミ体（D, L 等量混合物）のアミノ酸とともに再結晶を繰り返した結果，L-アミノ酸のホモキラリティーが形成されたと考えられる．実際，ラセミの D,L-アスパラギン水溶液に L-アスパラギンの結晶を添加して再結晶すると鏡像体過剰が生じ[7]，さらに他の 12 種類のアミノ酸についても同様の鏡像体選択率で共結晶することが示されている[8]．L-アミノ酸の結晶化が優勢になるのは地球の地磁気，自転，公転など関係するのかもしれないが，これを証明する実験はまだ十分にはなされていない．

●**生命が誕生した場所**　細胞以上の生命が誕生した場所としては水中が有力とされる．化学的には水は必ずしも良い反応場ではない．しかし，原始地球では現在のように大気が十分に存在しなかったため，紫外線をはじめとするエネルギー量の大きな放射線にさらされており，地上はその後の生命体を構成することになる核酸（デオキシリボ核酸（DNA），RNA），タンパク質などの分子重合体を安定供給する場としては不向きであった．一方，水面下では宇宙からの放射線は散乱，屈折，吸収によって遮られ海底に到達するエネルギー量は緩和される．また水中では水には溶けにくい脂質分子が集合し生命個体としての隔壁となる細胞膜を形成するには都合が良い．結果としてプレ生命となる反応を進行し，生成物である生体分子を蓄積する生命誕生の場として水中が選択されたと考えられる．核酸，タンパク質などの生体高分子は脱水縮合を繰り返して合成され，また分解される反応も加水分解により水と化合することで進行する．現存する生命体は動物，植物，細菌にいたるまで己を維持する化学反応はすべて細胞内の水溶液中で進行している（ただし酵素が疎水的な反応場を提供し，反応効率をあげている場合は多々ある）．

［濱崎啓太］

細胞
cell

　細胞の語源は，1665年にロバート・フックが細胞の構造を発見した際に，その構造が修道院の小部屋のようであったことから cell（区画化された小部屋）と記したことに由来する．細胞とは生命の最も基本的な単位であり，単細胞生物では細胞そのものを意味し，多細胞生物では組織を構成する基本単位の1つを意味する．

●**細胞の種類と構造**　すべての細胞はリン脂質の二重層から構成された細胞膜に包まれることで，内部環境を一定に保つことができる．細胞膜は特異的なチャネルを用いて，外界との物質のやりとりを選択的に行う透過障壁として機能する．さらに細胞は，原核細胞と真核細胞の2種類に分けられる．原核細胞をもつ原核生物は古細菌と真正細菌からなる．原核細胞の構造はシンプルで，細胞内には膜に包まれていない遺伝物質（DNA）や細胞質，リボソームなどが混在している．一方で真核細胞をもつ真核生物は，動物，植物，原生生物，真菌が含まれ，多くが多細胞生物である．真核細胞は原核細胞に比べて約10倍大きく，複雑である．真核細胞には原核細胞と共通する細胞膜，細胞質，リボソームに加え，独自の化学反応を行う細胞内小器官が存在する．核（図1-①）は細胞のDNAのほとんどを含み，核膜によって区画化されている．DNAは1本から複数本の線状構造であり，これを染色体とよぶ．ミトコンドリア（図1-②）は糖質や脂肪酸を原料とし，アデノシン三リン酸（ATP）を酸化的リン酸化によって合成する細胞内のエネルギー生産工場である．また葉緑体は植物などの細胞に存在し，光合成を行う．小胞体（図1-③）とゴルジ体（図1-④）はリボソーム（図1-⑤）で合成されたタンパク質を細胞内の必要な場所に送り届ける役割を担う．リソソーム（図1-⑥）は内部に加水分解酵素をもち，細胞内に取り込まれた高分子はここで加水分解され単量体になる．植物では液胞がリソソームに相当する機能をもつが，動物では液胞は非常に小さい．さらに植物細胞には細胞の構造を保ち，細胞間のやり取りを担う細胞壁があるのに対し，動物細胞では細胞外基質（図1-⑦）がその役割を担っている．また微小管（図1-⑧）は細胞の分裂に関与し，動物細胞では微小管の集合体である中心体（図1-⑨）が細胞の極性に関与するが，植物細胞には存在しない．

　動物細胞の中でも体内の組織によって特徴があり，硬さが必要な骨や軟骨の細胞には多量の細胞外基質が含まれる一方で，脳細胞にはほとんど含まれない．反対にエネルギー需要の大きい脳細胞や心筋細胞には多量のミトコンドリアが含まれるが骨細胞には少ないなど，細胞は特定の場所で必要な役割によって最適化さ

れている．

●細胞の起源と細胞内共生説
　単純な原核細胞と複雑な真核細胞は共通の祖先をもつと考えられる．それらは進化の途中で真核細胞が分岐したと考えられる．現在確認されている最も古い生命体は，オーストラリアで発見された 35 億年前の岩石の中に化石として含まれていた．その形状は

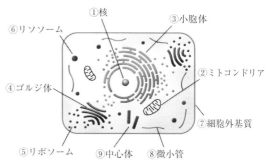

図1　動物の真核細胞の構造と細胞内小器官

現在のシアノバクテリア（真正細菌）に類似した鎖状の構造をもっていることから，最古の生命は原核細胞に近いことを示唆している．真核細胞の起源は原核細胞の中でも古細菌の姉妹群もしくは古細菌そのものと考えられている．その起源は諸説あるが，およそ 20 億年前までには真核生物が成立したとされる．地球上にはもともと酸素は存在していなかったが，27 億年ほど前に地球が安定してくると，海の比較的浅い所では水中に日光が届くようになった．そうするとシアノバクテリアの祖先である藍藻類が光合成を始め，徐々に地球上に酸素が増加した．酸素の化学的特性は物質の電子を剥ぎ取り酸化させるという，生物にとって危ういものである．この危険な酸素に対抗するために真核細胞の祖先は，ミトコンドリアの祖先となる酸素をエネルギー源とするバクテリアを取り込み（もしくは寄生され），互いに協調関係を築き，新しい真核細胞をもつ真核生物へと進化したのである．これが細胞内共生説である[1]．

●ミトコンドリア DNA　ミトコンドリアと真核細胞の共生は，ミトコンドリアの遺伝情報が独自に保持されていることからも支持される．「核は細胞の DNA をほとんど含む」と前述したが，その例外がミトコンドリア DNA（mtDNA）である．mtDNA は環状二重鎖構造をとり，長さは約 16000 塩基対で核ゲノムの 30 億塩基対に比べれば非常にコンパクトである．さらに，コンパクトながらも mtDNA の変異はミトコンドリアの機能に影響を与えるとされ，がんなどの疾患[2]，人類の寒冷適応[3]，さらに運動能力[4]などと関連することが示唆されている．また，mtDNA は母親からのみ伝わる母系遺伝という形式をとるため，ヒトを含む生物の系統関係の調査に有用である（項目「種」参照）．真核生物の進化に貢献してきたミトコンドリアであるが，現代においても母の系統を繋ぎ，我々の生命現象と密接な関係にある．

［西村貴孝］

生と死
life and death

　生命活動が維持されている状態は生，それが不可逆的に停止した状態は死である．約40億年前に地球上に生命が誕生して以来，単細胞生物は分裂を繰り返し，命をつないでいる．多細胞生物は生殖細胞と体細胞からなり，生殖細胞は命のバトンとして次世代に託される．体細胞は生殖を支援し，やがて寿命が尽きる．

　人類における脳の進化は著しく，おそらく地球上において，未来を思い煩う唯一の動物である．生命体は自己の保全を最優先するように進化してきたようであるから，やがて自分に死が訪れることを知れば，その宿命を嘆き，恐怖を克服するべく思案し，せめて健康を，せめて長寿をと願う．

●**生きていること**　生命とは何か．生きているとはどういうことか．「木を見て森を見ず」として還元主義は時々旗色が悪くなる．しかし生命の営みが神の御業によるのかそうでないのかを知るには，還元的研究手法が必要とされた．

　1943年，エルヴィン・R・J・A・シュレーディンガーが「生命とは何か」について講演を行い，物理学者が生命科学について論じる時代に入った．今日，遺伝子工学，生化学，量子力学，電子工学などの各分野で研究が行われ，一部の研究者は時々還元的研究の手を休め，広く眺めてみようとする．

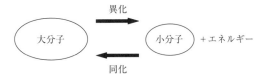

図1　代謝における同化と異化．大分子はエネルギーが豊富であり，異化によって小分子とエネルギーが得られる．逆に，小分子とエネルギーによって同化が行われる（出典：文献[1] p.116より作成）

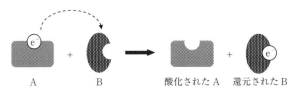

図2　異化は酸化と還元を伴う．異化は電子の伝達を伴う．酸化とは電子の喪失または他への移動，還元とは電子の獲得を意味する（出典：文献[1] p.116より作成）

生物は細胞からなり，細胞膜を通じてたえず外部から物質が取り込まれ，それが加工され，一部が細胞膜から再び外へ出ていく．動的平衡とは，物理学や化学においては，反応が両方向的に進み，時間が経過しても平衡状態にあることをいう．生きているというのは，代謝をはじめとする生命活動の秩序が維持されることである（図1，図2）．つまりエントロピーの増大に逆らうために，細胞膜を通じてたえず物質を出入りさせる必要があり，生命現象も動的平衡による．

我々の身体は口から肛門にいたる1本の消化管を備えている．皮膚の外部空間はそのまま消化管の内側に連なっており，汗，涙，唾液，消化液などはすべて外分泌である．消化とは飲食物が利用可能なサイズになるまで，咀嚼や消化液などにより消化管内でバラバラにされていく過程である．それらは吸収により身体内部に取り込まれ，生命体の糧となる．

●死ぬこと　単細胞生物は適切な環境条件下では分裂によって命は永続する．しかし薬剤によって代謝が阻害されたり膜機能が損なわれたりすると死ぬ．また他の生物による捕食，バクテリオファージの感染，火炎などの物理的作用によっても死ぬ．

多細胞生物の死には細胞，組織，器官，個体といった各レベルがあり，最適な環境条件下であっても，がん細胞を除き，寿命が尽きて死にいたる．なぜ我々は死ぬのか．死や老化はプログラムされているのか．加齢によりエラーが蓄積され死ぬのか．消耗して死ぬのか．議論は混沌としている．主な事項をあげておく．

死は種にとってメリットがあり，生殖を終えるなどのある時期をもって死ぬようプログラムされているというとらえ方がある．実際，そのような行動パタンを示す動物は多い．生活圏が限られているとき，親たちがずっと生き続けると窮屈になる．親が死ねば子供たちは助かる．しかし，そうした環境が常に進化の選択圧になるとは限らず，個々のケースに共通している訳でもない．そもそも進化には個体レベルでの変化が関わっており，群は関与しない．

ハンチントン病は中年にさしかかる頃に発病し，10〜20年にわたって神経症状が進行し死にいたる遺伝病である．有害な遺伝子は淘汰されてもよいはずであるが高頻度で発症する．その理由について，J・B・S・ホールデンは，生殖期を過ぎて発症するためであると述べた．つまり結婚する若い時分には選択圧が掛かりにくい．これを受け，1952年，ピーター・B・メダワーは，後発性遺伝子は自然選択の影響を受け難いと述べた．中高年になってから発現する遺伝子は，有益であれ有害であれ，生殖を終えた後は自然選択の対象とならない．よって例えばアルツハイマー病をもたらす遺伝子は集団から除外され難い．多面発現とは単一の遺伝子が複数の形質に影響する現象をいう．これが拮抗的，つまり若い時分には生殖に有利に働き，加齢により有害に作用する場合，老化にまつわる有害な遺伝子はいっそう広まりやすくなる．

1961年，レオナルド・ヘイフリックらは，ヒトの体細胞の分裂回数には上限があることを報告した．これをヘイフリックの限界と称し，若い個体，あるいは寿命の長い動物では分裂回数が多いことが確認されている．テロメアは染色体の末端を保護する構造物として1930年代に報告されている．細胞分裂に際して染色体は複製される必要があるが，テロメアでは端が複製されず次第に短くなり，ある長さになると細胞分裂が止まる．

　遺伝子が長寿に関わっていることを示す研究がある．1993年，シンシア・ケニヨンは線虫の寿命を延ばす遺伝子を発見した．この結果は，老化はエラーなどの蓄積により必然的に起こるという見方を覆す．1999年，レオナルド・ガランテはサーチュイン遺伝子が延命効果をもたらすと発表した．この遺伝子は食事制限や赤ワインに含まれるポリフェノールによって活性化され，肥満，アルツハイマー病などの諸症状に効果があるという．2011年，サーチュイン遺伝子の延命効果を否定する論文が発表された．ただし，この遺伝子の活性化は，健康維持にとっては有効とみられている．

●**人工生命**　品種改良や発酵などの古くからある技術をオールドバイオテクノロジーという．1970年代になって開発された細胞融合や遺伝子組換え技術などはニューバイオテクノロジーである．さらにポストゲノムと称される領域が加わった．バイオテクノロジーとはこれらをまとめたものである．従来の遺伝子操作は種内にとどまっていたが，今日では種を越えるようになった．

　発生工学，細胞工学，遺伝子工学などの技術は，今日の医療に深く関わるようになった．そして近年，人工生命をつくり出す試みが世界中で行われている．2010年，クレイグ・ヴェンターは，彼の率いるチームが人工のDNAを細菌（マイコプラズマ・ジェニタリウム）に組み込み，増殖させることに成功したと発表した．15年を要したという．有用性について問われ，彼はワクチン開発の短縮化や地球温暖化対策として炭酸ガスをよく吸収する新しい藻の開発への取組みなどをあげた．一方，軍事利用に対する危険性，あるいは生態系を脅かす新たな脅威となることを懸念する声もある．

　サイボーグとはヒトの臓器の一部を人工物で代替したものであり，通常，人間の脳がそのまま使用される．アンドロイドは人間型ロボットであり，SFの世界では，思考や感性まで人間的なそしてしばしば人間以上に情に厚いタイプが登場する．1968年に出版されたフィリップ・K・ディック著『アンドロイドは電気羊の夢を見るか？』では，アンドロイドには寿命があり，最期を迎えるとき，人間にはまねのできない「知的な運命の受容」を示す．

　死を嫌い，増殖を願うことが生物の本質であるなら，人工生命体も同様であろう．これらは設計に際しての重要な検討課題となるだろう．　　　［山崎和彦］

発生
development

　発生とは，受精卵から身体の組織や器官が形成され，成体となる過程をいう．老化や再生を含めることもある．なお，準備期間すなわち精子や卵子の形成，減数分裂なども発生学の範疇である．

　前成説では卵子または精子の中にヒトのひな型があると考えられていた．後成説はそれを否定するものであり，1759 年にカスパル・F・ヴォルフが『発生論』を著したことにより，次第に後成説が支持されるようになった．

　1866 年にエルンスト・ヘッケルが提唱した反復説は，魚類からヒトにいたる各々の発生過程を観察すると，過去の進化の過程の形態変化を繰り返している（個体発生は系統発生を繰り返す）というものである．

　受精卵は卵割を繰り返し，やがて一部が陥入する．それを原口という．原口が口になるものを旧口動物（先口動物），肛門になるものを新口動物（後口動物）という．ヒトは新口動物である．また，遺伝子の異常が発生を妨げることがある．薬剤，アルコール，タバコ，風疹ウイルスなどが発生に作用し，奇形をもたらすことがある（図1）．

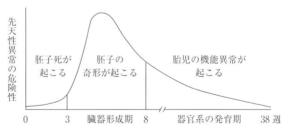

図1　発生における先天性異常の危険性の模式図．胚子の発生段階は，催奇形因子に対する感受性を決定する（出典：文献[1] p.193 を参考に作成）

●ロバストネスとエピジェネティクス　発生初期では細胞はいかなる組織にもなり得る万能性を有するが，やがて機能や形態が定まっていく．コンラート・H・ウォディントンはこのことをキャナリゼーション（運河化）と命名し，幾筋もの谷がある斜面を下るボールにたとえた．初期の谷は浅く，何らかの要因により別の谷への移動は可能であるが，やがて谷が深くなり移動は困難となる．

　ロバストネスとは，外乱に対して機能を維持するための内的な仕組みや性質を意味し，発生学においては複数の遺伝子型が同一の表現型をもたらす現象をいう．一方，エピジェネティクスでは，同一の遺伝子が複数の表現型をもたらす．これは，DNA のメチル化，ヒストンの化学的修飾などを通じて遺伝子発現がオン・オフされ，先天的遺伝情報が後天的に修飾されることによる．

　ゲノムインプリンティングとは，哺乳類の発生におけるエピジェネティックな

機構であり，父親または母親の一方から受け継いだ遺伝子だけ選択的に発現させる．また，雌は2本のX染色体を授かるため，一方の遺伝子発現をエピジェネティックに抑制する．エピジェネティックな修飾を消去して細胞の分化能を再び得ることをリプログラミング（初期化）という．

●**形態の制御**　体軸には頭尾，背腹，左右の3種がある．アメーバには体軸がない．進化が進み，重力の影響のもと，運動に適した体軸をもつようになった．体節とは，体軸方向に沿って繰り返される相同の構造をいう．

アポトーシス（プログラムされた細胞死）も発生に関わる．例えば，手においては，指間のみずかき様の組織がアポトーシスにより除かれ，指が形成されていく．オタマジャクシの尾の消失もこれによる．

発生は，生物本来のボディプランに沿って進行する必要がある．誘導とは発生において増殖した細胞同士の働きかけであり，これが時間的空間的に適切に進行することにより組織がつくられていく．モルフォゲンとは体軸に沿って濃度勾配をつくることにより細胞に空間的情報を与える化学物質である．1988年，浅島誠は中胚葉誘導にアクチビンが関わっていることを発見した．

ホメオティックという名称は，ウィリアム・ベイトソンが奇形を分類し，触角が生えるべきところに脚が生えるといった，本来あるべき器官が別の器官に置き換わるものに対し，ホメオティック突然変異とよんだことに由来する．

マスター遺伝子はツールキット（道具箱）ともいわれ，発生期に他の遺伝子群の発現に作用して器官形成を制御する．多くのマスター遺伝子があり，それらには共通してホメオティック遺伝子（略してホックス遺伝子）と称される区間がある．ホックス遺伝子は体節に関わる配置や構造などを決定する．

ホックス遺伝子のすべてに，180塩基対の小箱（ボックス）がある．そこでこれをホメオボックスという．ホメオボックスはホメオドメインとよばれるアミノ酸配列をコードする．ホメオドメインは特定の塩基配列に結合し，転写をオン・オフするスイッチとして作用する．スイッチの数，タイミング，入力信号の強さなどの組合せは無限大であり，これにより生物多様性がもたらされる．

進化発生生物学（evolutionary developmental biology）を略して，エボデボ（Evo Devo）という．これの骨子は次のとおりである．ショウジョウバエ，マウス，ヒトなど，ゲノムが解析されている動物のホメオボックスを比較すると，互いの類似性がきわめて高く，系統を分けた時期はカンブリア紀の大爆発より前に相当する．つまり，進化は生物に多様性をもたらしたが，それは高度に保存されたほとんど同じ遺伝子の使いまわしによる．チンパンジーとヒトは互いにきわめて類似した遺伝子を有するが，形態は大きく異なる．また，古人類に比べ現生人類の脳は大きい．この違いは，遺伝子の調節機構が変わったためと解釈できる．

［山崎和彦］

タンパク質
protein

　タンパク質はアミノ酸を単量体とし，これが多数重合した高分子であり，遺伝情報発現の終点として位置づけられる．「タンパク質を含む食材はどれか？」と問われると「肉，魚」を連想するかもしれない．しかし実際にはタンパク質を含まない食材は存在しない．一般的にタンパク質と聞くと栄養素の1つと認識されるかもしれないが動物細胞，植物細胞のいかんに関わらず，生命は多数の細胞から構成されており，生命体を構成する細胞にはその機能を維持するのに必要な酵素，受容体，細胞壁などのタンパク質が含まれる．植物が根，葉，茎などの形状を形成するために多糖類の繊維を選択し，動物はその移動能力を獲得するために骨格と筋肉，それを覆う皮膚というタンパク質の繊維を選択した．結果として植物の葉，茎，根よりも動物の肉，皮膚のほうが重量あたりのタンパク質の含まれる割合が大きいということである．

●**ゲノムに記録されているタンパク質情報**　私たちが一般的に遺伝情報とよんでいるのはタンパク質のアミノ酸配列で，1つのアミノ酸あたりデオキシリボ核酸（DNA）上の3つの塩基配列，すなわちコドンが割り当てられている．コドンのうち特に初めの1つ，または2つが別の塩基で置き換わると異なるアミノ酸を割り当てることになる．タンパク質を構成するアミノ酸は20種類あり，これらはまたアミノ酸の側鎖（主鎖に対して枝にあたる部分）の性質で大きく3つに分けることができる．

　①塩基性アミノ酸，側鎖は水素イオンを受け取り正のイオンとなりうる．②酸性アミノ酸，側鎖は水素イオンを放出し負のイオンとなり得る．タンパク質中で塩基性アミノ酸，酸性アミノ酸を多く含む配列は親水性（水に溶けやすい性質）になる．③中性アミノ酸，側鎖が酸とも塩基ともなり得ないアミノ酸で一般的には疎水性（水に溶けにくい性質）である．

　タンパク質を構成するこれら個々のアミノ酸がそのタンパク質の構造，そして機能を決定する．遺伝子の異常に基づくタンパク質形質の変化は次の2つに大別することができる．1つはその遺伝子がコードしているタンパク質が遺伝子上で他の塩基への置換がなされることによってそのタンパク質が発現しない．もう1つはそのタンパク質は発現するが従来のそのタンパク質とは機能が異なる．これらを遺伝子の変異とよんでいる．そのタンパク質の使命，例えば酵素などの触媒作用，感覚受容体（同項目参照）の特定の基質の認識などの機能維持に関わる部分に変異が入ってそのタンパク質に元とは異なる性質が付与され，その性質が生命体の生息する環境下で有利に働くときはその種の環境への適応を可能にし，不

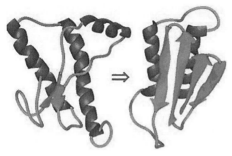

図1 α-ヘリックスからβ-シートへの構造転移. β-シート構造体はやがて凝縮し, 脳組織内に空孔を形成する (出典: Prion Disease Data Base, http://prion.systemsbiology.net)

利に働くときは機能不全となりその種を衰退へと向かわせることにもなる.

●**ゲノムに記録されていないタンパク質情報** タンパク質のアミノ酸配列を一次構造とよんでいる. ゲノムに記録されている情報はここまでで, 先に述べたアミノ酸の鏡像異性体に対する選択 (「生命の起源」の項参照), タンパク質の構造と機能などの情報は一切記録されていない. ところがタンパク質の性質と機能はα-ヘリックス, β-シートなどの二次構造 (局所的構造), そして1本のタンパク質の全体構造である三次構造に由来する. タンパク質の機能は1本のタンパク質で決定されるとは限らず, 複数のタンパク質複合体の構造, 四次構造によってその使命が果たされることも多い.

　代表的な感覚受容体 (同項目参照) であるβ-アドレナリン受容体は4つの異なるタンパク質が会合と解離を繰り返すことでその使命であるシグナル伝達が達成されている. また, まったく同じアミノ酸配列 (一次構造) をもったタンパク質でもそれが置かれる環境, あるいはちょっとしたきっかけでまったく異なる二次以上の高次構造を与えることがあり, アルツハイマー病はもともとα-ヘリックス構造であったタンパク質が何らかの原因でβ-シート構造に変化し (図1, α-β転移), これらが折り重なって凝集していくことで脳に空孔ができ脳機能の不全に陥ることが知られている[1]. 家族性のアルツハイマー病に関しいくつかの遺伝子の変異が報告されているが, それらが該当するタンパク質の二次構造を決定づけているわけではない. 今のところはこれら遺伝子の変異からアルツハイマー病発症の可能性を診断するにとどまっている. 現実として私たち人類はスーパーコンピュータを駆使し, 分子動力学計算を繰り返してもアミノ酸配列あるいはDNA配列からタンパク質の構造を決定し機能を予測するすべを獲得するにはまだいたっていない.

〔濱崎啓太〕

生殖
reproduction

　生殖とは，生物がみずからと同じ種に属する個体を作ることをいう．健康な若年成人女性であれば，毎月決まったサイクルで月経が訪れる[1]．女性にのみ月経がみられるのは，妊娠・出産のための性周期があるためである．月経は卵巣から分泌される2種類の女性ホルモン（エストロゲンとプロゲステロン）によってもたらされる．これらのホルモンは，排卵が正常に機能していれば，周期的に卵巣から分泌されるが，その分泌は脳の視床下部，下垂体から分泌されるホルモンによってコントロールされている．このように性周期には視床下部，下垂体，卵巣および子宮の周期が関与している．

　卵巣には卵形成とホルモン産生という大きな2つの機能があるが，この2つは密接に関連している．卵巣の内分泌機能は，受精能をもつ健康な卵の形成に不可欠である．下垂体から分泌される性腺刺激ホルモンには，卵胞刺激ホルモン（FSH）と黄体化ホルモン（LH）があり，視床下部のゴナドトロピン放出ホルモン（GnRH）によって制御されている．FSHとLHは，卵胞発育，排卵および黄体機能形成を卵巣内に引き起こし，性周期の期間も卵巣の卵胞発育および黄体機能により決定される．

●**卵巣周期**　性腺刺激ホルモンは，卵巣周期という卵巣の周期的変化を起こし，卵胞の発育，排卵，そして黄体の形成を起こす．卵胞の発育はFSHによって開始されるが，成熟の段階においてはLHの作用も必要となる．発育中の卵胞は，女性生殖器の発育と機能を調節する女性ホルモンであるエストロゲンを産生する．エストロゲンは下垂体に働きLHの分泌を促進させる．

　卵胞が成熟し血中エストロゲン濃度が上昇するとエストロゲンは視床下部および下垂体にポジティブ・フィードバック作用を及ぼし，LHサージとよばれる多量のLH分泌を起こす．その後37〜40時間で排卵が起こる．排卵は通常次回予定月経期の約2週間前に起こる．

●**卵子と精子の輸送**　ヒトの生殖には女性の卵子と男性の精子の癒合が必要である．卵巣で生産された卵子は，排卵時卵巣から放出され，卵管に達する．精巣の精細管で産生された精子は精巣上体に貯蔵される．性交中に起こる射精で約3億から5億の精子が膣内に放出される．それは子宮頚管，子宮腔，卵管を通り，卵管膨大部に達し，そこにもし卵子があれば，受精が起こる．

●**減数分裂**　配偶子である精子と卵子をつくるために生殖細胞で起こる細胞分裂を減数分裂という．この場合は細胞周期が体細胞とは異なり，染色体の数が半分になる（図1）[2]．有糸分裂と同様に，減数分裂でもまずS期（DNA合成期）に

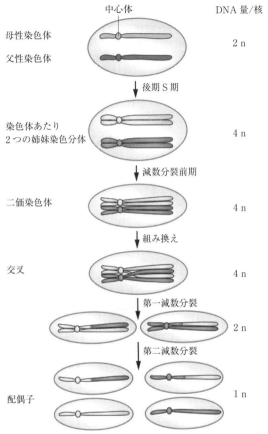

図1 有糸分裂時の染色体の振る舞い（出典：文献[2] p.21 より）

おいて各染色体が複製して2つの姉妹染色分体を形成（後期S期）し，DNAの総量が4nすなわち半数体の4倍となる．姉妹染色分体とは，DNA複製後にできる，同じ遺伝情報をもつ2本の染色分体のことをいう．有糸分裂では姉妹染色体は2つの同一の2nの娘細胞に分離するが，減数分裂では細胞分裂が2回引き続いて起き，染色体数は23個に減る．

最初に母親および父親由来の相同染色体が互いに対合する．染色体での交叉が生じ，異なる遺伝子座に存在する対立遺伝子の組み換えが生じる．したがって，片親由来の同じ染色体にある異なる2つの遺伝子座にある対立遺伝子は異なる配偶子に分離され，異なる子孫に受け継がれることになる．組み換えは1nのDNA量をもっている姉妹染色分体の間でも起こり得るが，この場合はすべての遺伝子座はDNA複製によって形成されるので同一である．

成熟した男女の生殖子は23 + Xまたは23 + Yの染色体をもつ．これらはさらに受精の際に2倍体，46個の染色体数を回復することになる．46 + XYであれば男となり，46 + XXであれば女と性決定される．第一減数分裂で，4本の二価染色体は相同なペアに分離し，2個の娘細胞に分離する．その後DNA複製は起こらず，第二減数分裂で2つの染色分体が個々の配偶子に分離されることになる．

[青柳　潔]

免疫
immunity

　免疫とは「自分と違う異物」を攻撃し，排除しようとする体の防御システムである．ヒトの免疫系は，目，口，鼻などの粘膜や皮膚から侵入したウイルス，細菌，病原性真核生物などを識別して排除する役割を担っている．これらの侵入してきた生物を排除する2つの免疫機構が存在する．1つは大まかなパターン認識で速やかに発動する自然免疫と，自己と侵入物を詳細に識別して強力な排除を行う獲得免疫とよばれる機構である．

●**自然免疫**　自然免疫を担当する主役はマクロファージと好中球である．ヒトの血液中には補体とよばれる小さなタンパク質が循環しており，細菌などの侵入した微生物に対して結合し，マクロファージや好中球の貪食の目印となる．これらの細胞は補体の目印がなくても貪食する作用はあるが，補体が結合していると効率よく貪食できるようになる．これをオプソニン作用とよぶ．マクロファージと好中球は外来微生物を細胞内に飲み込んで分解するとともに細胞外へサイトカインを放出する．このサイトカインは微生物の侵入部分への他のマクロファージなどの遊走を亢進したり，血管を拡張させたり血管壁の透過性を亢進させる機能がある．こうして，感染局所の痛み，腫脹，発赤，発熱を呈するいわゆる炎症反応が惹起されるのである．これらの反応は外来微生物が駆逐されて新たな侵入が認められない場合には自然と終息していく．しかし，自然免疫の対応を超えるような著しい増殖を行う細菌が侵入した場合や，加齢や免疫抑制治療により免疫力が低下している場合，非常に強力な細菌が侵入した場合などは獲得免疫の出番となる．

●**獲得免疫**　獲得免疫の主役である2種類の専門細胞はリンパ球のB細胞とT細胞であり，抗原特異的に強固な結合を起こす抗体を利用する．B細胞は血液中を循環する抗体を産生し，T細胞は細胞表面に結合したT細胞受容体をつくる．これらが外来分子を識別すると侵入微生物に対してさまざまな反応の連鎖が始まるのである．マクロファージ等の貪食能をもった抗原提示細胞が抗原情報をリンパ球に伝えると，抗原特異的T細胞がその抗原を目印にして細胞を破壊していく．抗原刺激を受けて4, 5日で抗原特異的T細胞はその数を1000倍に増大する．この期間が獲得免疫発動までに要する時間である．活性化されたT細胞の大部分は自然に死んでいくが，ごく一部がメモリーT細胞となって生き残り，侵入微生物を記憶して再び侵入した際にはさらに強力な排除機能を発揮するのである．

　強力な排除機能をうまく果たすには，莫大な種類の抗原分子を自己と非自己に

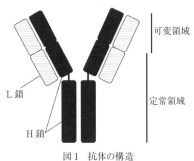

図1 抗体の構造

識別するきわめて多彩な抗体の種類とT細胞受容体の種類が必要となり，それらを生み出すためにV(D)J組換えとよばれる遺伝子の再編成が行われる．抗体は2つのH鎖と2つのL鎖からなるY字型のタンパク質である（図1）．分子量や化学的特性からIgM, IgG, IgA, IgE, IgDの5つのクラスに分かれる．初回の排除機能は主にIgMクラスの抗体で行われ，より強力な2回目以降の排除機能はIgGクラスの抗体によって行われる．抗原刺激が繰り返されるとIgMクラスからIgGクラスへと産生される抗体が変更される．これをクラススイッチとよぶ．この抗体を設計しているヒトのH鎖遺伝子には40種類のV遺伝子と25種類のD遺伝子と6種類のJ遺伝子の主に3領域が含まれている．抗体を産生するB細胞ではリコンビナーゼとよばれる酵素によって，この3領域からそれぞれ1つだけの遺伝子を選択してつなぎ合わせることで6000種類の抗体H鎖を産生することを可能にしている．同様にL鎖には316種類の多様性があり，このV(D)J組換えによる遺伝子再構成だけでも189万6000通りの抗体産生が可能である[1]．これに加えて抗体が抗原と結合する超可変部位において生じる点突然変異が多様性を増加させる．これを体細胞超変異とよぶ．

●**免疫の破綻** このような免疫機構を利用した医療がワクチンである．18世紀末にエドワード・ジェンナーは天然痘ウイルスと共通した表面抗原を有する牛痘の成分をヒトに接種することで天然痘ウイルスを撲滅する基礎を築いたのである．結核，ポリオ，ジフテリア，破傷風，はしか等の感染症においてもワクチンは有効でありこれらの感染症は劇的に減少した[2]．しかし，人類がワクチンによって撲滅できたのは天然痘ウイルスだけであった．微生物は常に遺伝子変異を繰り返して免疫機構の記憶を回避し，エイズウイルスのように免疫機構を弱らせる性質をもつためである．

免疫機構はその強力な排除能力を有するために，困ったことも引き起こすことがある．花粉アレルギーや食物アレルギーは特定の抗原に対して過剰に反応する現象である．自己免疫疾患は本来であれば外来微生物を排除するための免疫機構が自分の細胞を攻撃してしまう現象である．その中でも全身性エリテマトーデスは全身のほとんどすべての臓器に炎症を引き起こす原因不明の疾患である．さまざまな研究が行われているが画期的，根治的な治療へと結びついていない[3]．今後さらに免疫機構の理解が深まることで，強力な排除機能でがん細胞を消失させることや，過剰な免疫機構の制御を実現することが望まれる． ［有馬和彦］

進化
evolution

約46億年前に地球が誕生し，約40億年前に最初の生命体が現れて以来，進化により多様な種が生まれ，そのほとんどが絶滅した（表1）．進化とは，世代を経るごとに種の性質が変化していくことをいう．退化は進化に含まれる．

まず，種は不変なのか進化するのかという議論があった．これを経て，進化の歴史と仕組みに関し，どのように始まったか，どのように分岐したか，なぜ絶滅したか，今後どうなるか，進化は偶然か必然か，競争か協調か，個体に作用するのか種に作用するのか，連続的か不連続的か，徐々か急激か，などが議論され，

表1 地質年代および進化の概要

顕生代	新生代	第四紀	完新世	1	農耕牧畜の開始
			更新世	259	
		新第三紀	鮮新世	533	ホモ属
			中新世	2303	ヒト上科
		古第三紀	漸新世	3390	
			始新世	5580	
			暁新世	6550	哺乳類の大型化
	中生代	白亜紀		1.455	
		ジュラ紀		1.996	鳥類
		三畳紀		2.510	恐竜，小型の哺乳類
	古生代	ペルム紀（二畳紀）		2.990	
		石炭紀		3.592	爬虫類
		デボン紀		4.160	
		シルル紀		4.437	両生類
		オルドビス紀		4.883	
		カンブリア紀		5.420	動物の門の多様化
先カンブリア時代	原生代	新原生代	エディアカラ紀	6.35	
			クリオジェニアン紀	8.50	スノーボールアース
			トニアン紀	10.0	多細胞生物
		中原生代		16.0	
		古原生代		25.0	真核生物
	始生代			40.0	最初の生命体
	冥王代			46.0	地球誕生

（出典：International Stratigraphic Chart 2010に基づき作成．数値は各年代の開始を意味する．単位は，中生代以前は「億年前」，新生代は「万年前」）

さらに，なぜ有性生殖をするのか，なぜ死ぬのか，なぜ自己犠牲的行為がみられるのか，我々はどのようにして意識や言語を獲得したのか，といったテーマについても，進化論に基づく研究が行われている．

●**進化論の流れ**　古くから生物は進化すると考える思想家や科学者がいた．チャールズ・R・ダーウィンの祖父にあたるエラズマス・ダーウィンは，18世紀中頃から後半にかけ，種が進化することを唱えた．また1809年，ジャン＝バティスト・ラマルクは『動物哲学』を著し，「用不用説」「獲得形質の遺伝」として知られる進化論を述べた．しかし支持は一部にとどまった．

19世紀においては，種は不変であると考える者が多かった．そこに登場したアルフレッド・R・ウォレスとダーウィンによる進化論は，神による創造を信じていた当時の人々を驚かせた．なお連名による論文は1858年に発表され，『種の起源』は1859年に出版された．これの骨子は「自然選択説」と称される．さらにダーウィンは性選択について論じた．これは，例えば雌の雄に対する好みにある方向性があれば，雄の中にその性質が広まっていくとするものである．

1866年にグレゴール・J・メンデルが発表した『雑種植物の研究』が1900年になって評価されたことを契機に遺伝学が発展し，以後，1901年のユーゴー・ド・フリースによる突然変異の発見，1902年のウォルター・S・サットンによる「染色体説」の提唱，1913年のトーマス・H・モーガンによる染色体地図の作成，1944年のオズワルド・T・エイブリーによるデオキシリボ核酸（DNA）が遺伝子の実体であることの証明などが続いた．

1953年，ジェームズ・D・ワトソンとフランシス・H・C・クリックによりDNAの二重らせん構造が発表され，分子生物学の重要性が増していった．1960年代にライナス・C・ポーリングらが開始した分子時計とは，ある領域のDNAの突然変異が一定の頻度で起こると仮定し，塩基配列の違いを比較することにより系統樹を構築する手法である．1968年に木村資生は「分子進化の中立説」を発表した．これは自然選択に際し有利でも不利でもない中立な突然変異が遺伝的浮動により集団の中に固定されていくとする．遺伝的浮動とは特定の遺伝子の頻度が世代間で偶然に変動することをいう．小集団ほどその効果は大きく，ボトルネック効果（個体数の減少）や創始者効果（隔離作用）がこれに関わる．

スティーブン・J・グールドとリチャード・C・ドーキンスは進化論者の双璧とされる．1972年にグールドがナイルズ・エルドリッジとともに発表した「断続平衡説」は，環境異変のような区切りをもって短期間に種分化が起こり，以後は形態の変化は停滞すると説く．また1976年のドーキンスによる『利己的な遺伝子』では，愛や利他主義を遺伝子による戦略と見立て，さらに文化の遺伝子「ミーム」について論じた．

●**進化の流れ**　生命が誕生する以前は化学進化の時代であり，さまざまな分子が

生まれ，複製や代謝などの仕組みが化学的に進化していった．生命誕生後の進化については，カール・R・ウーズの功績が大きい．彼はさまざまな生物から集めたリボソーム RNA を単離して構造を比較し，生物界は真正細菌，古細菌，真核生物の3つのドメインからなるとする新しい系統樹を発表した．真正細菌と古細菌は，単純な DNA を内包し，核をもたず，原核生物と称される．一方，真核生物には DNA を収めた核がある．

　真核生物の登場は約 20 億年前とされる．核，細胞質，さまざまな細胞小器官，細胞骨格，膜などからなり，容積は原核生物の約 1000 倍から 10 万倍となった．なお緑色植物はミトコンドリアと葉緑体を含み，菌類と動物はミトコンドリアを含む．真核生物の起源については，1967 年にリン・マーギュリスが発表した「細胞内共生説」が広く認められている．原核生物が単純な姿を維持し続ける一方，真核生物は雑多かつ大量のゲノムを有し，これが多様化へ向けた基礎となった．

　有性生殖は真核生物の登場以後に始まった．これの骨子は遺伝子組み換えにある．有性生殖により集団内に多くの変異が起こり，それらが自然選択を受けることによって進化が加速する．「赤の女王仮説」はリー・M・V・ヴェーレンが 1973 年に唱えた．これは，その場にとどまるためには（生き残るためには），競争する他の種に対し，常に進化を続ける必要があるとするものであり，有性生殖はこの点において適応的といえる．

　真核生物の一部は多細胞生物へ進化した．約 10 億年前とされる．多細胞生物では 1 個の細胞が分裂を繰り返して分化し，1 つの生命体として調和した機能を有する．これは，すべての細胞は同じゲノムを有しているが，転写の調節によって遺伝子群の発現が活性したり停止したりすることによる．また，細胞膜が細胞間の接着と情報伝達機能を有することによる．

　カンブリア紀の大爆発とは，地質学的にみるときわめて短い期間に，今日みられる動物の門がほぼ出そろったことをいう．これをもたらした原因についてはスノーボールアース仮説が有力とされる．これは原生代末期に地球が氷に覆われ大絶滅が起こり，これを生き延びた一部が，競争相手がいない世界で爆発的に多様化を遂げることができたとする．

　小進化とは，例えば昆虫が単一の祖先から 100 万種以上といわれる多様化を遂げたように，身体の基本的設計を変えない同種内の分岐をいう．大進化とは，例えば魚類の一部が両生類へ進化したように，身体の基本的設計が変わる進化を意味し，生活圏や生殖方法や捕食能力などに変革がもたらされる．小進化によりわずかに異なる多様な種が生まれ，それらのうち，将来の環境圧に対し，前適応を遂げていた一部が選択を受けて祖先となる．この積み重ねが大進化をもたらした．なお，大進化には特別の機構が働いていると主張する研究者もいる．

［山崎和彦］

種
species

　種とは生物学における分類階層（界・門・綱・目・科・属・種）の最も基本的な単位である．およそ300年前に分類学の父と称されたカール・リンネによって生物を属と種で表す二名法によって基礎がつくられ，その後，生物分類学として今日まで発展してきた．今日の種という概念は非常に多様であり，学問領域が拡がり深化するにつれて定義が多様化する傾向にある．現代においては1942年にエルンスト・マイヤーによって提唱された「種は実際的に，もしくは潜在的に相互交配可能な自然集団のグループであり，他の類似した集団から生殖的に隔離されている」という定義[1]が一般的であり，これを生物学的種概念とよぶ．この定義では，子孫を残せることが種において最も重要であるとされる．すなわち，図1に示すとおり，ある個体aと個体bが交配して子供が誕生し，さらにその子供が別の個体と繁殖可能であれば，aとbは同一の種である．一方で，aと別の個体cに子供ができない場合，もしくはaとdに子供ができてもその子供が生殖能力をもたない場合は，aとc，aとdは別種であると定義する．このように世代交代を行えることが種の成立条件とされる．では種はどのように生まれて来たのだろうか．

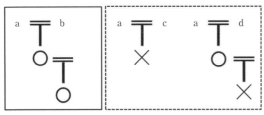

図1　生物学的種概念の定義．実線内はaとbが同種であると考え，点線内はaとc，aとdが別種であると考える

●**種と種分化**　チャールズ・R・ダーウィンは『種の起源』[2]の中で，新しい種が誕生する過程を種分化として，次のように説明している．まず，それまで同種だった集団の中から，移動や地形の変化など何らかの要因によりその集団から地理的に離れた集団が形成される．そうすると両集団間の遺伝的な交流（交配）が少なくなり，さらにそれぞれの集団で遺伝的浮動や環境等の選択圧によって遺伝的分化が進んでいく．そして最終的に互いに交配できない生殖的隔離が成立し，新しい種が生まれる．このような地理的要因に依存する種分化を，異所的種分化という．前述のマイヤーも種分化の多くは地理的な要因によると考えた．一方で，地理的要因だけではなく，例えば集団内において繁殖行動に変異が起こった場合でも生殖的隔離が起こる．すなわち，繁殖行動に変化が起こった集団内の小集団が時間の経過とともに固定され，もともとの集団との交配が起こらなくなり生殖

的隔離が成立することを，同所的種分化という．いずれにせよ，このように生殖的隔離が成立した場合，もともと同一の種であった2つの集団間では子孫が残せなくなるため種分化が促される．つまり種分化はそれぞれの集団が隔離された中で，それぞれの世代交代が

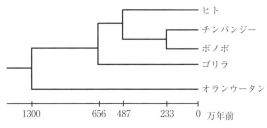

図2　ヒトと近縁霊長類4種の系統関係（出典：文献[3]より作成）

進み，十分に遺伝的距離が離れることによって起こるのである．また，種の下位区分で亜種というものがあるが，これは島嶼化など地理的な要因で隔離されたときに出現しやすい．亜種間同士では形態は異なるが遺伝的には近縁であるため交配が可能であり，いわば種分化の途上といえる．一方で，トラとライオンの子供であるタイゴンやライガーのように交雑可能な場合もあるが，そのような交雑種には生殖能力が低い，免疫機能が弱いといった特徴があり子孫を残すことが難しい．すなわち，生物学的種概念において両者は別種といえる．近年ではこのような種や亜種の判別に，遺伝的距離を直接解析する分子生物学的解析が進んでいる．

●**遺伝的距離と系統樹**　ヒトを含む生物は，DNAによって記述された遺伝情報を次世代へと伝え，種を保存してきた．その遺伝情報から種と種の間の遺伝的距離を推定する方法は，複雑な種間の関係を明らかにすることができる．すなわち，これまでヒトと霊長類の系統関係には諸説あったが，ミトコンドリアDNAの変異率をもとに系統樹を作成すると図2のようになった[3]．すなわちヒトに最も近い霊長類はチンパンジーであるということである．このような手法は，現代人（ホモ・サピエンス）を対象としても行われた．その結果，現代人のすべての系統はアフリカ集団に遡り，およそ16～20万年前に誕生した種であることがわかった[4]．この結果は，しばしば用いられる人種という言葉が，生物学的種概念からは意味をもたないことを示す．なぜならば現生人類は，種分化が起こるほどの種の歴史をもたない単一の種だからである．したがって，多様な地域集団を表現する際には人種という言葉ではなく，民族という言葉が適切であろう．

しかしながら，ヒトに近縁な亜種は存在したようである．近年，従来では別種と考えられたヨーロッパ地域のネアンデルタール人（ホモ・ネアンデルターレンシス），ロシア・アルタイ地方のデニソワ人は現生人類と混血した可能性が高いことが報告されている[5][6]．ヒトは現在では地球上に唯一の種であるが，先住していたヒト属と混血することにより，環境に対する適応能を初めとした多様な表現型を獲得してきたのかもしれない．

［西村貴孝］

自然選択
natural selection

　自然選択とは，ダーウィン進化論の根幹をなす用語である．自然淘汰とも訳される．イギリスの生物学者チャールズ・R・ダーウィンは，1859年に出版された『種の起源』[1]の中で，ある個体に起きた変異が他の個体よりも生存率や次世代に子孫を残すという点で少しでも有利な場合にその個体は生き残り，その変異は次世代に遺伝していく一方，有害な場合には淘汰されていくことを自然選択とよんだ．そして，生物の進化には自然選択こそが重要であることを強調した．ダーウィンは遺伝子の実体こそわからなかったが，飼育動物を例にあげて，ある偏った形態的特徴をもつ個体を選んで交配を重ねていけば，その特徴だけでなくある生理的特徴なども一緒に子孫に受け継がれる（例えば有色のブタは，ある種の植物毒に対する耐性をもつ）傾向があることを見出した．つまり，同種であっても突然変異で生じた軽微な個体間の相違が，やがてあらゆる形質へと漸進的に進化することを提起したのである．

　またダーウィンは，自然選択が作用するには自然界における生存闘争が重要であるとした．ここでいう生存闘争とは，個体同士の食料や縄張りをめぐる闘争だけでなく，さまざまな他の生物と相互作用する環境で，個体が生存し子孫を残していくことも含めた広義の比喩的な意味で使われている．現在，突然変異の多くは，生存に有利でも不利でもない中立的な変異がほとんどであるという説（中立進化説[2]）が一般的である．その中で，全ゲノム情報の獲得が比較的容易になった近年，ダーウィンが提唱した自然選択が生物進化にどれほど寄与しているかを調査する研究が行われるようになってきている．

●**自然選択の推定**　では実際に自然選択の痕跡はどのように検出されるのか．それには，注目するある形質に関連する突然変異が，集団中にどれほどの速さで広まったのかを調べるという方法がある．まず，種内あるいは種間における遺伝子領域の塩基配列の違いを用いる．ゲノム中のコーディング領域（CDS）では，タンパク合成過程において，塩基配列が3塩基1組（コドン）に区切った読み枠（ORF）に従ってアミノ酸に翻訳される（図1）．CDS内におけるデオキシリボ核酸（DNA）の変異（塩基置換）は，翻訳されるアミノ酸配列の違いに影響する．

　この観点から，CDS内の塩基置換は2種類に大別できる．1つはアミノ酸を変えない同義置換，もう1つはアミノ酸に変異が生じる非同義置換である．ここで，同義置換速度（d_S）と非同義置換速度（d_N）の比率を自然選択の推定に用いる．同義置換はアミノ酸の変異に影響を与えないので，撹乱要因がなければ理論的にはどの遺伝子でも d_S は一定となる．一方，非同義置換はアミノ酸の変異に直接

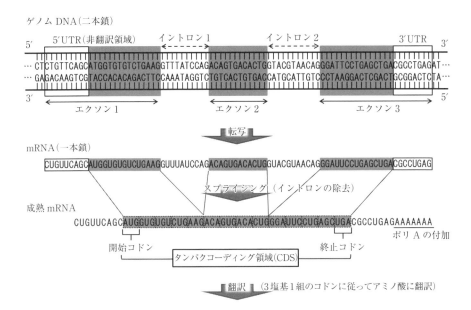

図1 真核生物のゲノムDNAからアミノ酸に翻訳されるまでの過程

影響する．多くの場合，分子機能や構造を保つために，d_Nはd_Sに比べて遅くなる．つまり，d_N/d_Sの値は1よりも小さくなり，この場合は純化選択（負の自然選択）が作用していると推定される．また，d_N/d_Sが1に近い場合，両者の速度はほぼ同じなので，中立な変異が蓄積してきた結果であると推定される．純化選択とは対照的に，d_N/d_Sが1より大きい場合は，正の自然選択や平衡選択の可能性が考えられる．ダーウィンが提唱した自然選択という概念は，正の自然選択のことを指す．ある遺伝子における突然変異（非同義置換）が従来型よりも有利な場合，その変異体は集団中に急速に広がっていくので，d_Nがd_Sよりも高くなる．ただし，減数分裂時の組み換え率が高い領域だとd_N/d_Sが1より大きくなることがあり[3]．また，仮に純化選択と正の自然選択が作用する置換部位が同程度ある場合，d_N/d_Sの値はあたかも中立であるかのようにみえてしまうので注意が必要である．d_N/d_Sを用いず自然選択の有無を推定する方法もあるが，タンパク質をコードした遺伝子を調べる場合はd_N/d_Sを用いる方法が広く使われている．

●**自然選択の実例** ダーウィンが提唱した自然選択は，生物と外部環境との相互作用が重要な要素となる．ただし，d_N/d_Sの値が有意に1を超えるような遺伝子

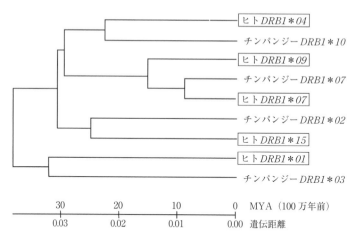

図2　ヒトとチンパンジーの MHC DRB1 遺伝子の系統関係と分岐年代

を見つけたとしても，多くの場合，どのような要素が自然選択に寄与するかを明確に関連付けることは容易ではない．しかし，純化選択や中立進化説では説明できない自然選択の例として，主要組織適合遺伝子複合体（MHC）があげられる．MHC 分子はほぼすべての脊椎動物に存在し，抗原提示により病原体の排除に関わるため，免疫系において重要な役割を果たす．MHC 分子はさまざまな病原体を認識するために，抗原認識部位は高度なアミノ酸多様性を示す．20 世紀末に，ヒトとマウスの MHC 遺伝子の d_N/d_S 比を調べた研究で，抗原認識部位に集中して，d_N/d_S 比が 1 より顕著に高くなっていることが示された[4]．後にさまざまな野生動物の集団でも同様の結果が得られ，自然選択による MHC 多様性への関与が揺るぎないものとなった．

　MHC はユニークな特徴をもっており，対立遺伝子（アリル）系統の寿命が非常に長いことで知られる[5][6]．これは平衡選択によって異なるアリルが集団中に一定の割合で維持されるからである．通常，哺乳類における種の存続期間は約 200 万年なのに対して，ヒトの MHC アリル系統の分岐時間は最大で 4000 万年前まで遡る[7]．したがって，ヒトやチンパンジーのような異なる種間でも，アリル系統が共有されるという現象が起きる（垂直伝達多型[5]：図 2）．この現象を自然選択の影響なくして説明するのは難しいだろう．

　MHC と病原体との相互作用が MHC の多様性形成に関わっていることは明白であるが，その一方で，MHC 多様性の維持機構に最も重要な要素が何であるかは，いまだ明確になっていない．

［安河内彦輝］

霊長類
Primate

　我々現代人は，分類学的には霊長類（正式には霊長目という）の中のヒトという種に位置づけられる．脊椎動物亜門哺乳網に属する霊長類は，かつて真猿亜目と原猿亜目とに分けられていたが，近年ではメガネザルの系統的位置づけが変わり，直鼻猿亜目と曲鼻猿亜目に分けるのが一般的である[1]（分野によっては，分類の認識が異なる場合があるので注意が必要である：図1）．曲鼻猿亜目にはキツネザルなどの原始的なサルが含まれる．一方，直鼻猿亜目はさらに，メガネザル下目と真猿下目に分けられ，真猿下目は広鼻小目と狭鼻小目に細分される．広鼻小目には，マーモセットなど中南米に生息するサルが含まれ，その生息分布から新世界ザルと称される．狭鼻小目は，オナガザル上科とヒト上科で構成される．オナガザル上科は，ニホンザルなどが含まれ，主にアジア南部とアフリカに分布しており，旧世界ザルとも呼ばれる．ヒト上科は，ヒトやチンパンジー，ゴリラ，オランウータン，テナガザルが属する．ヒト以外のヒト上科は，類人猿ともいわれる（専門分野によってはヒトを含める場合もある．また，類人猿や旧・新世界ザルは正式な分類名称ではない）．テナガザルやオランウータンは東南アジアの

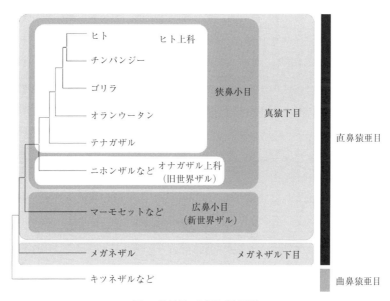

図1　霊長類の分類と系統関係

熱帯林に生息する一方，ゴリラやチンパンジーはアフリカの熱帯林に生息する．ヒトは約700〜600万年前にチンパンジーと分かれ，我々現代人の祖先は20〜10万年前まではアフリカに生息していたと考えられているが，現在は世界各地に分布域を広げている．

霊長類の起源は，分子マーカーを用いた研究では，恐竜が絶滅した約6,500万年前よりも古いとされる[1]．霊長類はその歴史の中で，生息環境や生活習慣に適応した形質を獲得してきた．以下に視覚の進化を例にして述べる．

●**霊長類の視覚の進化** 霊長類の特筆すべき環境適応の例として視覚の進化があげられる．色覚は網膜中の錐体細胞にあるオプシンという色素タンパクの種類で決まる．哺乳類以外の脊椎動物には4種類の錐体オプシンをもつものが多く，脊椎動物の祖先は4色型色覚（赤・緑・青・紫外線）であったとされる[2][3]．ところが，多くの哺乳類は2色型色覚（赤・紫外線）である．哺乳類が誕生したおよそ2億年前には恐竜が繁栄しており，哺乳類の祖先は夜行性にシフトせざるを得ず，錐体オプシンの種類が2つにまで減ったと推測されている．恐竜の絶滅後，多くの昼行性の哺乳類が台頭してきた．その中で霊長類の祖先では，紫外型オプシン遺伝子が変異し，青型へと変化した．

さらに，ヒトを含む一部の霊長類は3色型色覚をもつようになった．つまり，2色型色覚から新たに3色型色覚を獲得したのである．その経緯として，ヒトの3色型色覚（赤・緑・青）は，約3,000万年前に狭鼻小目の祖先で赤型オプシン遺伝子のコピーが誕生し（赤・赤・青），その後，このコピー遺伝子が機能分化によって緑型のオプシンへと変化したことによる[4]（ただし，新世界ザルの多くのメスやホエザルも3色型色覚をもつ[3][5]）．これら赤型と緑型オプシン遺伝子は，X染色体上にタンデムに並んでおり，塩基配列の類似性が高い．これにより，減数分裂時の組み換えで遺伝子の欠損やハイブリットが生じやすく，色覚異常（色盲/色弱）になるリスクが高い．特に，ヒトでは女性がX染色体を2本もつのに対して，男性は1本しかもたないので有害な突然変異の影響を受けやすく，男性に色覚異常が比較的多い．また，ヒトの色覚異常の出現頻度は，旧世界ザルやチンパンジーよりも高いといわれているが[6]，現在のところその明確な理由はよくわかっていない．

霊長類の中で3色型色覚を獲得した背景として，主に昼行性へのシフトや樹上生活，多様な食性，森林環境への適応などがあげられる．濃緑色の成熟葉から主な餌資源である熟した果実や若葉を見つけるため（果実説，若葉説）や，相手の顔色の微妙な変化を察知する社会行動のため（皮膚色説）といった説があるが，これも明確な答えはいまだ見つかっていない[7]．　　　　　　　　　　［安河内彦輝］

人類
Hominidae

　人類とは生物分類学上のヒト科を指し，多くの属と種が含まれるが，ホモ属・サピエンス種のみをヒト (*Homo sapiens*) という．本項目では，人類を研究する分野についてまず概説し，人類の基本的特徴と進化，適応と変異，および生活と文化について，主として生理人類学的観点から解説する．

　人類を対象として研究する学問領域が人類学であり，その中で進化過程を基本情報として人類の形質（形態と生理機能）を研究する分野を自然人類学（形質人類学），人類の生活を研究する分野を文化人類学という．自然人類学には人類進化学・生理人類学・人類遺伝学・生態学などが含まれ，文化人類学には民族学・言語学・宗教学などが含まれる．人類学はこれらを総括する統合的学問である．

●**人類の基本的特徴と進化**　現時点で最古の人類は，チャドから発見された，今から約700万年前のサヘラントロプス・チャデンシスである．人類の基本的特徴は「直立二足」であり，体幹部を直立させ，大腿部と下腿部を垂直にして足部のアーチ構造で歩行時の衝撃を吸収するという陸上脊椎動物としてはきわめて異例な体制をしている．特に大腿骨下部関節面は2つの湾曲が連続する形となっており，膝関節を伸展した際，大腿骨は脛骨上面で3点ないし4点の支持点をもって安定する．すなわち膝関節はロックされる．膝関節が伸展位でロックされれば，筋収縮により直立を維持しなくてすむために経済的である．サヘラントロプス・チャデンシスが直立二足の体制を有していたかどうかは定かではないが，その方向に進化してゆく形質を示していることは確かである．もう1つの人類の基本的特徴は，歯，特に臼歯のエナメル質の厚さが厚い（最も近縁のチンパンジーと比較して約2倍の厚さがある）という点である．草原に進出して草の実すなわち穀物を磨り潰して（下顎の臼磨運動）食べるという食性に適応した形質である．人類は肉食を含む雑食の食性であるが，脳の活動に最も適したエネルギー源である糖質（穀物）を効率よく消化するための歯の特徴と考えられる．

　人類は今から約1000万年前にチンパンジーと分岐し，直立二足の体制を完成させつつ東アフリカの草原（サバンナ）へと進出した．喉頭の下降による発音機能の拡大からもたらされた豊富な音声言語の獲得，体幹上部に位置したために可能となった脳の巨大化，移動機能から解放された手による道具使用や製作，直立に伴う内臓下垂とそれを防ぐための骨盤変形からもたらされた難産，そして難産を解決するために生理的早産（胎児を未熟な段階で出産すること）を獲得した．さらに，こうした周産期に生活力の弱い母子を守るために誕生した父親の役割（換言すれば性的分業），すなわち家族という群れの形成，炎天下のサバンナという生

息域（ニッチェ）を獲得するための全身の温熱性発汗機能など，人類としての基本的特徴を獲得していった．

　人類進化の様相や具体的な化石に関しては他書[1]に委ねるが，約700万年前の人類誕生以後約500万年間はアフリカで過ごし（ここまでを猿人以前とよぶ），約200万年前のアウストラロピテクス属（猿人）に続くホモ属（原人）がアフリカ大陸を出て，ヨーロッパ大陸，アジア大陸へと移住拡散していった．今から約180万年前に始まる更新世（洪積世）は氷河期であり，人類は地球が寒冷化する時期にアフリカを出て，より寒冷な地域へと移住拡散していった．

　そして，約20万年前，アフリカで誕生したホモ・サピエンス（新人）がアフリカ大陸を出て，ユーラシア大陸の先行人類（原人から進化したネアンデルタール人（旧人）など）と交替し，さらにニッチェを南北アメリカ大陸，オセアニア，太平洋の島々に拡げ，現在にいたっている．しかしこの交替がどのように行われたのか，すなわち完全な入れ替わりであったのか，交雑があったのか，またそうだとしたらどの程度交雑があったのか，などについてはまだ充分な証拠は得られていない．

　しかし進化の詳細については，証拠である化石人類の発見が少ないために不明な点が多い．近年，骨から抽出されるDNA[2]や骨に含まれる安定同位体の分析[3]などから，母系父系の系統分析や食性分析が行われているが，こうした解析法の進歩による新知見の追加が，人類進化の様相を明らかにしてゆくためには必要不可欠である．

●**適応・変異**　ヒト（新人）は1属1種でほぼ地球全域に生息しており，全動物中でも環境適応能の極めて高い動物といえる．また，一夫一婦制による遺伝子の組み合わせの多さと，世界各地の環境に適応した結果としての変異もまた大きい．以下，暑熱環境（アフリカ大陸）・寒冷乾燥および低日照環境（ヨーロッパ大陸）・四季変化のある環境（アジア大陸東部）に分けて説明する．

　人類が誕生したアフリカの地は暑熱環境といってよい．ここで「暑」は空気の温度が高いこと，「熱」は赤外線や紫外線を含む光線量が強いことを意味している．アフリカ大陸で誕生した初期人類も現在のアフリカン・ブラックの人々も，「暑」に対しては発汗で，「熱」に対しては多量のメラニン色素で適応している．頭髪は短く渦状毛で，毛細管現象で毛の隙間にゆきわたった汗が気化熱を奪うクーラーとなっている．また頭髪にもメラニン色素が豊富で赤外線や紫外線を吸収し，頭皮が熱くなることを防いでいる．皮膚（表皮）全体にもメラニン色素が豊富で紫外線による細胞の癌化を最小限にしている．皮下脂肪は臀部や大腿部外側に集中し（レンシュの法則），脂臀とよばれる独特の形状をなしている．

　アフリカ大陸からヨーロッパ大陸に進出した人類は，寒冷乾燥化した気候に適応した．寒冷地適応としては体格を大型化し（ベルクマンの法則），吸気を温め湿

気を与えるために突出した鼻と狭い鼻孔を手に入れた．また弱い紫外線環境でもビタミンＤ合成ができるようにメラニン色素の量を減らし，白い肌・血管色の見える光彩・金髪や銀髪などの形質を手に入れた．これがヨーロピアン・コーカソイドの基本的特徴である．

　日本を含むアジア大陸東部は四季の変化の際立った温帯の地域である．ここに進出した人類は，南から北に向うに従い，体格を大きくし，比上肢長（身長に対する上肢の比）や比下肢長を短くし（アレンの法則），皮下脂肪を厚くするよう適応した．そのため，顔面部や眼瞼部の皮下脂肪も厚く，眼裂も幅に対して高さの低い切れ長の形となった．また四季の変化に合わせて基礎代謝を変化させるため，代謝の下がる夏季に向けては食欲不振で夏バテし，代謝の上がる冬季に向けては食欲が亢進し活発となり皮下脂肪を蓄積することになる．これがアジアン・モンゴロイドの基本的特徴である[3]．

●**生活と文化**　人類の生活は人類のもつ特質から生まれるものである．人類は地球上で成功した動物界の一員として，他の成功した植物界と「食べ合い関係」[3]にある．また脊椎動物門としてみると，軟体動物門や節足動物門と，哺乳綱としてみると，新生代以降は鳥綱や魚綱と「食べ合い関係」にある．そこで，人類が自然に対して働きかけをする技術と知識を手に入れたときから，農業（植物界）や牧畜（家禽を含む哺乳綱や鳥綱）・魚の養殖などを行うようになってきた．また人類は，体移動から解放された手を用いて道具を使い，道具をつくり出してきた．石器や石器に先行する骨角器や木器，そして結縛技術は，人類の器用な手の働きの結果として得てきた生活道具であり技術である．

　人類はまた，豊かなコミュニケーション能力の延長線上として，文字をはじめさまざまなコミュニケーションツール（手紙や電話）を創造してきた．霊長類として相手の見えにくい樹上生活で音声言語を豊かにし，家族を維持するためにさらに表情言語・身振り手振り言語を発達させ，全動物中最高におしゃべりな動物となったのが人類であり，この豊かなコミュニケーション能力の延長として最も個体間関係の密な生活をもつ動物となったのである．また，巨大化して発達した脳のために，痛みの感覚も他の動物より強く，また視覚や聴覚領域からも体性感覚野へと情報が伝わるために，見聞きしただけでも他人の痛みのわかる脳（人間性の一要素）をもつにいたった．また，生理的早産で未完成の脳に外界からの刺激を加味して反応しシナプスをつくるという過程を経るため学習能力を人類は得た．

　また，巨大化した脳の作用として，神や死後の世界を想起し，さまざまな宗教的概念や死への恐怖をつくり出してきた．攻撃的な性格を戒めるための隣人愛，宗教的観念としての無我の境地や宿命，生活処方としての戒律など，人類の生み出した生活技術と，その生活の総体としての文化が含む内容は，人類自身のもつ生物学的，生理学的特質からくる特性を表したものといえよう．　　　［真家和生］

遺伝学
genetics

　遺伝とは親の持つ性質や形状が子に伝えられる現象である．遺伝学とは遺伝の仕組みを研究する学問である．

●**遺伝学の歴史**　1865年に，まず最初にグレコール・メンデルが，エンドウの遺伝形質に注目して理論的に遺伝の単位としての遺伝子を見いだした[1]．しかし，メンデルの法則は無視され，再認識されたのは1900年のことである．1944年にはオスワルド・アベリーが，遺伝子は核酸でできていることを明らかにした[2]．1953年にはジェームズ・ワトソンとフランシス・クリックが，その後の遺伝学発展の基礎となるDNAの二重らせん構造モデルを発表し[3]，2003年には研究者の総力を結集してヒトゲノム30億塩基対の配列解読完了が宣言されたのである[4]．

　チェコ共和国のメンデルが植物のエンドウを用いて実験を行っていた1860年代の遺伝学説は融合説であった．この概念のもとでは，遺伝物質は液体のようなものであり，黒色と白色の動物の子は一様に灰色になる．黒と白の遺伝物質が一度混合されれば，再び分離できないからである．これは，コーヒーとミルクを混合したら，元の2つに分けることが不可能なのと同じである．しかし，それでは実態と異なる．メンデルの偉大な功績は，融合説を粒子説に置き換えたことである．メンデルは交配が容易で形質が観察しやすいエンドウを実験材料に選んだ．異なる7つの対立形質に着目して交配実験を行い，融合説では説明できない遺伝の現象を示し，融合することなく受け継がれる粒子を用いてその現象を説明した．その理論を1866年に初めて植物雑種に関する研究として発表したが，それは35年間知られずにいた．彼の死後，1900年に再発見され，遺伝法則として認められた．近代遺伝学の第一歩である．

●**DNAの二重らせん構造の発見**　ワトソンとクリックはX線解析のベテランであるロザリンド・フランクリンが撮影したX線結晶解析や他の研究者の実験データから，1953年にDNAの二重らせん構造モデルを考案して発表した[1]（図1）．このモデルはDNAが遺伝子であることを多くの研究者に確信させ，その後の分子生物学の方向を決め，急激な発展をもたらすのであった．その功績を認められ，ワトソン，クリックは1962年にノーベル生理学・医学賞を「DNAの分子構造及び生体に対する情報伝達に対するその意義と発見」という理由で受賞した[5]．

●**形質転換の発見**　1928年フレデリック・グリフィスは死んだ肺炎双球菌の遺伝情報が生きた細胞に伝えられた可能性があるという驚くべき結果を報告した．これはハツカネズミを用いた肺炎双球菌の形質転換とよばれる現象の発見である．

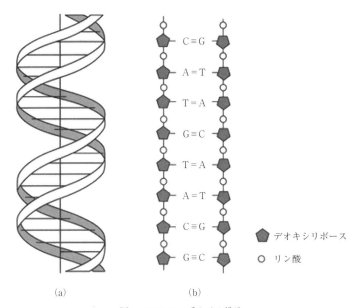

図1　DNAの二重らせん構造

1944年，オズワルド・アベリーはこの研究結果に興味をもち研究を進めた．彼が精製した形質転換因子はDNAであった．

●**集団遺伝学**　さらに遺伝学はダーウィンの進化論の考え方とメンデルの法則，分子生物学による知見，数学的なモデルを用いた集団遺伝学へと発展していった．集団全体に起こる事例を遺伝子レベルで研究する方法が集団遺伝学である．1つの集団のすべての構成員がそれぞれ担っているすべての対立遺伝子の総和を遺伝子プールという．自然界では1つの集団の遺伝子構成は時間とともに変化し，新たな対立遺伝子が突然変異によって生じたり，移住などにより失われたりする．1つの集団内の対立遺伝子頻度が変化することが進化の基礎である．集団遺伝学は，集団の均衡や変化に対する可能性や遺伝病の頻度の類推，遺伝病の頻度はどの程度維持するのかなどを予測するモデルを提供する．

●**これからの遺伝学**　今日ではさまざまな生物のゲノム配列決定により生み出された膨大な遺伝学的データを手に入れることができる．これらの解析から生物に重要な分子の複雑なネットワークを解きほぐし，深い理解を得ることが望まれる．

［安部恵代］

遺伝の法則
Mendelian inheritance

　遺伝の法則とは遺伝に共通して認められる現象を述べたものである．さまざまな論や説が出現し，修正や対立をへて法則となる．その中でもグレゴール・メンデルが記述した，優性の法則，分離の法則と独立の法則からなるメンデルの法則は最も重要なものである．

●**遺伝学の夜明け**　メンデルが植物のエンドウを用いて実験を行った1860年代には遺伝現象を理解するための法則は存在しなかった．メンデルは形質が観察しやすいエンドウを実験材料に選んだ．種子の形，子葉の色，種皮の色，さやの形，さやの色，茎の高さ，花の付き方の7つの対立形質に着目した．

　メンデルは純系の緑色の種子をつくるエンドウと純系の黄色の種子をつくるエンドウを植え，親世代を育てた．親世代の花が咲くと，緑色の種子のエンドウのめしべの柱頭に黄色のものから採取した花粉を付けた．その逆の交換交配も行った．エンドウの種子はどちらの組合せの種子の色もすべて黄色であった．これらの種子は親世代の子の世代であり，雑種第一代とよばれる．では，種子を緑色にする形質が黄色にする形質に融合して永遠に失われたのか，あるいは形質はもとのまま存在しているが，雑種第一代の種子では隠れているだけなのか．調べるために，メンデルはその雑種第一代の種子を植え自家受精させた．その結果できた雑種第二代の種子には6022個の黄色の種子と2001個の緑色の種子があり，数の比は，ほぼ3対1であった．以上の実験結果は，形質の融合は起こらなかったという確かな証拠だった．メンデルは雑種第一代ですべてに現れた形質を優性形質とし，隠れているが第二代で再び出現する形質を劣性形質と呼んだ．

●**メンデルの法則，分離の法則と独立の法則**　メンデルの法則は次の遺伝の基本原理をとらえている．各々の形質の2つの対立遺伝子は配偶子形成時に別れ別れになり（分離の法則），両親のそれぞれに由来する1つずつの対立遺伝子が受精のときに合体する．図1は配偶子形成および受精によって起こる対立遺伝子の分離とランダムな合体の結果がひと目でわかるように示したもので，パネットの方形とよばれる．メンデルは交配実験すべての結果を同じ方法で分析できるように記号を使って表す方法を考えだした．彼は優性対立遺伝子を大文字のA, B, C,…などで

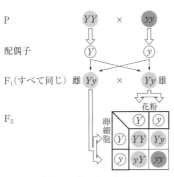

図1　パネットの方形

表し,劣性対立遺伝子を小文字のa, b, c,…などで表すことにした.メンデルはエンドウのほかの対立形質を担う対立遺伝子においても解析を行い,配偶子形成において異なる組の対立遺伝子は互いに独立に分離(独立の法則)することを見出した.

●**メンデルの幸運と不運** 幸運にもメンデルがなぜ成功したかにはいくつかの理由がある.第1にははっきりと区別がつく7対の対立形質を選んだことである.第2にエンドウが自植を行うことである,つまりホモ接合の品種から出発して子孫にはっきりした分離比を得ることができた.またエンドウは多量の種子を生産するためテストする植物の数が多く特有の分離比を得られる可能性が高かったのである.また好運にも7つの形質の因子はどれも同一の染色体上にのっておらず,連鎖していなかった.

メンデルは彼の理論を1866年に初めて植物雑種に関する研究として発表した[1]が,しかし不運にも,それは35年間知られずにいた.なぜならば,当時はまだ誰も,実際に分離し,独立に分配される細胞内部の構造物である染色体を観察できていなかったからである.染色体の発見はその30年後のことである.彼の死後,1900年にユーゴー・ド・フリース,エーリヒ・フォン=チェルマック,カール・E・コレンスの3人によって,メンデルの理論を知らずにそれぞれ独立に再発見され,遺伝法則として認められた.近代遺伝学の第一歩である.

●**木村資生の中立説** 1953年にジェームズ・ワトソンとフランシス・クリックによるDNAの二重らせん構造モデルが考案され,科学技術の発展により,タンパク質のアミノ酸配列やDNAの塩基配列解読とその比較研究が可能となった[2].当時,生物は有益な突然変異を蓄積しながら次第に環境に適応していくとするダーウィン流の見解が主流であり,分子レベルにまで拡張できると期待されていた.1968年に国立遺伝学研究所の木村資生により「分子レベルにおける進化的変化と多型は,主に,自然淘汰に関して,ほとんど中立でその行動と運命が主として突然変異と偶然的浮動によって決定されるような突然変異遺伝子によるものであるとする説」(中立説)が提唱された[3].この説は第1に進化の過程で起こるDNAの変化のわずかが本質的に適応的であり,表現型に効果を及ぼさない大部分の分子的置換は生存と繁殖に意味のある影響を与えず,種内に偶然的に浮動するとした.第2に,タンパク質多型に現れるような分子レベルでの種内変異の大部分は本質的には中立であり,したがって大部分の多型的対立遺伝子は,突然変異による補給とその偶然的消失とによって種内に保たれているとした.これは,多型的対立遺伝子の大部分が適応的である,または平衡淘汰で種内に保たれているとした説を否定するものであった.「中立説は適応的進化のみちすじを決めるのに自然選択が果たす役割を否定する訳ではない」[4]としたが,ダーウィンの自然選択説を否定していると誤解され,当初は大きな反発を受けた.その後中立説と自然選択説は並立する概念であることがわかり,大部分の進化生物学者が,両説は両立できるものであるとして受け入れるにいたっている. [安部恵代]

遺伝子
gene

　遺伝子とは親から子へと形質が受け継がれる遺伝現象を担う物質であり，分子生物学ではタンパク質の合成に関わる機能的な単位をよぶ．遺伝子の本体は，1953年にジェームズ・ワトソンとフランシス・クリックによりその二重らせん構造が解明されたデオキシリボ核酸（DNA）[1]の一部分である．その小さな領域には各々1つのタンパク質を生産する際に使用する設計図や，作成量を支配するスイッチ等が含まれている．

　ヒトにおいては30億個のDNA塩基配列中に，2万5000個の遺伝子が暗号化されて刻まれている．たった4種類の塩基の組合せしか使わずに，ヒトの個体を形成するすべてのタンパク質の情報が刻まれているのである．これを遺伝暗号（ジェネティックコード）とよぶ．ヒトの細胞はこれらの遺伝子を適切に使う機構が存在しているのであるが，その理解のためには遺伝子発現の仕組みを理解しなければならない．

●**遺伝子発現の仕組みと制御**　遺伝子はその遺伝情報を現象として発現する際にリボ核酸（RNA）とタンパク質という重要な重合体を作る[2]（図1）．RNAはDNAとよく似た，しかし短い重合体である．塩基の相補性を基盤にしてDNAの塩基配列を忠実に写し取ってRNAがつくられる．このステップを転写とよぶ．RNAに写し取られた情報に基づいてタンパク質がつくられる．このステップは翻訳とよばれる．転写においてはDNAの塩基とRNAの塩基が一対一対応であるが，翻訳においては4種類の塩基で構成される塩基配列が20種類のアミノ酸で構成されるタンパク質に対応するために3個の塩基が1つの単位として読み取られる．この連続する3個1組の塩基配列をコドンとよび1つのアミノ酸を指定する単位となる．この領域がタンパク質の設計図である．情報貯蔵庫であるDNAから情報担体であるRNAを介してタンパク質をつくる流れは生物の細胞において共通する基本的な原則でありセントラルドグマとよばれる．

　この遺伝子発現を増加させる単純な方法は遺伝子を複数有する戦略であり，実際に遺伝子には似通ったものが認められる．オルソログとよばれる配列の類似した2つの異なる種の遺伝子は環境適応の進化の足跡である．同じ種内のしばしば同じ染色体内での遺伝子重複によって生じるパラログからは免疫グロブリン遺伝子スーパーファミリーなどの多重遺伝子ファミリーを構成する工夫

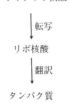

図1　セントラルドグマ
遺伝子発現の基本的原則

がみられる．DNA における遺伝子重複は遺伝子発現量の増加とともに生存に重要な遺伝子の機能的制約を解除し進化の上で有利に働く方法でもある．

　転写のステップはエンハンサー領域とよばれる調節領域に転写因子とよばれるタンパク質が結合することで始まる．この結合が多ければその遺伝子発現は高まり，結合が阻害されれば発現は低下するのである．つまり，細胞が DNA として保持している遺伝情報は1細胞に1セットしかなく，細胞分裂とともに厳密に複製されて安定しているが，その一方で RNA は DNA の同一の領域を何度も写し取って大量に生産され使い捨てられる．転写因子の結合は，どの細胞でどれくらいの強さでどの遺伝子を発現するのかを細かく指示しているスイッチなのである．

　翻訳のステップにおいてはどの遺伝子を発現するかの制御も行われている．タンパク質へと翻訳される部分をエクソン，エクソンの間にある非翻訳部分をイントロン，イントロンで分断されたエクソン同士がつなぎ合わされる処理をスプライシングとよぶ．イントロンの長さは数塩基から10万塩基以上の長さのものもあるが一塩基もずれが生じずにタンパク質をつくるのである．このスプライシング部位の正確さは重要であるが，柔軟な面もある．1つの遺伝子から異なるスプライシングを受けて何種類もの異なるタンパク質を合成することができる．この機構は選択的スプライシングとよばれる．

●**修飾的遺伝子発現の調整**　セントラルドグマの原則によると，遺伝形質の発現は DNA 塩基配列から RNA を利用してタンパク質合成や形質発現が制御されている．しかしながら，DNA 塩基配列の変化を伴うことなく，さまざまな修飾により形質変異が生じる機構も発見されている．例えば，一卵性双生児は遺伝子型が同一であるにもかかわらず個体間の表現型が異なることや，成長に伴うさまざまな臓器や細胞への分化過程が異なることなどである[3]．

　ヒトは約200種類の専門的役割をもつ60兆の細胞群からなる多細胞生物である．この一塊の細胞群はたった1個の受精卵から分裂を繰り返して発生し，その証拠にすべての細胞がもつ DNA の塩基配列は同一の組合せを基本にしている．しかし，それぞれの細胞群は表皮としての，筋肉としての，内臓としての，あるいは神経としての役割を果たすために，それぞれ独自の適切な時期に適切な場所で適切な量のタンパク質を産生するのである（図2）．しかも生物個体が成長していくにつれて細胞の分裂が行われるが，その際にも変わることなく受け継がれていくのである．これらの現象は DNA 塩基のメチル化や，DNA を安定化させる働きを持つ蛋白質であるヒストンのメチル化，アセチル化，リン酸化，ユビキチン化などがクロマチン制御を介して遺伝子発現に影響を与えていると考えられている．これらをエピジェネティクスとよぶ．特にヒストンのアセチル化やメチル化等の化学修飾の組合せがそれぞれ特異的な機能を引き出すという仮説があ

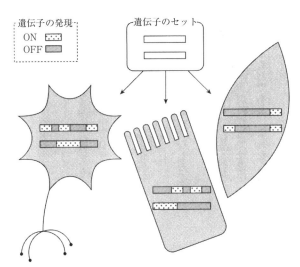

図2 細胞によって遺伝子の使われ方が異なる
（出典：文献[3] p.108より）

る．ジェネティックコードと対比してヒストンコード仮説とよばれている．

●**エピジェネティックスの進歩**　近年ではヒトゲノムの解読が完了し，形質発現の調節機構に研究の中心が移ったことで，エピジェネティクスが注目されるようになった．またその範疇に遺伝子修復や細胞周期の制御に関連した一時的なDNAの修飾状態をも含める考え方もある．RNAにおいても新たな発見があった．セントラルドグマのRNAは遺伝暗号を伝える役割からメッセンジャーRNAとよばれている．RNAにはこれ以外にもタンパク質を設計していないトランスファーRNA，リボゾーマルRNAが知られていた．21世紀になり，これらのアミノ酸に翻訳されないノンコーディングRNAは21塩基程度短い二重鎖RNAがRNA干渉という現象を通じて，比較的塩基配列が似通ったメッセンジャーRNAを分解促進して発現量を制御することがわかってきた．

　遺伝子発現の調節方法を解明することで農作物の改変，遺伝子治療，先端的医薬品等，我々の生活においてもさまざまな恩恵を得ている．さらに，京都大学の山中伸弥教授は成人女性の皮膚繊維芽細胞から遺伝子組換え技術を駆使して人工多能性幹細胞（iPS細胞）を生み出した．この細胞は体細胞がエピジェネティックな性質において受精卵により近い状態に変化したものである．この発見は再生医療等に大きな進展をもたらすと期待されるが，生命の根源に関わる科学技術の進歩は法環境整備や生命倫理の成熟も必要としている[1]．

［岩本直樹］

表現型と遺伝子型
phenotype and genotype

　親のもつ形態や性質が子に伝えられる現象は数多く認められる．生物の色，形，大きさ，鳴き声など親から子，さらには子から孫へと変わることなく受け継がれる特徴や性質を遺伝形質とよぶ．

　1865年の初め，グレゴール・J・メンデルはエンドウの外見的特徴が子孫へ伝わるようすを詳細に観察して（表1）外見上の形質が現れることを決定する，目には見えないが理論的に存在が導きだされる単位の存在を示した[1]．これが遺伝子である．遺伝子は生物学的情報の基本単位であり，遺伝とは生化学的，解剖学的，行動学的な形質が遺伝子によって世代間で受け継がれる現象のことである．

表1　メンデルが観察したエンドウで行った外見的特徴の遺伝実験データ（一部）

性質	親世代	子世代	孫世代		
			性質	個数	比率
背丈	高い×低い	すべて高い	高い	787	2.84：1
			低い	277	
種子の形	丸形×角形	すべて丸形	丸形	5474	2.96：1
			角形	1850	
種子の色	黄色×緑色	すべて黄色	黄色	6022	3.01：1
			緑色	2001	

　また，メンデルはエンドウが種子の色について親の世代からそれぞれ1つずつ受け継いだ1対の遺伝子をもっていると考えた．さらに，その種の色を決める遺伝子には黄色と緑色の対立した遺伝子が存在し，二者択一の形式で対照的な黄色と緑色の特徴が決定されると考えた．メンデルは黄色の遺伝子をY，緑色の遺伝子をyとして，この遺伝子の理論を使って黄色のエンドウYyから緑色のエンドウが生まれる仕組みを説明した．表現型とは個体に現れている見かけ上の形質であり，遺伝子型とは表現型を決めるための遺伝子の組合せをいう．例えば，エンドウ豆の色が表現型であり，それに対応している遺伝子の組合せが遺伝子型（YYとかYyなど）である．YYやyyの遺伝子型は問題としている特定の形質を決定する遺伝子の2個ともが同じであるため，ホモ接合とよばれる．Yyなどの2つの異なる遺伝子をもつ遺伝子型はヘテロ接合とよばれる．

●**対立する形質**　形質のうち，"背が高い"と"背が低い"などのように互いに対になり，一方が現れると他方は現れないという関係にある形質を対立形質とよび，それぞれの対立形質を決定する遺伝子を対立遺伝子とよぶ．

3つ以上の対立遺伝子をもつ遺伝子の中には，どの対立遺伝子をとっても他のすべての対立遺伝子に対して共優性を示し，したがってすべての遺伝子型について異なる表現形が現れるものが知られている．このような例は分子レベルでのみ検出される形質でよく見られる．例えば，ヒトやその他の哺乳類の組織適応抗原とよばれる細胞表面分子をコードしている3つの遺伝子からなる遺伝子群がある．組織適応抗原は赤血球と精子以外のすべての細胞にあり，自分自身の組織は正常に保ちながら対外から侵入した異物を破壊するという適切な免疫反応を誘発するために重要な役割を担っている[2]．ヒトにおける3つの主要組織適応抗原（HLA-A，HLA-B，HLA-C）のそれぞれに20～100もの対立遺伝子があるため，可能な対立遺伝子の組合せの数は大きくなり，その中から選ばれる細胞表面分子の表現型の種類も相当なものになる．一卵性双生児を除けば，2人の人間が同じ組合せの細胞表面分子をもっていることはないに等しい．この機構を利用して自己と他者を区別するのである．

●**多型とその分類**　それぞれの生物は各遺伝子を2個ずつもっている．ある限られた集団において対立遺伝子のそれぞれはその集団を構成する個体が有する遺伝子の総数のうち一定の割合を占めており，集団遺伝学ではこの割合を対立遺伝子頻度とよぶ．対立遺伝子頻度が1％より大きい対立遺伝子を野生型対立遺伝子，1％より小さい対立遺伝子は変異型対立遺伝子と定義される．野生型対立遺伝子が複数あるものもあり，そのような遺伝子を多型であるという．例えば，ABO式血液型では3つある対立遺伝子のすべてが1％を超える頻度で存在する．つまり3つの対立遺伝子すべてが野生型であり，その遺伝子は多型である．

　1つの遺伝子座に2つ以上の対立遺伝子が存在すると，遺伝子座は多型とみなされ，変異自体はDNA多型とよばれる．DNA多型は，一塩基多型，マイクロサテライト，ミニサテライト，その他のDNA多型の4種類に分類される．遺伝子型の種別のために，DNA多型はDNA配列に対する重要度，つまりゲノムにおける頻度，安定性，そして遺伝解析の役割に応じて4種類に分類される．一塩基多型は最も単純かつ一般的で，最も頻繁に解析される．このDNA多型は，一塩基対の置換からできている．集団における2つの対立遺伝子の比率は1対99から50対50である．マイクロサテライトとよばれる反復配列は単純反復配列ともよばれ，一塩基または二塩基以上の少数塩基配列が連続して反復している．マイクロサテライトはもっている配列の数が非常に多様で区別できる多くの対立遺伝子をもっている．ミニサテライトはゲノムDNAの反復配列の一群であり，マイクロサテライトよりも長い．反復単位は20～100塩基対であり各々の単位は数千回までに反復される．ミニサテライトは相同染色体の対合の際に簡単にずれを生じるために非常に多型になりがちである．その他のDNA多型としては，非反復配列の塩基対を欠失，重複，挿入した多型がある．これらの多型は個人間の遺伝子

型の違いを検出する基礎となる．

●**質的形質遺伝子と量的形質遺伝子**　これまでのところ単一遺伝子の変異によって1つの形質が決定される現象を述べた．メンデルが観察したエンドウの種子の形（丸形，しわ状）のように，単一の遺伝子によって決定される不連続で質的に異なる形質を質的形質とよび，その遺伝子を質的形質遺伝子とよぶ．しかし，生物の表現型の多くは量的である．コレステロール濃度や骨密度のように連続する実数で示される形質を量的形質とよび，その形質決定に影響する遺伝子を量的形質遺伝子とよぶ．量的形質の多くは2つ以上の遺伝子の対立遺伝子によって制御されることが多く，多遺伝子形質とよばれる．例をあげると，身長は量的な性質である．栄養の吸収を促進する遺伝子型 AA をもつ個体の大きさの平均は，遺伝子型 Aa よりわずかに大きく，Aa は aa よりわずかに大きい．成長ホルモンを調節する遺伝子でも同じように BB, Bb, bb という遺伝子型の順に少しずつ大きい．骨の成長を促進する遺伝子でも同じように遺伝子型の順に少しずつ大きい．身長決定にはこのように多くの遺伝子座が関与していると考えられ，1つの遺伝子座での対立遺伝子はわずかな影響を表現型に与えていると考えられる．

●**遺伝要因と環境要因**　形態，行動，生理学的・生化学的特性など生物のさまざまな性質は，遺伝子と環境との相互作用でつくられる．

　遺伝子と環境がある表現型変動に寄与している相対的な割合を示す遺伝率が定義されている．環境によって決まる形質の分散を環境分散とよび，遺伝子相違の結果による形質の分散を遺伝的分散とよぶ．それらの総和である形質の分散を全表現型変動とよぶ[3]．表現型の多くはそれが発現する環境によって影響を受ける．したがって，個体の間で認められる表現型の差異は遺伝子型の差によるものと環境の差によるものを含んでいる．動物の行動が遺伝的に決まっている本能的なものなのか，学習によって形成されたものなのか，という論議はほとんど無意味である．遺伝子のみ，あるいは学習のみによって形成された動物の行動というものはほとんどない．その表現型に対してどちらの要因が相対的にどの程度強く関与しているのかを知ることが肝要である．

●**表現型と遺伝子型の乖離から**　アメリカのケンタッキー州出身のトーマス・H・モーガンはショウジョウバエを1年間飼い続け，それまでのメンデルの法則だけでは説明のつかない，性に限定する表現型を見出した[4]．そこから彼は伴性遺伝形式の原理にたどり着き，さらには遺伝学上の交差，遺伝子地図の作成を可能とした．1933年に「染色体の遺伝機能の発見」という理由でノーベル生理学・医学賞を受賞した[5]．観察された結果の中に説明のつかない疑問が見られるときこそが好機である．過去の大発見のいくつかは，疑問をそのままにするのではなく，当時では非常識な発想を含むさまざまな仮説とその検証により得られたのである．

［青柳　潔・有馬和彦］

遺伝病
hereditary disease

　遺伝病とは遺伝子の問題が原因で起こる疾患である．古典的には単一の遺伝子の異常により発病する疾患が遺伝病とよばれてきた．しかし近年の遺伝子研究の進歩により，多くの疾病が遺伝子の影響を受け，また1つだけでなく複数の遺伝因子により，疾病の発病や重症度が影響を受ける．そのため単一の遺伝子異常によるものを単一遺伝子病，複数の遺伝子異常によるものを多因子遺伝病とよぶ．ほかにもミトコンドリア遺伝子の異常を原因の1つとするミトコンドリア病，ダウン症に代表される染色体異常症，がんに代表される体細胞遺伝子病などがある．

●**遺伝子と遺伝子異常**　一般的に遺伝子とはデオキシリボ核酸（DNA）を指すことが多く，そのDNAはたった4種類の塩基（アデニン，チミン，グアニン，シトシン）によって，遺伝情報が納められている．塩基3つでコドンとなり，20種のアミノ酸や，翻訳の開始や終止を指定したりする．DNAの塩基は，細胞分裂のたびに一定の確率で突然変異するが，塩基の1つに変異が存在しても翻訳外領域であったり，同じアミノ酸を指定するものであったり，個々の特性の範疇であったりと問題のないことが多い．しかし，時に翻訳されたアミノ酸が違うものになったり，終止コドンとなったり，欠損によりフレームシフトが起こり正しく蛋白が合成されなかったりすることがある．そのほかにも，3塩基のリピートが通常よりも多く現れることにより発病するトリプレットリピート病などがある．

　減数分裂では，遺伝的多様性を生じさせる遺伝的組み換えがなされており，その際にDNA塩基配列の交叉部位が正しく維持されない構造異常を引き起こすことがある．また，染色体の数的異常（異数体）もある．

●**単一遺伝子病**　単一遺伝子病は基本的に遺伝形式がメンデルの法則に従う．遺伝子異常の存在する位置が常染色体と性染色体のどちらにあるか，そして対となっている遺伝子（対立遺伝子）の片方だけの異常で発病する優性遺伝か，両方の異常がそろって発病する劣性遺伝かどうかによって，①常染色体優性遺伝病，②常染色体劣性遺伝病，③X連鎖遺伝病，④Y連鎖遺伝病に分けられる．

①常染色体優性遺伝病：常染色体優性遺伝病のほとんどにおいて，優性対立遺伝子（A）と劣性対立遺伝子（a）がヘテロ接合（Aa）している．優性対立遺伝子がホモ接合（AA）している場合もあるが，この場合はきわめて重症になるか，生まれてくることができない．両親のどちらかが罹患していると，その子供は50%の確率で罹患するため，家系を見わたすと男女差なく各世代に罹患した人がいることが多い．代表的な疾患としては，家族性高コレステロール血症，遺伝性球状赤血球症，ハンチントン病，家族性腺腫性ポリポーシスなどがある．

②常染色体劣性遺伝病：常染色体劣性遺伝病は，劣性対立遺伝子（a）がホモ接合（aa）している．優性対立遺伝子（A）とのヘテロ接合では，保因者（Aa）となり発病しない．両親が保因者の場合，子供は25％の確率で罹患する．代表的な疾患としては，フェニルケトン尿症，囊胞性線維症，鎌状赤血球症などがある．

③X連鎖遺伝病：性染色体であるX染色体は，男性では1本しかもたない．そのため，男性は母親の2本のX染色体のうち1本と父親からのY染色体を，女性は母親からX染色体1本と，父親から1本を受け継ぐ．すなわち，罹患している父親と保因者でない母親の子供は，女児であれば必ず遺伝子異常のあるX染色体のヘテロ接合となり，男児であれば異常のあるX染色体はもたない．また，ヘテロ接合の女性と罹患していない父親の子供は，女児であれば50％の確率で保因者となり，男児であれば50％の確率で罹患する（図1）．代表的な疾患としては，血友病AおよびB，家族性低リン酸血症性くる病などがある．

④Y連鎖遺伝病：Y染色体に存在する遺伝子は比較的少ない．そのうち，性を決定するY染色体性決定領域（sex-determinant region Y：SRY）における遺伝子異常により男性化が妨げられてXY女性が生じることがある．また，乏精子症や無精子症の男性には，Y染色体の長腕に微少欠失があることが多いとされている．

⑤メンデル型遺伝形式にあてはまらない単一遺伝子病：常染色体優性遺伝の場合，優性

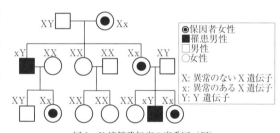

図1　X連鎖遺伝病の家系図（例）

対立遺伝子をもっていても，DNAのメチル化による変異遺伝子の不活化などにより発病しない場合がある．また，表現型の重症度にはばらつきが大きく，きわめて軽症で発病に気がつかなかったり，発病年齢が高くなり発病前に一生を終えたりする場合もある．ほかにも，モザイクやX染色体不活性化などがメンデル遺伝形式に従わない原因となっていることがある．

●多因子遺伝病　多くの疾患は，体質（遺伝的背景）と環境によって発症する．例えば，糖尿病の両親から生まれた子供は，糖尿病の家族歴のない子供に比べて糖尿病になりやすいという事実があり，さらに過食や運動不足などの環境因子が加わることで発症しやすくなる．近年の遺伝子研究により，心血管疾患，高血圧症，糖尿病，喘息，ある種のがんなど多くの疾患において，遺伝子の関与が明らかにされている．そして，1つの遺伝子変異によって発病が決められることは少なく，そのほとんどは多数の遺伝子が関与しており，これを多因子遺伝病とよぶ．例えば2型糖尿病の発症に関連する遺伝子として，CPN10，HNF4α，PTPN1，

PKLR，CASQ1，APM1，TCF7L2などの遺伝子が報告されている．これらの遺伝子の変異は単一では発症に強い影響を及ぼさないが，複数の不利な遺伝子変異を重ねてもつことが「糖尿病になりやすさ」に影響していると考えられている．また，この遺伝子変異の組合せ（ハプロタイプ）も影響があると考えられ研究されている．この多因子遺伝病の研究が進むことで，将来的には個人の疾患の罹患率を計算し，高リスクグループへの発病予防介入，早期発見のための健診，進行度や重症度を予想しての治療，治療薬の感受性や副作用の予想等，テーラーメード医療へと繋がっていくと予想される．実際，遺伝子解析による乳がんリスクの評価[6]や，抗がん剤治療の副作用の予想[7]などはすでに実施されている．

●**ミトコンドリア病**　細胞質にあるミトコンドリア内には環状DNAが存在し，このDNAの異常がミトコンドリア機能の異常を来すことがあり，ミトコンドリア病の原因の1つとなっている．受精卵の細胞質に精子はほとんど寄与せずミトコンドリアDNAは母性遺伝するため，女性罹患者の子は疾患を受け継ぐが，男性罹患者の子は疾患を受け継がない．代表的な疾患にはMELAS症候群，MERRF症候群などがある．

●**染色体異常症**　染色体異常症は，染色体の数の異常（異数体），構造の異常（構造異常）によって起こる遺伝病である．21番染色体トリソミーのダウン症は，出生児の600〜1000人に1人に認められ，出生児の中では最も頻度の高い染色体異常症である．出生まで生存できる常染色体のトリソミーは，21番染色体，18番染色体，13番染色体の3つのみであり，それ以外は生まれてくることができない．常染色体のトリソミーの頻度は，母親の年齢に強く相関しており，21番染色体では20歳の母親がダウン症を出産する頻度は1500分の1だが，45歳以上の母親では30分の1となる．性染色体にもトリソミーは存在し，47XXYのクラインフェルター症候群が有名である．ほかにも，47XYY，47XXXがしばしば認められるとされ，いずれも頻度は2000分の1といわれている．また，性染色体のモノソミーとして，45XOのターナー症候群がある．

　染色体の構造異常は，異なる染色体間での部分的な交換（転座），染色体の部分的な喪失，過剰，再編成，逆位などがあるが，臨床的に重要なものはロバートソン型転座である．ロバートソン型転座をもつ個体は，45本しか染色体はもたないが，融合染色体に元の染色体のほとんどの遺伝子情報をもっているため表現型に問題は出ない．しかしその子にはモノソミーやトリソミーが起こる可能性があり，致死的になったりダウン症になったりする．

●**体細胞遺伝子病**　体細胞遺伝子病は，出生後に獲得された体細胞の染色体異常であり，しばしばがんと関連する．代表的なものとしては，慢性骨髄性白血病におけるフィラデルフィア染色体転座や，バーキット型リンパ腫におけるMYC遺伝子の転座がある．

［中里未央］

遺伝子とがん
gene and cancer

　個体発生の過程において，1個の受精卵が精妙なバランスのもと分裂・増殖を繰り返してさまざまな臓器や組織に分化し，周囲の組織や細胞と調和を保ちながら機能を発揮し個体を維持するよう調節されている．そのうちの1個の細胞に何らかの原因で異常が生じ，周囲との調和を無視して無秩序に分裂・増殖するようになった細胞集団が悪性腫瘍「がん」である．多くは周囲の組織へ浸潤し，遠隔転移することで多臓器に機能不全をもたらし，最終的には個体を死にいたらしめる．

●**がん細胞とがん幹細胞**　がんは大きく上皮性と非上皮性に分類され，通常，上皮性の悪性腫瘍を癌腫とよび，これに肉腫や白血病などの非上皮性の悪性腫瘍を加えたすべての悪性腫瘍を総称してがんと表現される．がん細胞やがん組織では，細胞核のサイズや形状が不均一であり，正常な組織構造が消失しているなどの病理組織学的な特徴を有している（図1）．がん組織の中には，自己複製能（造腫瘍能）と多分化能，そして外的要素に対する強い抵抗性を有し，浸潤・転移に深く関連している特殊ながん細胞の存在が知られており，がん幹細胞とよばれている．

●**細胞周期とがん遺伝子**　がんは，1個の細胞に何らかの原因によって遺伝子異常が生じ，さらに複数の遺伝子異常が蓄積することで悪性度を高め，段階的に無秩序な増殖能力を獲得していくと考えられている．修飾を受けた結果，細胞に際限のない分裂・増殖を引き起こす遺伝子ががん遺伝子とよばれており，修飾を受ける前の遺伝子ががん原遺伝子である．こうした遺伝子は，本来，正常な細胞増殖の制御や情報伝達に関わる重要な遺伝子であり，増殖因子，チロシンキナーゼ，セリン・スレオニンキナーゼ，GTP結合タンパク，転写因子，アポトーシスに関わる因子など，100種類以上のがん関連遺伝子が知られている．

　生体内の細胞は，G1期（デオキシリボ核酸（DNA）合成の準備期），S期（DNA合成期），G2期（細胞分裂の準備期），M期（細胞分裂期）からなる秩序だった分裂過程を経ることが知られ

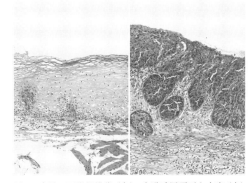

図1　食道の正常組織像（左），食道重層扁平上皮癌（右）のヘマトキシリン・エオジン染色組織像．癌組織では基底部から表層にかけて異常細胞の増殖が認められ，正常の層構造が喪失している

ており，この一連のサイクルは細胞周期とよばれる．この細胞周期を制御するために多数のタンパク質が関わっており，サイクリンとサイクリン依存性キナーゼ（CDK）が複合体をつくって細胞周期を前進させるエンジンの役割を果たし，CDK 阻害因子（CDI）がその複合体形成を阻害することで細胞周期をストップさせるブレーキの役割を果たしている[1][2]．

G1/S 期や M 期などの重要なポイントには細胞周期を監視するチェックポイント機構が存在し，DNA の複製遅延や損傷などの異常が検出された際にはチェックポイント制御因子が活性化されて細胞周期が停止する．そして，DNA 修復機構が働き，異常が取り除かれた場合は再び細胞周期が進行するが，DNA 損傷の程度が大きいとアポトーシスが誘導されて損傷した細胞は排除される．こうした細胞周期に関わるタンパク質をコードする遺伝子に異常を来すと，細胞増殖が制御できなくなりがん化が進行する．がんの発生を抑制する機能をもつがん抑制遺伝子の存在が知られているが，その多くは細胞周期チェックポイントの制御機能，DNA 修復機能，アポトーシス誘導機能に関わる遺伝子である．

多くのがんで変異が認められるがん抑制遺伝子 p53 は，異常を検出すると細胞周期を止めて DNA 修復タンパクを活性化するが，修復不可能な場合にはアポトーシスを誘導する機能を有する[3]．このため，p53 に異常があった場合，細胞増殖の制御不全を来し，がん化が促されると考えられている．実際，p53 遺伝子が欠損している希な遺伝性疾患であるリ・フラウメニ症候群では家系内にがんが多発することが知られている．特定の遺伝子を投与することでがん細胞の増殖周期を停止させたり，p53 の活性化を介してがん細胞にアポトーシスを誘導する遺伝子治療が試みられているが，現在のところ治療成績は限定的である．

●**多段階発がん説と遺伝子変異の治療への応用**　がん細胞が複数の遺伝子異常を蓄積して発症するという考えから，多段階発がん説が提唱されている．ある種の大腸がんでは，APC 遺伝子に異常が生じることによって腺腫が発生し，K-RAS 遺伝子や p53 遺伝子の異常が加わることで腺腫ががん化し，さらに DCC 遺伝子や NF2 遺伝子の異常が加わることで浸潤や転移を来すようになると考えられている．がん細胞は正常な機能を失っており，ゲノムの不安定性によって細胞分裂のたびに遺伝子変異を蓄積し悪性化を加速させる．

がんが遺伝子異常に基づく疾患であることから，主にがん発症のハイリスク症例を特定したり，薬物応答性（効果や副作用）を予測するために遺伝子診断が活用されている．遺伝性乳がん・卵巣がん症候群（HBOC）は，BRCA1 遺伝子または BRCA2 遺伝子の病的な変異をもつ遺伝性腫瘍の1つであり，一部ではスクリーニングに応用されている[4]．また，乳がんの HER2 遺伝子，大腸がんの K-RAS 遺伝子，肺がんの EGFR 遺伝子をチェックし，分子標的療法の治療効果を推測し，治療方針決定に活用する取組が始まっている．　　　　　　［前田隆浩］

感覚受容体
receptors in the sensory systems

　一般に感覚というと視覚，聴覚，触覚，味覚，嗅覚の五感を指し，ヒトが感じ取ることができる感覚はさらに多くに分類され20種類に及ぶともいわれている．これら外部からの刺激を知覚する器官を感覚受容体とよんでいる．検知される刺激の種類はさまざまであるが外界からの刺激を受容体タンパク質の構造変化を経て化学反応に変換しシグナル伝達系の経路に乗せる部分はほぼ共通しており，外部刺激に対する応答は原始生命の段階から獲得され，発達してきた機能と考えることができる．生命体にとって感覚という能力は環境適応能の1つであり，その意味では正の感覚と負の感覚が存在する．正の感覚には再びそれを享受しようという欲求が生じ，「痛み」を伴うなど，より生命の危険に近い負の感覚には敏感に反応し生存に向けてそれを回避していくことになる．これらの感覚を知覚する感覚器受容体を構成するタンパク質のアミノ酸配列はゲノムの中に遺伝情報として記録され継承されている．

●**感覚受容体の発達とその構造相同性**　移動手段をもたなかった原始細胞は応答というよりは調整機能として細胞活動の維持のために必要なカリウム，カルシウムなどのイオンの細胞内外への輸送機能が必要になった．イオンは細胞膜上に存在するイオンチャネルを透過しており，イオンチャネルは複数のα-ヘリックス（らせん）構造の柱が細胞膜を貫通する形で細胞膜中で会合している．このチャネルの構造形態は他の膜タンパク質でも多く採用されており，古細菌の一種である高度好塩菌ハロバクテリウムのバクテリオロドプシンにもみられる．バクテリオロドプシンは早くからその構造と作用機構が研究されてきた膜タンパク質で[1][2]，その後多くの膜タンパク質の構造と機能を理解するにあたりモデルとされてきた．このバクテリオロドプシンとは遺伝子（アミノ酸配列）の相同性こそないが，動物の視覚に携わるロドプシンも光刺激によるレチナールの光異性化を含めてその構造と作用機構がバクテリオロドプシンにきわめてよく類似している．感覚受容体はタンパク質の構造と機能を共有する形で発達してきたものと考えられる．またロドプシンはそのシグナル伝達機構とアミノ酸配列の類似性からさらに大きなファミリーであるGタンパク質共益受容体（GPCR）ファミリーに属する．GPCRファミリーは全タンパク質中で最大のファミリーでヒトゲノムには1000種を超えるGPCR遺伝子が存在し，全遺伝子の5％にも及んでおり，視覚，嗅覚のみならずさまざまな神経伝達物質に対する受容体として多くの疾患にも関与しているため，これまでに実用化されてきた医薬品の40％以上がGPCRを標的としている．また脊椎動物のゲノム上でGPCRファミリーをコードするDNA

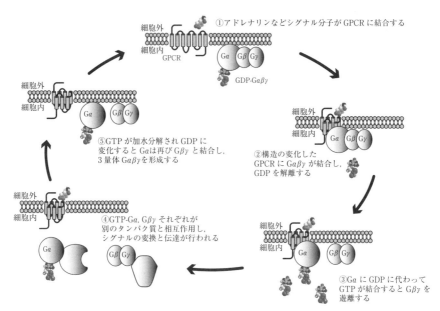

図1 GPCR に関わるシグナル伝達のサイクル

にはイントロン（mRNA 段階の遺伝情報編集で削除される DNA 配列）を含まないが，昆虫の GPCR 遺伝子にはイントロンが見つかっていることから GPCR の構造と機能は生命進化の過程で洗練されながら継続的に保存されてきた遺伝情報と考えられる．

●**シグナル伝達のサイクル**　あまた存在する GPCR のうちでも $β$-アドレナリン受容体についてはその遺伝子配列，構造と作用機構が詳細に調べられ，刺激受容と伝達の仕組みが明らかになった[3][4]．GPCR は 7 回膜貫通型の膜受容体で，グアノシンヌクレオシド結合タンパク質（G タンパク質）と相互作用（共役）し外部からの刺激（シグナル）を細胞内へと伝達する．G タンパク質は $α$, $β$, $γ$ の 3 つのサブユニットからなるヘテロ 3 量体タンパク質である．GPCR は外部から $β$-アドレナリンの結合に伴って構造の変化が起こり細胞内に存在する G タンパク質を結合する（図1①）．G タンパク質は通常，グアノシン 2 リン酸（GDP）を結合して不活性化しているが，構造の変化した GPCR に結合することで GDP を放出する（図1②）．するとそこへ細胞内に GDP より多く存在するグアノシン 3 リン酸（GTP）が GDP と拮抗的に結合する．GDP，GTP ともに G タンパク質の $α$ ユニットに結合することがわかっており，GTP 結合 $α$ ユニットは $β$-$γ$ 複合体を遊離し（図1③），GTP-$α$ 複合体として他の標的タンパク質と結合することでそのタンパク質の活性を誘起し外部刺激を化学反応に変換している（図1④）．　　　[濱崎啓太]

遺伝子工学
genetic engineering

　遺伝子工学は分子生物学と生命科学を基礎とし，自然界に存在する生命や生体成分を対象として，遺伝子組み換えの理論や知見を用いて，公共の安全・健康・福祉のために有用な事物や技術を構築することを目的とするものである．
　その第一歩となる人類初の遺伝子組み換え実験は1971年に行われた．これは1953年にジェームズ・ワトソンとフランシス・クリックらがDNAの二重らせん構造を提唱してから約20年後である．この画期的な新技術を研究者たちはアシロマ会議やカルタヘナ議定書をへて，医療，産業，社会に大きく貢献できる基幹技術へと安全に進化させたのである．現在では，医薬品の生産，動植物の品種改良，ヒトの遺伝病に対する遺伝子治療や遺伝子解析を主とする基礎生物学，クローン技術（図1[1]）や人工多能性幹細胞を用いた再生医療等の先端的医療開発になくてはならない技術である．

●**遺伝子組み換え技術の基盤**　1928年イギリスの微生物学者フレデリック・グリフィスは，肺炎双球菌の無毒な株に，加熱殺菌した有毒な株を混ぜると，無毒な株が有毒になり，この新しく病原性を獲得した株の子孫もまた無毒な株に病原性を与えることを観察し，無毒な形質から有毒への転換は遺伝的に受け継がれることを報告した．これはハツカネズミを用いた肺炎双球菌の形質転換とよばれる現象の発見である．1944年にはオズワルド・アベリーはこの形質転換活性部分がさまざまな蛋白分解酵素では活性に影響はないがDNAを分解する酵素で処理すると活性を失うことを示し，形質転換を司る物質はDNAであることを示した．
　この生細胞から単離したDNAが他の細胞に取り込まれて，細胞の染色体と組換えを起こす現象を形質転換とよぶ．
これをヒントに，現在ではウイルスベクターを用いて遺伝子を導入することができるようになったのである．遺伝子工学の基礎となる遺伝子組み換え技術とは文字どおり，目的の遺伝子を「切り取り」，本来保持していないDNAの部分に「張り付けて」，生きた細胞の中で「働かせる」技術である．これらの技術の中で最も重要な，DNAを狙いすまして「切り取る」技術に不可欠な制限酵素も微生物学から発見された

図1　クローン技術による羊（写真提供：ロイター＝共同）

のであった．

　1962年にスイスの微生物学者ヴェルナー・アーバーは大腸菌に感染するファージを用いて実験を行い，あるファージが特定の大腸菌株にはほとんど増殖をしない制限現象とよばれる宿主依存性の増殖障害を報告した．またその現象が子孫のファージの一部へと受け継がれることを発見した[2]．米国の微生物学者であるハミルトン・スミスはヘモフィルスインフルエンザ菌から世界で初めて制限酵素を分離精製した．この酵素は一本鎖DNAを分解せずに二本鎖DNAだけを分解し，その分解はDNAの対称な塩基配列を認識する．そしてその認識部位の一定の部位を対称的に切断することを突き止めたのである[3]．これが現在の遺伝子組み換え技術の扉を開いた制限酵素の発見である．これらの発見を基盤として遺伝子組み換え技術が発展し，アーバーとスミスはダニエル・ネイサンズとともに1978年にノーベル生理学・医学賞を受賞した．

●**遺伝子工学の恩恵**　これらの遺伝子工学技術によって我々はさまざまな分野で恩恵を受けている．医学分野において最初に生み出された組み換え医薬品は大腸菌細胞発現系によるインスリンである[4]．インスリンはヒトの糖代謝機能を制御する重要なホルモンの1つで，血液中に増加した血糖の細胞への取り込みを活性化して，血糖値を下げる働きをもつ．通常は膵臓から生産されて血液中に分泌されるが，十分に分泌されないと糖尿病となる．インスリンを毎食後に注射することで病状を和らげることができるが，1962年に組み換えヒトインスリンが応用されるまでは，ブタやウシの膵臓から抽出されたインスリンを用いていた．これらは不純物を含んでいたこと，ヒトインスリンとはアミノ酸配列が数個所異なっていることから，時に重篤な副作用を引き起こしていた．そこで，本来ヒトインスリンをつくることのできない大腸菌にヒトインスリンタンパクの遺伝子をウイルスベクターに切り取り，大腸菌に張り付け，大腸菌の中で働かせて，ヒトインスリンをつくらせた．これより純度の高いヒトインスリンを精製して用いることができるようになった．組み換えヒトインスリンによりブタやウシ由来のインスリンで認められた問題点が解決されており，糖尿病治療に広く用いられている．

　産業分野においても夢のような成果が得られた．植物栽培における青い薔薇の開発である．青い薔薇は園芸家の夢であったが，欧米では不可能の代名詞とされるほどにその作出は困難をきわめていた．遺伝子組み換え技術を用いた解析により，青い薔薇の実現には2つの障害があることが判明した．1つは青い色素に不可欠なデルフィジンの材料を産生する合成酵素をもっていないことと，バラがもつデルフィジン合成酵素は青い色素を合成する能力が他の種よりも劣っていることであった．そこで遺伝子工学を用いて，デルフィジンの材料を合成するスミレ由来の酵素を導入し，バラがもつデルフィジン合成酵素をDNA干渉により発現を低下させて，その代わりにアヤメ由来のデルフィジン合成酵素を導入すること

で，2009年に不可能と考えられていた青い薔薇が誕生したのである[5]．

●**研究者に求められるもの**　我々は遺伝子工学によりさまざまな恩恵を受ける一方，遺伝子組み換え技術によりつくり出された新しい生物が拡散する危険性や，ヒトの安全性に対する配慮を忘れてはならない．

1971年にベルグらががんウイルスの遺伝子を大腸菌の中で増殖させることに成功したことにより，一気に大きな期待と不安が遺伝子工学へ集まっ

図2　コロンビア・カルタヘナの市街．カルタヘナは南米コロンビアのカリブ海に臨む都市である（©Pablo Cabezos）

た．研究者たちは自発的な呼びかけを行い，1975年アメリカ合衆国カリフォルニア州アシロマにて遺伝子組み換えに関するガイドラインを初めて議論する会議を開催し，このアシロマ会議の議論内容を1976年にNIHガイドラインとして公表した[6]．その自律的精神は世界各国へと広がり，遺伝子組み換え生物の移送，取り扱い，利用の手続き等を定めたカルタヘナ議定書へと受け継がれていったのである（図2）．これは遺伝子工学によって改変された生物のうち生物の多様性に悪影響を及ぼす場合や，改変生物を継続して利用するとヒトの健康に悪影響を及ぼす可能性のある場合に，特に，その改変生物を国境を越えて移動するときに確保するべき安全性について述べられたバイオセイフティに関する議定書のことである．

実際に研究者が遺伝子組み換え実験を行う際には，「遺伝子組み換え生物等の使用等の規制による生物の多様性の確保に関する法律」別名カルタヘナ法に従う必要がある．使用，保管，運搬を行う資料に関しては実験の種類，宿主と核酸供与体の種類，ベクターの種類を注意深く選定して，定められた法律に沿って拡散防止措置を決定する．実験を行う機関で定められた規則を守り，各機関で定めた遺伝子組み換え実験計画申請書を提出して承認を受けなければならない[7]．

遺伝子組み換え技術は学生実験でも実施できるほどに技術的にも知識的にも発展を遂げた．強力な武器は人類の英知を深める助けになる一方で未曾有の大惨事を引き起こす可能性を秘めている．研究者は先人たちの慎重で自律的な歩みを参考にして，起こり得る危険性を理解しそれに備える周到さを忘れてはならない．それは技術を行使するものが一般社会に対して担わねばならない責任である．

［有馬和彦］

再生医療
regenerative therapy

　再生医療とは，生体の組織や臓器がどのように発生・分化し構築されていくかの仕組みに関する研究成果を利用して，疾患部分の臓器や組織を修復しようとする先端医学分野である．再生医療の目指すものはいつでもどこでも安全に，損傷や障害のある臓器や組織を適切な細胞で置き換えることである．

●**移植医療と幹細胞の発見**　医学においては自己修復力に期待するだけでは回復が困難な場合，その部分を金属等で置換する外科的治療が行われてきた．しかし無生物を利用する治療には限界があり，障害された臓器をより望ましい生物の組織や細胞で入れ替える臓器移植が発展した．ヒト-ヒト間での移植が望ましいが，必要とする患者数に対して臓器提供者数は圧倒的に不足することから，ブタ等の異種動物をヒトの臓器提供者とする異種臓器移植に関する研究が行われた．この研究は発展して，ブタ組織をヒトに移植した際に起こる重篤な超急性拒絶反応の原因であるアルファー1,3 ガラクトシルトランスフェラーゼ遺伝子を破壊した遺伝子ノックアウトブタの心臓をヒトへ移植することで6か月もの間，生存を可能とするにいたった[1]．しかし，ブタには内因性レトロウイルスとよばれるウイルスの存在が認められており[2]，このウイルス感染の危険性を払拭することができずに異種臓器移植の実現にはいたらなかった．

　ヒトの体は 200 種類以上の適切な専門的役割を発揮する約 60 兆個の細胞からできている[3]．この多彩な細胞群も 1 個の受精卵という 1 つの細胞から分裂して分化してきたのである．短い日数で死滅していく細胞が枯渇しない理由として，体の中には再生可能な細胞が存在していると考えられていた．この組織や臓器を構成する細胞集団の根幹に位置する未分化な細胞が幹細胞である．再生医療の発展は1981年に増殖能と多分化能をもつ胚性幹細胞（ES 細胞）がマウスで樹立されたこと[4]，2006年に人工多能性幹細胞（iPS 細胞）が作成されたこと[5]で大き

表1　細胞の特性

	個体への発生能	キメラ形成能	分類	特性
受精卵	○	○	全能性	受胚雌へ移植すると個体へ発生する．
胚性幹細胞（ES 細胞）	×	○	多能性	倫理的問題がある．
人工多能性幹細胞（iPS 細胞）	×	○	多能性	発がん性の危険性が否定できない．
体細胞	×	×	単能性	分化能力をもたない．

く加速していったのである．

●**幹細胞の問題点と人工多能性幹細胞の作出**　ES 細胞と iPS 細胞の特徴は多能性である（表 1）．受精卵は唯一，生殖能力をもつ個体に発生する能力を有する細胞である．ES 細胞と iPS 細胞はともにヒト個体すべての細胞に分化する能力をもっているが，単独で受胚雌に移植しても個体に発生しない．ES 細胞は胚盤胞内部組織塊に由来して体外で未分化な状態を保ったままほぼ無制限に培養維持できる幹細胞である．この性質から ES 細胞を再生医療に応用しようとされたが 2 つの問題点があった．第 1 にはヒト ES 細胞は生命の萌芽であるヒト胚を破壊して樹立するために生命倫理上好ましくないことであった．第 2 には，他人の細胞から樹立した ES 細胞と再生医療の対象患者の遺伝的背景が異なることによって生じる免疫学的拒絶反応であった．他人ではなく患者自身の遺伝形質をもつ ES 細胞樹立のためにクローン技術に注目が集まった．2004 年には総合科学技術会議はほかに治療法がない難病に関する再生医療のための基礎的研究に限ってヒトクローン胚研究を容認することを決定した．しかしその矢先にファンウソク元ソウル大学教授のヒトクローン胚由来 ES 細胞樹立に関するねつ造事件と不適切なヒト卵子入手事件が起こった[6]．

　暗いニュースを吹き飛ばすように，2006 年山中伸弥らは ES 細胞の多能性を維持する転写因子の研究を通じて，ES 細胞がもつ 2 つの問題点を回避したマウス iPS 細胞を開発した[5]．iPS 細胞は体細胞由来の幹細胞であり，繊維芽細胞に山中因子（Oct3/4, Sox2, Klf4, c-Myc）とよばれるたった 4 つの転写因子を外来性に発現させた細胞であるが，長所として個体すべての細胞への分化が可能であり，自己複製能を有しており，作成段階にはヒト胚の破壊を必須としなかった．翌年 2007 年にはヒト iPS 細胞を樹立し[7]，これらの功績により 2012 年に山中らはノーベル生理学・医学賞を受賞した．

　現在 iPS 細胞は，発がん性等の安全性は明らかではないものの，理想的な再生医療の基盤になると考えられている．医学，生物学，理工学をはじめとして，倫理，法律，教育等さまざまな分野が協力することで，再生医療の発展だけでなく難病の画期的治療法の開発や再生医療を国民が迅速かつ安全に受けられる社会の構築が期待される．　　　　　　　　　　　　　　　　　　　　［岩本直樹］

ゲノムとビジネス
genome as in the business scene

　ゲノムという言葉は gene（遺伝子），-ome（すべての，全体）からなる造語で，現代の定義では「生命体がもつ DNA の全塩基配列」をさす．ヒトのみならず，マグロ，イネ，トマト，コムギなど現存の生命体に加え，すでに絶滅しているマンモスなどさまざまな生命体のゲノム解読がなされている．原理的には死滅した生命体でもゲノム配列を知ることができれば完全培養により蘇生可能であるが，生命倫理の視点からの論争は絶えない．

●**ヒトゲノムプロジェクト**　ヒトゲノムをいち早くビジネスシーンに取り込もうとしたのがセレラジェノミクス社で，ヒトゲノムプロジェクトを加速させた一民間企業である．セレラジェノミクスは自社で解読したゲノム情報をすべて特許化しようとしていたが，この目論見は当時，アメリカ合衆国，日本，ヨーロッパなどがゲノム解読を目指して共同で進めていた国際プロジェクトの趣旨，「解読したすべてのゲノム情報の公開」とは相いれなかったため，1996 年にバミューダで双方の会合がもたれ，獲得したゲノム情報の 24 時間以内の公開が約束された．結果的にはセレラジェノミクスの野望がヒトゲノムプロジェクトを加速し，計画より 10 年も早い 2000 年に時のアメリカ合衆国大統領ビル・クリントンと英国首相トニー・ブレアによってヒトゲノムの解読宣言がなされ，2003 年からは完成版が公開されている[1]．そしてその 10 年後にはヒトゲノムが 1 日以内，10 万円ほどで解読できる時代になった（この本が出版されるころは 3〜5 万円になっているかもしれない）．DNA シークエンシング（配列決定）もこれまでの蛍光解析による方法から DNA が伸長する際に放たれる水素イオンを検知する方式に替わりつつあり，ゲノム解読は時間，コストともに圧縮され続けている（図1）．人間ドックの 1 オプションになる日も近いと思われる．2014 年の時点で商品としての「遺伝子検査」はすでに販売されており通販でも購入できる．費用は検査項目の数（最大で 300 項目ほど）にも依存するが，10,000 円から 30,000 円ほどで，生活習慣病など疾患の傾向，体質の

図1　ハイスループット化が進み，遺伝子解析は高速化された

特徴などを知ることができる．

●ケミカルゲノミクス　タンパク質は酵素，受容体などそれぞれの機能，使命があり，1つのタンパク質にはそれと相互作用する化合物が少なくとも1つは存在するはずである．すなわちタンパク質をコードしているゲノム情報1つにつき1つあるいはそれ以上の化合物（ケミカル）を割り当てることができ，これが達成されると創薬情報としては莫大でビッグビジネスに繋がるはずであった．しかしヒトゲノム解読が達成され10年が経過したがゲノム情報そのものを創薬に結びつけた例は多くはない．ケミカルゲノミクスを容易にしていないのはゲノム情報からタンパク質の個性を決める構造情報にたどり着くまでの道筋がたっていないためである．これまでにも「タンパク質3000プロジェクト」などタンパク質の構造を定めゲノム情報との相関を決定する試みがなされたが，その数値目標の大きさゆえに「決定可能なタンパク質の構造」に標的が偏り，結果的には「知りたいタンパク質の構造解析」が十分になされているわけではない[2]．今のところはすでに構造と機能が知られているタンパク質に対し，バーチャルスクリーニングを行い薬物の候補を絞り込むことで，実際に薬物候補となる化合物を複数合成し，薬物候補とタンパク質との膨大な結合実験を繰り返すよりは圧倒的なコストの削減になっている．

●ファーマコゲノミクス　現在最も実用的な期待がもたれているゲノムビジネスは疾患の予知と診断，副作用の予測であろう．ファーマコゲノミクスはpharmacology（薬理学）とゲノム情報を結びつけようとするもので治療薬の効果と一塩基多型など個人差のあるゲノム情報を見つけ出し，薬物に対する副作用のリスクを予測することを目指している．DNA配列を解読する方法は基本的にはすでに確立されたもので，この先はさらなる高速化と低コスト化（微量化）が求められている．ゲノム情報を疾患と結びつけるのはゲノム情報の個体（個人）間の相違を見つけることと（これだけでも膨大な情報量であるが），その中から疾患に結びつくものとそうでないものを判別し，疾患に結びつく情報を同定することにかかっている．直接は疾患に結びつかなくても，例えば薬に対する副作用の可能性など投薬に関わるリスクの発見は十分に有用であろう．

●ニュートリゲノミクス　ゲノムフードビジネスと読み替えてもよいかもしれない．ゲノム情報が恩恵をもたらすのは医療だけではない．ニュートリゲノミクスはニュートリション（栄養）とゲノム情報を関連づけようとするもので食品産業においてもゲノム情報はきわめて有用な鍵をもっている．すでに豚，黒マグロなどの動物のみならず，イネ（コシヒカリ），小麦，トマト，大豆などの農産物，納豆菌，麹にいたるまでゲノムが決定されている．食品由来の病原菌についてもゲノム解析がなされており，これら病原菌に強い品種の選別と開発への寄与が期待されている．ニュートリゲノミクスはさらに一歩進んで，食品を摂取した際にそ

図2 特定保健用食品（トクホ）の表示

の食品に含まれる成分がもたらす遺伝子発現など体内の変動をトランスクリプトーム（mRNA の網羅的な調査）により定量化することで機能性食品の開発を目指している．すでに特定保健用食品（トクホ，図2）として開発され市販されているものもある．医薬品同様にワールドワイドな競争が激化する中で，市販にはいたらずとも食品素材と遺伝子発現の対応をデータベースとして蓄積している企業もあり，ヒットが出た際の防衛特許として潜伏しているものもあろう．

●ゲノミクスと関わる他の網羅的解析　ゲノムそのものは DNA の塩基配列にすぎないので，これがもつ情報の価値をビジネスと結びつけるためにはゲノムが関わる他の情報との関連性の理解が鍵になる．対象としてはゲノム発現の終点であるタンパク質の網羅的解析（プロテオーム）とタンパク質が関わる物質生産，すなわち代謝産物の網羅的解析（メタボローム）があげられ，これらの情報を統合しゲノム情報との関連性を取り扱おうとするバイオインフォマティクスである．その主たる研究方法はコンピュータ上の相同性検索と検索プログラム，データベースの構築として展開されていくのでインシリコ（in silico：コンピュータ内，in vitro：試験管内，in vivo：細胞内，これらと研究対象を区別している）解析ともよばれている．さらに一歩進んで生命を上記の情報のネットワークからなるシステムとして理解しようとするシステムバイオロジーが提唱されている．今のところシステムバイオロジーから商品開発に直接結びついた例は少ないが医療開発，食品開発とも相まって「生命情報」の商品価値が増大していくと予想される．

●ゲノムの覚醒　ヒトゲノムからタンパク質に翻訳されている情報は 2% にすぎない．同一個体であっても組織ごとにゲノムの発現量（トランスクリプトーム）は異なるため，個々の細胞におけるゲノムの翻訳割合はさらに少ない．しかし，それぞれの分化成長した細胞で翻訳されない残りの 98% 以上のゲノムは消失しているわけではなく，強いていえば眠っているのである．細胞を初期化してこれら眠れるゲノム情報を再び覚醒させたのが iPS 細胞である[3]．iPS 細胞は幹細胞を同一固体の他の細胞へ変化させる技術とも相まって再生医療の可能性を前進させたインパクトが大きい．iPS 細胞の与える恩恵は再生医療にとどまらない．患者自身の健康な細胞から誘導した iPS 細胞をもとに患者の特定器官の細胞をつくることが可能になり，これを用いて薬物の効果と副作用の予知も可能になろう．副作用については動物実験を行うよりも正確かついずれは低コストで実現すると考えられ，新薬の開発とそれを含む医療費の圧倒的な軽減につながっていくことが期待されている．

［濱崎啓太］

2. カラダの構造

[工藤 奨・下村義弘]

　生物は生きていくために栄養を摂取し，不要なものを排出する．動物の場合，食物をとりこむ口が必要である．クラゲのような原始的な生物は口と肛門が同一であり，一つの穴で食物の摂取と不要物の排出を行う．最古の脊椎動物である無顎類では，口，えら，消化器，肛門などがまっすぐな一つの管でつながっていた．ヒトへの進化の過程で分離した口，肺，胃，腸，肛門といった個別の器官は機能的に連携して一つの個体を成す．骨格系においても，魚類はまっすぐな背骨とひれをもつが，両生類あるいはそれ以降の哺乳類といった陸上生活を行う動物では，湾曲した背骨と自重を支える4脚をもつ．ヒトではさらに，前後に強く湾曲した脊柱の上に重い頭部を載せることで2脚による直立を可能にし，手を移動の手段から開放した．長い進化を経たヒトはようやく現在の構造を手に入れた．本章では，さまざまなヒトのカラダの構造を紹介する．

骨格
skeleton

ヒトの体には約 200 個の骨が存在しており，これらの骨が軟骨や靭帯などの，結合組織によって繋がり，骨格系とよばれるまとまりを形成している．節足動物等の体表を覆う骨格は外骨格，一方で脊椎動物が体の中に有している骨格は内骨格という．発達した内骨格は脊椎動物における最大の特徴であり，進化の過程で重要な役割を果たしてきた．

●**骨の役割**　構造体としてみると，骨は身体の支持や臓器を保護する役割を担っている．骨がなければヒトは地球の重力に逆らって地面に立つことはできず，外部から衝撃を受けた際には，脳や心臓といった生命活動の維持に重要な臓器を簡単に損傷させる恐れがある．また身体運動の際には骨は筋の付着部となり，筋が収縮することで能動的な運動器官として働いている．

骨はそのほかにもいくつか重要な生理機能を担っている．骨を構成するカルシウムは神経や筋の維持や活動に使用されるが，骨はカルシウムの貯蔵庫であり，骨代謝によって体内のカルシウムバランスの調節を行っている．食事によってカルシウムが多量に摂取されると，血中の濃度が高くなり，余剰なカルシウムをもとに骨が形成される．逆にカルシウムが体内で消費されて，血中の濃度が下がると，不足を補うために骨が破壊され血中にカルシウムが送られる．骨内部の骨髄では造血が行われており，造血幹細胞が赤血球，白血球，血小板，リンパ球等の血液成分に分化することで，血液となって全身に送られる．

このような骨の役割は，陸上生活への適応の影響を強く受けている．約 4 億年前に存在した脊椎動物は皮骨とよばれる骨で全身が覆われていたが，進化の過程で皮骨は次第に退化し，代わりに内骨格が発達した[1]．この原因には，皮骨が陸上での運動性を阻害することと，海水では豊富に含ま

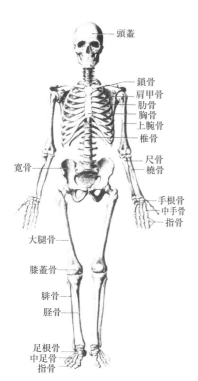

図1　骨の名称（出典：文献[2] p.3 より）

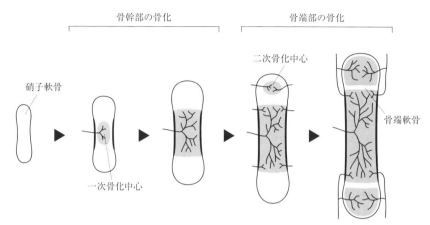

図2　軟骨性骨化の機序

れていたカルシウムを陸上生活では食事によって摂取せざるを得なくなったために，貯蔵庫である内骨格の役割が増大したことがあげられる．このように現代のヒトがもつ骨の形態や機能は，進化の過程で変化してきたといえる（図1）．

●**骨のモデリングとリモデリング**　胎生期や生後発育において骨が形成される過程を骨のモデリングとよぶ．骨は間葉系細胞が骨組織へと置換される骨化によって形成されるが，骨化には2つの様式が存在する．

　ヒトの場合，四肢の長骨に代表されるほとんどの骨は軟骨性骨化によって形成される．軟骨性骨化では，まず間葉系細胞から骨の雛形となる硝子軟骨が形成され，その骨幹部に毛細血管が入り込むと，一次骨化中心とよばれる骨化点がつくられる．そこから周辺へと骨芽細胞の働きで石灰化が進むが，遅れて骨端側にも毛細血管が入り込み，2次骨化中心がつくられる．つまり骨幹と骨端の両側から石灰化が進むが，その境界部には骨端軟骨という組織が残る．発育期に身長が伸びるのは，骨端軟骨が分裂することで骨が長軸方向に伸びるためである（図2）．

　骨化にはもう1つ膜性骨化があり，この様式は頭蓋骨や鎖骨といった皮骨に由来する骨にみられる．軟骨性骨化が軟骨への分化を経由するのに対して，膜性骨化は間葉系細胞が直接，骨芽細胞に分化する．骨芽細胞は基質小胞を分泌して，類骨とよばれる未熟な骨の石灰化を促すことで，骨組織を形成する．

　発育後の骨は一見して静的な構造体に見えるが，実は骨代謝に伴って骨芽細胞による骨形成と破骨細胞による骨吸収がたえず繰り返されている．形は大きく変化しないが骨組織の再構築が行われており，これを骨のリモデリングとよぶ．この営みによって，骨はその強度を維持している．

　骨代謝のメカニズムについては，そのシグナル因子や作動機序についていまだ

不明な点が多い．骨粗鬆症の新しい治療法の開発にも繋がることから，近年の骨研究における重要なテーマとなっている．

●**骨粗鬆症とライフスタイル**　骨粗鬆症とは，通常では均衡に保たれている骨代謝のバランスが吸収側に傾き，長期的に骨からカルシウムが流出することで，骨の脆弱性が増す状態をいう．骨粗鬆症は骨折のリスクを増大させるが，特に大腿骨頭部の骨折は，歩行困難になることから生活の質（QOL）の著しい低下に繋がる．日本人の有病率は，40歳以上の人の大腿骨頭部で男性260万人，女性810万人と推計されており[3]，若年よりも高齢，男性よりも女性に発症者が多い．これは，加齢に伴って小腸のカルシウム吸収能が低下することと，女性では破骨細胞の分化を抑制するエストロゲンの産生量が閉経後に著しく低下するためである．

骨粗鬆症の予防には，特に食生活と運動習慣による対策が重要とされる．食事では，当然ながら性別・年齢を考慮した適量のカルシウムを摂取する必要があるが，加えて，カルシウムをより効率的に体内に取り込むためにはビタミンD3の働きが重要となる．小腸での吸収能を高める働きをもつビタミンD3は，前駆体のプロビタミンD3が紫外線照射されることで，皮膚上で体内生成される．また日を浴びる時間が少ない夜勤の労働形態がメラトニン産生を抑制して骨折の発症リスクに影響する可能性なども報告されている[4]．骨粗鬆症の対策には，食生活と運動習慣，そして労働形態や余暇の過ごし方といったライフスタイル全体の在り方から考えていく必要がある．

●**力学的ストレスと骨**　骨が外部から受ける力学的ストレスも，骨代謝を調節する因子の1つとして働く．宇宙空間に長期滞在すると，骨量が急激に減少することがよく知られている[5]．国際宇宙ステーションに滞在した宇宙飛行士に関する調査によると，有限要素解析で大腿骨の骨強度は1か月あたり0.6～5.0％低下することが報告されている[6]．長期間，無重量環境下での生活が続くと，骨粗鬆症発症時と同程度の強度低下に繋がる可能性もあることから，骨代謝においていかに力学的ストレスが重要であるかが伺える．また継続的な運動習慣は骨密度の増加や骨折リスクを低減させることが知られている．

以上から，骨は力学的ストレスを感知し，そのシグナルをもとに骨形成を促す，または骨破壊を抑制する働きがあると推察される．近年の研究では，骨芽細胞の終末分化形態である骨細胞（オステオサイト）の働きに注目が集まっている．骨細胞は骨の9割を占める細胞でありながら，今までその働きはよく理解されてこなかった．最近の研究では，骨の広範に拡がる骨細胞の樹状突起状のネットワークが，破骨細胞や骨芽細胞の働きを制御している可能性が報告されている[7]．

［高原　良］

関節
joint, articulation

　骨の連結部を関節とよぶ．骨の連結には不動結合と可動結合がある．不動結合は，骨の間を組織によって直接相互に結び付けるものであり，骨の間に腔所（体内の空間）がなく，相対的に動くことがほとんどできない．不動結合には，頭蓋骨間のような線維性の連結，胸骨と肋骨間のような軟骨性の連結，寛骨を構成する腸骨，坐骨，恥骨間のような骨性の連結がある．可動結合は，滑膜性の連結ともいい，骨の間に関節腔があり，複雑な構造と可動性を示す．一般的にいう関節はこの可動結合を指す．

●**関節の構造**　一般的に関節は，関節面，関節包，関節腔および必要に応じて特種装置（靱帯，関節円板など）から構成される（図1）．関節面は，連結する骨の骨端が向かい合う部分の表面に覆われる関節軟骨のことである．凸面をなしている関節面は関節頭といい，凹面は関節窩という．関節面の縁近辺を固着し，関節面の間をつなぐ組織は関節包である．関節面と関節包の内側から形成される空間は関節腔である．関節包は内側の滑膜と外側の線維膜の2層からなる．滑膜から分泌する滑液が関節腔を満たし，潤滑油の役割を果たす．関節周辺の筋肉や腱の中に滑液を含んだ袋状の滑液包がある．関節腔と接続するものもあって，関節腔の容量を調整する役割がある．線維膜は弾性線維をもたない，多くのコラーゲンを含んでいる強い結合組織である．関節包の外側あるいは関節腔に靱帯が張っていて，関節包を補強して骨の連結を強くしている．関節腔の中には関節半月や関節円板がみられることがある．これらは線維軟骨からできていて，弾力があり，衝撃を吸収したり，関節面の接触を維持したりする働きがある．関節包には種々の感覚受容器である関節受容器がある．関節受容器は関節の温，冷，圧，痛のほか動き位置に関する情報を感知し，これが中枢神経に伝えられて，筋肉による協調

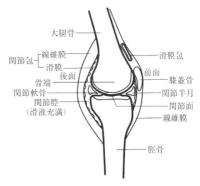

図1　滑膜関節の構造（膝関節の場合）（出典：文献[1] p.117 より改変）

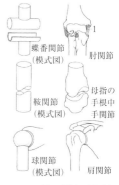

図2　関節の種類の例（出典：文献[2] p.29 より改変）

的運動を可能にしているものと考えられる.

●**関節の種類** 関節のうち, 2つの骨からなるのが単関節で, 3つ以上の骨からなるのが複関節である. 関節は機能的に大きく3種類に分類される（図2）. 1方向のみ運動できるのは一軸性関節である. 細かく分類すると蝶番関節（例：親指の指節間関節）, 車軸関節（例：前腕の上橈尺関節, 下橈尺関節）などがある. 2方向に運動できるのは二軸性関節である. 細かく分類すると楕円関節（顆状関節ともいう, 例：橈骨手根関節）, 鞍関節（例：親指の手根中手関節）などがある.

あらゆる方向に運動できるのは多軸性関節である. 細かく分類すると球関節（臼状関節ともいう, 例：肩関節, 股関節）, 平面関節（例：椎間関節）などがある.

●**関節運動** 関節に関与する筋の収縮により関節運動が生じる. 関節運動を表現する基準となる姿勢は解剖学的立位姿勢という. 体の左右を分ける面を矢状面という. この面において, 関節の角度を小さくする運動を屈曲という. 反対に, 関節の角度を大きくする運動を伸展という. ただし, 頸部や体幹においては, 前屈と後屈といい, 手関節では掌屈と背屈, 足関節では底屈と背屈ともいう. 体の前後を分ける面を前額面という. この面において, 体肢を身体の中心から遠ざける運動を外転という. 反対に, 体肢を身体の中心に近づける運動を内転という. ただし, 頸部や体幹においては, 左側屈と右側屈という. 手関節では親指方向に曲げるのを橈側偏位, 小指方向に曲げるのを尺側偏位という. 足関節では親指方向へは内転, 反対には外転という. 体の上下を分ける面を水平面という. 水平面において, 頸部や体幹の回転は回旋という. ほかの関節の回転時の表現は, 骨の相対関係で決まる. 前腕では回内と回外という. 肩関節では外旋と内旋という. 足関節では背屈, 外転, 回内を合わせて合成した動きを外反といい, 底屈, 内転, 回外を合わせて合成した動きを内反という（図3）.

動物園で見かける猿が枝にぶら下がりながら木から木へと移動するブラキエーションは一連の関節運動の集合体の典型である. 約700万年前アフリカの草原地帯が増え, 人の祖先は木から下りて, 直立二足歩行できるようになったのも, 環境に適応し, 股関節, 膝関節, 足関節や脊柱の関節運動の連携で上半身をうまく支えられるようになったからにほかならない. 特に股関節では, 180°を超える伸展はできなかったが, 過伸展を可能とするように進化した結果, 直立二足歩行できるようになった.

関節が動き得る角度範囲を関節可動域という. 関節可動域は, 筋骨格系の加齢に伴い変化し, 柔軟性の評価の指標とされている. 加齢や疾患によって, 関節可動域が小さくなる場合もあれば, 肘や膝など関節が伸展する際に, 180°を超えて過伸展する現象もみられる.

近年, 生理人類学の分野では, 四肢の静的関節角度と関節トルクの特性につい

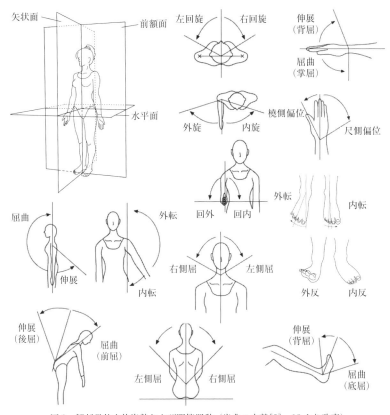

図3　解剖学的立位姿勢および関節運動（出典：文献[3]p.12より改変）

て，性差，年代差，民族差の研究が進められている[4]．今後は，動的関節角度と関節トルクの特性をさらに解明し，製品の設計などに応用できるのであろう．

［易　強］

運動器
motor system

　運動器とは，動物の器官の分類の1つで，身体を構成し，支え，身体運動を可能にする器官である．ヒトを含む脊椎動物では身体の支柱である全身の骨格と関節（骨格系）と，それらに結合する骨格筋，腱および靭帯が運動器に所属する（Wikipedia）．本項ではこれに関連し，運動器を支配する神経系（運動系）についても述べる．ヒトを含む動物が安定した姿勢を保持し，身体動作を行うことができるのは運動器および運動系による姿勢制御や運動調節が行われているためである．特に大脳皮質運動野では脳の機能局在とよばれる身体の末梢部分にそれぞれ対応した運動指令を司る配列があることが確認されている．筋骨格系は骨，靭帯，筋，腱，およびその他の結合組織から構成され，それぞれ骨は骨格を形成し，靭帯，筋，腱は主に身体動作の発現や制御に関わる．その他の結合組織は身体の各構成部分を結びつけて形を維持，構成する働きをもち，線維性組織，血液，リンパなど多岐にわたる．筋は収縮性のある細胞が集合したもので，これが刺激されることで収縮して張力を発生する．逆に，動物は筋がなければまったく動くことができない．身体の筋は骨格筋，心筋，平滑筋の3種類であり，骨格筋は骨格を動かすことによる身体動作の発現，心筋は心臓のポンプ作用，平滑筋は血管，膀胱，胃，小腸，大腸など，主に内臓器官の機能にそれぞれ関係している．

●**骨格筋の構造**　骨格筋の表面は筋外膜で覆われており，これによって他の筋との区別がなされている．筋外膜で覆われた1つの骨格筋は，同様に結合組織である筋周膜で覆われた筋線維束がいくつか集合したものである．筋線維束は文字どおり筋線維がいくつか集合したものであり，1本1本の筋線維は細いコラーゲン線維である筋内膜で包まれている．筋内膜の内側にあるのは筋原線維であり，筋原線維の集合によって筋線維が構成される（図1）．筋線維は筋を構成する細胞であり，太さは約 10～100 μm，長さは 1～50 cm 程度の幅をもつ[1]．

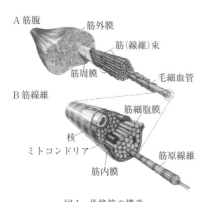

図1　骨格筋の構造
（出典：文献[1] p.45，図3-2より）

●**筋線維の構造**　筋線維を顕微鏡下で観察すると，横紋構造の明暗が見て取れる（図2）．この明るい部分はI帯と呼び，これは筋原線維の帯状構造としてのアクチンフィラメントの一部に相当する．ま

た暗い部分はA帯とよびミオシンフィラメントに相当する．A帯の中央部にはH帯があり，これはミオシンフィラメントにアクチンフィラメントが重なっていない部分である．さらにH帯の中心部の暗い部分はM線とよばれる（図2）．アクチンフィラメントはミオシンフィラメントと比較して細く，その一端はZ膜に結合している．ミオシンフィラメントとアクチンフィラメントは交互に重なるように筋原線維内で規則的に配列しており，ミオシンの頭部がアクチンフィラメントに向かって突出し，架橋を形成している（図3）．アクチンフィラメントはアクチンとトロポミオシンから構成されており，トロポニンがトロポミオシンに結合している[2]．トロポ

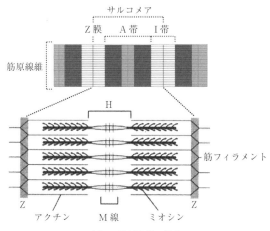

図2　筋原線維の構造
（出典：文献[1] p.48，図3-7をもとに改変）

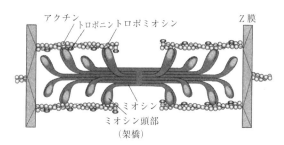

図3　架橋によるミオシンフィラメントとアクチンフィラメントの結合（出典：文献[1] p.49，図3-8より）

ミオシンは実際の筋収縮において重要な役割を担っている．筋が弛緩した状態ではトロポニンTとトロポミオシンが結合しているが，筋収縮を起こす際には筋線維内の筋小胞体から放出されたカルシウムイオンとトロポニンCが結合し，これによりトロポニンIの抑制作用が解除され，アクチン分子上のミオシン結合部が架橋と結合する．そして，架橋がアクチンフィラメントを筋節の中央部に向かって引き込む形で筋収縮が生じる（フィラメント滑走説）[2]．

● **腱および靭帯の構造**　腱や靭帯は結合組織であり，その主な構成要素はコラーゲン線維と弾性線維である．腱ではおよそコラーゲン線維が75％と弾性線維が5％であり[3]，コラーゲン線維が集合して腱線維束を形成し，さらに集合を繰り返すことで最終的に筋外膜に接する．このように腱の一端は筋に付着し，もう一端は骨に付着している．骨格筋の収縮による力が腱を通して骨に伝わることで動作

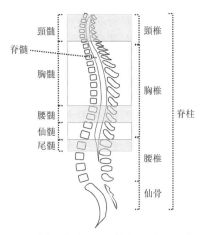

図4 脊椎と脊髄の区域(出典:文献[4]を参考に作成).それぞれの脊髄から出た神経は対応する脊椎を通り神経根として末梢へのびている

が発現する.靭帯は腱と似通った構造をしているが,コラーゲン線維と弾性線維の比率は部位によって異なり[3].靭帯の両端は骨に付着している.

●**脳-脊髄神経** 身体動作は筋骨格系によりなされるが,それらは主に脳から出る12対の脳神経および脊髄から出る31対の脊髄神経による支配を受けている.脳神経および脊髄神経を合わせて体性神経とよぶが,体性神経は自律神経とともに末梢神経系に分類され,中枢から末梢へ刺激が向かう遠心性神経と,末梢から中枢へ刺激が向かう求心性神経に分けられる.脳神経は頭蓋腔から出ており,嗅神経,視神経,動眼神経,滑車神経,三叉神経,外転神経,顔面神経,内耳神経,舌咽神経,迷走神経,副神経,舌下神経からなる.脊髄は頭側から頸髄(C1-C8),胸髄(Th1-Th12),腰髄(L1-L5),仙髄(S1-S5),尾髄(Co)に分類でき,それぞれ8対の頸神経,12対の胸神経,5対の腰神経,5対の仙骨神経,1対の尾骨神経が出るが[3],脊柱とは解剖学的な存在区域が異なる(図4).脊髄神経は各脊髄の前角から前根として出ており,各脊髄の後角へ後根として入っていく.そのため,前根は運動性,後根は感覚性の神経として扱うことができる.

●**身体動作のメカニズム** 脳の大脳皮質運動野から出た運動指令は脊髄前角から前根,α運動神経線維を通って目的とする骨格筋の筋線維へ伝達される.運動指令が筋線維へ伝達される際,運動神経は運動終板へ達し,終末部の脱分極により終末部からアセチルコリンが放出される.すると,活動電位が筋線維膜に伝播し,筋細胞内の筋小胞体からカルシウムイオンが放出され,トロポニンと結合することで筋収縮が生じる(興奮収縮連関).身体動作を発現するために直接関わる骨格筋を主動筋とよぶ.またこのとき,補助的な役割をもつ骨格筋(共同筋)も同時に収縮する.主動筋に対して反対の作用をもつ骨格筋のことを拮抗筋という.ある身体動作が発現されるとき,主動筋には興奮性の入力が働き,拮抗筋には抑制性の入力が働く(相反神経支配).これは身体動作が円滑に行われる仕組みの1つである.脊髄内には多くの神経(ニューロン)が存在するが,その多くは脊髄介在ニューロンである.これは,脳から出された運動指令が脊髄内で処理されていることを意味し,これによる運動調整が行われていることも円滑な身体動作を生み出す要因の1つである.

[金田晃一]

筋
muscle

　筋とは，骨格に付着して身体の動きを可能にする運動器官であり，また代謝過程で熱を産生し体温維持に貢献する産熱器官である．ヒトの全身に分布する筋の形状はきわめて多様であり，身体各部位の複雑な動作特性に応じて合目的的に配置されている．また，特徴の異なる筋線維や運動ニューロンから構成される運動単位が協調し，滑らかで持続的な運動を可能にしている．ここでは，骨格筋の形状を示し，異なる筋線維タイプにみられる特徴と運動ニューロンから構成される運動単位の動員について概説する．筋線維の構造と動作については他項「運動器」を参照されたい．

●**骨格筋の付着部と形状**　一般に骨格筋は関節をまたいで両端が腱となって骨格に付着している．骨格筋の両端の付着部のうち身体の近位部および遠位部に位置する側をそれぞれ起始および停止とよぶ．また，起始に近い側を筋頭，停止に近い側を筋尾といい，筋の中間部分は筋腹とよばれる．筋には筋線維の方向や腱との位置関係によって多様な形状がみられる（図1）．例えば，紡錘状筋では，筋線維が筋の長軸と平行で，両端が収束して細い腱となる．筋の収縮距離が大きく，最も一般的な形状である．起始が複数あるものを多頭筋といい，二頭筋（上腕二頭筋など），三頭筋（上腕三頭筋など），四頭筋（大腿四頭筋）がある．収束筋は，広い起始をもち，停止で筋束が収束する．大胸筋や僧帽筋などが収束筋に分類される．羽状筋は，筋の中央を縦走する腱の両側に筋束が斜走する．筋束が腱の片側に伸びるものを半羽状筋，多数の羽状筋が並ぶものを多羽状筋とよぶ．筋の収縮距離は小さいが，収縮力は大きい．

●**骨格筋線維の種類**　筋線維は遅筋線維（Ⅰ型）と速筋線維（Ⅱa型とⅡb（Ⅱ

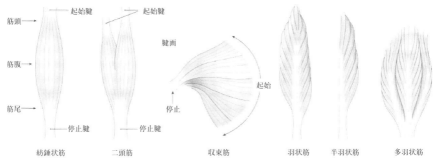

図1　筋の形状（出典：文献[1] pp. 18-19 より）

x）型）に分類され（表1），遅筋線維は細胞内にミオグロビンを多く含むため，暗赤色に見える．ミオグロビンは，ヘモグロビンと同様に酸素分子と可逆的に結合する蛋白質である．ミオグロビンにより酸素を保持し，また，酸化的酵素活性が高いため，遅筋線維（Ⅰ型）は長時間の持続的な収縮が可能である．

　一方で，速筋線維のうちⅡb（Ⅱx）型は解糖系酵素活性が高く，収縮は速いが疲労しやすい．Ⅱa型はⅠ型とⅡb（Ⅱx）型の中間の特性をもつ．ヒトではトレーニングなどによる筋線維タイプⅠとⅡの間の移行は明らかにされていないが，タイプⅡ線維のサブタイプ間の変化は生じる．例えば，運動トレーニングを行うとⅡb（Ⅱx）型がⅡa型に変化する[2]．

　脱共役タンパク質-3（UCP-3）の発現にも筋線維タイプによる違いが報告されており[3]，速筋線維ほど発現量が多い（Ⅱb＞Ⅱa＞Ⅰ型，表1）．褐色脂肪細胞に見られる脱共役タンパク質-1（UCP-1）は，ミトコンドリア呼吸鎖でのアデノシン三リン酸（ATP）生成反応の共役を阻害し（脱共役），エネルギーを熱として散逸することが知られるが，骨格筋のUCP-3が熱産生能力を有するか議論が分かれている[4]．持久系の運動トレーニングを行っている人では，すべての筋線維タイプにおいて運動を行わない人よりも低いUCP-3の発現を示す[3]．これにより，エネルギーの熱としての浪費を抑え，運動を行うためのエネルギー効率を高めている可能性が示唆される．

　1個の運動ニューロンとそれによって支配される筋線維群をまとめて運動単位とよぶ．遅筋線維を支配する運動ニューロンは細胞体が小さく，神経の伝導速度が遅いが，疲労しにくい特徴をもつ．一方で，速筋線維を支配する運動ニューロンは細胞体が大きく，伝導速度も速い．そのため，筋の収縮速度が速く，発揮張力も大きいが，疲労しやすい．運動時にこれらの運動ニューロンが同時に興奮する訳ではなく，運動の開始時には小さな運動単位が動員され，遅れて大きな運動単位が動員される．これをサイズの原理とよぶ．このように，筋肉では特徴の異なる筋線維や運動ニューロンから構成される運動単位が負荷の大きさに応じて動員され，これらの協調により，筋全体としてスムーズで持続的な運動を可能にしている．　　　　　　［若林　斉］

表1　骨格筋線維の分類

	遅筋線維 Ⅰ型	速筋線維 Ⅱa型	速筋線維 Ⅱb型
収縮速度	遅い	中間	速い
発揮張力	小	中	大
毛細血管	多い	多い	少ない
ミトコンドリア	多い	多い	少ない
ミオグロビン	多い	多い	少ない
グリコーゲン	少ない	多い	多い
解糖系酵素活性	低い	高い	高い
酸化的酵素活性	高い	高い	低い
脱共役タンパク3	少ない	中間	多い

筋紡錘
muscle spindle

　筋紡錘は骨格筋の中に存在し，筋線維と平行に配列している長さ数 mm から 10 mm 程度の袋状の小さな受容器である．1 個の筋に数十から数百の筋紡錘が含まれる．筋紡錘は主に筋の長さやその変化率を感知し，関節をはじめとする身体各部位の位置や動きのセンシングをし，姿勢の調節に寄与する．筋に筋紡錘を興奮させるような振動刺激を与えると，筋肉が伸ばされていると知覚し，実際に動いていないにもかかわらず，動いたような錯覚が生じる．

　筋紡錘は筋と腱の接合部に位置するゴルジ腱器官とともに筋の安全装置としても機能する．内外部からの過剰な筋の伸張や張力は筋の損傷を招く．筋紡錘は筋に急激な伸展が，ゴルジ腱器官は腱に過剰な張力が，生じた場合に興奮する．そして前者は筋の収縮の促通（伸張反射），後者は収縮の抑制をもたらす反射が起こり筋の損傷を防ぐ．

●**筋紡錘の構造**　筋紡錘は特殊な筋線維（錘内筋線維）とそれを覆う紡錘鞘（ぼうすいしょう）から構成される（図 1）．筋紡錘の外側にあり，筋収縮を起こす筋線維は錘外筋線維とよばれ区別される．一方，錘内筋線維の張力は微弱であり，筋収縮には貢献しない．

　錘内筋線維には核袋線維（動的核袋線維と静的核袋線維の 2 種）と核鎖線維がある．1 つの筋紡錘に通常 4〜12 本の錘内筋線維が含まれる．核袋線維は長く紡錘鞘を超え，核鎖線維は短く紡錘鞘に収まっている．これらの 2 つの線維は核の

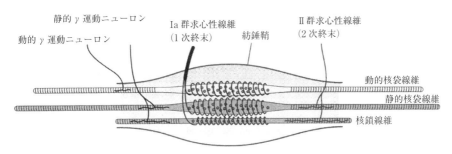

図 1　筋紡錘と錘内筋線維の構造と神経支配（出典：文献[1]より改変）

集積の違いによって区別できる．核袋線維は核が中央（赤道部）に集まり，核鎖線維は核が鎖状に 1 列に配置されている．

●**感覚神経**　錘内筋線維は感覚神経と運動神経の二重支配を受ける．感覚神経の

Ia群求心性線維（ゴルジ腱器官からはIb群求心性線維）は核袋線維と核鎖線維の両方に一次終末を形成する．終末は収縮性要素が乏しく引き伸ばされやすい赤道部に形成され，らせん状に取り巻く．一次終末の主な役割は筋の長さの変化率を感知することである．筋が伸張し始めると一次終末も引き伸ばされ機械的に変形し，インパルスが生起されIa群求心性線維が興奮する．急激な長さの変化は，筋肉の損傷や姿勢を乱すためにただちにその変化を中枢に伝える必要があり，速い伝達ができる仕組みになっている．Ia群求心性線維は次に説明するⅡ群求心性線維よりも太く，伝導速度が速い．なお，Ia群求心性神経に興奮を誘発するような電気刺激を与えるとその興奮は脊髄に達し，その筋を支配するα運動ニューロンを興奮させて筋を収縮させる．この反射はH（Hoffmann）反射と呼ばれ，運動制御の研究によく利用される．

Ⅱ群求心性線維は静的核袋線維と核鎖線維の一次終末の片側部（傍赤道部）を包み込むように終末を形成し，二次終末を形成する．速度の感受性は乏しいが，筋の長さ（絶対長）を感知し，関節の角度や位置を知る働きがある．

●**運動神経**　錘外筋線維はα運動ニューロンの支配を受けて収縮するが，筋紡錘内の錘内筋線維は専用の運動ニューロン，すなわちγ運動ニューロンの支配を受ける．収縮性に富む傍赤道部に接合する．

なぜ感覚器である筋紡錘が運動神経の支配を受けるのであろうか．α運動ニューロンにより錘外筋線維が興奮し短縮すると，錘内筋線維は無負荷になりIa群求心性線維からの興奮性インパルスが低下・停止する．つまり，感受性が筋長よって異なってしまう．このような状況が起こらないようにγ運動ニューロンも同時に興奮させ，錘内筋線維の緊張を高めている．このようなα運動ニューロンとγ運動ニューロンの同時活性をα-γ連関とよぶ．

さらに興味深いことは筋紡錘の感受性はγ運動ニューロンを介して中枢により調節されることである．例えば凍りついた道を歩く場合，滑って姿勢が乱れてもすぐに立て直すことができるように，普段より感受性を高めておく必要がある[2]．γ運動ニューロンには動的γ運動ニューロンと，静的反応を高め動的反応を抑える静的γ運動ニューロンがある．前者は筋長の変化が著しい動的反応を選択的に高め，後者は姿勢の制御に寄与する．さまざまな場面に応じて筋紡錘の感受性が調節できるようγ運動ニューロンは中枢の指令を届ける役割ももっている．

●**自律神経**　最近，筋紡錘が自律神経の支配も受けていることを示唆する報告が増えている．電子顕微鏡像により自律神経の微細構造の特徴と類似する終末軸索が錘内筋線維において観察されている[3]．もし事実であれば，運動感覚が自律神経によって調整されることになり，全身的協関の面からもその生理的意義は興味深い．今後の研究の発展が望まれる．

[村木里志]

運動単位
motor unit

　我々は身体を素早く，力強く，長く，巧みに動かすことができる．身体の動きは関節運動によって成り立ち，その関節運動は筋肉の収縮により起こる．筋肉は複数の筋束からなり，筋束には筋線維とよばれる筋細胞が多数集まっている．その筋線維は中枢からの情報を伝えるα運動ニューロンの指令を受けて収縮するが，1個のα運動ニューロンにつき1本の筋線維ではなく，1個のα運動ニューロンが多数の筋線維を支配している．運動単位（もしくは神経筋単位）とはこの集合体を指す．この運動単位が機能的単位となって筋収縮が調節される．

●α運動ニューロン　運動ニューロンには，筋の張力を発揮する錘外筋線維を支配するα運動ニューロンと，筋紡錘中の錘内筋線維を支配するγ運動ニューロンがある（筋紡錘の項を参照）．錘内筋線維は張力には貢献しないため，筋の張力を直接的に制御しているのはα運動ニューロンになる．そのα運動ニューロンは脊髄の灰白質から1本の軸索を伸ばし，末梢付近で枝分かれし，多数の筋線維上に終末をつくっている．このα運動ニューロンが興奮すれば，それが支配する筋線維すべてにその興奮が伝わる．つまり運動単位全体が活性化する．ちなみに筋線維が興奮する際に発生する活動電位を記録したものが筋電図である．

●神経支配比　1本のα運動ニューロンが支配する筋線維の数（神経支配比）は筋によっても，また同一筋内であっても異なる．手指筋や外眼筋のような巧緻な動きを司る筋では神経支配比は小さく，1ないし2桁である．一方，下肢や体幹など大きな動きを司る筋の神経支配比は大きく，数百以上となる．この場合，運動の巧緻性は損なわれる．神経支配比が小さい部位ほど，多くのα運動ニューロンを要するため，関与する脳領域も大きくなる．人類の特徴である巧緻な手指の動きは小さな神経支配比により可能となっている．

●運動単位の種類　1個のα運動ニューロンは同じ性質をもつ筋線維を支配する．この特徴により運動単位はS，FF，FR型の3つのタイプに分けられる．S型は疲労耐性が高い遅筋線維（I型）を支配する．FF型とFR型は同じ速筋線維（II型）を支配するが，FF型は収縮速度が速く力強いが疲労しやすいIIb型を，FR型はI型とIIb型の中間的な性質をもつIIa型を支配する．同種の筋線維を支配することにより，中枢からの指令伝達を単純化し，合理的かつ効率的に筋収縮を調節している．

●筋張力の調節　筋の発揮張力（筋張力）は主に2つの様式で調節される．1つは動員する運動単位の種類と数による調節（リクルートメント），もう1つは動員している運動単位の発火頻度による調節（レートコーディング）である．

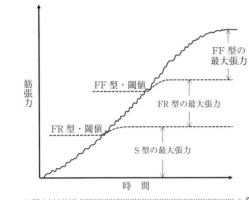

図1 サイズの原理の概念図. 小さな筋張力ではまず小さな運動単位(S型)が動員される. 順次大きな運動単位(S型→FR型→FF型)が動員され筋張力が増す(リクルートメント, 上図). 新しく動員された運動単位は最初は低い頻度で発火し, 徐々にその頻度を増加させ, 筋張力を高めていく(レートコーディング, 下図)

軽度の張力から徐々に張力を高める場合, まずS型の疲労しにくい筋線維が最初に動員される. 張力が高くなると, 次にFR型が動員され, さらに張力が高くなるとFF型が動員される. FR型やFF型はリザーブ的な立場といえよう. これらの順序はα運動ニューロンのサイズが関係する. α運動ニューロンの細胞体は脊髄灰白質に集合しており, これを運動ニューロンプールとよぶ. 中枢からの指令は脊髄神経を介して, この運動ニューロンプールに伝わる. そのプールに集まる細胞体の大きさは運動単位によって異なる. S型の運動ニューロンの細胞体が最も小さく, FR型, FF型の順に大きくなる. 小さい運動ニューロンは活動電位に対する閾値が低く, 発火しやすい. このように小さなサイズの運動ニューロンを順次動員する仕組みをサイズの原理とよぶ(図1). 逆に筋張力を弱める場合は, FF型から順に脱動員が起こる.

このサイズの原理には, 中枢神経系による調節機構をシンプルにできる, 疲労耐性が高い筋線維を優先して動員でき持久性を高められる, 筋張力の増減をスムーズに行えるなどの長所がある. 特に低張力を維持するような身体活動, 例えば姿勢維持や荷物運搬などはこのサイズの原理が有効に働くといえよう. しかしサイズの原理は, 即時に大きな筋張力を要する動作や素早く動く動作においては力学的に不利となるなど, サイズの原理はすべての筋収縮にあてはまらないと議論されている. それらの解明には個々の運動単位の活動を観察する必要があり, 表面筋電図や筋音図(筋線維が収縮する際に発生する微細振動の信号)からそれを可能にする計測技術が盛んに研究されている. [村木里志]

循環器
circulatory organ

　循環器は心臓, 血管, およびリンパ管により構成されており, 血液が循環する系は心臓血管系とよばれ, リンパが循環する系はリンパ系とよばれる. 血液およびリンパは体液の一部であり, リンパとはリンパ管内を流れる液体である. 体液は細胞内液と細胞外液に分けられ, 細胞内液は体を構成する細胞内の液体であり, 細胞外液は細胞以外に存在する液体である. 細胞外液の 80% は間質液とよばれ細胞間や組織間に存在する液体であり, その他は血漿とよばれる血液の液体成分である. 間質液の 90% は細静脈で再び血液中に戻るが, 残りの 10% はリンパ管に入る. リンパのほとんどは上述した間質液である.

●**心臓血管系**　図 1 に示すように, 心臓の収縮運動により血液は血管内を流れ全身に送られる. 心臓は右心房, 右心室, 左心房, 左心室と 4 つの部屋に区切られており, 血管は大動脈, 動脈, 細動脈, 毛細血管, 細静脈, 静脈, 大静脈に区分されている. 左心室から大動脈に送られた血液は毛細血管を流れ, 細静脈, 静脈, 大静脈を流れ右心房に戻る. この経路を体循環とよぶ. 右心房に入った血液は右心室から肺へ送られ, 左心房に戻る. この経路を肺循環とよぶ. 肺循環により二

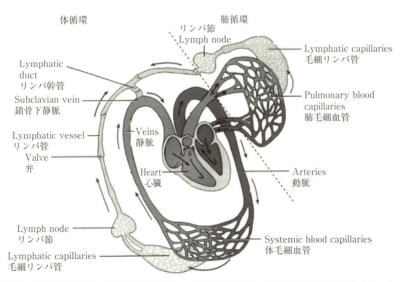

図 1　心臓血管系とリンパ系 (出典：文献[1] p. 409 より). 矢印はリンパや血液の流れの方向を示す

酸化炭素を多く含んだ血液から酸素を多く含む血液となり，体循環により全身に送られる．

●**リンパ系**　図1に示すように，毛細リンパ管から取り込まれたリンパはより大きなリンパ管へ流れ，リンパ節，リンパ幹管を流れ，鎖骨下静脈へ流れ込む．心臓血管系の場合，血液を循環するためにポンプとなる心臓が存在するが，リンパ系には心臓のようなポンプは存在しない．リンパ管は静脈のような弁が存在し，鎖骨下静脈へ一方向に流れる．筋肉収縮や呼吸運動によりリンパ管が圧迫されることでリンパの一方向の流れを生み出す．また，ヒト下肢リンパ管などではリンパ管自身が収縮運動することによりリンパの流れを生み出す．

●**血流量，血流速度，血圧**　血流量，血流速度および血圧は血液循環系で用いられる物理量である．血流量は血管のある断面を通過する血液の体積のことであり，血流速度は単位時間に血管のある点を通過する血液の移動距離である．特に血流速度の場合は，血管のある点での垂直な断面全体の平均血流速度として表すことが多い．血圧は血系のある点での圧力のことであり，心臓収縮期の血圧は最高血圧，心臓弛緩期の血圧は最低血圧と定義されている．また，最高血圧と最低血圧の差は脈圧とよばれる．平均動脈血圧は最高血圧＋脈圧×1/3で近似される．

●**末梢血管抵抗，心拍出量**　血管を剛体の円管，血液の流れを層流であると仮定すると，次のポアズイユの法則が成立する．

$$Q = \frac{\pi r^4}{8 \mu l} \Delta p \quad (1)$$

Qは血流量，rは血管の内半径，lは血管の長さ，μは血液の粘性率，Δpは血管両端の圧力差を表す．

血管抵抗Rは血管両端の圧力差Δpと血流量Qを用いて以下の式で表される．

$$R = \frac{\Delta p}{Q} \quad (2)$$

ここで(1)式を用いて整理すると，血管抵抗Rは以下の式で表される．

$$R = \frac{8 \mu l}{\pi r^4} \quad (3)$$

(3)式より，血管抵抗Rは血管の内半径rの4乗に反比例することから，血管の内径がわずかに小さくなっただけで大きな抵抗となることがわかる．細動脈は血管径を調節する平滑筋が発達しており，自律神経の支配を受け血管径が大きく変化する．それに伴い血管抵抗も大きく変化する．そして，血圧が最も低下する部分は細動脈であり抵抗血管ともよばれている．体循環全体の血管抵抗は総末梢血管抵抗で表され，(2)式においてΔpを平均大動脈圧と平均大静脈圧の差，Qを心拍出量（左心室から大動脈へ送り出される血液量）とすることにより求められる．

［工藤　奨］

心臓

heart

心臓は酸素や栄養分を含んだ血液を全身に送るポンプの役割を担っている．心臓は心房と心室とよばれる部屋で区切られており，血液が入ってくる部屋を心房，血液を心臓の外へ送り出す部屋を心室とよぶ．ヒトだけではなく，脊椎動物はすべて心臓をもっている．しかしながら，その形態は魚類，両生類，爬虫類，鳥類，哺乳類で大きく異なっている．魚類の心臓は1心房1心室であり，血液を単純に循環するための機能だけをもっている．心房から出た血液は鰓を通過することでガス交換を行い酸素を豊富に含んだ血液を全身に循環させている．両生類は2心房1心室の形態であり，肺でガス交換された血液は左心房へ，全身から送られてきた血液は右心房へ入り，どちらも同じ心室に送られ，そこから肺と全身へ送られる．つまり，肺から送られてきた酸素を多く含む血液と全身から送られてきた二酸化炭素を多く含む血液が混合した形で全身へ送られる．爬虫類は，大きな隙間があるものの心室が区切られてくる．図1に示すように鳥類・哺乳類は心室が完全に左右に区切られているために，右心房から入ってきた酸素が少ない血液は右心室を経由し肺へ送られる．肺でガス交換を行い酸素を多く含んだ血液は左心房を経由し左心室へ送られ，左心室から全身へ送られる．このように，心臓は進化の過程で肺でガス交換した酸素を多く含む血液を全身へ送るシステムを獲得してきているのである．ヒトの心臓の発生を見てみると，心臓は心筒とよばれる管から始まり，受精後22日には心筒は拍動を始める．心筒にはくびれが存在し，心球，心室，原始心房と分けられ，魚類のような1心房1心室の形をしている．発生が進むと心房は左右2つの部屋に分けられ，両生類のような2心房1心室の形となり，最終的に4つの部屋に分かれた2心房2心室の形となる．ヒトの発生段階においても進化の過程でみられた心臓の形態の変化を見ることができる．

●**心臓の神経支配**　心臓は周期的に拍動することで全身に血液を送っており，そのポンプの源は心臓を構成する細胞の収縮運動である．心臓を構成する細胞は，自動性をもっ

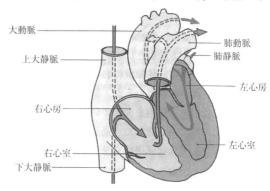

図1　心臓および大血管の断面図（出典：文献[6] p. 443，図19-1 上図より）

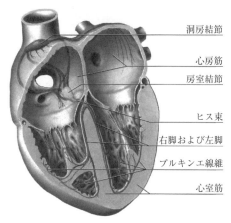

図2 心臓の伝導系（出典：文献[7]p.70, 図 4.5 左上図より）

ており適切な状態であると一定のリズムで収縮を繰り返す．心臓は一定の周期で拍動を繰り返し，このリズムを誘導しているのが洞房結節とよばれる部分である（図2）．洞房結節が興奮すると，その興奮はまず心房に広がる．そして，右心房の下方にある房室結節から最終的にプルキンエ線維へ伝わる．プルキンエ線維は心室の内側から心室固有筋を興奮させることにより心室を収縮させる．特に洞房結節はペースメーカーとよばれる細胞であり，他の構成細胞に比べてその興奮頻度が高く，他の細胞は洞房結節に誘導されることで興奮する．

心臓はヒトでは安静時毎分 60～75 回程度の心拍数を保って血液を全身へ供給しており，交感神経や副交感神経の支配を受けさまざまな状況下に対応する仕組みをもっている．交感神経はノルアドレナリンを放出することで心房，心室の収縮力を亢進し，洞房結節に作用することで心拍数を亢進させる．副交感神経はアセチルコリンを放出することで心臓各部分を抑制する．

●**人工心臓**　心臓は重要な臓器であるために，その機能に障害が出ると重篤な危機に陥る．そのため，心臓移植や人工心臓で障害を乗り越える手段が行われている．植え込み拍動型の補助人工心臓は，当初大型のものであったが，回転型の人工心臓が開発されることで小型化され，さらにメカニカルシールや磁気浮上方式の非接触回転型が開発されることで耐久性が向上してきている．埋め込み型補助人工心臓は，開発以来多くの臨床実績があるが，完全人工心臓にいたっては現在においても不完全なままである．

●**再生医療**　再生医療により心臓機能を回復させようとする研究も進められてきている．心臓の細胞は自己修復できないことから，細胞移植することで心臓の収縮機能を回復させる研究が進められ，心筋細胞が増殖能をもっていないことから，代替の細胞として筋芽細胞を用いた研究が報告されている．筋芽細胞は骨格筋が損傷した際に骨格筋を再生させる細胞である．この筋芽細胞を培養し細胞シート法[1]により筋芽細胞シートを作製後，そのシートを移植する方法で心臓の機能が回復することが報告されてきている[2][3]．近年では，動物実験であるがiPS細胞から心筋細胞を分化誘導し，細胞シート法を用いて移植することで心臓の機能を回復することが報告されてきている[4][5]．

［工藤　奨］

血液
blood

　血液は体液の一部である血漿と後述する血球成分により構成される．体液は成人の体重の約 55～60％ を占めており，細胞内液と細胞外液に分けられる．細胞内液は，体を構成する細胞内の液体であり，体液の約 65％ を占めている．細胞外液は細胞以外に存在する液体であり，残りの体液を占めている．細胞外液の 80％ は間質液とよばれ細胞間や組織間に存在する液体であり，その他は血漿とよばれる血液の液体成分である．

　体液は，細胞内液と細胞外液ではその構成成分が大きく異なる．細胞外液では Na^+ と Cl^- が豊富であるが，細胞内液では K^+ が多い．血漿，間質液では，タンパク質濃度以外に大きな違いはないが，このタンパク質濃度の違いが膠漆浸透圧を作り出す要因となっている．

●**血球**　血球には赤血球，白血球，血小板が存在する．赤血球は直径が約 $8\,\mu m$ であり，主な機能として体中に酸素を運ぶ役割があり，核や小器官をもたず，ヘモグロビンとよばれるタンパク質をもっている．このヘモグロビンが酸素と結合することにより体中に酸素を輸送する．ヘモグロビンと酸素の結合は図1に示す酸素解離曲線として知られている．縦軸はヘモグロビンの酸素飽和度，横軸は血液中の酸素分圧である．この解離曲線は，二酸化炭素濃度の上昇（図1左），pH の減少（図1中央：後述する），体温の上昇（図1右）により，曲線は右側へ偏位し，組織への酸素供給を増大させる．

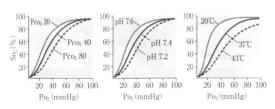

図1　酸素解離曲線（出典：文献[1] p.110，図5.21 中図より）

　ABO 式血液型は赤血球表面に存在する A 抗原と B 抗原で分類され，A 抗原のみをもっている人は A 型，B 抗原のみをもっている人は B 型，両方もっている人は AB 型，両方もたない人は O 型となる．

　白血球の役割は主に生体外の異物から体を守ることである．細胞質に顆粒をもっているものを顆粒球，もたないものを無顆粒球とよぶ．顆粒球は，好中球，好酸球，好塩基球があり，無顆粒球にはリンパ球と単球がある．

　血小板の役割は，血小板血栓を形成することで出血を防ぐことである．

●**pH 調節機構**　血液は酸素輸送，異物からの防御反応，血栓形成などの機能のほかに pH 調節機構をもっている．

pHとは溶液中の水素イオン濃度として(1)式で定義され、酸塩基状態を表す重要な指標となる.

$$pH = -\log[H^+] \tag{1}$$

pH = 7.0 が中性, pH > 7.0 がアルカリ性, pH < 7.0 が酸性となる. 生体内では通常 pH は 7.38〜7.42 の弱アルカリ性の範囲に保たれており, 多くのタンパク質の機能が発現するには pH が 7.4 前後に保たれていなければならない. pH が 7.35 以下になるとアシドーシス, 7.45 以上になるとアルカローシスとよばれる状態となり, 生理的にさまざまな障害が生じる.

pH 調節にはいくつかの調整機能が存在するが, 血液の酸塩基平衡維持に関しては HCO_3^-/H_2CO_3 系が主なものとなっている. HCO_3^-/H_2CO_3 系は CO_2 が水と反応することで (2) 式の重炭酸イオン (HCO_3^-) が生成される.

$$CO_2 + H_2O \rightleftharpoons H_2CO_3 \rightleftharpoons H^+ + HCO_3^- \tag{2}$$

酸塩基の三者の関係は (3) 式の平衡定数で表され, (3)式から (4)式が導かれる ($pK' = -\log K'$ とおく).

$$\frac{[H^+]\cdot[HCO_3^-]}{[H_2CO_3]} = K' \tag{3}$$

$$pH = pK' + \log\frac{[HCO_3^-]}{[H_2CO_3]} \tag{4}$$

pK' は血漿では 6.1, CO_2 の溶解係数は 0.03 であり, CO_2 の血漿中で示す圧力を P_{CO_2} とすると次式で表される.

$$pH = 6.1 + \log\frac{[HCO_3^-]}{0.03 \times P_{CO_2}} \tag{5}$$

血中での $[HCO_3^-] = 24$ mmol/l, $P_{CO_2} = 40$ mmHg を用いると

$$pH = 6.1 + \log\frac{24\ \text{mmol/l}}{1.2\ \text{mmol/l}} = 6.1 + \log 20 = 7.40 \tag{6}$$

となり, 血中の pH を規定していることがわかる.

肺から排出される CO_2 量は 1 日に 1 万 3000〜2 万 mM であり, 同じ量の H_2CO_3 を排出することと同じであることから, CO_2 の排出は生体内で最も重要な酸排出機構である. 呼吸が激しくなると多量の CO_2 が排出される. つまり, (2) 式の CO_2 が減少することであり, 反応式は右から左へ進行することで体液内の H^+ は減少し, pH は増加する. 逆に換気が少ないと, 体液内の CO_2 濃度が上昇し, 反応は左から右へ進行することで H^+ が増加し血液の pH は低下する.

何らかの要因で血液内の pH が低下する (H^+ が増加する) と延髄の中枢化学受容器, 大動脈小体, 頸動脈小体で検知され, 延髄を刺激することで, 横隔膜を高頻度に収縮させ CO_2 を排出する. その結果 H^+ は減少し pH は上昇する. pH が上昇すると呼吸が減少することで H^+ が上昇し pH は減少する.　　　［工藤　奨］

神経系
nervous system

　神経系は動物がもつ系統の1つで，体内の情報伝達を行う．情報の伝達に関与する細胞を神経細胞（ニューロン）といい，形態的には神経突起（軸索）や樹状突起などの突起が発達しているのが特徴で，神経突起の長いものは数十 cm に達するものもある．情報伝達は神経細胞の細胞膜の一部が電気的な興奮を起こし，その興奮が細胞膜を次々に伝播し，興奮が信号となり情報が伝えられる．細胞膜の興奮は神経突起にも伝わり，その先端にあるシナプスを介して，他の神経細胞の細胞体や樹状突起に伝達される．シナプスでは接する神経細胞同士の細胞膜に直接の接触はなく，信号がシナプスに到達したとき，細胞間の間隙にグルタミン酸やノルアドレナリンなどの神経伝達物質が放出されることにより隣接する神経細胞に信号が伝達される．このようにして，神経細胞はお互い信号を伝えるネットワークを形成して，ネットワークの働きが各種の神経活動となる．

●**神経系の基本体制**　脊椎動物では神経細胞は脊索の背部に集中して中枢神経を形成する．中枢神経系の外にある神経細胞は神経節として末梢神経の一部を形成する．ヒトの場合，発生の過程として，まず受精後3週で外胚葉，中胚葉，内胚葉で構成される3層胚盤が形成される．外胚葉は皮膚と神経系，内胚葉は消化器系，中胚葉は筋・骨格系の原基となる．外胚葉の表面には神経溝という溝ができ，溝は深くなり管状に閉じて胚内に切り離される．これを神経管とよび，その後に中枢神経へと発達する．神経管が閉じるとき，外胚葉の一部は神経堤として神経管の隣に残り，末梢神経系の一部になる．中枢神経系では頭部が特に発達して脳に分化し，尾側は脊髄に分化する．神経管の中空部は中枢神経系全域にわたり維持され，脳では4つの脳室に，脊髄では中心管となる．中枢神経系以外には，中枢神経から伸びる神経突起は神経線維ともよばれ，中枢神経の外にある神経節を含めて末梢神経系を構成する（図1a）．

●**中枢神経系**　中枢神経系は頭蓋の中にある脳と，脊柱管の中にある脊髄で構成される．脳はさらに大脳，間脳，中脳，橋，小脳，延髄に分けられる．間脳，中脳，橋，延髄をまとめて脳幹とよび，脳の中心部に位置し大脳に挿入された心棒のような形態をとる（図1b）．中枢神経系の組織は神経細胞が密に配置される灰白質と，主に神経線維によって構成される白質に大別され，脳の各部位で白質と灰白質の割合と分布は異なる．

　大脳は半球形の左右の大脳半球からなり，灰白質からなる大脳皮質と白質からなる髄質に分けられる．大脳皮質は神経系の最高の中枢とされ，運動や知覚を司る中枢が局在し，体性運動野，体性感覚野，視覚野，聴覚野などいくつかの領域

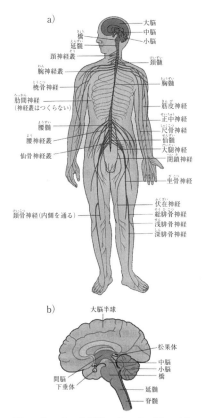

図1 a) ヒトの神経系, b) ヒトの脳の正中断面図（出典：a) 文献[1] p.70, 図3-16より, b) 文献[1] p.366, 図13-14より）

が区分される．これらの領域の間にはこれらの領域を統合して，さらに高次の中枢となる連合野とよばれる部分があり，判断や創造といったヒトの高次神経活動が営まれている．

脳幹はヒトが生きていくための基本的な機能の中枢で，小脳は人体の動きが円滑に行えるように筋の活動を調節する．脊髄は脳と連絡を取りながら，主に体幹と四肢の筋活動を行い，皮膚や筋からの感覚を受けて大脳へ伝えて，運動と知覚の両方の役割をもつ．

●末梢神経　脳へ出入りする神経線維の束を脳神経，脊髄へ出入りするものを脊髄神経とよぶ．これらの末梢神経系には主に2つの機能がある．1つは運動機能で，脳や脊髄にある神経細胞から伸びる神経突起が筋に直接到達して，筋を収縮させる信号を送る．もう1つは外界からの各種の情報を脳と脊髄に伝える感覚機能である．さらに，自律神経とよばれて，その活動が自分の意識に上らない末梢神経があり，内臓や血管壁にある平滑筋の運動を司る．自律神経には交感神経と副交感神経があり，多くの器官では2つの自律神経が二重に配置され，両者が拮抗的に働くことにより身体の活動を適切に調整する．1例として交感神経は心臓を速く動かすように働くが，副交感神経はその働きを抑制する．

　脳神経は運動と感覚機能をもつ12対の末梢神経からなり，表情筋などの頭頸部の筋を活動させ，視覚や聴覚などの情報を脳に伝える．また，涙や唾液の分泌や消化管の活動に関与する副交感神経も含む．脊髄神経は31対の末梢神経からなり運動と感覚の両方の機能をもち，脊髄前根から出て骨格筋の収縮を司どる運動神経と脊髄後根に入り皮膚や筋などの感覚を伝える感覚神経がある．また，脊髄神経には交感神経も混在して脊柱管から出て，その後交感神経は独自の神経束として分離して全身に分布する．

［井上　馨］

ニューロン

neuron

　ヒトの神経系は1000〜1400億個以上の神経細胞により構成されている．神経細胞はニューロンともよばれ，神経系の構造的，機能的単位である．ニューロンはどんどん死滅していく一方で，新たに誕生してくることが明らかになってきている[1]．ニューロンは存在する部位により大きさや形は異なるが，形態的に特殊化した4つの部位で構成されおり，それぞれ樹状突起，細胞体，軸索，軸索終末とよばれる[2]（図1）．樹状突起は他の数個〜数千個のニューロンから情報を受け取り，細胞体ではこれらの情報を統合している．神経系の構成細胞要素として，グリア（神経膠細胞）がある．グリアは発生過程や成熟脳において，ニューロンを構造的に支持するとともに代謝も支援している．神経系のニューロンとグリアは，解剖学的には異なる細胞であるが，中枢神経系と末梢神経系を形成する．中枢神経系は脳と脊髄，末梢神経系は体性神経と自律神経からなる[3]．体性神経には，身体の内外からの情報を中枢神経に伝える感覚ニューロンと，骨格筋に中枢神経からの司令を伝える運動ニューロンがある．自律神経は交感神経系，副交感神経系，腸壁内神経系に分かれる．自律神経は腺，内臓，血管の平滑筋を支配するニューロンを含み，身体内部状態に関する情報に基づき身体機能を調節している．

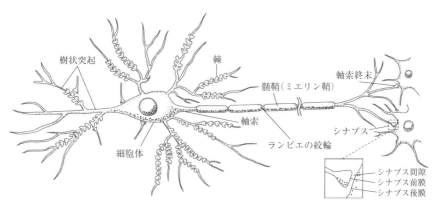

図1　ニューロンの構造（出典：文献[11]より改変）

●ニューロン興奮のメカニズム　ニューロンの内外では膜電位とよばれる電位差が生じている．刺激がない状態での膜電位は静止電位とよばれ，細胞内が細胞外に対して低く，細胞により異なるが，$-50 \sim -100$ mVの値を示す[2]．静止電位

は細胞内液と細胞外液の間のわずかなイオン分布の不均一性によって発生する．何らかの刺激が加わると，膜電位が静止レベルからゼロに向かって変化する．これを脱分極という．その結果，膜電位が閾電位に達すると，全か無かの法則に従い，急速に脱分極する．これを活動電位という．このとき Na^+ チャネルが活性化して細胞外から Na^+ が細胞内へ流入することにより，膜電位はプラス方向へ変化し，一時的に $+20 \sim +30\,mV$ となる．その後，Na^+ チャネルが不活性化され，K^+ が細胞内から細胞外へ移動するため，膜電位はマイナス方向へ変化し，再分極する．多くの場合，再分極のときに過分極となる．Na^+-K^+-ATPase ポンプの働きにより，細胞内外の Na^+ と K^+ は入れ替わるが，能動的に行われるので，アデノシン三リン酸（ATP）によるエネルギーを必要とする．

　神経細胞で発生した活動電位は軸索を伝導する．軸索には無髄神経線維と有髄神経線維がある．無髄神経線維はタイプCとして分類され，伝導速度は約 $1\,m/$秒程度である．有髄神経線維にはタイプAとタイプBがあり，ヒトでの伝導速度は $80\,m/$秒といわれている．末梢神経系では軸索鞘がシュワン細胞で囲まれており，有髄神経ではシュワン細胞がミエリン鞘とよばれる多重同心円のリン脂質二重層となる．ミエリン鞘は約 $1.5\,mm$ ごとに区切れており，この部位をランビエの絞輪という．ミエリン鞘は絶縁性が高いため，活動電位は無髄のランビエ絞輪でのみ発生するため伝導速度が速くなる．これを跳躍伝導という[1]．

　軸索が筋細胞（筋線維），腺細胞などの効果器や他のニューロンと連結する部位をシナプスという．シナプスでは $10 \sim 40\,nm$ のシナプス間隙と呼ばれる隙間があり，シナプス前膜から神経伝達物質が放出され，シナプス後膜で伝達物質は受容体に結合して電気的変化が起こる．これを神経信号の伝達という．興奮性伝達物質が結合した場合には，興奮性シナプス後電位（EPSP）が発生する．通常1つのEPSPではシナプス後細胞の軸索を伝播するような活動電位は発生しないため，樹状突起における多くの局所的な脱分極が必要であり，脱分極は細胞体を通って電気緊張性伝導によって軸索小丘で加重される．これを空間的加重という．2つの刺激が約50ミリ秒以内の異なる時間で到達する場合には，先に発生した脱分極が消滅する前に次の脱分極が達するため加重して閾値に達しやすくなる．これを時間的加重という[2]．

●**神経ダーウィニズム**　脳はニューロンの電気的・化学的反応により意識を生み出すが，これは意識のハードプロブレムとして，多くの理論が提唱されている[4]~[6]．ギルバート・ライルは，心を身体と異なる存在とするデカルトによる二元論を「機械の中の幽霊」として批判した[7]．また，ジョン・C・エックルスは，心的意図によってシナプスにおいて1つのシナプス小胞が選択され伝達物質を放出するとする「微小作用点仮説」を提唱している[8]．アメリカの分子生物学者ジェラルド・エーデルマンは「個体の脳は自然選択によってつくられ，脳内のニュー

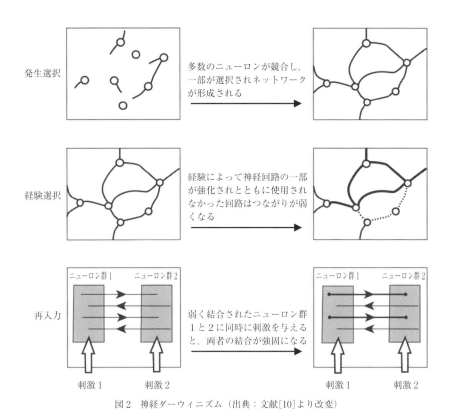

図2 神経ダーウィニズム（出典：文献[10]より改変）

ロン集団の間で起こる競争に勝ち残ったものが，脳の機能や構造を決定する」という「神経ダーウィニズム」を提唱した[9]（図2）.

神経ダーウィニズムでは，脳で働く選択には3つの段階があると考えられている．①胎児の脳が一応の解剖学的構造を整えるまでの期間，発育していくニューロンは後成的な影響を受けながらさまざまな結合パターンを形成するが，結合パターンの多様性によって各脳領域にはニューロン集団からなるレパートリーが構成される（発生選択）．②主要な解剖学的構造が出来上がった後，環境からのさまざまな入力によりシナプス結合が強められたり，弱められたりして，多彩な結合強度が生まれる（経験選択）．③発生・発達の過程で多くの局所的，広域的な双方向性の連絡ができあがっていく（再入力）．③では①と②の過程によって脳内のニューラルネットワーク（神経ネットワーク，神経回路網）が形成された後に起こる選択であり，何らかのつながりをもつ複数のニューロン群に刺激が同時に入力されると，つながりが強化される[10]．　　　　　　　　　　　　　［原田　一］

感覚器
sensory organ, sensor

ヒトは自己の機能を維持していくために身体内外で起こっている状況を常に検出し，生体機能を調節していかなければならない．身体内外の環境変化をとらえる機能が感覚であり，この機能に関わる器官を広義に感覚器とよぶ．身体の内外で発生する刺激は光や熱などの電磁波，圧力などの物理的，あるいは匂いや味覚に関わる物質などの化学的エネルギーとして生体に作用する．これらの刺激を受け入れ検出する部位は狭義の感覚器であり，受容器ともよばれる[1]．

●**受容器** 受容器は形状により，以下の4つのタイプに分類される[2]．①末梢性突起の終末が多数の細かい枝に分かれて終止しているもので，自由神経終末とよばれ，痛覚や温度感覚の受容器がある（図1a）．②末梢性突起の先端が結合組織性のカプセルに覆われており，被包性終末とよばれ，触覚の受容器がある（図1b）．③末梢性突起の表層に刺激を受容する「感覚細胞」を有し，刺激を受けると感覚細胞から末梢性突起へ活動電位を発生する．聴覚や味覚の受容器が相当し，二次感覚器とよばれる（図1c）．これら3つのタイプでは，感覚ニューロンの細胞体が集合して感覚神経節をつくる．④感覚ニューロンが受容器の中に入り込んでいるタイプであり，嗅覚の受容器にみられる（図1d）．視覚，聴覚，嗅覚，味覚，前庭感覚では受容器は特殊化しているが，体性感覚（皮膚感覚，深部感覚），内臓感覚では受容器は特殊化しておらず，不明な点が多い．

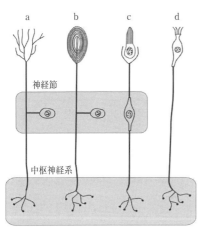

図1　受容器の形状（出典：文献[2]より改変）

●**感覚の特性** 感覚器からの情報は中枢神経系の異なる部位（体性感覚野，視覚野，聴覚野など）に伝えられ，特定の感覚となる．感覚の違いは感覚器が異なるだけではなく，感覚経験の質が異なることにより生じる．視覚，聴覚，味覚，嗅覚，触覚などの感覚の違いを感覚の種類とよび，これら五感のほかに平衡感覚と内臓感覚を含む．同じ感覚の質の違い（視覚では赤や緑）を感覚の質という．

感覚の表現は主観的であり，定量的に表すことは難しいが，感覚を引き起こす最小刺激の大きさを刺激閾，あるいは絶対閾とよぶ．感覚の大きさの差を区別し

得るのに必要な刺激の最小差を識別閾と定義し，感覚器の感受性の指標としている．刺激閾は感覚の種類によって異なるが，同種の感覚刺激に対しても個人差があり，また，個人内においても体調や時刻などの条件により異なった値を示す．

ある大きさの刺激 I と比較して区別可能な刺激の大きさを $I+\Delta I$ とすると，ΔI が識別閾となり，$\Delta I/I$ は一定となる．これをウェーバーの法則とよぶが，刺激強度の限定された範囲でしか成立しないことがわかっている．ウェーバー比は感覚の種類により異なり，表1に示すような値となる[3][4]．

表1 感覚のウェーバー比（出典：文献[3]より）

感覚の種類	ウェーバー比
視覚（明るさ）	0.016〜0.03
聴覚（強さ）	0.088〜0.1
味覚（塩辛さ）	0.05〜0.20
（甘み）	0.05〜0.25
臭覚	0.1〜0.4
圧覚	0.14〜0.3
痛覚	0.07
振動感覚	0.04〜0.1

感覚器に一定の強さの刺激が加えられ続けた場合でも，感覚神経線維を伝導する電気信号の頻度は徐々に低下する．これは順応とよばれ，順応の経過は感覚器により異なる．速く順応する感覚器は刺激の開始時と終了時にのみ反応し，刺激の強さの微分変化を感知しているため，微分感覚器，相動性感覚器とよばれる．ゆっくりと順応を起こす感覚器の電気信号は刺激の強さに比例しており，比例感覚器とよぶ．嗅覚や触覚は順応しやすいが，痛覚や位置感覚などは順応しにくい．

●**感覚器の進化**　感覚器は生物が生存しているそれぞれの環境に適応するために，その構造を変えていった．視覚器が誕生した時期を正確に記述することは困難であるが，先カンブリア時代には原始的な視覚器を備えた生物が存在し，カンブリア紀に飛躍的に進化したと考えられている[2]．

無脊椎動物では，皮膚の表皮から視覚器がつくられるが，脊椎動物では，脳の一部からつくられる．環形動物であるミミズの視覚器は体表に散らばっている散在性視覚器を有しているが，光の有無の区別ができるのみである．脊椎動物の視覚器に近い水晶体眼は，ホラガイにみられるが，イカやタコなどの頭足類ではさらに発達しており，明確な像を得られるようになった．

無脊椎動物の水晶体眼は脊椎動物の水晶体眼とは無関係に進化したと考えられ，これを収斂進化という．無脊椎動物の視覚器は散在性視覚器から頭足類が有する水晶体眼と節足動物が有する複眼へと進化した．

地球上の生物は重力の影響を受けているため，原始的な動物でも何らかの平衡に関わる機能を有し，脊椎動物と無脊椎動物の間でも平衡覚器の構造には大差がない．脊椎動物の魚類では水の動きを把握するための側線器を備えている．側線器の一部は進化の過程で頭蓋骨の中へ入り込み，「膜迷路」とう受容器をつくり上げた．脊椎動物では，膜迷路によって平衡感覚と聴覚の機能を備えることとなった[2]．

［原田　一］

内臓
visceral

　内臓とは特定の機能を担う組織の集まりである．脊椎動物の内臓を機能別に分類すると，酸素を取り入れて二酸化炭素を排出する呼吸器，全身に物質を輸送する循環器，食物を消化して養分を吸収する消化器，余分なものを排出する泌尿器，子孫をつくる生殖器に分けることができる．脊椎動物は，魚類，両生類，爬虫類，鳥類，哺乳類と進化する過程で，内臓も環境に適応し進化を遂げた．

●**呼吸・循環器**　動物が陸上に進出する際に，酸素を取り入れ全身に輸送する器官は劇的に進化した．通常，魚類は鰓でその他の脊椎動物は肺でガス交換を行い，大部分の酸素が血管内でヘモグロビンに結合した状態（結合型酸素）で末梢組織に輸送される．基本的な心臓の構造も同じであり，収縮することで心臓外に血液を拍出する心室と，心室の上流にあって心室に入る前の血液を貯留し心室へ血液を送り込む心房からできている．血液循環は，大きく分けると体循環と肺循環の2つに分けることができる（図1）．体循環とは心臓から出た血液が大動脈，動脈を経て体中を巡り，毛細血管を経て最終的に静脈を通ってまた心臓に戻ってくる経路のことをいう．一方，肺循環とは心臓から出た血液が肺動脈を経て肺でガス交換を行い，再び肺静脈を通って心臓に戻ってくる経路のことである．

●**消化器**　ワニやヘビは噛み切った食物を丸呑みするのに対し，ヒトは口で咀嚼する．この咀嚼は哺乳類だけにみられ，そのために，口蓋と唇・頬（口の閉鎖空間化），唾液腺，多形歯を獲得した．

　噛み砕かれた食物は，食道を経由して胃に運ばれる．胃の大きな役割は，食物を保存することであり，胃液に含まれる胃酸によって食物の腐敗を防ぐ．また，消化酵素ペプシンによってタンパク質を分解し小腸で消化・吸収をしやすくする．小腸では，膵臓からの膵液と腸の粘膜からの腸液によりさらに分解が進み，栄養分はこの小腸でほとんど吸収される．そ

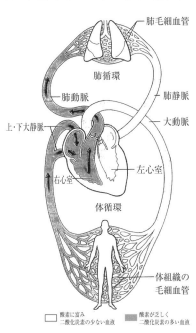

図1　体循環と肺循環（出典：文献[1] p. 278より）

のため，小腸の表面には輪状ヒダ，さらにその表面には絨毛突起が存在し，ヒトの場合長さ約 6 m，総表面積は約 200m^2 にもなる．その後，吸収されなかった不必要なものは大腸で水分が吸収され，さらに残ったものが排出される．

　小腸で吸収された栄養素のうち，炭水化物はブドウ糖として，タンパク質はアミノ酸として血中に入り，門脈を介して肝臓に輸送され蓄えられる．この肝臓には，血中ブドウ糖濃度（血糖値）を維持する役割がある．血糖値が高くなると血中からブドウ糖を回収しグリコーゲン（糖原）として貯蔵（糖原形成）し，血糖値が低くなると貯蔵しているグリコーゲンを分解（糖原分解）したりアミノ酸や脂肪から新たに合成（糖新生）したりして血糖値の恒常性を保つ．肝臓には，そのほかにも，胆汁を分泌し，小腸での脂肪の消化と吸収を促進する働きがある．この肝臓は，無脊椎動物には腸の一部である中腸腺や肝膵臓などの細胞や組織として存在するのに対し，脊椎動物が進化の過程で獲得した重要な臓器である．

●**泌尿器**　腎臓には，含窒素老廃物の排出だけでなく，体内水分量や酸-塩基バランスを一定に保つ（ホメオスタシス）働きがある．腎動脈を流れてきた血液は，輸入細動脈を経由して腎小体に入る．腎小体は，輸入細動脈が分枝した毛細血管の塊である糸球体と糸球体を包む袋であるボーマン嚢からできていて，ここで血液が濾されてボーマン嚢に蓄積した液体が原尿である．その後，毛細血管は再び 1 本に合流し，輸出細動脈となり腎小体から出る．濾された原尿は，尿細管・集合管を流れる途中で，血液中に必要な成分のみ再吸収され，最終的に尿となり体外に排出される．毛細血管径は赤血球の大きさで決まる．赤血球の大きさは，哺乳類は 10 μm 以下であるのに対し，両生類は約 30 μm と大きい．そのため，糸球体も，両生類の方が哺乳類より大きい．その理由は，循環器系と関係がある．哺乳類の場合，左右の心室が分かれているため，体循環の血圧（100〜140 mmHg）と肺循環の血圧（25〜30 mmHg）は異なる．しかし，両生類の場合，心室が共通のため，体循環も肺循環の血圧も約 30 mmHg である．血管内外の圧力差（ΔP）と血管径（r），血管にかかる張力（T）には，T = r × ΔP という関係がある．糸球体の毛細血管は，尿をろ過するために血圧が高い方が有利である．進化の結果，哺乳類は体循環を獲得し糸球体にかかる血圧が高くなったが，毛細血管に働く張力を小さくするため赤血球を小さくし血管径を小さくする必要があった．

●**生殖器**　生殖器には，主なものに雄性には精巣，雌性には卵巣がある．進化の過程で生殖器だけでなく生殖過程も変化した．ほとんどの魚類の受精は体外で行われ水中卵生である．両生類には体外受精を行う種と体内受精を行う種が存在するが基本的には水中卵生であり，そのため水辺環境から離れられない．爬虫類は陸上卵生のため，乾燥や重力から守るために卵殻が必要となり，体外受精が不可能となった．さらに，哺乳類は雌性の胎内で行う胎生に進化し，胎児に栄養を供給するために胎盤が必要となった．

〔世良俊博〕

消化器
digestive organ

　ヒトが生きるためには食物を摂取し，必要な栄養素を体内に取り入れなければならない．ヒトの身体の中で，食物の消化・吸収のために働く臓器を消化器とよぶ．消化器は口から肛門まで続く消化管と，肝臓，胆嚢および膵臓からなる．

●**消化管**　消化管は，口腔，咽頭，食道，胃，小腸（十二指腸，空腸，回腸）および大腸（盲腸，虫垂，結腸，直腸）からなり，肛門に続く連続した管状の器官である．口腔は外界から体内への入り口であり，口腔粘膜で覆われている．口腔には口唇，口蓋，歯，舌，唾液腺，リンパ組織，筋などが存在する．歯は体内で最も硬い組織であり，食物を咀嚼する器官である．舌は食物を移送するほか，言葉を話すためにも使われる．舌の表面には舌乳頭があり，味蕾によって味覚（甘味，苦味，酸味，塩味，うまみ）を感じる．耳下腺，舌下腺，顎下腺などの唾液腺からは唾液を分泌する．咽頭は口腔から食道への通路であると同時に，鼻腔から喉頭への通路でもある．食物が咽頭に到達すると嚥下反射が起こり，食物は食道へ移送される．食道は咽頭に続く，約25 cmの管状の器官である．

　胃は食道から続く嚢状の器官であり，十二指腸に続く．食道側の入り口を噴門，十二指腸側の出口を幽門という．胃の上部を胃底部，幽門の近くを幽門部，その間を胃体部という．胃の表面は漿膜で覆われ，筋層は厚く，外側から縦走筋・輪走筋・斜走筋の3層構造である．幽門部に存在する幽門括約筋は，輪走筋が特によく発達している．胃の内面は粘膜に覆われており，胃粘膜の表面には多数の粘膜ヒダが存在する．この粘膜ヒダは食塊の貯留や撹拌に役立つ．胃の粘膜には粘液線である胃腺(胃底腺)，幽門腺，噴門腺がある．胃腺の主細胞からはペプシノーゲン，副細胞からは粘液（ムチン），壁細胞からは胃酸や内因子が分泌される．幽門腺にはガストリンを分泌する内分泌細胞がある．

　小腸は十二指腸から始まり，空腸，回腸と続く管状の器官であり，消化・吸収の大部分がここで行われる．小腸の粘膜には多数のケルクリングヒダとよばれる輪状ヒダが存在する．輪状ヒダは十二指腸から空腸上部に特に多くみられる．粘膜表面は絨毛とよばれる突起で覆われており，さらに上皮細胞の表面には微絨毛とよばれる突起が並んでいる．ヒダや絨毛によって粘膜の表面積を大きくし，吸収効率を高めている（図1）．十二指腸の下行部には，胆嚢からの総胆管と膵臓からの膵管が合流して開口しており，胆汁や膵液が流入する．この開口部を大十二指腸乳頭（ファーター乳頭）という．空腸と回腸の境界は明確でなく，前半の5分の2を空腸，後半の5分の3を回腸という．回腸末端の回盲部には，回盲弁があり，内容物の逆流を防いでいる．大腸は盲腸，虫垂，結腸，直腸に分かれ，結

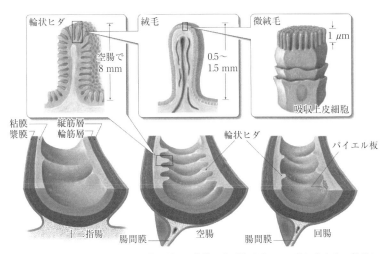

図 1　小腸壁の構造．漿膜面の面積に対し，粘膜の表面積はその 600 倍にもなる．輪状ヒダは近位ほど高く，厚く，数が多い（出典：文献[1] p.45 より）

腸はさらに上行結腸，横行結腸，下行結腸，S 状結腸に区別される．盲腸は回盲弁より下方に存在し，盲腸末端から突出する盲管を虫垂という．結腸は小腸と異なり，絨毛や輪状ヒダはないが，陰窩が発達している．大腸の筋層は外側の縦走筋と内側の輪走筋の 2 層からなる．縦走筋は 3 個所で肥厚し，結腸ヒモとよばれる．大腸粘膜からは大腸液が分泌される．消化管の最終部である肛門には発達した内肛門括約筋とこれを取り囲む外肛門括約筋がある．内肛門括約筋は平滑筋からなり不随意であり，外肛門括約筋は横紋筋からなり随意筋である．

●肝臓・胆嚢・膵臓　肝臓は，腹腔の右上部にある赤褐色の大きな器官であり，右葉と左葉とに分けられる．肝臓の下面に存在する肝門からは門脈，固有肝動脈，肝管および神経などが出入りする．肝臓は多角形の肝小葉とよばれる構造が集合したもので，肝小葉は中心動脈を中心として放射状に肝細胞が配列している．肝臓の右下面には胆嚢とよばれる嚢状の器官が存在する．胆嚢では肝臓から分泌された胆汁を貯蔵し濃縮する．

　膵臓は胃の後ろ側にある横長の腺器官である．右端は十二指腸の彎曲部に囲まれ，左に向かって細くなり左端は脾臓と接している．右側から膵頭，膵体，膵尾とよばれる．膵臓には膵液を分泌する外分泌腺と，ホルモンを分泌する内分泌腺が存在する．外分泌腺は腺房と導管からなり，腺房で分泌された膵液は導管を通って膵管に集まり総胆管と合流して大十二指腸乳頭に開口する．内分泌腺は膵臓のランゲルハンス島に存在し，A 細胞からグルカゴン，B 細胞からインスリン，D 細胞からソマトスチンが分泌される．　　　　　　　　　　　　　　　[津村有紀]

皮膚
skin

皮膚は全身を覆いさまざまな機能をもつ器官であり，ヒト成人で面積約 1.6 m²，体重の約 16% を占める．

●**皮膚の構造**　皮膚の構造は，表皮，真皮，皮下組織に分類される（図1）．表皮は，角化細胞，メラニン細胞，ランゲルハンス細胞，メルケル細胞の4種類の細胞で構成されている．角化細胞は，表皮細胞の大部分を占める細胞であり，表皮の最下層から分裂しながら表面へ移動する．その際，ケラチンとよばれるタンパク質をつくる．ケラチンは角化細胞の細胞骨格であり，フィラメントを形成し形態を維持する役割をもつ．角化細胞は表面へ移動するに従って，細胞内の器官を失っていき，ついには細胞死にいたる．表皮の構造は，角化細胞の成熟段階による形態の違いにより，最下層から基底層，有棘層，顆粒層，角質層と4層

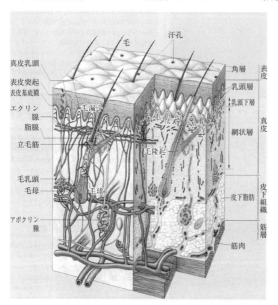

図1　皮膚の断面構造図（出典：文献[1]p.1, 図1.1 より）

構造になっている．基底層は1層で構成されており，円柱状，球状，または多角形状の角化細胞が存在する．基底層には，メラニンを産生するメラニン細胞，皮膚の免疫をつかさどるランゲルハンス細胞，触覚に関与するメルケル細胞が存在する．有棘層には，5～10層程度の角化細胞が存在し，ランゲルハンス細胞も存在する．顆粒層は2～3層程度の扁平な角化細胞で構成され，脂質を分泌し保湿に寄与している．角質層は10層程度の扁平な死んだ角化細胞からなり，表面から順番に垢となってはがれていく．

真皮は表皮の下に存在し，厚さは表皮の15～40倍程度であり，乳頭層，乳頭下層，網状層の3層構造となる．乳頭層には毛細血管や感覚ニューロンの神経終末などが存在する．乳頭下層は，乳頭層直下の部分であり，神経や血管が存在する．

網状層は真皮の大部分を占め，神経や血管などが層内を走行している．真皮は，繊維性組織を形成する細胞外マトリックスと，それを産生する細胞からなる．細胞外マトリックスは，膠原繊維，弾性繊維，基質からなる．膠原繊維（コラーゲン）は皮膚の力学的な強度を保つうえで重要である．弾性繊維の主成分は，エラスチンであり，皮膚の弾力性をつくり出すうえで重要である．基質は糖タンパクおよびプロテオグリカンが主な成分であり，糖タンパクは水分を保持し，コラーゲンやエラスチンと結合することで皮膚の柔軟性を生み出す．プロテオグリカンも同様に水分保持に関与している．真皮の中にはいくつかの細胞が存在するが，最も重要なものは細長い紡錘形をした繊維芽細胞であり，膠原繊維，弾性繊維などを産生する．

皮下組織は真皮の下に存在し，中性脂肪の貯蔵場所であり，外部からの物理的力の緩和や体温喪失を防ぐ重要な役割をもっている．

●**皮膚の色**　皮膚の色は主にメラニンによって決まる．ヒトには2種類のメラニンがあり，黒色の真性メラニンと黄色の黄色メラニンである．この2種類の比率の違いによりヒトの皮膚の色は決定される．メラニンはメラノサイトでつくられる．メラノサイトのメラノソームという細胞器官内でチロシンからメラニンが生合成される．メラニンの量が増えるに従ってメラノソームは肥大化し，メラニンの沈着度で4段階（stage Ⅰ～Ⅳ）に分かれている．最も成熟したstage Ⅳになると，メラノサイトに隣接する基底層や有棘層の角化細胞へメラニンが供与されメラニン顆粒となる．メラニン顆粒は角化細胞の核上方へ集合し，メラニンキャップ（核帽）となり紫外線から核のDNAを守り，がんの発生を防ぐ．メラニン細胞は人類集団で差がなく，皮膚の色はメラニン細胞が角化細胞へ受け渡すメラニン色素の量で決まる．

●**脂腺，汗腺**　皮膚の付属器として，脂腺，汗腺等が存在している．脂腺は，皮脂を産生する器官であり，皮膚表面で水分と混合し皮膚表面を覆う皮表膜を形成する．この膜は酸性のため殺菌作用があるほか，角層の水分保持にも効果がある．脂腺の多くは毛に付属しており毛包上部で開口しているが，毛がない部位においては直接表皮に開口している．

汗腺はエクリン腺とアポクリン腺がある．エクリン腺はほぼ全身の皮膚に存在し，手掌，足蹠では精神性発汗，それ以外の部位では温熱性発汗を行う．アポクリン腺はエクリン腺より数が少なく，腋下，陰部および乳輪などにみられる．アポクリン腺は毛包に開口しており，思春期に発達する．アポクリン腺は精神的な情緒刺激で発汗し，その汗は粘度が高く無臭である．しかしながら，皮膚表面に出ると，細菌によって分解され臭いを発生する．これが体臭の要因となっている．アポクリン腺の密度は人類集団で異なり，アジア系集団はアフリカ系やヨーロッパ系よりアポクリン腺の密度が少ないため体臭が比較的薄い．　　　　［工藤　奨］

手
hand

　手とは上肢の末端部，手関節以遠の部位をいう（図1）．手は霊長類内で相同構造[1]をもち，物を把握する能力はヒトに限らず他の霊長類やげっ歯類，ツパイ等でも一般的にみられる．把握には手のひらに比べて十分長い指が必要である．さらに拇指が他の指に対向（拇指対向性）し，平爪をもつことはより広範な把握行動を可能にする．近位指節間関節（PIP関節部：図1）を接地するナックル歩行は基節骨が短い方がよく，鉤爪はみずからの掌に刺さる危険性があるため把握には向かない．ヒトの手の形態は，まさに物を持つために相同構造が最適化されたように見える．把握は枝をつかむのに有利にも見えるが，鉛直方向の樹幹の移動には不利であり，ヒトの手が樹上生活への適応の結果かどうかは議論が分かれる．

●**手の筋骨格的機能**　ヒトの手は，幅の広い掌と相対的に長い指，拇指対向性を有し，すべての指には平爪がある．これは掌と指全体によるパワーグリップ（強力把持）と主に指先の摘みによるプレシジョングリップ（精密把持）の2通りの

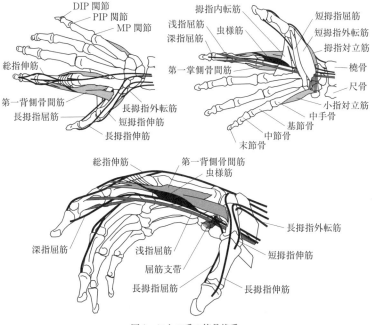

図1　ヒトの手の筋骨格系

握り方を可能にする．末節骨に連結する平爪は指腹の軟組織の流動変形を防止し，指先の皮膚感覚の精度を保つ役割がある．図1のとおり手や指の屈曲は主に外在筋の浅指屈筋，深指屈筋，長拇指屈筋，内在筋の短拇指屈筋，拇指内転筋が行い，伸展は総指伸筋，示指伸筋，小指伸筋，長拇指伸筋，短拇指伸筋，長拇指外転筋が行う．内在筋の骨間筋は中手指節間関節（MP 関節）の唯一の屈筋であり，同時に PIP 関節，遠位指節間関節（DIP 関節）には伸筋として働く．指はいくつもの筋が複数の関節を飛び越えて腱を牽引するが，お互いに無駄な力学的干渉がなく実に巧妙である．停止部が指の末端ではなく手首付近にある橈側手根伸筋，橈側手根屈筋，尺側手根伸筋，尺側手根屈筋は手関節の運動を行う．長掌筋は手関節の屈曲と同時に，強力な手掌腱膜で深部の血管や神経を保護し，握力の発揮に貢献する．手関節腹側で尺側の豆状骨・有鉤骨と橈側の舟状骨・大菱形骨による溝と屈筋支帯によって形成される手根管は，正中神経や筋膜性の通路を形成し，前腕に筋腹をもつ外在筋の腱の浮き上がりを防ぐ．伸筋側でも橈骨背側縁の溝と伸筋支帯によって同様に支えられる．虫様筋は手内で4指の深指屈筋腱上に起始し，骨間筋の PIP 関節に近い側索上に停止する．関節トルクへの貢献は小さいが，屈筋と伸筋を直接連絡しつつ固有受容器が人体の中で最も豊富であることから，指の運動制御上重要であり，ヒトの手の巧緻性を支えている可能性がある．

●**手の生理的機能**　手による把握は，樹上でブラキエーション（腕渡り）の際に枝をつかむことや，食事あるいは道具の使用などの目的意識によることが典型である．手掌の汗腺は覚醒や精神的ストレスによってのみ賦活され，いわゆる精神性発汗を速やかに起こす．これは把握における対象との摩擦係数を高めることに貢献する．わずか十分の数秒の喉頭による気道閉鎖（息こらえ）は内圧を高めて速やかに胸郭の剛性を増し，肩周辺機構を安定化してブラキエーションを支援する．息こらえでは手掌や足底の精神性発汗も速やかに明瞭に現れる．

指尖や手掌では温熱性発汗は起こらないが，他の足底や耳，鼻などの末梢部位と同様に皮膚血管床に多数の動静脈吻合（AVA）がある．温熱負荷時は速やかに血流を増加して皮膚温を高め，効率的な熱放散に寄与する．手は組織重量あたりの表面積が大きいため，ラジエータの役割を十分に果たす．

●**手で使う道具の評価**　道具の使いやすさの評価には深部内在筋を除く筋電図や関節角度がよく利用される．ただし個々の筋の負担が小さいことや姿勢が中間位に近いことに着眼点が限定され，筋間の協調運動や巧緻動作，学習の評価方法は十分ではない．また把持反射など，触覚や固有受容感覚との統合的な評価方法も必要である．

［下村義弘］

足
foot

　ヒトの足は，踝(くるぶし)から下の部分をさす．足は多くの骨格筋と腱から成り立っており，足底に加わる体重負荷をうまく分散して支え，着地時の衝撃を吸収する，神経，血管，筋肉が体重によって過度に押しつぶされないようにスペースを確保する，といった機能的役割を果たしている[1]．

　ヒトは現在，南極大陸を除くすべての大陸に定住しているが，ヒトの祖先は，約16〜20万年前のアフリカ大陸に源を発したと考えられている[2]．定住生活や牧畜・農耕などの文化をもたなかったヒトの祖先が，膨大な距離の大陸移動を果たすには，まず移動動作そのものが「省エネ」であることが必須条件になる．チーターやシマウマなどのような四足動物は，高速で移動するときのエネルギー発揮能力は明らかにヒトに勝っている．ところが，そのような高速移動は短距離・短時間しか継続できない．大陸間を移動するような長距離運動では，長時間にわたって移動運動を継続できる能力が必要であり，必然的に移動速度は低く限定されてしまう．ヒトと同程度の身体質量をもつ生物が時速3〜5 km程度で移動する場合，ヒトの歩行様式が最もエネルギー効率が高い[3][4]．

　すなわち，二足歩行の最大の長所は適度の移動速度が確保できることに加え，エネルギー消費量が非常に少ないことであり，これが長距離歩行を可能にした最大の理由と考えられる．ペンギンなどの鳥類も二足歩行をするが，鳥類は下肢を真っすぐに伸ばすことはできない．大腿骨と下腿骨を結ぶ関節が屈曲した状態で固定されているために直立できないのである．大腿骨と下腿骨を真っすぐに伸ばすことに加え，股関節の過伸展を伴うことで直立が可能になる．現生生物の中で直立二足歩行ができる生物はヒトだけであり，大きな歩幅を確保できるという機能的特徴がある．このため，ヒトの二足歩行は特に直立二足歩行とよばれている．

●**土踏まずの発達と扁平足**　ヒトの移動運動では，一生を通じて何億回もの着地衝撃を吸収する柔軟性を保たなければならない．一方，踏切時には，大きな推進力を地面に伝える剛性が要求される．足部の構造は，この相反する要求を同時に満たさなければならない．下肢の伸展性以外にも，ヒト固有の身体的構造として「土踏まず」がある．土踏まずは，3つある足アーチ構造の中の1つであり，内側縦アーチのことをさす．この内側縦アーチを持つのは，現生生物の中ではヒトだけである．直接的に地面に接することのない内側縦アーチは後天的に形成されていく．乳児には内側縦アーチが存在しないのである．また，幼少時に適切な運動量が確保されなかった場合，土踏まずの正常な形成が阻害されて扁平足とよばれる形状を呈することがある．著しくアーチが低い扁平足では，着地衝撃の吸収能

力が劣るため，走・跳などの継続的な運動負荷に対して，アーチ痛や足部の疲労骨折，脛骨過労性骨膜炎などを発症しやすくなる．一方，アーチが高すぎる場合，足の柔軟性に乏しく接地面積も小さいために，掛かる衝撃をうまく吸収できず，足底筋膜炎などの障害につながりやすい．また，土踏まずは，日常生活やスポーツ活動などで形状が変化することも知られている．例えば，日頃から高度なトレーニングを積み重ねている陸上長距離選手でも，トレーニング後には足アーチ高が数 mm 低下することがある[4].

ヒトの歩行時の床反力を計測すると図1上のようになる．特にヒトの直立二足歩行の特徴は垂直分力に現れる．踵で接地し拇指丘で地面を押し，指先から離地するため，特徴的な二峰性の床反力を呈する[5].走行では着地直後に高周波成分を検出した後に，一峰性の垂直分力を観察する（図1下）[6].走速度を高くすると，垂直分力のピークは体重の3倍を超え，下り坂では4倍にも達する．このため，ヒトの走動作には高い剛性をもった踵骨の存在が不可欠となる．大きく発達した踵骨の存在もまた，ヒトが直立二足歩行をするための特異な骨格構造である． ［安陪大治郎］

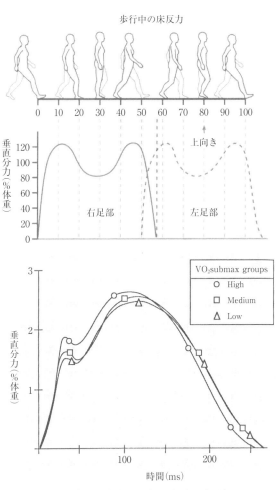

図1 歩行中（上）と走行中（下）の床反力
（出典：上：文献[5]p.577．下：文献[6]p.288より）

眼
eye

　眼の第1の役割は，光受容器としての役割である．眼は私たちが外界の視覚情報を知覚するために必要な光の入り口であり，光の情報を符号化して脳に伝える器官である．眼の構造は感覚受容器の中で最も複雑で精巧な器官といわれている．チャールズ・ダーウィンは『種の起源』の中で，眼が精巧すぎるがゆえに自然淘汰によって誕生したことが信じがたいと述べている．

　ヒトの眼は他の動物と違って社会的な役割ももっている．ヒトは眼で人に感情や意志を伝えたりすることもできる．「眼は口ほどにものをいう」「眼は心の鏡」という表現があるように，眼はコミュニケーションの手段として重要な役割も担っているのである．

●**眼の構造**　ヒトの眼はカメラ眼とよばれている（図1右）．眼に到達した光は角膜，瞳孔，水晶体を通過する．瞳孔はカメラの絞りの働きをし，その大きさは虹彩によって調節されている．角膜と水晶体はカメラのレンズの働きをし，毛様体筋によって水晶体の厚みを変えることで焦点を調節している．硝子体は水晶体後面から網膜内面までを満たす透明なゼリー状の構造物であり，大部分は水からなる．網膜には視細胞が存在し，光の情報はここで符号化されてから脳の特定の部位に伝えられる．網膜は発生学的に脳と同じ層から形成されており，網膜と視神経は末梢ではなく中枢神経系に分類されている．

　原始的な眼は，皮膚がくぼみ，光を受け取る視細胞が集まってできた単純な構造をしている（現存の貝類の一種など：図1左）．進化の過程で，くぼみが大きくなってくびれた眼が誕生し，光の差す方向を感知できるようになった．ついで，水晶体や角膜も誕生した．さらに水晶体の厚みを調節しピントを合わせることが

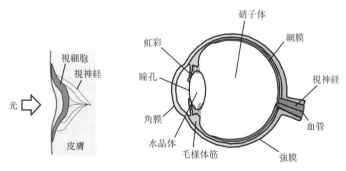

図1　原始的な眼（左）とヒトの眼（右）

できるようになった．これらの変化は眼がさまざまな適応的な進化を遂げてきた証拠でもある．

●**虹彩の色の多様性**　眼の色は虹彩に存在するメラニンとよばれる黒褐色の色素の量によって決定されており，メラニン色素が少ないと薄い虹彩（青い眼）になる．ヒトは本来濃い色の眼をしていたが，青い眼の起源は6,000年～1万年前（新石器時代）の黒海周辺にあるといわれている．虹彩の色は複数（十数個）の遺伝子が関与していることが報告されているが，最近の研究で虹彩のメラニン量を決定する遺伝子（*HERC2*）の一塩基多型が青い眼に強く関与していることが明らかにされている[1]．

肌の色も新石器時代に薄い肌が誕生したといわれている．薄い肌の色は高緯度地域の少ない日照（紫外線量）の中で獲得された形質であり，ビタミンDの合成や骨の発育に有利に作用する．しかしながら，薄い虹彩をヒトが獲得した生物学的意義は肌の色ほどよくわかっていない．眼がものを見るという機能を獲得する前は，概日リズムに明暗情報を伝えるための受容器として機能していたといわれている．もしかしたら，薄い虹彩はものを見る機能というよりは，概日リズムなどの光の非視覚的な作用に関係しているかもしれない．

例えば，高緯度地域では冬に日照不足が原因で季節性感情（情動）障害のリスクが高まる．興味深いことに，薄い虹彩をもつ個体は濃い虹彩の個体よりも重症度が低いことが報告されている[2]．また，メラトニンの光による抑制を指標とした光感受性の研究では，薄い虹彩をもつ民族で光感受性が高いことも明らかにされている[3]．

●**眼の役割**　ヒトの眼は社会的な役割も担っている．それを可能にしているのは白目の存在である．白目とは色素のない強膜が露出した部分であり，霊長類の中で白目をもっているのはヒトだけである[4]．白目の存在によってヒトは他人の視線がどこに向いているのかを知ることができる．またその逆で，自分の視線を相手に送ることもできる．視線はコミュニケーションにおいて重要で，ヒトが社会集団を形成するうえで白目は重要な役割をもっていたに違いない．

眼の別の役割として，瞬目（瞬き）がある特定の脳機能と関連しているという研究が最近報告された[5]．脳の中には，何かをしているときよりも，何もしていないときの方が活発に活動する領域が存在し，この活動はヒトの内的な思考過程と関連しているといわれている．この機能は脳のデフォルトモードネットワークとよばれ注目を浴びている．そして今回の発見とは，映画を鑑賞しているときに何気なく行っている無意識の瞬きが，脳のデフォルトモードネットワークを活性化させるというものであった．　　　　　　　　　　　　　　　　　　　［樋口重和］

耳

ear

●**耳の構造**　ヒトの聴覚と平衡覚の器官である耳は大まかには外耳，中耳，内耳から構成される．それらの生理学的な構造を示したものが図1であり，それらはさらにいくつかの器官から構成される[1]．

外耳は，外界音を集音する役割を果たす耳介と，集音された音の空気振動を鼓膜へ導く軟骨部と骨部からなる外耳道で構成される．

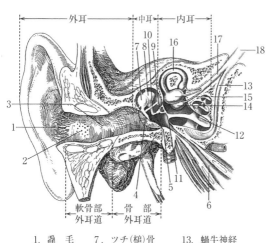

1. 聰毛
2. 耳垢腺
3. 外耳道
4. 鼓膜
5. 鼓室
6. 耳管
7. ツチ(槌)骨
8. キヌタ(砧)骨
9. アブミ(鐙)骨
10. 鼓膜張筋腱
11. 蝸牛窓
12. 蝸牛
13. 蝸牛神経
14. 球形嚢
15. 卵形嚢
16. 前半規管
17. 前庭神経
18. 内耳神経

図1　耳の構造（出典：文献[2] p.9 より）

中耳では，鼓膜の振動エネルギーを連結した3つの耳小骨であるツチ骨，キヌタ骨，アブミ骨により増幅しながら順に内耳へ伝える．これらの耳小骨を納めている頭骨内の空間は鼓室とよばれ，典型的な空洞臓器である．そのため外界の気圧が急速に変化する環境下では，外界と鼓膜を介した鼓室の間に一時的な気圧差を生ずる場合がある．この気圧差によって鼓膜が変位するために一時的に聴力損失を起こして「耳づまり感」を生ずるが，嚥下や顎の運動によって口蓋帆張筋を収縮させ，鼓室と上咽頭を繋ぎ普段は閉じている耳管を一時的に開き内外に生ずる気圧差を調整することにより聴力損失や「耳づまり感」から回復することができる．

内耳は，音を感受する蝸牛，重力と直線加速度を感知する前庭，および，回転加速度を感受する三半規管から構成され，いずれも側頭骨の骨迷路の中に納まっている．蝸牛は2回半ほど巻いた音を感受するカタツムリ状の器官であり，その内部は図2のように基底膜によって，鼓室階と前庭階に分かれている[3]．

内耳の空間はリンパ液で充たされており，アブミ骨から伝えられた振動エネル

ギーで基底膜を振動させることにより基底膜の振動が有毛細胞の感覚毛を揺らし，インパルスを発生させる．これが聴神経を通じて蝸牛神経核，上オリーブ核，下丘，内側膝状体などを経由して大脳側頭葉にある聴覚野へ伝えられて音として知覚する[4]．人間の蝸牛基底膜の最大振幅域は高周波では基底部付近

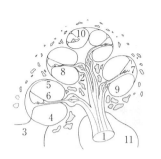

1 聴神経（蝸牛神経）
2 蝸牛軸
3 蝸牛窓
4 鼓室階
5 前庭階
6 骨らせん板
7 中央階
8 基底膜
9 らせん神経節
10 蝸牛孔
11 内耳道

図2　内耳の構造（出典：文献[3] p.13より）

が，また，低周波では蝸牛頂部の蝸牛孔付近までが振動することにより約20〜2万Hzという広い周波数領域の音を感受することができる．また，音の強さの感受性は動員されるコルチ器有毛細胞の電位変化による興奮度と関係する．

　前庭は，水平位の卵形嚢と垂直位の球形嚢から構成される．垂直の重力や水平加速度の負荷がかかるとき，炭酸カルシウム結晶を耳石としていただいたゼラチン状の耳石膜とストリオラ（分水嶺）の境に生ずるズレをI型（フラスコ型）・II型（円柱型）の平衡斑とよばれる感覚細胞のせん毛が感知することにより直線加速度を知覚する．三半規管は，3つの互いに直交する半規管から構成され，回転加速度の負荷がかかるときに生ずる各半規管内のリンパ液流動を膨大部の内部にある稜の有毛細胞が感受して回転加速度を知覚する．人体の平衡感覚の知覚には，それらに加えて，深部知覚・運動系，視覚系なども同時に関与することが知られている．

●**耳の進化**　聴覚器が形成された時期は相当古く，古生代カンブリア紀に海中で繁栄した顎骨をもたない無顎類魚類にまで遡ることができる．魚類の音感受容器は胴体に分布する側線の他に内耳があり，内耳は卵形嚢，球形嚢，および，蝸牛の原器であるレジナから構成される．媒体密度の高い水の振動を骨伝導により直接内耳に伝えるが，古生代後半のデボン紀には鰓を支える鰓弓骨あるいは口中軟骨から顎骨を形成するように進化して顎筋肉も発達した．そのため鰓弓骨の一部は後頭部へ移動して骨伝導を有効に用いるように形態を変えて小型化していった．四足動物の両生類や爬虫類として陸へ進出するようになると水を音媒体としてもはや利用できないために，密度の低い空気を音媒体とする骨伝導に有利なように一部顎骨はさらに小型化して内耳と接続する耳小骨として中耳腔に収納されるようになったと推定される[2][5]．

[橋本修左]

身体サイズ
body size

　身体の主な構成要素である筋肉・骨・脂肪のつき具合に特徴づけられる外観的形状全体を体格という．体格は解剖学的な見地から身体を表し，一般的に大きい小さいといった表現を用いる．体型は，身体的特性に加え，生理的，心理学的特性を含めて特徴づけるため，体格とは区別して整理される．ヒトの体格は計測に基づいてとらえられ，個体や集団でみとめられる違いや時代変化はヒトの環境への適応や生活様式・習慣の変化，遺伝要因の発現との関係で理解される．

●**人体計測と人体比率**　解剖学者の養老孟司は，人のカラダをことばにすることから解剖が始まったと著した[1]．ことばでは，簡単にものを分断することができる．しかし，その境をどこに定めるか．人体計測において，この境となる基点を確立したのがルドルフ・マルチンである．マルチンは，身体計測点を定めて長さ，高さ，幅，周径囲等を計測する人体計測法を確立し（マルチン式計測法・人体計測器），身体サイズによる調査・研究の礎をつくった[2]．この方法は，今日でも用いられる計測法であり，近年発達してきた生体計測機器でもこの計測法が基とされる[3]．計測の基準が確立されたことによって，身体サイズの国際比較，経年比較，個人属性による比較などが可能となった．身体サイズは，人類学，工学，医学などさまざまな分野の基礎となる計測データである．

　身体サイズは，計測値そのものだけでなく，全身あるいは各部の比率でも表される．人体の比率，すなわちプロポーションは，ギリシャ・ローマ時代の古くから美との結びつきで関心がもたれてきた．人体比率で最も有名な図の１つ「ウィトルウィウス的人体図」（図1）は，紀元前１世紀頃のローマの建築家ウィトルウィウスが残した記述をもとに，レオナルド・ダ・ヴィンチが図案化したとされる[4]．頭高は身長の1/8，顔面高は身長の1/6など，身体各部は互いの比率で示されており，指極は身長と等しく，上肢を体幹に対し垂直にすると正方形が得

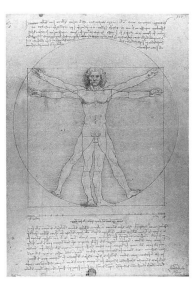

図1　ウィトルウィウス的人体図
（出典：アカデミア美術館所蔵）

られ，また四肢をいろいろに外転させると臍を中心とした円が得られることを表す[5]．厳密には臍位置が実際と異なる等の違いもあるが，ヒトの身体を幾何学図形との関係でとらえた図である．

●**系統発生的観点からの"筋量移動"**　体格は，生活様式・習慣の影響を受けて適応変化する．ヒトは直立二足歩行の獲得という大きな生活様式の変化を経験したが，これは体格にどう影響したか．進化の過程では，生体の筋量の分布は体幹から下肢へ移動し，下肢筋量の多いことは人類を特徴づけている．現代人では，それがさらに強まっているとの観察的知見もある．進化過程をおおまかに辿ると，総排泄口から下位を下体と考えて，魚類では筋が上体に偏在していること，両生類・爬虫類では下肢が出現するが筋量は胴体に多いこと，鳥類でも羽という上肢機能を支える筋量分布であることがわかる．哺乳類にいたって，伸びた脚への筋分布移動が認められる．哺乳類では，どの獣類にも脚に固有の筋とその量が観察される（図2）．人類において，下肢の筋量が多いことは他に類を見ない．立ち上がったために，大腿と腰の前面の筋長は自然長よりも引き延ばされ，後面は圧縮された筋機能を強いられている．殿筋の膨隆は，人類の立位を表現する固有の象徴的形態である．筋量の下方への移動は，こういった立位姿勢の弱点を補償する適応でもある．比較的近代に獲得した人類の姿勢変化の適応には，不十分な点もある．立ったゆえの長身は，高齢になるにつれ他の動物では見られない姿勢の変形性崩壊・侵襲を多くおこす．姿勢の変形の多くは，円背や腰折れに代表的な前方崩壊である．先進国では平均寿命が80年を越えて久しく，延伸は続いている．姿勢保持に向けて，予防トレーニングなど人間工学的に新たな補償を生む手立てが求められる．

●**環境への適応と遺伝**　生活様式の変化は体格を変化させる直接的な要因の1つであるが，生活様式の変化を取り巻く環境や内的要因ともいえる遺伝の関与はどう体格を変化させるか．生物のサイズに影響する環境要因として，まず気温があげられる．寒冷気候帯に生息する恒温動物は，同種で比較すると暖かい地域の同種のものより

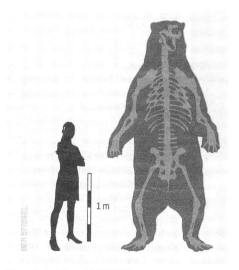

図2　先史時代の巨大な短髭熊
熊の小規模の下肢骨が注目される（体重：1.6 t，人間の身長）（出典：文献[6] p.131 より）

大型であることが知られ,これはベルグマンの法則で説明される.大きな動物は,小さな動物より体重あたりの体表面積が小さくなる.そのため,産熱に対して放熱を減らすことができ,効果的に体温を保持させることができる.体温保持に起因する身体の適応ではほかに,身体の形に関連するアレンの法則が知られる.同種の恒温動物の突起や付属肢は,暖かい地方ほど長く,結果的に大きい体表面積をもっている.体表面積が相対的に大きくなれば,放熱を増やして体温を調節することができる[7][8].ヒトでも,日本人を含むモンゴロイドの平坦な顔や四肢のずんぐりしたようすは,寒冷地域で発達した民族の特徴と考えられている.

一方,このような顔の適応は咀嚼が要因ともされ,食性との関連も指摘されている[9].食性は栄養状態を反映するため,顔という局所部分の形だけでなく,全身の体格に深く結びつく.戦後の日本人の高身長化は,栄養状態の改善が最も大きな要因とされる.国や地域による身長差も,遺伝的要因によるか栄養状態によるかは分けがたい.体格を特徴づける要素の1つである脂肪は,過剰に蓄積された状態では肥満とよばれ,糖尿病,高血圧など生活習慣病の代表的なリスクとなる.かつては,身体の大きいことは栄養状態が良い豊かさの象徴であったが,飽食の時代の現在では健康阻害の危険信号となっている.

体格に対する遺伝的要因はどの程度あるか.家系でとらえると,両親と子の身長や体重の相関係数は,思春期以降約0.3～0.4に達する.双生児の観察では,身長・体重の相関係数は0.5を上回る.さらに,二卵性双生児では相関係数は年齢とともに減少するが,一卵性双生児では出生から増加するようなパターンがみとめられ,遺伝的な近似性の違いは体格にも表出すると考えられる[10].筋肉に着目すると,遺伝的要因は長さや量だけでなく質との関連で体格に影響する.パーヴォ・コミは,双生児では筋線維タイプ別の構成比がきわめて近いことを報告した[11].筋線維タイプは収縮特性やATP(アデノシン3リン酸)合成能力などにより分類されるが,このタイプにより横断面積に差がある.速筋線維は1本の筋線維が太いため,この種の筋線維が優位であれば筋肉は太くなる.一方,遅筋線維は1本の筋線維が細いため,筋肉は細く見える.筋肉の太さと質は,運動パフォーマンスとの関係で理解され,爆発的なパワーが必要となる陸上短距離走選手では筋肉が隆々とした選手が多いが,筋の持久的な能力を要するマラソン選手は瘦身の選手が多い理由の1つとされる.競技面では,種目に適した素質(遺伝的要因)をもつかを着目するが,トレーニングという外的刺激なくしてよいパフォーマンスは得られない.遺伝情報の解析が進み身体の設計図が手に入りつつあるが,ヒトの身体の形,その先のパフォーマンスへと続く道筋の説明には,さらなる知見の蓄積が必要である.

〔小坂井留美・川初清典〕

体型
somatotype

　古くから体格はいくつかの型，すなわち体型に分類されてきたが，実際に分類の基礎にしようと人体測定を始めたのは19世紀後半のヨーロッパの解剖学者らである．20世紀前半になると，ドイツの精神科医エルンスト・クレッチマーは精神疾患と体型との間，健常者の気質と体型との間に関連性があることを報告した．その中で体型は肥満型，細長型，闘士型に分類され，それぞれを躁うつ性気質，分裂性気質，粘着性気質と対応させている．

　一方，アメリカの医学・心理学者ウィリアム・H・シェルドンはクレッチマーの体型分類が観念的すぎることを批判するとともに，消化器，筋，脳・神経の各臓器が内・中・外のいずれかの胚葉で発生することから，体型を太っている内胚葉型，筋肉質の中胚葉型，やせている外胚葉型という3つに分類した．各胚葉型の程度を1点から7点までの7段階に評価し，内・中・外胚葉型の順序で評点を連記して体型を表現した．評点が大きいほど，その胚葉型の特徴が強い．例えば，体型を711と表現した場合は典型的な内胚葉型を意味する．このようにして示される体型をソマトタイプとよぶ．しかし，シェルドンの方法には依然として煩雑で主観が入るという課題があったので，バーバラ・H・ヒースとリンゼイ・カーターはこれを改良して身体測定値のみからソマトタイプを算出する方法を開発した（ヒース・カーター法）．この方法は現在にいたるまで広く利用されているが，スポーツ選手のソマトタイプを調べた研究が多い．

●**ヒース・カーター法**　基本的にはシェルドンの体型分類方法に従っているが，写真観察をしないで10項目の人体測定値から客観的に評価する．表1は，その際に必要な人体測定の項目と測定方法をまとめたものである[1]．これらの測定値を用いて内，中，外胚葉型それぞれの程度を示す数値（ソマトスコア）を以下のように計算する（下式中のA～Jは表1の各項目に対応する）．

　内胚葉スコア $= -0.7182 + 0.1451X - 0.00068X^2 + 0.0000014X^3$
　　ただし，$X = (C + D + E) \times 170.18/A$
　中胚葉スコア $= \{0.858 * G + 0.601 * H + 0.188 \times (I - C/10) + 0.161 \times (J - F/10)\} - 0.131A + 4.50$
　外胚葉スコア $= 0.732(A/\sqrt[3]{B}) - 28.58$
　　ただし，$38.25 < A/\sqrt[3]{B} < 40.75$ のとき外胚葉スコア $= 0.463(A/\sqrt[3]{B}) - 17.63$，$A/\sqrt[3]{B} \leq 38.25$ のときは外胚葉スコア $= 0.1$ とする．

内胚葉スコアは体脂肪量と，中胚葉スコアは四肢の筋量と，外胚葉スコアは細身

表1 ヒース・カーター法による人体測定の項目と測定方法．(出典：文献[1] pp. 368-369 より作成)

項目	測定方法
	身長と体重以外は身体の右側を計測する．
A 身長（cm）	立位で耳眼水平を保ち，定規をしっかりと頭頂部にあてる．mm 単位まで計測する．
B 体重（kg）	最小限の衣類にとどめ，100 g の単位まで計測する．衣類の重さを減じる．
	下腿内側皮脂厚を座位で計測する以外は弛緩立位の状態で計測する．
C 上腕背部 皮脂厚（mm）	腕を下垂した状態で，肩峰と肘頭を結ぶ線の中間を長軸に沿って計測する．
D 肩甲下部 皮脂厚（mm）	肩甲骨の下縁に沿って脊柱と 45 度の角度でつまむ．
E 腸骨棘上部 皮脂厚（mm）	上前腸骨棘から上方に 5～7 cm 離れた箇所で前腋窩線と交わる箇所を下内方へ 45 度の角度でつまむ．いわゆる腸骨上部の測定とは異なる．
F 下腿内側部 皮脂厚(mm)(cm)	下腿の最大囲の高さで内側を長軸方向につまむ．
G 上腕骨顆間幅 （cm）	肩と肘の関節角度を直角にし，上腕骨外側上顆と内側上顆の最大距離を 0.05 cm 単位まで計測する．肘の角度を 2 等分するように定規をあて，皮下組織をしっかりと押す．
H 大腿骨顆間幅	膝関節が直角になるよう腰掛け，大腿骨外側上顆と内側上顆の最大距離を 0.05 cm 単位まで計測する．
周径（cm）	mm の単位まで計測する．
I 上腕囲（cm）	肩関節を直角，肘関節を 45 度に屈曲して拳を握り，屈筋と伸筋を最大収縮させ，最大囲を 0.1 cm 単位まで計測する．
J 下腿囲（cm）	僅かに開脚して立ち，最大囲を 0.1 cm 単位まで計測する．

(注) 皮脂厚の測定法：親指と人差し指でしっかりと筋から引き離すよう皮下脂肪をつまみあげる．そこから 1 cm 離れた個所にキャリパーの先端をあて，10 g/mm² の圧力で挟み，厚さを 0.1 mm または 0.5 mm の単位まで計測する．

の程度を表すポンデラル指数との関連性をもとに開発された回帰式である．上式から算出される 3 スコアをハイフンでつないで連記することにより，個人のソマトタイプを表現する．

さらに，体型は 3 辺が対角を中心とした円弧からなるルーローの三角形の平面上に位置づけられる．その図をソマトチャートという．三角形の重心を原点として 120 度間隔で放射状に内・中・外胚葉型の 3 軸を配置し，3 スコアをそれぞれの軸上にベクトルとして表すことができる．各ベクトルを合成した座標がその人の体型を示すことになる[2]．三角形の重心を原点とする X 軸と Y 軸からなる直交座標では，内胚葉スコア（End），中胚葉スコア（Mes），外胚葉スコア（Ect）の各ベクトルを合成したベクトルの終点の座標（X, Y）は，

$X = \sqrt{3/2}\,(Ect - End)$

$Y = 1/2\,\{2Mes - (End + Ect)\}$

となる．この点がソマトチャート上に位置づけられた体型である．なお，X = Ect − End，Y = 2 Mes − (End + Ect) を計算するだけですむように，プロットする際の X 軸は $\sqrt{3/2}$ 倍，Y 軸は 1/2 倍に縮尺されている． ［高崎裕治］

成長
growth

　ヒトは受精卵から個体が発生し，最後は死にいたる．その生涯にわたる変化を加齢という．加齢の中で，誕生から成人になるまでの時間的変化を発育といい，成人になった後から死にいたるまでの時間的変化を老化という．

　発育には，個体の量的増大を伴う成長と，機能的変化を伴う発達がある．このような医学・生物学的な見方に対して，心理学においては，発達は受精から死にいたるまでの人の心身，およびその社会的な諸関係の量的および質的変化・変容としている．本項目においては，前者の医学・生物学的な立場に立った成長について記載する．

●成長曲線　成長の過程において，年齢によって変化する指標を座標に示し，各点を結んで描かれる軌跡を成長曲線という．使用される指標は，身長や体重など体格に関するものが多い．最古の資料として残っているのは，フランスのフィリップジェノー・モンベヤールが自分の息子の身長を縦断的に記録したものである[1]．それによると，1年に2回身長を測定して座標に示すと，一見等速度で成長しているように見える．

　しかしながら，半年間における身長の増加を座標に示すと，出生後と12歳あたりからの2回において成長が著しいことがわかる．これを成長加速現象という．1回目の成長加速期は胎生成長期間の延長期であり，2回目の成長加速期は成長ホルモン，アンドロゲン，エストロゲンの作用によるものである．その後エストロゲンの作用による骨端線の閉鎖により，成長は停止する．

　生体内の各々の組織の成長速度については，スキャモンの成長曲線に示されている[2]．これは身体各部位の成長を4つの型に類型化したものである．一般型は幼児期に成長速度が大きく，思春期に再び加速し，S字曲線を描く．神経型は幼児期に成人の大きさに達する．生殖器型は幼少期を通じて成長速度は遅く，思春期に急激に成長する．リンパ系型は少年期に成人を超える成長をし，思春期以降大きさが減少する．

●骨の成長　成長には成長ホルモンが関与する．成長ホルモンはソマトトロピンともよばれ，成長する能力をもつほとんどすべての組織を成長させる．すなわち，細胞のサイズの増大，骨の成長細胞や早期の筋細胞のようなある種の細胞の数の増大，特異的な分化を伴う細胞分裂の増加等を助長する．このうち，骨の成長促進は身長の伸びとなる．これは，成長ホルモン刺激に反応して，長管骨の骨幹と骨端の間にある骨端軟骨が長軸方向に長さを伸ばすことによる．この軟骨は，X線像において骨幹と骨端の間の横走する透明線として現れるため骨端線といわれ

ている．エストロゲンの作用により骨端線が閉鎖すると長管骨の長軸方向の成長は停止する．

　成長ホルモンの分泌を増大させる刺激は，運動や絶食などのエネルギー代謝基質の欠乏，タンパク質の摂取による特定のアミノ酸の循環血中濃度の増大，グルカゴン，ストレス刺激，就寝などがある．逆に分泌を低下させる刺激は，レム睡眠，グルコース，コルチゾール，遊離脂肪酸などがある．成長ホルモンは，深睡眠の最初の2時間に特徴的に増加する．

　また，成長ホルモンは思春期に増加し，成人期に減少するパルス状パターンを示す．思春期での血漿中濃度は約 6 ng/mL であり，成人期は 1.6〜3 ng/mL である．染色体異常による低身長など，遺伝が明らかに身長に関与する例もあるが，一般的な集団において，身長にどの程度遺伝が関与するかは明らかではない．生活環境からの影響が大部分を占めるともいわれている．また，女性はエストロゲンの影響により，成長加速が男性より早く起こり，早く終わる．

●**二次性徴**　思春期は二次性徴が出現し，完成する時期である．思春期を境に精巣からはテストステロン，卵巣からはエストロゲンが分泌され始め，これらの性腺ステロイドホルモンが身体各組織に作用し，男性あるいは女性特有の体の外観をつくる．

　このように，二次性徴は，生体において生殖器以外で出現する性差であり，形態および機能的な変化を伴う．二次性徴が起こると性ホルモンの分泌が増加する．視床下部から性腺刺激ホルモン放出ホルモンが分泌され，それに反応して下垂体前葉から卵胞刺激ホルモンと黄体化ホルモンが分泌される．これにより，月経が起こる．月経は一定の周期をもって反復する子宮内膜からの出血である．出生後，初めての月経を初経あるいは初潮という．

　思春期発来にはさまざまな内的，外的因子が影響を及ぼす．遺伝的要因，栄養状態，すなわち脂肪の沈着状態も関係している．女性の場合，脂肪組織から分泌されるレプチンが思春期開始に関与している．思春期に達する年齢はさまざまであり，ヨーロッパでは過去175年以上の間に10年間あたり1〜3か月の割合で早くなってきている．初潮年齢の年次推移を見ると，時代が新しくなるにつれて低年齢化がみられるが，初経は機能的現象であるので，発達加速現象が起こっていることになる．

[中村晴信]

性徴
sexual character

　男女の性を判別する基準となる形質を性徴という．男女の生殖器の相違を示す特徴が一次性徴，生殖器官以外の性に付随する特徴（思春期以降に出現する男性のひげや声変わり，女性の乳房発達など）が二次性徴である．なお，月経については内部生殖器である性腺が成熟する過程で生じるものであり，生殖器に付随する特徴と考えられるので二次性徴に含めるべきでない[1]．

●**一次性徴**　男女の生殖細胞が接合して遺伝子の組み換えが生じた新たな個体が生まれ，多様性が保たれることが私たちの生存や進化にとって重要である．一次性徴はそのような生殖を実現させるための器官としての意義をもつ．胎内では，性腺原基から分化して両性の性腺ができあがる．受精により性の遺伝子型が決定されると，皮質と髄質から構成される性腺原基では皮質が卵巣へ，髄質は精巣へと胎生10週頃までに分化する．その際はY染色体上に性を決定する遺伝子があり，男性の場合は精巣決定因子を産生して性腺原基の髄質が精巣へと分化するとともに皮質は萎縮する．女性の場合はX染色体なので精巣決定因子は産生されず，性腺原基の皮質がそのまま卵巣へと分化し，髄質は退化する．

　男性では精巣ができると，睾丸の間質細胞からテストステロンが，セルトリ細胞から抗ミュラー管ホルモンが分泌される．これらの精巣ホルモンにより，生殖輸管は内部生殖器である精管や副睾丸（精巣上体）へと分化する．さらに，アンドロステロンが分泌されて尿生殖洞からペニスや陰のうなどの外部生殖器ができる．一方，女性では卵巣ができるので精巣ホルモンが分泌されることなく，生殖輸管はそのまま卵管，子宮などの内部生殖器へと，尿生殖洞は陰唇などの外部生殖器へと分化する．生殖器はもともと女性のものに分化していく潜在能力をもつからである．このようにして，性腺と生殖器に男女の相違が出現し，一次性徴となる．

●**二次性徴**　思春期になると二次性徴が発現するが，それまでは下垂体からの性腺刺激ホルモンの分泌が抑制されている．視床下部に性腺刺激ホルモン分泌抑制中枢が存在し，それが視床下部からの性腺刺激ホルモン分泌刺激ホルモンの分泌を抑制している．思春期になるとその抑制が解かれるので，精巣や卵巣からの性腺ホルモンの分泌が急増する．その結果，男女それぞれの身体的特徴が明瞭になる．

　二次性徴として出現する男性のひげは幼少期のうぶ毛が剛毛化したもので，男性ホルモンであるテストステロンにより生じる．ひげの発育状態は，1：毛なし，またはうぶ毛のみ，2：毛が伸びる，上唇の角の毛が色濃くなり，次にそれが内側

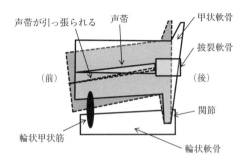

図1 喉頭を真横から見た略図．甲状軟骨と輪状軟骨をつなぐ輪状甲状筋が収縮すると，甲状軟骨が引かれて前下方に傾き（点線部分），声帯に張力が生じる

に広がり，完全な口ひげとなる，3：頬の上部や下唇の下の正中線に毛が生える，4：顔の側面と頤の下縁に毛が生える，という4段階で評価される．

さらに，思春期になると男性では明瞭な変声が生じ，1オクターブ程度低くなる．この時期に男性ホルモンや成長ホルモンの分泌が急増し，喉頭軟骨群は急激に大きくなる．男性では，喉頭軟骨の1つである甲状軟骨の前後径が大きくなり，喉頭隆起（のど仏）を形成する．喉頭軟骨群が発育すると声帯も長くなるが，男性の方がより長くなり，声は低くなる．また，喉頭軟骨を構成している輪状軟骨と甲状軟骨をつないでいる輪状甲状筋も影響する（図1）．これが収縮することにより甲状軟骨が前方に傾いて内部の声帯が引き伸ばされるが，変声期を迎えた男性では発話するときに輪状甲状筋が働かなくなる．したがって，声帯の張力が弱められ，振動して発せられる男性の声は低くなる．

変声には第一次と第二次のものがあり，第一次変声は思春期の早期の嗄声（させい）で気づかれないことも多い．一般的な変声はその時期を過ぎて起きる第二次変声のことであり，数か月から1年を経て完了する．変声の程度は1：未変声，2：変声の兆候はあるが，完全には変声していない，3：完全に変声している，の3段階で評価される．多くの者が中学生の頃（12～13歳）に変声期を迎えていたが低年齢化傾向にある．近年，変声期を迎えていない子どもでも話し声や歌声が低くなっているとの指摘が学校関係者からなされているが，その実態や原因は明らかでない．

一方，女性の二次性徴として代表的なものは乳房の発育である．思春期を迎えて卵巣からの女性ホルモン分泌により，その発育が引き起こされる．乳房の二次性徴の評価は，しばしばジェームズ・M・タナーの性成熟度分類を用いて行われ[2]，次のように第1段階から第5段階までに評価される．（1：乳頭のみ突出（思春期前），2：乳房，乳頭がややふくらみ，乳頭輪径が拡大（蕾の時期），3：乳房，乳頭はさらにふくらみを増すが，両者は同一平面上にある，4：乳頭，乳頭輪が乳房の上に第2の隆起をつくる，5：乳頭のみ突出して乳房，乳頭輪は同一平面となる（成人型））．二次性徴の発現に相当する第2段階を迎える時期として，都内の女児226人を調査したものでは平均9.74歳とされている[3]．　　　　［髙崎裕治］

体組成
body composition

　人体の構成（組成）はさまざまなレベルで考えることができるが，生理人類学領域で体組成という用語で取り扱われるものは体脂肪量とそれ以外の除脂肪量（lean body mass：LBM）とに分類する2区分モデルが多い．なお，除脂肪量を示すLBMに類似した語句としてFFM（fat-free mass）がある．FFMは水分，タンパク質，ミネラルからなるが，LBMはさらに骨髄や神経系に含まれる必須脂質をも含んだ概念である．ティモシー・G・ローマンは男性でLBM = FFM/0.97，女性でLBM = FFM/0.95の関係を提示しているが[1]，慣用的にLBMとFFMを区別しないことが多い．

　生身の人間の体組成研究は身体外部からの間接的推定に頼らざるを得ないが，そのためにさまざまな推定方法が考案されてきた．体組成研究は性，年齢，地域，民族，栄養や身体活動度との関係を明らかにすること以外，多くは体組成推定の方法論に関する研究に費やされてきたという印象が強い．物理的，化学的，あるいは形態的な尺度に基づいたさまざまな推定方法がある．近年では，エネルギーの異なる2種類のX線を照射し，生体内の各組織を通過するときの減衰率を比較して体脂肪量や除脂肪量を測定する二重エネルギーX線吸収測定法（Dual energy X-ray absorptiometry：DXA）が精度の高い推定方法として医療分野を中心に用いられている．しかしながら，測定機器が高価なことやわずかながらも電離放射線を用いることが普及のボトルネックとなっている．

●**体密度法**　体組成を体脂肪と除脂肪に区分することにより，それぞれを定量しようとする試みは20世紀前半からなされたが，エディス・N・ラスバンとネロ・ペイスはモルモットを使って体密度から体脂肪率を求める方法を開発している[2]．体脂肪率とは体重に占める体脂肪の割合であり，これにより体脂肪量と除脂肪量を知ることができる．ジョーゼフ・ブロゼックらは人体について全身の体密度（D，g/ml）から体脂肪率（F，%）を求める次のような計算式を作成し[3]，今日まで広く利用されている．

$$F = (4.570/D - 4.142) \times 100$$

　このように体密度から体組成を求める方法を体密度法という．

　体密度を測定するための方法はこれまでにも種々開発されている．体密度は体重を身体容積で割って求められるので，それらの方法は換言すると身体容積を測定する方法である．水置換法や空気置換法などでも身体容積を測定できるが，古くからゴールドスタンダードとして広く用いられてきた方法が水中体重秤量法である（図1）．体重Wa，水中体重Ww，水の密度Dw，残気量RV，消化管内のガ

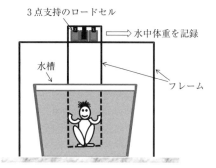

図1 水中体重測定の一例．被験者は水中でブランコ型のフレームに乗り，水上で圧縮型ロードセルを三角形に配置して水中体重を測定する

ス量約 100 ml とすると，

$$D = Wa/\{(Wa - Ww)/Dw - (RV + 100)\}$$

となる．分母 $(Wa - Ww)/Dw - (RV + 100)$ は身体容積を意味し，アルキメデスの原理を応用して水中体重を測定することにより求められる．なお，身体内部には肺や消化管などの空所があるので，その部分の容積は差し引かれる．肺の中の残気量 RV は，一定量の不活性ガスを再呼吸した後の希釈の程度から算出できる．

大集団を対象としたり野外調査などで体密度を簡便に求める必要がある場合は，体密度と相関の高い皮下脂肪厚（皮脂厚）を測定し，その数値を体密度推定式に代入して算出する方法がとられる．日本人について広く普及した体密度推定式は長嶺晋吉と鈴木慎次郎が上腕背部と肩甲骨下部の皮脂厚（mm）の和（X）を用いて作成した次の式である[4]．

男性：$D = 1.0913 - 0.00116X$

女性：$D = 1.0897 - 0.00133X$

後年，作成者の一人である長嶺は上式を修正して体表面積（BSA, m^2）と体重（Wt, kg）の変数を加え，性差や年齢差によって推定式を使い分ける必要のない次の式を示した[5]．

$$D = 1.0923 - 0.000514(X \times BSA/Wt) \times 100$$

身長と体重から体表面積を算出する手数が増えるが，優れた推定式である．しかし，皮脂厚のみからの推定式のようには普及しなかった．

脂肪組織と除脂肪組織の体水分量の違いを利用したインピーダンス法のような簡便な体組成推定方法の開発により皮脂厚法は利用される頻度が減っている．しかし，そのシンプルさゆえに測定手技を磨けば皮脂厚法はいまだ利用価値のある方法である．今日，普及しているインピーダンス法については，人体の各部位が単純な形状の導体や不導体ではないこと，体水分量や電極抵抗が変動することなどから，得られた体組成推定値の取り扱いには注意が必要である．

技術開発により，体組成を体脂肪，水分，タンパク質，ミネラルなど多区分モデルとして推定したり身体部位別の体組成を求めたりしているが，十分に役立つ情報が得られているとはいえない．まずは2区分モデルに立ち返り，精度や汎用性に優れた体組成推定方法の開発と，種々の人類集団で比較可能な体組成標準値の確立が望まれる．

［高崎裕治］

体表面積
body surface area

　体表面積は人体の全体や各部位の表面積のことであるが，体温調節，代謝量，心拍出量，薬剤の血中濃度など生理指標の動態にかかわるものとして重要である．例えば，体表面積が大きいと熱放散も大きくなり，体温調節のために熱産生の手段であるエネルギー代謝量は増加する．心拍出量や薬剤の血中濃度については，体表面積が体の大きさを表すものとして循環血液量と関係している．これらのように，体表面積は人体の機能に影響している．したがって，体表面積を知ることは重要であるが，その測定の煩雑さから通常は簡便な人体尺度を用いて体表面積を推定している．

●**体表面積算出式**　体表面積には体の大きさを端的に表す身長と体重の影響が大きいと考えられ，身長と体重を変数にした体表面積算出式が種々提案されてきた．その先駆けとなり，今日も欧米人に広く用いられているのはデラフィールド・デュボアらの次式である[1]．

$$BSA = 71.84 \times W^{0.425} \times H^{0.725} \tag{1}$$

ただし，BSA は体表面積（cm^2），W は体重（kg），H は身長（cm）である．一連のデュボアらによる体表面積の測定では，個体数は少ないが幼児から成人までを被験者とし，体表にマニラ紙や絆創膏を貼付またはパラフィンを塗布した後，それらを剥がして平面に展開して写真撮影し，対象部分の印画紙の重さから面積を割り出した．体表面積算出式を作成するにあたっては次元解析を応用している．$BSA = W^{1/a} \times H^{1/b} \times C$ の関係式について左辺の体表面積が2次元であることから右辺の次元は $3 \times 1/a + 1 \times 1/b = 3/a + 1/b = 2$ となる．b は1と2の間にあるものとして体表面積の実測値に最も近い指数の値と定数 C を求めたのが(1)式である．

　欧米人と人体形状の異なる日本人の体表面積算出式については，高比良英雄がデュボアらの(1)式の定数 71.84 を日本人用に 72.46 に修正したものがあるが，それ以外では藤本薫喜らの体表面積算出式が国内で普及している[2]．藤本らは算出式を作成するにあたり，老若男女201人を対象にして解剖学的に区分した体表の各部位に雁皮紙を貼付して切り離し，プラニメーターで面積を求めて体表面積を測定した．デュボアらが用いたような次元解析ではなく，$BSA = W^p \times H^q \times C$ の関係式について両対数をとって重回帰分析することで指数 p，q と定数 C の値を決定している．体表面積算出式を以下のように年齢を分けて示したが，対象年齢が広く成人を含んでいる(4)式が特に普及している．

$$0\ 歳：BSA = W^{0.473} \times H^{0.655} \times 95.68 \tag{2}$$

表1 体表区分と面積比率（出典：文献[3] p.16の表より改変）

体表区分	上界	下界	側界	区分面積比率 1960年代 (注1)	区分面積比率 1990年代 (注2)	比率の増減 (注3)
頭部	—	下顎底・下顎角・顎関節・乳様突起・最上項線・外後頭隆起	—	6.9	7.2	なし
耳部(耳介)	—	—	—	0.5	0.5	なし
頸部	頭部の下界	胸骨の頸切痕・鎖骨・肩峰・第7頸椎棘突起	—	2.6	3.4	↗
胸部	頸部の下界	剣状突起・肋骨弓	腋窩線	7.1	6.3	↘
腹部	胸部の下界	鼠径溝・上前腸骨棘・腸骨稜	腋窩線	5.8	5.8	なし
背部	頸部の下界	第12肋骨下縁・第12胸椎棘突起	腋窩線	9.3	7.3	↘
腰部	背部の下界	腸骨稜・上下後腸骨棘・尾骨・臀裂・陰部大腿溝	腋窩線	2.7	2.7	なし
上腕部	三角胸筋溝・三角筋起始縁・腋窩の最深部	肘窩・肘頭部	—	8.2	10.0	↗
前腕部	上腕部の下界	掌側手根部・背側手根部	—	6.1	5.8	↘
手部	前腕の下界	—	—	5.0	4.9	なし
臀部	腰部の下界	会陰大腿溝・腎溝	—	9.0	8.1	↘
大腿部	腹部と臀部の下界	膝窩・膝蓋中央	—	16.1	18.2	↗
下腿部	大腿部の下界	外果・内果	—	13.4	12.7	↘
足部	下腿部の下界	—	—	7.3	7.1	なし

(注1)文献[2]の資料. (注2)文献[3]の資料. (注3)1960年代から1990年代にかけて有意に増減したもの

$$1\sim5歳：BSA = W^{0.423} \times H^{0.362} \times 381.89 \tag{3}$$

$$6歳以上老人まで：BSA = W^{0.444} \times H^{0.663} \times 88.83 \tag{4}$$

近年,食生活や住生活の変化に伴い体格やプロポーションも変化してきたので,蔵澄美仁らは新たな体表面積算出式を示しているが,算出式の作成と評価をしたときの対象は青年男女に限られている[3].また,全体の体表面積だけでなく,区分ごとの体表面積の比率にも時代的な変化がみられる.表1は藤本らの式と蔵澄らの式を作成するときに測定した区分ごとの体表面積比率を比較したものである.体幹部の比率は減少し,上下肢の比率は増加する傾向がみられ,人体形状は時代とともに単に相似形に変化しているのではないことがわかる.

体表面積を身長と体重から算出するにはその対象者に対する算出式の適合性の問題がたえずつきまとうので,本来は体表面積を実測することが望ましい.設楽佳世らは,レーザー光による3次元人体形状計測法を利用し,体表面積を計測している[4].簡易に実測できる,いっそうの技術開発が必要である. ［髙崎裕治］

姿勢
posture

　姿勢とは身体各部の相対的位置関係および身体の3次元空間における体位の総称であるが，歩行などの動作までも動的姿勢として，姿勢の範疇に含めることもある[1]．ヒトの特徴として，直立二足歩行があげられるが，体操選手の倒立をみると，手と足の構造の違いがよくわかる．足には土踏まずというアーチがあるため，これがスプリングとなって歩行を助けているのに対して，倒立では，手のひら全体が地面についてしまい，土踏まずが発達していない1歳児のようなぺたぺたとした腕の運びになってしまうことがみてとれる．

●**立位を支える構造**　ヒトを構成する200あまりの骨は互いに剛性連結しておらず，相対的に位置関係を変えることが可能であり，これが柔軟な姿勢を成す基盤となっている．姿勢の分類として，立位，坐位，臥位に大別される．立位は足蹠部のみで接地して体重を維持する姿勢であり，直立位のほか，中腰位も立位に含まれる[1]．立位はダチョウなど他の動物でもみられる姿勢ではあるが，脚と同様に脊柱も直立した直立位を保持できるのはヒトの特徴である．この姿勢を可能とするため，ヒトの骨格にはさまざまな特徴がみられる．頭蓋骨と脊柱がつながる大後頭孔の位置は視線と脊柱が垂直となるよう後頭骨の後部ではなく中央に移動し，脊柱は重力に柔軟に対応できる構造としてS字状に変わり，また骨盤は内臓を下から支えかつ，大腿骨を下向きに連結するため幅が広く短い形に変わる．これらの特徴は人類進化の初期から認められチンパンジーとは異なった特徴である[2]（図1）．足の構造もまた，立位に適応し変化している．長時間の立位の保持に足のアーチはきわめて重要である[3]．このアーチを保持するための機構は，橋のように両端を外側から保持するものではなく，また履き物によって外側から支えるものでもない．中足骨と踵骨の間を，靱帯および腱膜で内側から引っ張ることで保持され，また長腓骨筋および後脛骨筋という下腿の筋によってアーチを下から持ち上げる働きがある[3]．ヒトの足のアーチは単に石を積み上げた静的な構造ではなく，鍛錬によって変化し得る柔軟な構造になっているといえる．

●**作業姿勢としての坐位**　坐位は臀部と下肢で床や座面に接して体重を支える姿勢であり，ヒトの姿勢の中で最も多様である[4]．また生物学的な特徴のみならず，畳の普及とともに正姿勢が立膝から正坐に変化したように文化の影響も強く受ける[5]．また椅坐位は，作業姿勢のみならず休息姿勢としてもとられ，椅子のデザインもさまざまであるが，長時間の坐位は運動不足を招くだけでなくそれ自体が腰椎への負荷となっていることも見逃すことはできない．立位時にS字状となる脊柱が，椅坐位では股関節の回転に伴う大腿後面の二関節性筋の張力増加に

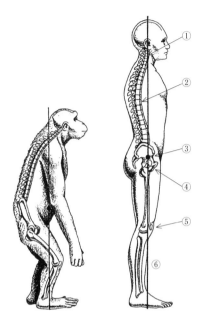

図1 ヒトとチンパンジーの骨格の比較．①下を向いた大後頭孔と垂直につながる脊柱，②S字状の脊柱，③幅が広く短い骨盤，④大きな股関節，⑤大きな膝関節，⑥長い下肢（出典：文献[2] p.149 より）

よって骨盤を回転させ腰仙部の湾曲をまっすぐにしてしまう．このとき椎間板には前方部が押しつぶされて後方へと押し出される負荷がかかる[6]．近年では，坐位と立位の両方で作業ができる机が普及しつつある[7]．自分の好みのタイミングで，立ったり座ったりとこまめに立ち回る方が，腰椎への負荷だけでなく，運動不足の点でも利点があると思われる．

●**休息姿勢としての臥位**　臥位は体幹が水平で着床した姿勢をいい，仰臥，伏臥，横臥に区分される．臥位は，立位，坐位と比較して抗重力筋を含む骨格筋の活動が少ない姿勢であり休息姿勢として適している[1]．姿勢はそれ自体が体温調節機能に影響することが知られている．立位は深部体温を上昇させ，臥位は深部体温を低下させる[8]．上半身のみをわずかに10度引き起こすだけで深部体温の低下が抑制されるという結果も示されている[8]．姿勢による体温調節は睡眠時の脳の冷却に寄与するとされている．臥位は生理的にも休息姿勢であるといえる．

[石橋圭太]

3. カラダの機能

[井上芳光・古賀俊策]

　ヒトは進化の過程で，自然環境への合理的な適応能力を獲得してきた．しかし，科学技術の急速な発達とアメニティの追求に伴って，ヒトの生物学的な適応能力が減弱することが懸念されている．加速する人工環境への適応能力を考察するうえで，さらには獲得してきた優れた適応能力を保持し続けるための方策を考究するうえで，ヒトが本来有する適応能力の生理学的メカニズムを詳細に解明することが必要である．ヒトの適応能力を全身的協関の観点から捉え（恒常性の維持，多重調節，相互補完作用など），生活文化との相互関連を探求するところに生理人類学の特色・独創性がある．このように生きているヒトの生物学的特性を解明する生理人類学は，人間生物学，生物人類学，応用生理学，健康・スポーツ科学，生活科学などの分野と多くの共通課題を有している．

　本章では，ヒトの全身的協関と環境適応を支える身体の機能について，各項目の専門家が説明した．

呼吸
respiration

ヒトの呼吸は大気中の酸素を取り込み，体内で産生された二酸化炭素を排出するために，吸気と呼気が交互に規則的に繰り返される．肺胞レベルでの酸素分圧（P_{AO_2}）と二酸化炭素分圧（P_{ACO_2}）はそれぞれ 100 mmHg と 40 mmHg である．静脈血は右心房・右心室を経由して肺動脈に流入する．肺動脈から肺静脈まで赤血球が肺胞を通過する時間は安静時で約 0.75 秒であり，その間，拡散作用によって静脈血酸素分圧（P_{VO_2}）から肺胞酸素分圧（P_{AO_2}）にまで上昇する．酸素分圧（P_{O_2}）は肺胞を通過する時間の 1/3 程度までにほぼ P_{AO_2} に達する[1]．激しい運動時では赤血球の血流通過時間が 0.25 秒まで短縮するが，若年健常者の場合には空気吸入の条件では顕著な P_{AO_2} の低下はないとされている．しかし，拡散障害を誘発している疾患がある患者では，急激な P_{AO_2} の低下を導き，結果的に低酸素血症に陥りやすい．一般に動脈血酸素分圧（P_{aO_2}）= 100 − 0.3 ×年齢という簡易式を用いて表され[2]，加齢に伴う低酸素血症の状態を概算にて推定できる．さらに，運動ストレスによって P_{aO_2} が著しく低下することがあり，これを運動性誘発低酸素症という．特に，高齢者のランナーでは最大運動時には P_{aO_2} が 70 mmHg 付近まで低下するので[3]，心筋への酸素不足を懸念する向きもある．

一方，二酸化炭素分圧（P_{CO_2}）の拡散は，肺胞壁に対する CO_2 の溶解度が O_2 よりはるかに大きいため，分子量がほぼ同じでも，CO_2 の拡散定数は約 20 倍速く拡散する[1]．したがって，CO_2 の肺拡散は 0.1 秒程度で完了する．

他方で，大気中の酸素分圧は約 150 mmHg であり，肺胞気で 100 mmHg から肺毛細血管に短絡（シャント）の影響が若干あって，動脈血酸素分圧（P_{aO_2}）は 97〜95 mmHg と 100 mmHg を若干下まわる．その後，細動脈から毛細血管を経過して組織内酸素分圧までには 30 mmHg 以下になる．このように P_{O_2} が徐々に低下し，心臓からの酸素供給が臓器から組織レベルまでの過程において酸素の抜き取りが進行していく．これを酸素カスケードといい，最大運動時では骨格筋 P_{O_2} がほぼ 0 mmHg 付近まで低下することは間接的に立証されている[4]．

●**酸素解離曲線** このような酸素カスケードは酸素解離曲線と密接に関連している．P_{O_2} が徐々に低下しても 100 mmHg から 60 mmHg までは酸素飽和度（S_{pO_2}）は大きな変化がない（図1）．つまり，P_{O_2} が低下しても組織へ酸素が解離しにくい状況である．しかし，P_{O_2} が 50 mmHg よりさらに低下すると急激に S_{pO_2} が低下し，酸素の解離が起こる．このように P_{O_2} が 50 mmHg 以下になると急激な酸素解離が起こって，組織への酸素供給を円滑に行っている．また，この解離曲線は体温の上昇，CO_2 の増大，pH の低下によって右方シフトする（図1）．例えば，

運動ストレスはこれらいずれにも当てはまり，酸素乖離曲線を右方シフトし，高いP_{O_2}でも酸素を乖離しやすい生体内環境をつくっている．つまり，運動時の活動筋への酸素供給をより多く行える状況をつくりだしているのである．

例えば，1気圧の環境であれば，Pa_{O_2}が100 mmHg，Pv_{O_2}が40 mmHgとしたとき，Sp_{O_2}の低下は約22%とする．高地の0.5気圧まで減圧する高度5500 mでは，Pa_{O_2}は45 mmHgであり，同じ22%の酸素が乖離すれば，Pv_{O_2}は26 mmHgとP_{O_2}の変化は約20 mmHgでよい．このように気圧が低い高地であっても，酸素乖離曲線がS字カーブの特性があることから，せまいP_{O_2}の変化でも酸素が十分赤血球から乖離でき，5000 m級の高地でもヒトは十分滞在できる．さらに，高地での環境適応から換気量の増大や解糖系の中間産物である2-3 DPGの産生が増えて，ヘモグロビン産生を促進する．このように相乗的に酸素運搬能力が亢進する．このような効果も高地環境での長期滞在を可能とする．

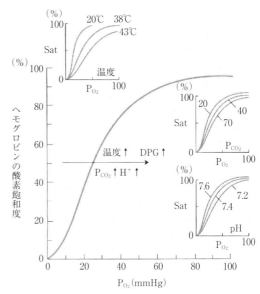

図1 水素イオン（H^+），P_{CO_2}，温度，2-3 DPGの上昇で，酸素解離曲線が右方シフトする．Sat：酸素飽和度（出典：文献[1] p.88より）

●**呼吸機能検査** 呼吸機能の検査には，スパイロメータを用いて肺気量を測定する．肺気量にはいくつかの分画があって，まず，マウスピースを通して普通の呼吸を数回行い，1回換気量を測定する．その後，息を吸い込んで（最大吸気）から最後まで吐ききる（最大呼気）ことによって，肺活量を測定する．そして，最大吸気レベルから1回換気量の吸気終了時レベルを引くと予備吸気量が計算される．同様なことが，呼気側にもいえ，予備呼気量となる．また，臨床的には努力性呼気曲線を測定することで，努力性肺活量（forced vital capacity：FVC）や1秒率（$FVC_{1.0}\% = FVC_{1.0}/FVC$）を算出し，正常では70%以上であるが，$FVC_{1.0}$が70%を下まわると閉塞性疾患であると疑う[1]．

●**呼吸の化学調節** 呼吸調節メカニズムには，Pa_{O_2}，Pa_{CO_2}，水素イオン濃度（[H^+]または水素イオン指数pH）などの化学調節因子が変化すると，換気量を調節し

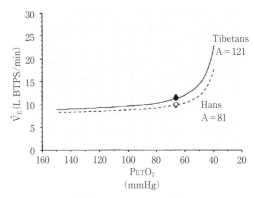

図2 チベット民族(Tibetans)はハン民族(Hans)に比べて高い低酸素換気感受性を示した. 3658 m 高地での安静時換気量($\dot{V}_E$)においてもチベット民族の方がより高かった

血液ガスをもとのレベルに戻そうとする働きがある. この化学調節系はフィードバック回路を形成しており, 基本的には動脈血ガス分圧（Pa_{O_2} = 100 mmHg, Pa_{CO_2} = 40 mmHg, pH = 7.40）を一定に保つようにコントロールされている. この恒常性（ホメオスタシス）を維持するシステムが, 呼吸の化学調節と称される. そのためには, 動脈血ガスが変化するとき, 検査器に相当する末梢化学受容器（頸動脈小体や大動脈小体）からのシグナルが延髄にある呼吸中枢に伝達され, さらに, 中枢性の化学受容器からの情報も複合して, 統合された情報をもとに横隔膜の呼吸筋を刺激し, 肺におけるガス交換（換気量）が活発に行われる. 中枢化学受容器は延髄腹側に散在し（化学感受性受容野とよばれている）, 脳細胞外液の H^+ を介して P_{CO_2} 増加による換気亢進に関係すると考えられている[5]. 一方で, 末梢化学受容器は, 総頸動脈分枝部に位置する頸動脈小体および大動脈弓にある大動脈体があり, Pa_{O_2}, Pa_{CO_2}, $[H^+]$ などの変化を感知し, 呼吸中枢へ信号を送り換気量を調節している. ヒトの場合, 大動脈体は換気調節にほとんど影響なく, 頸動脈小体が化学調節の主体と考えられている. 中枢および末梢化学受容器に加えて, 二酸化炭素の流入を感知する受容器が肺に存在することが動物を用いた研究から推測される.

このような化学調節系が活躍するのは, 種々の環境ストレスが考えられ, 例えば, 高地環境では, 高度の上昇に伴って低圧となるので, 物理的に低酸素環境を誘発する. 常圧低酸素は人工的につくられた環境であり, 登山の場合には受動的な低酸素環境となる. このような環境で生まれてから定住している高地住人は慢性的な低酸素に対する換気応答が獲得されている. 例えば, チベット地方で定住しているチベット民族の低酸素換気応答は, 平地で生まれてその後高地に居住したヒトに比べて低酸素に対する感受性が高く, 安静時の換気量も高いことが知られている（図2）[6]. 民族の遺伝的背景もあるが, 低圧低酸素環境に適するために, 彼らは低い酸素を効率よく取り込むために換気量を多くすることで代償していると考えられる.

[福岡義之・海老根直之]

循環系
cardiovascular system, circulatory system

　生物が生きていくためには酸素が欠かせない．酸素は血液によって組織に運搬されるが，この血液を運ぶのが循環系である．循環系はポンプとして働く心臓とそれをつなぐ血管から構成され，血液がたえず循環する閉鎖回路である（図1）[1]．心臓と血管の機能を科学的に説明しようとした試みは2世紀ごろから行われているが，循環系が閉鎖回路であるという発見は1628年にウィリアム・ハーベイによってなされたものであり，それまでは，内臓や脳，肺でさまざまな精気がつくられ，それが心臓との間で潮の満ち引きのように行き来しているというクラウド・ガレンの説が信じられていた．

●**循環系の働き**　主に次の4つがあげられる．1つ目は物質の輸送である．酸素や栄養素を全身の組織に運搬し，組織から二酸化炭素や代謝産物を回収する．2つ目は情報の伝達である．内分泌器官で産生されたホルモンが血液によって標的器官まで送られる．3つ目は生体の防御である．皮膚が損傷して細菌が体内に侵入した場合，組織へ白血球を運ぶことで生体防御の役割を担っている．そして4つ目は体温の調節である．細胞が活動するためには体温がある程度一定に維持される必要がある．全身を循環する血液は熱を運搬し，体内での熱分布や皮膚血管への血流を制御することで皮膚から体外への熱の放散量を調節する．上述のような循環系の働きによって細胞が生存できる最適な体組織液環境の維持が可能となっている．もし，血液循環が停止すると数秒で意識を失い，数分で生命の危機が訪れるため，滞りなく血液を循環させることが重要となる．

●**循環系を構成する心臓と血管**　心臓から駆出された血液は「動脈→毛細血管→静脈」の順で流れ心臓に再び戻ってくる．いずれの血管も内側から内膜，中膜および外膜で構築され，内膜には内皮細胞と内弾性線維組織，中膜には平滑筋，外膜には弾性結合組織が含まれるが，これらの構造や機能は，動脈，静脈，毛細血管，さらには太さと部位によって異なる．

　循環系は体循環と肺循環に分かれる．体循環は「左心室→動脈→全身（毛細血管）→静脈→右心房」

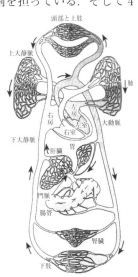

図1　循環系の模式図
（出典：三木健寿：循環，やさしい生理学（彼末一之，能勢博編），改訂第6版，p.28, 2011. 南江堂より許諾を得て転載）

の経路である．体循環では臓器を挟んで動脈側から静脈側へ並列回路を通って血液が流れているため（図1），機能の異なる臓器血流を個別に制御することができる．例えば，激しい運動時には，活動筋への血流を増大させ，消化器官や腎臓への血流を減少させる調節が働いている．肺循環は「右心室→肺動脈→肺→肺静脈→左心房」の経路である．肺動脈血の酸素飽和度は低く体循環静脈血に等しいが，肺胞にて二酸化炭素を排出し酸素を取り込むため静脈血の酸素飽和度は体循環動脈血に等しくなる．このような肺胞から組織にいたるまでの酸素分圧のカスケード（体内での酸素分圧の減少推移）が各組織における酸素供給に重要となる．

●**特殊な循環系** 身体各部位の臓器はそれぞれが特別な機能をもっており，調節系が一様ではない．ここでは特に，冠循環，脳循環，胎児の循環を取り上げてみたい．心臓は諸臓器の中でエネルギー消費が最も多い．この心臓に血液を供給しているのが冠動脈であり，ヒトの場合，安静時心拍出量の約5%を占め，流入血中酸素の70～80%を消費する．解剖学的にみると大動脈の基部から左右冠動脈の2本が出ている．ヒトでは冠動脈の側副路（通常とは異なる別の通り道）の発達が悪いため，冠動脈の枝の1つが閉塞するとその下流では酸素不足になりやすく，心筋梗塞になる可能性が高い．通常の動脈血管では心臓の収縮期に血流が最も多くなるが，左冠動脈の場合は特に左心室収縮時に強い圧迫を受けるので血流が拡張期よりも減少する．冠動脈の調節機序としては，①自己調節，②心筋収縮による冠血管の機械的圧迫，③心筋代謝に伴う血管拡張および④神経性調節がある．

脳は酸素欠乏に非常に弱い臓器で，ほんの5～10秒間完全に血流が途絶えると意識を消失してしまう．そのため安静時心拍出量の15%にも及ぶ多量の血流が脳に配分されており，体位変換等でもほとんど血流に変化はなくほぼ定常状態が維持されている．このように脳血流を一定に維持するためにさまざまな調節系が働いている．1つ目は自己調節機構があり，平均動脈血圧がおよそ60～140 mmHgの間で変動しても脳血流が一定に保たれる調節である．2つ目は化学的調節である．動脈血二酸化炭素分圧が高まるほど，脳動脈が拡張し血流が増大する．3つ目は脳活動に伴う代謝性血流調節である．4つ目は交感神経性調節である．脳循環では上述のような血流調節機構のほかにも血液-脳関門という大きな特徴がある．不用意に毒物が脳組織に入ってこないような仕組みで，血漿タンパク質やカテコールアミン（アドレナリンやドーパミン）など高分子化合物は通ることができない．このような血液-脳関門は成人になって完成していく．

胎児の心臓は全血液の55%をも胎盤に送るため，特別な解剖学的配置をとり循環系を機能させている．臍静脈を経由して胎盤から戻ってくる酸素を多く含んだ血液は主として肝臓を迂回して静脈管を通過する．ついで，下大静脈から右心房に入ってくる血液の大部分は右心房から卵円孔を通り抜け左心房に直接流入す

る．その後，血液は左心室に入り主に頭部や上肢の動脈に送り出される．一方，胎児の頭部において脱酸素化された血液は上大静脈から右心房に入り三尖弁を通って右心室へ流れる．その後，血液は肺動脈を経て動脈管を通って下行大動脈へ入り，ついで2本の臍動脈を通り胎盤に送られ酸素化される．

●**循環系と環境** ヒトは衣服をまとい生活するため，常に衣服圧の影響を受けている．衣服圧は循環系にどのような影響を及ぼしているのであろうか？ 従来，長時間歩行時には脚絆やゲートルが用いられてきた．これは下腿部圧迫がうっ血を防いで血流を良くし，疲れの抑制に役立つことが経験的に知られていたためと考えられている．近年では，むくみ抑制を目的とした圧迫の強い靴下（弾性靴下）が用いられている．ただし，弾性靴下を着用して運動を行う場合，靴下の伸び抵抗が腓腹筋の膨隆抵抗となり，血流を阻害する可能性が示唆されている．また，静脈の血液還流は弁に依存するところが大きいため，静脈瘤の治療や手術後の血栓予防として弾性靴下が用いられる場合もある．

　近年，健康維持・増進のために登山を行う人口が増えている．平地と比較して高地では，低酸素，強い太陽放射，寒冷，低湿度および風などさまざまな刺激因子が加わるが，なかでも特異的かつ最も重要なものは低酸素の生体への影響である．低酸素環境は循環系にどのような影響を及ぼすのであろうか？ 標高5300 mに相当する条件下で漸増負荷自転車運動を行ったホセ・カルベットらの報告によると[3]，平地条件と比較して高地条件では最大酸素摂取量が低下した．このとき，最大心拍出量も減少しており，これは心拍数と一回拍出量の両者の低下が起因していた．つまり，高地での最大酸素摂取量の低下は単に大気中の酸素分圧の低下だけでなく，循環系の変化も関与しているようである．心拍数の低下は頚動脈小体や洞結節への低酸素刺激による徐脈反応が，一回拍出量の低下は心充満圧の減少が考えられているが，詳細なメカニズムについては明らかではない．これらは一過性の低酸素曝露時の応答であるが，高地に長期滞在すると高所馴化が起こり，細胞レベルにおける酸素の利用とエネルギー産生が変化する．このような低圧低酸素下における生体反応を利用して，高度2500 m付近で行うトレーニングを高所トレーニングといい，トップアスリートが行うことでよく知られている．

[大上安奈]

酸塩基平衡
acid-base balance

　酸塩基平衡とは，生体の複雑な生理反応を維持するために体液内の水素イオン濃度（[H^+]）を平衡状態に調節することである．1909年，ソレン・ソーレンセンによって溶液中の[H^+]を表す指標としてpH（[H^+]の逆数の10を底辺とした常用対数）が提唱され，pH指数によって溶液の酸性度やアルカリ性度を表すことが一般的となった[1]．水溶液では，pH = 7.0を中性，pH < 7.0を酸性，pH > 7.0をアルカリ性としているが，動脈血の血漿のpHは7.4付近で調節され，この値を基準値とし，pH < 7.4の値をアシドーシス，pH > 7.4の値をアルカローシスとしている[2][3]．生体への少々の酸や塩基の負荷によっても，生体の防御機構である緩衝物質の働きにより，pHを生理的範囲内での変化にとどめるといった酸塩基平衡の恒常性が成立している[4]．しかし，生体の緩衝能力を超えた状況，特に激しい運動や高所環境への急性暴露による低酸素症においては，動脈血内のpHは著しく変動し，極度のアシドーシスやアルカローシスを呈するために，正常な生理機能の維持が困難となり，身体の生理機能（運動能力）の低下（筋疲労）[4]ばかりではなく疾患に陥る可能性もある[2][3]．

　pH変動は，ヘンダーソン-ハッセルバルヒの式（HH式：pH=6.1+log[HCO_3^-]/[CO_2]）から，炭酸の解離定数（pk = 6.1），重炭酸イオン濃度（[HCO_3^-]）および炭酸ガス含量（[CO_2]）の三者の関係により決定される．HH式より，生体内のpHは，[HCO_3^-]：[CO_2]の比が20：1に調節されていれば，pH = 7.4となる[5]．[HCO_3^-]：[CO_2]比が小さくなれば，pHは低値を示し，アシドーシスとなる．一方，[HCO_3^-]：[CO_2]比が大きくなれば，アルカローシスとなる．[HCO_3^-]：[CO_2]比を変動させる原因により，呼吸性アシドーシス・アルカローシスあるいは代謝性アシドーシス・アルカローシスとなる．慢性的な代謝性アシドーシスとアルカローシスでは呼吸性代償作用により，また，慢性的な呼吸性アシドーシスとアルカローシスでは腎臓による代償（腎性代償）作用により，それぞれpH変動を回復方向へ導く補償作用が生じる（図1）[3]．

● **[HCO_3^-]：[CO_2]比の減少によるpH低下**　HH式の[CO_2]項の増加（CO_2再呼吸による炭酸ガス貯留あるいは換気障害による代謝に相応した適切なCO_2の呼出ができない場合）は，[HCO_3^-]：[CO_2]比の低下を招来し，pHも低下する[3]．これを呼吸性アシドーシスとよぶ．[CO_2]は，動脈血二酸化炭素分圧（P_{CO_2}）に比例して増減し，CO_2の溶解係数（$a = 0.57$）から導き出されたP_{CO_2} 1 mmHgあたりの定数は0.03となり，P_{CO_2} = 40 mmHgの基準値では1.2 mmol/Lとな

る[1]. したがって, CO_2 の適切な呼出がなければ, 動脈血 P_{CO_2} の上昇に比例した $[CO_2]$ の増加が起こる. 炭酸ガス貯留の増加に伴い $[HCO_3^-]:[CO_2]$ 比も減少し, pH 低下を招来する.

一方, 激しい運動を実施した場合, 活動筋内で生成された乳酸の血液内への移行により乳酸濃度 $([LaH])$ が上昇し, それに伴い動脈血内の LaH から解離した $[H^+]$ の増加が生じる. 増加した $[H^+]$ を緩衝するため $[HCO_3^-]$ が消費されると, $[HCO_3^-]:$

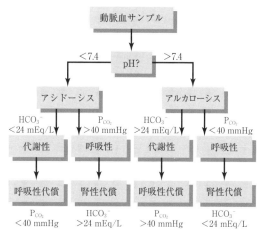

図1 呼吸性・代謝性のアシドーシスとアルカローシスにおける重炭酸塩濃度 ($[HCO_3^-]$) および二酸化炭素分圧 (P_{CO_2}) の変化と代償性作用 (出典:文献[3] p.417 より)

$[CO_2]$ 比が減少し, pH が低下することになる[5]. HH 式の $[HCO_3^-]$ の低下による pH 低下は代謝性アシドーシスとよばれている. さらに, 代謝性アシドーシスにおいては, pH 低下を最小限度にとどめるために過剰換気が生じ, 呼吸系による CO_2 過剰排出 (CO_2 excess;代謝以上の CO_2 呼出) となり[6], $[CO_2]$ が低下し, $[HCO_3^-]:[CO_2]$ 比を基準値に戻そうとする作用により pH 低下の軽減化が行われる. このような, 代謝性アシドーシスに対する過剰換気による pH 低下の軽減化は呼吸性補償作用とよばれている[7].

● **[HCO_3^-]:[CO_2] 比の増加による pH 上昇**　登山や高所環境への急性暴露により, 大気中の酸素分圧の低下に伴い, 動脈血酸素分圧低下とそれと連動した酸素飽和度の減少は, 酸素不足の状態 (低酸素状態) を呈する. 酸素不足を補うために, 呼吸系では過剰換気となり, 酸素分圧を上げようとするが, その過剰換気により CO_2 の過剰排出が生じるために, 動脈血 $[CO_2]$ が低下し, その結果として $[HCO_3^-]:[CO_2]$ 比の増加が生じ, pH 上昇が起きる[3]. これを呼吸性アルカローシスとよぶ. また, 不安, 過敏やヒステリーといった心理的なものに起因した過換気症候群の疾患も呼吸性アルカローシスを呈する.

上記とは異なり, $[HCO_3^-]$ の上昇による $[HCO_3^-]:[CO_2]$ 比の増加は, pH を増加させるため, 代謝性アルカローシスとなる. 嘔吐による塩酸の喪失[3]やアルカリ投与 (重曹摂取)[1]による $[HCO_3^-]$ の過剰な貯留により, $[HCO_3^-]$ や $[H^+]$ の増加が生じることが代謝性アルカローシスの主因である.　　　　　[平木場浩二]

自律神経系
autonomic nervous system

臓器にはそれ自体に，そのはたらきを調節するある程度の調節能力が存在する．血管には筋原性の血流調節能があり，また心臓では主なペースメーカーとして洞房結節に自動能があり，身体から取り出しても動き続けることは，よく知られている．しかしながら，これら臓器の自動能だけでは，外界の変化に対してうまく調節できないことも明らかとなっている[1][2]．外界の変化に対する調節を臓器の自動能に任せるだけではなく，中枢とやりとりをしながらうまく調節するための情報伝達システムが自律神経系である．

●**自律神経系の機能** 神経系は中枢神経系と末梢神経系に分類され，中枢神経系が脳と脊髄からなるのに対して，末梢神経系は中枢神経系の外部にあるすべての神経組織からなる．末梢神経系は体性神経系と自律神経系に分類され，体性神経系の興奮が意識にのぼり，随意的に運動を起こすことができる一方で，自律神経系の興奮は意識にはのぼらず，随意的に調節することができない．体性神経系が生物の感覚や運動といった動物性機能を支配しているのに対して，自律神経系は，内臓，腸管，および腺などの機能を調節し，栄養や生殖に関わる生体の植物性機能を支配するという意味から，植物性神経系ともいわれる[3]．

自律神経系は交感神経系と副交感神経系に分類され，多くの臓器が両方の神経系の二重支配を受け，多くは相反的に作用する．体性神経系が骨格筋に興奮性の刺激を与えるのに対して，自律神経系は，興奮性のみならず抑制性の刺激も臓器に与える．身体的または情動的ストレス時には交感神経系の活動が高まり，休息時には副交感神経系の活動が高まるが，交感神経系が興奮性で副交感神経系が抑制性という分類は正確ではない．確かに心臓は交感神経系の活動により心拍数が増大し副交感神経系の活動により低下するが，胃や腸の働きは交感神経系の活動により低下し副交感神経系の活動により増大する．交感神経系の支配を受ける血管においても，交感神経系の活動により皮膚血流は減少する一方で，骨格筋の血流は増大するという調節もある．概して，交感神経系の活動により，エネルギー消費を促進する動物的機能を活性化させ，副交感神経系の活動により，エネルギー貯蔵を促進する植物的機能を活性化させる方向に調節が働く．これらの機能を系統発生的にみると，脊椎動物の中でも原始的な生物であるヤツメウナギには交感神経系は発達しておらず，より複雑な動物的機能の獲得に伴って発達することから[4]，生物の動物的機能は体性神経系のみならず自律神経系によっても支えられていることがわかる．

●**自律神経系の構造** 体性神経系に，末梢から中枢への求心性の感覚ニューロン

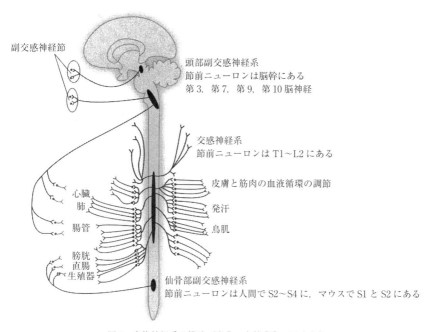

図1 自律神経系の構造（出典：文献 [5] p.54 より）

と中枢から末梢への遠心性の運動ニューロンがあるように，自律神経系にも求心路と遠心路がある．体性神経系の遠心路が1つの運動ニューロンから構成されるのに対して，自律神経系の遠心路は，神経節を介した2つのニューロンから構成され，それぞれ節前ニューロンと節後ニューロンとよばれる．節前ニューロンの細胞体は脳または脊髄に存在し，主として伝導速度が速い有髄線維によって神経節に興奮を伝える．節後ニューロンの細胞体は神経節にあり，節後ニューロンは1つまたは複数の節前ニューロンとシナプス結合する．神経節での神経伝達物質はアセチルコリンである．節後ニューロンは主として伝導速度が遅い無髄線維によって効果器である標的の臓器に興奮を伝える．これら神経節を伴った構造は交感神経系，副交感神経系ともに同様であるが，交感神経系の神経節は脊髄近傍の交感神経幹にあるのに対して，副交感神経系の神経節は効果器の近傍にあるため，伝導速度が速い節前ニューロンの軸索の長さが交感神経系では短く，副交感神経系では長い（図1）．心拍数の調節も素早い調節には副交感神経系の活動の寄与が大きく，瞳孔の調節も交感神経系による散瞳よりも副交感神経系による縮瞳の方が素早い．また節後ニューロンから効果器への神経伝達物質が，交感神経系の多くがノルアドレナリンであるのに対して，副交感神経系ではアセチルコリンであ

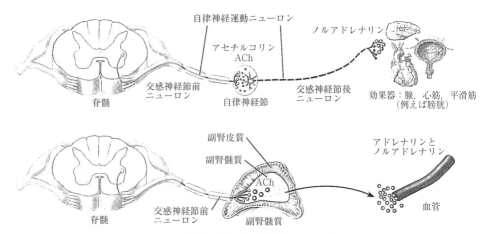

図2　自律神経系（出典：文献[6] p.286 より）

る．なお交感神経系の節前ニューロンの支配を受ける副腎髄質は，他の器官に節後ニューロンを伸ばすのではなく，血液中にアドレナリンとノルアドレナリンを放出し，全身性に生理活性作用を及ぼす．自律神経系は生体の恒常性の維持における情報伝達システムとして，間に脈管系などを介した内分泌系よりも素早い情報伝達が特徴であるが，副腎髄質のような自律神経系を介した内分泌系もみられる（図2）[6]．

●**自律神経系と上位中枢との連絡**　さまざまな骨格筋の収縮を制御する体性神経系の運動ニューロンが脳幹から脊髄の全体に分布しているのとは異なり，自律神経系の運動ニューロンは限局的に存在する．交感神経系の節前ニューロンの細胞体は脊髄の第1胸髄から第2腰髄だけにみられ，脳には存在しない．したがって，脳の血管収縮を調節する神経も脊髄を経由して接続している．一方，副交感神経系の節前ニューロンの細胞体は脳幹および仙髄にあり，前者が，吸収と循環という植物性過程の前半部を調節し，後者が，排出と生殖という植物性過程の後半部を調節する[3]．これら節前ニューロンの活動は，末梢からの求心性の入力や脳から下降する情報の影響を受けて調節される．脳幹の循環や呼吸の中枢からの影響だけではなく，体温調節や血糖調節の中枢がある視床下部，さらに視床下部と連絡が密な大脳辺縁系からの影響も受けており，生命活動の維持という機能の調節のみならず，適切な情動の発現にも関わっている．近年の脳機能イメージング技術の向上により，実験動物ではなくヒトでも脳と自律神経系との連絡を研究対象にすることが可能となってきた[7]．ヒトに特有なより複雑な高次の脳機能と自律神経系との連関が明らかになることが期待されている．　　　　　　　　［石橋圭太］

消化と吸収
digestion and absorption

ヒトは雑食であり，動物や植物などあらゆる食物を摂取し，栄養としている．摂取した食物はそのままの状態では体内に取り入れて利用することができないので，消化器の働きにより消化し，吸収する．吸収されなかった物質は体外に排泄される．つまり，消化とは摂取した食物をヒトが吸収できる形に分解することであり，吸収とは消化器から栄養素を血液やリンパ液中に取り入れることである．ヒトの消化は①機械的消化（物理的消化），②化学的消化，③生物的消化の3つに分類できる．図1に消化の概要を示す．

機械的消化とは消化管の機械的な運動により食物を粉砕し，消化液と混和し，輸送することである．機械的な運動には蠕動運動，分節運動や振子運動などがあ

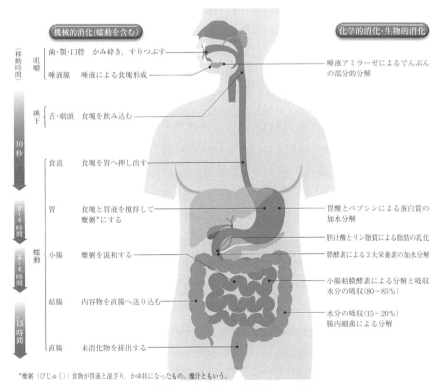

*糜粥（びじゅく）：食物が胃液と混ざり，かゆ状になったもの．糜汁ともいう．

図1　消化の概要（出典：文献[1] p.4 より）

る．化学的消化とは腺より分泌される消化液中の消化酵素や小腸の粘膜表面に存在する消化酵素の作用によって食物が化学的に分解されることである．生物的消化とは大腸内に存在する細菌の作用により，ヒトの消化酵素では分解することのできない食物繊維などの難消化性糖質が分解（発酵）されることである．

消化管の運動は，交感神経の活動によって抑制され，副交感神経の活動によって促進される．また，消化管は口から肛門まで続く連続した長い管状の器官であり，消化管の運動や消化液の分泌は局所での調節だけでなく全体の調和がとれるよう神経系，内分泌系，免疫系が複雑に関連し合って機能的に調節されている．

●**口腔・胃での消化と吸収**　口に運ばれた食物は，初めに口腔内で咀嚼される．咀嚼により粉砕された食物は唾液と混和され，唾液中のアミラーゼによりでんぷんは一部分解される．咀嚼された食物は歯，舌の動きにより食塊を形成し嚥下される．唾液には食物成分を溶かし，味蕾で味を感じることを助ける働きもある．嚥下の開始は随意運動であり，ヒトが口から食物を摂取するためには口腔の機能や嚥下に障害がなく，意識がなければならない．嚥下の一部は反射であり，延髄にある嚥下中枢によって調整されている．嚥下された食塊は食道の蠕動運動により胃に送られる．

胃では食塊を一時的に貯留し，蠕動運動によって消化液と撹拌した後，内容物を少しずつ十二指腸に排出する．大部分の栄養素の吸収は小腸で行われるが，アルコールなどの一部は胃で吸収される．胃内容物の排出速度は摂取した食物の種類によって異なり，液体の食物はすぐに排出が始まるが，固形の食物は幽門部を通過できる大きさにまで消化されてから排出が始まる．食塊の性質によっても胃内滞留時間は異なり，一般的に，糖質，たんぱく質，脂質の順に胃内滞留時間が長くなる．

胃の運動には周期性がみられ，胃体上部3分の1の大弯側付近に存在するカハール介在細胞（ICC）がペースメーカーとして働くことが知られている[2][3]．ICCからは1分間に約3回の徐波が発生し，興奮が幽門側へ伝達される．この胃の電気的活動を体表面から経皮的にとらえたのが，胃電図（EGG）である．EGGは，胃の電気的活動を非侵襲的に計測できるため，臨床現場のみならず，生理人類学をはじめとするさまざまな研究分野で広く用いられている．

●**小腸の働きと栄養素の吸収**　消化・吸収の大部分は小腸で行われる．十二指腸に食物が到達すると，膵臓から膵液が分泌され，胆囊からは胆汁が分泌される．膵液中にはアミラーゼ，リパーゼ，トリプシンやキモトリプシンなどが含まれ，これらの消化酵素によって化学的消化が行われる．トリプシンやキモトリプシンは不活性型のトリプシノーゲン，キモトリプシノーゲンとして分泌され，十二指腸内に分泌された後，活性化され強力なたんぱく質分解力をもつトリプシンやキモトリプシンとなる．これは消化管内で食物のみを消化し，自己組織を消化しな

いための仕組みである．
　でんぷんは，アミラーゼによって二糖類のマルトース（麦芽糖）に分解され，二糖類の乳糖とショ糖はそのまま小腸の粘膜に運ばれる．これらの二糖類は，小腸の粘膜表面に存在する消化酵素（マルターゼ，ラクターゼ，スクラーゼ）によって単糖類に分解され，吸収される．多くの人類集団ではラクターゼ活性は出生時に高く，その後低下する．ラクターゼの欠損や活性低下では乳糖の消化不良により，下痢などの腹部症状を生じる（乳糖不耐症）．

●**大腸の働きと排便**　大腸では主に水分と電解質が吸収される．また大腸内には多種多量の腸内細菌が存在し，その働きによって難消化性糖質などの未消化物は発酵され，有機酸，二酸化炭素，水素，スカトールなどを産生し，一部は吸収される．特に短鎖脂肪酸は最も多く産生される代謝産物であり，その生理作用が注目されている[3]．産生された短鎖脂肪酸のうち95％以上は吸収され，上皮細胞の主要なエネルギー源となるほか上皮細胞の増殖促進に作用する．また腸管の血流や運動にも関与することが知られている[4]．

　消化・吸収されずに残った内容物が直腸に到達すると，直腸内圧が高まり排便反射により便意が起こり，内容物は便として体外に排泄される．排便は不随意の内肛門括約筋と随意筋である外肛門括約筋によって調節されているため，ヒトは意識的に排便を我慢することができる．

●**生活環境と消化吸収**　これまでに呼気中水素ガス測定法や前述のEGGを用いた研究により，光環境がヒトの消化管活動や消化吸収に影響を与えることや糖質の消化吸収には季節変動が存在することが明らかとなっている[4]~[6]．呼気中水素ガス測定法では呼気中の水素ガス濃度を経時的に測定することにより，糖質の口から盲腸部までの到達時間や消化されずに大腸まで到達した糖質の量を推測する．摂取した糖質のうち，消化吸収されずに大腸に到達した糖質は腸内細菌により発酵を受け，水素ガスを産生する．これらのガスが血液を介し，呼気中に排出されるため，糖質の消化吸収が悪いほど呼気中の水素ガス排出量は多くなる．この原理は乳糖不耐症の診断にも用いられている．

　曽根らによれば日中明るい光環境で過ごすのに比べ，日中薄暗い光環境で過ごした場合，夕食の糖質の消化吸収が悪く，胃の電気的活動が弱い[5]．一方，廣田らは夕食を食べてから就寝するまで夜間に暗い光環境で過ごすのに比べ，明るい光環境で過ごした場合，夕食に含まれる糖質の消化吸収が悪いことを示している[6]．また，筆者らは消化吸収の季節変動について研究を行い，消化吸収されなかった糖質の量は秋に少なく，冬に最も多いことを確認している[7]．

　ヒトは近年の急速な科学技術の発展により人工照明環境や空調設備の整った人工環境で生活するようになった．このような生活環境の変化は，栄養素の消化吸収にも影響を及ぼしているのである．

〔津村有紀〕

体温調節
thermoregulation

　ヒトの安静時体温は約37℃に保たれており，この体温は進化の過程で自然環境の変化や身体活動への適応により獲得したレベルであると考えられている．この体温をある範囲内に維持することを体温調節という．体温は最終的には熱産生と熱放散のバランスで決定され，ヒトではこの調節に自律神経系と内分泌系が関与している．また，調節には身体内部や表面の温度を感知する温度受容器が欠かせない．ヒトの体温調節は年齢・性差・運動トレーニングなどさまざまな要因に影響されており，多元的な適応を示している．

●**熱出納**　体内で生み出される熱と環境に放散される熱が等しくなれば体温は一定になる．成人の1日のエネルギー消費量は2,500～3,000 kcalでその多くは熱として身体外に放散される．もし，熱が放散されないとすると60 kgの人では半日で約25℃上昇するが，実際には熱産生と熱放散が一定に保たれている．単位時間あたりの熱の収支は以下の式で表される．

$$M \pm W = H = E \pm K \pm C \pm R \pm S \ (W/m^2)$$

　　（M：代謝量，W：仕事量，H：熱産生量，E：蒸発による熱放散量，K：伝導による熱交換量，C：対流による熱交換量，R：放射による熱交換量，S：蓄熱量）

　ここでEを蒸散性熱放散，それ以外（K, C, R）を非蒸散性熱放散とよび，後者の量は身体表面の温度（皮膚温）と環境温との差に大きく依存する．

　熱産生に関わる主な器官は非ふるえ熱産生に関係する肝臓などの内臓，褐色脂肪組織，ふるえ熱産生や運動時などの熱産生に関係する筋肉などであり，熱放散に関わるものは皮膚血管と汗腺である．有毛部の皮膚血管は血管収縮神経と能動的血管拡張システムにより，また，動静脈吻合を有する手掌などの無毛部での血管調節は主として前者により調節されている．いずれも交感神経の支配を受けているが，汗腺のみ神経節後線維と効果器との伝達物質はアセチルコリンである．褐色脂肪組織の活動も交感神経によって制御され，脂肪酸を酸化分解して熱に交換する機能を有しており，その熱産生能力はかなり強力である．従来，ヒトの褐色脂肪細胞は乳幼児に多く分布しているが，成人ではほとんどみられないと考えられていた．しかし，近年，成人においても褐色脂肪細胞の存在が確認され，非ふるえ熱産生の効果器となり得る[1]．

●**体温調節反応**　前述のようにヒトの体温はある範囲内に維持され，生体機能の恒常性を代表する値として知られている．通常の安静時体温は36.5～37.5℃の範囲にあるが，短時間でも体温が過度に上昇すると（44～45℃），酵素の不可逆的変

化が起こり,生命が脅かされる.また,体温の低下も同様で,20℃前後が生存の下限とされている[2].体温として一般に舌下温や腋下温がよく用いられるが,運動時の体温を検討する場合には食道温,鼓膜温および直腸温が利用される.体温が変化する要因として環境温や環境湿度があげられるが,運動もその大きな要因である.運動すると筋から多量の熱が発生し,時には安静時の10倍に達する場合があり,熱放散反応がより重要となる.

　環境温変化に対する生体反応として耐寒反応と耐暑反応がある(図1).環境温が低下すると皮膚血管が収縮し,皮膚温と環境温との差を小さくして体からの熱放散を抑える.また,非ふるえ熱産生が起こり,環境温がさらに下がるとふるえにより熱産生を多くする.一方,環境温が上昇すると皮膚血管が拡張し,皮膚温と環境温との差を大きくし,非蒸散性熱放散量を多くする.それでも体温が維持できない場合には汗により蒸散性熱放散が行われる.ある環境温範囲であれば,皮膚血管の収縮と拡張のみで体温を維持することができ,この範囲を温熱的中性域といい,裸体であれば29℃前後の環境温である.衣服の脱着,クーラーの利用,暑い屋外での日陰への移動などの行動も体温調節には重要なもので,行動性体温調節とよぶ.これに対して前述の皮膚血管・発汗・代謝の調節は意識に関係なく自動的に行われるもので,自律性体温調節とよんでいる[3].

●**体温調節機構**　深部や体表面の温度情報(温熱性要因)をもとに体温調節機構は主としてネガティブフィードバックシステムを有している[3].運動時には温度情報以外の要因(セントラルコマンド:運動を意識的に行う際に高位中枢より発

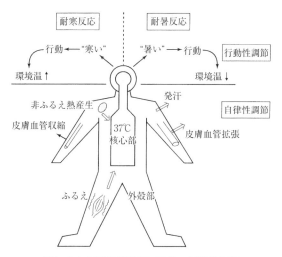

図1　ヒトの体温調節反応(出典:文献[1]より)

せられるもので，それが視床下部に影響する．筋や腱の機械受容器および筋の代謝受容器からの求心性入力，動脈圧受容器と心肺圧受容器からの入力，浸透圧受容器からの入力，精神的要因など）も関与し，これはフィードフォワードシステムとして調節系に作用すると考えられ，この要因（非温熱性要因）が多く関わるところに運動時の体温調節機構の特徴がある[1]．体温調節中枢としての視床下部（視索前野・前視床下部）は体温を一定に保つために熱産生器官や熱放散器官（汗腺と皮膚血管）に命令を送っている．視索前野には温度変化に対して活動する温度感受性ニューロンが存在し，このニューロンは局所の温度変化に反応するばかりではなく，身体の他の脳温度感受性部位，例えば，延髄・脊髄，環境温の変化に対応する皮膚温変化によっても反応する．また，視索前野からは効果器に命令が送られるが，この中枢と効果器との対応関係は各モジュール（例えば，あるニューロンと汗腺）で独立して働いている可能性が指摘されている（自律分散型調節）[3]．さらに，興味深いことに体に分布している温度受容器は大きく分けて皮膚と深部に存在するが，前者には冷受容器（温度下降により活動する）が，後者には温受容器（温度上昇により活動する）が多く存在する[4]．このことは進化の過程において身体内部においては体温上昇がヒトにとっては脅威であることを示しているのかも知れない．体温調節は自律神経系と内分泌系により調節されており，前者は主に交感神経が関与し，後者は視床下部―下垂体―甲状腺系としてストレスホルモン（甲状腺刺激ホルモンなど）により熱産生を引き起こす．

●体温調節反応を修飾する要因　ヒトの体温調節反応は年齢・性・運動トレーニング，トレーニングに伴う交叉適応などさまざまな要因に修飾される[1][5]．高齢者では若年者と比べて温熱刺激に対する発汗および皮膚血管拡張反応が小さくなり，加齢に伴うこれらの反応の低下は下肢から体幹の順になることが示されている[1]．高齢者の耐寒能力は若年者より低く，寒冷刺激時の皮膚血管収縮（熱放散を抑制する）やふるえ熱産生量は加齢によって低下する．女性の発汗および皮膚血管拡張反応は思春期を境に男性のそれらより小さくなる．一方，女性は男性より体脂肪率が高く皮下脂肪量が多いことから強い耐寒能力を有し，寒冷暴露時には皮膚表面からの熱放散をより抑制できる．高温下で運動トレーニングを行うと暑熱に対する適応が顕著になり（短期暑熱馴化），安静時や運動時の深部体温が低下して発汗や皮膚血管拡張反応が増大する．運動トレーニングによって耐寒反応も改善され，最大酸素摂取量が高い運動トレーニング者ほど寒冷暴露時の皮膚血管収縮が大きくなり，内臓・骨格筋における代謝機能・酸素摂取能力が向上して非ふるえ熱産生が増大する．

[天野達郎・近藤徳彦]

発汗
sweating (sweat)

　汗は哺乳類が皮膚の汗腺から分泌する液体（およそ99%が水）であり，これを分泌することを発汗という．ヒトの発汗は主に高温下や運動などで体温が過度に上昇するのを防ぐためであるが，汗に含まれる成分が同種の他の個体に一定の行動や発育の変化を促す生理活性物質（フェロモン）としての役割も有していたと考えられている[1]．ヒトは優れた発汗機能を有することで他の動物と比較して高温下での体温維持が優れており，さらに発汗が進化の過程で重要な役割を果たし，特に，脳の発達に関係している可能性が指摘されている[2]．

●**汗腺の種類と神経調節**　汗腺は管のような構造（導管）でその底部は分泌部（分泌管）となりコイル状に折りこまれた状態になっている．汗腺はエクリン腺とアポクリン腺とに大別され，前者の導管は皮膚表面に開口しているが，後者のそれは毛包に解放している．体温調節として重要な役割を果たすエクリン腺は人体表面に300〜400万個あり，皮膚の表面から1〜3mm前後の深さのところの真皮層に分布し，このうち分泌能を有している汗腺（能動汗腺）は日本人で平均230万個といわれる．汗腺の能動化は胎生28週に始まって生後2年半くらいで完了すると考えられ，この数はこの時期の温度環境に影響を受け，熱帯地方で出生した者では多く，寒冷地方で出生した者は少ない．エクリン腺は全身に幅広く分布しており，また，分布密度は部位によって異なり，手掌，足底，前額で特に多いが，一方で，個人差も大きい[1][3]．同じエクリン腺でも手掌や足底では汗腺が皮丘（皮溝と皮溝の間）に位置するのに対して，その他の全身では皮溝と皮溝が交わったところに位置している[1]．手掌や足底の発汗は表面を湿潤させ，接触性を高めるための役割をし，それ以外の部位では出た汗がすぐに周囲へ広がり，蒸発しやすくなっていると考えられ，進化の過程で獲得した合理的な分布ではないかと推察される[1]．

　ヒトのエクリン腺は交感神経の支配を受け，神経末端からアセチルコリンが分泌されている．一方，同じ交感神経でも体温維持に関係している皮膚血管へのそれはノルアドレナリンである．もし，発汗神経からノルアドレナリンが分泌されると発汗と同時に汗腺周りの血管が収縮し，それが汗腺の働きばかりか皮膚血流による熱放散も抑制してしまう．このようにならないよう熱放散に関わる汗腺と皮膚血管への神経伝達物質が異なっていることは興味深い．他の動物，例えば，馬も汗をかくがこれはアポクリン腺が大きく発達したものであり，ノルアドレナリンやアドレナリンによって発汗する[1]．しかし，ヒトではエクリン腺がその役目を担い，異なった進化を遂げてきた．

●温熱性発汗　環境温が高くなったり，運動により体内での熱産生が多くなったりして皮膚温や体温が上昇すると，過度の体温上昇を防ぐため手掌や足底を除く一般体表面（有毛部）でのエクリン腺から多量の汗が分泌される．このような発汗を総称して温熱性発汗とよんでおり，体温と皮膚温（温熱性要因）をもとに視床下部の体温調節中枢で制御されている[1][3]．また，発汗はこれら以外にセントラルコマンド（運動を意識的に行う際に高位中枢より発せられるもので，それが視床下部に影響する），筋や腱の機械受容器および筋の代謝受容器，動脈圧・心肺圧受容器，浸透圧受容器，化学受容器，精神的刺激などの要因（非温熱性要因）にも影響される[4][5]．いずれも発汗反応に対して特異的に作用するのではなく，呼吸・循環反応などの他の調節機構においても影響するもので，これらは，特に運動時において各調節機構に関係する共通の要因である．

　発汗は年齢・性差などでも変化し，高齢者の発汗能力は低下する．この低下は下肢→体幹後面→体幹前面→上肢→頭部，の順に起こることが指摘されている．また，女性の発汗量は男性より少ないが，逆に発汗効率は女性の方が高い[5]．汗腺分布に関連し発汗量にも部位差があり，運動時でみるとその量は体幹部背面＞体幹部前面≒頭部＞腕≒脚前面＞脚後面という順番になっている（図1）[6]．各部位でも差があり，体幹部においては体幹中心部の発汗量が，特に，背面の脊柱付近，肩甲骨部および腰部でのそれが多い[6]．運動強度が強くなると前額と体幹部背面の脊柱部での発汗量が際立って多くなるが，これらの部位は高温下や運動時において脳温の過度上昇を抑えるために有効なところであると考えられる．

　ヒトは高温下でもマラソンのように長時間走ることが可能であるが，マラソンと同じスピードで犬などが走ると体温が15分程度で限界に達する．この差はヒトが発汗という強力な熱放散機構を有しているからであり，これが進化の過程で重要であったことが指摘されている．つまり，約200万年前からヒトの脳重量は増えているが，この変化には高カロリーのエネルギー摂取が必要であったと推察され，それは高温下で走る能力をもとにした狩りによって成し遂げられたのではと考えられている[2]．しかし，ヒトが進化の過程でどのように発汗機能を獲得したのかは不明である．

●精神性発汗　手掌や足底（無毛部）で安静時においてもみられる発汗で，精神的緊張や情動刺激によって急激な増加を示す．精神性発汗はネコなどでも認められることから皮膚表面を湿らせて皮膚が触れる物との摩擦を高め，滑り止めの役割を果たしていると考えられる．精神性発汗の中枢機構には大脳皮質前運動野，知覚・運動領，辺縁系が関与し，温熱性発汗の中枢機構との相互作用も考えられている[3][7]．

　手掌や足底の精神性発汗は温熱刺激に応じた反応を示すことが報告されており，また，その他の体表面の温熱性発汗も精神性刺激によって変化することも指

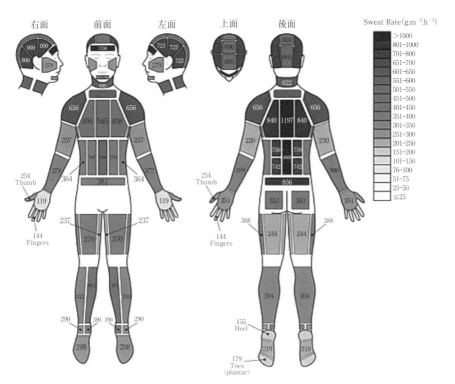

図1　運動時における発汗の部位差（出典：文献[6] p.1397 より）

摘されている[3]．例えば，体温上昇が大きく，また，発汗量が多い場合には精神的刺激（暗算，痛みなど）によって全身での発汗増加が一様に，全身の70%の部位で増加することが報告されている[7]．これらのことは前述の両発汗が相互に影響し合っていることを示し，また，調節機構としての本質的な違いがあるのではなく，相対的な刺激の大きさに関係している可能性がある．一方，精神的刺激でも思考や高度精神作用（暗算を含む）で温熱性発汗が抑制されるとする報告もあり，この反応には個人差が大きい[3]．したがって，精神性発汗は主に手掌などの無毛部でみられるが，刺激や条件によってはその他の体表面でも認められ，部位での区別は難しいようである．

　発汗には圧-発汗反射があり，一側の側胸部または側臀部を圧迫するとその側の上・下半身のそれぞれの発汗が，また，両部位を圧迫すると上・下半身の発汗が両側とも抑制される．これに反して，非圧迫部位の発汗は増加することが多い．この反射は温熱性発汗に限らず，精神性発汗でもみられている[1][3]．

［天野達郎・近藤徳彦］

血圧調節
blood pressure regulation

　生命活動を維持するために各組織に酸素や栄養素を運搬し，二酸化炭素や老廃物を回収する必要がある．これらの物質の運搬は主に血液の循環によって可能となっている．血液循環の原動力となっているのが血圧であり，血圧を一定範囲内に保とうとすることを血圧調節という．このような調節系の働きにより各組織の血液需要変化に適切に対応できる．血圧は心拍出量と総末梢血管抵抗の積で決定され，心拍出量は一回拍出量と心拍数により決定される．血圧の調節は，刻々と変化する血圧の変動を迅速に調節する神経性調節と長期的な調節を行う液性（ホルモン）調節に分けられる．

●**神経性調節**　重力を有する地球上に暮らす二足歩行であるヒトにとって，いかに立位の状態を保つことができるかという能力（起立耐性）は非常に重要となる．例えば，仰向けの状態から突然立ち上がったとき，重力の影響による血液の重さのため下肢の血管には静水圧がかかる．また，動脈血管と比較して静脈血管は伸展しやすいため，立位姿勢を続けると，下肢静脈に血液がたまり続ける．血流量が正常な場合，2分もすると心臓までの静脈弁がすべて開くため，約 600 mL もの血液が貯留し，心臓に還る血液（静脈還流）が低下する．このような起立に伴う下肢への血液貯留は著しい血圧低下を招くはずであるが，実際は神経性調節機構が働くことにより，これを阻止している．神経性調節機構の中でも圧受容器反射が果たす役割は大きい．圧受容器反射とは血圧を圧受容器にてモニターし，その変動を秒や分の単位で修正するメカニズムである．圧受容器は心臓と脳の間の大動脈弓，総頸動脈および頸動脈洞に分布し，これらは動脈系の血圧を監視している．また，左右の心房壁，左心室壁および肺血管などの低圧領域にも圧受容器は存在し，これらは心肺圧受容器とよばれる．血圧の変化は圧受容器によって神経活動に変換され，頸動脈洞の圧受容器の神経活動は頸動脈洞神経から舌咽神経を介し，また大動脈弓の圧受容器の神経活動は迷走神経を介して延髄に送られる．そして延髄にある心臓血管中枢において圧受容器からの情報をもとに自律神経系を動員して血圧を一定に保っている．それでは実際に自律神経系がどのように血圧を調節しているのか？　自律神経系のうち交感神経系が心臓に作用して心拍数の上昇および心筋の収縮性の増大を引き起こし，さらに，細動脈の血管抵抗を，静脈系の血管収縮性をそれぞれ増大させる．一方，迷走神経は心拍数を低下させる．このように，自律神経系が心臓および血管系に作用して血圧を調節している．しかし，神経性調節機構が適切に働かない場合，立位になったときに目まいが起き，ひどいときは倒れてしまう．いわゆる立ちくらみ（起立性低血圧）であり，

血圧の顕著な低下が頭部への血流低下を招くためである．このように，圧受容器反射機能と起立耐性は密接に関連しているといえる．老人や子供では体位変化に対しての交感神経系の反応が遅いため，若年者よりも立ちくらみが起きやすい．また，暑い場合や長時間の運動時において，熱の放散のために皮膚への血流量が増大しているときは交感神経性の血管収縮が十分に起こらず心臓へ還る血液量が十分確保されないため，立ちくらみが起こりやすくなっている．

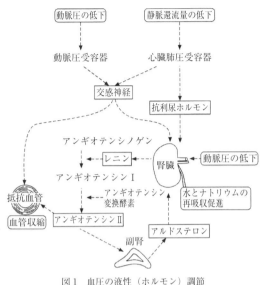

図1　血圧の液性（ホルモン）調節
（出典：三木健寿：循環，やさしい生理学（彼末一之，能勢博編），改訂第6版，p.47, 2011, 南江堂より許諾を得て転載）

●**液性（ホルモン）調節**　血圧の長期的調節としてレニン―アンギオテンシン―アルドステロン系が働く（図1）[1]．例えば，出血などによって多量に血液量が減少し血圧が低下した場合，腎臓の傍糸球体細胞付近の細動脈血管が狭まり，それが刺激となって傍糸球体細胞からレニン分泌が促進される．また，血圧低下による圧受容器反射に伴う交感神経活動亢進も腎臓からのレニン分泌を引き起こす．レニンは肝臓で合成されたアンギオテンシノゲンに作用しアンギオテンシンⅠをつくる．このアンギオテンシンⅠはアンギオテンシン変換酵素によってアンギオテンシンⅡとなる．そしてアンギオテンシンⅡは副腎皮質のアルドステロン分泌を引き起こし，このアルドステロンは腎臓の遠位尿細管に作用してナトリウムイオンの再吸収を促進させるため，尿中のナトリウム排泄量と尿量が減少する．加えて，アルドステロンは飲水行動を引き起こす．その結果，体液量が増加し心拍出量が増大する．さらに，アンギオテンシンⅡは血管収縮作用によって末梢血管抵抗を上昇させる．最終的に，心拍出量と末梢血管抵抗の増加によって血圧が元のレベルまで回復する．

　また，出血などの血液量減少は静脈還流量の減少を引き起こし，心肺圧受容器を刺激する．心肺圧受容器からの情報は延髄の孤束核に伝えられ，そこから脳下垂体後葉に伝わり抗利尿ホルモンの分泌促進と腎交感神経活動亢進を引き起こす．抗利尿ホルモンは腎臓の集合管で水の再吸収を引き起こし，体液量を増加させ，静脈還流を元のレベルまで戻す．このように長期的な血圧調節には腎機能が中心的な役割を果たしているといえる．　　　　　　　　　　　［大上安奈］

内分泌
endocrine

　内分泌系の臓器は少量で生体細胞に特異的効果を示す物質を血中に分泌する細胞集団を定義することができる．

　細胞膜で囲まれた単細胞生物は，それ自体で栄養成分を感知・摂食し，生命を維持し，代謝産物を細胞外に排泄し，自己の生命の維持とDNAの保存を行っている．多細胞生物では，細胞単体で生命を維持することは困難となり，適正な細胞環境と栄養あるいは酸素を供給し代謝産物を廃棄する器官の必要性が出現し，細胞間の情報交換を適切に統合・制御して，生体内部の動的恒常性を保つ高度なシステムが進化の過程で構築されるようになった．

●**生体内情報伝達系（神経系と内分泌系）**　神経系は，標的臓器に対して軸索を用い情報が漏れることなく，対象とする神経および筋細胞に厳密で高速に情報を伝達する．一方，内分泌系は，神経系より低速で，効果発現に時間を要し，体液を介してホルモンの形で，細胞全体を標的として，情報を標的細胞依存性に統合的に伝達する．

　ホルモンは自己の細胞（autocrine），近接する細胞（paracrine），および血液を介して遠隔にある細胞（endocrine）に情報を送信する．標的細胞では，ホルモンに対する受容体が細胞膜上（細胞膜受容体）あるいは核内に存在し，細胞の代謝を変化させるとともに，DNA自体に働きかけて，mRNA・たんぱく質合成を開始させ，多様な反応を引き起こす．これらの，内分泌臓器は，視床下部，脳下垂体，甲状腺，副甲状腺，膵臓，副腎，卵巣，精巣に分けられるが，心臓，腎臓，消化管なども内分泌機能を有する．また，脂肪組織は，種々のサイトカインを分泌する．

●**生体の基本行動の制御**　視床下部は身体内外部の受容体で得られた情報が集積する場所であり，内分泌のみならず自律神経系の中枢として働くとともに，摂食行動，飲水，体温調節，種族保存（性行動），闘争・逃走行動，および概日リズムを司る中枢としても作動している．ホルモンの分泌は適正な範囲内で維持され，過剰あるいは過少分泌状態では種々の代謝障害が発症する．このために，ホルモンの血液中濃度は，動的平衡が維持されている．平衡維持機構として，フィードフォワード制御とフィードバック制御があげられる．フィードフォワード制御では出力に変動を起こさせるような外乱を，前もって予測制御する方式である．このために，来るべき事態を予測したホルモンが分泌される．具体的には，概日リズムを制御するコルチゾルがあげられ，起床前からすでに増加する．フィードバックには正と負の制御形式がある．正のフィードバック制御系では，ホルモンは一方的に増加し，効果器からは刺激するホルモンを増加させる物質が分泌され

るため，その効果は増強され，終極的には効果器の破壊によりホルモン濃度の一方的増加が停止する．具体例として，LHサージによる排卵制御，オキシトシンによる分娩制御がある．負のフィードバック制御系は内分泌に一般的な制御方式で特に視床下部では抹消のホルモンが増加するとその刺激ホルモンが低下する．

●**内分泌の機能** 内分泌系は，1）生体の成長を促し，2）生体の内部環境の恒常性を保ち，正常な代謝機能（水・電解質・栄養，エネルギー代謝）を維持し，3）子孫を残すための機能を整え，4）外部環境（温度，低酸素，概日リズム，ストレス）に対応するなどの統合的機能を制御する．

●**身体成長管理** 身体の成長には，成長ホルモン・インスリン様成長因子（IGF-1），甲状腺ホルモン，副甲状腺ホルモンなどが関与する．骨端線の閉鎖には，エストロゲンが関与している．骨は実質的には，骨芽細胞および破骨細胞の相互情報交換によりリモデリング（再構築）を行う．糖質コルチコイドは骨芽細胞の活動を抑制し，骨の基質となる1型コラーゲンの産生を抑制する．エストロゲンが不足すると骨は脆弱となり，アンドロゲンは骨芽細胞の活動を亢進させる．また，骨にはヒドロキシアパタイトの成分としてのカルシウムとリンが必要であるが，カルシウムの血中濃度維持にはビタミンDが関与し，カルシトニンおよび副甲状腺ホルモンはカルシウム代謝に影響を与える．

●**水分管理** 陸上動物において，水の管理は生命維持にとって，最優先課題である．体液の維持はバゾプレシン（ADH）を中心に管理されている．ADH分泌には体液の浸透圧，循環血液量（心房，頸動脈圧受容体）が刺激となり調整されている．ADHは腎臓の集合管細胞に働きかけ，アクアポリンの管腔側移行を促し，水の再吸収が増加する．アルコールはADHの分泌を抑制する働きがある．さらに，循環血漿量の低下により，レニン・アンジオテンシン・アルドステロン系（RAA）が賦活化され，末梢血管の収縮，腎臓の遠位尿細管および集合管での水・ナトリウムの再吸収が増加することにより，循環血漿量が維持される．さらに，浸透圧の増加やアンジオテンシンIIは，飲水中枢が刺激する．

●**栄養管理** 血糖の維持は，エネルギー補給上重要である．特に大脳のエネルギー源はブドウ糖に依存し，低血糖になると，ただちに脳機能は低下する．高血糖になると血漿浸透圧が増加し，細胞内脱水となる．このため，血糖は，種々のホルモン（インスリン，グルカゴン，成長ホルモン，糖質コルチコイド，カテコールアミン）により適正に維持されている．インスリンは，インスリン受容体さらには4型グルコース輸送体（GLUT4）を介して糖を筋肉・脂肪に運搬し，血糖を低下させる．グルカゴンは肝臓からのグリコーゲン分解を促進し，血糖を上昇させる．アドレナリンは，血糖増加作用を示す．

●**種族保持** 性ホルモンは，視床下部よりゴナドトロピン放出ホルモンが分泌され，下垂体前葉の黄体化ホルモン（LH）および卵胞刺激ホルモン（FSH）の分泌

を亢進させる．卵巣の卵胞からはエストロゲン，黄体からはプロゲステロンおよびエストロゲンが分泌される．卵胞刺激ホルモンは精子の産生を調節するセルトリー細胞に働きかけ，黄体刺激ホルモンは間質細胞に働きかけて，テストステロンの産生を亢進する．卵巣から分泌されるエストロゲンおよびプロゲステロンは性周期に関与している．着床後の絨毛からは絨毛性ゴナドトロピン（HCG）が分泌される．HCGは卵巣において黄体が白体に変化するのを抑制し，妊娠の維持に関与する．

●**脂肪細胞からのホルモン**　古典的な内分泌臓器ではない臓器よりホルモンが分泌され，各種疾病発症に関与している．メタボリック・シンドロームでは内臓脂肪が蓄積すると，脂肪細胞から，TNF-α，アンジオテンシノーゲン，レプチン，PAI-1などのアディポサイトカインの分泌が亢進し，アディポネクチンは低下する．アディポサイトカインは動脈硬化を促進し，線溶系を低下させ，糖尿病，高血圧，脂質異常症を発症させる．胃腸管ホルモンとして，空腹になるとグレリンが分泌され，食欲中枢，脳内の報酬回路（海馬・黒質・腹側被蓋野）を刺激し，摂食による快の反応を惹起する．脂肪より分泌されるレプチンは視床下部に働き摂食を抑制する．

●**消化管ホルモン**　胃からは，グレリンとガストリン（G細胞）が分泌される．ガストリンは，胃の壁細胞に働きかけ，胃酸分泌を亢進させる．十二指腸からは，脂肪が刺激となりK細胞からグルコース依存性インスリン分泌刺激ポリペプチド（GIP）が分泌され，胃運動の抑制と，インスリン存在下における脂肪細胞によるブドウ糖の取り込みを促進する．十二指腸粘膜に存在するS細胞からはセクレチンが分泌され，膵臓の重炭酸の分泌を亢進させ，十二指腸内容をアルカリ性に保つ．十二指腸および空腸のI細胞からは，コレシストキニンが分泌され，胆嚢の収縮と膵液（膵酵素）の分泌が亢進する．小腸下部のL細胞からはグルカゴン様ペプチド-1（GLP-1）が分泌される．GLP-1には，ブドウ糖依存性のインスリン分泌促進作用，グルカゴン分泌抑制作用，胃排泄抑制作用を有す．インクレチン（GLP-1，GIPに代表される）はジペプチジルペプチダーゼIV（DPP-IV）により分解され，その作用は短い．

●**環境ホルモン**　分子生物学の進歩により，内分泌系の物質が，遺伝子，タンパク合成，代謝調節の動的平衡の維持のみならず，各種行動系を調節している．また，種々の環境ホルモンが陸上・海洋に廃棄され，ヒトの内分泌環境が攪乱されるようになり，生殖系ホルモンへの影響，性器形成不全，精子の減少などにより生体は内分泌学的危機に瀕している．環境ホルモンに対してどのような対策を講じるのか，今後の課題である．　　　　　　　　　　　　　　　　［市丸雄平］

免疫
immunity

　免疫とは「疫」から「免れる」ことであり，自己（Self）を知り，非自己（Not-Self）を排斥することが，生体防御の基本とされてきた．ここでは自然免疫，獲得免疫を詳細に説明するとともに，免疫により惹起される病態，免疫現象を修飾する生活習慣について述べる．
　生体は，①物理・化学および生物学バリアにより無差別に排除する，②微生物間で共有されている一定の分子構造を認識して処理する，③多くの分子に対して遺伝的により数多くの分子に対応する，などの方法により，生体外より生体内に侵入する非自己成分に対して排除・攻撃を行い，生体を防御している．これを免疫現象という．

●**自然免疫**　外界に直接的に接する器官として，呼吸器・消化器・皮膚・泌尿器があげられる．これらのシステムでは，物理・化学・生物学的な皮膚・粘膜バリアを築いている．呼吸器は気管支上皮の繊毛，粘液，化学物質を用いて，微生物の侵入を防いでいる．また，気道上皮の物理的機能である繊毛運動および粘液により，さらには咳により異物の排泄を行う．消化器では，粘膜より分泌される粘液，唾液からのリゾチーム，粘液からのディフェンシン，胃酸（胃のpHは1.0～2.0）・ラクトペルオキシダーゼ，ラクトフェリンにより，微生物を殺菌・栄養不足の状態に至らせ，あるいは分解して，侵入を防止している．皮膚は，物理的には皮膚の角化細胞により，乾燥を防ぐとともに，たえず剥離することにより，皮膚に侵入を試みる細菌の増殖を防いでいる．皮膚のpHは4.5～5.0に保たれ，また，生物化学的防御機構として，微生物のDNAおよびRNAを分解するリボヌクレアーゼ，デオキシボヌクレアーゼが存在し細菌の核酸を破壊する．消化管においては，嘔吐・下痢は有効な異物排泄機構である．尿道には細菌が存在し，膀胱および尿管さらには腎臓に侵入を試みるが，排尿により菌が尿路で増殖するのを防ぐ．これらの物理・化学的システムは，秒から分単位で対応し，物理・化学的機構による自然免疫として作動している．
　一方，自然免疫系は生物的機能により対応するが，後述する獲得免疫とも関連する．自然免疫を司る生物学的機能として，好中球，好酸球，好塩基球，単球，樹状細胞，マクロファージ，およびナチュラルキラー（NK）細胞などをあげることができる．自然免疫の1つとして，宿主には存在しない微生物のもつ病原体関連分子パターン（PAMPs）に対するパターン認識レセプター（PRR）が関与している．細菌の有するPAMPsは，リポ多糖（LPS）・ペプチドグリカンに代表される．PRRはtoll-like受容体（TLR），オプソニンおよびスカベンジャー受容体に

分けられる．TLRは貪食細胞（マクロファージ：Mφ）上にあり，PAMPsに結合すると，抗菌活性が増加し，一酸化窒素（NO），インターロイキン（IL-1），IL-6，IL-12，腫瘍壊死因子（TNF）が誘導・産生される．スカベンジャー受容体は，修飾を受けた低密度リポタンパク・糖類・核酸と結合し，細菌の取り込み，アポトーシスを起こした細胞の貪食に関与する．異物の表面に付着したオプソニンが貪食細胞のオプソニンの受容体に結合すると，微生物に対する貪食能が亢進する．さらに，自然免疫系の細胞としてのナチュラルキラー細胞は細胞表面上の主要組織適合遺伝子複合体クラスⅠ（MHC Ⅰ）を認識することにより，腫瘍細胞と正常細胞を区別することができ，標的細胞を傷害する．自然免疫系のインターフェロンは，ウィルス感染に応答し，樹状細胞・繊維芽細胞などから分泌される．補体は，古典的には9つの補体成分より構成されるが，自然免疫では副経路が利用される．LPSは補体成分C3の分解から始まる副経路の活性化に関連し，細菌に存在するマンノース残基にマンナン結合レクチンが結合することにより始まるマンナン結合レクチン経路を介して補体系を活性化する．補体が活性化されると，最終的には膜侵襲複合体をつくり，標的細胞を融解させる．Mφによって貪食された物質は，リソソーム内の酵素による加水分解あるいは活性酸素により殺菌される．Mφから放出されたIL-8あるいはIL-12は好中球・NK細胞の遊走促進作用を示す．自然免疫反応において，PAMPsの数には限りがある．また，進化の過程で微生物も変化し多様性を増すため，生体は多くの分子を特定して反応する遺伝子的機構が，特に有顎類より認められるようになり，獲得免疫系として発達した．

●**獲得免疫** 自然免疫に対し，分子を特異的に認識して，抗体産生やリンパ球を介して数多くの分子に対して対応するシステムは獲得免疫系と称せられ，進化の過程で付加された．獲得免疫では，リンパ球が大きな役割を演じ，その機能からB細胞とT細胞に分類される．NK細胞あるいはMφはMHC Ⅰが細胞表面に存在する細胞に対する攻撃は行わないが，MHC Ⅰに変化がみられると，MHC Ⅰ上の抗原成分を認識し，貪食後に処理した抗原のプロセッシングを行い，抗原断片をMφ内のMHC Ⅱとともに，ヘルパーT細胞に提示する．ヘルパーT細胞（CD4）にはT細胞受容体（TCR）があり，抗原提示細胞のMHC Ⅱ上に提示された抗原断片を認識する．このとき，ヘルパーT細胞（Th0）は刺激を受けて，増殖とともに幼若化反応を示す．Th0はサイトカインの種類により，機能の異なるTh1（IL-2刺激）あるいはTh2細胞（IL-4，IL-10刺激）に分化する．Th1細胞からはIL-2，IL-3，GM-CSF，IFN-γ，TNFが産生されキラーT細胞（CD8抗原陽性）を刺激する．IL-2はTh1をさらに刺激するとともに，IFN-γを分泌し，Mφの活性を促進するとともに，細胞障害性T細胞（CTL）を刺激し，MHC Ⅰ上に抗原を有する標的細胞に対してパーフォリンを用いて攻撃する．一方，Th0にIL-4が作用すると，Th2細胞からは，IL-4，IL-5，IL-6，IL-10，GM-CSFが分泌され，

IL-4はさらにTh2細胞を刺激するとともにB細胞を刺激する．B細胞の一部は，次の抗原刺激に対する記憶を行うとともに，IL-6の作用で形質細胞が増殖し，液性抗体（IgG, IgA, IgM, IgD, IgE）を産生する．

ヒト免疫グロブリンは，4つのポリペプチドより構成され，2つの同一L鎖と2つの同一鎖で構成されている．抗体はヒンジ部分よりFab部分とFc部分に分かれている．Fc部分は定常領域であり，可変部分にエピトープが結合することにより，補体活性化反応が始まる．Fab部分には可変領域と定常領域があり，可変領域で抗原エピトープと結合する．この可変部分の遺伝子はH鎖ではVH, D, JHの部位に，L鎖ではVLとJLの部位に分かれる．VHとVLには300個の，Dは4個，JHとJLには10個の遺伝子が備えられている．これらの遺伝子の選択により，可変部のたんぱくは種々の抗原と結合することが可能になる．5種類の免疫グロブリンにはそれぞれ特性があり，IgMは5量体であり，多くの抗原結合部位を有し，抗原に対する初期反応として対応する．IgGは抗原に対する後期反応の主体となる．またIgAは気道および消化器粘膜に多量存在し，IgEはI型アレルギーに関与する．

液性抗体は，①抗原抗体反応，②凝集反応，③中和反応，④オプソニン効果，⑤抗体依存性細胞媒介性細胞障害（ADCC），⑥補体の活性化，⑦補体による細胞溶解，⑧炎症反応，即時型過敏反応の誘発，などを行う．凝集反応は，侵入した異物を凝集し，その可動性を抑制し破壊を受けやすくする．中和反応では，細菌などにより分泌された毒物と結合し，毒物が宿主の細胞と結合するのを抑制する．オプソニン効果として，抗原と結合した免疫グロブリンのFc部分がMφのFc受容体と結合することにより，抗原が貪食されやすくなる．さらに，補体が活性化されると，補体成分によるオプソニン効果が発揮されるようになる．ADCCでは，侵入微生物に抗体が付着することにより，抗原に標識をつけ，細胞障害能を有する細胞を遊走させる．

●**免疫により惹起される病態**　免疫現象は，微生物などの外敵，腫瘍より，自己を守るために発達した機能であるが，アレルギーあるいは自己免疫疾患などにみられるように，自己を攻撃し死にいたらせる免疫反応を予知・予防することは，今後に課せられた問題点としてあげられる．最近，分子生物学的研究の進歩により，多くの免疫学的生物製剤がつくられるようになり，関節リウマチ，クローン病，ベーチェット病など多くの免疫疾患の治療法として注目されている．

●**免疫現象を修飾する生活習慣**　免疫能力は生活習慣（食，運動，休養，嗜好），ストレス（精神的因子），さらには自律神経機構により影響を受けることもあり，異常な免疫反応を予防する生活習慣のありかた，社会・精神機構が生体の免疫現象にどのような影響をもたらすのか，予防医学的な検討が必要とされる．

[市丸雄平]

直立二足歩行
upright bipedalism

　直立二足歩行とは，上体および後肢を大地に対して垂直に伸ばし，後肢のみで大地を交互に蹴って歩行する移動（ロコモーション）様式をいう．その直立二足歩行への適応は，少なくとも400～500万年前には生じていた[1]．ヒトの身体の根源的・本質的特徴は，直立姿勢を保持するための構造にあるといっても過言ではない．

●**直立姿勢の構造的特徴**　直立姿勢は，抗重力機構として発達した．その大きな特徴は，頭部が体幹の直上に，体幹が下肢の直上に位置し，体重が下肢によってのみ支持され，上肢がその支持から解放されたことにある．そのための構造として，頭蓋骨の重心が脊椎との連結部分である環椎後頭関節開口部（大後頭孔）に近づいたこと，脊柱が頸部と腰部の2つの前弯と胸部の1つの後弯を形成したことがあげられる．

　そのような身体構造の特徴は，四足動物との比較を通じて明確になってくる．ヒト以外の霊長類の立位姿勢では，特に上体の前傾，股関節と膝関節の相補的屈曲が大きくなる．加えてヒトに比べ下肢が短いので，重心点は股関節よりかなり上方に位置する．しかも，上体の前傾のために，重心線は股関節のかなり前方，膝関節のやや後方を通り，足関節近辺に落ちるため，股関節にかかるトルクが最も大きい．これに関係して，大腿二頭筋長頭（股関節伸筋），中殿筋，大臀筋，固有背筋などが，ヒトに比べて著しく強く活動する[2]．立位姿勢の加齢変化を観察すると，立位姿勢保持を可能にしている構造的特徴が見えてくる．そのような加齢変化とは，骨盤の前傾の減少，腰椎前弯の減少，胸椎後弯の増加，股関節と膝関節の屈曲，膝外反角の減少などである[3]．骨盤の前傾の減少は骨盤と腰椎の連結部を股関節の後方に位置させることになり，膝外反角の減少は歩行時の左右動の増大を招くことになる．

●**歩行様式**　歩行は，重力に抗して立位姿勢を保持しながら，全身を移動させる複雑な動作である．その際，下肢の支持力，モーメントおよび慣性によって，動的バランスの安定性が巧みに維持されている．ヒトが長距離を歩けるのは，重心の上下・左右の移動を最小限にするように，足，膝，股関節運動の協調性を維持する能力のおかげである[4]．直立二足歩行による移動は，力学的にはバランスが失われ，再びもとに戻ることが規則的に反復する現象であり，両下肢が交互にその機能を遂行している．片側下肢を前方へ運び出す動因となるのは，身体を前方へ傾けて重心を前方へ移動させて，慣性を超えてバランスを崩すことである．重心が前方へ移ると，身体は前に倒れようとする．これを防ぐため，片側下肢が前

に踏み出される．踏み出される下肢の力は，身体を前方に出そうとする推進力と，地面を押しつけようとする力との2つに分けられる．片側下肢が地面から離れて前進しているときのバランスは，支持脚と骨盤の傾斜によって，巧みに維持されている．元の状態に戻ることは，前進している下肢の踵が地面につき，重心が両足底によってつくられる新しい支持基底に落ちることで達せられる．下肢が地面に着地する際の衝撃は，下肢の多くの関節によって巧みに緩和される．

●歩行相の分類と機能　歩行の分析は，歩行周期を次のように分類することによってなされている[5]．歩行周期は，基本的に立脚期（歩行周期の60％）と遊脚期（40％）に分けられる．立脚期には，2回の両脚支持期（それぞれ10％）が存在する．課題（機能的役割）によって，立脚期は荷重の受け継ぎと単下肢支持に，遊脚期は遊脚下肢の前進に分けられる．荷重の受け継ぎは初期接地（IC），荷重応答期（LR），単脚支持は立脚中期（MSt），立脚終期（TSt），前遊脚期（PSw），遊脚肢の前進は前遊脚期，遊脚初期（ISw），遊脚中期（MSw），遊脚終期（TSw）の相に分けられる．

　歩行中の身体は，パッセンジャー（乗客：頭・腕・体幹（骨盤を含む））とロコモーター（機関車：骨盤と下肢）の2つの機能単位に分けられる．その連結部にあたる骨盤は，両者に属する．パッセンジャーは，基本的にはパッセンジャー自身の姿勢保持にのみ責任をもつ．パッセンジャーは前方への移動から独立して，上半身や腕（もしくは手），頭を用いた各種の活動（重複課題）を行うことができる．体幹と頸部の筋は，歩行中ほとんど例外なく最小限の活動でニュートラル-ゼロ-ポジションを保つ[5]．

　ロコモーターには，次の4つの機能が存在する．(1) 絶え間ない姿勢の変化にかかわらず，姿勢の安定性を保証する．(2) 駆動力を生じる．(3) 身体重力から生じる床への衝撃を和らげる．(4) 機能的な動きにより筋のエネルギー消費を少なくする．ロコモーターの中心課題は，身体を前方へ運ぶことである．その前方への動きには，身体重量が前方へ落下する力が駆動力として利用される．この動きは，踵と足関節と中足指節関節を回転中心としてもたらされる．それぞれの作用を，ヒール・ロッカー（揺りてこ），アンクル・ロッカー，フォアフット・ロッカーとよぶ[4]．ヒール・ロッカーでは，前脛骨筋の伸張性収縮が足の「落下」に対しブレーキをかける．ここで生じる筋緊張は下腿を前方に引っ張るベルトのように作用し，膝関節は約15°屈曲する．アンクル・ロッカーでは，ヒラメ筋が下腿の前方への動きを安定させ，腓腹筋とともに伸張性収縮によって足の制御された背屈を生じさせる．フォアフット・ロッカーでは，腓腹筋とヒラメ筋が，足関節を背屈し下腿が前方へ倒れゆく速度を減速させるように働く．このときそれらの筋の活動は，立脚中期の3倍になる．

[藤原勝夫]

活動電位
action potential

　活動電位とは，細胞が活動するとき，短時間で生じる正方向の膜電位変化のことである[1]．例えば，神経系では活動電位を伝播させて他の細胞にもその興奮を伝導していく機能を有する．ここでは活動電位の発生機序と神経線維における活動電位の伝導と伝導速度に影響する要因についてみていく．

●**活動電位の発生機序**　細胞膜はATPのエネルギーを利用しNa^+を細胞外へ，K^+を細胞内に輸送するシステム（Na^+-K^+連関ポンプ）を有する．すなわち，この能動輸送のシステムによって，ATPのエネルギーを利用しイオンや物質を濃度勾配に逆行して移動させ，細胞内外のイオン濃度差を一定に保つようにNa^+を内から外へ，K^+を外から内へ積極的に移動させる．そのため細胞内にはK^+，細胞外にはNa^+が多く，このイオン勾配により細胞内部は-90〜-70 mVの負の電位を保つ．このときの膜電位を静止電位とよぶ．細胞は中枢からのインパルスを受け興奮した細胞膜のイオン透過性が増し細胞外のNa^+が細胞内に流入するため，興奮が生じ負の膜電位が減少する脱分極を起こし，電位が0を越えて正の値に達するオーバーシュートが出現する．その後，脱分極した膜がK^+の流出によって元に戻る再分極，静止電位における負の電位がさらに増大する過分極が続く．活動電位は，静止電位から脱分極され約-50 mVの電位（閾値）に達すると自動的に発生する脱分極と再分極の一連の過程をいう（図1）[1]．閾値を越えた活動電位は興奮性を伴い，その興奮の発生は経過性，すなわちどのように閾値に達しどの程度閾値を越えたかには関係がない．この性質を興奮の発生における，全か無かの法則という．

　活動電位の発火頻度が高ければ，ニューロンのシナプス前終末から放出される神経伝達物質の量が増加し，シナプス後ニューロンの興奮が高まりシナプス電位が生じる．シナプス後膜の受容体によって，シナプス電位を脱分極の正の方向に代えることで興奮性シナプス後電位（EPSP），過分極の負の方向に代えることで抑制性シナプス後電位（IPSP）が発生する．軸索にシナプス後電位の持続時間より短い間隔で反復刺激を与えると，すなわちEPSPが完全に消失する前に次のEPSPが生じることでニューロンに対する興奮性効果が加算され，シナプス後電位が大きくなる．これを時間的加重とよぶ．また，EPSPの入力が複数で同時の場合，興奮性が増大する促通現象が起き，入力が閾値を越えるのに十分であれば活動電位が発生する．これを空間的加重という．

●**神経線維における活動電位の伝導と伝導速度**　神経における活動電位の伝導の特徴として，信号の振幅が伝導過程で減衰しないこと，刺激部位より両方向に伝

導されること(両方向性伝導)があげられる.活動電位の伝導速度に影響を与える因子にはNa$^+$内向き流束あるいは電気緊張性電流の大きさ,神経線維の直径および有髄神経による跳躍伝導などがあげられる.

神経線維内を流れる電流に対する抵抗は線維(軸索)の直径の二乗に反比例するので,直径が太いほど軸索抵抗は低下し伝導速度は速い.例えば,筋紡錘1次終末の求心性線維や骨格筋を支配する運

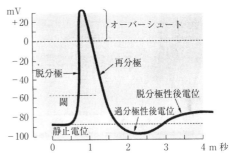

図1 神経における活動電位の時間経過と各相を示している.活動電位とは刺激により膜電位を越えて脱分極および再分極の一連の過程をいう(出典:文献[1]より)

動神経は直径15 μmで伝導速度100 m/秒,交感神経節前線維は直径7 μmで速度7 m/秒となる.有髄神経では膜が絶縁性ミエリン層の形成により厚くなり抵抗は非常に高いが,髄鞘の絞輪から絞輪へ興奮が跳ぶ跳躍伝導が起き,同じ太さの無髄神経の伝導速度よりも顕著に高い.

ヒト新生児の脳神経細胞数は成人と同じ約140億個であるが,大脳半球の神経線維の軸索部分はほぼ髄鞘化されておらず有髄神経が少ない.活動電位を効率よく伝導するため,神経線維の髄鞘化およびシナプス形成の神経発達が進んでいく.磁気共鳴映像法(MRI)による拡散テンソル画像では白質線維路の拡散異方性の程度を定量化(異方性比率)でき,髄鞘の解剖学的走行および脱髄疾患や乳幼児の髄鞘形成の把握が可能である[2].神経線維の髄鞘化は,軸索が髄鞘化する前の電気的活動によって刺激を受け,促進される.例えば,ピアノ練習時間の増加は幼少期の拡散異方性の増加を促し,脳梁の軸索の直径の増加,皮質間の連絡のための神経線維の発達促進が示唆される[3].末梢神経においてラットでは運動トレーニングによって軸索の直径が増加し,ヒトでは長期運動により運動神経伝導速度が増加する[4].トレーニングによって筋肥大が生じるのと同様に運動神経の軸索が太くなる可能性が指摘されている.一方,加齢により深腓骨神経など末梢神経は軸索の数とともに周囲長が減少し,神経伝導速度もともに遅延する.

活動電位の伝導による情報伝達あるいは処理能力の速さなど,ヒトが培ってきた適応能力は,人工環境の発展とアメニティ(快適環境)の充足により,次第に低下している可能性がある.活動電位の伝導に関して,特に加齢による神経システム構造と機能の低下を解明し,その遅延策を構築する研究の発展が望まれる.

[伊東太郎]

筋収縮
muscle contraction

　筋収縮は，ATPの化学エネルギーが最大60％の効率で変換された力学エネルギーを利用し，筋線維内のアクチンとミオシンの2種のタンパク質フィラメントが滑り合うことによって生じる現象である．ミオシンフィラメントから突出した頭部はアクチンとの結合部位にATP分解酵素作用を有し，ATPによるエネルギーを利用しミオシンフィラメントがアクチンの間に滑り込むように筋収縮がなされる．筋収縮における「滑り説」を支える分子メカニズムに関して，従来のミオシン頭部の首振り説からミオシン頭部滑走モデルなどが提唱されて久しいがいまだ解明のための論議は続けられている．ここでは，筋収縮および筋力発揮のメカニズムについて概説し，生理人類学やスポーツ生理学で骨格筋の作用機序の解析に頻繁に用いられる筋電図の活用まで言及する．

●**筋収縮のメカニズムと様式**　骨格筋の筋収縮は神経からの興奮が筋線維に到達することで初めて筋全体が短縮する．この一連の経過を興奮収縮連関という．興奮収縮連関では，1）大脳皮質運動野などの上位中枢や脊髄から運動神経を経てインパルスが神経終末に到達，2）神経筋接合部（運動終板）のシナプス間隙に放出された神経伝達物質アセチルコリンにより筋線維に興奮伝達，3）筋細胞膜の活動電位が横行小管（T管）から筋全体に興奮を伝導，4）筋小胞体からCa^{2+}の放出によるアクチンフィラメントとミオシンフィラメントとの結合による滑走開始（筋収縮開始）までを経る．筋の電気的活動から関節トルクあるいは関節運動の開始までには電気力学的遅延（EMD）として約50m秒程度の時間的なズレが生じ，収縮要素と直列弾性要素の伸張に要する時間の影響が強い．なお，筋収縮は筋小胞体にCa^{2+}が再び取り込まれることで弛緩し終了する．

　単収縮は単一の活動電位により発生する収縮である．単収縮で発揮された収縮力は50m秒以内でピークに達しその後緩やかに減少するが，筋が完全に弛緩する前に刺激が与えられると単収縮よりも高い最大収縮力に達する加重現象が生じる．単収縮の加重が持続する，すなわち高頻度で活動電位の発生が反復し興奮が重畳することで，強縮が生じる．ある高さの頻度以上の刺激で生じる変動のない一様な滑らかな力発揮の状態を完全強縮とよび，低頻度での刺激に応じ力曲線が変動し波打つような状態を不完全強縮という．完全強縮と不完全強縮との境の刺激頻度は，速筋線維に比し遅筋線維の方が低い．

　筋収縮の様式は運動特徴から，関節角度あるいは筋長が一定である等尺性収縮，筋張力が一定である等張性収縮，筋収縮速度が一定である等速性収縮に分類される．また，収縮特徴から筋長が変化しない等尺性収縮，筋長を縮めながら力を発

揮する短縮性収縮（求心性収縮），筋長を伸ばしながら力を発揮する伸張性収縮（遠心性収縮）に分けられる．

●**筋線維の種類と動員のメカニズム**　筋線維はMyosin ATPase染色により，濃く染まるtype Ⅱ（筋収縮速度と発揮力は高いが持久性に乏しい速筋線維）と染色の薄いtype Ⅰ（持久性に優れているが筋収縮速度と発揮力が低い遅筋線維）に分類され，さらにtype ⅡはMyosin ATPaseの酸に対する安定性からtype Ⅱaとtype Ⅱbにサブタイプ分けされる．また，エネルギー代謝特性からSO線維，FOG線維およびFG線維に分類され，各筋線維はそれぞれS，FRおよびFFの運動単位に含まれる．

　筋発揮出力が増加しα運動ニューロンの発火の閾値が高くなるにつれ，ニューロンが小さなものから大きなものへと順序よく活動し始める，「サイズの原理」が発見された[1]．すなわち筋線維のタイプは運動強度の増加に従って，type Ⅰ（SO）→type Ⅱa（FOG）→type Ⅱb（FG）の筋線維の順に活動する．しかし，高速でダイナミックな運動，伸張性筋収縮，電気刺激，虚血による低酸素での筋収縮時などには運動開始から速筋線維が選択的に優先される神経機構，すなわちサイズの原理に従わない報告もなされている．足関節底屈動作の等速性運動を実施した場合，短縮性収縮時に遅筋線維で主に構成されたヒラメ筋の活動が速筋線維の多い腓腹筋の活動を凌駕する．一方，伸張性収縮時にヒラメ筋は活動を弱め，腓腹筋が積極的に参画する．すなわち伸張性筋収縮により速筋線維が優先的に動員されることを示している[2]．この結果は短縮性単独よりも伸張性筋収縮を伴うトレーニングの方が最大筋力の増大効果が著しいという報告とも一致する．伸張性収縮は，加齢や微小重力（宇宙空間）による筋萎縮を防ぐ方法として有用であるが，伸張性筋収縮後に遅発性筋肉痛が発現する．

　随意で最大努力での筋収縮，すなわち最大随意収縮（MVC）で発揮された張力を最大筋力という．筋は，1つの脊髄α運動ニューロンと運動神経線維を介し支配された筋線維群を機能的単位とした，運動単位への中枢からのインパルス発射頻度と運動単位の動員により調節される．ヒトの筋では100〜1000の運動単位で構成され，手，眼球，舌のような精緻な動きが必要な器官に関与する筋では，1つの運動単位が支配する筋線維数（神経支配比）は約100，四肢や体幹などの力強いダイナミックな筋発揮を要求される筋では神経支配比は約500〜1000となる．等尺性の漸増的な発揮張力を調節するために，第一背側骨間筋などは40% MVCまでにほぼすべての運動単位を動員するため，80% MVCまでの筋張力調整にはインパルスの発射頻度が，三角筋などの比較的大きな筋では各運動単位の動員が主たる方法となる．手指の微細な動きを制御する第一背側骨間筋では，新たな運動単位の動員による急激な張力の変化を抑えインパルス発射頻度によるスムースで正確な筋出力調節という，機能的に適切な調節を選択するといえる．

なお，随意での最大筋力は真の発揮筋力を示すものではなく，真の値は電気刺激による筋力の測定値による．ヒトは常に生理的限界の 70～90% の能力しか発揮することができていない．この心理的限界は，外部からの音刺激，催眠，薬物等に影響を受け，中枢神経の抑制が要因である可能性が示唆されている．危急に際して中枢の抑制が外れて神経・筋の興奮レベルが賦活し，心理的限界以上の力を発揮したものが「火事場の馬鹿力」といわれるものであると考えられる[3]．

● **筋電図** 筋電図は身体運動の制御機構を解明するには欠かせないツールである．筋電図は随意，不随意あるいは反射的に筋が収縮する際の活動電位を誘導記録したものであり，その筋を支配している脊髄 α 運動ニューロン活動様式を反映しているといえる．手法的には筋内に埋入する微小ワイヤー電極あるいは筋腹経皮上に貼付する表面電極で活動電位の情報を導出する．前者の電極は単一の運動単位の興奮性インパルスの動態を観察するのに適しており，後者は被験筋の筋線維群を含む運動単位の発火情報を集合的に記録する干渉波形から複雑な神経支配機構の一端を垣間みることができる．

運動で誘発される筋疲労は，随意での最大発揮筋力の減少を伴い，筋レベルでの末梢的変化だけでなく中枢からの下行信号にも影響が現れる．単関節の運動課題で強度の高い等尺性あるいは等張性の筋収縮を続けると，それに伴う筋疲労により筋電図の筋放電量は漸増する一方，平均周波数は低下（徐波化）することが報告されている[4][5]．これは筋線維の疲労にかかわらず発揮筋力を維持しようとするため，中枢は運動単位の動員と運動単位へのインパルスの発射頻度の増加を図る一方，命令信号を同期化し各運動単位の力発揮を集中させることを示している．エルゴメータによる漸増的な運動負荷を与えた場合，下肢筋の筋電図放電量の直線的な増加曲線はある時点で急峻に増え，それが呼気ガスによる換気性閾値と一致することが報告されている．筋疲労が電気生理学的に非侵襲で観察できる可能性を示しているが，今後，全身的協関からさらに検証が必要になると考えられる．

[伊東太郎]

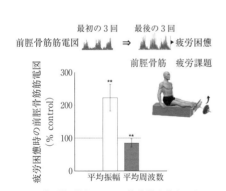

図1 表面筋電図によって筋疲労を検証した一例．前脛骨筋を対象に足関節背屈運動を疲労困憊まで実施させると，筋電図整流波に変化が生じる．疲労後の筋電図は最初より，平均振幅が有意に増加し，平均周波数が有意に低下する（**$p < 0.01$）（出典：文献[4]より）

眼球運動
eye movement

眼球運動とは，左右の眼それぞれに付着している6つの外眼筋（上直筋，下直筋，内直筋，外直筋，上斜筋および下斜筋）の収縮・弛緩によって生じる眼球の移動のことをいう．眼球運動の大きな役割は，網膜内の中心窩を視対象に合わせることにある．ヒトを含めた霊長類では，中心窩は，高い解像度を有するが，その範囲がきわめてせまい．ヒトでは半径約2.6度である．このため，外界が刻々と変化する中，せまい中心窩を視対象へ正確に，場合によっては迅速に合わせるには，眼球運動を巧みに行う必要がある．

眼球運動は，一般に，速い運動と遅い運動に分けることができる．速い眼球運動には，衝動性眼球運動（サッケード）および視運動性眼振の急速相がある．いずれも視対象へ中心窩を合わせる役割を有するが，この移動の間，瞬目中と同様に，視力は大きく低下する．サッケードは，随意的に視対象を注視するときにみられる．視運動性眼振の急速相は，視対象の出現が刺激となって反射的に生じる．一方，遅い眼球運動には，滑動性眼球運動，視運動性眼振の緩徐相および前庭動眼反射がある．いずれも，視対象の像を中心窩上に固定する役割を有する．滑動性眼球運動は，移動する視対象を追従するときに生じる随意性の運動である．視運動性眼振の緩徐相は，視対象の移動が刺激となって反射的に追従しつづける運動である．また，前庭動眼反射は，頭部回転によって内耳半規管が加速度刺激を受け，その結果，頭部回転とは逆方向で同速度に生じる反射性の眼球運動である．これまでに述べた眼球運動のいずれも，両眼が対称的に運動する．一方，前後に遅い速度で移動する視対象を注視するときには，非対称性の眼球運動が生じる．これを輻輳性眼球運動とよぶ．

●**眼球運動の神経経路** サッケードと滑動性眼球運動は，随意性が高く，皮質脳部位が大きく関与する．関与する脳部位は，初め，動物実験によって検討がなされた．それは，眼球運動と関連した脳内

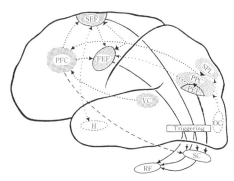

図1 サッケードの神経経路．FEF：前頭眼野，H：海馬体，OC：後頭葉，PEF：頭頂眼野，PFC：前頭前野，PPC：後頭頂葉，RF：網様体，SEF：補足眼野，SPL：上頭頂小葉，SC：上丘，Triggering：トリガー，VC：前庭皮質（出典：文献[1] p.560より改変）

のニューロン電気活動記録や，脳部位への微小電気刺激や局所薬物注入による眼球運動動態からによる．近年では，ヒトを対象として，電気，磁気および電磁波を指標とする神経イメージング法や経頭蓋磁気刺激による情報処理干渉法を用いて，関与する脳部位が同定されてきている．サッケードの神経経路を図1に示す[1]．視標の呈示法に基づく，視覚誘導性，記憶誘導性およびアンチサッケードが検討対象となっている．視覚誘導性サッケードは，点灯した視標を注視する眼球運動である．外側膝状体，後頭葉，後頭頂葉，頭頂葉，前頭眼野，上丘および網様体が関与する．このサッケードでは，眼球運動開始において，頭頂葉が特に重要である．記憶誘導性サッケードは，記憶していた位置への注視運動であり，頭頂葉は，視覚誘導性サッケードと同様に，眼球運動開始に大きく関与する．そのほかに，頭頂眼野を含む後頭頂葉が視空間統合に，前頭前野が空間記憶に，さらに前頭眼野が眼球運動開始に関与する．アンチサッケードは，点灯した視標とは反対方向へ行う眼球運動である．前頭前野が点灯する視標への反射サッケードの抑制の役割を果たし，前頭眼野が反対方向への眼球運動開始に関与する．滑動性眼球運動に関与する脳部位は，外側膝状体，後頭葉，後頭頂葉，中側頭回，上側頭回，補足眼野，前頭眼野，小脳および網様体である．

●**脳賦活状態によるサッケード反応時間および視標追従能の変化**　上述したように，眼球運動は，脳が脊髄を介さないで眼球を直接制御している．これはすなわち，眼球運動の神経経路が脳賦活状態によって強く影響を受けることを意味する．脳賦活状態には生体リズムがみられ，約24時間を1つの周期とするもの（サーカディアンリズム）とそれよりも短い周期のもの（ウルトラディアンリズム）がある．これらリズムに対応して，眼球運動動態が変化する．またさらに，脳賦活状態は，一過性にも変化する．運動の開始に先立って保持する身構え姿勢，特に，重力下での身体の支持・移動から直接的には解放されている頸部において，前方に突出した姿勢（頸部前屈姿勢）を保持すると，脳賦活状態は一過性に高まる．これに伴って，眼球運動の動態が変化するとの知見が得られている．頸部前屈姿勢を保持すると，視覚誘導性サッケードの反応時間短縮がみられた．その反応時間短縮は，頸部の関節角度の変化によるのではなく，頸背部筋の活動に伴って生じた[2]．さらに，頸背部筋の1つである僧帽筋へ振動刺激を行った場合に，サッケード反応時間が短縮することを確証した[3]．またさらに，サッケード反応時間の短縮値は，視覚誘導性サッケードよりも，随意性の要素が強く皮質脳部位が大きく関与する記憶誘導性サッケードやアンチサッケードできわめて大きかった[4]．これらのことは，頸部前屈保持時の頸背部筋からの上行性脳賦活作用が汎在性であることを示唆している．またさらに，滑動性眼球運動課題による視標の追従能は，頸部前屈保持に伴い向上した．　　　　　　　　　［国田賢治・藤原勝夫］

音声
speech

　音声とは，人間が発する音の一種で，言葉を担ってお互いの考え方をやりとりする役割をもつコミュニケーション・ツールである．ヒトは音声を使って多種多様な音響表現を行うが，それを聴覚系が適切に情報処理することにより，音声によるコミュニケーションが成立している．

●**発声のメカニズム**　ヒトの声（音声）は，声帯とよばれる器官の振動によって発生する音源波が声道とよばれる器官の共鳴によってそのスペクトルが変形されることによって生成される[1]．ヒトの調音器官の動きは比較的ゆっくりなので，スペクトルの変化はゆるやかである．

　声帯は，筋肉と粘膜でできた1 cmほどの左右一対の帯状の器官である．声帯は，喉の奥にあり，気管へと通じている．声帯の隙間を声門という．普通の呼吸をしているときには声門は開いているが，声を出すときには筋肉が縮んで声門が閉じる．そこへ肺からの空気流が入力すると，空気の断続的な動きが生じて，声門が振動する．声帯の振動数は100〜300 Hzで，これが声の基本周波数となり，音声のピッチを決めている．

●**母音とホルマント**　声門が振動してできる音はブザーのような音であるが，声帯から口へと続く声道の共鳴特性が付加することによって，「母音」がつくり出され，日本語の場合，母音は「あ」「い」「う」「え」「お」の5つである．各母音は，声道の形状を変化させて，各母音固有の共鳴特性をつくり出すことによって生成される．ホルマントは声道の共鳴周波数で，母音のスペクトル包絡のピークのことである．ただし，ホルマントは，最もエネルギーの高い倍音成分と一致するわけではない．

　母音の識別は，ホルマント構造の違いに基づいてなされている．ホルマントは各母音ともいくつか存在するが，とりわけ低音部の2つのホルマント（第1ホルマント，第2ホルマント）が重要な手がかりになっている．図1に，スペクトルとホルマントのようすを示す．

　声道の共鳴特性を保ったままでピッチを変化させても，「あ」

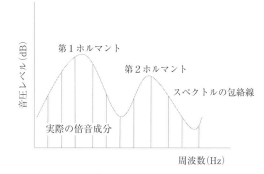

図1　母音のスペクトルとホルマント

は「あ」,「お」は「お」と聞こえる.実際に,ピッチを変えた母音を周波数分析しても,ホルマントの絶対周波数が保たれた状態を観測することができる.

●**子音** 音声には,母音の他に子音がある.子音と母音が組み合わさって言葉(音声)ができる.子音は,母音のように定常的なものではなく,過渡的で,短い時間で終了する.

　子音も,肺からの空気の流れがもとになって発声される.肺からの気流が声道のどこかにあたり抵抗を受け,空気の流れがその抵抗に打ち勝ったとき,子音が発生する.気流が抵抗を受ける場所を構音点,構音点からどのように気流が出ていくかのようすを構音様式という.また,子音の場合には,声帯の振動を伴う有声音と伴わない無声音がある.

　構音点による分類は,構音点が口に近いものから,唇音(p, b, mなど),歯音(t, d, nなど),口蓋音(s, z, k, gなど)に分類される[2].構音様式による分類では,破裂音,摩擦音,破擦音,流音,半母音,鼻音に分類される.破裂音は,気流が急激に遮断され再び飛び出す音で,p, t, kの無声音,b, d, gの有声音がこれに相当する.摩擦音は,完全に閉鎖しないせまい構音点で,気流が摩擦しながら流れていく音で,s, hの無声音,zの有声音がこれに相当する.破裂音のように始まる摩擦音を破擦音といい,無声音のt, s,有声音のd, zなどがこれに相当する.気流が鼻に抜けてしまう音が鼻音で,有声音のm, nなどがこれに相当する.持続的ではあるが摩擦しない音に,流音や半母音がある.流音には,有声音のlやr,半母音に有声音のjやwがある.これらは母音のようにホルマント構造も有する.

●**カテゴリ知覚** 母音の場合,第1,第2ホルマントの2つの周波数が,母音の違いを生じさせる重要な手がかりになっている.その2つの周波数の違いにより,ある母音と別の母音の区別がなされる.ホルマントの周波数は連続的に変化させることができるが,ある周波数で急に聞こえる母音が変化する.

　このように急に音の種類が異なって聞こえる状態をカテゴリ知覚という[3].母音だけではなく子音においても,カテゴリ知覚は生じている.カテゴリ知覚を決定する音響的特徴をキューといい,音声のカテゴリは通常複数のキューによって決定される.

　カテゴリ知覚の能力は,言語を習得する過程で獲得される.そのため,母語の影響を強く受ける.日本人が(母語でない)英語を勉強するとき,rとlの違いを聞き分けるのに苦労するのはそのためである.英語母語話者ではrとlのカテゴリ境界は明確であるが,日本語母語話者では境界があいまいになる.このような音声のカテゴリ知覚能力の取得には臨界期があり,思春期(12～15歳)まででないと取得は難しいといわれている.臨界期のあとに取得するためには,特別な訓練が必要となる.

[岩宮眞一郎]

反射
reflex

　動物は，自身をとりまく環境や体内からさまざまな刺激を情報として受け入れ，それらの情報をもとに適切に行動する．そのような行動のうち，刺激が引き起こす不随意で自動的な応答を反射という．反射において，刺激によって感覚受容器に生じた興奮は，中枢神経系を経て，意識とは無関係に筋や分泌腺などの効果器に反応を起こす．反射を起こす"受容器（感覚受容器）－求心路（求心性線維）－反射中枢－遠心路（遠心性線維）－効果器"という経路を反射弓という．反射中枢は脊髄，橋，延髄や視床，さらには大脳皮質にも存在し，脊髄反射や脳幹反射というように，中枢別に反射を分類する場合もある．求心線維が反射中枢で1つのシナプスのみを介して出力のニューロンにつながるものを単シナプス反射といい，伸張反射がそれにあたる（項目「伸張反射」参照）．一方，求心性線維が1つ以上の介在ニューロンと複数のシナプスを介して出力のニューロンにつながる反射を多シナプス反射という．反射は，一定の刺激入力に対して一定の反応を出力し，刺激に対して素早く対応するための反応であるが，より上位の中枢神経系の影響を受け，合目的的に制御される．

●**反射と運動**　反射のうち，体性運動神経を遠心路，効果器を骨格筋として運動を起こすものを体性反射（運動反射）という．体性反射は，最も自動的な運動ととらえられる．運動は，外界に働きかけて特定の目的を達成するための手段である．反射による運動も，重力に抗して一定の姿勢を保持したり（姿勢反射，同項目参照），侵害刺激から逃避したりする（逃避反射）ように，目的のある運動様式と考えられている．反射はまた，運動制御の基盤となり，円滑な随意運動の遂行において重要な役割を担っている．

　出生直後の新生児にとって，反射は運動の大部分を占める．新生児期，乳幼児期にのみみられる反射を原始反射という．音刺激や急な頸部の伸展刺激に対して上肢の内転・屈曲が生じるモロー反射や，掌や足裏への触覚刺激に対して手指や足指を屈曲させる把握反射は，霊長類では，子どもが母親にしがみつくための自己防御機能である[1]．原始反射は，脳の上位中枢の発達が進むにつれて抑制を受け消失し，代わってより高次レベルの反射が出現する（図1）．このような反射の消失・出現により，随意運動が可能となる．しかしながら原始反射は完全に消失する訳ではなく，健常成人であっても，野球の捕球における非対称性緊張性頸反射様の姿勢やボートを漕ぐ際の下肢の最大伸展時のバビンスキー反射様の母趾の背屈等，さまざまなスポーツ場面で反射パターンが観察されることが指摘されている[2][3]．また，これらの反射を抑制する神経機構，特に錐体路が損傷されると，

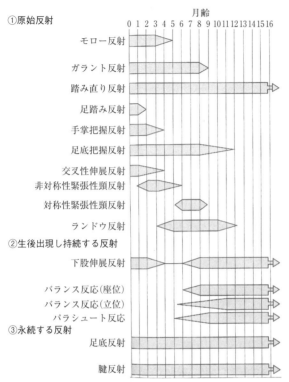

図1 乳幼児期の反射の時期（出典：文献[4]p.434, 435より引用改変）

成人であっても原始反射がみられるようになる．

●**自律機能の反射性調節**
一方，自律神経を遠心路，平滑筋・心筋・腺を効果器とし，自律機能を調節するものを内臓反射という．内臓反射の中枢は，主として延髄に存在するが，脊髄や視床下部を介する反射もある．循環調節，胃腸管運動調節，膀胱調節などは内臓-内臓反射（求心路-遠心路）に強く依存する．体性感覚や特殊感覚刺激によって起こる体温調節反射，射乳反射，射精反射や，対光反射，唾液分泌反射は，体性-内臓反射である．内臓-体性反射は，厳密な意味での内臓反射ではない．肺伸展受容器や血管系の化学受容器の情報によって呼吸筋の活動が調節される呼吸反射，膀胱の伸展受容器の情報によって外尿道括約筋の収縮が調節される排尿反射等がこれにあたる．各自律機能の反射性調節は，1つの反射に属するとは限らない．種々の反射が関わり合い，自律機能は適切に調節されている．

●**軸索反射** 反射中枢を介することなく，1つの神経細胞体から出る2本の神経線維の軸索の一方が求心路，他方が遠心路となり，反射に類似した現象を起こすことがある．これを軸索反射という．例えば，皮膚の紅潮では，侵害受容性の一次求心性ニューロンの興奮が，中枢神経系に伝えられると同時に，別の軸索側枝に沿って逆行性に伝導される．その結果，軸索末端から化学物質が放出され，皮膚血管を拡張させる．皮膚血流だけでなく，骨格筋や神経に栄養を運搬する血流も増加する[5]ことが近年明らかにされている．このような機序による血流改善が，各種療法による痛みの改善と関わっていると考えられている．

[清田直恵・藤原勝夫]

姿勢反射
postural reflex

　姿勢反射とは，身体の局所や全身の位置覚に関連する感覚刺激により，反射的に局所や全身の筋の緊張が変化し，姿勢や身体平衡が保持されることをいう．運動は，意図されたものか否かによって，随意運動と反射運動とに分類される．日常営まれる多くの運動は，両者の要素が混在したものである．例えば歩行運動をあげると，独り歩きができるようになったばかりの幼児では，1歩1歩に随意的要素が強く関与し，発育に伴い歩行が習熟するにつれて意図的な制御要素は少なくなり，運動は自動化されていくと考えられる．一方，成人の習熟した歩行運動においても，1歩目はかなり随意的に制御されるが，その後は無意識的かつ自動的要素が強くなる．すなわち，日常営まれる運動の多くは，程度の差はあるものの，両者の要素が含まれていると考えられる．

●**反射運動**　反射とは，特定の感覚受容器への刺激によって，一定の反応が生じるものであり，意志により反射の大きさを即座に変えることはきわめて難しい．安静立位姿勢を保持している床を一過性に後方に移動し，足関節を主軸とした背屈運動を生じさせた場合，下腿三頭筋に伸張反射が生じる．これに加えて，外乱刺激前に保持していた個人の基本的姿勢に自動的に戻すような立ち直り反射（反応）が生じる．それによって発生する下腿筋の衝動的な活動は，状況や必要性に応じて，増強されたり，抑制されたりすると報告されている[1]．これは，脊髄よりも上位の中枢が強く関与していることを示している．

●**姿勢反射の分類**　姿勢反射は，大脳皮質が発達したヒトにおいては，四足動物に比べて発現しにくく，脳性麻痺などで大脳の働きが低下している場合に，顕著に認められる．健常人においても，この反射が各種のスポーツ技能の発現に潜在的に関与していることが報告されている[2]．姿勢反射では，体性感覚器（関節受容器，皮膚感覚受容器，筋紡錘，迷路）や視覚器などに感覚刺激が加わり，図1に示したような各種の中枢を介して，四肢などに位置変化が生じる[3]．姿勢反射は，静的姿勢反射，平衡運動反射，立ち直り反射に分類される[4]．このような姿勢反射の存在は，脳を各レベルで切除した動物実験で確認されてきた．

　静的姿勢反射には，局在性姿勢反射，体節性姿勢反射，緊張性頸反射と緊張性迷路反射がある．それぞれ，刺激が加えられた肢に，一側肢に加えられた刺激により対側肢に，頭部や迷路に加えられた刺激により全身に，出現する反射である．

　平衡運動反射は，運動時に起こる姿勢反射であり，次の2つがある．1つは回転反射であり，迷路への回転刺激によって，頭振，眼振，および四肢と体幹部の変位が出現する．もう1つは直線運動反射であり，前庭に対し上下方向の加速度

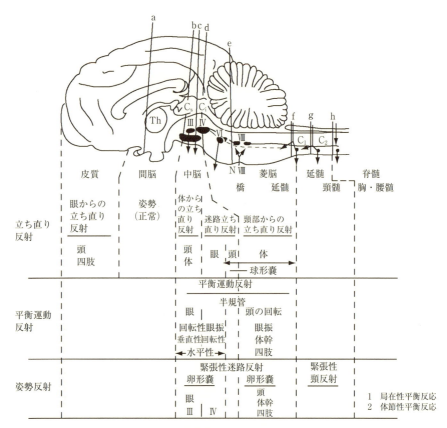

図1　姿勢反射の中枢神経（出典：文献[3] p.303より改変）

刺激が加えられたときに，頭・頸部と四肢が屈曲ないし伸展位をとるという反射である．

立ち直り反射は，ある動物が異常な姿勢におかれた場合に，その動物固有の正常体位に復帰する反射であり，迷路からの，頸部からの，体（体幹）からの，体（下肢）からの，眼からの立ち直り反射に分類される（図2）[5]．前の4つは，中脳の上端で脳を切除した場合に生じる，中脳を介する反射であり，最後の眼からの立ち直り反射は大脳皮質が不可欠な反射である．迷路からの立ち直り反射は，眼が見えない状態で，迷路への重力加速度刺激によって，頭部が立ち直る反射である．頸部からの立ち直り反射は，頭部に対して胴が異常な位置にある場合に頸筋がねじれ，それが刺激となって胸部が水平位置に回転し，続いて腰部，下肢が正常位をとる反射である．体（体幹）からの立ち直り反射は，迷路を破壊し，かつ

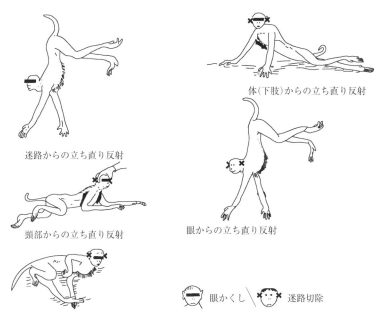

図2 サルの立ち直り反射．目かくし，および迷路切除の場合の成績（出典：文献[5] p.415 より改変）

眼が見えない状態で，体表面に非対称性の刺激が加わったときに頭部が立ち直る，体幹から起こる反射である．体（下肢）からの立ち直り反射は，下肢部の体表に非対称性の刺激が加わった場合に，上体を正常位にする，体幹に起こる反射である．眼からの立ち直り反射は，倒立位にした場合に，視覚刺激によって頭が正常位をとる反射である．

●**随意運動に付随する姿勢制御**　随意的に上肢を急速に運動した場合に，姿勢制御に関連する体幹や下肢の筋（姿勢筋）が，上肢運動に先行して活動することが知られている[6]．これは，上肢運動に伴って発生する姿勢の崩れを予測しての自動的な活動である．例えば，後傾姿勢を保持している状態で，肩関節を軸とした上肢屈曲運動を行った場合には，その運動によって前後重心が安定した安静立位位置に戻るため，上肢運動の主動筋（三角筋）に対する姿勢筋の先行活動は認められない．それに対して，前傾姿勢を保持している状態では，上肢運動によって姿勢が前方へ大きく崩れるため，それを予測して姿勢筋の先行（約60 ms）活動が顕著になる．このような予測的姿勢制御には，小脳や補足運動野が強く関与する．

[藤原勝夫]

伸張反射
stretch reflex

　伸張反射とは，筋を引き伸ばした際にその筋に張力が発生する反射である．伸張反射には，短潜時成分のみでなく，長潜時成分も報告されている[1]．伸張反射は伸ばされた筋を元の長さに戻し，筋長を一定に保つ筋長自動制御の役割を果たす[2]．しかし短・長潜時成分のいずれもが固定された反応ではなく課題に適した調節がなされ，特に長潜時成分はより状況に応じた制御がなされることが報告されている[3]．中脳と橋の境界で切断を行った徐脳動物では伸張刺激に対する筋緊張が亢進するが，その現象が脊髄より上位の中枢に障害があるヒトでも認められる．これらのことから，ヒトにおいては大脳皮質の発達が著しく，伸張反射もその支配のもとで状況に応じて調節されているものと考えられる．

●**伸張反射の反射弓**　骨格筋が急速に伸ばされると受容器である筋紡錘が活性化する．そのとき発生した活動電位が求心性線維を介して脊髄に伝わり，同じ筋の$α$運動ニューロンに単シナプス性に興奮を伝え，筋収縮が起こる（図1A）．

　筋紡錘は，結合組織の被膜で包まれた紡錘形の構造である（図1B）．被膜内には，骨格筋内の一般の筋線維よりも細くて短い一定数の筋線維が一群となっている．被膜内の筋線維を錘内筋線維，一般の筋線維を錘外筋線維とよぶ．

　錘内筋に終止する求心性の感覚神経線維には，太いIa群線維と細いII群線維がある．いずれも錘内筋線維の中央部とその周辺に終止する．Ia群線維の終末はらせん状に巻きついており，一次終末またはらせん形終末とよばれる．II群線維の終末は二次終末とよばれる．筋を伸張すると筋紡錘も引き伸ばされ，感覚神

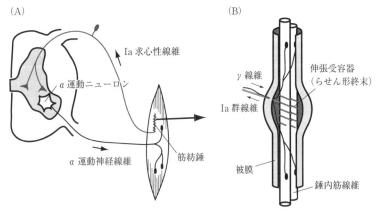

図1　伸張反射の反射弓(A)と筋紡錘(B)の模式図

経の終末が変化する．この機械的刺激が，感覚神経に求心性発射活動を引き起こす．筋の長さの変化に対応して一次終末と二次終末の発射頻度が変化する（静的反応）．また，筋長が変化する際には，その速度に対応して一次終末の発射頻度が一過性に増える（動的反応）．

錘内筋を支配する遠心性の運動神経線維は，細い Aγ 線維（γ 線維）であり，錘外筋の運動神経線維は太い Aα 線維（α 線維）である．γ 線維は錘内筋線維の両端から各々 1/3 のあたりでシナプス結合を形成している．

●**伸張反射の種類**　伸張反射には，伸張が続いている間持続して現れる緊張性伸張反射と，筋が伸張されるときに現れる相動性伸張反射の2種類がある．前者は静的反応によって，後者は動的反応によって起こる．健常なヒトでは，緊張性伸張反射による筋活動は起こらないが，相動性伸張反射は腱をハンマーでたたいて出現する腱反射として観察できる．腱反射のほかにも，末梢神経の電気刺激によって誘発される筋電図（H反射）を指標として，単シナプス反射を観察できる．

伸張反射の異常は，反射弓を構成している要素の変化や上位脳からの影響によって起こる．筋，末梢神経および運動ニューロンの障害は，伸張反射を減弱あるいは消失させる．運動ニューロンは上位脳から興奮と抑制の両方の影響を受けるため，その障害により伸張反射は亢進あるいは減弱する．緊張性伸張反射の亢進が特に強い場合を固縮といい，徐脳固縮と類似している．相動性伸張反射の亢進が著しい場合を痙縮といい，関節を急激に他動的に動かした際に，初めは抵抗が大きいが，ある角度まで動かすと急に抵抗が減少する折りたたみナイフ現象が生じる．

●**長潜時伸張反射と役割**　筋伸張刺激に対する反射活動は，脊髄性の成分のみではない．筋伸張によって生じた信号には，脊髄の後角に入力され前角の α 運動ニューロンへ伝達される成分のほかに，脳を中心とする高次中枢へ入力され，脊髄の前角に戻り筋活動を生じさせる成分もある[1]．この成分は刺激から筋活動開始までの潜時が長いことから，長潜時反射とよばれる．

立位での腓腹筋伸張反射活動について次のような報告がある[4]．立っている台を突然後方へ引いて身体を前傾させた場合，腓腹筋は伸張され長潜時を含む反射活動が出現する．この活動は前方への身体移動を支える足関節の底屈に寄与する．台の前部を突然上方に回転させた場合も腓腹筋が伸張され反射活動が出現するが，この活動は身体を後方に引くことになり立位保持には不利に働く．台から落ちないように指示してこの回転外乱を続けると，数回のうちに長潜時成分が低下していく．この結果は，外乱に対する制御様式を学習し刺激を予測できるようになると，長潜時反射活動が調節されることを示している．このように伸張反射は，姿勢・運動制御の目的をよりよく達成するために調節されて利用されている．

[矢口智恵・藤原勝夫]

巧緻性

skill

　巧緻性（スキル）とは，神経と筋との協同作業がうまくいくようにする働きである．スキルは，パフォーマンス（成果）を介してはじめて評価しうる．その指標として，効率，正確性，敏捷性および操作性などがあげられる．

●**スキルの分類**　デニス・ホールディング[1]は，課題の構成要素によってスキルを分類した（図1）．それでは横軸に知覚-運動，縦軸に単純-複雑をとっている．横軸の両端には，外部刺激との頻繁な交流を必要とするオープン・スキルと，環境を参照することなく実行されるクローズド・スキルが位置づけられる．オープン・スキルにはフィードバック制御の閉回路が，クローズド・スキルには開回路が主に関与する．また，前者は意図的要素の強いスキル課題であり，後者は自動性の強い習慣的課題である．縦軸の両端には，"粗大"と"微細"な運動，すなわち全身運動と手の操作が，あわせて一過性と連続的運動が位置づけられている．

●**スキルの評価法**　スキルの測定法として，タッピング，ステッピング，およびパデュー・ペグボードのテストがあげられる．タッピングでは，指でいかに敏速に反復運動ができるかを評価する．生理学的にいえば，相反神経支配の速さ，すなわち，両拮抗筋の神経興奮と抑制の切り替えの速さを問題としている．タッピ

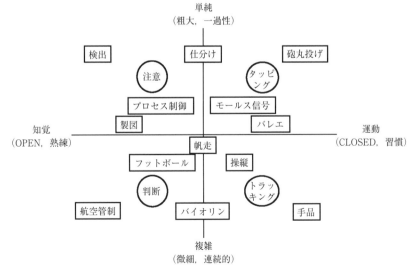

図1　スキル課題の分類（文献[1] p.4 より改変）

ング数は1秒間に平均5～6回であるが，その回数は気温や年齢の影響を受け，かつ大きな個人差が存在することが報告されている[1]．さらに，タッピングの規則性が，スキルの一指標として用いられている．一方，ステッピングは，脚による急速反復動作であり，ステップの速度を調べるものである．その測定のねらいは，タッピングと同じである．パデュー・ペグボードは，組み立てや梱包などの手作業に対する巧緻性を評価する検査機器であり，穴の開いたボードと3種類のパーツからなる．これらを使用しての作業の速さによって，スキルが評価される．

●**手のスキルの進化**　スキルは，複雑な運動のパフォーマンスでより問題となる．ヒトは進化の過程で，上肢が体重の支持から解放され，自由度が大きくなり，随意性が増し，複雑な作業を行い得るようになった．中でも，手先の器用さは，スキルの中心である．原猿類などの下等霊長類やその他すべての動物は，指を1本1本独立に動かすことができない．さらに，ジョーン・ネーピア[2]によれば，母指が他の指と向かい合う母指対向性は原猿類や新世界ザル類までにはみられず，母指の手根中手関節が鞍関節になる旧世界ザル類以上の霊長類だけに認められる特性である．ヒトの手の器用さは，指の独立運動，中でも母指対向性に負うところがきわめて大きい．その手の器用さは，大脳皮質における感覚・運動野に占める手の領域の比率の大きさに関係している．

●**スキルの学習**　作業や運動の熟練には，学習が不可欠である．リチャード・シュミット[3]は，運動プログラムについて次の2つの問題点を指摘している．1つは，新たな運動プログラムの獲得，もう1つは，無限に近い運動プログラムの形成という問題である．これらの問題点を解決すべく，彼は一般的運動プログラム（運動スキーマ）という概念を提案した．これは，一連の運動反応のための基本的な原理を包括する法則であると定義されている．ここでは，個人が実施した運動から次の4つの情報間の関係が抽象化される．①運動が開始されたときの初期の身体および環境の状況．②運動の実行に使用される反応の内訳（パラメータ）．③望んだ成果が達成された状況．④運動したことによる感覚フィードバック情報．これらの情報から想起スキーマと認知スキーマが形成される．想起スキーマでは，運動開始時の身体および環境の初期条件と望ましい運動結果の過去の記憶を基にして，運動をどのような形で実行するかに関する方向づけを行うとともに，運動の結果を予測する．認知スキーマでは，運動に伴って発生する感覚内容をあらかじめ決定する．実行された運動の評価は，予測された感覚と運動の結果生じる感覚とを比較する認知スキーマを所有することによって可能になる．それが一致しなかった場合に，認知スキーマだけでなく想起スキーマを改変することになる．スキルを高めるということは，このスキーマを汎用化（一般化・抽象化）し，目的や自己および外界の状況に応じて適切な想起スキーマと認知スキーマを形成することである．

［藤原勝夫］

振戦
tremor

　振戦とは，主動筋とその拮抗筋の交互収縮による「ふるえ」を主体とした不随意的な律動運動をいう．ここではさまざまな病的振戦とその発現原因について概観する．

●**振戦の発現様式による分類**　①安静時振戦は安静時に顕著に発現し，一般に座位で両側前腕の尺側を膝上に乗せた安静状態で観察される．安静時振戦は，パーキンソン病を代表とするパーキンソニズム（脳血管障害，薬剤，中毒，腫瘍，外傷などにより2次的に発生する障害も含まれる）において特徴的に認められる．しかし，随意運動中，すなわち振戦が起きている筋群に緊張性あるいは相動性の筋活動が生じると，振戦は減弱あるいは消失する．②姿勢時振戦は，重力に抗して肢あるいは身体重心の位置を随意的に保持しようとした際，例えば，上肢の前方挙上や片脚立ち時に出現する．③企図振戦は，目標を目指した動作において目標に近づくほど，例えば指鼻試験で指先を鼻に正確に近づけようとすると，振戦が出現，増大するもので，小脳病変で生じる場合が多い．④広義での動作時振戦には姿勢時および企図振戦が含まれるが，狭義の単純運動時振戦はある随意運動，例えば手関節の回内-回外あるいは掌屈-背屈動作あるいは等尺性筋収縮だけで，振戦が発現し，運動の終末局面（運動の目標間近）でも振幅が変化することがない．

●**振戦の原因**　振戦の中で最も頻度が高いのが本態性振戦である．本態性振戦の病態機序に関して，いまだ結論が出ていないが，小脳―下オリーブ核系の異常を主体とした神経変性疾患であるととらえられるようになってきている[1]．

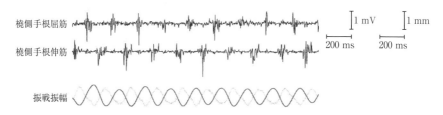

図1　パーキンソン病患者における安静時振戦時の前腕筋群の表面筋電図と手根に付けた加速度（薄い実線）から積分した振戦の変位（濃い実線）を示している．橈側手根屈筋，橈側手根伸筋での，拮抗筋同士の相反性の筋放電様相が認められる．4～6 Hzの振戦変位を示す正弦波は，筋電図活動との干渉性（コヒーレンス）が高い（出典：文献[2]より）

安静時および姿勢時振戦の発現には，群化放電が形成されるといわれる視床腹側中間核を含む神経回路が関連すると考えられている[3]．起立性振戦の患者の視床腹側中間核に深部脳電極を挿入し電気刺激による治療を施し，小脳-視床-運動野系を介した小脳の運動野への抑制効果を賦活させることで症状が改善された例も報告されている．企図振戦は患者の円滑追跡眼球運動の開始が遅れ前庭眼球反射の抑制に支障が出る小脳系障害が示唆され，動作時振戦は小脳の障害が原因といわれている[1]．

　生理的振戦において中枢性の関与だけではなく末梢性の要因も示唆される．ベッドレストなど身体的不活動は筋委縮や姿勢筋の脆弱化，さらには中枢から長期間の不活動筋群への命令信号の変容を引き起こす．身体的不活動に伴いH反射の振幅は次第に増加し，伸張反射におけるフィードバックの増加が振戦として現れ，等尺性収縮時のトルク維持の動揺が著明に激しくなると考えられている[4]．

●**生理的振戦とそれによる疲労緩衝**　運動で誘発される筋疲労は，随意での最大発揮筋力の減少を伴い，筋の末梢的変化だけでなく中枢からの下行信号にも影響が現れ，筋電図の筋放電量は漸増する一方，筋電図周波数は低下する（「筋収縮」図1参照）．さらに，複数の共同筋で力を発揮している場合，群化筋放電として活動—休止を繰り返す疲労誘発性の生理的振戦がみられたり，共同筋内での筋活動交替を繰り返す相補的な筋活動が筋電図から認められたりする．これらの筋活動様相は，筋疲労による出力低下のための相補，あるいは筋疲労の遅延に関与することが示唆されている．例えば，最大随意収縮力（MVC）の2.5％以内の低強度で等尺性の膝関節伸展発揮を1時間持続した場合，大腿四頭筋の共同筋である大腿直筋，内側広筋および外側広筋間で筋活動交替が生じる．その交替回数が多いほど疲労課題終了後に行うMVCでの発揮力低下を抑えられ，共同筋間の筋活動交替には筋疲労を軽減させる機能があることが検証されている[5]．この共同筋の相補的な活動の後に疲労筋への末梢血流量や血管コンダクタンスが有意に増加する[6]．生理的振戦における筋収縮と弛緩の反復は筋ポンプとして[6]，末梢血液循環の改善による酸素や栄養の運搬，疲労物質緩衝による二酸化炭素排出あるいは疲労物質自体の除去による疲労遅延の可能性を示唆している．

　複雑な多関節運動ではさまざまな環境条件（運動方向の微細な変化，被験者への指示等）によって共同筋作用の関係が組み替わり，共同筋間の相補的作用を検出することが困難ではあるが，生理的振戦の機能，すなわち疲労を軽減しながら全体の発揮力を維持していく方策は，スポーツ科学あるいは労働科学の観点から必要な概念となろう．　　　　　　　　　　　　　　　　　　　　　　　　　　　［伊東太郎］

一側優位性
laterality

　一側優位性（ラテラリティ，側性）は，身体の左右の対器官にみられる構造的および機能的な左右非対称性のことを指す．身体の対器官として，代表的な器官は大脳半球であろう．ヒトの大脳半球の非対称性に関する検討は，ヒトの言語機能に関する，マルク・ダックスおよびポール・ブローカによる左半球損傷患者を対象とした発見に始まり，ロジャー・スペリーらの分離脳研究の知見を中心とした大脳病理学の報告に基づいている[1]．その後，脳損傷が与える脳機能全体への影響が指摘されるようになったことから，これまでの研究に加えて，健常者を対象とした研究も盛んとなった．以下，健常者の一側優位性の概要とそれに影響を及ぼす要因について言及する．また，大脳半球の非対称性と関連が深いとされる利き側について言及する．

●**健常者の一側優位性**　代表的な研究として，ドリーン・キムラの研究があげられる．彼女は，左右の視野に点を数個瞬間提示し，何個であったかを答えさせる実験を行った．その結果，左視野優位であることを明らかにした[2]．一方，アルファベットを刺激として提示した場合には，右視野優位であることを明らかにした．これらの研究に基づき，彼女は左半球が言語的な刺激の認知に優れ，右半球が非言語的な刺激の認知に優れていると主張した（大脳半球の機能的特異性）．この機能的特異性について，種々の機能について検討が重ねられ，概ね表1のような結果が得られている．一方，優位半球でなくてもある程度の課題遂行が可能であるという，分離脳や脳損傷の研究から得られた結果は，大脳半球の機能的特異性だけでは説明が困難であった．そのためその後の研究では，注意，並列/直列といった処理戦略，情報処理系列の段階などの要因を考慮して，半球優位性が検討されるようになった．また，性別も一側優位性に影響を及ぼす要因の1つである．言語的，視空間的機能の半球優位性の度合いは，女性よりも男性の方が強い

表1　各種の機能と優位半球（右利き被験者）

機能	左半球	右半球
視覚	文字，単語，漢字熟語	幾何学図形，顔，漢字1文字
聴覚	言語音	非言語環境音，音楽
触覚		複雑なパターンの触覚的再認，点字
運動	微細な随意運動	空間的パターンを含む動作
記憶	言語的記憶	非言語的記憶
言語	発話，読み，書字，計算	プロソディ（韻律）
空間処理		幾何学，方向感覚，図形の心的回転

傾向がある[3].

●**大脳半球の一側優位性と利き側**　ヒトの大半が，熟練した手の動作を右側で行っている．右利きの出現率は，いずれの文化圏においても約90％であるとされている．この右利きの優勢は，後期旧石器時代の石器使用のようすや洞窟の壁画などからも示されている．利き手についてヒトとその他の動物を比較すると，類人猿やサルにおいても個体としての利き手は存在するが，ヒトにおいては種としての利き手が存在し，それは右側に顕著に偏っている．

　これまで，利き手と半球優位性（特に言語機能）との関係性から，特に臨床場面において，簡易的な測定が可能な，利き手調査票の有効性について検討がなされてきた[4]．その調査票では，以下のような項目が取り上げられている：(1) 文字を書く，(2) ボールを投げる，(3) ラケットを握る，(4) ほうきを持つ（上になる手），(5) スコップを持つ，(6) マッチをする，(7) ハサミを使う，(8) 針の穴通しで糸を持つ，(9) トランプを配る，(10) 金槌を持つ，(11) 歯ブラシを持つ，(12) ビンの蓋をあける．これらの項目に関して，「常に右手」「通常右手」「一定しない」「通常左手」，そして「常に左手」の順に，得点を＋2点から－2点の5段階に割り振った．この調査票は，近年の神経心理学的知見を踏まえ，利き手が，左利き対右利きといった二分法的なものではなく，顕著な右利きから左利きまでの一次元の軸の中で連続的に変化していくという考えに基づいている．この調査結果では，14％が非右利きという値が得られており，これまでの臨床報告とほぼ一致している．また，ヒトには，利き目，利き耳，そして利き脚が存在する．特に，利き脚は，利き手と異なり矯正されることが少ないため，信頼性が高い指標であることが指摘されている[5]．キックのような操作機能の一側優位性は約90％が右側であるという[6]．目と耳については，個人における利き側は明らかであるが，半球優位性との関連性は弱い．立位姿勢を基本とするヒトにおける脚の一側優位性については，操作と支持という両方の観点から一側優位性を検討する必要がある．支持機能の一側優位性については，比較的静的な状況下，すなわち固定された床上での片足立ち時における，身体動揺をもとに検討されてきた．それでは，明確な左右差は認められていない[7]．この支持機能に関する知見は，主に安定した床上での片足立ちにおける足圧中心動揺の測定によって得られたものである．より動的な状況での支持機能については，今後検討が必要となろう．

　ヒトの利き側が発生する要因には，環境的なものが含まれるが，遺伝的な要因が主であるとの考えも提案されている．近年，大脳半球優位性と関連する可能性がある遺伝子の存在が明らかにされており，ウェルニッケ領域を含むシルビウス裂周囲の領域において，右半球に特有の遺伝子（LMO4）が多く認められている[8]．また，LRRTM1 という遺伝子が利き手と関連すると報告されている[9]．

〔藤原勝夫・清田岳臣〕

エネルギー代謝
energy metabolism

　エネルギー代謝とは，生体において，エネルギーを獲得してアデノシン三リン酸（ATP）を合成し，ATPを利用して各種の仕事を行うための諸反応の総称である[1]．生体系がその機能を発揮するために自由エネルギーを取り出し，利用する過程全体を代謝といい，古くから異化と同化に大別されて考えられている[2]．異化（または分解）は，栄養素や細胞成分を再利用するため，またはエネルギーを取り出すために分解する過程であり，他方，同化（または生合成）は，簡単な物質から生体分子を合成する過程である．

　生物の細胞では数多くの一連の化学反応が起きており，自由エネルギー源として何を利用するかに差があるものの，代謝の原理は共通している．これは生物が共通の起源から進化したためと，熱力学の法則による制約があるためである．

●**筋のエネルギー代謝**　筋肉の収縮に必要なエネルギーは，筋肉内に存在するATPの分解によって発生する．ATPが使われる過程では酸素を必要としないが，筋肉内のATP量は限られており，これを合成するためにはクレアチンリン酸やグリコーゲンの分解によって生じたエネルギーが用いられる．グリコーゲンは分解されてピルピン酸を経て乳酸となるが，酸素の供給が十分でない場合には，この乳酸が筋肉内に蓄積する．このようにグリコーゲンが乳酸に分解される過程でATPを産生する反応を，酸素を用いない反応という意味で無酸素的（嫌気的）なエネルギー産生という．一方，十分な酸素の供給がある場合には，ピルピン酸はトリカルボン酸回路（TCA回路，クレブス回路ともいう）を経て，最終的には水と二酸化炭素に分解される．このように十分な酸素のもとに進行する反応を有酸素的（好気的）なエネルギー産生という．この有酸素反応には，グリコーゲンのみならず脂質やたんぱく質も用いられる．

●**直接熱量測定法**　エネルギー代謝量（消費量）を測定する方法は，原理的に2つに大別される．直接熱量測定法は，エネルギー消費量をヒトの熱産生量として物理的にとらえる方法である．歴史的には，間接熱量測定法よりも後に開発が行われている．1894年にドイツ人科学者マックス・ルブネルが動物用の装置をつくり，24時間の熱量測定を行ったのが始まりと思われる[3]．その後，先に実用化されていた間接熱量測定の結果とよく一致することが確認された．本格的なヒトを対象とした測定装置は，農学を基礎とするアメリカ人科学者ウィルバー・アトウォーターと物理学者エドワード・ローザによって作成されるが，この試験結果が発表されたのは1897年のことである．測定の原理は，熱が逃げないように断熱した居室（チャンバー）にヒトに滞在させ，居室を囲んでいる水の温度の上昇

を測定し，これに加えて室内で発生した水蒸気量から，呼気等の水蒸気の気化熱，および体温の変化を考慮してエネルギー消費量を測定するきわめて大がかりなものである．なお，国内で稼働状態にあるヒトを対象とする装置は存在しない．

●間接熱量測定法　動物の呼吸により酸素が消費され，二酸化炭素が産生される．この事実がフランス人科学者アントワーヌ=ローラン・ラヴォアジェによって発表されたのは実に1777年のことである．その後の継続研究により，呼吸は燃焼と同じ現象であることが明らかにされ，呼吸が体内における熱の発生や機械的な仕事を行う際のエネルギーを供給していることが明らかとされた[3]．動物が消費するエネルギーは，直接熱量を測定せずとも，酸素摂取量，二酸化炭素排出量，尿中窒素量を測定することで正確に算出することが可能である．このように呼気ガスを中心とする情報から産熱量を求める方法は，間接熱量測定法として古くから考案されており，現在では技術的な進歩を遂げたことで幅広い分野で活用されている．厳密に測定が行われれば，直接法に対して1%程度の誤差でエネルギー消費量（エネルギー代謝量）の取得が可能である．最もよく利用されるジョン・ウィアー[4]の示した間接熱量の式は，以下のとおりである．

　　エネルギー消費量（kcal）= 3.941 ×酸素摂取量（L）+ 1.106
　　　　　　　　　　　　×二酸化炭素排出量（L）- 2.17
　　　　　　　　　　　　×尿中窒素排泄量（g）…式（1）

三大栄養素のうち，たんぱく質については摂取エネルギーに占める割合が比較的安定している．そこで，これを12.5%と仮定することで，下記のように簡略化される．

　　エネルギー消費量（kcal）= 3.9 ×酸素摂取量（L）+ 1.1
　　　　　　　　　　　　×二酸化炭素排出量（L）…式（2）

間接熱量測定の大きな利点として，生体内での燃焼基質の情報を呼吸商（respiratory quotient：RQ）として取得できることがあげられる．本来のRQは細胞レベルの内呼吸による二酸化炭素産生量と酸素消費量の体積比率（CO_2/O_2）を意味するが，血液等においての緩衝がないと仮定できる定常状態が発現している場合には，外呼吸における二酸化炭素排出量と酸素摂取量の比率（呼吸交換比：Rとも表される）と等しいと考えることができる[5]．RQは糖質・脂質・たんぱく質の三大栄養素ごとに一定の値をとることが知られている．糖質の燃焼割合が100%の場合は1.0，脂質が100%の場合は約0.707であり，燃焼の割合に応じてこの範囲内の値をとることになる．食事の組成に依存することがわかっていて[6]，一般人の一日の平均RQは0.84～0.87程度とされているが，日本人は糖質をよく摂取するため比較的高い傾向にある．なお，より厳密にエネルギー源を評価したい場合には，二酸化炭素排出量と酸素摂取量に対するたんぱく質の影響を差し引いた，非たんぱく呼吸商が用いられる．前述の式（1）に示されるように，尿中窒素

排泄量からエネルギー基質として利用されたたんぱく質を推し量ることになる．

●**間接熱量測定法の例**　間接熱量測定法のうち，最も正確な測定結果が取得できるゴールドスタンダードと位置づけられているのは，ルームカロリメトリー（またはヒューマンカロリメーター法，メタボリックチャンバー法）である．これは，ビジネスホテルのシングルルーム大の居室に滞在することで，測定を可能とする大規模装置である．部屋がまるごと呼気採取器の役割を果たしており，一定流速で換気された空気の一部が連続濃度分析に用いられる．マスクでの採気を行わないため活動の自由度が高く，閉塞感が軽減されることで長時間の測定も苦にならず，測定中のストレスが小さいため安静時代謝量，基礎代謝量，睡眠時代謝量ならびに食事中の代謝量の測定に好んで用いられる．室内でアルコール燃焼試験を実施することで，実際の熱量の理論値を用いてシステム全体の正確度を把握することが可能で，取得値を補正し得る点は大きなメリットである．

　マスク等を用いた呼気ガス採取に基づく方法としては，ゴードン・ダグラス[7]により考案されたダグラスバッグ法が古くから用いられている．マスクもしくはマウスピースと一方向にしか開かない弁を組み合わせて，呼気を収集する方法である．バッグにはコックがついており，開閉により任意の期間の採気が実施できる．バッグ内の呼気は，まずは一定量をガス濃度（酸素と二酸化炭素）分析に用いて，残りは換気量（呼気の体積）の分析にまわされることでエネルギー消費量が算出可能となる．マスクの装着部またはマスクとバッグを接続する蛇管からのガスの漏れがなく，分析に用いる機器が適切に運用されていれば，算出されたエネルギー消費量における誤差は 3% 未満と考えられている[8]．

　同様にマスクを用いるブレスバイブレス法では，被検者が口部と鼻部を覆うように装着するマスクにガス濃度センサーと換気量センサーを接続することにより，呼気と吸気の双方が1呼吸ごとに測定される特性がある．ガスの採取口から分析器までの輸送に幾分時間を要するため，いくらかズレが生じるものの即時応答性に優れており，運動による急激なエネルギー代謝の亢進や，運動終了後の回復期の代謝量の測定に特に利が大きい．なお，マスクの装着による閉塞感と，配線による行動範囲の制限はダグラスバッグ法と共通の課題である．

　閉塞感の緩和による生体真値の取得を目指し，皮膚に直接装着するマスク等を使わず，対象者の頭部に透明なフード（キャノピー）を被せて，この内部に存在する空気を一定流速で排気（換気）し，その一部を分析器に送ることで室内空気と呼気の混合気体の酸素濃度と二酸化炭素濃度を連続的に自動測定する方法を，一般にフロースルー法とよぶ．閉塞感が軽減され，解析に複雑なアルゴリズムを必要としないため，仰臥位や座位での測定に限定されるが，比較的短時間での良質な測定が可能である．特に安静時代謝量の測定に適した方法であり，幼児や高齢者を対象とした測定に好んで利用されている．　　　［海老根直之・福岡義之］

無酸素能力
anaerobic work capacity

　身体活動とは，化学反応過程をへて供給されるエネルギーを，ATPを介して筋収縮という機械的エネルギーに変換し，神経系の協調により目的とする一連の動作を実現することである．この化学的エネルギー供給は，有酸素性と無酸素性機構（乳酸性［解糖系］・非乳酸性［ATP-PCr（クレアチンリン酸）系］機構からなる）の両者により，後者が主となって発揮される作業能力を無酸素能力とよぶ．したがって，きわめて高強度な短時間で疲労困憊にいたる運動は，無酸素性エネルギー供給の貢献が相対的に多く，そのパフォーマンスは無酸素能力に左右される．ただし運動時，無酸素性由来のエネルギー供給を直接的に測ることは容易でない．そこで無酸素能力を評価するためには，以下のような考え方や方法を用いている．

●**最大酸素借**　無酸素性機構によって供給される化学的エネルギーに相当する酸素当量の推定値を酸素借という．60〜90秒程度から2〜3分で疲労困憊にいたるような超最大運動強度領域における，いくつかの異なった強度での一定負荷運動開始後の酸素摂取動態を詳細に観察すると，指数関数的に急増し，運動終了時には有酸素能力の最大値である最大酸素摂取量（$\dot{V}_{O_2 max}$）にほぼ到達する（図1）[1]．超最大運動の遂行に必要なエネルギー需要である酸素当量と実際の酸素摂取との差異が酸素借となる．超最大な運動強度での酸素借は，ほぼ一定値になることが知られており，それを最大酸素借という[2][3]．また，酸素摂取動態は指数関数的な増加（増加速度の逆数を時定数という）を示すので，酸素借は，理論上$\dot{V}_{O_2 max}$と時定数の積となる[4]．このことは，仮に時定数が運動強度に依存して変わらなければ，酸素借は一定であることを意味し，最大酸素借が一定値となることと合致する．

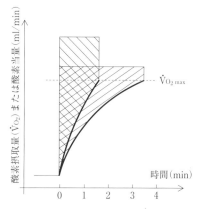

図1　超最大運動時の酸素摂取（$\dot{V}_{O_2}$）動態と最大酸素借についての模式図（運動強度の異なる2つの一定負荷運動時を例示）．$\dot{V}_{O_2}$は運動終了時点で最大酸素摂取量（$\dot{V}_{O_2 max}$）に到達し，斜線部が酸素借に相当する（出典：文献[1]の図5を改変）

●**発揮パワーと運動継続時間**　外的仕事の定量が可能な自転車エルゴメータを用いて，超最大運動時に発揮される機械的

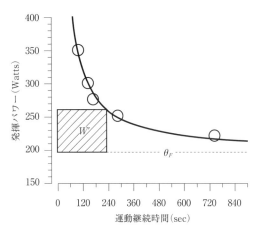

図2 発揮パワーと運動継続時間の一例（出典：文献[5]の図2を改変）

エネルギーを測定し，無酸素能力を推定する方法がこれまで多用されてきている．ここではその1つである，発揮パワーと運動継続時間の関係に着目した無酸素能力の評価法を示す．最大酸素借を測定する場合と同様，超最大運動強度領域における，いくつかの異なった強度での一定負荷運動を行い，それぞれの運動での発揮パワー（P：仕事/時間）と運動継続時間（t）の関係をプロットしてみると，ある漸近レベルをもつ直角双曲線となる（図2）[5]．これを最初に実験的に明らかにしたのはモノドとシュラー[6]で，この単純な関係が局所のいくつかの筋を対象とした静的ならびに動的筋収縮時に成立することを報告した．式で示すと，$(P - \theta_F) \cdot t = W'$ となる（ここで W' は一定）．この関係は，P をスピードにおきかえても，走行や水泳といった運動で成立する．漸近レベルを示す疲労閾値（θ_F）は，以前はクリティカル・パワーとよばれ，理論的には，ある程度以上の長い時間にわたって運動を継続することができる上限の運動強度に相当し，有酸素能力に密接に関連する[5]．直角双曲線のふくらみを決める W' は，その単位がエネルギー量であることから，筋内のグリコーゲンやフォスファーゲン（ATPとPCrの両者の総称）の含有量といった無酸素性エネルギー源の量的側面に関わるものと仮説される．実際，W' はグリコーゲンとPCr貯蔵量に強く関連し，筋量とも相関のあることが実験的に示されている[7]~[9]．

●**極短時間の高強度運動** 最後に，上述した超最大運動よりもさらに短い継続時間で疲労困憊になる激運動についての無酸素性エネルギー供給の役割について触れておきたい．30~60秒程度で疲労困憊にいたるような運動を低酸素条件下で行うと，酸素摂取は低下するものの，パフォーマンス自体に差異は生じない[10]．低酸素条件では酸素摂取が低下した状況であるにもかかわらず，同一の運動が遂行できたということは，おそらく無酸素性供給が代償した結果と解釈するのが自然である．これは，まだ無酸素性エネルギー供給速度に余力があるにもかかわらず，なぜ，通常の大気圧環境下の極短時間で疲労困憊にいたる超最大運動で発揮されないのかという謎を生じ，きわめて興味深い[11]．解く鍵は，嫌気性（発酵）と好気性呼吸を生命が獲得してきた進化の道筋にあるのかもしれない．

［福場良之・三浦　朗］

有酸素能力
aerobic work capacity

　有酸素能力とは，有酸素性のエネルギーを用いて運動を持続的に行う能力である．数百万年前にアフリカ大陸で誕生した人類は，直立二足歩行の能力を獲得した結果，寒冷，暑熱や高地などの厳しい環境に適応して，地球上に広く分布してきた．ヒトは良質の蛋白質と脂肪を確保するために，長距離の移動を伴う狩猟活動を行い，有酸素的持久能力を進化させたという説がある[1]．さらに，ヒトは日常生活において身体活動の強度や環境温度の急激な変化に対応して，生理機能を統合的に調節し，恒常性を維持する全身的協関を発達させてきた．その結果，全身持久的な運動能力を潜在的に有するようになり（機能的潜在性），この能力は健康の維持・増進と強く関連する[2]．しかし，現在，先進国では人工環境の普及とアメニティ（快適環境）の充実によってヒトの運動能力が低下し，運動不足が肥満や高血圧などの生活習慣病を引き起こす原因にもなっている．人類が獲得した運動能力の生物学的な特性を明らかにして，将来のライフスタイルへの適応を考察することが重要である．

●**酸素の需要と供給**　私たちヒトが睡眠や安静，軽い強度の身体活動をするときは，全身の組織における酸素の需要と供給がつり合っている．この場合，酸素の流れ（酸素供給）は肺から末梢の組織細胞にいたるまで定常状態を保って，身体活動を長く続けることができる（いわゆる有酸素性の運動）．しかし，体に強い運動負荷が加わる場合，活動筋へ酸素が適切に供給されない場合が多い（酸素不足）．有酸素性の運動トレーニングをしているアスリートは，持久性に優れる遅筋線維に素早く酸素を供給し消費するので，全身持久性の運動能力が高い．

　最大の強度で運動を行うときに体内に取り込まれる酸素摂取量（$\dot{V}_{O_2}$）は，最大酸素摂取量（$\dot{V}_{O_2max}$）とよばれ，呼吸・循環・筋肉の全身的な協関によって調整されている．また，有酸素性運動で行える運動強度の限界を無酸素性作業閾値（AT）という．これらは有酸素性運動能力の指標として使われ，マラソン選手など持久的運動の記録が優れる人たちの$\dot{V}_{O_2max}$やATは非常に高いことが知られている．また，日本人と欧米人の間に$\dot{V}_{O_2max}$の差はないが，原始的な狩猟農耕生活を営む人々のそれよりも低い[3]．

　スポーツ選手や一般健常者の場合は，$\dot{V}_{O_2max}$やATを測定し，有酸素性運動トレーニングの運動強度を設定する方法が一般的である．しかし，これらの方法を用いる場合には体力の限界まで追い込む必要があり，怪我をしているスポーツ選

手や,中高年者,患者にとっては,体や心理面への負担が大きすぎて危険が伴ってしまう.さらに,日常の身体活動の大半は一定動作の連続ではなく,活動の強度やパターンなどが時間とともに変化する非定常的な場合も数多くみられる(例,横断歩道を急いで渡る,駆込み乗車,球技場面など).したがって,より実際の動きに近い,非定常的な運動における酸素摂取動態($\dot{V}_{O_2}$ kinetics)(運動開始時や回復時における酸素摂取の動的な応答)という指標を用いれば,一人ひとりの体力に合ったトレーニングやリハビリテーションの運動強度を決定することが可能になる[4].

●**酸素の供給と利用の不均一性**　運動の開始時に代表される非定常状態において,$\dot{V}_{O_2}$の応答動態を規定する要因が活動筋の酸素供給[動脈血酸素量が一定の場合,血流量($\dot{Q}$)に等しい],および/あるいは酸素利用機能なのか,長年にわたって研究が続いている.健常者が座位姿勢で運動強度が中強度以下(乳酸閾値:運動強度を徐々に増加した場合,活動する筋肉と血中の乳酸値が急に上昇し始めるときの運動強度.有酸素性運動で行える運動強度の限界を示し,ATの指標として用いられる.運動強度が中強度を超えると,活動筋のエネルギー代謝は有酸素性から無酸素性の代謝へ切り替わる.)の大筋群運動を行う場合は,$\dot{V}_{O_2}$応答動態の規定要因は酸素供給ではなく,活動筋自体の酸素利用と考えられている.特に,微小循環レベルの酸素供給と酸素需要のミスマッチ,あるいは酸化酵素活動の遅れが,活動筋の酸素利用を規定することが示唆されている.運動開始時では活動筋全体の$\dot{Q}$の増加速度は$\dot{V}_{O_2}$よりも速いので,筋全体の酸素供給は十分である.しかし,活動筋微小循環レベルの酸素供給と酸素利用は空間的・時間的に均一ではないと予想され,この不均一性が$\dot{V}_{O_2}$の増加を制限するかもしれない(図1)[5].この点は未解決の課題であり,今後の研究の進展が期待されている.　　[古賀俊策]

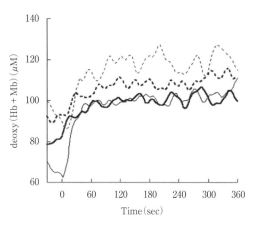

図1　高強度運動時の大腿筋における脱酸素化ヘモグロビン濃度[deoxy(Hb + Mb)].酸素の供給と利用のバランス($\dot{V}_{O_2}/\dot{Q}$)を反映](代表的な被験者の応答).大腿直筋(太線:実線は遠位,点線は近位における応答を示す),外側広筋(細線)(出典:文献[5] p.150より)

生理的多型性
physiological polytypism

　多型には遺伝子多型と表現型の多型がある．表現型とは遺伝子の影響が表に表れた形質，例えば身長や体重や髪の毛の色などである．また表現型には目に見えない生理機能も含まれる．

　生理機能に表れる多型を生理的多型といい，そのような性質をもつことを生理的多型性という．表現型に生じる多型の原因は遺伝の要因のみでなく，生後に遭遇する環境の要因によっても生じる．米国の生物人類学者，ポール・T・ベーカー教授（1927〜2007）によると，表現型の多型は遺伝子型と環境の物理的要因および文化的要因の三者間の相互作用を受けるという[1]．

●**生理的多型性とは**　生理機能といっても細胞レベルの機能もあれば肺や心臓や筋肉のような組織としての機能もある．また体温調節にみられるように血管径の調節や産熱や発汗のような複数の機能がシステムとして体温を一定に維持しようと協調する機能もある．このように複数の機能がシステムとして協調して働く場合を協関反応とよび，体温調節や血圧調節のような全身に及ぶ場合を全身的協関反応とよんでいる．また，例えばアラスカに長く滞在して厳しい寒さに長く曝されると，以前にも増して体温調節能力は向上する．このようにあるストレスへの長期曝露によって機能的ストレス耐性が向上したりその効率が良くなることを潜在していた機能が顕在化したという．つまり，そこには機能的潜在性があったことになる．

　生理的多型性は，機能的潜在性の変化を含む協関反応の多型と考えることができる（図1）．ある機能は潜在部分と顕在部分からなり，両者の境界は個体もしくは集団の遭遇するストレスの種類・大きさ・頻度に依存して変化し，それに伴って顕在化する部分の量（大きさ）と質（機能系における協関性）が異なることになる．したがって環境のあるストレス要因の強さや頻度が集団間で異なれば，結果的に各集団にみられる特徴的な生理機能，すなわち顕在部分の量と質も異なることになる．

　生理的多型はこのように機能的潜在性の変化を含む協関反応の多型であり，遺伝的要因を基盤としながらも環境の要因に影響される．特に環境要因に影響を受けるところは基本的に遺伝子発現の制御を伴う可塑的変化と考えられる．生理的多型性は，個人もしくは集団の環境に対する適応の手段として最も有効となる戦略的手段として定着すると考えられる．

●**生理的多型性の具体例**　寒冷ストレスへの適応的反応（協関反応）を考える．一般に体温は身体内部でつくられる熱量（産熱量）と身体表面から逃げる熱量（放

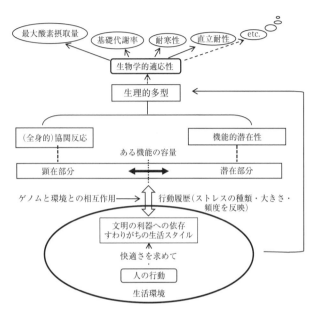

図1　現代の文明社会における生理的多型性の構造

熱量)のバランスで維持される．これが体温調節の基本である．寒いときは放熱量が多くなるから体表面を流れる温かい血液量を減らすために皮膚血管が収縮する．断熱性を高めても体温低下が続くときはふるえなどで積極的に産熱量を増大させる．これが寒冷反応の基本である．

さて，極寒の地に住むイヌイットは断熱性よりも産熱量に大きく依存する反応タイプ（代謝型）を示し，一方アンデス高地のケチャ族は血管収縮力を増す断熱依存の反応タイプ（断熱型）をもつことが知られている[2]．これは寒冷ストレスに対する協関反応の多型の例であり，体温を効果的に維持するための戦略手段の違いである．この場合の多型性は，同じ寒冷ストレスでもイヌイットはアザラシなどの狩猟による高カロリーの栄養摂取可能な環境であり，逆にケチャ族は高地の厳しい気候で余分な栄養補給が限られる環境であるために生じたものと考えられる．このように同じ寒冷ストレスでも，体温調節に関わる他の要素の環境条件が異なれば寒冷適応への効果的な戦略手段も異なるのが多型の特徴である．

暑熱ストレスに繰り返し曝すと，日本人の場合発汗能力が向上してより効果的に体温を維持できるようになる．機能的潜在能力の顕在化である．もともと暑いところに住むタイ人の場合，暑熱に対しては乾性放熱（皮膚血管拡張による放熱）効果の発揮によって発汗量や汗に含まれる塩分濃度をできるだけ小さくして貴重な水分や塩分の損失を最小限にしようとする協関反応がみられる[3]．日本のよう

に四季のうちの主として夏季のみに曝される暑熱とタイのように慢性的に暑熱に曝されるという両国の気候条件の差がこのような多型を生んだのかもしれない．

便利で快適な生活を送る日本の生活環境でも生理的多型をみることができる．この場合，遭遇するストレスとしては文明の利器をどの程度使用するかに関わり，すなわち個人もしくは集団の習慣的行動履歴に反映されるストレスによって生理的多型性が生じると考えられる（図1）．北海道大学の前田らの調査した日常的な行動履歴と基礎代謝率との関係では，間食が多いものほど，また身体的活動量の低いものほど基礎代謝率は小さくなった[4]．このような行動履歴に関連して変化する基礎代謝率に注目し，基礎代謝率の大きい群と小さい群をそれぞれ寒冷ストレスに曝したときの体温調節における協関反応を比較した[5]．その結果，基礎代謝率の小さい群は断熱性に乏しくその分代謝量の増大に依存したが，基礎代謝率の大きい群は高い断熱性を発揮し代謝量の増大は低く抑えられた．後者の方が省エネタイプといえる．基礎代謝率の小さい群は，大きい群に比べると血管調節による放熱抑制力が弱く，すぐに代謝調節に移行するという点で耐寒性に劣ると考えられた．

以上のように，あるストレスに対して生じる機能の表現型は，特に文明社会の場合，習慣的な行動履歴に反映されるストレスの種類，大きさ，頻度に依存して顕在部分の容量とこれを基盤とした協関反応の様式として表れる（図1）．したがって，行動履歴の異なる集団間においては生理的な多型がみられることになる．詳細は文献[6]を参照されたい．

●**喫緊の課題** 生理的多型性は，個人もしくは集団にとって本来厳しい自然環境へ適応するための最も有効な戦略的手段として形成されたものであり，その手段が個人や集団の生育地や習慣的な行動履歴が異なるために多型が生じることとなる．特に生育地の違いによる耐暑もしくは耐寒反応の生理的多型性にはその生物学的合理性が理解できる．

しかしながら厳しいストレスから免れる現代の文明社会では，文明の利器の過剰利用によって機能的潜在水準が増して協関反応の限界値や効率は低くなっても，簡単に恒常性を維持できる．もはや同じ多型性でもその生物学的意義は薄れてしまっている．このように文明社会では，どのような行動様式がよいのか，どの程度文明の利器を使用してよいのか，エネルギーの節約や地球環境などの諸問題を含めて技術の使い方や行動の指針を示すことが今後の喫緊の課題となっている．

[安河内　朗]

全身的協関
whole body coordination

　生命の安定的持続を可能とする生体内の複数の機能間の協調的連関を協関とよび，それが全身に及ぶ場合を全身的協関という．全身的協関は，生理人類学分野において環境適応能を評価するための3つのキーワード（生理的多型性，全身的協関，機能的潜在性）の1つであり，機能的潜在性とともに生理的多型性を構成する要素である．

●**酸素運搬系のしくみ**　単細胞から多細胞生物への進化とともに要素機能が増え，それによって生体内の恒常性を維持するために必要な協関反応は階層化し，より精巧なシステムとして働くようになった．例として呼吸に伴う酸素運搬系の恒常性維持を考える．単細胞生物では，細胞膜を介したO_2とCO_2のガス交換は単純な物理現象であるガス拡散でことがすんだ．しかし多細胞化し生命体が大きくなると表面から深部へいくほどガス拡散は通用しなくなる．多細胞を構成する一つひとつの細胞に単細胞時代の環境を再現する必要がある．そのために各細胞周囲を液体で囲み酸素運搬体（赤血球）にO_2を結合させ，液体（血液）中で解離した酸素を分圧の低い細胞内へ膜を通して拡散させる．これを持続させるためには，血液中の酸素分圧を常に高く維持することが重要で，そのためには血液を循環させる血管とポンプ（心臓），および外部から新鮮な空気（O_2）を取り入れCO_2を排出する集中換気装置（肺）が必要になる．これより呼吸によって常に肺胞内は100 mmHg近い酸素分圧が維持され，O_2は肺胞に接する毛細血管を通して肺静脈中へ拡散し心臓へ戻ってO_2を豊富に含む動脈血として全身の細胞にまわる．

●**協関反応とは**　さてここで，生きるうえで必要なエネルギー（酸素運搬系）を恒常的に維持するための協関反応を考える．まず集中換気装置である肺へ新鮮な空気を送り込むための換気量は，一回換気量と呼吸数の積で決まる．血液の循環量を決める心拍出量（1分間あたりに心臓から駆出される血液量）は一回拍出量と心拍数の積である．また全身を循環し各細胞周囲にいたる血液量は血圧や末梢血管の収縮・拡張の制御に依存する．さらにそのときの血中酸素分圧は赤血球の酸素飽和度に依存するが，酸素が赤血球から解離する程度は酸とアルカリのバランス（酸-塩基平衡状態）で異なる．このように酸素運搬系を概観しただけでもそれは多くの機能的要素で成り立ち，これらの機能間の協関反応でエネルギー供給の恒常性が維持される．例えば運動すれば酸素需要は増え，そのために換気量，心拍出量は増える．ここで換気量増加の協関反応だけを考えても，その増加を一回換気量の増加で補い，できるだけ呼吸数の増加を抑えようとする．この方がエ

ネルギー効率がよい.しかし運動負荷が増し一回換気量が最大近くになればあとは呼吸数で換気量の増加分を稼ぐ協関反応となる.心拍出量を構成する一回拍出量と心拍数の関係も同様な変化を示す.

もちろん酸素運搬系の協関反応はこれだけではない.作業筋へ向かう血管は拡張して酸素供給増

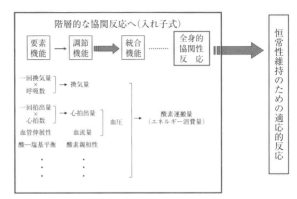

図1 全身的協関のイメージ

を確保し,一方内臓への血液循環量は削減する.また余分な体温上昇を抑えるため皮膚血管を拡張させて放熱量を増やす.このように換気量,心拍出量をあわせたこれら一連の協関反応は生体へのストレスの負荷の程度によって変化し,またその人の適応度によっても反応の様式は変わることから協関反応は生理的多型性を形成する重要な要因となる.また高い山へ行けば空気中の酸素分圧は減少するので,肺胞内酸素分圧をより高く維持するための換気反応が重要な機能となる.この換気量増大によるCO_2の過剰排出は血液をアルカリ側へ偏らせ,酸素解離曲線を左へシフトさせ赤血球の酸素親和性を高める.一方作業筋周辺においては筋から排出されるCO_2による酸性側への偏りが赤血球の酸素親和性を低下させ酸素供給を保障するような協関反応が生じる.このように,先の運動時も含めストレスに対する酸素運搬系の恒常性維持への対応が全身的機能に及ぶ場合を全身的協関とよぶ.詳細は文献[1]を参照されたい.

図1に全身的協関の概要を示す.全身のすべての機能を階層的にみるのは不可能であるため,見ようとする視点によって図1のような要素機能や調節機能の見方は変わる.例えば要素機能を一回換気量や呼吸数とすると調節機能は換気量や心拍出量となり,統合機能は酸素運搬系となって,この場合は必要なエネルギー代謝量を維持する全身的協関反応となる.

●課題とは 全身的協関反応において問題とされるべき点は,階層をどこまで求め,それらの階層間の協関反応をどのように視覚化もしくは数値化するかである.まさに生命のメカニズムの探求の面から医学や生物学の分野で取り組まれている.生理人類学では,階層を遺伝子レベルまで低層化し,それらの遺伝子多型と環境ストレスとの相互作用による遺伝子発現と協関反応を含む生理機能の適応性との関係が検討され始めている. [安河内 朗]

機能的潜在性
functional potentiality

　ヒトも含め生物は，高温，低温，低酸素，騒音，振動などさまざまな環境因子に対してある範囲内では身体機能の恒常性を維持し得る能力，すなわち耐性をもっている．こうした能力を環境適応能という．適応は，世代を超えて得られる遺伝的適応や，個体の一生のうちに生じる表現型適応によって，恒常性を維持できる範囲を拡大する．一方，こうした適応能が非常に短期間の環境曝露やトレーニングによって著しい改善を示すことがある．こうした短期間の適応を馴化ということもある．これは潜在的な能力が顕在化したためと考えられており，このような能力，すなわち通常は潜在化しているが，ある種の状況下で比較的容易に顕在化する身体機能の潜在能力を機能的潜在性という[1]．

●**耐暑性にみられる機能的潜在性**　ヒトでは，高温環境で体温をできるだけ維持するために発汗や皮膚血流の増大などの放熱反応が亢進する．しかし放熱が十分に行えないと体温は上昇し，その環境での活動が制限され，さらには生命の維持も困難になる．したがって，体温上昇の程度は耐暑性の指標として最も重要なものである．南アフリカ共和国の温熱生理学者シリル・H・ウィンダムは，ヨーロッパ人，バントゥー，サン，チャンバなどの人類集団を被験者として，気温34℃，相対湿度88%の高温多湿環境で酸素摂取量1.0 l/分の作業を4時間継続したときの体温（直腸温），心拍数，発汗量などを測定して比較した（図1）[2]〜[4]．

　その結果，体温の上昇が最も大きく，耐暑性が劣っていたのはヨーロッパ人であった．次に耐暑性が劣っていたのはバントゥーで，彼らは発汗量が少なく，心拍数の上昇もヨーロッパ人についで大きかった．バントゥーはバントゥー語系の言語を話す民族の総称であるが，この研究ではヨーロッパ人被験者と同じく南アフリカのヨハネスブルクに居住するものであった．比較的高い発汗能力を示したのは，サハラ砂漠北部の町に居住するチャンバであった．チャンバはアラブ系の遊牧民だが，被験者も数年前まで砂漠で遊牧，狩猟生活を送っていた者で，伝統的な食事，服装で生活していた．彼らは比較的優れた発汗能力を示したが，心拍数や体温の上昇はバントゥーに次ぐ高いものであった．比較的優れた耐暑性を示したのはサンで，体温や心拍数の上昇は少なかった．彼らはアフリカ南部のカラハリ砂漠に居住しコイサン語を話す狩猟採集民族である．彼らの心拍数の上昇は少なく，体温上昇も少ない優れた耐暑性を示した．

　驚くべきことにこの研究で最も優れた耐暑性を示したのは，馴化後のヨーロッパ人であった．彼らは実験と同じ高温多湿環境で2週間，酸素摂取量1.0 l/分の作業を毎日4時間行った．その結果，発汗量は著しく増加し，心拍数は最も低く

なり，体温上昇も最も少なく，優れた耐暑性を示したのである．わずか2週間の馴化によって，最も耐暑性が劣っていた集団が最も優れた耐暑性をもったことはヒトに備わっている機能的潜在性を示すものである．こうした耐暑性に関する機能的潜在性はバントゥーや日本人においても同様に備わっていることが実験によって明らかになっている[5]．馴化によって顕在化した耐暑性は日本人でもヨーロッパ人でもバントゥーでもほぼ同様なものであったことも興味深い．

●**耐寒性にみられる機能的潜在性**　人類はおよそ700万年前に熱帯のアフリカで誕生し，その大半の年月をアフリカで過ごしてきた．私たちの直接の祖先であるホモ・サピエンス（ヒト）もおよそ20万年前にアフリカで誕生したとされており，ヒトは基本的に熱帯動物としての特徴を色濃くもっている．したがって，前述のようにヒトは耐暑性については明瞭な機能的潜在性をもっているが，耐寒性についてはどうであろうか．ヒトが寒冷環境に繰返し曝露されると基本的に代謝型馴化，または断熱的馴化を示す．

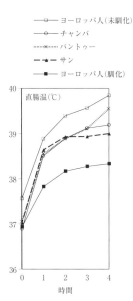

図1　高温多湿環境における体温上昇の人類集団差（出典：文献[2]〜[4]より改変）

夜間の気温が3〜5℃になるノルウェーの高山で，8名の被験者が夜間はパンツと靴下だけの裸体で寝袋で就寝した．最初は寒さで眠れなかったが6週間後には良く眠れるようになった．彼らの安静時代謝量は馴化前に比べ50〜55％増加しており，明瞭な代謝型馴化を示した[6]．一方，寒冷馴化によって代謝量増加を示さないとする報告も多い．例えば，26℃の水中にみぞおちまで1時間浸かるのを週3回，4週間続けた研究で，代謝の増加は認められず，皮膚温と皮膚血流量の低下を見出し，断熱型馴化の様相を示した[7]．実験的な繰返し寒冷曝露ではないが寒冷地に居住する人類集団では別のタイプの寒冷適応を示す者もいる．ノルウェー最北端でトナカイの遊牧をするサーミ（ラップ）は，気温0℃の部屋で寝袋に裸体で就寝し，震えもなく良く眠れたという．彼らの多くの代謝量は寒冷曝露前の水準から変わらず，体温の低下が大きかった．このような寒冷適応のタイプを低体温型適応という．しかし，彼らも零下7℃の環境では明瞭な代謝量の増加を示した[8]．

このように，寒冷に対しては複数の馴化・適応様式があり，耐寒性に関する機能的潜在性は複雑である．　　　　　　　　　　　　　　　　　　　　　　　　［勝浦哲夫］

ホメオスタシス
homeostasis

　ヒトは外部環境がさまざまに変化しても，細胞を取り囲む細胞外液（内部環境）を一定の状態に保とうとする作用で生存することができる．この内部環境を一定に保つ働きをホメオスタシスといい，ヒトが進化の過程で獲得した重要な調節特性の1つで，生体の恒常性ともよばれている．ここでは，ホメオスタシスの基本となる細胞外液の成分とその物理的特性，さらにそれを維持するための負のフィードバック作用および多様な調節系の寄与，ホメオスタシス保持能力の亢進策について述べる．

●**内部環境の成分と物理的特性**　身体の基本的な生命単位は，約60兆個の細胞である．細胞が集合して組織，さらに器官や器官系，最終的に個体を形成する．60兆個の各細胞は周囲の細胞外液と接しており，そこから細胞がその生命を維持するために必要なイオンや栄養素を取り込む．個体が接している外部環境に対して，この細胞外液のことを内部環境とよぶ．細胞外液，すなわち内部環境の物理的・化学的性質は外部環境が変化しても一定に維持されている．アメリカの生理学者ウォルター・キャノンは，内部環境を「一定"homeo"」の「状態"stasis"」に維持することをホメオスタシス（恒常性）と名づけた[1]．

　細胞外液にはNa^+, K^+, Ca^{2+}, O_2, CO_2, グルコースなど多くの成分が含まれ，pH，温度，浸透圧，酸素分圧，二酸化炭素分圧などの物理的・化学的特性がほぼ一定の状態に保たれている．疾病のときには，その成分や特性が正常範囲を通常外れる．それぞれには限界値も存在し，例えば体温が平熱37℃からわずか6℃上昇するだけで，細胞が破壊され死にいたる．また，pHが正常値7.4よりわずか約0.5上下するだけで致死的になる．ヒトはこれらの内部環境を正常に保つために，多くの調節系が必要であり，この調節系が1つでも欠けると，重篤な身体の機能不全あるいは死を招くこともある．

●**負のフィードバック**　ヒトのほとんどの調節系は，一般にある因子が過剰となるか不足すると，一定の正常値へとその因子を戻すような負のフィードバックを起こし，ホメオスタシスを維持する．例えば内部環境の温度を一定にするために，ヒトは優れた体温調節機能を備えている．ヒトは皮膚面や深部に存在する温度受容器からの求心性の温度情報を視床下部にある体温調節中枢で統合し，体温が上がっていると判断すると，ここから自律神経を介して効果器（皮膚血管・汗腺）に遠心性情報を送る．その情報で引き起こされる皮膚血管拡張や発汗作用で体温が引き下げられる．これは，初めの刺激（皮膚や深部の温度）を負の方向に変化させる作用であり，このような負のフィードバック作用は体温調節のみならず，

血圧，体液の浸透圧や pH，病原微生物やウイルスといった異物（非自己）の排除など生体機能全般で観察される．この負のフィードバック作用は主に視床下部から起こり，その指令の伝達網の役割を自律神経系，内分泌系（ホルモン分泌），免疫系が担っている[2]．

●**多様な調節系の寄与**　ヒトが暑熱に暴露されると皮膚血流量や発汗量が増大して深部体温の過度な上昇を防ぐ．皮膚血流量の増加は心臓からの血流再配分や血圧調節などを，多量発汗は飲水や尿量調節などを伴う体液調節をそれぞれ作動させる．このように個体は環境刺激に対して全身のさまざまな機能を相互補完的に協関してホメオスタシスを維持している（全身的協関）．また，厳しい環境条件や急激な環境変化時には，普段は潜在化している生理機能を発揮させて適応する．この能力は機能的潜在性といい，全身的協関とともに生体のホメオスタシスの維持に重要な役割を担っている[3]．

ヒトが暑熱環境に繰り返し暴露されたり，持久的な運動トレーニングを継続したりすると，同一深部体温あたりの発汗量や皮膚血流量が増加し，同一温熱刺激に対する深部体温の上昇が小さくなる．このように，ヒトに同種の外部環境の変化が繰り返し作用すると，その外部環境の変化に伴う生理的反応が徐々に変化して生体調節能力が亢進し，内部環境の変化が小さくなる．このような生体調節能力の亢進を適応といい，外部環境から受ける生体への負担を軽減するための生理応答特性を環境適応能と定義している．そのため，優れた環境適応能を有する者ほど，ホメオスタシスを維持できる外部環境範囲を拡大できることを意味する．

●**ホメオスタシス保持能力の亢進策**　ヒトは長年の進化の過程で自然環境の変化や筋活動へ適応するために，合理的な生体機能を獲得してきた．近年科学技術の急速な発展と快適環境の追求に伴う生活環境の大きな変化が，ホメオスタシスの維持のための全身の生理機能への負担を小さくし，全身的協関や機能的潜在性を発揮する機会を減少させている．これらの機会減少が各種生理機能それ自体，それぞれの機能間の全身的協関や機能的潜在性の低下を招来し，最終的にホメオスタシスの保持能力を低下することが懸念されている．さらに，ホメオスタシスの基本となる環境適応能は運動トレーニングや暑熱・寒冷馴化で亢進できることが示されている．このことは，日常生活の中に運動を習慣化しやすく，気候馴化しやすい生活環境・ライフスタイルを取り入れることが，ホメオスタシスの維持能力の低下を防ぐために重要であることを示している．つまり，ヒトが進化の過程で獲得してきた優れたホメオスタシスを保持し続けるためには，快適性を追及する場と身体諸機能に過負荷の原則を保証する場のバランスに支えられたライフスタイルの確立が重要になる．

[井上芳光]

自律性情動反応
autonomic emotional response

　例えばこれから大勢の前で発表をするというときに，心臓がドキドキし，指先が冷たくなるような現象は多くの人が体験したことがあるだろう．ホラー映画でも体がすくんだり冷や汗をかいたりする．このような変化は実際には体験していなくても，想像しただけで起こることもある．このように，緊張や恐怖といった強い感情（情動）に伴って表情や行動，自律神経系の活動が変化することを自律性情動反応とよぶ．また情動反応が表れることを情動表出という[1]．

●**典型的な自律性情動反応**　ハーバード大学医学部の教授であったウォルター・キャノンは，動物が生命を脅かすようなものに会った際の生体反応が種を越えて共通していることを指摘した[2]．危険な対象物に会うと，瞳孔が開き凝視して情報を収集しようとする．心拍数や血圧，血糖値が上昇することにより骨格筋にエネルギーを送り，骨格筋は収縮して闘ったり逃げたりすることに備える．立毛筋の収縮により毛は逆立ち，末梢血管の平滑筋が収縮するため手が冷たくなる．手に汗握る精神性発汗が起こり，しっかりと物をつかめるようにする．キャノンはこのような反応がヒトでも動物でもみられることを指摘し，これを闘争・逃走反応と名付けた．緊急事態にはゆっくり考えて行動するのではなく，強い情動と生体反応を起こして迅速に生体を対応させるとしている[3]．

　情動と表情の研究で有名なポール・エクマンは，特定の情動により特定の自律神経系の反応が起こることを報告した[4]．被験者に表情をつくったり，過去のことを思い出したりすることで特定の情動を体験してもらい，その際の心拍数，皮膚温などを測定したところ，怒りや恐れで心拍数が上昇し，指の皮膚温は怒りで上昇し，恐れで低下するなど，情動に特異的な生理反応が得られたとのことである．ただし現在では，反応の個人差が大きいこと，また異なる情動間で同じような反応が得られることなどから，特定の情動と特定の生理反応を結びつけることはできないとされている．

●**自律性情動反応と大脳辺縁系**　ポール・マクリーンは情動や情動反応の基となっているのは脳の新皮質と脳幹の間にある部分であると提唱し，その部位を表すものとして大脳辺縁系という言葉を導入した[5]．マクリーンは辺縁系の中でも海馬が情動に大きく関連していると考えたが，現在では扁桃体を中心とする回路が重要な役割を担っていると考えられている．例えば扁桃体を含む両側側頭葉を破壊されたサルで，破壊前に強い恐怖反応を示していたもの（ヘビなど）であっても恐怖や驚きを示さなくなったこと（クリューバー・ビューシー症候群[6]）や，扁桃体を損傷したヒトでは恐れや怒りの表情を認知できなくなったり[7]，怒りや

恐れといった情動が低下したこと[8]などが理由である．扁桃体は自律神経系，内分泌系などの中枢である視床下部と密接な連絡経路をもっており，これが情動に関連して生理的な変化が起こる理由であると考えられる．

ジョセフ・ルドゥーは視床が外部からの感覚情報を受け取った後に，直接扁桃体に情報を送る経路と，一度新皮質および辺縁体の一部を経由して扁桃体に情報を送る経路の2通りの経路があると考えた（図1）．視床は嗅覚を除くすべての感覚の投射を受ける機能があり，ここから皮質を通らずに扁桃体に入る情報は，正確ではないが速いという特徴がある．危険かもしれないものに会ったときに，それが何かということがわかる前に驚きや恐れを生じさせ，体を硬直させるなどの情動反応を起こす．その後皮質を通る経路によって，それが何かということを認識し，情動によって起こった臨戦態勢を解除するかさらに進めるかを決める．道にヘビがいると思ってぎくりとして立ち止まる→木切れだとわかって「なーんだ」とほっとする．このような体験を思い起こすと，ルドゥーのモデルは非常に納得がいく．

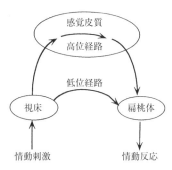

図1　扁桃体への低位経路と高位経路
（出典：文献[11] p.195 より改変）

●**自律性情動反応の生物学的意義**　いうまでもなく，情動反応は生物が生き抜いていくために大きな役割を果たしてきた．闘争・逃走反応をより適切に起こして危険を回避することは生存に不可欠であっただろう．また体験した恐怖はそれをもたらしたものとともによく記憶して，次に備えることも重要であったはずである．生命の維持に必要な食べ物はおいしさという快をもたらすので，そのような食べ物はよく覚えてまた食べるとよい．このようなことが上手にできる個体はより生き残る可能性が高かったことであろう．ラットからヒトまで同じように情動反応が見られるということは，進化の過程で情動反応が必要な機能として保存されたことを示唆している．

特に物事と情動をセットにして記憶することは重要である．実験で，ある音が鳴るとラットの足に電気刺激を与えることを繰り返すと，音が鳴っただけでうずくまって動かなくなり，血圧が上昇するなどの恐怖反応を示す．これは恐怖条件付けといわれ，魚からヒトまで広くみられる現象である[9]．扁桃体を中心とする情動に関連する系と，海馬を中心とする記憶の系は脳内で近くに配置され，扁桃体が海馬の活動を調整することがわかってきている[10]．とても怖かったこと，感動したことなどはいつまでも記憶に残るが，これは扁桃体と海馬の連絡によるものにほかならない．

[恒次祐子]

概日リズム
circadian rhythm

　ヒトのさまざまな生理現象（体温，心拍，ホルモン分泌など）は約 24 時間周期で変動している．この 24 時間周期で繰り返される生体の変動を概日リズム（サーカディアンリズム）とよぶ（図 1）．概日リズムは脳の中に存在する概日時計とよばれる自律的な振動体からの出力によって刻まれている．しかし，興味深いことに，概日時計は正確に 24 時間を刻むようには設計されていないため，私たちは太陽の光（明暗サイクル）に同調するための仕組みを併せ持つことで，規則正しい 24 時間のリズムを維持している．また，私たちの体には，脳の概日時計とは別に全身の細胞にも時計が存在し，末梢時計とよばれている．近年では食事との関係で注目されている．ここでは概日リズムのもつ不思議な特徴とその重要性について紹介する．

●**概日リズムの正体**　約 24 時間周期で変動する生命現象を概日リズムとよぶが，正確には外部環境の影響を受けない内因性の自律的な変動だけを概日リズムとよぶ．例えば，体温は昼に高く夜は低いという 24 時間周期の変動を示すが，外気温も同様に 24 時間周期で変化する．もし体温の変化が外気温の変化によってのみ引き起こされていたとしたら，体温の変動を概日リズムとはよばない．概日リズムの条件として，周囲の環境が常に一定（恒常環境とよぶ）でもリズムが維持されていることが必要となる．

　ヒトの概日リズムの研究が盛んに行われ始めたのは 1950 年代頃で，当時は外部環境の影響を排除するために洞窟を使って実験が行われていた．そこでの

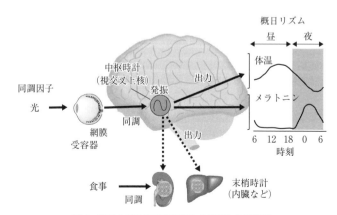

図 1　概日リズムの形成に関わる因子とその関係

一番の発見は，時間的な手がかりもない恒常環境でヒトが自由に生活を行うと睡眠の時間帯や体温の変動が毎日約1時間ずつうしろにずれていくことである．このときのリズムは自由継続（フリーラン）周期とよばれ，私たちの概日時計は24時間より長いことが明らかとなった．

　概日リズムが内因性の周期現象であるという事実は，私たちの体の中に固有の時計が備わっていることを意味している．では概日時計は体のどこにあってどのような仕組みで時を刻んでいるのだろうか．ヒトを含めた哺乳類の概日時計は脳の視床下部に存在している．正式には視交叉上核という小さな神経核がその役割を担っている．視交叉上核が体内時計の中枢であることは，動物実験で視交叉上核を破壊すると概日リズムが消失すること，さらに，別個体の正常な視交叉上核の移植によってリズムが回復することによって確かめられている．

　次に，視交叉上核ではどのような仕組みで24時間のリズムが刻まれるのか？　そこには，時計遺伝子とよばれる遺伝子の働きがある．視交叉上核に存在する時計遺伝子が転写・翻訳されることで遺伝子産物（時計たんぱく質）が生産されるが，その量が増え続けると時計たんぱく質がみずからの転写を抑制し始める．この仕組みはネガティブフィードバックとよばれ，この一連のループは24時間という長い時間をかけて一まわりするようにできている．概日時計が今何時なのかといった情報は液性のシグナルと神経性のシグナルの両方によって全身に伝えていると考えられている．

●**概日リズムの同調機構**　概日リズムの内因性周期は24時間より長いが，普段の生活の中でリズムが24時間よりずれていくことはない．それは，外界からの情報を手がかりにして，概日リズムを24時間に同調させているからである．同調を促す要因は，同調因子（ツァイトゲーバー）とよばれる．ヒトの場合，光が最も強い同調因子として作用する．目から入った光は通常は視覚野に伝えられ明るさや色の知覚を引き起こす．しかし，概日リズムの光同調は視覚経路とは異なる経路で視交叉上核に情報が伝えられ，体内時計の位相の変化が起こる仕組みになっている．具体的に，早朝に浴びる光は24時間より長い体内時計をリセットする働きがある．一方で，夜間に浴びる光は体内時計をうしろにずらす作用がある．不思議なことに，同じ光でも時刻によってその作用がまったく正反対なのである．もう1つ興味深いことに，光の作用は光の波長によっても異なる．可視光線の中の青色光が最も概日時計に強く作用することが知られている．この青色光に対する特徴的な反応には，ヒトの網膜の中に新たな光感受性細胞として発見されたメラノプシンと呼ばれる視物質を含む神経節細胞の働きが関係している．

　体内時計は全身の細胞にも存在している．これらの時計は末梢時計とよばれている．中枢時計は光が強い同調因子になることはすでに述べたが，肝臓などの臓器に存在する末梢時計は食事のタイミングや栄養素が同調因子になって時計の位

相を動かしていることが動物を使った実験で明らかになっている．食事と体内時計の関係を明らかにする研究は時間栄養学ともよばれ最近注目されている[1]．私たちの普段の生活で，夜遅くや不規則な時刻に食事をとると末梢時計が勝手に動き出し，視交叉上核の中枢時計との間の同調が失われてしまう可能性がある（脱同調とよぶ）．しかしながら，現状でヒトの臓器の末梢時計の動きを調べる方法はない．動物のように臓器を取り出せないからである．ただし，最近の研究で，毛髪や血液など採取可能な組織において，ヒトでも末梢時計の活動を調べることは可能である[2]．

●**概日リズムの個体差と適応**　概日リズムと一言でいっても人によってさまざまである．個体差の一番わかりやすい例として朝型・夜型指向性がある．大雑把にいえば，早寝早起きを好む朝型の人，宵っ張りの朝寝坊を好む夜型の人，その中間型の人に分けられる．また，極端に朝型（または夜型）が進み，それを自分の意志ではもとに戻せず，社会生活に支障をきたす疾患も存在する．概日リズムの特徴にこのような個体差が生じる原因の1つとして，時計遺伝子が関係している可能性がある．現在のところ複数の時計遺伝子の存在が確認されており，これらの時計遺伝子群の中に存在するいくつかの多型（遺伝子多型）が概日リズム関連の疾患や，朝型・夜型指向性と関係していることも明らかにされている[3]．

　また，内因性の概日リズム周期が24時間よりも長いことはすでに述べたとおりであるが，その長さも人によって異なる．初期の研究では内因性の概日リズム周期は約25時間に近いといわれていたが，2000年前後にハーバード大学のグループが光や睡眠などさまざまな要因を制御した独自の方法（強制脱同調プロトコル）で行った研究結果によると，内因性の概日リズム周期の平均値は24.18時間であった[4]．きわめて24時間に近い結果であると同時に，興味深いことは24時間よりも短い人が5人にひとりの割合で存在していた．また，この周期が長い人ほど夜型傾向が強いことも報告されている．最近の研究では，ヒトの背中の皮膚組織をちょっとだけ採取して，細胞の時計遺伝子の発現パターンを調べることで，内因性の周期を推定するという興味深い方法も開発されている[3]．

　文明社会の中で生きるヒトは，明るい夜，24時間休むことなく稼働し続ける社会，深夜の労働，時差を伴う移動など，概日リズムにとって決して好ましいとはいえない環境で生活をしている．概日リズムの乱れは，睡眠障害，肥満，糖尿病，高血圧，がんのリスクなどさまざまな健康問題との関連も指摘されている[2][3]．ヒトが進化の過程で獲得したであろう現在の概日リズム機構は，まわりの環境に同調するという柔軟性も備えている．しかしながら，現代の人工環境やライフスタイルはヒトが適応できる範囲を超えているのかもしれない．環境適応をテーマとする生理人類学にとって，とても重要な分野の1つである．　　　　[樋口重和]

生体リズム
biological rhythm

　ある特定の周期をもって繰り返し生じる生命現象を生体リズムとよぶ．最も有名なものに約1日を周期とする概日リズム（サーカディアンリズム）があるが，ここでは概日リズム以外の生体リズムに着目する（概日リズムについては同名項目参照）．具体的に，1日より長いリズムはインフラディアンリズムとよばれ，代表的なものに約1年のリズム（概年リズム）や約1か月のリズム（概月リズム）などがある．また1日よりも短いリズムはウルトラディアンリズムとよばれ，約半日を周期とするリズムや約90分を周期とするリズムなどが存在する．ヒトまたは動物はいったいどのようなリズムを有しているのだろうか，またそれは何のためだろうか．

●**1年周期のリズムと光周性**　1年周期で変化するものに気温や日照時間があり，それに合わせて私たちの体も変化している．例えば，暑い夏には暑熱馴化が進み，発汗など放熱を促すよう生理機能が変化する．しかしながら，生体リズムを厳密に定義すると，環境の変化によって2次的に引き起こされるリズムではなく，恒常条件下でも自律的に生じるリズムとなる．概年リズムをヒトで調べるには1年を通して変化のない恒常環境で実験を行う必要があり，現実的に不可能である．動物でも研究はそれほど進んでいるとはいえない．

　1年を周期とする変化で最も研究が進んでいるのは動物の光周性の研究である．光周性とは日長（昼と夜の長さ）の変化に対して，動物の行動や生理機能が変化する現象である．餌や繁殖地を求めて渡りを繰り返す鳥や，季節性の繁殖活動を行う生物において，そのタイミングを知ることは非常に重要である．興味深いことに，動物は季節を知るのに気温ではなく光を使用しており，そこには概日リズムが関与していることもわかっている．

　具体的には，夜間に分泌されるメラトニンというホルモンを手がかりにしている．メラトニンは概日時計の中枢である視交叉上核によって分泌パターンが調整されており，脳の松果体から夜間にたくさん分泌される．さらに，網膜からの光が入力されると分泌が抑制されるという特徴もある．つまり，夜の短い夏（長日条件）は，メラトニンが分泌されている時間帯が短く，夜の長い冬（短日条件）はメラトニンの分泌されている時間帯が長くなる．このメラトニンの分泌パターンが生殖ホルモンの量や精巣の大きさにも影響を与え，動物は正確に季節を知り，繁殖のタイミングを決定しているのである．

　ヒトの光周性はどうだろうか．ヒトにおいてメラトニン分泌に季節性があるかどうかを調べた研究があるが，人工照明の発達した現代社会では，明確な季節変

動は消失していることが報告されている[1]．仮に，ヒトにメラトニン分泌の季節性があったとしても，繁殖の季節性のないヒトで，それがどのように行動に影響しているかは謎である．一方，日照の季節性がヒトに影響するものとして，冬季の日照不足と気分の関係がある．季節性感情（情動）障害とよばれる病気で，日照が少なくなる秋から冬にかけて発症する．有病率は4〜10%といわれており，高緯度地域ほど有病率が高くなる．通常のうつ病とは異なり，過眠や炭水化物飢餓などを伴うのが特徴である．高照度光療法で不足した光を補うことで症状は緩和する．

●**1日の中のリズム，午後の眠気** 次に24時間より短いリズムについて紹介する．午後の昼食後の時間帯は覚醒度が低下し，眠気を感じやすい．実はこの眠気は昼食をとらなくても生じることが確認されており，生体リズムの1つと考えられる．1日中眠らないで過ごした場合，最も眠気が強くなるのは朝4時〜5時の時間帯である．それに午後の眠気が加わると約半日のリズムができあがる．このリズムはサーカセミディアンリズムともいわれている．実際に，自動車の交通事故の時間帯別の頻度を調べた統計では，この2つの時間帯にちょうどピークが存在することが知られている．

一部の国では午後の昼食後に長めの休憩を取る習慣がある（スペインのシエスタが有名）．眠気が高まる時間帯に（または気温が最も高くなる時間帯に），働くのは効率的ではないので，積極的に休息を取るというのは生体リズム的にも理にかなっているといえる．しかし，現実の社会では午後の眠気を我慢して働き続けるという方が多い．グローバル化によってその傾向は強くなっている．そこで，眠気や疲労を軽減させる方法として短時間の仮眠が注目されている．20分程度の短い仮眠でも十分に効果があることがこれまでの研究で明らかになっている[2]．

●**その他のリズム** 半日よりも短い周期の眠気として，90分周期の眠気の存在も確認されている．ただし，深夜や昼間ほど大きな眠気ではないので，日常生活の中では色々な刺激に埋もれ，自覚されることは少ない．90分周期といえば，睡眠中のノンレム睡眠とレム睡眠の繰り返しも約90分周期である．何十年も前から知られている事実であるが，どうして90分周期なのか，そのメカニズムはよくわかっていない．

月のリズム（概月リズム）の存在も不明な点が多い．海洋生物では潮の満ち引きが餌の確保に重要なため，概月リズムが存在することが一部知られているが，最近の研究ではヒトにおいても月の満ち欠けと夜の睡眠に何らかの関連があることが報告されている[3]．その研究によれば満月の時期に男女問わずヒトの睡眠が悪くなるようである．もちろんそのメカニズムはわかっていない． ［樋口重和］

性差/性徴
sex difference/sex characteristic

　生物としてのヒトの身体には，先天的に男女それぞれ異なった特徴がある．この男女の生物学的な差異を性差という．また，この男女の性を判別する基準となる形質を性徴という．人間社会で生活していく中で，性差は文化や社会環境によって修飾を受ける．本項では，特に身体の機能の性差・性徴について，その発生過程とライフサイクルにおける変化について述べる．

●**一次性徴と二次性徴**　ヒトの性決定に関与している性染色体の組合せにより，受精卵の時点で性別が決まる．一次性徴では，胎児の頃から，男性であれば男性器が，女性であれば女性器が形成される．一次性徴により，いわゆる生まれつきの生殖腺や生殖器官の差（性差）ができる．それに対して，思春期以降，男性の精巣からはテストステロンやアンドロゲンが，女性の卵巣からはエストロゲンが分泌され，二次性徴が発現し始める．これにより，生殖における性役割に適するよう，精巣や陰茎，乳房等の器官が発育・増大し，精通や初潮が発生し生殖能力をもつようになる．さらに外形的変化として，陰毛や腋毛の発生，男性では喉仏（喉頭隆起）の成長による変声，筋肉の発達がみられ，筋肉質な体型になり，一方，女性では皮下脂肪の増大が生じ全体的に丸みを帯びた体型となっていく．

●**ライフサイクルに伴う性差の変化**　さまざまな身体の機能や能力は，上述のように思春期の二次性徴を境に劇的に変化することが，経験的にも数多くの研究からも明らかにされている．例えば，汗腺機能の発達・加齢変化の性差を思春期前から，思春期，青年期，閉経期そして老年期にわたり調べると，思春期前の男女では，汗腺機能にほとんど性差はみられず，その後，思春期における身体の発育発達に伴い汗腺機能は向上するが，その向上の程度は女性が男性よりも小さいことがわかった．汗腺は性ホルモンの修飾を受け，男性ホルモンは汗腺機能を促進し，女性ホルモンは抑制的に作用することが報告されている．思春期以降，女性は男性よりも高い女性ホルモンレベルを，男性は女性よりも高い男性ホルモンレベルをそれぞれ維持する．おそらく，このような性ホルモンの違いが汗腺サイズの性差，ひいては発汗反応の性差を引き起こす一因になっているのだろう[1]．この性差は，閉経期頃から小さくなり，高齢になるに従って，消失傾向が窺える．おそらく，男性では加齢に伴い，汗腺機能が大きく低下する一方で，閉経期から女性ホルモン分泌が低下する女性では，女性ホルモンによる抑制が軽減されるというプラスの要因が加わるため，男性よりも加齢に伴う汗腺機能の低下の程度が小さくなるのかもしれない．

　一方，走る・跳ぶというような基礎的な運動能力の発達様相の性差をみると，

ほとんどの種目で男子が女子より優れている．男子では運動能力の著しい発達と身体の発育促進の時期とが一致しており，身体が大きくなることと男性ホルモンの分泌量の増加に伴う筋量の増加による筋力・筋パワーの発達が，これらの運動能力を向上させる要因となっていると考えられる．逆に女子では，思春期以降の体重や体脂肪量の増加などが運動パフォーマンスを低下させる一因となっているのであろう．このように思春期を境として，かたや促進へ，かたや抑制へと，逆の方向にベクトルが向かう[1]．また，ボール投げの能力には，男性優位が非常に顕著に現れる．身体的要素に差のない幼児期で男女を比較してもその傾向はみられる．このような差が生まれる要因は，運動を発揮する身体の差によるものだけではなく，日常の行動・遊びの中で投げるという動作がどれだけ体験できたかといった，環境の要因が大きく関わっていると考えられる．その運動，スポーツに接する機会があるか否かがその能力を左右することになり，本来活発で攻撃的な遊び，玩具を選択する男子と人形など静的な遊びを選択する女子という生得的な要因や，それを望む傾向にある社会的要因なども加わり，この差が生まれる．このように，運動能力の発達には，先天的要因に後天的要因が加わり相互に影響し合ってつくられていくものであり，さまざまな要因により男性と女性の動作にも相違が生まれてくる[2]．

●**性差のゆくえ**　近年では，女性のスポーツ活動への参加が目覚ましく，女性の場合，長期間運動トレーニングを継続することで，女性ホルモンの分泌変動が小さくなる．上述の発汗機能は，運動トレーニングそれ自体の効果と女性ホルモンによる抑制の軽減により改善し，女性運動トレーニング者は一般的な男性と同等の発汗機能を示すようになる[1]．また，過度の身体的ストレス（運動トレーニング）や体重（体脂肪率）低下は運動性無月経を引き起こし，このような月経異常の状態は不妊の原因にもなり得る[3]．

　また，生物学的な性差（sex）とは区別して，社会的文化的につくられる性差のことをジェンダー（gender）という．「男は外で働き，女は家を守る」ひと昔前では当たり前だった「社会的文化的な性のありよう」であるが，現代社会では，「男女雇用機会均等法」や「男女共同参画社会基本法」により社会的な男女平等が進んでおり，また，「草食系男子・肉食系女子」や「メス化する男・オス化する女」という言葉に象徴されるように文化的精神的な性差も小さくなってきている．このように，時代の変化とともにあらゆる性差は解消する方向に進んでいるものの，過ぎたる性差の欠如は，ヒト本来の生殖の機能・機会を失い，少子化などの現代社会での問題を引き起こす原因となるのかもしれない．　　　　　［一之瀬智子］

4. 脳と心

[原田　一]

　脳は原生動物にみられる神経管とよばれる組織から環境へ適応しながら進化してきたが，ヒトの脳は約300万年でほぼ3倍に巨大化し，神経細胞の電気的・化学的反応により複雑な機能を営むようになった．

　心と意識は，脳のハードプロブレムとして多くの理論が提唱されている．アメリカの分子生物学者エーデルマン（Gerald M Edelman）は「個体の脳は自然選択によって作られ，脳内の神経細胞集団の間で起こる競争に勝ち残ったものが，脳の機能や構造を決定する」という「神経ダーウィニズム」を提唱し，意識のメカニズムを説明しようとした．

　ヒトでは，大脳皮質の約30%までに発達した前頭連合野が高次な判断や情動のコントロール，こころの理解，共感などを司っているが，なぜ赤ちゃんの脳が未発達のまま生まれてくるのか．意識の内面的側面である「気づき」はいかにして生じるのか，自分の行為をいかにして自分のものであると感じることができるのかなど，神経回路の形成により生み出されるさまざまな現象とそのメカニズムについて紹介する．

脳
brain

　全身の運動や感覚，そして私たちヒトの特徴の1つである社会性に欠かせない高次な思考や判断を司る脳は，神経細胞が凝縮して巨大な情報ネットワークを構成している臓器である．脳の起源をさかのぼると，ホヤなどの原生動物にみられる神経管とよばれるチューブ状の組織に行き着く．この神経管の内側で神経細胞がつくられ，生物の進化に伴い脳へと発達していく．魚類，両生類，爬虫類，鳥類などは比較的単純であるが，すべての脊椎動物は，「大脳」「小脳」「脳幹」という共通した脳の構造をもっている．この基本的な構造は変わることなくそれぞれの大きさは，脳の進化の過程で，古い脳の上に新しい脳を積み重ねるように環境に適した機能を加えて変化してきた．そのたびごとに古い脳と新しい脳が連絡し合い，抑制・制御する関係を構築することで全体を統合してきたと考えられる．大脳皮質が発達した哺乳類の中でも霊長類になると，膨大な情報を統合する「連合野」が発達し，ヒトでは前頭連合野が大脳皮質の約30％を占める．この前頭連合野は，高次な判断や情動コントロール，こころの理解，共感などを司り，ヒトを人たらしめている領域である．

●**脳の発達過程**　ヒトの脳の形態は，妊娠第2期（16週〜28週）の終わりから新生児期にかけて，劇的な成長により特徴づけられていく[1]．図1を見ると海馬や大脳基底核など主に記憶や運動制御に関わる領域は，妊娠19週の胎児ですでにその構造をはっきり確認することができる．また情動反応や記憶の形式に関与している大脳辺縁系の各領域を結びつける重要な繊維である脳弓や帯状束もこのときすでに発達している．これらの系統発生的に古い領域が胎児期に形づくられる一方で，大脳皮質は側頭葉が区別できるものの表面はなめらかで，大脳半球の大部分は脳室で占められている．ヒトの脳は，出生後に体躯の成長とともにさらに発達する．外界からの刺激入力によって，脳内の情報ネットワークが日々強化され，緻密なものへとつくり上げられる．

●**ヒトが未発達のまま生まれてくる謎**　ヒトは，生まれてくるときは他の霊長類のなかでも脳が比較的未発達で，歩くことも言葉を話すこともできず，生きるためのほとんどを他者の世話に依存している．より早く成熟するアカゲザルの赤ちゃんが成人の57％の脳サイズであることに比べて，ヒトの赤ちゃんはわずか26％の脳サイズで生まれてくる[2]．ヒトが未発達なまま生まれてくる理由は，胎児の脳サイズが，直立二足歩行に適した骨盤の大きさにより制限されているからだと考えられてきた．これは，骨盤の制限による狭い産道と，ヒトの特徴である大きな脳という拮抗的な問題をもつ"分娩ジレンマ"という古典的で人類学的な仮

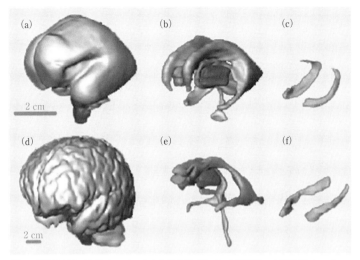

図1 妊娠19週の胎児（a〜c），0か月新生児（d〜f）の脳構造．大脳皮質（a, d），大脳基底核と脳室（b, e），海馬（c, f）．（出典：文献[1]より改変）

説としてよく知られている．

　この仮説に対し，ホリー・ダンスワースら（2012）は，別の要因を主張している．彼らは，母親が胎児のためにつくり出すエネルギーより，胎児の必要とするエネルギーが高まるのが，妊娠9か月あたりであることを示した．つまり，母親の代謝の限界が，ヒトの妊娠の期間と胎児の成長における主要な制約となっていると示唆している[3]．

　ヒトの脳が未発達なまま生まれてくることの適応性は，ほかにも考えられている．アドルフ・ポルトマンは，ヒトの新生児は"子宮外胎児期"とよばれる出産後1年間の手厚く保護的な養育環境の中で，認知や運動神経を発達させていくと述べている[4]．その後，ヒトとしての生存を賭けた社会適応能力を学びながら成長を遂げていく．ヒトの新生児が，社会的，文化的なものを吸収することに適応しているならば，未発達なまま生まれた方が多くを吸収できるかもしれない[5]．しかし，このことは一方で，幼少期の経験や養育環境が，ヒトのあらゆる発達にどれほどの影響を及ぼすかを考えることにもなる．豊かな思考や高次の理性を司る前頭連合野をもち，社会性や文化を発展させるヒトは，出産期の謎とともに，生まれてから進化する可能性をおおいに秘めている．

[則内まどか]

覚醒水準
arousal level

ヒトの意識状態で目覚め刺激の受容に対し準備ができた状態を覚醒という[1]．覚醒状態は大脳皮質の活動の賦活により生じる．意識状態は躁状態からはっきりとした目覚め，適度な覚醒，安静，軽眠，中程度の眠り，深睡眠，昏睡まで連続的に変化する．この意識の連続体を生理学的には覚醒水準という[2]．ヒトがみずからの意思に基づいた行動を適切に行うには一定の覚醒水準を保つ必要があり，覚醒水準とパフォーマンスには逆U字仮説が成り立つ[3]．覚醒水準は高すぎても低すぎても最適なパフォーマンスが発揮できない（図1）．さらに大脳皮質内部や視床と皮質をつなぐ回路の神経活動が覚醒水準に応じた脳の電気的活動パターンを発生させると考えられている[4]．

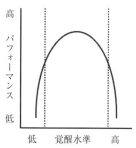

図1　覚醒水準とヒトのパフォーマンスは逆U字を描く

●**覚醒水準の評価法**　覚醒水準の評価には作業パフォーマンスなどの行動的指標以外に生理的手法が用いられ，主に自律神経系，中枢神経系の活動が検討される．自律神経系の指標には皮膚電気活動，心電図，血管反応，呼吸数など多くの方法がある．さらに覚醒水準は中枢神経系の影響を受けるため，脳活動は覚醒水準の評価法として多く用いられる．現在,脳活動を観察する方法は神経の電気活動（脳波，脳磁図）と脳内の血流動態（ポジトロン断層撮影法（PET），fMRI）がある．特に脳波は脳活動の記録法として最も古典的であり，測定が手軽であるため多くの知見がある．脳波は個体が生きている限り絶え間なく自発的に出現しており，自発脳波あるいは背景脳波ともよばれる．この背景脳波に重畳し，光や音などの感覚刺激に関連し生じるのが事象関連電位（ERP）である．ERPは刺激の知覚のみならず期待，注意など高次認知機能を反映する．背景脳波が起きているか眠っているかなど覚醒水準の状態を反映するのに対し，ERPは覚醒状態における注意の配分，刺激への準備の度合いなどを反映する．したがって，覚醒水準がヒトの注意などに与える影響を検討する際はERPが用いられる．ERPにはP300，運動準備電位などさまざまあるが，覚醒水準の評価には特に随伴陰性変動（CNV）が用いられる．CNVは刺激に対する予期を反映し，発生機構に脳幹網様体が含まれると考えられている．これらに加え大脳の覚醒を評価する方法に，被験者にさまざまな周波数の光源の点滅を認識させるフリッカー値がある．

こうした生理指標のみならず主観評価も多く用いられており，ADACL，スタ

ンフォード眠気尺度（SSS），カロリンスカ眠気尺度（KSS），視覚的評価スケール（VAS）などがある．

●**覚醒水準の生理学的機構**　覚醒水準の高低は前脳制御系（前脳基底部，視床下部），脳幹網様体を中心とした経路および，コリン，アミン作動系によりもたらされる．脳幹網様体は延髄と中脳の正中腹側部を占め，セロトニン作動性（縫線核），ノルアドレナリン作動性（青斑核），コリン作動性ニューロン（橋脚被蓋核および外背側被蓋核）の細胞体や神経線維を含む．さらに心拍数，血圧，呼吸の調整に関する多くの領域が存在する．脳幹網様体は中枢神経系の各所から得た感覚情報により大脳皮質

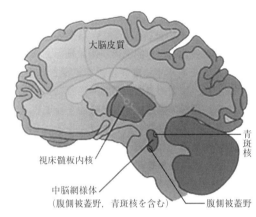

図2　ヒト中脳の上行性脳幹網様体賦活系，視床髄板内核，大脳皮質の投射経路
（出典：文献[4] p.271 より改変）

および脊髄へ影響を及ぼす．脳幹網様体の下行性線維の一部は脊髄での感覚・運動経路で伝達を抑制する．さらに痙性や伸張反射の調整に関わる．脳幹網様体から延髄運動ニューロンへは，介在ニューロンを経て抑制性入力を与える（下行性網様体抑制系）とされてきたが，直接終末するという報告もある[1]．脳幹網様体から視床髄板内核や視床網様体核へ投射をもち，大脳皮質の広汎に投射する上行性の経路を上行性網様体賦活系（RAS）[5]という．RASは大脳皮質全般へ作用し，覚醒水準を左右する．ヒトの意識が安静覚醒状態から注意集中に移行するとRAS，視床随板内核，大脳皮質のさまざまな領域が賦活する（図2）[4]．また，RASの一部である青斑核のノルアドレナリン神経は腹側被蓋野のドーパミン神経系と連絡し，相互に興奮を伝えている．ノルアドレナリン神経は侵害刺激，低酸素血症，低血糖などの外的要因に対し即座に反応し，覚醒水準を高める．加えてストレス行動や表情の変化をもたらし，自律神経系，内分泌系に変化を及ぼす．RASは視床下部外側野にあるオレキシン神経により活性化され，腹外側視索前核の神経線維（GABA，ガラニン）により抑制される．RASの活性化により覚醒が起こり，抑制により睡眠が生じる．これらの作用は相互に抑制しており，覚醒-睡眠は双方のバランスにより決まると考えられる．オレキシン神経の障害はナルコレプシーの一因とされ，これは覚醒機構と摂食行動の関連の深さを反映している．

［江頭優佳］

意識
consciousness

エーデルマンによれば,意識は視床-大脳ネットワークとともに発現し,系統発生的には原意識から高次意識へと進化したとされる[1]. したがって,ヒトの意識はヒト以外の動物にもある原意識と言語機能など高次機能を有するヒトに特異的な高次意識とによって二重に構造化されていると考えられる. 一般に意識の厳密な定義は存在しないが,意識には,大きく分けると,昏睡,植物状態,覚醒という「水準(レベル)」と,意識している対象がどのようなものであるかという「内容」の2つの側面がある(図1)[2]. 覚醒の度合いは,意識の水準的側面であり,「気づき(アウェアネス)」は意識の内容的側面である. 通常,ヒトが何かに気づいている状態では,基本的に意識の水準はあるレベルに保たれている必要があるが,例外として,睡眠という覚醒水準の低い状態で夢の内容に気づいている状態,すなわちREM睡眠がある. 全般的な意識水準についての神経機構や睡眠については,別項目「覚醒水準」と「夢」で詳しく述べられているので,本項目では,特に「気づき」の側面に着目し概説する.

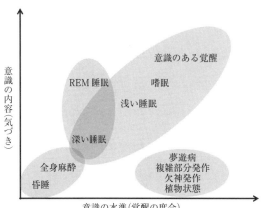

図1 さまざまな状態と意識との関係(出典:文献[2]より改変)

●**意識と情動** 情動は外界情報の生物学的意義を評価する上で重要な身体的・自律的反応である. 情動は,身体や内臓から時々刻々送られてくる自律神経情報が主体の内受容性情報の処理系と深い関係がある. この内受容性情報は,基本的に恒常性維持(ホメオスタシス)において重要な役割を果たしており,脳幹・視床を経由して大脳皮質の島後部に到達するが,この時点では特に「気づき」は生じず無意識的・自律的に情報が処理される[3]. この情報が,島の後部から前部へと処理過程が進む中で,認知情報などとともに統合され,初めて意識化されるようになる. すなわち,ここで自分の情動に対して「気づき」が生じる. この情動は,特にホメオスタシスに関連することから恒常性維持性情動とよばれている[2]. こ

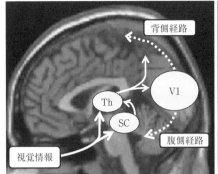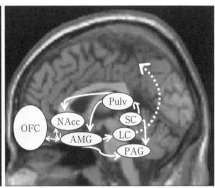

図2 通常の視覚情報処理系(左)と情動に関連する意識下の視覚情報処理系(右).Th：視床,SC：上丘,V1：1次視覚野,Pulv：視床枕,NAcc：側坐核,AMG：扁桃体,OFC：前頭前野眼窩皮質,PAG：中脳水道周囲灰白質,LC：青斑核(出典：文献[4]より改変)

の情動情報は，さらに報酬や動機づけにおいて重要な機能を有する前頭前野眼窩皮質に送られ，判断や意思決定に関与する．

情動情報を有する感覚情報は，時として我々の「気づき」を伴わない場合があるが，このような場合でさえ，無意識的な反応や行動，あるいは脳内での無意識的・自動的な情報処理プロセスが誘発されることがある[2]．両側の島皮質が切除された患者では，味覚をまったく感じなくなる．この患者について，砂糖水，塩水，ライムジュースをそれぞれ個別に与えると，どれも区別がつかずすべてソーダ水のような味と判断する．しかし，これらを同時に与えて，強制的にひとつだけ選択するように指示すると，砂糖水を選ぶようになるのである．また，1次視覚野が障害された盲視の患者では，自分の方に向かって飛んでくるボールに「気づき」は生じないが，それを避けてしまう．これらの例は，外界の対象が意識化されない，すなわち対象に対して「気づき」が生じない状況においてさえ，その対象のもつ情動情報が無意識で処理され，その処理結果に基づく反応が自動的に表出することを示している．恐怖表情の写真を数十ミリ秒という短い提示時間で提示し，引き続き数百ミリ秒持続する風景など普通の写真を提示すると，恐怖表情は，後で提示された風景写真によって逆行性にマスクされ(視覚性マスキング)，ほとんどの被験者には気づかないことが多い．このような状況で脳活動を解析すると，主観的な「気づき」がないにもかかわらず，その被験者の脳内にある扁桃体は顕著な活動を示していたのである．最近の研究から，このような無意識での情動情報処理に関する視覚経路は，本来の視覚経路とは異なっており，上丘，視床枕，扁桃体などを通る経路であることが示されている(図2)[4]．

●**意識の神経ネットワーク** 植物状態では，覚醒があるレベルに保たれている一

方で，自己や外界に対する「気づき」はない．植物状態の患者は，叫んだり，微笑んだりするが，これは外界からの刺激とは無関係である．また，目や首などを動かしたりするが，これも意味をもたない自動的な動きである[2]．PETを用いた研究からは，植物状態の患者と健常者の脳全体の代謝量には有意差がないことが示されていることから，脳の全体的な代謝量と「気づき」とは必ずしも相関しない．これに対して，各脳領域の代謝について詳細に調べると，植物状態の患者では健常者に比べて，前頭-頭頂ネットワーク（内・外側前頭前野，頭頂・側頭部，後部帯状皮質，楔前部）において代謝が著しく低くなっていることがわかった．実際，植物状態の患者の脳において，この前頭-頭頂ネットワークを構成する各脳領域間の連絡やこれらと視床との連絡には異常が認められている．これらの結果は，前頭-頭頂ネットワークが「気づき」に関連することを示唆する[2]．

●**意識と運動** 我々が随意的に運動を行うとき，おそらく我々の脳内では，まず運動の「動機」または「理由」が生成され，その運動を実行するための運動プランが練られ，そのプランを具体的に実行するための運動指令をつくり，その運動指令に基づいて1次運動野が活動し，それによって筋活動がコントロールされ，目的の運動が実行される，と考えることができる．我々は，この随意運動における脳内プロセスのすべてを意識化し「気づいて」いるのだろうか．

随意運動のネットワークは，前頭前野においては，前頭極→前補足運動野→補足運動野→運動野からなる．前頭極は，長時間にわたるプランや意図を形成しそれを吟味したりするうえで重要な役割を果たす．補足運動野は，運動前野などとともに運動準備に関与している．運動開始のおよそ1秒前から持続的に発生する陰性電位（準備電位）の初期成分は前補足運動野に由来する．1次運動野は筋に運動信号を伝える．ベンジャミン・リベーらは，随意運動を行う際，自分の運動意図に気づくのは，実際の運動開始の数百ミリ秒前であることを実験的に示した[6]．すなわち，補足運動野が活動開始して，しばらくしてから我々は自分が運動しようとする意図に気づくのである．いい換えると，我々自身が自分の運動意図に気づく前に，補足運動野はすでに活動していたということになる．すなわち，運動意図に対する「気づき」は運動の原因ではなく，無意識ですでに運動実行へ向けて脳が活動していたことになる[7]．

大脳基底核-補足運動野ネットワークも随意運動において重要であるが，運動開始のおよそ2秒前にはすでに大脳基底核で活動が認められており，これは準備電位の開始時間よりもさらに早い．さらに，最近のfMRIを用いた研究では，前頭極が運動開始のおよそ8秒前に活動していることがわかった[8]．前頭極は行動のプラン・選択や展望記憶とも関連することから，被験者自身がこれから実行する運動についての予測処理を行っていた可能性があるが，ここでも「気づき」は存在していないのである． ［菊池吉晃］

遠心性コピー
efference copy

　運動の「内部モデル」[1]は，精緻な運動コントロールや運動学習を可能にする予測に基づく脳の神経機構である．内部モデルのなかでも，とくに順モデル（フォワードモデル）は，運動指令と同じ内容のコピー信号を入力として，運動指令によって生成される状態の予測（例えば腕や手の速度や位置など）や運動を実行することによって生じる感覚フィードバックの予測を出力する．この運動指令のコピー信号のことを特に遠心性コピーとよんでいる．

　我々が運動を行う際，目標を達成するために必要な運動指令が計算される．その際，この運動指令は1次運動野に送られ筋活動をコントロールするが，それと同じ内容の遠心性コピーが順モデルにも送られることで，実際に運動した際に返されるさまざまな感覚フィードバック情報（視覚，体性感覚，深部感覚など）の予測結果が計算される．この予測は，実際の運動に伴って生じた感覚フィードバック情報と比較・照合され誤差が計算される．この誤差に基づいて元の運動指令を修正しさらに精緻な運動を可能とする脳内メカニズムである（図1上）．内部モデルの脳内実体はいまだ不明な点が多いが，小脳は内部モデルを実現している可能性がある[1]．さらに，運動コントロールだけでなく，自己の行為が自分自身によってなされたものであるという行為主体，幻肢，統合失調症などにみられる受動体験，ミラーニューロンシステムなど他者の行為からその意図を読み取る機構など，重要な脳メカニズムが内部モデルによって合理的に説明されている[2][3]．

● **幻肢**　四肢が切断されると，その直後患者は幻肢を体験することが少なくない．すなわち，患者は自分の腕がすでにないことを知っているにもかかわらず，自分の腕がまだ以前と同様に存在していると思うのである．このような幻肢体験は，切断前に腕と神経連絡していた脳部位における再組織化によって，顔や胸などを刺激することで切断されたはずの腕の感覚が生じることもある．また，失ったはずの腕に痛みを感じたり（幻肢痛），自由に腕を動かせると感じる場合もある．この幻肢は，やがて消失する．この現象は，上述の内部モデルで説明することができる．すなわち，腕の位置や関節角などの状態は単に感覚情報だけから推定されるのではなく，運動指令に基づき順モデルが腕の状態を計算することができるため，患者が腕を動かそうとすることだけで，自身のすでに失われた腕を感じられるようになるのである[4]．一方，内部モデルは，同時に運動によって生じる感覚フィードバック予測も出力するが，この場合実際の感覚フィードバックとまったく異なるため大きな誤差が生じる．もはや手が存在しないという現実に，内部モデルは

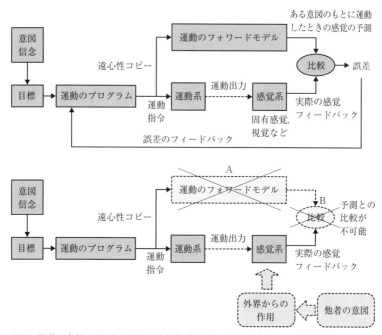

図1 運動の内部モデルを用いた通常行為(上)と「行為主体感」の喪失(下)の説明図

適応的に変化することから,やがて幻肢は消失することになる.

●**行為主体** ヒトがある行為を行っているとき,その行為が自分のものであるという感覚を「行為主体感」という.この行為主体感も,順モデルから計算される予測と実際の運動の結果に伴うフィードバック感覚との差がある範囲内にあることと深く関係する.すなわち,誤差がある範囲内にとどまっている限りは,この中で予測と実際の運動は一致するため「行為主体感」は保たれたままである(図1上).一方,誤差がはなはだしく大きくなったり,順モデルや誤差の比較機構(図1下)に何らかの障害が生じると,たとえ自分の意図で運動したとしてもフィードバックされた感覚情報は,もはや自分の行為の結果として認知することができなくなってしまう(図1下).統合失調症の,いわゆる「させられ体験」または「受動体験」はこれにあてはまる.すなわち,実際は自分が行った行為であるにもかかわらず,その行為主体は自分ではなく他者であると感じてしまうのである[2][3].この誤差評価には下頭頂小葉や側頭頭頂接合部が関与しており,健常者でもこれらの脳領域が磁気刺激などで刺激されると,いわゆる「体外離脱体験(OBE)」[5]とよばれる自己の身体と精神とが分離する幻覚が生じる. [菊池吉晃]

注意
attention

　注意とは，環境内の情報を受容する心の働きのうち，多くの情報の中から1つあるいは数個に絞って選択的に受容しようとする活動（選択的注意）のことである．意識の焦点化ともいわれる．

●**注意の形態**　注意は，ヒトが積極的に行う「能動的注意」と，受動的に行う「受動的注意」とに分けることができる．

　能動的注意は，持続的に集中的に行う監視作業（ヴィジランス）時の心的状態を指す場合があり，覚醒水準の維持が必須となる．ただし，覚醒水準は高すぎても低すぎてもパフォーマンスを低下させるので，最適覚醒水準の維持が重要となる．

　受動的注意は，新規刺激の出現，環境・刺激変化，突然の強い大きな刺激の出現，および自己に関連した刺激の提示などにより惹起される．自動的注意，刺激元へ定位-注意過程などと称される．

　注意は同時に多くの対象に注げない．これは注意容量に限界があるからである．したがって，1つないしいくつかの刺激に対してだけ注意資源を投じ，その他の刺激は無視する（注意の選択性）ことになる．

●**注意の測定法**　注意が何に向けられているか，注意資源の容量は十分かなどを以下の方法で測定する．

　二重課題：例えば視覚的に提示される2数の連続加算作業（課題1）をしながら，持続時間500 msの音刺激2種（提示確率80%の非標的刺激：non Target = 1000 Hzと，提示確率20%の標的刺激：Target = 1200 Hz）を1〜2秒間隔で提示し，標的刺激に対するキー押し反応を課する（課題2）とする．こうした2つの課題を同時に実施させ，2課題のパフォーマンスの経時的変化を見ることによって，表1に示すように，注意資源の配分効率や，全般的覚醒水準の変動を数量化することができる．

表1　二重課題

課題	注意資源の配分
課題1	100%
課題2	100%
二重課題	分散
課題1	50%
課題2	50%

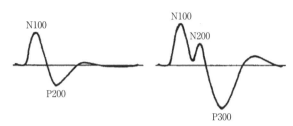

図1　ERP：P300．オドボールパラダイム下のERP
左：高頻度非標的刺激に対するERP　右：低頻度標的刺激に対するERP．P300が観察

パフォーマンス：二重課題を用い，課題遂行時間の増加関数として，課題1の遂行速度（単位時間あたりの加算量）や正答率，課題2のキー押し反応時間（RT）や誤答率を連続評価する．パフォーマンス指標の変動は，注意や覚醒水準の変化とみなされる．

脳波：課題前，課題中，課題終了後の脳波活動を連続記録することによって，覚醒水準の変動が$α$波のパワー変化から検討できる．また，前頭部（Fz）脳波が6〜7Hzの$θ$律動（$Fmθ$）を示せば，積極的・持続的な注意集中状態（没頭状態）であると判定できる．

事象関連電位（event related potential: ERP）：課題2の低頻度標的刺激に対するERP波形から，潜時300msの陽性波成分（P300）の潜時と反応量を，能動的注意の配分量とみなして分析できる（図1）．また，非標的刺激に対するERPは注意前の自動処理過程の活動が反映されている．

眼球運動：眼球電図ないし視線計測装置で眼球運動を測定すれば，視覚探索課題中のサッケード（飛越眼球運動）の速さ，移動時間，停留時間が分析できる．また，垂直眼球電図記録からまばたきが分析できる．サッケードやまばたきは，暗算などの課題終了直後に発生し，キー押し反応より潜時が速い．

注意と運動：よい注意集中は，刺激の受容・同定・比較判断を正確かつ迅速にするとともに，その後の運動反応の速度と強度を高める．

注意の障害：注意の集中を阻害させる要因としては，覚醒水準の著しい低下（眠気）や，不安などの過覚醒状態，長時間の作業に伴う心身の疲労，作業の単調さに伴う退屈感の増加，うつ気分・不快感の増加などがあげられる．これら状態要因がコントロールされていれば，特性要因としての注意散漫，注意集中困難，注意欠損・多動性障害などが関与する．

[山田冨美雄]

記憶
memory

　認知症の外来で,「最近ずっと,老けられましたね」と鏡の中の自分を他人と想定し会話し,実際の年齢は78歳であったが,年齢を聞くと,62歳であると仰っていた患者さんがおられた.ご自身の顔と時の記憶がなくなっておられた.

　記憶とは,生体内外に起こった出来事・情報を中枢神経系で感受し,それらのデータを保持・記銘するとともに,想起・回想し,理性・感性的判断により表象化を決定する一連の機能と定義することができる.記憶は遺伝学的にはDNAにおける種の記憶に集約されるが,ここでは神経系の記憶について述べる.

●ライフステージと記憶の発達　中枢神経系は,多くのパターン化された回路から構成されている.脊髄および脳幹部では,基本的には瞬時の生命を維持するために,成長の段階で固定的で高速に反応する神経回路が形成されて,短時間では脊髄反射,延髄の呼吸・循環反応が駆動される.これらの神経活動は,生命活動維持の根幹を形成し,脳幹で賦活される意識の投射系とともに,生命徴候となる.これらの機能に対して,小脳,および終脳を介した神経回路は,成長・発達の過程におこる種々の環境条件のもとで,試行錯誤とともにシナプスの可塑性によるパターン化(学習)が行われ,環境適合型の記憶として獲得される.生後は神経の成長・発達に伴う特有の記憶が行われ,社会生活パターンの基本系として設計される.特に,生活上の基本となる機能はライフステージの一時期に驚異的に獲得され,臨界期と称せられる脳の特定部位の神経回路の発達,髄鞘化が起こる時期には,その部位に関連する記憶(神経回路パターン)は著しく発達し,神経回路の形成は強固で長期間保存される.

●記憶の種類—コンピュータとの比較　小脳・終脳における記憶システムには,情報処理の機能および処理に時間の概念が組み込まれ,情報処理の場所・方法により,作業記憶,短期記憶および長期記憶に分けることができ,脳内での処理部位が異なる.この記憶方式と機能は,現在普及しているコンピュータの記憶システムにあてはめることができる.作業記憶は中央演算素子(CPU)の中に含まれるレジスター,短期メモリーはRAMさらに長期記憶はハードディスクなどの記憶装置とみなすことができ,データの書き換えが可能である.一方,生体特有のものとして教科書的に学ぶ神経系は,ROMに類似し,一般的に書き換えは不可能で,先験的に生体特有の機能として組み込まれている.ワーキングメモリーは中央演算処理系(CPU)に存在するレジスターとみなすことができ,暗算,会話・文章の理解,思考・判断・推論を行うものとしてとらえられている短期間の記憶形態であり,次々に書き換えられる.記憶は外部感覚の受容より始まる.感覚(求

心路）より得られた種々の情報を統合し，一部は感覚レジスターとしてとらえられている．過去に蓄積された情報と対照し，入力情報に重みづけを行うことにより，新しい情報を創成し，消去と更新をダイナミックに行っている．多くのコンピュータには，中央演算部（CPU）は1個あり，集中的にデータ処理が行われる．一方，ヒトを含む生物では，CPUおよびレジスターが，脳の多くの場所に存在し，並列分散処理を行っている．特に感覚連合野では，一次感覚野の情報から次々に入力される情報の生物学的意味を瞬時に検出・処理・意味の付加を行わなければならない．これらの感覚情報はコード化（encoding）され，海馬・扁桃体で処理されると同時に，前頭連合野の作業記憶に伝達される．これらの回路では，情報の洪水とならないように，前帯状回によりフィルターにかけられ，生体に重要な意味をもつ情報が比較・抽出され，前頭前野に情報が伝達されている．前頭葉の作業記憶に入力された情報はさらに，中央実行系で処理され運動系（実行系）への情報伝達を行う．実行系の情報は前運動野，補足運動野を介して運動野に送られるとともに，大脳基底核，さらに視床下部を介して，内分泌系・自律神経系にも情報の投射が行われる．これにより，運動に必要なエネルギー源が筋肉に供給され，統合された行動が可能となるが，詳細な運動を可能にするには運動・自律神経へのデコーディング回路が必要とされる．

●**ヒトの記憶様式**　感覚連合野からの情報は前頭・側頭・側頭連合野を介して，海馬傍回・周嗅野・内嗅野を経て，海馬台，歯状回さらには海馬のCA1，CA3で情報処理（符号化，記銘）が行われる．また，この海馬では，さらに扁桃体より入力される信号により，情動という重みづけが行われている．海馬に入力した情報は，情報伝達の効率化が行われ，内嗅野，周嗅野・海馬傍回を経て，感覚連合野，頭頂連合野・側頭連合野に送信され，短期的に記憶される．このときに，ある一定の情報が繰り返し入力され，リハーサルにより，長期記憶に変換される．

　長期記憶は，宣言的（陳述・顕在）記憶と非宣言的（非陳述・潜在）記憶に分けられる．宣言的記憶は，エピソード記憶および意味記憶に，非宣言的記憶は手続き記憶，プライミング記憶および古典的条件づけ（条件反射）に分類される．

　意味記憶はいわゆる，知識としてたくわえられているものを指す．辞書，参考書に記載されている事項は，多くのヒトがもっている共通事項であり，言語でいえば共通言語でもある．しかし，厳密にいえば共通言語も個々人のもつエピソード記憶も混入し個人特有な記憶として蓄えられている．このため，意味記憶の内容自体には，個々人による意味の特性がある．ヒトの生活において，重要な知識内容の総体として，記憶された内容はさらに細分化され，新しい知識が誕生し，記憶単位間で関連づけられている．関連づけの強度は，いわゆる神経回路自体およびその関連づけを強化あるいは減弱し，神経伝達物質の機能により修飾される．エピソード記憶は，個々人の感覚刺激などにより得られた体験記憶であり，多く

のヒトがもっている共通の知識とは異なる．自伝的記憶は意味記憶とエピソード記憶が混在している．非宣言的記憶の手続き記憶は服を着る，料理する，自転車にのる，ダンスをするなど，運動の手順を記憶し小脳も関与している．日常生活の多くの事象で見られ，想起意識を伴わない．

　手続き記憶においては，①感覚，②認知，③記憶（記憶法），④思考（考えの方法論），⑤各種運動機能（表情，構音，四肢運動），および⑥社会通念のレベルに分類することができる．手続き記憶はいったん完成すると，神経回路として頑強に記憶されている．"昔とった杵柄"は，手続き記憶をわかりやすく説明した言葉である．これに対して，プライミング記憶は過去に保存された記憶内容が，後続刺激の内容受容に影響を及ぼすことをいい，情報を高速に検索し展開するのに有用であるが，時に誤りを生じ，個人差のある，いわゆる関連推論的なものであり，コンピュータの記憶様式とは異なったものといえる．

●**記憶の可塑性**　記憶を神経回路に置き換えると，シナプス可塑性という言葉に置き換えることができる．脊髄，脳幹レベルの神経シナプスは，発達の段階で，あらかじめ供えられている．しかし，発達に従って，シナプスに一定の連結または，離断が起こり，例えば運動の手続き記憶が完成する．

　新しい神経回路ができあがることは，記憶が誕生することとなる．神経のシナプスでは樹状突起が伸展しランダムに結合するものの，実行系として，受容した情報に対する適切な反応を起こさなければ，シナプスは切断されるようになる．このようにして，生体反応に有効なシナプス結合ができあがり，繰り返し訓練することによりシナプス結合の強度が変化あるいは消失，すなわち，シナプス可塑的となる．シナプス可塑性には，1）軸索，樹状突起結合や変換と，2）シナプス結合強度の変化・修飾が存在する．特にシナプス強度の変化として，形態的にはスパインの形成があげられ，分子生物学的には，長期増強現象（long-term potentiation），長期抑圧現象（LTD）に代表される記憶機構により，説明されているLTPは分子のレベルでは，NMDA受容体の繰り返し刺激による，AMPA受容体数の変化として捉えられている．記憶は他の生体機能と同じに，使用回数が多いと，神経回路は崩れにくくなる．一方，加齢とともに，中枢神経の病態としての機能低下，代謝の低下，異物の沈着（アミロイドタンパクなど）が起こると，神経回路が働かなくなり，記憶は低下する．人間の人格を形成する神経回路網の脱落により，認知・記憶の障害が表在化する．記憶の脱落に対する食物・薬物・免疫学的予防と，生活習慣の改善による予防法の確立は今後に課せられた問題である．

［市丸雄平］

夢
dream

　1900年に出版されたジークムント・フロイトの『夢解釈』は，精神分析家の一部によりいまだに信奉され続けている．フロイトの『夢解釈』を信奉する精神分析家によると，意識に上ると不安を生じる内容をもつような情報は夢により検閲を受け，変容して夢の内容として表出されるとする．夢内容の分析は，相談者の抑圧された意識下の心的情報を抽出するための強力な方法であるとされた．しかし，1953年にレム睡眠が発見され[1]，この時期に強制的に目覚めさせると夢みの報告が頻発することが判明した後は，夢の研究は主に睡眠研究者が遂行するようになってきた．

●**夢の定義**　夢の研究は，夢をどのように定義するかで，夢が発現するとされる睡眠段階が大きく異なってしまう．レム睡眠発見以降の夢研究では，典型的な「夢」と断片的で何となく夢をみていたと報告される「思考夢」に二分され研究されてきた経緯をもつ．典型的な「夢」は，レム睡眠においてみられ，「思考夢」は入眠期や起床時のまどろみ状態あるいは浅いノンレム睡眠期においてみられるとされていた．しかし，ノンレム睡眠においても断片的でない夢も報告されることから，トア・ニールセンは，睡眠中の心的過程を 1) 前意識的認知，2) 認知活動，3) 夢み，4) 典型的夢に分類することを提唱した[2]．夢研究は，夢の報告を評価する際にも問題が存在する．夢内容の報告は，個人の主観的報告に基づくものであり，客観的・直接的に評価する方法が存在せず，被検者自身が想起した内容を言語化し評価者に伝えることで研究が成り立つという弱点を除外することができない．言語化しにくい内容の夢や失語症患者のように言語化に障害のある被検者の夢を適切に評価することが困難である．さらに，夢の想起は，被検者によって状況に応じて無意識に操作されてしまう可能性があり，夢みから報告までの経過時間が長いほど，その信頼性は失われやすいという問題もある．

　竹内ら[3]は，強制的中途覚醒法により再入眠から次の強制覚醒までを，ほとんどがレム睡眠である状態とノンレム睡眠である状態をつくり，その最中の心的体験を自記式の夢評価尺度で評価させ報告した．被検者が夢と評価した体験は圧倒的にレム睡眠で多く，ノンレム睡眠中ではきわめて少なかったことを報告している．

●**レム睡眠の特徴**　ヒトのレム睡眠は，急速眼球運動（rapid eye movement: REM），抗重力筋の抑制，低振幅徐波を主体とする脳波，海馬における連続性θ波の群発を特徴とする睡眠である．なお，ノンレム睡眠から覚醒させたときも夢みが報告されるが，その頻度（42.8％）はレム睡眠から覚醒させた場合の夢みの頻

度（79.5%）より有意に低い[4]．レム睡眠の出現量（率）は，ヒトでは幼若な時期に多く，5歳で23%前後，40歳前後で20%程度，70歳以降では18%程度と加齢とともに微妙に減少する[5]．正常なサーカディアンリズムを示す成人では，深部体温上昇期は睡眠後半の朝方に相当し，その時期にレム睡眠の出現が多く持続も長くなる[6]．心拍，呼吸などの自律神経活動は，レム睡眠期には乱高下を示す．このレム睡眠の時期にニールセンの分類した「夢み」や「典型夢」の明瞭な夢が報告されることが多い．

●夢みのモデル　1. 走査仮説　レム睡眠の発見者であるアラン・レヒトシャッフェンとウィリアム・デメントが1967年に提唱した仮説で，レム睡眠中にREMが起こることから推定されたモデルである．夢の中の映像を注視していることによりREMが起こるとされ，テーブルテニス観戦中の夢と眼球運動記録についての報告が流布され有名となった．その後，視覚体験のほとんどない未熟新生児や胎児，夢に視覚映像をみることのない先天性の全盲者にもREMが観察できることから，走査仮説はほぼ棄却された．

2. 賦活・合成仮説　アラン・ホブソンとロバート・マッキャリが1977年に提唱した仮説である[7]．REMが刺激となって脳の感覚野と運動野が活性化されて，夢の映像や感覚が生じ合成されて夢が生成されるとするモデルである．覚醒中に行われる視覚認知の情報処理の推移に伴って，λ反応という脳波の電位変化が認められる．レム睡眠中の脳波をREMに同期させて加算するとラムダ反応と類似の電位変化がみられることを宮内哲や神林崇が報告している．このレム睡眠中のラムダ反応は2次野に直接現れ，視覚情報がないにもかかわらず視覚情報処理が強制的に行われている可能性があり，通常では生成しない映像断片が組み合わされて夢の映像が合成され，夢の映像が非現実的で飛躍的かつ断片的なことの多いことを説明するのに適している．ホブソンらは，賦活・合成仮説を発展させ，活性化（脳内貯蔵情報にアクセスし操作活性化する能力），入力ソース（外的刺激とそれに置き換わる内的刺激の量）および調節（アミン系とコリン系の調節量）の3軸のAIMモデルでノンレム睡眠，レム睡眠の夢を説明できると提案している[8]．

3. 感覚映像・自由連想仮説　ホブソンらの賦活・合成仮説だけでは，夢のストーリー性を説明することはできない．大熊輝男は夢のストーリー性の構築を，次のようなモデルで1992年に説明している[9]．REMが発現する直前に記憶系と情動系が賦活されており，REMにより触発された映像と連想関係にある情動的な記憶が想起され，夢の資源として使われる．その結果，ストーリー性をもった夢が合成されていくとするモデルである．その根拠として，REM出現の直前に前頭葉優位な陰性電位変化があり，その発生源として前頭眼窩，扁桃体，海馬，前帯状回，運動前野の活性化が関与していることがあげられている．夢みの体験は，

レム睡眠の発現機構である脳幹に損傷がなく前頭葉にのみ損傷をもつ症例では消失するとの報告[10]があり，その場合でもレム睡眠は記録できることから，前頭葉が夢みに強く関与していることは確実である．夢と記憶の関係については，確定的な事象の解明にはいたっておらず，今後の重要な課題である[11]．

●**予知夢，明晰夢，金縛り，悪夢**　正夢を信じる人は多い．専門的には予知夢とよばれる．予知夢に関する科学的検証による論文はきわめて少ない．福田一彦は，122人の大学生を対象に予知夢についての調査を行い，20%の学生が明確な予知夢を経験したと報告した[12]．これらの学生の予知夢の初発は6〜10歳で，デジャブの初発年齢の分布とよく一致しており，いわゆる正夢は，実際には経験していないのにかつて経験したことがあると感じるデジャブと同等のものであると結論している．

明晰夢という現象がある．時には不思議に感じ夢と気づくことがあり，夢の内容をある程度コントロールすることも可能で，明晰夢とよばれている．夢をみているあいだに覚醒水準があがり，前頭葉がほぼ正常に近いレベルで機能しており，夢を夢と判断でき，かつ自己の意思を夢の内容に表現できるようになっているものと推定されている．類似のものに金縛りがあり，入眠期あるいは出眠期にレム睡眠が混入し，脳の活動レベルが覚醒状態に近く，かつ夢みがあり夢の内容や行動に自己の意思を実行できずにパニックにおちいることがある．レム睡眠では，筋活動は抑制され動くことができず，自律神経系の活動も不安定で不安を生じやすいために，パニックになりやすい．金縛りは，思春期に多く，ストレスが多く不規則な生活でかつ，仰臥位で起きやすいことが報告されている．

レム睡眠中の脳活性化部位を，PETを用い検討した研究[13]で，重要な情動中枢の1つである扁桃体の活性があがっていることが報告されている．夢の内容には負の情動方向のものが多く[14]，かつ夢み中の情動強度が強い場合には，負の方向の情動の割合が多くなることも知られている．悪夢は3〜5歳では10〜50%にみられ，成人では50〜85%が経験している．一般人口の2〜8%に，悪夢に関する愁訴が調査時点でみられる[15]．通常の悪夢は恐怖や不安，怒りや悲しみ，むかつきや不快な情動を含み，類似した主題が繰り返されることがあっても，同一の場面が繰り返されることはまれである．心的外傷後ストレス障害（PTSD）での悪夢は明らかに異なる．通常の悪夢は睡眠後半のレム睡眠中に体験されることが多いが，PTSDの悪夢は睡眠前半にも生じ，ノンレム睡眠中に起こることが多く粗体動を伴うことも多く，その内容も心的外傷体験と同一の場面が悪夢で繰り返されることが多い．アーネスト・ハートマンは，PTSDの悪夢は，覚醒中に生じるフラッシュバック体験が睡眠に混入してきたものではないかと指摘している[16]．

［白川修一郎］

知能
intelligence

　動物の系統樹の枝振りは神経や脳が進化していく過程を示している．種間競争を生き抜き，種内競争に勝利して生殖を遂げるには，情報処理すなわち神経や脳に頼る戦略が有利に作用したためといえる．このような情報処理能力における1つの側面が知能である．

　知能が形成される過程には，受精卵の発生，胎児の成長，出生後の成長といった各々の時期に臨界期がある．例えば母親の飲酒により胎児性アルコール症候群をもつ子が生まれることがある．幼少期に会話によるふれあいが欠如すれば，オオカミ少女のごとく訓練しても言語能力は身につかない．

●**知能とは何か**　生得的な脳機能をベースとし，これに環境要素が加わり形成されていくさまざまな知的能力である．認知，学習，記憶，推理，判断などの知的機能を統合して抽象的思考や論理的思考ができる者，あるいは新しい状況に適応したり問題を解決できたりする者は知能が高いとされる．知能の評価には，対象者側には情報処理の速度や表現能力，評価者側には受容する能力が関わっている．

　チェスや将棋においてコンピュータがヒトを負かす時代となった．すでに社会や暮らしは隅々まで電子機器およびプログラムにより支えられている．インターネットによる情報サービスは超知性体の出現を思わせる．人工知能の躍進は，従来のヒトにおける知能の概念に対し，新たな哲学的課題を提供している．

●**知能の評価**　知能の高さや低さを意味する語句は多様である．容姿についての表現と同様，それらの用法には各時代における社会的ルールがある．

　古来より知能が重視されたことは容易に想像できる．記憶力が優れ，機知に富み，生活技術に長ける者はおおいに人望を集めたことであろう．今日，我々には知能を試される機会がしばしば巡ってくる．筆記試験では，ある水準を満たし，あるいは他者より高得点を得ることにより，資格取得や採用などの関門通過が可能となる．

　知能を客観的に評価しようとする試みは多い．チャールズ・E・スピアマンは一般知能gと特殊因子sに分けた．ルイス・L・サーストンは空間知覚，数や言語理解，記憶，推理などの7因子に分けた．フィリップ・E・ヴァーノンはスピアマンの因子gの下に言語，運動その他の大因子群を配置した．エドワード・L・ソーンダイクは一般因子を否定し，抽象的知能，具体的知能，社会的知能の3つに分類した．ジョイ・P・ギルフォードは知能を操作，所産，内容の3次元に分類し，120の因子からなるとした．ジェームズ・M・キャッテルは結晶性知能（単語理解や一般的知識）と流動性知識（頭の回転の速さ）に分けた．

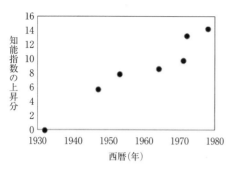

図1 フリン効果（出典：文献[1] p. 45, Table 11 より作図）

アルフレッド・ビネーは，まず知能と頭蓋計測値との相関を求めたが，関係を見出すことができなかった．そこで多くの単純な課題による評価を試み，ビネー尺度を提案した．これを展開したのがウィリアム・L・スターンである．1912年，彼は知能指数つまりIQを発表した．ヘンリー・H・ゴダードはビネー尺度をアメリカに導入し，以後，知能レベルを論拠とする人権侵害が隆盛となった．

1984年，ジェームズ・R・フリンは，知能指数は世代を経るほどに得点が上昇すると報告した．これをフリン効果という（図1）．実際に知能が増したのか，環境や遺伝的な影響があるのか，問題の解法が巧みになったのかなど検討する必要がある．

いわゆる偏差値は，受験生個人をはじめ，高校や大学などの知的水準を示す指標となっている．その本質は知能指数とほとんど変わるところがないが，語感のためであろうか，社会はこれの使用には嫌悪を示さない．

●**知能の遺伝**　優生学という用語はフランシス・ゴルトンに始まる．知能は遺伝することを前提とし，品種改良のごとくヒトも人為選択によって改良され得るとする．この思想は各国に波及し，移民の制限，精神遅滞者に対する不妊手術などを正当化する流れをもたらした．

ヒトとサルといった種間での知能の違いをみれば，知能が遺伝することは自明である．では種内において知能は遺伝するのか．男女差はあるのか．こうした議論はしばしば物議を醸す．肯定否定いずれもとらえ方の偏りは社会政策や教育方法に影響する．男性が空間認識能力に優れ，また女性が言語能力に優れること，個人差のバラツキは女性より男性の方が大きいことが知られている．一卵性双生児は他の組合せに比べ知能指数は高い相関係数を示す．ただし評価項目によりその値は多様であり，年齢，経済水準なども影響する．

アシュケナージ系ユダヤ人には知能が優れる者が高頻度で現れるようである．これは同族結婚が繰り返され各種の遺伝的疾患が多いことの代償によるものであるとなれば，彼らの優秀さをねたむ者は少し納得するかも知れない．彼らにはスフィンゴ脂質蓄積異常をもたらす保因者が多い．これがホモ接合であれば死亡ないし深刻な病となるが，ヘテロ接合であればニューロン間の接続が増え，知能にとって好ましいと推察されている[2]．

［前田亜紀子］

サブリミナル効果
subliminal effect

　一般的にヒトの知覚には閾値が存在し，それ以下の刺激に対しては意識されることはない．このような閾値以下の刺激をサブリミナル刺激，またこの刺激が意識下でヒトの行動や生理反応に与える影響をサブリミナル効果とよぶ．逆に閾値以上の刺激はスプラリミナル刺激とよばれる．サブリミナル刺激として通常は知覚閾値以下の弱い刺激を与えるが，閾値自体が通常より高くなっている睡眠のような状況に通常強度の刺激を与える場合もこれに相当すると考えられる．

●**ヴィカリーの「コーラ実験」**　1950年代の米国でマーケティング業者のジェイムス・ヴィカリーによりサブリミナル広告の実験が行われた．上映中の映画の中に「コカコーラを飲め」，「ポップコーンを食べろ」と書かれた画像（図1）を瞬間的に挿入した結果，映画館内でのコーラの売り上げが18.1%，ポップコーンの売り上げが57.7%増加したといわれている．この結果は当時の米国のマスコミ等で大きく取り上げられ，いくつかの追試が行われたが，このような効果はその後の研究で再現されることはなかった．後にヴィカリー自身も結果を誇大に報告したことを認めている．また，この実験では画像が挿入された時間は1/3000秒とされているが，一般的な映画は1秒間に24コマ（1コマあたり約4/100秒）で撮影されており，特殊な装置を用いない限りこのような短時間の画像提示はできない．この点から，この「コーラ実験」は単に効果を誇大に報告しているのみならず，もともと実験自体が行われていなかったのではないかと疑問がもたれている[1]．

●**音楽におけるサブリミナル効果**　1990年代にイギリスのある人気ロックバンドが，自殺を図った2人の少年の遺族から訴えられた．このバンドのある曲を逆方向に再生すると"Do it !"と聞こえ，これが自殺の原因となったという主張である．裁判では被告が意図的にこのメッセージを録音したこと，またこのような逆録音メッセージが自殺行動に結びついたことが否定され，被告は無罪となった．このように音楽の中にメッセージを逆方向に録音する手法をバックマスキングという．よく似た言葉にバックワードマスキングがあり，これは視覚的にターゲット刺激を提示した直後にマスク刺激を提示すると，ターゲット刺激が知覚されなくなる現象である．視覚のバックワードマスキングは心理学でよく用いられる手法で効果が確認されているが，音声のバックマスキングについてはヒトの行動に何らかの影響を与えることはないと考えられている[2]．バックマスキングのことをバックワードマスキングとよんでいる場合も多々みられるので注意が必要である．

●**プライミング効果**　プライミングとは，先行して提示された刺激（プライム刺

図1 映画館でのサブリミナル刺激
（作成：落合恵子）

激）が直後に提示される刺激（ターゲット刺激）に対する評価・感情などに影響する現象であり，このとき先行刺激はサブリミナルに提示されても効果がみられるといわれている．例えば，先行して笑顔の人物の写真をサブリミナルに提示された被験者は，その後に提示された漢字に好意的感情を抱くというものである（被験者は漢字の意味がわからないアメリカ人学生である）[3]．サブリミナルプライミングは直後に提示されるターゲット刺激とセットになって初めて効果が現れ，プライム刺激単独では何の効果ももたない．この点でサブリミナルプライミングは先に述べた「コーラ実験」のような効果とは異なる．この手法は対象者が本来もっている感情や欲求を強化・促進することはあっても，感情・欲求をつくり出すことはできない．例えば，もともとのどが渇いていた人はサブリミナルプライミングによって飲料摂取がさらに促進されるが，のどが渇いていなかった人には何の効果もなかった[4]．

●サブリミナル効果は存在するか　1950年代にアメリカのテレビ局で放送中に「今すぐ電話してください」というメッセージ画像をサブリミナルに挿入し，何か感じたらテレビ局に連絡するように視聴者によびかけた．多くの手紙が寄せられたが，ほとんどは「○○が食べたくなった/飲みたくなった」という内容で，電話に関する手紙が1つもなかった[5][6]．

1990年代には日本でもウィルソン・キイの著作[7]によりサブリミナル効果がセンセーショナルに紹介され，またこの時期にあるテレビ局が番組中にサブリミナル画像を挿入したことが大きな問題となったことから，サブリミナル効果という概念は一般にもよく知られるようになった．現在，日本でも米国でもテレビ放送でサブリミナル画像を挿入することは規制されているが，これは実際に効果があるので禁止されているというよりも，視聴者に対して不公正であるという観点から規制されていると考えられる．

サブリミナル効果に関して，心理学的な研究は否定的な結果も含めて数多く報告されているが，生理学的反応の視点からの研究は比較的少ない．皮膚電気活動（EDA）を用いた研究はいくつかみられるが，まずサブリミナル刺激自体が感覚器レベルで検出されているかどうかなど，不明な点が多い[5]．これまでの知見を総合すると，サブリミナル刺激はよく調整された実験室的状況では一定の効果を示す場合があるが，現実の状況で広告などに利用したとしてもほとんど効果はないと考えられる[6]．

［小林宏光］

錯覚
illusion

錯覚とは，実際とは違うものとして対象物を知覚する心理的体験である．実在しない（外部からの刺激がない）ものを知覚する現象は幻覚とよばれ区別される．

●**錯覚の種類とメカニズム**　視覚：視覚的な錯覚は錯視とよばれ，ドイツ・ゲシュタルト心理学の時代以降，幾何学図形を用いた錯視現象が研究されてきた．これらは，実際には同じ長さの線分が違って見えたり，平行線が平行に見えない，同じ大きさの図形が違って見えるなどからなる．また静止しているものが運動する運動錯視，濃淡や色が違って見える錯視などが報告されている．

3次元知覚が生む錯視：図1はミュラー・リヤー（Müller-Lyer）図形で，同じ長さの直線なのに，その両端の矢羽根の向きが内向きだと短く，外向きだと長く見える錯視を生む．この錯視発生の解釈としては，網膜の視細胞から双極細胞にいたる経路上で生じる生理現象説もあるが，大脳の知覚システム，特に2次元画像から3次元（奥行・立体視）知覚を得る高度な統合・推論過程で生じるという説が有力である．ポンゾーの錯視では，遠近画法の内部にある遠位aと近位bの同じ図形が，aがbより大きく見えるが，これも同様の解釈で説明できる．

平行線錯視：図2のZollnerの錯視では，4本の平行線は，斜めの線があるために平行には見えない．他にヘリングの錯視，フレイザの錯視，ミュンスターバーク錯視がある．平行線を灰色にするとその効果は増大する（カフェウォール錯視）．

大きさの錯視：エビングハウスの錯視は，真ん中の円の大きさは，それを取り囲む円が大きいと縮み，逆に小さいと拡大して見える．他にジャストロー錯視などがある．

主観的輪郭線錯視：カニッツァの三角形は，周囲の図形にはめ込まれた白い正三角形が見え，実際には存在しない輪郭線が，主観的に逆さの三角形を構成している．知覚システムが，外界の背景＝地から，形ある輪郭＝図を抽出するのに秀でていることの証となる錯視である．

運動の錯視：DVDなどの動画は，

図1　ミュラー・リヤーの錯視図形：灰色の線の長さは，上より下が長く見えている

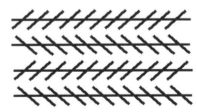

図2　Zollnerの錯視：4本の平行線は，斜めの線があるために平行には見えない

複数の静止画を24分の1秒の間隔で撮影・記録したものを，同じ時間間隔で再生・表示することで動きのある映像となっている．これはノートのページ余白に絵を描き，ぺらぺら捲ることで動きが見える仕組みと同じである．ぺらぺらマンガが動画に見える原理は，網膜上の2点間に2つの光点を交互に点滅させると1つの光点が往復運動して見える仮現運動（β運動，ファイ現象）と同じ運動錯視の現象である．動き出した列車の窓から隣の線路の電車を見ると，隣の電車が反対方向に動き出したと感じる誘導運動という錯覚である．流れ落ちる滝を見つめた後ほかに視線を移すと下から上への運動が見えたり，回転する指標を見つめた後，回転を止めると反対方向への運動が見える錯覚は運動残効とよばれる．

●**聴覚の錯覚**　聴覚的な錯覚は錯聴とよばれる．

音源定位：車や話し声などの音の強度が次第に増せば，音源が知覚者に近づいてくることが知覚される．さらに左右の耳に入る音の大きさの違いから，左右の水平方向への音源の移動が知覚される（ステレオ効果）．

意味のある会話の音声が，途切れ途切れで聞こえているとき，途切れ区間にノイズが挿入されると連続した会話文として聞き取れる．これは，複数の音階の音を，ある一定のルールに従って同時に聞かせると，まったく違った印象を感じる「和音」や，複数の旋律が同時に演奏されても，よりよい音の連続が知覚され，よりよい連続性をもつ「旋律」と知覚されることなど音楽の分野で活用されている．

●**錯覚の意義**　途切れ途切れの音声や，砂嵐画像やモザイクの入った画像でも，私たちは原音や映像を認知することができる．これは，私たちの脳が，不完全な情報を補完して全景を描き直す情報処理を行っていることにほかならない．錯覚は，このような脳のメカニズムが過剰に作用し，現実とは異なるモノを知覚してしまうプロセスの顕在化したものと考えられるところに研究する意義がある．映像と音声の高速電信技術の進歩につれて，ヒトの錯覚を利用した効率のよい情報提示様式が使われるようになり，ユーザビリティの高い仕様へと進化している．

時間と空間の錯覚：視聴覚以外にも錯覚は生じる．例えばミュラー・リヤー図形は触覚でも生じる．また，腕の内側に正三角形を描き，閉眼下で他者に3つの頂点を尖ったもので順に押してもらうとき，長点間の時間が長いとき，物理的距離を長く感じる（τ(タウ)効果）．また辺の長さを変えると，長辺の移動時間が長く感じられる（s(エス)効果）．体軸を中心に回転し続けた後，停止するとしばし逆方向への眼球運動が生じる．下り坂を直進するとき下り勾配が緩くなったのを見ると上り坂になったと感じ（勾配錯視），スピード感が狂うことがある．

錯覚の活用：ヒトなら当然示す錯覚を，人工知能を備えた人型ロボットでも起こすことができれば，人間の認知システムをシミュレートすることができる．

［山田冨美雄］

性格
character

　十人十色というように，人はそれぞれ個性があり他者と区別される．性格という言葉は，こうした人の個性をその行動様式によって特徴づけるときに用いる．類語に人格と気質があり，人格は「社会的役割」に近く，気質は生まれながらの素質に近い．知的側面の個性は知能，コミュニケーション能力等も含めて感情知能という．

●**脳と性格**　米国で1948年に発生した爆発事故で，1mの鉄棒が現場監督だったフィネアス・ゲージの左目下から頭蓋を貫通し，大脳前頭葉を破壊した．この事故の後で穏やかな性格は，気性荒く自己中心的な気分屋へと変わった．大脳前頭葉は，感情をコントロールする社会人として必要な性格の座とされる．近年では，やる気を司る動機づけ機能は内側前頭前野に，他者を模倣するミラーリング機能は下前頭回と上頭頂葉にあると，fMRIを用いた脳イメージング研究者は主張している．

●**性格の遺伝**　性格は遺伝によって継承されるものと，経験・学習によって形成されるものがある．一卵性双生児と二卵性双生児の性格類似度を比較した縦断的研究から，外向性傾向，神経質傾向，学業成績，知能，職業への興味などは遺伝的要素が強いとみなされている．

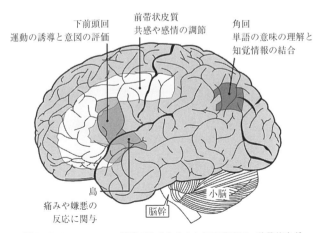

図1　ミラーニューロン機能があるとみられる下前頭回，前帯状皮質

ヒトゲノムの全配列が判明した今日では，性格の遺伝子由来特性が次第に明らかになってきた．セロトニンのトランスポーター遺伝子には，L型とS型とがあり，不安特性の少ないアフリカ系人類集団にはLL型が多く，逆に不安特性の強いアジア系人類集団にはSS型が多いことがわかっている．

●**性格検査**　精神科医エルンスト・クレッチマーは，ヒトの体型と精神病とを関連づけ「統合失調症気質＝細長型」，「躁鬱気質＝肥満型」，「粘着気質＝闘士型」に三分した．

カール・G・ユングは内向型-外向型に，エドゥアルト・シュプランガーは価値観に基づく類型論を提案した．行動療法を開発した心理学者ハンス・アイゼンクは，向性（外向性-内向性），神経症傾向，精神病傾向の3因子の特性で性格を記述し，EPI (eyesenck personality inventory) を開発した．ゴードン・オールポートは性格を表す単語18000語を分類し14の性格特性を抽出した．

このほか，ミネソタ多面的人格目録（Minnesota multiphasic personality inventory : MMPI）は，10の精神科疾患と問題行動特性を評価することによって，多面的な性格を評価するのに利用されている．

今日では，5つの基本性格因子（外向性，調和性，誠実性，情緒安定性，および開放性）から構成されるBig 5（ビッグ・ファイブ）性格特性論に発展し，質問紙検査が利用されている．

医療目的で性格を査定するには，こうした質問紙法によるもののほか，連続一位加算作業を被験者に実施し，パフォーマンス（ミスや作業量）の特性から疲れやすさなどを評価する内田クレペリン精神作業検査等，作業成績から気質を評価する技法（作業検査法），インクのシミで描かれた図版が何に見えるかを聞き取るロールシャッハ検査や，不完全な文章を意味のある文にする文章完成法検査など投影法検査法が用いられる．　　　　　　　　　　　　　　　　　　　［山田冨美雄］

情動・感情
emotion and feeling

　感情はある状況や対象に対して生じる「好き・嫌い」,「悲しい」,「楽しい」などの心的過程である．とはいうものの，情動や感情はいったいなぜ，何のためにあるのか．生理人類学では，生物学上の事象についてはその進化の経緯や適応上の意義から考えようとする．この観点から「情動・感情」について考える．

●**情動と感情は違う**　生命が地球上に誕生して以来今日，ごくわずかな確率で種の維持に成功した生物は，危険を察知して回避し，安全を求めて生き延び，子孫を維持するという環境への適応に成功した．つまり，生存に有利な形態や機能的システムをもつものが残った．その機能的システムの中で大きな役割を果たしてきたのが情動である．例えばハエのような感情のない小さな生き物でも，手でとらえようとするとうまく逃げる．おそらくハエが何らかの感覚情報を得て，これが手とは異なる方向へ飛翔させるシステムが働いたと考えられる．この行動反応系がまさに情動である．通常，情動には感情の意味も包含されることが多い．しかし，ここでいう情動は，感情のないハエやミミズあるいはアメーバのような生物でも危険を適切に回避できる仕掛け（反応）のことである．少なくとも感覚細胞と運動細胞を繋ぐ反射的なシステムがあり，それによって危険回避が可能となれば，それは情動を有するといえる．感情は，哺乳類以降の脳の飛躍的進化を待って，一連の情動反応が新たに発達した大脳新皮質を中心としたネットワークによって処理され，ついに心の表象として感じられるようになったと考えられる．例えば，ある感覚情報が情動反応を誘発する．心臓がドキドキし，瞳孔は開き，身体に緊張が生じる．この情動反応が脳へフィードバックされ，それが生命の維持にとって良いものか悪いものかを意識として知るために感情という心の表象が形成される．"快"であれば対象に接近し，"不快"であれば回避する．情動は，五感を含む身体内外の情報をもとに発生する身体の状態（生理的反応）であり，この状態（反応）を意識として感知するのが感情である．ハエは"怖い"という感情がないまま危険を回避するが，ヒトは"怖い"という感情をもって逃げる．感情は私たちが社会の中で安全に，よりうまく生きるための信号であり，それを知らせるのが情動である．このように，生理人類学では生物進化のプロセスや適応上の経緯から，情動と感情を分けて考える．

●**情動のメカニズム**　現代科学において，脳と情動に関する最初の研究とされるルネ・デカルトの情念論は，感覚刺激が脳で評価され，それが身体内部に何らかの変化を引き起こし，これが再度脳へフィードバックされ身体と離れた"心"との通信の結果，感情をもたらすというものである．心身二元論である．この末梢

の変化が感情に反映されるという考えは，この後に出てくるウィリアム・ジェームスとカール・G・ランゲによるジェームス・ランゲ末梢起源説として発展するが，心は脳で生じるという点で心身一元論である．この説では感情は情動表出の結果生じる情動体験とした．感覚刺激が感覚皮質，運動皮質などを経て筋や内臓の変化を引き起こし（情動表出），この情報が感覚皮質へフィードバックされて情動体験（感情）をする[1]．これが「悲しいから泣くのではなく，泣くから悲しい」という有名なたとえである．これに対して，ウォルター・B・キャノンは，外科的皮質除去でも情動性の反応があるとし，視床の興奮が末梢における情動表出と脳における情動体験を同時に引き起こすという中枢起源説を唱えた[2]．キャノン・バード中枢起源説ともよばれる．1937年，ジェームズ・W・パペッツは，情動は海馬-脳弓-乳頭体-視床前核-帯状回-海馬という回路によってもたらされるとし，初めて情動回路という視点で示そうとした．この回路は現在では情動というよりむしろ記憶の回路とみなされている．

　1949年，ポール・D・マクリーンは情動体験と情動表出に関連する部位をひとまとめにして辺縁系と称し，機能的な概念を示した．すなわち，視床下部を含む内臓脳が身体内外からの感覚情報を統合し内臓における情動表出を生起させ，統合された感覚情報と情動表出の相互関係が情動体験の基盤となることを想定した．ここで扁桃体の役割に大きく注目した1人としてジョセフ・E・ルドゥーをあげることができる．彼は，外部からの感覚情報の処理に関わる視床と新皮質の感覚野・連合野，その後の刺激の文脈的処理に関わる前頭眼窩皮質や海馬など，また内部からの感覚情報の処理に関わる弧束核や傍腕核あるいはホルモンの受容体も含めて多くの体内外の情報が扁桃体に入力されるとした．さらに扁桃体からは骨格筋，自律神経系，内分泌系など幅広い出力系への投射があり，加えて扁桃体-新皮質間の相互の神経連絡があることから，扁桃体と神経結合のある構造体がコアでなくても情動処理の重要なネットワークを構築していることを強調している[3]．

●**感情の芽生え**　マクリーンは，ヒトの脳を進化的観点から爬虫類脳（反射脳），哺乳類原脳（情動脳），新哺乳類脳（理性脳）の3つに分け三位一体脳とよんでいる[4]．先のハエの話に戻る．ハエは感情をもたないが，危険回避はできる．これは危険（感覚）検出が情報反応を引き起こし，これが適切な運動系を駆動し危険回避を可能としている．これはマクリーンの反射脳を有する，意識を伴わない生物の情動行動である．このような感情をもたない情動行動は爬虫類の時代まで続く．その後哺乳類の時代へ進化し，新皮質の発達を待って情動反応を意識のもとで感情として読み取るシステムが形成される．ヒトにいたっては新皮質の顕著な発達により最も細微な感情が生み出された．この情動を誘発する部位は，感覚情報が通る視床から扁桃体，腹内側前頭前皮質，補足運動野であり，また扁桃体，

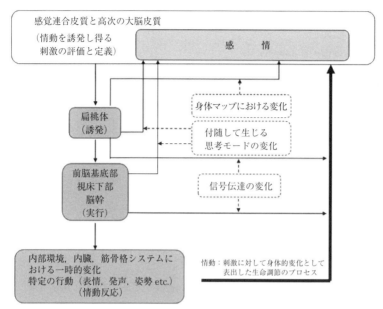

図1 情動誘発-情動反応-感情体験の流れ図（出典：文献[5] p.126 より改変）

腹内側前頭前皮質の処理結果は下側頭視覚野からの情報とともに視床下部を活動させ，自律神経系，内分泌系，運動系を通して広範な情動反応を引き起こす．この反応が脳へフィードバックされ，感情として読み取られる．その基本的部位は島，第二次体性感覚野，帯状回などの領域である．アントニオ・R・ダマシオによると，これらの領域で身体内部からフィードバックされる情動反応がマッピングされることで基本的な感情が創出される（図1）[5]．さらにこれらの感情情報が，さまざまな新皮質領域との連絡により社会集団で生きてゆくための繊細かつ複雑な感情が形成されることになる．このように，情動と感情は我々が安全に生き，うまく生きていくためのよりどころである．

●**喫緊の課題**　以上概観したように感情はその人の身体の状態を表象するもので，それは情動反応として顔の表情や声，ものの言い様，身体のしぐさなどに現れている．私たちは日常的に人と話すとき，知らず知らずのうちにその情動反応を読み取り，スムーズなコミュニケーションをとって社会でうまく生きている．この点，近年のネット社会では文字のみ，あるいは文字と絵のみで会話を進めることが多く，文字や絵の表現以外はまったく相手の情動を読み取る術がない．以前にないさまざまな犯罪や精神的混乱を招く事態が多発しているのは，一部この術のなさが原因していることが示唆される．感情・情動をうまく社会的コミュニケーションに反映させる方法の開発が喫緊の課題といえる．　　　　　［安河内　朗］

快適性
comfort, pleasantness, amenity

「快適」を『広辞苑』(第5版)で引くと「ぐあいがよくて気持のよいこと」と定義されている．つまり，「快適性」とは「ぐあいがよくて気持ちのよい性質を持っている」という意味の語である．日常生活を見渡してみるとこの言葉は実にいろいろな場面で使われている．例えば，「快適性」や「快適さ」はさまざまな商品開発において重要なキーワードであるし，その商品の宣伝・広告においても消費者へのアピールのために多用されている．さらに，医療の現場においても快適なケアを提供することが求められている．

辞書の定義を解釈すると，「ぐあいがよい」とはヒトと外的環境の相互状態が良いことを表し，「気持のよい」とはその結果生じたヒトの感情状態が良いということを表していると考えられる[1]．私たちの感情(幸福，悲しみ，怒り，恐れ，嫌悪，驚きなど)は快-不快と覚醒-睡眠の2次元座標上に布置できるという考えがあるが[2]，この考えに基づくと「ぐあいがよい」とは，外的環境との相互作用が少なくとも不快ではない(ゼロより快側)状態，「気持のよい」とは不快でないことに加えて主観的な快が感じられる状態ということになる．このような観点から，快適性は心理生理的な不快の除去によってもたらされる"消極的快適性"と，その上に成立し個人の価値観によって決まる主観的な気持ちよさという"積極的快適性"に分けることができる[3]．しかしながら，快適かどうかは主観的なものであり定量化が難しいことから，快適性の評価にはさまざまな客観的手法が用いられてきた．

●**快適性の評価法と脳学的研究** 快適性の評価法として，これまで主観報告に加えさまざまな客観指標(心理学的，生理学的，脳科学的など)が用いられてきた．これは主観的には快適であるにもかかわらず身体的には悪影響があるというように，主観と客観には乖離がみられることがあるためである．例えば，夜間に昼光色の照明を使用することは明るく快適であるが，これがメラトニンというホルモンの分泌抑制を引き起こし生体リズムに悪影響を及ぼすことが生理人類学的研究により明らかになっている[1]．本項では脳活動を客観指標として用いた快適性研究を紹介する．

これまで，さまざまな感覚刺激を用いて快-不快と脳活動の関連が検討され，少しずつ快適性に関わる神経学的メカニズムが明らかになってきた．例えば，機能的磁気共鳴画像法(fMRI)を用いた研究により，低温による不快感が高いほど両側の扁桃体の活動が高くなることが示されている[4](図1)．扁桃体は脳深部の大脳辺縁系といわれる領域に左右1対ある神経核であり，ここでは視覚，聴覚，味

覚，体性感覚など身体内外から集まった情報が生物学的に良いか悪いか（快か不快か）が評価される．そして，その結果は視床下部および中脳中心灰白質に送られ，体性神経系，自律神経系，内分泌系を通した生体反応や情動行動が出力される[5]．したがって，扁桃体を含むこの神経メカニズムは不快情動の生成および不快を除去するための行動発現において重要な役割を担っていると考えられる．一方，別のfMRI研究では，温熱刺激による快適感が高いほど左の眼窩前頭皮質，腹側線条体，腹内側前頭前皮質の活動が増大することが報告されている[6]（図2）．これらはいずれも中脳の腹側被蓋野にあるドーパミン神経（A10神経）から投射を受ける報酬系とよばれる領域であり，食べ物や性的刺激などの1次報酬，お金などの2次報酬に共通して応答することが知られている[7]．さらにこれらの領域の活動はさまざまな感覚刺激に対する主観的快と相関することも示されていることから[8]，積極的快適性において重要な役割を担っていると考えられる．

このように，快−不快の処理に関わる脳活動は生体にとって悪いものを回避し良いものに接近するという行動に関連することから，快適性の脳メカニズムは生物の環境適応を支えているともいえるだろう．

●**文明社会は快適か**　現代では，世界の人口のおよそ半分が科学技術社会と

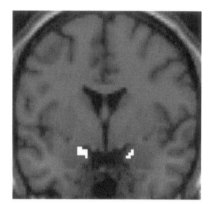

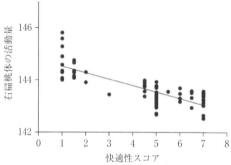

図1　温熱刺激による快適性と負の相関を示した脳領域（両側扁桃体）

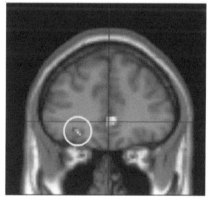

図2　温熱刺激による快適性と正の相関を示した脳領域．左眼窩前頭皮質（丸で囲まれた領域），前部帯状皮質膝前部（十字の中心）

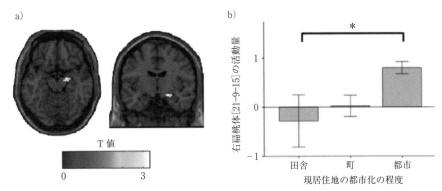

図3 都市化の程度と扁桃体の活動の関連性. a) 右扁桃体, b) 人口の多い都市に住む人々ほど社会的ストレス課題時の右扁桃体の活動が亢進していた. b) の棒グラフのエラーバーはデータのばらつき（標準誤差）を示す

化した都市で暮らしている. 文明社会においては高度な科学技術によって環境自体をヒトの生存に有利にそして快適に調節する文化的適応がはかられているが, その反面心理社会的ストレスやテクノストレスも多く, 都市居住者は気分障害や不安障害にかかるリスクが高いことが明らかとなっている[9]. このように, 現代社会は快適であると同時に精神的健康に悪影響をもたらす可能性が示唆されているが, 近年この問題に対する神経科学的背景の一端が解明された. ドイツのグループが行った都市化の程度と脳活動の関連を調べた研究によると, 田舎（人口1万人以下）, 町（1万人以上）, 都市（10万人以上）と都市化の程度を分類した場合, 人口が多いところに暮らす人ほど, 社会的ストレス課題実施時の右扁桃体の活動が亢進していることが明らかとなった[10]（図3）. 扁桃体は特に不快な情動や環境中の脅威刺激の処理に関連するため, この活動亢進は都市居住者において社会的ストレスがより不快なものとして処理されていたことを示唆している. さらにこの結果は, 文化的適応への依存が大きい都市居住者では情動のコントロール機能が低下しているとも解釈できる.

以上, 快適性の定義および脳科学的研究について概説した. 近年の脳活動計測技術の発展により, 快適さという主観的体験も定量的に評価できるようになってきている. 常に無意識的な緊張にさらされ得る現代のストレス社会においては, 商品開発や健康・予防医学の観点からも「快適性」はよりいっそう重要なキーワードとなっていくだろう.

[大場健太郎]

感性
Kansei

　感性に関する確定した定義は存在しないが，一般には，感性は，「感受性の略」としての感性と「直観的な能力」としての感性に大別される．

　辞書的な意味としては，当初，「感受性の略」とされていたが，天野貞祐による『純粋理性批判』（イマヌエル・カント著）の日本語訳が出版された後，「Sinnlichkeitの訳」「直観の能力」等が記されるようになった．大筋として，「直観（感）」と「感受性」に集約される．なお，感性という言葉自体は，西 周（哲学者）が，「感性」に「センシビリチー」とルビをふって造語したものであり，西によって初めて哲学用語として使用された．ちなみに，『純粋理性批判』の和訳は，西の没後24年のことである．

　なお，本項目においては，「直観」をキーワードとして論を進めることとする．

●**感性と創造力**　アーサー・ケストラーは『ホロン革命（原題：JANUS）』[1]において，「感性と創造」に関する興味深い考え方を述べている．

　創造活動自体の決定的瞬間は芸術家にとっても，科学者にとっても意識の暗黒あるいは薄暮帯への挑戦であり，両者とも同じように，あてにならない直観に頼っているという．

　偉大な科学者の伝記において，彼らは異口同音に自然発生的な直観や未知の力を強調するが，それは，芸術だけでなく精密科学においても，創造的プロセスには常に多くの不合理が深く関わっていることを示唆している．創造性はしばしば言語が姿を消したところに——つまり前言語的，前理性的な精神活動のレベルまで退行することによって——生まれてくると述べている．

　創造的プロセスの決定的な局面では，理性的な統制は弛められ，創造者の精神は専門的な思考から一般的で流動的な精神作用に「退行する」．例えば，明確な言語的思考から漠としたヴィジュアル・イメージへの後退などに，よくみられる．アインシュタインも「話し言葉も書き言葉も，私の思考のメカニズムにおいては何の役割も果たしていない．……私の思考法は明確なヴィジュアル・イメージに頼っている」と記している．

　一方，科学上の発見は無から有を生み出すものではない．もともと関連して存在していながら別々に取り扱われていた概念，事実，脈絡などを組み合わせ，関連づけ，統合することによって，新たな発見が生み出され，これが創造性の本質であるという．

　この考え方は，今も継承されており，1984年に米国で始まったTED（Technology Entertainment Design）カンファレンスは，科学から芸術まで，各界からのオ

リジナリティ豊かな人材を集め，その成果を紹介しようとする場である．独創的な発想に触れ，それらを統合することにより，創造性を高めようという催しであり，ケストラーと考え方を同じくする．筆者も 2012 年 8 月に開催されたTEDxTokyo にて講演の機会を得て，「Nature Therapy」を題材に講演を行った（http://www.youtube.com/watch?v=MD4rlWqp7Po&list=SP629FCC64F4B98ED5（英語）；http://www.youtube.com/watch?v=yuEaBYn4dgs&list=PL629FCC64F4B98ED5&index=38&feature=plpp_video（日本語））．

また，ケストラーは『機械の中の幽霊（原題：The Ghost in the Machine）』[2]において次のように記している．

科学者が発見に達する場合，厳密に，合理的な，精密な，言葉になった用語を用いて推理することによっているという迷信が広く信じられているが，「創造」の中には，大量の非合理性が深く入り込んでおり，それは，芸術についても精密科学についても，同じことがいえるという．

また，独創的な発見において，言葉での思考も，意思的な思考も，副次的な役割を果たしているにすぎず，自然に出てきた直観と無意識に生まれた手掛かりによるものであると述べている．

●**感性とソマテック・マーカー仮説**　アントニオ・R・ダマシオが提唱しているソマテック・マーカー仮説も感性を考えるうえで重要な視点を与えてくれる[3]．この仮説は，人間の脳と身体は分かつことができない 1 個の有機体として構成されており，総体として環境と相互作用をしているというものである（Descartes' Error, 訳書：生存する脳, 1994）[4]．ダマシオは，原題の Descartes' Error をデカルトによる有名な「我思う，ゆえに我在り（I think therefore I am.）」という「思考と心身の分離」に対して命名したとされている．また，重要なことは，ダマシオが，この仮説の中でポイントとされるキーワードとして，「非論理性」と「直観」をあげていることである．感性を説明するにあたり，ソマテック・マーカー仮説は重要な視点を与えてくれるであろう．

ダマシオは，さまざまな刺激が意識的なレベルで作用すれば，人は意図的に選択したり回避したりするが，意識外で作用することもあり，その場合も，我々がネガティブな決断を選択する可能性を減らしているという．ネガティブな決断の除去とポジティブな決断の可能性の増大，このメカニズムによって推論なしに問題解決へ向かい，この不思議なメカニズムが「直観」の源泉であると主張している．

つまり，以下のような流れを仮定している[5]．1) 情動，動機付けには常に身体的，内臓系の反応が付随し，そのような身体的，内臓系の反応を「ソマテック反応」とよぶ．2) 外的な刺激とそれに伴う情動，動機付けを結合する場所は前頭前野腹内側部である．3) 前頭前野腹内側部とそれに関連した扁桃体が身体, 内臓系

に信号を出し，ソマテック反応が生じ，それが体性感覚皮質に送られ意識的なものとなる．4) その反応は前頭前野腹内側部にマークされており，そのマーク機能は意志決定を効率的にするように作用する，というものである．

さらに，ダマシオはこれを拡張したアイデアを示す．つまり，1) 前記したように，実際にソマテック反応を介するシステムと 2) 身体がバイパスされ，前頭前野腹内側部と扁桃体が体性感覚皮質に対し，本来生じていたはずの活動パターンをつくり出すように，直接命じるシステムである．このパターンを「as if (あたかも)」活動パターンとよんでおり，「as if」活動パターンへの依存度は，個人により，また，問題によりさまざまであるという．

一般的には，我々の日常生活においては，多数の選択オプションの中から妥当なものを1つだけ選択するという「意志決定」の連続からなっており，普通，最善の意志決定は「合理的，理性的」になされていると考えられている．しかし，ダマシオは，そうではなく，前述のシステムにより，非論理的，直観的に2, 3のオプションまで絞り込み，その後合理的な思考が働くという意志決定支援システムが機能していると提唱している．

●**感性と佐藤理論**　佐藤方彦は『感性を科学する』[6]において，感性は知性そのものであり，非合理的と表現されるときにおいても，概念や記憶を含む知性の中で機能しており，鋭く豊かな感性は，知性を磨くことによって可能となると記している．

脳は独自の論理回路で感知し，思惟し，吟味するシステムを備えており，このシステムの活動をある視点からとらえて感性とよび，別の観点からの活動を悟性，さらにまた別の視点からの特徴を理性とよんでおり，感性も悟性も理性も発達を続け，その積み重ねが感性の閃きを生むという．

また，感性モジュールや感性に特化した神経回路は存在せず，感性を生む脳内メカニズムは不明であるが，意識の上に成り立つ感性は広範な脳領域の活動で形成される．人それぞれに使用頻度の多い回路の違いが，その人の感性の特徴に関連し，一瞬に閃く感性は，意識が結ぶ多様な脳回路の活動が集積した結果であると記す．

感性は一般的に「直観」と「感受性」に分けられるが，ここでは「直観」をキーワードとして論を展開した．ケストラーは，感性と創造力について，興味深い考え方を示し，ダマシオは直観と非論理性を軸として，ソマテック・マーカー仮説を展開している．一方，佐藤は，最近の著書において，感性の考え方に関し，「知性」に注目した論を展開している．

本項目における「感性」が「人の本質」を考えるうえでの一助になれば望外の喜びである．

[宮崎良文]

ストレス
stress

　ストレスとは何か．日常的に使用されるこの言葉は，その正確な定義を考えてみるとひどく曖昧なことがわかる．生理学の分野でストレスという言葉を用いたのはウォルター・キャノンである．彼は生体にとってホメオスタシスの危機にみられる散瞳，心拍数・心拍出量の増加，血圧の上昇，呼吸数の増加，消化器系の活動抑制などの環境に対する適応的・合目的的な反応を「闘争・逃走反応」あるいは「緊急反応」とよんだ．キャノンはこれら一連の反応を惹起する外的負荷をストレスとよび，その結果として生じる生体の状態をストレインとよんだ．

●さまざまなストレス学説　科学的にストレス学説を体系化する嚆矢はハンス・セリエであろう[1]．セリエは外界からの種々の刺激に対する生体の反応をストレスとよび，ストレスをよび起こす外的刺激にストレッサーという造語をあてた．セリエは，ラットの実験において，寒冷曝露，外科的損傷，脊髄切断，過度の筋運動，致死未満量の種々の薬物などにより一連の非特異的反応を観察し，全身適応症候群（GAS）とよんだ．GAS は全身にわたって生じる反応かつ適応的であることから名付けられたもので，胸腺の萎縮，副腎皮質の肥大，胃・十二指腸の出血性潰瘍の三つ組反応を特徴とする．GAS は時間的には 3 相の変化をたどる．ストレッサーによる生体機能の低下と回復がみられる「警告反応」，ストレッサーに対する抵抗力が高まるがその他の抵抗力が低下する「抵抗期」，そして適応状態が破綻する「疲憊期」である．

　セリエとは別に，重要なストレス学説としてライフイベント研究がある．代表的なものは社会的再適応評価尺度（SRRS）とよばれる尺度である．SRRS は各ライフイベントの生活変化への影響を得点化し，「結婚」(50)を基準として，「配偶者の死」(100)から「わずかな違法行為」(11)の範囲をとり，SRRS の合計得点と何らかの疾患発症との関連が示唆される．一方，人生を左右するような重大な事件に遭遇することは例外的な経験であり，ストレスによる影響の大部分は日常的に経験する瑣末なイベント（日常苛立事）の積み重ねであるとの主張も出現した．

　1970 年代頃からストレッサーの質や量だけではストレス反応の説明が困難な事例が多く報告され心理的媒介過程の存在が示唆された．ラザルスは認知的評価モデルを提唱し，恒常性に対する脅威として評価した生体に対してはすべてストレスとなり，脅威とみなさない個体に対してはストレスとはならないとした[2]．これらのストレス学説は，セリエに代表されるストレス反応に重点をおいた「出力型アプローチ」，ライフイベントといった外的刺激に重点をおいた「入力型アプローチ」，そして環境-生体の相互関係で記述する「相互作用アプローチ」に分類

される[3].

●**ストレスのメカニズム** 生体に対する外的刺激が恒常性を脅かすストレッサーとして認識されるとストレス反応が生じる．ストレス反応は大きく2つの経路を活性化させる（図1）．すなわち内分泌系が主要に働く視床下部-下垂体-副腎系（HPA）軸と自律神経系が主要に働く青斑核/ノルエピネフリン-交感神経（LC/NE）軸である．HPA軸は，視床下部正中隆起に神経末端をもつ副腎皮質刺激ホルモン放出ホルモン（CRH）ニューロンに起始する．CRHニューロンは下垂体門脈系にCRHを放出し，副腎皮質刺激ホルモン（ACTH）を下垂体後葉より分泌する．ACTHは副腎皮質に作用し，コルチゾルの合成・分泌を促進する．LC/NE軸は，青斑核のノルアドレナリンニューロンが交感神経系を賦活させ，副腎髄質や交感神経末端からのカテコールアミン（アドレナリン，ノルアドレナリン）の合成・分泌や炎症性サイトカインの産生を促進する．コルチゾルやカテコールアミンは中枢にネガティブフィードバックをもち，その後の分泌を抑制する．HPA軸とLC/NE軸はまったく独立している訳ではなく相互作用をもつ．

コルチゾールは糖代謝を促進し，抗炎症作用をもち，免疫修飾作用をもつが，

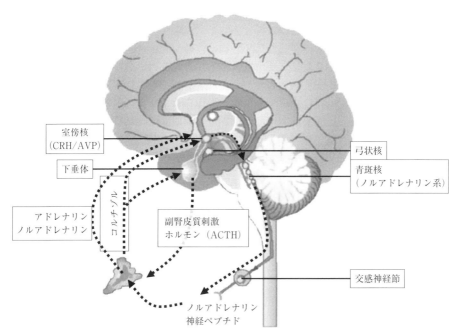

図1 ストレス反応におけるHPA軸とLC/NE軸
（出典：文献[4] p.1352 より改変）

一定の条件では炎症を悪化させる．炎症性サイトカインは神経新生を促進し神経防護作用をもつが，過剰になると脳や末梢の多数の部位で障害を来す．こうしたストレスに対する複雑な生体反応を McEwen[5]はアロスタシス（動的適応能）という新たな概念で整理した．アロスタシスとは，ホメオスタシスよりもさらに柔軟な生命維持機能であり，生体にとって負担となりながら環境の変化へ対峙していく動的な適応過程である．ストレッサーが持続的に曝露されると，ストレス反応による機能不全が蓄積的な生体負担となる．この負担はアロスタティック負荷とよばれる．近年の知見によると，アロスタティック負荷の一部は脳内での神経ステロイド産生の変化によって媒介されている[6]．

●**ストレス評価法**　ストレス反応として HPA 軸と LC/NE 軸が重要な役割を果たすことから，これらの活動水準を反映する生理学的指標がストレス評価に多く用いられている．HPA 軸の反応としては，CRH，ACTH，コルチゾルを体液循環から測定することが多い．特に唾液は非侵襲的に収集しやすい生体指標の1つであり，ストレスマーカーとして有用である．唾液から測定可能な主な指標として，コルチゾル，α-アミラーゼ，クロモグラニン A，免疫グロブリン Aがあげられる．これらのストレスマーカーは，性別・年齢による個人差，唾液流量の影響，分泌持続時間，反応の時間潜時の長短，食事・薬物の影響，貯蔵安定性，概日リズムの有無といった面でそれぞれの特性に応じた利点と欠点をもつため，複数を組み合わせた評価を行うことが望ましい[7]．その他の交感神経系の評価指標（心拍数や血圧，血流量，心拍変動性，皮膚電気反応，対光反射，デキサメサゾン抑制試験など）もストレスマーカーとして用いられる．睡眠から覚醒した際のコルチゾルの急激な亢進（起床時コルチゾル反応：CAR）もまた，ストレス状態との関連が報告されている[8]．簡便に実施可能なものとしては質問紙による主観的ストレス評価があげられる．

●**ストレス脆弱性を媒介する要因**　ストレス脆弱性は個人によって異なる．特にストレスを受けやすい性格特性として著名なものにタイプ A 行動パターンがあげられる．タイプ A は心疾患リスクの高いパーソナリティの類型であるが，常に時間に追われ，競争的であり，多くの外的要求と対峙しやすくストレスを受けやすい．ストレス関連疾患である気分障害や不安障害への脆弱性は遺伝と環境の相互作用であるとされ，遺伝性の寄与はおよそ 30～40% である．遺伝的多型による HPA 軸の機能の違いは，ストレスフルなイベントに対する個人差を産み，ストレス関連疾患に対する個人の脆弱性を決定している可能性がある[9]．

［北村真吾］

精神的ストレス
mental stress

　精神的ストレスとは，物理的・化学的な要因を主としない心理社会的な問題に起因するストレスのことをいう．VDT作業をはじめとした精神作業は労働現場において増加の傾向を示し，主な精神的ストレスとなっている．精神作業への曝露は作業効率の低下のみならず，心血管系の機能亢進などの生理的負担につながることが知られるが，数分程度の休憩の挿入が生理的機能亢進を緩和する効果を示している[1]．

●**社会ストレス**　社会的動物であるヒトにとって，社会集団から外れての生活は，強いストレッサーとなる．こうした集団に対する帰属意識にとって脅威となるものを社会ストレスとよぶ．孤独感は社会ストレスの1つである．引っ越しや別離によって孤独感が生じると他者との関係を築き直そうとする動因が働くが，慢性的に孤独感を抱えるケースも少なくない．知覚された社会的孤立の存在は，心血管疾患（CVD）や代謝異常，高血圧，抑うつといった疾病の罹患リスクや死亡リスクの上昇と関連する[2]．社会ストレスは生理的な疼痛，飢餓などと同様に生体に対する脅威として認知されるストレスであり，視床下部-下垂体-副腎皮質（HPA）軸や青斑核/ノルエピネフリン-交感神経（LC/NE）軸を賦活する．これらの系によって分泌されるコルチゾールなどの作用による循環器系や免疫系の変化が健康リスクの背景にあると考えられる．

●**ストレス関連疾患**　精神的ストレスへの対処が適正に行われれば問題ないが，個人がもつ対処能力を超えたストレスがかかった場合，さまざまな問題を惹起する．非常に短期間で生じるものが急性ストレス障害（ASD）である．国際疾病分類第10版（ICD-10）によれば，緊急反応を引き起こし，数日から1か月ほど継続するが，自然治癒するとされる．しかし，強いストレスや長期間の持続的な曝露を受けた場合には，種々のストレス関連疾患につながる．代表的なものとして，心血管疾患（CVD），ストレス性無月経，心的外傷後ストレス障害（PTSD），抑うつがあげられる．

　CVDは精神的ストレスによって罹患リスクが高まることが多くの研究で明らかにされている[3]．前述のHPA軸やLC/NE軸によって分泌されるコルチゾール，ノルアドレナリンによる末梢血管抵抗の上昇，心拍出量の増加，動脈狭窄が関与していると考えられ，特にコルチゾールの分泌パターンはアテローム性動脈硬化の予測因子となる．

　ストレス性無月経はストレス誘発性の視床下部性無月経である．有病率はストレス状態に比例して増加し，死刑囚のような極度のストレス状態では100％にま

で達するほどストレスによって女性の生殖機能は抑制され得る．女性の生殖機能において，視床下部で分泌される性腺刺激ホルモン放出ホルモン（GnRH）は下垂体での卵胞刺激ホルモン，黄体形成ホルモン（LH）の産生を刺激し，卵胞でのエストラジオール（E2）とプロゲステロンの分泌を亢進するが，副腎皮質刺激ホルモン放出ホルモン（CRH）は直接または間接的に GnRH の分泌を抑制し，さらにコルチゾールは GnRH, LH, E2 の分泌を抑制することが知られる[4]．

●**ストレスと記憶** PTSD は大災害や事故，虐待といった生命の危機となるほどの強いライフイベントを体験した後，長期にわたって反復的な悪夢やフラッシュバックによる再体験，トラウマ体験に対する回避や反応性の低下，冷や汗，パニック発作などに襲われる精神疾患である．トラウマ体験の直後には急性のストレス性不眠が高頻度で併発する．栗山ら[5]は，トラウマ体験（交通事故視聴）直後の睡眠を剥奪するとエピソード記憶想起には変化がなく，同時に経験した安全運転映像への恐怖情動の般化が弱まることを報告しており，この不眠症状は脅威に対する適応的反応の可能性がある（図1）．

抑うつ（気分障害）は最も広汎にみられる精神疾患の1つであるが，主な発症の誘因に精神的ストレスがあげられる．HP 軸のコルチゾールの分泌亢進による海馬神経細胞の傷害・萎縮や脳由来神経栄養因子（BDNF）の抑制による神経新生の阻害などが背景にあると考えられる[6]．

[北村真吾]

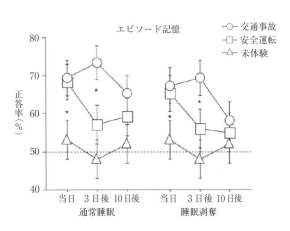
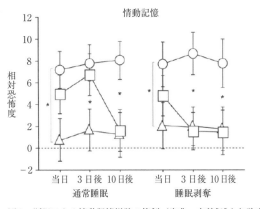

図1　断眠による情動記憶増強の抑制（出典：文献[6]より改変）

季節性感情障害
seasonal affective disorders

　季節性感情障害（SAD）は，ノーマン・ローゼンタール[1]らにより1984年に提唱された疾病概念である．季節に対応して大うつ病性障害と類似の症状が発症する疾患である．SADの診断基準は次に示すように，大うつ病性障害の症状に，SAD特有の症状を加えたものである．

● **SADの診断基準**　DMS-Ⅳ[2]における大うつ病性障害は簡潔に示すと，以下の症状のうちで①または②の症状を含み，かつ5つ以上の症状を満たし，その症状の多くがほとんど毎日，1日中2週間以上続いている場合とされる．

　①ずっと気分が沈んでいる（抑うつ気分の持続）．小児や青年では，イライラしている気分もあり得る．②何に対しても興味がわかず楽しめない．③体重の著しい増減，あるいは食欲の減退または増加がある．④不眠（入眠障害，早朝覚醒）あるいは過眠がある．⑤イライラや焦燥感，または動作や会話ののろさがみられる．⑥易疲労感，あるいは気力の減退がある．⑦自己の無価値観，または過剰なあるいは不適切な罪責感がある．⑧思考力や集中力の減退，または決断困難性がみられる．⑨しばしばこの世から消えてしまいたいと思うことがあり，反復的な自殺念慮，または自殺企図がある．

　DMS-Ⅳでは，上記の大うつ病性障害の症状に加え，次のような特有の症状が認められる場合に，SADと診断される．

　A. 大うつ病性障害症状の発現と1年の特定の時期との間に規則的な時間的関係が認められる（明白に季節に関係した心理社会的ストレス要因との関係がないこと）．B. 完全寛解（あるいは抑うつから躁状態あるいは軽躁状態への転換）もまた，1年の特定の時期に生じる．C. 最近の2年間に上記のAとBを伴う大うつ病性障害の症状が2回生じており，同じ期間内に非季節性大うつ病性障害の症状は生じていない．D. 季節性大うつ病性障害の症状の発生回数が，対象者の生涯を通じて生じたことのある非季節性大うつ病性障害の症状の発生回数を大幅に凌駕している．

● **SADの症状特徴**　SADには2つのパターンが知られている．多くみられるタイプは，秋季発症型とよばれる冬期うつ病である．大うつ病性障害の症状が晩秋から初冬に始まるもので，夏には寛解する．特徴的な症状は，次のようなものである．

　①大うつ病性障害の症状でしばしば生じる入眠障害や早朝覚醒などによる睡眠時間の短縮よりも延長がみられる．②食欲の減退や摂取量の減少ではなく食欲増進と摂取量の増加がみられる．特に，炭水化物への飢餓性が増大する．③体重の

増加がみられる．④焦燥感や不安が強く表出する．⑤人間関係の困難性．特に，拒絶反応の感度の閾値が低下する．⑥重度の身体疲労を感じ，腕や足を動かすには重すぎるという感覚がある．冬期うつ病では，これらの症状のすべてあるいは一部が生じるため，活動性が低下し社会的引きこもりや就労・就学困難などの行動性障害を生じることも多い．

　夏型のSADは，春季発症型ともよばれ，晩春から初夏に症状が始まり，夏期うつ病と名付けられている．冬期うつ病とは異なり，大うつ病性障害の典型的な自律神経症状が特徴的で，睡眠時間の短縮と体重減少および食欲の減退がみられる．冬期には症状は寛解する[3]．冬期発症型と夏期発症型は，それぞれの症状からみると明らかに異なる疾患である．SADの鑑別診断にはSPAQ (Seasonal Pattern Questionnaire)[4] と SIGH-SAD (Structured Interview Guide for Hamilton Depression Rating-Seasonal Affective Disorder)[5]による構成面接が通常行われる．

● **SADの発症率**　SADの発現率は，海外では全人口の4〜10%と報告されている[6]〜[10]．一方日本では，冬期うつ病は成人で0.43%，高校生で0.91%との報告[11]がある．SADの発現率は若年者に多く，加齢とともに減少し，男性より女性に多いことは国内外で共通である．男女差は，国内の報告で1：1.4，米国で1：4.6と報告[12]されているが例数が少なく確定したものではない．SADには予備群（S-SAD: Subsyndromal SAD）が存在し，海外では11〜21%，国内では成人で冬期うつ病のS-SADが成人で1.16%，高校生で2.21%と報告されている[11]．S-SADに関連し，札幌市，秋田市，銚子市・習志野市，鳥取市，鹿児島市の中高年日本人の気分，人づきあい，睡眠量，体重の季節変動に関する調査では，冬期の日照時間と季節変動の度合いに有意な相関がみられることが報告されている[13]．各地域とも季節変化に強く反応する集団（高季節性集団）が存在し，高緯度，寒冷地で冬の日照時間の少ない地域ほど多いが，日本の高季節性集団の出現率は，アメリカ東部北緯30度〜50度の14.2〜30%という報告を除くと，スイスの北緯45度の地域やフィンランドの北緯60度の地域のほぼ13%と類似している．睡眠や行動，感情の季節性変化は人類において共通性の高い現象である可能性を示している．この高季節性集団の男女比率は女性の方が高く，SAD患者の発症比率が女性に多いことと同様である．すなわち，季節性変化に女性は強く反応し，それは生物学的特性に起因する可能性が高い．

● **SADの病因と治療法**　冬期うつ病に対して明瞭な治療効果を示す薬物は確定していない．2,500ルクスで2時間以上の高照度光療法が有効であることが確定している[14]．朝の照射の方が夕方の照射より症状の改善効果が大きい．高照度光照射の効果については，冬期うつ病のセロトニン学説やサーカディアンリズムの位相変移学説[15]からその作用が論じられているが確定していない．　　　［白川修一郎］

5. ヒトの感覚

[恒次祐子・樋口重和]

　ヒトをはじめとする動物は感覚を使って外界や自身の体内からさまざまな情報を集め，変化に対応しながら生きている．いわゆる「感覚を研ぎ澄ます」ことは，ヒトが生き抜くために必須のことであったはずである．危険から身を守り，食べ物を探して生き続けるためにヒトはヒトならではの感覚機能を進化の過程で獲得してきた．現代では，美しい絵画の色合いや，おなかの底に響くような夏太鼓の音，目覚めのコーヒーの香りなどを通して，感覚は私たちの生活に豊かな彩りを与えてくれるものでもある．

　感覚の第一歩はそれぞれの感覚に特有な刺激を受容することであるが，その受容が体の特定の部位のみで行われる感覚を特殊感覚，広い部分で行われる感覚を一般感覚という．本章ではそれぞれの詳細とあわせて，方向感覚，時間感覚など，私たちの日常生活に深く関係する感覚の仕組みを解説する．また単一の感覚ではなく，複数の感覚が相互に影響する事例を2つ挙げる．生理人類学から見た感覚論をお楽しみいただきたい．

視覚
visual sensation

　視覚とは可視光線の刺激によって生じる感覚をいう．これによって私たちは外界の事象を認知する．視覚は色覚，明るさ知覚，運動知覚や形態知覚等を含む．私たちが眼を開くとさまざまな景色や対象などが見える．それらの対象はいろいろな形をもち，色がついていたり，動いていたりする．私たちはこのような外界の多くの情報を視覚の働きによって得ている．このような情報は物体や外界からの光が眼に入ることによって知覚される．物理学では光の性質や物体からの反射について扱うが，その光が眼の中の細胞にどのような作用を引き起こすか，さらにはそのような作用がどのような知覚を生じさせるかを考えることは重要であると考えられる．このような点において，視覚を理解するためには光の性質や光を神経情報に変換する神経系，さらにはその反応がどのような知覚を生じさせるかという心理学的観点に基づいて考える必要がある．

　私たちが対象物を見るためには光が必要である．光とは電磁波であり，私たちが知覚できる光を特に可視光とよぶ．プリズムに太陽光などの白色光を通すとさまざまな光の帯が見えるが，その帯が光の波長と知覚される色に対応し，波長の短い青色から波長の長い赤色までの範囲の光である．概ねヒトは波長が 380 nm から 780 nm の範囲の光を知覚することが可能である．可視光よりも波長の長い光は赤外線とよばれ，また，可視光よりも波長の短い光は紫外線とよばれる．光のスペクトルとは，このような光の強さを波長ごと（もしくは周波数ごと）にプロットしたものである．

　ヒトの知覚と光の波長とは密接な関連性があるので，光には波長に対応する色がついていると誤解されるが，実際，光に色はついていない．光が眼の中の細胞に作用し，その細胞の反応が「見える」という知覚を誘導しているのである．光が眼に入り，眼の中の細胞の光化学的な反応が生じ，その信号が視覚野に伝達され，さらに高次視覚野で形や色の処理がされた結果，私たちは「見えた」と感じる．したがって，視覚について理解するために眼の各部分の働きと，それが神経系とどのように結びついているかについてなにかしらの知識が必要となる．以下，眼の仕組みについて概説する．

●**眼球光学系**　ヒトの眼球はおおよそ球体であり，その直径は約 2.5 cm 程度である（図1）．対象から届く光パターンは眼球に

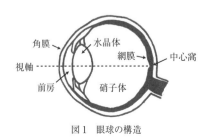

図1　眼球の構造

入力すると，角膜，前房，水晶体，硝子体を通過し，網膜で結像する．水晶体は角膜より屈折力が低いが，焦点を調節するという点で，眼球光学系において重要な役割を担っている．眼球に入ってきた光は虹彩とよばれるある特定の色素を含んだ瞳で囲まれた孔を通る．この孔のことを瞳孔とよぶ．瞳孔径は明暗に対して反応し，さらに眼球光学系の焦点深度や収差にも密接に影響を与える．網膜では，錐体細胞，杆体細胞などの光受容体によって，対象の光パターンは電気信号に変換される．その後，これらの信号は網膜内の双極細胞や神経節細胞などを経て，外側膝状体に送られる．光受容からの信号は，双極細胞や神経節細胞へ伝達される過程で水平細胞およびアマクリン細胞などによっても信号処理される．対象の光パターンは網膜上で結像されるが，その中心に位置する少し窪んだ部分を中心窩という．中心窩では，錐体細胞の密度が非常に高い．密度が高いということは，対象の細部まで処理できるということであり，中心窩付近での視力が高い理由の1つである．

　網膜で処理された視覚情報は，網膜の神経節細胞，および視床の中の外側膝状体を経由して大脳皮質の視覚領野に伝達される．視覚領野のV1野は外側膝状体からの入力を受け，網膜上の位置情報が写像されている．V1野では，網膜からの視覚情報がさまざまな種類の細胞によって処理され，線分の方位（輪郭の理解に必要），視差（奥行の理解に必要），色，対象の動き等の基本的な視覚属性の検出が行われている．V1野では特定の方位をもった細長い対象に強く反応する細胞が多く存在する．このような方位検出細胞は対象の輪郭を理解するために必要だと考えられている．さらにV1野では左右眼からの情報を受けている細胞が多数存在している．右眼と左眼で得られた画像は同じ対象を注視しても水平方向に若干ずれている．このずれは視差と呼ばれ，対象までの距離に応じて変化することから，対象の奥行情報を符号化していると考えられる．対象物の動きや奥行きに関連する情報は，V1野からV2を介してMT野，MST野に伝達される．一方，色や輪郭，テクスチャーに関連する情報はV1野からV2野を介してV4野，IT野に伝達されていることが知られている．それぞれの経路は背側経路（dorsal pathway），腹側経路（ventral pathway）と呼ばれている．背側経路では，対象が自分に対してどこにあるか等の3次元位置情報の処理を行っていると考えられており，一方で腹側経路では，対象が何なのか特定するための処理が行われていると考えられている．

●**光受容体**　網膜上の光受容体には，暗い所で働く杆体細胞と明るい所で働く錐体細胞が存在する．杆体細胞の網膜上での総数は約1億2000万個，錐体細胞の総数は約680万個である[1]．ヒトの網膜上での錐体細胞の分布密度は，中心窩付近が最も多く，中心視野から周辺視野に向かうに従って急激にその密度は低下する．一方，杆体細胞は，中心窩付近では存在せず，中心窩から少し離れた所から周辺視野にかけて多く分布する．杆体細胞にはロドプシンという視物質が存在し，

錐体細胞にはアイオドプシンといわれる視物質が存在する．これらの視物質の分光吸光度曲線に黄斑色素や水晶体の光学密度等の眼光学特性を考慮すると心理物理学で得られる杆体細胞や錐体細胞の分光感度曲線や，それらを基準にした比視感度曲線に良く一致することが知られている．錐体細胞は3種類存在し，長波長光に対して感度のピークをもつ長波長感受性錐体，中波長光に感度のピークをもつ中波長感受性錐体，および短波長光に感度のピークをもつ短波長感受性錐体である．それぞれ，L，M，S錐体とよばれることもある．L，M錐体細胞は全錐体細胞の90%以上を占めると報告されており，S錐体細胞の数は全錐体細胞の約7%である．

●**瞳孔**　瞳孔は周囲の明るさに反応しその大きさが変化する．このことから瞳孔反応のメカニズムは，単純な光量制御システムであると考えられていた．しかしながら最近の研究によると，瞳孔は例えば空間パターン，運動刺激，色刺激など，さまざまな種類の刺激にも反応することが報告されており，概日リズム等の脳内における非撮像系経路の機能を理解するために重要だと考えられる．

　長い間，ヒトの光受容体は，錐体細胞と杆体細胞だけであると考えられていたが，最近になって第3の光受容体の存在が明らかとなった[2]．その光受容体は視物質メラノプシンを含み，内因性光感受性網膜神経節細胞（ipRGC），あるいはメラノプシン神経節細胞（mRGC）と呼ばれる特別な神経節細胞である．メラノプシン神経節細胞は480 nmから500 nm付近の光に反応し，外界の光情報を符号化して脳に伝えていると考えられている．瞳孔の対光反射や概日リズムのリセットなど非撮像系経路（見えに関連しない経路）にも寄与していることが報告されている．非撮像系経路と撮像系経路はそれぞれ，非視覚経路および視覚経路と呼ばれることもある．

　色光の明るさを表す概念に輝度というものがある．輝度は，ヒトが感じる明るさの量を基準に定められている単位であり光の放射量とは異なる．このようなヒトの感度を前提に表している量を測光量と呼び，光の放射量と区別している．各波長における輝度の感度特性を分光比視感度という．ヒトの明るさ感度は波長によって変化する．明るい場所で対象を見るときには，錐体細胞が主に働いているので，約555 nm付近の緑色光に対して最も感度が高い．このような錐体細胞が主に働くような光環境での見えを明所視と呼ぶ．一方，暗い場所で対象を見るときには，杆体細胞が主に働くので杆体細胞のピーク感度である約510 nm付近の青緑色光に対して最大感度をもつ．これを暗所視という．国際照明委員会によって明所視における標準比視感度と暗所視における標準比視感度が定義されている．以上のように，錐体細胞と杆体細胞はそれぞれ明所視条件および暗所視条件で働くが，日の出前などの薄暗い条件ではどちらも働く．これを薄明視という．薄明視において錐体細胞と杆体細胞がどのように視覚系に寄与しているかについてはいくつか報告があるが，現時点ではまだ良くわかっていない．　　　［辻村誠一］

視力
visual acuity

　ヒトを含む霊長類は，外界から情報を得るために視覚に大きく依存している．霊長類が他の感覚よりも視覚を発達させた理由は，樹上生活の始まりにあると考えられている．見通しの悪い木々の間で食物を探し，枝から枝へ移動するには，高度に発達した視覚が必要であったためである．

　視力とは，広義では空間における物体の存在や形態を視覚によって認知する能力のことである．狭義の視力は2点または線を分離して識別できる最少分離閾によって示され，視力値 (V) は識別できる2点が眼に対してなす最小の角度（最小視角 θ：分）の逆数（$V=1/\theta$）で表される（図1a）．日本で最小視角の測定に用いられる標準視標は，ランドルト環である（図1b）．

　通常の視力検査では，静止視力を測定している．一方，動く物体を見るときの視力を，動体視力といい，前後方向の動きを識別するKVA動体視力と横方向の動きを識別するDVA動体視力に分けられる．人類が陸上で狩猟生活を送るようになってからは，獲物や外敵を遠くから見つける必要が生じ，静止視力と動体視力の発達につながったと推測される．現代では，動体視力は多くのスポーツにおいて重要な能力とみなされ，運動トレーニングやPCソフトウェアの利用による動体視力の向上が試みられている．動体視力の向上には，水晶体の厚さ調節に関わる毛様体筋と眼球運動を生み出す6つの外眼筋の動き，眼から脳にかけての情報処理能力の総合的な強化が必要である．

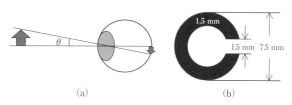

図1　視力の測定
(a)：視力の表し方．θ（分）の逆数が視力値となる（$V=1/\theta$）．例えば，$\theta=2$分の場合，視力は $V=1/2=0.5$ である
(b)：ランドルト環．検査距離5mでこの視標の切れ目が認知できると，$\theta=1$ に相当する（$V=1/1=1.0$）

●**屈折と結像**　外界の像を正しく見るには，光が角膜と水晶体によって屈折し，網膜で結像しなければならない．屈折力（D：ジオプトリー）は，屈折率（n）を焦点距離（f）で割った値（$D=n/f$）で表される．無調節状態で平行光線が網膜に結像しない状態を屈折異常といい，以下のように分類される．

近視：平行光線が網膜より前方に結像する状態をいう．網膜に結像する前方からの光の発散点が遠点であり，この遠点に焦点をもつ凹レンズにより矯正できる．

日常生活に支障がある場合，凹レンズの眼鏡またはコンタクトレンズの装着，レーザー角膜内切削形成術（LASIK）などの屈折矯正手術が行われる場合がある[1].
遠視：平行光線が網膜より後方に結像する状態をいい，凸レンズにより矯正できる．新生児の大多数は +2D 程度の遠視であるが，年齢とともにその度が減少し，通常7歳くらいまでに正視になる[2].
乱視：1点から発する光線が，眼内で1点に結像しない状態をいう．角膜または水晶体の屈折面のゆがみが対照的な正乱視と，不規則な不正乱視がある．

●**加齢による視力の低下** 眼の調節は，毛様体筋とチン小帯の緊張と弛緩，水晶体の弾性による厚みの変化によって行われる．加齢とともに水晶体の弾性は低下し，調節力が減弱して近見視が困難になる状態を老視という．平均的には40代で老視の症状が始まるが，凸レンズ（いわゆる老眼鏡）で矯正できる．動体視力も加齢とともに低下し，静止視力よりも低下が著しい[3].

●**視力の発達** 新生児の眼球は構造的にほぼ完成しているが，高い視力を出す中心窩領域は生後4か月頃に完成し，視力は生後1か月から3歳くらいまでに急速に発達する[4]. 視力の発達期に，眼帯の装着や瞼の異常などによって十分な視性刺激が与えられない場合，形態覚遮断弱視になる可能性がある．したがって，幼児期には十分な視性刺激を受け，視力を発達させることが重要である．

視力の発達過程には，遺伝要因と環境要因が作用する[5]~[8]. サバンナで生まれ育ったマサイ族や，モンゴル高原に住むモンゴル人は，優れた遠視能力をもつことが知られている．草原地帯のように広大な土地で常に眺視をしていることが，高い視力の発達につながったと考えられる．一方，日本では，子供の視力は年々低下傾向にある．例えば，平成元年では視力が1.0未満の小学生，中学生，高校生はそれぞれ全体の約20%，40%，55%であったが，平成24年では30%，55%，65%に増加している[9]. 加えて，小学生以上になると性別による視力の差（1.0未満の視力である女性は男性よりも多い）が顕著になるようである．視覚能力の生得的な性差も報告されているが[10]，男女の成熟の早さの違いや，生活スタイル（例えば読書やTV視聴時間の長さ）の違いも視力に性差をもたらす要因となりうる．また，生まれ月によって屈折力が異なり，秋生まれの小児は遠視になりやすいという報告[11]もある．これらのことは，視力の発達に遺伝と環境が影響していることを示しており，両者の影響は混在しているといえる．

目のよさとは，視力の高さだけではなく，動体視力のよさ，視野の広さ，色の弁別能の高さ，感受波長領域の広さなど総合的な能力を指し，必ずしもヒトの目の機能が他の動物に比べて優れているとはいえない．視力の発達に作用する環境要因については，動物実験（網膜内細胞数から分解能を推定する，あるいは行動観察によって最小分離閾を調べる）による検証や，種族内の個体差を調査する体系的な研究が必要である．

[福田裕美]

視野
visual field

　視野とは見える範囲のことである．その測定は，例えば光刺激を周辺の見えない領域から被験者の注視点に近づけていき，知覚が生じたところを視野の境界とする．また，視野のいろいろな位置に視覚刺激を提示し，各点における検出閾値を測定することもある．この場合は，検出閾値以上の範囲，すなわち見えたと知覚できる刺激の提示領域を視野とする．視野を測定する装置を視野計といい，視野内の視感度（視野の範囲の検出感度）の異常を調べるためなどに用いられる．例えば，緑内障患者はその初期段階において視野の周辺部の感度が中心部と比較して著しく低下する．したがって，周辺視野の感度を測定することにより，早期発見が可能となる．

　視野は見る対象の刺激属性によって分類される．上記例では，被験者は光点の知覚ができたか否かを答えることによって測定している．一方で，視野内の運動閾値を測定する視野計も緑内障の早期発見テストとして用いられている．特に刺激の色に着目した視野を色視野という．色視野では，視野の周辺部において色相感覚や彩度が落ちることが知られている．例えば単色光を離心率25度の領域に提示すると単色光の彩度は低下し，特に緑や黄色の彩度の低下が著しい[1]．520 nm付近の緑色単波長光における色相の変化や彩度の低下は離心率10度でも生じていることが報告されている．原因についてはよくわかっていないが，生理学的には離心率が大きくなるに従って錐体細胞の分布密度が落ち，色の弁別に必要な色特異的な情報の伝達が困難になり，その結果，色相の変化や彩度の低下が生じるのではないかと考えられる．

●**中心視・周辺視**　注視点近くの領域に対象がある際の見えと視野の周辺に対象がある場合の見えは異なる．注視点付近での視覚を中心視という．視野周辺での視覚を周辺視というが周辺視では中心視と比較して，視力が落ちることが知られている．例えば，本を読む際，注視している領域の文字しか読めないのはこのためである．明所視の場合は注視点付近の中心視野が最も感度が高いが，暗所視の場合は注視点から少し離れた領域，離心率にすると約5度から10度の周辺視野で最も感度が高い．

●**単眼視野・両眼視野**　単眼によって生じる視野を単眼視野とよび，両眼によって生じる視野を両眼視野とよぶ．多くの脊椎動物は2つの眼球をもつが，その配置は種によって異なり，主に2つの配置に分類される．頭部の前方に2つの眼球をもつ動物と頭部の両側面に眼球をもつ動物である．これはそれぞれ特有のメリットがあるからである．

頭部前方に2つの眼球をもつ場合は，左右の単眼によって生じる単眼視野はその多くの領域が重複している．この重複している領域では同じ対象を両眼で見ることによって，左右の眼球の水平方向の角度の差から対象への距離を推定することが可能となり，奥行の知覚が改善される．一方で重複領域が多いために両眼を用いても広い視野を確保することが困難ともいえる．

　頭部両側面に眼球をもつ場合は，左右両眼でより広い視野をもっているので，一度に多くの領域を見ることが可能となる．一方で左右眼による視野の重複が少なく，対象の奥行情報の推定が困難である．前方に眼球をもつ動物は捕食性動物が多く，両側面に眼球をもつ動物は捕食される動物に多い．これは生物が進化の過程で適応した結果と解釈することが可能である．

●**盲点**　単眼視野において注視点から耳側に視角15度付近に小さな対象物があっても気づかない．この領域を盲点という．盲点は耳側約15度に存在し，長軸が垂直方向である楕円形をしている．長軸の長さは約7度から8度，水平方向の短軸の長さは約5度から6度である[2]．盲点は網膜上では視神経円板に対応し，視神経が網膜に侵入していて光受容体がないため知覚することができない．盲点の領域は光受容体が欠損しているが，日常生活では盲点の存在には気がつかない．このことはフィリングインという現象として知られているが，そのメカニズムにはよくわかっていない．

●**LMS錐体細胞・錐体モザイク・LMS錐体分布**　網膜上には3種類の錐体細胞が存在する．長波長光（赤色光）に対して感度のピークをもつ長波長感受性錐体細胞（L錐体細胞），中波長光（緑色光）に感度のピークをもつ中波長感受性錐体細胞（M錐体細胞），および短波長光（青色光）に感度のピークをもつ短波長感受性錐体細胞（S錐体細胞）である．L, M錐体細胞は全錐体細胞の90%以上を占めると報告されており，S錐体細胞の数は全錐体細胞の約7%である[3]．錐体細胞は，前述した明所視条件における明るさの検出や色の検出などを行っている．一方で杆体細胞は暗所視条件において働き，色覚には関与しない．中心窩では錐体細胞のみが存在し，杆体細胞は存在しない．このように錐体細胞と杆体細胞は網膜上で異なる空間分布をしている．L, M, S錐体細胞においてもこれらの錐体細胞が網膜上にランダムに分布しているか否かという議論が古くからある．近年，補償光学を用いて網膜のこれらの細胞を直接顕微鏡観察することが可能となった．その結果，これらの錐体細胞の網膜での配置は規則正しく配置されていないことがわかった[3]．これらランダムに配置された3種類の錐体細胞から，色の知覚に必要な赤緑反対色情報や青黄色反対色情報を作り出すことは困難である．前述の周辺視野での色弁別感度の低下は，錐体細胞の分布密度の低下とともに錐体細胞のランダムな配置が関連すると考えられるが，現時点でその機構は良くわかっていない[4]．

［辻村誠一］

視認性
visibility

　視認性とは，広義には見えること，もしくは見える程度をいう．可視性もしくは視界も同じような意味で使われる場合がある．また，気象条件等，ある特定の条件下で対象物や指標を確認できる最大距離を示す場合もある．視認性を測る場合は一般に眼鏡など視力を補正する器具は用いない．最大距離を示す場合は特に視認距離や視程という．例えば，霧がかかると晴天の場合と比較し視認性は低下する．また，視認性は対象と背景のコントラストによっても強く影響を受ける．例えば，白色の背景に明るい灰色の指標の場合では視認性が低く，白色の背景に黒色の指標の場合は視認性が高い．この点において，明るさの知覚や感度とも密接に関連している．

　さらに，視認性は対象の明るさ属性のみならず，色にも密接に関連する．例えば，白色の背景に黄色の指標の視認性は一般に低いが，白色の背景に青色の指標の視認性は高い．この場合，白色と黄色の知覚的な差が小さいので視認性が低く，一方で白色と青色の知覚的な差が大きいので視認性が高いと解釈が可能である．このように異なる色と明るさをもつ対象の知覚的な差は，一般に，対象のスペクトルの違いや XYZ 表色系での座標値の違いなどでが定量化できない．例えば，対象の色のスペクトルや XYZ 表色系における座標値がほとんど同じ場合でも大きな色の違いが生じる場合があるからである．このような問題点を解説するために，国際照明委員会（CIE）は，知覚的な差（知覚的な距離）を定義した均等色空間を提案している．異なる対象間の色や明るさの知覚的な差は均等色空間に投射することによってある程度定量化することが可能となる．例えば，CIE L*u*v*や CIE L*a*b*等の均等色空間が有名である．上記空間では知覚的な距離が定義されており，この空間内で表される異なる色の座標間の距離は知覚的な差と対応している．したがって，例えば，背景となる白色と指標となる黄色や青色等を均等色空間にプロットすることによって，白色とそれぞれの指標に対する知覚的距離を求めることが可能である．この際，背景と最も大きな知覚的距離をもつ指標を選択することによって，大きな視認性を得る背景と指標の組み合わせを推定することが可能となる．

　視認性と類似した意味の語に誘目性（もしくは注目性）がある．視認性は，被験者が対象に注意を向けたときの見えの程度を表しているのに対して，誘目性は，対象が被験者の注意をどの程度引きつけるか，その程度を表している．視認性が低い場合は対象が見えにくいので誘目性は低いと予想され，視認性が高い場合は高くなることが予想される．このような点において視認性と密接に関連している

といえる．一方でよく見慣れている対象は視認性が高くても誘目性が低い．したがって，誘目性は視認性よりも高次の認知機能の影響を受けると考えられる．

●**媒体の違いによる知覚の相違** 我々は対象を見るときに対象から眼に到達する光を利用している．光は物理的にはスペクトルで表現することが可能である．例えば，長波長の成分が多い光は赤に見え，短波長の成分が多いと青に見える．しかしながら，このような物理的な特性をもっていても同じ色に見えるとは限らない．例えば，テーブルに置いてある林檎と紙に描いた林檎があり，林檎や紙に反射して眼に入射する光のスペクトルが同じであるとする．我々の知覚がスペクトルのみで決定されるならば，これらの見えも同じであるはずである．しかしながら，実際，紙に描いた林檎とテーブルの林檎の見えは異なる．

また，テーブルの林檎にあたっている照明光の色が変わり，結果として林檎から反射してくる光のスペクトルが変わっても林檎は変わらず赤色に見える．これを色の恒常性とよぶ．このように，知覚は物理特性のみで決定されているのではなく，さまざまな認知的な経験や視覚条件が知覚に影響していると考えられる．これらの知覚の違いや恒常性がどのようなメカニズムによって生じているのかはよくわかっていない．しかしながら，我々は単純に眼に入射するスペクトルを色に変換して対象物を知覚しているのではなく，対象物（この場合は林檎）固有の特性を知識や経験に基づき認知的に理解し，その理解が知覚に影響を与えていると考えられる．先の例では実在する対象と紙に描いた対象との知覚の違いについて言及したが，これは対象が紙に描かれているのか，もしくはディスプレーに表示されているのかによっても見えが変わることを示唆している．実際，被験者がディスプレーを見ているか，もしくは絵を見ているのか，という認識によっても知覚は変化する．

●**空間的構造の違いによる知覚の相違** 前述のように我々の見えは対象の明るさの影響を強く受けるが，対象の見えはその周辺の明るさによっても変化する．例えば，明度対比が良い例である（図1）．図における左右のパネルの灰色の円は同じである．しかしながら，左右の円の明るさを比較すると背景が白い左側の円の明るさを暗く知覚する．対象の円は物理的に同じなので，対

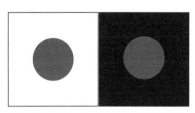

図1　明度対比の例．左右の円を比較すると左の円が暗く知覚される

象の明るさの違いは，周辺である背景の明るさの影響を強く受けていることが示唆される．この例では空間的な構造の違いによる明度対比であるが，明度の他にも色や大きさ，照明，3次元的な構造等さまざまな視覚属性に対して異なる種類の対比が確認されている．

［辻村誠一］

立体視
stereoscopic vision

　ヒトは，網膜上で受けた2次元の平面情報を3次元の立体情報として認識できる．この3次元の立体情報として認識する立体視は，ヒトを含めた一部の霊長類で特に優れている視覚認知能である．本項では立体視のしくみや生物学的意義について概説する．

●**立体視に必要な視覚手がかり**　ヒトが物体の位置や奥行きを知覚するにはさまざまな"手がかり"を必要とする[1]．まず，眼筋の状態に起因する動眼的手がかりに「輻輳」と「調節」があげられる．輻輳とは両眼の位置のちがいからくる向いている方向の違いのことを指し，その角度差のことを輻輳角という．この輻湊角は近いものを視る場合は大きくなり，遠いものを視る場合は小さくなる．調節とは視覚情報を眼球の角膜と水晶体によって屈折させ網膜上に焦点を合わせることであり，近い物体を視る場合は水晶体が膨らみ光を大きく屈折させる．これら輻湊角の違いや水晶体の膨らみ具合を脳が認識し，物体の位置の手がかりにしていると考えられている．また，動眼的手がかり以外には両眼視差も代表的な手がかりとして考えられる．両眼視差とは物体を視ている場合に，ヒトの左右の眼が多少離されたところに位置するため，左右の眼には少しずれた像が映ることを指す．この両眼視差は強力な手がかりであり，最近の3次元表示システム（例えば，3Dテレビ）に応用されている．

　輻輳や両眼視差は両眼視が前提となるが，ヒトは片眼だけでも物体の位置や奥行きを知覚できる．それは，網膜上に投影される2次元の視覚情報を手がかりとしているためである（絵画的手がかり）．この1つとして，自分より遠くに位置する物体の像は小さく，近くに位置する物体の像は大きく映る「遠近法に関する情報」がある．また物体に生じる影などの「陰影」や奥に位置する物体が手前に位置する物体の陰に隠れてしまう「重なり」なども立体視の手がかりとして脳が利用していると考えられている．さらに視ている本人が動いている場合や視ている対象物が動いている場合には同じ眼に映る像に時間的なずれが生じる．この運動によるずれも手がかりの1つであり運動視差とよぶ．他にも多くの手がかりをもとにヒトは物体の位置や奥行きを知覚している．しかし，優先される手がかりやその組合せは，両眼に入力される異なる画像のどちらかのみが意識にのぼり，それが時間経過とともに入れ替わる両眼視野闘争などの視る対象の特性によって異なることが報告されている[2]．

●**立体視の神経科学的機序と生物学的意義**　立体視と密接に関わる奥行き知覚はヒトや霊長類の一部で鋭敏であるといわれていることから[3]〜[6]，ヒトは立体視

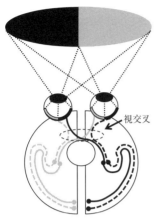

図1 視交叉の概要図
視覚情報は交叉性視神経線維（実線）と非交叉性神経線維（点線）によって眼から視覚野へ伝えられる

に優れた動物のようである.

多くの脊椎動物では，左右眼球の網膜から起こる視神経線維が視交叉ですべて交叉する（完全交叉）．つまり，一方の眼で得られた視覚情報は交叉性視神経線維によってすべて反対側の脳へ伝えられる．その一方，哺乳類は非完全交叉が原則であり，視神経線維の一部は交叉せず同側の脳へ到達する（非交叉性視神経線維）．この非交叉性視神経線維の存在によって，一方の眼で得られた視覚情報は両側の脳へ伝えられる．ただし，左右半視野の視覚情報は左右の眼に関わらずすべて反対側の脳へ伝えられる（図1）．ヒトを含む一部の霊長類では，視神経線維の中で非交叉性視神経線維が占める割合は他の哺乳類より多く3割から5割とされており[7]，非交叉性視神経線維は両眼視や立体視との関連が指摘されている[8]．立体視の手がかりの1つである両眼視差には，一方の脳が反対半視野の視覚情報を両眼から受けて同時に処理することが都合がよいと思われ，実際にアカゲザルの2次視覚野には左右の眼から受けた像のずれに反応するニューロンが存在する[9]．さらに，最近の研究からヒトを含む霊長類の一部での鋭敏な奥行き知覚が4次視覚野と関係することが報告されている[10].

また，ヒトを含む一部の霊長類にて奥行き知覚が鋭敏になった背景として，直立姿勢での上肢（手や腕）の機能的進化が1つの要因として考えられる．左右視野の視覚情報はそれぞれ反対側の脳にて処理されることを記述したが，上下半視野でも視覚情報を担当する脳部位は異なる．上半視野の情報は1次視覚野の中央の脳溝（鳥距溝）下側で処理され，逆に下半視野は鳥距溝の上側で処理される．ある仮説によると，上半視野を担当する1次視覚野の下側部位は遠視覚系や身体外空間と関連し，下半視野を担当する1次視覚野の上側部位は近視覚系や身体近傍空間と関連するという（上下半視野の機能分化）[11]．これは，直立姿勢で上肢の自由度が高いヒトを含む霊長類において，下半視野で行われる眼と手の緻密な共応運動が上下半視野の機能分化をもたらしたと想定するものである．奥行き知覚ではないものの上下網膜間での神経節細胞の分布密度の違い[12]やコントラスト感受性[13]，視覚刺激に対する反応時間[14]など上下半視野の機能分化を示唆する結果が得られている．この仮説に対しては議論の余地が残されているが，直立による上肢の機能的進化がヒトの奥行き知覚を鋭敏にしたのかもしれない．

[小崎智照]

色覚
color vision

　光が網膜に到達すると，網膜上に存在する視細胞内の感光性色素が光のエネルギーを吸収し視細胞膜電位に変化を起こす．その神経興奮が双極細胞，神経節細胞と伝わり，視神経を経て外側膝状体，大脳後頭葉にある視中枢に伝達される．この光情報伝達のうち視細胞の1つである錐体細胞により生じた感覚が色覚である．

●**色覚に関わる錐体の視物質とその分布**　視細胞には杆体細胞と錐体細胞があり，それぞれの外節に特有の色素を含み，これを視物質という．錐体視の閾値は杆体視の閾値より50～100倍高いことから，錐体に関わる視物質は杆体中にある視物質である視紅（ロドプシン）に比べはるかに少量と推定される．ヒトの錐体細胞には赤・緑・青錐体の3種類があり，それぞれ560，530，420 nm付近の波長を吸収極大とする赤・緑・青視物質を含む．1986年ジャーミー・ネイサンスらにより，ヒトの3種の視物質をコードする遺伝子の塩基配列が確定された[1]．これにより3つの視物質は共通の祖先蛋白質の1つの遺伝子から分化し，青色素遺伝子と緑～赤を感じる色素の遺伝子，ついで青と緑と赤の3色素遺伝子へ分化したことが明らかとなった．

　網膜は部位によって色刺激に対する応答が一様でない．小さな色視標を使って，中心視の場合と同じ色に見える範囲を測定した色視野は白黒が最も広く，青，赤，緑の順にせまくなる．すなわち赤・緑錐体は網膜の中心窩付近に集中して分布しており，青錐体は周辺部にまで広がっている．

●**大脳における色覚の中枢**　形や運動など視覚の他の属性の知覚は健全であるが，色覚だけが選択的に障害され，外界の色が種々の濃さの灰色だけになる場合があり，これを大脳性色盲という．サルのV4視覚野領域に特定の波長の光に選択的に反応する細胞が存在すること[2][3]や，ヒトにおいてポジトロン断層法（PET）を用いた研究で，色刺激を見ている条件と白黒の刺激を見ている条件での代謝活動の差（色覚に該当する代謝活動）が紡錘状回を含む後頭葉内側下部で上昇すること[4]などから，形の知覚や運動の知覚とは独立した色覚中枢の存在が示唆され，ヒトの色覚中枢は紡錘状回と推定されている．

●**色覚のモデル**　色覚学説は，トーマス・ヤング＝ヘルマン・フォン・ヘルムホルツの三色説とエーヴァルト・ヘリングの反対色説の2学説が有力であるが，三色説は視細胞レベルに，反対色説は水平細胞以降のレベルに当てはまることを電気生理学的所見など多くの事例が支持している．色覚をこのように2段階で説明する段階説として，ウォラベン＝バウマンの色覚モデルが有力なモデルとされ

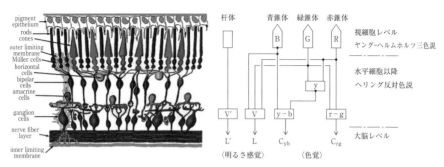

図1 ウォルラベンの色覚モデル（出典：文献[5],[15]より作成）

ている[5]（図1）.

　光の波長と生じる色覚の関係には個人差があり，遺伝，加齢変化，地域環境などに起因すると考えられる．赤・緑・青の3種類の視物質のいずれかに，遺伝的異常がある場合を総称して色覚異常という．3種類の視物質をすべて欠いている杆体1色覚，1種類の視物質しか存在しない錐体1色覚の発生率は非常に低い．大半は3種類の視物質のうち1種類のみを欠く（または不完全な）2色覚であり，赤視物質を欠いた（不完全）場合を第1色覚異常，緑視物質の場合を第2色覚異常，青視物質の場合を第3色覚異常という．その出現が非常にまれな第3色覚異常を除く第1，第2色覚異常の出現率は，男性ではヨーロッパ人6～9％，アジア人4～7％，アフリカ人4％以下と人類集団差がみられる[6]．女性の色覚異常出現率は男性の10分の1から20分の1と少なく，これは赤視物質遺伝子と緑視物質遺伝子がともにX染色体にあり，第1，第2色覚異常はこれら遺伝子の伴性劣性遺伝の形式をとるためである．

●**色覚の変化**　乳幼児の色覚発達は，生後5か月で青などの色を白から弁別でき，2歳では色名呼称と色合わせが発達し始める[7][8]．誕生時の網膜は周辺部では成人の状態と近似しているが，中心窩では錐体数も少なく形態上も未発達状態である．しかし生後4か月以降には中心窩も完成する．

　加齢による色覚の変化にはいくつかの生理学的原因がある．眼光学媒体の濃度増加や老人性縮瞳による瞳孔径の縮小によって，網膜照度が減少するとともに分光感度も変化し，その状態は第3色覚異常者と類似している[9]～[11]．加齢による錐体感度変化もあり，網膜周辺部領域での錐体密度の減少[12]，視細胞外節での形状変化による光量子吸収能力の減少[13]，網膜中心部での神経節細胞数の減少[14]が報告されている．

［森田　健］

内因性光感受性網膜神経節細胞(ipRGC)
intrinsically photosensitive retinal ganglion cell

　従来,ヒトの光受容器は錐体と杆体のみであると考えられてきたが,2000年代初頭に新たな光受容器が発見された.この光受容器が,内因性光感受性網膜神経節細胞(ipRGC)であり,特に光の非視覚的作用(概日リズム制御[1][2],瞳孔の対光反射[3],自律神経系の制御や覚醒度[4]など)に大きな役割を担っていると考えられている.

● **ipRGCの特徴**　ヒトの網膜はいくつかの層に分かれているが,錐体や杆体は光の入射から遠い,硝子体から離れた外側の層にある.一方,網膜神経節細胞は,双極細胞を介して硝子体側に位置しており,錐体や杆体からの情報を視神経に伝えている.ipRGCとは,網膜神経節細胞のうち,メラノプシンというオプシン(光受容器に存在する色素のタンパク質)を有し,錐体や杆体からの光情報伝達とは別に独自の光反応を示すものをいう.その信号は,網膜視床下部路を通ってヒトの時計中枢である視交叉上核(SCN)に達して松果体におけるメラトニン分泌に影響,あるいは視蓋前域オリーブ核へ投射されて瞳孔の対光反射に影響するなど,非視覚的な作用をもたらすことが知られている.その他,ipRGCは中脳の上丘へ情報を伝えて視覚系作用に影響するなど,脳の広範囲に情報を伝達しているという報告もある[5].メラノプシンは錐体にも存在するという報告[6]があるが,その機能や役割はよくわかっていない.ipRGCは多くの点で錐体や杆体とは異なり,その特徴を知ることは,ipRGCの機能や役割を研究するうえで重要である.

　表1に,ヒトの視細胞の概数(成人,片眼)を示す[6][7].錐体や杆体と比較すると神経節細胞は数自体が少なく,さらにipRGCは圧倒的に少ないことがわかる.

　また,ipRGCの光応答は錐体や杆体とは異なり,錐体や杆体では過分極性,ipRGCでは脱分極性の光応答を示す.この電位差を利用して,ipRGCの特性を網膜電図(ERG)で把握する試みもある[8][9].ipRGCは,杆体と同様に1つの光子にも反応できるといわれ,その反応の大きさは,杆体の約2倍,錐体の約100倍であると報告されている[10].また,光に対してゆっくりと長く反応することも報告されている[7].複数のデータを比較する際,光受容器の反

表1　ヒトの視細胞の概数

視細胞	数
杆体	1億
錐体	600万
メラノプシンを有する錐体	6,000〜3万
	(錐体の0.1〜0.5%)[5]
神経節細胞	150万
ipRGC	3,000
	(神経節細胞の0.2%)[6]

表2 ipRGCに関するアクションスペクトル特性[12]

作用	種	波長ピーク (λ_{max})
メラトニン抑制	ヒト	459
	ヒト	464
瞳孔の対光反射	杆体錐体ノックアウトマウス（rd/rd cl）	479
	マカクザル	482
	ヒト	482
神経節細胞の脱分極	ラット	484
	マカクザル	482
メラノプシン分光吸収率	マウス	420〜440
	ヒト	360〜430
明所視 ERG	ヒト	483
車回し運動の概日リズム	杆体錐体ノックアウトマウス（rd/rd cl）	481

応の大きさや潜時は，光の強度，実験環境，計測方法（計測対象や計測機器など）によって異なることに留意するべきである．

ipRGC はメラノプシンを有していることから，mRGC (melanopsin-expressing / containing retinal ganglion cell) ともよばれる．メラノプシンという名称は，アフリカツメガエルの皮膚にあるメラニン細胞から発見されたことに由来する[11]．哺乳類のメラノプシンは，脊椎動物の祖先といわれているナメクジウオのオプシンと遺伝子配列が近縁であることが報告されている[12]．そのため，メラノプシンは進化の過程においてその起源は古く，基本的で重要な役割を担っていたと考えられる．メラノプシン，杆体のオプシン，錐体のオプシンはそれぞれ異なる分光吸収特性をもっており，メラノプシンの分光吸収特性は，光によるメラトニン分泌抑制や，瞳孔の対光反射などにおける作用スペクトルに影響している（表2）[13]．一部の報告を除いて，ipRGC の最大反応波長は 480 nm（青色光）付近で報告されており，ヒトの概日リズムにおける青色光に対する高い感度は，ipRGC の寄与によるところが大きいことがわかる．ファーハン・ザイディらによる研究では，錐体と杆体の機能不全による盲人であっても，ipRGC の機能によって概日リズムを維持できることが報告されている[14]．

● ipRGC 研究の課題　網膜では錐体や杆体，神経節細胞，さらにその間には水平細胞，双極細胞，アマクリン細胞などが層状に存在しており，視覚の情報伝達は複雑である．また，このことは ipRGC の光応答性も単純ではないことを示している．ipRGC と錐体および杆体との関係性については，動物実験からの報告がいくつかあるが[15][16]，網膜の信号伝達カスケードの解明にはさらなる研究が必要である．さらに，視覚的・非視覚的作用への反映や，メラノプシンを有する錐体[6]との役割の差異，メラノプシン遺伝子の多様性[17]などにおける研究は，ヒトの光応答における生理的多型性や，光環境への適応能についての解明につながると期待される．

［福田裕美］

聴覚
hearing

　音は空気の振動であるが，音を認識する脳は，直接空気の振動を受け取り処理することはできない．空気の振動を聴覚器（耳）で受容し神経インパルスの情報に変換することによって脳で「音」を認識するプロセスを聴覚という[1][2]．ヒトは一般に 20～20,000 Hz 程度の空気振動を音として認識できる．

●**耳の構造**　図1に示すように，音である空気の振動は，耳介（耳たぶ）で集められ，外耳道を経て鼓膜に到達する．鼓膜の振動は，耳小骨とよばれる3つの骨（ツチ骨，キヌタ骨，アブミ骨）を経て，蝸牛に伝わる．

　蝸牛は硬い骨で覆われ，中はリンパ液が満たされている．図2に蝸牛の断面を示すが，前庭膜（ライスネル膜）と基底膜によってリンパ液が分割されている．ただし，蝸牛の先端では，蝸牛の壁と基底膜の間に少し隙間がある．

　アブミ骨まで達した振動は，リンパ液に伝わる．リンパ液の振動により，基底膜の上下で圧力差を生じ，基底膜が振動する．図3に示すように，基底膜の振動は前庭窓から蝸牛孔の方へ伝わる[3]．この振動は「進行波」とよばれ，進行波は一度大きくなってから次第に減衰する．進行波が最大となる場所は，周波数により異なる．低周波数の振動は蝸牛孔付近で最大となり，高周波数の振動は前庭窓側で最大値となる．基底膜の変位が最大になる場所の聴覚神経が最も興奮する．基底膜振動の最大変位点が周波数によ

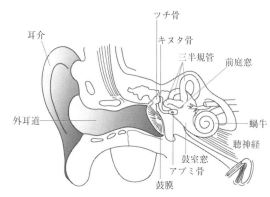

図1　聴覚系の構造（出典：文献[2] p.29, 図 1-16 より）

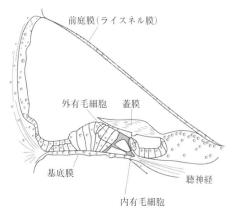

図2　蝸牛の断面図（出典：文献[2] p.31, 図 1-17 より）

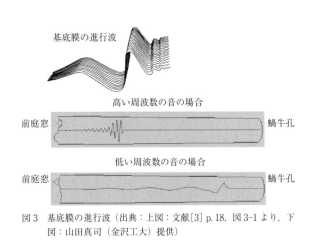

図3 基底膜の進行波（出典：上図：文献[3] p.18, 図3-1 より，下図：山田真司（金沢工大）提供）

と蓋膜との間にずれの運動が生ずる．その結果，有毛細胞の毛が変位して，内有毛細胞の興奮を引き起こす．この興奮が聴神経のニューロンに活動電位を発生させ，脳に伝わり，「音」が認識される．

外有毛細胞は，高い感度と鋭い共振特性を形成するために働いている．外有毛細胞の働きにより，基底膜の変位が鋭いピークをもつようになり，興奮する神経の場所がせまくなる．外有毛細胞の働きによって，ヒトの聴覚は細かい周波数の差を聞き分けることができる．

●**聴覚フィルタ**　蝸牛の働きにより，聴覚系は周波数分析能力をもち，中心周波数の異なる帯域フィルタ群として機能する．このようなフィルタは「聴覚フィルタ」とよばれている[4]．ヒトの聴覚系は24個のフィルタ群としてモデル化できる．耳に入ってきた信号は，フィルタの働きにより，周波数帯域ごとに振り分けられる．

図4は，聴覚フィルタの中心周波数とフィルタの帯域幅の関係を示したものである．従来から使われているデータによると，中心周波数が500 Hz以下の帯域ではフィルタの帯域幅は約100 Hz程度で，500 Hz以上の帯域では帯域幅は約1/4オクターブ（3半音）となる．

聴覚フィルタの働きにより，どの周波数帯にどれぐらいのエネルギーの音が含

り異なることによって，ヒトは音響情報の周波数分析を行うことができる．

●**有毛細胞の働き**　基底膜には，図2に示すように，「内有毛細胞」「外有毛細胞」とよばれる先端に毛のある細胞が接している．外有毛細胞の毛は蓋膜に接しているが，内有毛細胞の毛は接していない．基底膜が振動する

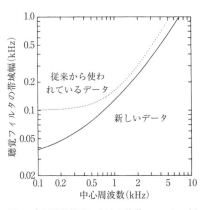

図4 各周波数帯域における聴覚フィルタの幅（出典：文献[4] p.107, 図3-8 より）

まれているのかがわかり，スペクトルの情報を得ることができる．複数の成分から構成される音で，成分間の周波数差がフィルタの帯域幅よりも小さいときには，成分同士が干渉を起こし「うなり」を生ずる．各成分間の周波数差がフィルタの帯域幅よりも広い場合には，成分同士が干渉し合うことはない．

聴覚フィルタ・モデルは，さまざまな音響心理量を予測するための指標として広く用いられている．音の大きさ（ラウドネス）や音のかん高さ（シャープネス）といった

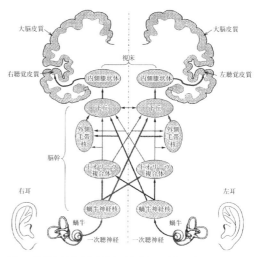

図 5　聴覚中枢系（求心性経路）（出典：文献[5] p.100，図 3-32 より）

音の感性を感じるしくみが，聴覚フィルタ・モデルに基づいて説明されている．音の大きさは，臨界帯域ごとのラウドネスを加算して決定される．

なお，上記のデータは少し古く，現在では新たな手法により測定された聴覚フィルタ幅の方が信頼されている．ただし，各種の音響心理量の予測モデルは古い聴覚フィルタのデータに基づいている（次第に新しいデータに準拠するように改めようとの動きはある）．図 4 には，新しい聴覚フィルタのデータもあわせて示している．

●**聴覚中枢系**　蝸牛で発生した神経インパルスは，図 5 に示すように，脳幹にある蝸牛神経核，上オリーヴ複合体，外側毛帯核，下丘，内側膝状体とよばれる神経細胞が集まる部位での処理を経て，大脳皮質にある左右の聴覚皮質にいたる[5]．聴覚中枢系とは，大脳皮質にいたる神経系を指す．聴覚中枢系は，神経インパルスの発火パターンの情報を処理する機構である．

蝸牛から大脳皮質にいたる神経経路は，聴覚末梢系の情報を聴覚中枢系に伝える求心性の経路である．これとは反対に，聴覚には中枢系から末梢系に情報を伝達する遠心系の神経経路も存在する．遠心系の神経経路の活動によって，大きな音から蝸牛を保護したり，雑音中の音を聞き取りやすくすることができる．

聴覚末梢系の情報は片耳ごとの情報であるが，聴覚中枢系では両方の耳の情報を利用することができる．この働きによって，両耳間での到来時間差，強度差を利用して，音の方向を判断することもできる．　　　　　　　　　　　［岩宮眞一郎］

味覚
taste

　味覚とは，口腔内の感覚受容器に化学物質が触れることで発生する．ところで，動物は体の外から有機物（動・植物）を摂取し，その成分を分解して吸収し，それらをエネルギーと自分の体をつくる素材として利用して"命"を全うする存在である．その意味で動物にとって自分の口から動物なり植物を捕食することが命をつなぐ根本行動である．

●**味と進化**　動物の基本的なエネルギー源として糖質（主にグルコース，ほかにフルクトース，スクロース，ラクトース，トレハロースなど）が選ばれたのは植物が糖質をあり余るほど多量に生成することによると考えられる．植物が葉緑素を触媒として太陽エネルギーを自由エネルギーとして内包させたものが糖質である．その糖質の存在を食べ物の入口である口で感じる（化学的に受容する）ことのできる受容体（レセプター）をもった動物がそれをもたない動物に対して生存に有利なことは明らかである．

　さらに中枢系の発達により受容体からの情報伝達（刺激）を記憶することのできた動物は，エネルギー源としての糖質をより効率的に摂取できることから，さらに，中枢系の発達により受容体からの情報伝達（刺激）を記憶することのできた動物は，エネルギー源としての糖質をより効率的に摂取できることができた．このように，生きるために必須な栄養素に対する受容体をもち，味覚として記憶し情動運動をもたらすことは，種の保存に有利に働く．このことから昆虫から哺乳類まで甘味，塩味，うま味に対してよく似た味覚システムを持っている．

　昆虫から哺乳類まで存在する類似した味覚システムには苦味や酸味に対するものもある．食べられる側（植物）は食べられたくない部分や成長のステージで捕食者（動物）に危害を与える化合物を産出して自己防衛し，種を残し増やそうとする．食べる側（動物）としてはこのような化合物を感じる受容体をもち，苦味や酸味という味覚とあわせて「危険なもの」として記憶する方が生存に有利であっただろう．こうして我々動物の味覚機能が進化してきたと考えられている[1]．

●**味は5つだけか？**　以上のように動物の味覚機能を進化学的に考察してくると，これまでいわれてきた5つの基本味（甘味，酸味，塩味，苦味，うま味）の他にその動物種の生存の可能性が有利になるような摂食行動を促す"味覚機能"が存在する可能性は容易に想像できる．例えば鶏にはカルシウムに対する食欲が存在することは以前から知られていた[2]．鶏の卵の殻の強度を高くするにはその材料であるカルシウムの摂取が必須であり，硬い殻は卵の生存確率を高くすることから鶏にカルシウムに対する味覚が存在する可能性がある．このことは骨格を

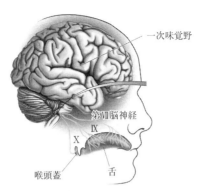

図1 味覚の中枢経路（出典：ベアー MF, コノーズ BW, パラディーソ MA. 神経科学：脳の探求. 2007, p.202 より）

カルシウムで形成する動物種すべてにあてはまることである．モネル化学感覚研究センターのマイケル・トドロフらはマウスに，さらにヒトの舌の味蕾にカルシウムに対する受容体が存在することを遺伝子レベルの研究から明らかにした[3]．

さてそれではヒトはカルシウム"味"を甘味や塩味と同様，"味"として認識しているのであろうか？ これを明らかにするには，甘味や塩味と同じように，口の中のカルシウムが受容体‐神経系を通じて脳のある特定部位の活動を励起するか否かを検証する必要がある．

●**味覚の国際性** 味によって励起（味を感じるか感じないか）される脳の特定部位は大脳皮質味覚野にあると考えられている（図1）．この特定部位の活動を計測する方法として脳の電気的活動により生ずる磁場を測定して得られる脳磁図（MEG）や機能的磁気共鳴画像（functional MRI）の応用が味刺激装置の開発とともに進められ味刺激に対して敏速に賦活される第1次味覚野が特定されている[4]．

この測定法を応用して食文化の異なる日本人と西欧人の同じ味（うま味）に対する第1次味覚野の反応の違いを調べた研究がある[5]．この研究では日本人と西欧人の第1次味覚野のうま味に対する脳活動には有意な差がなく，快・不快や味覚の記述に違いがあったと報告されている．この分野ではさらに多くの研究が必要と思われるが，この結果から単純に推測されることは味覚には食の学習・経験の影響が大きく，そのことがさらなる味覚の進化につながるものと思われる．

［曽根良昭］

嗅覚
olfactory sense/olfactory sensation

　嗅覚は鼻の粘液に溶けた化学物質が嗅覚受容器に触れることによって生ずる．そのため同じく舌上で溶解する化学物質によって起こる味覚と並んで化学感覚とよばれる．動物において嗅覚は，餌の獲得，食べられる物かどうかの判定など，個体維持のための重要な役割を果たしている．においは時には記憶と結びついて，動物に快・不快といった情動を引き起こし，快と感じるものには近づき，不快なものは避けるという行動を起こさせる．ヒトにおいても嗅覚からの刺激は視覚など他の感覚刺激と比較して「本能的・感情的・嗜好的」であることが指摘されており[1]，さまざまな心理的・生理的変化を引き起こす．

●**嗅覚受容器**　鼻腔は鼻中隔により左右に分かれ，内部は上・中・下鼻甲介により上下に分かれている．吸気の多くは中・下鼻甲介領域を通り肺に到達するが，約5～20%が上鼻甲介上の領域に入る．鼻腔上部には粘液に覆われた嗅上皮があり，上鼻甲介領域に入った吸気中の化学分子はこの粘液に溶けることにより嗅細胞の線毛（嗅線毛）に触れることになる．

　嗅上皮は嗅細胞のほかに支持細胞，基底細胞などからなっている．嗅細胞は神経細胞であり，細胞核のある細胞体と樹状突起（情報の入力を受ける部分），軸索（情報を出力する部分）からなっている．1つの細胞は鼻腔側から，多数の嗅線毛，樹状突起，細胞有核部で構成され，さらにその上に続く軸索が篩骨の篩板を貫通して嗅球へ入っていく（図1）．

　嗅球は脳の一部であり，嗅細胞の軸索は嗅球にある嗅糸球体という直径0.2mm程度の球状の部位において，僧帽細胞と房飾細胞の樹状突起に情報を伝達する．伝えられた信号は前嗅核，嗅結節，前梨状皮質，扁桃体，内側嗅皮質に投射され，一部視床下部，海馬に伝えられるほか，直接前頭皮質に入るものと，視床背内側核を経て眼窩前頭皮質に到達するものに分かれる．

　扁桃体と視床下部はお互いに密接に連携し情動や本能に関係していることが知られている．においによりただちに生じる快・不快情動と関連する部位である．視床下部は自律神経系の調節中枢でもある．また海馬は学習や記憶に関与していると考えられており，新しいにおいを過去に体験したにおいと照合しているともいわれている．においの認知，弁別は眼窩前頭皮質への経路によっている．

●**嗅覚受容体**　2004年のノーベル生理学医学賞が，嗅覚受容体遺伝子を単離し，におい識別システムの解明に先導的な役割を果たしたリチャード・アクセルとリンダ・バックの両博士に授与された[2]．あるにおい分子が嗅上皮に到達すると，その分子は分子の種類によって異なる複数（数種～数十種）の嗅覚受容体によっ

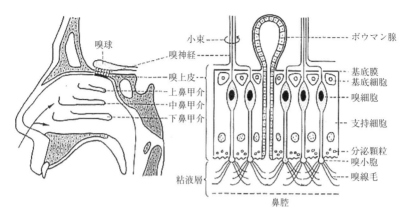

図1 嗅上皮の位置と構造（出典：文献[17] p. 310 より）

て感知される．それら複数の嗅覚受容体のうちある受容体は強く，または別の受容体は弱く反応することにより，強い信号と弱い信号を複数組み合わせた情報のパッケージ（バーコードのようなもの）がつくられる．それを脳が読み取ることで異なるにおいを識別していると考えられている．1つの受容体は1種類のにおいにのみ反応する訳ではなく，似通った形をもついくつかのにおい分子に反応する．

●**においの閾値と識別**　感覚の閾値とは知覚できる最低限度の刺激の強さのことである．においの閾値には検知閾（においがすること自体はわかるが，何のにおいであるかはわからない）と認知閾（においがすることがわかり，そのにおいが何のにおいであるか認識できる）がある．さまざまな物質について検知閾，認知閾の報告がなされている．例えば悪臭の一種であるイソ吉草酸では検知閾値が0.000078 ppm，一方プロパンでは1500 ppmとの報告がある[3]．ただし閾値は，例えば被験者群，においの呈示法，測定環境等の条件によって大きく変わり得るものであるため注意が必要である．

　「鼻の良さ」はどれぐらい薄いにおいを感じられるかという閾値の問題と，嗅いだにおいを何のにおいであるか判別できるかというにおい同定能の2面による．51組の一卵性双生児と46組の二卵性双生児において酢酸，イソ酪酸，2-sec-ブチルシクロヘキサノンのにおいの閾値を調べた研究では[4]，一卵性と二卵性との間に差が認められなかった．この研究では，むしろ喫煙や飲酒習慣，皮下脂肪の厚さと嗅覚閾値の関係が強く認められ，閾値が遺伝的に決定されている訳ではないと結論づけられている．

　同一個人内でも嗅覚の鋭敏さが変化することが知られており，例えば出産年齢の女性で同じにおいに何度も触れることにより閾値が低下する（より鋭敏になる）ことも報告されている[5]．また加齢による影響については，バラのにおい成分で

あるβ-フェニルエチルアルコール，モモのにおい成分であるγ-ウンデカラクトンに対して高齢群の閾値が若年群に比較して高いことが報告されている[6]．

においの同定能には男女差があり，ヒトの腋臭のように生物学的に意味のあるにおい，生物学的には意味のないにおいのどちらについても一般に女性の方が同定能が高いといわれる[7]．これについては女性の方が言語に関連付けてにおいを記憶する能力が高いことが一因であるという報告もある[8]．前述の高齢群における閾値の上昇を明らかにした研究では，加齢によって同定能が低下することも明らかになっており，閾値の上昇が一因であると解釈されている．

● **においと行動** ヒトを含む多くの動物でにおいはコミュニケーションの手段としても用いられている．哺乳類で縄張りの主張に用いられるマーキングはその良い例である．また最近北米に分布するユキヒメドリという鳥が，繁殖期が始まると自分の臭腺から発せられるにおいのついた油を羽や足に塗り付けること，そのにおいの成分がオスでは「よりオスらしい」，メスでは「よりメスらしい」（におい油に含まれる性差に関連する物質の成分比による）個体がより繁殖に成功することが報告された[9]．これまでは羽の色のきれいさ，さえずる声の美しさなどが繁殖相手選択の決め手となるとされてきたが，その個体のもつにおいの方が重要かもしれないということである．

ヒトでもそれぞれの個人はその人特有のにおいをもち，そのにおいの一部は遺伝的に決まっている．免疫反応に必要な遺伝子情報を含む主要組織適合抗原複合体（major histocompatibility complex : MHC）という遺伝子領域がそれぞれの個体に特有のにおいをもたらしていることが明らかとなっている[10]．1970年代に，1つのケージで複数のマウスを飼育すると，MHCの型が異なるマウス同士がつがいになり一緒に巣作りをしていることが見出された[11]．これは自分とは異なる遺伝子タイプをもつ個体を繁殖相手として選択することにより，この部分の遺伝子の多様化を促進し，より多様な抗原に対応する能力を高めるものと解釈される．ヒトでは，男性が2夜続けて着用したTシャツのにおいを女性に嗅いでもらったところ，自分とは異なるMHCのタイプをもつ男性のにおいをより好ましいと評価したことが報告されている[12]．また北米でフッタライト（独自の文化・社会を形成する宗教的かつ閉鎖的な少数グループ）の411組の夫婦間のMHCが統計的な期待値を上回って異なっていたこと[13]，同じく北米で44組の夫婦について遺伝子型を調べたところ，顕著にMHCのタイプが異なっていたこと[14]などが明らかとなっている．一方でそのような影響がみられないとする研究例もある[15]．これは配偶者選択へのMHCの影響が，現代では文化的な影響よりもずっと弱いことが一因と考えられている[16]．現代よりもおそらくより「本能的に」配偶者を選んでいたと思われる古代のヒトでは，よりにおいの果たす役割が大きかったのかもしれない．

[恒次祐子]

痛覚
pain sensation

　痛覚は身体の組織損傷を引き起こす種々の刺激（侵害刺激）によって，生じる感覚である．痛覚は温度感覚とともに種々の感覚の中でも進化をしなかった最も原始的な侵害受容性の感覚であり，侵害刺激から身体を保護するためになくてはならない感覚である[1]．

　国際疼痛学会によると，疼痛（痛み）は「組織侵襲に伴って起こる知覚性，情動性の苦痛体験，あるいは本人がそのような組織侵襲があると訴えている場合の，本人が感じている知覚性，情動性の苦痛体験」であると定義している[1]．

　痛みの閾値を男女で比較すると，最近の研究では女性の閾値が低く，女性が男性よりも痛みに敏感であるとの報告がなされている．前腕皮膚を電気刺激した場合の痛覚閾値を人類集団間で比較した実験によると，イタリア人，アメリカ人，ユダヤ人，アイルランド人の間で比較しても，ほとんど差がみられなかったが，痛みの限界値を比較してみると，イタリア人がやや低い値を示すものの民族的文化的背景による差はみられない（表1）[1]〜[4]．

表1　電気刺激に対する皮膚感覚閾値（mA）の人類集団[1]〜[4]

	イタリア人	アメリカ人	ユダヤ人	アイルランド人
閾値（最低値）	1.82	2.06	2.01	2.12
閾値（平均値）	1.97	2.19	2.20	2.31
許容限界値	7.11	10.23	10.16	9.35

●疼痛の分類　ヒトの疼痛では伝達する神経系，伝達される速度，局在性，発生様式，感じ方により分類されており，皮膚や粘膜などで起こる表面痛，筋肉で起こる深部痛，内臓で起こる内臓痛がある．全身には200万〜400万の痛点があり，痛点が侵害刺激を受け，痛点付近の受容器が興奮すると表面痛を生じる．深部痛は侵害刺激のみならず，血流が不足した場合でも起こる．胃腸などでは強く収縮したり，引き伸ばされると疼痛が生じる．疼痛は記憶され，事故で失ったはずの手や足の先端に痛みを感じる幻肢痛という現象がみられる．

　疼痛は通常痛みの感覚によって次の3つに分類される．1）順応が速く局在が比較的明確である刺痛で，一次痛ともよばれ，$A\delta$線維によって伝えられる鋭い痛み．2）順応は遅く，部位が不明確である灼熱痛（カウザルギー），すなわち焼かれるような痛みで，手足に触れるだけでなく，精神的な刺激でも発作的に悪化し緩徐痛ともよばれ，C線維によって伝えられる鈍い痛み．3）深部および内臓の組織が侵害・刺激されたときに生じる疼痛で，持続的，部位が不明確であるにぶい痛み．

皮膚の痛み刺激に関わる受容器には侵害性の機械的刺激のみに反応する高閾値機械受容器と，機械的，化学的，熱刺激などさまざまな種類の侵害刺激に反応するポリモーダル受容器がある．高閾値機械受容器の反応は主としてAδ線維へ，ポリモーダル受容器はC線維へと伝えられる．C線維は原始的で無髄の神経線維であるが，Aδ線維は脊椎動物への進化の過程で髄鞘化して有髄線維となり，速い伝導速度を獲得した[1]．

●**疼痛のメカニズム**　皮膚由来の疼痛と深部組織や内臓由来の疼痛は基本的に異なる．皮膚由来の疼痛は鋭く，チクチク針で刺すようなあるいはヒリヒリと焼け付くような痛みであるが，体性と内臓由来の場合にはジンジンする比較的鈍い痛みである．深部組織からの疼痛では実際に傷害を受けた部位とはかけ離れた身体の部位に疼痛を感じることがある．これを関連痛という．個人差はあるが関連痛が起こる領域は臓器によって特徴がみられ，例えば，心筋梗塞の疼痛では，約25％が心窩部，上部腹部や左上肢尺側に痛みを感じる．2つの異なる部位からの知覚情報が同一のシナプスに到達するために，発生源について混乱を生じるという考え方とサブスタンスPのような感作に関与する化学物質の逆行性遊離がメカニズムとして考えられている[4]．

皮膚に傷害が加わると損傷部の血管が拡張して発赤し，直径2～3 mmの範囲に浮腫を伴う小さな腫れが生じ，さらに周囲数 cmの範囲に血管拡張による紅潮を生じる．紅潮は侵害された痛覚線維と同じ軸索分枝の神経末端からサブスタンスPが放出されて血管拡張が起こると考えられており，これを軸索反射という．

例えば，足を打撲したとき，細いAδ，C線維を介して痛みの信号が脳に伝えられる．この時，打撲したところを手で撫でたり，さすったり，押さえたりすることにより触覚や圧覚などを伝える太いAβ線維を介して，脊髄の膠様質にあるニューロン*34を活性化させ，痛みの信号を伝える通路の関門*35を閉鎖するため[5]，痛みを脳に伝えるのを防いで傷みを和らげる．これはゲートコントロール説*36と呼ばれ，パトリック・ウォールとロナルド・メルザックにより痛みのメカニズムとして提唱された[6]．しかし，実際には脊髄侵害受容神経細胞に対する抑制系はゲートコントロール以外にもあり，この説と矛盾する現象がさまざまに起こるため現在は修正が加えられている．

侵害受容器はオピオイド化合物（モルヒネ様物質）によって抑制される（脱感作）ことから，エンケファリンやエンドルフィンなどの内因性オピオイド化合物，モルヒネなどの外因性オピオイド，プロスタグランジン合成阻害薬は疼痛を緩和できる（鎮痛作用）．

［原田　一］

触圧覚
tactile and baresthesia

　広義の触覚とは求心性情報を主体とする皮膚受容器の働きによる皮膚感覚，関節位置や筋運動の働きによる筋運動覚と脳からの遠心性信号に従って随意的に手指をコントロールする働きをあわせもつ皮膚感覚のフィードバックとしてのハプティクスに分類される[1]．圧や振動などの機械的刺激を受けて皮膚が変形すると，皮膚内に分布する機械受容器の周辺にひずみが生じ，受容器はひずみを電気信号に変換する．信号は求心性神経線維を伝導して大脳皮質の体性感覚野で基本的な処理がなされ，さらに連合野で他の情報とも統合されて複雑な触覚事象として体験される[2]．皮膚は日々新しく生まれ変わるため，皮膚が傷ついても再生される．加齢とともに弛みが出てくるが，耐久性に優れた組織である．

●**触圧覚の特性**　皮膚だけでなく筋，腱には触覚，圧覚，温冷覚，痛覚などの受容器がある．皮膚の触覚に関わる受容器は被膜に包まれた被包性軸索終末である．この被膜は刺激の変換には直接関わらないが，刺激に対する受容器の応答におけるフィルターとしての役割を果たしている．被包性軸索終末には次の5つがある．メルケル細胞，マイスナー小体，ルフィニ小体，パチニ小体，毛包受容器などが皮膚の変形や変位を検出し，皮膚に接触や圧などが加わったことの情報を大脳皮質の感覚野へ送ることにより発現する．また，自由神経終末は痛覚と関係しており，侵害刺激から身体を保護するためになくてはならない[3]．

　皮膚に点状の刺激を加えたとき，触れられた感覚を生じる部位を感覚点とよび，触（圧）点，温点，冷点，痛点がある．触点は顔面や指では $100/cm^2$ 存在するが，大腿では $11/cm^2$ といわれている．また，ヒトの手掌面には約1万7,000個の機械受容器が存在するとされている．これらの受容器は速順応型と遅順応型に分けられ，速順応型では刺激の初めと終わりのみに反応し，遅順応型では刺激が与えられている間，反応が持続する[3]．

　触覚には皮膚感覚と運動感覚がある．皮膚感覚は体表面のどの部位が刺激を受けたかを伝え，触られたという知覚に対応している．一方，運動感覚は身体の一部が動いたときの情報を伝え，筋，関節，皮膚の動きや変形から発現し，触るという知覚に対応する．それぞれ，受動触，能動触という．

　点字は凸状の普通文字より読み取りやすいことが知られているが，特に指先による能動触の優位性が示されている．指先による能動触の能力は加齢により低下する．また，10代，20代の盲人では健常者と比較して能動触の能力が優れている[4]．点字を読むときの触圧は未熟者では大きく，熟練者では小さくなる．通常は指を上下運動（鋸歯状，ピクピク，ギザギザ運動）させて点字を読むが，熟練

した盲人では,点字に触れただけでも読むことができる[5]. さらに,アルファベット文字を用いた能動触による手指触覚に関する研究によると,右利きの被験者では左手による成績の方が良いことが報告されている[6].

日常の活動が視覚系に依存している現代生活では,光の情報が断たれたとき,我々は音や皮膚からの情報を頼りに行動することになる. 視覚障がい者では,後頭葉の視覚領域が聴覚と触覚の領域に吸収され,聴覚と触覚の能力が向上する[7]. これはクロスモーダル可塑性といわれ,感覚には驚くべき潜在能力が存在している.

●**触覚の刺激閾** 触覚の閾値は鼻,唇,舌では低く,指や手でやや高く,腹部,腰部,背中などではさらに増大するとされている. 触覚の閾値について von Frey の刺激毛を用いた研究によると,女性の顔では,約 5 mg,男性の足指では 355 mg であると報告されている[4]. 顔面では皮膚が薄く変形が生じやすいため,閾値は低くなる.

圧刺激により刺激閾値を求めると体幹部と比較して,手足では高い値を示すが,振動刺激により刺激閾を調べた研究では,逆になると報告されている. また,振動刺激閾は振動周波数に依存しており,40 Hz 以上では閾値は低下し,230〜250 Hz で最も低くなる.

触覚の空間解像力については,二点弁別閾と定位の誤差が知られている. 2点間の空間距離を変えて触覚刺激をしたとき識別可能な2点間の最小距離を二点弁別閾という. 二点弁別閾は指先,指尖掌側,手背,前額,前腕および大腿などの体の部位により異なり,2〜67 mm の値を示す. スピアマン式触覚計により計測した二点弁別閾の測定結果を図1に示す. aは水平方向の測定値を示し,bは鉛直方向の測定値を示している[3]. 口唇や指先で弁別能力が優れているが,これは大脳皮質の体性感覚野における各当該部位の領域が広いことと関係している. 指では指尖から手掌方向へ向かって徐々に弁別閾は増大する. 手掌,手背,上腕などの計測値において,男性より女性でやや弁別閾が低い傾向にある. この性差のメカニズムは触覚受容器の段階で説明が難しい. 触れるあるいは触れられることの感受性の性差は触覚受容器より上位の中枢神経レベルの段階で生じる[8].

ドイツ人の第一指の二点弁別閾は2 mm であるが,アメリカ人の第一指についての計測結果は2.5 mm で,図1と大差がない. しかし,ドイツ人での手背では,31 mm,前腕では,41 mm,上腕では,67 mm と報告されており,筆者の計測結果と異なる. これは,前腕や上腕での計測部位が曖昧であること,測定時の温度の影響や受容器の分布の違い,年齢,性,人類集団などの属性では分類できない個人のタイプの違いが存在するためであると考えられる.

●**触感** 大森貝塚の発掘でも知られているエドワード・S・モースも記しているように,明治時代の日本人は半裸に近い姿で日常を過ごしていた. 半裸が日常の

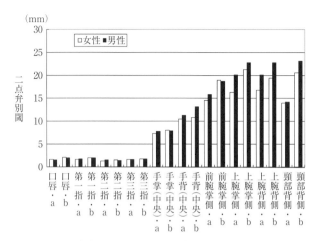

図1 皮膚の部位と二点弁別閾（出典：文献[3]より）

姿であった理由の1つは，当時の日本人が空気の肌ざわりのよさを知っていたからであると考えられている[9]．皮膚へ加わる刺激はこする，突く，押す，引っ張るなどが混合したものであり，肌ざわりを試すときには，衣類に手を触れ，さすったり，なでたり，もんだり，頬にあてたり，実際に着てみたりする．みずから触れることにより得られる能動触は受動触より感度が良い．

また，触感を中心とした布地の総合的な感覚評価基準に風合いがある．風合いが良い，悪い，シルク，ウールのような風合い，柔らかな，ごわごわしたなどの一般的評価がある．ほかに，しゃり，はり，こし，ねばりなどの布地を扱う専門家が使用する風合いの評価もある．風合いは主として触感を基準とした評価であるが，視覚や聴覚による表面の感じ，たるみや動き，摩擦音などから触感を予想することも可能である．一方，風合いの評価が手で触れることによって起こると考えられる性質が，視覚に依存しているとの指摘もある．

増山によると木材の性質としての「暖かさ」や「重さ」に関しては木材を直接みないで，丁寧に触れる方がよく判断できるといわれている[10]．これはオニグルマ，ヒノキ，スギ，ハルニレ，ミズナラ，ヤマザクラ，イヌエンジュおよびケヤキについて，それぞれ，葉書大で同等の厚さの板を用いて，手で触るだけの場合と触った後に見る場合での得られるイメージについて比較したデータより導かれた結論である．感覚器官の中で，視覚の発達の程度と比較すると，触覚は低級であると思われがちであるが，板がもっている性質の「暖かさ」や「重さ」については直接目で見るよりも，皮膚感覚のみで判断する方が良い評価が可能となる．

[原田　一]

温度感覚
thermal sensitivity

環境温度の変化により，皮膚や体内の温度受容器が刺激されることによって生じる温冷感のことを温度感覚という．

温度感覚はヒトの体温調節にとって非常に重要な役割をもつ．体温調節は，自律性体温調節，行動性体温調節および文化性体温調節により行われるが，温度感覚は行動性体温調節および文化性体温調節に大きな影響を与える．暑さを感じたときには，日陰に入ったり冷房をつけ，一方，寒さを感じたときに，日向に出て暖房を使用する．温度感覚は，皮膚の各種受容体により得られる．

皮膚には自由神経終末の温度受容器があり，これらの受容器上の皮膚表面には，明確に温覚と冷覚を示す点が存在し，温点と冷点とよばれる．人体の冷点は，温点よりも皮膚の浅いところにあり，温点よりも冷点の方が多く分布していることが知られている．すなわち，ヒトは寒さにより敏感である．人類が熱帯生まれで，寒さに弱いことと関連があろう．

長い間，生体の温度受容体については不明であったが，1997年に，哺乳類で初めて温度感受性分子のTRPチャネルが発見された[1]．TRPV1は最初に同定されたTRPチャネルであり，約43℃以上の温度で活性化する．皮膚温43℃はヒトが痛みを感じ始める温度であり[2]，豚の皮膚を使って決定された低温火傷の許容温度でもある[3]．TRPM8は，約28℃以下で活性化する冷刺激受容体である．メントール（ミント成分）を塗布するとTRPM8は活性化して，より高い温度で冷涼感が得られる．この現象を利用して，人体にメントールを塗布することにより，作業時の暑熱ストレスを軽減する試みが行われている[4]．

●**皮膚温度感受性の部位差と年齢差**　皮膚の温覚・冷覚に関する研究は，その測定手技の難しさもあり，多数の被験者や身体部位を対象とすることが難しかった．そこで田村照子は，皮膚とプローブ間の熱流速ゼロを基準として，ペルチェ素子を加温・冷却することで，温覚閾値・冷却閾値を独立して測定する熱流束方式温冷覚閾値計を開発した．この装置は，プローブを測定部位にあて，プローブ温度が接触部皮膚温と等しくなった後，降温または昇温させ，被験者が冷覚・温覚を感じた時点でスイッチを押してもらい，その温度を，温・冷覚閾値とするものである．内田と田村は，この装置を用いて，28℃室温下で，高齢女性28名と若年女性10名の温・冷覚閾値を身体28部位について測定した[5]．その結果，温・冷覚閾値は身体部位によって有意に異なり，顔面＜体幹部＜上下肢の順に増大していることを明らかにした．また，高齢女性の温・冷覚閾値は若年女性よりも有意に大きく，その程度は部位により異なり，下腿，足部で顕著であった．

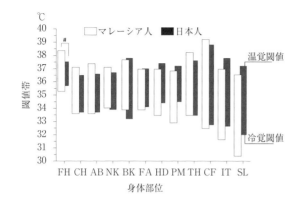

図1 マレーシア人と日本人の温・冷覚閾値と閾値帯（FH：前額，CH：胸，AB：腹，NK：首，BK：背，FA：前腕，HD：手背，PM：手掌，TH：大腿，CF：下腿，IT：足背，SL：足底）#：P＜0.1（出典：文献[7]より）

我々は，28℃と22℃室温で，高齢男性13名と若年男性12名の温覚閾値を身体9部位について測定した[6]．若年男性と比較して高齢男性の手，下腿および足部の温感閾値は，室温28℃，22℃条件でともに有意に大きい．高齢男性のみに，温感を得るための皮膚温上昇幅に室温差が認められ，22℃条件の方が有意に大きいことが認められた．高齢者の場合には，室温22℃では，下腿部に温感を得るための皮膚温は平均43.2℃であった．この値は，低温火傷を防止するための許容皮膚温43℃とほぼ一致しており，冷涼な環境では，高齢者の下腿部を高齢者が暖かいと感じるまで加温すると，低温火傷のリスクが高まることを示している．

●**皮膚温度感受性の出生地による差異**　人類学分野では長期の暑熱馴化に関する研究が重ねられ，熱帯地住民の暑熱暴露時の生理的特徴が多く報告されてきた．しかしながら，熱帯地住民の温度感覚や皮膚温度感受性の特徴に関する研究は少なく，特に皮膚温度感受性の脱馴化に関する研究は見当たらない．我々は，熱帯出生者の皮膚温度感受性の特徴を明らかにするために，マレーシア人青年男性10名を福岡に招き，福岡に居住する日本人青年男性10名と比較検討した[7]．室温28℃の条件下で，温冷覚閾値計を使用して身体12部位の温・冷覚閾値を測定した．図1に両群の温・冷覚閾値およびその範囲（閾値帯）を示した．マレーシア人の前額部温覚閾値は，日本人より0.9℃高く，マレーシア人の閾値帯は，背部を除き日本人よりも大きな値であった．マレーシア人の前額部温覚閾値が高い，すなわち暑さに敏感でないことは，ある種の暑熱適応と考えられる．高温下で作業する際に，熱帯出生者はあまり不快を感じずに行うことが可能となる．

　日本人男子学生11名と熱帯地に出生生育後に福岡に留学中の男子学生13名を対象に皮膚温度感受性の脱順化について実験検討した[8]．室温28℃下で，温冷覚閾値計を使用して，温・冷覚閾値を測定したところ，熱帯出生者の福岡滞在期間と温覚や冷覚の皮膚温度感受性の間には相関は認められなかった．熱帯出生者は少なくとも61か月の期間は温帯地域に居住しても，皮膚温度感受性の暑熱適応は低減しないことが明らかとなっている．

［栃原　裕］

方向感覚
sense of direction

　一般的に男性は方向感覚に優れているといわれている．方向感覚といってもその定義は立場によってさまざまであるが，心理学のある分野では「環境空間内を移動する際に，その空間をどれだけ良く認識しているのか，その自己評定」と定義されている[1]．方向感覚は空間認知機能の1つであると考えられるものの，これに関する研究はあまり多くない．そこで，本項では方向感覚との関連が指摘されている[2]，知的回転課題（mental rotation test：MRT）に着目する[3]．MRTは，2つ以上の2次元もしくは3次元物体をそれぞれが回転した状態で同時に呈示し，それらが同じ物体であるのかを判断させるものであり（図1），空間認知機能を評価する課題にはMRT以外にブロックデザイン課題やペーパーホールディング課題など複数の課題が存在する．しかし，それらの課題が同じ空間認知機能を評価しているのか疑問である．一方，本項で着目するMRTは行動心理学や神経科学といった幅広い研究領域で多く用いられている．空間認知機能の性差を調査した初期の研究ではハワイ在住の青年から成人期（14歳から53歳）までのすべての年齢層において男性で優れたMRT成績を報告している[4]．その後の研究でも同様の結果が確認され，空間認知機能に性差があることが知られるようになった．しかし，なぜ空間認知機能にこのような性差が存在するのだろうか．その成り立ちについて概説する．

●**生理学的作用**　ヒトの性は性染色体によって決定される．しかし，生殖器等の表現型の性分化には胎児期の高濃度のアンドロゲン放出（アンドロゲンシャワー）が必要であり，ヒトの性を決定するのは性染色体だけでなく，アンドロゲンといっ

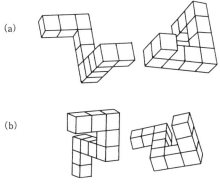

図1　知的回転テスト（出典：文献[16] p.330より）

た性ステロイドホルモンも重要となる．実際に，男児と同程度のアンドロゲン濃度を経験する先天性副腎皮質過形成の女児は，健常な女子に比べ，女子が好む玩具遊び（例えば人形やままごとなど）より男子が好む玩具遊び（例えばブロックを用いた建築的遊び）を選択する傾向にあることが報告されている[5]．また，成人においても社会的男性らしさや女性らしさを表す性役割アイデンティティ尺度の男性性スコアが高い女性は，低い女性よりもアンドロゲンの濃度が高いことも報告されている[6]．このように，アンドロゲンは遊び行動や性役割アイデンティティのようなヒトの心理・行動学的側面の男性化との関係が考えられていることから，男性が優位な空間認知機能との関係も調べられてきた．いくつかの研究では個人間のアンドロゲン（テストステロン）濃度と MRT 成績に正の相関が得られ[7]，個人間のアンドロゲン濃度と空間認知機能の関係を示唆する報告がなされた．しかしながら，その他いくつかの研究ではアンドロゲンと MRT 成績に相関がないとするもの[8]や，中程度のアンドロゲン濃度で最も高い MRT 成績となる逆 U 字の関係[9]など，アンドロゲンと MRT 成績との関係にはいくつかの矛盾した説が存在する．つまり，これらは空間認知機能の性差がアンドロゲンだけに由来するものではないことを示している．アンドロゲン以外の性ステロイドホルモンについても調べられているが[10]，いずれのホルモンも直接的な決定因子ではないようである．

●**社会・文化的作用** 性ステロイドホルモンのような生理学的要因以外に社会・文化的要因が空間認知機能の性差に重要であると考えられる．ある仮説によると，ヒトの脳機能の性差は長い人類史における生活上の性役割が重要な役割を果たしたのではないかといわれている[11]．この説によると，人類が狩猟採集を主な糧としていた時代，男性は主に獲物の狩猟を行い，女性は木の実などの採取を行っていたと考えられている．狩猟中の男性は長い時間をかけ獲物を探索し，追跡する必要があったため，方向感覚を含む地理的認識力，すなわち空間認知機能を発達させたのではないかと考えられている．その反面，女性は子供の育児があるため住居周辺の木の実を採取し，家事や育児を通して仲間や子供と頻繁にコミュニケーションを取り，その結果，言語能力を発達させたと考えられている．この説に対して，さまざまな意見があると思うが，実際に生活上に厳しい性役割を課している集団とそうでない集団では，空間認知機能の性差に違いがあることが報告されている．厳しい性役割をもつシエラレオネ共和国のテムネ族の女子は，同じテムネ族の男子と比べ空間認知課題が劣っているのに対して，性役割を厳しく課していないアラスカのイヌイット族の女子は男子と同程度の空間認知課題成績を示すことが報告されている[12]．つまり，環境に適応し，うまく生存するために性役割といった社会・文化的制約を集団内に形成してきたヒトは，その生存戦略に沿った能力を個々人に求めた結果，空間認知機能のような脳機能の性差を成立さ

せていったのではないかと考えられる．

　先述したように空間認知機能の性差は，Y染色体のような遺伝的要因や性ステロイドホルモンのような生理的要因によるものではなく，男女ともに機能的に潜在しており，それが空間的活動や経験によって引き出されると思われる．例えば，スポーツや芸術などの空間的活動を経験した女子大学生は経験のない女子大学生よりもMRTの成績が高かったことが報告されている[13]．また，8～9歳の男女児童に空間認知を必要とするゲームを行わせることで，ゲームを行わせる前よりもMRTの成績が向上したことも報告されている[14]．さらに，チンパンジーにMRTを行わせた実験によると[15]，チンパンジーは2つの物体の回転角度差が90度で最も成績が悪く，最も回転角度差が大きい180度は2つの物体が同じ方向を向いている0度と同じ成績であったことが報告されている．一般的にヒトでは2つの物体の回転角度差が大きくなるにつれて成績が悪くなり，180度で最低成績となる．これは，ヒトが地上生活をする動物であるため，生活上において上下方向の規制が強いのに対して，チンパンジーは半地上・半樹上生活を行う動物であり，普段から上下方向に対する規制の少ない環境で生活しているためと考えられる．つまり，ヒトとチンパンジーとの日常的に経験する視覚情報の違いが反映されているのかもしれない．したがって，先ほどのテムネ族とイヌイット族における空間認知機能の性差の違いは，それぞれの集団における性役割の違いによって，日常の空間的活動経験が異なり，その経験の男女差によってもたらされたものではないかと思われる．

　このように空間的活動経験が空間認知機能に作用することが報告されているものの，先述した女子大学生で認められた空間的活動経験と空間認知機能の関係が男子大学生においては認められておらず，空間認知機能の性差がどのように成り立つのかいまだ不明な点は多い．しかし，性役割のような社会・文化的要因が空間認知機能の性差に寄与していることは間違いないといえるだろう．現在，先進国の多くでは，女性の社会進出や男性の育児参加といった男女共同参画が進められ，社会における性役割が低下している．また，最近では自動車やスマートフォンのナビゲーションシステムが普及し，自身の方向感覚や地理的認識力に頼らずとも見知らぬ目的地へたどり着くことができるようになった．このような社会では，古くからある"女性らしさ"や"男性らしさ"が失われるとともに方向感覚の性差も減少し，さらにはヒトの空間認知機能自体が衰えていくのかもしれない．

〔小崎智照〕

平衡感覚
sense of equilibrium

ヒトは,重力環境下での姿勢保持や身体動作時において,頭部および身体を空間的に定位させるように,生体に生じる傾きや回転方向加速度などの情報を処理している.この際,重力方向と生体の相対的な位置関係を察知する感覚を平衡感覚という.ヒト特有の直立二足立位による姿勢の獲得は,脳容量の増大,咽頭空間の増大による発話,上肢の開放による道具の製作などを可能とし,多くの適応上の意義を与えたとされる[1].その一方で,体節の多分節性を伴う身体重心位置の高位化は,時には生命の危機につながる転倒の危険性を高めたことから,ヒトの平衡感覚の制御系は個体の生命維持という観点からも重要な意味を有する.

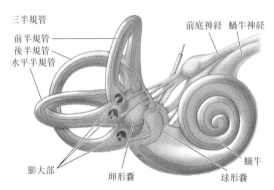

図1 三半規管と各半規管の感知する回転軸(出典:文献[2]より改変)

●**平衡感覚とは** 狭義の平衡感覚は前庭感覚と同義にとらえられる.前庭感覚の感覚受容器は,内耳にある3つの骨性半規管(三半規管)と2つの耳石器によって構成される.三半規管は回転により生じる角加速度の受容器であり,それぞれが相対的に約90°傾いている.水平半規管は,頭部の水平面の回転運動により生じる角加速度を,また前半規管と後半規管はこれに直交する方向の回転角加速度をそれぞれ感知し,頭部に生じる回転運動を3軸で感知することが可能である[2](図1).一方で耳石器には卵形嚢と球形嚢の2種類があり,直線加速度と傾きを感知する.卵形嚢は主として頭部の左右方向,球形嚢は上下および前後方向の直線加速度を感知している.また,広義の平衡感覚は前庭感覚以外にも固有受容性感覚,視覚等の影響を受ける.皮膚,筋肉,関節などに存在する固有受容器からの情報および視覚情報は,前庭感覚と相補的な関係性を有しながら,身体の平衡を維持する機能において重要な役割を果たしている.このように平衡感覚は多感覚の統合によって成立している[2].無重力環境下では,耳石器と三半規管,また視覚および固有受容性感覚と前庭感覚との相互調整が重力環境下と異なるため,感覚統合上の混乱が生じる.これが一般的に宇宙酔

いとよばれる宇宙動揺病の原因の1つとされている[3]．一方でヒトが重力環境下で身体の平衡を保つためには，種々の姿勢反射が関与する．代表的なものとして，頭部を空間内で定位させるように働く前庭動眼反射や，頭位に対して身体を相対的に定位させるように調整する緊張性迷路反射，緊張性頚反射，身体を空間内で鉛直方向に保つように働く前庭脊髄反射などがある[3]．

●**平衡感覚の神経機構**　前庭感覚器官の信号は内耳神経中の前庭神経を介し，脳幹部（橋・延髄）にある前庭神経核に入力される．前庭神経核からの出力は，主として視床後外側腹側核から島皮質に投射され，最終的には大脳皮質における側頭頭頂接合部を中心とした頭頂島前庭皮質（PIVC）を構成する[4]（図2）．この経路の中で視床後外側腹側核，島皮質は中枢神経性の平衡感覚において重要な役割を果たす．視床後外側腹側核は，脳卒中後に平衡感覚異常を来すプッシャー症候群における責任病巣の1つとして重要視されている[5]．また島皮質には，固有受容性感覚からの入力だけでなく，自律神経系の応答と密接な関係を有する内受容性感覚もあわせて入力される．島皮質は情動系にも関与しており，平衡感覚が身体のバランス機能のみならず，情動的側面も含めてヒトの思考や行動に影響を与えることが示唆されている[6]．

［跡見友章］

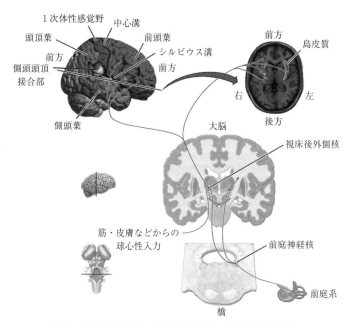

図2　平衡感覚に関する神経機構（出典：文献[2]より改変）

時間感覚
time sense

　我々は一様に流れる客観的な物理学的時間とは異なる時間を日々感じている．このような主観的な時間経過の感覚を時間感覚という．時間には視覚，聴覚のような特定の感覚器はないが，物理的刺激の中にある時間情報を処理し心理的時間あるいは主観的時間が生まれると考えられる．時間感覚に関する研究は心理学分野を中心にこれまで多くの研究が行われてきており，比較的短い数秒から数分程度に対する時間知覚とそれ以上の時間評価に分けて議論されることが多いが，ここでは両者をまとめて時間感覚として述べる．

●**研究方法**　時間感覚の研究には主として，再生法，言語的見積り法，作成法が用いられることが多い．再生法は，経験した時間と同じ長さになるように，評価者がキーを押すなどして時間を再生する方法である．言語的見積り法は，経験した時間を秒・分などの常用時間単位を用いて見積る方法である．作成法は秒・分などの常用時間単位を用いて提示された時間の長さに対し評価者がその時間と主観的に等しいと思う時間を作成する方法である．いずれの方法に対しても，評価者は特定の時間経過について事前に判断を求められることを知っており，時間の経過を意識して行う予期的時間評価と，何らかの課題を実施した後，その課題に要した時間の長さについて評価を求められる追想的時間評価がある．それぞれの方法において，評価者の注意や記憶の関与が異なるので，研究目的に応じた方法を選択することが必要である．

●**時間評価のモデル**　時間評価を行う手がかりである時間情報によって2つのモデルが考えられている．判断すべき時間の間に処理されたパルスや単位時間の数をその手がかりとする感覚的処理モデルと，記憶の中に蓄えられた情報処理の結果を手がかりとする認知的処理モデルである．一般的に感覚的処理モデルは短い時間に，認知的処理モデルは長い時間に適用されている．また予期的時間評価は感覚的処理モデルが，追想的時間評価は認知的処理モデルが考えられている．

　感覚的処理モデルは，ヒトを含む生物は生得的に生体内に内的タイマーをもっており，そのタイマーから発生したパルスの数[1][2]，あるいは一定の単位時間（時間量子）を仮定してある時間の間にいくつの単位時間が存在したかという数[3][4]によって時間が評価されるという考え方である．この内的タイマーの代表として視交叉上核がつくり出す周期約24時間の生物時計がある．1933年ハドソン・ホグランド[5]は，熱化学反応をもとに体温がもたらす脳内の酸化新陳代謝速度が内的タイマーの進みに関わり時間評価に影響すると考察した．時間評価の日内変動が，直腸温変化と負の相関傾向をもつと報告したユルゲン・アショフ[6]をはじめ，

生物時計における体温[7][8]やエネルギー代謝[9]変化との関係も指摘されている（図1）．またある時点の体温だけでなく，体温と生理的目的であるセットポイントとの差であるロードエラー変化に注目した報告[10]もある．

内的タイマーとして，視交叉上核がつくり出す生物時計以外に比較的短い時間を推し測るタイマーの存在も考えられ[11]，α波[12]，心拍や呼吸[13]，基底核や小脳が関わる神経インパルスなど[14][15]が提案されているが，メカニズムについては不明な点も多い．内的タイマーに影響を与える外部要因例として，高・低照度光[16]や色光[17]などの光環境や，興奮剤・鎮静剤などの薬物効果[18]がある．

認知的処理モデルには，情報の処理結果が記憶に保持される量に注目した蓄積容量説または

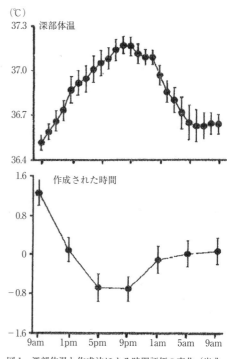

図1　深部体温と作成法による時間評価の変化（出典：文献[8]より）

記憶-蓄積モデルと，時間経過の中でその情報に含まれている変化をどの程度意識できたかという処理結果をもとにする記憶-変化モデルがある．またそれら単一モデルでは相反するような結果も多いことから複合的なプロセスを考えるモデルも提唱されている[19]．認知的処理モデルの例として，注意[20]，知覚様相[21]，刺激のまとまり[22]，刺激の頻度[23]，認知的課題の難易度[24]などの報告がある．その他，恐怖や緊張[25]などの影響も知られている．

●**年齢と時間感覚**　加齢による時間感覚変化の報告は多いが，その傾向は一定ではない．情報処理の効率や処理速度の低下が内的タイマーの進行を低下させること[26]や，注意やワーキングメモリー損傷の影響[27]などが異なった結果を生むと考えられるがメカニズムは明確ではない．一方，子どもの時間感覚についてはその評価に事象の数，知覚の様相の影響が大きいことが指摘されているが，測定方法の困難さなどから報告例は少ない[21]．　　　　　　　　　　　　　　　　［森田　健］

重量感覚
weight perception

　重量感覚は，物を持ち上げたときに生ずる感覚（または知覚）[1]，あるいは皮膚または筋の感覚による重量の認知[2]を意味する．また，重量感覚は重量覚，あるいは重量知覚ともよばれ，深部感覚の1つである抵抗感覚の一種である．深部感覚とは，身体の姿勢を意識するための感覚であり，筋・腱・骨膜などから生じる圧や痛みの感覚である[3]．深部感覚には，抵抗感覚以外に，位置感覚，運動感覚，振動感覚などがある．位置感覚は手足の相対的位置の感覚であり，運動感覚は身体各部の相対的運動の感覚である[3]．振動感覚は体に触れている物，または近くにある物の振動を感じる能力である[4]．抵抗感覚は，物を持ち上げたり引っ張ったときに受ける感覚であり，力感覚，筋感覚とも密接な関係がある[1]．

　重量感覚は，12か月の乳児ももっているということが報告されており[5]，ヒトに非常に重要な能力であるといえる．

　深部感覚の受容器には筋紡錘，腱紡錘がある．筋が受動的に伸張される場合は筋紡錘と腱紡錘の両方からインパルスが発生する[6]．筋が能動的に収縮する場合は，筋紡錘の方はインパルスが抑制される反面，腱紡錘の方はインパルスを発生する[6]．このように生じたインパルスによって筋の状態が大脳皮質に伝わり，深部感覚が生じる[6]．

●ウェーバー-フェヒナーの法則とスティーブンスのべき法則　重量感覚に関する研究は1834年，心理学分野でエルンスト・ウェーバーにより始まった．ウェーバーはヒトが感じる重さが，物体の実際の重量とどのように関連するかについて研究した．その結果として，彼は，同種の刺激を変化させたとき，その差に気づくことができる最小の刺激差（弁別閾）は，その刺激の重量に比例すると主張した．例えば，重量が100gの物体があり，この物体と重量の区別ができる物体は105g以上であるとすれば，このときの弁別閾は5gとなる．もし，この物体の重量が2倍の200gになると，弁別閾も2倍の10gになり，この物体は210g以上の物体と区別できるようになる．これを，ウェーバーの法則とよぶ．

　その後，グスタフ・フェヒナーは，このウェーバーの法則の式をより理論的に整理し，フェヒナーの法則として定式化した．感覚をS，刺激の強さをRにすると，フェヒナーの法則は以下のようになる．

　　　$S = K \log R$ （Kは定数）

このフェヒナーの法則は，外部からの刺激と内部の感覚を定量化する学問である心理物理学の創始に大きい影響を与えたといわれる[7]．フェヒナーの法則とウェーバーの法則を統合したものが，ウェーバー-フェヒナーの法則である．

その後,スタンレー・スティーブンスは,刺激の強さと感覚との関係をより確立させ,スティーブンスのべき法則を提唱した.上述したフェヒナーの法則のように感覚を R, 刺激の強さを S にすると,スティーブンスのべき法則は以下のようになる.

$$R = aS^b \quad (a と b は定数)$$

b は感覚によって異なる[7].例えば,重さの場合 b は 1.45,電気刺激の場合 3.5,声の場合 1.1 となる[7].

●**重量感覚に影響を及ぼす要素**　我々が認知した重量と,実際の重量とは必ずしも一致しない.これは物体のさまざまな性質が重量感覚に影響を及ぼすためである.その体表的な例が大きさによる錯覚である.この現象は,重量は同じであるが大きさは異なる2つの物体がある場合,ヒトは小さい物体をより重く感じることを示す[8][9](図1).近年,この大きさによる錯覚現象の神経科学的メカニズムを fMRI を用いて調べた研究がある[10].この研究で,1次運動野は物体の質量の変化に対して活性化し,感覚野は物体の大きさの変化に対して活性化した.一方,腹側運動前野は,被験者が同じ質量の二つの物体を異なる質量として認識した際活性化した[10].このことから,重量感覚は,1次運動野で処理された物体の実際の質量と感覚野で処理された物体の大きさが,統合される過程で生じる可能性が考えられる[10].

物体の大きさだけではなく,物体の色も重量感覚に影響を及ぼす.一般的に暗い色は重く知覚される反面,明るい色は軽く知覚されるといわれている[11][12].さらに心理学分野の実験で,被験者は赤色と黒色の物体を実際より重く認知した反面,黄色と青色の物体を実際より軽く知覚した[11].このような現象を色による錯覚とよぶ.

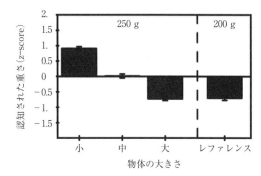

図1　「大きさによる錯覚」に関する実験.重さが250gで同じであるが大きさは異なる3つの物体がある場合,大きさが小さいほどもっと重いと認知する(出典:文献[9] Fig.2 より改変)

物体の素材も重量感覚に影響を及ぼす.高密度の素材の物体は,重量は同じであるが低密度の素材の物体に比べ軽く認知される[13].これを素材による錯覚とよぶ.

最後に,物体を持ち上げる時の握り方の違いにより,重量感覚が変わることがわかっている.物体を握る面積が小さい際に比べ,物体を握る面積が大きい際に,人は物体をより軽く認知する[14].

　　　　　　　　　　　　　　　　　　　　　　　　　　　　　　　　　　　　　　　[崔　多美]

感覚の年齢差・性差
sex and age differences in sensory functions

　視覚や聴覚といったヒトの感覚には年齢差や性差が存在するものがある．年齢差は主に加齢に伴う機能低下によるものであり，多くの感覚で確認される．それに対して性差は性染色体やホルモンといった体内環境によるものであり，いくつかの感覚で認められる．

●**感覚の年齢差**　最も一般的に知られているものの1つに視力があげられる．眼疾のない健常な人では，45歳あたりから視力が低下し始める[1]．この加齢による視力低下は，水晶体が黄濁もしくは白濁すること（白内障）による透過率の低下が主な原因として考えられている[2]．よって，加齢に伴う視力低下は白内障の眼内レンズ挿入術によって回復することが多い．加齢による視力低下には水晶体の透過性低下以外に視覚伝導路の機能低下[1]や加齢性縮瞳[3]，調節力（ピント合わせ）の低下[4]なども要因として考えられている．次に色覚も加齢による変化が知られており[5][6]，90歳近くでは正確に色を判断するのは半数以下と報告されている[7]．この加齢に伴う色覚低下も水晶体の透過率と関係する．

　ヒトは一般的に60歳以上になると聞こえに不自由を感じる老人性難聴になる．その発生頻度は30～60%と幅広い[8]．生活環境での騒音が少ない集団では聴力の低下が小さいことが報告されていることから[9]，老人性難聴の程度は環境騒音による影響を受けると考えられる．老人性難聴は高音域が著しく，低音域は比較的保たれる[10]．主に感覚細胞性と蝸牛神経性の障害が老人性難聴の原因として考えられている[11]．感覚細胞性とは蝸牛の基底回転の有毛細胞と支持細胞の消失であり，蝸牛神経性とは蝸牛ニューロンの減少や消失である．以上の2部位の障害以外にも蝸牛血管条性や内耳伝音障害も要因としてあげられ，老人性難聴は上記の4部位の障害のうち2つ以上の部位の障害を重複・混合している．

　嗅覚でも加齢による変化が報告されており，高齢者は若年者に比べ嗅覚閾値が高く[12]，においの質の弁別能力が低いことが報告されている[13]．

　以上，多くの感覚で加齢に伴う変化が認められているものの，味覚は他の感覚と異なり，加齢による明確な変化は認められないようである．一部の研究では加齢による味覚の情報処理機能の低下[14]や高齢者になると唾液そのものの味が慢性的に高くなり低濃度の味を識別しにくくなること[15]が報告されている．しかし，味覚の加齢変化には疾患時の薬剤や唾液量の低下など個人的な背景が大きく影響しているため，高齢者の味覚は若年者に比べ個人差が大きく，高齢者の中には若年者と同程度の味覚をもつ人もいる．

●**感覚の性差**　感覚の性差として最も知られているものに色覚異常の性差があげ

られる．色覚異常の人口比は男性で8～4%程度であり，女性で0.6～0.4%程度と男女間で著しく異なる．これは赤色と緑色に感度のピークをもつL錐体とM錐体の視物質タンパク（以下，オプシン）をコードする遺伝子が関係する．このオプシンの遺伝子は性染色体のX染色体だけに存在し，しかも伴性劣性遺伝である．つまり，X染色体を1つしかもたない男性は異常な遺伝子を受け継げば発症するが，女性はX染色体が2つあるため，2つのX染色体上の遺伝子がどちらも異常（ホモ接合体）でなければ発症しない．しかし，ごくまれではあるがヘテロ接合体女性でも色覚異常者が存在するため，伴性劣性遺伝だけでは説明ができない．女性の身体を構成する各細胞では，どちらか一方のX染色体が不活性化され，もう一方のX染色体の遺伝子しか発現しない．どちらのX染色体の遺伝子が発現するのかは発生の過程でランダムに決定される．したがって，ヘテロ接合体女性の網膜上には正常な細胞と異常な細胞がランダムに存在する．この異常な細胞が視野の中心である網膜の黄斑部にある一定以上の数で存在する場合には色覚異常が現れる可能性がある．ただし，異常な細胞が網膜上に存在していても，それが色を識別しにくい視野の周辺である場合や，視野の中心である網膜の黄斑部に存在しても正常な細胞と入り混じっている場合には正常な細胞によって補間されるため色覚異常が現れにくいと考えられている[16]．

次に，嗅覚の一部にも性差が報告されている．いくつかの研究より[17]，女性は男性に比べ嗅覚が敏感であることが報告されている．これには女性は男性よりもにおいへの関心や学習の機会が高いことが関係していると考えられる．しかし，一部の研究では，閉経前の女性はニオイ刺激の反復呈示によって閾値が低下するものの，閉経女性や男性ではそのような閾値の低下が起きなかったことが報告されており，女性ホルモンの関係も示唆されている[18]．女性ホルモンは嗅覚だけでなく味覚にも関係することが報告されている．女性は性周期[19]や妊娠[20]によっていくつかの味覚変化が報告されており，女性ホルモン（エストロゲンやプロゲステロン）との関係が示唆されている[21]．

上記した以外の感覚でも性差が報告されている．例えば，空間認知能は男性で優れた性差が認められている（「方向感覚」参照）．もちろん，これらの感覚の性差はすべての男性と女性の間に絶対的な差があるというものではないが，男女の分布の中心にずれが存在する．本項で取り上げた女性で少ない色覚異常発症率や敏感な嗅覚と味覚は性役割に関係していると思われる．妊娠し授乳する女性は，男性よりも栄養価が高く有毒性の低い食物を摂取することが子孫を多く残すことに求められただろう．そのため，女性は糖に関係する「甘み」や毒物に関係する「渋み」や「苦味」の感受性が妊娠期において敏感になると思われる．また，色覚も適した食物を外見で判断するために必要な能力であると思われる．これら感覚における性差は適応戦略上の性淘汰によって得られたものであろう． [小崎智照]

特殊感覚の法則
law of special sensation

　感覚の種類は刺激の種類によるのではなく，感覚受容器のある組織により特殊感覚，体性感覚，内臓感覚に分類できる．この中で特殊感覚とは感覚器（眼，耳，鼻，舌）に属する感覚受容器の興奮によって生じる感覚であり，感覚器が身体の限局した場所にのみあるという特徴がある．この特殊感覚には視覚，聴覚，平衡感覚，嗅覚，味覚がある．これらの感覚は各感覚器に特化した求心性神経とつながっており，その神経が各感覚器の興奮を伝達することによって特定の大脳皮質感覚野が賦活され，感覚が生じるのである．特殊感覚における事象を説明できる2つの法則がある．特殊感覚エネルギーの法則と投射の法則である．前者はどのような神経機構が我々に各々の感覚をもたらすのかを説明しており，後者は感覚が特定の脳領域で生じるにも関わらず，感覚が発生源に生じたかのように感じる現象を説明している．またどの程度の感覚エネルギー（刺激の強さ）がどの程度反応（感覚の強さ）を起こすのかといった感覚刺激と反応（感覚）との関係を説明する法則がいくつかある．代表的な法則としてウェーバーの法則，フェヒナーの法則が良く知られている．これらの法則は特殊感覚のみならず，諸感覚において適用される．

●**特殊感覚エネルギーの法則**　1837年ドイツの生理・解剖学者ヨハネスP. ミュラーは，各感覚受容器はその感覚特有の感覚エネルギーを持っており，受容器から大脳皮質までの感覚系統において，そのどの部分に，どのような種類の刺激を活性化させても，その感覚系統に固有の特定の感覚が生ずると考えた．これを特殊感覚エネルギーの法則という．言い換えれば，感覚は与えられた刺激の種類によって決まるのではなく，どの感覚受容器が興奮したかによって決まるということである．たとえば，目を圧迫することで光を感じとることができる．または，味受容器のある味蕾を電気刺激することで，酸味またはアルカリ性の味を感じることができる．つまり，視覚，聴覚等の感覚は各々の感覚受容器及び感覚受容器の興奮を伝達する求心性神経が刺激をうけて生じるものであり，外界の事物そのものには視覚的，聴覚的実体はないといえる．言い換えれば，ヒトは視神経の活動を見て，聴神経の活動を聞くということである．

　このような法則を別の角度から考えると，ある場合には緑色を，ある場合はせせらぎの音を，ある場合はヒノキの香りを伝達する神経は存在しない．各々の感覚受容器の興奮は特定の感覚情報のみを伝達する．各感覚受容器はそれぞれの刺激に敏感に反応して活動電位を発生させ，それ以外の刺激にはあまり反応しないという特性をもつ．その感覚受容器が敏感に反応する刺激を，その受容器の適刺

激という．網膜の杆体細胞・錐体細胞に対して光，蝸牛の有毛細胞に対して音などがある．そして，それ以外の刺激，つまりある受容器または感覚神経に適刺激ではない刺激をその受容器の不適刺激という．しかし，不適刺激でも感覚が生じる場合がある．上記に示したように，目を圧迫すること（不適刺激）で光を感じとることができる．特殊感覚エネルギーの法則によるものである．

●**投射の法則**　実際感覚が生じているのは大脳皮質感覚野であり，大脳皮質感覚野ニューロンが興奮することによる．しかし感覚は多くの場合，刺激の発生源で生じたように感じられる．この現象を投射の法則といい，主に視覚や聴覚のような遠隔受容器に生じる．視覚では光源に，聴覚では音源に感覚は投射される．接触受容器による触覚においても投射される．

　感覚が大脳皮質で生じることの例として幻影肢がある．体肢切断者は残存肢の切断端に刺激を受けたり，あるいは切断された神経の関与する中枢神経経路に興奮が生じると，既に失われた肢の感覚（触覚や痛覚など）が生じることがある．大脳皮質までの感覚経路のどの部位が刺激されても感覚が生じることが分かる．しかし，この現象は8～10歳以後の切断者に認められており，それ以下は大脳皮質感覚野に身体像が完全に形成されていないため起こらないという．つまり，大脳皮質感覚野の発達の程度により，同様の刺激に暴露されても異なる感覚が生じえる．

●**ウェーバーの法則**　物理的な刺激に対して感覚として知覚できる最小強度を閾値という．閾値は大きく2つに分けられる．1つは感覚量として知覚できる刺激の最小量のことを指す刺激閾で，もう1つは2つの刺激の間でその刺激量の違いを感覚量として知覚できる最少差を指す弁別閾である．弁別閾に関してはいくつかの法則が見出されている．

　エルンスト・ウェーバーは，2つの異なった強度をもつ刺激を比較した時，感覚の強さを識別しうる差が生じるに必要な弁別閾（ΔI）は刺激強度（I）の差ではなく，一定の比 $\Delta I/I = C$（一定値）で変化することを見出した（ウェーバーの法則）．この式の $\Delta I/I$ をウェーバー比という．このウェーバー比が小さいほど弁別能が良いことを意味する．つまり，刺激の強度が大きくなるほど感覚は鈍くなることも説明している．

●**フェヒナーの法則**　グスタフ・フェヒナーは弁別閾を感覚単位として仮定し，感覚の強さ（S）は刺激の強さ（I）の対数に比例（$S = k\log(I)$）することを見出した．つまり感覚は物理量（刺激の強さ）が極小であると生じず，一定値を超えるとほとんど増大しない．

［金ヨンキュ］

共感覚
synesthesia

　共感覚とは，ある感覚器官に対する刺激に対して通常知覚するべき感覚だけでなく，異なる種類の感覚が同時に生じる現象をいう[1]．例えば，音を聞いたときに色を感じたり，味に対し形を感じたりすることである．共感覚者は物心ついたときからきわめて自然な感覚として共感覚をもつとされる[2]．DSM（精神障害診断便覧）やICD（国際疾病分類）には掲載されず，共感覚自体が多様かつ主観的な感覚であることから，定義することが難しいとされる．リチャード・E・サイトウィックは，共感覚の診断的基準を次のように示している[3]．①共感覚のイメージは空間的な広がりをもつ．②共感覚は無意識的・自動的に起こる．③共感覚は一貫性がある．④共感覚は印象的である．⑤共感覚は情動と関連する．

●**共感覚の種類・出現率**　共感覚にはさまざまな種類があるため，その形態はしばしば「共感覚を誘発する刺激→生じる感覚」として記述される．例えば最も出現率の高い，文字（書記素：graphem）に色（color）がついて見える共感覚は「grapheme→color」と表現される．ほかに多くみられる共感覚は「時間単位（曜日や月など）→色」「音→色」があげられる．珍しいものでは「音→味」「味→触感」「感情→色」「嗅覚→音」など多種多様である[3]．さらに，同じ「文字→色」共感覚者同士であっても，同じ文字に対して感じる色は異なる．

　また，共感覚の感じ方にも2種類のタイプがある．まず投影型（Projector）とよばれる，現実の空間や文字に色がついて見えるタイプである．もう1つは連想型（Asocciator）で，頭の中で色や形などを感じるタイプである．大多数が後者である．「Projector」の場合は，脳の低次の領域（1次視覚野や聴覚野など）の間に強い結合があり，「Associator」の場合は，より高次の領域（言語野など）が関わっていると考えられている[4]．

　共感覚の出現率は人口の0.05～4%，また男女比についても1:3～1:6と調査により異なる値が報告されている[5]．これは共感覚が多様な様相を示し，生得的な感覚であるため本人に共感覚者である自覚がない場合もあることから，被験者の収集手段等によってサンプリングバイアスが生じやすいためである．現在，何らかの共感覚をもつ人は23人に1人，性差はほとんどない[5]という説が支持されている．

●**共感覚の遺伝的要素・学習的要素**　共感覚者の1親等以内の親族に42%の確率で他の共感覚者が存在することから，共感覚が遺伝的背景をもち，共感覚者を含む家系研究により共感覚の遺伝子はX染色体上にあると考えられていた．しかしながら近年の研究における遺伝子解析の結果，X染色体と共感覚の間には有

意な関連がみられないが,「文字の配列から色を感じる」共感覚と 16 番染色体の関連は示唆された[3].

　一方で,一卵性双生児が異なる共感覚を獲得するという知見[6]から,共感覚のすべてが遺伝子によって決まる訳ではなく,新生児〜幼児期の経験も共感覚の形成に影響するのではないかといわれている.例えば,日本語の色字共感覚者において,「1」と「一」のように意味概念を共有する文字は類似した共感覚色を喚起しやすいという報告がある[7].すなわち,少なくともこの種の共感覚は漢字やその他記号からの意味情報を統合できる発達段階において獲得されたとの推測が可能である.

●**神経学的メカニズム**　共感覚の発生メカニズムには 2 つの仮説がある.1 つ目は,各感覚野の間に直接つながりがあることによって共感覚が生じるとするものである.通常の成人の脳では,視覚野,聴覚野など脳の機能が分かれて局在している.一方で共感覚者の脳では,領域が十分に分かれていないため,例えば音を聴いたときに視覚野が活動するなどして同時に複数の感覚を体験するのではないかと考えられている.実際に,文字に色がついて感じる共感覚者の脳は,通常の成人の脳に比べ,下側頭回などいくつかの領域における神経線維の結合が強いことが拡散テンソル画像法を用いた研究で報告されている.この原因としては,発達の初期段階において未分化な脳領域が分化する際のシナプスの刈り込みが十分に行われないことによるという説がある[8].2 つ目の仮説は,脳の高次の領域から低次の領域へ送られる神経細胞活動のフィードバックが共感覚に関係しているとするものである.通常であれば高次領域から関係のない感覚野に向けたフィードバックは抑制されている.一方で共感覚者においては何らかの原因により抑制が起こらず,高次の領域を介して感覚野同士が互いに影響することによって複数の感覚を同時に感じると考えられている[9].

　したがって,共感覚をもたない成人においても,長期間の目隠し[10]や LSD の投与[11]など,何らかの原因で複数の感覚野へのフィードバックが抑制されなくなった場合は,共感覚的な現象が起こることが示唆されている.特殊な例を持ち出すまでもなく,日常的に用いられる比喩には「黄色い声」「柔らかな味」など共感覚的表現が多くみられる.これは通様相性(インターモダリティ)とよばれる,異なる感覚刺激から同一の質的感覚を得る知覚現象が非共感覚者においても存在しているため可能な表現である.従来,この通様相性と共感覚はまったく異なるものとみなされていたが,近年数多くの類似性が認められ,ある程度は神経学的メカニズムを共有するものではないかとの見方がある[12].共感覚についての研究は,人口の数 % のヒトが体験する特殊な知覚について明らかにするにとどまらず,ヒトの認知機能,ひいては言語や抽象的・創造的思考の進化・発達への知見につながるものであるといえる.

〔本井　碧〕

感覚の統合
cross-modal integration

　感覚の統合（クロスモーダル統合）とは，複数の感覚情報が集まって1つの情報として受け取られることを意味している．ここで述べる「感覚の統合」は，「感覚統合障害」や「感覚統合療法」に関することではなく，五感の情報処理に関する現象である．

　古くには，五感は各々独立的なものと考えられており，その五感に対する単独の検討がなされているのみであった．しかし現在では，五感がそれぞれ独立して処理されているのではないと考えられる現象が報告され，複数の感覚による情報が入力された場合の感覚の統合についての研究が進んでいる．

　感覚の統合過程において，複数の感覚が互いに干渉する感覚間の相互作用の存在が知られている．感覚間の相互作用は，視覚と聴覚，視覚と嗅覚や味覚などの間に生じることが明らかになっている．

●**クロスモダリティ**　モダリティという言葉は，もともと感覚の主観的経験（様相）の違いを表す用語であったが，視覚，聴覚，触覚などの感覚の種類を表す一般的用語としても使われるようになった[1]．しかし，これらのモダリティは上で述べたように，互いに独立して感じられるのではなく，それぞれのモダリティが互いに干渉する．これが，感覚の統合（クロスモダリティ）という．脳は，マルチモーダルな情報を積極的に利用し，かつ異なるモダリティからの情報が整合するような統合を行っている[2]ため，クロスモダリティが起きると考えられる．

●**共感覚**　音を聞くと色を感じ，音の種類によって違った色を感じるといった「色聴」とよばれる特異現象が知られている．このように1つの感覚モダリティの刺激によって別の感覚が不随意的に引き起こされる現象を「共感覚」という．共感覚には多用な種類があるが，最も多いのが文字や数字に色を感じる「色字共感覚」である．次に多い共感覚が，音を聞くと色が見える「色聴共感覚」である[3]．これらのように，色と聴覚の共感覚は，クロスモダリティによって起こる現象の典型例である．

●**視覚と聴覚の相互作用**　視覚と聴覚のクロスモダリティでは，口の動きの映像が音声の聞こえ方に影響するマガーク効果という現象が知られている[4]．映像中では話者の口は/ga/と言っているのに，スピーカから/pa/の音が流れるようにする．この場合，H. マガークとJ. マクドナルドがテストしたイギリス人の成人は，ほとんど全員が/ta/というような第3の音に聞こえたと報告した．一方，目を閉じて音声だけを聞けば，/pa/は聴覚的に正しく/pa/と知覚されていたことが確認されている[2]．ただし，マガーク効果は日本人と日本語では，起こりにく

いとの報告もある[5].

音源定位における「腹話術効果」は，人形を使った腹話術において，声が人形の方向から聞こえるように感じる現象である．腹話術効果のように，視覚情報が音源定位に与える効果は，映像と音像の間にも知られている[6].

マガーク効果や腹話術効果は，視覚が聴覚に対して優位に作用する現象であるが，聴覚の方が時間分解能に優れ，時間領域の知覚においては聴覚の方が視覚に対して優位に働くという報告[7]もある．

●**反応時間に現れる感覚間促進効果**　複数のモダリティによって反応時間が短縮される感覚間促進効果が知られている．「感覚間促進効果」は，視覚刺激と聴覚刺激の両方を与えることにより，その片方を与えるより刺激への反応が速くなる現象である．

ランプの点灯に従ってスイッチを押す場合と音源からの音の発生に従ってスイッチを押す場合，ランプ点灯と音源からの音の発生の両方に従ってスイッチを押す場合の3者を比べると，両方の刺激を受けた場合にそれぞれの刺激を単独で受けた場合よりスイッチを押すまでの反応時間が短縮する．

感覚間促進効果のメカニズムとして，エネルギーの加重や反応準備の増加が考えられている．どちらが主要因となるかは，反応課題の複雑さによって異なると考えられる．これらの視覚と聴覚の相互作用諸効果の詳細については，参考文献[5]を参照されたい．

●**嗅覚と視覚の相互作用**　嗅覚情報の香りと視覚情報の相互作用も知られている．香りと視覚情報のクロスモダリティに関しては，①明度が香りの量的イメージに関連している，②明度と彩度によって分類される色調が好き嫌いなどの香りの質的イメージに関連している[8]，③形から連想される視覚的な要素が導くイメージが，特定の香りを嗅ぐことによって助長される，等の研究が紹介されている[9].

また，色彩と香りのクロスモダリティに関しては，色彩と香りが調和している場合，香りの本来の性質が加算的に強調されるのに対し，不調和の場合は相殺される傾向が報告されている[10].

嗅覚と密接な関係がある味覚を含めた視覚との相互作用に関する研究も知られている．色と味覚のクロスモダリティに関しては，色と香りが一致しているゼリーを食べた場合，ゼリーの味の判別に対する正解率が高く，色と味の組み合わせが一般的なイメージとかけ離れている場合，「おいしさ」を感じないこと等が報告されている[11]．また，味覚や嗅覚とのクロスモダリティのバーチャルリアリティへの応用も報告されている[12].

ただし，味覚や嗅覚といった化学物質を介した感覚については未解明な点があり，これらと他のモダリティに対するクロスモダリティの研究は進んでいない．

［神谷達夫］

6. ヒトと環境

[野口公喜・前田享史]

　ヒトをとりまくさまざまな環境因子は，生理・心理的な影響を及ぼす．ヒトは長い期間を経て，地球上のさまざまな環境に順応し，生命を維持，生産活動を営んできた．一方で，ヒトは文明をもって，自然環境から人工環境へ居住の場を移した．そこでは，環境を生体適応性に合せるようデザインすることで，快適な居住環境を確立した．しかし，ヒトと環境との間には，まだ多くの課題が残されている．

　環境には常に変化がつきまとう．空に浮かぶ雲の流れは日射状態を変化させ，その結果，我々の生活環境の温度や明るさは常に変化している．1日の変化や季節の変化も同様である．

　比較的大きくかつ急速な環境変化は，身体に負担を生じさせることになる．したがって，人工環境は，このような環境の変化を縮小させるよう構成される．これによりヒトは快適な環境を手にした一方で，環境適応能力の低下が危惧されるようになった．また，現代社会においては，交通機関の発達により，原始生活にはなかった急激な環境変化を経験することとなった．近年，その範囲は世界を超え，宇宙空間へと広がりつつある．さらに，現代社会においては「環境問題」という言葉も良く耳にする．産業革命以降，社会は経済成長を重視するあまり，いわゆる環境汚染を引き起こし，急性あるいは慢性疾患の原因となった．近年の「気候変動」もまた，これに起因すると考えられている．

　したがって，環境とヒトとの関わりを知ることは，今後の地球環境と人類の健全かつ持続的な両立を支えるものとなる．

温度
temperature

　温度とは，物体の温かさや冷たさを数量化した物理量であり，物体を構成する分子の運動エネルギーが大きいほど高い温度を示す．ここでは，温度の単位と熱の移動に関連する基本的な用語について解説し，また，ヒトを取り囲む環境の代表的な温度および地理的温度分布について概説する．

●**温度の単位**　温度の国際単位（SI単位）は，摂氏温度（セルシウス度）（℃）またはケルビン（K）である．0℃ = 273.15 K であり，温度差1℃と1Kの間隔は等しい．摂氏温度はアンデルス・セルシウスによって考案され，水の氷点を0℃，沸点を100℃とし，その間を100等分している．絶対温度（熱力学温度）の単位であるケルビンは，ケルビン卿（ウィリアム・トムソン）の名前に由来し，絶対零度（-273.15℃）を0K，水の三重点（0.01℃）を273.16 K としている．よって，摂氏温度 t [℃] と絶対温度 T [K] の関係は以下の式で表される．

$t = T - 273.15$

　そのほかにSI単位ではないが，華氏温度（ファーレンハイト度）（℉）が現在も用いられている．華氏温度はガブリエル・ファーレンハイトによって考案され，水の氷点が32℉，沸点が212℉となり，その間を180等分する．よって，摂氏温度 t [℃] と華氏温度 f [℉] の関係，また，華氏温度 f [℉] と絶対温度 T [K] の関係は以下の式で表される．

$f = 9/5t + 32$

$f = 9/5T - 459.67$

●**熱とその移動**　温度を理解するために，熱とその移動に関する用語を概説する．熱とは，エネルギーの1つの形態であり，熱として移動したエネルギーの量を熱量という．熱量のSI単位にはジュール（J）が用いられる．従来用いられていた単位であるカロリー（cal）とは1 cal = 4.18605 J という関係が成り立つ．熱は温度の高い方から低い方へ移動し，単位時間当たりに移動した熱量を熱流という．熱流の単位にはワット（W）が用いられ，$1W = 1 J \cdot s^{-1}$ の関係が成り立つ．単位面積あたりの熱流を熱流束といい，単位は $W \cdot m^{-2}$ が用いられる．ある物体の温度を1℃上げるのに必要な熱量を熱容量といい，単位は $J \cdot ℃^{-1}$ で表される．また，単位質量あたりの熱容量を比熱といい，単位は $J \cdot ℃^{-1} \cdot kg^{-1}$ で表される．人体の比熱として，$3.48 kJ \cdot ℃^{-1} \cdot kg^{-1}$ がよく用いられる[1]．熱の移動様式として，熱伝導，対流性熱伝達，熱放射，蒸発があげられる．熱伝導により，物体中の温度の高い点から低い点へ，単位面積を通して単位時間あたりに移動する熱量を，温度勾配（単位長さあたりの温度差）で割った値を熱伝導率という．熱伝

率の単位は，$W \cdot m^{-1} \cdot ℃^{-1}$ で表され，物体の熱伝導のしやすさを示す．皮膚表面から大気への熱移動について，10章「皮膚温」に概説しているので，参照されたい．

●**ヒトと周辺環境の温度** ヒトの身体の温度を体温といい，筋肉や内臓における代謝産熱および周辺環境との熱交換のバランスによって決定される．体温には身体の核心部から外殻部にかけて温度勾配がみられ，核心部の温度（核心温または深部体温）は比較的安定している．外殻部の温度（外殻温）は外部環境に左右されやすく，温暖環境では核心温に近い温度の領域が広く，寒冷環境では小さい（図1）．

ヒトが生存する地球環境の温度として，気温，地表面温度，水温などがあ

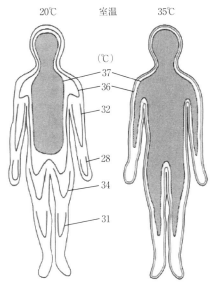

図1　身体の温度分布（気温20℃と35℃条件における等温線）（出典：文献[2]より）

げられ，これらの温度を左右する代表的な熱源として，太陽からの放射エネルギー（太陽放射）がある．太陽放射はすべて地表面で吸収されるのではなく，表面の反射能（アルベド）に応じて反射される．また，地球からも長い波長の電磁波が放射されており（地球放射），大気中の水蒸気や二酸化炭素などの温室効果ガスにより吸収され，再び地表へ放射される．人間活動に由来する温室効果ガスの増加が地表面や大気の温度を上昇させ，地球温暖化の要因となっている．

ヒト周辺の比較的小規模な温熱環境として住宅やオフィスなどの室内空間がある．ヒトと環境との熱交換に関連する温熱要素として，気温，放射温度，湿度，風速などの環境側要素と着衣量および代謝産熱のヒト側要素があげられる．ヒトの温冷感や温熱の快適性を左右する温熱環境を評価するために，これらの温熱要素を組み合わせたさまざまな温熱指標が用いられる[3]．詳細は「温熱指数」の項を参照されたい．

ここまでは最も一般的な温熱環境である空気環境について解説したが，日常的あるいは実験的に経験される温熱環境として水環境を取り上げたい．水の熱伝導率は空気の約23〜25倍であり，水は空気に比べて熱伝導しやすい物質である．また，水の比熱は空気の約1,000倍であり，温度変化のしにくい物質である．このような熱力学的特性を持つ水中環境では，空気と同じ温度であっても生体と環

境間での熱移動が大きく異なる．寒冷水中に曝露された際には，皮膚温が急激に冷却されるため，寒冷ショック反応（コールドショック）といわれる過換気や頻脈などの生体応答が生じる[4]．その後，短時間の水浸により，外殻部に近い四肢部の骨格筋温度が徐々に冷却され，運動パフォーマンスが低下する[5]．これは，組織温度に依存する酵素活性の低下，神経伝達速度および運動単位の発火頻度の低下，組織代謝低下などが要因とされている[6][7]．水浸時間がさらに長時間に及ぶと深部体温の低下が生じ，低体温症となる．入水直後の寒冷ショック反応や短時間水浸による運動パフォーマンスの低下が，水難事故における溺水の主要な要因と考えられている[8]．一方で，体温よりも高い水温に曝露される入浴では，急激な温熱刺激に対する血管拡張反応が血圧低下を招くことがある．逆に，温暖な浴室環境から寒冷な脱衣室環境へ移動した際の急激な温度低下に対する血管収縮反応が血圧上昇を招くこともあり，注意が必要である．

●**地理的温度分布**　地球上の気候を分類する気候区分にはさまざまなものがあるが，ケッペンの気候区分では，植生分布をもとに境界線を設定した[9]．樹木の生長には，温度の高低と水の存在が影響することから，この気候区分は気温と降水量を反映している．詳細は引用文献を参照されたい[9][10]．地理的温度分布を決定する最大の要因は，太陽光線の入射角度の違いであり，一般に高緯度地域ほど低温に，低緯度地域ほど高温となる．しかしながら，ヨーロッパ西岸地域は日本よりも高緯度に位置するにも拘らず，両地域とも温帯気候に分類される．大陸の東側に位置する日本付近では，季節風の影響を受け夏は暑く，冬は寒いのに対して，大陸の西岸に位置するヨーロッパでは，偏西風と暖流の影響を受け夏涼しく，冬暖かい．そのほかに，標高1,000 m上昇につき，気温が約6℃低下するため，高地では同緯度の低地に比べて低温となる．このように，地球上の気候には地理的な分布があり，各地域に居住する集団によって，生理的適応や文化的適応に差異がみられる．

局地的な温度分布として，ヒートアイランド現象があり，等温線により気温分布を描いた際に，高温域を中心として外側へ温度低下するように等温線が分布するようすが島状に見えることに由来する．都市部における地表面温度や気温が郊外に比べて高値を示すことを指して，特にアーバンヒートアイランド（都市高温化）と言う．アーバンヒートアイランドの要因として，ビルや自動車からの排熱，アスファルトやコンクリートの蓄熱，土壌や植物による蒸発性熱放散の減少などが考えられるが，その他の気象条件も関与する．

ヒトはさまざまな規模および温度領域の温熱環境に曝露され，ヒト自身の温度である体温を調節している．本稿に示した温度や熱移動に関する基礎的情報を踏まえて，各種温熱環境におけるヒトの生体応答や適応現象については，本章の他項目を参照されたい．

［若林　斉］

寒冷環境
cold environment

　ヒトが裸体で産熱量を増加しないで，皮膚血流の変化のみにより体温調節が可能な下限温度（下臨界温）は，他のほ乳類と比較してかなり高く25℃程度とされている．衣服を着用すると，この下臨界温度はかなり低温までさがる．しかしながら，安静状態では，気温10℃程度が限界で，ほぼ10℃以下を寒冷環境とよぶことが多い．人体が寒冷に曝されると，まず皮膚の血流が減少することにより，伝導・対流や放射による放熱量が減少する．ついで，筋肉の緊張やふるえの出現により産熱量を増加させる．ふるえは，不随意な10 Hz程度の筋収縮であり，末梢血流の増大を生じずに，安静時の最大2～3倍の産熱量が得られる．筋運動が，末梢血流の増大をもたらし，結果的に断熱度の低下を生じるのに対し，効率が良い．

　寒冷環境は，高緯度地域だけではなく，高地（1,000 m登ると6.5℃低下）や冷蔵倉庫のような人工環境にも存在する．寒冷環境下の労働では，低体温症や末梢部の凍傷の予防が肝要である．

●**寒冷環境下の体温調節反応**　一般に，核心温が35℃未満になると，低体温とよばれる．核心温が35℃程度になると，ふるえによる産熱量が最大となり，それ以下になるとふるえは減少し，核心温はさらに低下する．核心温が33℃を下まわると，ふるえによる産熱はほとんどなくなり，意識混濁が生じ，32℃ぐらいで瞳孔の拡大，28℃以下では昏睡状態になるとされている．偶発性低体温症に関する調査結果では[1]，核心温度30℃以上では全員が回復し，20～30℃では回復することも死亡することもあり，20℃以下では死亡することが多い．

　皮膚血流量減少による放熱量低下には限度があり，核心温を維持するために産熱量の増加が必要になる．1つが先に述べたふるえ産熱である．もう1つが非ふるえ産熱である．寒冷に暴露されると，内分泌ホルモン，特にノルアドレナリンの分泌が増加し，ふるえが起こらない段階においても産熱量の増加がみられ，これを非ふるえ産熱という．褐色脂肪組織もこれに関与し，乳児期の非ふるえ産熱の増加の程度は，主に褐色脂肪組織の量に依存するとされている．褐色脂肪組織は，げっ歯類や冬眠動物には多く存在するものの，新生児期以外，成人ではほとんど認められないと考えられていた．しかしながら，最近のPET（Positron Emission Tomography）を使用した研究では[2]，寒冷下における痩せた青年被験者から褐色脂肪組織の存在が認められており，その重要性が再認識されている．

●**寒冷環境下の労働**　寒冷環境下の労働は，自然環境下と人工環境下に二分される．自然環境下の労働は，高緯度地域の冬季屋外では通常に行われてきた．一方，人工環境下の労働は，1904年に米国キャリア社が冷房装置を開発した後に生じ

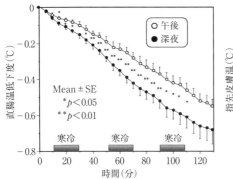
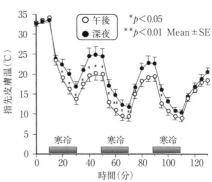

図1 寒冷暴露時直腸温低下の深夜と午後の比較 　　図2 寒冷暴露時指先皮膚温の深夜と午後の比較

た．ヒトが人工寒冷下の労働を行うようになって，わずか100年しかたっていない．ヒトは熱帯地に生まれ，暑熱環境に形態学的・生理学的に適応してきた動物であり，生理的には他の動物と比較して，寒さに極端に弱い．そのため冷房の普及に伴い，身体の異常（「冷房病」と称された）を訴える労働者が増えた．冷房病は，冷房が普及し始めた1970年代に多発した健康障害であり，全館冷房を行っている銀行・百貨店等で働いている女性に多く発症した．室温を低く（24℃以下）設定したビルでは，訴えが特に増加した．24℃は，他の動物では特に問題は生じない，むしろ彼らには暑いくらいである．薄着になる夏季には，ヒトは24℃程度の室温でも，長時間暴露されると不定愁訴の訴えが多くなる．

　人工寒冷下作業場の典型例が，冷蔵倉庫であろう．以前の冷蔵倉庫作業は，ネコ車やベルトコンベアを使用した手荷役であったが[3]，最近はフォークリフトを使用した機械荷役が主流である．そのため，多くの冷蔵倉庫内作業は，寒冷下の長時間筋作業から，短時間の寒冷暴露を繰り返す作業へと変遷してきた[4]．しかしながら，長時間の寒冷暴露と短時間ではあるが頻回に寒冷暴露を行った場合（総寒冷暴露時間は同一）の，直腸温低下や作業能低下度に差異がないことが認められている[5]．さらには，以前には考えられなかった人工寒冷下作業が出現している．早朝の市場への冷蔵品搬出のための深夜の冷蔵倉庫内作業である．午後3時からと午前3時から冷蔵倉庫作業を行ったときの直腸温低下（図1）と指先皮膚温（図2）を経時的に示した[6]．寒冷環境下作業時の直腸温低下度は，深夜の方が有意に大きい．これは，生体リズムによる核心温低下が夜間に大きいためと思われる．一方，深夜には，末梢部皮膚温はあまり低下しないので，手足の痛みの訴えは少ないものの，手指の作業能低下は大きいことが認められた．深夜の冷蔵倉庫作業は，低体温症や事故のリスクが通常の時間帯と比較して大きい．

［栃原　裕］

高温環境
hot environment

　我々は普段,「高温環境」という言葉をよく使うが,実は気温□℃以上といった明確な定義はなく,単純に「温度（気温）が高い環境」を示す.赤道付近の地域では1年中高温環境となるし,日本では夏季が高温環境ということになる.このような高温環境下では体温が上昇しやすくなるが,我々は高温環境においても運動やスポーツ活動を継続することができる.これは,我々の身体において体温調節反応が起こるからである.この体温調節反応が起こらなければ,我々の体温は,すぐに運動の継続が困難となるレベルにまで上昇してしまう.ここでは,高温環境において起こる体温調節反応,すなわち熱放散反応について述べる.

●**高温環境における体温調節**　体温が上昇すると,我々の身体では熱を逃がすための反応が起こる.これがいわゆる熱放散反応である.ヒトが備えている熱放散反応は,発汗と皮膚血管拡張である.発汗反応においては,汗腺から分泌される汗が蒸発する際に,気化熱として身体の熱が奪われることで熱が放散される（蒸発性熱放散）.皮膚血管拡張反応においては,身体の最も外側の組織である皮膚への血流量を増加させ,皮膚表面からの伝導・放射・対流によって熱を体外へ放散する（非蒸発性熱放散）.

　これらの熱放散反応は,気温,湿度,気流といった環境の影響を受けるが,他にもさまざまな要因の影響を受ける.汗を分泌する汗腺は,思春期に発達するため,思春期以降では思春期前よりも発汗量が増加する.思春期前の子どもは汗腺が未発達なため,熱を放散するために皮膚血管拡張反応が大人よりも大きくなっている[1].また,高齢者では,若年成人と比較して発汗反応や皮膚血管拡張反応が小さくなる.さらには,女性には卵胞期と黄体期からなる性周期があるが,この性周期によっても熱放散反応は影響を受けており,女性ホルモンの分泌が高まる黄体期で卵胞期よりも小さくなることが明らかとなっている.このような年齢や性周期,さらには性差による違いについては,本書中の「耐暑性」の項目や本学会編集による『カラダの百科事典』[2]にて解説されているので,そちらを参照されたい.

　また,体温が上昇すると発汗が起こるが,水分補給を行わないと脱水状態になる.脱水状態になると,血漿量の減少や血漿浸透圧の上昇が起こり,この両者が相乗的に熱放散反応を抑制するように働く.これまでの研究から,血漿量の減少は発汗量や皮膚血流量の最大値を低下させること,そして血漿浸透圧の上昇は皮膚血管拡張や発汗反応の深部体温閾値を上昇させ,その上昇は浸透圧上昇に対して直線的であることが明らかとなっている[3].つまり,脱水状態が悪化するほど熱放散反応は小さくなり,熱を体外へ逃がせなくなっていくという悪循環に陥る

表1 安静加温時の最大呼吸回数と最大発汗量（出典：文献[5][9][10]より作成）

	ガラゴ	チンパンジー	ヒト
最大呼吸回数	200回/分以上	60回/分	40回/分
最大発汗量	40 g/m^2/h	100 g/m^2/h	500 g/m^2/h 以上

ことになる．したがって，発汗が起こった場合には，速やかに水分摂取を行うことが望ましい．汗には塩分が含まれているため，摂取する水の塩分濃度は0.1～0.2%が推奨されている[4]．

●**温熱性換気亢進** ニワトリやイヌなど多くの動物では，速い呼吸を行って気道からの水分蒸発を促進させて熱を放散するパンティング（浅速呼吸）とよばれる呼吸性熱放散を行う．ヤギやヒツジ，サルなどはパンティングも行うが，汗腺も有しており発汗も行う．発汗機能が発達したヒトはパンティングを行わないが，体温が上昇すると換気亢進が起こる（温熱性換気亢進）．

動物におけるパンティング反応では，体温上昇によって呼吸回数の増加が起こり，一回換気量は低下する．その結果，肺胞換気量は増加せず，動脈血二酸化炭素分圧の低下を起こさずに熱放散量が増加する．しかし，さらに体温が上昇すると，呼吸回数の低下と一回換気量の増加が起こり，肺胞換気量が増加して動脈血二酸化炭素分圧は低下する．ヒトでみられる温熱性換気亢進では，一回換気量の低下がほとんど起こらないため，体温上昇に伴い肺胞換気量が増加して動脈血二酸化炭素分圧の低下が起こる[5]．動脈血二酸化炭素分圧は脳血流量の調節に強く影響し，このような動脈血二酸化炭素分圧の低下は脳血流量の減少を引き起こす．脳で産生された熱は，脳を循環する血流によって除去されるため，脳血流量の減少は脳における熱除去の減少をまねき，脳温の上昇を引き起こす[6]．このことが，高体温時にみられる中枢性疲労に関わることが示唆されている．

その一方で，温熱性換気亢進の意義として，動物におけるパンティングほどではないが熱放散量が増加することがあげられる．体温上昇に伴い鼻粘膜の血流量が増加することから，換気亢進により鼻腔からの熱放散が促進されることで鼻粘膜を流れる血液が冷やされ，結果的に内頸動脈と海綿静脈洞との間での対向流熱交換が促進され，これが選択的脳冷却機構として働くことが示唆されている[7]．また，皮膚血管拡張反応が小さい者ほど温熱性換気亢進が大きいことや，脊髄損傷や無汗性先天性外肺葉形成異常などにより発汗機能が失われたヒトにおいては，温熱性換気亢進が健常者よりも大きくなることなどが報告されている[8]．さらに，霊長類の中で発汗量と温熱性換気亢進の関係を見てみると，表1[5][9][10]のようになり，発汗や皮膚血管拡張反応が弱い場合には，温熱性換気亢進が代償的に大きくなる可能性が示唆される．このように，温熱性換気亢進については，功罪相半ばするような報告があり，今後さらなる研究が期待される． ［林　恵嗣］

耐寒性
cold tolerance

　寒冷な環境のもとで体内の環境をある一定の狭い範囲に保つ，すなわちホメオスタシスを維持する能力，寒さに適応する能力を耐寒性という．ヒトは全身を寒冷環境に曝されると，身体の表面から環境への熱放散を抑制し，身体の内部でより多くの熱をつくり出すこと（熱産生）によって身体の核心部の体温（核心温，深部体温）を維持している．すなわち全身の耐寒性は，熱放散抑制の能力および熱産生の能力ということができる．また，局所耐寒性は，末梢部の寒冷曝露に対する生理応答からみた寒冷適応能であり，主に血管の反応特性によって評価される．著しい低温環境においては凍傷に抗う能力のことを指す．

●**寒冷時の体温調節反応**　全身が寒冷環境に曝されると物理的に皮膚が冷やされ，皮下にある皮膚温度受容器でその温度を感受する．その温度情報は脳の視床下部の前視床下部・視索前野領域に送られ，全身の温度情報が統合される．視床下部のこの領域は体温調節中枢とされ，ここで体温調節反応が決定される．

　寒冷時の最初の体温調節反応として皮膚血管の収縮が起こる．皮膚血管収縮は，皮膚温低下を促進し環境温との差を小さくすることで，体表からの熱放散を抑制している．皮膚血管収縮は，交感神経の活動亢進によって神経終末より放出されたノルアドレナリンが血管平滑筋の細胞膜表面にある$\alpha 1$アドレナリン受容体に結合することによって生じる．また，副腎髄質で分泌されたノルアドレナリンが血流にのって全身に運搬されることで，やや長期の血管収縮が生じる．

　寒冷時の体温調節反応の次のステップは熱産生の亢進である．熱産生は，非ふるえ熱産生とふるえ熱産生の2つに分類される．非ふるえ熱産生はさらに不可避的非ふるえ熱産生と体温調節性非ふるえ熱産生の2つに分類される[1]．ヒトは生きている限り熱をつくり出しており，生命維持に必要最低限の熱産生を不可避的非ふるえ熱産生といい，基礎代謝量に相当する．体温調節性非ふるえ熱産生は，全身の寒冷曝露によって増加するもので，肝臓などの臓器，褐色脂肪組織，骨格筋などが効果器として機能している．褐色脂肪組織は，脱共役タンパク質UCP1の働きによって脂肪から熱を作りだし，その熱産生能は344 kcal/h/kgと強力である[2]．褐色脂肪組織がほとんどみられないとされてきた成人[1]でも，その存在が確認された[3]が，成人すべてにみられる訳ではなく個体差が存在する[3]．褐色脂肪組織は寒冷刺激によって増え[4][5]，そして褐色脂肪細胞のミトコンドリア酵素活性は寒冷馴化によって上昇することが報告されている[6]．ふるえ熱産生は，寒冷曝露によって引き起こされる骨格筋の不随意的収縮によるもので，拮抗筋である伸筋と屈筋が同時に収縮および弛緩するため外的仕事は行われず筋収縮によ

るエネルギーはすべて熱に変換される．寒冷時のふるえ熱産生量は常温時の2〜3倍にまでなり，きわめて有効な熱産生手段となる．しかし，ふるえ時には皮膚温の上昇，すなわち熱放散量の増加も同時に生じ効率が悪くなってしまう．

●**全身耐寒性の集団差・個体差**　欧米人と日本人，成人と子どもといった集団の比較においては，全身耐寒性は身体的特徴から推測することができる．同種の比較において，寒冷な地域に生息するものほど体重が大きくなるとする「ベルグマンの法則」と寒冷な地域に生息するものほど突出部が短くなるという「アレンの法則」から，体表面積/体重比が大きいと熱放散量が大きく耐寒性は劣り，小さいと熱放散量は小さく全身耐寒性に優れていると推測される（図1）．

また，体温調節反応とその調節に関わる生理的メカニズムの違いから全身耐寒性の集団差や個体差が報告されている．古くから寒冷環境下における睡眠時の体温調節反応に3つのタイプが知られている．1つはオーストラリア原住民のように，寒冷環境下でもふるえはみられず，皮膚温を大きく低下させる断熱的寒冷適応型であり[7]，2つ目はイヌイットのように，熱産生を増加させて深部体温の維持を行っている産熱的寒冷適応型である．断熱的寒冷適応型は，不安定な食糧入手により，エネルギー消費を抑える必要があったために生じ，産熱的寒冷適応型は動物性蛋白質や脂肪の摂取が容易であったために生じたものと考えられている．そして3つ目は，南米ケチュア族やノルウェー北部遊牧ラップのように，寒冷環境下でも，熱放散抑制および熱産生亢進反応が微弱で深部体温が低下するタイプである．このタイプは低体温となるにもかかわらず，身体の機能を損なうことなく熟睡しており，低体温型寒冷適応とよばれている[8]．

個人の全身耐寒性を正しく評価するためには，身体的特徴のみから評価することは不可能であり，寒冷刺激時の生理的反応から評価する必要がある．すなわち，深部体温の変化，身体各部位の皮膚温・平均皮膚温の低下度，皮膚血流量の低下率，酸素摂取量の増加率，ノルアドレナリンなどの内分泌ホルモン量，ふるえの発現などから評価する．例えば，深部体温の低下が小さい，体幹部皮膚温の低下が小さく末梢部皮膚温の低下が大きい，弱い寒冷刺激では酸素摂取量の増加が小さい，強い寒冷刺激では酸素摂取量の増加が大きい，という場合には，概ね全身耐寒性が優れているといえる．

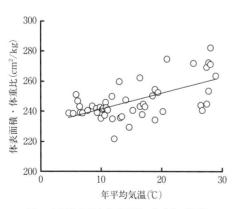

図1　年平均気温と体表面積・体重比の関係

また，全身耐寒性に影響を及ぼす要因を明らかにすることは，全身耐寒性の集団差・個人差の評価，ひいては耐寒性の多型性評価につながる．過去の報告によると，持久的運動トレーニングは血管収縮能の向上や骨格筋の量や代謝能力の増強を[9][10]．高い基礎代謝量は寒冷時の熱産生能の向上をもたらし，結果として全身耐寒性を向上させる[10]．また，日本人に多くみられるミトコンドリアDNAの遺伝子多型の1つであるDタイプは，それ以外のタイプと比較して，

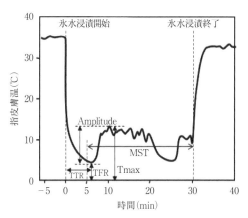

図2 寒冷誘発血管拡張反応と評価指標

夏季における寒冷時の熱産生効率がよく，深部体温を容易に維持しているという[11]．以上のことから，生活環境，生活習慣，遺伝的要因が全身耐寒性に影響を及ぼしていることが明らかとなっている．

全身耐寒性の評価に用いる熱放散，熱産生，深部体温などの各指標の変化は，寒冷刺激の程度と曝露時間，対象者の姿勢や状態などによって，その意義が異なる．寒冷時生理反応の生理的意義，生物的意義を考えつつ，全身耐寒性を正しく評価することが重要である．

●**局所耐寒性** 手足を氷水に浸すと浸漬部皮膚血管の収縮および皮膚温の急激な低下が生じひどい痛みを感じるが，突然痛みが和らぎ指に暖かさを感じるようになる．このとき，寒冷刺激時にもかかわらず浸漬部位の皮膚血管拡張（寒冷誘発血管拡張反応）が生じている．その後，乱調反応またはハンティングリアクションとよばれる[12]皮膚温の上下変動を繰り返す（図2）．これらの反応は，末梢部位の凍傷を防ぐ働きがあり，局所耐寒性と密接に関連している．最初の血管拡張反応発現までの時間（TTR）とその時の指皮膚温（TFR），皮膚温上昇後の最高皮膚温（Tmax），TmaxとTFRの差，浸漬後5分から終了までの平均値（MST）などが局所耐寒性の指標として用いられている[13][14]（図2）．これらの指標のうちTTR，TFR，MSTをそれぞれ得点化した合計を抗凍傷指数とよび，総合的な局所耐寒性の指標とすることもある[15][16]．

寒冷誘発血管拡張反応は，年齢，性別，食事，喫煙，寒冷順化の程度などさまざまな要因から影響を受けることが知られている[13]．寒冷順化が進んでいるものほど局所耐寒性に優れ，また，高齢者よりも若者で，運動能力の低い者よりも高い者で，優れた局所耐寒性を有している．　　　　　　　　　　　　［前田享史］

耐暑性
heat tolerance

　ヒトは長年の進化の過程で，暑熱ストレスに対して深部体温を大きく変化させず，生体の恒常性を維持する能力（耐暑性）を獲得した．しかし，近年科学技術の急速な発展と快適環境の追求に伴い生活環境が大きく変化し，現在および将来における耐暑性の減弱が懸念されている．ここでは，耐暑性の優劣の決定要因，人工的な暑熱適応（暑熱順化）と気候による暑熱適応（暑熱馴化）により獲得される耐暑性とその相違，熱中症に罹りやすい高齢者の耐暑性について述べる．

●**耐暑性の優劣**[1]　快適環境下では熱産生量と熱放散量のバランスが取れ，ヒトの深部体温は通常37℃に保たれる．暑熱下では皮膚温が上昇し，その情報が視床下部へ伝達されて皮膚血管が拡張し，皮膚血流量が増加する．それでも深部体温が上昇すると，発汗が起こる．皮膚血流量の増加は放射・伝導・対流での乾性熱放散を，発汗量の増加は気化熱に伴う湿性熱放散を，それぞれ増大して過剰な体熱を大気中に放散する．暑熱環境下においてもヒトの熱産生量はほとんど変化しないため，熱放散に大きく関与する皮膚血流量や発汗反応が耐暑性の優劣に大きく関与する．環境温が皮膚温より高い環境下（通常，外気温35℃以上）では，熱放散はその大部分を発汗に依存する．なお，皮膚血液量や発汗の熱放散反応は，身体の皮膚面や深部に存在する温度受容器からの求心性情報が視床下部の体温調節中枢で統合され，その結果として皮膚血管や汗腺の効果器に自律神経系を介して出力される遠心性情報で調節されている．そのため，耐暑性の優劣は体温調節中枢や効果器とともに，温度受容器や自律神経などの働きにも影響される．

　熱放散のために皮膚への血流配分が増加すると，中心血液量が低下し，心拍数や心拍出量が増加する．暑熱曝露がさらに長時間に及ぶと発汗量の増加に伴い体内から水分が減少する．汗にはNa^+をはじめとする電解質が含まれており，過度な塩分損失が体液バランスを崩す．過度な体水分量の減少や体液バランスが崩れると，同一深部体温における皮膚血流量や発汗量が減少し，深部体温が上昇する．耐暑性は，体温調節能力とともに，循環調節・体液調節能力の全身的協関で成り立っているため，その優劣はこれらの調節能力で決定される．なお，ヒトは深部体温が40℃を超えると疲労困憊に陥り，42～43℃で生命を脅かされる．

　これまで耐暑性の優劣を評価する方法や指標が数多く提案されている．暑熱ストレスの限界をもって耐暑性を判定することは生命の危険を伴うので，通常は暑熱下の生理的反応を指標に用いている．耐暑性を総合的に評価する指標として，暑熱下での直腸温，総発汗量，汗塩分損失量とそれらの限界値を用いた式が提案されているが[2]，国際的に統一された評価法は確立されていない．

●**短期暑熱順化**[3] 暑熱環境に繰り返し曝露されたり，持久的な運動トレーニングを継続すると，暑熱ストレスに対する生体負担度が軽減される暑熱適応が起こる．人工的な暑熱環境下において短期間（1～2週間）で獲得される適応を暑熱順化，季節や気候の変化によって長期間かけて獲得される暑熱適応を暑熱馴化といい，耐暑性の獲得法の相違から両者は区別されている．

短期暑熱順化により，同一深部体温における皮膚血流量・発汗量が増加し，熱放散が促進される．さらに，同一発汗量における汗塩分濃度も低下して，汗腺の塩分再吸収能力が改善される．この耐暑性の獲得には，発汗機会の多い暑熱下での運動トレーニングが効果的であり，40℃以上の環境下であれば中等度以下の運動強度でも，4～5日目から耐暑反応の亢進が観察される．なお，暑熱下での3日に1回程度のトレーニング頻度でも耐暑反応は改善されるが，時間を費やして獲得した耐暑反応ほどトレーニング中止後に遅くまで残存する．暑熱順化や運動トレーニングにより体液量が増加することも耐暑反応の改善へプラスに作用する．

●**長期暑熱馴化** 短期暑熱順化と長期暑熱馴化で獲得される耐暑反応の大きな相違は発汗量にある．同一深部体温における発汗量は，前述したように暑熱順化がすすむと増加するのに対し，暑熱馴化では減少する．図1は，日本人とタイ人の運動鍛錬者と同非鍛錬者が29℃環境下で低・中・高強度運動を実施した際の胸部発汗量を示す．運動鍛錬者・同非鍛錬者ともに高強度運動ほど，タイ人が日本人より低い発汗量を示した[4]．タイ人の低い発汗量は同時に測定した前額や前腕の発汗量でも観察されている．なお，タイ人で観察された低い発汗量は低い単一汗腺あたりの汗出力に起因したことから，熱帯地住人は日本人より汗腺サイズが小さく，低いコリン感受性を有することが推察されている．おそらく，常に多量発汗を続けると脱水の危険があるので，長期暑熱馴化した熱帯地住人は体液保存を優先するために，乾性熱放散（皮膚血管拡張）に依存した耐暑反応を獲得しているのだろう．熱帯地住人は長期暑熱適応として四肢が長くてやせ型で，皮下脂肪厚が薄く，熱放散上有利な体型も獲得し

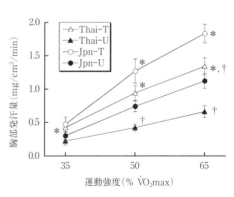

図1 日本人とタイ人の運動鍛錬者と同非鍛錬者に29℃環境下で35%・50%・65% $\dot{V}O_2$ max の自転車運動を各20分間連続的に負荷した際の胸部発汗量．発汗量は各強度終了直前5分間の平均値．日本人（Jpn）とタイ人（Thai）の運動鍛錬者（T）および同非鍛錬者（U）はそれぞれ同一 $\dot{V}O_2$ max を有した．前額・前腕で測定した発汗量も同様の結果を示した．＊は同じ人種間における有意な運動トレーニングの影響を，†は同じ体力レベル者間における有意な人種差をそれぞれ示す

ている．長期暑熱馴化したヒトが短期暑熱順化したヒトより同一体温における熱疲労の発生率が低いことから，長期暑熱馴化が短期暑熱順化より優れた耐暑性を有することが推察される[3]．

汗腺には形態的に汗腺構造をもちながら汗を分泌しない汗腺と分泌する汗腺（能動汗腺）とがある．この汗腺の能動化は2歳半までに決定され，それまでに暑熱馴化すると能動汗腺数が多いが，それ以降では能動汗腺数が増加しないことが知られている．この結果に基づくと，快適環境下で育児される機会が増加している日本人の能動汗腺数の減少，ひいては耐暑性の低下が危惧されている[1]．

●**高齢者の耐暑性**[5]　近年新たな「災害」とまでいわれる熱中症が増加し，平成22年には1745人が亡くなり，その80%が高齢者であった．このことは，高齢者の耐暑性が劣っていることを意味する．耐暑反応は，老化に伴い皮膚血流量→単一汗腺あたりの汗出力→活動汗腺数と順次低下し，この一連の低下は下肢→躯幹後面→躯幹前面→上肢→頭部と進行することが推察されている．すなわち，老化に伴う皮膚血管拡張能の低下が汗腺への酸素・栄養供給を制約し，それが汗腺を萎縮させ，ひいては汗腺の不活動化を招来する．老化に伴い汗腺での塩分再吸収能力も低下する．発汗機能からみた老化にも順序性が存在し，温度受容器→効果器（汗腺とその周囲）→自律神経・体温調節中枢と老化が進行する．

体重あたりの血液量（体水分量）および暑熱下運動時の心拍出量は高齢者が若者より少ない．高齢者は安静時の血漿量が少なく血漿浸透圧が高いこと，高齢者と若者が同等に発汗した場合でも，高齢者における血漿量の減少や血漿浸透圧の上昇が大きいことが観察されている．高齢者が脱水すると口渇感の低下や腎機能の低下に起因し，体液バランスの回復が若者より遅延する．この高齢者に観察された血漿量や血漿浸透圧特性と過度の皮膚血流量の増加や脱水が中心血液量を減少させ，ひいては心拍出量や血圧を低下させることを考え合わせると，高齢者の低下した皮膚血管拡張能や発汗機能は体温調節上では不利に作用するが，循環血液量の低下，心臓の機能低下，体液調節能の低下に適応した全身的協関ととらえることができる．いずれにしても高齢者の耐暑性は若者より劣っている．

運動トレーニングを含む暑熱順化が体温調節・循環調節・体液調節からなる耐暑反応の加齢的低下を遅延するのに有効な手段であることが知られている．ただし，暑熱順化・馴化での改善度は若者より劣ることも報告されている．例えば，発汗反応の季節馴化でも，高齢者は夏季に向けた発汗能力の亢進が遅延し，獲得した能力を早期に消失することが指摘されている．しかし，高齢者でも運動トレーニングに伴い血液量を増加できれば，耐暑反応の改善が期待できること，タンパク質と糖質の補給が血漿量を増加し，それが循環および体温調節反応の改善に好影響を及ぼすことが報告され，トレーニング時の栄養補給（タンパク摂取）の重要性が指摘されている．

［井上芳光］

温熱指数
thermal index

　ヒトは気温，湿度，気流，熱放射の状態によって定まる温熱環境に曝されることより，暑い，寒いといった温冷感や快，不快というような熱的快適感が引き起こされる．この温冷感や熱的快適感といった感覚を総称して温熱感覚（温熱感）といい，温熱感を評価するための指数を温熱指数とよぶ．温熱感に影響を及ぼす因子には，気温，湿度，風速，熱放射のような環境側の温熱因子のみならず，代謝量（作業量）や着衣量といった人体側の因子も含まれ，これらの6因子の組合せが総合的に影響している．温熱指数はこれまでに，暑くも寒くもない熱的に中立の状態付近を評価するためのものから，暑熱環境，寒冷環境のみを評価するためのものなど多数提案されており，ヒトを用いた被験者実験に基づく指標と，人体と環境との間の熱平衡式に基づく指標の2つに大別される．

●**被験者実験に基づく温熱指数**　フェリー・ホートンとコンスタンチン・ヤグローにより開発された有効温度（ET）は，静穏気流下で冬季の普通室内着を着用した安静人体による被験者実験より得られた[1]．2つの部屋を用意し，基準となる相対湿度100%の部屋からもう一方の部屋に移動した直後の温冷感を被験者に申告させ，同じ温冷感であれば，その相対湿度100%のときの気温を有効温度と定義した．その後，平面上に配置した乾球温度（気温），湿球温度，風速スケール（目盛り）から有効温度を読み取るノモグラムを発表し，ET = 17.2〜21.7℃を快適域とした[2]．ETは気温，湿度，風速の3因子を加味した指標であるが，熱放射の影響を考慮するためにホレス・ヴァーノンらは修正有効温度（CET）を提案した[3]．ヤグローらも，熱放射に関する補正の方法を記載した安静着衣人体向けと上半身裸体人体向けのノモグラムを提示し，グローブ温度，相当湿球温度，風速から等価有効温度（修正有効温度とも訳される：equivalent temperature corrected for radiation）を読み取る方法を示している[4]．

　ETは通常の環境で温冷感に及ぼす湿度の影響を過大評価していると多くの研究者により指摘されている．ヤグロー自身も被験者実験により，安静時に発汗のない27.8℃以下の環境では，湿度の影響を過大に評価していることを確認している[5]．図1ではET（実線）と被験者2名の3時間滞在時の皮膚温33.9℃の線（一点鎖線）を示している．皮膚温線はほぼ垂直に近く，湿度は皮膚温（つまり温冷感）にほとんど影響していない．ETが温冷感を予測する指数であるためには，ETと皮膚温線の傾きが一致しなければならないが，ETは湿度の影響を過大に評価した指数であることがわかる．

　湿球グローブ温度（WBGT）は，アメリカ海兵隊隊員の軍事訓練中の熱中症に

よる死亡事故を防ぐために，熱的な安全限界を提案することを目的として導入された[6]~[8]．当初は，オリーブドラブ色の軍服の日射吸収率で補正したグローブ温度を組み込んだETR (ET including the radiation component) を使用していた．しかし湿球温度の補正や風速測定が必要など，屋外での訓練等の現場で使用するには不向きであった．そこでヤグローとディビッド・ミナードは1957年にETRの代わりに簡易な方法としてWBGTを提案した[6]~[8]．

WBGT = 0.7 通風湿球温度 + 0.3 黒色グローブ温度 (1)
WBGT = 0.7 自然湿球温度 + 0.2 黒色グローブ温度 + 0.1 乾球温度 (2)

式(1)では通風湿球温度が用いられ，式(2)では日射に曝された自然湿球温度が用いられている．ISO7243ではWBGTが暑熱環境評価指標として採用され，式(1)を室内環境，式(2)を屋外環境向けに使用するように推奨している（ただし両式とも日射に曝された自然湿球温度を用いる）．

図1にWBGT線（点線）も示しているが，ET線と異なりWBGT線は環境にかかわらず平行であることがわかる．これは算出式の各温度にかかる係数を固定したためであり，ETRの代用品であるWBGTは厳密には一部の環境でしか一致していない．持田徹らは熱平衡式に基づく分析から，ぬれ面積率が大きいほど湿球温にかかる係数は大きいことを示し，ヤグローらのWBGT式は熱ストレスを過小評価する可能性を指摘した[9]．またETは低風速や高湿度のような汗の蒸発が制限されるような環境においては生理的ストレインを過小評価することが指摘されている[10]．ETに基づいたWBGTも，同様の弱点を包含している．

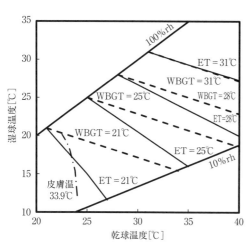

図1　ET (ETR) と皮膚温，WBGTの関係

● **熱平衡式に基づく温熱指数**

作用温度（OT）は，1937年にチャールズ・エドワード・ウィンズローらにより導入された，人体の熱平衡式に基づく初めての温熱指数であり[11]，対流と熱放射による乾性放熱量の式より導出される．

$$OT = \frac{\alpha_c t_a + \alpha_r MRT}{\alpha_c + \alpha_r} \quad [℃] \quad (3)$$

ここで，α_c：人体の対流熱伝達率 [W/(m²·K)]，α_r：人体の放射熱伝達率 [W/

(m²·K)],t_a：気温［℃］,MRT：人体に対する平均放射温度［℃］

式(3)より，作用温度は気温と平均放射温を人体の対流・放射熱伝達率の比で按分した値である．また，ある気温と平均放射温をもつ評価環境と同じ平均皮膚温と乾性放熱量になるような等温環境（気温＝平均放射温）の気温と定義することもできる．通常の室内環境で椅坐安静状態の人体を対象とする場合は，按分比は0.5となるため，作用温度は気温と平均放射温の単純平均値となる．直径15 cmのグローブ温度は椅坐安静状態の人体の作用温度の近似値として利用できる．

1971年にアドルフ・P・ギャッギ，西安信らは新有効温度（ET*）を提案した[12]．ET*は，ある気温と平均放射温，相対湿度をもつ評価環境と同じ平均皮膚温，ぬれ面積率，放熱量（乾性+蒸発放熱量）になるような相対湿度50%のときの等温環境（気温＝平均放射温）の気温を表している．ただし，風速，着衣量，代謝量は評価環境と同じである．このため異なる風速や着衣量でも等価に比較できるように標準有効温度（SET*）が提案された[13]．SET*は，ある温熱6因子をもつ評価環境と同じ平均皮膚温，ぬれ面積率，放熱量になるような標準環境（気温＝平均放射温，相対湿度50%，気流速度0.1～0.2 m/s，着衣量0.6 clo，椅坐状態）の気温を表す．ET*やSET*の計算に必要な平均皮膚温やぬれ面積率は2ノードモデルを使って計算される[12][14][15]．また米国政府の事務職員を対象とした調査により得られたSET*と快適感の関係より，80%以上の人が快適と感じる範囲としてSET*＝22.2～25.6℃が得られている[16]．SET*はこれまで米国暖冷房空調学会（ASHRAE）のスタンダードとして使用されてきたが，現在ではISO7730の予測温冷感申告[17]（PMV）がスタンダードとして採用されている．PMVはオーレ・ファンガーにより提案され，温熱6因子からその環境の温冷感や不満足者率を直接計算することができる．SET*やPMVは，温熱6因子が人体の温冷感に及ぼす影響を総合的に評価することができる指数である．ASHRAE Standard 55-2004では，PMVに基づく快適範囲が示されており，冬季を想定した1 clo（ビジネススーツ），夏季を想定した0.5 clo（半袖シャツとズボン）での快適範囲が示されている（図2）[18]．［桒原浩平］

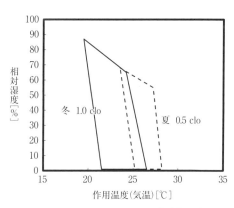

図2　ASHRAE Standard55-2004の快適範囲（出典：文献[18]の図5.2.1.1を作用温度-相対湿度グラフ上に描いた）

至適温度
optimum temperature

　暑くもなく寒くもなく，快適で身体的負担も少ない温熱環境を「至適温度」という．しかし，この至適温度の範囲が近年せまくなってきていると考えられている．その理由としては，人工環境の急速な普及と住宅の高気密化に伴い，季節を問わず一年中一定の温度環境で過ごすことが多くなってきたことが大きな原因であると考えられている．

●**至適温度に及ぼす影響要因**　至適温度は，さらに主観的至適温度，生産的至適温度，生理的至適温度に分類することがある．主観的至適温度は，個人がその温熱条件に快適であるか，満足できているかどうかで判断される温度であり，性差，年齢差など個人差が大きい．生産的至適温度とは，人が働く場合に作業能率のあがる温度である．生理的至適温度とは，呼吸・循環器系，内分泌系などの生理機能に過大な負荷を強いず，体温調節のためのエネルギー代謝量が少ない温度のことである．至適温度への影響要因としては，環境側の条件とエネルギー代謝量，性差，年齢差，体型，生活習慣などの個人や集団としての人間側の条件を考慮しなければならない．環境側の要因としては季節差があり，夏と冬では至適温度が異なる．夏季は冬季に比べ，より暖かい気温が好まれる．この季節による温度差は，着衣量が異なることや暑さ寒さへの順応によるものと考えられている．また，人間側の条件である性差については，一般には女性が男性よりも寒さに対してより不快感を自覚しやすいといわれている．筆者らが行った実験では，上半身は環境温25℃一定とし，臍部以下の下半身のみを10～25℃に変化させた条件に暴露した際，女性の大腿部皮膚温の低下が男性に比べ大きく，主観的にも女性が特に暴露初期において不快感が強いことが認められた[1]．また，年齢差については，加齢により一般的には体温調節機能が低下することから，環境温の変化に即した血管収縮，拡張反応が若年者より遅れることや，温冷覚閾値も加齢による影響がみられ，高齢者は特に手部や下肢の末梢部において温覚を自覚できにくいことが確認されている[2]．また，温冷覚閾値については，室温28℃で短パン1枚着用時の熱帯地住民と日本人を比較した場合，暖かさ，涼しさを感じるときの皮膚温は，熱帯地住民の方は40.7℃，27.9℃であるのに対し，日本人は，37.7℃，32.4℃であったことが示された[3]．すなわち日本人は，熱帯地住民に比べ，暖かさ，涼しさを感じない皮膚表面の温度幅（上限値－下限値）が小さいことが考えられる．至適温度に関する研究としてよく知られているものに，三浦らによる研究がある[4]．その中では，日本人の場合，夏では24～26℃，冬では21～22℃であると定義されている．しかし，至適温度は，前述したように環境側，人間側のさまざまな条件

により異なる.また,主観的至適温度,生産的至適温度,生理的至適温度の3つの至適温度は,作業形態や内容によって必ずしも一致するとは限らない.例えば,エネルギー代謝量が少なく,精神的な作業の多いデスクワークの場合には,暑くもなく,寒くもない温度域では,主観的には快適であるが,一方で作業能率が低下する場合もある.

●**人工環境の普及と至適温度** 冒頭でも述べたが,近年,至適温度の範囲が縮小してきていると考えられている.これは,至適温度の上限値が低温側に,下限値が高温側に推移していることを意味しており,主観的至適温度でいうと,環境温の変化に対し,暑さも寒さも自覚しやすい状況が生まれることになる.

ヒトはさまざまな外界からの刺激(ストレッサー)に対して,時には非特異的な生体反応(ストレス)を受けている.そのストレスに対する抵抗力とされるストレス耐性は,経験するストレスの種類,頻度,大きさに依存する.また,ストレスの小さい均一な環境の選択は,適応の幅,または耐性の容量を小さくすることになるといわれている.このことから,ヒトは,その高い知性による文明社会の中で,快適な環境をつくり出し,選択し続けたことが,至適温度の幅を小さくすることに繋がった1つの要因と考えられている.

しかし,ヒトは,生来快適な刺激を求め行動する生物であり,人工環境が急速に普及したのも,そのヒトが生来的にもつ特性が基盤となっていると考えられる.ヒトは人工環境に依存しすぎたことで,例えばエアコン使用による廃熱放出により都市部ではヒートアイランド現象を生じさせ,また,エアコンによる消費電力の増加,CO_2排泄量の増加から地球温暖化という問題の代償も得ることとなった.今その大きな代償に対して,ヒトはその問題の進展を何とか遅らせるための行動を十分とは言えないまでも起こし始めた.京都議定書が1997年に採択されたこともその1つの例である.また,我々の身近な生活の中では,環境にやさしいやエコ製品とうたったものが多く製造,販売されるようになってきており,その言葉は定着し,徐々に地球温暖化等の環境問題に関する知的基盤は人々の間に広がりつつある.だが,快適性を追求し人工環境下で過ごすことが多くなったことへの代償として考えられている至適温度の範囲縮小に関しては,一般には多くの人がその問題意識すらもっていないのが現状である.安河内は,快適性について,生物学的適応と文化的適応,自然環境と人工環境のそれぞれのバランスと全体の調和を図るという生理人類学的視点をもってとらえることが重要であると述べている[5].至適温度の範囲の縮小が,今後の人類の存続,進化の過程においてどのような問題となって我々人類に降りかかってくるのか予測は難しいが,人工環境普及がもたらしたことへのさまざまな代償の1つに至適温度の問題もあることを考慮し,ヒトが追求する快適性について生理人類学的視点にたった考察が必要であろう.

[橋口暢子]

湿度
humidity

　湿度とは空気中に含まれる水分量や水分量の割合を表すもので，絶対湿度や相対湿度で示される．絶対湿度は，乾燥空気の重量（kg）に対する，湿潤空気に含まれる水蒸気の重量（g）の比のことであり，単位は g/kg（DA）で表される．なお，DA とは乾燥空気（dry air）のことである．相対湿度は，ある気温で空気中に含まれる水蒸気量を，その気温で含むことのできる最大の水蒸気量（飽和水蒸気量）で割ったものである．単位は％で表される[1]．相対湿度100％は，雨天時などに容易に出現するが，相対湿度0％は通常の生活環境ではほとんど出現しない．

　湿度は，暑さ寒さの感じ（心理的影響）に影響を与えるだけではなく生理的影響や疾病の発症にもつながる．低湿度環境では，鼻や喉，眼および皮膚の乾燥やかゆみ等が生じ，インフルエンザウイルスの生存率が高まったり，ウイルスが空中を舞いやすくなるなど，風邪やそのほかの呼吸器系感染症に罹患しやすくなる．高湿度になると，高温時に汗の蒸発を妨げ熱中症のリスクが高まる．さらに，カビやダニが発生しやすくなるのでアレルギー疾患の問題も生じる．ここでは低湿度と高湿度に分けて，その人体影響を紹介する．

●**低湿度の人体影響**　低湿度は温冷感に影響を与え，同じ気温でも相対湿度が15％低下すると，気温が0.5℃低下した場合と同等の温冷感となる[2]．低湿度は，人体粘膜の乾燥をもたらすが，その程度は，以下の測定により判定できる．

　気道の粘膜線毛の動きを測ることにより，鼻や喉の粘膜の乾燥程度を知ることができる．線毛は通常，20回/秒で動き，汚染物質を 16 mm/分運搬することができる．この粘液線毛浄化機構は，呼吸器に入る空気の量が1万から2万 L/日にも達するので，空気中汚染物質の生体防御機構の1つとして重要な働きを担っている．線毛の動きの程度を測定することは容易ではないが，サッカリン法により鼻腔粘膜輸送速度を測る方法が知られている．サッカリンを鼻中隔側に置いた後，サッカリンが舌に触れて甘いと感じるまでの時間（SCT値）を測定する方法である．線毛の活動が鈍ると，所要時間が延長する．健常人のSCT値は，約10分間であるが，喫煙者やアレルギー性鼻炎の者では延長することが知られている．

　SCT値を測定して，相対湿度（10～50％）が鼻や喉の粘膜に及ぼす影響を調べた結果，相対湿度10％および20％の条件のみに，SCT値の有意な上昇が認められた[3]．すなわち，相対湿度20％以下の低湿度環境で鼻腔内の線毛が乾燥し，粘膜線毛浄化能が低下した．すなわち，細菌やインフルエンザウイルスに感染しやすくなり，風邪をひきやすくなるリスクが増加する．

　まばたき回数（瞬目数）を測ることにより，眼粘膜の乾燥程度を知ることがで

きる．健常人のまばたき回数は，約20回/分であるが，コンタクトレンズ着用者では乾燥時に増加することが知られている．上記の実験で，まばたき回数を測定して，相対湿度が眼粘膜に及ぼす影響を同様に調べたところ，相対湿度10%，20%および30%の条件のみに，まばたき回数の有意な上昇が認められた[3]．すなわち，眼球粘膜は30%以下の低湿度環境で乾燥し，眼球に水分を供給する作用をもつまばたき回数を増加させると考えられた．

●**高湿度の人体影響** 高湿環境でも気温が低いと体温調節能に及ぼす影響は少ないが，常温以上，さらには運動が加わると高湿度は生体負担を著しく増すことになる．気温が高くなると，対流や放射による人体からの放熱は期待できず，蒸発が唯一の放熱経路となる．ただし，湿度が増すと滴下する無効発汗量の割合が増え，蒸発する有効発汗量が減少する．図1は，青年男女各6名に，気温30℃相対湿度35%，60%，85%条件下で100 Wの自転車エルゴメータ運動を60分間行わせたときの発汗量を示している[4]．相対湿度が上昇するにつれて無効発汗量の増加が大きく，むだな汗をかいていることがわかるが，女子は無効発汗量の増加が少ない．無効発汗量が増すと，放熱量が減少し核心温が上昇する．放熱を促進するために皮膚血流量が増え，心拍数が増加する．高湿環境下では，循環機能への負担が大きくなり暑熱障害（熱中症）に陥りやすい．

カビは微生物の一種で真菌という．カビの繁殖には，栄養となるものも必要であるが，温湿度条件が重要である．一般の住宅に多いカビの最適な繁殖温度は20～30℃であり，相対湿度が75～100%になると増殖しやすい．カビが増殖しやすい住宅の場所は，結露が発生しやすい浴室や押入れである．カビの発生を防ぐ方法の1つとして湿度を下げることが有効で，室温25℃では，相対湿度を55%以下にすると菌糸の成長が抑制されるとされている．カビによる健康障害には，アレルギー疾患（気管支喘息，鼻炎や過敏性肺炎）や感染症（白癬症など）がある．喘息，鼻炎などのアレルギー疾患のアレルゲンとなるダニは，コナヒョウヒダニやヤケヒョウヒダニであり，梅雨の時期に繁殖する．最も繁殖に適した温度は25～30℃，相対湿度60～90%である．

[栃原　裕]

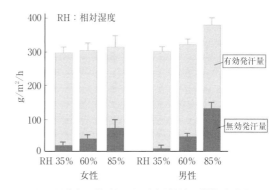

図1　運動時の発汗量に及ぼす相対湿度の影響（30℃）

空調
air conditioning

　冷房と暖房に換気の機能をあわせたものを空気調和（空調）という．暖房と換気のみ，あるいは換気のみを行う場合も多く，ここでは，暖房のみや換気のみも広義の空気調和の中に含める（なお，最近の大規模空調システムにおいては，集中暖冷房，局所暖冷房，輻射暖冷房など，各種の冷暖房方式があるが，室内の温度を快適範囲に保つという意味では本質的な差はないので，ここではあえて，各種方式別の違いについては言及していない）．

　空気調和システムの役割は，室内の熱，空気環境を，所要の状態に維持することである．室内の熱，空気環境は，空気の温度，湿度，気流速度，まわりからの放射，清浄度などの要素から構成される（まわりからの放射を調節する放射暖冷房は，厳密には"空気"調和とはいえないが，熱環境は総合的に扱われなければならないので，通常，空気調和に含められる）．また，所要の状態とは，必ずしも一定の状態を意味するものではなく，現在，空気調和のほとんどが恒温，恒湿を目標値としていることには検討の余地があり，将来は人工的な変動環境が取り入れられることも考えられる．空気調和の実現には冷凍機の発明を待たなければならなかった．火の発見以来の歴史をもつ暖房に対し，冷房がわずか数十年の歴史しかもたない理由がここにある．

　空気調和は，人を対象とする快感空気調和と，製品の品質などを対象とする産業空気調和の2つに大別されてきたが，現代の複雑に発達した空気調和においてはその境界は必ずしも明確ではない．

　湿度の維持には水分の収支も重要であるが，計算上はほとんどエネルギー（潜熱）に換算して処理される．

　戦後すぐから快適温度の調査研究を始めた労働科学研究所の三浦によれば，冬季の快適温度は，1950年代では16～18℃，1960年代は20～22℃，1970年代23～24℃，1980年以降は25℃前後に変わっている[1]．部屋全体を暖める石油ストーブによる暖房が広く使用されるようになったのは1965年以降である．わずか30年間で10℃近く快適温度が上昇している．

　一方，夏季の快適温度は逆に時代とともに低下している．冷房がそれほど普及していなかった時代には，さほど不快ではなかった28℃程度の室温でも，現在では不快を訴える人が多い．

　冷暖房の普及は快適性だけでなく，健康にも影響を与えたことが知られている．特に一日中室内に滞在することの多い，乳幼児や高齢者には影響が大きかったようで，籾山と片山[2]の解析によると，わが国がまだ完全な先進国にいたる以前の

1960年前後の東京では乳児死亡率（1000人あたりの1歳未満の死亡数）は外気温により強く影響を受け，冬に著しく高くなっていた．一方，同年代のニューヨークでは，暖房の設置が義務づけられていて，冬季でも室温がほとんど外気温の影響を受けていない．なお，現在の東京の乳児死亡率はニューヨークよりもかなり低く（1000人あたり約4程度），しかも外気温による影響は少なくなっている．

室内空気中の湿気は，他の空気汚染質と異なり，単にその室内空気中における存在量が，少なければよいというものではない．湿気が過剰な場合には，結露を起こし建物の内装を汚染することになったり，居住者に蒸し暑い感じを与えることになる一方，少なすぎると人の呼吸器系の器官の過剰乾燥を起こしたり，インフルエンザウイルスの活性化を高めるなどにより居住者の健康を損ねることになるなど二面性をもっているといえ，その範囲内に湿度が保たれるように基準等が設定されることが望ましい．

湿度の望ましい上限と下限は完全に逆転しており，あらゆる観点から考えての「理想的な湿度範囲」というものは存在しないことになる．次善の策としての「最も問題の少なそうな湿度」という観点で考えたとすれば，50%前後のきわめてせまい範囲がそれにあたる．ただし，これでも現場での実現性，現実性となるとかなり難しい面もあるので，もう少し後退させた概念として，「その範囲内なら適正であるとは決していえないが，それをはずれるとかなり問題であるので，はずれることがあってはいけない湿度範囲」との観点での限界値としては，下は40%以上，上は70%以下ということになる．

気流はその大きな乱流運動により，人の直接外気に曝されている皮膚表面などから，熱を奪い去る．もちろん，一般的な室内では，気流の温度が人の皮膚の表面温度より低いことが前提であるが，逆に冬季など屋外の低温環境に曝されてきた皮膚の温度は，暖房されている室内の温度より低いことがあり，その場合は，逆に人に熱を注ぐことになる．いずれにせよ，速度の大きな気流があるとほとんど気流速度のない場合に比べ，室内環境と人との熱のやり取りが大幅に大きくなり，その結果，人の産熱と放熱のバランスを大きく乱すことが多くなる．

したがって，一般的には，適切な温度湿度管理が行われている室内にあっては，気流はない方が望ましい．夏季に暑い外から室内に入ったとき，気流により涼しさを感ずることはあるが，それは，ごく過渡的な短い時間の間であり，数分以上も気流に曝されていると，人の熱バランスが崩され不快感が増してきて，場合によっては寒さを感じるようにすらなる[3]．また，気流により机の上の薄い紙などが煽られ，書類が乱れたり，ひどい場合は，飛散したりするので，この点からも通常は気流がない方が好ましい．

［池田耕一］

電磁波
electromagnetic radiation

　高速で変化する電流の周囲には磁界が発生する．電流の変化に伴う磁界の変化によって，発生する電界が空間を波動として広がってゆく現象を電磁波という[1]．

　現代社会において電磁波を用いた技術は，携帯電話やテレビ・ラジオ放送といった情報・通信分野のみならず，電子レンジやIHヒーターといった生活分野さらにはX線診断やがん治療など医療分野へと広く浸透し，我々の生活に電磁波は必要不可欠なものとなりつつある．電磁波というと人工的なものと思いがちだが，日焼けの原因となる太陽光中に含まれる紫外線も電磁波の一種である．

●**電磁波の種類**　電磁波は，その波長により図1のように分類される．波長が長い方から①電波（長波・中波・短波・超短波・マイクロ波に細分される），②光（紫外線・可視光線・赤外線），③X線・γ線の3種に大分される．現代社会においてこれら電磁波は我々の生活を豊かにするものとして幅広く利用されている．しかし，電磁波は我々に便利さだけをもたらすものではないことも理解しておく必要がある．以下に電磁波が身体に及ぼす影響について記す．

●**電磁波と物質の相互作用**　エネルギーの高い電磁波（例えばX線）を物質に照射した場合，原子核の周囲をまわっている電子をその軌道からたたき出し，物質をイオン化させる．また，X線よりもエネルギーが低い紫外線は電子を軌道からたたき出すほどのエネルギーはないものの電子をよりエネルギーが高い状態（励起状態）にすることができる．なお，励起状態となった電子はより安定な状態である基底状態に戻る際，励起状態と基底状態との差に相当するエネルギーを蛍光などとして放出する．

●**電磁波が人体に及ぼす影響**　電磁波が人体に及ぼす影響として紫外線やX線・γ線による発がんがよく知られている．身近な紫外線として太陽光があげられる．太陽光中の紫外線は，波長が長いものから紫外線A（UV-A），紫外線B（UV-B），紫外線C（UV-C）に分けられる．太陽光からの紫外線の大部分は人体に対する影響は小さいUV-Aであるのに対して，最も影響を及ぼす紫外線はUV-Cである．ただし，UV-Cは我々の生活圏にいたる前に地球を取り囲むオゾン層によって吸収されるため，特に問題になることはなかった．しかし，オゾン層の破壊が進みつつある今日，UV-Cは大きな脅威となりつつある．実生活において特に注意が必要な紫外線は，UV-Bであり，その有害性はUV-Aの100～1000倍ともいわれ，皮膚がんを引き起こす．放射線として知られるX線やγ線は，電離作用が大きくDNAを傷付ける．傷付いたDNAの大部分は修復されるが，修復が不完全なDNAがまれにがん化する．

周波数(Hz)			波長	名称	用途
		3×10^{18} (3 EHz)		ガンマ(γ)線	がんの放射線治療(医療) 放射線透過検査(工業)
		3×10^{16}		エックス(X)線	診断(医療) 非破壊検査(工業)
光		3×10^{15} (3 PHz)		紫外線	殺菌灯
		3×10^{13}		可視光線	光学機器
		3×10^{12} (3 THz)	0.1 mm	赤外線	赤外線ヒーター(熱源)
電波	マイクロ波	3×10^{11}	1 mm	サブミリ波	光通信
		3×10^{10}	1 cm	ミリ波 (EHF)	レーダー
		3×10^{9} (3 GHz)	10 cm	センチ波 (SHF)	衛星通信
		3×10^{8}	1 m	極超短波 (UHF)	電子レンジ,テレビ放送 警察・消防無線
		3×10^{7}	10 m	超短波 (VHF)	FM放送,テレビ放送
		3×10^{6} (3 MHz)	100 m	短波 (HF)	民間無線,短波放送
		3×10^{5}	1 km	中波 (MF)	AM放送,アマチュア無線
		3×10^{4}	10 km	長波 (LF)	海上無線
		3×10^{3} (3 kHz)	100 km	超長波 (VLF)	長距離通信
		3×10^{3} ~		超低周波 (ELF)	

図1 電磁波の種類と用途

　携帯電話の普及により,携帯電話が発する電波による神経膠腫(グリオーマ)等のリスクが指摘されており,多くの大学や研究機関において研究や疫学的な調査が実施されている.WHOの外部組織であるIARC(International Agency for Research on Cancer:国際がん研究機関)は,2011年5月に限定的な証拠に基づくものとしつつも携帯電波による発がんの可能性があるかもしれないとの評価[2]を行ったが,現時点において,そのリスクを裏付ける確固たる証拠はない.ただし,電波が生体に吸収された場合,そのエネルギーが熱となる熱作用によって体温上昇がストレスとなり,行動パターンに影響を及ぼすことは動物実験により確認されているが,これは非常に強い電波を受けたときにみられる現象であり,我々の身近に存在する電波は十分な安全率(約50倍)を考慮して設定された基準値を満足した強さの電波であるため,その影響はきわめて小さいといえる.

[高橋直樹]

放射線
radiation

　放射線とは，放射性物質から放射されるエネルギーの総称であり，放射性物質とは放射線を出すもの，放射能とは放射線を出す能力を意味する．例えるなら，懐中電灯自体が放射性物質，懐中電灯から発せられる光が放射線であり，懐中電灯が光を発する能力（明るさ）が放射能にそれぞれ相当する．放射能は，時間経過とともに徐々に弱くなる性質があり，放射能が半分になるまでの時間を半減期という．

　「放射線」と聞くと，「被ばく」や「発がん等の身体影響」と連想されがちであるが，これは放射線のもつ負の側面が強調されたものである．しかし，我々は放射線のもつ特異的な性質により医療，工業，農業等をはじめとし，さまざまな分野においてその恩恵を受け，生活を豊かなものとする正の側面があることも忘れてはならない．また，「放射線」というと原子力発電所等の限定された施設での話であると思われがちだが，我々の身近には常に放射線が存在する．すなわち，放射線およびその影響を過度に恐れる必要はなく，正しく理解し，利用していくことが大切である．

●**放射線の種類とその特徴**　放射線はその発生過程により①α線，②β線，③γ線およびX線，④中性子線の4種類に大別される．α線とは，ヘリウムの原子核からなる粒子線であり，α線の飛程は数cm程度と短く，透過力が弱く紙1枚で遮へい（放射線を遮ること）することができる．β線とは，原子核から放出される電子線である．β線は，α線よりも透過力が強いため，数mmのアルミニウムの板でなければ遮へいすることができない．γ線およびX線とは，放射性を有する元素がより安定な状態になろうとする過程において，過剰なエネルギーを放出する際に発せられるものであり，電波と同じ電磁波の一種である．γ線およびX線は透過力が非常に強く，厚い鉛の板などでなければ遮へいすることができない．中性子線は，とても強い透過力を有し，厚い鉛の板でさえ透過してしまう．中性子を遮へいするには，水や高密度のポリエチレンなど，水素原子を多く含むものがよい．

●**自然界および人工的な放射線による被ばく**　地球上に存在する生物は自然環境から常に放射線を受けている．具体的には，呼吸を介して空気中に存在する主としてラドン（気体）の取り込みによる被ばくとして年間1.26 mSv（ミリシーベルト），食べ物（カリウム40など）を介して年間0.29 mSv，大地から年間0.48 mSv，宇宙からの宇宙線として年間0.39 mSvと合計2.4 mSv（世界平均）の放射線を受けている．

一方，人工的な放射線の代表格は，内臓や骨の状況を非侵襲で診断できるCTスキャンやX線診断等である．胸部X線写真撮影では1回あたり50 μSv（マイクロシーベルト：1 μSv は 1 mSv の 1/1,000），胃のX線写真撮影では600 μSv，CTスキャンによる胸部診断では6,900 μSv（6.9 mSv）もの被ばくを伴う．また，10,000 m以上の高高度を飛行する航空機中では，地上に比べて約150倍以上も宇宙線が増加するため，飛行機で東京とニューヨーク間を往復した場合，約200 μSvの被ばくを伴うといわれている．

●**放射線による人体への影響**　放射線が人体に及ぼす影響は，放射線のもつ強いエネルギーによりDNAを構成する原子に生じる電離や励起が直接DNAの損傷を引き起こす直接作用と，生体を構成する水分子の電離や励起により活性度に富んだフリーラジカルによるDNA損傷による間接作用に大別される．放射線により傷ついたDNAのうち大部分は修復されるが，ごく一部のDNAについては損傷したDNAが修復されずに細胞死を引き起こしたり，不完全に修復（修復エラー）されたDNAはまれにがん化する．人体が受けた放射線の量と影響の発生頻度の関係は大きく確定的影響と確率的影響の2つに大別される（図1）[1]．確定的影響とは，人体が受けた放射線の量がある閾値（しきい値）に達して初めて放射線に起因する症状が発現し，受けた放射線の総量が増加するに従い症状がより重篤化するような影響をいう．確定的影響として，白内障，脱毛，不妊などがあげられる．これに対して，閾値が存在せず，受けた放射線の総量が増加するに従い，発生頻度が高くなるような影響を確率的影響という．確率的影響として，がん，白血病，遺伝的影響があげられる．

　過度の放射線の被ばくによる影響は否定しがたいものである一方で，わずかな放射線は体内の細胞を活性化し健康に良い（例えば，ラドン温泉）といわれる放射線ホルミシス効果が唱えられているが，現在のところ，放射線ホルミシスを肯定するに足る証拠は見出されていない．　　［高橋直樹］

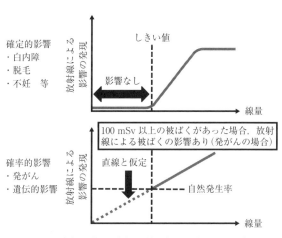

図1　確定的影響と確率的影響（出典：文献[1]より）

赤外線
infrared radiation

　赤外線とは，波長が可視光線より長く，マイクロ波より短い電磁波であり，国際照明委員会（CIE）は波長 0.78〜1,000 μm の電磁波と定義している．赤外線は波長域によって近赤外線，中赤外線，遠赤外線に分けられることもある（図1）．これらの区分の仕方は学会等により異なるが，国際照明委員会[1]では，IR-A（近赤外線）：0.78〜1.4 μm，IR-B（中赤外線）：1.4〜3 μm，IR-C（遠赤外線）：3〜1,000 μm としている．

　照明学会ではそれぞれの定義を，近赤外線：可視域に隣接した，光化学効果を生じる可能性のある波長域の赤外放射，中赤外線：ガラスの透過限界波長より短波長で近赤外放射よりも長波長域の赤外放射，遠赤外線：ガラスの透過限界波長よりも長波長で，物質などに吸収されると，他の様態のエネルギーに変換されることなく，直接的に分子や原子の振動エネルギーや回転エネルギーに変換される波長域の赤外放射，としている[1]．

●**赤外線に対する皮膚の特性**　太陽光（太陽放射）に照らされると暖かさを感ずる．これは地表に到達した太陽光のおよそ半分を占める赤外線の作用によるものである．赤外線が皮膚表面に照射されると，一部は反射し，残りが皮膚内に透過，吸収される．皮膚の赤外線反射率は波長によって異なり，近赤外線領域では 20〜30% 程度と比較的高いが，中赤外線，遠赤外線領域では 10% 程度以下となる[2]．皮膚組織の赤外線透過率は近赤外線領域では比較的高く，厚さ 1.0 mm の皮膚では 20% 程度，厚さ 1.4 mm の皮膚でも 15% 程度である．しかし，波長 2

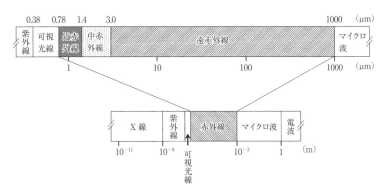

図1　赤外線の波長．赤外線は電磁波の1つで，可視光線より波長が長く，マイクロ波より短いものである．赤外線は波長の短いものから，近赤外線，中赤外線，遠赤外線に分けられることもある

μm を超える赤外線に対しては厚さ 1.0 mm の皮膚でも透過率は数 % 以下，1.4 mm の皮膚では透過率は 0% である[2]．すなわち，近赤外線に対しては皮膚は高い反射率をもつが，透過率も比較的高く，照射された赤外線の一部は比較的深部にまで達する．一方，長波長の赤外線は皮膚の反射率が低いため，照射された大部分は皮膚組織内に入るが，透過率が低いため 1 mm 以内の浅い部分で吸収されることになる．

●**赤外線の温熱感** 皮膚組織内で吸収された赤外線は最終的に熱エネルギーに変わり，その部位の温度を上昇させる．皮膚は表皮と真皮から構成され，さらにその下には皮下組織がある．皮膚の厚さは身体部位によって異なるが，表皮は 0.1 mm 程度，真皮は 2 mm 程度であるとされている．暖かさを感ずる温受容器をはじめとする種々の皮膚感覚受容器は真皮にある．温受容器は皮下 0.2～0.3 mm の深さにあると推定されているが，赤外線は皮膚表面で反射したものを除き表皮を透過し，温受容器の存在する深さまで十分に到達する．吸収された赤外線は熱エネルギーに変換され，その部位の温度を上昇させ温受容器を刺激し温覚をもたらす．

先に述べたように赤外線の波長によって皮膚の反射率，透過率が異なるので，温熱感も波長によって異なる．波長 0.72～2.7 μm，1.5～4.8 μm，6～20 μm の 3 種類の赤外線を手甲と頬に照射したときの温熱感を比較した実験では，短波長の赤外線に比べ，長波長のものが強い温熱感を与えることが示されている[3]．

赤外線照射によって生じる温覚の強さは身体部位によって異なり，額，頬などの顔面は赤外線に対して敏感であり，身体下部のふくらはぎ，大腿は鈍い[4]．こうした温覚の身体部位差は，自然の状態では最大の赤外線放射源である太陽のもとで人類が進化してきたことに関係しているものと思われる．

●**赤外線の人間科学領域での利用** 赤外線を利用したさまざまな計測機器が開発されている．例えば，人間科学領域では近赤外分光法による組織酸素状態の計測機器が用いられている．これは，比較的高い透過率を有する近赤外線の複数の波長を利用して，血液中の酸素化ヘモグロビン，脱酸素化ヘモグロビンの吸光度の違いから，脳や筋組織内の血液量，酸素飽和度などを連続的に測定するものである（項目「近赤外分光法」参照）．また，生体認証の 1 つである静脈認証も近赤外線を利用したものである．静脈認証は，手のひらや指先などに近赤外線を照射すると，静脈中の脱酸素化ヘモグロビンによって吸収されるために静脈のある部分だけ反射が少なく暗い画像になり，静脈の分布が同定できる．静脈の分布パターンには個人差があり，大きさ以外は成長や老化によって変化しないので，個人を識別することが可能となる．このほか，体表面から放射される赤外線を測定することにより皮膚温分布画像を測定するサーモグラフィ（熱画像計測装置）も人間科学領域で利用されている．

［勝浦哲夫］

紫外線
ultraviolet

　地上に届く太陽光は，物理的には電磁波の形で放出・伝搬される放射エネルギーで，可視光線（ヒトの眼に入って視感覚を起こす光線）と赤外線と紫外線を含んでいる．紫外線は，可視光線より波長が短く，波長の長さによりUV-A（315〜400 nm），UV-B（280〜315 nm），UV-C（100〜280 nm）に区分される[1]．UV-Cは，大気層のオゾンなどで吸収され，地表には到達しない．UV-Bは，ほとんどが大気層のオゾンなどで吸収されるが，一部は地表に到達し，皮膚や眼に有害である．UV-Aは，UV-Bほど有害ではないが，長時間浴びた場合の健康障害が懸念されている．

　マリオ・モリーナとフランク・S・ローランドは，地球を有害な紫外線から守っているオゾン層は，フロンガスで破壊されていることを1974年に発表した[2]．その後，南極でのオゾン層破壊が著しく穴状にみえることからオゾンホールとよばれるようになった．そして，国際的な議論となり，1985年に「オゾン層の保護のためのウィーン条約」，1987年に「オゾン層を破壊する物質に関するモントリオール議定書」が採択された．日本は，これらの条約および議定書を締約し，1988年に「特定物質の規制等によるオゾン層の保護に関する法律（オゾン層保護法）」を制定し，オゾン層破壊物質の製造数量の規制や事業者に対する排出抑制等を行っている．気象庁の観測では，国内のオゾン全量は，特に札幌とつくばで1980年代を中心に1990年代初めまで減少が進み，1990年代半ば以降は，国内4地点（札幌，つくば，那覇，南鳥島）で緩やかな増加傾向がみられる．一方で，紅斑紫外線量（紫外線が人体へ及ぼす影響の度合いを示す量）については，札幌，つくばでは，1990年代初め以降それぞれ10年あたり4.4%，4.5%で明瞭に増加している[3]．オゾン量の増加に対し，紅斑紫外線量が増加していることについては，紫外線量は雲量，エアロゾル，気候変化等の影響があるためと考えられている[4]．

●**紫外線の強さと人体への影響**　紫外線は，太陽高度が高いほど強い．1日のうち，正午をはさむ時間が強く，夏，冬では午前10時〜午後2時に1日の約60〜75%を占めている．1年のうち春から初秋にかけて強く，4月から9月に1年間の約70〜80%を占めている．また，緯度が低くなるほど強く，沖縄の年間の紫外線量は，北海道の約2倍である[5]．ヒトは直接太陽から届く紫外線だけでなく，空気分子やエアロゾルにより散乱した散乱光や地表面で反射して届く反射光による紫外線も受けている．その反射率は，草地・土では10%以下に対し，アスファルトでは10%，水面では10〜20%，砂浜では10〜25%，新雪では80%である（図1）[6]．紫外線は，空気中で散乱されると強度は弱くなる．標高が高いところでは，

図1 紫外線の反射率

上空の大気の量が少ないため,紫外線は散乱を受けにくく,大気を通過する際のオゾンによる吸収も少ないため,紫外線は強い.

紫外線の人体への影響の度合いとしてUVインデックスという指標が国際的に用いられ,1～2：弱い,3～5：中程度,6～7：強い,8～10：非常に強い,11＋：極端に強い,とされている.UVインデックス1～2は,安心して戸外で過ごせる,3～7は,日中はできるだけ日陰を利用する,8以上は日中の外出は控えることなど段階的に注意が示されている[7].WHOは,わずかな量の紫外線は,ビタミンDの生成など健康に有益であるが,過度な紫外線曝露は皮膚がん,日焼け,皮膚の老化,白内障などの眼の疾病を引き起こすなど人体へ悪影響を及ぼす[8].紫外線の皮膚への影響は,太陽にあたってすぐにみられる急性傷害(日焼け：サンバーン,サンタン)と,長期間あたり続けて現れる慢性傷害(シワ,シミ,日光黒子,良性腫瘍,前がん症,皮膚がん)がある.皮膚がんは,紫外線曝露と関連し,肌の色の濃いアジア人・アフリカ人は肌の色の薄いヨーロッパ人に比べて紫外線の影響が少ない.また,眼への影響は,急性の紫外線角膜炎と慢性の翼状片,白内障がある[5].翼状片は,その発生頻度は紫外線への曝露時間とその地域の紫外線量に相関することや紫外線の曝露時間が長い職種をもつ者に患者が多い[9][10].皮膚や眼に存在するメラニンは,紫外線を吸収して肌や眼を守る働きをしている.そのため,メラニンの少ない人々の紫外線対策はより重要である.

●**紫外線の被曝量** 職業別,スポーツ種目別に紫外線被曝量を測定した研究では,農業従事者,林業従事者など戸外での労働の多い業種は,OLやサラリーマンより紫外線被曝比が高く,水上スポーツやグランドでの活動時間の長いスポーツの紫外線被曝比が高い[11][12].また,太陽以外の人工光源から紫外線を受ける作業では,溶接工の被曝比が高い[13].

●**紫外線対策** 紫外線のレベルが最も高い正午前後の4時間は,できるだけ室内や日陰で過ごすのがよい.帽子や日傘,長袖,長ズボン,襟のついた被服,日焼け止め,紫外線防止効果のあるサングラス等は,紫外線対策として効果がある.被服で紫外線を遮蔽する場合は,生地は厚いほど,色は黒や濃色の方が遮蔽効果は高く,繊維の種類によっても紫外線の透過率は異なる[14].サングラスでは,レンズの色が濃いと暗くなることにより,瞳孔が大きく開いてしまうため,紫外線防止効果のないサングラスでは紫外線が眼にはいる可能性が高い[15]. [庄山茂子]

光/可視光線
light/visible light

　光は電磁波の一種であり，波長約 380 nm から約 780 nm までの可視光線を一般に光とよぶ．可視光線における波長は色と対応しており，最も短い 380 nm 近辺の紫から，青，緑黄，橙を経て最も長い 780 nm 近辺で赤を発色する．

●**明るさの感覚**　明るさの感覚は，基本的に照射される光の物理エネルギーに依存するが，その物理エネルギー量ですべてが決まる訳ではない．明るさの感覚に大きく寄与する他の要因として，光の波長と目の順応状態があげられる．光の波長は上述のように光色と対応し，その光色によって明るさの感覚が異なることが古くから知られていた．例えば，同一の物理エネルギーで照射，比較した場合，青色や赤色の光は緑色の光よりも暗く感じる．このような光の波長と明るさの感覚の関係を規定したものが，CIE（国際照明委員会）が定めた「標準分光視感効率」[1]である．照明設計や照明実験で最もよく用いられる照度計は，内部に標準分光視感効率のデータテーブルを有しており，各波長域の照射エネルギー量をデータテーブルに基づいて重みづけを行って，「ルクス (lx)」という単位の数値で明るさを定量化するものである．

　もう 1 つの要因として，目の順応状態があげられる．例えば，深夜に目が覚めてトイレに行く際，トイレの照明が普段になく明るく感じられた経験を誰しもおもちであろう．これは目の順応状態の変化によるものである．ヒトの目において，2 つの生理的メカニズムにより明るさへの順応状態が調整される．1 つは瞳孔の大きさの調整であり，明るい場所では瞳孔を小さくして網膜に到達する光量を低減，暗い場所では瞳孔を大きくしてより多くの光を取り込む．もう 1 つは，杆体，錐体という 2 種類の視細胞のスイッチングである．杆体は比較的暗い環境で働く視細胞であり，光に対する感度は高いが色を区別することができない．一方，錐体は比較的明るい環境で働き，感度は高くないが，L・M・S 錐体という 3 種類の錐体がそれぞれ異なる波長域に感度をもち，これ

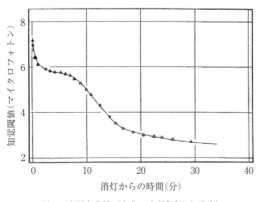

図 1　暗順応曲線（出典：文献[2]より改変）

らの働きにより明るい場所では色を認識することができる．暗所視で杆体が働いている暗順応状態から，錐体が働く明所視での明順応状態へは比較的早く移行が完了する．一方で，明順応状態から暗順応状態への移行には時間を要する．このような暗順応状態の時間的変化を示したものが暗順応曲線である（図1）[2]．消灯（暗順応時間0分）直後では，杆体が徐々に機能し始めるとともに錐体がその感度を急激に高めるため，順応曲線は錐体による順応特性に大きく依存している．錐体の感度上昇による順応は消灯後5分ほどで限界となり，知覚閾値の低下はいったん緩やかになるが，消灯7分後ぐらいから杆体による暗順応が進むことで再び知覚閾値の低下が顕著となる．この錐体と杆体による暗順応特性の変化点は，コールラウシュの屈曲点とよばれている．また，ほぼ完全な暗順応状態となるには約20分を要することがわかる．

● 概日リズムと光　概日リズム（サーカディアンリズム）とは，表記のとおり約24時間周期の生体リズムのことであり，光はその概日リズムの位相と振幅に作用することが知られている．

まず，位相への作用について述べる．ヒトにおける概日リズムの周期は，24時間よりやや長いことが多いとされている（つまり一方で，24時間より周期の短い人も少ないながら存在する）．したがって，多くの人において，約24時間の地球の自転周期と同調した概日リズムを維持するためには，毎日位相を少し前進させる必要がある．この位相前進を促している要因の1つが光であると考えられている．それらの関係性を詳しく説明するものとして，位相反応曲線（図2）[3] があげられる．図に示されるように，深部体温が最低となる時点から数時間後の受光は位相の前進を，逆に数時間前は位相後退を引き起こすことがわかる．一般に，深部体温は，習慣的起床時刻の2～3時間前の睡眠中に最低となることから，起床後の朝，通勤や通学時に屋外で一定の受光をすることで概日リズム位相の前進がもたらされ，約24時間周期への同調が促される．一方で，深部体温が最低となる数時間前，つまり深夜の受光は位相を遅らせ，概日リズムの夜型化の一要因となる可能性がある．

次に概日リズムの振幅への影響について述べる．概日リズムの振幅とは，概念的には日中の覚

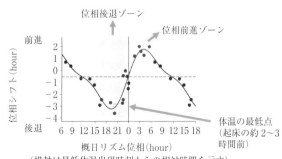

図2　サーカディアンリズムの位相反応曲線（出典：文献[3]より改変）

醒水準の高さと夜間睡眠時の睡眠の質の良さというメリハリを指す．深部体温を24時間以上にわたり連続で測定すると，日中の活動期に最高温度を，夜間の睡眠中に最低温度を確認でき，それらの温度差で振幅を定量化することもできるが，一般にそのように定義されたものではない．日中の覚醒水準や自律神経系の活動水準，夜間のメラトニン分泌量なども含め，それらを複合的に評価することで総合的に判断する必要がある．振幅への光の作用は，位相への影響と同様に日中と夜間で異なる．日中の受光は覚醒度を高め，振幅を増大させる方向に作用するが，夜間の受光はその覚醒作用により睡眠を阻害し，メラトニンの分泌を抑制するなど，振幅を縮小させる方向に作用する．したがって，概日リズムの振幅を増大させ，日中の高い生産性と夜間の良質な睡眠というメリハリの確立には，日中の十分な受光の確保と夜間の不必要な受光の回避が重要となる．

●**概日リズムへの作用における波長特性**　概日リズムへの作用に寄与する視細胞に関しては古くから活発な議論がなされてきたが，今世紀に入ってからの2つの報告がそこに1つの解をもたらした．1つは，2001年にブレイナードらにより報告されたメラトニン分泌抑制の作用波長特性[4]であり，約464 nmで作用感度が最大となることが示唆された．もう1つは，2002年にバーソンらにより報告された内因性光感受性網膜神経節細胞（ipRGC；網膜に存在する特殊な神経節細胞であり，概日リズムへの作用において重大な役割を果たしていると考えられている）の脱分極の作用波長特性[5]であり，こちらは約484 nmでピークとなることが示唆された．これら2つの報告は，一連の作用における出力と入力の波長感度に関するものであり，それらピークが20 nm程度の差で確認されたことは，この波長域の光（青色光）が概日リズムに強く作用することを裏付けるものである．

このように概日リズムへの作用波長特性は，上述の明るさ知覚における作用波長特性（555 nmピーク）と明確に異なっている．したがって，概日リズムの作用の強さを定量評価する際に照度を指標とするのは好ましくない．そこでCIEなどの規格制定機関では新たな国際規格の検討がなされているが，現時点では確立されたものは存在しない．また，概日リズムに関連する光の作用には，ここで述べるメラトニン分泌抑制に加え，即効的な覚醒作用や位相への作用もあり，それらにまで上記作用波長感度が適用できるかどうかについては一貫したデータが得られていない．この点についてはさらなる研究が求められている．

現時点では確立された国際規格は存在せず，さまざまな提案がなされているところである．その中の1つに，ドイツ規格協会（DIN）が制定したDIN SPEC 5031-100という仕様書[6]がある．この仕様書にある計算式を用いれば，各種光源の分光スペクトルデータを入力して，単位明るさあたりのメラトニン分泌抑制作用量を予測することができる．現在は，このような提案に対する妥当性についての議論がなされているところである．　　　　　　　　　　　　　　　　［野口公喜］

測光量
luminous quantities

　光を定量的に表すとき，物理量として表現する場合と，心理物理量として表現する場合がある．心理物理量としての光の量は測光量とよばれ，波長ごとにヒトの標準比視感度で物理量を重み付けした量になっている．そのため，対象となる波長の範囲は可視光域に制限される．測光量としては光量，光束，光度，照度，光束発散度，輝度がある．物理量としての光の量は放射量とよばれ，波長ごとに重み付けすることなく，エネルギーなどの物理量で表した量になっている．対象となる波長の範囲は，心理物理量と違って，可視光域外も含まれる．放射量としては放射エネルギー，放射束，放射強度，放射照度，放射発散度，放射輝度がある．放射量と測光量の用語と単位をまとめたものを表1に示す．

表1　放射量と測光量の用語と単位

放射量		測光量	
用　語	単　位	用　語	単　位
放射束	W	光束	lm
放射エネルギー	W·s (= J)	光量	lm·s
放射強度	W/sr	光度	lm/sr (= cd)
放射照度	W/m^2	照度	lm/m^2 (= lx)
放射発散度	W/m^2	光束発散度	lm/m^2
放射輝度	W/(sr·m^2)	輝度	lm/(sr·m^2) (= cd/m^2)

●**光を表す各種用語の説明**　放射量と測光量の定義は基本的に同じであるため，測光量の用語を使って，それぞれの用語の説明をする．光束は，光源から出ている光の量（lm）のことである．光量は，一般に照明の強弱を言い表す際に使われるが，専門用語としては適切な使い方ではない．専門用語としての光量は，光源から出ている光束（lm）と時間（s）の積で定義される．光度は，単位立体角（sr）に放射される光束（lm）で定義される．光度の単位カンデラ（cd）は，7つあるSI基本単位の1つである．カンデラの語源は，ろうそく（candle）からきていて，昔はろうそく1本の光度が1カンデラだった．照度は，よく使われる用語で，例えば，机の上の明るさを表す際に使われる．照度は，単位面積（m^2）に入射する光束（lm）で定義される．光源と照度を計測する面との距離によって照度は変化し，距離の2乗に反比例することが知られている．これを照度に関する逆二乗の法則という．光束発散度は，「照度」とよく似た概念であるが，光の進行方向が逆になっ

ている．光束発散度は，単位面積（m²）から放射される光束（lm）で定義される．輝度は，光度（cd）の概念に面積（m²）の概念が付け加えられたものである．輝度は，単位面積（m²）から放射される光度（cd）で定義される．

● **ヒトを対象とした研究で使われる放射量の単位**　ヒトを対象とした研究では，測光量（心理物理量）を用いることが多い．しかし，物理的な特性を計測するときや，ヒトの標準比視感度とは異なる分光感度特性をもつ対象を研究するとき，分光感度自体を明らかにする研究などでは放射量（物理量）を用いる．例えば，そのようなときは，照度（測光量）ではなく，放射照度（放射量）を用いる．また，研究分野によってはエネルギーベースの単位（放射量）である放射照度ではなく，光子ベースの単位（光子量）である光子束密度，または光子照度が使われている．光子束密度と光子照度は，同じ意味で使われる．これらは，光化学や光生物学，光医学の分野でよく用いられる用語である．光子束密度および光子照度は，単位面積（m²），単位秒（s）あたりの光子数で定義される．これらの値は，放射照度（W/m²）を，波長ごとに光子1個あたりのエネルギー（W·s）で割り，波長域で積分することで得られる．光子束密度と光子照度の単位は（m²·s）で，論文などでは「10^{12} photons/(cm²·s)」と表記されている．

● **測光量の計算に用いる標準比視感度**　測光量を求める際に用いる標準比視感度は2種類ある．1つは，明所視のときの標準比視感度 $V(\lambda)$ で，もう1つは，暗所視のときの標準比視感度 $V'(\lambda)$ である．しかし，暗所視のときの標準比視感度 $V'(\lambda)$ を用いる測光量はほとんど使われていない．また，明所視のときの標準比視感度 $V(\lambda)$ は，実際の特性が短波長域で若干感度が高くなる隆起があるにもかかわらず，産業界で応用されることから，滑らかな形をもつものとして定義された．そのようなことから，視覚特性の詳細な研究をするときには，Judd修正された $V(\lambda)$ が用いられている（図1）．

日本工業規格（JIS）では，明所視は錐体のみが活動している比較的明るいところで数 cd/m² 以上，暗所視は杆体のみが活動している比較的暗いところで 100 分の数 cd/m² 未満の視覚の状態と定められている．明所視と暗所視の中間の明るさで錐体と杆体の両方が活動している視覚の状態を薄明視と呼ぶ．　　　　　　　　　［髙橋良香］

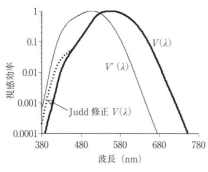

図1　標準比視感度 $V(\lambda)$ と Judd 修正 $V(\lambda)$
　　　暗所視のときの標準比視感度 $V'(\lambda)$

色温度
color temperature

　光の色はさまざまである．ろうそくや暖炉の光は赤みを帯びて見えるが，晴天下に青空から降り注ぐ光にはそのような赤みはあまり感じられず，月明かりはやや青くさえ感じる．人工照明が発する光も同様にさまざまである．白熱電球が赤みを帯びた光色であるのに対して，オフィスなどで最も一般的に使用されている昼白色の蛍光灯は白く，昼光色の蛍光灯の光はやや青みがかって見える．このような白色光の光色の違いを定量的に表現するための指標が色温度である．

●**黒体放射と色温度，duv**　黒体とは，光を含む電磁波を完全に吸収する物質であり，その温度が上昇すると，発光色が変化する．温度が低いと赤く，温度上昇とともに赤みが消えて白くなり，その後青みがかってくる．このような黒体放射の温度とその発光色との関係から，発光色を温度で表現したものが色温度であり，ケルビン（K）という単位を用いて表す．

　発光色と色温度の関係を厳密に表すと，図1のようになる．CIE（国際照明委員会）が定めたXYZ表色系色度図上に，色温度の変化に伴う発光色の変化が曲線で示されている．この曲線を黒体軌跡，黒体軌跡上の色温度を絶対色温度とよぶ．あえて絶対色温度とよばれるのには理由がある．普及している多種多様な人工光源は，さまざまな色温度で発光するが，それら発光色度のほとんどは黒体軌跡上に存在しない．光源の製造精度によるバラツキを考慮すると，黒体軌跡上に完全に載せることは非現実的であり，また，発光効率や演色性を考慮すると，黒体軌跡上から少しずらした方が利点が大きい場合もあるからである．このような理由から，発光色が黒体軌跡上からずれた場合においても，一定の範囲に限り色温度による光色表現を可能とするために考案されたのが相関色温度である．

　図2は，XYZ表色系色度図の白色光の範囲を含む周辺を拡大したもので，黒体軌跡に交差する直線を等色温度線という．この等色温度線上の光色は，黒体軌跡の交差点に相当する絶対色温度を用いて表現することができ，その際の色温度を相関色温度と表現する．また，黒体軌跡に沿う上下4本の曲線は，光色が黒体軌跡からどれだけ離れているかを示しており，その乖離の程度を表す尺度がduvである．一般的に用いられている相関色温度

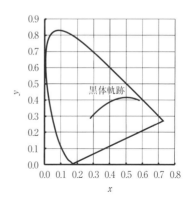

図1　黒体軌跡

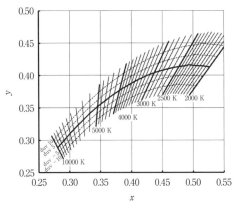

図2　等色温度線と相関色温度

2500 K から 6000 K 程度までの人工光源では，duv がプラス側に振れると緑っぽく，マイナス側に振れると赤っぽくなる．JIS[1]ではこの duv が ±0.02 となる範囲を白色光として定めており，光色を色温度で表現できるのはこの範囲内に限定される．すなわち，赤色光や青色光といった色光では，色温度で光色を表現することはできない．

このように，同じ色温度の光源であっても，絶対色温度なのか相関色温度なのか，duv がいくつなのかによって，その発光色は一様でない．また，完全に同じ色度で発光する光（つまり，相関色温度と duv が同一）を発する光源でも，その分光分布は異なる場合がある．つまり，色温度は照明の質を表現する1つの尺度ではあるものの，その質を完全に表現するものではない．

●**色温度の感覚とヒトへの作用**　色温度の変化と知覚される光色について調べると，比較的低い色温度領域ではわずかな色温度変化で知覚される光色は大きく変化し，逆に比較的高い色温度領域では，色温度変化に対する光色の変化が小さくなることがわかる．このような特性から，色温度という尺度だけでは，知覚される光色の変化量を把握することが難しい．そこで用いられるのが，色温度の逆数を 100 万倍した逆色温度であり，ミレッド（M）という単位で表す．例えば，知覚される光色の変化が一定となるように色温度を制御したい場合などは，この逆色温度に換算するとよい．

　光の色温度は心理的，生理的にヒトに作用する．ロウソクの炎や白熱電球のような赤みを帯びた光には，落ち着いた印象や安らぎを覚え，晴天下の青空から降り注ぐ光や白い蛍光灯の光のもとでは活動的な気分になる．このような視覚心理的な作用は，情動を経て生理的な作用をも引き起こす可能性がある．また，ブレイナードらは光によるメラトニンの分泌抑制が短波長光（青色光）でより顕著となることを報告した[2]．一般に，高い色温度の光にはより多くの短波長成分を含んでいることから，受光する光の色温度の高さとメラトニン分泌量に負の関係が存在することが考えられる．著者らは，色温度 2300 K から 5000 K までの蛍光ランプを用いてそれらのメラトニン分泌抑制作用を検証し，その傾向を確認した[3]．ゆえに夜間照明の色温度の設定には，本作用の考慮が必要といえよう．

［野口公喜］

採光
daylighting

　採光とは，建築などの内部空間に窓などから昼光を採り入れることをいう[1]．昼光とは太陽光に由来する昼間の光であり，直射日光と大気で拡散された天空光の総称である[1]．

●**採光のための基礎的概念**　採光を行うためには，窓の外部に昼光が存在することが必要である．昼光は太陽光に由来するため，太陽の動きや天候などに左右される．採光計画では，短期的に変化する天候等をすべて考慮することは困難なため，対象地の緯度および周囲の障害物を前提条件とし，季節，天候変化の可能性もある程度考慮することが一般的である．まず，可照時間は，ある地点において日の出から日没までの間に，晴れていれば日照が得られるはずの時間を指す．建築設計では日照時間を用い，これはある点での1日に日照が得られる可能性のある時間を指し，可照時間とほぼ同義であるが，特に周囲の障害物を考慮したものを指す．

●**採光計画の目標となる指標**　昼光率は室内のある点の照度の全天空照度に対する比であり，採光設計のために用いられる．この場合の全天空照度には通常，直射日光によるものは含めない[1]．例えば明るい曇りの日の全天空照度はおおむね15000 lxとされている．このときに室内のある点で300 lxが必要な場合，昼光率が2%であればよいことになる．昼光率は窓の大きさ，窓と対象点との位置関係などから算出される．一方，室内において明るさが極端に異なると明視性の観点から好ましくないことが多い．このため，ある面上における照度や輝度のばらつきを考え，これを均斉度とよぶ．単に均斉度という場合は照度を指すことが多く，通常，平均照度に対する最小照度の比で表す[1]．通常の窓で側方から採光する場合には窓近傍で光量が多く，離れるに従って光量が減少するため，均斉度を小さくすることが難しい．

●**採光の実際**　窓は設けられる位置によって，側窓（鉛直に近い壁の手が届く範囲に設けられるもの），高窓（鉛直に近い壁の高い位置に設けられるもの），頂側窓（天井の一部を高くして設けられるもの），天窓（水平に近い天井面に設けられるもの：図1右）に分けられる．

　窓に関する規制は，日本では明治期に当時の先進国にならって建築の規範を確立する中で，採光規定として居室の窓の大きさを床面積の1/12とすること，天窓は側窓の3倍の効果とみなすこと，窓からの採光を有効にするための対向壁との角度，距離を定めるといった考え方が採用されたのが初めで，現在にいたるまで基本的な概念は変わっていない（図1左）．現在では「建築基準法」において，住

宅の居室の窓の大きさは床面積の1/7以上，学校においては1/5以上，その他の建物においては1/10以上などと建物用途によって窓を要求する規定となっているが，人工照明の普及，特に蛍光灯の普及に伴って採光の必要性や価値に対する考え方が変化したことに伴い，住宅，学校，病院など，特に高い健康性が求められる建物用途を除いて，採光規定は適用されなくなり，オフィスなどは無窓のものも可能となるように緩和されている．住宅については，健康性・居住性の確保が優先されて採光規定は存続し，採光上の条件によって係数をかけて採光に必要な面積を算出する規定となって今日にいたっている[2]．

近年では，主にオフィスの照明デザインなどで，省エネルギーの観点から直射日光を含む昼光を積極的に利用しようとするものも増えている．この場合には，日射による熱を室内に入れず，光だけを採り入れることが重要となるため，室外で太陽光を反射・拡散させるライトシェルフや，ガラスを二重に設けてその間にブラインドを内蔵し，スラットの角度を自動制御するような装置が用いられる[3]．

●**採光の目的**　対象物を視認するという目的のみであれば，人工照明のみによっても確保することが可能であるが，室内においても屋外の環境変化が感じられることはヒトの健康にとって生理的にも心理的にも必要なものと考えられている．1970年頃に無窓オフィスが試みられた米国では，実空間での評価研究が実施され，執務者に不評であったとともに原因のわからない倦怠感の訴え，作業能率の低下が報告されており[4]，採光に付随する視覚的な心理効果[5]という窓の重要性があらためて認識されるようになった．このため地下街や地下オフィスなどにおいても，可能な場合には，天窓や光ダクトなどを用いて採光を確保しようとする例が見られる．一方，生体リズムの代表的なものである概日リズム（サーカディアンリズム）は，朝の光によってリセットされることが知られており，これは通常の人工照明では実現できない．例えば高齢者などの場合には，室内ですごす時間が長くなる人も多く，採光が十分に行われていることは室内にいても概日リズムを保てるという観点からも重要である．

図1　左：かつてのオフィスが採光に頼っていたことを示す"ANCIENT LIGHTS"（イギリスにおいて判例で認められた採光窓）の表示．右：ショッピングセンターでみられる採光用の天窓

［大井尚行］

光源
light source

　光源とは文字どおり「光のみなもと」であり，炎や太陽などの自然由来のもの，ランプ等の人工的なものを指す．現在，一般に用いられている人工照明の光源（本項では電気エネルギーを用いるものに限定する）は，白熱電球，放電灯，固体光源に大きく分類される．

●**各種光源の発光原理**　人類の歴史において，最も長期間にわたり使用されている光源は白熱電球であり，エジソンにより初めて実用化された．白熱とは高温に熱せられた物体が，白色の光を発する現象を意味し，バルブ内のフィラメントに電流を流すことで発熱，発光するというのがその原理である．バルブ内には，フィラメントの蒸発を抑制するため不活性ガスが封入されている．フィラメントには，当初日本の竹の繊維が用いられたことは有名であるが，現在はタングステンが用いられている．現在の日本で，最も多く用いられている光源が放電灯であり，屋内で最も一般的な蛍光ランプや，屋外で用いられる水銀灯などがこれにあたり，アーク放電等による発光現象を利用している．最も身近な放電灯である蛍光ランプの発光原理は，電極間に電圧をかけることで電子が放出され，その電子が管内に封入された水銀原子と衝突した際に発生する紫外線により，管内面に塗布された蛍光体が励起され可視光を発生させるというものである．

　白熱電球は可視光とともに大量の赤外線，すなわち熱を発することからエネルギー効率がきわめて悪く，また蛍光ランプには有害な水銀が利用されている．このような環境的問題から，次世代の光源として注目されているのが発光ダイオード（LED）や有機ELといった固体光源である．LEDはコンピュータのCPUなどでもよく知られる半導体であり，電流を流すと半導体（固体）そのものが発光することから，固体光源とよばれている．LEDの基本構造は，P型半導体（正孔（＋）が多い半導体）とN型半導体（電子（－）が多い半導体）のPN接合により構成される．LEDに電圧をかけると，半導体の中を電子と正孔が移動することで電流が流れ，その移動により電子と正孔がぶつかることで接合面が発光する．その発光色はさまざまであるが，Ga（ガリウム），N（窒素），In（インジウム），Al（アルミニウム），P（リン）など，半導体の化合物により放出される光の波長が異なる．LEDによる白色発光にはいくつかの方式があるが，LEDによる青色発光とその一部により励起される蛍光体から発せられる緑から赤の波長域の光の混色による発光の方式が主流となっている．

●**光源の種類と分光分布の違いによる特徴**　白熱電球，蛍光ランプ，LEDの代表的な分光分布を図1に示す．白熱電球では短波長から長波長にかけて連続的な発

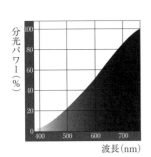 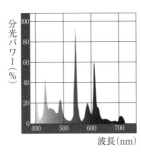 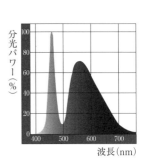

(a) 白熱電球　　　　　(b) 蛍光ランプ　　　　　(c) LED

図1　各種光源の分光分布（エネルギーの最大量を100％として表示）

光であり，長波長領域の出力が相対的に多いことから低色温度発光となる．蛍光ランプでは蛍光体の励起により可視光が出力されるが，水銀自身の輝線スペクトル（波長405，436，546，577～579 nm）と合わせて白色光が構成されている．LEDを用いた電球や照明器具では，前述のように青色LEDの発光を一部蛍光体で変換し，白色を構成する．蛍光ランプ，LEDともに，蛍光体の配合により低色温度光から高色温度光までの光源を構成することが可能である．図1に示した蛍光ランプとLEDの分光分布はともに相関色温度5000 Kの事例であるが，光色と分光分布が普遍的な関係にないことがみてとれる．

また近年，受光による夜間のメラトニン抑制における作用波長特性が報告され[1][2]，それらに基づいて各種光源の作用量を予測する計算方法[3]も提案されている．それにより計算した，各種光源の単位明るさあたりの作用量予測結果を図2に示す．計算に用いた分光分布データは，市場に流通する一般的な製品を著者らが測光したものである．結果より，短波長光で作用が強いことから高色温度光で作用が相対的に強くなるものの，光源の種類にはほとんど依存していないことがわかる．照明用途では，光色や演色性の考慮により，短波長域から高波長域までの発光バランスは光源間で大きくは変わらない．そのため，ある程度広い作用波長域をもつ作用では，光源間による差は出にくいことが予想される．　　　　　［野口公喜］

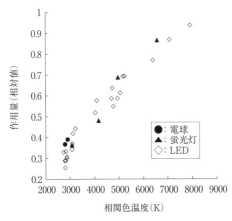

図2　各種光源のメラトニン分泌抑制作用予測

照明
lighting

　照明とは，人の生活や活動をより良くすることを目的として，視認性の確保や雰囲気の形成，情報の伝達，物質や生体の状態変化などのために光を用いることである．我々が日常的に居住する照明環境は，健全で快適に生活，活動することを可能とするために，空間的，時間的観点から適切に設計，制御されなければならない．

●**照明環境の空間的特性**　さまざまな照明環境において，まず要求されることは必要照度の確保である．それら推奨照度はJIS Z 9110：2011 照明基準総則に規定されており，「その諸活動を安全，容易，かつ，快適に行うための主要因」として設定されている．また，その照度値は「通常の視覚条件に対して有効」とされているように，視機能の確保という観点から設定されたものである．また，照度についてはその基準面の平均照度に加えて，照度均斉度（平均照度に対する最小照度の比）もあわせて設定することで，空間における照度分布まで規定し，視機能性を担保している．

　さらに上記総則には，照度に加えてグレアと演色性に関する基準も定められている．グレア基準に関しては，次項を参照いただきたいが，演色性に関しては，平均演色評価数（Ra）を基準とし，空間ごとに要求される機能に応じてその下限値が設定されており，例えば医療関連の検査室などでは，Ra90以上の高い演色性が推奨されている．

　上述のような照明基準を満足したうえで，照明環境の輝度分布もまた，設計上の重要な要素となる．輝度分布の違いは，照明環境の印象や雰囲気を大きく左右するが，それを決定する主要因の1つが照明手法である．例えば，空間全体をできる限り均一に照明し，均斉度の高い輝度分布とする全般照明は，空間に快活な雰囲気を与えるため，オフィスなどで一般的に採用されている．一方，空間の特定部位を中心に照明し，輝度分布の均斉度が低くなる局部照明では，明と暗のコントラストを与えることで光による空間演出性を高めることができる．例えば，バーやラウンジなどでは，スポット照明やウォールウォッシャーなどでオブジェや絵画などをライトアップし，高級感を演出する．また光の照射方式としては，直接照明と間接照明の2つの方式があげられる．直接照明とは，視対象物や明るくしたい空間を，光源から発せられる光で直接照明するものであり，光源の発光部と被照射物の間に光を遮るものが存在しない．一方，間接照明では，光源からの光を例えば天井などの何らかの反射体に反射させて視対象や空間を照らすものである．近年では，この間接照明方式を採用したコーブ照明やコーニス照明など

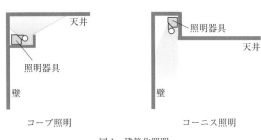

図 1　建築化照明

を採用する一般住宅も増えてきている．これらは，照明器具を露出させず，照明と建築構造を融合させることから建築化照明（図 1）ともよばれている．直接照明の利点はエネルギーロスが少なく効率に優れる点であり，欠点は照明器具が視界に入ることで空間が雑然としやすく，発光部が見えた場合にはグレアによる不快感を生じさせる場合もある．間接照明の利点は器具や発光部を見せないことで空間をスッキリと見せるとともに，柔らかい光で照明環境を構成することで演出性を高めることができる点である．欠点としては，光を反射させることによる光の損失から，消費エネルギーに対して明るさを確保しにくいという点があげられる．

●**照明の時間的特性**　先に述べた空間的特性の一側面を支える照明基準は，主に視認性を考慮して設定されたものであるが，視認性に対する時間的な影響は小さい．例えば，日中と夜間において文字や色を見るための照明要件は基本的に同じと考えてよい．一方で，非視覚的作用の 1 つである概日リズムへの作用においては，昼夜でその作用の意味合いがまったく異なるため，時間的特性の考慮が重要となる．概日リズムと光の関係については，「光/可視光線」項にて解説したが，ここではそれを考慮した照明の具体的あり方について，朝，昼，夜という時間帯別に述べる．

　朝の照明では，円滑な目覚めと覚醒，および概日リズム位相前進の支援が重要となる．現代の日常生活においては，目覚まし時計を用いて目覚めるスタイルが最も一般的だと推測されるが，この場合，睡眠状態からの強制的に近い覚醒を強いられることになるため，不快な目覚めや活動開始までに時間を要するなどの問題も少なくない．そこで，起床後，特に朝の日照に劣る冬季は照明を点灯させ，光の覚醒作用により覚醒度の速やかな上昇を促すことが重要となる．また，深睡眠からの急激な覚醒を回避するため，起床設定時刻の一定時間前から室内を徐々に明るくすることで緩やかな浅眠化を促し，快適な目覚めとする起床前漸増光照射[1]の提案も行われている．また，起床後の時間帯は，受光による概日リズム位相の前進がもたらされる．ヒトの生得的な概日リズム周期は 24 時間よりやや長いことがよく知られており，毎日，概日リズム位相を前進させることは概日リズムの健全性維持における絶対要素といえる．十分な位相前進作用が得られなければ，概日リズム位相は後退し，夜の寝付きの悪さ，朝の目覚めの悪さを引き起こす要因となる．したがって，概日リズム位相という観点においても，起床後は自

然光に加え照明光をうまく活用することが重要といえる．

　昼の照明もまた，覚醒度維持の支援において重要である．受光量と覚醒度の関係において，少なくとも1万ルクスまでは照度の上昇とともに覚醒度も上昇することが報告されている[2]（図2）．一般的な屋内照明環境の照度は数百ルクスというレベルにあり，覚醒支援という観点においては晴天時に10万ルクスにも及ぶ自然光に到底及ばない．

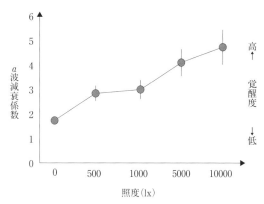

図2　照度と覚醒度（出典：文献[2]より一部改変）
$α$波減衰係数は脳波から算出する覚醒度の指標であり，覚醒度が高いほど高い値となる

エネルギー消費を考慮すると，そのために照度基準を著しくあげるということも現実的ではないが，覚醒度への作用という側面も理解しておく必要がある．また，日中の受光量が少ないと夜間の光によるメラトニン分泌抑制が生じやすくなること[3]，高齢者のメラトニン分泌量が低下すること[4]も報告されている．これらは，日中の受光量が，日中の覚醒と夜間の睡眠のメリハリ，すなわち概日リズムの振幅維持において重要な役割をも担っていることを示すものである．

　夜の照明においては，メラトニン分泌と睡眠の考慮が重要となる．メラトニンは睡眠や概日リズムと関連するとされるホルモンであり，習慣的起床時刻の約14時間後から分泌が始まる[5]が，受光によりその分泌が顕著に抑制されることが古くから知られている．また，その後の円滑な入眠を考慮すると，光による覚醒作用はその阻害要因となる．さらに，深夜における受光は概日リズム位相の後退をもたらす．したがって，夜間，特に深夜においては，必要以上の受光を避ける必要がある．

　また，光の質，すなわち波長や光色に関しては，短波長光（青色光）でメラトニン分泌抑制作用[6]や覚醒作用[7]，概日リズムの位相反応作用[8]が強くなることが報告されており，その応用が注目されている．具体的には，夜間は短波長光が相対的に少ない低色温度照明を採用することで，メラトニン分泌抑制や不要な覚醒を避け，逆に日中は短波長光を相対的に多く含む高色温度照明により覚醒を支援する．このように，概日リズムへの非視覚的作用においては昼夜でその作用の意味づけが大きく変わることが視覚的作用と大きく異なるところであり，照度や波長，光色のダイナミックな制御が要求される．今後，このような観点での照明基準の見直しにも発展していくことが予想される．

［野口公喜］

グレア
glare

グレアとはまぶしさのことであるが，視覚に与える影響から減能グレアと不快グレアに分類される．減能グレアはまぶしさにより視認性の低下を生じさせるものであり，不快グレアはその名のとおり不快感を生じさせるグレアのことである．

●**減能グレア**　ディスプレイや光沢のある紙面への映り込みよって生じる減能グレアは，視対象と背景の輝度対比を減少させる光幕反射によって説明できる．具体的には，光幕反射によって生じる輝度 L_v が，全体に重なることにより，本来，背景輝度 L と，視対象の輝度 $L + \Delta L$ によって生じる輝度対比 C が，次式 C' のように L_v だけ分母が増加し，低下する．

$$C' = \frac{\Delta L}{L + L_v}$$

また，夜間の屋外でヘッドライトや屋外照明が視野内に入った場合でも，減能グレアが生じ得る．この場合は，グレア光源は必ずしも視対象に直接「被さって」いないが，視野内にあるグレア光源が高輝度であるために眼球内で散乱光となり，白いぼやけた幕として視野内が覆われ，背景と視対象のコントラストを低下させているのと同じ現象であると解釈できる．つまり，グレア光源がない場合の輝度差弁別閾（視対象を知覚しうる，背景輝度との最小の輝度差） ΔL が，グレア光源の存在により， $\Delta L'$ に増加したとすると，視対象の輝度は変化せず，背景輝度 L が L_{ev} だけ増加し， L' に変化したと考える．この L_{ev} を等価光幕輝度といい，等価光幕輝度の大きさにより，視認性の低下の度合いを評価可能である．このように，減能グレアは，グレア光源により視機能が低下する度合いをコントラストで表現可能である．

●**不快グレア**　一方，不快グレアは，高輝度のグレア光源によって生じる不快感であるため，その度合いは，主観評価によって決定される．屋内人工照明による不快グレアの程度を定量的に評価する式の1つとして，ISO 8995（CIE S 008/E：2001）[1]およびその内容を翻訳し，技術的内容を変更する形で作成された JIS Z 9125：2007[2]に採用されている UGR[3]がある．UGR は空間の不快グレアを評価する目的で作成され，以下の式のように定義されている．

$$UGR = 8 \log_{10}\left(\frac{0.25}{L_b} \Sigma \frac{L^2 \omega}{p^2}\right)$$

　　L_b：背景輝度（cd/m^2）
　　L：照明器具の発光面の輝度（cd/m^2）
　　ω：照明器具の発光面の見かけの大きさ（sr）

p：Guthのポジションインデックス[4]

UGRの値は，表1のように，不快グレアの程度と関連付けられている．UGRの式において，背景輝度L_bは順応輝度，Lはグレア光源の輝度，ωはグレア光源の見かけの大きさと解釈でき，pはポジションインデックスといい，視線中央からのグレア光源の位置により変化する係数である．このことから，背景輝度が低く，発光面の輝度が高く，見かけの大きさが小さく，視線中央に近いほど，不快グレアが大きくなることがわかる．

このように不快グレアに影響する物理要因については整理されているが，不快グレアは，減能グレアと異なり，「どの程度不快に感じるか」という主観に基づいているため，まったく同じ環境下でも観察者により，その程度にバラつきが生じる．それは，年代によるものだけでなく，個人間や民族差・文化差など多様な要因に起因する．年代による違いは主に眼機能の変化（眼内散乱光の増加など）によるものと考えられる．また，民族差では，UGRは欧米の研究をもとに定義された式であるが，日本人で評価するとUGR値で約3，つまり表1のグレアの程度で1段階ずれがあることが報告されており[5]，日本人の方が不快グレアに対して許容度が高いことが知られている．

このように，視機能の低下を示す減能グレアに対して，不快に感じる度合いである不快グレアはより多様性を考慮する必要があるといえる．

●**新光源への対応**　また，近年の課題として光源の発光ダイオード（Light Emitting Diode：LED）化があげられる．LEDはその発光メカニズムから，非常に高輝度かつ発光面積が小さいことが知られている．そのため，主に光源輝度の解釈と測定の両面で課題が生じている．これまで光源輝度とは，照明器具の反射板も含めた発光部分の平均輝度として解釈していても範囲内での輝度差がそれほど大きくなかったため問題とはならなかった．しかし，LEDではその差が非常に大きくなってしまい，これまでと同様の光源輝度のとらえ方では不快グレアの程度が異なってしまうことがわかっている[6]．また，LEDチップ1つひとつの面積が非常に小さく，輝度測定時の測定解像度によっても，最大輝度が大きく異なってしまう．さらにLEDはその光色や分光分布をコントロールすることが容易であるため，分光分布による影響の考慮も必要であると考えられる．すでに関連研究は蓄積され始めているが，現状の課題に即したグレアの定量化・規格化が望まれる．　　　　　［戸田直宏］

表1　UGRと不快グレアの程度の関係

UGR段階	グレアの程度
28	ひどすぎると感じ始める
25	不快である
22	不快であると感じ始める
19	気になる
16	気になると感じ始める
13	感じられる

色
color

　色とは，受容した可視光域の電磁波を波長の違いに応じて符号化して，知覚できるようにした感覚のことである．

●顕色系と混色系　色を定量的に表示することを表色といい，表示のための数値を表色値とよぶ．また，表色のための一連の定義からなる体系を表色系という．表色系には，顕色系と混色系がある．顕色系は，物体標準（例えば，色票）の色の見えに基づいていて，その代表例としてマンセル表色系がある．混色系は，光の混色実験で求めた，ある色と等色とするのに必要な色光の混合量に基づいていて，その代表例として，CIE 表色系がある．

●マンセル表色系　マンセル表色系では，色票を図1上に示す円筒座標を用いて配列し，明度 V を縦軸に，色相 H を円周方向に，彩度 C を半径方向に配列する．白色・灰色・黒色などのように，色相をもたない色を無彩色，色相をもつ色を有彩色とよぶ．中心軸には無彩色が下から上へ，$V = 0$（理想的な黒）から $V = 10$（理想的な白）の順に配列してある．彩度の尺度は，無彩色の彩度を $C = 0$ として，中心軸からの距離で示している．また，色相は環状に配列してあり，これを色相環とよぶ．このように，色票を空間的に配列したものを色立体とよぶ．

●色度図　CIE 表色系の1つである xy 色度図は，通常，x を横軸，y を縦軸として，色刺激の色度を表す平面図である．xy 色度図は任意の2色の色度図上における距離が知覚される色差と

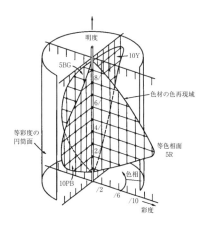
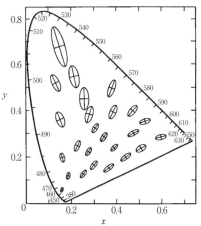

図1 上：マンセル表色系の色立体[1]，下：xy 色度図におけるマクアダム楕円（10倍拡大）[2]

対応しない不均等な色度図となっている．デーヴィッド・マクアダムは，25の異なる色度座標で等色実験を行った結果，色度座標上に楕円状に分布した．これらの楕円をマクアダム楕円とよぶ．図1下左は，xy色度図におけるマクアダム楕円を示しているが，見やすいように大きさを10倍に拡大して表示している．

　輝度の等しい色に対し，色度図上の等距離が知覚的に等しい差となる色度図を，均等色度図とよぶ．均等色度図としては，デーヴィッド・マクアダムの提案したuv色度図や，イーストウッドの報告により，uv色度図の縦軸のvの値を1.5倍することで均等性を改良した$u'v'$色度図などがある．

●**色空間**　均等色度図は色の明度の均等性を考慮していない．そこで，明度をも含んだ均等な表色系を考え，これを均等色空間とよぶ．均等色空間としては，CIE 1976 $L*a*b*$色空間（またはCIELAB色空間）および，CIE 1976 $L*u*v*$色空間（またはCIELUV色空間）などが考えられている．

　CIELAB色空間は，色票の色座標が照明光の変化にあまり影響されない．これは，照明や観察条件が異なることで色刺激としては変化しても，色の見え方があまり変化して見えない色恒常性という色覚特性が反映されていることを示す．

　また，マンセル表色系とよく対応する色空間となっている．CIELUV色空間は，マクアダム楕円の均等性がより優れている．ただ，均等性が完全であれば，マンセル表色系の等ヒュー・クロマ曲線は半径の異なる同心円状になり，マクアダム楕円はすべて同じ半径の円になるため，両色空間ともまだ改良の余地がある．

　今日では，色の見えモデルとよばれるより進んだ均等色空間が作られている．色の見えモデルは，色覚に影響を与える観察環境や，順応輝度などのパラメータを入力することで，ヒトに備わっているさまざまな色覚特性を考慮している．代表的な色の見えモデルとしては，CIECAM02（シーキャムオーツー）がある．

［髙橋良香］

空気質
air quality

　空気質とは，一般的には室内等の空気中のガス成分量をさす．ヒトに限らず動物は，外界の食物，水，空気を取り込むが，その中でも空気は膨大な量となる．例えば，成人の安静時の1回換気量は約 500 mL で，呼吸数は 15～16 回/min，したがって換気量は約 8 L/min，1日で1万1520 L に達する．これを重量で表すと約 15 kg (dry air)/日に達し，食物の約 1 kg/日，水の約 2 kg/日に比べ大変多い．この値は安静時のもので，運動や労働によってさらに増加し，例えば 15 km/h の走行時には換気量は約 100 L/min に達する．そのときの食物や水の摂取量も大きくなるが，空気のような桁違いの増加はみられない．さらに肺胞から心臓に還流した血液は全身にまわり，したがって汚染物質も全身にまわる．水や食物中の汚染物質は，消化器から血液に入っても必ず肝臓を通過し，捕捉され代謝される機会があるが，呼吸器から入った汚染物質は肝臓を通過せずに全身に運ばれるという特徴をもっている[1]．

　無農薬や自然食品に対しておおいなる関心が寄せられている．また家庭用浄水器が求められ，名水百選など飲料水に対する関心が高まっている．健康を考えるならば，空気の1日の体内通過量からいっても，体内経路からしても，空気に対しての関心の度合いは低すぎるといっても過言ではない．水がなくても1週間は生きられるが，空気がなければ数分も生き延びることができないことにも思いを馳せ，室内空気環境の悪化や汚染に対して新たな心構えが，ことに新しい室内環境の計画では要求される．

●シックハウス症候群　1970年代に入り，オイルショック（石油危機）を契機に，建物の気密化などの施策が促進され，室内空気環境が悪化傾向となり，シックビル症候群あるいはシックハウス症候群とよばれる症状が顕在化してきた．それらの解消も念頭に世界的に取り上げられるようになった室内空気質の主なものは，二酸化炭素，一酸化炭素，窒素酸化物，硫黄酸化物，浮遊粒子状物質，タバコ煙，臭気，自然放射性物質のラドンならびにその娘核種，浮遊細菌，浮遊真菌，ホルムアルデヒド，アスベスト，オゾン，炭化水素，アンモニア，揮発性有機化合物（VOCs）などである．表1は現在問題視されている室内空気汚染物質を大まかな発生機構とともにまとめたものである．また表2は，取り上げられている空気質は少ないが，現時点で法制化されているビル管理法（建築物における衛生環境の確保に関する法律；昭和45，法20号）による室内空気環境基準である．

　これからの室内空気質の評価と制御を考える場合に，①発生源が生物起源なのか非生物起源なのか，②その物質が嗅覚細胞の受容部に直接作動する感覚成分と

表1 室内で発生する主要な汚染物質

人体	呼吸	CO_2，水蒸気，臭気
	くしゃみ，せき，会話	細菌粒子
	皮膚	皮膚片，ふけ，アンモニア，臭気
	衣類	繊維，砂じん，細菌，かび，臭気
	化粧品	各種微量物質，VOCs
人の活動	喫煙	粉じん，タール・ニコチン，各種の発がん物質
	ガス	CO_2，CO，アンモニア，NO，NO_2，炭化水素類，臭気
	歩行など動作	砂じん，繊維類，細菌，かび
	燃焼器具	CO_2，CO，NO，NO_2，NO_x，SO_2，炭素水素，煤煙，臭気
	事務機器	アンモニア，オゾン，溶剤類
建物自体	合板類 耐火材 断熱材 施工 発生物	ホルムアルデヒド，アスベスト繊維，ガラス繊維 ラドンおよびその娘核種，VOCs，かび，細菌，ダニ
維持管理	作業 材料	砂じん，粉じん，洗剤，溶剤，細菌，かび
殺虫剤類	直接	噴射剤（フッ化炭化水素），殺虫剤，消毒剤，防虫剤
	再飛散	殺虫剤，殺菌剤，殺そ(鼠)剤，防び(黴)剤，防ぎ(蟻)剤

表2 ビル管理法による室内空気環境基準

項　目	基　準
浮遊粉じん	$0.15\ \text{mg/m}^3$ 以下
一酸化炭素	10 ppm 以下
二酸化炭素	1 000 ppm 以下
温度	17～28℃（外気より著しく低くない）
相対湿度	40～70%
気流	0.5 m/s 以下
ホルムアルデヒド	$0.1\ \text{mg/m}^3$ 以下

それ以外の非感覚成分に分けると理解しやすくなる．例えば，トイレの悪臭などは生物起源の感覚成分となり，自然放射性物質のラドンは非生物起源の非感覚成分となる．その中で二酸化炭素（CO_2）は発生源がヒトを含めた動植物の呼吸と

いう生物起源の面と物質燃焼という非生物起源の面の両方を備えている点で特殊な存在といえる．CO_2それ自体は強度の有毒ガスとはいえないにもかかわらず，空気衛生学の祖 M.V.ペッテンコーファーの提唱やビル管理法にみられるように，その点にCO_2が空気質の総合指標として多用されてきた理由がある．

疾患症状の面から室内空気質で問題とされる物質を見ると，その過度の暴露によって，亜急性ないし慢性呼吸器疾患の様相を呈し，場合によっては肺がんにいたるという傾向がみられる[2]．

●**非感覚成分** 室内空気質の非感覚成分については科学的測定に基づく対策を講じる必要があるといえる．その中でも自然放射性物質のラドンとその娘核種はその代表格といえる．というのは，例えばCO_2は嗅細胞の受容部に直接作動しないことから非感覚成分の1つといえるが，生体内ではその増加により血液のpHの減少を生ずると，頸動脈体の化学受容器で検出され，呼吸中枢を賦活する．あるいは頭痛の初期症状から，曝露強度を知る手掛かりを得ることができる．しかし，ラドンとその娘核種が関係する放射線については間接的な受容機構がまったく存在しないこととそれらによる肺がんの潜伏期間は比較的長く初期症状が存在しないということから科学的測定に基づいた対策が必要となる．

●**換気と汚染濃度** 一般に室内汚染物質の濃度 C [mg/m^3] は，定常状態では次式で表される．

$$C = C_0 + (M/Q)$$

ここで，C_0：外気（導入空気）の濃度 [mg/m^3]，M：室内の汚染物質発生量 [mg/h]，Q：換気量 [m^3/h]．

上式は，室内汚染濃度を減らすためには，1) 室内に入ってくる外気（導入空気）の濃度が低レベルであること，2) 室内の汚染物質の発生をなくし，空気浄化装置などで極力抑えること，3) 室内の汚染物質が必然的なものなら発生のレベルに合わせて換気量を増やしてやること，の必要性を示している．

このように，一般に室内汚染濃度は，発生と換気とに大きく依存する．この点，ラドン・ラドン娘核種の放射能濃度はやや複雑で，このほかに崩壊，壁体への沈着，エアロゾルへの付着，崩壊エネルギーによる反跳などの現象が絡み合う．しかし，崩壊を親核種の除去と娘核種の発生，沈着を当該核種の除去と見立てれば，一般の汚染物質と本質的には同じ見方が可能である．つまり換気回数の大きい段階では発生量の大小はあまり濃度差となって表れてこない．これらの差が明確に反映されるのは，換気回数が1回/hをきるあたりからで，最近の気密化住宅の0.25回/hや0.15回/hなどになると，発生量は大きく効いてくることがわかる．現代は地球環境問題が要請している省エネルギーを念頭に，命の根幹に関わる室内空気質の確保をきめ細かく行わなければならない時代といえる． ［横山真太郎］

高圧環境
hyperbaric environment

　日常経験する気圧の変化と異なり，本項で取り扱う高圧環境とは，少なくとも気圧が大気圧の2倍あるいは3倍になる環境をいう．例えば，土木工事で用いられる潜函工法では高圧環境下で作業することになる．また，スクーバ潜水では高圧（水圧）に曝露され，相当圧の圧縮空気を呼吸することになる．

●**海洋開発**　20世紀後半から世界各国で海洋資源に対する関心が高まり，海洋開発における技術開発が進んだ．特に，海底油田や最近注目されている海底鉱物の探索が主な目的であった．わが国も，1970年頃から大陸棚開発のために，水深300 m相当において海洋学者や技術者が海底で長期滞在できる飽和潜水技術が開発された．海洋科学技術センター（現独立法人海洋研究開発機構）が中心となり，約30年間にわたり，実海での実験や有人のシミュレーション実験が続けられた．残念ながら，有人での海底探索システムは実用化されなかったが，代わりに特殊船舶や潜水艇による探索技術が向上し，現在にいたっている．

　海洋開発のための潜水方法を分類すると，有人と無人に分けられ，有人の場合は，環境圧潜水と大気圧潜水に分けられる．前者は，素潜りから混合ガス潜水（システム潜水）まで多岐に分類される．大陸棚開発のための潜水システムには，酸素と窒素を一定の分圧にコントロールし，不活性ガスであるHe（ヘリウム）で加圧した呼吸ガスが用いられる．環境圧潜水では，加圧下での生理障害（窒素酔いや酸素中毒など）や減圧時の障害（減圧症など）に対する対策が主な研究テーマであった．

●**酸素中毒と窒素酔い**　スクーバ潜水で用いられる圧縮空気での呼吸には深度に限界があり，水深40～50 m（5～6気圧相当）程度までといわれている．それ以上の水深になると，呼吸ガスの密度が高くなり，換気効率が低下してしまうことが主な理由である．加えて，呼吸ガスの酸素分圧が高くなることにより酸素中毒に罹患すること，窒素分圧が高くなることにより窒素酔いに罹患することなども理由である．また，上記以外に曝露時の気圧や呼吸ガス成分によっては酸素中毒や窒素酔いに罹患する可能性はある．

　酸素中毒には急性酸素中毒と慢性酸素中毒がある．表1～2に中毒症状を示す．慢性酸素中毒の場合は，肺に炎症が発現し，中枢神経が影響を受ける．急性酸素中毒の場合は，痙攣や視覚障害が起こる．ともに酸素分圧が高いと症状が発現するまでの時間が短くなる．また，圧縮空気を呼吸すると窒素酔いに罹患する危険性がある．やはり，中枢神経が影響を受け，飲酒して酔ったような症状になるので「マティーニ現象」ともよばれている．553.2 kPa（水深60 m相当）以上になる

表1　慢性酸素中毒の症状

酸素分圧 (kPa)	症状発現までの 時間	症状
60.8～162.1	数時間から数日	肺に炎症
162.1 以上	短時間	中枢神経に影響 (痙攣など)

(注)　1 気圧 = 101.325 kPa

表2　急性酸素中毒の症状

酸素分圧 (kPa)	症状発現までの 時間 (分)	症状
182.4	90	舌や顔面の痙攣
202.7	45	吐き気やめまい
222.9	23	視覚障害

(注)　1 気圧 = 101.325 kPa

と症状が重篤になる．

　将来，高圧環境や低圧環境での生活もあり得ない話ではない．高圧環境と低圧・無重力環境に対するヒトの適応能力を比較すると，高圧環境では前述した生理障害を伴うが，決して適応能力が劣っている訳ではない．生活圏としての高圧環境を想定して，長期間高圧環境に曝露されたときのヒトへの影響に関する研究に期待したい．

●**再圧治療**　日本高気圧環境・潜水医学会によると，一酸化炭素中毒，ガス壊疽，低酸素症などに対して高圧酸素治療が有効といわれている．患者を2〜3気圧の高圧環境に曝露し，高濃度酸素を呼吸させる治療法である．一方，高圧に曝露されたヒトが不適切な減圧により減圧症に罹患することがある．治療のために酸素を用いた再圧治療（高圧酸素治療）が行われる．治療中の曝露環境に大きな差はないが，再圧治療の場合は減圧方法に注意を払わなければならない．再圧治療の詳細に関しては専門書[3][4]を参考にして頂きたい．

　再圧治療に関しては米国海軍が膨大なデータを蓄積しており，それをもとに治療プログラムが確立されており，わが国では米国海軍のプログラムが普及している．減圧症が主ではあるが，空気塞栓症も治療の対象になっている．症状の度合いに対応した再圧治療表がいくつか提案されている[5]．一例として，減圧症の治療に用いられる治療表を図1に示す．[垣鍔　直]

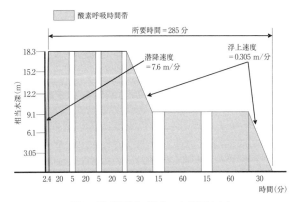

図1　再圧治療表（出典：文献[5]より）
（元図はフィートポンド単位で表現されている．ちなみに，縦軸の最大値である 18.3 m は 60 ft である）

潜水
diving

　潜水とは水中に潜ることをいう．潜水の歴史は古い．海や川から食料を捕獲するために有史以前から潜水が行われてきたが，素潜りで漁をする海女や海士は，現在では日本と韓国だけに存在するといわれている．わが国では三重県の海女がよく知られている．素潜りとは「呼吸器を使用せずに潜水すること」で，職業としてばかりでなく，スポーツとしても普及してきた．本項では，潜水に関して概説する．

●**素潜り**　素潜りの限界能力は息ごらえ時間と潜水深度で評価できる．クジラやイルカなど大型の水棲哺乳動物の1回の潜水時間は数10分～1時間であるが，ヒトの場合は1回の潜水時間は1～3分と短く，潜水前に過呼吸や純酸素を呼吸するなど最大限の努力を払っても十数分が限度である[1]．一方，素潜りの深度の限界であるが，かつて理論的には肺が破損しない限界深度は水深60～70 mと推定されていたが，プロのフリーダイバー達は理論など解せず，世界記録は200 mを超えている．フリーダイビングにはいくつかの競技種目がある．おもりを使って潜水するコンスタントウエイトという競技の世界記録は，女性は101 m，男性は126 mである[2]．頻繁に記録が更新されているが，しかし限界はあると考える．

●**スクーバ潜水**　圧縮空気が充填されたタンクと減圧弁（レギュレータ）などの器具を用いて，水深30～40 m程度まで潜水することができる．職業潜水以外にレジャー潜水が盛んになり，多くの人が潜水を楽しんでいる．PADI，NAUIなどの各団体が免許制を導入しているので，ダイバーはそれなりの知識をもっているが，体調や海域の状態により，さまざまな事故が発生する．体調に関連する障害の1つにスクイーズがある．水深が4～5 mへ潜水あるいは浮上する場合でも発症する可能性がある．肺，中耳，副鼻腔などは気道，喉，鼻腔を介して均圧ができるが，風邪，花粉症などに罹患すると副鼻腔が塞がり，潜水あるいは浮上時に均圧できなくなる．鼓膜に影響を及ぼし，痛みを感じ，時として出血を伴う．したがって，体調管理に注意を払うべきである．また，肺破裂に至るケースがある．スクイーズより浅い深度で起こり得る障害である．発症部位によって気胸，気腫，空気塞栓症に分けられる．気胸は肺と胸腔内膜の間に侵入したガスが浮上時に膨張し，障害を引き起こす．罹患した場合は，痛みや鼻血などを伴った咳が出る．十分に排気すれば正常に戻ることが多いが，ガスが肺血管に侵入してしまうと，血管内に気泡が形成され，空気塞栓症を引き起こしてしまう．間質性気腫は肺の間質組織にガスが侵入したときに発症する．皮下気腫は肺組織が破裂して，皮下組織にガスが侵入したときに発症する．また，前出の空気塞栓症は浮上

時にも発症する．急な浮上により肺胞毛細血管が破裂してガスが血管に侵入し，気泡を形成し，血液循環が阻害される．生死に関わる障害なので，ただちに治療しなければならない．

●**ダイビングリフレックス** クジラやイルカなど水棲哺乳動物が潜水するときは，心拍数が極端に低下し，酸素消費量が低下する．その結果，長時間潜ることができる．彼らと同様にヒトにも同じ生理反応がある．個人差はあるが，日常の生活で経験する生理反応で，例えば，冷水で顔を洗ったときや顔面や後頭部を氷などで冷却すると徐脈が誘引される．このような生理反応は素潜りでも発現する．ただし，日常生活での反応より顕著である．理由は，水圧により末梢血流量が減少し，血流が再分配されることに加え，血圧の上昇を抑えるために心拍数や1回拍出量が減少するからである．有名なフリーダイバーだった故マイヨール氏はこの生理反応に注目し，ヨガを取り入れた訓練をした結果，心拍数を26回/分まで低下させることができたという[3]．したがって，心理的・生理的な訓練で反応をコントロールできる．しかし，水温が低い場合や運動を伴う場合は，ふるえや運動により代謝亢進が優位になり，ダイビングリフレックスの効果は期待できない．

●**飽和潜水**[4] スクーバ潜水と異なり，高気圧環境下で長期間滞在する潜水を飽和潜水という．圧縮空気を呼吸した潜水には限界があるので，酸素分圧を30.4 kPa（大気圧で30%程度）に制御し，残りを分子量の小さい不活性ガスであるヘリウムで置換する呼吸ガス（ヘリオックスガス）を使用する．この呼吸ガスの場合，気圧が高いとヘリウムの中枢神経への影響により，四肢のふるえ，めまいなどの症状が現れる．これを高圧神経症候群とよぶ．窒素を添加した混合ガス（トリミックスガス）を呼吸することで症状を緩和することができる．飽和潜水では，気圧や呼吸ガスが適切に制御されていれば保圧時に障害を受けることは少ないが，減圧時に減圧症に罹患する可能性が高い．高圧下で飽和した人体が減圧されると，身体に溶解した窒素が主に呼吸により体外に排出される．完全に排出されるまでの時間は体組織によって異なり，溶解時間とほぼ比例している．減圧速度が適正でないと，ガスの排出が間に合わず，過飽和状態になる．その結果，体内組織や血管内に気泡が形成され，血液循環が阻害される．これを減圧症とよぶ．発疹，関節部の痛みなど軽度なもの（I型減圧症）から，しびれ，めまい，意識喪失など重度なもの（II型減圧症）まである．罹患した場合は，生死に関わる障害なので，再圧治療など適切な治療を受けなければならない．再圧治療とは，高圧酸素治療のことで，患者を2〜3気圧の高圧に曝露し，高濃度の酸素を呼吸させる治療法である．高圧における酸素濃度のコントロールや減圧の方法が開発されている．詳細は他項を参照していただきたい． 〔垣鍔　直〕

低圧環境
hypobaric environment

　低圧環境とは，航空機や登山などで高度の上昇に伴い気圧が低下した環境を指す．およそ1気圧の環境で生活しているヒトが，高地または上空の低圧環境に曝されると，生体に対しては，気圧そのものの低下による影響と，気圧低下に伴う呼吸ガス分圧（特に酸素分圧）の低下による影響とが現れる．ここでは，低圧および低酸素による障害，ならびに低酸素環境への適応（高所馴化），加えて低酸素を利用したトレーニングについて述べる．

●**圧障害と減圧症**　ヒトの中耳内の気圧は耳管により調節され，鼓膜の内側（中耳腔）と外側（外気）は普段同圧になっているが，急激な圧力変化により体内外の圧力差が生じると鼓膜が緊張し，充満感や痛覚が発生する．この感覚は原因が取り除かれるか，嚥下・発声によって耳管が開通し内外圧が均一になると速やかに消失する．中耳の圧障害の初期症状である耳痛は，航空機の降下中に発生しやすい．急激な圧変化によって耳管が閉じたままの状態になると（耳管狭窄症），鼓膜が過緊張して中耳腔内に炎症が起こり，強い痛みが数時間から数週間続くことがある（航空性中耳炎）．圧力の急激な変化によって副鼻腔内の空気に圧力の不均衡が起こると前頭部から鼻周囲に違和感や顔面痛，頭痛を生じる場合がある（航空性副鼻腔炎）．また，虫歯や充填物の下に空間があると，その中の空気が膨張し歯痛が発生することがあり，航空機の上昇中に生じることが多い．上昇中に発生しやすい症状としては腹部の膨張感と痛みがある．口または肛門からガスが排出されると，痛みやそのほかの腹部症状は消失する．

　急激な減圧環境にヒトを暴露した際，身体内に溶解している窒素が過飽和状態となり，組織および血液内に気泡形成が生じ（泡粒化），減圧症が発症する．減圧症には，高高度に曝されることにより起こる航空減圧症と，水中からの浮上により起こる潜水病がある．通常，航空減圧症の発症は，急減圧などの緊急事態を除いてはきわめてまれである．気泡は身体のいたるところに形成される可能性があるが，最も形成されやすい部位は，四肢の関節であり，気泡が関節内に発生すると局所に深部痛（鈍痛）が出現する．より重度の減圧症では脊髄が損傷され，四肢にしびれ感やうずくような痛みも生じてくる．

●**低酸素症と高山病**　航空環境や高所登山において問題となる低酸素症は，気圧の減少に起因する低酸素性低酸素症である．自覚症状としては，熱感，疲労感および視覚障害等であり，軽度の場合本人がまったく症状の発生に気付かない場合が多い．また他覚症状としては，チアノーゼ，知覚活動の低下，反応時間の延長，呼吸数・心拍数の増加および意識障害等が生じる．

高所に未馴化の人が，短時間に 3,000 m 以上の高所に登ると，通常，到着後数時間から 24 時間ぐらいの間に，気分が重苦しくなり，軽い運動をしても疲れやすく，激しい運動では疲労困憊し，拍動性の頭痛，めまい，悪心，嘔吐，思考力・判断力の減退などの症状が現れることが多く，重症の場合には意識喪失を来すこともある．

●**高所馴化と常圧低酸素トレーニング**　低圧低酸素環境暴露直後には換気量が増大し，心拍出量は一過性に増加する．数日後，1 回拍出量，心拍出量とも減少し，滞在 10 日ほど経過すると，血漿量の減少，赤血球数の増加，ヘマトクリット値の上昇がみられる．このような短期的馴化をした登山者の 8,000 m 峰への無酸素登山の成功例もあるが 8,300 m 付近に壁があるとされている．その理由として「死の地帯」とよばれる 7,600 m 以上の高度での滞在時間の長さが指摘されており，ここに数日間滞在するか数時間滞在するかが成功のカギとされる．超高所で睡眠をとると休養になるよりは体調を崩してしまう可能性の方が高いからである[1]．

高度が 3,000 m 上昇すると気圧は約 2/3 になる．その高度 3,000 m 以上の高地には 2,500 万人以上の人が居住していると推計されている．高地人のヘマトクリット，ヘモグロビン濃度は著しく高く，血液の酸素運搬能の向上が図られており，低酸素環境に対する適応性が示されている．しかし，同じ高地でもチベット高原に居住するチベット高地人のヘモグロビン濃度は，アンデス高地人より低い．それを補うように安静時 1 回換気量や分時換気量はアンデス高地人の約 1.5 倍と多く，低圧低酸素環境下でより多くの酸素摂取を可能としている．また高地で問題とされる胎児の発育不全は，アンデスに比しチベットで少ないとされており，これはチベット人の高地居住の歴史がアンデス高地人より 1 万年以上長いことや，少ない混血の機会が関連しているとの指摘もある[2]．

マラソン選手などアスリートは，高地のような低圧低酸素環境下でトレーニングすることにより赤血球の数が増え，酸素の摂取能力と供給能力が増大することで，有酸素エネルギー代謝能の増大効果を取得する．しかし，高地は疲労が低地よりも強く出るために必要な運動量を保てないなどのデメリットもあるため，常圧低酸素室を使った低酸素トレーニングの研究が進んでいる．戦闘機パイロットを含む航空機搭乗員は，定期的に低圧低酸素訓練を実施し，低酸素症の体験や急減圧時の対処方法等をトレーニングしている．最近では，減酸素吸入装置（Reduced Oxygen Breathing Device：ROBD）を用いた常圧低酸素訓練が試みられている．当該訓練の利点は，減圧症や圧障害の危険が少ない，フライトシミュレーターとの組合せが可能，訓練後の飛行制限が不用，装置が比較的安価であることなどがあげられており，訓練内容を含め検討が進められている．[尾崎博和]

宇宙環境
space environment

本項目では,国際宇宙ステーション(International Space Station:ISS)が飛行する地球低軌道上における,宇宙環境の概要を述べるとともに,その宇宙環境が人体へ与える影響について概説する.

● **ISSにおける宇宙環境の特徴**　宇宙とは,海面から高度100 km以上の空間と定義されており,地球大気圏の外に存在する天体を含む空間を指す.この広大な宇宙の中で,有人宇宙飛行に利用されているのは,ISSが飛行する高度330-480 km[1]であり,これは,地球磁気圏の内側で,かつ地球大気圏の上層部にすぎない.

地上では,標準大気が層をなしており,それらは,海面からの高度が高くなるにつれ,希薄化される(図1)[2].標準大気は,伝熱による保温効果と,宇宙放射線に対する遮蔽効果をもたらすが,希薄化に伴い効果は薄らぐ.具体的には,地上では$-40\sim+40$℃の温度変化があるのに対し,ISS近傍における宇宙空間では$-180\sim+150$℃[3]の間で極端な温度変化が生じ,宇宙放射線量は,地上で年間0.3 mSv程度[4]であるのに対し,ISS船内では,船壁による遮蔽が施されているにも関わらず,1日0.5〜1.0 mSvであり,地上と比較し約600倍となる.

また,地球を周回する飛翔体は地球重力に対し,自由落下を続けている状態に

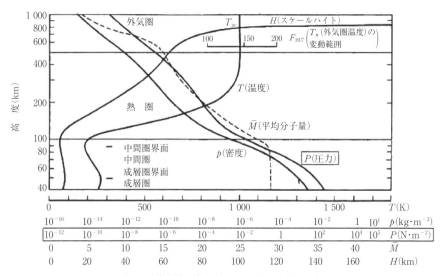

図1　大気組成の高度変化(出典:文献[5]より)

あり，ISS 船内の重力環境は，$10^{-6} \sim 10^{-4}$ g（地球重力の 1 万分の 1～100 万分の 1）程度[6]の微小重力環境となっている．

しかし，このような環境は有人活動を行うには過酷な環境であるため，ISS 船内では気圧，気相組成，温度，湿度などを人為的に制御[2]し，地球環境を模擬している．したがって，地上と比較すると，ISS 船内環境は，宇宙放射線の著しい被ばくと微小重力の環境であり，これらは人体に直接影響を与えるものである．

●**宇宙放射線環境と人体影響**　ISS 周回軌道上における宇宙放射線環境は，銀河宇宙放射線，太陽粒子線，捕捉放射線を起源[7]とする，線エネルギー付与（Linear Energy Transfer：LET）が高い放射成分が多く，生物影響度が高い．実際に，水晶体を高エネルギー荷電粒子が通過することで起こる，目に閃光を見る現象（ライトフラッシュ）を ISS 船内で経験する飛行士も多い[9][10]．また，これらの宇宙放射線は ISS 構造物や大気圏と衝突することで，二次放射線を発生させるため，ISS の周辺および船内はこれらの複合環境[1][8]となる．ISS に滞在する宇宙飛行士は，これら宇宙放射線を低線量率で長期期間被ばくするため，医学的リスクとして無視できる範囲を超える．特に，細胞分裂や増殖が盛んな組織は放射線感受性が高く，造血組織，生殖腺，皮膚などは，積極的な線量制限による管理を必要とする．そのため，JAXA では「生涯実効線量当量制限値」および「組織線量当量制限値」を規定し，宇宙飛行士の職務として生涯に受ける被ばく線量を制限し，リスク管理している[11]．これは，2001 年 12 月の有人サポート委員会宇宙放射線被ばく管理分科会からの答申をもとに，JAXA の規程として制定され，国際放射線防護委員会（ICRP）の 2007 年勧告[12]の公開に伴い，同分科会にて調査・検討を行い 2013 年 7 月に改訂した値である．

●**微小重力環境と人体影響**　ヒトは地球上の重力環境に適応しているため，微小重力環境に順応する過程で，体液シフト・筋萎縮・骨量減少などの，身体変化が生じる．

微小重力環境下では，地上における，重力加速度による静水圧から開放され，下半身に分布されていた体液の，約 21% が上半身へ移動[13]する．この体液シフトにより，生体は体液過剰と判断し，尿の排出量を増加させ体液量を調整する．この現象は，微小重力環境への適応である一方で，地球への帰還直後は，起立性を低下させ，立ち上がることを困難にさせる．同環境では，姿勢保持の必要もないため，脊柱起立筋や大腿四頭筋，下腿三頭筋などの抗重力筋をはじめとする骨格筋は廃用性萎縮する．また，骨に対する荷重負荷刺激が減少し，骨カルシウムの代謝バランスが，1 日あたり 250 mg のマイナスバランス[14]となり，骨密度の減少が進む．ISS では，これら，微小重力環境が引き起こす生理的対策とし，トレッドミルや自転車エルゴメータを用いた有酸素運動と，改良型エクササイズ装置（Advanced Resistive Exercise Device：ARED）を用いた抵抗運動を組み合わ

せ，1日2.5時間のエクササイズを週に6日間も行っている（図2）．しかし，ISS長期滞在宇宙飛行士（6か月程度）の医学データによれば，下腿三頭筋は，最大で30%の萎縮[14]を示し，これら体液シフトおよび筋萎縮の影響により，最大酸素摂取量は，飛行前と帰還直後で11%程度の低下[15]を示すことがわかっている．また，骨密度減少率は，

図2 AREDにてベンチプレスを行う若田宇宙飛行士（2013/11/15）（JAXA）

DXAの解析では腰椎でひと月0.9%，大腿骨頚部でひと月1.5%と報告[13]されている．そのため，（長期滞在）宇宙飛行士は，帰還直後より45日間のリハビリテーションが計画され，これにより，体液シフトによる起立性の低下や，最大酸素摂取量の低下は，飛行前の水準に十分回復することがわかっている[16]．また，骨粗鬆症治療薬であるビスフォスフォネートの服用が，ISS長期滞在期間中の骨密度低下を抑制する効果があることが，JAXAおよびNASAによる共同研究により確認されている[13]．

近年，ISSは建設のフェーズから利用（科学実験等）のフェーズに移行し，宇宙飛行士が科学実験等にかける時間を捻出することが1つの課題となっている．そのため，NASAでは，前述した2.5時間の運動時間を短縮することを目的とし，高負荷・短時間で効果がある，運動プログラムを開発し，運用の効率化を図ることを試みている．

●新たな宇宙時代へ　これまで，限られた宇宙飛行士のみが行くことを許された宇宙は，現在では誰もが，数時間～数日単位で楽しむことのできる，旅行先の1つとなりつつある．しかし，宇宙環境はヒトにとってまだまだ過酷であり，宇宙飛行士のように長期滞在を行うには，解決しなくてはならない課題があることは，これまで述べてきたとおりである．JAXAでは，これまで4回の日本人宇宙飛行士ISS長期滞在運用を経験し，宇宙環境および宇宙医学にかかわる数々の技術蓄積を行ってきた．これら技術蓄積は，宇宙環境の理解を深め，近い将来，民間人による宇宙滞在の時代を切り開くことに役立つであろう．　　　　　　［金子祐樹］

重力
gravity

　重力とは，質量をもつすべての物体にはたらく万有引力による中心に向かう力と，自転による遠心力の合力である．自転による遠心力は，赤道上でも万有引力の約300分の1に過ぎないので，ロケットの打ち上げなど特殊な状況以外では無視して考える．地球上の重力加速度は約 $9.8\ \mathrm{m/s^2}$ であり，これが1Gとされる．地球上の重力により引き起こされる意識喪失としてG-LOCと呼ばれる現象がある．重力負荷に対して，脳への十分な血液供給ができなくなったときに生じる現象であり，特殊なスーツを装着しない限り，5～6Gの重力負荷で引き起こされる現象である[1]．このような重力負荷は戦闘機などの特殊な環境下でのみ再現可能であるが，一方で，通常の1Gという環境でもヒトは立ちくらみという意識障害を引き起こすことが知られている[2]．

●1Gへの適応　進化の過程で出アフリカを果たした人類は，約10万年をかけ地球上のさまざまな地域に生息場所を広げ，その地域のさまざまな気候風土に適応し生活するようになった[3]．ヒトの柔軟な環境適応能は，熱帯から寒帯，さらには高地まで生息場所を広げることを可能とした[4]．一方で，これら環境要因と比較すると重力の影響は地球上でほぼ一様であり[5]，地球上の人類はすべて1Gという重力に適応する必要があった．

　水中から陸上にあがった生物は，羊水で守られた胎児が生まれ出てくるように，浮力で保護されることなく重力に曝されるようになった．陸上での生活に必要な肺呼吸の獲得のほか，重力に対する適応として，筋骨格系の発達があげられる．鰭の構造が肢に進化し，陸上での移動を可能とした[6]．また1Gの環境下でより少ないエネルギーでより遠くまで移動する能力は，食料調達の上で重要な要素である．魚のように体幹をくねらせて移動する両生類よりも爬虫類はより洗練された脚を有しており，哺乳類において腹を地面にこすらず移動できる独立した推進装置としての四肢を得るようになる[7]．

　さらにより少ないエネルギーで移動する方法として，身体を大きくする方策がとられる[8]．これは体大化の法則[9]としても知られている．大きい動物の方が単位体重あたりの移動にかかるエネルギー消費率が少なくてすむ．しかしながら，ヒトは哺乳類の中で同じ体格の動物と比較しても例外的に少ないエネルギー消費率で移動できる動物として知られている．進化の過程で獲得した洗練された直立二足歩行がこれを可能としている[10]．

●立ちくらみ　直立二足歩行というヒトの特徴は一方で立ちくらみという現象と関連している．人類は直立したことによって，脳を大きくすることができたが，

一方で，この大きな脳を維持するために十分な栄養を供給する必要が生じる[11]．消化のためのエネルギーを節約するために質の高い栄養を摂取し，また消化器官をコンパクトにすることで他の霊長類と比較して長い脚を有するようになった[12]．長い脚は効率的に遠くまで移動できるという意味で利点であるが，より多くの血液を下半身に貯留させるという不利な特徴でもある．また大きな脳はより多くの血液を心臓よりも上に押し上げる必要がある．立ちくらみという現象は他の動物にはみられないヒトの特徴であることが知られている[13]．

ヒトが立位に対して完全に適応しているわけではないということはデータからも示されている．立ちくらみを試験する方法として，体位変換試験という身体を寝た状態から受動的に引き起こす試験がある．最大で直立時の1Gまで負荷をかけることができる試験方法である．比較的大きなサンプルサイズの研究として，引き起こす角度を50°とした約0.77 G（= 1 G × sin 50°）の試験では，79人中69人は1時間以内に立ちくらみの症状を引き起こして試験を中止している[14]．さらに，より大きな集団で調べた研究では，3割の人が，生涯に一度以上の失神を経験しており，主な原因として，長時間の立位があげられている[2]．

●**キリンとの比較** ヒトはなぜ立ちくらみをするのか？ キリンはヒトよりも長い脚を有し，また高い位置にある脳に血液を供給する必要があるが，キリンの場合は丈夫な血管と大動脈で約250 mmHgという高い血圧がこれを可能にしている[13]．ヒトがキリンと同じ戦略をとらなかったのは，丈夫な血管と高い血圧を維持するリスクと立ちくらみのリスクをバランスさせた結果であるとも考えることができる．キリンが水を飲むときに前脚を広げるのは，下に向けた頭にさらに高い圧力がかかるのを防ぐために心臓との垂直距離を小さく保つ必要があるためともいわれている[13]．

●**0Gへの挑戦** ヒトは大きな脳と長い脚を有し，時々立ちくらみをするリスクを負いながらも，何とか1Gの環境に適応しているといえる．一方で宇宙環境に飛び出した場合，0Gの環境に適応できるのかというと未知数である．0Gの長期曝露の影響は，1960年代からデータの蓄積があるが[15]，滞在中の筋の萎縮や骨量の減少に加え[16]，地球帰還後にも，脳血流を含む循環調節能の低下を伴う起立耐性の低下を引き起こすことが知られている[17]．

火星の重力は0.38 Gとされている．有人火星探査では150日以上とされる往路での微少重力環境曝露後にこの重力に曝されることになる[18]．有人月探査では約4日間の微少重力環境曝露後に0.17 Gに曝されることと比較すると，重力負荷という面だけでも有人火星探査が困難な課題であることがわかる．［石橋圭太］

音
sound

音は，物体の振動によって発生する[1][2]．物体の振動は，それを取り巻く媒質（空気）に圧力変化を生じさせて，媒質中を伝わる．このとき発生する圧力変化が音（音波）である．その圧力変化が聴覚系に伝えられて，「音」として認識される．真空中では，媒質がないので，音は伝わらない．

太鼓を例に取ると，演奏者はバチを使って太鼓を叩く．太鼓に張られた膜はバチに押されて引っ込む．演奏者が素早くバチを引っ込めると，バチの圧力から解放された膜はもとに戻ろうとする．もとに戻ったかと思うと，いきおい余って，今度は押された方向とは逆の方向へ動く．押されたときと同じぐらい動いたら，膜は押された方向へ戻る．こういった運動を繰り返して，膜は行ったり来たりを繰り返す．この状態が振動である．膜の動きは，まわりの空気を押しやったり引っ張り込んだりする．膜の振動につれて，まわりの空気の圧力があがったり下がったりする．このような現象が起きるのは，空気にバネのような性質（弾性）があるからである．この空気の圧力変化は，膜のそばから始まって，ドミノ倒しのように太鼓のまわりの空間に伝わる．このときに生ずる空気の圧力変化が，「音」の正体である．

●音の波形　図1(a)は，空気の圧力変化を，横波の形で表したものである．縦軸は，空気の圧力変化を表す．原点（座標0に相当する点）は，大気圧に相当する．

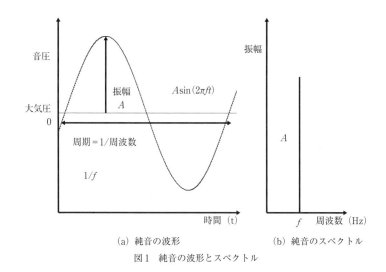

(a) 純音の波形　　　(b) 純音のスペクトル

図1　純音の波形とスペクトル

横軸は時間を示す.

　図1(a)に表されたのは,「純音」とよばれる音の波形である.このような波の形は「正弦波」とよばれ, $A\sin(2\pi ft)$ という関数で表現できる.ここで, t は時間を表す. π は角度をラジアンで表したもので, π は180度に相当する. f は周波数, A は振幅を表す.周波数は,1秒間に何回振動するのかを表す.周波数の単位は,ヘルツ(Hz)である.振幅は,圧力変化の最大値を表す(平均圧力を0として).圧力の単位はパスカル(Pa)である.周波数は音の高さ(ピッチ),振幅は音の大きさと対応する.

　純音が組み合わされてできるのが,複合音である.複合音の中でも,構成する純音(成分)の周波数が最低次成分の整数倍になっている音を,周期的(調波)複合音という.最低次の成分を基本音,その2倍の周波数の成分を第2倍音,その3倍の成分を第3倍音といったよび方をする.このような音の波形は,基本音の周期に相当する周期をもつ.そして,周期的複合音からは,基本音のピッチに等しいピッチを知覚することができる.多くの楽器の音や人間の声は,周期的複合音である.基本周波数が f Hzで3倍音まで含む周期的複合音は,

$$A\sin(2\pi ft) + B\sin(2\pi 2ft) + C\sin(2\pi 3ft)$$

という関数で表現できる.このような音の波形は,図2(a)のようになる.

　こういった各種の音に対して,図2(b)のように含まれる各周波数成分の周波数とエネルギーを視覚的に示した図をスペクトルとよぶ.図2(b)では,各成分の周波数を横軸に,それぞれの振幅を縦軸に取ってある.図1(b)に示すように,純音のスペクトルは1本の線になる.各倍音の周波数は同じでも,振幅が異なるとスペクトルの形状も異なる.この場合,基本音が同じであれば,ピッチは変わらないが音色が異なって聞こえる.

　純音,周期的複合音のような一定の周期をもつ音に対して,まったく周期をもたない音も存在する.その代表がノイズ(雑音)とよばれる音である.ノイズの波形は,図3(a)に示すように,まったくランダムである.図3(b)にノイズのスペクトルを示すが,純音,周期的複合音の場合と違って,どこかの周波数にエネ

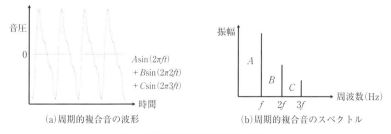

図2　周期的複合音の波形とスペクトル

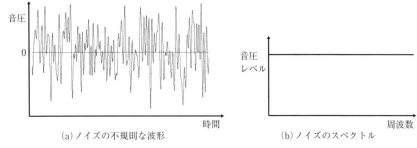

図3　ノイズの波形とスペクトル

ルギーが集中するということはない．純音や周期的複合音のようなスペクトルを離散スペクトル，ノイズのようなスペクトルを連続スペクトルとよぶ．

●**音と人間の関わり**　音の入口である耳には蓋がなく，我々は，四六時中音にさらされている．音は，我々にさまざまな情報を提供し，音環境として機能する．ある音は我々の生活を脅かす騒音として，ある音は快適な音として，音はいろんな表情で私たちに語りかける．

　従来，騒音問題は，音のエネルギーと対応する量的な側面との対応が重視されてきた．しかし，近年，アメニティ志向の高まり，感性へのアピールが重視される状況に伴い，音の質的な側面への配慮が求められるようになってきた．各種の機械騒音の快適化が図られ，積極的な音のデザインも行われている[3]．家庭用電化製品や公共空間で利用されている各種のサイン音も，ただ鳴っているだけではなく，用途に応じた音のデザインが行われるようになってきた．サイン音のデザインには，高い周波数の音が聞こえにくくなった高齢者への配慮も必要である．視覚障害者のために，誘導鈴で駅の改札口などの場所情報を提供することも，一般化してきている．ほとんど顧みられることがなかった，公共空間の音環境のデザインに対する関心も高まってきた．

　音は，映画やテレビのような映像メディアにおいても，重要な役割を果たしている．映像作品というのは，音が加わることで，作品として成立する．映像に加えられるのは，映像に表現された対象から発せられる音だけではない．特殊な効果音や音楽が，映像の効果を高めるために用いられている．それらは，映像の一部といってもいいほど，映像表現の重要な側面を担う．映像が表現する世界と音楽の間にはなんの因果関係もないにもかかわらず，音によって映像が生き生きとしてくるのである[4]．

　音は，さまざまな場面で，我々の生活に関わっている．音について，包括的な理解を得るためには，音のもつ物理的な側面，心理的な側面，文化的な側面等，多様な側面からの知見を必要とする．

［岩宮眞一郎］

騒音
noise

騒音とは望ましくない音のことを意味する[1]．楽しんで聞いている音楽でも，隣人には騒音として認識されることもある．どんな音でも騒音になる可能性があるが，一般的には音量の大きな音が騒音とみなされている．騒音は「うるさい」「やかましい」といった不快感をもたらすほか，会話妨害や睡眠妨害さらには健康被害を引き起こす．

●騒音レベル　音は空気の振動である．そして，その振動の大小は音圧波形の実効値（P_e）（音圧波形を2乗し，ある範囲で積分し，積分時間で割った値の平方根）で表現できる．しかし，実効値で表現されたヒトの可聴範囲は，0.00001〜100 Pa（パスカル）に及ぶ広い範囲である．また，音の大きさの感覚は，音圧の対数と対応すると考えられるので，音量の尺度として，音圧レベル（単位は dB：デシベル）が用いられる．音圧レベルは，$20 \log_{10}(P_e/P_{e0})$ で定義される．基準の実効音圧 $P_{e0} = 2 \times 10^{-5}$ Pa は，最小可聴値にほぼ等しい．

ただし，音圧レベルは，聴覚の周波数特性を考慮していない尺度である．聴覚は，4 kHz 付近の周波数にはきわめて敏感であるが，周波数がそれより低くなっても，高くなっても，感度が低下する．このような聴覚の周波数特性を模したフィルタでスペクトルを聴感補正した音圧レベルが，騒音レベルである（単位は dB：デシベル）．聴感補正したことを明確にするために，A 特性音圧レベルとよぶこともある．騒音レベルを測定するための計測器が騒音計（サウンド・レベル・メータ）である（図1）[2]．

身のまわりのさまざまな音を騒音計で測ってみると，非常に静かな環境で 30 dB，静かな事務室で 50 dB，普通の話声で 60 dB，交通量の多い道路で 80 dB 程度で，地下鉄の車内，電車のガード下になると 90〜100 dB になり非常にやかましい（ただし，最近の地下鉄，鉄道のガード下に関しては，騒音制御技術の発展とともに改善され，かなり静かになってきている）．

さらに，聴覚の特性をきめ細かく考慮して，ヒトが知覚している音の大きさをより正確に見積もった尺度がラウドネス（音の大きさ）である．単位は sone（ソーン）である．ラウドネスは，聴覚の興奮パターン・モデルを用いて，各聴覚フィルタの出力を加算して音の大きさを求めたものである．その

図1　騒音計
(提供：リオン株式会社)

表1 環境基本法に基づく騒音に係る環境基準．環境基準は，地域の類型および時間の区分ごとに表の基準値の欄に掲げるとおりとし，各類型を当てはめる地域は，都道府県知事（市の区域内の地域については，市長）が指定する（出典：文献[3]より）

地域の類型	基準値	
	昼間	夜間
AA	50 デシベル以下	40 デシベル以下
A および B	55 デシベル以下	45 デシベル以下
C	60 デシベル以下	50 デシベル以下

1 時間の区分は，昼間を午前6時から午後10時までの間とし，夜間を午後10時から翌日の午前6時までの間とする．
2 AA を当てはめる地域は，療養施設，社会福祉施設等が集合して設置される地域など特に静穏を要する地域とする．
3 A を当てはめる地域は，もっぱら住居の用に供される地域とする．
4 B を当てはめる地域は，主として住居の用に供される地域とする．
5 C を当てはめる地域は，相当数の住居と併せて商業，工業等の用に供される地域とする．

際，マスキングとよばれる成分間の干渉も考慮されている．音圧レベルは，単なる順序尺度にすぎず，値は大小関係を表すのみであるが，ラウドネスは比率尺度で，8 sone の音は 4 sone の 2 倍大きく感じられる．ラウドネスの基準となる 1 sone は，音圧レベル 40 dB，周波数 1 kHz の純音ラウドネスである．

●**騒音の環境基準** わが国では，快適な生活環境を保証するために達成すべき行政目標として，環境基本法により「騒音に関する環境基準」が定められている．基準値は，地域の類型および時間の区分ごとに表1のように定められている．各類型を当てはめる地域は，都道府県知事（市の区域内の地域については市長）が指定することになっている[3]．

ただし，「道路に面する地域」については，環境基準の達成が難しいため，表1よりも高い基準値を定めている．幹線交通を担う道路に近接する空間については，さらに高い特例の基準値が定められている．

環境基準における騒音の評価手法は，等価騒音レベルによるものと定められ，時間の区分ごとの全時間を通じた等価騒音レベルによって評価することを原則としている．等価騒音レベルは，時々刻々変動する環境騒音に対して，音のエネルギーを時間平均した後に騒音レベルの定義に従ってデシベル化した値である．最近の騒音計は，等価騒音レベルの測定が可能になっている．

等価騒音レベルは下の式で定義できる．

$$L_{Aeq} = 10 \log_{10} \left[\frac{1}{T} \int_{t_1}^{t_2} \frac{P_A^2(t)}{P_0^2} \, dt \right]$$

ここで，$T = t_2 - t_1$ は観測時間長，$P_A(t)$ は A 特性音圧の瞬時値，$P_0 = 20\,\mu\text{Pa}$ は基準音圧，t は時間を表す．

[岩宮眞一郎]

超音波
ultrasonic

　超音波とはヒトの可聴域を超える高い振動数の音波（弾性波）のことである．通常，ヒトの可聴域は 20 Hz～20 kHz とされているので，20 kHz を超える音波は耳に聴こえない音であり，超音波と定義される．一方，JIS（日本工業規格）の音響用語（Z 8106）では，超音波音として「可聴音の上限周波数（およそ 16 kHz）以上の周波数の音響振動」と定義されており，超音波の下限周波数についてはあいまいである．科学技術の発展に伴い，超音波は軍事用・環境測定用装置だけではなく医療用の超音波診断装置などにも応用され，さらに超音波の直進性・指向性の特徴を生かして超指向性スピーカー（パラメトリック・スピーカー）などにも応用されている．

●**動物の可聴域**　上述のようにヒトは 20 kHz を超える音波は聴こえないとされているが，他の動物の可聴域はさまざまである[1]．多くの動物はヒトには聴き取れない 50 kHz，あるいは 100 kHz 以上の音波を知覚することができる（図 1）．コウモリやイルカは獲物を捕らえるために超音波を使っており，また多くの動物は捕食者の超音波をとらえることにより生き延びている．最近，ジリスは捕食者には聴こえない超音波（50 kHz 程度）の鋭い声を発することにより，仲間に危険を知らせていることが報告されている[2]．

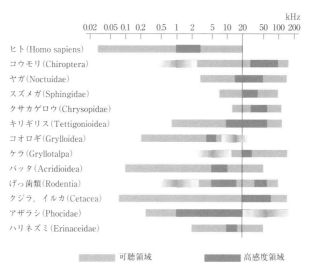

図 1　ヒトと動物の可聴周波数領域（出典：文献[1]より）

●**超音波の生理的影響** 10～54 kHz の音波を音圧レベル 95～130 dB で曝露すると，ラットやウサギに典型的なストレス症状が現れることが報告されている[3]．また，ウサギは 25 kHz の超音波を 160～165 dB で，ネズミやテンジクネズミは 30 kHz の超音波を 150～155 dB で曝露することで死にいたることが報告されている[4]が，超音波の曝露時間などは不明である．

一方，ヒトに超音波を曝露した場合，身体や聴力への影響はないだろうか．これらはヒトの生理的特性を究明する生理人類学の観点からも非常に興味深い話題である．超音波を直接用いた研究で，血糖値の上昇[5]や神経組織の変性[6]などが報告されているが，これらの実験で用いられた音圧レベルや周波数などは不明である．しかし，超音波を発する産業用機器の操作に携わる作業者から，頭痛やめまい，吐き気といった自覚症状も報告されている[7]．皮膚など聴覚器以外の部位への影響については W・I・アクトンらによって調べられている[3]．ヒトは 110 dB の超音波では生理的変化は現れず，140～150 dB で暖さを感じ，160 dB では皮膚全体に温熱感を感じながら，平衡感覚がなくなる．180 dB になるとヒトは計算上，死にいたるとしている[3]．しかし，聴覚への影響についてはよくわからないのが現状である．

●**超音波の生活への応用** 超音波を含む音がヒトに影響するのかどうかについてはさまざまな論議がある．音楽家や音響技術者の中には，超音波は音の知覚に影響すると確信している人もいる．実際，日本オーディオ協会を中心に設立された ADA（Advanced Digital Audio）懇話会は 1999 年に 2 つの次世代ディジタル・オーディオ・フォーマット，SACD（Super Audio Compact Disk）と DVD-audio を提案し，製品化している．通常の音楽 CD は 20 kHz までの可聴音のみを再生するが，SACD と DVD-audio の再生周波数範囲は 100 kHz を超えている．こうした超音波を含む音の生理的影響について，大橋力らは超音波を含んでいる音は脳血流量，脳波 α 波を増加させ，音をより快適にすることを報告している[8]．しかし，これらの結果が超音波そのものの影響なのか，可聴周波数帯域に混入する相互変調ひずみの影響なのかなどについては，さらに検討する必要がある．

超音波を伝送波として用いる超指向性スピーカーが最近，美術館，駅など公共空間で用いられている．超指向性スピーカーは鋭い指向性をもち，特定のせまい範囲に音を伝えることができるものである．この超指向性スピーカー音の生理的影響について，40 kHz の超音波を伝送波として用いる超指向性スピーカーと通常スピーカーを比較した報告がある．超指向性スピーカー音では通常スピーカー音より心拍変動性，加速度脈波，唾液コルチゾル濃度などを測定した結果，ストレスが少ないことが明らかになっている[9][10]．これは超指向性スピーカー音が周壁からの反響が少なく，明瞭に音を聴くことができることに因るものと思われる．

　　　　　　　　　　　　　　　　　　　　　　　　　　［李　スミン］

振動
vibration, oscillation

　振動とは，状態が一意に定まらず揺れ動く事象をいう．この振動は，振幅と周波数（周期）と振動加速度により表現され，ほとんどの振動は正弦波の積み重ねによって表現できる．なお外部からの機械的な強制振動刺激によって振幅が極大になる現象を共振という[1]．また，1 Hz 以下の振動を動揺という場合がある．この振動は，加速度計により計測することができる．以下では，振動の感覚受容器，振動障害，ヒトの生活における振動の活用について述べる．

●**振動感覚**　振動感覚は，頭部の傾きや動き（加速度）を知覚する前庭感覚と，皮膚などで知覚する深部感覚に分けられる．前庭感覚の受容器は，直線加速度を感受する耳石器，回転加速度を感受する三半規管である．

　一方，深部感覚は，圧や振動などの機械的刺激を受けて皮膚が変形すると，皮膚内のひずみを①〜④の皮膚機械受容器[2]によって感受する．

　①マイスナー小体は，刺激の速度成分に応答し，接触した物体のエッジの鋭さ，点字のようなわずかな盛り上がりなどの検出に優れている．②パチニ小体は，刺激の加速度成分に応答し，受容野が広く，手のどこに加わった刺激にも応答するほど感度が良い．③メルケル盤は，刺激の「変位＋速度成分」に応答し，垂直方向の変形によく応答し，皮膚に接触した物体の材質や形を検出する．④ルフィニ終末は，局所的な圧迫や皮膚の引っ張り（変位成分）に応答し，受容野の境界があまり明確ではなく，四肢の長軸に沿って細長く応答する．これらの受容器からの出力が統合され，触覚や振動が知覚される．

　この4つの受容器の周波数の感度特性[3][4]を図1に示す．変位が少ないほど感度が高く，マイスナー小体およびパチニ小体の振動の感度が優れていることを示している．

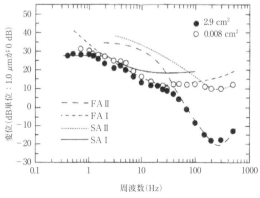

図1　振動検出の4チャンネルモデル．図中の●は 2.9 cm² の接触子，○は 0.008 cm² の接触子を用いて求めた振動検出閾である．また図中の線は，それぞれ FA I（マイスナー小体），FA II（パチニ小体），SA I（メルケル盤），SA II（ルフィニ終末）の神経発射閾曲線を表す（出典：文献[4]より）

一方，ヒトの全身振動の感じ方は周波数によって異なる．この全身振動の周波数と，その刺激に対する感覚量との関係として，ISO規格[5]にて等感度曲線が定められている．これは入力振動数を変化させたときに，同じ振動の大きさと感じる心理物理的な評価を行ったものであり，上半身の共振周波数である4〜8 Hzにて感度が高い．強い振動に対する反応としては，ヒトは不快感とともに，筋紡錘が興奮し，持続的に筋緊張が持続する緊張性振動反射が生じる場合がある．

●**振動障害**　振動の種類とヒトへの影響については，マイケル・グリフィン[6]により詳しく調べられている．手腕の振動障害の代表例として白蝋病がある．これは強い振動や長時間の暴露により，手足の血管が収縮することで起こる血管性運動神経障害である．チェーンソーやロックドリルなど，強い振動を伴う道具を用いる職種の人に発病しやすい．一方，全身への振動障害の代表例として腰痛があり，港湾作業の運転手など長時間運転を行う職種に発生している[7]．これらヒトに作用する振動の強さは，振動規制法[8]によって規制されており，ISO規格[5]では機械的振動および衝撃，人体の全身振動暴露の基準が定められている．

●**振動の活用と今後の課題**　振動は携帯電話の着信など身近なところで活用されている．バーチャルリアリティの分野では，振動感覚の錯覚などを応用して圧覚や摩擦感を提示する触覚ディスプレイ[9]などが開発されている．さらに脳卒中患者のリハビリテーションとして，短時間の強い全身振動を与えることによる筋力増強の効果が報告されている[10]．

　一方，ジェームス・コリンズら[11]により，認識できない閾値以下の触刺激に，閾値より小さなノイズ（振動）を重畳させることで触覚の感度が増強され，刺激を認識できるようになる確率共鳴現象が報告されている．さらにアッティラ・プリプラータら[12]により，皮膚感覚と平衡感覚への反応が鈍くなった糖尿病，脳卒中の患者の転倒防止手段として，足裏への振動付与や，電気刺激により，平衡感覚が改善されることが報告されている．これらの知見もヒトに活用されはじめている．

　これまで，振動は不快でありなくすべきもの，と思われてきたが，触覚に関する研究が進み，振動を有益なものに活用する試みも行われている．一方，ヒトが不快に感じる振動は，その部位の共振周波数であるので，生体の各部位の固有振動数がわかれば，この影響を避けることができる．しかし現状は身体内部への振動の伝達に関しては時間分解能に優れた計測方法がないため，計測方法の進歩が待たれる．

　近年，鉄道の高速化や車両の高品質化に伴い，振動による乗り心地への影響が注目されるようになってきた[13]．乗り心地で対象とする振動は，上下だけでなく前後，左右も重要である．そして，より高周波（10 Hz以上）の影響も着目されている．今後は，振動障害だけではなく，振動による快適さへの影響（質的な効果）についての研究が期待される．

［向江秀之］

動揺
motion

　全身振動が人体に及ぼす影響は振動の周波数帯域によって異なり，周波数が低い帯域では頭痛，悪心，嘔吐など，動揺病の症状が中心となる．こうしたことから低周波数帯域の全身振動を動揺とよんで区別することがある．動揺と全身振動の境界とする周波数に明確な基準はないが，0.5 Hz[1][2]や1 Hz[3][4]などが一般的である．

　動揺の測定に際しては，全身振動の場合と同様に，人体を中心においた座標系が用いられる．一般に人間は上下方向の動揺に対して最も動揺病の感受性が高いため，上下方向の動揺を生じやすい船舶では船酔い（動揺病）が古くから人類を悩ませてきた．こうした経緯から，動揺の評価法は上下方向について最もよく研究されており[5]，ISO 2631-1[2]では上下方向の動揺に適用するための周波数加重曲線（図1）が示されている．しかし，これだけでは地上交通への適用が限られるため，近年では水平方向の動揺に対する周波数加重曲線も提案されている[6]．

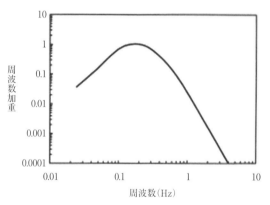

図1　上下方向の動揺に適用するための周波数加重曲線（出典：文献[3] p. 63, Figure 3.6 より）

　動揺は人体に累積的に作用するため，その評価には，周波数加重処理を行った加速度を暴露時間で積分し，自乗平均して得られるMSDV[2]とよばれる指標（図2）が用いられる．

$$\mathrm{MSDV} = \left\{ \int_0^T [a_w(t)]^2 dt \right\}^{\frac{1}{2}}$$

ただし，$a_w(t)$：上下方向の周波数加重済み加速度（m/s²）
　　　　T：動揺の作用時間（秒）

図2　MSDVの評価式

●**動揺病**　動揺病とはいわゆる乗り物酔いのことで，加速度病ともいう．動揺病は動揺に暴露されることで生じる一過性の自律神経失調状態であり，その症状は頭重感，倦怠感，眠気等に始まり，頭痛，悪心，冷や汗等へと発展し，嘔吐にいたる[1][3][7]．その発症には個人差が大きく，一般に女性は男性より，子供は大人

表1 感覚矛盾のタイプとその事例

不一致のタイプ	感覚情報の組合せ	
	A：視覚 B：前庭	A：三半規管 B：耳石器
タイプI (A, Bとも存在するが, 相互に矛盾)	船上から波を見る 逆転眼鏡	コリオリ刺激
タイプIIa (Aに対応するBが存在しない)	VE酔い シネラマ酔い 回転ドラム	宇宙酔い 温度眼振 (カロリック検査)
タイプIIb (Bに対応するAが存在しない)	車内で本を読む 車内で携帯電話を操作する	低周波の直線往復運動

より発症しやすい[1][7].

　ヒポクラテスの時代から人々を悩ませてきた動揺病の歴史は，自分の足で移動してきた人類が交通手段を進歩させてきた歴史でもある．動揺病は交通機関に乗ることがきっかけで発症することが多いことから，船酔い，車酔い，飛行機酔い，列車酔いなど交通手段の名を冠してよばれることも多い．しかし，動揺のない状態（VE酔いなど）や無重力状態（宇宙酔い）でも動揺病は生じることから，厳密には動揺病の発症に動揺の存在は必須ではない．

　動揺病の発生メカニズムとして感覚矛盾説（感覚混乱説ともいう）[7]が知られている．すなわち，動揺等に暴露されることが原因で，身体平衡に関する諸感覚器官（前庭器（三半規管と耳石），視覚器，体性感覚器など）から入力される感覚情報間に不一致が生じ，これが脳の視床下部を刺激して自律神経の失調を引き起こすとする説である．視覚器と前庭器からの感覚情報の間，および三半規管と耳石からの感覚情報の間で起こる不一致のパターンと，そうした不一致が起こり得る状況の事例は表1のとおりである．ただ，航海や宇宙旅行など当該環境に長時間居続ける場合には船酔いや宇宙酔いの症状がやがて消失すること，航海を終えた航海士は上陸して動揺に暴露されなくなってから下船病に陥ること等も知られている．こうしたことを考慮すると，動揺病は単なる感覚情報間の不一致によって起こるというより，脳内に記憶として蓄えられた感覚パターンと感覚器を通して得られた感覚パターンの間での不一致によっても起こると考えられる．この意味では，動揺病とは脳が慣れない加速度環境に適応する過程で生じると考えられる[7][8].

[大野央人]

乗り物
vehicle

　乗り物とは，主に人や物を乗せて移動や輸送をするための機器である．ここでは代表的な乗り物である車両について述べる．有史以前の人類は人力や畜力により移動し，やがて車輪が付いた乗り物による移動へと進化した．この乗り物の重要な部品である車輪は，古代メソポタミアにて紀元前5000年頃に発明され，紀元前4000年にはヨーロッパや西南アジアに広まり，紀元前3000年にはインダス文明にまで到達した．そして中国では紀元前1200年頃には車輪を使った戦車が存在した．時代が下って日本では，貴族の乗り物として平安時代の牛車があるが，移動の機能性よりも，使用者の権威を示すことが求められ，重厚なつくりや華やかな装飾性が優先された．また地面からの衝撃を和らげる，スポークのある車輪の発明は紀元前2000年頃であり，それにより軽量で高速な乗り物をつくれるようになった．空気入りのタイヤと針金スポークの車輪は1870年頃に発明され，乗り物による移動がより快適なものとなった[1]．

　21世紀の現在，省エネが乗り物の重要なキーワードの1つである．ガソリンと電気を併用するハイブリッド車，電気を生み出しながら走る燃料電池車など，新しい技術を搭載した乗り物が発明されている．

●**乗り物の運動**　この乗り物の動力は，人力，牛・馬の畜力，風力などの自然エネルギー，蒸気機関，内燃機関と電気（モータ）と推移し，乗り物の移動はより高速化してきた[2]．その結果，乗り物の運動（車両運動）も複雑になり，操作や乗り心地への影響が大きくなってきた．

　この乗り物の運動は，①前後，②左右，③上下の並進運動と，それらの軸まわりの回転，④ロール，⑤ピッチ，⑥ヨー角の6自由度である．③の運動は路面の不整などによって生じる上下方向の運動であり，乗り心地に関連したものである．また①の運動は，駆動や制動などを含む前後方向の直線運動である．⑤の運動は，上下方向の路面の不整や，①の運動に伴って生じる運動であり，これも乗り心地に関連したものになる．これに対して，②，⑥の運動は基本的には乗り物の操舵によって生じる運動である．そして④の運動は，②や⑥，上下方向の路面の不整によっても生じる[3]．この運動は，直線加速度は主に耳石器にて，回転加速度は主に三半規管にて感受される．

　一方，車両運動により生じる振動や加速度により，乗り物酔いなど乗り物特有の疾病も発生するようになった．飛行機で有名なエコノミー症候群（静脈血栓塞栓症）とは，長時間同じ姿勢でいるために，下肢や上腕その他の静脈に血栓が生じる疾患であり，列車やバスだけでなく，タクシー運転手や長距離トラック運転

手での発症も報告されている．さらに港湾労働者においては，振動による腰痛の発生[4]が問題となっている．

●**安全性**　この乗り物において安全性は重要な要素である．安全性として自動車では，事故を起こさない予防安全技術と，衝突事故などに対する衝突安全技術[5]があげられる．自動車における予防安全にはヒューマンエラーの対策も含まれる．例えば，居眠りの検知やアクセルとブレーキペダルの踏み間違いへの対応などがある．またセンサー技術を活用した自動運転技術[6]により，ヒューマンエラーそのものをなくすとともに，障害者などの移動を支援する試みもある．一方，衝突安全として自動車の総合安全性能評価（N-CAP）[7]などがある．

●**運転方式の今後**　自動車などの2次元や，飛行機などの3次元の空間を移動する乗り物に対応したさまざまな運転方法が存在する[8]．歴史的には，新しい乗り物が発明されると，さまざまな運転方式が存在し，その後ある方式に統一されていく．例えば，自動車の黎明期には，馬車の手綱と同じ操舵や，レバー操作による運転方式が存在した．現在の運転方式（ステアリングコラム＋ステアリングホイール）は，1902年にフランスで発明され，その後，ほぼ形を変えることなく現在まで引き継がれている[2]．

一方，ステアバイワイヤ（steering by wire）技術により，操作系の形も変化している．これはステアリングホイールの操舵量などをセンサーで検知し，それらの情報をもとに算出したタイヤの切れ角をモーターによって動かすシステムであり，ステアリングとタイヤが機械的に繋がっていないのが特徴である．この技術により，操作系に機械的な制約がなくなることから，飛行機の操縦桿のような形状への変更や，操作系の位置を自由に設定できるようになり，乗り物のデザインの自由度が大幅に広がるメリットがある．

現在，次世代の移動手段として，パーソナルモビリティビークル（図1）[9]のような新しい乗り物が登場してきている．これはその場旋回など，これまでの自動車とは異なる車両運動を行うため，適した運転方式が発明されると考えられる． ［向江秀之］

図1　パーソナルモビリティビークルの例（Segway社　P. U. M. A.(Personal Urban Mobility and Accessibility)）．2輪でバランスを取りながら走行する2人乗りの小型車．その場旋回ができるなど従来の4輪の車両とは異なる車両運動を行うため，ドライバが感じる加速度や運転方法が異なってくると考えられる（出典：文献[9]より）

加速度
acceleration

単位時間における速度の変化率を加速度という．速度 v が時間 t とともに変化するとき，加速度は dv/dt で与えられる．加速度の単位には SI 単位である m/s^2 のほか，Gal や g も用いられる．単位相互の関係は 1 Gal = 0.01 m/s^2，1 g = 9.80665 m/s^2 である．負の加速度を減速度という．

加速度が人体に作用すると，その強度や周波数により，不快感，疲労，傷害等の原因となる．それゆえ全身振動の ISO 規格である ISO 2631-1 は加速度を最も重要な物理量としている．

●**静加速度と動加速度** 勾配が一定で滑らかな斜面をボールが転がる場合やボールが高い所から自由落下する場合，単位時間におけるボール速度の増加率は一定となる．このような運動を等加速度運動という．このボール速度の増加は地球の引力によるものであり，地球の引力によってもたらされる加速度を重力加速度という．自由落下の例では，空気抵抗を無視すれば，落下速度の増加率は約 9.8 m/s^2 となり，この値が重力加速度の定数である．重力加速度のように時間が経過しても不変の加速度を静加速度という．

一方，日常の諸現象においては物体の加速度は時間経過とともに変動することが多く，このような加速度を動加速度という．動加速度が生じる現象として例えば振動や衝撃などがあげられる．こうした現象では加速度の変化率が問題とされることも少なくない．単位時間における加速度の変化率をジャーク（または加加速度，躍度）という．

●**加速度の測定** 運動の第二法則（ニュートンの第二法則）によれば，運動する物体の加速度は，その物体に作用している力に比例し，物体の質量に反比例する．

(a) 歪みゲージ式加速度センサ　　(b) 圧電式加速度センサ　　(c) 半導体式加速度センサ

図1　加速度センサの例（出典：(a) 株式会社共和電業ウェブサイト[1]，(b) 株式会社アコーウェブサイト[2]，(c) 株式会社瑞穂ウェブサイト[3]より）

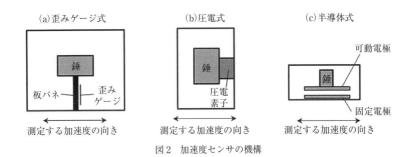

図2 加速度センサの機構

つまり,ある物体の運動状態が変化する(すなわち加速度が生じる)ということは,その物体に力が作用していることを意味する.この原理を利用して,物体に生じる微少変形や電気変化等を測定することによって加速度を計測するデバイスが加速度センサである.その方式には以下のようなものがある(図1,図2).

①ひずみゲージ式加速度センサ:錘をつけた板バネの変形をひずみゲージで測定する方式の加速度センサ.機械的機構のため,周波数応答に上限があり,共振周波数も存在するが,静加速度を測定できる利点をもつ.測定可能な周波数範囲はDC〜数kHzである(DCは静加速度の意味).

②圧電式加速度センサ:水晶等でできた圧電素子に外力を加えると電圧が生じる現象(圧電効果,ピエゾ効果)を利用した加速度センサ.小型化が可能で,高周波数まで応答する利点をもつが,静加速度には応答しない.測定可能な周波数範囲は数Hz〜数十kHzである.

③半導体式加速度センサ:外力によって移動する可動電極と固定した電極の間の静電容量変化によって測定する方式の加速度センサ.測定可能な周波数範囲はDC〜1kHz程度である.

近年では,MEMS(Micro Electro Mechanical Systems:微小電子機械システム)とよばれる超小型の加速度センサが普及し,携帯電話,自動車のエアバッグ,GPSなどに広く活用されている.

なお,加速度の測定には加速度センサを用いる方法のほかに,連続した画像から割り出した変位データの2回微分によって算出する方法や,車両等から得た速度データを微分して算出する方法なども用いられる.

[大野央人]

気候
climate

　気候を扱う分野を気候学という．気象学との違いに疑問をもつ読者は多いかもしれない．気象学は文字どおり日々起こる気象を扱う学問であるが，気候学は気象を長期間観測し，その結果を分析（主に統計解析）して気象の傾向やパターンなどを探る学問である．また，気候学と密接な分野としては生気象学があげられる．なじみが薄いかもしれないが，「生気象学の事典」[1]によると，生気象学とは「大気の物理的，科学的環境条件の生体に及ぼす直接，間接の影響を研究する学問」と定義されている．つまり，気候と人間を含めた生物との関係を研究する分野である．さらに，関連する分野としては，医学，生態学，建築学，土木学，被服衛生学など多岐にわたる．地球上のある地域の大気の状態をいう．対象とする空間のスケールによって，大気候，中気候，小気候，微気候に分けられる．吉野[2][3]は空間スケールを以下のように定義している．大気候は，北米の気候，北半球の気候など広範囲の気候をいう．中気候は大気候より地域が特定され，都市の気候や盆地の気候などが例としてあげられる．小気候は局地気候ともいい，その土地の地形の影響を受けやすい．例えば，斜面の気候などがあげられる．微気候は最も小さい空間の気候のことで，公園内の気候，都市のストリートキャニオン内の気候などが例としてあげられる．

●**気候要素と気候因子**　気候要素には，気圧，気温，降水量，風，日照・日射量などがあげられる．もちろん，天気予報などで取り扱う雲量，降雪量や梅雨期の蒸し暑い日や冬季の乾燥した日に注目される相対湿度も気候要素に含まれる．これら気候要素に影響を及ぼす地表面の性質を気候因子とよび，その地域の緯度，海抜高度，地形，植生，水分蒸発量などがあげられる．また，人間の活動も気候因子の1つである．

●**気候区分**　気候の類似性から判断して，地球規模あるいはある特定の地域を気候区として分けることができる．対象とする範囲の広がりにより区分の呼び方が異なり，地球規模の大規模な地域を区分する場合の気候区を大気候区とよび，特定の地域（例えば，一国や都市など）を区分する場合の気候区を中気候区あるいは小気候区とよぶ．また，気候を反映する現象に着目した区分法（例えば，植生や土壌などに着目した区分法）がある．経験論的区分ともよばれ，植生分布に基づいたケッペンの気候区分図は有名である．一方，気候要素や気候因子に着目した区分法や気団の特徴に基づいて区分する動気候学的気候区分などもある．

　ケッペンの気候区分図は，ドイツの気候学者ウラジミール・P・ケッペンが1923年に考案した気候区分である．ケッペンは気温と降水量から気候を区分し

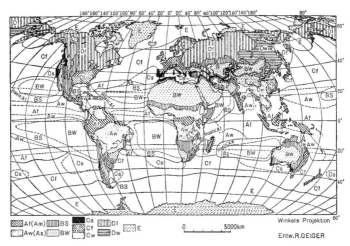

図1 ケッペンの気候区分図(1954年に改良された気候図)(出典：文献[4] p58-61 より)

ており，まず，植生分布を考慮して樹木気候と無樹木気候に分けている．樹木気候に関しては，平均気温の違いにより，熱帯気候（A），温帯気候（C），冷帯気候（D）に区別している．また，無樹木気候に関しては，乾燥帯気候（B）と極気候（E）に区別した．これら5つの気候帯をさらにそれぞれ2～3に細分化し，図1に示す気候区分を提案している．ただし，図1に示す気候区分は1954年に改良された気候区分である[4]．また，ケッペンの気候区分図の詳細に関しては他書[5]を参考にして頂きたい．

●**気候型と日本の気候区分**　気候因子の影響により気候に特性が表れる．これを気候型という．気候型で気候を区分した例としては海洋気候型，大陸気候型，高山気候型などがあげられる．さらに，月ごとの平均気温と降水量に基準を設け，例えば一般的な樹木が生育するのに必要な降水量の閾値(乾燥限界)を判別するなどして，その基準に適合する地域の広がりを気候区分と定義している．これまでいくつかの日本の気候区分が提案されており，図2に示す．

1933年に福井[6]が提案した気候区分がよく知られている．気温により北日本，中部日本，南日本に大別し，降水量と季節配分により10の中気候区に分け，さらに霜，雪，霧などを考慮して小区分に細分化している．

図2　福井栄一郎の日本の気候区分[6]

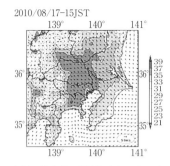

図3 都市部に発現したヒートアイランドの例[8]（2010年8月17日15時における関東地方の気温分布）

地球温暖化により，温帯だった地域が熱帯に移行するケースもまれではなく，数十年前の気候区分と異なってくる可能性は大である．後述する気候変動と関連するが，人の生活に影響（住宅に要求される性能の変化や農作物の転換など）を及ぼすので，気候を継続的に研究することは大変重要である．

●**都市気候**[7]　都市は，その規模や構造的特性による差はあるが，周辺の郊外と比較して異なる気候を呈する．これを都市気候とよび，人間活動による廃熱，コンクリートなどによる蓄熱，受熱面積の増大などが原因である．ヒートアイランドは都市気候の代名詞となっており，図3に示すように都市中心部に高温域が発現する現象である．一般に郊外と市内の気温差で特徴付けられ，ヒートアイランド強度（都心と郊外の温度差）で評価されている．ヒートアイランドの形成には都市大気との関係が強い．都市大気はドーム状の構造をしており，ドーム内で大気が循環する特徴がある[9]．しかし，風が強い場合，ドームは消滅し，ヒートアイランドは消滅することが知られている．そのことから，都市気候改善のための対策が検討されてきた．例えば，堀越ら[10]は都市河川を利用して海風の遡上効果を促進する方法を提案している．また，都市部の大規模公園の緩和効果なども注目されている．東京都は具体的な対策を講じており，大規模な建物の屋上緑化を促進している．未来都市のあり方に関しては，理想的には森林と海洋を結ぶ中間点にある都市が自然循環の一部であるという認識が重要である．

●**気候変化**　気候学は気象を長期間観測し，気象の傾向やパターンなどを探る学問であるが，どの程度の期間かというと30年が目安になる．気候変化は30年以上の変動のことであり，それ以下の周期的変動である気候変動と区別している[11]．現在の地球は氷期と間氷期を繰り返した氷河期を経て後氷河期にあるといわれている．19世紀中頃まで続いた小氷期（詳細な定義は議論中）では気温の周期変動があったが，それ以後は上昇を続けている．産業革命以降の二酸化炭素など温暖化ガスの排出が原因と考えられている．特に，都市部では気温の上昇が顕著であり，この100年間で3℃も上昇している大都市もある．また，人間の活動範囲から遠く離れた自然界においても気候変化は観察されている．近年の気候変化は地球温暖化と連動していると認識されており，地球温暖化の防止対策として温暖化ガスの排出の抑制は喫緊の課題となっている．しかし，気候を安定させるには，さらなる対策が望まれる．

［垣鍔　直］

極地
polar region

　極地とは地球上の南極および北極地方のことをいい，緯度66°33′より高緯度の地域のことを極圏とよんでいる．南極にある昭和基地で観測されたデータによると過去30年間の月ごとの平均気温は年間を通して零下であり，年平均気温は－10.4℃，最も低くなる8月では－19.4℃であった．また，南極の日照時間は年間で，1925.9時間と東京の1881.3時間と比べてやや多いものの，6月には日照はなく，逆に12月は434.6時間と年間の変動が大きくなっている．北半球における夏至の時期（6月）には北極圏では1日中太陽が沈まない白夜となり，冬至の時期（12月）には1日中太陽が昇らない極夜となる．逆に南極圏では6月が極夜，12月が白夜となる．このように極圏の特徴は，年間を通じての極寒気温と年間の日照時間の変動の大きさであろう．このような環境でヒトが生活すると，寒冷環境による凍傷や凍死，冬季の短い日照時間による概日リズムの乱れ，食糧不足による低栄養，閉鎖された生活による精神的疾患などの影響を受けることが知られている．

●**ピブロクトク**　北極圏で生活するイヌイットの主に女性で冬季にみられるヒステリー様の症状をピブロクトクといい，北極ヒステリーともよばれている．外出しなくなったり怒りっぽくなることが数日続いた後，突如興奮して，叫び声をあげ，衣服を引きちぎるように脱ぎ捨て，物を投げつけ，裸のまま極寒の外に飛び出したりする．30分〜数時間の間，雪の上を転がり走り回った後，疲労による痙攣やひどい眠気を生じさせ，ひどいときには昏睡状態から凍死することもあるという．目を覚ました後は何も覚えておらず，当然寒さも感じてもいない．大人の女性に多くみられ，老人や子供にはみられない[1]．原因としては，冬期の極寒と日照がないことに起因する精神状態や栄養状態の悪化が考えられている．特にイヌイットの生活している北極圏ではビタミンCやビタミンDの摂取が困難かつ，冬期の極夜による低紫外線量からカルシウム不足状態となり，このことがピブロクトクを引き起こしていると考えられている[2]．一方で，イヌイットは北極の魚や哺乳動物の肝臓，腎臓，脂肪をよく食しており，これらには多くのビタミンAが含まれていることから，ピブロクトクはビタミンA過剰摂取によるビタミン中毒とも考えられている[3]．いずれにしてもイヌイットが欧米の影響を受け，近代化するようになった現在では，発生率が大幅に低下している．

●**越冬症候群**　ピブロクトクほどの極端な症状ではないが，南極で越冬した研究施設の居住者においてもイライラ感，抑うつ，不眠症，認知障害などの行動的・医学的な障害が観察されている．これらの障害をウィンターオーバーシンドロー

ム（越冬症候群）とよぶ．その原因はストレス，社会的隔離，軽度の季節性情動（感情）障害，そして甲状腺ホルモンであるトリヨードチロニン（T_3）が減少する極地 T_3 症候群とされている[4]〜[6]．極地 T_3 症候群は，忘れっぽさ，認知障害，気分障害を引き起こす[4][7]．

通常，寒冷環境に曝露されると深部体温保持のために熱産生を増加する必要がある．数時間〜数日の寒冷曝露では，チロキシン（T_4）や T_3 などの甲状腺ホルモンが分泌され，熱産生を増加させる．しかし，南極観測隊や北極圏で生活する集団においては血漿中の遊離 T_3 が減少している．これは極寒の環境に対する非適応状態ととらえることもできるが，何らかの適応的応答である可能性も考えられている．

T_4 や T_3 は血漿中ではチロキシン結合グロブリンやアルブミンといった蛋白に結合して存在しており，結合していないものが遊離型となる．遊離 T_4 は各組織において活性が高い遊離 T_3 に変換される．この遊離 T_3 が長期間の極地での生活で低下するのである．結合している T_4 や T_3 には変化がみられないことから[8]，甲状腺からの分泌量低下，骨格筋での T_4 から T_3 への変換減少が推察される．この推察された原因に適応的意義があるのだろうか．甲状腺ホルモンには骨格筋細胞内のミトコンドリアに存在する脱共役タンパク質3（UCP3）の遺伝子発現を増加させる作用がある[9]．すなわち遊離 T_3 が血漿に出ずに骨格筋内で UCP3 発現を促し，結果として熱産生に寄与しているのかもしれない．甲状腺からの分泌量低下は，長期の低温環境への適応に伴う深部体温のセットポイント低下により[8]，同じ低温刺激に対する反応が減弱した結果，甲状腺からの T_3 分泌が低下したのかもしれない．また，甲状腺ホルモンは血管拡張作用をもつ心房性ナトリウム利尿ペプチド（ANP）の心臓からの分泌を促進する作用をもっている[9]．極地での低 T_3 は ANP 分泌量を減少し，その結果末梢血管収縮，熱放散量の減少につながることも考えられる．

●**サーカディアンリズムの乱れ**　極地においては日照時間の年間変動が大きく，特に冬季には極夜となるため，サーカディアンリズムに影響を及ぼすことが知られている．南極基地で越冬した日本人隊員を対象とした研究では，冬季に血中のメラトニンリズム位相の後退が確認され[10]，南極観測隊を対象とした別の研究では，真冬の睡眠覚醒リズム位相は 24 時間に同期することができず，位相の後退が確認されている[11]．冬季における明るい自然光の減少は，サーカディアンリズムの位相後退，就寝時刻の遅延，睡眠効率の低下をもたらし，季節性情動（感情）障害の原因となるかもしれない[12]．一方，北極圏で生活する人を対象とした研究[7]によると，冬季と比較して夏季で夜間のメラトニン分泌量が低下したことから，夏季の明るい夜は夜間のメラトニン分泌を抑制し，睡眠の質の低下をもたらすことが推察される．

［前田享史］

森林
forest

　人間は人間になって約500万年が経過するが，その99.99％以上を自然の中で過ごしてきた．自然対応用の生理機能をもって，現代の都市化・人工化された社会を生きているため，ストレス状態にあると考えられている[1]．

　前日本生理人類学会会長の佐藤方彦は，人と自然の関係について，「人間が人間となってからの500万年の間，人間が生活してきたのは自然環境でした．人間の歴史の中で都市が出現したのはごく最近のことです．（中略）太古の野生の森や草原に生きた脳をもって，私たちは今日，都市生活を営んでいるのです．人間の生理機能は，脳も，神経系も，筋肉も，肺も，消化器も，肝臓も，感覚系も，すべて自然環境のもとで進化し，自然環境用につくられています」と記している[2]．

　また，2012年6月28日のNatureに，「セディバ猿人の食物」という興味深い論文が掲載された[4]．ドイツ，マックス・プランク進化人類学研究所の研究によるもので，2008年に南アフリカで見つかった約200万年前に生息していたとみられるセディバ猿人の大人の女性と少年の化石の歯の分析を行ったところ，歯石に約0.05ミリ程度の樹皮や果実が含まれることを発見したというものである．セディバ猿人は森林と深い関係をもって生活していたことを伺わせる論文である．

　一方，近年における急激なコンピュータの普及はさらなるストレス状態の亢進を生み出しており，1984年にはアメリカの臨床心理学者クレイグ・ブロードにより，「テクノストレス」という言葉がつくられた[5]．そのような状況を受けて，今，森林セラピーに注目が集まっている．森林等の自然に触れたとき，強すぎる緊張状態，高すぎる交感神経活動が抑制されリラックス状態になるのだと思われる．人間としての本来のあるべき姿に近づき，それがリラックス感，快適感となって認識されるのであろう．

●**森林セラピーの予防医学的効果**　森林セラピーは「予防医学的効果」を目的としている点に特徴がある．自然と接することにより，生理的にリラックスし，ストレス状態が緩和されることを目指している．その結果，ストレス状態によって低下している免疫機能が改善され，疾病の予防ならびに健康の維持・増進を図るという予防医学的見地に基づいている[6][7]．

　免疫機能に関しては，李卿らが森林セラピーによって低下していた免疫力を回復させることを明らかにしている．免疫力の落ちているオフィスワーカー12名において2泊3日の森林セラピー実験を実施した．すると，NK活性が2日目には56％増強し，正常値に戻った．都市生活に戻った1か月後においても23％の統計的に有意な上昇が維持されていることを明らかにしている[8]．

●**森林セラピーによる生理的リラックス効果**　森林セラピー分野においては，最近まで，アンケートを中心とした主観評価が中心であり，生理指標を用いた影響評価は皆無に近い状態であった．

世界初の森林浴実験は1990年3月に屋久島で実施されたと考えられている[9]．そこで測定した唾液中コルチゾール濃度と気分プロフィール検査（POMS）は初の計測であり，森林浴によるストレスホルモン濃度の低下と気分状態の改善が初めて明らかになった．それに対し，2005年からフィールド実験が始まり，データが蓄積され始めた．全国35か所の森林において，唾液中コルチゾール濃度，心拍変動性による交感・副交感神経活動，血圧，心拍数を用い，各約1週間を目処に延べ420名の被験者実験が行われている[6]．

その結果，15分間の座観実験において，都市部に比べ，コルチゾール濃度は12.4%，交感神経活動は7.0%，収縮期血圧は1.4%，脈拍数も5.8%の低下を示し，森林セラピーによってストレス状態が緩和されていることが明らかとなった．一方，副交感神経活動は55.0%の亢進を示し，生体がリラックスしていることが示された．15分間の歩行実験においても，都市部に比べ，コルチゾール濃度は15.8%，交感神経活動は4.4%，収縮期血圧は1.9%，脈拍数も3.9%の低下を示し，森林歩行によってストレス状態が緩和されていることが明らかとなった．副交感神経活動も102.7%の亢進を示した．森林セラピーは生体にリラックス状態をもたらすことが明らかとなった．

さらに，千葉県の清和県民の森において近赤外時間分解分光法を用いた脳前頭前野活動とコルチゾール濃度を指標とした実験が実施されており，森林部における15分間の座観ならびに歩行において，唾液中コルチゾール濃度は低下し，脳前頭前野活動も鎮静化することが明らかとなっている[10]．

新宿御苑における歩行がもたらす生理的影響についても，新宿駅周辺を対照地として調べられている[11]．その結果，新宿御苑における歩行でも副交感神経活動が有意に高く，心拍数は有意に低下することが明らかにされている．

●**森林セラピー研究の今後**　これからの森林セラピー研究は「未病者への応用」がテーマになると思われる．

境界域高血圧，肥満等の未病者を対象とした臨床研究がポイントとなる．これまでの森林セラピー研究の多くは20代の男子大学生を対象として進められてきており，若年者，中高年，高齢者ならびに女性を被験者としたデータの蓄積が求められているが，さらに，「予防医学」という範疇に含まれる未病者への効果を明らかにすることが今，社会から要請されているのである．

予防医学に関する生理的データを蓄積することにより，医療費削減という社会問題に対して，森林セラピーが有する可能性を示すことができると思われる．

　　　　　　　　　　　　　　　　　　　　　　　　　　　［宮崎良文］

都市
city

　熱帯性動物であったヒトは，世界各地の過酷な気象やその変動によって，種の存続が脅かされてきた．言い換えれば当初は他の哺乳動物と同様に自然環境に対して受動的な存在であったと言える．しかし，ヒトは過酷な自然気象を緩和するために洞窟や岩陰などを利用し，外敵から身を守るための安全な生活空間（シェルター）を獲得した．さらに，可搬・簡易な住居などをつくり始め，厳しい自然気候に積極的に対抗する手段を考案し実現させたのである．その後，社会的分業の発生もあいまって，火や道具を利用することにより住居の形態や機能は格段に進歩した．建築物も住居から穀物倉庫，集会場，祭祀場など多彩なものへ発展し，空間の機能分化，多様化，技術化が進んだ．それらの建築物が集合して形成される村や集落も次第に大規模化し，社会的分業化，階級分化を経て国家の発生へと進展していった．そのような集住の形態や機能の集積として発展したものが都市である．

●**日本の都市**　日本においては地方自治法に記されている規定の1つとして，人口5万人以上を擁することが都市の定義としてあげられている．都市の成り立ちには諸説あるが，日本は領主の居住地として発展した都市が多くみられ，都市と農村の区別が明確ではなかった．また，木造建築が多く短期間での建築更新が前提とされたため街並みが変化しやすいことに加え，人口増減や建造物の乱立，ライフスタイルの多様化に関連した社会変動の影響を受けるため，都市部に暮らす人々は常に生活環境変動への適応が求められた．さらに，近代化とともにより質の高い環境を目指すようになり，無制限な快適性の追求が都市環境問題として重要視されるようになった．例えば，騒音や振動，大気汚染，水質汚濁，廃棄物処理問題，土壌汚染，またヒートアイランドによる熱環境といった物理的な問題や，都市内の緑地減少や景観破壊といった心理的な問題などがそれにあたる．

　それと同時に，交通・通信手段の発展によって都市機能が拡散し，大規模公共施設や大型店舗の郊外立地が無計画に進められたことで無秩序な拡大，すなわちスプロール化が起こった．将来的には地域産業が衰退することで郊外進出のための建築投資・維持管理費が増大し，税務負担問題の発生も予測される．これらを背景として，公共交通の利便性低下やコミュニティでの監視性低下による犯罪発生が増加し，市街地衰退が加速した．これを契機として，日本の都市部は機能集積および人口過密化へ向かうこととなった．

　日本の総人口は減少傾向にあり，平成24年度国勢調査によれば人口増加したのは7都県に限られる[1]．地域別での人口推移は，三大都市圏が国内総人口の半

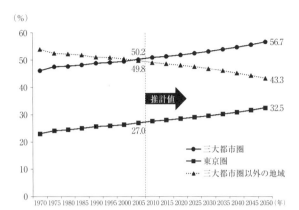

図1 三大都市圏および東京圏の人口が総人口に占める割合（出典：文献[2]より改変）

数以上を占め，その中でも東京圏に人口が集中すると同時に，都市圏外の人口は減少を続け6割以上の居住地域において人口が半分以下になると考えられている（図1）[2]．また，気象変化により2050年には植生帯の北進化が予想されており，このような環境変化の速度に適応できない動植物の絶滅も危惧される[2]．

●都市で生きるということ

都市のエネルギー活動は人体代謝プロセスに似たところがある（図2）．呼吸し，食べ物を摂取し，不要物を体外へ排出するヒトの代謝になぞらえると，都市内外から供給された種々のエネルギーが都市活動において費やされ廃棄物となり地域内外に排出する巨大な生き物のようであり，存続させるためには不断の代謝が必要である[3]．現代の人工環境は資源やエネルギーを多量に消費する機構を前提として成り立っているが，資源・エネルギーの枯渇，深刻な環境汚染，人口・食料危機などによりその前提が崩れたときに，人類はどうなるであろうか．

「ヒトと環境」で述べられているとおり，ヒトには驚くべき生理学的な環境適応能がある．それと同時に，みずから発達させた技術文明や文化によって生存に有利となるよう自然環境に積極的に働きかけてきた．これは，環境適応するための有効な手段といわれる一方で，ヒトがみずからを庇護された環境に置くことによって「自己家畜化」の道を歩んでいるともいわれている[3]．例えば，都市化の進行に伴い，食糧需給の速度と低コスト化が重要視されることで，単一細胞を培養した人工食材が流通するなど，品質管理を効率化する一方で多様性が欠落することになれば，従来みられなかった病気が蔓延する可能性も否定できない．環境適応能を保持するためには種としての進化・退化をも見据えた長い時間スケールにおいて環境とヒトの関係を知る必要がある． ［立川公子］

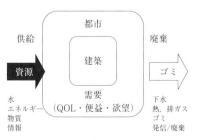

図2 都市の代謝活動モデル

地下空間
underground space

　「地下空間」は地上の外部空間に直接つながっておらず，かつ地面よりも下にある閉鎖空間について用いられる用語である．

　ヒトが地下空間を利用して活動するのは，埋蔵物を利用するような場合を除けば，環境上の不都合を緩和しようとする際に何らかのメリットがある場合となる．例えば，竜巻などの自然災害や外敵から身を守るシェルターとして利用したり，気候の厳しい地域で空間内の温熱環境を一定に保つことが容易であることを利用したりしてきた．近年では，都市における空間の高密度利用のために地上の高層化とともに地下利用も進んでいる．しかし，地下空間はヒトが元来適応してきたと考えられる環境とは異なるため，その利用にあたっては慎重に考慮しておく必要のある事項が多数存在する．

●**地下**　一方，「地下」という言葉は日本の建築分野においては一般に建築基準法で定義された地階の空間を指す．ここで地階とは「床が地盤面下で，その床面から地盤面までの高さがその階の天井の高さの1/3以上のもの」（建築基準法施行令第一条第2号）である．ここで地盤面は建物が周囲の地盤と接する位置の平均の高さにおける水平面（高低差が3メートルを超える場合には3メートルごとの平均の高さをそれぞれの地盤面とする）であり，空間が地盤面よりも完全に下に位置しない，あるいは傾斜地において水平方向に眺望が得られるような場合もある．このような場合にはシェルター性能なども地上階とあまり変わらず，そこを利用するヒトにとっても同様である．

●**地下空間の空気質，換気**　閉鎖空間であることからヒトの呼吸のために必要な空気質を保つために細心の注意を払う必要がある．現在では日本の住宅でも無開口の地下居室は認められるが，換気の条件が厳しく定められている．すなわち第1種（同時給排気式）または第2種（押し込み式）の機械式換気設備を設け，常時運転する必要がある．さらに換気設備の常時運転と室用途の制約（寝室に使えないこと）を表示することも求められている．常時運転を継続して行うためには，換気設備の騒音，消費電力，耐久性（メンテナンス）が重要となる．

　例えば二酸化炭素が無臭であるように空気質は悪化していても正確に知覚できない一方，換気設備の騒音は知覚されるから換気設備を止めてしまうという危険がある．表示だけに頼るのでなく，メンテナンス作業以外では容易に停止できないようにしておくことが望ましい．

●**地下空間の照明　生体リズム　疑似採光**　地下空間では人工照明計画，特に非常時における避難のための照明は一般の地上空間以上に重要となる．

通常の人工照明は，明視性の確保には問題がないが，採光のように朝に明るくなり夜に暗くなるというように外部の変化が自動的に室内に反映されることはない．このため，地下空間に長時間滞在することは生体リズムへの影響が大きいと考えられ，疑似採光が導入されることもある．

●**地下空間に関する心理** 1991年に日本（東京）で行われた地下空間での勤務に対するイメージに関する調査[1]によれば，社会一般に地下勤務には否定的で，中でも実際に地下で勤務している回答者のイメージが悪い．制御監視室勤務者を対象に地上勤務と地下勤務を比較した調査[2]によれば，地下では「眠気とだるさ」が頻繁に感じられ，「外のようすがわからない」「体によくないのではないか」「目を休めたい」などの申告が多い．環境からの刺激が少ないため外部との接触が重要とされている（図1）．

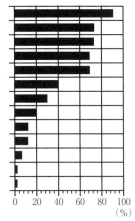

図1　地上と比較して悪いことに対する自由選択率

画像ディスプレイや絵画，植栽といった装飾物は地下空間における作業そのもののパフォーマンスには影響しないものの，その後の安静期間における回復を促進する効果がある可能性が示されている[3]．また疑似窓については，変化の要素を考慮すべきことが示唆されている[4]．

実際の地下オフィスで，居住環境の問題点の把握と改善の実施を通して行われた研究[5]によれば，温熱・空気環境と平面計画は，地上の高水準オフィス環境と同程度で満足が得られるが，無窓による問題点として照明を含む視環境や単調な雰囲気，外部情報の欠如・時間感覚の喪失が表面化し，外部騒音がないため室内騒音が問題となる傾向がある．

地下空間での窓の代替可能性に関する研究[6]によれば，外界の視覚的情報を知覚することと，風や光の変化などの様相を感じることは別の概念であり，これらは気分転換や疲労回復に重要であると認識されている．窓の主な心理的効果は，疲労回復，室内の変化の演出，雰囲気の改善の3つを含む気分的な心地よさと，外界との連続感の導入であり，疲労感の回復には植栽など自然物の導入が効果的である．変化の演出には刺激が時間的に変化する要素，外界との連続感の導入には，明るさの変化や天候などの外部情報を映像などで取り込むことが重要である．

［大井尚行］

オフィス
office

　広辞苑によれば，オフィスとは事務的な作業を行う建物，部屋，事務所のことを意味する．現代は世界中の都市にオフィスビルが建ち並んでいるが，建築としてのオフィスは 18 世紀後半から 19 世紀にかけて起きた産業革命をきっかけに大きく発展した．産業革命によって農業社会から工業社会への移行が進み，それと同時に銀行や保険会社といった第 3 次産業が発展すると，事務的な作業やそれに携わる労働者の数は飛躍的に増加した．また 19 世紀に電信や電話が発明されると，工場とオフィスを分離することも技術的に可能となった．それまでオフィスは主に個人宅で小規模に展開されてきたが，社会的な要求が高まると次第に規模が拡大して，19 世紀半ばには，アメリカやヨーロッパではオフィスビルが建ち並ぶようになった[1],[2]．

●**知的生産性を高めるオフィス環境**　現在，オフィスは企業の経営資源の 1 つとして考えられている．日本では，戦後，製造業が中心となり高度経済成長を牽引してきたが，次第に「モノ」よりも「コト」が重要視される時代へと移行してきた．ビジネスの変革はオフィスワーカーの仕事の質にも影響し，オフィスワーカーは，単純に作業の効率を高めるだけでなく，より付加価値の高い成果物を生み出す創造性（クリエイティビティ）を発揮することが要求されている．

　日本では，一般社団法人ニューオフィス推進協会（以下，NOPA）を中心にオフィスワーカーの創造性を高めるクリエイティブ・オフィスの推進が行われている．NOPA のクリエイティブ・オフィスの考え方は，野中郁次郎が提唱する SECI モデルと呼ばれる知識創造理論に基づく．SECI モデルは，経験や勘といった言語化できない知識（暗黙知）と文章や数式，図表などによって表出できる知識（形式知）といった 2 つの知識を，個人や組織で継続的にやりとりすることで新しい知識創造に繋がるという考え方である[3]．このプロセスを，仕事での具体的な行動に置き換えたものを知識創造行動と呼び，クリエイティブ・オフィスでは，「ふらふら歩く」「軽く話してみる」「試す」といった 12 の知識創造行動（図1）を誘発することが重要とされている[4]．以前として，島型対抗式レイアウトを採用しているオフィスも少なくないが，1970 年代から個人席を設けずに複数のワーカーがスペースを共用で利用するノンテリトリアルオフィスが提唱されるなど[5]，空間づくりによって働き方の変化を促すアプローチが模索されている．

　また，オフィスワーカーの知的生産性を高めるために，照明や音，温熱といったオフィス内の環境要素にも配慮することも重要である．2007 年に国土交通省が設立した知的生産性研究委員会では，温熱，空気環境，光環境，音環境，空間環境，IT 環境といった環境要素と知的生産性の関連性が整理されている．オフィスワーカー

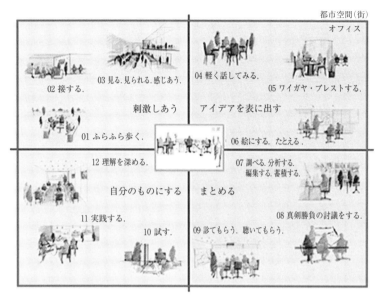

図1　12の知識創造行動（出典：クリエイティブ・オフィス・レポートv2.0，(一社)ニューオフィス推進協会より）

の作業は，ルーチンワークや定例報告などの情報処理活動，資料調査や資料作成といった知識処理活動，高度な思考作業による知識創造活動といった3つの作業階層に分けられる．環境要素はヒトの生理面と心理面に作用して，「集中」，「コミュニケーション」，「リラックス」，「リフレッシュ」といった意識・行動状態の変化をもたらす．意識・行動状態の因子は，それぞれ作業階層と結びついており，作業の促進や，場合によっては阻害する因子として働くとされる（図2）[6]．こういった環境要素を上手く活用することで，オフィスワーカーの知的生産性を高めることが可能である．

●**多様な役割を担うオフィス環境**　オフィス環境の最適化を図る上で，ヒトへの影響を配慮することは非常に重要であるが，昨今，オフィスに求められる要件は，それだけに留まらない．特に2011年の東日本大震災以降は，消費電力を削減して環境負荷を低減することもオフィス環境を考える上で重要な要素の一つとなっている．

消費電力を軽減するために，最近では性能の高い照明器具を採用するだけでなく，照明環境の設計方法に配慮する試みもある．例えば，タスク&アンビエントと呼ばれる照明方式がその1つである．この照明方式は，フロア全体を低照度で照らすアンビエントライトと，高照度が必要な机上面を補足的に照らすタスクライトで構成される．オフィスは一般的にJISZ9110に基づいて，フロア全体の照度を750lxになるように設計されている．しかしながら，「やや精密な作業」を対象とするこの推奨照度は，必ずしも通路やコピーコーナー等，執務作業を行わな

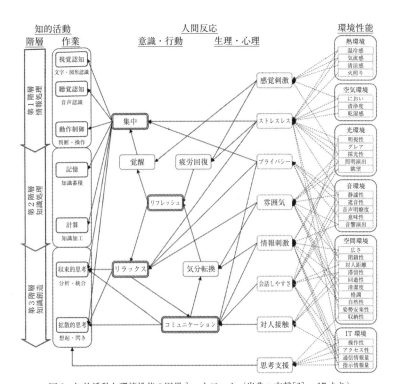

図2 知的活動と環境性能の因果ネットワーク（出典：文献[6] p.17 より）

い場所にも適用する必要は無いため，アンビエントライトがフロア全体を緩やかに照らしながら，机上面はタスクライトで必要な照度を確保することで，知的生産性を低下させず，電力削減にも繋げることができる．

また温熱環境では，ヒトの知覚特性に配慮して，空調の設備消費電力を削減する取り組みが行われている．ヒトが主観的に感じる温冷感の指標は，PMV（予想平均温冷感申告）と呼ばれ，これは気温・湿度・風速・輻射・代謝量・着衣量といった6つの要素の回帰式から推定することができる．PMV に影響する要素の中でも，電力を使用せずヒトの主観的な温冷感を調節する方法として，着衣量の調節を行うか，または窓や壁面からの輻射を防ぐことが挙げられる．これらはクールビズ，ウォームビズの実施や，窓や壁に遮熱材を設置するといった対応に活かされている．

オフィス環境は，様々な要件を含めて統合的に設計しなければいけない．環境配慮の他にも，急速に発展する情報通信技術への対応，事業継続性の確保，企業文化の表現など，オフィスには多様な役割が期待されているが，これらを踏まえてオフィス環境の最適化を行うためには，人間科学だけではなく経営学，建築学，情報工学，環境工学といった学際的な研究が必要となっている． ［高原　良］

環境適応能
human adaptability to the environment

　環境適応とは生物のもつ形質や行動が生息環境に馴染んでいることであり，生物学的にはそれによって子孫を継続的に残すことができることをいう．環境適応には，進化の長い時間軸から検討する遺伝的適応と，一世代の中で遭遇する環境諸要因への可塑的な生理的適応がある．環境適応にはこの両者が含まれ，その適応能力を総じて環境適応能という．

　1964年に始まるIBP（1964-1974；International Biological Program）で初めてヨセフ・ワイナーらの提唱によって環境適応能の分野が概念化された．この用語は人類集団の生物行動学的適応の比較研究として使用された．集団の分布・密度，生活様式などに影響する環境要因が存在することを前提に，この要因が健康，体力，遺伝構成に影響するという考え方である．例えば健康，体力に対しては，栄養，子供の成長，作業容量，活動量，病気などの特徴と環境要因との関係を検討することで適応能を評価しようというものである[1]．

●**日本の環境適応能研究**　このIBPの時代，日本では1971年に九州芸術工科大学（現在の九州大学大学院芸術工学研究院）に6つの人工気候室を備える世界有数のバイオトロンが設置され，バイオトロニクスの手法によるヒトの環境適応研究が始まっている．バイオトロニクスの手法とは，人工気候室を用いた種々の物理的環境条件（温度，湿度，気流，気圧，照度など）を制御し，その環境に曝露されたヒトの生理的負担を観察し，環境への基礎的な適応能を研究することである．ここでは野外（フィールド）とは異なり，特定の気候要因のみを人工的に制御できることから，単一要因の影響を1つひとつ精度よく検出することが可能で，複数要因による複合効果も検討できる特徴がある．しかしながら，ポール・T・ベーカーは，実験室実験で得られた結果には，制御されなかった環境や生物学的なさまざまな要因の産物が反映されないことから，フィールド研究の重要性を指摘している[2]．実験室実験とフィールド研究では双方にない利点と欠点があるため，両者補完し合うのが理想である．生理人類学では，実験室実験だからこそ可能な精査された生理計測値から集団の適応的特徴を評価するが，フィールドでの検証も同時に研究を進めようとしている．

●**環境適応とは**　環境適応とは，チャールズ・ダーウィンのいう適者生存であり，環境要因との関わりで生存に有利な表現型をもつ遺伝子の頻度の問題である．木村資生の中立進化説[3]により，少なくとも分子レベルでは有利でも不利でもない変異が世代を超えて集団内でその頻度を変動させることが，進化の主な要因と考えられるようになった．ある突然変異が，非常にまれであるが生存に有利な変異

である場合，この変異が偶然的に集団に固定される速度よりも速く固定される場合，正の自然選択とみなされる．人類学の場合，集団における遺伝的多型の頻度変動に注目するが，環境要因と直接的に関わる正の自然選択が検出されることはそれほど多くはない．おそらく，ヒトのDNAは，さまざまな環境要因に対する柔軟な適応を可能とする能力をすでに備えていると推察される．

●**遺伝子と環境との相互作用による適応**　生理人類学では，世代を超えた集団内の遺伝子頻度の変動というよりも，主として1世代で生じる生理反応の変化を対象とすることが多い．この場合の適応とは，最大のストレスに対する生理的耐性や最大下ストレスに対する生理反応の効率[4]に注目することが多い．個人のもつ遺伝特性を背景に，塩基配列を変えないままで環境要因が作用する生理機能の変化から適応性を評価する．すなわち，環境要因がDNAに作用する遺伝子発現の観点から非可塑的部分と可塑的（馴化）な部分に区別して研究する態度である．遺伝子発現に必要な基本的な転写調節機構はDNAの塩基配列に依存して行われるが，環境刺激などに関連して生じるDNAのメチル化や遺伝子の高次構造の変化は塩基配列に依存せずに転写調節機構に影響する．例えば，繰り返し暑い環境に曝露し暑熱馴化すると，皮膚血管の拡張性が改善され熱放散能力が高まるが，それを可能にする血管内皮の酸化窒素の合成増大も遺伝子発現が関係している[5]．さらに一度暑熱に馴化すれば，脱馴化後の再馴化は早くなる馴化記憶の機序や，暑熱馴化が別の新奇のストレスに対する耐性も高める交叉適応のしくみにも発現の調節機構が寄与している[6]．この脱馴化や再馴化の現象にみられるように，ストレスの強度や頻度の変化によって適応的な生理反応が異なるのは可塑的反応とみなされる．一方，アンデス住民の高地適応にみられる樽のような胸部は肺に大きな残気量をもち，高地の少ない酸素分圧に有利とされる．この残気量の大きさは，成人の平地住民がいくら長期的に高地に滞在しても獲得できない．しかし平地住民でも子供の成長・発達期に高地へ行き長期滞在すると残気量は大きくなる．おそらくこれも，低酸素分圧という環境刺激に伴う遺伝子の発現制御が関係しており，発達期の適応とよばれる[7]．これはその後変わることはなく，非可塑的適応といえる．

　環境刺激による転写調節機構の変化は，遺伝子発現のオン・オフや発現量の制御を経て形質（表現型）の変化へとつながる．生理人類学では，表現型のうちストレスに対する生理反応の変化から環境適応能を評価することになる．

●**環境適応能の評価**　生理人類学分野で暑熱適応とか寒冷適応というとき，一般的には一世代のうちに生じる可塑的な馴化を意味することが多い．温熱刺激への適応については，皮膚血管の収縮・拡張性，あるいは動静脈吻合や対向流熱交換などの血管調節による熱移動性，また寒冷について代謝増大，暑熱については発汗が体温調節における重要な機能となり，これらの機能の機能的潜在性や全身的

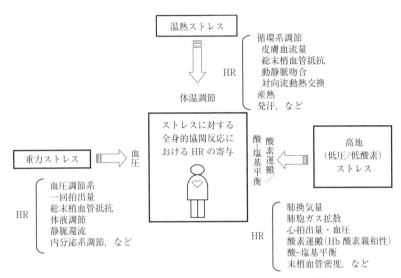

図1　種々のストレスに対する全身的協関反応における心拍数

協関反応が適応性評価のキーワードになる．また高地への適応については，酸素運搬系が重要な機能となり，酸素分圧変化に対する換気応答性，心拍数や血圧の適切な反応による血液循環，末梢の毛細血管密度，酸-塩基平衡にからむ赤血球の酸素親和性の変化などが注目され，同じく先のキーワードによる適応性が評価される．

　したがって，環境ストレスに対する適応性は，例えば心拍数のような単一の測定項目のみで評価することはできない．図1に示すように，ストレスが温熱刺激であれば体温調節に関する種々の要素機能からなる全身的協関反応の中で心拍数がどのような貢献をしているかが評価のポイントであり，同様に高地における低酸素刺激であれば酸素運搬系や酸-塩基平衡の恒常性維持の観点から，重力刺激（姿勢変化）であれば血圧水準の恒常性の観点からそれぞれに関連する諸機能の全身的協関反応における心拍数の効率的な寄与をみることが重要である．

●**今後の課題**　環境適応能を馴化の観点から検討するとき，どのような遺伝的基盤をもっているか，また生後の発達期までに経験する環境刺激によってどのような形質を獲得してきたか，このあたりは非可塑的な適応的表現型であり，その上で種々の環境ストレスに対する可塑的な馴化反応がいかに生じているかを見きわめていく必要があるだろう．現在の段階では，ゲノム情報と生理機能の関係，環境刺激と非可塑的表現型の関係などは今後の大きな課題として残されており，さらなる研究が待たれている．　　　　　　　　　　　　　　　　［安河内　朗］

適応
adaptation

　生物が生存し種を維持するために，生活する環境の条件に対して有利な特性をもっていること，および環境の変化に適合するように特性を変化させていく過程を適応という．赤道直下の熱帯に生活する人々は相対的に四肢が細長いという形態的な特性をもっている．これは，体重に対する体表面積や四肢長の割合を大きくすることで体熱の放散に有利な体型をもち，高温の環境に適応している（図1）．スポーツ選手は，日々のトレーニングによって筋力や心肺機能などの身体能力を向上させ，より高い競技レベルに適応し記録を更新する．

　適応という用語は，生物科学的観点ばかりでなく，広く社会科学の領域においても使用されており，曖昧な意味に使用されることも少なくない．本項目では，生理人類学を中心とした生物科学の観点からヒトの適応の成り立ちについて解説する．

●**適応とは**　適応の定義は，研究者によって必ずしも一致していないが，生活する環境の中で生存に有利な特性を有すること，という点ではおおむね共通している．

　しかし，そのような特性を，具体的にどのような現象としてとらえるのかが研

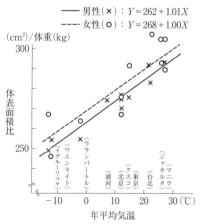
モンゴロイド系の人々の体表面積-体重比と居住地の年平均気温の関係

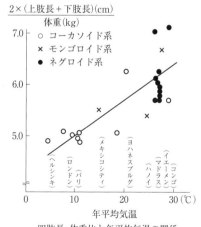
四肢長-体重比と年平均気温の関係

図1　生活環境の年平均気温と体型との関係．体重あたり体表面積（左），体重あたり四肢長（右）（出典：文献[1]p.101 より）

究者の立場によって異なり，このことがまた，適応に関する議論がしばしば混乱する原因にもなっている．例えば，ポール・T・ベーカーは，「与えられた環境において集団の生物学的な機能の助けとなるあらゆる生物学的および文化的な特性」[2]と適応を定義している．また，エミリオ・F・モランは，「適応は生物の集団としての変化であって，ある特定の環境における繁殖の優位性をもたらす遺伝子頻度の変化によって表される」[3]と述べている．これらは，いずれも集団生物学的な立場であり，後者は特に集団遺伝学的な適応の定義であり遺伝的適応とよばれる．ジョナサン・M・マークスは，適応とは「個体レベルの生物が，ある環境条件に対する相対的に有利な特性を獲得する過程」[4]であると示している．これは個体生物学的な立場であり，後に示す生理的適応を示している．さらに，ロベルト・A・フリサンチョは，「適応とは，環境の変化に曝された結果として生体にもたらされる変化であり，それによって新たな環境の中でより効率的に機能することが可能となる．そのような変化は個体から集団にいたるすべての生物学的階層に適用される」[5]と述べている．生物界は，細胞内の物理化学的なレベルから，組織，臓器，個体，個体群（集団），生態系まで，さまざまな階層によって構成されており，適応を含む多くの生物科学的議論は，これらの階層によって異なるものとなる．しかし，フリサンチョが指摘したように，適応という概念はすべての階層において適用することが可能であると思われる．

● **遺伝的適応** ガブリエル・W・ラスカルは，ヒトの生物学的適応の様式には，自然選択，成長，順応の3つが存在すると示した[6]．ここでいう自然選択とは，1859年にダーウィンが提唱した進化論の中心的な概念であり，遺伝的適応のメカニズムである[5]．

自然選択による遺伝的適応のメカニズムとは，ある環境の中で生存するために都合の良い形質を与える遺伝子型の頻度が高くなることを表している．遺伝的適応の例として，鎌形赤血球形質とマラリアとの関連がよく知られている．遺伝病である鎌形赤血球貧血は，アフリカなどのマラリアが蔓延している地域では10%以上の高い頻度で維持されている．アンソニー・C・アリソンは，この形質をもつヒトではマラリア原虫が寄生している赤血球をもつ割合が有意に少ないことを明らかにした[7]．遺伝子型がホモ接合の場合は重い貧血で成人前に死亡するが，ヘテロ接合体の場合は貧血も軽度で，マラリアに感染しにくいことから，自然選択の結果として，その遺伝子頻度が高く維持されているものと解釈されている．

● **生理的適応** わが国の生理人類学では，人工的に制御された実験室での環境条件に対するさまざまな生理反応を観察するバイオトロンによる研究が行われてきた．気温，気圧，音，光，匂いなどさまざまな環境要因に対して，呼吸循環器系，筋骨格系，中枢神経系，自律神経系などの生理反応のデータが蓄積されている．そこでは，個体レベルの生理反応について，分単位の反応の変化からトレーニン

グ効果や季節性の変化などの月・年単位での反応の変化が調べられている．このような個体レベルでの生理反応は，環境条件に応じて柔軟に変化するという意味で表現型可塑性を示し，これは生理的適応の基盤となる生物の特性である．そして，生理人類学のキーワードとの関連で考えると，この表現型可塑性の背景として機能的潜在性と全身的協関が存在するといえる．

　生理的適応は，アメリカの生理学者であるラッド・C・プロッサーによって，その枠組みが構築された．プロッサーは，環境条件（特に温度）の変化に対して生理反応が変化することを馴化（順化）とよんでいる．彼は，環境条件と生理反応との関係性（回帰）の変化をもとに適応としての意義を考察している[8]．

　馴化を表す英語に，Acclimatization と Acclimation がある．この2つの言葉に対応した日本語は存在しない．Acclimatization は実際の高地の気候のような温度と気圧の組合せといった複合的な環境に対する適応であり，Acclimation は制御された実験室で経験するような単一の環境要素に対する適応を示すといわれている．しかし，この使い分けには現実的な意味はないとする主張も存在し，確立されたものではない．Acclimatization と Acclimation が表現するヒトの適応能は，環境条件の変化に対する生体反応の変化として現れる個体の特徴を示しており，生理的適応の実体である．

●**文化的適応**　ヒトの適応を考えるうえでは，身体の形態や機能の変化といった生物学的適応だけで議論を進めることはできない．ヒトは文化的適応の能力を有する生物界で唯一の存在である．文化的適応とは，ヒトみずからがつくり出した道具としての人工物やシステムを使用して，みずからの生命維持に有利な方向に環境の条件を調節したり加齢や疾病による身体機能の低下を補ったりすることによって，生存と繁栄を図ることである．ヒトの最初の文化的適応は，住居と衣服の使用であるといわれている．住居や衣服を使用することは寒冷や暑熱などの過酷な気象条件や外敵の攻撃から身体を保護してきた．現代の我々の生活環境を考えてみると，住居や衣服はいうまでもなく，冷暖房や照明，食糧の生産と保存，医療，物資や情報の迅速で広範囲の移動など，多くの人工物やシステムによって支えられている．このような文化的適応の様式は，ヒトの生物学的特徴（形態や機能）そのものを変化させて環境に有利な条件を獲得する生物学的適応とは異なるものであるが，特に，現在の地球環境に生活するヒトの適応を考えていくうえでは，きわめて重要な要因になっている．今後，人工物や人工システムとヒトとの関係を探求し，ヒトにとって望ましい技術とは何か，また，それはどのように具現化すべきなのかといったこれからの生活環境の構築に向けた情報発信を実践することは，生理人類学を中心とした人間の科学の重要な使命である．

［岩永光一］

7. ヒトの営み

[安陪大治郎・中村晴信]

　生物個体の動作様式や生活行動パターンは，その進化の特徴やプロセスを強く反映する．特にヒトの場合，直立二足歩行の獲得によって得られた，自由度の高い二本の手によって，さまざまな労作業に従事することが可能になった．但し，ここでいう労作業とは，職業的な意味で「働く」ことだけを指しているのではない．むしろ，遊びや道具の操作，芸術やスポーツ活動，日常生活活動，情動活動など，広く「ヒトの営み」を指している．
　ヒトの営みには，ヒトゆえの特徴的な生体応答が存在し，その生体応答には個体差や人種差，性差，年齢差などが存在する．しかしながら，ヒトが自然環境下で獲得した環境適応能は，今日の社会環境の変化に追いついているとは言い難い現実があり，ここに諸般のストレスの発生原因があると考えられる．そこで本章では，生理人類学的な視点から「ヒトの営み」に関する事象やトピック，研究課題に対する認識深化を企図した．

栄養
nutrition

　栄養とは，生命をもつ有機体が，生命や健康の維持，成長促進，臓器や組織の正常な機能の維持，エネルギー産生等のために，食物を摂取して利用するプロセスのことをいう．そのプロセスに必要な食物のことを栄養という場合もある．食物には有機物や無機物が含まれる．植物はクロロフィル（葉緑素）をもつことにより，光合成によって二酸化炭素，水，および土中の無機物からエネルギーの多い有機物をつくる．これに対し，動物には無機物から有機物をつくりあげる機能がないので，植物によってつくられた有機物を直接的に摂取する（草食動物），あるいは間接的に摂取する（肉食動物）ことにより生命現象を営んでいる．

●**エネルギーと栄養素**　食事からの摂取物は栄養素として生体内で利用される．栄養素とは食物中に含まれている有機物や無機物であり，エネルギーを供給し，生物の発生，発育，生命・健康の維持などに必要な要素のことをいう．栄養素は一般的に炭水化物，脂肪，タンパク質，ビタミン，ミネラル，その他の代謝され得る有機物（有機酸，アルコールなど）のように分類される．炭水化物，脂肪，タンパク質は主要栄養素あるいは3大栄養素とよばれ，エネルギーを産生する．炭水化物は1gあたり4kcal，脂肪は1gあたり9kcal，タンパク質は1gあたり4kcalの熱量を発生する．ビタミン，ミネラルは微量栄養素とよばれている．ビタミンは食物中に含まれる有機物で，生命・健康の維持および成長に必要であってエネルギー源でないものである．ビタミンには脂溶性のビタミン（ビタミンA，D，E，K）と水溶性のビタミン（ビタミンB群，C）がある．ミネラルは無機物であり，生体組織の構成成分，および生体機能の調節に関与する[1]．

　これら，エネルギーや栄養素には摂取するために基準が定められている．栄養所要量とは，健康人を対象として国民の健康の保持・増進，生活習慣病の予防のために標準となるエネルギーおよび各栄養素の摂取量を示すものである．従来は欠乏症の予防を主眼としてきたが，現代では過剰摂取への対応も考慮する必要があるため，日本においては，2005年の第7次改訂より，名称を食事摂取基準に変更した[2]．食事摂取基準では，エネルギーは1種類，栄養素は5種類の指標を策定している．推定エネルギー必要量はエネルギー出納（エネルギー摂取量−エネルギー消費量）がゼロとなる確率が最も高くなると推定される習慣的な1日あたりのエネルギー摂取量である．推定平均必要量はある母集団に属する50％のヒトが必要量を満たすと推定される1日の摂取量である．推奨量はある母集団のほとんど（97〜98％）のヒトにおいて1日の必要量を満たすと推定される1日の摂取量である．目安量は推定平均必要量および推奨量を算定するのに十分な科学的

根拠が得られない場合に，特定の集団の人々がある一定の栄養状態を維持するのに十分な量である．耐容上限量はある母集団に属するほとんどすべての人々が，健康障害をもたらす危険がないとみなされる習慣的な摂取量の上限を与える量である．目標量は生活習慣病の1次予防を目的として，現在の日本人が当面の目標とすべき摂取量である．

●**栄養状態の評価**　栄養状態を評価する方法には，栄養に関する問診（食生活や個人属性など），臨床検査，栄養に由来する臨床症状，食事調査，質問票による評価，身体計測などがある．このうち，身体計測は，栄養状態を身体状況の面から判定する方法の1つとして用いられ，栄養指数ともいわれている．良好な成長は身長と体重のバランスがとれていて太りすぎたり，やせすぎたりすることがないものである．身体計測は身体組成の変化を検出しようとする．身体組成は，脂肪組織と，骨や筋肉などの除脂肪組織に分けられる．脂肪組織を正確に測定する方法には，水中体重秤量法（水中体重測定法），空気置換法，二重エネルギーX線吸収法があるが，いずれも測定装置が高価で大掛かりであるため，一般的な測定に用いることは困難である．

　簡便な測定法としては，皮下脂肪厚法（キャリバー法）や生体インピーダンス法があるが，測定精度に問題がある．さらに簡便な方法として，体重と身長の関係を体格指数として数値で表し，判定する方法がある．年齢別にカウプ指数，ローレル指数，ブローカ指数，ブローカ式桂変法，ボディマス指数（BMI）などがある．カウプ指数はカウプ・ダーヴェンポート指数ともいい，カウプ指数＝（体重(g)/身長$(cm)^2$）×10で計算される．ローレル指数は（体重(kg)/身長$(m)^3$）×10で計算される．ブローカ指数は身長(cm)−100で計算される．ブローカ式桂変法は（身長(cm)−100）×0.9で計算される．ボディマス指数は体重(kg)/身長$(m)^2$で計算される．

　カウプ指数は乳幼児を対象に用いられ，ローレル指数は学童を対象に用いられている．ブローカ指数とブローカ式桂変法は成人に使われる．ボディマス指数は成人に対して使用されるが，近年子どもにも使用されている．これらの体格指数は，身長と体重から簡易に計算されるため，個人のみではなく集団の栄養評価を行う場合も有用な手段ではあるが，体重の中身，即ち筋肉，脂肪，骨などの身体組成は反映されていないため，実際には過剰の脂肪が蓄積した肥満であるのに，標準と判断されることや，その逆もある．　　　　　　　　　　［中村晴信］

食行動
eating behavior

　食行動とは食に関わる行動全般を指す．食べ方や食の速さなどの食習慣，栄養のバランスや食事の内容を選ぶこと，外食の場合には飲食店の選び方なども含む．

●**現代の日本人の食と健康問題**　平成23年度国民健康・栄養調査報告書[1]では，図1のように平成13〜23年度の肥満および痩せの者の割合が表記されている．平成18年度以降において，青年，壮年期男性の肥満（BMI ≧ 25）は30%を超え，20歳代女性の痩せ（BMI < 18.5）は20%を超え続けている．20代女性における痩せが問題視されている理由は，栄養の摂取不足に起因するものであるからである．また，この年代の女性では運動習慣をもたない者が90%を超えており（図2），消費エネルギーが多くない現状が明らかになっている．若年女性における栄養摂取不足の背景は若年女性の痩身願望で，女子大生の9割以上が痩身願望をもち，6割近くが食事制限を試みた経験があるとの報告がある[2]．このような経験をもつ若者世代の多くは，ダイエットや朝食抜きなど自発的に行うことで骨格筋を減少させるなど，いわば若年にして生活習慣病予備層となっている．

●**メタボリックシンドローム予防のための食行動**　特に中年男性世代において問題視されてきたメタボリックシンドロームは，内臓脂肪型肥満を共通の要因として高血糖，脂質異常，高血圧を複合的に発症している状態である．食行動異常や運動不足など，悪い生活習慣の積み重ねが原因となって起こるため，生活習慣（食

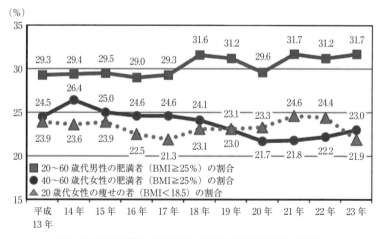

図1　肥満および痩せの者の割合の年次推移（平成13年〜23年）

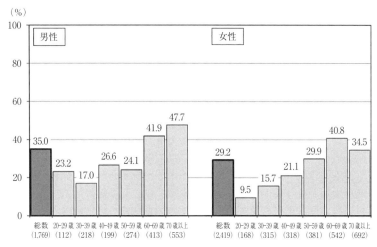

図2 運動習慣のある者の割合（性・年齢階級別）

行動＋運動）によって，予防・改善することが可能である．

ここでは，以下の2案について特に推奨する．1つはゆっくりよく噛み，時間をかける食べ方である．食事を開始すると胃から脳の視床下部腹内側核にある満腹中枢に信号が伝わるまで約20分かかる．ゆっくりよく噛み，20分以上かけることで過食を予防することができる[3]．もう1つは夕食を早くすませることである．概日リズムを制御している時間遺伝子の1つであるBMAL1は，脂肪細胞をつくる酵素を増やす機能をもつ．夜間になるにつれて増えるため，夕食時間が遅くなればなるほど太りやすくなる．

●**子ども時代における食行動の発達** ヒトが生まれてから初めて行う食行動は哺乳である．哺乳では索乳反射（乳首様の刺激が加わると唇を向けてくわえる），吸啜反射（乳首を吸う），嚥下反射（飲み込む）が起こる．生後3～4か月頃から離乳食を開始するが，首が座り，次いで手で物をつかめるようになるといった運動機能の発達に代表される漸進的な発達・発育が大きく関係している．乳児は哺乳の反射が消えるにつれて口遊びを行って咀嚼の強弱や舌の使い方，味の認識が可能となる．離乳食はドロドロ状の「飲む食事」から，舌，歯茎，乳歯で「噛んで食べる食事」へ移っていく．また，食物の手づかみから徐々にスプーン・フォークなどの食具を正しく使用できるようになる．最終的には乳汁以外の食品から必要な栄養素を摂ることができるようになり離乳食を完了する．さらに幼児期では，口唇や前歯による捕食，乳臼歯による咀嚼と嚥下へと発達していくが，この段階では特によく噛む練習をし，習慣づけをしていく必要性がある[4][5]．

[中村由紀]

生活姿勢
posture in daily life

　姿勢とは，「構え」と「体位」の組合せである．構えとは，各関節角度がどのようになっているか，例えば「気を付け」の形になっているか，椅子に坐った形になっているかなどであり，体位とは体全体が地面とどういう位置関係にあるかを意味している．例えば「気を付け」の構えでも，体軸が地面に対して垂直であれば直立位であり，地面に対して水平であれば仰臥位・側臥位・腹臥位という姿勢となる．無重力状態（微小重力環境）で基準面が確定されない状況で体位をどのように定義するかは今後の問題である．本項では生活姿勢の分類，および日本人に特有の姿勢である正坐の形質的特徴と文化的意味について解説する．

●**生活姿勢の分類**　生活とは生命活動あるいは生存活動の略（生きている状態での反応を生活反応と言うように）であるが，ここではヒトの日常生活における姿勢を生活姿勢とする．日常生活姿勢を大きく分類すると，作業姿勢・移動姿勢・休息姿勢・睡眠姿勢などに分けられる．作業姿勢はその作業内容に依存するため個別の議論が必要になるが，ヒトの場合特に一側優位性（ヒトでは右手利きが約90%）との関連で議論すべき点が生ずる．移動姿勢は，乳幼児期の「這い這い」「高這い」という準備期間を経てヒト特有の「直立二足歩行」「直立二足走行」へと移行するが，これらの移動様式を総称して「体移動様式」といい，人類学の主要な研究分野となっている[1]．

　睡眠姿勢は，脳活動の低下した睡眠時における姿勢であり，安全と温度を確保できる家を手に入れた人類は無防備な睡眠姿勢として臥位をとることが多い．

　休息姿勢は，エネルギー的には作業・移動と睡眠の間に位置する姿勢であり，アフリカ・サバンナの諸部族にみられる立位休息姿勢，休息道具としての椅子を用いた椅坐位休息姿勢，床面に直接坐るなどの坐位休息姿勢に分けられる．椅坐位休息姿勢には，両下腿を下垂した姿勢と，片方の下腿を下垂し他方は胡坐のように下垂した側の大腿部に載せる姿勢（仏像では半跏片足踏下像という）がある．坐位休息姿勢には，跪坐（足指と膝を床面に付け股関節を伸展した坐法と，尻を踵上に載せた坐法がある）・蹲踞（足裏を床面に付け膝を抱え尻は床面に付けない坐法と，相撲の仕切りのように足指のみを床面に付け大腿部を水平にした坐法がある）・胡坐・正坐（変形として，横に崩した横坐り［お姉さん坐り］がある）・割坐（尻が床面に接し両下腿が大腿部より外側にくる正坐の変形の坐法であり，大腿骨捻転角度が大きい個体や，大腿骨頭を入れる寛骨臼の浅い女性に多くみられる）・結跏趺坐（坐禅に用いる両足裏を上に向けて組んだ坐法．右下腿が上の降魔座と逆の吉祥坐がある）・半跏趺坐（菩薩坐・半跏坐ともいう）・楽坐（胡坐の

変形として両足裏を合わせた坐法)・箕踞(箕坐ともいい両脚を投げ出した坐法)・立膝(両膝を抱える坐法(体育坐り・三角坐り)であり，両膝を離すこともある)・歌膝(片膝立ての坐法．仏像の場合には輪王坐という)などの種類がある(以上,入澤の分類[2]を著者が改変)．なお，楽坐は公家や将軍家などで用いられた特殊な坐法である可能性があり，徳川将軍の肖像画中，家康・秀忠・家綱・吉宗・家重などには明らかな楽坐が認められる．

●**正坐の形質的特徴と文化的意味** 正坐は，近年では日本にのみみられる特殊な坐法であり，江戸時代，来日した欧米人や中国人が驚嘆した坐法である[3]．正坐は，後漢(25～220)頃までは中国にも広く行われていたが，中国では床几(椅子)が広まり，当初，椅子の上に正坐するなどもみられたが，宋時代(960～1279)には正坐はみられなくなった．

日本人の下肢骨関節面には特殊な関節面(蹲踞面・跪坐面)が形成され[4][5]，そのため日本ではほぼ今日まで正坐が残ることとなったが，正坐は，鎌倉時代に目下の者が目上の者に対して攻撃に移りにくい姿勢として，当初，跪坐をとり，さらに攻撃しにくい正坐へと変化して形式化されたと筆者は考えている．また，鎌倉時代には女性の日常的姿勢としては歌膝が用いられていたことが絵巻物などから確認されるが，徳川時代には特に正坐を真の坐法として格式化し，「土下坐」の文化や坐布団・坐机が発達した．今日，いい加減な仕事態度を「腰かけ仕事」というなど日本文化の根底に坐法の文化があることを指摘したい．

蹲踞面は，本来霊長類が樹上で足首関節を過度に背屈させて坐るために発達させた足首関節の関節面[6]すなわち脛骨と距骨の関節面に形成される過剰な関節面であり，この関節面が形成されるために足を大きく背屈させ，樹上で，枝を足で掴みながらしゃがむことができるわけである．相撲の仕切りにみられる蹲踞姿勢もこの関節面が形成されないとできない姿勢である．樹上生活をやめ直立姿勢を日常とした人類ではこの蹲踞面は消失していったが，蹲踞姿勢を日常的にとる生活習慣をもつ日本人には残された．日本の土偶にも坐る姿勢がみられることから，日本人が日常こうした姿勢を頻繁にとっていたことが示唆される．さらに，中足骨にみられる跪坐面は，中足骨と趾骨基節の関節面に形成される過剰な関節面であり，この関節面が形成されるために足指を大きく甲側に曲げることができる．鎌倉以降この跪坐面の出現率が増加することが坂上和弘により報告[7]されており，鎌倉期以降，跪坐姿勢が形式化されてきたことが示唆される．日本人は，こうした蹲踞姿勢・正坐姿勢を日常的にとるために足首関節の大きな可動域が確保され，こうした姿勢ができる訳であるが，本来こうした関節面が形成されない日本人以外が成人後に正坐や蹲踞姿勢をとろうとすると，骨の変形(圧迫骨折)を伴う苦痛を味わうことになる．姿勢は，こうした形質的な特徴の上に，さらに文化による規制を受けて成立する．

[真家和生]

住生活
dwelling life

　住むという行為，すなわち物としての住居と生活する人との相互関係を住生活という．関連する類似語として，住宅や生活の場を取り巻く生活環境を住環境といい，狭義には物的な住宅の環境を示し，広義には社会的，経済的，文化的な環境も含まれる[1]．ヒトに望ましい住生活を考えるうえで，空間・時間・ヒトの係わり合いは重要な要素となる[2]．

●**日本人の住生活**　日本人の住生活様式の変遷は，洋風化の流れといわれるが，単純な和から洋への変化とはいえない[3]．明治期の上流階級では，和と洋の生活を，それぞれ別棟で営む床坐と椅子坐の併置の形式であり，大正期では，スリッパの使用や，椅子坐などの洋風の導入が進んだ．昭和初期に入ると，それまでの中廊下型（中廊下をはさんで両側に部屋を配置した形式）の住宅を受け継ぐとともに，洋風の応接間を玄関脇に付け加えた和洋折衷型の住宅が普及する[4]．また，戦後の高度成長期には，洋風リビングを取り入れた LDK（リビング・ダイニング・キッチン）が誕生するが，低成長期に入ると，リビングなどで椅子坐の家具から床坐に回帰する現象がみられる．生活姿勢は，立位・椅坐位・床坐位（平坐位）・臥位に大別できる．洋では床坐位，和では椅坐位が除かれた姿勢で生活が成り立っていたと考えられるが[5]，生理学的な制約のみならず，社会・文化的な要因によっても生活姿勢は異なり，また，時代とともに変化する．日本人が，住宅室内で履物を脱ぎ，床面での生活が落ち着くのは，和風様式の原点かもしれない．

●**現在の日本人の家族形態**　総務省統計局では，「世帯・家族の属性に関する用語」として，夫婦のみ，夫婦と子供，男親もしくは女親と子供からなる世帯を核家族と定義している．平成22年国勢調査の結果[6]では，平成17年と比べ，「単独世帯」は16.1%増，「夫婦と子供からなる世帯」は1.3%減となっており，「単独世帯」が「夫婦と子供からなる世帯」を上回り，最も多い家族類型となった．「単独世帯」の割合が最も高いのは，男性は20～24歳，女性は80～84歳であった．また，「1人暮らし65歳以上人口」は479万1,000人で，65歳以上人口の16.4%を占めている．65歳以上男性の10人に1人，65歳以上女性の5人に1人は，1人暮らしであり，独居老人の問題が浮き彫りになっている．

●**高齢者と住生活─温熱環境と光環境**　諸外国に例をみないわが国の高齢化は，住生活にも強い影響を与えることは確実であり，高齢者に，より良い状況をもたらす環境条件を明らかにすることは，重要な課題の1つである．住生活において，ヒトを取り巻く物理的環境のうち，温熱条件は最も基本的な環境因子であり[7]，特に高齢者に対しては，生活習慣に伴う慣れや，加齢に伴う感覚鈍化による温熱

適応能力の問題点が指摘されている[8]．住生活において，温度と湿度が高い場合に起こるさまざまな病的症状の総称を熱中症という[9]．これまで，熱中症はスポーツ活動や労働作業時の問題として取り上げられてきたが，近年では，日常の生活活動時にも多く発生している[10]．WBGT（Wet Bulb Globe Temperature）[11]は，人体の熱収支に影響の大きい湿度，輻射熱，気温の3つを取り入れた指標で，熱中症発生率との関係性が

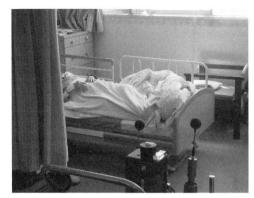

図1 暑熱下で靴下を履き，毛布を被り寝ている高齢者（写真手前の測定器はWBGT計と分光照度計）

高く，熱中症危険値として用いられる[12]．岩田らは，高齢者で入院となった熱中症例を分析し，熱中症の指標となるWBGTが28℃以上の日では，室内でも熱中症を発症する危険性があり，独居老人もしくは配偶者と2人暮らしの高齢者世帯の住居に対しては，空調設備の設置と，見守り体制の構築の2点が重要であるとしている[13]．高齢者と若年者では単なる温熱感覚差のみならず，生理的な特性（発汗など）も大きく異なるため，高齢者の熱中症の危険性は増大する[14]．

●住生活におけるコミュニケーションの役割　防犯や災害時のみならず，日常の充実した豊かな人生を送るためには，他者とのコミュニケーションは欠かせない重要なものである．住居におけるコミュニケーションは，家族成員同士の家族間コミュニケーションと，家族員とそれ以外の人々との対社会コミュニケーションに大別される．家族間コミュニケーションは，居間，ダイニングキッチンの順で行われ，特に，居間は多目的な空間であることが重要な意味をもっている．一方，対社会コミュニケーションは玄関およびリビングで行われ，玄関は単なる出入口ではなく，コミュニケーションにとっても主要な空間になっている[15]．

　近年では，インターネット等の情報通信技術の進歩により，遠隔地や面識のない人々と容易にコミュニケーションが図れるようになり，家族や地域社会における人間関係のように，直接顔を合わせることがなくても人との交流は容易になってきた．しかし，一方では，インターネットに耽溺して現実の人間関係が乏しくなり，社会的不適応状態に陥る「インターネット依存症」とよばれる症状が報告されている[16]．今一度，現実生活における対面的コミュニケーションの重要性を再認識する必要があると思われる．

[櫻川智史]

入浴
bathing

　日本人は世界的にみても類をみない入浴好きだといわれる．日本人の入浴（風呂）の歴史を振り返ると，200年前には浴槽を置いている家庭など，まだ珍しく，近世初頭までは，京都の公家たちも，もっぱら銭湯で，それも蒸し風呂であったことが知られている．各家庭への風呂の設置数が急増したのは昭和30年代といわれており，自宅で個人が入浴を楽しむようになってからの歴史は浅い[1]．どうして日本人はこのように入浴を好み，日々の生活に取り入れて行っているかの答えは実のところ定かではない．

●**入浴に伴う事故**　日本人にとって，入浴は身体の清潔を保つだけでなく，心地よさやくつろぎなどを得ることも重視して行われる日常的な行為である．しかし，その入浴がもたらす死亡事故が多発している現状がある．厚生労働省における人口動態調査では，家庭内における不慮の事故死の中で，浴槽内での溺死および溺水，浴槽への転落による溺死および溺水による死者数（以下溺死者数）は，他の窒息，転倒・転落などの事故と比較して最も多く，年間約4000人と報告されている．しかし，入浴中の急死例の死因には，溺死を代表とする外因子以外に，心疾患や脳血管疾患などの病死（内因子）と診断されるケースもあるため，入浴に伴う事故死者数の実数は把握されておらず，死亡統計で表される数値よりも深刻な問題といえる．入浴事故の特徴としては，高齢者の占める割合が非常に大きいこと，冬季に多く発生していること，また諸外国と比較しても日本での溺死者数は非常に多いことなどがあげられる．その事故の背景には，高齢者人口の増加が最も大きく影響していると思われるが，それと同時に，日本人がもつ独特な入浴習慣や日本の住宅や浴室内の温熱環境の問題が指摘されている．

●**高齢者の入浴習慣と浴室温熱環境**　前述したとおり，入浴に伴う事故の多くは高齢者において発生している．また，入浴がもたらす生体負担に関する被験者実験では，日本人が好む高温での全身浴は，循環動態への負荷を高めることが認められている[2]．しかし，実際，高齢者の入浴習慣の実態について，年代差および季節差の観点から詳細に検討した例は少ない．筆者らが行った高齢者，若年者を対象に夏季，冬季の入浴習慣と入浴環境に関しての調査では[3]，冬季は，高齢者の83.5%が肩まで湯につかる全身浴を行っており，41.3%が42℃以上の湯温での入浴を実施，また，10分以上長く湯につかるものも83.3%で，それらは，夏季に比べ有意に多かった．しかし，この入浴方法は，若年者との間に特に顕著な差はなかった．すなわち，高齢者の入浴習慣の実態として，全身浴，高温，長時間といった方法での入浴は，高齢者独特の入浴習慣という訳ではないことが示された．

冬季の寒いときに，入浴で体を温めるためにこのような入浴方法が好まれて実施されることは誰しも容易に想像できる．

しかし，札幌，秋田，大阪，福岡の4地域における高齢者の入浴実態についての調査[4]から，最も外気温の低い札幌では，他の地域と比較すると，入浴頻度が少なく，浴室滞在時間，湯につかる時間がともに短いことが特徴として報告されている．また，全国11地域，計331個所の戸建住宅における浴室の温熱環境調査[5]では，各地域の溺死死亡率と脱衣室室温とには有意な相関があり，秋田，富山，福岡，仙台では脱衣室室温が低い所が多く，溺死率が高いことが報告されている．また，札幌は他の地域と比べて，脱衣室の室温が高く，居間や廊下などを含む各室内の温度差が小さいことも認められている．すなわち，これらの調査から冬季に行われる高温に長く肩までつかるという入浴方法は，外気温の関係というよりは脱衣室を含む浴室内の温熱環境に起因していることが考えられる．さらに，高齢者を対象とした被験者実験[6]では，脱衣室室温が20℃以下の場合，安静時から入浴前にかけての血圧が有意に上昇することから，暖かい居間から移動して裸になる脱衣室の室温による負荷が高齢者の場合非常に大きいことに注意しなければならないことが示されている．これがいわゆるヒートショックといわれる現象である．

●**事故防止**　入浴に伴う事故は，その事故発生場所が個室であることから瞬時の対応ができにくいこと，また浴槽内で脳血管疾患などが発症した場合は湯（水）が倒れた場所にあることから重篤化しやすいという特徴がある．また，事故発生と世帯構成との関係性に一致した見解はなく，家族の同居が死亡事故減少の要因とはなっていない．すなわち，浴室で倒れているところが発見され救急搬送されても，医療現場においてその救命が非常に困難な場合も多いことから，死亡事故を減少させるためには，事故発生自体を防止することが先決となる．

しかし，ヒトは，脳で快を感じる刺激を求める行動を生来的に有している．また，ヒトはその知性の高さから，科学技術の進歩とともに，さまざまな文明の利器を用い，より高い快適性を得ることが可能となった[7]．現代の冬季における高温の湯に肩までどっぷりとつかる入浴方法は，確かに，その方法自体は日本人独特かもしれないが，ヒトが生来有する快の情動が礎となった習慣であると考えるならば，危険性が高いからといってたやすくやめることはできないだろう．入浴事故防止には，当然，高齢者やその家族などへの入浴がもたらす危険性についての啓蒙が必要であるが，その危険性に関する知識の普及だけでは不十分といえる．入浴に伴う快適性を踏まえたうえでその危険性について啓蒙することが必要であり，そのためには，高度な技術文明に支えられて得られるようになった入浴による快適性をどのようにとらえ，どう評価するのか改めて問い直すことが必要であろう．

［橋口暢子］

睡眠
sleep

　睡眠は反応性が低下し意識が消失した状態であり，可逆性をもつことで昏睡や麻酔状態と区別される．観察による睡眠と休息の区別は困難であり，「たしかに眠っている」という状態を客観的に評価するためには脳波測定が必須である．ヒトの睡眠では睡眠ポリグラフィー (PSG) によって睡眠段階や各種指標を評価する．睡眠段階は国際分類[1][2]に基づいて大きくノンレム (NREM) 睡眠とレム (rapid eye movement : REM) 睡眠に区分され，さらに NREM 睡眠は深度に応じて段階1から段階4（または段階1から段階3）に分けられる．5つの睡眠段階と覚醒を睡眠経過時間に対してプロットしたものが睡眠経過図（ヒプノグラム）である．入眠から浅い睡眠である段階1・2を経て徐波睡眠 (SWS, 段階3・4) に到達した後，再び浅眠化を示し REM 睡眠へと続く．REM 睡眠は文字どおり急速眼球運動 (REM) が特徴的な睡眠段階で，脳波は覚醒時に近い低振幅速波が優勢である．また，抗重力筋の弛緩，自律神経系の変動や夢見報告が多いことが知られる．

● **睡眠調節のモデル**　睡眠覚醒の調節モデルとしては，二過程モデルがよく知られる[3]（図1）．覚醒時間と睡眠時間に応じて増加減少するプロセスSが概日リズムに依存するプロセスCと交差したところで入眠，プロセスCと交差したところで覚醒が生じるとされる．二過程モデルは実データによく合うが，プロセスSの生理学的実体など不明な点も多い．覚醒時間を一定にすると概日リズム位相に依存した睡眠傾向がみられ，明け方に次いで昼過ぎにも眠気の亢進が存在する．これはポストランチディップとよばれ，消化活動に関連する覚醒度の一時的な低下と考えられていたが，食事分散摂取でも生じること[4]から約12時間の半概日リズムの関与も想定される．覚醒水準が最も亢進するのは概ね19時頃で，この時刻帯は深部体温の頂点位相にあたり覚醒維持ゾーン（入眠禁止ゾーン）とよばれる．その後，末梢部位からの放熱とメラトニン分泌が開始し急速に睡眠へと移行する．入眠には深部体温の急速な低下が重要であり，末梢-中心皮膚温勾配 (DPG) は入眠をよく予測する[5]．

　NREM 睡眠の中枢は視床下部の腹外側視索前野 (VLPO) である．覚醒中枢は乳頭結節核をはじめ，前脳基底部・背外側被蓋核 (LDT)・脚橋被蓋核 (PPT)，青斑核 (LC)，縫線核 (RN)，視床下部外側部などが含まれる．LDT, PPT に起始部をもつ神経投射系は上行性脳幹網様体賦活系 (ARAS) の背側経路に相当する．一方，LC からの系は ARAS の腹側経路に相当する．NREM 睡眠中枢と覚醒中枢は相互に抑制的な神経投射をもち，周期的に抑制し合うフリップフロップ回路となっている．REM 睡眠は橋が中枢であり，LDT/PPT と相互抑制の関

係にあるとみられている．概日リズムの中枢である視交叉上核(SCN)は睡眠・覚醒中枢に間接的な投射をもち，睡眠覚醒リズムの形成に寄与していると考えられている[6][7]．

●**睡眠の意義** 睡眠時間と死亡率は7時間で最も死亡率が低いU字の関係を示し，この関係は心血管疾患，肥満，抑うつなどでも同様である．一晩の徹夜（全断眠）だけでなく持続的な睡眠制限（部分断眠）でも睡眠が不足し，これを睡眠負債とよ

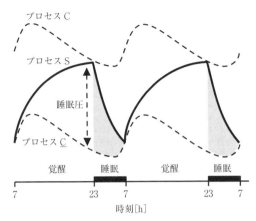

図1 二過程モデル（出典：文献[3] p.163 より改変）

ぶ．数日間の睡眠負債は，全断眠に匹敵する持続的注意の低下や，代謝異常，炎症性反応を惹起する．近年，睡眠負債による遺伝子発現への影響の知見が蓄積されており，6時間睡眠が1週間持続すると，炎症反応や代謝に関連する遺伝子を含む700種類以上の血中転写産物に影響する[8]．しかし実際，短眠者/長眠者といった個人差や断眠耐性も存在するため，精確な睡眠負債の評価には個人ごとに必要な睡眠量の同定が求められる．

睡眠段階ごとの機能的特徴もあり，SWSでは成長ホルモンの急激な分泌亢進がみられる．NREM/REM睡眠はともに記憶固定に関わると考えられ[9]，海馬依存の宣言的記憶固定ではSWSとの，手続き記憶ではSWS，段階2および睡眠紡錘波，REM睡眠との関連が報告されている．記銘時に提示された感覚刺激のSWS中の曝露は記憶固定の促進作用をもつという知見もある．情動記憶にはREM睡眠が重要のようである．従来は，睡眠の前半に優先的に出現し部分断眠でも不足しづらいSWSの量が睡眠の質を反映するものと捉えられがちであったが，浅い睡眠（睡眠段階1や2）やREM睡眠の量やパターンなども心身の機能維持・向上に寄与していると考えられる．

●**睡眠障害** 睡眠障害国際分類第2版（ICSD-2）では，「不眠症」をはじめとした8つの大分類に合計81もの睡眠障害が記述されている．不眠症の一般基準では，睡眠の機会や環境が適切な条件下で夜間の不眠症状（入眠困難，睡眠維持困難，早朝覚醒，回復感欠如）に加えて日中の機能障害（疲労感，集中力低下など）が持続的に存在する場合に不眠症とされる．客観的時間は問われないため，脳波上は8時間睡眠をとる不眠症患者も存在する．不眠症の病態生理仮説にはストレスモデル（3Pモデル），過覚醒モデルなどがある． [北村真吾]

学習
learning

　学習は，広く社会に普及したことばで，一般的には学んで知識を理解したり記憶したりすることをいうが，生物学や生理学，心理学においては，生物の環境に対する適応機能としてとらえる．生物が外界からの刺激の受容や自身の環境への働きかけによって，何らかの情報を取得して行動を変容させる過程もしくは能力を，学習として位置づけている．学習は，行動の習性や，技能の修得，社会的な適応，問題解決や言語獲得，生活の記憶や生活環境の把握などさまざまな場面で起こっている．

●**条件づけ学習**　生物が生きていくうえで，環境に適応するための基本的なものとして，条件づけ学習がある．なんども同じ条件が繰り返されると，自然に反応が誘発される単純な学習の現象である．イワン・パブロフのイヌの実験（図1）では，食べるときにいつも一定の音が聞こえていると，音を聞くという条件のもとに食物を食べるということが経験されることになる．これが何回も繰り返されると，音が聞こえるだけで唾液が分泌されるようになることが証明された．また逆に環境から自分を守る学習行動もある．例えば，赤ん坊が，偶然，熱いストーブに手を触れた以後は，二度と触れなくなる．これを回避の条件づけ学習という．

●**空間学習**　生物が生活環境を自由に動きまわるための能力には空間学習が関わっている．生物が食べ物を探すために自分のまわりの環境を学習することは，生活のための基本能力である．ネズミの迷路学習実験（図2）では，視覚，聴覚，嗅覚が備わっているネズミは，そのどれかが欠落しているネズミに比べ能力が高いことを示している．空間学習に知覚能力が関係していることが示された．ネズミは最初，間違えながら迷路の中にある餌のある場所にたどり着く．この迷路探索の繰り返しによって何らかの手がかりを見つけて学習し，最後には間違いなく行けるようになる．し

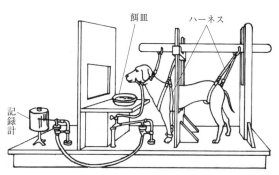

図1　イヌの条件づけ学習．ハーネスに固定されることに十分慣らした空腹のイヌを用いる．手術によっていくつかある唾液腺の1つは口腔外に導出され，そこから分泌される唾液は管を通り，量や回数が記録計に記録される（出典：文献[3]より）

かし、視覚や嗅覚をもたないネズミの場合は、なかなか迷路の中の手がかりを掴むことができないため、学習の進行が遅く、視覚・聴覚・嗅覚がないネズミの場合は、最後まで間違いなく餌の場所にたどり着くことはできない.

●**高度な学習** さらに、下等動物では不可能で、ヒトのような高等動物に

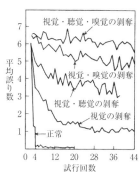

図2 迷路学習に及ぼす感覚機能の効果. 正常なネズミでは急速に学習が成立するが、手術によって各種感覚機能を奪われたネズミの学習はなかなか進行しない（出典：文献[4]より）

限られている複雑な学習もある. ハシの使い方や楽器の演奏、自動車の運転など日常的な行動から芸術的なパフォーマンスにいたるまでのさまざまな能力を修得する技能学習や、数学の問題が解けなかったが、何回か試みていくうちに、「ああ、そうか」というように突然解くことができ、それ以後、忘れなくなった問題解決学習、さらに、直接自分での経験や体験だけでなく、他人の経験や体験を見聞きするだけで、それを自分のものにすることができる観察学習や模倣学習などがある.

●**学習曲線** 技能の上達の程度を定量化するモデルとして、学習曲線がある. 学習曲線は、試行数と正反応数（もしくは所要時間など）で図示される. 図3のように、試行を重ねることで正しい反応（正反応）が多くなる. Aの場合、初期に急速な学習効果を示し、次第に増加がゆるくなり、ピークに達する. Bは

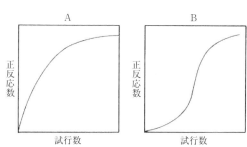

図3 学習曲線. 試行を重ねることで次第に正しい反応が増加する. BはAに比して、急速に増加する時期が遅れるケース

最初の段階では学習効果はあがらないが、ある一定の試行を重ねると急速に正反応が増すケースである. この技能の修得は、ただ繰り返し反復するのではなく、自分の動きの結果が正しいかどうかを知り、次に修正していくフィードバックの過程が、学習効果と密接に関わっている.　　　　　　　　　　　　　　　［森　一彦］

被服
clothe, garment

　身体を覆う目的で身に付けられる物，すなわち，衣服，帽子や履物をはじめ装身具などを総称して被服という．
　ヒトの生活習慣の1つに着替えがあげられる．日常生活において，被服を欠かすことはできないが，被服を着用するという行動はいつ始まったのであろうか．
●**被服の役割**　被服を身につけた理由についてはいまだ定かではないものの，その時期は約8万年〜17万年前であると推定されている[1]．この時期は氷河期に相当することから，被服の起原は，寒冷からの身体保護である可能性が高い．おそらくこのとき着用されていたのは天然繊維の毛皮であると思われる．今日では，科学技術の発展によって開発された多くの化学繊維が被服に広く利用されており，今までヒトが生存し得なかった極地や宇宙環境での生活を実現させた．さらに，最近では，コンピュータや生体情報計測機器を搭載した被服が開発されて[3][4]，被服は，環境から身体を保護するともに健康を管理するツールとしても活用されるようになっている．
　天然繊維は耐候性が低く脆化しやすい特徴があるものの，デュデュアナ洞窟遺跡（グルジア）から，約3万年前に染色された麻や羊毛の繊維と針が発掘された[2]．これより，少なくとも3万年以前から祖先たちは装いに関心をもっていたことを窺い知ることができる．現代においても，被服は，視覚的な美しさである身体装飾[5]にとどまらず，社会における自己を意識して選択・着用されている[6]．
　物質的に満たされた現代社会では，被服は身体装飾が主たる目的であると論じられることも少なくないものの[7]，ヒトの営みにおいて，被服は生理的役割と社会的役割を果たしているといってよいであろう．ここでは，被服の生理的役割中，最も重要な機能である衣服による気候適応について述べることとし，被服の社会的役割については，項目「衣文化」を参照されたい．
●**衣服による気候適応**　恒温動物であるヒトは，適正な深部体温が維持されるように自律性と行動性体温調節反応が生じる．行動性体温調節の1つが，衣服の着脱である．人体が衣服を着用すると，微細な空気層が重ね着枚数に応じて形成される．このとき，人体と最内被服間の空気層における環境を衣服気候という．安静状態のヒトの場合，衣服気候が温度 32 ± 1 ℃，相対湿度 $50\pm10\%$，気流 0.25 ± 0.15 m/s の範囲内にあると[8]，温熱的快適感を得られる．この範囲が周囲環境に依存しないことは[9]，着衣行動が行動性体温調節であることをよく表している．
　人体は発熱体であると同時に水分も放っているので，衣服気候を温熱的に快適な状態に維持するためには，被服を介した人体から環境までの熱・水分移動性が

表1 着用衣服総重量より保温性 I_{cl} (clo) を求める際の式(1)中の係数

適用群	係数 a	係数 b	備考
成人	0.57	0.00	総重量 4 kg まで
2歳程度の幼児	0.80	−0.03	総重量 1 kg まで*
0.5歳程度の幼児	3.08	0.00	総重量 2 kg まで

*着衣時の表面積ファクター（f_{cl}）の加味については未確認．
（係数の出典：成人：文献[15] p.38 より．2歳程度：文献[16] p.414 より．0.5歳程度：文献[17] p.639 および未発表データを追加）

関与する．

　被服を構成する布は繊維と空気の集合体である．その体積中には，熱伝導性の低い空気を70〜90%も含むことができるので，被服の保温性は含気率に依存する[8]．しかしながら，温められた空気は上方へ流動する一方，人体は垂直方向に長い形態的特徴と放熱の身体部位差[10]を有するので，着装方法によって，被服の保温性が変化する．そこで，着衣中にあるヒトの衣服の保温性を表す単位として，クロー値（clo）がアドルフ・P・ギャッギにより提案された．

　衣服のクロー値（I_{cl} (clo)）は，サーマルマネキンを使用して測定されることが多いものの，簡易的には着用衣服総重量（W (kg)）より式(1)の通り推定することができる．

$$I_{cl} = a \cdot W + b \tag{1}$$

係数 a と b は，表1に与えられている．年齢によって係数 a が異なるのは，成長に伴う体表面積の増加によるものである．

　人体は表面から常時水分を蒸散しているので，衣服気候を快適な状態に維持するために，被服には水蒸気に対する吸湿性と透湿性を有することが望まれる．また，人体は活動に応じて発汗も生じ，体表の残留汗は湿潤による不快感の要因ともなるので[11]，これを吸収する吸水性を有することも望まれる．

　吸湿性は繊維の分子構造中の親水基の有無に依るため，基本的に，天然繊維である綿，絹，羊毛が優れている．一方，吸水性と透湿性は布構造によるので[11][12]，繊維の分子構造中に親水基をほとんど有さない化学繊維でも，布構造により高い吸水性と透湿性を示す．

　人体から水分移動つまり潜熱移動は，蒸発熱抵抗として表される．着衣中にあるヒトの衣服の蒸発熱抵抗（Re_{cl} (m^2 kPa/W)）は，クロー値と同様に発汗サーマルマネキンを使用して測定されることが多い．しかしながら，熱と水分移動には相似性があることから，衣服のクロー値が既知であれば，ISO 9920[13][14]により，式(2)の通り衣服の蒸発熱抵抗を推定することができる．

$$Re_{cl} = 0.18 \cdot I_{cl} \tag{2}$$

［深沢太香子］

特殊服/防護服
special clothing/protective clothing

　我々の身近な環境（とりわけ労働環境）にはさまざまな有害・危険因子が存在する．特殊服/防護服（以下，「防護服等」等）とは，これら有害・危険因子から身体や生命を守るために着用される衣服である．広義には，防護服等とともに着用される安全靴，保護眼鏡，呼吸保護具等の装備も含まれる．防護服等の選定にあたっては，その目的・用途に応じた適切なものを選定する．また，防護服等は一般的な作業服に比べて大きな身体負荷をもたらすことから，適切な作業管理を行う必要がある．

●**作業服と防護服等との違い**　労働の現場において一般的に着用される作業服とは，作業性や組織としての一体感を目的に着用される衣服なのに対して，防護服等は，作業環境に存在するさまざまな有害・危険因子から作業員の身体および生命を守ることを目的に着用される衣服であり，作業服のような快適性や作業性については，基本的には考慮されていない．

●**代表的な防護服等**　防護服等は，表1に示すようにさまざまな環境に使用されている．代表的な事例として，近年の地球温暖化の影響もあり，軒下等にスズメバチが大きな巣をつくることが多くなってきた．その撤去にあたっては，スズメバチから身を守るために防護服が着用される．一方，清掃・メンテナンスの現場に目を移すと人類がつくり出した最悪の毒物ともいわれるダイオキシンやアスベスト（石綿）の除去作業の現場でも防護服が着用される．また，図1に示すように福島第一原子力発電所における事故では，原子炉から環境中に放出された放射性物質による身体汚染を防ぐため（注：放射線を防ぐことを目的としたものではない），防護服が着用されていた光景は記憶に新しい．さらに特殊な防護服として，火災現場において消防士が着用する消防服や製鉄現場において着用される防熱（遮熱）服のような

表1　特殊服/防護服が着用されるフィールド

	特殊服/防護服が着用されるフィールド
農業	①農薬散布 ②スズメバチ駆除
産業	①製鉄業（防火（遮熱）服） ②冷凍倉庫（防寒服）
清掃・メンテナンス	①ダイオキシン除去 ②アスベスト除去 ③放射性物質の除去（原子力施設を含む）
医療	①感染症対策（鳥インフルエンザ等） ②生物施設（バイオハザード対策）
緊急対応	①火災（消防服） ②NBC（Nuclear：核兵器，Biological：生物兵器，Chemical：化学兵器）対策

高温から身を守るものもあれば、冷凍倉庫内での作業員の低体温を防ぐために着用される防寒服のようなものもある。防護服等の選定とともに重要になるのが、重量物の落下による足元の保護を目的とした安全靴、手元の保護を目的とした保護手袋や防寒手袋、飛散物からの目の保護を目的とした保護眼鏡、作業環境中に存在する有害物質の体内へ

図1　防護服の着用事例（福島第一原子力発電所）（出典：文献[1]より）

の取り込みや酸欠防止を目的とした呼吸保護具（マスク、酸素ボンベ等）等の着用についても必要に応じて検討する必要がある。

●**防護服等着用時における注意事項**　上述したように防護服等は作業性よりも身体の保護を第1にしたものであり、作業性については原則として考慮されておらず、動きや視界が制約されたり、物によっては非常に重量があったりする。

また、一般的に防護服は通気性や透湿性が悪いため作業に伴う筋労作によって発生した熱や上昇した体温を下げようと分泌された汗が防護服内にとどまるため、防護服内は高温・多湿化する。そのため、体温を下げるために分泌された汗は蒸発することができず体表面を流れ落ち、体温調節には寄与することがない無効発汗となる。そのため、体内からは一方的に水分や生体系を維持するために必要なミネラル等が失われ、熱中症の発症リスクを高めるとともに、体力の消耗を早める。熱中症は、その発生から重篤化するまでの期間が短いため、十分な作業管理が必要である。また、過度の体温上昇は判断力や作業性の低下をもたらすことが報告されており[2][3]、判断ミスや事故・トラブル等を引き起こす恐れがある。そのため、米国における産業衛生に係わる専門家会議（ACGIH）[4]では、不透湿性の防護服等を着用する際のリスク低減を図るための管理として、湿球黒球温度（WBGT）を用いた作業環境における熱負荷の一次評価や着用する防護服等の種類や組合せに応じてWBGT値に加えるべき補正値を提唱している。WBGTを用いた一次評価の結果、過大な熱負荷があると判断された場合には生体モニタリングをすることを勧告している。

以上のことから、防護服等の使用にあたっては、一般的な作業服との違いを認識したうえで、個々の防護服等の特徴を踏まえ、適切な休憩を確保する等、無理のない作業計画等を立案する必要がある[5]。

［高橋直樹］

歩行
walking

　歩行とは，二足（脚）による移動手段の1つで，ある位置から他の位置へ移動することをいう．サルの歩行は前かがみで後股関節が十分伸展せず，踵も地面につかない歩行であったが，ヒトは股関節を180°以上伸展させることにより，効率の良い直立二足歩行を獲得した．体幹の真下に下肢が付き，S字状の脊柱の真上に頭が乗った直立姿勢へと骨格が進化した．その結果，他に類を見ない器用な手と巨大な脳（知性）をもち，さらには，咽頭腔を広げることで発語機能を発達させ「ことば」を生み出したと考えられている[1]．

●**歩行動作と足の特徴**　足には大小26個の骨があり，母趾のつけ根，第5趾のつけ根，踵の3点を支点として，弧を描く立体的な骨格を形づくっている[1]．足の裏には，これらの2点を結ぶ内側の縦アーチと外側の縦アーチ，横アーチの3つのアーチがある．このアーチ構造は，スプリングの役目を果たし，地面に足が接地し荷重が加わった際に，地面からの衝撃を吸収すると同時に荷重を分散させることで歩行をスムーズにするとともに，足や足関節などへの負担を軽減している[2]．

　右足（左足）踵接地から同足の踵接地までを1歩行周期とよび，立脚期と遊脚

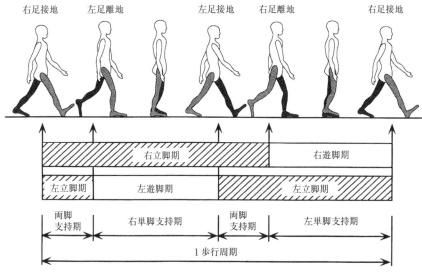

図1　1歩行周期（立脚期，遊脚期，両脚支持期，単脚支持期の定義）
（出典：文献[3] p.122 図4.4 より）

期に分けられる（図1）[3]．立脚期は，足が地面に接地している期間で，踵接地から足底接地，踵離地，つま先離地までをいう．遊脚期は，つま先離地から踵接地まで，すなわち足が地面より離れている期間をいう．両足とも地面に接地し，両脚で体重を支えている期間を両脚支持期，片足のみで支えている期間を単脚支持期とよぶ[1][3]．

歩行中に，踵が着地してから同足の踵が着地するまでを1ストライド，その長さをストライド長とよぶ[3]（図2）．また，右足（左足）踵が着地してから反対側の左足（右足）の踵が着地するまでを1ステップ，その長さをステップ長とよぶ．ストライド長で歩幅を表すのが一般的であるが，ステップ長（右足から左足，および左足から右足）を用いる場合もある．

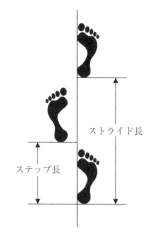

図2　ストライド長とステップ長

一方，単位時間あたりの歩数（ステップ数）を歩調（steps/分）とよぶ．歩行速度（m/秒）は単位時間あたりの移動距離で表す．幼児はステップ長が小さく，ちょこちょこと歩くため歩調が大きい．ステップ長と歩行速度は年齢とともに増加し，逆に歩調は減少していき，成人の歩き方に近づいていく．ところが成人になると，ステップ長と歩行速度は年齢とともに減少する．逆に歩調は，年齢とともに増加していく．この老化に伴う歩行速度の減少は，女性よりも男性の方が有意に大きいと報告されている[3]．

●**履物と足の変形・トラブル**　エジプトなどの温暖な地域では，革やパピルスなどでつくられた開放的なサンダルが履かれていた[4]が，寒冷地では防寒用に革などで足を覆う履物が用いられ，中世にはブーツのような閉鎖的な履物が主流になった．服装の変遷とともに靴も発展し，ヒールの高い靴など，さまざまな形態の靴が用いられた．日本では，草履や下駄など開放的な履物を履いていた[5]が，明治以降，洋靴が用いられるようになり，日本人の足を変形させた．つまり，現代の日本人の足は，閉鎖的な西洋靴の常用により足先部圧迫によって足趾が内側に変形している．

足に合わない靴やファッション性を優先した流行靴を履き続けると外反母趾や槌趾（ハンマートゥー），魚の目，タコを発症する[6]．ハイヒール着用時の歩容の観察から，前傾姿勢になり，踵と前足部に局所的に高い圧力が掛かり，下半身の筋肉だけでなく，上半身の筋肉にも負担が掛かっていることがわかった[7][8]．靴の選択においては，各自の足のサイズと形状を把握し，適合した靴[9]を選択することが大切である．

［平林由果］

運搬
load carriage

　運搬とは物（時にはヒト）を移動させることである．ヒトの特徴の1つとして直立二足歩行があげられるが，直立二足歩行の原因は運搬にあるという研究が報告された[1]．カルバーリョらはチンパンジーの研究から，一度にたくさんの資源を運ぼうとするとき，口でくわえるだけでなく手で持つことを選択し，それが直立二足歩行を常態化させたと考察している．改めて歩行と運搬はヒトにとって切り離せない重要な問題であることがわかる．ヒトは手で持つよりもっと多くのものを運ぶために道具をつくり，使う能力をもつ．その上，ヒトの力だけでなく，家畜の力，風や水流，化石燃料までも動力として使用し，運搬を行っている．このようなことから川田順造は，ヒトがもつ能力のうち他の霊長類と異なるものの1つとして，「かなりの距離，ある程度かさばるものを運ぶ能力」をあげ，その重要性からヒトをホモ・ポルターンス（Homo portans「運ぶ人」）とよんだ[2]．

●**人力運搬**　運搬は，口でくわえる，手で持つから始まり，抱く，担ぐ，背負うなどするようになる．さらに縄，布，袋，棒などの道具を用いることで運搬の能力は高まる．これらは荷重すべてを身体で支持している．一方，手で持ち上げられない大きな石などは，石と地面の間にコロ（棒など円柱状のもの）やソリを挟んで移動させる．これらは荷重を身体で支持していない．いずれの支持方法であっても，ヒトの力だけを動力として運搬物を移動させることを人力運搬とよぶ．香原志勢は運搬について，「人類文化の基本構造をつくるもの」としてその重要性を指摘し，人体のみで荷重支持した運搬形態（コロやソリを使わない形態）を模式化し整理した[3]．人力運搬は，荷重を身体のどこで支持するかによって，頭上運搬，背負運搬，肩運搬，腰運搬，手持運搬に分類される．さらに，運搬用小道具の種類，運びやすさ，荷物の重量と荷姿，手その他による補助の必要，体の片側使用または両側使用，身体の重心と荷物の重心との間の距離などを考慮する必要があると指摘している．

　また香原は子供と成人の運搬方法も同様に整理した[3]．抱っこして歩くと赤ちゃんをリラックスさせることが科学的に証明されたように[4]，子供を運ぶ行為は単なる運搬でなく，心理学的，生物学的な意義がある．成人の運搬も同様で，自力で移動が困難なヒトを運搬することは人類の社会にとって重要なことである．

●**身体技法と道具**　荷重を身体のみで支持する人力運搬は，まず手で持つ．次に目的地が手で持って移動する許容範囲内にあるか判断する．許容範囲内の荷重であれば手持運搬を選択する．許容範囲を超える大きな荷重のときには，別の運搬

形態を選択する.頭,肩,背中,腰など,荷重を載せやすい場所に載せて運搬する.このとき荷物が載せた身体部位から落ちないように身体を使う.身体を荷台のように,道具のように使うのである.例えば肩運搬では荷重を支持する方の肩は反対側の肩より挙上される.またどのような運搬形態であっても荷重の大きさや性質,また歩く地形によって歩容が変わる.このように人力運搬ではまず自分自身の身体の使い方,つまり身体技法によって運搬を行っている.

身体技法が重要なのは荷重を身体で支持して歩くときだけではない.荷重を身体に載せるとき,降ろすとき,また荷重を身体で支持したまま休息するときにも重要である.いずれの身体技法も習得することが困難であり,習熟度の違いが現れやすい.

しかし身体技法だけで運搬できる訳ではない.人力運搬には道具も必要であることが多い.例えば親が子供をおんぶするとき,親は両手で子供の大腿部を支持している.これでは長時間おんぶしづらい.この支持動作をおんぶひものような道具に置き換えると長時間のおんぶが可能になる.また液状のものを運ぶときには桶などを利用するが,桶を背負うよりも天秤棒で肩に担ぐ方が運びやすい.天秤棒のしなりにより水がこぼれにくいからである.このように適切な道具を使用することで,運搬作業の効率はあがり負担は軽減される.運搬は重力環境への適応であるので,これは道具的適応といえる.

運搬は身体技法だけ,または道具だけでは成立しない.天秤棒を使うときには,天秤棒のしなりと身体の上下動が同調しなければならない.道具を変えるとそれに伴って身体技法も変化するのである.人力運搬は,身体技法と道具の2つの要素が一体となった文化的適応の一例である.

●**人力運搬による傷害** 人力運搬が原因で傷害に及ぶことがある.特に軍事的な領域で多数報告されている.運搬量や運搬速度の面で身体能力以上の運搬をする,休息が十分でない,運搬のための身体技法が適切でない,運搬具や衣服,履物等に不具合があるなどが原因で起こりやすい.

背負い運搬に起因する傷害は,下肢または背部に起こることが多い.膝痛,中足骨痛,圧力骨折,まめ,そして腰痛が挙げられる[5]~[9].両肩に肩紐をかける背負い運搬特有の傷害としてリュックサック麻痺があげられる[10].リュックサック麻痺とは,背負い運搬具の肩紐にかかる力によって,肩甲骨が引き下げられ神経を圧迫,摩擦し起こる傷害である.症状としては,しびれ,麻痺,痙攣,上肢帯,肘の屈筋,手首の伸筋の鈍痛がある.重度の場合,荷物を背負っていなくても腕のしびれなどが慢性的になる.

高い運搬技術をもっている山村住民では,大量の物資の運搬作業を日常的かつ長期間行ったにもかかわらず,このような傷害はめったに起こらない[11].伝統的な暮らしの中に高度な文化的適応の姿を見ることができる. [河原雅典]

労働
labour, work

「労働」という言葉のイメージや労働の価値観は，時代や社会により異なっている．身体や頭脳を使い任務に服することを意味する労働は，古代，共同社会の規範に基づく倫理であった．また，旧約聖書では，労働は神が人に科した罰として「顔に汗してパンを食べ，ついに土に帰る」（創世記3章19節）という記述がある．英語のlabourが，生きるために止むを得ず強いられる骨の折れるつらい苦役も意味することのルーツでもあろう．一方，最近の労働は，企業のグローバル化や異文化交流をはじめ，働くためのツールとしてネットワークを活用する等々，きわめて多様化していることに特徴がある．

●働く人々の病気と人間工学　労働と健康に関する労働衛生上の不朽の古典が1700年代初頭に出版されている．イタリアのラマッツィーニ・ベルナルディによる「働く人々の病気」である[1][2]．300年以上を経た現在でも，情報通信技術（ICT）機器を利用して働く人々には多くの心身の疲労の訴えがある．例えば，厚生労働省が2008年に実施した技術革新と労働に関する実態調査[3]からは，コンピュータ機器を使用する労働者の69%が目の疲れや身体的疲労症状を訴えている．ラマッツィーニにより，300年前に指摘されている作業環境改善や人間工学上の対策が，現在でも大きな課題として残されている．

人間工学のルーツは，1857年にポーランドの科学者ヴォイチェフ・ヤストシェンボフスキが，ギリシャ語に由来するエルゴノミクスを「働くことの科学」として造語したことに遡る[4][5]．ヤストシェンボフスキは，ギリシャ語のERGON（労働）とNOMOS（原理ないし法則）からERGONOMICSという用語を着想し，エルゴノミクスの概念を19世紀に創造した．わが国では，倉敷紡績社長の大原孫三郎が1921年に倉敷労働科学研究所を設立した．その名称に「労働科学」を冠した拠り所が，ポーランド出身のヨセファ・イオテイコが1919年にロンドンで出版した著書「労働科学の方法」[6]にあることを，人間工学のパイオニアとしても位置付けられている初代所長の暉峻義等が記している．

●多様な働き方　最近の労働では，パートや派遣等を含めて就労形態の多様化が進んでいる．わが国の少子化対策や男女共同参画等を背景とし，従来とは異なる柔軟で多様な働き方を求め，仕事と生活の調和を図るワーク・ライフ・バランスを推進するようになっている．国際的にも，ディーセント・ワークつまり「働きがいのある人間らしい仕事」が，21世紀の目標として1999年に国際労働機関（ILO）で採択されている．ICT機器等を活用し，時間や場所にとらわれない働き方をするテレワークもそうであるが，新しい働き方がカタカナで表記される背景

の1つは，的確にその内容を表現できる日本語がないためでもあろう．過労死がKaroshiとして国際的に通用するのも，逆の意味で同じような背景であろう．一方では，過重労働や長時間労働等に起因する第3次産業での労働災害や交通労働災害が多発している．

●**労働時間等** 労働時間は，20世紀初頭，欧州の先進工業国では1日10時間とする立法例が多くなった．その後，1919年の第1回ILO総会では，1日8時間かつ1週48時間に制限する「労働時間（工業）条約」が採択されている．

わが国の労働基準法では，労働時間とは休憩時間を除いた実労働時間を指している．休憩時間と実労働時間を合わせた時間が，使用者の監督下にある拘束時間である．使用者は，休憩時間を自由に利用させなければならない．法定労働時間は，1日8時間，週40時間を超えてはならないとしている．所定労働時間とは，法定労働時間を超えない範囲で各事業所が就業規則等で定めた制度上の労働時間のことである．時間外労働とは，労働基準法上は法定労働時間を超えた労働のことである．通勤時の災害は，使用者の支配下にはないため本来の業務上災害ではないが，その移動が業務に関連した通勤と認められた場合は，通勤災害として労災保険の対象となる．

●**労働力人口と労働力人口比率（労働力率）** 労働力人口とは，15歳以上の人口から家事従事者や学生および高齢者等の非労働力人口を除いたうち，就業者と完全失業者を合わせたものをいう．総務省「労働力調査」[7]によれば，わが国の労働力人口は1998年の6,793万人をピークに減少し，2012年には6,555万人となった．厚生労働省では，就労支援等の施策効果がまったくない場合，労働力人口は2030年には5,680万人に減少するという推計をまとめている．

15歳以上人口に占める労働力人口の割合は，労働力人口比率（労働力率）として総務省より公開されている．労働力人口比率は，近年の女性の就労機会拡大等の効果はあるものの，高齢化社会の進展等により中長期的に低下傾向をたどっている（図1）．

[斉藤　進]

図1　労働力人口比率（労働力率）の年次推移（出典：文献[7]より作成）

交代制勤務
shift work

　交代制勤務とは，始業時刻と就業時刻の組合せ（勤務時間帯）が複数あり，組ごとまたは，労働者ごとの勤務時間帯が一定の規則に従い，周期的に変わっていく勤務の体制をいう．交代制勤務増加の背景には，19世紀（1879年）に電灯が発明されて夜間照明が可能になった，高度経済成長に伴い工場を深夜も稼働させる方が利益向上につながる，24時間営業のコンビニエンスストアが普及した，インターネット社会が浸透してきたなどで，労働時間が固定されなくなってきたことがある．平成13年度で，交代制勤務の所定内に深夜勤務がある企業の割合は，全体の18.1%であった[1]．それ以降は，フレックス制などを含む変則性勤務形態が増加し，3交代，2交代，変則性，当直制度，待機勤務，早番・遅番の2部制などのさまざまな勤務体制が採用されるようになってきている．

　本来，私たちは，昼間に活動し夜間に休息をとる昼行性動物である．しかし，交代制勤務者の労働時間が昼間から夜間に移動することは，夜間に労働するために昼間に睡眠をとることになり，私たちの体内時計の特別な調節が求められている．そこで，交代制勤務者の生活を理解するためには，時間生物学的視点が重要になる．

●朝型夜型タイプ　時間生物学は，すべての生物における自律振動現象，特に環境サイクルの長さに沿った振動機構やその適応機能を扱う学問である．これに関連して，ヒトは，心拍数，体温リズム，ホルモン分泌リズムなどのさまざまな概日周期をもっている．同じ環境や条件であればすべての人が同じリズムを刻む訳ではなく，人によってリズムの表れ方に差異がある．その違いを最も理解しやすいのが朝型-夜型タイプである．これは，交代制勤務に適応できるかどうかに深く関係している．朝型タイプの人は，明け方に起きることを好むが，夜型タイプは，朝起きることが辛く，逆に夜遅くまで活動的で目を覚ましていることが可能である．朝型タイプは夜型と比較すると，唾液中メラトニン量の夜間の早期での上昇を示すとともに，前進している直腸温リズムの概日パターンとも有意な相関がある[2]．つまり，朝型は，睡眠すべき位相で活動すると体内時計の調整が機能しにくく，夜勤に適応しにくい．

　朝型-夜型タイプの判定は，A・ホルンとオストベルゲによって開発された17項目の質問票[3]が広く使用されているほかにトースヴァルとアーケステッドによる7項目の質問票[4]がある．また，ヴィットマンらは，労働日と休日の睡眠時間の中点の差を計算し，その数値をソーシャルジェットラグ[5]として提案している．ホルンとオストベルグとの相関もよいと報告しており，労働日と休日の就寝時刻

と起床時刻から算出できるので，質問票の日本語訳の妥当性を考慮に入れなくてすむだけでなく，幼児から高齢者までの調査が可能である．

しかし，朝型か夜型かを厳密に判定しようとするならば，直腸温などの深部体温リズム，メラトニンリズムの頂点位相（最大分泌時刻）などの動態で判断するべきであり，安易に「朝に強い」「夜に強い」などの表現だけで，交代制勤務に適任か不適任かを判断することは避けるべきである．これは，朝型-夜型タイプが，年齢，性別，文化，同居家族の形態などに影響を受けている可能性があるからである[6]．夜型タイプは，喫煙や飲酒習慣にも関係があるという報告[7]もあり，生活習慣とも深く関係している．

●**交代制勤務と健康** 深夜勤務の時間は，一般的に眠気が高まり，生産性や安全が損なわれやすくなる時間帯である．これは生産業，鉄道，航空機などの輸送業のみならず，医療においても同様である．ロジャースらは，393名の看護師を対象にした調査で，8.5時間未満の勤務に比べ，12.5時間以上の勤務になると，医療ミスが3.29倍になったと報告した[8]．また，看護師895名を対象とした別の調査で，交代制勤務下での8.5時間未満の勤務と比較して，12時間以上の勤務になると，勤務後の帰るときに，自動車事故に遭遇するリスクが，1.84倍に増加をしていた[9]という．夜勤が終わり，このような眠気がピークの状況で自宅に戻り，質と量が不十分な睡眠で，疲労が十分に回復できぬまま次の勤務になることが考えられる．また，交代制勤務は，心筋梗塞，高血圧などの心血管障害，便秘や十二指腸潰瘍などの消化器疾患，糖尿病などの代謝性疾患とも深く関係している[10]．代謝とも深く関わる行動の1つには，夜勤によって変更される食事摂取行動がある．しかし，どのような食事を夜勤中に摂取しているのか，夜勤中の食事摂取は有効なのか避けるべきなのかなどを含め，検討の余地が残っている[11]といわれており，交代勤務者にとっての適切な食行動に関する勧告の整備が急がれる．

さらに，WHOの外部機関である国際がん研究機関（IARC）が公表している発がん性分類では，交代制勤務は2010年に「おそらく発がん性がある」2Bに評価されており[12][13]，特に乳がん[14]の関係が指摘されている．この理由に，夜勤時の光環境によるメラトニン分泌の抑制が，エストロゲンの過剰分泌につながり，発がんリスクを高めていると考えられている．交代制勤務に長期従事し乳がんを発症すると，労災を認定している北欧の国もあるが，因果関係の証明が難しいことが課題である．現在のところ，わが国の疫学調査では交代性勤務とがんの関係は報告されていない．

今後，朝型-夜型タイプ，メラトニン光抑制能や，例えば食行動などの特性を踏まえた交代制勤務への適応方法の提言に結びつく生理人類学的な研究は，社会的，経済的損失を食い止めることに貢献するであろう．　　　　　　　［若村智子］

精神作業
mental work

　精神作業とは，ヒトの認知，情報処理，情動的な過程を含むすべての精神的活動をいい，主に身体作業や肉体労働と区別して用いられる．分野により頭脳労働（経済分野），頭脳の仕事（ビジネス分野），知的活動（学術・図書館分野），心的作業（学術・心理学分野），精神労働（政治分野）ともいわれる．典型的な精神作業はコンピュータ機器を用いるVDT作業があげられる．

　近年，情報通信技術の発達により，VDT作業をはじめとした精神作業の割合が一段と増加している．精神作業によりもたらされた精神的および身体的疲労は作業のパフォーマンスを低下させるだけでなく，作業者の健康を脅かす原因ともなる．平成24年度の厚生労働省の報告によると，精神作業の割合が多いオフィスワーカーのメンタルヘルスの問題や脳・心臓疾患（過労死を含む）に係わる労働災害請求件数は，他の職種と比べて常に上位を占めている[1]．長時間の精神作業によってもたらされた時間観念の変化，知覚の変容，コミュニケーション形式の多様化などが社会生活全般に大きな影響を及ぼしていると指摘されている[2]．

●**精神作業の実験室モデル**　心理・生理的影響を検討するため，実験室では精神作業課題が用いられる．代表的なものとして，クレペリンテスト，ストループカラーワードテストなどが知られている．クレペリンテストは1桁の足し算であり，タスク・パフォーマンスを総合的に判断する課題となる．ストループカラーワードテストは色を意味する文字をその意味とは異なる色で提示し，その提示色に対して反応する課題である．この課題では文字の「色」と「意味」が矛盾するため，認知的葛藤を生じさせることになる．コンピュータを用いてこれらの課題を実施する場合は，図1に示す情報処理プロセスが考えられる．まず，ディスプ

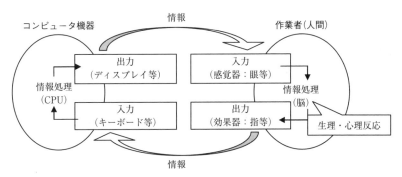

図1　VDT作業の情報処理プロセス

レイに提示された情報は作業者の眼（感覚器）を通して入力される．入力された視覚情報は外側膝状体を経て視覚野へ送られ，さらに大脳新皮質や辺縁系などと連携して，さまざまな心理反応を生じさせる．また同時に，視床下部の活動によって内分泌系と自律神経系が賦活され，さまざまな生理反応も生じさせる[3]．最終的には作業者（人間）は情報処理の結果を手指（効果器）により出力する．そして，コンピュータはキーボードなどによって入力された情報をプログラム上で処理し，その結果をディスプレイに出力する．この一連のプロセスとそれに伴う心理的および生理的な反応は精神作業時に常に行われていると考えられる．

●**精神作業負荷の評価**　精神作業によりもたらされた心理的な作業負荷を評価するには，一般的に調査票が用いられる．NASA-TLXは最も広く使用されている評価尺度であり，知的・知覚的要求，身体的要求，タイムプレッシャー，作業成績，努力，フラストレーションの6つの評価項目によって構成されている．芳賀らはNASA-TLXを用いて異なる課題の作業負荷を測定した結果，課題困難度が高くなるにつれ，作業負荷得点も感度よく高くなることを報告した[4]．

精神作業による生理的な作業負荷を評価するには，脳波および心電図などを測定して中枢神経系と心血管系の反応を分析する方法や，唾液および血液などを採取して内分泌系，免疫系の反応を分析する方法がある．具体的には自発脳波，事象関連電位（中枢神経系），血圧，心拍数（心血管系），コルチゾル（内分泌系），グロブリンA（免疫系）などがある．このなかの心拍数は，心臓を支配する交感神経と副交感神経の両活動のバランスで決まることから，心拍変動を解析することで交感神経活動および副交感神経活動の指標を算出できる．この心拍変動は，作業負荷の増大にともなって，交感神経活動の上昇あるいは副交感神経活動の低下がみられることから，心血管系の作業負荷を反映すると考えられている[5]．

●**精神作業の現状とこれからの課題**　平成20年度の厚生労働省資料[6]によると，職場でコンピュータ機器を使用している労働者（事務・販売従事者等を対象）の割合は87.5％となっている．これらの労働者の約3人に1人（34.6％）は精神的な疲労やストレスを感じていた．同省はVDT作業による作業負荷を軽減するため，一連続作業時間が1時間を超えないようにし，その間に1～2回の小休止を設けることを提案している[7]．しかし，これらの指針は視覚系および筋骨格系の疲労を軽減することを主としており，労働者の意識レベルでは感じにくい自律神経系，特に心血管系の影響までは十分に考慮されていない．また，パーソナルコンピュータや多機能端末機（スマートフォンなど）の普及により，職場にとどまらず，日常生活にまで精神作業があふれている．しかし，社会生活全般において，精神作業に関する指導，指針についてはいまだ不十分である．今後は精神作業がもたらす心理・生理的影響をより詳細に解明し，その対処方法を社会全体に発信することが必要と考えられる．　　　　　　　　　　　　　　　　［劉　欣欣］

身体作業
physical work

　身体作業とは，身体を使った作業であり，ヒトの身体作業には静的な筋作業と動的な筋作業がある．静的・動的の違いは筋収縮様式の違いである．

●**筋収縮（筋活動）の様式**　静的作業を行う場合，等尺性筋収縮が起こり，これは筋力と外力の大きさが等しく，筋長が変わらない筋収縮のことをいう．このとき，関節角度は一定である．ただし，筋の発揮張力が最大に達するまでの過程では，関節角度が一定であっても筋線維は短縮する．これに対して，動的作業を行う場合，短縮性収縮や伸張性収縮が起こる．短縮性収縮は筋力が外力よりも大きく，筋が短くなりながら力を発揮する状態をいう．肘関節を屈曲させてダンベルを持ち上げるときの上腕二頭筋の収縮がこれにあたる．伸張性収縮は筋が引き伸ばされながら力を発揮する状態をいう．最大筋力よりも外力が大きく筋が強制的に引き伸ばされる場合や，肘関節を徐々に伸展させてダンベルを下ろすときの上腕二頭筋，歩行・走行の減速相における下肢の伸展筋群にも起こる．伸張性収縮は遅発性筋痛の原因となることも多い．

●**静的筋作業**　静的な筋作業とは重い物を持ち上げている場合や無理な姿勢で作業をしている場合にみられる，体の一部または全体に力を入れた状態を身体の動きを伴わずに続ける作業である．すなわち特定の筋肉群が緊張を続けている状態であり，その張力によって筋内への血流が阻害されるので，組織への酸素供給が不十分になる．その2次的結果として静的な筋作業では無酸素性エネルギー代謝が大きくなり，筋内の酸性代謝産物の洗い出しなどが不良となって，筋の疲労を誘発・促進することになる[1]．また，筋の損傷を伴うこともあり筋痛が誘発され，その回復には時間を要する場合もある．静的筋作業の実験的な代表としてハンドグリップ運動がある．中強度でハンドグリップ運動を数分継続するだけで平均血圧や心拍数が急激に上昇する．平均血圧や心拍数の急激な上昇の仕組みとして，筋代謝受容器反射や筋機械受容器反射が関連する．無酸素性エネルギー代謝が亢進し，筋内では乳酸が蓄積しやすくなり，pHが酸性に傾くので，筋代謝受容器反射[2]が起こる．さらに静的筋収縮では筋の内圧が上昇するので，筋機械受容器反射も同時に惹起し，この両反射が血圧亢進に連動する．このような血圧の急激な上昇は，筋力トレーニング等で起こりやすく，筋量の低下が著しい高齢者への利用には注意を要する．

　コンピュータを用いたVDT（visual display terminal）作業はデスクワークとして日常化し，これも静的筋作業の代表である．VDT作業では無理な姿勢保持や同じ姿勢の持続によって，眼精疲労，肩こり，腰痛などの症状を引き起こす．

さらに，長時間の VDT 作業はイライラ，不安感をまねき，抑うつ状態などの心理的ストレスとなる．VDT 作業の環境改善が必要であり，不自然な姿勢や筋骨格系負担症状が軽減できるように，椅子の高さや画面の位置などを調整し，無理な姿勢での作業にならないよう注意する必要がある[3]．

●**動的筋作業**　動的筋作業は関節の動きを伴う身体運動であり，動的筋収縮を伴う．サイクリング運動や走運動といった身体活動が代表的なもので，低・中程度の動的筋作業では，筋ポンプ作用による静脈還流の促進や筋血流の再配分によって酸素輸送が充実し，ミトコンドリアでの有酸素性エネルギー代謝によって長時間の運動が可能となる．広範囲で全身性の動的筋活動の場合には静的筋作業とは異なり，疲労しにくい状態で長時間運動を継続できるメリットがある．しかし，重度の作業強度では全身的な疲労や災害性腰痛などの問題も起こり得る．

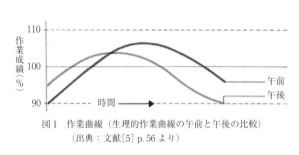

図1　作業曲線（生理的作業曲線の午前と午後の比較）
（出典：文献[5] p.56 より）

静的あるいは動的筋作業の作業負担度の評価には，主動筋の筋力がどの程度であるかを知るために，等尺性筋収縮や等速性筋収縮で最大随意筋力（maximal voluntary contraction：MVC）発揮を測定する．その際，筋電図（electromyogram：EMG）の計量的な解析が適応できる．すなわち，その筋の最大随意筋力発揮時の筋放電量（筋電図の実効値）である収縮時筋電位（maximal voluntary electrical activity：MVE）を測定しておき，実作業での筋の放電量から，これが最大随意筋力の何パーセントに相当するか（%MVE）を求める．また，エネルギー代謝量の計測から，動的筋活動では最大酸素摂取量（$\dot{V}_{O_2}$max）を基準にした相対値（%$\dot{V}_{O_2}$max）や安静時の代謝量を基準にした METs（メッツ）があり，アメリカスポーツ医学会では普段の実活動を METs で積算する方法を推奨している[4]．

一般に，労働者の1日の作業曲線（作業の効率）を考えると（図1），仕事始めは低いが，時間とともにだんだん高くなり，最高に達し，その後減衰していく．午後の場合，午前に比べると早く最高に達するが，その高さは低いので，午後は慣れた仕事を行い，午前中は創造的な仕事をすることで，高い生産性と疲労の軽減となると考えられている．

[福岡義之・海老根直之]

単調作業
monotonous work

　処理すべき情報の変化が乏しく，身体運動が部位的・時間的に変化が少ないあるいは特定の運動の反復である作業を単調作業という．ひとつの基本作業の実行にかかる時間であるサイクルタイムは単調さの指標となる．

　ヒトが行う作業はさまざまな生理機能に支えられている．手によって物を組み上げたり移動したりする作業は，機械的な把持機能に加えて指先の鋭敏な感覚フィードバックおよび巧緻動作を実現する脳によって可能となる．反復運動は小脳や脊髄内のネットワークも巻き込みながら自動化される．モニタやベルトコンベア上の製品などを監視する作業は，高精細な視覚や短期記憶による照合といった能力によって可能となる．さらにこれらを安定して行うために上肢帯や頭部，体幹の姿勢を維持するためには，踵や足底アーチによる安定した接地と抗重力筋による無自覚下での自律的姿勢制御が必要である．

　ヒトが単調作業において利用するこれらの諸機能は，決して単調とは言えない自然環境において自己の生命を守るために獲得されたものである．したがって現代文明における単調作業では，本来の目的とは異なる身体機能の使い方が要求され，さまざまな弊害を生じる．

●**単調作業**　ヒトにおける反復運動の代表的なものは歩行である．歩行は脳幹や小脳，そして脊髄介在ニューロンの屈筋・伸筋の相互の抑制性結合による周期的な運動出力によって半自動化されている．このような歩行中枢は大脳皮質からの命令によって歩行運動を発現する中枢パタン発生器[1]とみなすことができ，ネコやサルなどの他の動物でも確認されている．

　未学習の初めて行う運動では大脳皮質の運動野からの遠心性インパルスによって直接的に上肢や下肢の筋が制御されるが，学習を積み重ねると歩行と同様に何らかの自動化プロセスやパタン発生器が生成されることが考えられる．これによって大脳皮質は個別の筋の制御から解放され，運動中に他の処理を行うことができ，突発的事象にも対応することができる．例えば十分に習得された自動車運転では，大脳皮質はステアリングの操舵やアクセルペダルの踏量制御のために個別の筋を制御しているのではなく，それらの運動の目標値を自動化機構に提示していると考えられる（図1）．

　歩行や運転をメインタスクとした場合，その自動化機構のために我々は歩行や運転中にも会話や記憶想起といった高度なサブタスクを行うことが可能である．このことは顕在意識下の注意がサブタスクに向けられることを意味する．また積極的にサブタスクを行わない場合は，覚醒度の低下を招く．自動車運転のほか工

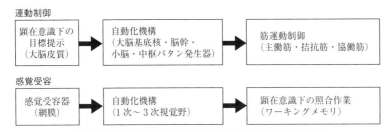

図1 運動制御と感覚受容の自動化と顕在意識の位置づけの例

場での組み立て作業などの単調労働でヒューマンエラーが起こりやすいのはこのためである．

●**監視作業** 自然環境における主な監視作業は，短時間の注意集中が必要な外敵の認知や長期間にわたる農作物の生育状況の確認などであった．大脳皮質の記憶領野によるワーキングメモリは，過去の視覚イメージと現在を比較してパタンマッチングを行い，異なる部分を抽出することに使われる．海馬を中心とする長期記憶によって1年前の作物の収量と天候を関連付けることができる．

現在のプラントにおけるモニタ監視などのビジランスタスクは長時間にわたって視覚的なパタンマッチングを行い続ける作業である．1次視覚野には形，奥行，色，動きなど視対象の属性ごとにコラムが存在し視覚処理の自動化を行っている．また3次視覚野で起こる瞬目の直前における視覚処理の抑制は，自発的瞬目を自動的に無視させる．しかしワーキングメモリにおける記憶との照合には，自動化機構が存在しない（図1）．そのため顕在意識下で疲労感を呈することとなる．また椅子などの支持具に身体を預けて骨格筋を弛緩させると筋紡錘からのインパルスは減じ，脳幹網様体賦活系による覚醒度の維持も減弱する．監視作業は精神的疲労と覚醒度の低下を同時にもたらす特徴がある．

●**エラーの防止** 単調労働や監視作業はヒトのテクノアダプタビリティが十分とはいえず生理的にエラーを誘発するものである．しかも1回のエラーが工場のラインを停止させたり，プラントや交通管制上の事故につながったりするためヒトの業務形態としては非常に過酷である．事前に十分な夜間睡眠と休息をし，作業中はエラーの要因となる生理的変化が進行する前にいったん作業から離れて自動化機構や酷使された機能を休め，さまざまな感覚入力によって覚醒度の向上を図ることがエラー防止に役立つ．これらの自発的対策ができない場合は，青色光に代表される光環境制御による覚醒度の適切なマネージメントやロボットによる代替などの文化的適応手段が望まれる． ［下村義弘］

操作性
treatability, operability

　一般的に，操作とはヒトが体の一部分を動かすことによって，機器などの人工物の状態を変えることを指す．操作の際にヒトが感じる善し悪しのことを操作性という．操作性が良いとは，「簡単に操作できる」「操作が楽である」「すぐに操作に慣れる」「間違いなく操作できる」「楽しく操作できる」などのことばに代表されるように，身体的・精神的な負荷の低さ，満足感の高さを指す．

　操作性は機器のユーザビリティ，つまり人工物の特性に1つである使いやすさと密接に関係している．操作自体は単純にヒトの出力ではあるが，操作対象の状態の認識，操作方法の学習・組み立て，操作過程において人工物のフィードバックの認識のしやすさ，操作終了時の感覚は操作性に影響する．

　操作性の問題は，ヒトと機器のやりとりの間に発生するので，ヒューマンインタフェースの問題として取り上げられることが多い．その問題に対処する設計の経験則も多く提案されている．ここでは操作性を良くするための原則を幾つか解説する．

●**適合性**　①ボタン，ハンドルなどの操作器の寸法，重さがヒトの身体寸法，発揮する力に適合していること．②音声機器，表示器や操作器の配置は，ヒトにとって聞き取りやすく，見やすく，表示の死角がなく，無理な姿勢になることなく操作できること．③光，温度，音など支障のない環境で操作できること．④人工物からヒトに有害な作用を及ぼす懸念のないこと．⑤長時間操作の場合に疲労に関して配慮すること．

●**明瞭性**　①操作する際に，その時点で機器のどこに注目してもらいたいかを明確にすること．目立たせるためには背景（地）から，情報（図）を浮き上がらせるポップアップ効果を利用することがある．②表示されている文字・アイコンは機能の意味を明確に表すこと．③同時に提示する情報の間は排他的であること．④操作方法は直感的であること．ボタン間の距離，色を変えて，まとまりを持ったものとして認識されるヒトのプレグナンツの法則という知覚特性を利用する．どう取り扱ったらよいかについての強い手がかりを示してくれるアフォーダンスを利用するなどが考えられる．⑤機器がどの状態にあるかを明示すること．

●**合致性**　ヒトは知覚した情報をいちいち意識して解釈し，行動するわけではない．経験やその場の雰囲気である程度の先入観や期待でその情報を処理している．これを文脈効果という．ユーザーが情報処理する際に，トップダウン処理するか，ボトムアップ処理するか，どのようなステレオタイプを持って望んでいるかを理解した上，それに沿って設計する必要がある．

●**一貫性** 合致性の延長でもあるが，同種類や同一システムの中では，操作方法，用語，駆動方法などを統一することによって，ユーザーが習得した概念，経験がその後も通用することになり，学習の負担を軽減できる．更に同じ業種の連携を行い，業界標準やJIS, ISOで操作の標準化を実現できれば理想である．
●**寛容性** 概念や身体寸法に個人差があっても，システム側でできるだけ寛容に対処すること．例えば，切符の表裏に関係なく挿入できる自動改札機やユニバーサルデザインの観点で身長や障がいの違いがあっても利用者の手が届く券売機のボタンの位置など，操作に必要な作業空間や配置を考慮する必要がある．
●**記憶性** ヒトの記憶機能の中に，数秒で消える感覚記憶，20秒前後で消える短期記憶とそれより長く保持できる長期記憶がある．短期記憶の容量は7 ± 2チャンク（情報のまとまりの単位）である．また，一連の手続きを実装する際に，重要な部分の直前と直後のステップを失念しやすい現象がある．例えば，現金自動預け払い機（ATM）では現金の引き出しの際に，カードを先に取らせてから，現金を出すようにする．
●**脱出性** 操作している人の意識は，4つのモードに分けることができる．すなわち，初めて使用するときやトラブルに遭遇するときに，対応策を意識して操作する戦略的モード，使い慣れた製品を扱うときに特に意識しなくても手が勝手に動く戦術的モード，対処方法が見つからず押せるボタンがあればとにかく押してみるような投機的モード，時間的に切羽詰まった時などで冷静を失い，手当たり次第叩く，コードを抜くような緊急モードである．それぞれの状態に合った操作方法のガイドを用意することが望ましい．例えば，初心者が扱う多機能機器の場合，オールリセットボタンを用意することで，困った状態を脱出できる．
●**応答性** これは機器のフィードバック，応答時間，作動時間によって構成される．操作したことに対する機器側からなんらかの応答はフィードバックであり，フィードバックが現れるまでの時間が応答時間で，時間遅れとも言う．操作した移動量とフィードバックによって表示される変化量の比のことを操作量-表示量比（C/D比）という．C/D比は応答時間と共に，操作時の善し悪しを表す節度感に大きく影響を与える．例えば，マウスを動かしてポインターを移動させる場合などでは適切なC/D比が求められる．操作によって機器の処理が始まり，終わるまでの時間を作動時間という．作動時間は，対応するヒトの行動時間を考慮する必要がある．

［易　強］

作業能力
work capacity

　作業能力とは人類が獲得した身体的・精神的活動を遂行する能力である．

●**精神作業能力**　精神作業能力とは一定の精神作業検査を実施して，その結果から精神的機能を評価することである．例えば複合数字抹消検査は日常に存在する多くの視覚刺激が階層構造をもつことに着目し，それぞれの階層に対してヒトの注意がどのように配分されたり，シフトされたりしているかについての個人差を測定する．

　内田・クレペリン精神作業検査は精神作業能力の代表的な検査である．1桁の数字を連続加算していき，その作業効率の曲線を見て，性格特性や作業適性，職業適性，精神機能の特徴を診断的に査定する．実際の作業検査は，「前半の精神作業15分・休憩5分・後半の精神作業15分」の時間配分で行われる．検査の結果得られた「作業曲線」を元にパーソナリティの診断をする．内田クレペリン検査の評価項目は「テスト開始時の作業効率」，「テスト途中の作業量の低下率」，「興奮の上昇量」，「休憩の効果の有無」，「問題の脱落や計算し忘れ」などであり，そこから，安定した作業能力と性格特性，根気強い作業への姿勢と持続性，勤勉な職業適性，作業時間による疲労などを査定していく[1]．平均的な人格特性をもっていて偏りの少ない健康な精神状態にある人の作業曲線を「定型曲線」として，それとの類似や差異を比較して総合的に判定する．現在では，性格検査としてよりも，長時間の運転作業・機械操作を必要とする職業の適性検査として用いられる場合が多い．

●**身体作業能力**　身体運動とは化学反応過程を経て供給されるエネルギーを筋収縮という機械的なエネルギーに変換し，神経系の協調によって，目的とする一連の動きを実現することである．エネルギー供給機構には，有酸素性機構と無酸素性機構があり，後者はさらに乳酸性機構と非乳酸性機構に分けられる．身体運動を遂行する能力，すなわち身体作業能力は，基本的に体内での化学的エネルギーの産生・供給能力に依存するため，一般に入力のエネルギー供給系の違いによって有酸素作業能力と無酸素作業能力に大別されている．これら身体作業能力の評価は，個人が有する全身的な能力を把握する上での1つの重要な側面を示す指標として，その有用性が広く認められている[2]．

●**体力**　体力とはヒトが社会環境に適応して行動しうる能力をいい，身体的能力や行動能力だけに限定されないヒトの質的・量的概念をもつ言葉である．体力の構成要素の1つである全身持久力は有酸素作業能力を意味し，この代表的な指標として，最大酸素摂取量（$\dot{V}_{O_2}$ max）がある．最大酸素摂取量とは，最大運動を実

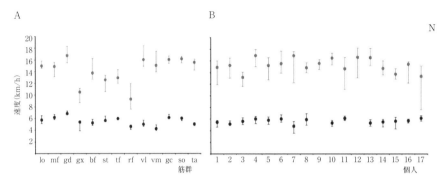

図1 歩行(黒)と走(灰色)の至適速度について13筋別(A)と17名の被験者別(B)に示した. (lo; 胸最長筋, mf; 腸腰筋, gd; 中殿筋, gx; 大殿筋, bf; 大腿二頭筋, st; 縫工筋, tf; 大腿筋膜張筋, rf; 大腿直筋, vl; 外側広筋, vm; 内側広筋, gc; 腓腹筋, so; ヒラメ筋, ta; 前脛骨筋)

施しそのときの酸素摂取量の最大値(主に運動終了から数十秒前の平均値)と考えられている. 普段トレーニングしていない若者からマラソンやクロスカントリー選手までを縦断的に調べた結果, 健康成人男性では 35～45 ml/kg/min であり, マラソンランナーでは 75.6 ml/kg/min であった[3]. その他のスポーツ選手はこの範囲の中に入る. 有酸素作業能力は, 血液循環機能をはじめ, 骨格筋でのミトコンドリア機能に大きく依存し, マラソン選手ではこれらの機能が最大限発揮される能力を有する[3]. つまり, これらの生理的機能の総括的な最大酸素摂取量は, 全身持久力の指標として最も優れていると考えられる.

●**至適速度** 一方で人間工学的なヒトの作業効率を考えると, 身体活動時の作業効率を仕事量/エネルギー消費量の比率で表すことがある. ヒトの作業効率はおおむね 20～25% であり, その他は熱エネルギーに変換されて体温維持のエネルギーとして消耗される[4]. 近年, デイビット・カリエラらは, 下肢の13筋群の筋電図計測を用いて歩行および走運動時の至適速度(作業効率が最も高い速度)を17名の被験者を対象に検証した[5]. その結果, 下肢の活動筋別でみた場合の至適速度は歩行では時速 4～6 km (平均速走 5.65 km/h) であり, 走運動では時速 10～16 km (平均速走 14.98 km/h) であった(図1A). また, 17名の被験者別でみた場合の歩行至適速度は平均 5.65 km/h であり, 筋別での結果と一致した(図1B). 一方, 走運動の至適速度は被験者間平均 15.24 km/h であり, 活動筋別のそれより若干高かった. 個人内の至適走速度の変動(標準偏差)は, 歩行速度の変動より大きく, かつ被験者間で変動に違いがみられた(図1B). つまり, 走運動において, このような個人間の変動があるのは, 走運動時には骨格筋独自の粘弾性の特性が個人間にみられることに由来すると思われるが, 今後の検討課題であろう.

[福岡義之・海老根直之]

動作経済の法則

principles of motion economy

ヒトの諸動作の経済性について記述する前に，筋運動の効率評価について簡単に知っておく必要がある．そもそも機械的効率という用語は，エネルギー消費量に対して機械的仕事量に変換された比率（％）を指している．ヒトの動作では，骨格筋での消費エネルギーが，仕事としての運動にどの程度変換されたかを意味する[1]．

ところが，ヒトの筋運動における効率を求めるにあたって，厳密にはいくつかの異なる評価基準が存在し，それぞれに長所と短所が指摘されていた．

●「経済性」という概念とロコモーション　効率評価に関する研究は，1920年代のHill学派の一連の研究に端を発する．Hill達が行った筋運動の効率研究は，主にカエルの摘出筋や単関節運動を対象にしているが，ヒトの運動では多くの関節を同時に動かす場合が多い．いわゆる多関節運動である．

ところが大変厄介なことに，それぞれの関節運動の仕事量を正確に算出することや，各関節単位のエネルギー消費量を見積もることは難しい．すなわち，いかなる効率評価法を用いようとも，ヒトの多関節運動の効率値を正確に算出することは至難の業なのである．そこで，今では「経済性」という概念が身体運動で広く使われている[2][3]．

通常，運動中のエネルギー消費量は酸素摂取量（$\dot{V}_{O_2}$；ml/kg/分）から求められる．ところが，ヒトが移動運動を行うときの酸素摂取量は移動速度に依存するため，比較検討するときには都合が悪い．そこで「経済性」という概念が導入された[2]．これは，任意の一定速度（v；m/分）で走行，または歩行するときの酸素摂取量（$\dot{V}_{O_2}$；ml/kg/分）を移動速度vで除すことで求められる．すると，経済性の単位系は ml/kg/m となり，1mを移動するの

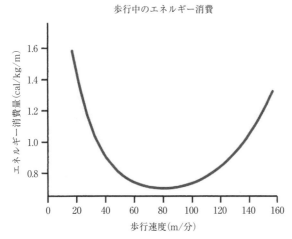

図1　歩行速度に伴うエネルギー消費量の変化（出典：文献[4]より）

に必要な酸素消費量が得られる．例えば，ヒトの歩行動作の経済性は図1[4]のように2次曲線で近似される．このため，酸素消費量が最も少なくなる（経済性が高い）歩行速度が存在することになる．この歩行速度は経済速度または至適速度と呼ばれており[3]，日本人の成人男性では約80 m/分に相当する．

●ランニングエコノミー　歩行速度を徐々に高くすると，自然に歩行動作から走動作へと相転移する．この速度は境界速度と呼ばれている[3]．無論，境界速度を超える速度でも，競歩のように歩行動作を継続することは可能であるが，その場合の酸素消費量は走動作より大きくなるため，経済性の概念から考えると理にかなっていない．図2は速度変化に伴う走動作の経済性を示したものである[5]．歩行と異なり，走動作の経済性は速度にかかわらず，ほぼ一定となる．

また，図2に示すように走動作の経済性には比較的大きな個人差があることは興味深い．走動作の経済性は，ランニングエコノミーと呼ばれることが多く[6][7]，長距離ランナー達の動作の善し悪しを評価する指標とされている．

ヒトのランニングエコノミーに関する情報は，関連領域の科学者達の一大関心事でもある．Saltinたち[6]は，長距離走で数々の成功を収めてきたケニア人選手とヨーロッパ人選手についてランニングエコノミーと持久力を比較した．意外なことに，エリート選手同士の持久力に人種差は認められず，彼らの競技成績の違いはランニングエコノミーの差に起因していたという．ヒトの最大持久力（最大酸素摂取量）には個人の限界があ

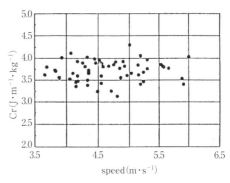

図2　走速度に伴うC値の変化（出典：文献[5]より）

ることが知られており，持久的スポーツの一流競技者でも，最大酸素摂取量はおよそ85 ml/kg/分程度で頭打ちする．

このため，持てる有酸素能力を効率的に仕事（動作）に変換できるかどうかは，長距離走などの競技成績に大きく影響してくることになる．事実，ヒトの多関節運動では，様々な要素が複雑に交錯し合って酸素消費量が決まる[7]．同じ動作を行う場合，わずかでも酸素消費量が少ない方が生体負担も少なく，理にかなっているのである．

［安陪大治郎］

疲労
fatigue

　疲労とは，身体的・精神的活動の結果，ヒトの種々の活動を営む中枢神経系，自律神経系，循環器系，筋骨格系などの諸機能が低下し，十分な活動を営めなくなった状態のことをいう．例えば，長い時間作業をしていると疲れて頭が働かなくなったり，重い荷物を持ち続けていると筋が疲労して力がだせなくなったりする状態である．このような状態では，作業能率や作業量といったパフォーマンスも低下する．一般的に疲労は，主観的な疲労感と同じように用いられることがあるが，この2つは必ずしも一致しない．それは，疲労感が精神的要因に大きく影響されるためである．このようなことから，疲労を正確にとらえるには，疲労感とともに，諸機能の低下による生理的な変化やパフォーマンスの変化を測定する必要がある．

　●**疲労の分類**　疲労は，主に肉体的疲労，精神的疲労，心因性疲労に分類される．これらの疲労は，単一でも現れるが，複合して現れることが多い．肉体的疲労は，身体的疲労ともよばれ，肉体的な作業の結果生じ，局所的あるいは全身的に発現して，一過性あるいは慢性的な機能低下として現れる．肩こりや腰痛などの症状はこれにあたる．精神的疲労は，精神作業が原因となり，中枢神経系における精神機能の低下として現れる．一般的には，心因性疲労も含めた肉体的疲労以外を精神的疲労とすることもある．いらいらする，頭がぼんやりするなどの症状はこれにあたる．心因性疲労は，過労や退屈などといった心因性の要因により生じ，局所的あるいは全身的な倦怠感を含む神経感覚的症状として現れる．心因性のめまいや眼の疲れなどの症状はこれにあたる．

　このほか，疲労は機能部位，表出時間，発現部位などによっても分類される．機能部位の分類には，中枢以外の身体機能が低下する末梢性疲労と，中枢機能が低下する中枢性疲労がある．表出時間の分類には，急性疲労，亜急性疲労，慢性疲労がある．急性疲労は数分から数十分，亜急性疲労は数十分から数時間の作業をすることで現れ，慢性疲労は数日から数週間の疲労が次第に蓄積することで現れる．発現部位の分類には，身体全体に生じる全身疲労と，身体の一部に生じる局所疲労がある．VDT作業において問題となる眼精疲労は，この局所疲労のひとつである．この疲労では，眼の疲れ，痛み，かすみ，頭痛などの症状が現れる．

　疲労を引き起こす要因には，年齢，熟練，体力などの個人的要因，作業時間，作業内容などの作業要因，照明，温湿度，騒音，振動などの環境要因がある．

　●**疲労の測定・評価**　疲労を測定するには，主観的な疲労感，生理機能およびパフォーマンスの低下を併せてとらえる必要がある．これらの測定方法は，主観的

測定方法,生理的測定方法,パフォーマンス測定方法に分類できる.主観的測定方法では,主に既存の調査票や実験者が調査内容に応じて作成する調査票を用いる.既存の調査票には,日本産業衛生学会産業疲労研究会の自覚的な疲労症状を測る自覚症しらべや身体部位ごとの疲労を測る疲労部位しらべ,自覚的運動強度を測るボルグスケール[1],メンタルワークロードを測るNASA-TLX[2]などがある.独自に調査票を作成する場合には,5つや7つの選択肢を設ける5件法や7件法,100 mmのスケールを設けるVAS(Visual Analog Scale)法などの方法が用いられる.このほか,構造化インタビューや半構造化インタビューなどのインタビュー形式による測定方法もある.生理的測定方法では,中枢神経系,自律神経系,循環器系,筋骨格系などの諸機能の生理的変化を測定する.表1には,機能ごとの生理的測定項目を示す.生理的な変化をとらえるには,1つの機能に着目するのではなく,関連すると思われる複数の機能に着目してそれらの項目を測定し,多面的にとらえる必要がある.パフォーマンス測定方法には,動作解析,姿勢解析,作業前後に課題を課してその反応時間や正答率などの変化を測定するパフォーマンス・テストなどがある.疲労状態をとらえるには,これらの測定方法から得られた結果を総合的に評価することが必要である.

表1 機能ごとの生理的測定項目

機能	生理的測定項目
中枢神経系機能	脳波,皮膚電気活動,フリッカー値など
呼吸器系機能	呼吸数,呼吸量,呼気中のO_2・CO_2濃度など
循環器系機能	心拍数,心電図,血圧,脈波など
内部環境	血液,体温,尿,汗など
感覚器系機能	視力,聴力,瞬目,皮膚感覚機能,平衡機能など
筋骨格系機能	筋力,筋電図など

●**疲労対策** 疲労対策は,疲労の原因を取り除くことと,疲労からの回復を促進することが重要である.疲労の原因を取り除くには,疲労を測定してその評価に基づいた適切な作業条件や作業環境を設定する.疲労からの回復には,休憩,休息,睡眠などが有効な手段となる.勤務中の休憩については,労働基準法にて労働時間が6時間を超える場合には45分,8時間を超える場合には1時間の休憩時間を設けなければならないと規定されている.

疲労は,ヒトが生活を営む上で必ず伴い,すべてを取り除くことはできない.しかし,さまざまな測定方法を用いて疲労をとらえ,その原因を取り除くことで,疲労は抑制できパフォーマンスを向上させることが可能となる.現在では,疲労の軽減だけではなく,快適性がパフォーマンスのさらなる向上につながると考えられている.今後は,疲労に加えて快適性も評価し,疲労軽減とともに快適性の向上を合わせて考えていく必要がある.

[岩切一幸]

遊び
play

　本項では，遊びの定義とヒトはなぜ遊ぶのかについての生理人類学的解釈・遊びの進化と種類について解説する．古来，遊びについては哲学領域などからさまざまな試論が提出されてきたが[1]，ここでは筆者の考える生理人類学的観点から議論を展開する．

●**遊びの定義と生理人類学的解釈**　古来，遊びの定義は，食事や睡眠など生存活動以外の活動のうち，仕事以外の活動などと定義されている．またその特徴として，遊びは活動自体が喜びとなり，強制されなくても自発的に行いたくなり，心身の発達や生活意欲を高める働きがあるなどと指摘されている．しかしこれらは遊びという行動自体を対象として考察した結果であり，なぜこの遊ぶという行動が生起されるのかという生理的背景があまり反映されていないように思われる．遊びは，以下に示す生理背景（脳生理）とこれら行動自体の特性の両面から考察することが，その本質を見るためには必要であると思われる．

　行動を生起しているのは脳である．また，幸福か不幸かを判断しているのも脳である．近年，大脳辺縁系の働きが解析されているが，海馬・扁桃体・視床下部を結ぶ報酬系とよばれる回路でドーパミンという脳内神経伝達物質が放出されることが，幸福感・満足感をもたらす生理的背景であることが解明されつつあり[2]，逆に，ここでのドーパミン放出が不足すると鬱になることなどが指摘されている．遊びは，この報酬系と強く関わっている行動と考えられる．遊ぶという活動によって幸福感・満足感が得られるからである．換言すれば，「脳においてドーパミンを放出し自分自身を幸福にする行動が遊び」ということができるのではないだろうか．食事や敵対者への攻撃など，直接生存に関わる行動であっても報酬系によって満足感が得られ自己肯定されれば食べ歩きや格闘競技なども遊びとなることは可能であり，仕事によって豊富なドーパミンが放出されれば仕事も遊びとなり得ると思われる．脳の巨大化した人類は，とりわけこの報酬系が大きく作用するために「遊び」をより強く求める動物になったと推測される．

　さらに広く考えれば，脳幹における本能的な「快・不快」の判断のうち「快」と判断される行動が「遊び」へと進化する行動の原形と想定されるため，脳が人類ほどに大きくない動物にとっても，「快」行動が「遊び」行動へと転化してゆくことは高等哺乳類においてよくみられる現象といえる．遊びは人類固有の行動とはいえないと思われる．イヌが主人に褒められることを求めて（おそらくヒトと同様に報酬系が機能することにより）直接生存に関わりのないさまざまな芸を積極的に行うことも遊びと考えられよう．また，遊びは報酬系という自己肯定の機

能と結びつくために，緊張緩和・活力再生産などの機能をもつことになる．
●**遊びの進化と種類**　遊びは進化に合わせて段階的に誕生しまた進化してきたと考えられる．陸上脊椎動物となった爬虫類程度の進化段階までは，自己の生命維持・安全確保（敵の排除）・繁殖行動などが行動の基本であり，こうした行動が報酬系と結びつき（「快」と結びつき）原始的な遊びの誕生へ繋がると考えられる．敵を倒すと得点となるというゲームなどはこうした段階の遊びと推定できる．

哺乳類段階となると，さらに群れの中での自己の位置付け，すなわち社会的役割を果たすことが報酬系に繋がる行動となり，「ままごと」「ごっこ遊び」のような社会的役割分担を包含した遊びが出現したと考えられる．すなわち大人の真似（疑似行動）としての子守行動や狩猟行動が遊びとして誕生し，習慣や役割の訓練という遊びの機能をもつにいたると考えられる．

さらに哺乳類の中でも霊長類段階となると，樹上生活への適応が基本となるため，3次元的な体移動すなわちアクロバティックな動きが遊びとして誕生し，体操競技などを生み出すこととなったと考えられる．また樹上生活においては立体視・色彩視・豊富な音声言語が必要となるため[3]，それぞれの能力が高いことが報酬系と結びつき，彫刻・絵画・会話や話芸などを遊びとして生み出し，その延長線上に芸術を位置付けるようになったと考えられる．また，こうした能力により競い合うスポーツや娯楽も生み出した．また，霊長類の中で最も人類に近いチンパンジーと人類の共通特性として，群れの中での自分の地位を高めたいという欲求があることがあげられるが，このために競技や遊びの結果に順位を付け，順位向上を目指す欲求が遊びの中に取り入れられたと考えられる．さらに，発汗機能を昂進して炎天下というニッチェを手に入れ，家族という群れを手に入れた人類[3]は，その行動特性として炎天下で汗水流して働くことに価値を置き（報酬系と結びつき），その延長としてマラソンなど持久的運動を競技や遊びとして楽しむことになったと推定できる．運動を楽しむことは遊びの延長であり，職業的運動家は人類にとっての共通の代理遊び人といえよう．また，家族を維持するために発達させた音声言語・表情言語・手振り身振り言語，すなわち豊かなコミュニケーション能力もまた「遊び」そして「芸術」へと昇華し，歌・音楽・演劇・バレー・ダンスなどを生み出したと考えられる．また人類のオスはオス同士の群れを形成して狩猟を行うなど「外働き」を行い，メスは採集と育児の「内働き」を行う（性的分業）こととなったが，この外働きが金銭価値に置き換えられてその多寡が個人や集団の評価に繋がったために，経済活動（マネーゲーム）自体も遊びとしての要素をもつにいたったといえよう．

さらに巨大化した脳を駆使して行う囲碁や将棋などのゲームもそしてその延長線上に出現した詐欺など知能犯なども，遊びとなり得るわけであり，犯罪となる場合には報酬系が機能しないように罰を与える必要があるわけである．［真家和生］

休養
recreation

　休養とは，仕事などを休んで気力や体力を養うことであり，ストレス社会を生きる現代人にとってその重要性は増してきている．20世紀後半より起きた急激な産業化，情報化により生活様式の利便性は高まったものの，生活空間は人工化され，社会システムは高度化，複雑化を増してきた．近年は単純な長時間労働によるストレスは少なくなったものの，ハイテク化[1]によるコンピュータやモバイル機器の使用が増え，これに伴う睡眠不足や運動不足，就労環境への不適応など，新しいタイプのストレス要因が増えている．また，社会における競争主義や効率主義の激化，大震災による急激な環境変化は個人または集団レベルにおいてさまざまな精神的，身体的，社会的ストレスや疲労をもたらしており，長期的には慢性疲労やうつのように深刻な健康障害につながることもある[2]．このように激変する現代社会において適切な休養はストレスや疲労を解消し健康を維持していくうえでとても重要な要素である．

●**疲労と休養**　疲労には身体的なものと精神的なものがあり，身体的疲労は，作業や運動等の持続による生理機能の低下が起きることで，疲れを感じる状態である．このような状態では短期間の休息や睡眠を取るとともに適度な運動を行うことで疲労から早期に回復することができる．しかし，今日において深刻な問題を引き起こすのは，心理的ストレスの蓄積による精神的疲労である．精神的疲労は気分や感情状態の低下，意欲の減退，不安症状の増大などさまざまな症状を引き起こす．このような症状が長期に続くと慢性疲労となり，生理機能に影響を及ぼし，生体の恒常性（ホメオスタシス）を崩すこともある．

　慢性疲労は自律神経系[3]，内分泌系[4]，免疫系[5]に負の影響を及ぼし，自律神経失調症などさまざまな疾病発症の誘発要因になる．また，中枢神経系への影響も懸念され，慢性疲労患者においては脳機能異常が深くかかわっていることも知られている[6]．社会的にも深刻な問題となっている．最近の調査によると一般地域住民の約1/3の人が慢性疲労を経験しており[7]，自殺率の増加につながる場合もあると報告されている[8]．このような慢性疲労を回復させるには，数日から数週，ときには数年にいたる長期の休養が必要であり，疲労を引き起こす要因を排除し，心身のリフレッシュを促進できる環境で休養を取るのが望ましい．

●**休養と保養地**　休養の意味は，単に疲労からの回復だけでなく，乱れた生活習慣の改善，身体機能の向上，心身の健康の増進などといった積極的な意味で取られている．近年，森林浴のもたらす生理的効果の科学的検証が進むにつれ，休養のため森林を訪れている人が増えており，保養地としての森林の役割が増大して

いる．森林浴という言葉は 1982 年に当時の林野庁長官であった秋山智英氏によって命名され，その後日本国内で急速に広がった．きれいな景色と快適な気候，木漏れ日やせせらぎの音，また，植物より分泌されるフィトンチッドなど森林の環境はヒトの五感を刺激し快適性を増進させる[9][10]．特に最近は科学的エビデンスに裏付けられた森林浴を森林セラピーとよんでおり，2005 年から林野庁により森林セラピー基地構想が推進された．森林セラピー基地は生理的リラックス効果の検証に加え，森林環境や宿泊施設のようなハード面における評価と，風土や文化と融合したセラピープログラムのようなソフト面における評価に基づき認定される．2013 年 4 月現在全国 53 個所に森林セラピー基地が認定されており，休養に対する社会のニーズに対応している．

日本において森林が休養の場所として本格的に利用され始めたのは 1970 年に赤沢自然休養林ができてからであり，それまでには休養と森林は直接結び付かなかった．それに対し，欧米においては 19 世紀から森林を休養目的で利用してきており，多くの保養地が森林環境に囲まれている場所にできている．人々の生活水準の向上と健康や余暇への関心の高まりに伴い，保養地はヨーロッパ各地へと広がり，現在は生活の中にしみ込んでいる．特にドイツの場合はクナイプ療法(自然の力を利用して健康増進をはかる自然療法の 1 つとして，1880 年代後半にドイツで始まり保険の適用が可能)の普及と相まって長期滞在型保養地が発達しており，都市から自然の豊かな地域に移り治癒力を高めるために多くの人が訪れている．保養地での長期休養は法律により認められており，治療費や滞在費用については国からの補助が受けられる．

温泉は古くから日本人の休養を考える上で欠かせないものであり，保養所の多くが温泉に位置している．温泉は緊張の緩和や新陳代謝の促進，血流改善等の効果があり，ヨーロッパの多くの保養所においても温泉を利用した治療を行っているが，飲用やシャワーを主としているのが日本との違いである．

医療費増加による国家財政への負担がすでに現実問題となっている今日において，健康保持に対する責任は国家や行政より国民各自へと転換しつつある．そこで疾病を予防し QOL を向上させるために休養を如何に活用するかは今後の重要な課題といえる．　　　　　［李　宙営］

図1　森林に囲まれた保養地（ドイツ，シュヴァルツヴァルト地域）．ドイツには政府により認定された保養地が 370 か所以上あり，その多くが森林地域に位置している

余暇
leisure

　余暇とは，仕事・労働時間に対して自由に使える余った時間と定義できる．人類史をひも解いて考えてみたい．およそ1万年前にヒトは農耕を開始したといわれているが，農耕以前，狩猟採集時代に余暇は存在しただろうか．狩猟採集活動を労働と考えれば，余暇時間は存在しただろう．だが，狩猟採集活動は生存に必要な食料を獲得する労働であることはまぎれもないものの，娯楽や遊びの要素を多分に含んでいる．現代では，スポーツハンティングや，山菜採りのように，余暇活動として「狩猟採集」活動が行われる場合も多い．伝統的な狩猟採集生活においても仕事（労働）と余暇（遊び）の境界線は曖昧であっただろう．

●**余暇の起源と歴史**　明示的な余暇が現れた，すなわち仕事と遊びが分離されたのは，約1万年前の農耕革命以降といえる．定住化と農耕によって食糧の増産が可能となり余剰が生まれ，生業活動に従事せず祭祀や政治，戦闘などに専従する者が現れた．貴族階級など労働する必要のない人々には豊富な余暇時間があり，余暇活動として娯楽が行われたと考えられる．

　日本では，平安時代に蹴鞠が貴族に嗜まれていた．時代が下ると，やはり生産活動に従事する必要のない階級であった武士は，茶の湯や俳句・和歌，書道や能などを行っていた．江戸時代となり社会が安定すると，囲碁・将棋，盆栽，花見，歌舞伎，相撲，落語，長唄など，多種多様な娯楽が庶民の間で行われた．

　近代的な余暇活動（レジャー）の幕開けは，イギリスで起こった産業革命が契機となった．機械化によって労働時間が短縮され，余剰時間にスポーツや観劇などのレジャーが行われるようになった．産業としてのレジャーは，第2次世界大戦後に開花した．アメリカではベビーブームによる核家族化，郊外の宅地の整備，自動車や家電製品の大量生産によって大好況を迎え，テレビ，レコードなどの新しい娯楽が普及し，1950年代にはハリウッド映画の黄金期を迎えた．

　日本では1960年代の高度経済成長を通じてレジャーの大衆化・大型化が進んだが，オイルショック，円高不況により高度経済成長は終焉した．省エネや節約ムードが高まり，「安」・「近」・「短」のレジャーが人気をよんだ．1980年代になるとテーマパークがブームとなり，任天堂のファミコンなどTVゲームが家庭に普及した．レンタルCD・ビデオも浸透した．バブル期には健康志向となり，フィットネスクラブの流行やグルメブームを招いた．ところが，バブル経済が崩壊して深刻な不況となるとリストラ，消費の低迷，価格破壊が進んだ．その一方でパソコン，インターネットが普及し，携帯電話が生活必需品となった．現在は，価値観の多様化により，レジャーは個人の嗜好を重視したものへ変化しつつある．

●**旅行の起源と歴史** ヒト以外にも旅（移動）をする動物は，渡り鳥，ウミガメ，イルカ，など枚挙に暇がない．動物の移動は，季節や場所によって異なる食餌を探すことが目的である．サルの雄は交尾のために群れを渡り歩く．これに対して，食料確保や生殖といった生存欲求以外に移動するのはヒトだけかもしれない．

そもそも人類の移動といえば，25万年前にアフリカで生まれた現生人類（ホモ・サピエンス）が5～10万年前にアフリカを出て地球上に拡散した，「グレート・ジャーニー」である．直立二足歩行によって獲得した高度な歩行能力と気候・環境変動が移動の要因となったと考えられている．目視できない彼方の島や大陸を目指して筏で大海原を渡っていったことに思いを馳せると，単なる生存欲求を超えた，強い好奇心や未知なる世界への憧れがあったに違いない．私たちの祖先は，はるか昔にアフリカを出て，ユーラシア大陸を経てオーストラリア大陸へ，また極寒のシベリア，アラスカを通りアメリカ大陸へ移動した．まさに人類は「ホモ・モビリタス（移動・旅をするヒト）」といえる．

有史時代になると，ヨーロッパは4世紀からゲルマン民族の大移動に代表される民族移動時代となった．中世になりキリスト教が大衆に浸透すると，大聖堂や修道院への巡礼，十字軍の遠征など宗教的理由による移動が行われた．東洋では，シルクロードを横断してインドに巡礼に行った法顕や玄奘（三蔵）の旅行記が知られている．日本でも鎌倉時代に貴族によって熊野詣が始まり，室町時代になると武士もお伊勢参りを行うようになった．江戸時代になり交通網が整備されると，参詣の旅は庶民に大流行した．

15世紀に入り大航海時代を迎えた西洋では，羅針盤，造船技術の進歩，航海技術の発達を背景に，スペイン，ポルトガルによってアフリカ，アジア，アメリカへ植民地主義的な海外進出が行われた．その後18世紀にイギリスで産業革命が起こり，余暇時間が増えるとともに大衆の旅は観光へと変質した．19世紀にイギリスで世界初の旅行代理店，トーマス・クックが団体旅行を開始した．当時のイギリス上流階級の若者は，学業の仕上げとして欧州の近隣諸国へ遊学した．日本でも明治に入ると師範学校で軍事訓練（行軍）に学修的要素を取り入れた修学旅行が行われるようになった．第2次世界大戦後，1960年代の高度経済成長時代に企業の従業員による団体旅行，1970年代には若者の個人旅行が盛んになった．飛行機による旅行も大衆化し，海外旅行も手軽になった．

1990年代に入りインターネットによって情報革命が起こると電子メール，ビデオチャット，World Wide Webなどにより世界中で即時通信が可能となった．今後，バーチャルリアリティの進歩，仮想現実世界の拡大によって物理的な移動をする必要性は減っていく．しかし，ホモ・モビリタスであるヒトはレジャーとしての旅（物理的移動）を止められないだろう．人類の新たなグレート・ジャーニーは，狭くなっていく地球を離れて宇宙へ向かうのかもしれない． ［山内太郎］

生存競争と行動
struggle for existence and behavior

　生物が生存競争を勝ち抜くには，自分が生き残り，自分の子孫をより多く残すことが最善の方策である．すなわち，自分の遺伝子を次世代にどれだけ残せるかという適応度を高める必要がある．まず自分が生き残ることを考えると，生命活動を行うのに十分な食料を獲得しなければならない．そのために例えばキリンは食糧を確保するために首の長い個体が有利であっただろうし，アリクイは舌が長い個体が有利であっただろう．ヒトも直立二足歩行という明確に他の種と異なる進化を遂げることで生存競争を勝ち抜いてきた．一方でそのような形態の進化ではなく，ヒトの行動の進化も適応度を高めるような合目的的行動を獲得してきたと考えられる．

●ヒトの行動の原点は直立二足歩行？　ヒトはなぜ直立二足歩行を始めたのだろうか．その問いについてはいまだ議論中であるが，主に6つのモデルが知られている[1]．①エネルギー効率モデル：直立二足歩行は四足歩行よりもエネルギー消費が小さい，②熱放散モデル：日光を受ける面積が減るためより涼しい，③ディスプレーモデル：繁殖行動において直立することで性的に誇示した，④警戒モデル：直立することで遠くを見わたし外敵を警戒した，⑤運搬モデル：前肢が自由になることで自分の子供・食物・武器を運べた，⑥採集モデル：直立をすることで手に入る食物が増えた．いずれのモデルにも長短あり直立二足歩行となった決定的な要因とはいえないものの，脳の発達よりも直立二足歩行を獲得した年代の方が古いため，道具の使用，火の使用，集団での狩り，言語の獲得，など生存に有利なさまざまな行動は直立二足歩行によってもたらされたといえるかもしれない．

●ヒトの生殖行動と育児行動　ヒトは直立二足歩行を獲得したことで，生殖行動も影響を受けた．霊長類のメスは，オスの目につきやすい性皮の毛細血管が拡張し，赤くなることで発情期であることを知らせて交尾を行う．一方でヒトの場合は直立二足歩行を獲得したことで性皮のアピール機能も失われた．また，ヒトは他の霊長類のように子殺しが起こりやすい乱婚ではなく，基本的には1夫1妻制をとってきたとされる[2]．そのため子孫を残すには十分な時間がもてたため，発情期を失ったと考えられている．さて，そのような状況下で自分の子孫を残すためにはどういったパートナーを選べばよいだろうか．男性はお腹のくびれとお尻の比を表す比（ウエストヒップ比）が0.7前後の女性を最も好むとされる[3]．これは骨盤がしっかりしており安産であることを本能的に知っていたのかもしれない．逆に，女性は狩猟採集に優れた男性を選んできたとも考えられる．またヒト

の育児行動も特徴的であり，ヒトは他の霊長類と比べて同じパートナーと長く過ごし，男性も育児に積極的に介入するとされる．このことがヒトの多産を可能とし，出産サイクルを他の霊長類よりも短くしたと考えられる．さらにヒトは，繁殖行動を終えた者たちが子育てを補助する．繁殖期が終わっても，特に女性は長い余生を送る．これは集団において，余生を送る者たちが親に代わり教育や子育ての手助けの役割を担うということで，おばあちゃん仮説とよばれる[4]．つまり夫婦だけで子育てをするよりも，集団で子育てを行う方が生存競争に有利だったのであろう．

●**ヒトの愛着行動**　両親の努力の結果，生まれてきた子供は健康に育つ事ができる．一方，子供の方も社会に適応するために，養育者の保護を受けることができるような行動をする．これはジョン・ボルヴィラが提唱したヒトが社会的な存在であることを前提とした愛着理論[5]に基づいた考え方であり，愛着の対象者からの親密さを維持するための行動である．具体的には生後2か月までは乳児は泣いたり，笑ったりすることで養育者の注意を引くが，徐々に養育者とそれ以外を区別するようになる．さらに成長するにつれて，養育者が去ろうとすると泣いて抗議し，戻ってくれば執拗に甘えるなど，多様な愛着行動を示す．そしてその行動に対して親も応えて，子供は徐々に社会性を身に付けていくのである．一方で，生後親子間の愛着が形成されない，すなわち親による育児放棄や虐待などが起こった場合，その子供は社会性に乏しい行動をとる愛着障害が引き起こされることもある．このように当たり前のように我が子を可愛がるヒトであるが，子供も愛されるような行動をとっているのである．

●**情けは人のためならず**　生存や繁殖に関する行動は，自分が生き残り子孫を残すという点で合目的的行動といえる．ところがヒトは自分に利益が期待できない場合でも相手を助けるという行動をとることがある．むしろ我々は募金や献血といった自分には利益のない行動に満足感を覚えることも少なくない．これらは後天的に学習によって形成される部分もあるが，それとは別に何らかの適応的な基盤があると考えられている．社会心理学的に現代人の行動を考えると，純粋に利己的な集団よりも利他的な特徴をもつ集団の適応度が高かったのではないかと推測される．例えば自分の食料のことしか考えない人間が多い集団よりも，他人が困っているときに食料を分け与え，逆に自分が困っているときには助けてもらうという互恵的な集団の方が集団全体としての適応度（包括適応度）が高いということである．そしてその集団の中に，助けてもらってばかりの利己的な人間が多数にならないように，他者の目，すなわち評判という社会的なメカニズムをもったと考えられる[6]．このようにヒトは一見して合目的ではない行動も，生存競争の中で身に付けてきた行動である可能性がある．　　　　　　　　　　　[西村貴孝]

脳内自己刺激行動
brain self-stimulation behavior

　1953年，ジェームス・オールズとピーター・ミルナー[1]は，電極を脳内に埋め込まれたラットが，自ら電極を通して与えられる電気刺激を求めて行動することを発見した．すなわち，ケージの中に設置されたレバーを押すと，脳に電気刺激が与えられるようにすると，驚くべきことにこのラットは飢えも乾きも忘れたかのように，ひたすらレバーを押し続け，何と1時間に数千回という驚異的な速さでこの行動を続けたのである．このような行動を脳内自己刺激行動という．その後も多くの研究がなされ，このような行動が誘発される脳領域は，視床下部外側から側坐核のいわゆる「内側前脳束」に対応しており，今日のいわゆる「ドーパミン報酬系」に含まれる領域であることがわかった．さらに，ロバート・G・ヒース[2]は，ヒトでも，これらの脳領域を刺激すると同様の行動が生じるだけでなく，「ユーフォリア（多幸，恍惚，陶酔）」の感覚も生じると主張した．このインパクトのある主張によって，この脳領域は特に「喜びの中枢」として広く世に知られるようになった．「喜び」は，動物が外界（環境）に適応的に生きていくために必要な対象や状況に対して，動物に関心を向けさせるうえで重要な感情である．

●脳の報酬系　ヒトの欲求は，大きく分けて一次的欲求と二次的欲求とに分かれる．一次的欲求は，飲食や性など生き物としての生理的・基本的欲求であり，二次的欲求は，他者からの評価や金銭などの社会的・抽象的欲求である．これらの欲求は，ヒトの心身状態や環境・状況によって時々刻々変化する．通常は，自己の欲求とこの欲求に基づく行動の結果（あるいは報酬）との間にはある程度のバランスが保たれている．ヒトがさまざまに変動する外界に対して適応的に行動するためには，報酬を適切に評価し，報酬と行動とを適切に連合していくことが必要である．すなわち，自己が生得的にもっている，あるいは後天的に学習してきた報酬と行動との連合に基づいて，状況に応じた適切な行動を企画し，かつ不適切な行動を選択しないことが重要である．つまり，報酬はヒトの行動を支える動機づけであり，これが脳内で健全に処理されることは，ヒトの個体維持や発展を支えるうえできわめて本質的である．このような報酬に関する情報処理を行うのが，脳のいわゆる「報酬系」である．報酬系では，薬理学的，生理学的，行動学的研究などから，腹側被蓋野，黒質，側坐核を含む腹側線条体などのドーパミンニューロンが重要な機能・役割を果たしていることが明らかにされている．さらに，前頭前野眼窩皮質，腹側前頭前野，帯状皮質，背外側前頭前野は，腹側線条体などへのトップダウンコントロール機能を有している（図1）．腹側線条体や黒質は前頭前野眼窩皮質などからの入力を受ける一方，腹側線条体からは腹側淡蒼

球や腹側被蓋野や黒質への投射があり視床背内側核を介して前頭前野へ連絡する[3].

●「喜び」と「動機」　モルテン・クリンゲルバッハら[4]~[6]は，脳内自己刺激行動にいつでも主観的な喜びの感覚を伴うのかどうか，について再検討を行った．彼らが着目したのは甘味に対する表情の反応であった．甘味に対してげっ歯類からヒトにいたるまで共通の表情（いわゆる「ヤミーフェイス」）を呈することから，その神経機構も共通に存在し，これが喜びの感情を反映すると考えた．ノックアウトマウスやアンフェタミンを用いて脳内ドーパミン量を増やすと，反応が早くなる

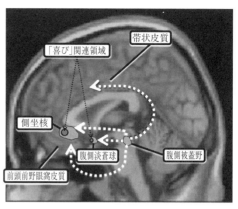

図1　中脳の腹側被蓋野にはドーパミンニューロンが多く存在する．腹側被蓋野のドーパミンニューロンは，側坐核，前頭前野眼窩皮質，腹側淡蒼球などへ投射しており，いわゆる「ドーパミン報酬系」を形成している．最近の研究結果[4]~[6]から，従来のいわゆる「喜び中枢」といわれる脳領域は，側坐核や腹側淡蒼球の小領域に限局していることが示唆されている

など甘みを求める動機は高まるが，表情は変わらない．一方，脳内ドーパミンを減少させると，甘味に対する欲求は消失することから，ドーパミンはむしろ「動機」や「行動の強化」に関係すると考えられる．さらに，エンケファリン（脳内モルヒネ物質）などを用いて甘味に対する反応を調べると，側坐核内側の被殻部（シェル）や腹側淡蒼球の刺激によって喜び反応が大きくなる（図1）．これらの結果は，喜びに直接関与する脳領域は，従来いわれていたほど広くなくドーパミンとも直接的関係はないことを示している．

●「足る」を知る　高度に発達した前頭前野を有するヒトでは，さらに多くの複雑な因子を総合的に処理するための神経機構が備わっている．中でも，前頭前野眼窩皮質は重要であり，愛，感動，自尊心などヒトがよりたくましく生きていくための動機づけに関連する[3][7]とともに，過剰な欲求や情動反応に対する抑制的コントロールを行う[3]．アリストテレスは，ヒトの幸福には，ヘドニア（快楽）とエウダイモニアの2つが本質であるとしている．エウダイモニアとは，「幸福で健康で順調な満足した状態」のことを示すが，ヒトの幸福とは何かを考えるうえでこのエウダイモニアという概念はきわめて本質的である．「『足る』を知る」ためには，前頭前野眼窩皮質が重要な役割を果たしていると考えられる[3][7]．

[菊池吉晃]

恋愛
love

　ヒトの恋愛行動は，動物における求愛行動や繁殖行動と一線を置き，倫理的・道徳的見地あるいは法律的見地から議論されることが多い．行動科学，心理学の分野で実証的研究がなされているので，愛情が生じる恋愛形成過程についての「愛着」理論を中心に，ヒトの恋愛行動について解説する．

●**愛着説**　心理学で恋愛は，成人の愛着行動とみなされる．愛着行動とは，乳幼児にみられる母子間の相互作用である．動物行動学の視点からも，子どもは自身の「安全性」と「生存性」を確保するために，目的志向的な行動システムとして「愛着行動」をもつと考えられている．ボールヴィら[1]は成人においても同様の愛着行動があり，男女間の恋愛行動の説明にも用いうることを示唆した．ハーザンとシェイバー[2]は，成人の恋愛行動を愛着のプロセスとして捉え，成人の愛着スタイルは，乳幼児の愛着行動と同様に分類できると仮定している．

　成人の愛着行動は，『ネガティブ感情を喚起する場面で，ネガティブ感情を解消することを目的として他者と何らかのかかわりを持とうとする行動』と定義できる．ここで，ネガティブ感情を喚起する場面とは，災害や犯罪など，身の危険を感じる状況や，自分が大切に思っている人や物が傷つけられる場面である．

　愛着行動の背景には，他者とあまり親しくなりたくないという「親密性回避感情」と，孤独が嫌で親しい人との別れや人から見捨てられることを怖れる「不安」という2つの基本感情があると仮定される．これら2つの感情の組み合わせから，表に示すような4つの「愛着スタイル」が仮定されている．

　こうした愛着スタイルは，乳幼児期における親の養育態度により形成されるとされている．

●**単純接触効果**　恋愛関係は，幼なじみ，学校の同級生，あるいは職場の同僚など接する機会の多い人同士の間で生じる事が多い．これは，ヒトが見知らぬ異性に対するより，顔見知りの異性に対して「好感」をもつこと，好感が「恋愛感情」の形成につながる可能性があることを意味する．すなわち，恋愛感情が生まれる第一の要因が，接触機会の多さ・接触頻度の高さとみることができる．このように，対象者と何度も接触することによって，ポジティブな感情が生まれ，好意的な評価を抱くに至る現象を「単純接触効果」と呼ぶ[3]．

　単純接触効果は，「知覚的流暢性

表1　愛着の4スタイル

	回避感情	不安感情
(1) 安定型	低回避	低不安
(2) 拒絶型	高回避	低不安
(3) とらわれ型	低回避	高不安
(4) 恐れ型	高回避	高不安

誤帰属説」によって説明されている[4]．すなわち，対象者との接触機会が増すにつれて，対象者を知覚が容易となり，認知システムの処理流暢性が高まる．処理流暢性は「対象者との接触経験」によって高まるにもかかわらず，「対象そのもの」によると誤帰属することが，単純接触効果発生の原理という考えである．

対象との接触経験の頻度に加え，処理流暢性は以下のいくつかの要因によって促進され，恋愛感情が惹起しやすくなると考えられる．

（1）対称性：顔立ちが左右対称であることのほか，対象者が自身の顔立ちや背丈，性格や価値観と類似しているほど好感度が増すことをいう．

（2）図・地の高いコントラスト：他の人たちと比較して際だって魅力的に見えること．化粧や服装，スタイル，個性的な顔立ちや服装などをいう．

（3）視覚的な簡潔さ・情報量の少なさ：定番の評価は，流行・ファッションによってステレオタイプに決められる．

愛情の継続や強さを説明する理論として，社会的交換理論があり，費用対効果（恋愛対象に費やしたコストと，得られる成果・報酬とのバランス），報酬とコストの差で生み出される関係の成果が評価基準より高ければ恋愛関係は持続するが，下回ると関係は切れるというものである（相互依存性理論）．また恋愛関係の維持に投入されるコストと得られる報酬との比率（費用対効果）が，二人の間で均しいときよい関係が得られ満足するが，相手の費用対効果が自分より高いと不満や怒りを生み，逆に自分が相手より高いと罪悪感を生む（平衡理論）．

●**進化心理学**　ダーウィン以来の進化説では，環境変化に適応できた個体の遺伝形質は引き継がれ，適応できなかった個体の遺伝形質は淘汰されるとする．ここで進化の実際を担うのは生殖を巡る同性間の競合と淘汰，遺伝形質のよい異性を選ぶための異性との戦いなどの「性淘汰」による．進化生物学の観点に立つ心理学分野では，適応的な生殖行動が男女間で異なること，そのために生じる種々の性差に注目した研究がなされている．恋愛に重要な要素が男女で異なる（男は女の姿形の魅力を重要視するが，女は男の経済力を重視する）ことが人類集団の違いを越えて人類共通であることが知られている．

人類が生み出した婚姻という制度は，自然淘汰を妨げ人為的性淘汰を生んでいる．一夫多妻制の婚姻制では，一部の勢力下にいる男の遺伝形質だけが継承されやすい．一方現代社会の基本ルールとして定着している一夫一婦制の下では，多様な交配がすすむはずだが，経済的な理由から結婚できない層が増え，仮に結婚しても子どもができないか制限するカップルが増えており，結果として少子化が進む．

[山田冨美雄]

育児
parenting

　育児とは，乳幼児を育てることである．乳幼児は心身の安全を求めて親に近づき，一方で親は，自分を特別な存在として求めてくるわが子への想いを深める．この親子の相互作用により築かれた愛着関係[1]は，子どもの発達段階におけるさまざまなスキル獲得や自己像の形成を促す．安定した愛着を形成するには，母親が乳幼児のサインを理解し適切に対応すること，そして豊かな愛情をもって接することが大切である．多くの臨床研究により感受性の乏しい育児環境は，子どもの健全な発達を妨げ，以降の反社会的行動やパーソナリティの歪みの危険因子となることが示されている．

　近年，機能的磁気共鳴画像法（fMRI）などの非侵襲的な脳イメージング法を用いることで，ヒトの育児行動やその根底にある母親の愛情（母性愛）に関わる脳領域の研究が行われるようになってきた．

●**乳幼児の"泣き"と育児の脳**　最も初期の実験は，母親に一般的な乳幼児の泣き声を聞かせるものであり，動物の育児行動の基盤となる視床-帯状回説[2]が，ヒトの母親でも乳幼児の泣きに対して選択的に活動すると予測した[3]．この実験は，わずか4名の母親を対象とし，出産後の経過も数週から数年と幅広いものであった．その後，初産で出産後1〜2か月経過した母親10名を対象に乳幼児の泣き声を聞かせた実験により，視床-帯状回のほかに中脳，視床下部，線条体，内側前頭皮質，眼窩前頭皮質，島皮質，紡錘状回などの活動が示された[4]．これもまだ一般的な泣き声であったが，動物の育児行動を制御する脳基盤に関する多くの研究報告と一致するものであった．また，母親自身の子どもの泣き声を聞かせるものや[5]コントロール刺激として情動的でない音声や笑い声を用いたり[6]，母親でない女性や父親と比較する[6][7]などいくつかの試みがなされている．これらは，対象者や実験手法の違いもあり，すべてが一致した見解は得られていない．しかし多くの研究で主張されている扁桃体や前帯状皮質の活動は，"泣き"という乳幼児のサインに向ける注意や覚醒を調整し，乳幼児の要求に適切に応答するという育児に必要な機能を支えているといえるかもしれない．

　さらに乳幼児の分離場面の"泣き"という育児行動を強く動機付ける愛着行動の動画を用いた実験では，背内側前頭前皮質，右下前頭回，上側頭溝/側頭頭頂接続部などわが子を共感的に正しく理解するための認知情報処理系，前帯状皮質など警戒情報の処理系，背外側前頭前野皮質など母親自身の情動コントロール系，そして尾状核など適切な母性行動をコントロールするための運動実行系の活性化が認められた[8]．母親は子どものサインを的確に読み取り応答する必要がある．子

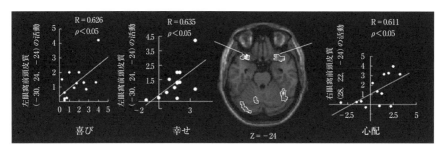

図1 わが子に向けた母親の愛情に関する脳活動．左右の眼窩前頭皮質の活動および「喜び」「幸せ」「心配」の主観得点との相関（出典：文献[8]より改変）

どもの苦痛を取り除くための母親の反応は，哺乳類の中でも特にヒトで発達した前頭前野を中心とした多くの脳領域の活動を伴うことが明らかにされている．

●**育児を支える愛情の脳**　多くの母親は，より親密な関係を築いたわが子に愛情を抱き，それは，決して楽なことばかりでない育児を続けられる動機となるであろう．育児に関する脳研究は，その根底にある"愛情"にまで目を向けられている．写真を見せることで恋愛感情と比較したもの[9]や，他人の子どもと比較した研究[10]でも動機付けや報酬系に関する脳領域を母親の愛情として示している．

筆者ら[8]は，動画を用いた実験を行い，わが子に向けた母親の愛情に関する脳領域として，報酬の制御に関し中枢的な役割を果たす眼窩前頭皮質，母性ホルモンであるオキシトシンの受容体が密に存在する中脳水道周囲灰白質，行動の報酬予測に関する被殻，生体の恒常性の制御において重要な役割を果たし，心地よい触れ合いに反応する島前部の4領域を示した．なかでも眼窩前頭皮質の賦活量は，「喜び」「幸せ」「心配」という感情と正の相関があった（図1）．つまり，眼窩前頭皮質の賦活は，わが子の存在そのものが母親にとって報酬であることを示し，育児を続けるうえで重要な感情と関係していることを示している[10]．

●**育児を支える脳イメージング研究の今後**　育児する脳は，いつからつくり上げられているのだろうか．親へのインタビューとfMRIを用いた研究で，幼少期に受けた養育の質により，育児に関する脳領域の体積や子どもの泣き声に対する反応が異なることが示されている[11]．他の霊長類や齧歯類を対象にした研究[12]だけでなく，ヒトでもストレスフルな幼少期の経験が，その後の育児に関わる脳機能の確立に長期的に影響することを示唆している[13]．

親子の相互作用に基づいた愛情や育児行動の脳基盤を明らかにしようとする研究は，育児を阻害する産後うつや育児不安などの治療や予防に役立つものとしてもおおいに期待されるが，ヒトを対象とした脳イメージング研究は，まだ始まったばかりといえる．今後，その理解のために提示刺激や対象者など多様な側面に焦点をあてた研究がなされ，多くの知見が蓄積されるだろう．　　　［則内まどか］

8. 健康と生活

[草野洋介・小林宏光]

　本章では健康に影響するさまざまな要因を取り上げて解説しているが，健康とは何かということを明確に定義することは，それほど簡単ではない．健康の定義としては，1948年にWHOが制定した「健康とは完全な肉体的，精神的及び社会的福祉の状態であり，単に疾病又は病弱の存在しないことではない」という定義が有名である．しかし，この定義を文字通りに受け取ると，この世に健康な人間は存在し得ないことになってしまう．また，ある状況では健康であることが，別の状況では不健康な状態となるという場合も考えられることから，普遍的・絶対的な概念として健康を定義することに対して疑問も生じる．この点を鋭く批判したのがフランスの生物学者のルネ・デュボス（1901〜1982）である．デュボスは，健康とは，生物が環境適応に成功したか失敗したかの結果のひとつの表現であると述べている．ヒトを含め生物は，すべての環境に対して完全に適応することはできない．例えば，寒冷環境に完全に適応したヒトは，暑熱環境には適応できないであろう．つまり，健康か病気かということは環境によって変わるものであり，心身の状態だけで決まるものではないということになる．健康/病気とはヒトと環境の相互作用の結果であり，したがって，健康を論じる際には生理人類学的視点が必要になると考えられる．

寿命
life span

　生物には分裂を続ける単細胞生物を除き必ず死を迎える．生まれてから死ぬまでの期間を寿命という．寿命は生理的寿命と生態的寿命に分けて扱われる．生理的寿命とはその種に潜在している最大の寿命であり，最大寿命ともよばれる．一方，生存中には最大寿命への到達を妨げるさまざまな因子の影響を受け，ほとんどの個体はその生理的寿命に到達する前に死を迎える．このように実際に観察される寿命を生態的寿命とよび，平均余命（各年齢の人がその後何年生きられるかを表した期待値）や平均寿命（0歳における平均余命）として表現される．

●**ヒトの生理的寿命**　動物の寿命は1日から200年まで幅広い．動物の生理的寿命は生物種のゲノム上にプログラムされ[1]，ヒトの場合，そのプログラムは120歳前後に設定されていると考えられている．実際記録に残っているヒトの寿命の最長記録は男性では日本の泉重千代で120年237日（1865年8月20日〜1986年2月21日），女性ではフランスのジャンヌ・カルマンが122年164日（1875年2月21日〜1997年8月4日）生き続けた（図1）．この120歳説はいろいろな視点から支持されている．

図1　121歳を迎えたジャンヌ・カルマン

　アメリカの生物学者レオナルド・ヘイフリックは，細胞のアポトーシスを補うための細胞分裂ができる回数には上限があることを発見した．この上限回数はヘイフリックの限界とよばれ，哺乳類の最大寿命との関係が深く，その関係に基づけばヒトの生理的寿命は120歳前後になる．さらに染色体の端にはキャップのような役割を担うテロメアとよばれる構造がある．細胞分裂を繰り返すたびに一定の長さが短縮し，ある一定の長さまで短縮すると細胞分裂が停止する．テロメアの短縮から導かれるヒトの最大寿命も120歳前後といわれる．

　一方，寿命を延ばすための研究は遺伝子レベルで進み，近年，寿命を延ばす遺伝子としてサーチュイン遺伝子が注目を集めた．しかし2011年にその効果を否定する論文がネイチャーに発表された[2]．

●**平均寿命の時代変化**　約5万年前，人類のほとんどが20歳に到達するまでに死を迎えたといわれる[3]．日本人の平均寿命の記録をみると，縄文時代は約15

歳，江戸時代でも35〜41歳であり[4]，時代とともに緩やかに上昇してきた．戦後1947年では男性50.06歳，女性53.96歳であったが，2013年時点には男性80.21歳，女性86.61歳に到達している[5]．日本人の女性の平均寿命は世界一である．世界全体での平均寿命は2009年時点で男性66歳，女性71歳である[6]．

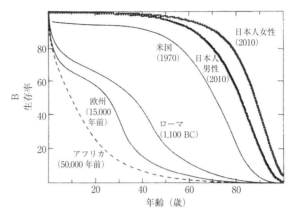

図1　年齢別生存率の時代変化（出典：文献[5]に日本人(2012)のデータ［出典：文献[6]］を加筆）

戦後からの平均寿命の急激な伸びは先進国中心に多くの諸国に共通してみられる．この急速な平均寿命の延長は乳児期の死亡率の低下によるところが大きい．事実，各国の平均寿命は乳児期の生存率に強く関係している．寿命は特に衛生，感染病対策，医療，栄養の改善により延びるが，これらはすべて科学技術が貢献している．科学技術の発展が平均寿命を延ばしたといっても過言ではない．この平均寿命は今後も延び続け日本人の場合，2060年には男性84.19歳，女性90.93歳と予測されている[7]．

一方で平均寿命の延長は高齢者人口を増加させ，高齢社会という人類がこれまで経験したことがない時代を生み出した．これは日本だけではなく，地球規模で進行している．人類は高齢期をどのように生きるか，どのような社会を形成すればよいのかなどさまざまな課題に直面していくことになる．

●**ライフステージからみたヒトの寿命**　ほとんどの動物は生殖期がすむと短い時間で命を終える．生物にとって最も重要なことは種を保存することである．生殖という役目がすんだ後も命を維持すると，新しい命の維持に必要な食糧や場所を奪うことになり，種の存続には不利となる．しかし，ヒトは生殖期以後，すなわち後生殖期の期間が他の生物と比べて著しく長い．チンパンジーと比較すると，生殖期が終了する年齢に大きな違いはないが後生殖期が長く，その長さが寿命の延長にもつながっている．ヒトは他の動物と違い，生まれてから成人になるまでの長い期間，親の保護なしでは生きられない．また親にとっても子育ての経験はない．それを助けるのが子育ての経験豊富な祖父母である．年長者の知識や経験を活かすことが高齢社会や今後延長するヒトの平均寿命に対する良策の鍵となるだろう．

[村木里志]

成長・発達
growth and development

　成長・発達とは，生物の個体がその誕生から成熟にいたるまで変化していく過程と定義できる．成長は主として身長・体重など形態的な特徴に用いられるのに対し，発達は知能・運動能力などの機能的な特性に対して主に心理学や教育学の領域で用いられる[1]．

●**スキャモンの成長・発達曲線**　身体各部位の成長・発達は同一に進行する訳ではない．身体サイズの成長において部位ごとに成長速度が異なる．例えば幼児と成人を比べた場合，成人の形態は単純に幼児を拡大したものではなく，そのプロポーションも変化する．同様のことは生理的機能の成長・発達についてもいえる．このことについてはリチャード・スキャモンの示した図が知られている．

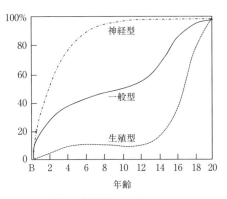

図1　成長発達の3パターン

　身長・体重や主な体内器官は，出生から3歳程度までの時期と14〜16歳頃の2つの時期に急激に成長する（一般型）．これに対し，一部の器官では大きく異なる成長曲線を示す．神経型は脳など中枢神経系が相当する．これらの器官は急速に成長し，10〜12歳頃には成人とほぼ同じ大きさに達する．もう1つは生殖型とよばれる成長パターンで，外性器や性腺が相当する．思春期までは比較的ゆっくり成長するが，思春期以降急速に成長する．ヒトのライフサイクルにおいて神経機能は言語の習得などのため早い段階から必要とされるのに対し，生殖機能はある段階まで必要ではない．このように，ヒトはそれぞれの時期に必要とされる機能を順に成長発達させている．

●**思春期スパート**　図1の一般型の曲線を微分し，成長速度のグラフにすると，図2Aのような曲線となる．図2Bは哺乳類の一般的な成長速度のパターンである[1]．図で示されるように，ヒトと他の哺乳類の成長パターンは大きく異なっている．第1の相違点は，他の哺乳類では最大成長速度は出生後しばらく後に生じるのに対し，ヒトの場合出生直後が最大である．図には表示されていないが，ヒトの最大の成長速度は妊娠期間中に起こる．第2に，他の哺乳類では最大成長速度を示した後に徐々に成長速度が低下するが，ヒトの場合は3歳くらいから成長

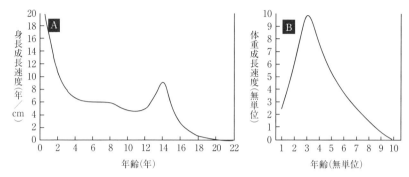

図2 成長速度曲線：A ヒト（男児）の成長速度，B 他の哺乳類一般の成長速度（出典：文献[1]より作成）

が停滞し，12〜16歳程度（男児の場合：女児は若干早い）の時期の数年間に成長速度が一時的に増加する．この現象を思春期スパートとよぶ．思春期スパートはヒトに特有の現象であり，他の哺乳類にはみられず，類人猿においてもヒトほど明確なパターンを示す例はない．

●**ヒトの成長の特異性**　出生後からのヒトの成長は以下のような4段階に分けることができる．

乳幼児期：離乳前の時期（3歳未満）
子供期：離乳後ではあるが大人の保護が必要な時期（3〜7歳）
少年期：脳の成長がほぼ完了し，ある程度自立できる時期（7〜12歳）
青年期：二次性徴が生じ思春期スパートが始まる時期

ほとんどの哺乳類では，離乳直後にヒトの少年期に相当するある程度自立した段階に達することから，この定義に従えば類人猿も含めてヒト以外の哺乳類には子ども期は存在しないといえる．化石の骨格や歯の形跡から，200万年以上前に生息していたアウストラロピテクスにはこのような子供期はなく，子供期はホモ・ハビリス以降に徐々に発達してきたと推測されている．また思春期スパートが生じたのはホモ・エレクトス以降と推測されている[3]．

この子ども期は脳の成長および学習のための時期として発達したとも考えられるが，より重要な理由は母親の育児負担軽減ではないかと考えられている．この子どもたちが自分の弟，妹の世話をある程度受け持つことで，母親の育児負担を減らし，それが子の生存率の向上につながったのではないかと推測されている[3][4]．

ヒトの成長発達期間は他の哺乳類と比較しても長く，身体が大型であることを考慮してもなお長いといえる．このヒトの成長期間は，単に長さが異なるだけではなく，その成長のパターンにおいてもきわめて特異的である．　　　［小林宏光］

老化
senescence, senility

　老化は成熟期以後衰退期に起こる現象で老衰と表現されており[1]，不可逆的に進行するものとして表現できる．

●**ヒトの老化**　老化は生理的老化と病理的老化に分類されている[1]．生理的老化とは，疾病を罹患せずに，天寿を全うするような過程で表現されるものであり，生理的老化だけが進行すればヒトの最大寿命は110歳まで生存することが可能とみられている[1]．一方，一般に高齢者は若年者に比べて罹患率が高く，複数の慢性疾患を有する場合が少なくない．老化とともに呼吸器，循環器，消化器，腎泌尿器，内分泌代謝，骨運動器や血液免疫などの疾患が増加する[2]．老化は，本来病気ということではないが，慢性疾患などによる身体機能低下などが助長されることが多い．病理的老化は心臓疾患，脳卒中，認知症などによって大きく，身体機能の低下が影響を受けることをさす．しかし，この変化は老化そのものが病理を引き起こすものでなく，老化自体は病気ではないという認識が重要である．

●**老年学**　古くから老年医療や伝統的な社会福祉における高齢者の介護問題などを取り扱う老年学という分野が存在している．例えば日本老年医学会では，老年学とは高齢者に特有な疾患などを研究対象とする老年医学（老年歯科学を含む），高齢者の社会的問題を研究対象とする老年社会学および老化の機序などを研究対象とする基礎老化学を3つの柱とする総合人間学という学際的な学問である[3]．しかし，人口のグレー化（高齢人口の増加と少子化の進行）は医療や介護の領域という枠を超えて，若年労働者の減少と高齢者の扶養をめぐる福祉国家の財政危機問題が生じている．このため老化はさまざまな研究領域からのアプローチ，いわゆる学際的な研究が必要とされ，医学，社会学，心理学，経済学，哲学などさまざまな領域にまたがる人類文化のあらゆる領域から老年学研究が体系づけられてきている[4]．欧米諸国では早くから老年学研究は進んできた．わが国は遅れていたが，近年桜美林大学に老年学の学部が生まれた．東京大学では2006年に「ジェロントロジー寄付研究部門」が置かれ，その後恒常的な研究・教育活動を行う組織である東京大学高齢社会総合研究機構が設置されるなど研究の輪が広がっている．高齢者問題という視点は，産業革命以降で定年退職（リタイアメント）という労働形態の変革に伴う中で生じ，特に退職後の貧困が社会問題とされてきたが，さまざまな環境の変化の中で老年学研究はパラダイムチェンジが求められている[4]．

●**更年期**　更年期は生殖期から生殖不能期への移行期で，老化に伴う性腺機能が衰退し，特に女性で卵巣では排卵などの機能が消失し始め，やがて月経が不順か

ら完全に閉止する閉経にいたり，その後は性腺内分泌機能が低下安定する．閉経は他の哺乳類にはあまりみられないヒトの特有の現象である．日本では45～55歳がこの時期に相当するとみられている[5]．最近では男性における更年期障害も生じるという見方もあるが，これまで女性で特徴的にみられ，自律神経系失調を基盤とする不定愁訴症候群が狭義の更年期障害とされてきた．しかし，全身的な老化と生活環境の変化や女性の特異的な卵巣機能の低下が重なって生じる精神・身体機能の変調によって引き起こされる症状，さらに器質的病態をもつ包含として広義の更年期障害とする考え方もある[5]．

●**老化の機序**　老化の機序を説明する学説は，老化が遺伝子レベル（遺伝因子）で制御されているとするプログラム説と生体の数々の障害や老化物資の蓄積（遺伝子以外）がDNAやタンパク質に発生するエラー蓄積説に大別されている[1]．プログラム説とは，①動物種には固有の最大寿命がある，②「ヘイフリックの限界」で示されるようにヒトの培養線維芽細胞に寿命の限界がある，③ジョージ・M・マーティンによって示されたが遺伝的早老症の存在がある，④そのほかテロメアの短縮やアポトーシスなどと，遺伝的因子で老化が決められるというものである[1]．環境因子説（遺伝外因子）には，消耗説（放射線，紫外線障害，化学物質などによるDNA障害），活性酸素説（フリーラジカルが原因），架橋結合説（グルコース誘導体であるアマドリ産物による架橋形成），誤り説（DNA複製，転写，翻訳時に生じる），老廃物蓄積説（リポフスチン，アミロイドなどの蓄積），自己免疫説（胸腺の委縮，免疫機構の破綻）などがあるといわれている[1]．

●**長寿**　長寿とは寿命の長いことをさす．日本の平均寿命は，国勢調査（2011年）から男性が平均79.44歳，女性が86.90歳となっているが，高齢化率（65歳以上の人口が占める割合）が23％を超えており，世界に例のない長寿国である．この寿命の要因は，医療制度，社会参加意欲，食習慣，入浴等種々の要因も深く影響しているとみられている[6]．世界の長寿ランキングなども発表されているが，戸籍が明らかでない場合もあり，長寿の認定も難しいこともある．長命な人物と言えば洋酒の名前にもなっているトーマス・パー（1483-1635年）が有名であり，152歳まで生きたと伝えられている．しかし，本人の生年月日に関する確かな記録はなく，死後の検死解剖からも実際の年齢ははるかに若かったと考えられている．確かな年齢が確認されている例で歴代の最高齢は，1986年に亡くなったフランスの女性，ジャンヌ・カルマンの122歳164日とされている．2014年7月12日時点では，日本の女性である大川ミサヲが116歳129歳で，存命中の人物としては世界一の長寿である（参考：Gerontlogy Research Group. Current Validated Living Supercentenarians http://www.grg.org/Adams/E.HTM）．　　［竹島伸生］

介護
care

　介護とは，『大辞林』（三省堂）によると，病人などを介抱し世話をすることとされている．また，社会福祉辞典（誠心書房）では，さらにその内容を詳しく，食事，排便，寝起きなど，起居動作の手助けを介助といい，疾病や障害などで日常生活に支障がある場合，介助や身のまわりの世話（炊事，買い物，洗濯，掃除などを含む）をすることを介護というと記されている．法律上で介護という言葉が現れたのは1892年の陸軍軍人傷痍疾病恩給等差例にて，恩給の給付基準の用語として使用されたことが始まりであるといわれている．介護という言葉は，比較的新しい言葉であるが，今や高齢化が世界トップレベルにある日本においては，政治，経済などさまざまな場面でもクローズアップされている言葉である．

●**介護の起源**　北イラクのシャニダール洞窟で5万年ほど前のネアンデルタール人の化石が発掘された．その化石には，生前に右前腕が切断され，同側の肩甲骨および上腕骨にも発育不全あるいは長期間腕を動かさないための廃用性骨委縮が認められているが，壮年期まで生きていたと推測されている[1]．片腕がほとんど使えないという生存にきわめて不利な障害をもっていたにもかかわらず，長期間生存できたということは，仲間からの何らかの援助があったと考えられる．このことから約20万から3万年前に生存していたネアンデルタール人において，すでに障害者に対する介護が行われていたのではないかと推察されている[2]．

　また，グルジアで約180万年前の原人の化石が発見されている．この原人はホモ・ハビリスとホモ・エレクトスの中間的形態をもっておりドマニシ原人とよばれている．ここから，上あごの歯がすべて抜け落ち下あごの歯も左の犬歯以外は抜けていた化石が発見された．この個体も歯がほとんどなくなってからもしばらくの間は生存していたと推察されている[3]．柔らかく咀嚼しやすい加工食品があふれている現代とは異なり，当時，歯を失うということは食事ができないということであり餓死に直結したはずである．それでもこの個体がしばらくの間生存できたということは，当時は貴重なタンパク源であったと考えられる動物の脊髄などを優先的に分けてもらう，獲物の硬い肉を柔らかくするなど，仲間からの援助があったのではないかと考えられる．これらの例から，介護という行為は決して文明化の産物ではなく，人類進化のかなり初期の段階まで遡ることのできるヒトの本質的特性の1つと考えることができる．

●**我が国における介護の歴史**　現在，介護が展開される場は，主に，家庭内（在宅）か，特別養護老人ホームやデイサービスセンターなどの施設に大きく分けられるが，死亡場所についての統計では，1977年までは，自宅での死亡が病院等施

設よりも多く，戦前までは，都市部を除けば，医療の場は在宅が中心であった．すなわち，最近までは，在宅に医療が入り必然的に介護が在宅で家族により実施されていた時代であったといえる．

江戸時代にさかのぼると，貝原益軒の養生訓に代表されるように，家族がいかに老人を介護すればよいかという養老の内容を盛り込んだ書物が多くあり，武士の子弟教育においても，親の老いの看取りは「人の道」として教えるべき大事な内容とされていた．また，「看病断」の制度として，現代でいう介護休暇が認められる藩も存在していたことから，少なくとも武士に対しては，在宅での介護に関する教育やそれを支える制度があった[4]．

施設における介護としては，1872年に設立された東京府養育院や，1873年の小野慈善院などがその起源と考えられており，初めは経済的に困窮している人などを救護する目的の施設であった．また，在宅への訪問介護サービスの始まりは，1956年の長野県の家庭養護婦派遣事業とされ，一部の自治体での取り組みがその起源とされている[5]．その後，核家族化が進行し，婚姻率低下および少子化，さらには女性の社会進出によって家族機能が変化した．また医療技術の進歩による要介護者の重症化，介護期間の長期化などを背景に，かつては家族のみで担ってきた介護の役割を社会化するシステムの構築の必要性が急速に高まった．また，高度経済成長が終わりを遂げ，高齢化が進んだ1980年代は，国民医療費の高騰を受け，国庫負担を抑制するために，社会保障，社会福祉政策が見直された．その一環として，1989年には，高齢者保健福祉推進10か年戦略のもと，在宅サービスの拡充，老人ホームや老人保健施設の地域整備が図られた[6]．介護福祉士，社会福祉士といった介護の専門職の誕生，介護保険制度の施行などがその一端である．2010年の厚生労働省の調査では，在宅での要介護者のうち77.9％が，事業者等の居宅サービスを利用していることが報告されている．かつては，家族のみで担うことが当たり前であった介護も，今や専門職による支援を受け，ある一定の範囲ではあるが，介護の手段を選択できる時代になってきた．

●**高齢者介護の生理人類学的意義** 一般に生物の一生は，成長期，生殖期，後生殖期という3つの時期に区分されるが，ヒトは他の生物と異なり，生殖を終えた後の後生殖期が非常に長い[7]．みずからの子孫を残すことを究極的目的とする生物にとって後生殖期は積極的な意味をもたない．後生殖期すなわち高齢期が長いことはヒト固有の特質といえる．現代は，高齢者人口の増加や家族機能の縮小化などを背景に，高齢者介護の問題がネガティブに取り上げられ議論される場面が多い．高齢期が長いことの意味を生理人類学的視点から問いつつ，ヒトが進化の過程の中で得た長い高齢期をどう生きるかの議論が介護問題を考えるうえでは必要であろう．

[橋口暢子]

QOL と ADL
quality of life and activity of daily living

　QOLとは生活の質と訳され，ヒトの生活の幸福感や満足度等を表す概念および評価法である．ADLは日常生活動作と訳され，食事など日常の生活を行うための基本的動作からヒトの生活を評価するものである．生活とはヒトが行う全ての身体的，心理的活動を含むもので，住居，仕事，経済，社会的地位，人間関係，宗教などの多くの要素を包括する概念である．現在ではQOLという言葉は一般的に広く使われるようになったが，本来非常に幅広い対象を含んでいるため，統一された定義は確定しておらず，対象となる領域によって，使われ方も多種多様である．その中で，医療や健康の領域では，QOLを医療の効果を表す1つの評価法として用いることが多く，健康関連QOLとよばれることもあるが，単純にQOLと表記されることも多い．

● **QOLの評価**　医療の領域で薬や治療の効果をみる方法は，検査結果から統計学的に主観を排して客観的な評価を行うランダム化比較試験が一般的で，信頼も得ている．一方，QOLは対象者の主観を測定するものとして位置づけられているため，ランダム化比較試験は適用されず，評価する内容を対象者がどのように思っているかを質問するという方法がとられる．その場合，「あなたの生活の質はどうですか」という包括的な質問だけでは，対象が広範囲なため得られる結果は曖昧となる．そこで，評価の対象と目的を明確にした質問項目を設定した，いろいろな評価方法が作られている．

　SF-36：1993年に一般的な健康状態を評価することを目標として開発された最も広く用いられている評価法である．身体的健康と精神的健康に大別される36項目の短い質問文が設定されている．身体的健康には，身体機能（10項目），日常生活役割機能—身体（4項目），体の痛み（2項目），全体的健康感（5項目）の4つの尺度があり，精神的健康には，活力（4項目），社会生活機能（2項目），日常役割機能—精神（3項目），心の健康（5項目）がある．加えて一般的な健康の変化を尋ねる質問が1項目ある．これらの項目は広範な標準化と検証が行われているので，標準的なスコア化が可能である[1]．

　EuroQOL（EQ-5D）：1996年に開発された評価法で，単純さと健康への包括的な質問が含まれるのが特徴となっている．6つの質問からなり，最初の5つの質問では，それぞれ3つのレベルが示されており，自分がどのレベルにあるか印をつける．6番目に包括的な健康状態を尋ねる質問があり，それには0から100までメモリをつけた物差しが示され，想像できる最も良い健康状態を100，最も悪い健康状態を0として，自分の現在の状態を物差しの上に印をつける．臨床試験

にはあまり用いられないが，2分間で回答できる簡便な質問であるため，その簡便さによって多国間の比較などに用いられる．

● **ADLの評価** 日常生活動作を外部から観察して客観的に評価する．ADL評価の目標は社会や家庭で必要な活動を，その人の能力に応じてできる限り独立で行えるようにすることである．ADLが注目され始めたのは第2次世界大戦中のニューヨークからで，1960年代にはADLの評価法や訓練法の基本技術がほぼ確立されるに至った．これは「生命」が最大の目標とされた医学界に初めて生活という視点が持ち込まれたといえるもので，以降のリハビリテーションの発展の1つの基盤となった．現在ではリハビリテーションの目的はQOLの向上という考えが主流となっている．ADLは「QOL向上のためのADL向上」の認識にたって，その具体的な技術を探求することであると考えられている[2]．代表的な評価法として以下のものがある．

バーゼル示数（Barthel index）：ドロシー・バーゼルらによって1965年アメリカで提案されたADLの評価法で，短期間で評価できて信頼性も高いため各方面で使用されている．食事，車椅子からベッドへの移動，整容，トイレ動作，入浴，歩行，階段昇降，着替え，排便コントロール，排尿コントロールの10項目の日常生活動作について，それができるかを外部から観察し，経験的な重み付けによって点数をつける．これらの動作に関して自立して行うことができれば10点，部分的介助が必要ならば5点，全介助が必要もしくは不可能であれば0点とする．この様な日常動作は100点が満点で，満点の場合は被験者が自立していると評価される．80点でほぼ自立，60点では部分的な介助，40点以下は大部分介助が必要とされる．評価項目が少ないため詳細な評価は難しく，評価項目が基本的な動作に限定されているため，軽度の障害では容易に100点を獲得できるため，主に重度の障害者へ適用される．

FIM（機能的自立度評価法）：1983に米国で発表された評価法で，評価項目が多く，治療の効果を示すことが可能とされ，現在は臨床でよく用いられている．評価項目は，運動13項目と認知5項目からなり，各項目1点から7点までで評価し，126点が満点となる．特に運動項目の得点は他のADL評価と比較する場合に用いられることが多い[3]．

古くから医学は病気を治すことが目的と考えられてきたが，近年はQOLの向上や維持を医療の目的とするという考えも広まってきている．SF-36は包括的尺度として広く用いられているが，医療の効果を包括的評価法で全て表すことは困難である．そこで調査項目が疾患に特異的に設定されたQOL評価法も開発も行われている．また，生活一般に関する広義のQOLについては，まだ概念上のものにとどまっており，適切な生活関連QOL評価法の開発が望まれるところである．

[井上　馨]

感染症
infectious disease

　人類の長い歴史においてヒトの健康の最大の問題は感染症との闘いであった．発展途上国から先進国への転換の過程において健康面で最も解決すべき問題であった．感染症が主な死因である発展途上国の乳児死亡率は多くの国で少なくとも10％を超え，平均寿命の伸長の妨げの一番の要因である．上下水道の整備，清潔な食材の確保，抗生物質の使用が可能になったこと，ウイルス感染症に対する予防接種の普及などの要因により疾病動態は先進国では感染症主体から，生活習慣病主体となった．しかし，発展途上国においては感染症対策がいまだに最大の課題である．先進国においても新興感染症・再興感染症の出現や平均寿命の伸長によって免疫力が低下している高齢者の増加により感染症はいまだに問題となっている．

●**感染症の現在の問題点**　感染とは微生物が宿主に侵入し，定着し増殖することをいい，感染症とはその上に症状が出現することをいう．ただ定着しただけでは感染とはいえない．現に人体内，例えば口腔内や大腸にはさまざまな常在菌が存在しているが，通常の状態では増殖したり，症状が出現することはない．

　感染の成立には感染源の存在，感染経路，感受性のある宿主の3条件がそろうことが必要である．特に宿主の感受性を下げるあるいは断つために有効なのが予防接種である．

　微生物には細菌，ウイルス，寄生虫，真菌などがある．そのうちヒトの感染症の多くは細菌とウイルスにより起こる．細菌は単独で生存できるのに対しウイルスは単独では生存できず，ヒトや動物の細胞内に寄生し，増殖も細胞内で行う．またウイルスには細胞壁が存在しない．そのため抗生物質はウイルスには無効である．

　ウイルスは生存していくために独特の戦略をとっている．例えば新型インフルエンザは，鳥インフルエンザや豚インフルエンザがヒトに感染，交雑によりヒトからヒトへの感染性を獲得したものをいう．ヒトにとっては未知のウイルスであり，免疫をもたないため1918年のスペインかぜのように多くの死者が出ることになる．ウイルスは単独で生存することはできないため宿主を失うことは好ましくなく，そのためヒトという宿主の中で共存し，ヒトからヒトへより感染が成立する道をたどる．新型インフルエンザはそのプロセスで季節型インフルエンザに転換していくのである．これは一種のウイルスの環境適応能といえる．

　エイズやエボラ出血熱のように，新しく出現した感染症を新興感染症とよぶ．これは「この20年間に新しく認識された感染症で，局地的に，あるいは国際的に

表1 感染症の予防および感染症の患者に対する医療に関する法律における主な感染症（出典：厚生労働省，「感染症の予防及び感染症の患者に対する医療に関する法律施行規則」より作成）

感染症類型	感染症名
1類感染症	エボラ出血熱，クリミヤ・コンゴ出血熱，痘そう，南米出血熱，ペスト，マールブルグ病，ラッサ熱
2類感染症	急性灰白髄炎，ジフテリア，SARS，結核，鳥インフルエンザ（H5N1）
3類感染症	腸管出血性大腸菌感染症，コレラ，細菌性赤痢，腸チフス，パラチフス
4類感染症	A型肝炎，E型肝炎，レジオネラ症，狂犬病，炭疽，H5N1以外の鳥インフルエンザ，ボツリヌス，マラリア，野兎病，日本脳炎，ウエストナイル熱，エキノコックス症，オウム病など43感染症
5類感染症	インフルエンザ，A型肝炎，E型肝炎以外のウイルス性肝炎，クリプトスポリジウム症，後天性免疫不全症候群，性器クラミジア感染症，梅毒，風疹，麻疹，メチシリン耐性黄色ブドウ球菌，アメーバ赤痢，破傷風，クロイツフェルト・ヤコブ病，クラミジア肺炎など44疾患

公衆衛生上の問題となる感染症」[1]と定義されている．その多くはアフリカ奥地などで保存されていた微生物が，交通網の発達からヒトが未開地に足を踏み入れるようになり国際的に広がることが多い．また「かつて存在した感染症で公衆衛生上ほとんど問題とならないようになっていたが，近年再び増加してきたもの，あるいは将来的に再び問題となる可能性がある感染症」[1]と定義されている感染症を再興感染症とよび結核やマラリアなどが該当する．抗生物質に対する耐性菌の出現，生態系の変化，突然変異による強毒化などが要因である．いまだに発展途上国のみならず先進国においても新興・再興感染症対策が求められている．

●**わが国における感染症対策**　わが国の感染症対策は1897年に制定された伝染病予防法を柱として行われてきた．しかし，社会防衛を主眼としていたために人権面において問題があること，新興・再興感染症の対策が必要になったことなどのため，1999年「感染症の予防及び感染症の患者に対する医療に関する法律施行規則」（感染症法）[2]が制定され，エイズ予防法，性病予防法が統合され，結核予防法も2007年感染症法に統合された．感染症は1類から5類に分類されている（表1）．1類はエボラ出血熱や痘そうなどの強毒性で国際的な流行が予想される感染症，2類は急性灰白髄炎（ポリオ），結核など1類に準ずる感染症，3類は腸管出血性大腸菌やコレラなど特定の職業（特に給食業など）によって集団発生を起こし得る感染症，4類，5類は3類までと比較して比較的軽症だが発生状況の把握が必要な感染症で，4類は動物，飲食物等を介しての感染症，5類はヒトからヒトへの感染症に分類されそれぞれに対しての対応・措置が取られている．

［草野洋介］

ロコモティブシンドローム

locomotive syndrome

　日本は世界に先駆けて高齢化社会を迎えつつあり，要支援・要介護の高齢者も増え続けている．要支援・要介護となる原因としては，脳卒中が全体の21.5%でもっとも多いが，関節疾患，転倒・骨折もそれぞれ10%ほどあり，2つあわせると脳卒中とほぼ同じ割合になる．

　身体運動に関係する骨，関節，筋肉，腱，靭帯，神経などの器官を総称して運動器とよぶ．ロコモティブシンドロームとは，運動器の障害によって，介護・介助が必要な状態になっていたり，そうなるリスクが高くなっていたりする状態をいう[1]．運動器の機能低下が原因で，日常生活を営むのに困難をきたすような歩行機能の低下，あるいはその危険があることを指す．重度になっていくと，さまざまな心身の機能低下をきたす廃用症候群に繋がりかねない．

　2007年日本整形外科学会は，「ロコモティブシンドローム」（ロコモ）を提案した．日本語は「運動器症候群」である．運動器のことをロコモティブオルガン（locomotive organ）ということから，ロコモティブという言葉が選ばれた．ロコモティブには「運動の」という意味のほか，「機関車」という意味があり，年齢を重ねることを否定的にとらえず，機関車のようにアクティブに生きていこうという考えがこの言葉に込められている[1]．

● ロコモティブシンドロームの基礎疾患

　骨粗鬆症：骨の脆弱化により，骨折が起こっていたり，起こる危険の高くなったりした状態が骨粗鬆症である．骨折は脊椎，大腿骨頸部などで頻度が高い．脊椎圧迫骨折は，痛みのほか，脊柱変形，姿勢の変化，身長の低下の原因となる．脊柱の変形は心肺機能の低下や逆流性食道炎の原因となる．大腿骨頸部骨折は多くは転倒で起こり，股関節部の疼痛が強く，通常，直後から起き上がることができない[1]．

　変形性関節症：膝関節軟骨の変性は関節の痛み，可動域制限をきたし，正座やしゃがみこみなどの運動障害や歩行障害の原因となる．関節の障害はその周囲筋の筋力低下をきたす．筋力には関節安定化，衝撃吸収作用があることから，その低下は軟骨変性の要因になるという悪循環が考えられる．関節軟骨の変性した状態が変形性関節症である[1]．

　腰部脊柱管狭窄症：椎間板の変性は，腰背部の痛み，脊柱の可動域の制限の原因となる．脊椎前方の椎間板の変性や後方の椎間関節の変形性関節症の変化，さらに黄色靭帯の肥厚などにより，脊柱管は年齢とともに狭くなる．腰椎の背柱管が狭くなり馬尾神経が圧迫を受け，下肢の痛みやしびれ，力が入りにくいなどの

図1　ロコトレ：開眼片脚立ち
（出典：日本整形外科学会：http://www.joa.or.jp/jp/public/locomo/locomo_pamphlet_2012.pdf より）

症状が現れた状態が腰部脊柱管狭窄症である[1].

サルコペニア：加齢により筋量，筋力は減少する．1989年ローゼンバーグによりサルコペニア（加齢性筋肉減少症）の名称が提案された[2]~[4]．年齢による筋線維の萎縮はタイプⅡ線維で顕著で，上肢に比べ下肢筋での低下が大きい．立位の保持，歩行には下肢筋，特に下腿三頭筋，大腿四頭筋，殿筋群，そして背筋，腹筋の筋力が重要である．その筋力の低下は，歩行，階段昇降，転倒リスクの上昇など日常生活動作に及ぼす影響は大きい[1].

●ロコモーションチェック　ロコモの予防には早期発見が重要である．ロコモーションチェック（ロコチェック）として7つの項目が設定されている[2]．日常生活で気づきやすいように，1）片脚立ちで靴下がはけない，2）家の中でつまずいたり滑ったりする，3）階段を上るのに手すりが必要である，4）横断歩道を青信号で渡りきれない，5）15分くらい続けて歩けない，6）2kg程度の買い物（1リットルの牛乳パック2個程度）をして持ち帰るのが困難である，7）家の中のやや重い仕事（掃除機の使用，布団の上げ下ろしなど）が困難である，となっている．1つでも該当すればロコモの可能性がある．

●ロコモーショントレーニング　ロコモーショントレーニング（ロコトレ）の重要な2つの運動として開眼片脚立ちとスクワットが推奨されている[1].

開眼片脚立ち訓練（図1）：眼を開いて片脚で立つ．片脚立ちは主にバランスをとる力を高める運動であるが，片側の下肢で体重を支えるため，筋力トレーニングにもなる．足趾屈曲力をはじめとして，足関節，膝関節，股関節を支える下腿，大腿，殿部の筋力のみならず，骨盤の水平位を安定させるための体幹筋の筋力も

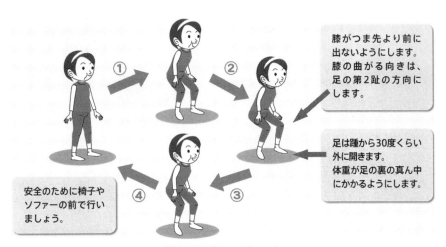

図2　ロコトレ：スクワット

（出典：日本整形外科学会：http://www.joa.or.jp/jp/public/locomo/locomo_pamphlet_2012.pdf より）

強化される．左右1分間ずつ1日3回が推奨されている．高齢者の場合は転倒の危険に注意し，机や平行棒につかまりながら行うようにする．

　スクワット（図2）：スクワットは下肢筋力に効果の高い運動である．大腿四頭筋だけでなく，大殿筋，ハムストリング，前脛骨筋なども鍛えられる．できれば膝から下が，床面に垂直に近いまま動かさないくらいの意識で行う．つまり，下腿が直立し膝から上の動きだけでスクワットをするイメージである．腰を後ろに引くのでバランスをとるためにかなり上体を前傾させる．ゆっくり行うことが重要である．腰を下ろす動作に5〜6秒，上げる動作に5〜6秒かける．息は止めない．これを5〜10回，1日3セットを目標とする．

　その他のロコトレとして，ストレッチ，関節の曲げ伸ばし，ラジオ体操，ウォーキングなどの運動がある． ［青柳　潔］

食生活と健康
diet and health

　生理人類学的な意味での食生活とは，「ヒト」が生きていくためのエネルギー源と身体をつくり，その働きを維持するための栄養素を摂取すること，そして「人」として生きていく社会的，文化的な営み――それに対応して健康も"ヒト"としての生理的に良好な状態であることと，"人"としての生活の質が保たれていること――と定義でき，この両者の関係はすぐれて生物的-文化的なものである．

●**食生活と健康：適応の観点から**　生物的-文化的な食生活と健康の関係では，現在の日本における生活習慣病の増加（生物的）の原因を食生活（文化的）の変化に求める考えがある．日本人の食生活が終戦後，特に1960年代からの戦後経済の復興の中で，それまでの高塩分・高炭水化物・低動物たんぱく質という食生活から，テレビなどマスメディアの普及に伴うアメリカ的生活スタイルへの文化的あこがれや，戦後のアメリカの食料政策[1]も手伝い，動物性たんぱく質や脂質を多く含むいわゆる西欧型（アメリカ型）食生活に大きく変化してきた．従来の高炭水化物食からの食生活の急激な変化は，1人あたりのコメの消費量が1965年をピークに急激に下がり始め，現在で1965年の約半分の消費量[2]となっていることからも明らかである．国民栄養調査の結果から終戦直後の日本人はエネルギーの約81%を炭水化物から摂取し，脂質からは約9%であったが，1975年には前者から63%，後者から22%ということからもわかる．

　このような急激な食生活の変化は，ヒトが新しい「食・食生活」への適応するための期間が不十分であるため，生物的な面（健康）にも大きな影響を与え，さまざまな障害が起こる可能性が考えられる．現代における肥満・生活習慣病の世界的広がりを進化医学的観点から考えれば，ヒトの身体が何百万年続いた狩猟-採取の食生活に適応しており，1万数千年前からから始まった農耕革命以降の食生活にまだ適応していない非適応のためであると解釈できる[3]．

　例えば，南欧・西欧では，有史以来早くから農耕（穀類）・牧畜を生業としてきており，国民の多くが農耕（麦）・牧畜（家畜）に基づく食生活に適応してると考えられるが，南欧・西欧から距離的にも大きく離れた北欧のノルウェーでは西欧的な食事に完全に適応できていない点もあり，いわゆる西欧的な食事ガイドラインに反対する論考もみられる[4]．

　日本人の起源にはいくつかの説があるにせよ，海に囲まれた広葉樹林帯に属す日本列島に定着してから1万数千年が過ぎようとしていることを考えると，日本人もノルウェーでの例を無視することはできず，日本人が「適応した」食生活，つまり日本型食生活（図1）を改めて認識し直し，その普及と実現を個人の行動変

図1　農林水産省：日本型食生活の例

容とともに求めて行く必要があると考えられる．

●**日本人の栄養素（食物）摂取の基準について** ── 厚生労働省がすすめる健康日本21に示された栄養素（食物）摂取の基準[5]にも，日本人の食生活の急激な変化に対する危惧からの提言がみられる．特に脂肪エネルギー比率（総脂質からの摂取エネルギーが総摂取エネルギーに占める割合）は昭和20年代以降30年余りで3倍近くの急激な増加を示し[6]，それにともなって動脈硬化性心疾患や乳がん，大腸がんの発症が増加し，それらによる死亡率も上昇している．このことから「日本人の食事摂取基準（2010年版）」では，脂肪エネルギー比率の目標量を，18～29歳までの男性・女性では20%以上30%未満，30歳以上までの男性・女性では20%以上25%未満としている．

●**食塩摂取基準の難しさ**　一方，この脂肪エネルギー比率の基準設定に較べ難しいのは食塩の摂取量の基準である．食塩摂取については欧米先進国において高血圧との関係から減塩が薦められ，WHO-国際高血圧学会は高血圧の予防と治療のために食塩摂取基準量を6 g/日以下としている[7]．しかし，日本人の食文化では醤油，味噌など食塩を多く含む食品を多く使用するため，この基準（6 g/日）では日本の伝統的食文化を守ることができない．また急な減塩は特に高齢者の生活の質（QOL）を下げるおそれがある．このため，厚生労働省「第6次改定日本人の栄養所要量─食事摂取量」[8]では，WHO-国際高血圧学会の数値を日本人に適用するのは現実的ではないとして，10 g/日未満を目標としている．

この考えは先に述べた「食生活と健康：適応の観点から」からも妥当であると思われるが，この食塩摂取量の血圧に与える影響については多くの論争点（個人差，民族差，食文化の差など）があり，まさに生物的-文化的な観点からさらに検討する必要のある問題である．

［曽根良昭］

運動と健康
exercise and health

　健康を維持するために運動が不可欠な要素であることはよく知られている．健康日本21推進全国連絡協議会によると，その設立趣旨冒頭に，「国においては，これからの少子・高齢社会を健康で活力あるものにするため，生活習慣病などを予防し，壮年期死亡の減少，健康寿命の延伸等を目標とする21世紀における国民健康づくり運動「健康日本21」を提唱し，広く国民によびかけているところである（以下略）」とある[1]．このような健康づくり運動が国家レベルで展開されている背景には，わが国の特殊な人口構成，すなわち急速な少子高齢化が考えられる[2]．事実，日本は世界有数の長寿国であるが，一方で生活習慣病や介護問題，国民医療費の増加など，健康や福祉に関する社会問題が顕在化している．

●**生活習慣病と肥満**　平成22年に日本国内で死亡した日本人119万7,000人のうち，悪性新生物，心疾患，脳血管疾患，腎不全などでなくなった方は70万人以上であった．つまり，死因の60%以上が生活習慣病を根源とする各種疾患で占められていることになる[3]．生活習慣病に関係する要因として，喫煙や過剰なアルコール摂取など，実にたくさんの要因があげられているが[3]，運動と食生活の関係に限定すると，最も注目すべき要因は肥満であろう．肥満は脂肪が過剰に身体に蓄積した状態を指すが，いくつかの特殊な病態や遺伝的影響を除けば，摂取エネルギー（食行動）と消費エネルギー（身体運動）の収支が過剰に＋（プラス）になった状態にほかならない．男性に多いとされる内臓脂肪型肥満に加え，高血糖・高血圧・脂質異常症のうち2つ以上を併発した状態をメタボリックシンドロームという．特に日本人は民族的特徴から，欧米人よりメタボリックシンドロームによる悪影響を受けやすいという報告もある[4][5]．

●**肥満の定義と体格指数**　肥満とは体脂肪率が男性25%以上，女性30%以上を越えた状態を指すのが一般的である．しかしながら，生きているヒトの蓄積脂肪量を正確に測定するのは大変困難であるため，肥満度の判定を体格指数で代用することが多い．学童期の子供によく使われるのがローレル指数であり，次の式で求められる．

$$\text{ローレル指数} = \text{体重(kg)} \div [\text{身長(cm)}]^3 \times 10000000$$

　ローレル指数は130程度で標準とされ，±15程度に収まっていれば標準とされる．また±30以上では，「太り過ぎ」または「痩せ過ぎ」と判断する．一方，学童期以上の年代に用いられるのが，BMI (Body Mass Index) とよばれる体格指数で，国際的にも広く認知されている．この指数は次の式で求められる．

$$\text{BMI} = \text{体重(kg)} \div [\text{身長(m)}]^2$$

しかしながら，BMI を用いた肥満の判定基準は国により異なる．例えば，世界保健機関（WHO）では，BMI = 25 以上を Over Weight（過体重），BMI = 30 以上を Obese（肥満）としている．日本肥満学会ではBMI = 22 を標準としており，BMI = 25 以上を肥満，BMI = 18.5 未満を低体重としている．

ところが近年の報告によると，日本人の場合，心疾患による死亡率が最も低い BMI 値は 24 前後で，これは WHO や日本肥満学会の基準より若干高かった[6]．また，最も

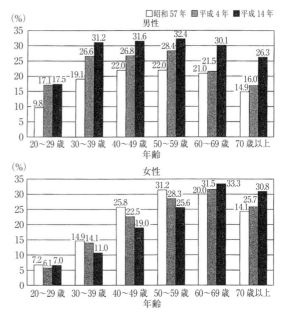

図1　BMI = 25 以上の割合（出典：文献[7]より）

死亡リスクの高い BMI 値は 18.5 以下で，いわゆる「痩せ」でも，心疾患による死亡リスクは十分高いことが示された[6]．

●隠れ肥満　日本では，男性は各年齢層において，年を追うごとに肥満傾向が高まっているが，女性は必ずしもそうではない（図1）[7]．これは，女性の痩身願望など社会的要因が大きいと考えられる．18～21 歳の日本人女子学生世代を対象にした最新の報告[8]によると，BMI では標準か低体重と判定されるにもかかわらず，実際の体脂肪率は 30% を越える「隠れ肥満」と，その傾向にある'予備軍'が 20% 近くに達するという（図2）．

これらの結果は，必ずしも Hozawa らの報告[6]と無関係ではない．隠れ肥満の要因として，食事制限による骨格筋の減少があげられる．少なくともダイエットのためには，骨格筋を減らすような行動は慎みたい．なぜならば，骨格筋は蓄積脂肪を積極的に消費することができる唯一の「工場」であり，我流ダイエットや朝食抜きによって骨格筋が減少すれば，基礎代謝量が減少するうえ，より脂肪が燃焼されにくい体質になりやすくなる（リバウンド）からである．

●運動と健康　加齢によって体力は低下傾向を示すが，加齢に抗して体力を維持することは可能である．体力を維持・向上させるには，筆者の知る限り，習慣的

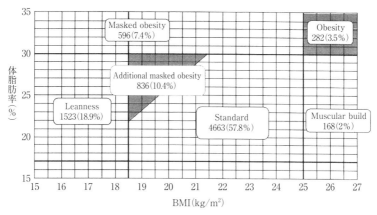

図2 隠れ肥満とその予備軍は若い女性世代では20%近くに上る（出典：文献[8]より）

な運動実施以外の方法はない．一般的に，運動はその強度から「有酸素性運動」と「無酸素性運動」に分けられる．両者を分ける基準として無酸素性作業閾値という持久性体力指標が頻用される．これは，全身持久力の指標である最大酸素摂取量のおよそ60%程度に相当する．心拍数と酸素摂取量は直線的な関係を示すことから，各年齢の最高心拍数（220−年齢）を基準に60%以下の運動強度を個別設定すると実用的である[7]．このような有酸素性運動を長期間継続した場合，骨格筋レベルでは毛細血管密度の増加や脂肪代謝の亢進が年代を問わず観察される．このようなトレーニング効果は，基本的に運動量の大小に比例するが，比較的少ない運動量でも，継続性があれば効果があると報告されている[9]．最大酸素摂取量などに代表される持久性体力が一定水準以上ならば，メタボリックシンドロームの罹患率は低いようである[9]．

健康日本21における運動項目を見ると，その数値目標は「…歩」のように歩数で表示されていることに気づく．これは，健康日本21が歩行やジョギングなど，身体移動を伴う有酸素運動を意図していることを意味している．2012年7月に，第2次健康日本21が発表されたが，従来からの変更点は，過去10年余りの間に激変した社会情勢を考慮して，健康寿命の延伸と健康格差の縮小，生活習慣病関連疾病の発症・重症化予防に重点を置いている．つまり，なるべく若いうちから正しい運動習慣と知識を身につけることが，健康を維持するうえで大切なのである．

[安陪大治郎]

飲酒と喫煙
drinking and smoking

　酒とタバコの歴史は古く，人類は紀元前からさまざまな目的で生活の中に取り入れてきた．飲酒や喫煙によってもたらされる「酔い」や「陶酔感」という精神変容は，人類にとって非日常的な生理現象であり，古くは呪術や宗教など神聖な営みと深く結びついていた．このため酒とタバコは特別な儀式や祭事などで用いられるハレの存在であったが，商品としての価値が見出され，大量生産と流通が可能になると一気に大衆化してケの存在となっていった．今や酒とタバコは世界中に広がり，人類の歴史や文化，そして生活に深く結びついた身近な存在となっている．しかし，こうした地球規模での広がりの一方で，喫煙と過度の飲酒は精神的・身体的健康を損なうことがわかっており，大きな社会問題ともなっている．

●**タバコとニコチン**　一般に栽培されている葉たばこは，ナス科タバコ属の *Nicotiana tabacum* で南米アンデス山脈が原産地とされている（図1）．このため，アメリカの先住民の間でははるか昔からタバコを用いた風習が広まっていた．中央アメリカで栄えたマヤ文明の遺跡からは，タバコを宗教儀礼や病気の治療に用いていたことを示す彩色土器や壁画など，多くの資料が見つかっている．1492年にクリストファー・コロンブスがアメリカ大陸を発見した際，先住民から親睦の意味を込めてタバコを贈られ，これをヨーロッパに紹介したことが世界中に広まる発端となった[1][2]．

図1　タバコの花．日本の栽培種は5月から6月頃に開花するが，開花直後に摘芯作業を行い，花芽は摘み取られる

　タバコに含まれているニコチンには強力な薬理作用があり，喫煙などによって速やかに吸収されたニコチンは神経細胞のシナプスにおいて神経伝達物質として作用する．ニコチンが本来の刺激伝達機構を介すことなく下位細胞へと刺激を伝達する結果，喫煙によって一時的な覚醒感や快楽がもたらされる．しかし，喫煙を繰り返しているうちにアセチルコリンなど正常な神経伝達物質の分泌とその受容体が減少してしまうため，喫煙が途絶えてニコチンが供給されなくなると，正

常の神経伝達が停滞してイライラ感や憂鬱感などが出現することになる．これがいわゆるニコチン離脱症状である．喫煙者は離脱症状を回避するために喫煙を繰り返すようになり，ニコチンへの身体依存が形成されていく．ニコチンにはヘロインやコカインと同等の依存性があるとされ，この依存性こそが何百年もの間，人類を虜にしてきた大きな要因である[3].

●**喫煙と健康**　タバコの煙は，喫煙者が吸入する主流煙とタバコの先端から立ち上る副流煙，そして主流煙が吐き出された呼出煙に分けられ，呼出煙と副流煙を合わせた煙が環境タバコ煙とよばれる．タバコの煙には5,000を超える化学物質が含まれているとされ，その中には国際がん研究機関（IARC）によって確認されているだけでも73の発がん物質が含まれている[4]．特にベンゾ(a)ピレンに代表される多環芳香族炭化水素やニトロソアミンは強力な発がん物質として知られ，体内で活性化されてDNAを修飾し，$p53$やK-RASなど細胞増殖に関わる遺伝子に変異を誘導することで，細胞のがん化を促進させると考えられている．

　喫煙は悪性腫瘍（がん）をはじめとしてさまざまな病気の原因，あるいは増悪因子となっていることが多くの疫学研究によって証明されている[5][6]．英国の男性医師34,439人を50年にわたって追跡した研究によると，喫煙者の総死亡率は生涯非喫煙者に比べ1.83倍高く，疾患別死亡率では，肺がん14.65倍，口腔内・咽頭・喉頭・食道のがん6.67倍，肺気腫などの慢性閉塞性肺疾患14.18倍，心筋梗塞1.62倍，脳卒中1.57倍と多くの疾患で有意に高いことが示された．さらに，喫煙者の寿命は生涯非喫煙者と比べて平均で約10年短かったと報告している[7].

　受動喫煙によってもさまざまな健康障害を引き起こすことが報告されている．1992年，アメリカ合衆国環境保護庁は受動喫煙が非喫煙者の肺がんのリスクを高めていると結論づけ，環境タバコ煙をヒトにがんを起こすことが証明された物質（Aグループ発がん物質）に認定した．

　2003年5月にジュネーブで開催された第56回WHO総会において，タバコによる健康，社会，環境および経済への悪影響を防止するため，公衆衛生分野で初となる「タバコ規制に関する世界保健機関枠組条約」が全会一致で採択された．この条約は2005年2月に発効し，世界中でタバコ消費の削減に向けた取組が進められている．

●**アルコールと飲酒**　人類が酒をつくり始めたのは石器時代にまでさかのぼり，農耕が開始される前には，蜂蜜やブドウなど自然界に存在する糖分の多い素材を発酵させる醸造酒がつくられていたとされる．農耕が開始されると穀物を糖化させた後に発酵させる技術が開発され，酒の大量生産が可能となって飲酒の大衆化が進んでいった．

　世界中に無数ともいえる種類が存在する酒は，人々の暮らしに深く浸透し，人類の歴史，文化，社会に大きな影響を与えている．アルコールはドーパミンの分

泌を促進することが知られており，飲酒がもたらす「酔い」と高揚感は，心身をリラックスさせストレスを和らげるとともに，人間関係を円滑にするコミュニケーションツールとしての効用をもつとされる[8]～[10]．しかし，その一方で過度の飲酒はさまざまな健康障害を引き起こす．

体内に摂取されたエタノールは，通常，胃と上部小腸から吸収され，門脈から肝臓を通過して全身へと循環する．エタノールは主に肝臓で代謝され，まず，アルコール脱水素酵素（ADH）によってアセトアルデヒドになり，次に主に2型アセトアルデヒド脱水素酵素（ALDH2）の作用で酢酸になった後，最終的には炭酸ガスと水に分解される．ALDH2をコードする遺伝子の多型によって酵素活性に違いがあることがわかっており，487番目のアミノ酸がグルタミン酸（ALDH2*1）からリジン（ALDH2*2）に置換されたタイプは酵素活性の低いことがわかっている．日本人の約40％がALDH2*2を有しており[11]，ALDH2*2のホモタイプALDH2*2/*2をもつ人はいわゆる酒が飲めない下戸の体質である[12]．

●**飲酒と健康** 急性アルコール中毒や大量長期摂取による依存症，肝障害，膵炎，ウェルニッケ脳症などはよく知られているが，これまでの疫学研究によって，脳血管疾患，心血管疾患，肝疾患，悪性腫瘍，糖尿病などさまざまな病気とアルコールが強く関連していることが報告されている．しかし，アルコール摂取量と健康リスクとの関係は，単に摂取量に伴ってリスクが増加するという単純な関係ではない．49万人を9年間追跡した疫学研究では，非飲酒者よりも少量から中等量の飲酒者で総死亡率が低いことが示された．食道がんや肝がんなどの悪性腫瘍の死亡率はアルコール摂取量に伴って増加していたものの，心血管疾患による死亡率が低下しており，このことが総死亡率の低下につながったと結論づけている[13]．ホルマンらによるメタ解析でも，少量摂取群では非摂取群よりも総死亡率が低いという結果が報告されている．しかし，一定量を超えると右肩上がりに死亡率が上昇していくことから，アルコール摂取量と総死亡率との関係はJ字パターンを呈することが示された[14]．日本人を対象とした研究でも，同様にJ字パターンであることが報告されている[15][16]．

こうした少量飲酒の健康面への利点は，非喫煙者で認められるものの喫煙者では認められず，逆に飲酒と喫煙には相乗効果があるとされる．喫煙は食道がんを含めたさまざまな悪性腫瘍との因果関係が証明されているが，エタノールが代謝されて産生されるアセトアルデヒドも食道がんと強く関連する物質として有名である．オランダの研究では，1日15g以上のアルコールを摂取する喫煙者は，1日5g以下しか摂取しない非喫煙者に比べて，食道がんのリスクが8.05倍に増加したことで，飲酒と喫煙には相乗効果があることを報告している[17]．［前田隆浩］

メタボリック・シンドローム
metabolic syndrome

わが国の疾病動態（図1）を疾患別死亡割合でみると，第2次世界大戦以前は感染症が主体であり，抗生物質，抗結核剤の出現と環境衛生の進歩により感染症による死亡が激減した．それに代わり，わが国の食習慣特有の塩分摂取量から来る高血圧の有病率の高さを背景として脳出血を主とした脳血管疾患が1951年より死亡原因1位となった．降圧剤の一般化により高血圧管理が進んだこと，CTの発明による早期手術が可能になったこと，塩分摂取量の減少により脳血管疾患の死亡が減少したことにより，1981年には悪性新生物（がん）が1位となり，現在，悪性新生物，心疾患，脳血管疾患の3大生活習慣病で死亡原因の6割を占めている．心疾患は食生活の欧米化とともに心筋梗塞の死亡を主因として増加傾向が続いている．脳血管疾患では前述したように脳出血による死亡は大幅に減少したが，心筋梗塞と同様に脳梗塞が増加したことから死亡は横ばいとなっている．このように食生活の欧米化に起因する動脈硬化性疾患が問題となっている．生活習慣病は食習慣，喫煙，運動，休養，睡眠などによる体内の全身的協関性により起こると考えられる．動脈硬化性疾患も例外でなく生活習慣の改善による健康増進が必要となっている．

●メタボリック・シンドロームの概念の確立

1980年代に，肥満，脂質異常症，高血圧，高血糖などが動脈硬化のリスクであり，それらの数が多ければ多いほど脳血管疾患と心疾患のリスクが上昇することが解明されてきた．その先駆けとなったのが1988年に発表されたシンドロームX，そ

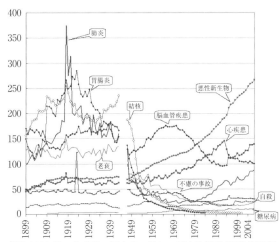

(注) 1994年の心疾患の減少は，新しい死亡診断書（死体検案書）(1995年1月1日施行)における「死亡の原因欄には，疾患の終末期の状態としての心不全，呼吸不全等は書かないでください．」という注意書きの事前周知の影響によるものと考えられる．2007年（データ末尾年）は概数

図1 主要死因別死亡率（人口10万人対）の長期推移（出典：厚生労働省「人工動態統計」より）

して翌年の「死の四重奏」である．1992年には松澤らが内臓脂肪の蓄積に他の要因が重なる「内臓脂肪症候群」を提唱した．1999年に初めてWHOが「メタボリック・シンドローム」という表現を用い診断基準を提唱，ついで米国や国際糖尿病連合による診断基準が続いた．

2001年には中村らが肥満，高血圧，脂質異常症，高血糖のうち，1つが存在すると5.1倍，2つが存在すると9.7倍，3つもしくは4つが存在すると31.3倍の率で心疾患のリスクが高まることを明らかにした[1]．わが国では2005年日本内科学会や日本動脈硬化学会など8学会が共同で「メタボリック・シンドローム」の診断基準[2]（メタボリックシンドロームの定義と診断基準，メタボリックシンドローム診断基準検討委員会，日本内科学会雑誌，94, 4, 2005）を発表した．それは「内臓脂肪面積100 cm^2 に相当する臍周囲径男性85 cm，女性90 cm以上であったうえで，脂質異常症（HDLコレステロール低値，中性脂肪高値），高血糖，血圧高値のうち2つ以上を満たすもの」であった．

●**メタボリック・シンドロームと動脈硬化性疾患**　なぜメタボリック・シンドロームになると動脈硬化性疾患につながるのか？　それはまさに前述したような，食習慣，喫煙，運動などの生活習慣に対する全身的協関性の変化がもたらす内臓脂肪蓄積に加え動脈硬化の3つのリスクファクターである脂質異常症，高血糖，血圧高値によりもたらされる．

内臓脂肪蓄積により，動脈硬化の材料となる脂質が血中に供給される．また内臓脂肪の蓄積が進むと動脈硬化を抑制する生理活性物質アディポネクチンの分泌が減少するとともに，PAI-1やTNF-αなどの分泌亢進により動脈硬化が進行する．

また本来，インスリンの作用により過剰な血糖が本来収容されるべき脂肪細胞に内臓脂肪が入り込むため，糖分の収容先がなくなり，高血糖となり，インスリンが過剰に膵臓から分泌される，いわゆるインスリン抵抗性の状態となる．血中のインスリン濃度が増加すると，腎尿細管でのナトリウム再吸収が亢進し高血圧や肝臓でのVLDLコレステロール産生増加による高中性脂肪血症を招くことになる．このように内臓脂肪型肥満は動脈硬化のトリガーになるのである．さらに，動脈硬化の材料を供給する脂質異常症，動脈硬化の引き金となる高血糖，血圧高値が内臓脂肪蓄積と重なることにより，動脈硬化が進行し動脈硬化性疾患の発生を招くことになる．

以上の点から2000年から行われている21世紀における健康づくり運動である健康日本21に2007年からメタボリック・シンドローム対策が取り入れられるとともに，40歳以上にメタボリック・シンドロームの概念を取り入れた特定健診・特定保健指導が義務付けられ，対策が行われている．　　　　　　　［草野洋介］

がん
cancer

　がん細胞は，自己の正常細胞の遺伝子に変異が起こり，細胞の形態・機能に変化が生じたものである．がん細胞は，原因が取り除かれても再び元の正常細胞に戻ることはなく（不可逆的病変），正常な増殖調節メカニズムから逸脱し，自律的に無秩序・無制限に増殖を続ける（自律性増殖）．さらに発生部位の周囲組織に浸潤し，血管・リンパ管に侵入して全身に転移する[1]．

●**がん発生の仕組み**　正常細胞の増殖装置が故障することから始まり，2種類の遺伝子が関与している[1][2]．

　1つ目は「がん遺伝子」で，正常細胞の増殖に関わり，点突然変異・遺伝子増幅・染色体転座などで活性化されることにより細胞が異常増殖しがんが発生する．

　2つ目は「がん抑制遺伝子」で，正常細胞の増殖制御に関わり，不活性化されると細胞が異常増殖しがんが発生する．がん抑制遺伝子は，細胞内に父親由来のアレル（対立遺伝子）と母親由来のアレルが合わせて2個入っている．細胞内に2個あるがん抑制遺伝子の片方のアレルに変異が生じても（1ヒット），もう1個のアレルが存在し機能していればその細胞はがんにならない（ヘテロ接合性）（図1）．しかし残りのアレルも変異すると細胞はがんになる（ヘテロ接合性の消失）（クヌッドソンが提唱した2ヒット説1971年）（図1）．

　一般的にがんはこれらの遺伝子の異常が積み重なって形成される．大腸がんの多段階発がん説（腺腫がん関連説）では，*K-ras* がん遺伝子の活性化，*APC*, *p53* がん抑制遺伝子の不活性化が段階的に集積することがわかっている．

●**遺伝性がんと非遺伝性がん**　がんには「遺伝性がん」と「非遺伝性がん」とがあり，遺伝性がんは約5％以下にすぎない[1][3]．

　遺伝性がんは，親から受け継いだ単一遺伝子変異による病変で，胚細胞（精子あるいは卵子）に遺伝子の変異（胚細胞変異）が生じ，子の体のすべての細胞に遺伝子変異が生じている（図1）．多くの遺伝性がんは，がん抑制遺伝子の胚細胞変異が原因である．遺伝性がん患者の場合，生来体中の細胞それぞれがもつ2個のがん抑制遺伝子のうち片方のアレルに胚細胞変異があり，1個の正常アレルだけで人生をスタートしているので，2個の正常アレルをもって人生をスタートしている一般の人よりもがんになりやすい（図1）．

　非遺伝性がんは，体細胞（胚細胞以外の細胞）に遺伝子の変異（体細胞変異）が生じ，がん細胞以外の細胞の遺伝子は正常である（図1）．

　がんは，複数のリスク要因，つまり遺伝要因と環境要因の組合せで生じ，どちらの要因が優勢かはがんの種類による．スウェーデン，デンマーク，フィンラン

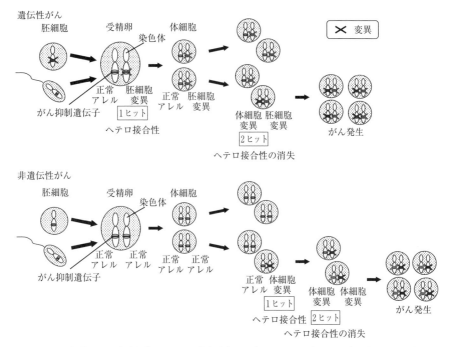

図1 遺伝性がんと非遺伝性がん．がん抑制遺伝子の変異による発生メカニズム（2ヒット説）

ドの北欧3ヵ国での研究によれば，遺伝要因の影響が大きい前立腺がん（42%），大腸がん（35%），乳がん（27%）に双子の片方が罹患した場合，もう片方が75歳までに同じがんに罹患する確率は一卵性で11～18%，二卵性で3～9%で，遺伝子が100%一致しても同じがんに罹患する確率は2割に満たず，環境要因の影響がはるかに大きかった[4]．体内で発がん物質を活性化したり，DNA付加体を修復したりするさまざまな酵素の働きは，個人の体質を決める遺伝子多型により異なるので，発がんリスクの大きさは，環境要因だけでなく遺伝要因によって異なってくる[5]．

このように，がんは遺伝要因に加えてさまざまな環境要因の作用によって，細胞のゲノムに変異が蓄積し，その結果正常な分子経路が破綻して，不可逆的病変になり，自律的に増殖し，さらに浸潤，転移をする．がんはゲノムの異常に基づく疾患であり，その異常を解明することにより，分子レベルでのがん病態の解明，新しい予防方法，診断方法，治療方法が開発されることにつながる．[今井美和]

こころの健康
mental health

　いきいきと自分らしく生きるためにはこころの健康を保つことが重要であるが，一方でこころの病により医療機関にかかっている患者数は年々増加しており，平成23年度内閣府の報告によると320万人を超している[1]．こころの病にはさまざまな種類があり，その疾病によって症状や治療方法は異なる．しかしながら身体の疾病と異なり，血液検査やレントゲン，CTなどの画像検査などによりこころの病の原因を追究して診断することは難しい．そのため，患者は自分自身の疾病について客観的に理解しにくく，また周囲の理解も得がたい．現在，こころの病の診断基準は，原因は問わず，特徴となる症状と持続期間，それによる生活上の支障がどの程度であるかにより診断名がつけられている．ここでは，こころの病としてわが国において代表的な疾病について解説する．

●**統合失調症**　こころの病として代表的な疾病の1つとして統合失調症（2002年以前は精神分裂病とよばれていた）があげられる．統合失調症は思考内容，思考過程，知覚のゆがみから幻覚，妄想といった症状（陽性症状）が現れる特徴を有している．その他の症状としては，意欲の喪失，感情の平板化，集中力の低下，思考の貧困化といった陰性症状，不安，抑うつといった感情障害がみられる．発症は10代後半～30代前半に多く，完全寛解（病前の機能状態に完全に戻る）にいたることはあまり多くない．生涯有病率（一生の中で統合失調症を経験した者の割合）は性，地域を超えて0.5～1.5%と決してまれな疾患ではなく[2]，わが国においては病床占有率が最も高いこころの病である．

　統合失調症の病因についてはいくつかの要素が示唆されている．一卵性双生児の一致率は二卵性よりも高く[3]，患者の親から生まれた子供の発症は10倍に上昇することから[4]遺伝要因が指摘されている．しかし一方で養子先の家族では発症率は高くないということも報告されているので，単一遺伝子が原因となるのではなく，遺伝要因（疾患感受性遺伝子）と環境要因によるものと考えられている．

　治療法については，1950年代のクロルプロマジンの発見により統合失調症への薬物療法がなされて以来，抗精神病薬が症状改善に役立っている．現在は中脳辺縁系および中脳皮質系に作用しドーパミンの神経伝達を調整する薬物療法が中心となっている．従来までは統合失調症に対する精神療法は効果がないと考えられていたが，現在では幻覚，妄想などの陽性症状と陰性症状に対する認知行動療法の高いエビデンスが報告されている[5]．認知行動療法の治療プロセスでは，脆弱性ストレスモデルを理解し，患者自身が症状をコントロールすることを目的としている．また家族への心理教育も有効である．

●**気分障害**　わが国でのこころの病により医療機関にかかる患者数が増加している理由の1つとして，気分障害の患者数の増加が指摘されている．1999年までは気分障害の患者数は40万人台でほぼ変わりなかったが，2002年から増加し，2008年には100万人を超えている．気分障害は，双極性障害（躁うつ病），うつ病，気分変調症，その他に大別されるが，特に患者数が増加しているのはうつ病（うつ病エピソード，反復性うつ病性障害）である[6]．わが国でのうつ病の生涯有病率は3〜7％（欧米では3〜16％），12か月有病率（過去12か月に経験した者の割合）は1〜2％（欧米では1〜8％）と高頻度の疾患である[7]．患者は一般的には女性（男性の約2倍），若年層に多いが，わが国では中高年層でも多い[8]．しかしながら，うつ病の生涯経験者のうち精神科あるいはいずれかの医師へ受診した者は25％しかいない[7]．うつ病は自殺の要因として指摘されており，厚生労働省はうつ病を重要な「こころの健康」問題として対策を進めている．

　うつ病の基本的特徴は抑うつ気分，日常生活におけるさまざまな活動に対する興味または喜びの喪失，また食欲不振，不眠といった身体症状もみられる．DSM-Ⅳ-TR[2]のうつ病エピソードの診断基準では，上記の症状が2週間にわたり，ほとんど毎日，1日中，すべての活動に対し存在することとしている．親子・兄弟間でのうつ病の発症率は1.5〜3.1倍多く[9]，一卵性双生児の一致率も高いことから[7]，遺伝要因が指摘されている．

　うつ病とセロトニンやノルアドレナリン，ドーパミン，アセチルコリン，γ-アミノ酪酸などの脳内の神経伝達物質の調整異常が関与していると考えられている[2]．そのため，治療にはSSRI（選択的セロトニン再取込み阻害薬），SNRI（セロトニン・ノルアドレナリン再取込み阻害薬）などの抗うつ薬を用いることが多い．しかしながらうつ病の再発率は60％と高い．再発防止のためには薬物療法のみならず精神療法も行う必要がある．エビデンスの報告されている精神療法には認知行動療法と対人関係療法がある[10][11]．認知行動療法では，アーロン・T・ベックの考え[12]に基づき，患者特有の認知の背景にあるゆがんだ概念化と非機能的な信念（スキーマ）を特定し，その現実性を吟味し修正することを目的としている．また心理社会的なストレスが契機となりうつ病エピソードが生じることも指摘されているので，治療にあたり環境調整も必要となる．対人関係療法では，対人関係におけるストレスがうつ病発症のきっかけになったと考え，重要な他者との関係に焦点をあてて治療を行う[13]．

　わが国では中高年のうつ病患者が多く，病気のために休職，失職を余儀なくされることも多い．抑うつ症状が寛解し患者が職場復帰，復職を希望する際，再発を予防することが必要である．昨今ではリワーク支援（職場復帰支援）の重要性が指摘されており，生活リズムの立て直し，コミュニケーションスキルの習得，ストレスへの対処法の獲得などのプログラムが提供されている．　　　［百々尚美］

9. 社会と文化

［岡田　明・仲村匡司］

　アフリカで誕生したヒトは，世界中に拡散していく過程で，住むのに決して快適ではない熱帯雨林，乾燥地帯，高所，極北などにも逞しく進出し，その環境に適応してきた．さまざまな環境の下で生活し，子孫を残していくために，ヒトはその土地々々で手に入る材料を巧みに使って，衣服を作り，食べ物を調達し，住まいを構築した．この生き抜くために必要な知恵を同胞と共有することによって，現代へとつながる文化と社会をヒトは築き上げていく．社会の安定と文明の発展は人口増加を加速し，ヒトの今日の隆盛をもたらした．かつての生きるための知恵の一部は芸術の域にまで昇華し，ヒトの生活を豊かにしている．一方で，ヒトの生物学的な資質と文明化された社会との間にさまざまな軋轢も生じている．

　文化とはヒトの生活様式の総体とされる．ヒトが集団として社会を築くために発達させてきた知恵もそこに含まれよう．本章では，ヒトが生きるために築き今も発展させている文化をさまざまな視点から解説するとともに，現代社会に生きるヒトに特有の問題やその解決について考察する．

衣文化
dress culture

　太古より，人類は暮らしを営む土地の周囲にある入手しやすい自然の素材を利用して，体を包み，適応を行ってきた．衣服の起源はネアンデルタール人の時代にまで遡るといわれるが，寒冷な時期は動物の毛皮を身にまとい，着衣が必要ではない温暖な時代や地域でも，外敵や自然環境から身を防護する目的で，あるいは集団を表す記号的役割，さらには身体が包まれることによる精神的な安心感を得ることを目的として，衣服はまとわれた．

　ある集団に共通して着用される衣服形態は，歴史的経過を経て，地域や時代の特性を反映する独自性をもち，広範化して継承され，衣文化となる．衣文化は，気候適応の観点から衣服素材と衣服形態に，美意識や社会性の観点から装飾性に，それぞれ多様性が見られる．

●**衣服素材の多様性と衣服祖型の多様性**　人類が暑熱地域から寒冷地域へと生活圏を拡大するにつれ，衣服材料として利用される素材も多様になった．紀元前数千年前から，ヒトは動物や植物の繊維を引きそろえて糸を作り，撚り合わせてさらに太くし，その糸を使って編んだり，タテヨコに織ったりして，平面上の布を作り上げ，さらにその布を切ったり縫ったりして，人体形状に合わせた衣服に仕立てた．現在では鉱物資源である石油や金属なども衣服材料として用いられるが，資源としての衣服素材を歴史的に見れば，大きく東アジアは絹，東南アジアと南アジアは綿，西アジア・ヨーロッパは亜麻と羊毛に恵まれた．

　生活圏内で入手可能な天然の素材は，各地域の気候適応への要求に合わせて，多様な織物や編み物に作り上げられた．より高い性能を求めて製造技法は高度化し，機能性に対する要求が次々に実現されてきた．世界各地で利用される多様な衣服素材は，形態特性と並び，その地域の衣服を特徴付ける要因である．

　平面の布を人体の曲面に合わせ立体化する手法は，巻く技法からフェルト化や無縫衣などの成形技法まで多様である．一方，衣服の形式は，主として腰衣型，巻衣型，貫頭型，前開き型，体形型の5種類の祖型に分類される．高温多湿な熱帯には腰衣型や巻衣型，乾燥地帯は貫頭衣型，温帯は前開き型と体形型，寒帯では体形型が適応する（図1）．これらの祖型は，生活様式が反映された民族服にも見ることができる．例えば，騎馬文化の地域は体形型の衣服が多く見られる．

●**装飾性と衣文化**　生活様式や文化に影響を与える気候や地形，地質を風土とよぶ．日射，気温，湿度，降水量，気圧，風の気候要素は，衣服素材や着衣形態を左右するが，集団・社会形成に影響の大きい地形などの要素は，精神状態にも影響する．丹野郁[1]によれば，「植物の生育のリズムに合わせて生活する農耕民族

図1　ナイジェリアのコート：トブ．幅6 cmの細長い布を接ぎ合せた総丈260 cmの巨大な貫頭衣（提供：東京かんかん）

は，感情が豊か」で自然と共生する傾向があり，「牧畜地帯に住む牧畜民族は，動物の生活リズムに合わせて生活し，概して合理的」で，自然と対決する傾向があるといわれる．例えば和服は，自然文様に植物が多く取り入れられ，平面的な構成上に情緒的な色調や季節感が反映される．

　天然素材の動物や植物を利用した時代から進むと，衣服素材は栽培，育成されるようになった．必要以上に入手可能になるにつれ衣服は高級化し，製造技法も巧緻性を極め，装飾性の高い芸術性を競う文化的な存在となった．多くの手作業の過程を経てつくり上げられる布は，機械化による大量生産が可能になる近代まで貴重な財産として扱われ，徴税や貢ぎ物にも使用される貨幣価値を持つ存在でもあった．加えて美的価値を求める意識が衣服に独特な価値を与えることとなり，刺繍などの手仕事が意匠の装飾性を高め，紡ぎ出される色や文様が地域性を表すようにもなった．

●**民族衣装と民俗衣装**　民族衣装とは，「民族的，地誌的起源が同一で，文化的伝統，特に言語が共通する社会集団」[1]の衣装であり，特定地域の自然環境や社会環境，生活様式に適応した服飾である．文化的に隆盛な時代に様式が整えられ，形態や着装方法は，社会的構造や生活様式が変化しても受け継がれる．民族衣装は，時代的変遷に観点を置きたいわゆる歴史的な伝統衣装と考えることもできるが，背広やジーンズなどの世界共通の流行服に対する特定の地域の風土や精神性を反映した，地域的特徴に観点を置く現代服と見ることもできる．

　民族衣装は時に権威の象徴や儀式の際の礼服として長く継承され，いわゆる「ハレ」の場で用いられる．宮廷衣装や婚礼衣装，舞台衣装などが代表的である．一方，日常生活を指すいわゆる「ケ」の場の衣装は民俗衣装とも表される．日常服が耐久性を吟味した材料，気候適応のための構造上の工夫など，簡素化の傾向に

収束するのに対し，礼服や晴れ着は染織技法のみでなく，刺繍などの技法を加え，装身具や付属品，被り物や履物に至るまで，装飾性が高まり複雑化する（図2）．

民族衣装は，社会構造が成熟し，国家組織が安定した平和な時代の持続期間が長いほど，技法やデザインが高度化，繊細化し，進化する．ハレの衣装で培われた技法やデザイン性が反映された，芸術性の高い日常用の民族服もある．

●**ファッションとマナー**　服飾は発生，展開，流動，伝承，定着，爛熟，退化，消滅という生態系のような変化をたどるが，その変遷の誘因として，環境順応，内因優越，優勢支配があるといわれる[2]．流行を意味するファッションは，現代では情報化を背景に短期間で変化し，人は追いかけ，慣れ，飽きることを繰り返す．

図2　チェコ，モラビア地方の民族衣装．
（©Atillak, Creative Commons BY-SA）

自分のライフスタイルや個性を表そうという意識は，必ずしも流行への同調を起こさないが，新しい様式を想像する感性がときに流行の作り手として他人の同調を引き起こしたり，あるいは時代の気分を反映した着装形態が流行したりする．新奇なものに対する興味，装身心理，自尊感情，帰属意識，陳腐化への嫌気などと結びついて，流行する衣服様式は人の装身願望を強く引き付ける．

着衣がその人らしさをそのままに表現する「社会的な皮膚」[3]として，見られたい自分，見せたい自分を表し，衣服そのものがファッションとよばれる一方，衣服には社会的な記号としての役割も大きい．集団への帰属意識は，統一した着装によって表現されやすい．制服ばかりでなく，階層や年齢，性別などに共通な衣服の様式は，常識として受け入れられやすい．そのため，他人を意識し，集団への帰属を受け入れる場では，着装はマナーとしての働きを果たす．［小柴朋子］

住宅/住居
house, home, dwelling space

住宅とはヒトが居住するための建築物であり，住居とは住宅で営まれる生活（住生活）の場という意味で使用される．住宅というと，木造の戸建て住宅や鉄筋コンクリート造の集合住宅がイメージされるが，人類誕生からしばらくの間はこのような住宅は存在せず，自然が作った洞窟や岩陰を利用して雨露を凌ぎ，生活が営まれていた．このような洞窟や岩陰は建築物としての住宅とは呼べないかも知れないが，そこでは個人・家族が生活していたので住居と呼ぶことはできる．

図1　洞窟住居（トルコ共和国・カッパドキア）

●**住宅/住居の機能**　住宅あるいは住居に必要とされる機能は，第一には厳しい自然環境を遮断するシェルター（殻）として居住者の生命と財産を守る機能であり，第二には社会の最小基本単位である家族が合理的かつ快適に生活できる機能である．

シェルターとしての機能は住宅が進化する中で最も基本的な機能であり，当初は雨・雪・風・日射・熱・音などを防ぐ耐候性の要求が発生した．その要求を満たすには，住宅の内外を完全に遮断する方法もあるが，自然の特性を生かした設計により，豊かで快適な環境を実現することも可能である．例えば，通風や温度差を利用した自然換気，軒の出による日射制御，住宅内外をつなぐ縁側などは近代以前の住宅でも用いられた技術である．さらに，個人や家族という概念の発展に従い，住宅内外を隔てるプライバシー保護の要求も発生してきた．住宅と地域，親と子などの間で適当なプライバシーを確保することは重要ではあるが，一方で過剰なプライバシーの確保は相互のつながりを希薄化する懸念もある．

住宅の計画は，その居住者が必要とする空間（室）を面積や設備のみを考慮して行えば良いものではない．各々の室で行われる行為の特質に応じて空間を配置し，室を繋いでいく必要がある．石毛[1]によるとヒトの住居すべてに共通する行動は睡眠・休息，育児・教育，食事，料理，招客，家政管理，隔離とされている．加えて，後藤・沖田[2]によると生活行動は個人的な行為，家族集団としての行為，家事労働に関する行為に区別される．個人的な行為とは就寝・休息・勉強・読書・

更衣・入浴・排泄などであり，家族集団としての行為は，食事・団らん・娯楽・子どもの遊び・しつけ・接客であり，家事労働に関する行為は炊事・洗濯・アイロン掛け・子どもの世話・掃除などとされている．また，別の視点では住宅は公的（パブリック）生活空間と私的（プライベート）生活空間に区別することも出来る．これらの生活行為は特定の室でしか行われないものもあれば，複数の室をまたいで行われるものもある．

●**住宅計画の留意点**　わが国の戦後の住宅計画では，食事場所と就寝場所の分離（食寝分離）・親子やきょうだいの寝室分離（就寝分離）・公的生活空間と私的生活空間の分離（公私室分離）が基本的条件とされている．食寝分離とは，食台を置き食事を摂った後，同じ室に布団を敷き就寝するというスタイルではなく，各々を別室とするもので，健康・衛生上の理由が大きく，後の nLDK 型住宅の展開へとつながった．就寝分離とは，幼少期は同室で就寝していた親子や異性のきょうだいが成長とともに寝室を分けるものである．また，夫婦が同室で就寝するのをやめ，父または母が子どもと就寝するという選択も行われる．公私室分離とは公的生活空間と私的生活空間を分離するものである．例えば，近年減少気味だが，応接室は家族外の者を接客する専用の公的生活空間であり，玄関に近接して計画される場合が多い．一方で，基本的には家族が利用する食事室や居間で家族外の者を接客する住居も有り，狭小な日本の住宅では公的・私的の境界を設けることが難しいこともある．しかしながら，公的生活空間と私的生活空間および生理衛生空間は明確に隔離されることが重視され，とくに食事や調理の空間と便所は近接することは望まれない．私的生活空間と生理衛生空間は必要に応じて近接させることはある．例えば，高齢者となり要介護状態や夜間の排泄機会の増加などが発生すると，寝室と便所や浴室が近接している方が都合が良い．このように，住居計画においては居住者の特性に応じた要求を柔軟に満たす事が重要である．また，住宅の計画にあたっては生活行為における人の動き（動線）を考慮し，異なる動線が重なることを避ける必要があると同時に，その行為がなされる時間帯も考慮した計画が必要である．

このような人の行動を考慮した計画は住宅内の不慮の事故（住宅内事故）を防ぐという点でも重要である．住宅内事故の発生要因を分析すると，段差・危険物などのバリアの存在，居住者の健康状態や身体特性などに加えて，前述した人の行動特性と住宅計画の不適合も要因となる可能性がある．従って，住宅計画にあたっては設計者は単に居住者の要求を聞くだけではなく，身体機能の低下など将来予想される要求，居住者が想定していない要求，現在と将来の家族関係，環境の変化など詳細な条件を考慮した住宅計画を行わなければならない．[生田英輔]

住文化/住宅のデザイン
housing culture/residential building design

　住宅の形式や住まい方と文化は密接に関係しているが，文化は非常に幅広い概念であり，その住宅が建つ地域および居住者の民族，宗教，政治，技術，芸術，食料などからも影響を受けている．したがって，現代の住宅において，単なる間取りや環境性能のような表面的な機能のみならず，さまざまな文化も考慮したデザインが必要である．文化を無視したデザインは住まい手にとって好ましいものではなく，時には脈々と続くその地域の文化を破壊する可能性もある．例えば，中華圏では風水と呼ばれる思想が住宅・建築計画に色濃く残り，設計者以上に風水師が重要な役割を担うこともある．

●**住宅デザインの変遷**　住宅デザインはその時代の文化の影響を受け，地域性を保ちつつ発展してきた．住宅においても，中世の貴族・武士文化などの影響を受けつつ発展し，明治維新以後は西洋文化も取り入れた住宅が建築された．しかしながら，明治から大正期に急速に西洋文化を取り入れ，それを模倣する住宅が増加したこと，あるいは工法や自然災害の影響で住宅寿命が諸外国と比較して短命で有ることを背景に，わが国特有の住宅デザインが育まれず，統一感に欠ける住宅が徐々に増加してきた．第2次世界大戦後の危機的な住宅不足が解消された1960年代には従来の伝統工法から発展した，在来軸組工法が一般の住宅建設においては主流となり，わが国の住宅デザインは新たな時期に入った．すなわち，住宅は耐久消費財と位置づけられ，住宅メーカーによるプレハブ工法住宅の大量生産時代が到来した．住宅メーカーは次々に住宅を供給するために，住宅デザインに関しても様々なコンセプトが試みられ，わが国の伝統的なデザインの住宅は減少していった．

　一方，住まい手の生業や職業も住宅デザインへ影響を及ぼす．明治維新以前はわが国の庶民は，職場と住居が一体あるいは近接している，職住近接であった．商人は通りに面した一室で商品を展示・販売，技術を提供し，農民は田畑の近くに居住し，住宅内に馬を飼育し，収穫物の処理を行った．しかしながら，明治期に入りわが国でも企業が設立され，郊外の住宅から都心の職場へ通勤する会社員が誕生し，純粋な居住目的の住宅が発展してきた．

　現代は多文化共生の時代と言われており，様々な文化を内包する住宅デザインが期待されているが，一方で伝統的な工法とデザインを受け継ぎ，住宅と住宅デザインを都市の資産として保存・活用していく姿勢も重要である．

●**家族形態の変遷**　わが国の総人口[1]は，江戸幕府成立時（1603年）には1,227万人に過ぎなかったが，その後一貫して増加し，2004年に1億2,784万人となりピークを迎えた．その後，総人口は減少に転じており，2050年には9,515万人と推計（中位推計）されている．高齢者（65歳以上）は2005年から2050年で約1,200

万人増加するし,高齢化率がおよそ20%から40%へ倍増する.世帯類型を見ると,夫婦と子世帯は1985年から減少が続き,2010年には単独世帯が最も多い類型となった.このような背景から,わが国の典型家族モデルはかつての「夫婦と子世帯」から「単独世帯」へ急速にシフトしつつあるといえ,子育てなどかつては家族内で負担されていた行為をどのように分担していくかが今後の課題といえる.「核家族」という分類方法もあり,夫婦と未婚の子・ひとり親と未婚の子世帯と定義される.近年核家族化の進展とその弊害が議論されることもあるが,核家族は戦前にはすでに過半を占めており,戦後急増したものではない.核家族と住宅形式やニュータウン開発など居住形態との関連を考慮したうえでの議論が必要である.子育てや介護の問題を考えると,「三世代同居」という形態もあるが,親と子世帯との距離を適度に保つ「近居」という選択肢を選ぶ世帯も増加している.

さらに,単独世帯では「孤独死」や「孤立死」の発生が報告され,日常的な地域での見守り体制の構築が進められている.地域のソーシャル・キャピタル(住民間の信頼感・結束感)の強化と活用が対策として期待されている.

●**間取りの変遷**　第2次世界大戦の後,わが国では全国で420万戸[2]の住宅が不足し,国民は狭小な空間で劣悪な環境での生活を余儀なくされた.政府は1951年に公営住宅法を制定し,公営住宅の供給を急いだ.大量の住宅を短時間に供給するため,標準設計という概念が導入され,食寝分離を図るためダイニングキッチン(DK)を導入した公営住宅標準設計「51C型」が採用された(図1).「51C型」は翌年には実際の住宅に導入されイス・テーブルでの生活は国民のあこがれとなった.その後,いわゆる「nLDK」スタイルが住宅の主流となり,現在に至っている.

典型的な「nLDK」スタイルの集合住宅ではLDKなどは南面させ,水回りや玄関が北側に配置される.この場合,住まい手の住戸外部への関心は低く,他住戸とのつながりが希薄化する可能性もある.そこで,リビング側から共用部へアクセ

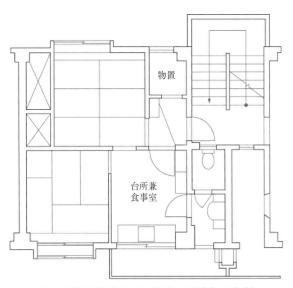

図1　初期公営住宅51C型(出典:文献[3]より作成)

スできる「リビングアクセス」という形態や，共用の庭を経由しなければ住戸に入れない形態なども採用され，集合住宅での住民間のコミュニケーションを促進するデザインも用いられている．一方，都市部ではいわゆる「ワンルーム」の集合住宅が数多く供給されている．このような住宅では食寝分離ができず，就寝空間・食事空間・作業空間が同じ場所となっており居住水準は低い．また，集合住宅の1つの形態として「コレクティブハウス」がある．単身世帯や子育て世帯が個別の住戸を持ちつつも共同で生活し，家事などを分担する形態である．「コレクティブハウス」に似た形態として近年増加しているのが，「シェアハウス」である．「シェアハウス」は単身世帯が専用個室を持ちつつもLDKや水回りは共用とし，生活する形態である．住民同士の交流が活発で，家賃も比較的安価となり人気が高い．都心部の事務所ビルや戸建て住宅を転用するケースもあり，ストック活用型の共同住宅となっている．

　住宅デザインにおいて，子ども室は必ずしも設けられない場合もある．職住近接が解消されてから住宅は親が休息する場でもあり，子どものためのスペースを特別に設けるという概念はなかった．しかしながら，子どもの独立性を養う場としての子ども室の必要性が指摘され，少子化傾向もあり多くの住宅で子ども室が設けられる．一方で，子ども室に閉じこもり親子のコミュニケーションが希薄となる可能性もあり，子育てや教育方針と相まって，子ども部屋の設置は様々な形態が見られる．

●気候風土・高齢社会　わが国の大部分は温暖湿潤気候区に属し，夏は高温・多雨となる．一方，豊かな四季の変遷を楽しみ，自然を取り入れた住宅デザインが特徴的である．兼好法師（吉田兼好）は徒然草55段で「家の作りやうは，夏をむねとすべし．…暑き比わろき住居は，堪へ難き事なり．」と記しており，14世紀においても蒸し暑い夏の気候を考慮した住宅デザインが重視されていたことがわかる．伝統工法では建物は簡素で，柱・梁から構成され壁面には面材は多く用いられていなかったため，通風には恵まれていた．しかしながら，戦後の在来軸組工法は地震防災や省エネルギーの観点から伝統工法とは大きく異なっており，近年は多様な部材で固められた住宅となり外部空間と内部空間を遮断した住宅デザインとなっている．このような住宅では適切な施工と維持管理が必要であるが，現実的にはスクラップアンドビルドとなりわが国の住宅の耐用年数は極端に短いものとなっている．

　世界有数の高齢社会となったわが国では，住宅のバリアフリー化などが推進されているとともに，住宅を終の棲家とし，看取りができる住宅のニーズが高まってきている．しかしながら，高齢者の暮らす場が施設から住宅へとシフトされているにもかかわらず，住宅がその受け皿となれないことも多く，整備が急がれている．一方で，住み慣れた地域で居住を継続したいものの，戸建住宅は広すぎるため維持管理に手間がかかり，集合住宅での居住を希望する高齢者も多い．近年はサービス付高齢者住宅などが整備され，住宅と施設の中間に位置し，高齢者が安心して居住を継続できる体制が整いつつある．　　　　　　　　　［生田英輔］

食文化
food culture

　食文化とは食に関する文化のことであり，食材や調理法だけでなく，食器や調理器具，食事の作法を含むものである．ヒトは雑食であり，植物や動物などありとあらゆるものを食べて栄養としている．食料を確保することはヒトが生きるために欠かせないことであり，いかに安定して食料を得るかは人類にとって重要な課題であった．人類は長い間，狩猟・採取によって食料を獲得していたが，より安定した食料確保を求めて農耕や牧畜を始めた．また，ヒトが火を操るようになったことは他の動物との大きな違いであり，食文化の形成にも大きく関わっている．火を使い，食物を加熱して食べることができるようになったことで，食生活は変化し，食材の選択や調理，加工の方法が多様化し，各社会集団での食文化が生まれた．人類はいかに消化しやすく，おいしく食べるかの工夫を重ねながら各地で独特の食文化を形成してきたのである．和仁皓明[1]は食文化を形成する要因を①自然の条件（Nature），②人間の技術（Art），③社会の規約（Rule）の3群に大別している（表1）．

●**食文化の形成**　地象条件や気象条件などに影響を受け，各地域で異なる食文化が形成されてきた．口にする食材や，調理法も地域によって異なる．例えば，欧米では牧畜が盛んであり，肉や乳製品を多く食すのに対し，日本では魚介類をたくさん消費してきた．主食を中心にみると，米を主食とする文化もあれば，小麦やトウモロコシ，イモを主食とする文化もある．人類は知恵を絞り，試行錯誤しながら技術を開発し，新しい技術やその発展により，新しい食文化が形成されて

表1　食文化を形成する要因

1）自然の条件（Nature） 　①地象条件（緯度，高度，内陸・海岸，土壌等） 　②気象条件（気温，湿度，特徴的気候等）
2）人間の技術（Art） 　①獲得の技術（採取，漁労，狩猟，農耕，牧畜，酪農等） 　②調整の技術（調理器具，調理操作，調味，組合せ：献立等） 　③保存の技術（水分活性，醗酵，殺滅菌，化学物質等） 　④流通の技術（分配，物的流通，情報流通等）
3）社会の規約（Rule） 　①規範（宗教，禁制：タブー，儀礼等） 　②慣習（食具，作法，食制，年中行事，流行等）

（出典：文献[1]をもとに作成）

きたのである．さらに，新しい技術の開発や異文化との交流によって食文化は変遷していく．

●**食器や調理器具**　人類が火を使うようになったことにより，食材の選択や調理，加工の方法は多様化した．用いる熱源の種類やそれに合わせた食器や調理器具も工夫されてきた．古くは落ち葉や枝を燃やし，直火を熱源として用いていたが，石炭，ガス，電気の普及によって現在ではさまざまな加熱方法が用いられている．簡単に点火し，火力を調節することができるガスコンロの普及は，調理の幅を広げた．さらに，マイクロ波加熱による電子レンジや電磁誘導加熱によるIH (induction heating) 調理器はガスや火を使わない加熱様式として注目され，共働き世帯の「高齢者の増加」とともに普及が進んでいる．加熱調理をするようになったことで熱に強い調理器具や食器がつくられるようになった．食器や箸やカトラリー類も初めは葉，木，竹，貝殻など自然界に存在するものをそのままの形で使用していたが，収穫した食料や生産した食料を保存するようになると，保存用の土器がつくられるようになった．その後，形や素材が工夫され，陶磁器，金属，ガラス，紙などの素材を用いた食器が使用されるようになった．

　第2次世界大戦後にはプラスチック製の食器が普及し，現在でも新しい素材の開発は進んでいる．成形性の高い素材の開発は食器のデザインの幅を広げた．熱に強く安価なプラスチック素材の開発やラミネート技術の進歩も食器や食品の容器・包装を大きく変える要因となった．現在では，紙やプラスチック類を素材とした使い捨ての食器も普及している．素材だけでなく，ユニバーサル食器（自助食器）のように，使いやすくデザインされた食器も開発され広く使用されるようになった．ユニバーサル食器は持ち手を太く握りやすくしたり，食器の底を滑らないように加工したり，皿の内側を湾曲させスプーンですくいやすい形状にしたり，片手でも食事ができるようにデザインされており，身体に不自由のある者や，高齢者，幼児の食生活を豊かにしている．

●**食事のマナー（作法）**　宗教的規律や各社会集団での慣習といった社会的な規約が食文化に与える影響についても忘れてはならない．食べ物の生産や収穫が安定してくると，食べ方にもルールが確立されるようになった．マナー（作法）は集団で生活するうえでの最低限の約束事であり，互いを思いやるルールでもある．日本では「刺し箸」「迷い箸」「渡り箸」のように箸のマナーがあるが，フォークやナイフを使い食事をする文化，手を使い食事をする文化においてもそれぞれのマナーが確立されて継承されている．また，宗教的儀式はマナーと強く結び付いており，宗教や思想によっても食文化は影響を受ける．ヒトは雑食であるが，仏教には精進料理があり，イスラム教では豚肉を食べない，ヒンズー教では牛肉を食べないといった宗教的規律により食べるものを制限している場合もある．

〔津村有紀〕

人口
population

　人口とは，一定の地域（1つの国家，特定の地域，あるいは世界など）に居住する人間の総数のことである．国連人口基金は 2011 年版世界人口白書[1]の序文において，「2011 年 10 月 31 日，この日地球上には 70 億の人々が住むことになります」と宣言した．「私が生きてきた間に世界人口は約 3 倍になりました」「私の孫の世代には，世界人口は 100 億人もの数に達するかもしれません」と続く文言は，わずか 1 世代の間に世界の総人口が爆発的に増加したことと，今後も増え続けることを端的に示している．

●**人口の歴史的変化**　世界の総人口は，紀元前 8,000 年頃に 500 万人，16 世紀で 5 億人程度と見積もられており[2][3]，人類が地球上に現れてからほんのつい最近まで，人口の増え方はきわめて緩慢であった．産業革命期の 18 世紀半ばから世界の人口は増加ペースを速め，第 2 次世界大戦後には文字どおり爆発的な速さで増大して，1950 年の 25 億人は 60 年後に 2.7 倍の 70 億人となった（図 1）．ただし，先進地域でのこの間の人口増加は全世界の 10% にすぎない．残りの 90% は開発途上地域および後発開発途上諸国における増加であり，これが 20 世紀後半の人口爆発につながった[4]．21 世紀になって増加のペースは鈍化したものの，2080 年頃に世界の総人口は 100 億人を突破することが予想されている．

●**老年人口**　先進地域の人口増加が小さい理由は，しばしば人口転換という考え方で説明される[5][6]．ヒトのコミュニティの初期段階は高い出生率と高い死亡率が拮抗する多産多死の社会であり，人口は増加しにくい．工業化の進展や経済の発展に伴って社会が近代化されていくと，出生率も死亡率も低下し始める．ただし，公衆衛生の発達や栄養状態の改善などによる死亡率の低下が出生率の低下よりも先行するため，その間に人口が増加する．やがて低い出生率と低い死亡率が拮抗するようになり，少産少死の平衡状態にいたる．先進国の多くはこの人口転換を経験ずみであり，ヨーロッパ諸国では 18 世紀後半から 20 世紀前半に，日本では明治期から 21 世紀にかけて人口転換が完了した．多産多死から少産少死へ

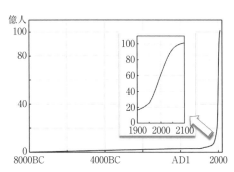

図 1　世界の人口の歴史的変化（出典：文献[2]および文献[4]より作成，将来部分は中位推計）

の人口転換は，ヒトがより長生きをする一方で生まれる子供が少なくなることであり，老年人口の増加，すなわち人口高齢化をもたらす．世界の先進地域では2010年の老年人口の割合は15%を超えており，2050年頃には人口の4分の1以上が高齢者となることが見込まれている．また，開発途上地域も先進地域の変化を後追いしており，人口高齢化は世界規模で生じている軽視できない現象である．

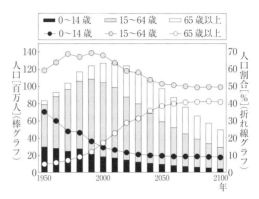

図2 日本における年齢3区分別人口の推移（出典：文献[7]より作成．将来部分は中位推計）

●**日本の年齢構造** 1億2,000万人強を擁する日本の総人口は減少過程に入っており，2050年頃には1億人を下回ることが予想されている．図2は公表されている統計[7]に基づいて作図した日本における年齢3区分別人口（0～14歳の年少人口，15～64歳の生産年齢人口，65歳以上の老年人口）の推移である．

1950年の総人口は8,000万人強で，そのうち15歳未満の年少人口割合は35.4%，65歳以上の老年人口割合（高齢化率）は4.9%であった．50年後の2000年の年少人口割合は14.6%，老年人口割合は17.4%となり，さらに50年後の2050年には10人中高齢者は4人，子供はたった1人という社会の到来が予想されている．1人の高齢者を支えるのに必要な現役世代の数は1950年頃には12人もいたが，2000年頃に4人に減り，2050年頃には1人で支えなければならなくなる．

このような人口高齢化の最大の原因は，人口ピラミッドの底辺を狭くする出生率の低下にある[6]．日本における出生率低下の要因の1つは晩婚化である．1950年の平均初婚年齢は夫25.9歳，妻23.0歳であったが，2011年には夫30.7歳，妻29.0歳となった．出産を担当する女性の受胎確率は20歳代半ばで最高になるので，晩婚は結婚後に子供を授かる可能性が小さくなることはもちろん，複数の子供をもうけるために必要な生物的時間の余裕も少なくなることを意味する．さらに，一生結婚しない男女が増える非婚化も少子化に拍車をかける．　　　　　　　［仲村匡司］

死
death

　本項目では，個体レベル以外の死，個体レベルでの死とは何か，死の認識，残される者の死への対応としての葬送儀礼，本人の死への対応としての尊厳死などについて解説する．

●**個体レベル以外の死**　生物の階層を細胞・組織・器官・系・個体・群・生態系とすることができるが，細胞レベルの死（細胞死）には，特定の細胞が特定の時期に死ぬアポトーシス（プログラム細胞死）のように成長あるいは代謝過程において通常にみられるものから，細菌やウイルス感染による細胞破壊のように免疫機能に関連した細胞死がある．後者の細胞死は，さらに組織・器官・系と破壊のレベルをあげ個体死にいたることがあり，医療はこれら各レベルの死に対しての処方技術を発展させてきた．近年では幹細胞をコントロールすることによる自己細胞の再生を用いた再生医療の発達が注目されている．

　個体レベル以上の群れや生態系の死としては，種の絶滅や生態系の破壊などがあげられよう．

　ちなみに，生物以外についても「死」という言葉を当てはめることがあるが，その場合には機能停止を表すことが多く「死んだ町」や「死んだ川」はそれぞれの機能停止を意味しているといえよう．

　以下，個体レベルにおける死について解説する．

●**死とは何か・死の認識**　ヒトの生理機能は，呼吸系・循環系・消化吸収系・泌尿排泄系・生殖系・免疫系・体温調節系など植物性機能（植物と共通の機能）と，運動系・感覚系という動物に固有の動物性機能に分けられ，植物性機能のみで生きている状態を植物状態（植物人間）という．しかし呼吸機能や循環機能も脳の呼吸中枢や血圧調節中枢などが機能しなければ維持できず，脳のすべての機能が不可逆的に停止した脳死状態が植物性機能も維持できなくなった状態として「死」を意味することになる．しかし，「死」の判定の問題は，どの時点を「死」とするかという時期の判定の問題といえる．

　従来日本では，心臓死を「死」とする考え方の延長として，心停止・呼吸停止・瞳孔散大・対光反射の欠如が「死」とされてきたが，人工呼吸器により心停止後も脳機能が維持できるようになったこと，心停止の前に脳機能が停止しそれが原因で心停止する状態があることなどが，脳死を死と判断する考え方の根拠となってきた．

　1968年にハーバード大学医学部でまとめられた脳死の判断基準は，無反応・無運動・自発呼吸の停止・反射運動の消失・平坦脳波という状態が24時間以上続い

たときとされている．日本では，1985年厚生省（当時）の脳死に関する研究班がまとめた基準（竹内基準）が1つの指標とされ，深昏睡・自発呼吸の消失・瞳孔固定・脳幹反射の消失・平坦脳波が6時間継続して回復の見込みがないことを条件としているが，6歳未満の小児の場合および脳死と類似の状態（急性毒物中毒・低体温症・内分泌障害など）を例外とすることとしている．いずれにしても「死（個体死）」をどのように定義するかは，完全死にいたるどの時点を「死」ととらえるかという，その時代・地域・文化における社会的規範の問題といえよう．

●**死への対応**　人類は他の動物に比べて脳の機能が大きく発達したため，「生」の状態における幸不幸を他の動物よりも強く感じ，人類進化の過程で死を認識するにいたってからは「死」に対する怖れを強く感じる動物となった．人類が死を認識した最も古い証拠としては，ネアンデルタール人の埋葬例があり，土壌分析から多量の花粉が見つかったことから死者に多量の花を供えたことが知られている．家族という群れを維持するために個体間関係が最も密な動物となった人類[1]は，死者に対しても恋着の情が強く残存し，また記憶力も高いために，死者を常に思い出すための道具として墓を創造した．また，死者との別れを明確化しまた共有するために，各時代・地域・文化に対応した葬送儀礼を創造してきた．そして死者の世界（あの世・天国・地獄など）を想起し，死者の再生を願う儀式やミイラなど遺体保存の技術を生み出し，集団として死者を祭る文化装置としての宗教などを生み出してきた．これが，生者すなわち残された者の死および死者への対応としての適応的行動である．近年では，自然回帰の嗜好から，散骨など自然葬として死者の遺骨が自然に帰るような葬り方も行われるようになってきた．

逆に，死にゆく者の死への対応として，古来，死を認めないすなわち霊魂の不滅を唱える宗教観を生み出し，逆に永遠の生を求めるために死後の再生を期してピラミッドなどを建築した．また不老不死への願望からさまざまな薬や秘法を編み出した．また死を死として受け入れる諦観を人生の目標に据えるなど，脳が巨大化し死を強く意識するようになった人類の生は，その反面に死を強く意識しているということができよう．

近年では，延命医療技術も発達し，脳死の判定段階を時間的に遅らせる技術も不可能とはいえない．本人として，延命治療にどのように対応するかは個別の問題であるが，諦観を主とする場合における尊厳死の選択や遺言書の作成，それを支えるための法的根拠の整備など，また集団として最期を静かに迎えやすいようにとホスピスやターミナル・ケアなどの施設を設けることは，人類がいかに「死」というものを意識した動物であるかを示しているといえよう．近年では入棺体験と称して，生前に棺桶の中に入り，しばし自分の人生を顧みるという活動なども行われているが，ヒトのヒトらしい生き方の一面といえよう．　　　　［真家和生］

コミュニケーション

communication

　コミュニケーションとは，意味や感情をやり取りする行為である．言葉や動作などの表現によって相互にやり取りし，状況の共通認識や感情的な共感をもつ仕組み・方法ともいえる．コミュニケーションによって，伝えられるまたは受け取られる情報の種類は，感情，意思，思考，知識などさまざまで，その媒体は言葉，表情，ジェスチャー，鳴き声，分泌物質（フェロモン等）などが用いられている．一般的にコミュニケーションは，言葉を媒体にした言語的コミュニケーションと，表情，身振りなどを用いた，言語を介さない非言語的コミュニケーションとに分類される．

　特にヒトは，言語を用いてコミュニケーションを図っていると考えられがちであるが，実際の日常場面では複数の非言語的手がかりも使って，メッセージを伝達し合っており，無意識的に用いていることもある．顔の表情，顔色，視線，身振り，手振り，体の姿勢，相手との物理的な距離の置き方などによって，ヒトは非言語的コミュニケーションを行っている．言語的コミュニケーションと非言語的コミュニケーションは相互に関連しており，その話される環境や状況によって，伝わる内容が影響され，違う意味・情報として伝わる．

●**非言語的コミュニケーション**　ヒト以外の動物もさまざまなコミュニケーションを行っていることが知られている[1]．動物のさまざまな表現や方法を含めて考えることで，コミュニケーションの内容や意味を理解しやすくなる．例えば，鳥はさえずるだけでなく，羽などの形や動きを使ってメッセージを出している．ステラーカケスは，冠毛を立ててメッセージを出すことで知られている．攻撃的な出会いでは，その個体の敵対心が強いほど冠毛の高さが高くなる（図1）．

　個体に関する情報だけでなく，環境の情報も伝えられる．典型例として，ミツバチが食物のありかを正確に仲間に伝えるための言語がある．見つけた食物が巣箱から約50m以内の近い距離にあるときは，食物を見つけた働きバチがぐるぐるまわる円形ダンスをしてメッセージを

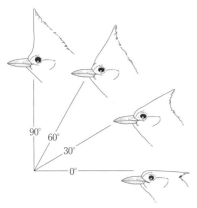

図1　段階のある信号．ステラーカケスの冠毛立て．冠毛の角度がこの鳥の示す行動と関連している（出典：文献[2]より）

伝達する．もっと遠い距離にある食物源の場合には，ミツバチは円形ダンスと尻振りダンスという2種類のダンスを使って，距離と方向を仲間に伝達する．踊り手の動きの中心線と鉛直線とのなす角度が，食物源から巣箱までの通り道と太陽のなす角度に一致し，尻振りと爆音の回数が，巣箱と食物源との距離に比例している（図2）．

●**対人距離** エドワード・ホール[3]は，お互いに関わりをもつ距離の取り方もコミュニケーションの機能であると考え，対人距離をコミュニケーションの質の違いから4つの距離帯に分類した．0～45 cm の密接距離は，夫婦や恋人のように非常に密接な関係の距離．45～120 cm の個体距離は，友人などの親しい関係の距離．120～350 cm の社会距離は個人的な関係のない距離．350 cm～の公衆距離は，関わりの範囲外にいて

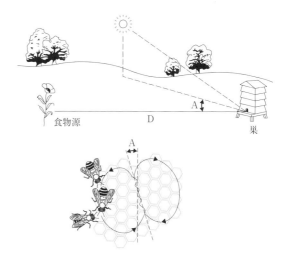

図2　ミツバチの尻振りダンス．上段：巣箱と食物源と太陽の位置関係．下段：巣の鉛直面でダンスを踊る働きバチと2匹の参列者（出典：ハリディ TR，スレイター PJB(編)．浅野俊夫，長谷川芳典，藤田和生(訳)．動物コミュニケーション．西村書店，1998 より）

図3　対人距離が異なる家具配置

一方的な伝達に使われる距離としている．住宅の中の家具の配置によっても，家族的な親密な団らんの1.5 m の話と，大人数の団らんの3 m の話というように，団らんも距離によって質的内容が異なってくることが示されている（図3）．

［森　一彦］

集団行動
group behavior

　ヒトは"群れ"で暮らす生き物である．古来のサバンナやジャングルで狩猟・採集をしてきたムラ社会から，現代の高度に組織化されたビジネス組織まで，集団で暮らすことは他の種と異なるヒトの大きな特徴の1つである．このような集団の中で行われるヒトの行動を集団行動という．

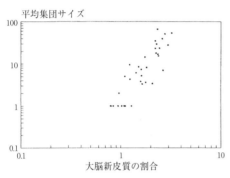

図1　ヒト以外の霊長類における集団サイズと大脳新皮質の関係性（出典：文献[1] p.683 より）

●**集団サイズとヒトの社会性**　人類学者のロビン・ダンバーは，さまざまな種類の霊長類を調べて，大脳新皮質が大きいほど，その種の平均的な集団サイズ（群れに含まれる個体数）が大きいという関連性があることを発見した[1]（図1）．大脳新皮質とは，判断，推論，思考，言語など高次認知活動を司る部位である．つまり，集団サイズが大きい類人猿は，高度な判断が可能となるように脳を進化させてきたといえる．

　他の霊長類の集団サイズと脳のサイズの関連性からヒトの集団サイズを逆算すると，原始の狩猟採集社会においてヒトは本来150人くらいの社会集団を営んでいたのではないかと推測されている．

　ヒトは他の霊長類と比較して，大脳新皮質が大きく群れのサイズも大きい．群れが大きい場合，集団内の他者の関係性を正しく理解する必要がある．裏切り者はいないか監視しないといけないし，地位の高い者が周囲にいるかどうかでみずからの振る舞いも変わるだろう．誰も見ていなければ，食べ物を独り占めするかもしれない．このように集団が大きいほど，常に社会的環境における他者のことを意識しておく必要が生じる．そのために，高次な大脳新皮質の機能が進化してきたのだとダンバーは指摘する．これは社会脳仮説とよばれる．

●**集団規範と同調**　集団には「集団の成員はこう振る舞うべし」という集団成員の多数が共通して準拠している思考・判断の枠組みが存在する．これを集団規範とよぶ．集団規範は必ずしも明文化されているものとは限らず，暗黙のルールのようなものとして，存在していることが多い．例えば，職場によっては，職務規定として決まっている訳ではないが，スーツを着てネクタイを締めることが暗黙

に共有されたルールであることがあるだろう．規範から逸脱する成員に対しては，他の成員は心理的な反発を覚え，罰を加えて，時には集団から排斥する．

　逆に，各個人としては，逸脱者としてみなされると排斥される可能性があるため，規範から逸脱しないように集団圧力を知覚する．このとき，ヒトは規範に従い，他者に同調する．ソロモン・アッシュは，線分の課題を用いて，集団圧力による同調の生じやすさを実験的に示した[2]．この実験では，線分の長さを判断させる課題を5～7人の集団で順に回答してもらう．実は，本当の参加者は1人であり，残りは実験協力者である．この課題は，1人であればほぼ間違えることはない．しかし，自分の前の回答者全員が間違えた回答をしているときには，その間違えた回答に同調して，間違えた回答をしてしまうことがある．アッシュの実験では，誤答は32%にものぼった．さらに，74%の回答者が，少なくとも1回以上は間違えた回答を行った．明らかに間違いだと思っていたときでさえ，周囲からの圧力に負ける形で，集団への同調が生じるのである．同調の研究では，3人いれば十分に同調が生じること，凝集性が高い集団ほど同調圧力が高いこと，また，1人でも正しく回答する他者がいると，同調率は急激に低下することなどが明らかにされてきた．

●**集団の中での課題遂行**　ヒトは集団の中では，たとえ具体的な働きかけがなくとも，単に他者が存在しているだけで，課題遂行に影響を及ぼす．他者がいることで課題の遂行が促進されることを社会的促進とよぶ．古くは19世紀末にノーマン・トリプレットが，釣り糸をリールで巻き取る課題を行うときに，1人で巻き取る場合よりも，他者がいる場面で同時に巻き取る場合の方が，より早く巻き取れることを示した．これは最初期の社会行動の実験研究として知られている．その一方で，逆に他者の存在が課題の遂行を抑制することもある．これは社会的抑制とよばれる．他者存在が課題遂行を促進するか抑制するのかは，課題の種類によって異なる．簡単な課題や習熟した課題では，他者の前でより良い成果をあげることができるのに対して，困難な課題や未熟な課題では，逆に他者の前ではより乏しい成果しかあげられない．トレーニングを積んだスポーツ選手は，観客の前に立つことで普段以上の成果をあげることができるが，数学が苦手な学生は，教師からあてられて他の学生からみられるといつも以上に解けなくなってしまうのは，良い例だろう．

　また，集団では，協力して1つの課題の達成を目指す場面がある．例えば，運動会の綱引きでは，皆で力を合わせて，綱を引く．ところが，このような場面では，個々人の力の総和よりも低い程度しか達成されないことが指摘されている．これを社会的手抜きとよぶ．社会的手抜きは，1人1人の貢献度が明白ではないときに生じやすいことが指摘されている．つまり，まわりにばれない集団状況では，ヒトはついサボってしまいがちだといえる．

［縄田健悟］

利他行動
altruistic behavior

　ヒトの社会性の最大の特徴の1つに，助け合いがあげられるだろう．他者の利益となる行動は，利他行動（向社会的行動，愛他行動）とよばれる．心理学では，社会的状況要因としては個人的責任の有無，性格特性要因としては共感性や罪悪感などが，利他行動を引き起こす重要な原因だと指摘されてきた．

　しかし，そもそもヒトはなぜ他者を助けるのだろうか．利他行動は進化的な適応という視点から考えると，一見不自然な行為である．他者の利益となる行為は，その行為者本人にとっては大なり小なり損失を伴う．食べ物がなくて困っている他者に自分の食べ物をあげれば，自分の取り分が減ってしまう．危険に襲われた他者を助ければ，みずからの命も危険に晒されることもあるだろう．本項目では特に進化の視点から利他行動を説明する．

●**互恵性**　ヒトにおいて利他行動が高度に進化した理由の1つとして，互恵性があげられる．ロバート・トリヴァース[1]は，非血縁関係における利他行動の基盤として，互恵的利他主義の重要性を指摘した．互恵的利他主義とは，お返しを期待した利他行動の原理である．いわば「お互い様」もしくは「ギブ・アンド・テイク」の関係を築くこととも言える．短期的には，他者に施しを行うことで，その個体は損失を被る．しかし，長期的には，将来その相手から施しがお返しされることによって，他者への利他行動が個人にとっては損失にならず，お互いにウィン・ウィンの関係を形成することができる．これにより，ヒトにおいては，利他行動が生存可能性を高める適応的な行動として進化したといえる．

　さらに，ヒトの場合，相手からの直接のお返しが期待できないような場面でも困った人を助けることがある．これは1対1の固定的な協力関係を仮定した互恵的利他行動では解釈できない．このような場面では，間接互恵性が重要となる．間接互恵性とは，援助した本人から援助を返してもらうだけではなく，まわりまわって別の他者から自分にお返しをしてもらうという互恵性である．しかし，直接的な互恵性とは異なり，本人から直接のお返しが得られないような利他行動が進化するためには，そのような利他行動がその行為者個人にとって有利になるような条件が必要となる．その1つに，利他的な相手のみと選択的に付き合い，利己的な他者を排除することの必要性が指摘されている[2]．

　ヒトの社会集団では，互恵性は規範として根付いている．裏切りを推奨する文化はない．互恵性は通文化的に重要な社会性の1つである．ヒトは1人で生きるよりも，集団を形成して助け合いながら生きることで，生き延びてきたといえる．

●**互恵性を維持する心と社会**　お互いに利他行動を行い，社会に互恵性を達成す

るのは難しい．他者から利益をもらうだけもらい，みずからは協力しないのが，個人としては利益を最大化する方略であるからである．しかし，現在のヒトに互恵性が進化して根付いている以上，互恵性が個人にとって有利に機能する心や社会制度が存在するはずである．互恵性が社会において維持されるためには，それぞれのヒトが良い人なのか悪い人なのかという評判が鍵となる．

互恵性を維持するためには，非協力的な裏切り者を見つけ出し(裏切り者検知)，処罰を加えて協力するように促したり，集団から排斥したりする必要がある．レダ・コスミデスは，論理的推論課題において，社会ルールを破った裏切り者を見つけ出すという文脈で回答させると正答率が高まることを示した[3]．これは，互恵性を脅かす裏切り者を見つけ出すのが得意なようにヒトの心が進化してきた証拠だといえる．そして，裏切り者に関する悪い評判が集団で共有され，協力の輪から排斥することで，互恵的な社会は維持される．

逆に評判を受ける側を考えてみよう．ヒトはみずからが他者から裏切り者だという評判が立たないように振る舞うことが必要となる．非協力的な人だという烙印を押されてしまうと，集団の仲間から排斥されるかもしれない．原始の狩猟採集社会では"村八分"にされると生き延びることは非常に困難であった．そのため，ヒトの心は，常に悪評を避けることを意識し，特に他者からみられているときには利他的に振る舞うように進化してきた．その1つの典型例が，「目」の効果である．ヒトは目の入った絵や写真があるだけで，他者に協力的な行動をとるようになる．ケヴィン・ハレイとダニエル・フェスラーの実験では，目の絵が見える位置に提示されているときに，決められた金額を自分とパートナーで自由に分配できるゲーム（独裁者ゲーム）において，パートナーに多くの金額を分配することが示された[4]．同様の効果は，より自然に近い状況である大学のコーヒールームでも示された（図1）[5]．このコーヒールームには，ミルクを使った場合にコインを入れるボックスが置かれている．ミルク使用に正しくお金を払うかどうかは使用者の自主性に任されていた．このコインボックスの前に「目の写真」と「自然風景の写真」を隔週ごとに入れ替えて貼り付けて，ボックスに入れられた金額を比較した．その結果，目の写真が貼ってある週には，ボックスに多くの金額が入れられていた．たとえ写真や絵でさえ，他者の目があるときには，ヒトは"タダ乗り"せず，利他的に振る舞うのである．

［縄田健悟］

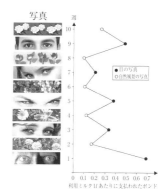

図1 写真と週の効果としての利用ミルク1lあたりに支払われたポンド（出典：文献[5] p. 413より）

男女の役割
gender role

　社会・家庭における男女の役割は時代とともに変化してきた．男は外で働き女は家庭で家事育児をする古典的性別役割分業の起源は，17～18世紀頃，ヨーロッパやアメリカで中産階級の専業主婦が誕生したことにある．しかし専業主婦が一般化したのは，第1次世界大戦後，日本では第2次世界大戦後のことである．

●**日本における性別役割分業の成立と変化**　戦前のイエ制度に代わり，戦後の高度成長期を経て日本にも近代家族が登場した．この時代の家族モデルは，企業戦士として働く夫と，夫を支え子育てに専念する専業主婦からなる家族で，これが当時の経済成長に最も適したモデルであった．建設ブームにのった郊外マイホームは，ドロレス・ハイデン[1]の言葉のように，日本においても男性が働く都心と女性のいる家庭を空間的に切り離し性別役割分業の舞台装置となった．

　1970～80年代を通じて，それでも女性の社会進出は進んだ．80年代は，家庭に主婦がいることを前提にした日本型福祉政策が推進される一方で，労働力不足に対する女性労働力への期待が高まった．1986年には男女雇用機会均等法が施行され，この頃，出産・育児期に当たる30～35歳でいったん就業率が下がるM字型就業の底の値も5割を越えた．一方で，少子化はますます進み，次世代の労働力再生産に対する危機感が強まった．そこで，1990年代になると，女性に対する仕事と子育ての両立支援施策が本格化する．

　国家による家族モデルが専業主婦モデルから共働きモデルに大きくシフトしたのもこの頃である．2000年に入ると税制度や年金制度の専業主婦優遇策の見直しが検討され始めた．専業主婦の成立には，夫に妻子を養う十分な収入があり，失業も離婚もないことが前提である．1990年代以降の雇用流動化政策の中では，妻も働かざるを得ない圧力が高まり，古典的性別役割分業の時代は終わりを告げようとしている．しかし男性の家事育児参加は大きくは進んでおらず，女性には仕事も家事もという負担を強いる「新性別役割分業」が広がることになった．

●**性別役割分業意識**　働く女性増加の一方で，性別役割分業意識はなお根強く残っている．2012年内閣府による調査では，「夫は外で働き，妻は家庭を守るべきである」という考え方に，「賛成」12.9％，「どちらかといえば賛成」38.7％を合わせて51.6％で，前回調査（2009）より10.3ポイント増え，賛成が半数を上回った．性別では，肯定派は男性に多いものの大差はない（男性55.1％，女性48.4％）．

　「育児をしない男を，父とは呼ばない」（1999厚生省ポスター）といったコピーや「育メン」ブームもある今日，大日向雅美[2]は，男らしさに関するミラ・コマロフスキーの調査による4タイプ（伝統主義者，修正伝統主義者，疑似フェミニス

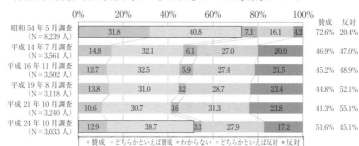

図1 性別役割分業意識（出典：男女共同参画社会に関する世論調査，内閣府．2012より）

トタイプ，フェミニストタイプ）をひきながら，新しいタイプの出現を指摘している．女性に仕事や社会的活躍を期待しながら，ただし子どもが生まれるまでとする修正伝統主義者に対し，「ぼくも育児はする．でも父親と母親の役割はやっぱり違うだろう．いざというときが父親の出番だ．出番が来たら教えてくれ」という男性を「新・修正伝統主義者」と名付け，3歳児神話の根深さを指摘している．

●**3歳児神話** 女性を家庭に引き留めてきた主要な価値観に3歳児神話とよばれるものがある．3歳までの乳児期は子どもの発達にとって特に重要で，その時期の養育者は母親でなければならないという考えである．1950年代にイギリスで生まれたこの理論は，国境を越えて子育てに影響を及ぼしたといわれている．その後，3歳児神話の是非をめぐって多くの調査研究が国内外で行われ，3歳までの発達がその後の発達にも大きな影響を与えることは，特に脳科学や小児医学の立場から強く支持されている．一方，その後の多くの研究を整理した袖井孝子ら[3]によると，乳幼児期の親子関係は重視しながらも，安定した人間関係が築ければ，代替ケアや集団保育は子どもに悪影響を及ぼさないという結論を生んでいるという．日本では，1998年度版の厚生白書が，「母親が育児に専念することは歴史的に見て普遍的なものでもないし，たいていの育児は父親（男性）によっても遂行可能である」「3歳児神話には，少なくとも合理的な根拠は認められない」と明記した．

●**性差の有無** 男性は女性より能力が優れているという性差認識が女性差別を生み，男女の社会的な役割を規定し女性の社会進出を抑制してきた歴史的経緯から，フェミニズム運動においては，ジェンダー研究に力を入れる一方で，生物学的性差を全面否定する傾向があった．性差の科学的検証における結果の解釈は，社会的イデオロギーに大きく影響を受けてきたのも事実である．そうした中，イデオロギーにとらわれず，生化学や遺伝，脳科学等最新の科学の光に照らして性差を検証しようという動きもみられるようになっている[4]． ［小伊藤亜希子］

パーソナルスペース
personal space

　パーソナルスペースとは，ヒトの身体を中心に取り囲む心理的な私的領域をさす．パーソナルスペースは個人についてまわるもので，特定の場所に生じるテリトリーとは区別される．

●**目に見えない領域**　ヒトは他人と接する際に，無意識のうちに間合いを測っている．ロバート・ソマー[1]はあたかも身体が泡で包まれているような領域があり，「他人の進入を拒む身体まわりにある目に見えない領域」をパーソナルスペースと命名した．ある一定以上の距離に他人が近づくことで，パーソナルスペースに他者が侵入することになり，直接，身体的に接触しなくても，それに対して心理的もしくは行動的反応が生じる．日常的な会話や待ち合わせ，居合わせなどの生活場面をパーソナルスペースの視点で説明することができる．例えば，混み合ったエレベータや電車の中では，パーソナルスペースが互いに侵食し合うことが多く，皆が押し黙る状況が発生する．普通に会話するヒトとヒトの間隔は 50 cm 程度であるが，それが広がると次第に声が大きくなり，2 m を超えると会話は成り立たなくなり，呼びかけるようになる．このように，距離によって会話が左

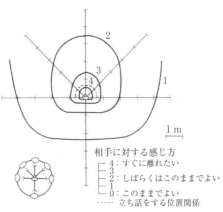

図1　個体域（男性・立位）（出典：文献[3]より）

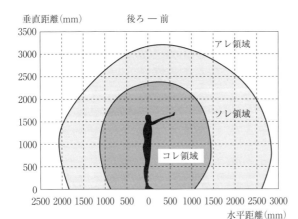

図2　指示代名詞「コレ・ソレ・アレ」の前後方向の大きさ（出典：文献[2]より）

右され，その内容も異なってくる．

●パーソナルスペースの測り方　パーソナルスペースの計測はいくつかの方法が提案されている．実際に「ヒトとヒト」や「ヒトともの」の距離や方向を変えながら意識の変化をとらえる．高橋・西出ら[2]は，他人が自分に近づいてくると「気詰まりな感じ」や近すぎて「離れたくなる感じ」がする領域（個体域）を実測することでパーソナルスペースを特定している（図1）．それは，均等な円ではなく，前方に比べ

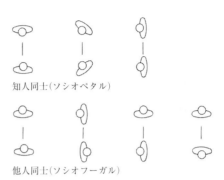

図3　ヒトの向きの分類：知人同士と他人同士（出典：文献[3]より）

て横やうしろ方向に他人が近づいても寛容であり，前方に長い卵形の領域となる．さらに，その領域は，行為，性別，親しさ，人間関係，場面の状況などによって変化する．また，ヒトがものをさす「コレ」「ソレ」「アレ」指示代名詞の使い分けから領域を実測する方法も提案されている．空間内でテニスボールほどの球を移動させながら，それぞれの位置で言葉の変化を計測した（図2）．コレ，ソレ，アレの順に段階的に領域が広がり，コレ領域は床面上の面積がおおよそ1坪（3.3 m^2）で，3次元空間でみると領域は4.5畳の室内に内接する球体であることが報告されており，伝統的な空間スケールとパーソナルスペースとの関係が興味深い．

●パーソナルスペースを活かす　ヒト同士の向きによって，パーソナルスペースの重なり方を調整し，心理的に良好な関係を保とうとする傾向がある．例えば，混み合った空間などで他人同士が十分距離が取れない場合は，体の向きをお互いにそっぽを向くようにして距離が取れないことを補う．図3[3]はヒトの向き合い方から知人同士と他人同士が推察され，図4はいすにすわる位置関係からソシオペタルとソシオフーガルに分類できることを示している．ソシオペタルとは，親しい知人同士，ソシオフーガルは他人同士の位置関係を示している．会話する際に，正面に向き合うよりも，90度の角度にずらした方が会話しやすい．他人同士は視線がずれた方が心理的に落ち着くなどヒトの向きの相互関係が，場所の雰囲気を大きく左右するため，ロビーやサロンなどの家具配置などのインテリアデザインに応用される．　　[森　一彦]

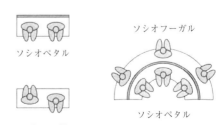

図4　さまざまな「ヒトとヒトの向き合い方」

テリトリー
territory

　テリトリーとは，他の個体（またはグループ）に対し，防御する領域を意味し，なわばりともいう．テリトリー内では，威嚇や逃走などにより相手を撃退するだけではなく，「においづけ」，「木に傷をつける」，「さえずり」などのなわばりの表示物によって，直接的な戦いをできるだけ避けるための仕組みがある．動物が守っている目的は，食物の確保や繁殖のためであるが，テリトリーを維持するには場所の識別能力があることが前提となるため，高等な動物に限られた社会形態である．ヒトの場合，テリトリーは，本来，土地などに縄を張って境界を定め自他を区別したり，特別な区域を明らかにすることに由来するが，これが土地や地域を占有する表示にもなり，占有された地域そのものを指すにいたった．テリトリーに近い概念として「生活領域」があるが，住宅における部屋の空間占有意識をもとにした境界のしつらえや個人の空間占有を示すさまざまなサイン，他者の領域に入る際のあいさつなどもなわばり行動の一部といえる[1]．

●**テリトリーの種類**　スタンフォード・ライマントとマービン・スコットは，テリトリーにいくつかの段階があるとし，人間社会でのテリトリーを公共のテリトリー，仲間のテリトリー，相互作用のテリトリー，身体的なテリトリーの4種に区別している[2]．公共のテリトリーとは，広場や公園のような公共の空間であり，市民に活動する自由は与えられるが，一定のマナーやルールなど自由が制限される．仲間のテリトリーとは，集団あるいは個人が貰い受けた共有空間であり，子どもの放課後クラブや常連客のあつまるカフェなど，特定の利用者間で親密な感じが共有され，空間が支配される．相互作用のテリトリーとは，グループや集団でつくられる社会的領域である．明確な境界はないものの，その集団の輪の中に他者が入ることははばかられる雰囲気がある．身体的なテリトリーは身体のまわりに泡のように広がる個人に属する私的な領域で，他人が侵すことのできない空間である．

　寝室，住宅，職場のデスクなどには，私的な場所への強い愛着が，その人にとっての心理的な重要性は高い．更衣室のロッカー，行きつけのレストランの席，教室でいつも座る席などは，私的テリトリーほど重要でないが，その人にとって一定の意味が生まれ，しばしば他者との相互作用が生じ，共用が求められる．

●**テリトリーの表示**　ある場所を自分のテリトリーだと主張するためには，他人にソレとわかるようにしなければならない．そのためには，何かものを置いたり，サインを示したりする．座席を取るために持ち物を置いたり，花見の場所取りでシートを広げたりするようにさまざまな工夫がある．家の外に植木を飾ったり，

個性的な装飾や表札などを付けたりすること（表出といわれる）も一種のテリトリーの表示である．これは単にテリトリーの主張だけでなく，住人の人間性や個性を表すものでもある．それは親しみや，近隣関係が増すきっかけと，また，よそ者の侵入を牽制する力にもなる．

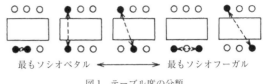

図1　テーブル席の分類

●**テリトリーをめぐる行動**　ロバート・ソマー[3]は，カフェテリアのテーブルのまわりにある椅子を選択する行動をテリトリーから説明している．椅子選択は，ヒトとヒトの親密度によって左右され，親しい者同士は隣り合う席を選び，まったく他人の者同士は対角の位置をしめ，自分の領域を侵されないようにする（図1）．ソシオペタルは親しい関係，ソシオフーガルは親しくない関係を示す．リーダーはテリトリーを見渡せる位置にある長方形のテーブルの最上席を選ぼうとし，他の人々は，リーダーの見えるところに座ろうとすることを示している．テーブルにつくヒトにとって，相手が見えるということが，物理的な距離よりも優先されることが興味深い．さらに，活動目的の違いがテリトリーに影響する．ソマー[3]は矩形のテーブルでの2人の位置関係に着目し，会話，協力作業，同時作業，競争の異なる条件で席の選択のされ方が異なることを示した．会話では向かい合う席や机の90度角を挟む席が好まれ，協力作業では隣同士，同時作業では斜め反対の席，競争では向き合う席というように，2人の位置関係が異なってくる（図2）．このようにヒトのテリトリーは個人や集団，公共性，友人・知人・他人，会話・作業などさまざまな様相によって変化する．[森　一彦]

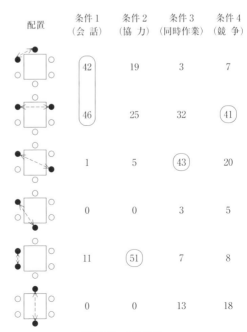

配置を選んだ被験者の%

図2　矩形のテーブルでの席の選択

ヒューマンインタフェース
human interface

インタフェース（interface）という言葉は"inter"（〜の間）と"face"（顔）からなり，顔と顔の間と書く．つまり，ものの表面（顔）同士が接する部分を意味し，これにヒューマンが付いたヒューマンインタフェースは，人とものとが接する境界面になる（図1）．人と接する対象となるものは，機器，空間，システム，自分以外の人々などさまざまあるが，主として人と機器との接点を意味する言葉として用いられている．その具体的な例としては，コンピュータのマウスやキーボード，自動車のハンドルやブレーキペダルなどの入力装置，メータやディスプレイのような出力装置があげられる（図2）．すなわち，人と機器とが意思や情報を伝え合う接点である．そのため，使いやすさや安全性などを考慮したものづくりでは重要な対象であり，人間中心のものづくりにおける1つの概念でもある．

図1　ヒューマンインタフェースとは（出典：文献[1]より改変）

図2　ヒューマンインタフェースの例

●**ヒューマンインタフェースの発達**　ものの進歩とともに，ヒューマンインタフェースの形態も変わる．例えば，箒という道具がある．その柄を手で握り動かすことにより掃除が遂行されることから，箒の柄はヒューマンインタフェースの一部でもある．その後，電気掃除機が誕生するとヒューマンインタフェースは手で持つホースや取っ手，あるいは手で操作する電源ボタン類に代わる．さらに掃除ロボットが登場すると，掃除方法のメニューを選択するための操作パネルがヒューマンインタフェースの役割を担う．このように，手動の機器は一般に手な

ど身体の一部で力や動きを機器に直接伝え,それによる機器の反応を目や手ごたえで感じ取る.それゆえヒューマンインタフェースの部分や範囲は,箸の例のように必ずしも明確ではない.一方,機器の自動化が進むと,その内部の状況がユーザには見えなくなり（ブラックボックス化）,ユーザと機器との間接的なやり取りを仲介するボタンやディスプレイなどのヒューマンインタフェースが必要となる.ヒューマンインタフェースの概念が意識されるようになったのは,このように機器の自動化がその背景にある.

●**ヒューマンインタフェースの課題** 近年はタッチパネルが普及し,そこに表示される仮想のボタンや映像を指で触れることにより操作するグラフィカルユーザインタフェース（GUI）も一般化している.このように,新たなヒューマンインタフェースがデザインされるようになると,それに伴い新たな課題も生じる.一見便利なヒューマンインタフェースが登場しても,その使い方がこれまでの操作方法と大きく異なる場合はユーザにとってむしろわかりにくいものになる.特に高齢者にとっては障壁となることが以前から指摘されている.また,機器の自動化により,操作するイメージや手ごたえが乏しくなることも問題となる.オーディオ機器の音量をあげるのも,大型旅客機を右に旋回させるのも,今や同じ小さなツマミの回転で可能である.そのことが暗示するように,身体を用いた操作とそれによる操作結果との対応をうまくユーザにフィードバックさせなければ操作エラーを引き起こす要因ともなる.さらに,銀行などのATMの機械にみられるようにタッチパネルによる操作が主流になると,視覚に頼れない人々は使えなくなる.そのために触覚ディスプレイや音声入出力装置など他の感覚を介したヒューマンインタフェースも必要となる.

●**ヒューマンインタフェースとヒトの機能** このように,高齢社会やユニバーサルデザインにも対応するよう,ヒトの機能に合わせたヒューマンインタフェースのデザインが,それを支える技術の進歩とともに重要さを増しつつある.すなわち,ヒューマンインタフェースから受け取る情報は,視覚や触覚などの感覚機能を介してとらえやすく,とらえた情報はヒトの記憶や思考などの認知機能に基づき理解されやすくなければならない.そして手による操作や発話などの運動機能を介してヒューマンインタフェースへ自分の意思を伝えやすくしなければならない.それを実現するためのデザインガイドラインや規格等もつくられている[2][3].

このように,対象となるものの使い勝手やわかりやすさなどのユーザビリティを高め,エラーを起こしにくいヒューマンインタフェースを実現するためには,これら感覚機能,認知機能,運動機能などのヒトの特性をよく理解することから始める必要がある.

［岡田　明］

バーチャルリアリティ
virtual reality

　バーチャルリアリティとは，存在しない空間にあたかも自分がそこにいるように感じさせたり，そこにないものをみずから扱う体験をさせる人工的なシステムのことである．「人工現実感」あるいは「仮想現実」ともよばれる．リアリティ（現実，実体）を形容するバーチャルとは，そのものではないが事実上の，実際上の，という意味をもつことから，上述のようにそこにない現実や実体を実際のもののように体感させ，実物と同じ効果を与えるのがバーチャルリアリティである[1]．例えば，ヒトの動きを検知するセンサーを内蔵したデータスーツを身に付け，身体の動きに同期させた別の場所の立体映像をメガネやゴーグルのようなヘッドマウントディスプレイに映し出すことにより，臨場感のある行動感覚を味わえるシステム（図1）はその1つの例である．

図1　バーチャルリアリティの例（作成：落合恵子）

●**システムを構成する要素と応用事例**　実際にそこにない空間やものを体感させるためのシステムは，さまざまな仕掛けから構成される．基本的には，ヒトの感覚器を介して実物を感じさせる出力インタフェースと，それに呼応するヒトの行動をシステムに伝える入力インタフェースが必要である．前者は，高臨場感を演出するディスプレイや音響装置がその主な要素になるが，バーチャルな物体に触れたときの感触や手ごたえを感じさせる触力覚提示装置なども用いられる．後者は，手足などの関節の角度や位置の情報をシステムに送るゴニオメータや3次元動作解析装置，データスーツなどの各種センサ類が利用される．それらを用いてレベルの高い没入感を提供するためには，人とこのようなシステムとのより高度

なインタラクションを実現するためのヒューマンインタフェース(項目「ヒューマンインタフェース」参照)を考慮する必要がある.

バーチャルリアリティはさまざまな分野で応用され,あるいは応用が期待されている.もともとはコンピュータゲームなどの世界で,よりリアリティの高いゲームの作成に利用されてきた.現在ではこうした娯楽の領域だけでなく,次のような分野でもさまざまなシステムが考えられている.

教育分野では,例えば医学生のための手術トレーニング用のシミュレーションシステムが開発されている.あるいは航空機パイロットの訓練用フライトシミュレータなども広い意味でのバーチャルリアリティの例といえる.実際の航空機と同じ操縦席の窓に航空機から見える任意の映像を映し出し,旋回や上昇・下降に伴う加速度も疑似的に体感させるシステムとすることにより,実機では危険を伴うさまざまな飛行状況下での訓練も可能となり,飛行コストの削減にもつながる.

機械の遠隔操作の分野では,例えば人が行けない場所で作業するロボットを,別の安全な場所で操作するシステムが開発されている.作業現場の状況を五感を介してバーチャルにとらえることで,より確実に操作を遂行することができる.宇宙や海底,あるいは災害現場での作業等には有効である.

設計・デザイン評価においては,例えば原寸大の実物モデルをつくることなく,設計したものをバーチャルに見たり扱うことにより設計物を評価することができれば,開発の期間やコストを大幅に軽減できる.

これらに共通しているのは,コスト面や安全面に制限されることがないこと,またあらゆる状況を再現できるというメリットがその主な導入の目的となっていることである.さらには現実世界とバーチャルリアリティを融合した複合現実感なども提案され,応用の範囲と技術は今後さらに広がるものと期待される.

●バーチャルリアリティとヒトの心身特性　このようなシステムを用いることにより,そこに存在しない現実をヒトが体感できるのは,ヒトの生理的心理的メカニズムがそこに作用しているからである.逆にいえば,こうしたヒトの特性を理解することが,より質の高いバーチャルリアリティの構築に繋がる.

その一方で,バーチャルリアリティが乗り物酔いに似た動揺病(VR酔いまたはサイバー酔いともよばれる)を与える場合のあることも考慮しなければならない.これは,実際の身体の動きや姿勢と,その状態を受け取る感覚器–神経系で得られる情報に矛盾が生じる場合に発生するといわれている[2].そうした矛盾を極力抑えることもバーチャルリアリティの課題である.

このようにヒトの生理的心理的メカニズムと深く結び付くシステムを構築していくことは,同時に人の心身機能をより明らかにしていくことにも繋がり,まさに人間科学に基礎をおいたものであるといえる.　　　　　　　　　　〔岡田　明〕

標識/サイン
sign

　標識/サインとは，対象の内容や目的などの情報を伝えるための，あるいは他と区別するための目じるし，あるいは目じるしとして設置されたものを指す．道路標識，駅の案内表示（図1）などがその典型的な例であるが，薬品のラベルや自動車ナンバーなど中身や所有者を区別するもの，イメージやシンボルを伝えるマークや色など，その種類は多岐にわたる．また，それらの情報は視覚表示によるものだけでなく，音声案内やメロディなどの聴覚表示，点字や触感などの触覚表示などさまざまな感覚器を介する媒体が利用される．

●**標識/サインの多様性**　これら標識/サインはヒトだけが用いている訳ではない．例えば，犬などの動物が自分の縄張り主張のために体臭や排泄物をそのエリアに付ける，あるいは爪あとを残すなどのマーキングも標識/サインの機能に含まれる．ヒトの歴史の上でも，さまざまな標識/サインが形を変え登場した．例えば，衣服，装身具そのものが身分や所属，特権を表す標識/サインとしても機能し，それは今日の社会でも制服や階級章などさまざまな形で見ることができる．さらに文字の発明以降はそれが標識/サインの有効な手段として活用されるようになった．

　このように標識/サインの範囲は広いが，一般に目にする公共空間の標識/サインに限定しても，次のようにいくつかの種類に分けることができる．

　目的・意図による分類として，物・場所の名称や機能を伝えるもの（表札，地名表示，鳥居など），物・場所の位置や方向を伝えるもの（地図，矢印，座席番号

図1　駅の案内表示の例

など),時間や順番を伝えるもの(時計,出発便表示,受付番号表示など),体系情報を伝えるもの(時刻表,バスの路線図など),禁則・指示などを伝えるもの(禁煙表示,交通標識など),イメージを伝えるもの(町のシンボルマーク,統一カラーなど)があげられる.

また,表示媒体による分類として,グラフィックによる表示(表札,看板など),プロダクトによる表示(停留所,ストリートファニチャなど),映像や光などによる動的表示(液晶ディスプレイ,ネオンサインなど),視覚以外の感覚を利用した表示(点字ブロック,音声案内など),本来別の目的で存在するもので意味を伝える表示(郵便ポスト,特徴的な建築物,橋など)があげられる.

●デザイン原則　これら標識/サインには,必ずその情報の受け手が存在する.その受け手が気づきやすくわかりやすいように情報を発信しなければ,標識/サインとして機能しない.それゆえ,視認性を高めた標識/サインをデザインするため,いつ・どこで・誰に・何を・どのように伝えるのか,その4W1Hを考慮しながら少しでも有効に機能させるためのデザイン原則がある.それが特に重要となる公共空間に設置される標識/サインの場合でいえば,以下のような原則例があげられる.

いつ:例えば,昼と夜で見え方が異なることは道路標識等では検討すべきであり,平常時と非常時で気づきやすさが変わることは避難誘導表示の設置には注意を要することである.

どこで:同じデザインの標識/サインでも設置場所によりわかりやすさや目立つ度合いが変わる.周囲に情報があふれている場合,誘目性の強いものが傍にある場合には設置される位置や方向の配慮が必要である.

誰に:受け手にはさまざまな人々がいる.年齢に基づけば子供から高齢者まで,経験や知識を切り口に考えればその場所に通い慣れている人から初めて訪れる人まで,身体機能を考慮すれば視覚に頼れない人,聴覚に頼れない人なども含まれる.そうした多様な人々に等しく情報を提供すること,すなわちユニバーサルデザインが強く求められる.

何を:伝えるべき内容はさまざまである.しかし,デザインがまずければ伝えたいものが伝わらず,本来の意味をなさない.そのため,デザイン案の内容が明確に理解されているか,多くの人々の意見を収集することは必要不可欠である.

どのように:標識/サインの形態で伝える情報は,事細かに説明した文章や詳細な図表で示す訳にはいかない.通常は短い時間に情報を伝えなければならない.そこで,伝えるべき内容を端的に表現する短い単語や記号,ピクトグラム(絵文字)が用いられることが多い.道路標識はその典型例である.また,点字や音声案内のように視覚以外の感覚を利用する表示か,あるいは彫刻や目立つ建物などに本来の目的以外に目じるし機能をもたせて伝えるのか,さまざまな媒体が状況

に即して考えられる．

●**見やすさ・わかりやすさとヒトの機能**
こうしたデザイン原則を具体化するためには，ヒトの感覚機能，認知機能の特性を理解したうえで，それに適合したデザインを行う必要がある．感覚のうち視覚に関していえば，まず所定の距離から見える文字や絵文字の大きさを決めるために視力を考慮することになる．視力は個人差が大きく，また照度により変化する．明るい環境で見えていたものが薄暗くなると見えなくなることもある．色覚にも個人差があり，特定の色の識別が困難な人も少なくない．何らかの色の区別が困難な人の割合は，日本人男性の場合で約5％と推定されている[1]．また加齢に伴い，明るい黄色と白，濃い青と黒などの区別がつきにくくなる．そのため，用いる色の組合せには慎重な配慮が必要である．

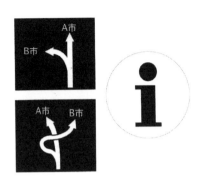

図2 わかりやすい表示，わかりにくい表示．
（左）道路の分岐表示（出典：文献[2]より），
（右）案内所のピクトグラム

図3 標準化された安全標識の例
（出典：文献[4]より）

見やすい標識/サインであっても，そこに示された情報の内容を正確に伝えることが求められる．そのために，提示された情報を人はどのように認知するのかを理解しないと不適切なデザインが生まれやすい．例えば，B市はA市の進行方向右側にあることを知っている人が自動車運転中に図2左上の標識を見せられたら一瞬戸惑う可能性がある．この場合は同図左下の標識例のように道路の構造全体を示すことがその改善策となる．あるいは図2右のピクトグラムは案内所を示すもので，英語のInformationの頭文字"I"が図案化されている．しかし英語を用いない文化圏では，場所や方向を見失った場合に尋ねるべき案内所の意味であると理解している人は皮肉にもあまりいない[3]．こうしたことを背景に，多くの人々が利用する，あるいは重要な標識/サインについてはデザインの統一化が図られつつある．特に安全標識や公共施設を表すピクトグラムについては標準化もなされている（図3）．

このように標識/サインは，感覚機能・認知機能の特性や，知識・経験・文化などに基づき考えることが肝要であり，そのための科学的なデザインプロセスが必要である．

［岡田 明］

道具
instrument

　道具とは，ヒトの様々な機能を拡張し生活を有利にする物の総称である．ヒトには手の親指（拇指）が他の4指と向かい合うことができる拇指対向性，物を把持するのに適した各指の相対的な長さ，および手の精巧で緻密な動き（巧緻動作）を可能にする大脳皮質による高い運動制御能力，そして手元での立体視が可能な顔面構造などが備わっている．これらの諸機能があるためにヒトは道具を作り，使うことが可能である．

●**道具の進化**　人類の最古の道具としてはおよそ250万年前のホモ属による石器があげられる．オルドワン型石器[1]（図1a）は初期の単純な礫石器であり，その刃は意図的に作成したとはいえ偶発的印象も強い．30～70万年前のアシュレアン型石器[2]（図1b）の握斧（ハンドアックス）は精巧に刃が形成されている．元の材料となる石の9割は削り落とす必要があり，製作者に高い加工技術と作業への集中力があったと考えられる．石器は鋭い刃による切断や，固いエッジによるこじりや削ぎが使い方の中心であった．チンパンジーやマカクサルも石などを道具として使うが，目的はリーチの増加やハンマーとしての手の硬度増加である．刃は工具となり，植物を加工して棒材や紐といった部品をつくって石器と組み合わせ，矢が誕生した．要素部品の組合せで新たな道具をつくる方法は，現代も同じである．

●**道具の多様化**　道具は漁具や農具，武器にも発展した．食事のために加熱した石を扱ったり，時間を超えて情報を残したりと，身体機能だけでは不可能なことも道具が可能にした．およそ4万年前になると壁画がみられるようになる．およそ1万5000年前のアルタミラ洞窟やラスコー洞窟の壁画は，顔料や筆記具によって明瞭に残された最古の情報ともいえる．その後，文字による知識の集積は科学の根幹となり，高度な道具の製作に繋がった．現在製品としてつくられるほとん

　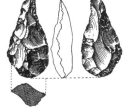

(a) オルドワン型石器　　　(b) アシュレアン型石器

図1　人類最古の道具

表1 道具の目的別分類と典型例（産業用の機械装置や楽器，乗り物，情報関連機器などは除く）

工具	物を加工し作る：ナイフ，ペンチ，ドライバー，ドリル
狩猟具・武器	陸上あるいは空中の生物を捉える：矢，ワナ，銃，剣
漁具	水中の生物を捉える：網，釣り具，モリ，壺
農具	土壌を整え植物を収穫する：クワ，スキ，カマ
調理用具	食物の状態を整える：包丁，ナベ，コンロ，ミキサー
食卓具	調理されたものを摂取する：ナイフ，フォーク，箸，皿，コップ
文房具	情報を残し伝える：インク，鉛筆，消しゴム，紙，糊，ハサミ
装飾具	思考の拠り所を設ける：鏡，鐘，像，化粧用具，指輪
照明具・火器	見える状態にする，火を作る：蝋燭，マッチ，ライター，LED
保存・包装具	物を保存あるいは可搬状態にする：瓶，栓，風呂敷，つと
保護具	身体の損傷を防ぐ：靴，帽子，傘，サングラス，衣類
家具	身体と道具を適切な状態に置く：椅子，机，収納家具，寝具
計測具	数字と単位を使って量を知る：時計，重量計，温度計，定規
操作具	他の物や装置の機能を制御する：ノブ，ペダル，ステアリング
衛生用具	身体の衛生を保つ：歯ブラシ，爪切り，ナプキン，石鹸
清掃具	環境の衛生を保つ：ほうき，掃除機，たわし，洗剤
補助具	感覚や運動機能を拡張する：眼鏡，杖，補聴器，義肢，車椅子
医療器具	身体状態を把握して介入する：聴診器，メス，鉗子，ガーゼ
遊具・玩具	動機をもって生理機能を増進する：すべり台，コマ，人形，パズル
護身・防犯具	災害や他者から自身を守る：笛，ヘルメット，警棒，盾
その他	多目的なものや専門的なもの：救援具，スポーツ用具など

どの道具は，製造法や安全性に関してISOやJISで基準が定められ品質が安定している．道具は一般的には工具の印象が強いが，目的からは表1のように分類することができる．生活全般で何らかの道具が使われており，道具は文化の原動力になることがわかる．また過酷な環境に対して生命を守る文化的適応において，道具は衣類や住環境とともに重要な役割を持つ．

●**道具の研究**　道具を通してヒトの機能を探求することもできる．例えば2本の棒に過ぎない箸は，ヒトが使うことで初めて道具となりうる．ミラーニューロンシステムによる模倣や運動の自動化機構といった脳機能と，それを実行できるだけの脳と協関した器用な手が，箸という道具を形作っている．道具は生活を便利にする一方で，戦争や犯罪の手段をも拡張する．また生理的負担の軽減は自身の生理機能の減退にもつながる．幅広い視点での道具の研究が望まれる．　［下村義弘］

職人技
craftsmanship

　誰もが簡単に習得できない高度な巧緻性を必要とする技（技能）を職人技という．古くから工芸品・機械・建物などの幅広い工業分野で職人技が存在し，それにより文化が築かれ，経済の発展に大きく貢献してきた．近年においても高度な職人技は，ロボットによる精密な機械加工や高度な分析機器を超える精度を発揮することから，航空・宇宙開発といった最先端の分野でも生かされている．

　職人技は，職人が先人（師匠）から受け継がれてきた技を学習し，日々の修練と経験を積み重ねることで体得してきた．その過程で，感覚はより鋭敏に，動きはより繊細になり，職人自身でさえ言葉では説明できないもの，俗に「職人の勘」とよばれる高度かつ他人にとっては難解なものとなる．例えば，木材の性質や作業する日の温湿度を見た目や肌で感じ，それに応じて微妙に加工精度を変える木工職人，鋼の性質や加熱時の色により焼き入れの瞬間を見定める鍛冶職人の技がこれにあたる．

●**木材加工における職人技**　世界最古の木造建築として広く知られている法隆寺などの建物，桐箪笥などの家具，曲げわっぱや寄せ木細工などの道具などにみられるように，日本では古くから身近な木材を加工し，生活の中で使用してきた．それらを生み出してきたのは大工や木工職人といった職人の熟練した技，すなわち職人技であり，未熟練者ではこのようなものを生み出すことは難しい．

　木材を加工するためには，のこぎり・かんな・げんのうなどのさまざまな木工具を使用する．職人のような熟練者と未熟練者では木工具による加工動作にどのような違いがあるのだろうか？

　山下晃功らは，かんな削りを動作解析と筋電図により分析した[1][2]．一定の力で押さえながら行うためには，熟練者のように腰と肩の水平移動距離が大きく，腰を中心とした腕の同調かつ平行動作を示すことが望ましい．しかし，未熟練者は腰と肩の水平移動距離が小さく，腕の動きを主体とし，肘が弧を描くような動作となっていた．これは，被削材末端部に削り残しを生じやすい動作であり，好ましい動作とはいえない（図1）．加えて，熟練者は削り始めの被削材先端付近で加速のピークと左大胸筋の収縮による筋電位が，削り終わりの被削材末端付近で減速のピークと上腕二頭筋などの筋群に高い筋電位が認められたのに対し，未熟練者はかんなが被削材末端から飛び出すことによる減速のピークのみが認められた．

　また，陳廣元らは，のこぎりびきを動作解析により分析した[3]．熟練者は眉間が常にのこ身の真上後方に位置し，左右を見ながら被削材表面に対するのこ身の

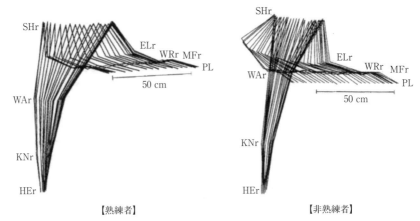

図1 かんな削り動作における熟練者と非熟練者のスティックピクチャー
├──┤：被削材の位置と長さ，PL：刃先の位置を示すかんな台側面，MFr：右手中指，WRr：右手首，ELr：右肘，SHr：右肩，WAr：右腰，KNr：右ひざ，HEr：右足首（出典：文献[1] p.224, Fig.2, 3 より）

直角性が保持されていたことから，けがき線通りにまっすぐ正確に切断することが視覚的に確認できる状態にあった．加えて，右腕とのこ身の動きはほぼ同じ垂直平面にあり，左右の振れのない安定した動作であった．一方，未熟練者は頭や眉間の位置が正確な切断を視覚的に確認することが困難な位置にあり，のこ身の動きも不安定で不規則であった．

以上のように，熟練者の木材加工動作は正確かつ効率的な加工を行う上で最適な状態となっていた．木工職人はこのような職人技を先人より受け継ぎ，体得してきたのである．

●**職人技の継承に向けて** 職人技は，古くからの文化を後世に受け継ぎ，さらなる経済発展を遂げる上でなくてはならないものである．しかし，高齢化と後継者不足による職人の減少，建築分野におけるツーバイフォー工法やプレハブ工法などのような職人技を必要としない技術の普及といった現代における社会・産業・生活様式の変化により，職人技の継承が危機に立たされている．

今後，職人技を継承するためには，前述のような職人技の定量化や体系化，人材発掘など取り組むべき課題は多い．その中で最も重要なポイントは，職人技のうち，特に「職人の勘」と呼ばれるものを定量化し，説明できるものとすることである．「職人の勘」の定量化により，技の共有化や後継者教育を容易にし，仮に後継者が途絶えた場合においても職人技自体は後世に受け継ぐことが可能となる．様々な分野における職人技に関する研究の進展が期待される．　［木村彰孝］

機械
machine

　機械とは物理的要素の組み合わせからなる入出力をもつ系であり，何らかのエネルギーを用いて一定の運動や仕事を行うものである．古くはフランツ・ルーローによるように，機械は相対運動をする歯車やリンクといった部品からなるもので力学的・運動学的に定義されていた．現在は半導体製造技術を用いたマイクロマシンや生体適合性材料を使った機械などもあり，古典的な定義に限定されない状況となった．工業製品とその製造を担う機械は社会の変遷に大きく影響してきた．高度化したロボットはヒトとは何かという議論をもたらした．

●**機械の歴史**　最古の機械は，その後システム化される機械の要素ともいえる単純機械（図1）である．ネジ，くさび，てこ，滑車，輪軸はすでに古代ギリシャで単純機械として概念が完成していた．このほか，紀元前4000年ごろから存在する車輪やピラミッドの工事に使われたとされる斜面も単純機械に含まれる．車輪を除きすべてに共通する力と距離の増幅作用は，損失が十分小さければそれらの積が一定であることから説明できる．すなわち，入力として小さな力で多く動かすと，出力として少しの変位で大きな力が得られる．高速で回転するモータに減速器をつけて高トルクとしたり，自転車のように強い踏み込み力を速いスピードに変換したりすることができる．

　単純機械の仕組みは人類が築いた文明のみで認められるものではなく，最初から生物の体内で巧みに用いられてきた．例えばヒトの筋骨格系におけるてこは，筋の強力な張力で関節近傍に少しの変位を起こして末端で大きな動きを得る加速器として作用する．

　複数の単純機械を組み合わせることでシステムが生まれる．最古のシステム化された機械は，単純機械による力の増幅が目的ではなく，時計や天体運動の予測といった情報の出力を目的とするものであった．古代ギリシャにおける天体運動の計算機と推測されるアンティキティラ島の機械や，世界各地でみられる水時計

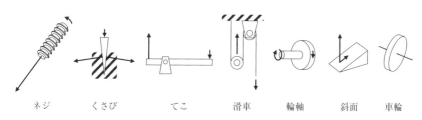

図1　単純機械．2つのベクトルは力の増幅を示す

がこれらに該当する．情報を出力する機械は現代ではほとんどが電子機器に取って代わられたが，14世紀に発明された機械式の時計は現在も存在する．

18世紀末にはヘンリー・モーズリーが旋盤による高品質なネジの生産を可能にした．これは，機械を作るための機械ともいえる工作機械を含むあらゆる機械の高度化を加速した．力学的・運動学的な仕事を目的とする機械は，18〜19世紀における電動モータやフライホイール，蒸気機関，内燃機関といった動力技術やベアリングなどの要素技術によって劇的に変わった．ヒトや家畜，自然現象が発生する運動エネルギーの伝達手段にすぎなかった機械は，それ自身が運動を生成し，ヒトはこれを制御する役割となった．その後20世紀になると電源の安定供給やバッテリーの高容量化のほか，アクチュエータや半導体，センシング，化学材料，情報処理技術の進歩がロボットを生みだし，これはあらゆる製造過程に欠かせない存在となった．

●**ロボットと人間** もともとロボットは，カレル・チャペクが戯曲「ロッサムズ・ユニバーサル・ロボット」(1921) の中で登場させた人造人間であった．チェコ語で"robota"は強制労働を意味し，ロボットは元来，ヒトに代わって労働をする機械を意味した．現在はその用途や技術の広範化のため，ロボットは機械の定義における入出力の部分に能動的処理が入ったもの，とするのが妥当である．ヒトの運動や感覚情報処理，さらには状況に応じた判断などの諸機能を機械的に模倣することは夢ではなくなった．実物かどうか見紛うほどのロボットが製作されている[1]．あまりにも似すぎると不気味の谷と呼ばれる，嫌悪や拒絶の対象となることがある．これは能動的な機械にパーソナルスペースに侵入されたり触れられたりすることや，直観的に，生きていないヒトとみなせる動く物に対して，人類は未経験であり，テクノアダプタビリティが欠落しているためと考えられる．

一方でロボットとヒトとの違いは明らかである．構成する要素がロボットは金属や樹脂であり，生物であるヒトは細胞からなる器官である．アクチュエータを例にとると，ロボットは正逆回転可能なモータ，ヒトは張力のみ発生する筋である．ヒトの体幹内部のほとんどは生命維持のための臓器である．また軸と羽根車が分離している車輪構造をもった回転型のポンプはなく，拍動による血液循環を行う．

要素が異なる上に数百万年を超える進化のプロセスで形作られた現在のヒトの形態に，ロボットを必ずしも似させる必要はない．ヒトには伝達のみが可能な神経細胞と可塑性をもつ脳による自伝的自己，そして自身の運動器と受容器とともに醸成される感性が存在する．したがって不揮発性メモリと中央演算処理装置，交換可能な部品をもつ限りロボットはヒトになれない． ［下村義弘］

工業デザイン
industrial design

　工業デザインとは工業製品のデザインを指し，インダストリアルデザインともよばれる．後述するように製品本来の機能や目的に加え，美しさやユーザビリティ，満足感など，商品としての価値を高めていくデザインであることが求められる．その対象となる工業製品は，自動車や家電製品をはじめ，家具，生活用品など日常生活で接する多くのものに及んでいる（図1）．

●**工業デザインの歴史**　もともと工業製品の造形は，主にそれを設計する技術者が担ってきたが，20世紀初め頃からそれを専門とする工業デザイナーが登場するようになった．当時結成されたドイツ工作連盟の活動が工業デザインの始まりともいわれ，その流れは1919年に同じドイツで設立された芸術学校バウハウスにも受け継がれている．この学校は合理主義や機能主義的な芸術を目指し，この分野の多くのデザイナーを輩出している．また，パリで生まれ，後にアメリカに渡り多くの工業デザインを手がけたレイモンド・ローウィもその先駆者の1人である．流線形デザイン（図2）の流行の立役者であり，彼の著書の題名である「口紅から機関車まで」という言葉は，工業デザインの対象の広さを象徴的に示すものとして有名である．その後も技術革新や社会の変化に伴い，それぞれの時代や技術を反映する生活機器や公共機器などのデザインが次々と生み出されていった．

●**デザインプロセス**　工業デザインの対象となる製品のほとんどに共通することは，それらが量産品であるということである．家電製品にしろ公共機器にしろ，

図1　工業デザインの対象はさまざまな製品に及んでいる（左上から時計回りにパソコン［提供：Apple］，掃除機［提供：東芝］，車［提供：日産自動車］，洗濯機［提供：パナソニック］，ポット［提供：T-fal］，通勤電車［オーストラリア］）

図2　流線型デザイン．ペンシルヴェニア鉄道（出典：文献[1]p.53より）

不特定多数の人々が使えること，満足できることが求められる．したがって，そのための周到なデザインプロセスが必要となる．

一般にデザインプロセスは，企画段階，設計段階，製造段階，そして販売段階へと流れていく[2]．まず企画段階では，より多くの人々が欲するデザインはどのようなものか市場調査を実施したり，コストを考慮した材料や実現可能な技術を検討しながら，製品デザインのための明確なコンセプトを構築する．それに基づき次の設計段階では，人々の要求に応える魅力，経済性，安全性等の課題解決のためのアイディアを模索しながら，設計の詳細を詰めていく．また，安全性や操作性を確保したデザインにするため，使用者の寸法や心身機能に合った設計値を算出する人間工学に基づく評価なども行われる．さらに製造段階では，試作を繰り返しながら，人々の嗜好や安全性の評価も含むさまざまな製品テストが実施され，それらをクリアしたのち量産が行われる．

狭い意味でのデザインプロセスはここまでだが，最後のステップである販売段階ではつくり手から使い手へデザインされたものが渡され，そこで初めて多くの人々の評価を受ける．その売れ行きや多数のユーザの意見という形でつくり手側に返ってくるそれらの情報は，企画から製造までの各段階にフィードバックされ，製品の改良や次なる製品の企画へとつなげていくことになる．そのため，この販売段階もデザインプロセスの中の重要な要素として位置づけられる．

●デザインの発展　周到なデザインプロセスを経て生み出された優れたデザインの拡がりは，産業の発展に寄与し，文化を高め，より良い生活や豊かな社会へと導いてくれる．そのため，優れたデザインを推進することが奨励される．日本においては通商産業省（現経済産業省）設立の制度が基となるグッドデザイン賞が優れた工業デザインの進展に貢献している．また，ヒトの生理心理機能にフィットし，長い目でみた快適性や健康を考えるPAデザイン（項目「PAデザイン」参照）も日本生理人類学会を中心にその推進につとめている．　　　　　　　[岡田　明]

PA デザイン
Physiological Anthropology design

　「PA デザイン」の PA とは，生理人類学の英語名 Physiological Anthropology の頭文字である．「PA デザイン」とは，ヒトの多面的な生理的特性を理解し，その特性を活用，考慮し，あるいは評価基準としてデザインすることをいう．

● **PA デザインの特徴**　一般に，デザインはその製品がもつ機能や芸術性，さらにはコストを配慮しながらつくり出される活動であるが，特にヒトを中心とするデザインにはエコデザイン，ユニバーサルデザイン，インタラクションデザインといったさまざまな目的志向のコンセプトをもつデザインが存在する．これらのコンセプトとは異なり，PA デザインではその対象がヒトの実際の生理的機能特性に着目して開発されたという「生理的裏付け」を開発過程に全面的に取り込もうとしている点が大きな特徴である．例えば，日本生理人類学会の表彰制度である PA デザイン賞受賞製品[1]として，女性用ストッキング（2005 年度受賞）（図1）があるが，この製品は従来の一般的着圧設計（胸の高さを水面としたときに水中で各部に加わる水圧の比を流用した漸減的な加圧設計）に比べ，「膝から足首へはより高め，膝から脚の付け根方向へはより低め」の着圧設計を確立し，より高い生理的効果を得ることを，1回拍出量，心拍数，心拍出量の変化測定，実着用での脚のむくみ量測定と官能評価，長期着用における免疫系とストレスへの影響確認のため唾液免疫グロブリン A（s-IgA）とコルチゾールの測定などにより立証している．また，同賞[1]を受賞した寝具（2003 年度受賞）（図2）では，快適な睡眠を得るための体圧分散機能に加え，寝姿勢保持機能，寝具内気象維持機能にも配慮し，素材，構造に工夫を施したものであり，この特殊構造によって形成される高空隙が，仰臥や側臥姿勢においても体圧の上昇を抑制するとともに，寝具内気象の適正化を高め，敷きふとん

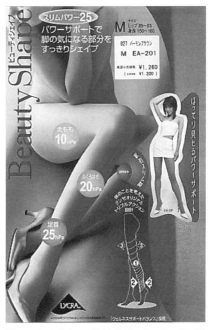

図1　PA デザインの例（女性用ストッキング）（出典：文献[1]より）

図2　PA デザインの例（「整圧敷きふとん」）（提供：東京西川[西川産業]）

に求められる機能をより効率的に発揮する構造として，ヒトが寝たときの体圧分散と寝姿勢保持力を向上させたことをその裏付けとしている．

● **PA デザイン賞**　日本生理人類学会により，ユーザーの生理的な機能特性を尊重する工業製品の発展を促し，真に健康で快適かつ感性豊かな生活環境の構築に貢献することを目的として，PA デザイン賞の制度が設けられている．PA デザイン賞は，日本生理人類学会の会員から申請された，企業・法人等が製作した生活に関わる製品のデザインに関し，同学会において製品の開発思想，開発過程に生理人類学的な発想，方法および評価が十分に認められるものを認定して与えられるものである．受賞製品にはPA デザインマーク（図3）の使用申請が認められる．これまで，上記で紹介した製品のほかに，椅子，照明器具，食品包装ラップフィルム用化粧箱，学生服，浴室，室内空間，あるいは食品，アルコール飲料など，多様な製品が受賞している．そのどれもが生理的測定指標により評価された製品である．日本生理人類学会のウェブサイト[1]にはこれらの製品と特長が紹介されている（2013 年 6 月現在）．

図3　PA デザインマーク（出典：文献[1]より）

● **PA デザイン賞の新しい流れ**　以上のように，これまで多数の製品が受賞してきた PA デザイン賞であるが，その知名度が高まるにつれ，生理人類学的な発想や開発過程の部分よりも，一般消費者にとって受賞した製品が単純に機能・効能が優れていることが裏付けられた商品であるとみなされるようになった．このような機能・効能のみが強調されることを危惧したため，2007 年 10 月日本生理人類学会認定 PA デザイン賞制度の見直しが提案された．その後，日本生理人類学会認定 PA デザイン賞制度規程の改正版が 2010 年 10 月の理事会，総会で承認された．現在は主な変更点として PA デザイン賞が製品のコンセプトや開発プロセスが学術的に妥当であるものに与えられるものであり，製品自体の性能，効果に対するものではないことを明確化し，また，本コンセプトを一般的に知れわたるよう，新しい制度に基づき表彰を行う準備が進められている．　　　［小谷賢太郎］

ワークライフバランス
work-life balance

　ワークライフバランスとは，仕事と生活の両方を充実させる働き方と生活の仕方であり，日本では，仕事と生活の調和と訳され，2000年代に入ってから政策導入が図られてきた．世界的にみると，1980年代初頭からアメリカにおいて企業がワークライフバランス施策を講じ，その後イギリスをはじめヨーロッパ各国に広がっていった経緯があり，日本の導入は先進国の中では出遅れている．

　日本におけるワークライフバランス政策としては，2007年に政労使で構成される官民トップ会議が「仕事と生活の調和（ワーク・ライフ・バランス）憲章」および「仕事と生活の調和推進のための行動指針」を策定した．ここでは，ワークライフバランスが実現した社会とは「国民一人ひとりがやりがいや充実感を感じながら働き，仕事上の責任を果たすとともに，家庭や地域生活などにおいても，子育て期，中高年期といった人生の各段階に応じて多様な生き方が選択・実現できる社会」であるとし，具体的には(1)就労による経済的自立が可能な社会，(2)健康で豊かな生活のための時間が確保できる社会，(3)多様な働き方・生き方が選択できる社会をあげている．

●**ワークライフバランス政策の背景**　ワークライフバランス施策が広がった背景として，まずは女性の社会進出があり，労働力不足の中で女性労働力を確保するためには，仕事と家庭の両立支援が必要であったことがある．また将来の労働力確保のために，女性には働き続けると同時に子どもも産んでもらう必要があった．日本では，1980年代以降，男女雇用機会均等法施行（1986年）をはじめ，女性雇用施策が進められた．同時に女性も男性と同じ過酷な24時間労働市場の競争に巻き込まれることになったが，それを支える仕事と家庭の両立支援施策が後手にまわっていたため，少子化が急速に進んだ．そこで政府は90年代に入り，延長保育や病児保育，休日保育の充実等，ようやく女性の就労と出産，子育ての両立支援という方向を打ち出した．しかしこれらの子育て支援対策の基本的枠組みは，長時間労働を支えるための保育充実であった．夜遅くまで，さらに休日も，子どもが病気でも保育園に預けて働かなければならないような環境下では，少子化に歯止めはかからなかった．そこで2000年になって，少子化対策の切り札として登場したのがワークライフバランス政策である．フレックスタイムやパートタイムなどの働く時間や，在宅勤務などの働く場所に柔軟性をもたせることで，子育て・家庭生活と仕事をバランスさせられるよう支援するのである．

　ワークライフバランス施策は，このように働く女性をターゲットに導入された経緯があるが，本来は子育てに限らず，仕事と自分のプライベートな生活をバラ

ンスさせることで，心や体も活性化され仕事の質も向上する効果が期待できるものである．したがって男性や独身者も含めすべての労働者が対象になり，ことに過労死を生む長時間労働が常態化している日本の労働環境を是正できるかどうかは重要である．

　もう1つの背景は経済のグローバル化である．国際競争に打ち勝つための柔軟に活用できる多様な人材確保の経営戦略として，企業が，ワークライフバランス施策の導入を積極的に進めている面も強い．この企業側の論理と，働く人々の利益をうまく一致させられるかどうかが，ワークライフバランス施策の重要な鍵である．大沢真知子[1]は，世界のワークライフバランス施策を調査し，欧州各国が目指している，雇用保障（security）と柔軟性（flexibility）の両方を追求する政策（造語：flexicurity），すなわち非正規雇用や不安定就労を拡大するのではなく，同一労働同一賃金の原則のもと働き方の選択肢を増やす政策により，個人の豊かな生活と企業の生産性向上の両方を実現できる可能性を指摘している．

●**ワークライフバランスと日本の労働政策**　しかし，日本の現状をみると欧州各国の動きとは方向を異にする．日本ではパートタイム労働の賃金や処遇の格差は改善されず，さらに1990年代後半から，労働規制を緩和し，派遣労働や有期労働契約による非正規労働者を増やしてきた．非正規労働者比率は，1990年の20%から一貫して増え続け，2012年には35.1%と過去最高を記録した（総務局労働力調査）．日本版「多様な働き方」の危険性が指摘されているように[2]，日本のワークライフバランス施策は，不安定・非正規雇用による多様な働き方の拡大の方向で進んでいる．一方で正規雇用者の長時間労働を改善する動きはほとんどみられない．そして，出産・子育てを女性が担当するという役割分業は大きく改善されないままに，出産後，女性は処遇の低い「多様な働き方」により仕事と育児を両立させるという形で男女格差が拡大している．先の非正規雇用者比率を男女別にみると，2012年において男性19.6%に対して，女性は54.7%と半数を超えている．

●**生活者の視点をもった専門家の育成**　しかし，日本においても女性の労働市場への参画は確実に進んでいる．女性は働きながらも，なお家庭責任を期待されていることから，出産後は男性と同じように働くことがかなわず，キャリアアップのハンディをかかえているのは事実である．しかし，近年注目されるのが，産業界における多様な視点をもつ人材の登用であり，生活体験を豊かにもつ女性の生活者としての視点が，多くの分野において求められている．特に生活と密着した分野における仕事では，みずからの生活体験に基づく発想が，より消費者のニーズに合った商品開発を生むことが多い．このことは，ワークとライフをバランスさせ多様な体験を豊かにもつことが，キャリア形成と矛盾するどころかむしろ有利に働き，さらに生活者の視点を反映させたものづくりやサービス提供につながっていく可能性を示唆している．

　　　　　　　　　　　　　　　　　　　　　　　　　　　［小伊藤亜希子］

テクノアダプタビリティ
techno-adaptability

　テクノアダプタビリティは，テクノロジー（技術）とアダプタビリティ（適応能）を組み合わせた造語である．環境適応能，生理的多型性，全身的協関，機能的潜在性というキーワードとともに，生理人類学の体系を表現している．

●**ヒトの適応能**　テクノアダプタビリティでは，適応能という表現が使用されている．適応と適応能の違いとは何であろうか．適応とは，生活する環境の条件に対して生存に有利な特性をもっていること，および環境の変化に適合するように生体の特性を変化させていくようすであるといえる．ルネ・デュボス[1]は，ヒトがある環境に完全に適応するということは，その後に生じる環境の変化に適応する能力を危うくする可能性があると述べている．その上で，新しい環境や新しい挑戦に対する適応の潜在的な能力を適応能としてとらえ，これを評価する必要性を訴えている．端的にいえば，適応能とは，変化していく環境の条件に対して柔軟に適合することのできる潜在的な能力であるということができる．さらに，デュボスは，適応能の評価は，さまざまな刺激や負担に対する身体の耐性や反応の容量を測定することで可能になると述べている．ちなみに，生理人類学のキーワードの1つである機能的潜在性は，ヒトの適応能の実体としての潜在的な生理的能力を表している．

　テクノアダプタビリティで用いられるアダプタビリティという表現は，ヒトによる技術革新がもたらす生活環境の絶え間ない変化を背景として，そのような変化の中で適応を続けるヒトの潜在能力の豊かさを表現しているのである．今に生きるヒトを研究対象の中心に据えて，近未来の生活環境の構築に有効な情報発信を目指す生理人類学ならではの用語の1つであるといえよう．

●**テクノアダプタビリティとは**　ヒトの環境適応能は，生物学的適応能と文化的適応能の2つに大別される．生物学的適応能は，ヒトの生物学的な形質の変化によって環境条件の変化に対して相対的に有利な特性を獲得する能力である．生物学的適応は，さらに生理的適応と遺伝的適応に分けることができる．文化的適応能は，ヒトみずからがつくり出した道具としての人工物やシステムを使用して，みずからの身体や生命の維持に有利な方向に環境の条件を調節したり加齢や疾病による身体機能の低下を補ったりする能力である．

　テクノアダプタビリティの解釈に関する議論の中では，科学技術の副産物としてのストレスに対するヒトの生物学的適応能としてとらえる考え方と，科学技術を利用してさまざまなストレスに適応する文化的適応能の1つとする考え方が存在した．時として，これら2つの考え方が混在し，議論が混乱することもあった．

ヒトの生物学的適応能を視野の中心に置く生理人類学の立場から考えると，テクノアダプタビリティを，科学技術の発展と生活への応用に伴うさまざまな新しいストレスに対する生物学的適応能とする考え方が適切であると思われる．一方，人間工学などの具体的な問題解決を目指す領域では，科学技術の応用によってヒトの適応能を補償する文化的適応の考え方はきわめて自然なものであり，テクノアダプタビリティの定義としても違和感のないものかもしれない．しかしテクノアダプタビリティが生理人類学の中から生まれてきた用語であることを考えると，科学技術によってもたらされるさまざまな新しいストレスに対する適応能と定義することが適切であろう．

●**テクノストレス**　地球規模の環境破壊問題やエネルギー問題，人口過密や時間的切迫による都市生活のストレス，運動不足や過食による肥満や高血圧，昼夜の区別のない生活リズムの変調などは，科学技術の恩恵とは裏腹にその副産物として我々に大きな問題を投げかけている．また，科学技術に支えられた人工環境が，ヒト自身のみならず他の生物を含んだ生態系をも脅かす要因になり得ることが顕在化している．生活環境における科学技術に由来する身体的・精神的ストレスをテクノストレスとよぶことができる．元来，テクノストレスという言葉は，1984年にアメリカの臨床心理学者であるクレイグ・ブロード[2]によって提示されたものである．ブロードはオフィスのパーソナルコンピュータや家庭のビデオゲームなど，さまざまなコンピュータのユーザについて調査を行い，彼らの健康上の不調をテクノストレスとして表現したのである．今日の高度に情報化された社会を考えると，コンピュータユーザにとどまらず，社会システムそのものにストレスがあふれている状態であるといえよう．テクノストレスという言葉も，ブロードの提案を拡大して適用してもよいのではないだろうか．

　テクノストレスの代表的な例として，さまざまな精神作業によるストレスをあげることができる．労働の機械化によって身体的ストレスが軽減した一方で，長時間椅子に座って精神的な活動を行う，いわゆる頭脳労働（精神作業）が増大している．精神作業は，さまざまな生理的な反応を伴うことが報告されており，暗算などの計算作業を行うと血圧が上昇することはよく知られている．また，コンピュータ画面に表示された情報を記憶する作業を行った場合にも血圧が上昇する[3]．このような精神作業に伴う血圧の上昇は一過性のものであり作業を終了すると回復するが，その上昇の程度が将来の本態性高血圧発症のリスクに関連していることが多くの研究によって報告されている[4]．精神的ストレスに対する一過性の血圧上昇が大きいほど，将来の高血圧発症のリスクが高くなるというものである．このような結果は，一過性の血圧反応は精神的ストレスに対する耐性を表し，将来の高血圧の発症という観点からデュボスのいう適応能の評価に相当し，まさにテクノアダプタビリティの評価であるといえよう．

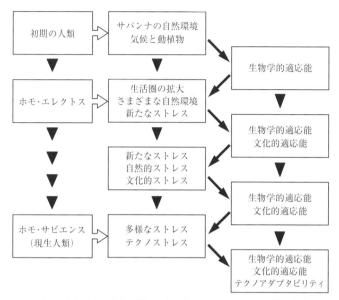

図1 ストレスと適応の連鎖. ヒトの進化・ストレス・適応能の関連

●**ストレスと適応の連鎖**　図1は，人類の進化を背景とした，生活環境のストレスとヒトの適応能との関連を示している．アフリカのサバンナに生まれたといわれている我々の祖先は，その高温な気候条件とそこに生息する食糧としての動植物に遺伝的に適応して進化したと考えられている．その後，ホモ・エレクトス以降の人類は，行動範囲の拡大と豊かな適応能によって，地球全体にまで生活圏を拡大した．そこでは，未曾有の自然環境のストレスを，身体の生物学的適応と衣服や住居といった技術による文化的適応によって克服してきた．まさに，漸進的に多様化する自然的ストレスと文化的ストレスの組合せに対して適応してきたのである．このように，新しい環境に適応する中において，さらなる適応反応を誘発する新しいストレスが生み出されるというストレスと適応の連鎖の中で，人類は進化し今日にいたったといえる[5].

　科学技術の進歩と応用は，ヒトの文化的適応能として今後さらに重要な役割を担うことは疑う余地はないであろう．しかし，ヒトにとって真に快適で健康な生活環境を構築するためには，生物本来の適応能としてのテクノアダプタビリティがバランスよく発揮されることが重要であろう．テクノアダプタビリティという概念は，ヒトの進化の過程における人類と科学技術との関係を示すものとして人間科学において大きな意義をもっている．

〔岩永光一〕

文化的適応
cultural adaptation

　生物が周囲の環境のもとで生存し繁殖するのに有利な形質や行動をもっていること，および生存に有利な形質や行動が残っていく過程を適応という．ヒト（ホモ・サピエンス，Homo sapiens）の適応をその手段によって，形態的適応，自律的適応，行動的適応，道具的適応に分類することができる．この中で形態的適応，自律的適応，行動的適応はヒト以外の動物と共通したものであり，生物学的適応と総称することもある[1]．

　道具的適応はヒト特有の適応手段であり，広い意味の道具を用いて環境をヒトに適したものにすることである[1]．例えば，寒冷環境に対して衣服を身につけたり，住居に住むことは道具的適応になる．道具的適応を生物学的適応と対比して，文化的適応とよぶこともある．社会科学領域では異文化に対する適応を文化的適応ということもあるが，ここでは生物科学領域での定義に従って道具的適応のことを文化的適応とする．

●**温熱環境に対する文化的適応**　ヒトは恒温動物であり，周囲の温熱環境により，ふるえ，皮膚の血管収縮，血管拡張，発汗などさまざまな自律的適応反応が生じ，体温を一定に保とうとしている．また，寒いときは日なたを求め，暑いときは木陰を求めるような行動的適応も行う．さらに長期的な幾世代にもわたる遺伝的適応によって，ヒトでもベルグマンの法則やアレンの法則にあてはまるような形態的適応が生じていることが知られている．こうした生物学的適応とともに，ヒトは寒さに耐えるために衣服を身につけ，住居を作るなどの文化的適応を行ってきた．

　人類がいつ衣服を着るようになったのかについては諸説あるが，考古学的な研究では衣服の起源につながるものとして，約4万年前のヨーロッパの遺跡から発見された穴の開いた針が最も古い．衣服そのものは年月を経ると残存しないため起源を探ることは困難であった．

　2003年にラルフ・キトラーらはヒトに寄生するシラミのミトコンドリアDNAと核DNAの遺伝子を解析し，衣服の起源は衣服に寄生するコロモジラミ（Pediculus humanus corporis）が出現した約7万2,000年前であると推定した．彼らは世界の12地域から，ヒトの頭に寄生するアタマジラミ（Pediculus humanus capitis）26匹，衣服に寄生するコロモジラミ14匹を採取し，アタマジラミからコロモジラミが分岐した年代を推定した[2]．コロモジラミの出現は衣服の起源とほぼ一致すると考えたからである．翌年，彼らは分子時計の較正に用いたチンパンジーに寄生するシラミの解析結果を見直し，コロモジラミの出現を10

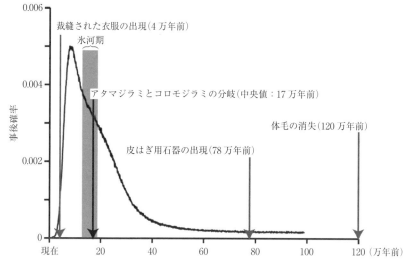

図1 アタマジラミとコロモジラミの分岐事後確率曲線（出典：文献[4] p.31 より改変）

万7,000年前と訂正した[3]．さらに，2011年にメリッサ・トウプスらはより多数のコロモジラミとアタマジラミの遺伝子解析をした結果，コロモジラミの分岐を少なくとも8万3,000年前，おそらく17万年前と推定した[4]（図1）．

17万年前は急激な気温低下をもたらした氷河期（13万年前～19万年前）に相当し，寒冷環境に対する文化的適応手段として衣服を着用し始めたものと推測している．その後，ヒトが熱帯アフリカを出て寒冷な地域に進出し得たのは衣服や住居といった文化的適応によるところが大きいものと考えられる．

●**紫外線に対する文化的適応**　「裸のサル」であるとデズモンド・モリスが命名したように，ヒトは霊長類の中でもほとんどの皮膚面をむき出しにする特異な存在である．人類が体毛をなくしたのはいつのことだろうか．遺伝的な研究からは120万年前（図1），恥毛ジラミの起源に基づく研究からは300万年前と推定されている[5]．いずれにしても，体毛をなくしたことによって，ヒトは太陽光に含まれる紫外線の脅威に曝されたものと思われる．紫外線は，皮膚がん（扁平上皮がん，基底細胞がん，悪性黒色腫）の発症を促す．こうした紫外線の脅威に対抗するために，人類は皮膚のメラニンを増やし，肌の色を濃くしてきたものと考えられている．メラニンは，メラニン形成細胞またはメラノサイトとよばれる細胞で形成され，紫外線を吸収してエネルギーを減少するだけでなく，紫外線のダメージによって生成される有害な活性酸素の働きを抑える作用もある[6]．

紫外線による皮膚がんの発症を肌の色によって抑制することは個体にとっては

図2 ヒトの肌の色は人類集団によって異なる

有利なことではあるが，皮膚がんが発症するのは生殖可能年齢を過ぎてからであることを考えると淘汰圧にはなりにくい．こうしたことから，ニーナ・ジャブロンスキーとジョージ・チャップリンは紫外線による葉酸塩の破壊に注目した．葉酸塩は必須ビタミンBの1つのビタミンB9のことで，葉酸塩は体内に貯蔵することができないため，毎日食事で取り続ける必要がある．葉酸塩はDNAの複製に不可欠の物質なので，欠乏すると妊婦の場合は胎児に神経管異常が生じたり，精子の形成不全が起こる可能性を指摘し，「体内の葉酸塩を紫外線による破壊から守るために皮膚の色を濃く進化した」という仮説を提唱している[6]．

ヒトはおよそ8万〜10万年前にアフリカ大陸を出て，アジア・ヨーロッパ大陸へ進出していったと考えられている．高緯度地域に進出していくに従い，肌の色が濃いことは逆に淘汰圧となり，肌の色を再び薄くしていった．紫外線は皮膚でのビタミンD3の合成を誘発するという有益な作用をもっており，紫外線の少ない高緯度地域では肌の色が濃いとビタミンD3の合成が十分に行えないからである．ビタミンD3は腸からのカルシウム吸収を促進し，発育，免疫，生殖に重要な働きをする[6]．

こうしたことからヒトの肌の色は居住する地域の紫外線照射量に適応した濃さになっている（図2）．しかし，興味深いことに同じ地域でも肌の色が異なる人類集団が居住していることがある．例えば，紅海の西岸に6,000年前から住むナイル-ハム語を話す部族は手足が長く，長身で肌の色が非常に濃い．一方，紅海の東岸に住む部族は2,000年前にヨーロッパからこの地に移住して来たアラブ民族で，肌の色は薄い．彼らはこの紫外線の強い環境を厚い衣服，持ち運び可能な日よけという文化的適応によって対応してきたのである．一般に移住時期が新しいほど，生物学的適応ではなく，文化的適応が顕著にみられる[6]． 　　　［勝浦哲夫］

10. ヒトを測る

[石橋圭太・小谷賢太郎]

　コンピューターサイエンスにおいて GIGO という用語がある．Garbage In, Garbage Out. つまり，ゴミのようなインプットからはゴミのようなアウトプットしかでてこない現象を指す．すこし乱暴な言葉ではあるが，ヒトを研究対象とする場合でも，実験系の研究者が学生時代にいやというほどたたき込まれる真実である．

　アメリカの人類学者ポール・ベーカーが提唱したエターナルトライアングルによれば，ヒトの機能や構造などの表現型は，遺伝子型，環境，そして文化の相互作用を受けている．これらヒトをとりまく現象をより深くより正確に説明するための理論を構築することは，人間科学の目標のひとつである．しかしながら，その理論構築が正確な計測に裏打ちされていなければ，単なる GIGO を確認する作業になってしまいかねない．ともあれ，ヒトを知るための科学的なアプローチにおいて，ヒトを正確に計測することは最初のステップである．

心電図
electrocardiogram

1887年アウグスト・ワーラーは，毛細管電流計を用いて心臓の電気的活動を体表面から計測した．その後1903年にウィレム・アイントホーフェンは絃線電流計を用いてヒトの心電図を記録し，現在の心電図の基礎を築いた．彼は，その功績により1924年にノーベル賞を受賞している．近年，電子技術の発展に伴う記録装置の小型化，記録容量の増大，解析の高速・自動化などにより，心電図測定は循環器分野だけでなく，多くの臨床や研究に応用されている．心臓は，血液を全身に循環させるポンプの役割を果たしており，自発的に興奮して収縮する自動能をもつ．電気的興奮は，右心房の洞結節から，左右の心房，房室結節，ヒス束，左脚・右脚，プルキンエ線維などの刺激伝導系とよばれる特殊心筋を経て，固有心筋へと伝えられ，心室が収縮する．この心筋の電気的興奮を体表面から検出したものが心電図（ECG）であり，非侵襲的かつ簡便に記録することができる．心電図のP波は心房の脱分極（興奮），QRS波は心室の脱分極，T波は心室の再分極を表している（図1）．心電図は一般に25 mm/秒の速度で記録され，縦軸は電位（1 mm = 0.1 mV），横軸は時間（1 mm = 0.04秒）を表している．プラスの電極方向に向かってくる興奮は上向き，遠ざかっていく興奮は下向きに記録される．

●測り方　標準的な心電図は，標準肢誘導（双極肢誘導）Ⅰ，Ⅱ，Ⅲと増幅単極肢誘導 aV_R，aV_L，aV_F，および単極胸部誘導（V1〜V6）からなる12誘導心電図である．肢誘導は，心臓の電気的活動を前額面，胸部誘導は第4，5肋間位で胸部を輪切りにした水平面でとらえており，これにより立体的に把握することができる．調律（リズム），波形の変化をもとに，心筋梗塞，狭心症，心房・心室肥大症，不整脈，電解質異常などが診断されている．また，誘導を追加することによりさらなる情報を得ることができる．臨床検査の測定は，安静仰臥位で短時間の心電図を記録する．

運動，睡眠，精神作業負荷時など日常生活における長時間（24時間以上）の心

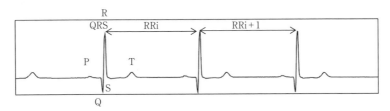

図1　心電図波形

電図を測定し，高速再生する装置として，ホルター心電図がある．臨床では日常生活中の一過性不整脈や狭心発作の検出に用いられている．また，心電図のほかに血圧，呼吸波形，動脈血酸素飽和度（SpO$_2$），体位などを記録できる装置が開発され，睡眠時無呼吸の診断にも使用されている．

測定は，胸部の2点間の電位差を記録する双極誘導が用いられ，誘導部位としてCM5，NASA，CC5誘導がある．測定時は，皮膚と電極の接触不良によるアーチファクト混入を避けるため，装着部の皮膚面をアルコール綿で拭いて汗や皮脂を取り，皮膚と電極との間の電気抵抗を下げる．筋電図や，リード線の断線や電極からの脱落もアーチファクト混入の原因となる．また，長時間の電極装着によるかぶれに注意する．測定中は，食事，排尿排便，就寝起床などの行動記録をつけ，入浴は禁止する．しかし，近年入浴中も測定可能な装置も開発されている．

●**心拍数（HR）**　心臓が単位時間に拍動する回数（一般的には1分間の拍動数 bearts per minute: bpm）であり，R波の出現回数を数えることにより算出できる．一般に，安静時心拍数は60〜100回/分であり，60回/分以下を徐脈，100回/分以上を頻脈とされている．また，1拍ごとの拍動の間隔（R波からR波までの時間（RR間隔））を計測して60（秒）÷RR間隔（秒）で算出し，1分間あたりの心拍数に換算したものを瞬時心拍数という．

●**心拍変動性（HRV）**　心臓の拍動は洞結節の自動能（歩調取り）によって調節されているが，交感神経と副交感神経の二重支配を受けて心拍動周期は変動する．この変動を心拍変動とよび，正常洞調律のRR間隔を用いて計測される．解析法は，時間領域および周波数領域に大別され，周波数領域解析には一般に高速フーリエ変換，最大エントロピー法が用いられる．

心拍変動の周波数解析を行うと，高周波成分（HF，0.15Hz以上）と低周波成分（LF，0.04-0.15Hz）の2つの主要な成分が抽出される[1]．HF成分は，呼吸に同期した変動，すなわち呼吸性不整脈（RSA）を反映し，副交感神経活動の指標とされているが，呼吸周波数や1回換気量の影響も受ける[2][3]．HF成分は，安静時や睡眠時に増加する．また，リラックス時にも増加することからリラクゼーション効果の指標として用いられている．一方，LF成分は，マイヤー波，血流成分，レニン-アンジオテンシン，周期性呼吸などにより形成される．LF/(HF + LF)やLF/HFは，立位や運動時に増加し，交感神経活動の指標として用いられている[4]．また，暗算負荷などの精神的ストレスにより増加することが示されており，これらの指標は精神的作業負担の指標として応用されている．さらに臨床的には，心拍変動性は疾患予後の予測因子，重症度の判定因子としての有用性についても検討されている[5]．

［東風谷祐子］

心拍出量
cardiac output

　心拍出量とは，心臓が1分間に動脈へ拍出する血液の量のことである．心臓は周期的に収縮を繰り返すことによって血液を動脈へ拍出するポンプ機能をもち，1回の収縮で拍出する量（1回拍出量）と1分間に収縮する回数（心拍数）の積によって心拍出量は決定される．このため，心拍出量の測定・評価は臨床集中治療，麻酔など多くの領域において循環不全患者の管理にも用いられており，臨床上ならびに生理学上重要な意義をもつ．

　心拍出量測定には，大きく分けて侵襲的方法と非侵襲的方法がある．侵襲的方法としては，肺動脈カテーテルを用いた熱希釈法が一般的である．本項では侵襲的方法の熱希釈法について概観した後，主に非侵襲的方法について解説する．

●**直接法—熱希釈法**　サーモダイリューションカテーテルを用いたモニタリング法である．カテーテル先端には温度センサーがあり，先端から30 cmの位置に冷水注入用の孔が開いている．先端を肺動脈まで進め，注入孔が右心房内に位置するよう留置する．この注入孔から一定量の冷たい生理食塩水を注入し，肺動脈内で温度変化を測ることによって心拍出量を求めるものである．もし，生食に混じる血液の量が多ければ血液の温度変化は少ないはずであり，逆に生食に混じる血液がなければ温度計は食塩水の温度を示すことになる．熱希釈曲線とよばれる温度変化曲線を利用し，これをもとに心拍出量を計算する．しかし，侵襲的法であることに加え，臨床上でも，重症循環不全患者の予後を改善するか否かについては合併症の頻度が高いなど否定的な報告[1]が相次いでいる．

●**間接法—二酸化炭素（CO_2）再呼吸法**　専用の再呼吸用ループ（あるいはバッグなど）を用いて，測定可能である（図1）．再呼吸バルブが開閉することにより，被験者は一定の間隔で再呼吸ループへ吐き出したみずからの呼気を再呼吸する．この再呼吸により動脈血のCO_2分圧は通常2～5 mmHg上昇する．再呼吸により生じたCO_2排出量の変化と呼気終末CO_2分圧の変化から，フィックの原理を応用して心拍出量を求める[2]．規則正しい呼吸下では，肺動脈カテーテルの熱希釈法で求めた心拍出量と良好な相関を示す．一方，CO_2再呼吸中に混合静脈血CO_2濃度や死腔率が一定であるという仮定のもとに，心拍出量を計算していることや，毎分換気量や1回換気量が少ないときには，過小評価したり，不規則な呼吸下では測定誤差が大きくなるという問題点がある[3]．

●**モデルフロー法**　比較的新しい方法で，指先などに装着したカフで1拍ごとに血圧を連続測定し，得られた動脈圧波形を解析し，心拍ごとに1回拍出量を算出し，心拍出量を連続モニターする方法である[4]（図2）．熱希釈法で測定した心拍

出量との相関は比較的良好である．また，1心拍ごとの血圧波形より算出していることから，心拍出量の急激な変化を迅速にとらえることができる．実際，運動時の測定などには最も広範に用いられており，超音波ドップラー法により測定された心拍出量との間にも良好な相関が認められている[5]．一方，CO_2再呼吸法による測定値よりは過小評価されたり，再現性に難があ

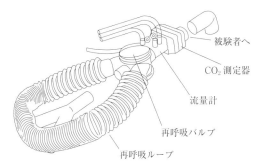

図1　CO_2再呼吸法による心拍出量測定システムの概観．バルブの開閉により，被験者は一定の間隔でみずからが吐き出した呼気を再呼吸する

ることも指摘されている[6]．近年では，暑熱環境下のよう身体各部位の血管抵抗が劇的に変化するような状況下でも過小評価されることが報告されている[7]．

●インピーダンス法　1960年代に提唱されたクビチェクら[8]の式に基づき，身体に装着した電極間（胸部と頸部など）の抵抗差から1回拍出量を計算して，そのときの心拍数を乗じ，心拍出量として算出している．しかし，その根拠となる計算式では体格による補正が難しく，このことは電極の配置とも密接に関係する．さらにはこの計算式では駆出時間中一定流量が維持されるという生理的矛盾が生じるため，現実的には絶対値化はきわめて難しい．さらに，ICG波形にはわずかな体動による影響も含め，さまざまな信号が入るので，心拍動に依存した成分だけを選択的に抽出する必要がある．以上のような問題から，ICG法による心拍出量は，絶対値化，個人間比較，運動時や体位変換時測定が困難であることから，近年ではあまり用いられていないと思われる．

以上のように，非侵襲的な測定方法は患者などに負担をかけないという大きな長所があるものの，測定精度そのものは，どの方法も一長一短があるといえるため，今後さらなる改良および研究が必要である．

［堀内雅弘］

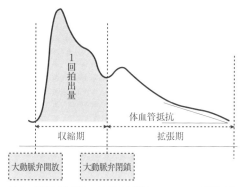

図2　動脈圧波形と1回拍出量測定のモデル．動脈圧波形は，大動脈弁の開放とともに急峻に立ち上がり，その後，緩やかに下降する．この波形から収縮期圧と拡張期圧が測定できる．また，収縮期の面積から，1回拍出量が推測できる

心拍変動
heart rate variability

　ガリレオ・ガリレイは，教会のシャンデリアが揺れているのを見て，振り子の等時性を発見したと伝えられている．その際，振り子の揺れる間隔が常に等しいことを確かめるために，みずからの脈をとり時間を計ったといわれている．機械式時計の動作の基本原理である振り子の等時性の発見に，ヒトの心拍が一役買ったのであるが，実は心拍はそれほど一定間隔で発生する訳ではなく，その間隔には常にゆらぎが存在する．このゆらぎは心拍変動とよばれている．

●**心拍変動の周波数解析**　このようなゆらぎパターンを定量化するために周波数解析（スペクトル解析）を用いる．心拍変動解析に用いられる周波数解析法としては高速フーリエ変換や最大エントロピー法などがある．周波数解析の結果得られるのはパワースペクトルである．パワースペクトルとは，周波数ごとの変動成分の強さを表していると考えればよい．

　図1は心拍変動のパワースペクトルの典型的な例である．この例では約0.1 Hz（約10秒周期）と約0.25 Hz（約4秒周期）とにピークが現れている．このように心拍変動のパワースペクトルには2つのピークが存在する場合が多い．つまり，大まかにいえば心拍の変動は2つのリズムが重なり合った結果であると考えることができる．

●**自律神経活動との関係**　心拍変動の2つの成分のうち周波数が高い方の成分（0.2〜0.4 Hz）をHF成分とよび，これには副交感神経が関与していると考えられている．これに対し，周波数が低い方の成分（0.1 Hz弱）をLF成分とよび，これには副交感神経に加えて交感神経も関与していると考えられている[1]．また相対的交感神経活動の指標として，これら2つの成分の比であるLF/HFを求める場合も多い．このように心拍を時系列としてとらえ周波数解析することによって，交感・副交感神経のそれぞれの働きをある程度独立して評価することが可能となる．LF成分やHF成分を数値化する際には，パワースペクトルの値の積分値を用いる．積分する周波数帯域

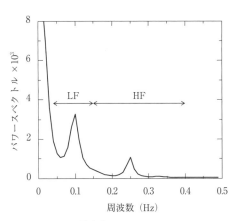

図1　心拍変動のパワースペクトル

はLF成分の場合0.04〜0.15 Hz,HF成分の場合が0.15〜0.40 Hzが標準的に用いられる[2].LFにせよHFにせよ,これらのHRV指標は正規分布から大きくはずれるので[3],分析の際には自然対数に変換したlnLF,lnHFを用いる場合も多い.

なおこのHF成分は,呼吸性洞性不整脈を反映したものであるので,測定時の呼吸の変化に強く影響を受ける[4].例えば,図1で示した心拍変動スペクトルでは0.25 Hzにピークがあるので,このとき被験者は0.25 Hz(4秒周期)で呼吸していたことがわかる.一般的に安静時の呼吸は0.2〜0.4 Hz程度なので,この場合にはLF成分と呼吸性の変動が周波数領域においては分離することができる.しかし,呼吸周波数が0.1 Hz程度まで低下するとLF成分と呼吸性変動が重なってしまい,2つの変動を分離することができなくなる.このような状況を避けるために,心拍変動の測定中には,音声信号などで呼吸を一定のペースに誘導する呼吸コントロールが行われる場合が多い.

●**長時間測定と短時間測定**　心拍変動測定・解析の方法には,大まかにいって短時間測定と長時間測定の2つに分けることができる.短時間測定では測定時間は数分から長くても数十分程度であり,標準として5分の測定時間が提案されている[2].長時間測定では数時間〜24時間(またはそれ以上)の間連続して心拍が記録される.長時間測定の場合にはホルター心電計など携帯型の機器を用いた無拘束測定が行われる場合が多い.

測定時間の長短だけではなく,分析方法においてもこの2つの測定は異なる.短時間測定では先に説明した周波数分析が主流であるのに対して,長時間測定の場合には異常心拍間隔を除いた正常心拍間隔(NN間隔)のみを分析することからSDNNやrMSSDなどの非時系列的解析が主に用いられる.SDNNは心拍変動の全体,rMSSDは短周期変動の指標であるので,大まかにいってrMSSDは周波数分析におけるHF成分,SDNNはLF + HF成分に相当するとみなすことができる.

長時間測定は大人数を対象とした疫学的研究,短時間測定は比較的少人数を対象とした実験室的研究で用いられることが多い.原則として測定時間が長い方が結果の信頼性は高まるが,短時間測定では測定条件・環境をより厳密にコントロールできる利点がある.例えば,呼吸コントロールは短時間測定では可能であるが,数時間以上にわたって呼吸をコントロールすることは被験者の負担の点から不可能である.長時間(無拘束)測定では,条件管理の厳密さでは劣るものの,実際の日常生活中のデータが得られることと,大人数のデータが得られやすいという利点がある.それぞれにメリット・デメリットがあるので,目的に応じて適切な方法を選択する必要がある.

[小林宏光]

血圧
blood pressure

　血圧は，血管内を流れる血液が血管壁に対してつくり出す圧力である．通常血圧として示されるのは動脈圧である．

　血圧は心臓の収縮と拡張に伴い変動する．収縮期の最も高い値を収縮期血圧（最高血圧）とよび，拡張期の最も低い値を拡張期血圧（最低血圧）とよぶ．収縮期血圧と拡張期血圧の差を脈圧，拡張期血圧＋（脈圧÷3）を平均血圧とよぶ．

　世界で最初の血圧測定は，1733年にイギリスの生理学者スティーブン・ヘールズが馬の頸動脈に真鍮製のパイプを挿入し垂直に立てたガラス管を使って血液柱の高さを測定することによって行われた．その後，1828年にフランスの内科医ジャン・ポアズイユによって実験動物の動脈圧を水銀が入ったU字管に導き測定する方法（水銀マノメーター）が考案された．この頃より血圧の値を水銀の高さを用いて「mmHg」と表示されるようになった．

　ヒトの血圧を非観血的に測定する方法として，1896年にイタリアのシピオーネ・リバ＝ロッチがカフを用いて外部から動脈に圧力を加え，脈拍の触知によって血圧測定する方法を開発した．さらに，1905年にロシアの外科医ニコライ・コロトコフがカフ圧を動脈圧より高くしてから徐々に減圧すると，カフの下縁にある動脈上にあてた聴診器から音が聞こえ始め徐々に変化していくことを発見した．この音をコロトコフ音とよび，音の発生が始まった点が収縮期血圧，音が消失する点を拡張期血圧として読む．

●**血圧測定**　血圧測定には動脈内圧を直接測定する観血的動脈圧測定法と間接的に測定する非観血的血圧測定法があり一般的には，非観血的血圧測定法が用いられる．

　観血的動脈圧測定法は動脈にカテーテルを挿入し，先端部分に加わる圧力を電気的な信号に変換する圧トランスデューサーを用い連続的に血圧波形を測定する方法である．手術や重症患者に継続的な血圧管理を行うために実施される．

　非観血的血圧測定方法は，間接的に体外から動脈を圧迫することによる血流の変化を血圧計を用いて測定する方法である（図1）．血圧測定方法として触診法・聴診法（リバロッチ法），振動法（オシロメトリック法），容積補償法，トノメトリ法などがある．血圧計は手動測定で用いられる水銀柱を使用したリバロッチ型血圧計，アネロイド式の圧力計を使用したタイコス型血圧計，自動測定が可能となる非観血式電子血圧計（以下，電子血圧計）などが使用されている．

●**測り方**
・リバロッチ法：コロトコフ音は，カフを減圧させることによって生じる血管音

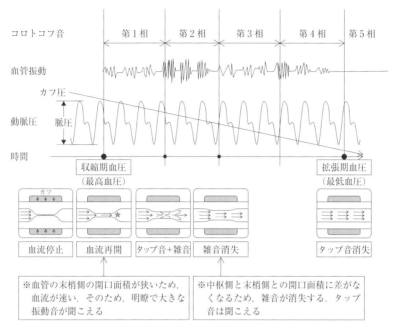

図1 非観血的測定法時の動脈血流の変化, コロトコフ音の変化

である.減圧の程度によって動脈内の血流に変化がみられ音の変化を確認できる.手動測定の場合は,動脈上に聴診器の膜面をあて音の変化を聴取する.電子血圧計の場合はカフに高感度マイクが内蔵されておりコロトコフ音を感知する.
・オシロメトリック法：カフの減圧に伴いカフ内圧に生じる振動現象を利用し,振動の振幅が急に大きくなった点を収縮期血圧とし,急に小さくなった点を拡張期血圧と判定する.
・容積補償法：1回の心拍ごとの血圧を連続測定する方法として行われる.液体もしくは空気によって体表面から血管を圧迫し,脈動に合わせて圧力を制御し,脈動による血管容積の変化を光電素子により検知する.指先の血管を用いて測定を行っているため,指先容積脈波血圧計ともよばれる.
・トノメトリ法：動脈に扁平な接触面をもつセンサを押しあて,拍動する動脈内圧の変動を電気信号に変換し測定する.
●**注意点**　血圧は日内変動だけでなく,食事・運動・睡眠などの日常生活動作や,姿勢の変化,気分や緊張,疲労,カフェインやアルコールなどの摂取,気温などさまざまな要因により変動する.そのため測定前には安静を保ち,測定部位・測定機器・測定時間・測定体位などの条件を統一し測定を行うようにする.［林　静子］

胃電図
electrogastrogram

　胃は，組織学的に粘膜層，筋層，漿膜層から構成されている．噴門部から幽門部に向かって起こる蠕動運動により胃の内容物を十二脂腸に移送させる役割を担っている．胃や小腸などの消化管平滑筋には，心臓と同様，自動能が存在する．胃には胃体上部1/3の大彎側にペースメーカーが存在し，1分間に約3回（3 cycle per minute：3 cpm）の規則的な周期で幽門部に向かって電気活動が発生している．これはカハール介在細胞（ICC）とよばれる細胞群のネットワークによるものであると考えられている[1]．約3 cpm の周期で発する調律性活動電位は，ECA（electrical control activity），slow wave，または BER（basic electric rhythm）とよばれている．また，胃の蠕動運動に起因する反応性電気活動は，ERA（electrical response activity），SP（spike potential）とよばれている．胃電図（EGG）は，これら胃の電気活動（平滑筋筋電図）を腹壁表面から経皮的に記録したものである（図1）．空腹期，食後期の胃の蠕動運動を表している．他の胃運動測定法である胃排出法や内圧測定法などに比べ，非侵襲的かつ簡便に測定でき，長時間の測定も可能である．図1において胃電図波形の周期的変動がみられる．その周期および振幅を定量化するために，最小自乗法を用いて余弦曲線をあてはめると，周期21秒，振幅67.0 μVであり，周波数は約3 cpm である．

●測り方　胃に周期的な電位変化が存在することは Alvarez によって1922年はじめて報告された[2]．しかし，腹壁表面の電気現象には，胃だけでなく，心臓，呼吸，体動，腸管運動などに伴う電気活動が混入しやすく，また胃電図の電位が低いことから，従来計測は困難であった．近年，計測技術の向上に伴い，記録が容易に行われるようになり，胃電図は臨床や研究において用いられるようになった．腹壁表面に経皮電極を適正に配置し，高周波フィルターと増幅を設定することにより胃の電気的活動を抽出することができる．電極装着部位は，研究者間で異なる．単極誘導では，腹部に3〜5個の記録電極，腹部または背中に不関電極を貼付

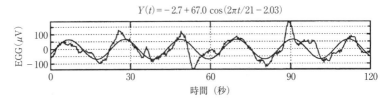

図1　ヒトの胃電図波形と最適余弦曲線

する．双極誘導では，胃のペースメーカー近傍に貼付するのが一般的であり，腹部に 2 個の記録電極，腹部，背中または手背に不関電極を貼付する[3]．測定の注意点として，ノイズや基線の動揺を軽減することがあげられる．消毒用アルコールや皮膚前処理剤を用いて皮膚を拭くこと，分圧電極が小さい電極を使用することにより，皮膚と電極との間の電気抵抗を低くする．体位は仰臥位または座位が一般的とされている．

●解析　胃電図の約 20 秒の周期的変動は定常的には存在せず，動的に変化している．その定量化には，周波数や振幅などのパラメータが用いられている．解析は，主に高速フーリエ変換（fast Fourier transform：FFT）による周波数解析が用いられている．周波数は，胃運動の速度やリズム変化の指標として用いられている．正常周波数は，2.7〜3.7 cpm とされている．食直後は一過性の周波数の低下がみられ，postprandial dip として研究されており[4][5]．迷走神経機能を反映する．周波数の異常として，正常波より速い周期の速波（3.6〜9.0 cpm），遅い周期の徐波（0.5〜2.4 cpm），不規則成分があげられる．胃電図の振幅は，胃収縮力の強さを反映する．食後期には，振幅が増大する[6][7]．食後期の胃運動の持続時間は，液体食や固形食など食事内容により異なる[7]．その他の解析パラメータとして，各周波数帯域の電位の総和で示す，食事前後の電位の変化率，電位の最も大きい周波数（dominant frequency：DF），さらに徐波，正常波，速波の周波数帯域ごとのスペクトル積分値を算出し，全帯域のパワーに占める正常波パワーの割合を示した正常波比率などがある．各種疾患で，周波数の異常，空腹期・食後期の正常波比率の低下が認められることが報告されており，これらは胃運動の低下や胃排出能の低下と関係することが指摘されている．

　胃運動は，平滑筋機能や各種消化管ホルモン，自律神経系などと相互に関連し，複雑に調整されている．アセチルコリンやガストリンは，slow wave に対する活動電位の振幅と時間幅を増して胃の収縮性を促進し，ノルアドレナリンはそれと拮抗する作用をもつ．胃電図は，自律神経学および臨床生理学の分野で用いられており，便秘や過敏性大腸炎などの機能性胃腸症（functional dyspepsia：FD），NUD（Non-ulcer dyspepsia），胃癌，胃潰瘍，糖尿病性自律神経障害などの病態との関連性が検討されている．また，胃電図の周期的変動の出現動態を検討した研究では，胃電図が時間生物学への応用を可能にする有用な方法としている[8]．さらに，計算ストレス下における胃運動を検討した結果では，ストレス負荷時に胃の周期的運動は抑制され，胃電図は分単位で動的に変化していることが示されている．胃電図測定は，急性ストレス負荷状態を反映する有用な手段であると報告している[9]．

［東風谷祐子］

筋電図
electromyogram

　筋電図とは筋線維の活動電位を導出したものである．観察する時点では図（波形）となるため筋電図と表現されているが，導出しているものは電位であるから，筋電位と表現される場合も多い．この活動電位とは，筋収縮を励起させる刺激（筋小胞体からのカルシウムイオンの放出→ミオシンとアクチンの反応，滑り込み運動）となるものである．この筋活動電位伝搬速度は概ね3〜4 m/秒程度であり，活動電位の起点となる終板から筋線維の末端までが20 cmの条件では50 msec程度伝搬に要することになる．また実際の筋収縮の発生はヒラメ筋で60〜130 msec程度[1]あり，さらに遅れる．すなわち，筋電図は神経刺激や筋収縮そのものではない．極端な表現をすれば，筋電図が発生しなければ筋収縮も発生しないが，筋電図が発生しても，筋収縮が発生するとは限らないという関係である．

●**測定法**　筋電図の導出法としては，大きく分けて挿入電極法と表面電極法がある．挿入電極法は，限定した範囲の少数あるいは単独の筋線維の活動電位の導出や識別が可能であることが長所である．表面電極法では，多くの筋線維の活動電位の重合したものを記録することになる．ほとんどの場合は双極誘導であり，導出する筋線維は，10〜12 mm程度の深さのものが主で，双極誘導の電極間距離が大きくなることで緩やかに広くなると推測されている[2]．長所は，測定準備が容易，動作が自由で利用しやすいことである．以下では表面電極法に関して記す．

　信号導出における雑音としては，交流電源に起因するものと，動作に伴う電極と皮膚の接触状態の変動によるものが大きい．雑音の低減のために，身のまわりの機器のアースの適正な接続，電極やコードの状態が変動しないようなテープでの固定などの対応が必要となる．また，皮膚抵抗を小さくするために，皮膚表面を電極貼付用の前処理剤で処理したり，紙やすり（耐水性で400番以上程度）やかみそりで軽くこすっておく．また，電極接続コードがシールドされているものは，そのシールド部分をアース電極に接続することで雑音が低下することもある．また，アクティブ電極を用いることで，皮膚側の処理をかなり簡単にしても雑音の小さい記録を得ることができる．これは電極部で非常に高インピーダンスのアンプを設けるものであり，電極への電力供給が必要で，電極と増幅器・送信機などがシステムとなっている．

●**評価・分析・解釈**　記録の評価は，筋電図自体としては振幅と頻度（周波数）が基本的なものであり，よく使われる．そしてこれらが動作・運動，他の筋，温度や疲労などの条件などと関連付けて利用される．振幅と頻度を示す指標としてはさまざまなものがあるが，コンピュータを用いた分析において最も一般的なも

のは，振幅は RMS（平均平方和，実効値），頻度は MF（MDF，周波数中央値，中心周波数）である．振幅については，最大随意収縮時の値に対する相対値として算出し，作業中の累積分布を求めることで作業負担を求める APDF 法[3]がある．頻度については，MPF（平均周波数）も代表的なものであるが，周波数特性として MPF では各周波数の成分量とともに周波数を利用して求めているのに対して，MF では成分量しか用いていない．MPF の方が周波数分布の情報をより細かく表している訳であるが，そのため非常に低い周波数，高い周波数の影響を強く受けることになり，値としての変動性も大きくなる．そのため疲労性収縮時の変化として MF の方が安定性がよく，結果的に妥当そうな変化となることから好まれているようである．MF と MPF のどちらが理論的に疲労を表すかではなく，結果的に MF の方が合っているというだけである．それと同じことが他のさまざまな分析法においてもいえる．アナログフィルタで得られる傾向も，低周波数成分の割合が相対的に増加するということでは同じである．周波数分布を求める方法としては，FFT 法以外に最大エントロピー法，ウェーブレット法などもあり，どの方法が数学的に正しい値を求めることができるかで検討されてきてもいるが，いずれもが同様な結果を示すことになる．わずかな違いがあったとしても，その原因は，生理的な原因と本質的に関係しているからではない．

　筋電図は筋活動を示すものであり，運動単位活動および運動単位間での活動の関係の変化などのさまざまな要素を含んでいる．疲労性収縮において MF が低下する原因として，筋活動電位の伝導速度の低下が考えられているが，その伝導速度の低下とは筋線維の機能低下である．生体にとって器官の機能低下は避けるべきものであり，そのような状態にならないような対応法があるであろう．疲労感も器官の損傷が深刻な状況とならない前に活動を低下させる防衛反応だと考えることができる．筋作業での活動筋・運動単位の交代はその対応の 1 つであり，MF での筋疲労評価と疲労感（努力感）が食い違う原因となる．ただし，そのような筋活動の変化は，器官の機能低下が小さい段階から生じるものもあるであろう．そのため，そのような筋活動の変化をとらえることができたなら，低レベルの疲労の発生状況・進行予測状況がわかることになる．低レベルの疲労でも表面筋電図の周波数分布の明確な変化がみられる場合もあり[4]，筋の保護のための対応を反映している可能性がある．ただし，その活動の変化は，さまざまな影響を受けて安定しないこともあるであろう．不安定な関係では，筋電図から筋疲労を評価できない．しかし，他の指標とともに総合的に判断することで，評価は可能となる．筋電図だけから筋の状態を評価することはできないが，その評価のための魅力的なひとつの指標となり得る[5]．　　　　　　　　　　　　　［大箸純也］

皮膚電気活動
electrodermal activity

「手に汗をにぎる」という慣用句があるように，手掌には精神活動と連動した発汗が認められる．これは精神性発汗といい，暑熱環境において体温調節のために行われる発汗，すなわち温熱性発汗とは区別される．皮膚電気活動（EDA）とは，この精神性発汗に伴う皮膚上の電気的変化を総称したものである．

精神性発汗は手掌や足底などにみられる．手掌の発汗は道具を把握するときの滑り止めとして役立ち，足底の発汗は地面との摩擦において役立つ．他の哺乳類でも同様の発汗がみられ，攻撃時や逃走時に効果をもつ．このようなことから精神性発汗は，哺乳類が進化の過程で獲得した適応の1つとして考えられている．精神性発汗は，交感神経系であるコリン作動性線維の支配を受けるエクリン腺から分泌される．EDA は，そういった精神性発汗をもたらす交感神経系の活動をとらえる手法として，さらには精神活動の一端をとらえる手法として研究されている．特に，覚醒水準や精神負荷の指標として多くの研究報告例があり，今後の展開が期待されている手法である．

●皮膚電気活動の分類　EDA の手法を大別すると，皮膚表面に貼った2つの電極間に微弱な電流を通す通電法と，電流を通さずに2つの電極間の電位差を測定する電位法とがある（図1）．通電法は，1888年にフランスのシャルル・フェレが痛覚刺激によって皮膚の電気抵抗が減少すると報告したことから始まった．通電法には直流電流を用いる DC 法と交流電流を用いる AC 法とがあるが，AC 法は研究例が少ない．DC 法はさらに，抵抗（AC 法ではインピーダンス）を測るもの，コンダクタンス（AC 法ではアドミッタンス）を測るものに分かれ，それぞれを皮

図1　皮膚電気活動の分類

膚抵抗変化（skin resistance change：SRC），皮膚コンダクタンス変化（skin conductance change：SCC）という．

さらに，通電法と電位法にかかわらず，その波形のとらえ方として持続的で緩やかな変位を見るもの，一過性の急峻な変化を見るものに分けられる．前者を水準といい，後者を反応という．SRCは皮膚抵抗水準（skin resistance level：SRL）と皮膚抵抗反応（skin resistance response：SRR）に分かれ，SCCは皮膚コンダクタンス水準（skin conductance level：SCL）と皮膚コンダクタンス反応（skin conductance response：SCR）に分かれる．

電位法は1890年にロシアのイワン・タルハノフが報告した研究から始まる．彼は外部から電流を流さなくとも皮膚上の電極間には電位差があり，被験者が刺激を受けると電位差が変化すると報告した．電位法によって観察されるものは皮膚電位活動（skin potential activity：SPA）といい，皮膚電位水準（skin potential level：SPL）と皮膚電位反応（skin potential response：SPR）がある．さらに通電法，電位法の両者で反応に関するものを皮膚電気反応（electrodermal response：EDR）と総称することもある．

なお，古い用語として皮膚電位反射や皮膚抵抗反射というものがあった．現在では反応と称している現象を過去には反射と称していたのである．さらに，それらを合わせてGSRとよんでいた．GSRはgalvanic skin reflexの略語である．生体電気現象を発見したガルヴァーニの名前から付けられた．しかしながら，galvanicという表現が近年ではあまり用いられていないこと，また反射という言葉が誤解を与えやすいことなどから，GSRは研究用語としてほとんど使用されなくなった[1]．

●測り方と注意点　通電法と電位法では，貼付する電極の位置が異なる．通電法は精神性発汗が生じる部位の2個所に貼る．一般的には，第2指および第3指の中節腹側に貼付することが多い．電位法は，1個所を精神性発汗が生じる部位，もう一個所を発汗が非活性な部位に貼り，両者の電位差を計測する．一般的に活性部位として手掌の小指球部もしくは第2指や第3指の中節に電極を貼付し，非活性部位として前腕部に基準電極を貼付する．なお，前腕部を非活性部位とするのは，精神性発汗が少ないためであるが，温熱性発汗は少なくない．したがって，その影響を除外するために基準電極を装着する部位は表皮を剥離し，不活性処理をする必要がある．

得られる波形も通電法と電位法で異なる．通電法は反応の方向が常に同じであるため解析はしやすい．電位法は陰性，陽性のどちらにも反応が生じ，さらには2相，3相となる場合もある．いずれも潜時や振幅を分析するが，不安や緊張，刺激への慣れや周囲の環境による差が生じ，年齢による差異[2]もあることから，実験の実施や結果の解釈には注意が必要である．　　　　　　　　　　　　［迫　秀樹］

眼球電図
electro oculogram：EOG

眼球運動には注視している視対象からほかの視対象に視線を移動する際の早い運動である飛越運動（跳躍運動）と，ゆっくり動く視対象に追従して動く追従運動が一般的である．眼球電図（EOG）とは眼のまわりの皮膚表面に電極を装着してこれらの眼球運動（および瞬目）を電気的に測定した波形のことをいう[1]．眼球には6つの筋が付着し，その筋活動により眼球運動が生じるが，眼球電図はそれらの筋電図によるものではなく，眼球が有する角膜-網膜電位による電位差により得られるものである[1]．眼球運動により生じる電位差は19世紀中頃，ドイツの生理学者であるエミール・デュ・ボア=レーモンにより発見されたといわれている[2]．

● **EOGの測定法**　眼球電図は水平方向，および垂直方向を検出するための電極各1対を必要とする．電極の装着位置は両側の外眼角を結んだ水平線上と，眼瞼裂の中点を通る垂直線上に装着される．ただし，一般的には水平方向に比べて垂直方向は雑音の混入が多く[3]，視線方向を識別することが難しいとされている[4]．図1に眼球電位の発生機序を示す．例えば水平方向の場合，視線が正中線上にあるときは角膜側と網膜側の電位が相殺されることで電極間に電位差を生じないが，左右どちらかの方向を向くことにより電位差が生じる[1]．その電位差は50 μVから3.5 mV程度まで大きく変化し，また，直流から100 Hzまでの広い周波数帯域を有する信号である[2]．また，実際に視覚探索作業などを計測する際には眼球運動を補足するために頭部が運動することになるため，アゴ台を用いて頭部を固定し，視線移動のみで作業を行ってもらうか，あるいは頭部運動を同時に測定することで補正する必要が生じる．

● **EOGと他の眼球運動計測技術との比較**　眼球運動の計測法にはEOG法のほかにも角膜内部に反射した光源の像の動きをとらえる角膜反射法，角膜と強膜の反射率の違いをもとにフォトダイオードによりその反射率により変化する差動電位を検出する強膜反射法，コイルを埋め込んだコンタクトレンズを装着し磁場の中で眼球の動きによって生じる起電力を検出す

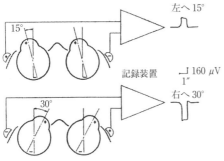

図1　眼球の向きと眼球電図の関係（出典：文献[1] p.269より）

るサーチコイル法などがある[5]．EOGの大きな特徴はほかの技術と比べて，閉眼時でも検出できることにある（表1）．この利点により，睡眠時の眼球運動を計測し，脳波計測と合わせて，睡眠状態などを分析しようとする研究も古くから行われている[6]．

● **EOGを用いた研究**　初期の研究では前述した睡眠研究をはじめ，臨床用途やその測定範囲の広さから交通関連の研究用途[7]としてEOGが用いられてきた．しかしながら精度やノイズ混入の問題があり，ほかの計測技術にとって代わられつつある．現在ではEOGの主な利用手段としては意思伝達装置や視線付加型インタフェースなどの開発が有望であると思われる．これはEOGが視線位置の分解能は他の手法に劣るものの，意思伝達のために必要な情報量（例えばYesかNoかの2状態）を検出するには十分な情報を有しているからである．また，意思情報をもとに，EOGを駆動装置の制御に用いている例[8]も報告されている．これらのインタフェースにEOGを利用する際にはその信号からヒトの情報取得のための視線移動と意思伝達のための視線移動との分離（いわゆるマイダスタッチ（Midas Touch）問題）を，眼球運動特性を用いて解決する手法[9]の改善が重要となるだろう．

［小谷賢太郎］

表1　EOG法と他の眼球運動検出法の比較（出典：文献[5]p.116より）

検出法	特徴	用途
眼球電図（EOG: Electro-Oculogram）	皮膚電極と生体アンプだけで測定可，周波数帯域広い，原理的に眼球駆動範囲内の広範囲の測定可，睡眠時，閉眼時の測定可	臨床用（眼科，神経科），交通関連（測定範囲が広い），眼球運動の動特性分析
強膜反射（Limbus Tracking）	構造簡単で軽量，周波数帯域広い，高精度，フィールド（屋外）測定可	臨床用（眼科，神経科），眼球運動の動特性分析，注視位置，視線移動分析，奥行知覚（輻輳）
角膜反射（Corneal Reflection）	構造簡単でセッティング容易，周波数帯域広い（CCDセンサの部分呼び出し方式），瞳孔同時測定，フィールド（屋外）測定可	臨床用（眼科，神経科），眼球運動の動特性分析，注視位置，視線移動分析，ヒューマンインタフェース
瞳孔-角膜反射（Pupil-Corneal Reflection）	構造簡単でセッティング容易，非接触（リモート）検出方式可能，瞳孔同時測定，頭部運動補正可	注視位置，視線移動分析，ヒューマンインタフェース，視線スイッチなど
サーチコイル（Search Coil）	超高精度，両眼測定，周波数帯域広い，回旋（Torsion）の同時測定可，静止網膜像の測定可	眼球運動の動特性分析，固視微動，奥行知覚（輻輳），映像酔い
二重プルキンエ像（Double Purkinje）	超高精度，両眼測定，周波数帯域広い，調節の同時測定可，調節の同時測定可，静止網膜像の測定可	眼球運動の動特性分析，固視微動，奥行知覚（輻輳），輻輳と調節の同時測定

網膜電図
electroretinogram: ERG

　眼球は，ヒトでは角膜側（前極側）が陽性，視神経側（後極側）が陰性の電位を有し，この電位を常存電位とよぶ．網膜電図（ERG）は，光刺激によって誘発された常存電位の変化を計測する方法で，眼球の機能を，比較的簡便に，非侵襲的に計測できる．ERG は，網膜の機能障害の把握やサーカディアンリズム研究等の目的で用いられている．

　網膜全体の反応を計測する全視野 ERG に対して，一度に多数の部位から局所ERG を記録する方法を多局所 ERG といい，全視野 ERG では難しい，網膜の部分的な機能障害について評価することが可能である．

●**原理**　光が目に入ると，ヒトは物の色や形や明るさなどを認識することができる．この過程は，光子が網膜にある視細胞（錐体と杆体）の外節にあたり，視物質が分解され，イオン局在が変化することに起因する．細胞内と細胞外液との間には電位差が存在し，細胞が興奮していない状態の電位を静止電位，細胞が活動している状態の電位を活動電位という．活動電位が静止電位よりも負の値になることを過分極，正の値に近づくことを脱分極といい，錐体や杆体は光刺激に対して過分極性の応答を示し，内因性光感受性網膜神経節細胞（ipRGC）は脱分極性の応答を示す．ERG の発生機序はまだ十分に解明されていないが，一般的には以下の成分とその由来が主に検討されている（図1）．

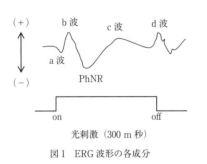

図1　ERG 波形の各成分

　a 波：杆体および錐体
　b 波：on 系双極細胞，ミュラー細胞
　c 波：網膜色素上皮細胞
　d 波：光の off に対応する錐体，off 系双極細胞
　PhNR：網膜神経節細胞

●**測り方**　網膜電図の計測は，医師および，医師の指示のもとに行う視能訓練士などの専門家が行わなければならない．また，ERG 測定には散瞳薬，点眼麻酔薬などの薬品を用いるので，これらも医療従事者が取り扱う必要がある．

　ERG 測定にゴールデン・スタンダードはまだ存在しないが，各データを比較するために，国際臨床視覚電気生理学会（ISCEV）による ERG の記録条件[1]を参考にすることができる．ERG の測定では，光の強さ，長さ，波長，順応条件（明順応と暗順応）を変えて ERG の波形を評価する．暗順応下では，杆体系応答，錐体

と杆体系の複合最大応答(フラッシュERG),明順応下では,錐体系応答の測定が可能である.また,30 Hz 前後のフリッカー刺激も明順応下で与えられ,杆体系の反応を定常化するために用いられる.

ERGを記録するための装置は,光刺激装置(ガンツフェルト刺激装置など),信号増幅器,コンピュータ,電極などからなり,アースをとる必要がある[2].通常,電極は角膜上におかれるコンタクトレンズ電極(関電極),前額部の不関電極,耳朶の接地電極が用いられ,電極から得られる信号は,増幅器で増幅されて出力される.

●**注意点** ERGの振幅は μV 単位と小さいので,電気的ノイズを可能な限り除去する必要がある.シールドルーム内でさえ,ノイズが発生する可能性がある.また,瞬目反射などの筋電図がERGに混在しないように注意する.さらに振幅の小さな電位応答は,ノイズに埋もれてきれいに記録するのが困難であるため,繰り返し連続記録して加算平均する.その際,刺激の繰り返しによって,明順応や暗順応に影響が出ないよう,刺激間のインターバルを調整する必要がある.コンタクトレンズ電極の装着時間は,30分程度が限界であり,それ以上の測定は,一度電極を外して休息時間を設けるなどの配慮が必要である.また,散瞳剤の使用については,点眼からERGの測定開始まで30分〜1時間程度要し,散瞳している間(4〜5時間)は焦点が合わず,光を眩しく感じるので,自動車等の運転や細かい作業はできないことを被験者に事前に伝えることも必要である.

ERGの波形を解釈する際は,検出された波形が複数の成分を反映していることを理解しておく必要がある.例えば,波形は網膜の1〜3次ニューロンから発生するPⅠ,PⅡ,PⅢの3つの成分から成り[3],a波とc波はPⅠ,b波はPⅡ,d波はPⅢを主に反映している(図1).さらに,陽性波(b波,c波,d波など)と陰性波(a波,PhNRなど)が存在し(プッシュプル理論[4]),光刺激が短い場合(200 m秒以下)には,光のonに対する応答(a波,b波,c波,PhNRなど)とoffに対する応答(d波)が重なる可能性があることに留意する.それぞれの応答を分離するには,疾患眼の網膜を利用する,実験動物で病の状態をつくる,光刺激の強さ,長さ,周波数を変えるなどの手段がある.

●**事例(ipRGC特性評価研究)** ERGを用いたマーク・ハンキンスとロバート・ルーカスは,ERGに表れる脱分極由来の電位ピーク(b波)の潜時から,ipRGCの分光感度特性を推測している[5].また,ユミ・フクダらは,錐体と杆体への刺激量を一定にしながらipRGCの刺激量を変化させると,ipRGCの光応答はb波様の波形に現れると報告している[6].光によるメラトニン分泌抑制や睡眠覚醒サイクルを検討することに加え,ERGを利用することによって,ヒトのipRGC特性の解明へつながることが期待される.

[福田裕美]

体温
body temperature

　体温とは，身体の温度であるが，全身一様ではないため，正確には部位を明示する必要がある．一般に，体幹部や頭部の深部組織などの身体核心部の温度（核心温または深部体温）が高く，外層部ほど低値を示す．恒温動物であるヒトは核心温が37℃付近になるように調節している．ここでは，身体の温度分布について概説した後，核心温を代表しうる測定部位や測定方法を中心に紹介する．

●**身体の温度分布**　身体の温度は全身一様ではなく，核心部から外層部にかけて温度勾配がある．核心温は気温によらず安定しているが，外層部の温度（外殻温）は外部環境に左右されやすく，温暖環境では核心温に近い温度の領域が大きく，寒冷環境では小さい[1]（項目　温度，図1「身体の温度分布」を参照）．外層部は，身体の最も外層で環境と熱交換を行う皮膚と，皮下から核心部までの組織からなり，血液循環による核心部から体表面への熱輸送により組織温度が変化する．外殻温は環境温，環境への熱放散，核心部から皮膚へ，および皮膚から核心部へ向かう血流量および血流分布により変化する．皮膚温も部位により異なり，全身の代表値として，平均皮膚温が算出される．皮膚温については同項目を参照されたい．核心部から皮膚にかけて部位ごとに異なる身体の温度を1つの代表値で表したものを平均体温という．上述の核心部と外層部の占める領域の割合を推定し，それぞれの割合を核心温と平均皮膚温に乗じて算出する．以下の数式においてαが核心部の割合を示し，$(1-\alpha)$が外層部の割合を示す．

　　平均体温 = α × 核心温 + $(1-\alpha)$ × 平均皮膚温

核心部の割合αは環境条件によって変化し，寒冷環境では小さく，暑熱環境では大きくなる．$\alpha = 0.6 \sim 0.9$の範囲でさまざまな算出式が用いられており[2][3]，環境条件や実験条件を考慮して，最適なものを選択する．平均体温の時間変化と体重および身体組織の比熱から身体の貯熱量が算出され，熱収支の研究に用いられてきたが，従来の核心温と平均皮膚温による2区画体温モデルに基づいた貯熱量推定の限界も指摘されている[4][5]．

●**核心温を代表しうる測定部位**　核心温を代表しうる測定部位として，食道，直腸，鼓膜などがあげられる．以下に測定方法と特徴を概説する．

　食道温の測定は，鼻腔あるいは口腔より柔軟なプローブを挿入し，先端の感熱部を心臓の高さに置く．身長の1/4の長さを鼻穴より挿入することで，先端がおおよそ心臓の高さに位置する．心臓から駆出された動脈血は全身の諸臓器を巡り，体深部を環流して大静脈から心臓に戻る．心臓の近くで測定される食道温は駆出動脈血温を反映するとされ，急激な核心温変化に対する応答性が速い[6][7]．

直腸温は，肛門よりプローブを10 cm以上挿入し，測定する．これよりも浅い深度での測定を可とする文献もみられるが，測定深度が外層部に位置する場合には，核心温の指標として適さない．筆者らは，自転車運動を繰り返す非定常条件で，直腸温変化を肛門より4～19 cmの測定深度において比較した[8]．10 cm以上の測定深度で，直腸温上昇に有意差はなく，深度16 cmの測定値が最も高く，安定性も高かった[8]．寒冷環境では，外層部の領域が増えるため，正確な核心温の測定を行うにはより深部の直腸温を用いるべきと考える．直腸温は安定性が高い反面，食道温や鼓膜温に比して時間応答が遅いことが指摘されるが[6][7]，筆者らの研究では，運動開始後の直腸温上昇開始までの潜時は数分程度であった[8]．

　鼓膜温は，外耳道よりセンサーを挿入し，鼓膜に感熱部を接触させて測定する[1][6][7]．鼓膜温は，体温調節中枢である視床下部へ流れる内頸動脈血温を反映しており[9]，体温調節応答との関係を論じるうえで良い指標となり得る．しかしながら，断熱処理が不十分な場合，外気温や頭部皮膚温の影響を受けやすく[10]，また，鼓膜を傷つける危険性が指摘されている[1][6][7]．非接触型の赤外線放射式プローブによる測定方法もあるが，外耳道が湾曲しているため，プローブの挿入角度による測定誤差が指摘されている[1][6]．従来の手持ち型プローブでは，連続測定が困難であったが[6]，近年，イヤホン形状の固定式の赤外線放射式プローブが開発され，耳に装着したまま連続測定を可能にしている[11]．暑熱条件であれば，外耳道の温度も鼓膜温に近似しているとみなせるが，寒冷条件では測定誤差が大きいと考えられる．

　臨床検温では腋窩温や舌下温が測定されることが多いが，腋窩および口腔は核心部に位置しないため，核心温の指標として扱うには，測定条件を厳密に統制する必要がある．腋窩温は，センサー感熱部を腋窩の奥に挿入し，測定中は外気温の影響を受けないように腋窩を密閉する．測定部位の温度が平衡に達するまで10～30分必要である[1]．舌下温は，センサー感熱部を舌下に挿入し，口腔を閉じた状態で測定を行う．測定部位の温度が平衡に達するまで3～5分であり，腋窩温に比較して短い．腋窩温，舌下温とも長時間の連続計測には適さない．

　そのほかに，熱流補償法を用いて，身体深部組織温度を体表面から測定する方法がある[6][7][12]．測定原理は，皮膚表面を断熱材で覆うことで外気温の影響を防ぎ，表面温度を深部組織温度と一致させて測定する方法である．完全な断熱を行うのは困難であるため，計測プローブにヒーターを内蔵し，皮膚表面とプローブ内の2点の温度が一致，すなわち熱流がゼロになるようにヒーター制御することで，理想的な断熱状態とみなす．前額部へのプローブ貼り付けにより核心温の推定が行われるほか[6][7]，活動肢の深部組織温度の測定に用いられている[13]．

　身体各部位で測定される核心温を代表する温度とそれに準ずる腋窩温や舌下温の特徴や限界を考慮して，測定部位を決定する必要がある．　　　　　［若林　斉］

皮膚温
skin temperature

　一般に身体の核心部から外層部にかけて温度勾配がみられ，皮膚は身体の最も外層部に位置し，外部環境と接して熱交換が行われている．この皮膚表面の温度を皮膚温といい，体温調節応答や環境条件に左右されて変化する．ここでは，皮膚における熱交換と皮膚温の測定方法，平均皮膚温の算出について概説する．

●**皮膚における熱交換**　皮膚と外部環境の間で行われる熱交換は大きく分けると，伝導，対流，放射による乾性熱放散と，蒸発による湿性熱放散の経路がある．皮膚表面から大気への熱放散のうち，対流性，放射性，蒸発性熱放散について，以下に概説する．略語および用語の定義は国際生理学会温熱生理委員会の用語集に準じた[1]．詳細は引用文献を参照されたい[2]～[4]．

　対流性熱放散（C）は以下の数式で算出され，皮膚温（$\bar{T}_{sk}$）と乾球温度（T_a）の温度差および対流熱伝達係数（h_c）に左右される．

$$C = h_c \cdot (\bar{T}_{sk} - T_a)$$

対流熱伝達係数は相対気流速度や身体動作によって変化する[3]．

　放射性熱放散（R）はシュテファン-ボルツマンの法則に基づき以下の式で算出され，皮膚温（$\bar{T}_{sk}$）と平均放射温度（$\bar{T}_r$），皮膚の放射率（$\varepsilon = 0.95 \sim 0.99$，後述），有効放射面積率（$A_r/A_D$），シュテファン-ボルツマン定数（$\sigma = 5.6696 \cdot 10^{-8}$ W・m^{-2}・℃$^{-4}$）によって決まる．

$$R = A_r/A_D \cdot \varepsilon \cdot \sigma \cdot [(\bar{T}_{sk} + 273.2)^4 - (\bar{T}_r + 273.2)^4]$$

有効放射面積率は全体表面積（A_D）のうち放射性熱放散に寄与する面積（A_r）の割合で，姿勢によって変化する[4]．

　皮膚表面からの蒸発性熱放散（E_{sk}）は以下の式で算出され，皮膚濡れ率（ω），皮膚温度における飽和水蒸気圧（$P_{sk,s}$），曝露空気中の水蒸気圧（P_a），蒸発熱伝達係数（h_e）によって決まる．

$$E_{sk} = \omega \cdot (P_{sk,s} - P_a) \cdot h_e$$

蒸発熱伝達係数と対流熱伝達係数の比（h_e/h_c）はルイスの関係といわれ[3]，同一大気圧下では一定値を示す．1気圧下でのルイスの関係は16.5（$h_e = 16.5 \cdot h_c$，W・m^{-2}・kPa^{-1}）で表され，気圧により変動する．

●**皮膚温の測定**　皮膚温は身体組織と外部環境の間に位置し，皮膚血流，血液温などの生体側因子と，外気温，放射，湿度，気流などの環境側因子の複合的影響により決定される．皮膚にセンサーを装着することによっても熱的条件が変化する場合があるため，皮膚温の厳密な測定は難しい[5]．しかし，特定の計測法による測定値を皮膚温の指標とみなせば，生体の熱的状態を示す有用な情報となる．

皮膚温の測定には，熱電対やサーミスタなどのセンサー感熱部を皮膚表面にサージカルテープなどで密着させて測定する接触法が一般的に用いられる．接触圧によって測定値が影響を受けることが報告されており，また，感熱部の小さいセンサーの方が熱容量が小さく，温度変化への応答性が速い[5]．

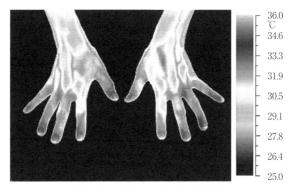

図1　サーモグラフによる皮膚温測定
（データ提供：日本アビオニクス）

そのほかに，赤外線放射温度計による非接触法が用いられ，物体表面の温度分布を画像化したものをサーモグラフとよぶ（図1）．体表面から放射される放射エネルギーは，表面の温度に応じて変化する特性をもち，またその大部分が遠赤外領域であることから，この領域の放射エネルギーをセンサーにより非接触に検出し，表面温度を測定する．同じ表面温度の物体でも材質や表面状態などにより放射エネルギーが異なり，同一温度の黒体を1とした場合の放射エネルギーの比を放射率という．人体表面の放射率は0.95〜0.99の範囲で報告されており[5]，正確な温度を測定するには放射率の設定を吟味する必要がある．

●皮膚温の分布と平均皮膚温の算出　皮膚温は部位により異なり，四肢部では動静脈の対向血流によって熱交換が行われるため，長軸方向に温度勾配がみられ，遠位部ほど低い皮膚温を示す．また，暑熱環境に比べて寒冷環境で部位差が顕著に見られる[6]．このように全身で一様でない皮膚温を1つの代表値で表すために，平均皮膚温が求められる．一般に，複数の身体部位で測定された皮膚温に各部位の面積の全体表面積に占める割合を乗じて算出される．代表例として，古くから用いられ，測定部位のバランスの取れた，HardyとDuBoisの7点法[7]を示す（$\bar{T}_{sk} = 0.07\,T_{head} + 0.35\,T_{trunk} + 0.14\,T_{arms} + 0.05\,T_{hands} + 0.19\,T_{thigh} + 0.13\,T_{legs} + 0.07\,T_{feet}$）．このほかにも平均皮膚温の算出には多様な計算式が提案され（表1, 図2, 文献[3][7]〜[13]），各研究

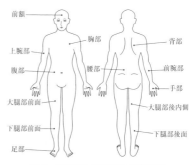

図2　代表的な皮膚温の測定部位

表1 平均皮膚温算出の係数（出典：文献［14］をもとに筆者が改変および脚注*を追加）

算出式 [文献] 測定部位	頭部 前額	体幹部				上腕部	前腕部	手部 手部	大腿部		下腿部		足部 足部
		胸部	腹部	背部	腰部				前面	後内側	前面	後面	
表面積重みづけ													
Burton 3点[8]		0.5					0.14		0.36				
Ramanathan 4点[9]		0.3				0.3			0.2		0.2		
Hardy & DuBois 7点[7]	0.07	0.35					0.14	0.05	0.19		0.13		0.07
Gagge & Nishi 8点[3]	0.07	0.175		0.175		0.07	0.07	0.05	0.19		0.2		
Hardy & DuBois 12点[10]	0.07	0.0875	0.0875	0.0875	0.0875		0.14	0.05	0.095	0.095	0.065	0.065	0.07
表面積と感受性重みづけ													
Nadel 8点[11]	0.21	0.1	0.17	0.11		0.12	0.06		0.15		0.08		
Crawshaw 8点[12]	0.19	0.08	0.12	0.09		0.13	0.12		0.12		0.15		
重みづけなし													
Stolwijk & Hardy 10点[13]	1/10	1/10	1/10	1/10		1/10		1/10	1/10	1/10	1/10		1/10

＊Hadry & DuBois の7点法[7]は，原文では，頭部，体幹部，腕部，手部，大腿部，下腿部，足部の7部位の重みづけを示しており，各部位の測定個所は表に示した特定の1か所ではない．例えば，Mitchell & Wyndham[10]は，体幹部として腹部を採用した7点法を用いており，さらに，部位によって複数の点を採用した12点法を示している

者が式の妥当性を主張しているが，赤外線放射温度計によるサーモグラフとの比較から，7点以上の測定個所で手部および足部を含めた式との一致性が高いという報告がある[14]．特に，身体遠位部と近位部で不均一な環境条件や，皮膚血管収縮拡張が大きく変化する非定常な条件などでは，少ない測定点数に基づく平均皮膚温の算出は避けるべきであろう．また，体幹部の皮膚温についても，胸部，背部，腹部で異なる時間応答を示すことが報告されており[15]，どの測定部位を採用するか実験条件を考慮して決定する必要がある．

各部位の皮膚温変化が体温調節応答に及ぼす影響は異なり[11]，また，温度変化を感知するまでの温度感受性に部位差がみられることが報告されている[16]．皮膚温を皮膚から体温調節中枢への温度情報入力の指標と考えた場合，体表面積割合で重みづけした平均皮膚温が適当であるか疑問があり，各部位の温度感受性をも考慮した重みづけ係数が示されている[11]．また，重みづけを行わずに単純平均値を用いるものもある．以上のような観点から，研究の目的や実験の条件に応じて，皮膚温の測定部位や平均皮膚温算出の際の係数を決定する必要がある．

［若林　斉］

発汗量
sweat rate

発汗は汗腺の活動により汗が皮膚面に分泌される現象である．その分泌量を発汗量という．発汗の熱放散手段としての重要性から，発汗量の変化が種々の方法で測定されている．ここでは，従来よく用いられている全身の発汗量（総発汗量）と局所発汗量の測定法とともに，活動汗腺数や汗含有成分の測定法もあわせて紹介する．

●**総発汗量** 全身の皮膚面から拍出される汗の総量を総発汗量という．その測定には精密体重計（通常 10 g 感度程度）が用いられ，総発汗量は実験前後の体重減少量から推定される．総発汗量は体格（体表面積や体重）や測定時間に影響されるため $g/m^2/h$ や $g/kg/h$ で表示される．体重減少量には，皮膚からの不感蒸泄，呼吸による水分損失，代謝性の体重減少が含まれるので，必要に応じて酸素摂取量などから推定した[1]呼吸性・代謝性の体重減少量を差し引いて総発汗量とする．

高温高湿環境下の多量発汗時には，汗が皮膚面で蒸発せずに滴下する無効発汗が起こる．体熱バランスを正確に検討するためには，蒸散性熱放散に寄与した有効発汗量が必要である．体重減少量から無効発汗量を差し引けば，有効発汗量を推定できる．無効発汗量は，パラフィンを入れた大型トレーに滴下する汗を収集して，その重量変化を測定して求める．運動時の総発汗量測定のために 2 台の精

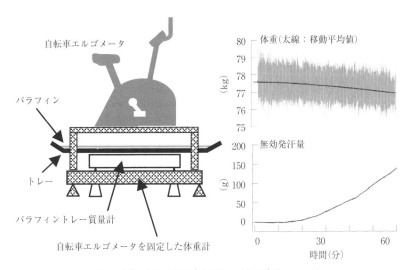

図 1　全身発汗量連続測定装置の概略と測定結果の一例

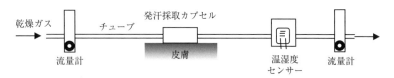

図2 カプセル換気法のシステム略図

密体重計で体重と無効発汗を連続的に計測する装置が開発され,総発汗量・無効発汗量の経時的変化が観察されている(図1).

●**局所発汗量** ヒトの発汗量には身体部位差が存在するが,その経時変化パターンは有毛部ではほぼ全身同等である.カプセル換気法では,皮膚表面を樹脂のカプセルで覆い,その中に一定流量の乾燥ガスを送入してカプセル内の汗を乾燥させる.そのとき,送出されるガスと送入されたガスの温湿度を連続的に測定し,絶対湿度の変化量から単位面積あたりの発汗量($mg/cm^2/min$)を求める(図2).通常,乾燥ガスには窒素ガスを利用し,その流量はカプセルの大きさや実験条件(発汗量の多少)に応じて決定する(通常150~250 ml/cm^2程度).カプセルは研究目的に応じて大きさ(面積1~12 cm^2,高さ1~1.5 cm)を選定し,カプセルの皮膚面への装着にはピロキシリン製剤を用いる.その際,被験者に皮膚過敏症やアレルギー性皮膚炎がないことを確認する.チューブは水分吸着が少ないビニルやテフロンなど,湿度センサーは温度依存がなくて応答性に優れた高分子容量式が用いられている.温湿度センサーを用いて絶対湿度を算出することもできるが,より正確な測定には,実験前に発汗カプセルの代わりに密閉されたカプセルを用いて,一定量の水を蒸発させてセンサーのキャリブレーションを行うことが望ましい.

汗の連続的データは発汗波とよばれる波状の変化を示す.この波は全身の皮膚面で同期することから,中枢性の交感神経活動を反映すると報告されている[2].カプセル換気法を用いて5 Hz程度のサンプリング周波数で発汗波頻度を観察できる.

カプセル濾紙法では,皮膚面に固定したカプセルに入れた同一面積の濾紙を,一定時間で交換する.吸汗した濾紙を,蒸発を防ぐためにジップ付きのポリ袋に入れて秤量する[3].秤量には0.1 mg感度の天秤の利用を勧めたい.カプセルの皮膚面への接着方法は上記カプセル換気法と同一である.濾紙とポリ袋は実験前に秤量しておき,吸収前後の重量差から発汗量を推定する.濾紙を交換する際に測定者は手袋をするなど汗以外の濾紙への吸湿・吸水には注意する.

吸水パッド法は,吸汗した吸水パッドの増加重量から発汗量を推定する方法である[4][5].測定部位の皮膚に密着させることができる大きさの吸水パッドをテープで張り付ける.貼付前によく汗を拭きとり,測定中は周辺部から汗が流れ込ま

ないように注意する．交換後のパッドはジップ付きポリ袋に入れて秤量して，吸水前後の重量差から発汗量を推定する．この方法では，カプセル固定の負担がなく，カプセルより広い皮膚面で発汗を測定できる．カプセルの固定が困難な衣服着用時の発汗測定にも吸水パッド法が使え，医療用ドレンパッドを使うと1時間程度の測定も可能である．ただし，長時間測定では，通気性のないテープの重ね貼りや周辺部への別の吸水パッドの貼付などで，パッドからの蒸発と周辺部からの汗の流入を防ぐ必要がある．濾紙法や吸水パッド法では，通常より発汗漸減が生じやすくなる．

●**活動汗腺数** 発汗量は活動汗腺数と単一汗腺あたりの汗出力で調節される．末梢での汗腺活動状況を知るために活動汗腺数を測定する．活動汗腺数は，ヨードでんぷん法で容易に測定できる．測定部位の体毛を剃ってから測定を実施する．測定部位の汗を拭きとった後，皮膚面に希ヨードチンキを塗布してよく拭きとる．その後，測定部位に適当な大きさ（$6 \sim 9 \, cm^2$）のでんぷんを含んだ厚手の紙（タイプ紙，バンクペーパーなど）を皮膚面に密着させる．紙に均一な圧力がかかるように，紙を同じ底面の直（立）方体の樹脂材や木材に両面テープで張り付けて押し付けるとよい．密着させる時間は発汗量により5～30秒程度を目安に調整する．紙上には活動汗腺が青紫色の点として出現する．その点を目視で数える場合には，無作為に$1 \sim 2 \, cm^2$の範囲数個所を設定してそれらの平均値で推定する．紙を600 dpi以上の解像度でスキャンして，画像処理ソフト（ImageJなどフリーウェアがある）に取り込み，2値化処理して活動汗腺数（glands/cm^2）を読み取ることもできる[6]．分析の際，識別する点の最小と最大の範囲をdpi値で指定すると正確な観測ができる．局所発汗量と活動汗腺数を近接部位で測定すれば，局所発汗量を活動汗腺数で除して単一汗腺あたりの汗出力を算出できる．この汗出力は，汗腺サイズやコリン感受性などを反映する指標として用いられている．

発汗開始時点のみを確認したい場合には，発汗出現前の測定部に希ヨードチンキを塗布し，それを乾燥させた後にでんぷんを混ぜたヒマシ油を薄く塗り，汗滴を黒点として目視する方法を用いることもできる．

●**汗含有成分** 汗腺の導管において汗のナトリウムイオン（Na^+）が再吸収されるので皮膚表面に出る汗は低張性になること，多量の発汗時には再吸収を免れるNa^+が増えて汗のNa^+濃度は高くなること，さらに汗腺でのNa^+再吸収能は暑熱順化で亢進することが知られている．一般にはアームバックや濾紙などで汗を採取し，その汗のイオン濃度をイオン電極法などで測定する．この方法では一定時間の汗を採集するため，汗イオン濃度の変化を知ることはできない．そこで，皮膚表面に密着させた小さい試験槽に脱イオン水を一定流速で流して試験槽に送入する水と送出する水のイオン濃度差から試験槽内で混入した汗のイオン濃度を連続的に観測する方法が考案されている[7]． ［上田博之］

脳波
electroencephalogram

　脳の神経細胞同士はシナプスを介して互いに結合しており，神経細胞が興奮した際には活動電位が生じる．これら一つひとつの活動電位は微弱であるため脳の外から観測することは困難であるが，ある程度まとまった数の神経細胞が同時に活動した場合，頭皮上で数〜数十 μV の電圧として観測することができる[1][2]．この電圧は，数〜数十 Hz の周波数をもった「波」のように見えることから脳波とよばれる．脳活動の状態と脳波の振幅や周波数に関係があることから，古くから非侵襲的な脳活動計測の手段として用いられている．

●**脳波の測定装置**　脳波の測定を行うシステムの典型的な構成の概念図を図1に示す．電圧を検出するための電極は頭皮上に装着される．電極で検出された電圧は，差動増幅回路とよばれる電子回路を介することにより微弱な脳波の信号のみを取り出すことができる．取り出された信号は必要な周波数の信号のみを通過させるフィルタを介したのち増幅されパソコンなどの記録装置に取り込まれる．図1には，1チャンネルのみの測定ができる構成を示しているが，数十〜数百チャンネルの脳波を測定できる脳波計が医療・研究向けに数多く存在している．また，特に近年はデジタル式の脳波計が使用されることが多くなってきている．測定した後に，リファレンス（測定の基準となる単位）を変更することができたり，デジタル信号処理によるノイズ除去を行ったりすることができるため便利である．

●**脳波の測定方法**　心電図や筋電図と同様に皮膚に電極を装着し，脳波計に接続する．まず，頭皮の電極を装着する部位をアルコールで脱脂するなどして，頭皮

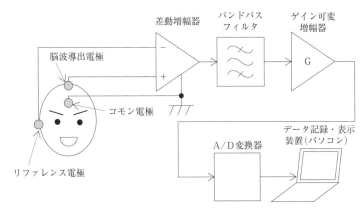

図1　脳波測定システムの構成例の概念図

と電極の間の抵抗値を下げる．アクティブ電極や入力インピーダンスがきわめて高い高性能な脳波計を用いる場合には，こういった前処理を省略する場合もある．電極を装着する部位は，国際 10-20 法（図 2）に基づいて決めることが多いが，国際 10-20 法をさらに細分化した拡張国際 10-20 法や，脳波計メーカー独自の電極配置が用いられることもある．また，通常は脳波を直接記録する電極とは別に，コモン電極およびリファレンス電極が必要となる（呼び方は脳波計のメーカーによって異なる場合がある）．コモン電極とは，脳波計の内部の電子回路での基準となる電位と人体の電位を一致させ計測を安定させる（例えば額の中央に装着する）．リファレンス電極とは，脳波の電圧を記録するうえで基準となる電位を決める電極であり，耳朶などに装着されることが多い．また，全電極の電位の平均を基準電位として用いる方法もよく用いられる．脳波計で記録される電圧は，脳波を記録する電極の電位がリファレンス電極の電位（基準電位）と比較して何 μV 高いかを表したものになる．

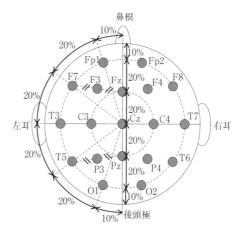

図 2　国際 10-20 システム（出典：文献[1] p. 11，図 1 を参考に作図）

　測定時には，体動や筋電図によるアーチファクトを避けるため，被験者ができるだけ楽な姿勢を取れるようにする．電極ケーブルの揺れもアーチファクトの原因となるので，適宜テープなどで固定する．なお，実験として視覚刺激を呈示する場合，眼球運動によるアーチファクトが混入しやすくなるため，刺激を呈示する位置や画面の大きさなどには注意が必要である．反応時間等を計測する場合も，指先だけで操作できるボタンを用いるなどの工夫が必要である．また，各種の電気機器もハムノイズ混入の原因となりやすいため，適切にアースに接続することなどが必要である．

●**脳波による脳活動の定量評価**　脳波はその周波数によって，$0.5\sim4$ Hz の δ 波，$4\sim8$ Hz の θ 波，$8\sim13$ Hz の α 波，$13\sim40$ Hz の β 波に分類される（図 3）．さらに周波数の高い波を γ 波とよぶこともある．δ 波はステージ 3 やステージ 4 の深い睡眠時によく出現し，これらの睡眠ステージが徐波睡眠とよばれる由来でもある．θ 波は一般に覚醒水準が低いときに出現する傾向がある一方，何らかの作業に集中している場合にも前頭部中央付近に出現する場合があり，これは Fmθ 波

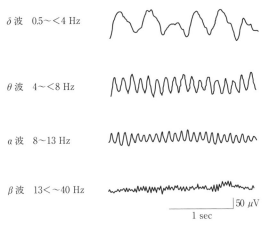

図3 周波数による脳波の分類（出典：文献[1] p.29, 図10より）

とよばれる．健常成人の場合，覚醒時には α 波と β 波が支配的になる． α 波は閉眼時にはその振幅が大きく，開眼によって振幅が減少する．また，覚醒水準が高いほど，β 波の割合が大きくなることも知られている．γ 波はより高次な脳活動と関連が深いといわれており近年注目されているが，周波数が高いためノイズとの区別がつきにくい．

以上は定性的な説明であるが，このような周波数の変化を定量的に解析するためには，フーリエ変換などの周波数解析を用いる．周波数解析により，それぞれの周波数パワー値を積分することで，それぞれの帯域の占める帯域別含有率や中央周波数を求めることができる．一般に，脳活動が活発であるほど脳波の周波数は高くなるため[3][4]，帯域別含有率のうち周波数の低い δ 波・ θ 波・ α 波含有率は覚醒水準やタスクパフォーマンスと負の相関がある一方，周波数の高い β 波・ γ 波含有率や中央周波数は逆の傾向を示すことが多い．その他にもスペクトルエントロピー[5]やBIS[6]といった指標も用いられる．特にBISは脳波の非線形な特性を考慮して，異なる周波数成分の信号の位相関係を解析して算出される指標であり，臨床用途においては麻酔の効果確認のためのスタンダードな指標となりつつある．ただし，いずれの指標も脳活動のすべての側面をとらえているわけではなく，解釈の上では注意が必要である[7]．

●なぜ脳「波」が生じるのか？　脳波はなぜ波になるのか？なぜ脳活動に応じてその周波数が変わるのか？　といったことについては，実は未だに解明されていない部分が多く，いくつか提案されている説明も現時点では仮説の域を出ていない[8]．機能的磁気共鳴画像法（fMRI）など，異なるモダリティとの同時計測や脳のすべての神経細胞の働きをシミュレーションで再現する全脳モデリングといった手法により，脳波の発生機序についての研究も続けられている．　［高倉潤也］

事象関連電位
event related potential

ある事象（イベント）に同期して，頭皮上に現れる陽性もしくは陰性の電位を事象関連電位とよぶ．頭皮上で観測される電位という意味では別項目「脳波」にて述べられている脳波と同様であるが，脳波のように周期性をもった波ではなく一過性の電位の時間的変化として観測される点が脳波とは異なる．事象関連電位との区別を明確にするために，脳波のことを背景脳波とよぶこともある．この事象関連電位の振幅や潜時は，脳活動の状態によって変化することから，精神状態（覚醒水準など）を評価するための指標として用いることがある．また，頭皮上に現れる事象関連電位の脳内での信号源の位置を推定することにより，特定の精神活動に関連する脳の部位を推定する目的にも使われる[1]．

●**事象関連電位の測定装置**　事象関連電位の測定を行うシステムの典型的な構成の概念図を図1に示す．基本的には別項目「脳波」に示した脳波の測定装置と同様であるが，同期加算平均を行うためには刺激を呈示するタイミングをm秒単位で厳密に制御・記録することが必要となる．刺激としては画像刺激や音声刺激が用いられることが多い．こういった簡単な刺激呈示や記録にはフリーソフトや自作のプログラムを使用している読者も多いかと思うが，Windowsなどに代表される一般的なPCのOSではソフトウェアのリアルタイム動作が保証されない．そのため，事象関連電位を測定するための刺激呈示装置は専用のハードウェアを使用する必要がある．このような装置は研究用途向けにいくつかの種類が市販されている．

●**事象関連電位の測定・解析方法**　頭皮への電極の装着方法や測定方法は脳波の

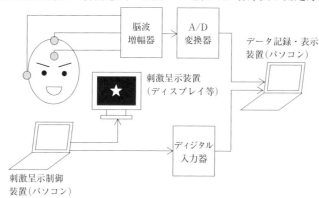

図1　事象関連電位の測定を行うシステムの例

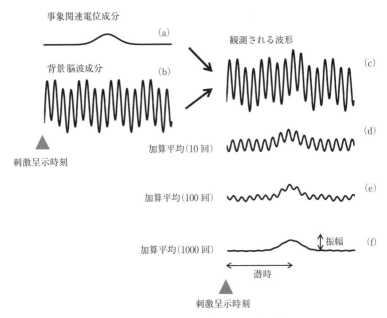

図2　同期加算平均による事象関連電位の抽出

測定とほぼ同様である．ただし，一般に事象関連電位は背景脳波と比較して低い周波数成分によって構成されているため，フィルタの低域遮断周波数（ローカット周波数）は背景脳波の測定時よりも低く設定する必要がある．この場合，発汗や電極ケーブルの揺れによる基線変動の影響をより受けやすくなるため，実験環境のセットアップにはより繊細な注意を払う必要がある．刺激は通常，数十回から数百回繰り返して呈示を行う．刺激を呈示するタイミングや長さ，一度刺激を呈示してから次の刺激を呈示するまでのインターバルといった，実験パラダイムは測定したい事象関連電位の種類に応じて適切に決定する必要がある．

　脳波の中から事象関連電位のみを抽出するために同期加算平均という処理を行う．さて，周波数 f Hz で振幅が A V の周期的な信号の時刻 t における電位は $A\sin(2\pi ft+\varphi)$ と表すことができる．ここで，φ は位相の偏角を表す．また，例えば時刻 t_p に B V のピーク値をもつ一過性の電位は，$B\exp[(t-t_p)^2/d]$ と表すことができる．d は，一過性の電位の時間的な幅を表す．そこで $e_0(t)=B\exp[(t-t_p)^2/d]$ を事象関連電位，$e_1(t)=A_1\sin(2\pi f_1 t+\varphi_{1i})$ を背景脳波，$e_2(t)=A_2\sin(2\pi f_2 t+\varphi_{2i})$ を基線変動とおくと，$e(t)=e_0(t)+e_1(t)+e_2(t)$ が観測される電位となる．事象関連電位の大きさは，通常，背景脳波の振幅と比較して小さい

ため測定した1試行の波形のみから事象関連電位の振幅や潜時を読み取ることは困難である（図2(c)）．しかし φ_{1i} と φ_{2i} が各試行において $[0, 2\pi]$ の間に一様に分布するとすれば，N 回の試行の観測結果を平均すると，

$$\begin{align}\bar{e}(t) &= \frac{1}{N}\sum_{i=1}^{N}\{e_0(t)+e_1(t)+e_2(t)\} \\ &= \frac{1}{N}\sum_{i=1}^{N}e_0(t)+\frac{1}{N}\sum_{i=1}^{N}e_1(t)+\frac{1}{N}\sum_{i=1}^{N}e_2(t) \\ &= e_0(t)+\frac{1}{N}\sum_{i=1}^{N}A_1\sin(2\pi f_1 t+\varphi_{1i})+\frac{1}{N}\sum_{i=1}^{N}A_2\sin(2\pi f_2 t+\varphi_{2i}) \\ &\to e_0(t) \quad (N\to\infty \text{ のとき}) \end{align} \quad (1)$$

となる．(1)式の第3行右辺第2項および第3項は，$N\to\infty$ のとき 0 となるから，事象関連電位 $e_0(t)$ のみを抽出することができる（図2(d)〜(f)）．

●**代表的な事象関連電位とその実験パラダイム**　代表的な事象関連電位はいくつかあるが，ここでは P300 と CNV（随伴陰性変動）の2つについて取り上げる．P300 は，刺激の提示後 300 m 秒程度後に現れる陽性の電位のことを指す．P300 を観測するためによく使われる実験パラダイムは，オドボール課題である．例えば，赤色の図形（標準刺激）を 80％，緑色の図形（ターゲット刺激）を 20％ の割合で画面にランダムな順序で表示し，割合の低いターゲット刺激が表示された場合にだけ，ボタンを押す反応やその数を数えるといった課題を与える．このとき得られる P300 の振幅や潜時は，課題に対して割り当てられているリソース（ワーキングメモリ）の容量を反映するといわれている[2]．

CNV は，刺激に対する反応を行う準備段階で現れる陰性の電位である．CNV を観測するために用いる実験パラダイムでは，予告刺激とターゲット刺激という連続する2種類の刺激を呈示する．予告刺激は，その刺激が呈示されてから，数秒後にターゲット刺激が呈示されることを予告する．その数秒後にターゲット刺激を呈示し，この際にボタン押しなどの反応を要求する．このとき得られる電位の大きさ（積分値）は覚醒水準を反映するといわれている[3]．出現する時間により，前期成分と後期成分に分けて議論することもある．

●**新たな事象関連電位の指標研究やその応用**　上に示したのは，いわば古典的な事象関連電位の測定法であるが，近年では事象関連電位の測定法の考え方を周波数解析と組合せて，ERD（event related desynchronization）や ERS（event related synchronization）といった指標もよく用いられる[4]．また，単一試行のみから事象関連電位成分を抽出する数学的手法も開発されており[5]，BMI（brain-machine interface）などへの応用も進められている．なお，本項にて示した P300 や CNV 以外にも，さまざまな実験パラダイムにおいてそれぞれ特有の事象関連電位が存在しており，研究が進められている．

［高倉潤也］

fMRI

functional magnetic resonance imaging

　機能的磁気共鳴画像法（fMRI）は，脳内活動源の脳内位置に関する推定精度，活動の定量性，脳構造との整合性，国際基準，非侵襲性などの観点から見て，現在最も優れた脳機能計測方法といえる．脳内で神経活動が生じると，この領域に酸素化ヘモグロビン（oxy-Hb）を豊富に含んだ血液が動脈側から供給される．一方，神経活動に伴って実際に消費される酸素量は，上記の供給量に比較して少ないことから，余剰の酸素化ヘモグロビンが静脈側へ流れ出ていく（over-compensation）．この余剰酸素化ヘモグロビンを含む局所脳血流の中には，磁場信号を減衰させる常磁性の脱酸素化ヘモグロビン（deoxy-Hb）が相対的に少なくなるため，この領域から大きな磁気信号が得られる．このような磁気信号を脳全体で画像化したものがfMRIである．fMRIの原理となるこの効果はBOLD効果とよばれており，脳から計測される磁気信号はBOLD信号とよばれている．臨床場面で脳構造計測に通常利用されているMRI装置（図1）に，fMRIの撮像を可能にする撮像シーケンス

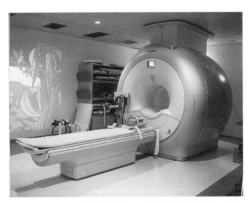

図1　fMRIデータ計測に用いられるMRIシステムの例
（3.0T Achieva Quasar, Phillips）

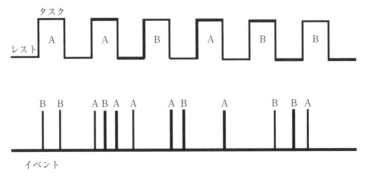

図2　ブロックデザイン（上）と事象関連デザイン（下）

を導入することで，個々の脳領域からBOLD信号を計測し脳全体の活動をfMRIとして画像化することができる．

● **fMRIの実験デザインと前処理**　fMRIの実験デザインは大きく分けて，ブロックデザインと事象関連デザインの2つがある（図2）．ブロックデザインでは，一般にタスクやレストの時間が数十秒と長いため，BOLD信号のS/N比が高くなる．事象関連デザインでは，刺激の提示時間を短くしたりランダムに提示することができるので，被験者の予測や慣れを防ぐことができる．さらに，BOLD信号の時間変化を見ることもできるという利点があるが，一方でS/N比はブロックデザインに比べると低くなるという欠点もある．fMRI実験では，その条件がうまく設定できれば，検証したい仮説を自由に設定することができる．実際，fMRIを用いることによって，従来の運動，記憶，認知[1]などに関する研究に加えて，「愛」[2]，「共感」，「自尊心」[3]など，従来扱うことが困難であったヒトにとって根源的なテーマも扱うことができるようになってきた．

　撮像によって得られたBOLD信号からいわゆるfMRI画像が得られるまでには，大きく分けて前処理と本処理の2つの処理ステップがある[4]．前処理は，主に，(1) 計測中の頭部の動きを補正する，(2) 時間ずれを補正する（事象関連デザインのみ），(3) 標準化（(1)あるいは(2)で処理されたデータを国際基準の標準脳［モントリオール神経学研究所によるMNI標準脳など］に合致するように変形・調整する），(4) 脳機能画像を得るためのフィルター処理，からなる．

● **fMRIの本処理**　実際に計測されるBOLD信号の時間変化（波形）は，ブロックデザインで用いられるブロック系列のように単なる矩形的な変化を示す訳ではない．今日最も国際的に普及しているfMRIデータ解析用のソフトウェアであるSPMでは，基底関数を脳から出力される基本的な反応波形としてモデル化している．これは血液動態関数（HRF）といわれており，脳のBOLD信号をシミュレートしたものである（図3右最上）．このHRFを脳から出力されるインパルス応答と考えることにより，事象関連デザインやブロックデザインによってどのような反応が脳から出力されるかを計算することができる（図3）．これが，タスクによって生じる脳のBOLD信号の予測値となる．

　本処理では，個々の条件によって出力される脳のBOLD信号の予測値を説明変数，実際に計測されるBOLD信号を被説明変数とする一般線型モデル（GLM）を適用して，各説明変数の偏回帰係数を推定する．すなわち，ここで，被説明変数を$y(t)$，説明変数を$x_i(t)$，$x_i(t)$の偏回帰係数をβ_i，ノイズをeとすると，一般線形モデルは下式となる．

$$y(t) = \beta_1 \cdot x_1(t) + \beta_2 \cdot x_2(t) + \cdots + \beta_n \cdot x_n(t) + e$$

　上式によって，各条件の実際計測されたBOLD信号への寄与（相関）を表す偏回帰係数を推定し，脳部位間の活動の大きさの違いや条件間での脳活動の違いな

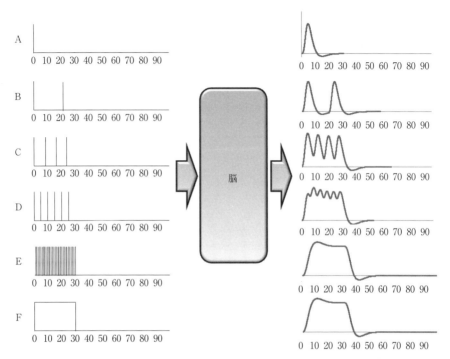

図3 事象関連デザイン(A〜E)とブロックデザイン(F)による脳からの出力波形(BOLD信号)
(出典:文献[4] p.55 より)

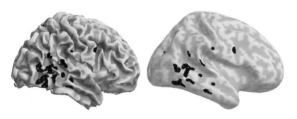

図4 fMRIによる脳機能画像.他者の意図理解に関連する右上側頭溝の活動が認められる.右図は,左図の脳をさらに膨張させて脳溝の内部の様子を見やすくしたもの(出典:文献[4] p.109 より)

どについて統計検定を行い,脳機能画像を得る(図4).

これに加えて,脳領域間の因果関係を解析するDCM解析や,脳領域間の機能的結合を解析する機能的結合解析など,数々の強力な解析方法も利用できるほか,最近では,拡散テンソル画像法(DTI)を用いることで,脳の白質繊維の走行を画像化することができるようになった[5]ため,fMRI研究においても詳細な脳構造情報が利用できるようになってきた.　　　　　　　　　　　　[菊池吉晃]

脳磁図
magnetoencephalogram : MEG

　脳磁図（MEG）は脳内の神経活動，主として興奮性シナプス後電位（EPSP）をその源とする細胞内電流により生じた微弱な磁場を計測記録したものである．脳波と同様，観測するためにはある程度の規模で神経細胞集団が同時に活動している必要があるが，MEGの場合，磁場が脳脊髄液や頭蓋骨の物質による影響を受けないため，活動部位の特定を行いやすいという特長を有する[1]．特定の刺激に対して観測される磁場強度は数百フェムトテスラ（fT）のオーダーであり，地磁気の1億分の1と非常に小さい[2]．

●**脳磁図の計測原理**　上述のとおり，非常に小さい脳磁場を計測するために，SQUIDとよばれる超伝導体のジョセフソン接合によるリングを用いる．SQUIDは磁束の変化に対し，電圧を変化させるものであり，この原理により磁場を検出することができる．また磁場の空間的変化を検出するグラジオメータでは，磁場を検出するコイルはS字状の構造となっている．環境ノイズである地磁気のような遠くからほぼ一様な磁場によって生じる電流は大きさがほぼ等しいので，コイルの向かい合う部分によって相殺されるが，センサの近くに置かれた脳磁場源から生じるコイルの電流は大きく，必要となる信号を検出することができる仕組みである[3]．このようなコイルを頭部全体を覆うように配置した全頭型脳磁計（図1）を用いて，脳活動の時空間的変化を計測する場合が多い．

　しかしながら，単に脳磁場分布の時間変動をとらえるだけでは，実際の脳機能を評価することは困難である．したがって，ある刺激に対し誘発される脳磁場分布を用いて脳の働きを調べる際には，単一あるいは複数の等価電流双極子が脳内に存在し，これらが磁場を生成する信号の活動源であると仮定する手法を取る．等価電流双極子の位置を推定するためには，仮定した双極子から発生する推定磁場と実際に計測された磁場との，二乗誤差を最小にするような探索手法により推定することが多い．また，得られた各センサコイルの磁場強度分布や等価電流双極子の推定位置を別に測定したMRI画像と重ね合わせて表示させることにより，脳の構造との位置関

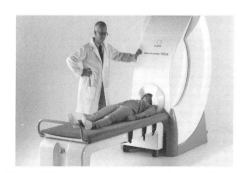

図1　全頭型MEG（Elekta Neuromag® TRIUX™，提供：Elekta社）

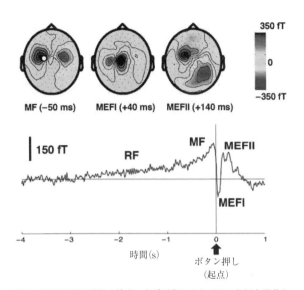

図2 運動関連脳磁場の検出．右手示指によりボタンを押す運動を起点として，その前後に RF（準備磁場），MF（運動磁場），MEF（運動誘発磁場）が検出されていることがわかる．上部はこれらの磁場検出時の磁場分布を表している．図中白丸（上図左）は信号の検出チャンネルを表す（出典：文献[5]より）

係を明確にすることで考察を進めることが一般的になっている．

●**脳磁図を用いた研究例**
脳磁図ではその時空間分解能の高さから，特に感覚刺激によって反応する領域の解明に力を発揮すると考えられ，視覚，聴覚，嗅覚，体性感覚，痛覚などの感覚関連の研究や，認知に関係する高次機能を反映する脳磁図研究も活発に研究が進められている．

体性感覚についての脳磁図を用いた研究は目覚ましい成果をあげている．例えば，ヒトの体部位を刺激した際の体性感覚誘発磁場を用いて，ワイルダー・ペンフィールドらが大脳皮質への刺激により求めたソマトトピーと高い相関性のある体部位投射が非侵襲的に得られている[4]．また，運動の開始をトリガとして，運動誘発脳磁場を計測している例では[5]，脳波と同様に運動前の準備磁場や運動後の誘発反応なども明瞭に計測されており，これらの反応の活動源が運動部位と対側の運動野に同定されているようすがわかる（図2）．

●**脳磁図研究の可能性** 1970年代に初めて装置が開発されたにもかかわらず，現在 MEG を計測できる設備は脳波計などと比べるときわめて少ない．原因の1つには装置自体が高価な点がある．また，MEG の医療応用としてはてんかんの焦点位置の診断や脳外科手術前の状態確認などがあるが，保険適用の制度が限定的で採算が危惧されるため，病院への MEG の導入が見送られているのが実状であるとされる[3]．しかしながら，MEG は空間分解能では MRI に劣るものの，時間分解能では非侵襲計測法の中で最も優れており，mm 秒オーダーの神経活動による磁場が記録できる．また，磁場発生源の推定技術（いわゆる逆問題を解く，といわれる）も日々進化し続けており，MEG を用いた研究の有用性はさらに高まっていくと考えられる．

[小谷賢太郎]

近赤外分光法
near infrared spectroscopy

　1977年にサイエンス誌においてフランス・F・ヨプシスによる赤外光を用いた脳酸素飽和度の非侵襲的なモニタリングに関する論文が発表された[1]．この論文が現在の近赤外分光法（NIRS）による脳酸素代謝モニタリングの礎となったとされている．ヨプシスは当時アメリカのデューク大学の生理学の教授であり，チトクロームcオキシダーゼの酸化還元挙動を in vivo で明らかにすることを目的として近赤外領域の光を用いた研究を行っていた．その研究の過程で近赤外光が生体組織に対して高い透過性をもち，かつヘモグロビンの酸素化状態により吸光度が変わることが見出され，脳酸素代謝モニタリングの手法が確立された．

●**測定原理**　血中のヘモグロビンは赤血球の中にあるタンパク質であり，酸素分子と結合する性質をもっている．ヘモグロビンは肺で酸素と結合し，血液にのって脳を含む全身へ酸素を運ぶ．脳は活動するためのエネルギーをグルコース（ブドウ糖）の酸化によって得ているため常に酸素を消費しているが，特に活動時には酸素供給が必要となる．したがって脳が活動すると，その部位の血流が一時的に増加し，酸素と結合したヘモグロビンである酸素化ヘモグロビンが大量に供給される．このとき脳組織が実際に必要とする量を大幅に超える量が供給されることがわかっている[2]．酸素化ヘモグロビンは脳に酸素を供給すると，酸素と結合していない脱酸素化ヘモグロビンとなり静脈を通って戻っていくが，使われなかった大量の酸素化ヘモグロビンも一緒に戻っていくため，静脈中の酸素化ヘモグロビンの濃度は上昇し，相対的に脱酸素化ヘモグロビンの濃度が低下する．

　近赤外光はおよそ $0.7 \sim 2.5\,\mu m$ の波長をもつ光である．光を吸光性の溶質を含む溶液に照射すると，入射した光のうち一部の光が吸収され，透過して出てくる光の強度は入射光よりも弱くなる．この「弱まり方」は光路長（入光点と透過光が出てくる出光点との距離）と溶液の濃度に依存し，これをランバート・ベールの法則とよぶ．ランバート・ベールの法則では光の散乱がない場合を仮定しているが，生体組織のように光の散乱が大きい場合を想定して，散乱による光路長の増加と検出される光子の損失を考慮した改良ランバート・ベールの法則が提案され[3]，近赤外分光法による脳酸素代謝モニタリングに活用されている．

　NIRSでは光路長を一定と仮定し，吸光度と吸光係数を用いて溶液中の吸光物質の変化を測定することが多い．ヘモグロビンは酸素との結合状況により吸光係数が異なることがわかっており（図1），これを利用して酸素化ヘモグロビンと脱酸素化ヘモグロビンの濃度をそれぞれ算出している．前述のように脳が活動すると酸素化ヘモグロビン濃度は上昇し，脱酸素化ヘモグロビン濃度が低下するとい

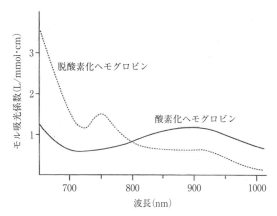

図1 酸素化ヘモグロビン，脱酸素化ヘモグロビンの吸光スペクトル（出典：日本脳代謝モニタリング研究会（編），臨床医のための近赤外分光法．新興医学出版社，p.2 より）

うパターンが典型的である．

● **NIRS による脳活動測定の特徴** NIRS では皮膚上から脳内に近赤外光を照射し，脳組織内で散乱・吸収されたうえで戻ってくる光を測定する．したがって測定値は光が通っている部位全体の状況を反映していると考えられる．NIRS と PET との同時測定を行った研究の結果から[4]一般には脳の表面から約 1 cm までの部分の活動を最も反映しているとされている．

他の測定法との大きな違いとしてリアルタイムでのモニタリングが可能であること，またある程度運動時の測定が可能であることがあげられる．一方で，測定値は絶対値ではなくある時点からの相対的な変化量であることに注意が必要である．測定時は外部（測定環境）からの光に影響されないよう遮光に注意する．また最近では皮膚血流による測定値への影響も指摘されており[5]，盛んに議論がなされている．

● **測定例** NIRS によって脳の高次的な活動による代謝の変化を測定することができることは 90 年代になってから報告されるようになった．例えば 22～30 歳の男性 12 名に暗算課題を課したところ，問題を難しく感じ考えながら問いた群では酸素化ヘモグロビンの上昇が認められ，簡単に解けた群では変化がなかったことが報告されている[6]．これは同じ刺激であってもその個人の内的な反応の違いが NIRS における測定値に反映されることを表す貴重な研究例である．

NIRS によって感情の変化や精神的ストレスの影響を調べた研究は比較的新しいものが多い．非常に不快な写真を見た際には両側腹外側前頭前野で酸素化ヘモグロビン濃度が上昇し，快感情を起こすような写真を見た際には左側背外側前頭前野で酸素化ヘモグロビン濃度が低下したという報告や[7]，与えられるストレスの種類によって反応が異なり，コンピュータ画面を用いた精神的課題では前頭前野の酸素化ヘモグロビン濃度が上昇したのに対し，ホワイトノイズによる精神的負荷に対しては変化がなかったという報告もある[8]． ［恒次祐子］

酸素摂取量/エネルギー代謝量
oxygen uptake/energy expenditure

　酸素摂取量とは，文字どおり生体が体内に取り込んだ酸素の量をさす．エネルギー代謝量とは，3大栄養素である炭水化物，脂質，たんぱく質が食物から体内に摂り入れられ，エネルギー源として利用された量のことをさす．
　このエネルギー代謝量の評価方法は，直接熱量測定法と間接熱量測定法に区分される．直接法の基本的な考えは，「生体で消費されたエネルギーは，熱となって生体外へ放散されるため，その熱量を直接測定する」というものである．しかし，装置もおおがかりであることなどから，現在ではほとんど用いられていないため割愛する．

●**間接熱量測定法**　現在ではエネルギー代謝量を評価する際には，酸素摂取量および二酸化炭素排出量から間接的に評価するケースがほとんどである．すなわち，ヒトはエネルギーを生成するときには，食物などから摂取した栄養素が酸素と化学反応を起こし（すなわち，酸素を消費する），最終的に二酸化炭素を呼気として排出するという生理反応を利用して，エネルギー代謝を評価するというものである．一般的に，各栄養素1gがもつ熱エネルギーは炭水化物で4kcal，脂肪で9kcal，タンパク質で4kcalと考えられている．炭水化物と脂肪は最終的に二酸化炭素と水に分解され，タンパク質は尿中窒素にまで分解されるので，呼気中の酸素および二酸化炭素の濃度と容積および尿中窒素量を測定することで，エネルギー代謝量を求める．
　ここで最もよく用いられるのはウィアーの式[1]である．
　　エネルギー代謝量（kcal）
　　　= 3.941 ×酸素摂取量(ml/min) + 1.106 ×二酸化炭素排出量(ml/min)
　　　　− 2.17 ×尿中窒素量(g/日)
　また，3大栄養素のうち，摂取エネルギーに占めるたんぱく質の割合は比較的安定しているため，たんぱく質の占める割合を12.5%と仮定する．すると上記の式は，以下のようになる．
　　エネルギー代謝量(kcal) = 3.9 ×酸素摂取量(ml/min)
　　　　　　　　　　　　　+ 1.1 ×二酸化炭素排出量(ml/min)
　この式は，たんぱく質の割合が20%を大きく越えるような極端に偏った食事摂取後などでなければ，測定誤差も少なく，非常に有用な方法である．
　次に，酸素摂取量（$\dot{V}_{O_2}$）と二酸化炭素排出量（$\dot{V}_{CO_2}$），すなわち呼気ガスを測定，分析する方法とその原理をいくつか述べる．

●**ダグラスバッグ法**　この方法はすでに古典的であるが，呼気ガス分析の基本で

あるため，簡潔に述べる．この方法ではダグラスバッグとよばれるバッグの中に，一定時間の呼気をすべて集め，呼気量（換気量：$\dot{V}_E$）をガスメータで測定し，呼気中の酸素および二酸化炭素濃度は微量ガス分析器を用いて測定し，得られた濃度と換気量から単位時間あたりの$\dot{V}_{O_2}$と$\dot{V}_{CO_2}$を算出する．このとき，$\dot{V}_{O_2}$と$\dot{V}_{CO_2}$は，ガスの標準状態（standard temperature, pressure, dry：STPD），すなわち，0℃，1気圧（760 mmHg），および乾燥状態（0 mmHg）で表す．同様に，$\dot{V}_E$は，温度（体温：37℃），水蒸気飽和の状態（標準状態：BTPS：body temperature, ambient pressure, saturated with water vapour）で表すため，それぞれ測定時の大気圧や環境温度から変換係数を代入した補正が必要となる．1つのバッグから1データしか得られないため，時間分解能がきわめて悪く，算出に要する時間も長いため，現在ではほとんど用いられていないと思われる．

●ミキシング・チャンバー法　呼気ガスをいったんある容量のミキシング・チャンバーに採取して十分混合し，分析する方法である[2]．すなわち，ミキシング・チャンバーからサンプルを測定部へ導き，そのサンプルのガス濃度を測定し，呼気流量との積から算出する．この方法では安静時や運動時の定常状態であれば，一定時間内の$\dot{V}_{O_2}$や$\dot{V}_{CO_2}$を知ることには有用であるが，定常でない状態では測定誤差が大きくなることや，運動開始時などの急激な呼吸応答の変化を観察する場合には不向きである．現在では次に示す一呼吸ごとに呼気ガスを分析できる技術が開発されていることもあり，ダグラスバッグ法同様にあまり用いられていないと思われる．

●ブレスバイブレス法　マウスピースあるいはマスクからの呼気中のガス濃度と流量を，文字どおり一呼吸ごとに分析し$\dot{V}_{O_2}$や$\dot{V}_{CO_2}$を求める方法である．この方法では，ガス分析計および呼気流量計の測定機能を組み合わせて一体化し，コンピュータで制御することにより，簡便な操作で生体のエネルギー代謝を評価できる（図1）．一方で，一呼吸ごとに分析するため，わずかな誤差が大きな差を生み出す．そのため，測定前の校正（例えば，呼気ガスが濃度計に到達するまでの遅れ時間や応答時間，流量計の速度や量の精度）が非常に重要である．また，安静時の体重あたりの$\dot{V}_{O_2}$がおおよそ3.8 ml/min/kg程度となっているか，呼吸ガス交換比（respiratory exchange ratio：RER）が0.84程度となっているか，毎分換気量（$\dot{V}_E$）が8〜10 l/minになっているか確認することも必要であり，極端にかけ離れた値が表示されるのであれば，機器の装着や校正をやり直すことも必要になる．

●ブレスバイブレス法で得られるデータの扱い　ブレスバイブレス法により得られるデータの基本的項目は，酸素および二酸化炭素濃度，呼吸数，1回換気量であり，これらから$\dot{V}_E$，$\dot{V}_{O_2}$，$\dot{V}_{CO_2}$が算出され，さらにはRERや呼気終末酸素分圧やCO_2分圧なども算出される．これらの項目は，臨床上あるいはスポーツ科学の現

場で,運動耐容能の判断などに用いられる.しかしながら,一呼吸ごとにデータが得られるため,そのままではばらつきが大きい.そこで,大局的な傾向をつかむために,平滑化することが多い.これには,呼吸数または時間軸で移動平均化する方法があり,一般的には前者では7～9呼吸ごとに,後者では10～30秒程度が用いられるが,どのようなデータを観察したいか目的に応じて使用する.

●**事例** 呼気ガス分析の結果として,よく用いられる指標に最高酸素摂取量（peak $\dot{V}_{O_2}$）と無酸素性作業閾値（anaerobic threshold：AT）がある[3].両者とも運動耐容能の重要な指標である.前者は,漸増運動負荷試験などにおいて得られた最大の酸素摂取量であり,しばしば最大酸素摂取量（$\dot{V}_{O_2}$ max）と混同される.$\dot{V}_{O_2}$ max は負荷量の増加にも関わらず $\dot{V}_{O_2}$ がもはや増加しない時点での $\dot{V}_{O_2}$ とされるが,1回の測定では決定が難しいことや臨床の場面では各人の最大能力まで負荷をかけることが難しいこともあり[4],用語の問題も加え,近年では Peak $\dot{V}_{O_2}$ という言葉の方がよく用いられるようである.これに対して,AT のもつ臨床的,スポーツ科学的意義は大きい.この理由はこの閾値を超えると,生体は代謝性アシドーシス状態になり始め,さらに強度が高くなるとアシドーシスに対して生体は代償的に過換気状態になる.このような生理学的応答変化から,この指標は臨床面でもスポーツ科学の場面でも,運動療法や持久的トレーニングの運動強度決定の目安の1つとなるため,その意義は大きい.

●**二重標識水法** これまで述べてきた間接法は,運動時などの比較的短時間の測定に用いられている方法である.これに対して,1週間とか2週間の長期にわたった日常生活の平均エネルギー代謝量を測定する方法として,二重標識水（doubly labeled water：DLW）法がある.この方法は,水素と酸素の安定同位体を用いて,エネルギー代謝量を測定する方法で,日常生活のエネルギー代謝量測定方法では最も正確とされている[5].この方法では,被験者は二重標識水を摂取した後,尿や唾液などのサンプルを採取するのみであるため,通常の生活条件下で長期間にわたり,測定ができることから,健常者や疾患者のみならず,幅広い対象者へ応用が可能である.一方,短期間のエネルギー代謝量を算出するには不向きであり,また二重標識水が非常に高価であり,かつ測定分析にも技術を要することから,限られた研究グループでしか行われていない. [堀内雅弘]

ストレスホルモン
stress hormone

　ホルモンとは，特定の臓器で合成され，血液を通じて特定の標的器官に作用して少量で特異的な効果を発現する物質のことである[1]．これらのホルモンのうち，ストレスと関連するものをストレスホルモンという．数多くの研究からストレスに曝されると主に2つの内分泌反応が惹起することが明らかにされている[2][3]．1つは視床下部-下垂体-副腎皮質軸（hypothalamic-pituitary-adrenocortical [HPA] axis）であり，もう1つは交感神経-副腎髄質軸（sympathetic-adrenal-medullary [SAM] axis）である．ストレスに対してHPAが活性化すると，視床下部からコルチコトロピン放出ホルモン（corticotropin-releasing hormone: CRH）が分泌されて下垂体に作用し，下垂体から副腎皮質刺激ホルモン（adrenocorticotropic hormone: ACTH）が放出されて副腎皮質を刺激して最終的に副腎皮質からコルチゾルが分泌される．一方，SAMの活性化は青斑核を基点としたノルアドレナリン（ノルエピネフリン）の作用によって自律神経系が活性化することによって生じる．自律神経系のうち特に交感神経系が活性化すると神経端末から副腎髄質を含めたさまざまな標的組織に向けてノルアドレナリンが分泌される．その結果，副腎髄質からアドレナリン（エピネフリン）が放出される．さらに，HPAとSAMの活性化は免疫系の活動に影響を及ぼす．これら2つの経路はストレスと疾病とをつなぐものと考えられているため[3]，ストレスに対するHPAとSAMの反応は生体の恒常性を維持するために重要な役割を担っていると考えられる[2][4]．

●**唾液によるストレスホルモンの測定**　ホルモンは生体内組織から血液中に放出されて標的組織に作用するため，血液を採取して測定することができる．しかし，血液の採取は特定の医療従事者にのみ許されているだけでなく，侵襲性も高く痛みなどのストレス関連要因の影響も大きい．一方，ストレス研究では侵襲性が低く簡便に採取できる唾液がストレスホルモンの測定に有用である[5]．

　唾液を採取するには，唾液採取器具を使用する方法と，口腔内に自然に分泌される唾液を保持してロート等により容器に採取する方法（流涎法）の2つがある．唾液採取器具はサリベット（Sarstedt社）が一般的に使用される．サリベットは唾液吸収体と採取用の容器がセットになっており，唾液吸収体を容器から取り出して口腔内に含み，唾液を十分に吸収体に含ませてから容器に戻し，遠心分離することで唾液を採取する．唾液吸収体にはコットン素材または化学繊維素材の2種類がある．コットン素材にはクエン酸を含有させたものもあるが，クエン酸は測定結果に影響するため推奨されていない[5]．化学繊維素材は安全性が確認さ

れ，測定結果に影響を及ぼさないことから推奨されている[6]．いくつかのストレスホルモンはサリベットそのものの影響を受ける[5]ため流涎法が推奨されている．最近では，ストローが同梱されたディスポーザブル容器が市販されている．

唾液中のストレスホルモン濃度は多くの場合，免疫測定法で測定される．ストレスホルモン濃度の測定では酵素免疫測定法や化学発光免疫測定法などが主流である．専門業者に委託することもできるが，マイクロプレートリーダーなど基本的な設備と手技があれば市販の測定キットを購入して測定することもできる．

●唾液で測定可能なストレスホルモンと扱ううえでの留意点　唾液から測定できるストレスホルモンは主にHPAの反応を反映することから注目されている[7]．HPA活動と関連するものにはコルチゾル，デヒドロエピアンドロステロン（DHEA），デヒドロエピアンドロステロンサルフェート（DHEA-S），テストステロンがある．以下に全般的に共通する留意事項をあげる．

多くの生体試料と同様に唾液中ストレスホルモンも取り扱ううえで留意すべき点がある．まず，唾液検体を採取する前には，採取の少なくとも1時間前から飲食，はみがき，激しい運動を，採取の少なくとも前日からアルコールの摂取を避ける．薬物の使用，喫煙，性周期，概日リズムも測定結果を左右するため考慮する．採取時には少なくとも10分前に口をすすぐことが薦められている．また，唾液量が測定結果に影響するものもあるため，可能ならば採取時の重さを測っておくとよい．唾液検体は採取後，冷凍保存し，後日にストレスホルモン濃度を測定することが多い．冷凍保存は$-20℃$以下で行う．コルチゾル[7]やDHEA[8]はある程度の期間内であれば検体を室温保存しても測定結果が大きく変わらないが，どのストレスホルモンを測定するにせよ採取後は可能な限り早く冷凍保存することが望ましい．サリベットで採取した場合には遠心分離で吸収体から唾液を分離したうえで冷凍保存する．ストレスホルモン濃度を測定する際にはまず唾液検体を室温で解凍して3,000 rpmで15分間，遠心分離を行い，ムチン等の含有物質を沈殿させて上澄み部分を使用する．以降は各ストレスホルモンの測定プロトコルに従って濃度を測定する．

●ストレスに対する唾液中コルチゾル反応　ストレスホルモンとして最も多く研究されているのは唾液中コルチゾルである．ストレスに対して唾液中コルチゾルは増加する．一過性のストレスに対する唾液中コルチゾル反応は，社会的に評価される状況で何かを達成しなければならないようなときに最も増加し，その反応は頑健である[9]．人前でのスピーチなどのストレス課題を一過性に負荷すると，唾液中コルチゾル濃度は徐々に上昇し，20〜30分後にピークとなる[9]．また，最近では起床時のコルチゾル反応と慢性ストレスとの関連が示唆されており[10]，多くの研究が行われている．

［山田クリス孝介］

反応時間
reaction time

　何らかの刺激が提示されてから反応するまでの時間を反応時間という．反応時間は，刺激を感覚器で受容しそれぞれの感覚野へ伝える時間，前頭野などで処理されて情報を理解し判断する時間，効果器へ信号を送り反応動作をするまでの時間から構成される．さらに，反応動作を開始してから反応が終了するまでの時間を動作時間あるいは運動時間といい，反応時間と動作時間をあわせた時間を応答時間もしくは遂行時間という（図1）．動作時間は，特に動作スキルを要する反応を求められた場合に増大することから，反応時間と分けて考えられることが多い．

　近年では，反応動作における主動筋の筋電図を同時に測定することによって，刺激提示から筋活動が始まるまでの前筋電位活動時間，筋活動の開始から実際にキー押し反応などが起きるまでの筋電位活動時間に細分化することもある．前筋電位活動時間を測定することで，ボタンの押し方や筋疲労などといった運動系の差異を除外することが可能となる．

●**測定の歴史**　反応時間に関する最初の研究は，ドイツの天文学者フレドリッヒ・ベッセルが1820年に報告したものだといわれている[1]．ベッセルは，グリニッジ天文台長が助手を解雇したという記録に目を止めた．当時の天体観測は視覚と聴覚との協応を必要とする複雑な作業であった．助手はその測定に常に遅れが生じていたのであるが，ベッセルはそれを怠慢ととらえるのではなく，個々の特性であると考えた．その後，数人の観測結果を比較したベッセルは，その違いが個々の定数を用いることにより修正し得ることを見出したのである．

　その後，神経伝導速度に興味をもっていた心理学者のヘルマン・ヘルムホルツ

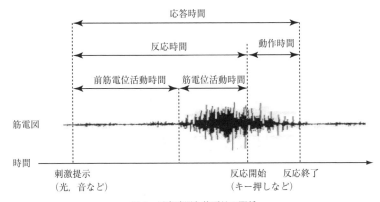

図1　反応時間と他項目の関係

が，身体各部位の皮膚に電気刺激を与えてその反応時間を計測するという実験を行った．この手法は，現在に繋がる反応時間の研究として有用な実験手法であったため，多くの研究者が参考にした．

精神的課題の差の研究に反応時間を用いたのがオランダの生理学者フランシス・ドンダースである．彼は反応時間を次のように分けて検討した．刺激が提示されれば単に素早く反応をする a-反応時間，複数の刺激を提示し各々に異なる反応をする b-反応時間，複数の中から特定の刺激にのみ反応をする c-反応時間である．一般に反応時間の長さは a ＜ c ＜ b となる．ドンダースは，その時間差を選択や弁別をする精神過程の所要時間としてとらえようとしたのである．後に，a は単純反応時間，b は選択反応時間，c は弁別反応時間とよばれるようになったが，現在では選択反応と弁別反応という区別はあまりなされず，選択反応時間として広く捉えられることが多い．

●**反応時間の違い**　心理学や人間工学の分野における反応時間は，パソコンを用いてキー押し反応を求める手法が広く用いられている．それは一部の身体運動にとどまるため，体育学や運動生理学等の分野では全身的な筋活動の反応を見る全身反応時間を測定することがある．

反応時間は先述したように感覚器，感覚野，効果器，前頭野などを介する時間であるため，単純反応，選択反応といった違いのみならず，種々の要因が影響を及ぼす．まず，提示される刺激の観点から見ると，一般的に刺激強度が増せば反応時間は短くなる．また，感覚モダリティによっても異なることが知られており，視覚刺激は聴覚刺激や触覚刺激よりも長くなるという報告が多い．しかしながら，刺激強度によって反応時間は異なるのであるから，そもそも異なるモダリティで比較することは困難である．聴覚刺激と視覚刺激の主観的強度を等しくした実験では，弱い刺激の範囲でしか反応時間の差異はみられないという報告もある[2]．また，選択反応において刺激や反応の数が増せば反応時間（RT）は遅延し，その関係は $RT = a + b \log_2 N$ という式で表される．ここで a, b は定数，N は選択肢の数である．すなわち，選択反応時間は選択肢を対数とした 1 次関数として表すことができ，これはヒックの法則として知られている．

反応時間の違いに関して被験者の観点から見ると，まず年齢では 20 歳頃をピークとして短くなり，加齢に伴って徐々に長くなる．また，同年齢で男女の差を見ると，男性の方が女性よりも数十 m 秒程度短い．このほか，集中の状態や覚醒水準によっても反応時間に影響が及ぼされることから，精神疲労をとらえるためにも測定される．ただし，意欲や慣れによっても異なるため，その評価を行う際には被験者の状態に十分な配慮が必要である．さらに，ベッセルが見出したような個人差も大きいのであるが，その差をもたらす要因に関しては脳の情報処理における個人差の研究を待たねばならず，今後の課題とされている．　　　［迫　秀樹］

フリッカー値
flicker value

　蛍光灯は1秒間に100回点滅している．多くの動画像は1秒間に60フレームで撮影されている．いずれも実際には連続的でなく間隔の空いた視覚的要素であるが，我々の心理としては連続的・持続的に経験される．この光源がもつ周波数を段階的に下げていくと，あるところから恒常的な点灯状態として見えなくなり光のちらつき（フリッカー）を感じるようになる．フリッカー値とは，この連続光が点滅光と見え出す時間周波数の臨界値であり，シモンソンとエンサー[1]によって初めて報告された．臨界フリッカー周波数またはフリッカー融合閾値ともよばれる．

　フリッカーテストはもともと，視神経の病変のスクリーニングを行う目的で開発されたが，視覚的信号処理のみならず後頭葉をはじめとした皮質活動水準や疲労，視覚性疲労，ビジランス，向精神薬の影響，多発性硬化症，片頭痛，肝性脳症とよく相関することから，全般的な皮質の活動水準や脳機能の指標として広く用いられている[2]．

　フリッカー値は対象者の負担が少なく所要時間も短いうえ，練習効果や教育歴，年齢といった影響を受けにくい[3]ことから，客観的疲労度の指標として，フィールド調査や実験においてよく用いられる．これまでに，フリッカーテストの事例として長時間暗算の影響[4]や，救命救急士の勤務前後[5]，VDT作業[6]や作業方式[7]などが挙げられる．ただし，疲労自覚症状とフリッカー値との間に直線的な相関関係は認められず[8]，また原発性胆汁性肝硬変患者での倦怠感とも相関しない[9]ので疲労のすべての側面を代表しているとはいえず，解釈には注意を要する．

●**フリッカー値の測り方**　専用のフリッカー装置を用いて行う．フリッカー装置は覗き穴から測定器内部のランプを注視する構造となっている．光源の周波数の調節には，もともとはセクターにより光源からの光を断続的に遮断するもの（セクター式）が用いられていたが，現在では光源そのものの電圧を変化させ，ちらつきを得る光源点滅式が主流である．より簡便な測定を行ううえでPCや携帯端末上での実施が求められるが，表示ディスプレイのリフレッシュレートが固定されていることにより，光源点滅式ではちらつきが得られない．コントラストの変化により，PCや携帯端末上でフリッカーテストを行う手法も提案されている[10]．

　測定方法として，低い周波数から連続的に上げていく上行法と高い周波数から下げていく下降法が存在する．上行法の場合，ちらつきが容易に認識できるランプの状態から周波数を漸増させ，ちらつきが止まり常時点灯に移行したと感じたところでボタンを押すよう被験者に教示する．下降法の場合，ちらつきがまった

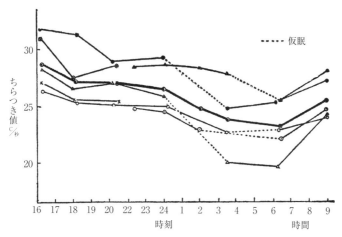

図1 夜勤時におけるフリッカー値の日内変動（出典：文献[11] p.241 より）

く生じない十分高い周波数から周波数を漸減させ，ちらつきが感じられた時点でボタンを押してもらう．試行は安定的なフリッカー値を得るために原則として複数回行う．

　実施にあたり，いくつかのフリッカーテストの注意点が存在する．フリッカーテストは，原則的に被験者の能動的・意識的な反応に基づくものであるため，被験者の測定に対するモチベーションや態度（速度を優先するのか精度を優先するのか）に依存する．そのため，事前の適切な教示が重要である．また，フリッカー値には日内変動が存在する（図1）．この変動は生体の概日リズムと一致した覚醒水準の変化である．そのため，外的な負荷の存在にかかわらず，内因性の変化を示す．よって，測定値の評価にあたっては，同一の測定プロトコルに準拠した統制群または統制条件での比較や，内因性の変化を無視できる程度の時間間隔での比較を前提とすべきである．フリッカー値の標準値は提案されているが，実際には個人差がきわめて大きい．そのため，個人内での変化として評価することが原則である．練習効果はほとんどないが，本番前に2〜3回の練習が必要である．検査開始の初期周波数を固定したまま試行を繰り返すと，開始からの経過時間だけの手がかりで漫然としたボタン押しが起こる可能性があるため，可能であれば試行ごとに変化させるとよい．覗き穴をもった通常の密閉型測定装置ではなく，ディスプレイ等の開放型で測定を行う場合，環境光とランプとのコントラストが高いとフリッカー値が影響を受けるため，影を落としたり強い日光が差し込むことがないよう注意する．　　　　　　　　　　　　　　　　　　　　　　　　[北村真吾]

生理的負担
physiological burden

　生理的負担とは，外界の物理的，情報的負荷に対して身体の恒常性の維持や外界への作用を目的として生体の諸機能が協関しながら反応することをいう．したがってヒトが生命活動を維持している限り，途切れることなく存在する．日常生活や労働など，その個体にとって高負荷となる状況では負担は疲労を誘発し，不快感のみならず身体や精神に障害を与えることがある．そのため負担の抑制は製品開発，環境や社会システムのデザインにおいて重要な目標となる．

　一方で現代の日常生活では工業技術によって生体にかかる負荷が小さくなり，生体の機能維持のための適切な負担管理が必要となった．疾病や外傷の治療や寝たきりの患者では特定の負担，例えば歩行を行う機会が減少するために当該機能が萎縮し，状況を脱した後に以前の機能水準に復帰するのが困難となる場合がある．

　またコンピュータや携帯端末に代表される情報機器の使用は，対人コミュニケーションや労働の方法において新たな負荷を生じさせた．精神的負担は工業技術によってむしろ増加した可能性がある．心身に障害を及ぼさない健全な範囲で生理機能の維持・増進に足る負担をかけることが，ヒト個体の，あるいは種の健康維持に役立つ[1]．

●**身体的負担**　身体は筋や骨格による運動系，酸素や栄養素などを運搬する呼吸・循環系，同化とエネルギー貯蔵などを担う消化器系，自己防衛のための免疫系，そして全身的な調整や情報伝達を担う内分泌系と自律神経系などの系に分けられる．

　運動系では，物を運搬する際の作業負担や自身の直立や座姿勢を維持する姿勢負担，歩行や木登りなどの移動負担が典型である．これらの負担の実体は，骨格筋が発生する機械的張力とそれを支える骨格の内部応力である．呼吸・循環系機能は，骨格筋の運動のほか体温維持や脳による精神活動，消化吸収などの他の生理機能が円滑に行われるために血液を通してエネルギー供給をする．したがって運動系と異なり，心拍数や血圧の上昇は心臓などの器官自身の負担と同時に他の機能の負担も示している．

　消化器系では通常の同化作用に加えて暴飲暴食や拒食による消化器官自身の負担のほか，それを支配する自律神経系を通して光環境や精神的負担の影響を受ける．免疫系は正常に機能している範囲において，空気質などの生体への負担として唾液中の免疫グロブリンなどが検討されることがある．内分泌系における副腎皮質ホルモンのコルチゾルはHPA系（視床下部-脳下垂体-副腎皮質によるスト

レス反応）におけるいわゆるストレスホルモンとしてよく知られている．全身的観点から，起床後の急速な分泌を除いて比較的強い身体的および精神的負担が生じると分泌が亢進する．コルチゾルは抗炎症や免疫抑制，タンパク質の分解と糖の新生が主な作用であり，強い負担が長期にわたると海馬の萎縮にもつながる．自律神経系の指標を負担の評価対象とする場合，それ自身の負担の評価が目的ではない．しばしば全身的負担の指標として，心臓自律神経系や血管自律神経系が検討対象となる．

●**精神的負担**　脳は全身の諸機能を統合し精神活動を担っているため，精神的負担を論じる場合は解剖学的な視点よりも機能に基づいた視点が有効である．身体的負担を物理的負荷に対する反応とすれば，精神的負担は情報的負荷に対する反応である．ただしここでは，腱反射や脊髄介在ニューロンによる歩行中枢，ソマティックマーカー仮説における先天的情動反応などの潜在的に自動化された情報の処理は含まない．その場合の精神的機能としては，受容体や記憶からの入力情報の認知と経験に照らしての思考，判断と意思決定，行動計画といったプロセスがあり，負担の大きさは各段階における処理の困難さに依存すると考えられる．

精神的負担は入力された情報の強度と本人の注意・動機，および嗜好の影響を大きく受けるため，個人間の再現性や一貫性は著しく低い．個人内においても経験によって処理が高速化することや推測が可能になること，諦めなどの動機の変化があるために一貫しないことが多い．ただし，これらの変動要因が統制された状況，例えば自動車運転やある特定の会話や記憶といった作業課題，あるいは嗜好や道徳判断課題のもとでは身体的負担と同様に客観的検討が可能である．

精神的負担の実体は脳活動そのものである．その直接的評価方法としては，電気生理学的な脳波や脳磁図，神経活動のエネルギー代謝指標としての脳血流量がしばしば用いられる．SAM系（視床下部-自律神経系-副腎髄質によるストレス反応）における副腎髄質ホルモンのカテコールアミンやクロモグラニンAは，コルチゾルよりも精神的努力により鋭敏に反応するといわれている．また身体的負担と同様に心臓自律神経系や血管自律神経系の指標が利用されることもある．間接的には精神的作業のタスクパフォーマンスの低下によって負担を検討することができるが，動機の低下や疲労を考慮する必要がある．

●**生理学的測定**　生理的負担を定量化するためには，全身の各機能にわたり測定方法論を理解する必要がある（表1）．限局された部位または系の負担は，当該部位の筋電図をその筋の負担の指標とするように，直接的に測定・評価可能なことが多い．例えば筋疲労と筋電図の関係は明らかである[2]．呼吸・循環器や内分泌，自律神経系は恒常性の維持を目的として脳を含む全身状態に影響するため，限局部位あるいは特定機能の負担の指標とするには注意が必要である．例えば，心拍数で座姿勢における身体的負担を評価したり，コルチゾルで自動車運転中の精神

表1　生理的負担の非侵襲的な測定項目と評価対象の例（出典：文献[7]より改変）

測定項目等	評価・検討対象	測定項目等	評価・検討対象
筋電図	筋活動量，神経伝達速度，共収縮，予測的姿勢調整	消化器電図	胃等の平滑筋の収縮リズム
筋音図	筋活動量，筋組成	皮膚電気活動	皮膚コンダクタンス反応/レベル，手掌および足底の精神性発汗
動作解析	関節運動，姿勢，力学的負荷	レーザドップラ血流計	皮下浅層の血流量
力，圧力	運動負荷，重心	呼吸	呼吸数，呼吸深度
自発脳波	覚醒度，大脳皮質の活動度，睡眠ステージ（眼球電図と筋電図との組合せによる），活動部位	呼気ガス分析	酸素摂取量，代謝量，食品の小腸通過時間
事象関連電位	刺激に対する反応潜時，注意，認識・判断過程	体温	皮膚温，直腸温，サーカディアンリズム
血液動態	組織内の酸素化/脱酸素化ヘモグロビン量	発汗量	温熱性発汗，精神性発汗
フリッカテスト	中枢性疲労	唾液中成分	コルチゾル，メラトニン，免疫グロブリン，クロモグラニンA
心電図	心拍数，心拍変動性	瞳孔径	対光反射，錐体/杆体/内因性光感受性網膜神経節細胞の活動，覚醒度
その他の心機能検査	心拍出量，総末梢血管抵抗	眼球運動（眼球電図含む）	注視点（瞳孔・角膜反射法），サッケード運動，瞬目，注視時間，視覚を伴う精神的負担
血圧	収縮期/拡張期血圧	近点距離	焦点調節系の疲労
脈波	血管コンプライアンス，脈波伝播時間（心電図との組合せによる）	むくみ	リンパ液や血液の鬱滞

的負担を評価したりする場合は，他の複数の指標も検討すべきである．また対象部位が限定された測定では，特定の機能に関わる負担の全体像を評価していない可能性がある．例えば複数の脳領域が活動するマルチモーダル課題において前頭前野のみの脳血流量で精神的負担を評価することや，歩行による身体的負担を足関節屈筋群の筋電図のみで評価することは，誤った解釈を与える恐れがある．

　これらのことから，負担の限局性を仮定できない場合は，しばしば協関的観点から複数の指標が検討される．日常的な筋運動[3]や精神的ストレス[4]のほか，光[5]や温熱[6]などの人工環境でも，多くの研究で複数の指標が同時に測定されている．

[下村義弘]

生体観察
somatoscopy

　生体観察は，生きているヒトの自然の姿・外観を解剖学的に観察することである．観察手法は，主に視察と触察で行う．視察は肉眼で，触察は主に手でさわって観察を行うものである．しかしながら，生体観察は人類学，解剖学の研究分野だけでなく，生きているヒトについての自然科学的理解の必要な医療現場，教育現場で基礎的な教養，知識となる．以下のものが主な生体観察の対象となる．

●**生体観察の対象**　体表区分，体表浮き彫り，皮膚（皮膚色，肌目），顔面造作［目（眼形，瞼形，虹彩色），鼻（鼻高，鼻幅，鼻孔），口（口型，口角，口唇），耳，顔面形，頭部形］，体型，手型，爪，足型，毛（頭髪，体毛，眉，鼻毛，耳毛，腋毛，陰毛，胸毛，脛毛），色調，骨格系，筋系，脈管系，神経系など．頭部，頸部，胸部，腹部，上肢，下肢など区分別に観察する方法もある．その他，歯，爪，姿勢，身体の動き，顔面表情などがある．観察の目的で視点や部位，比較する人体の細やかさの程度などが異なってくる．上記対象より数項目選択し，記述する．

●**皮膚**　皮膚色は最も著しい人類集団を表すものとされ，色調の区分として白人，黄色人，黒人，褐色（銅色）人の分類がよく知られているが，この分類の境界は明確ではなく，個人差がある．色調の決定は真皮や表皮のメラニン色素の沈着量，表皮から色素までの距離，表皮を透過する血液色とによって皮膚色が濃くなったり，薄くなったりする[1]．皮膚色の差は人類集団差，性差，年齢差，蒙古斑などの身体部位差などがあるが，皮膚色は，色素を決定するメラニンの量で決まり，質的な差はない．

　手掌と足裏が他の身体部位と異なるのは，体毛がなく，色素が薄く，脂腺が乏しく，紋理があることで，これを皮膚紋理という．紋理は皮膚隆線と皮膚小溝が並行し，湾曲して流れている．隆線の頂きには汗孔が開いている．そのため，触覚が鋭くなり，また，滑りにくく，物がつかみやすくなる．指紋は複雑で遺伝性のもので後天的には変化しない．弓状紋，蹄状紋（甲種，乙種），渦状紋にパターン化される（図1）が，微妙な差異があり，完全同一のものはないことから犯罪調査や飛行場での個人確認検査で利用されている．足底紋もあり，手掌と類似の紋理があるが，紋理採集が簡便でないことから手掌紋理ほど利用されていない．

●**毛**　色調，毛質，量，限界長，寿命などにおいて，個人差，性差，年齢差，人類集団差などが顕著に表れることから，毛は重要な生体観察の項目である．毛の種類は頭髪，眉毛，睫毛，髭，腋毛，脛毛，鼻毛，耳毛，陰毛，そして，手掌，足裏以外はほとんど全身に生えている生毛がある．毛色も皮膚同様メラニン色素の量により白色から漆黒色まで差異が生じ，人類集団差の大きな特徴となる．白

図1　指紋の基本型（蹄状紋は図の右方が橈側，左方が尺側）
（出典：文献[2] p.173, [3] p.176 より）

髪は毛のメラニン色素の消失，気泡の生成による光の反射による．輝きのある銀髪は毛の中の空気の含有量が多いことによる．白色になってゆく順は，頭髪，鼻毛，眉毛，睫毛の順である．概して老化とともに脱毛数は多くなるが，男性では老年期に特有の眉毛，鼻毛，耳毛が生える人も多い．毛色とともに人類集団差が大きいのは頭毛形状で，直毛（剛毛，滑毛，緩波状毛），波状毛（長波状毛，短波状毛，湾曲毛），糸球毛（縮毛，粗捲毛，密捲毛，渦状毛，螺旋毛）などに分類される．糸球毛は黒人一般に，螺旋毛はブッシュマンやピグミーにみられる．日本人の92％以上が直毛，縮毛5.7％，中間2.3％である．毛の長さは種類によって異なり，生毛が最短で，ついで男性の耳毛，眉毛，睫毛，鼻毛さらに男性の脛毛，陰毛，腋毛，鬚毛で，鬚毛は放置すると10〜20 cmにもなる．頭髪の長さは直毛から巻きの湾曲度が増すほど短くなる．体毛の人類集団差は，多毛は白人，アイヌ，オーストラリア原住民，ベッダ，無毛はスーダン土着人，ブッシュマン，中間は蒙古系人類集団である．頭髪色については，本来なら比色計を用いるが，以下の用語分類法でも簡便にできる．真黒，黒褐，暗褐，赤褐，淡褐，暗ブロンド，淡ブロンド，灰ブロンド，赤色，色素欠乏である．

●目　大きな目，小さな目，青い目，黒い目と，目も人類集団の特徴があらわれる．眉も数種の型に分類がされている．目を覆う眼瞼は上瞼と下瞼がある．これは遮光，眼球保護，涙による潤い，眼球の清掃の役割がある．上瞼の上の溝がない場合は一重まぶた，溝が上にあるものは二重まぶたを呈する．内眼角をおおう瞼鼻ヒダがあるものを通称蒙古ヒダというが，これは蒙古系人類集団に多く，欧米人ではわずか3％であるが，日本人，中国人は70％も認められる．虹彩色についても以下の用語分類で簡便に観察分類を行える．黒褐色，暗褐色，褐色，淡褐色，緑色，暗灰色，淡灰色，暗青色，青色，淡青色，色素欠乏である[4]．

　皮膚，毛髪，目の3つの色彩はともにメラニン色素の含有量でことなるので，明るいブロンドの毛髪をした人は皮膚も淡色，目も青いといったように相関関係がある．これをブロンド現象という．

［片岡洵子］

生体計測
somatometry

　生体計測とは，ヒトの静止した身体を定められた器具で，再現性のある測定法を規定して測定することである．これは，客観的数値を出すことができるので異なる人類集団，地域，時代を越えて統計的な処理により，それらを比較することができる．最も普及しているのがマルチン式計測法[1]で，マルチン式人体計測器を用いた計測が，人類学，解剖学，人間工学などの諸分野において多くの国で行われている．マルチン式で計測される測定項目のほかには全身および局所的な関節角度を測定するものもある．いずれも生体を測定することから誤差は生じる．マルチン式計測法においても個人の測定ぐせ，例えば，計測点の定め方の解釈，皮膚圧迫の程度などで多少の誤差は生じる．高い測定技術で正確に行うことが求められる．このような誤差を軽減するために，日本人間工学会生体計測部会で「生体計測の標準化に関する報告書」[2]を出している．また，医学関係では「生体計測班制定の計測法」が用いられるようになっているが，いずれもマルチン式計測法に修正，追加をしたものである．

●**マルチン式計測法**　計測器は①触角計，②滑動計，③身長計，④杆状計，⑤巻尺，⑥角度計，⑦体重計，⑧皮脂厚計があり，いずれも測定部位や測定法が定められている[2][3]．

　計測点：正確で有意義な生体計測をするために，計測部位すなわち測度が定められている．この測度を規定するものが計測点である．計測点の大部分は身体の骨格に規準がおかれ，骨の突起，骨端，切痕などが選定されている．測定者はそれを皮膚上から指で触れ探り，皮膚鉛筆で印をつける．測定点の定め方は重要で，これにより計測誤差の大小が決まる．

　計測実施：被計測者は衣服を脱ぎ，壁を背にして立つ．姿勢は身体を緊張せず，背筋をのばし，自然な立位を保つことが基本である．つま先は45°に開き，目は正しく前方を見て，頭は左右の耳珠点と右眼窩点の3点を結ぶ耳眼水平面またはフランクフルト水平面に保つ．身体表皮に計測点を定め，印をつけてから実際の計測に入る．計測点が正中線上にあるときは問題ないが，左右対象にある身体部位は右側を，頭部・顔面部は左側を測る．ここでは全身の計測点のみ図1に表記しているが，手部，顔面部，頭部，耳部なども各計測点が定められている[3][4]．

　計測はあらかじめマークをした計測点間を測る．目盛りは計測器の目盛りと測定者の視線が垂直になる位置で読み取る．

　頭部形状の個人間，人類集団間などの比較は測度間の割合を示数で表す[3][4]．頭部に関しては，頭示数を算出し人類集団や年代の差を比較している．

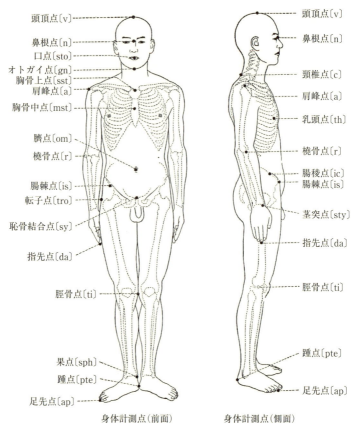

図1 身体計測点（出典：文献[3] p.207 より）

$$頭示数 = \frac{最大頭幅}{最大頭長} \times 100$$

頭示数は人類学的に重要な示数で，生体だけでなく，発掘された骨なども測定される．

長頭は男性で75.9以下，女性で76.9，中頭は男性76.0～80.9，女性77.0～81.9，短頭は男性81.0～85.4，超短頭は男性85.5以上，女性86.5以上である．

先人の調査から日本人男性は80.8，女性は81.9，北海道アイヌの男性は77.3，女性は78.4，デンマーク人は男性80.7，女性81.5，ブッシュマンは男性76.3，女性73.8と報告されている[3]．朝鮮人は日本人と比べ男女ともに短頭の傾向があり，アイヌは長頭の傾向がある[5]．

[片岡洵子]

作業域
working area

　上肢や下肢などによる作業の範囲を作業域という．作業域の考え方はフランク・ギルブレスによって発展した動作研究に端を発する．ギルブレスは工場労働の生産性を高めるために作業動作の観点から研究し，動作経済の原則をまとめた．ギルブレスを師とするラルフ・バーンズがさらに検討を加え，図1の点線と実線で描かれた作業域を提唱した[1]．

●**作業域の考え方**　作業域は図1のような上肢の範囲に限らず，下肢や頭部が動く範囲にも適用される．下肢の作業域は，座位におけるペダルやフットスイッチ等の場所を検討するために用いる．上肢の作業域は机や台上において移動させるもの，操作するものなどの配置を検討する際に用いる．図1のように，水平面上での範囲を示す際は水平面作業域とよび，さらに最大作業域と通常作業域（正常作業域ともいう）に分けて考える．最大作業域は上肢を限界まで伸ばして到達し得る範囲であり，通常作業域は上腕を体側に垂らした状態で前腕のみを動かして到達し得る範囲である．作業において頻繁に使用するものは通常作業域内に配置すべきであり，最大作業域に近づくほど作業精度は衰える．また，最大作業域外に設置した場合は，体幹を曲げるなど無理な姿勢をとる必要が生じることから，身体的負担に繋がりやすい．アメリカのスクアイアーズはバーンズの作業域をさ

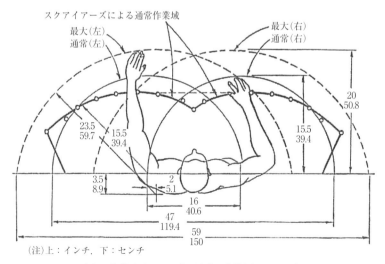

図1　作業域（バーンズ）（出典：文献[4] p.30 より）

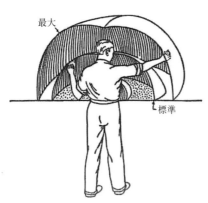

図2　立体作業域(出典:文献[1] p.204 より)

らに検討した結果，図1の太線で示された通常作業域を提唱した[2]．バーンズのものと比較すると，正面に近い角度では範囲が狭い楕円状となっており，さらに両端が切り取られている．実際の作業を想定すると指先が届くというだけでは不十分であり，把握動作がしやすい範囲を検討した結果である．

さらに，作業を効率的に進められる範囲という考えに基づいた作業域は，至適作業域という．例えば，何らかの道具を作業で使用するのであれば，作業の内容や道具の使用頻度，視野との関係性や生理的負担なども含めて配置を検討すべきであり，それらをまとめることで至適作業域となる．

作業域は机上などの水平面だけではなく，上肢を垂直面に上下動させて描かれる垂直面作業域もある．垂直面作業域は，パネルに計器やスイッチを配置するときに必要となる．さらに，垂直面作業域と平面作業域を組み合わせることで立体作業域が形成される．バーンズは図2のような通常と最大の2種類の立体作業域を提唱している[1]．

●**測定方法と活用**　バーンズによって提唱された作業域はアメリカ人男性50名の被験者から導き出されたものであるが，作業域は体格および関節可動域に強く影響を受けるものである．体格は時代，年齢，性別，地域等によって差があり，関節可動域も筋肉や靱帯の伸展性などから差が生じる．したがって，作業域を設計に活用する場合には，使用者の属性や状況などから既報の作業域に改変を加える必要もある．例えば，日本人被験者を用いて計測した大阪市立大学の資料によると，バーンズの報告より9cm狭い通常作業域が示されている[3]．

簡易的に設計の参考とする場合は，数名の被験者で作業域を計測することもある．最も簡便な手法は，広い机上面に紙を貼り，手に筆記具を持って作業域を描かせるというものである．また，古くはストロボ撮影によって指先の動きを記録する手法がよく用いられていたが，近年では3次元動作解析装置を用いる研究も多くなっている．特に至適作業域の観点から求める場合，3次元動作解析と筋電図を同期させて測定することによって，作業範囲と生理的負担を関連づけた検討がしやすくなる．また，3次元動作解析装置で計測した3次元データを用い，コンピュータマネキンによるシミュレーションを行うことも有用である．人体寸法をさまざまな値に変更してシミュレートすることによって，使用者の多様性を考慮に入れた設計が可能となる．　　　　　　　　　　　　　　　　　［迫　秀樹］

動作分析
motion analysis

　動作分析とは，日常生活や職場環境，医療，福祉，ロボット開発など他分野にわたり使用されている．ヒトの動きや姿勢は外的な力や内的な力によって大きく変化し，その動きをとらえるために動作分析が用いられる．

　古くから臨床の場面で利用されているものには，身体を観たままに記録する観察法や1回あたりの課題遂行量を計測する方法などがある．さらに，床からの反力を計測する床反力計や，身体の動きにかかる慣性力を測定する加速度計などさまざまな方法が挙げられる．

　1800年代後期，イギリスの写真家エドワード・メイブリッジ[1]は，複数台のカメラを並べ，順にシャッターをきる方法を用いた連続撮影により馬の走る様子を記録した．その画像から，馬の脚がすべて空中にある状態があることを確認した．彼はその後，カメラの設置角度を変化させ，多方向からヒトの動作を撮影している．これが画像を用いた動作分析の始まりと考えられる（図1）．

　1990年代に入り，画像や映像は姿勢制御や歩行姿勢の分析に用いられはじめ，モーションキャプチャとしてバイオメカニクス研究法などの発展に貢献している．その方法には画像や映像を用いる光学式のほかに，機械式や磁気式などがあり，それぞれにメリットとデメリットを備えているため，用途によって使い分ける必要がある（図2）．

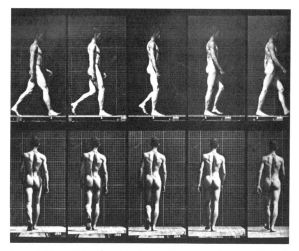

図1　連続写真による歩行分析（出典：The Human Figure In Motion）

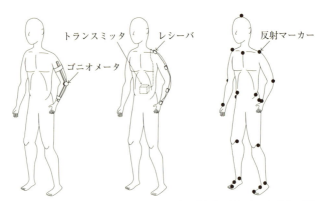

図2 各測定方法（左：機械式一例，中央：磁気式一例，右：光学式一例）

●**測定方法とその特徴** ①機械式は，可動性結合された関節を結ぶ2つの骨格に沿って装具を付け，その装具の回転などの動きを測る測定法である．測定器として用いられるのは，関節角度を計測するゴニオメータが用いられる．電気的に計測可能なゴニオメータは，2本の装具の先端に固定し，装具の回転角度を測定する装置である．

また，ジャイロセンサーは，単位時間あたりの回転角，角速度を計測することができる．これを積分することで角度が算出可能である．ただし，測定開始時の位置を基準値とするため，測定には十分なキャリブレーションが必要である．

これらの機械式動作分析は，サンプリング周波数は数十～数百Hzで角速度や角度の計算をすることが可能であり，精度の高い測定ができる．しかし，被験者にさまざまな機器を装着させることになる点には配慮が必要である．

機械式の利点は，さまざまな関節可動域を検討することが可能なことである．特に，複数の測定部位が交差するような運動ではなく，単体の関節などの運動を測定するのには有効である．福祉やリハビリの場面において，疾病に伴う関節の動きの変化をとらえるには適している．

②磁気式は，トランスミッタを用いて空間に磁界を形成し，その動きによる変化を各部位に装着した磁気センサー（レシーバ）によって読み取り，分析することができる．磁界を発生させるトランスミッタにより，測定範囲が限られることに加え，他の機械装置が磁場の影響を受けやすいことを考慮する必要がある．特に，他の金属類を身体に装着しての測定が難しいことから，金属性の電極を使用する筋電や脳波を計測しながらの動作計測は困難である．

しかし，トランスミッタの形成する磁界に影響を与えない範囲での筋電や脳波を測定は可能であり，指先の動きや足の運びといった細かな動作を分析するには適している．

③光学式は，被験者の身体部位に装着した反射マーカーに光を当て，カメラによりその反射光を撮影し，分析する手法である．1画面上の映像を用いる2次元

動作解析と，2画面以上の映像を同期させて用いる3次元動作解析がある．

2次元分析を行なうためには，FLT 法を用いて，画面上の座標を実長座標に変換する．3次元分析を行うためには，最低2台のカメラを用いる必要があり，DLT 法による座標変換を行う．2台のカメラで撮影する場合の注意点は，2つの画像上に追尾できないポイントを作らないことである．映像に映らないポイントはデータが欠損してしまうため，すべてのポイントを2台以上のカメラで捉える必要がある．そこで，この方法を用いて3次元化する場合は，3台以上のカメラを別角度に設置して用いることを推奨する．撮影に使用されるカメラの台数は，コンピューターの性能の向上やソフトウェアの進歩により徐々に増えており，複数台を同時撮影する技術の進展から，6台から10台が主流となっている．

さらに，最近では赤外線ライトを使用した撮影が行われるようになり，遮光環境や床面素材が反射しない環境などの撮影環境に制限がなくなった．加えて，実験時の映像をリアルタイムで解析することができるようになってきている．

●**測定部位に関して**　映像や画像を用いた動作分析では，背景にグリッドを用いて被写体の動きを分析する手法や，身体を頭頂部や上肢，下肢，胴体，足部など複数のセグメントに分けて検討する手法が用いられてきた．現在では反射マーカーを用いて部位の動きを追尾し，デジタルデータとして数量化することが可能である．

反射マーカーの設置位置は解剖学的知見から提唱されている．その多くは，人体の外部に突出している骨の部位である．例えば，肩峰突起や大腿部と殿部の付け根である大転子，膝の外側に当たる大腿骨外側上顆，外側のくるぶしに当たる外果，腹部前方に突き出した骨盤の腸骨稜や上前腸骨棘などがある．

計測におけるランドマークとなるポイントについて VICON（Oxford Metrics, England）は，独自のプラグインゲイト（Plug-in Gait）というマーカーセットを報告している[2]．"Newington model" は，最も一般的に用いられており，アルバート　フェラーリらは[3]，さまざまなマーカーセットを組み合わせて60個所の全身計測を行っている．特に注意したいポイントは，設置した位置が正しく骨上にあったとしても，皮膚の収縮によりその位置が変化することである．この場合には複数のマーカーを測定部位付近に設置し，それぞれを結ぶ座標点を分析することで，より精度を高める技術を用いたい．そのほかにもモーションキャプチャシステムごとにマーカーセットはいくつか使用されており，ヘレンヘイズ（Helen Hayes）やデイビスモデル（Davis model）がそれにあたる．

電子機器の発展に伴い，光学式はさらに速い撮影を可能とするカメラの開発，機械式はさらなる小型化，精度の向上，磁気式は広範囲に測定を可能とする技術や音波を用いた技法などが期待される．動作分析は今後も発展することが予測され，機器を正しく利用することで，より正確なヒトの動作を計測する技法として使用することが可能となる．

［髙橋隆宜］

主観評価法

subjective assessment method

　物理的指標および生理的指標などの計測によって行われる客観評価に対して，ヒトの主観的な応答をデータとして行う評価を，総じて主観評価という．従来，特に自然科学の分野では，主観評価は客観評価に比べて信頼性が低いと軽視されることも少なくなかった．しかしながら，今日のわが国のように高い成熟期を迎えた社会では，客観データのみでは十分に検討することのできない概念（例えばヒトの感じる快適さや好みなど）でモノや環境を評価する要求はますます高まっている．主観評価は，適切な方法でデータを収集し，目的やデータの種類に合った手法を選択すれば，信頼性を伴う結果を得ることができ，客観評価では得られない新たな視点での示唆を導き出すことができる．以下に，代表的な主観評価法を概説する．

●**評定尺度法**　評価項目とそれを評価するための言葉による尺度（多くの場合，5～10段階）を用意し，回答者に，評価対象（サンプル）について尺度のうち最もあてはまると思う1つを選択させる．この尺度が5段階のものを5件法，10段階のものを10件法という．選択肢が増えれば，対象をより細かく差別化できるが，一方で，回答者にとっては選択肢が増えるため，負担になりかねない．評価の目的と回答者の特性を吟味し，尺度を提示することが重要である．評定尺度法は，評価の選択肢が言葉で提示されるため，回答者にとってわかりやすく，一意的な回答を望めるため，データの個人差を抑えられる可能性がある．一方で，尺度そのものが定性的であるため，その後の分析手法の選択には注意が必要である．各選択肢をその意味に応じて数量化することによって，定量的な分析手法の適用にもち込める場合もあるが，尺度における等間隔性は保証されないため，そのことを踏まえた結果の解釈がなされるべきである．

●**VAS（visual analog scale）法**　評価項目とそれを評価するための対語を用意し，水平な直線の両端に対語を記したものを回答者に提示する．回答者は，評価対象（サンプル）について，対語で表される程度がどのくらいかを，直線上の任意の位置を指すことで評価する．設問例を図1に示す．多くの場合，左端を0，右端を100として回答を定量化し，分析に用いる．また，複数の評価項目を設定して，1つのサンプルに対して複数の観点からの評価軸を用意することで，多変量解析等の手法を適用することが可能になる．VAS法は，回答者が直感的に自由に回答できる

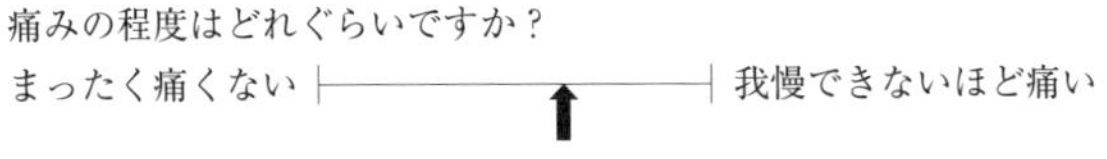

痛みの程度はどれぐらいですか？
まったく痛くない ├────────↑────────┤ 我慢できないほど痛い

図1　visual analog scale（VAS）法の設問例

点，回答を定量化することによって多くの統計的分析手法の適用が可能になる点において，有用な場面が多い．一方で，回答者の個人差が反映されやすいこと，また，特に左端や右端を指す回答は出にくいことは，あらかじめ知っておかなければならない．上記の問題に対する1つの策として，回答者ごとにデータを標準化することがあげられる．

図2 SD (semantic differential) 法の設問例

●**順位法** ある評価の観点で，回答者に評価対象（サンプル）を順位付けさせる．一般的には，複数の回答者が各サンプルに与えた順位の頻度分布の中央値がデータとして用いられる．多くのサンプルの優劣を一度に決めたいときに有効である．回答者間の順位の一致性を検定する手段として，ケンドールの一致係数が用いられる．また，客観的な順位があらかじめ明らかな場合，それと順位法によって回答された順位との整合性を検討する手段として，スピアマンの順位相関係数がある．

●**一対比較法** 評価対象（サンプル）を一対にして回答者に提示し，「どちらの方が〜だと思いますか」などの設問を与えて，サンプルのいずれかを選択させる．また，「どちらの方がどのぐらい〜だと思いますか」などの設問を与えて，程度とともに回答させる方法をとることもある．一対比較法は尺度構成法の1つであり，サンプルの全組合せに対する回答をデータとして，サンプルをある尺度の上に布置する．この尺度構成のための代表的な手法として，サーストン法とシェッフェ法がある．いずれも，間隔尺度を得ることができるが，特にシェッフェ法は分散分析によってサンプルの違いが評価に対してもつ主効果の検定を行うことができるため，よく用いられる．

●**SD (semantic differential) 法** 評価対象（サンプル）を評価するための形容詞対を複数用意し，回答者に提示する．回答者は，各サンプルについて，形容詞対のどちら側にどのぐらい近いかを，数段階（多くの場合，5または7段階）で評価する．設問例を図2に示す．複数のサンプルに対して，複数の評価項目に対する評価を量的データとして得ることができるため，多変量解析等の手法の適用が可能である．特に，サンプル群に意味空間を与え，各々の特性を理解したい場合，SD法で得た多変量データに主成分分析を適用することが定石的な方法としてよく採られる．

[中西美和]

性格検査
personality test

　性格検査とは何らかの手法で性格タイプまたは性格特性を把握しようとするテストのことである．性格にはさまざまな側面があり，それゆえ性格検査にもさまざまなものがある．現代的な性格検査の始まりは20世紀に入ってから，軍へ入隊する際のスクリーニングのためにつくられた検査であるといわれている．現在では性格検査は心理学的研究や精神性の疾患の診断はもちろんのこと，その人の性格に合った教育，医療などを検討するという目的でも行われつつあり，身近なところでは，就職試験の際に実施される適性検査の一部に性格検査が含まれていることがある．また宇宙船に乗るパイロットの選抜ではさまざまな身体的検査のほかに約10種類の性格検査も行われている．

　性格検査には一般的に大きく分けて質問紙法，作業検査法，投影法の3種がある（表1）[1]．本項目ではそれぞれの代表的なものをいくつか紹介する．

●**質問紙法**　質問紙法は，その名のとおり紙に印刷された複数項目の質問に対して被験者に回答を求め，回答を点数化することによりその人の性格を把握しようとするものである．質問項目の多くは純粋な質問ではなく，ある行動や傾向が記述され，それに対し回答者があてはまるかあてはまらないかを答える形になっているものが多い．比較的短時間で実施することができ，また点数化する手法が標準化されているため結果を解釈しやすいという利点がある．一方で，被験者が何らかの理由（例えば良い評価を得ようとするなど）で作為的な回答をすることを防ぐことができない．これに対しては複数回の測定を行ったり，質問紙の中に作為的な回答をする態度を判定するような質問項目を入れたりして対策する．

　日本で古くから使われている代表的な質問紙として矢田部・ギルフォード性格

表1　性格検査の各手法の比較（出典：文献[1] p.556 より一部改変）

	質問紙法	作業検査法	投影法
人格性観察の視野（特性把握）の範囲	広い	狭い	疑問
人格性観察の深さ	中	浅い	深い
問題人格の発見	可能	概して不可能	可能
知能の測定の可能性	無	やや有	有
データの信憑性	疑問	有	やや疑問
分析と解釈の難易度	易	中	難
検査者の差による変動	小	中	大
職務分析への補助手段となる可能性	有	有	無
人事考課における人物判断への補助手段となる可能性	やや有	有（自己は除く）	無
所要時間	短	短	長

検査（YG性格検査）がある．南カルフォルニア大学心理学部の教授であったジョイ・ギルフォードが1943年頃に開発した質問紙を京都大学心理学部の矢田部達郎らが日本人に合った形に標準化したものである．現行の120項目からなる質問紙は，矢田部が開発したものをもとに関西大学の辻岡美延らが再構成したものである．抑うつ性，のんきさ，社会的外向など12の下位尺度（性格特性）について各10項目の設問があり，計120項目から構成されている．

その後1980年代以降に欧米で盛んに議論された性格の5因子モデル[2]に基づき，日本でもBig 5尺度[3]，主要5因子性格検査[4]，NEO-PI-R翻訳版[5]，5因子性格検査[6]など，多くの質問紙が開発された．5因子モデルとは，基本的な性格特性は5つの主要な直交因子で説明できるとするものである．5因子は研究者によって呼び方が異なるものもあるが，概ね外向性，協調性，勤勉性，情緒安定性，知性といったものである[4]．

その他の代表的な質問紙としてミネソタ多面的人格目録（MMPI）[7]，モーズレイ性格検査（MPI）[8]などがある．MMPIは1940年代にアメリカのスターク・ハサウェイとジョン・マッキンリーが開発した質問紙であり，精神疾患の診断を目的として理論的にというよりは実際的に作成された点が特徴的である．550項目からなり，現行の日本語版は1993年に刊行されている[9]．MPIはドイツに生まれ，イギリスで心理学の教授となったハンス・アイゼンクによってつくられた．この検査では「外向性/内向性」と「神経症的傾向」の2次元を測定する．これはアイゼンクがこの2つを独立的なパーソナリティの次元であると仮定していたためである[10]．日本版はアイゼンクのオリジナル版にアーサー・ジェンセンが項目を追加した80項目が最初に作成され，現在では項目数の少ない簡易版も発表されている．

●**作業検査法** 何らかの作業を被検査者に課し，その過程を観察することにより性格特性を把握しようとする手法である[1]．質問紙法の項で述べたような被検査者の作為が入りにくいという利点があるが，その作業の遂行に関連した性格特性のみを検査していることに注意すべきである．

よく知られている検査として内田クレペリン精神作業検査があげられる．これはドイツの精神医学者であるエミール・クレペリンが，疲労や睡眠，アルコールやドラッグの影響を検討するために開発した「作業曲線」[11]をヒントにし，心理学者の内田勇三郎が性格特性の概念を加えて開発した手法である[12]．検査用紙は数字の並んだ行が複数行あるもので，作業としては隣り合った数字の足し算（1桁の加算）を連続的になるべく速く行う．この計算の速度の時間変化にその人の作業に取り組む際の性格や行動の特徴が出るとされている．定型としては，前半はU字（最初の作業効率がよく，真ん中で下がり，最後にまた上がる），後半は右下がり（休憩後に効率が高く上がり，徐々に下がっていく．途中3～5分頃に一度

上昇し，また右下がりとなる）になるといわれ[13]．このような定型からの逸脱も診断の対象となる．

　内田クレペリン精神検査は，実施が簡便であること，言語の制約がないことなどから企業等における採用試験や，学校教育の場で広く利用されている．結果の判定は内田勇三郎が設立した（株）日本・精神技術研究所が行っている．また性格検査とは別の目的で，各種研究において精神性負荷をかけるために内田クレペリン精神検査を用いる例も多い．ただし内田クレペリン精神検査の実施によって副腎皮質刺激ホルモン（ACTH）やカテコールアミンといったストレスマーカーが上昇しなかったことを指摘する報告もある[14]．

●**投影法**　曖昧な刺激を提示し，被検査者がどのように解釈したかということから検査を行うものである．曖昧で非構造的な刺激を知覚する際にはその人の無意識が反映されるはずだという仮定に基づいている．他の検査法とは異なり，被検査者の無意識を探ることができる点，答えに正解がないため被検査者が意図的に回答を操作することが難しい点などが利点としてあげられる．一方で一般に実施に時間がかかり，また結果の解釈が難しいため検査者は訓練や経験を積むことが必須であるとされる．

　投影法にもさまざまな検査があるが，中でもロールシャッハ検査は最も有名なものの1つといえるだろう．スイスに生まれた精神分析家であるヘルマン・ロールシャッハが1921年に発表した手法[15]で，左右対称の形をしたインクの染みを10枚見せ，被検査者が何を連想したか，なぜそのような連想をしたかなどの質問をする．また被検査者がインクの染みのどの部分に特に注目したかということも分析の対象となる．ロールシャッハはこの方法をあくまでも統合失調症の診断のために開発したとされており，彼の死後，後年の研究者が一般的な性格診断に用いるようになった（ロールシャッハは検査法の発表の翌年に37歳で亡くなっている）．現在では結果の信頼性に対する議論が盛んになされているが[16]，心理療法家の河合隼雄は「ロールシャッハで相当のことがわかる」と述べている[17]．

　投影法の他の検査として主題統覚検査（TAT）がある．1935年にハーバード大学のヘンリー・アレーとクリスティアナ・モーガンによって発表されたこの手法では[18]，被検査者に人に関連する絵を提示し，ストーリーを語ってもらう．その内容に意識・無意識にかかわらず，その人の深層心理やどのように社会を見ているかが反映されるとされている．そのほかには，不完全な文章を提示し，足りない部分を追加して完成させることによりその人の全般的な性格を浮き彫りにしようとする文章完成法，人の顔の写真（すべて精神疾患患者の写真である）を見て「好きな顔」「嫌いな顔」を選ばせ，内面的な衝動性を明らかにしようとするソンディテストなどが知られている．

〔恒次祐子〕

シミュレーション
simulation

　シミュレーションとは，現実にあるモノ（システムや現象をも含む）の挙動を模擬したモデルで表し，そのモデルを用いて実験を行うこと．実物に比べ，シミュレーションは，寸法や時間的尺度を自由に設定できること，現実に雑多な条件を精査し問題を単純化できること，実際になかなか起こらない状況をつくり出せることなどの利点があり，自然現象，社会現象の研究，機器や建物プラントの設計，機器操縦の訓練などに利用されている．

　シミュレーションで用いられるモデルは具体的な物で構成される物理モデルと，コンピュータの中にプログラムで構成される数学モデルがある．シミュレーションするために用いられる装置，プログラムはシミュレータという．

●**物理モデル**　物理モデルのシミュレータには，航空機のコクピットを模擬したフライトシミュレータ，車の運転席を再現したドライブシミュレータ，原子力発電所の制御室運転シミュレータ，国際宇宙ステーションにあるロボットアームシミュレータ，医学教育用患者シミュレータなどが有名である．そのほかに，特殊条件に置かれたヒトの生理的反応，心理的反応を研究するために，無重力シミュレータ，高圧タンク，低圧タンクなどがある．

　実際のシステムでは危険で実施できない異常状態への対応に向けた訓練や実システムでは費用がかかりすぎて実施困難な訓練でも，物理モデルのシミュレータを用いて，安全で，安価に繰り返し訓練できるため，積極的な失敗経験を積むことができ，上達の早道とされている．特に，大型で複雑なプラントの制御室は数多くの計器やスイッチが並んでおり，ヒューマンエラーの防止が安全性確保の要となっている．シミュレータを用いて，オペレータの行動特性や認知特性を解明する研究も広く行われている．これは認知行動シミュレーションとよばれ，人間工学の応用研究において重要な方法である．

　各種マネキンも一種の物理モデルのシミュレータである．例えば，ヒトの各部位の寸法，体重分布，座面や背中の形状を似せた3次元マネキンは，椅子や寝具の設計に利用される．自動車の衝突時に人体が受ける衝撃の影響を研究するために，衝撃試験ダミー人形が利用されている．そのほかに，胸壁外心臓マッサージや人工呼吸訓練用心肺蘇生練習マネキン，室内の温熱環境や衣服内環境の評価のために，人体の温熱特性をもったサーマルマネキンがある．

●**数学モデル**　数学モデルによるシミュレーションは，実世界の何らかのシステムをコンピュータ上にモデル化し，また，システムの変数を変化させることによって，システムの振る舞いについて予測を行うことができる．これをコンピュータ

シミュレーションともいう．スーパーコンピュータの「地球シミュレータ」や「京」に代表されるような大規模，高性能のコンピュータを使って，地球温暖化，地殻変動，難病の治療，創薬をシミュレーションするものもあれば，パーソナルコンピュータを用いて，人体の温熱反応をシミュレーションするものもある．コンピュータグラフィック技術の進歩により，住宅設備，家具，建築，都市の景観をリアルに描写することによって，実際につくる前に設計の段階でバーチャルリアリティにより完成したときの状況を把握し，設計案を評価するのもコンピュータシミュレーションの活用といえる．

●**コンピュータマネキン**　コンピュータマネキン（デジタルマネキン，デジタルヒューマンともいう）は，コンピュータの中に各種の人間特性を再現し，コンピュータによる設計支援システム（CAD）で設計された製品や環境の人間との寸法，身体負担の適合性をコンピュータの中で評価するシステムで，一種のシミュレータである．

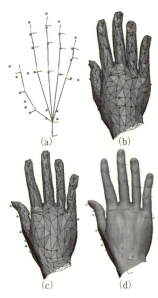

図1　再構築された人の手のデジタルモデル（a. 手のリンク構造モデル　b. 簡略化されたテンプレートモデルおよびランドマーク点群　c. 簡略化された表皮メッシュとおよびランドマーク点群　d. 高解像度表皮メッシュとおよびリンク構造モデル）（出典：文献[6]より）

　海外では，すでに自動車・医療・リハビリテーション・航空宇宙・スポーツ分野などで広く利用されるようになった市販ソフトウェアとして，アメリカ SIEMENS PLM 社の「JACK」，デンマーク AnyBody Technology 社の「AnyBody」，ドイツ Human Solutions 社の「RAMSIS」などがある．日本国内では，日本人約 1,000 人分の最大発揮力データベースから定義した最大発揮力予測式に，日常発揮力比率を適用して日常発揮力を算出するデジタルヒューマンシミュレーション[3]，水泳人体シミュレーションモデル「SWUM」[4]，筋活動をシミュレーションする「ARMO」（株式会社ジースポート）などがある．

　最近では，産業技術総合研究所デジタルヒューマン工学研究センターを中心に，人間機能の個人差を再現する次世代デジタルヒューマンモデルによるプラットフォームソフトウェア「Dhaiba Works」の開発が進められている[5]．例えば，モーションキャプチャを用いた個人別デジタルハンドモデル（図1）を用いて，カメラなどの製品筐体の保持安定性，保持容易性の評価を提案している[6]．　　　　　［易　強］

チェックリスト
check list

　インターネットの普及に伴い，情報社会に生きる人々は，毎日やってくる多くの情報とうまくつき合わないと，整理がつかなくなってしまう恐れがある．また，生活するうえでこなす仕事の内容がどんどん複雑になり，個人の記憶力と判断力だけでは対処しきれなくなってきている．チェックリストは，こうした状況において，記憶の漏れを防ぎ，合理的な判断が可能となるよう，特定のものごとに対して，あらかじめ確認する項目を定め，一覧表として表したものである．具体的に確認する項目は，チェックポイントあるいはチェック項目とよばれている．チェック項目の内容は，「必要になるモノ」，「あてはまる状況」，「必要になる行動」をリスト化したものである．

　チェックリストは，その利用タイミングから，現状評価，事前評価，事後評価の3タイプに分けることができる．

●**現状評価**　病気や機械の故障の原因を調べるために，その時点の知識と経験に基づいて，考えられるあらゆる原因と関連する症状や状態をチェックポイントにして，それを順次に調べていくことによって，原因の推定や判断を行う．例えば，健康診断や受診の前に記入する問診票，M・フリードマン，R・H・ローゼンマンが提唱したタイプA行動パターンの判定表[1]，ベックのうつ病調査表[2]，パソコンの修理の際に，機械の構成，ソフトのインストール状況，不具合の場所，頻度などを記した調査票がそれにあたる．

●**事前評価**　計画，設計されたものごとを実行，製造する前に，それを予定どおり実行あるいは製造した場合に予想された事柄をチェック項目にし，その計画を実施するかどうかの判断あるいは改善に活用するときにチェックリストが利用される．例えば，機器の設計段階で，JISなどの規格に合致しているかどうかのチェック，環境影響評価法に基づき，生物の多様性の確保および自然環境の体系的保全のために，大規模開発事業の前に行われる環境アセスメントもチェックリストの一種といえる．

●**事後評価**　計画，設計されたものごとを実行，製造した後に，それを予定どおり実行あるいは製造したかをチェック項目として，評価を行い，順位付けや比較や改善にチェックリストが利用される．

　チェックリストを導入する効果として，ミスや漏れが防止できる，簡単に実行できるので仕事の負担を軽減できる，時間を短縮できる，経験による影響を最低限に抑え，質を維持できるなどが考えられる．チェックリストは品質管理の7つ道具の1つにあげられているのも納得できる．

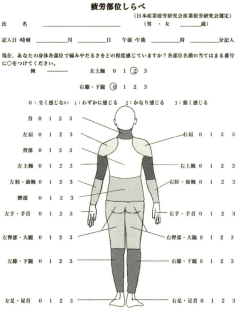

図1 疲労部位しらべ（出典：日本産業衛生学会より）

　チェックリストを作成するにあたり，対象の全体を網羅し，かつ重複しないように細心の注意が必要である．そのために，成立する条件や要因を分析し，系統的に把握しておかなければならない．しかし，いきなり完璧なものを作成するのも不可能で，当然と思われるものを忘れずに，とりあえず最低限のものをつくってから，使用していくうちに補完していくのが近道である．また，項目は，手間や作業を必要とせずに容易に判断できるように作成することも重要である．

　生理人類学をはじめ，人間工学，医学等，人と関わる分野の知見から生み出されたチェックリストは数多くある．自覚症しらべ（図1），疲労部位しらべ，作業条件チェックリスト，自己診断疲労度チェックリスト，ロコモティブシンドロームチェックリスト，冬季における高齢者入浴死の予防指針・チェックリスト，寒冷作業者の健康チェックリスト，介護作業者の腰痛予防対策チェックリスト，労働者の疲労蓄積度チェックリストなどが開発され，人の健康，労働環境の安全性の向上に貢献している． ［易　強］

尺度と統計的検定
scale and statistical analysis

　何らかの現象を数値化されたデータとして測定し，その結果を解析する際には，対象となるデータの尺度を把握し，その尺度に対応した統計量から現象を説明することが結果の妥当性を検証するうえで重要な要素となる．

●**尺度の種類**　対象となるデータを数値化するために，どのような物差しをあてたかという点で，尺度の種類が決まる．尺度には名義尺度，順序尺度，間隔尺度，比率尺度の4種類の尺度があり，データの分析方法も異なる．

　名義尺度は対象のまとまりに数値を割り当てた物差しで測定されるデータである．例えば性別にそれぞれ男性には1，女性には2を割り当てたデータといった，数値の大小に意味はなく，同じカテゴリーかそうではないかだけに意味をもつ．上述の性別の場合，中間の値として数値の1.5に意味はもたない．統計量としては，頻度を計算することができる．例えば，ある集団の男性と女性の割合について，または，χ二乗検定を用いて，人気のあるスポーツの種目の頻度に男女で違いがあるかどうかなどを調べることができる．

　順序尺度は，名義尺度としての情報に加え，大小関係も反映する物差しで測定されるデータである．例えば徒競走の結果として，1位，2位，3位はそれぞれ数値を割り当てたデータであるが，大小関係を反映すればよいので，データとして，1位，2位，3位にそれぞれ1, 10, 100といった数値を割り当ててもかまわない．つまり，徒競走の例では，1位と2位の差が2位と3位の差と等価であるとみなすような統計処理はできない．順序尺度によるデータでは，名義尺度で用いることができる分析のほか，中央値，マン・ホイットニーのU検定などが適用できる．

　間隔尺度は，値の大小関係に加えて，その差にも意味をもつが，原点は任意に定められている物差しで測定されるデータである．例えば，摂氏や華氏で表される温度があてはまる．一方で，測定値間の差に意味をもつが比には意味をもたない．例えば絶対温度で300 Kから600 Kへの2倍の変化を摂氏で表すと27.85℃から326.85℃と約12倍の変化となる．間隔尺度によるデータでは，順序尺度で用いることができる分析のほか，算術平均や標準偏差が計算でき，ピアソンの積率相関係数，t検定，分散分析など，ほとんどの分析が適用できる．

　比率尺度が間隔尺度と異なる点は，原点に意味をもつことである．身長や体重，経過時間や，絶対温度などは，ゼロが無を表し，測定値間の比にも意味をもつ．対数変換を用いて比を差として計算することも可能であり，幾何平均も計算できるのが特徴である．適用できる統計解析では，間隔尺度と実質的に違いはない．

　これら4つの尺度のうち，名義尺度と順序尺度を質的データとし，間隔尺度と

比率尺度を量的データと分類することもある．

●**仮説検定** 現象を数値で表されたデータとして測定する際に，母集団と標本とを明確に区別して考える必要がある．母集団は対象とする集団全体であり，標本はその一部である．ほとんどの研究は，限られた標本のデータから信頼できる母集団の特徴を推定できるかが鍵となる．

データを測定し，どのような解析をするかは，把握したい現象によってアプローチは異なる．現象そのものを数値化することに主眼を置く場合は，その尺度にあった代表値を算出し，得られたデータから区間推定を行い，ある確率，例えば95%の確率で，母集団の代表値がどの範囲の値を取り得るかを推定する．現象の差違を明らかにすることに主眼を置く場合は，仮説検定が行われる．仮説検定では，差違がないとする帰無仮説と，帰無仮説が棄却されたときに採用する対立仮説を立てる．帰無仮説が棄却されるかどうかはデータの分布から統計量を算出し確率的に判断する．もし帰無仮説がまれにしか起きない，例えば，20回に1回しか起きない（5%）とされたときは，有意であるといい，差違があるとする対立仮説を採用する．この基準となるまれにしか起きない確率を有意水準という．判定を行う際に，本来は帰無仮説を採用すべきであるにもかかわらず，対立仮説を採用してしまう間違いを，第1種の過誤とよび，その確率はすなわち有意水準である．ここでより厳密な有意水準，例えば100万回に1回しか起きないことを棄却の条件としても，現象の把握がより厳密になるということはない．有意水準をより厳密にすると，対立仮説を採用する確率も小さくなる．もし本来は対立仮説を採用すべきであった場合でも，帰無仮説を採用してしまうことになりかねない．この間違いは第2種の過誤とよばれる．第1種の過誤が起きる確率（有意水準）を一定に保ったまま，第2種の過誤が起きる確率を小さくするためには，サンプルサイズを大きくする必要がある．

●**検定の種類** どのような帰無仮説を立てるかは把握したい現象によって異なる．例えば，2群間で平均に差があるかどうか調べるには，t検定とよばれる手法を用いる．2群間で平均に差がないという帰無仮説を立て，測定データからt分布に従う統計量を算出し，確率的に判断する．3群以上の間で平均に差があるかどうかを調べるには，分散分析とよばれる手法を用いる．各群の平均に差がないという帰無仮説を立て，測定データからF分布に従う統計量を算出し確率的に判断する．このように把握したい現象によって，帰無仮説が異なるだけでなく，算出する統計量と分布も異なる．これら特定の分布を仮定した検定だけではなく，名義尺度や順序尺度のいわゆる質的データに対して検定を行う手法があり，ノンパラメトリック検定とよばれる様々な検定法がある．測定データが量的データであっても，サンプルサイズが小さいときは，第1種の過誤を小さくするために，ノンパラメトリック検定を用いる場合もある．　　　　　　　　　　［石橋圭太］

代表値
measure of central tendency

　ヒトを対象に調査や実験が行われた場合，測定された項目に対して，数値などが個人それぞれに割り当てられることになる．年齢，身長や体重がそれにあたる．測定された値は，多くの場合，対象者ごとに異なっている．対象集団は調査の目的によって形成されるが，人的あるいは予算的な制限により，すべての対象者を調査することは難しい．そこで，対象集団の一部を抽出し，標本が形成される．この標本を生み出した集団を母集団という[1]．統計はこれらの集団で測定された値を用いて，母集団を評価および推定するための方法と考えることができる．代表値はその統計を扱う際のツールの1つといえる．

　集団を対象に調査を行った後，その集団の特徴を明確にする必要があるが，その集団の特徴である代表する値や中心の位置を表す客観的な尺度を代表値とよぶ[1]~[3]．また，集団のばらつき具合などを表す客観的な尺度が必要となるが，これらを散布度と表現する[1]~[3]．

●**対象集団の中心的な位置を示す代表値**[1]　集団の代表値として，広く知られているのが，平均値であり，そのうち，最も多く使われている平均値が，算術平均である．特に断りがなく，平均値と示された場合には，この算術平均を示すことが多い．調査で測定された個々の値であるデータをすべて足し合わせ，データの個数で除した値が算術平均である．

　なお，算術平均は間隔尺度か比例尺度のデータのときに算出することができるが，四則演算を用いることができない名義尺度や順序尺度では，算出することができない．また，平均値には，算術平均のほかに，幾何平均や調和平均がある．

　幾何平均は，n個のデータ，$x_1, x_2, x_3, \cdots, x_n$のとき，次の式で算出される．

$$\sqrt[n]{x_1 \times x_2 \times x_3 \times \cdots \times x_n}$$

幾何平均は一定の比率で増減するような変数の代表値として用いられる．また，データの度数分布を作成し，片方に裾が伸びるような分布を形成するような場合，データを対数変換した後に，度数分布が左右対称の山形の分布をするようなデータの代表値としても，幾何平均が用いられることが多い．

　調和平均は次の式で表現できる．

$$\frac{n}{\frac{1}{x_1}+\frac{1}{x_2}+\frac{1}{x_3}+\cdots+\frac{1}{x_n}}$$

　例えば，ヒトの走行時の平均速度やある課題を終了するために要する時間の平均を求めるときなどに用いられる[3]．

また，集団の中心的な位置を示す値として，中央値と最頻値がある．
　中央値は，データを大きさ順に並べたときにちょうど中央にくる値のことをいう[2]．また，データの大きさ順に並べた際に全体を任意の割合で区切る値を算出することができる．この値をパーセンタイル値とよぶ．中央値は50パーセンタイル値と表現することもできる．なお，中央値は名義尺度以外で用いることができ，順序尺度の際に使用されることが多い．間隔尺度でも使用されるが，特にデータの分布が歪んでいるときの代表値に適切であると考えられる．
　最頻値は並数や流行値ともいわれ，データの中で最も多く出現するデータのことを指す．度数分布表あるいは図を作成し，集団を観察した際に，最も度数が大きくなる階級の値のことである．最頻値は，間隔尺度や順序尺度のみならず，名義尺度でも用いることができる[3]．
　これらの代表値はデータの集団の特徴を適切に示しているかどうか，注意しなければならない．代表値はデータの尺度によって，自動的に決められるものではない．集団の分布型を考慮し，正規分布に近い形をしているのか，あるいは左右にゆがんだ形をしているのか，二峰性であるのか，などを確認する必要がある．

●**集団のばらつき具合を示す散布度**[1]　集団のデータのばらつき具合を示す度合いを散布度という．その最も簡単な指標は範囲である．範囲はデータの最大値から最小値を引いた値である．なお，最大値や最小値が極端に大きい，あるいは小さい場合には，これらの値の影響を受けることに注意する必要がある．また，集団の中心的な位置である平均値からどの程度離れているのかをもとにして，集団のばらつき具合を示す値がある．これが標準偏差である．平均値と観察されたデータの差分を偏差という．この偏差の二乗をデータの個数分，算出し，すべて足し合わせ，データの個数で除したものを分散という．分散でも，集団のデータのばらつき具合を示しているが，もともとのデータを二乗しており，単位としても意味が不明確となる．そこで，分散の平方根をとることにより，もとの単位に戻し，標準偏差として，集団のばらつき具合を示す指標として，用いられる．
　この標準偏差を平均値で除した値を変動係数とよぶ．平均値に対する標準偏差の大きさの割合となるが，集団のばらつき具合を相対的に比べるために使用することができる．また，単位が存在しない．このことから，異なった観察項目におけるばらつき具合を比較することも可能である．
　また，集団の代表値である平均値にもばらつきが存在する．それは，母集団を推定するための標本調査として行われたデータから，算出された値だからである．標本は無限に抽出することができるから，そのたびに平均値も異なる．したがって，平均値それ自体も当然ばらつきが生じると考えることができる．この平均値のばらつき具合を示すものが，標準誤差である．なお，一般的に標準誤差といった場合には，標本平均の標準誤差のことを指す．　　　　　　　　　　　［黒川修行］

実験計画法
experimental design

　実験計画法とは「どのように実験を行い，データを取るか」と「実験から得られたデータをどのように解析するか」の両方を適切に行うための方法論である．本項では，人間の生理値を測定する実験計画法について概説する．

　実験を計画するには，まず，統計的検定（方法）を十分に理解する必要がある．統計的検定を行う目的は，実験の対象となる物理刺激等がヒトの生理機能へ十分に作用したのかどうかを判断するためである．統計的検定には，扱うデータによって大きく2種類の手法が存在する．1つは間隔尺度や比例尺度のみに適用できるパラメトリック検定法である．もう一方は，前述の尺度に加え名義尺度や順序尺度にも適用できるノンパラメトリック検定法である．ヒトの生理値のほとんどが間隔尺度（例えば体温）や比例尺度（例えばコルチゾール濃度）であることと，多くの研究で採用されている反復測定法では統計的検定の検出力が高くなることから，パラメトリック検定法が用いられる．生理人類学や人間工学の研究領域において，最も多く用いられるパラメトリック検定法として分散分析とt検定があげられる．分散分析を簡単に説明すると，実験条件によってもたらされた値の変動（平均平方和）を算出し，その変動を確率的偶然によって得られる変動（誤差）と比較し，誤差よりも平均平方和が十分に大きなものであるのかを検定するものである．t検定については，実験によってもたらされた条件間の差が確率的偶然では説明できないほどの差（有意差）であるのかを検定するものといえる．この統計的検定の判断基準となる確率的偶然による変動や差（誤差）は，実験者が計画した実験条件以外の因子によって影響を受ける可能性がある．したがって，精度の高い実験データを得るには，研究対象となる実験条件以外の因子についてもできる限り統制することが望ましい．また，誤差には被験者の個人差も含まれるため，実験計画を立てるには生理反応の個人差についても考慮する必要がある．しかし，個人差には2種類あり，1つは個人と個人の差（個人間差）である．この個人間差は，すべての生理指標において存在し，実験条件によってもたらされる変動や差よりも大きい場合がある．もう1つは，同じ個人の中でも測定した時間や精神状態などによって生じる差（個人内差）である．代表的な個人内差を生じるものに日内変動があげられる．例えば，コルチゾールの分泌は起床前後に最も高く，夜間では低くなる．以上より，生理人類学や人間工学の研究領域において，ヒトの生理値を扱う実験では，これら個人間差と個人内差を考慮して，以下の点に注意して実験計画を立てなければならない．

●**サンプルサイズ（被験者数）**　適切なサンプルサイズ（被験者数）にて実験を

行うことである．適切なサンプルサイズは実験計画や用いる統計的検定によって算出される[1]．もし，ある被験者が何かしらの原因によって他の被験者よりも大きく外れた値を示した場合に，サンプルサイズが極端に小さいとその外れ値によって全体の結果（平均値）が大きくゆがめられる可能性が高くなる．この場合は，統計的検定結果が"本当は有意な差があるのに有意差が得られないこと（タイプⅠエラー）"や逆に"本当は有意な差ではないのに有意差が得られること（タイプⅡエラー）"を引き起こす可能性が高くなる．つまり，信頼性の低い統計的検定となる．外れ値が生じる原因の1つとして，被験者の生活習慣の乱れなどの個人内差が考えられ，実験者による統制が困難な場合が多い．したがって，適切なサンプルサイズを確保することで，個人内差のような実験者による統制が困難な変動をある程度相殺することが可能となり，信頼性の高い統計的検定を行うことができる．逆に，サンプルサイズがあまりにも大きい場合は，タイプⅡエラーを引き起こす可能性が高くなる．この原因は統計的検定の算出法に関係する．分散分析やt検定の統計的検定の根拠となる偶然で得られる変動（差）は，自由度（サンプルサイズ）が少ない場合は大きく，自由度が多い場合は小さくなる（t検定のt分布表や分散分析のF分布表）．つまり，サンプルサイズ（被験者数）があまりにも大きい場合は，検定の基準となる"確率的偶然によって得られる変動（差）"が小さくなり，結果として実験条件によって得られた変動（差）が小さく生理学的，生物学的に有意ではなくても統計的検定では有意差となってしまう．

●**実験計画法** 生理値の個人内差には実験に対する被験者の慣れなどの順序効果も含まれる．例えば睡眠脳波を測定する場合において，被験者は普段と異なる環境（実験室や寝具）にて睡眠をとるため，初めての実験では緊張のため深い睡眠をとりにくい（初夜効果）．しかし，実験2回目以降は，被験者が実験環境へ慣れるために通常と同様に深い睡眠をとれるようになる．このような順序効果は，多くの生理値に存在するため，どのような実験計画においても実験条件を行う順序は必ず被験者ごとに無作為（ランダム）とする必要がある．

ヒトの生理値を扱う実験計画法としては，すべての被験者にすべての実験条件に参加してもらう反復測定法が望ましい．先述したとおり，ヒトの生理反応には個人間差が存在し，実験条件による変動よりも大きい場合が多い．したがって，反復測定法を用いることで，生理反応の個人間差を相殺することが可能となる．また，パラメトリック検定の分散分析とt検定には反復測定法に対応したものがある．これは，すべての被験者がすべての実験条件に参加していることから，被験者も実験条件と同様に変動因子として仮定することで，判断基準となる誤差から被験者による変動（個人間差）を差し引くことができる．その結果，誤差が小さくなり，実験条件による差（変動）を統計的有意差として検出しやすくなる．つまり，統計的検定力が上がる．したがって，個人間差が大きいヒトの生理値を

測定する場合には,反復測定法を採用することが望ましい．ただし，パラメトリック検定を用いるためには，その前提として，実験によって得られたデータの正規性が確保されなければならない．しかし，ヒトの生理値には正規性が得られにくいものが多く，まずは実験より得られたデータについて正規性の検定を行い，正規性が得られない場合は対数変換などを行う必要がある．

　反復測定法は，すべての被験者がすべての実験条件へ参加する必要があるため，条件数が多い実験計画では，実験回数が多くなり，実施が困難な場合がある．例えば，温度と湿度，光等の環境因子を組み合わせた複合環境実験などがこれにあたる．このように反復測定法が採用しにくい場合は，ラテン方格法や直交表などの一部実施実験計画法を用いる．これらの実験計画法では，各被験者はすべての実験条件に参加せず，一部の実験条件だけに参加する．ただし，各実験条件には同じ数の被験者が参加するように計画し，各被験者は基本的に各因子のどれかの水準に参加する．ここで，因子とは実験対象となる要因のことであり，温度や相対湿度，光などを指す．水準は各因子の段階のことを指し，温度であれば20℃や25℃などとなる．例えば，2つの温度条件（20℃，30℃）と3つの相対湿度条件（30%，50%，80%）を組み合わせた6条件の複合環境実験の場合，因子数は2（温度，相対湿度）であり，温度と相対湿度の水準数はそれぞれ2（20℃，30℃）と3（30%，50%，80%）となる．ただし，ラテン方格法はすべての因子の水準数を等しくしなければならず，しかも水準数は3以上でなければならないという制約がある．また，温度と湿度などの因子の組合せによって生じる交互作用がないという仮定を前提とする．しかし，ヒトの生理反応は，多くの場合，異なる環境や刺激に対して交互作用を示すことが多い．例えば，異なる相対湿度（30%と80%）の作用は，中立的温度域（22℃～28℃）よりも温熱的温度域（30℃以上）において大きいことが予想される．よって，一部実施実験計画では以上の制約の少ない直交表が用いられることが多い．これら一部実施実験計画法は実験数が非常に多い研究などに対して実験を効率的に行える有用な計画法である．しかし，一部実施実験計画法は個人間差に対応した統計的検定が行えないため，検出力の高い統計的検定を行えないという欠点がある．

　最後に，本項では生理人類学や人間工学の研究領域において基本的な実験計画法について概説した．しかし，紙面の限られた本項では説明が不十分な個所もあり，統計的検定の計算法を割愛している．また，本項で紹介した以外にも多くの実験計画法が存在する．したがって，さらなる実験計算法や統計に関する情報については，詳細に記述されている文献[2]～[6]等を参考にしていただきたい．

[小崎智照]

多変量解析
multivariate analysis

環境の快適さやモノの使いやすさ，ヒトの健康状態など，対象を複数の特性で多面的にとらえて評価する必要があるとき，多変量解析が有効である．環境やモノ，ヒトなど，評価の対象となるものを「サンプル」，それらのさまざまな特性を「変量（変数）」とよぶ．多変量解析は，それぞれのサンプルがもつ特性を測定し，それを変量（変数）として，表1のような多変量データを生成するところから始まる．各変量はそのデータの種類によって，表2のように分類できる．

多変量解析には，目的（得たいアウトプット）とデータの種類に応じて，適した手法がラインナップされており，手法の選択手順は，図1のように表せる．以下では，代表的な手法について概説する．

●**重回帰分析** 居室の面積，天井高，照度，アスペクト比等を用いてヒトが感じる主観的な開放感を説明するときのように，複数の特性値と1つの（フォーカスしたい）特性値や評価値の関係を表したいとき，重回帰分析が用いられる．複数の特性値を説明変数 $(x_1, x_2, \cdots, x_p)$，1つの特性値や評価値を目的変数 (y) とし，両者の関係は次式のような重回帰式によって表される．

$$y = a_0 + a_1 x_1 + a_2 x_2 + \cdots + a_p x_p$$

各説明変数の係数となる $a_1, a_2, \cdots, a_p$ を偏回帰係数とよぶ．重回帰分析では，重回帰式を用いて，以下のことを解釈することができる．

表1 多変量データ

サンプル No.	変数（変量）			
	x_1	x_2	$\cdots$	x_p
1	x_{11}	x_{12}	$\cdots$	x_{1p}
2	x_{21}	x_{22}	$\cdots$	x_{2p}
:	:	:		:
i	x_{i1}	x_{i2}	$\cdots$	x_{ip}
:	:	:		:
n	x_{n1}	x_{n2}	$\cdots$	x_{np}

表2 データの種類

	名義尺度	順序尺度	間隔尺度	比率尺度
質的/量的	質的	質的	量的	量的
特徴	カテゴリーの違いだけを表す	順序に意味があるがカテゴリー間の差に意味はない	順序も間隔も意味があるが，原点はどこでもよい	順序・間隔ともに意味があり，物理的に原点が定まっている
データの例	性別 血液型	成績評定 (A, B, C, D)	温度 テスト得点	身長 反応時間

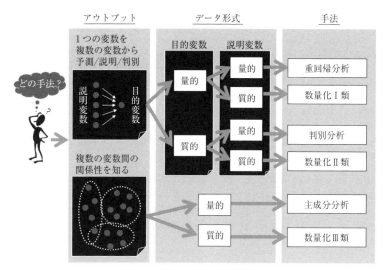

図1 多変量解析手法の選択手順

(1) 新たなサンプルの評価予測:所与のサンプルによるデータから導出された重回帰式に,新たな(別の)サンプルのデータを代入することにより,それに見込まれる評価を算出する(例.新築ワンルームマンションについて,ヒトが感じる開放感を予測する).

(2) 変数の重要さや影響の大きさの解釈:偏回帰係数の符号および大きさを比較することにより,各説明変数(=各特性)が目的変数(=評価)にとってどのぐらい重要か,どのぐらい影響力をもっているのかを知る(例.ヒトが感じる主観的な開放感に対して,どの特性がどれぐらい強く影響しているのかを知る).

●**判別分析** 複数の検査項目の値から病気であるか否かを見きわめるときのように,サンプルがもつ複数の特性値から,それがどの群に属するのかを判別したいとき,判別分析が用いられる.判別方法として,2種類の方法すなわち,線形判別関数による方法,およびマハラノビスの汎距離による方法が代表的である.

●**主成分分析** 国語,英語,数学,物理,化学の得点から,各生徒を文系能力と理系能力という新しい視点で評価するときのように,複数の特性値から新しい尺度をつくり出し,より大局的にサンプルの特性を理解したいとき,主成分分析が用いられる.主成分分析では,目的変数を設定しない.m個の変数をp個の主成分に集約し,p個の主成分を尺度として,サンプルの位置付けやサンプル間の類似性を議論する.主成分は次式で表すことができ,理論的には変数と同数の主成分が導出される.

第1主成分:$Z_1 = a_{11}x_1 + a_{12}x_2 \cdots + a_{1m}x_m$

第 2 主成分：$Z_2 = a_{12}x_1 + a_{22}x_2 \cdots + a_{2m}x_m$
$\vdots$

$a_{i1}, a_{i2}, \cdots, a_{im}$ を第 i 主成分負荷量，Z_i を第 i 主成分得点とよぶ．また，第 i 主成分得点の分散が，固有値 λ_i として導出され，この λ_i を用いて各主成分の説明力を表す寄与率が次のように与えられる．

寄与率 $= \lambda_i / (\lambda_i + \lambda_i + \cdots + \lambda_m) \times 100 (\%)$

m 個の変数を p 個の主成分に集約するにあたっては，累積寄与率（第 1 主成分から第 k 主成分までの寄与率の累積）を算出し，分析の目的に応じて，採用する主成分の数と説明力のバランスを検討する必要がある．

●**数量化Ⅰ類**　重回帰分析と同様に，複数の特性値と 1 つの（フォーカスしたい）特性値や評価値との関係を明らかにするための手法である．説明変数に性別（男性/女性），天候（晴/曇/雨），血液型（A 型/B 型/O 型/AB 型）などの質的なデータ（カテゴリデータ）を用いる点で，重回帰分析と異なる．数量化理論では，性別や天候や血液型などの項目をアイテムとよび，男性/女性や晴/曇/雨などの項目内の分類をカテゴリとよぶ．アイテムごとに各カテゴリに対してダミー変数（0/1 など）を与えることによって，目的変数と説明変数の関係を重回帰式のごとく定式化する．数量化Ⅰ類では，重回帰分析における偏回帰係数をカテゴリスコア，重回帰式を用いて算出される各サンプルの理論値をサンプルスコアとよぶ．重回帰分析と同様，新たなサンプルの評価を予測したり，変数の重要さや影響の大きさを解釈したりすることができる．

●**数量化Ⅱ類**　判別分析と同様に，サンプルがもつ複数の特性値から，それがどの群に属するのかを判別するための手法である．数量化Ⅱ類では，説明変数に質的なデータ（カテゴリデータ）を用いる点で，判別分析と異なる．アイテムごとに各カテゴリに対してダミー変数（0/1 など）を与えることによって，目的変数と説明変数の関係を判別式のごとく定式化する．2 群の判別の場合，判別式より算出されるサンプルスコアの正負によって，いずれの群に属するかを判別する．

●**数量化Ⅲ類**　主成分分析と同様に，複数の特性値から新しい尺度をつくり出し，サンプルの位置付けや類似性を知るための手法である．変数に質的なデータ（カテゴリデータ）を用いる点で，主成分分析と異なる．主成分分析における主成分を，数量化Ⅲ類では軸とよぶことが多い．また，主成分分析における主成分負荷量および主成分得点は，数量化Ⅲ類におけるカテゴリスコアおよびサンプルスコアと同じ意味をもつ．軸の数の決定にあたっては，各軸に対して算出される寄与率，累積寄与率を用いる．各軸に対して算出されたサンプルスコアを座標としてサンプルを布置し，類似したサンプルをグルーピングする用途でもよく用いられる．

［中西美和］

参考文献（項目別）

1. ヒトの遺伝

◇生命の起源 (p.2)
[1] Miller SL: A production of amino acids unser possible primitive earth conditions. Science, 117: 528-529, 1953
[2] Powner MW, Gerland B, Sutherland JD: Synthesis of activated pyrimidine ribonucleotides in prebiotically plausible conditions. Nature, 459: 239-242, 2009
[3] Walter G: The RNA world. Nature, 319: 618, 1986
[4] Cronin JR, Pizzarello S: Enantiomeric excess in meteoritic amino acids. Science, 275: 5302, 951-955, 1997
[5] Takahashi J, et al.: Chirality emergence in thin solid films of amino acids by polarized light from synchrotron radiation and free electron LASER. Int. J Mol Sci, 10: 3044-3064, 2009
[6] Kwon J, et al.: Near-Infrared circular polarization images of NGC 6334-V. The Astrophysical Journal Letter, 765: 1, L6, 2013
[7] Kojo S, Tanaka K: Enantioselective crystallization of D,L-amino acids induced by spontaneous asymmetric resolution of D,L-asparagine. Chem Commun, 1980-1981, 2001
[8] Kojo S, et al.: Racemic D,L-aspagine causes enatiomeric excess coexisting racemic R,L-amino acids during recrystallization: hypothesis accounting for the origin of L-amino acids in the biosphere. Chem Commun, 2146-2147, 2004

◇細胞 (p.4)
[1] レーン N. 斉藤隆央（訳）. ミトコンドリアが進化を決めた. みすず書房, 2007
[2] Wallace DC: A mitochondrial paradigm of metabolic and degenerative diseases, aging, and cancer: a dawn for evolutionary medicine. Annu Rev Genet, 39: 359-407, 2005
[3] Balloux F et al: Climate shaped the worldwide distribution of human mitochondrial DNA sequence variation. Proceedings. Biol Sci / The Royal Society 276: 3447-55, 2009
[4] Eynon N et al: The champions' mitochondria: is it genetically determined? A review on mitochondrial DNA and elite athletic performance. Physiol Genomics, 43: 789-98, 2011

◇生と死 (p.6)
[1] ブラック JG. 林 英生, 他（監訳）. ブラック微生物学（第2版）. 丸善, 2007

◇発生 (p.9)
[1] ムーア KL, ペルサード TVN. 瀬口春道（監訳）. ムーア人体発生学. 医歯薬出版, 2001

◇タンパク質 (p.11)
[1] Zagorski MG, Barrow CJ: NMR studies of amyloid β-peptides: proton assignments, secondary structure, and mechanism of an α-helix→β-sheet conversion for a homologous. Biochemistry, 31: 5621-5631, 1992

◇生殖 (p.13)
[1] 岡井 崇, 綾部琢哉（編）. 標準産科婦人科学（第4版）. 医学書院, 2011
[2] スラック J. 大隅典子（訳）. エッセンシャル発生生物学. 羊土社, 2009

◇免疫 (p. 15)
- [1] ワトソン J, 他. 中村桂子（監訳），滋賀陽子，他（訳）. ワトソン遺伝子の分子生物学（第6版）. 東京電機大学出版局, 2010
- [2] 西村尚子. 知っているようで知らない免疫の話—ヒトの免疫はミミズの免疫とどう違う？. 技術評論社, 2010
- [3] 塩沢俊一. 膠原病学（改訂3版）. 丸善, 2008

◇種 (p. 20)
- [1] Mayr E: Systematics and the origin of species. Columbia University Press, 1942 [Re-issued 1999, Harvard University Press]
- [2] ダーウィン C. 八杉龍一（訳）. 種の起原〈上〉〈下〉. 岩波書店, 1990
- [3] Horai S et al: Recent African origin of modern humans revealed by complete sequences of hominoid mitochondrial DNAs. Proc Natl Acad Sci U S A. 1995 Jan 17; 92: 532-536, 1995
- [4] Cann RL, Stoneking M, Wilson AC: Mitochondrial DNA and human evolution. Nature, 325: 31-36, 1987
- [5] Green RE, et al. (53 co-authors): A draft sequence of the neandertal genome. Science, 328: 710-722, 2010
- [6] Krause J et al.: The complete mitochondrial DNA genome of an unknown hominin from southern Siberia. Nature, 464: 894-897, 2010

◇自然選択 (p. 22)
- [1] Darwin C: On the origin of species, or the preservation of favoured races in the struggle for life. John Murray, 1859
- [2] Kimura M: Evolutionary rate at the molecular level. Nature, 217: 624-626, 1968
- [3] Anisimova M, Nielsen R, Yang Z: Effect of recombination on the accuracy of the likelihood method for detecting positive selection at amino acid sites. Genetics, 164: 1229-1236, 2003
- [4] Hughes AL, Nei M: Nucleotide substitution at major histocompatibility complex class II loci: evidence for overdominant selection. Proc Nat Acad Sci, 86: 958-962, 1989
- [5] Klein J: Origin of major histocompatibility complex polymorphism: the trans-species hypothesis. Hum immunol, 19: 155-162, 1987
- [6] Takahata N, Nei M: Allelic genealogy under overdominant and frequency-dependent selection and polymorphism of major histocompatibility complex loci. Genetics, 124: 967-978, 1990
- [7] Klein J et al.: The molecular descent of the major histocompatibility complex. Annu Rev Immunol, 11: 269-295, 1993

◇霊長類 (p. 25)
- [1] Matsui A, Hasegawa M: From post-genome biology of primates. In Hirai et al. eds. Molecular phylogeny and evolution in primates. Springer, 243-267, 2012
- [2] Jacobs GH: Evolution of colour vision in mammals. Phil Trans R Soc Lond B Biol Sci, 364: 2957-2967, 2009
- [3] 郷　康広, 颯田葉子. 環境を"感じる"—生物センサーの進化. 岩波科学ライブラリー, 2009
- [4] Surridge AK, Daniel O, Nicholas IM: Evolution and selection of trichromatic vision in primates. Trends Ecol Evol, 18: 198-205, 2003
- [5] Dominy NJ, Lucas PW: Ecological importance of trichromatic vision to primates. Nature, 410: 363-366, 2001
- [6] Hiwatashi T et al.: Gene conversion and purifying selection shape nucleotide variation in gibbon L/M opsin genes. BMC Evol Biol, 11: 312, 2011
- [7] 河村正二. 錐体オプシン遺伝子と色覚の進化多様性—魚類と霊長類に注目して. 比較生理生化

学，26: 110-116, 2009

◇**人類** (p. 27)
   [1] 斎藤成也，他．ヒトの進化（シリーズ進化学5）．岩波書店，2006
   [2] 篠田謙一．日本人になった祖先たち．NHKブックス，2007
   [3] 富永　修，高井則之(編)．安定同位体スコープで覗く海洋生物の生態．恒星社厚生閣，2008
   [4] 真家和生．自然人類学入門．技報堂出版，2007

◇**遺伝学** (p. 30)
   [1] Mendel GJ: Verhandlung naturforschungs. Verein Brunn, 4: 3-17, 1865
   [2] Avery OT, MacLeod CM, McCarty M: Studies on the chemical nature of the substance inducing transformation of pneumococcal types. J Exp Med, 79: 137-158, 1944
   [3] Watson JD, Crick FHC: Molecular Structure of Nucleic Acids. Nature, 171: 740, 1953
   [4] International Human Genome Sequencing Consortium. Finishing the euchromatic sequence of the human genome. Nature, 431: 931-945, 2004.
   [5] 石田寅夫．ノーベル賞から見た遺伝子の分子生物学入門．化学同人，1999

◇**遺伝の法則** (p. 32)
   [1] Mendel GJ: Verhandlung naturforschungs. Verein Brunn, 4: 3-17, 1865
   [2] 石田寅夫．ノーベル賞から見た遺伝子の分子生物学入門．化学同人，1999
   [3] Kimura M: Evolutionary rate at the moledular level. Nature, 217: 624-626, 1968
   [4] 木村資生．分子進化の中立説．紀伊国屋書店，1990

◇**遺伝子** (p. 34)
   [1] Watson JD, et al.: Expression of the Genom. Molecular Biology of the Gene. 6th ed. Cold Spring Harbor Laboratory Press, 377-414, 2008
   [2] Alberts BJ, et al.: How cells read the genom: from DNA to protein. Molecular Biology of the Cell. 5th ed. Garland Science, 329-410, 2008
   [3] 武村政春．DNAを操る分子たち―エピジェネティクスという不思議な世界．技術評論社，2012

◇**表現型と遺伝子型** (p. 37)
   [1] Mendel GJ: Verhandlung naturforschungs. Verein Brunn, 4: 3-17, 1865
   [2] Alberts B, et al.: How cells read the genom: from DNA to protein. Mol Biol Cell, 5th ed. Garland Science, 329-410, 2008
   [3] Hartwell LH: Genetics: from genes to genomes. 3rd ed. McGraw-Hill Higher Education, 2008
   [4] Morgan TH: Sex limited inheritance in dorsophila. Science, 32: 120-122, 1910
   [5] 石田寅夫．ノーベル賞から見た遺伝子の分子生物学入門．化学同人，1999

◇**遺伝病** (p. 40)
   [1] Dias MM, McKinnon RA, Sorich MJ: Impact of the UGT1A1*28 allele on response to irinotecan: a systematic review and meta-analysis. Pharmacogenomics, 13: 889-899, 2012
   [2] コリンズ FS．矢野真千子（訳）．遺伝子医療革命―ゲノム科学がわたしたちを変える．日本放送出版協会，2011
   [3] Jameson JL, Kopp P. 人類遺伝学の原理．ハリソン内科学（第3版）．メディカル・サイエンス・インターナショナル，399-421, 2009
   [4] Hassold TJ, Schwartz S. 染色体異常症．ハリソン内科学（第3版）．メディカル・サイエンス・インターナショナル，421-429, 2009
   [5] Miesfeldt S, Jameson JL. 臨床医学における遺伝学の実践．ハリソン内科学（第3版）．メディカル・サイエンス・インターナショナル，429-435, 2009
   [6] High KA, Jameson JL. 臨床医学における遺伝学治療．ハリソン内科学（第3版）．メディカル・サイエンス・インターナショナル，435-439, 2009

[7] Meric-Bernstam F, et al.: Genotype in BRCA-associated breast cancers. Breast J, 19: 87-91, 2013

◇遺伝子とがん (p. 43)
[1] ピータース G, ヴァウスデン KH. がんの分子生物学―がん遺伝子とがん抑制遺伝子. Springer-Verlag, 2000
[2] 高倉伸幸, 他. がんのすべてがわかる本. 学研パブリッシング, 2012
[3] Muller PA, Vousden KH: p53 mutations in cancer. Nat Cell Biol, 15: 2-8, 2013
[4] National Comprehensive Cancer Network: Genetic/familial high-risk assessment: breast and ovarian, Ver. 1, NCCN Clinical Practice Guidelines in Oncology. 2012

◇感覚受容体 (p. 45)
[1] Henderson R, Unwin PNT: Three-dimensional model of purple membrane obtained by electron microscopy. Nature, 257: 28-32, 1975
[2] Henderson R, et al.: Model for the structure of bacteriorhodopsin based on high-resolution electron cryo-microscopy. J Mol Biol, 213: 899-929, 1990
[3] Dohlmann HG, et al.: Model systems for the study of seven-transmembrane-segment receptors. Annu Rev Biochem, 1: 653-688, 1991
[4] Rasmussen SGF, et al.: Crystal structure of the β_2 adrenergic receptor-G_s protein complex. Nature, 477: 549-555, 2011

◇遺伝子工学 (p. 47)
[1] Wilmut I et al.: Viable offspring derived from fetal and adult mammalian cells. Nature, 385: 810-813, 1997
[2] Arber W, Dussoix D: Host specificity of DNA produced by *Esherichia coli*. I. Host controlled modification of bacteriophage lamuda. J Mol Biol, 5: 18-36, 1962
[3] Smith HO: Nucleotide sequence specificity of restriction endonucleases. Science, 205: 455-462, 1979
[4] Katsumoto Y et al.: Engineering of the rose flavonoid biosynthetic pathway successfully generated blue-hued flowers accumulating delphinidin. Plant Cell Physiol, 48: 1589-1600, 2007
[5] 近藤昭彦, 柴崎誠司 (編). 基礎生物学テキストシリーズ 10. 遺伝子工学. 化学同人, 2012
[6] Berg P et al.: Summary statement of the Asilomar conference on recombinant DNA molecules. Proceedings of the National Academy of Sciences USA, 72: 1981-1984, 1975
[7] 角田幸雄 (編著). 科学技術者のための実践生命倫理. 昭和堂, 2012

◇再生医療 (p. 50)
[1] Kuwaki K, et al.: Heart transplantation in baboons using α 1, 3-galactosyltransferase gene-knockout pigs as donors: initial experience. Nat Med, 11: 29-31, 2005
[2] van der Laan LJ, et al.: Infection by porcine endogenous retrovirus after islet xenotransplantation in SCID mice. Nature, 407: 90-94, 2000
[3] 角田幸雄 (編著). 科学技術者のための実践生命倫理. 昭和堂, 2012
[4] Evans MJ, Kaufman MH: Establishment in culture of pluripotential cells from mouse embryos. Nature, 292: 154-156, 1981
[5] Takahashi K, Yamanaka S: Induction of pluripotent stem cells from mouse embryonic and adult fibroblast cultures by defined factors. Cell, 126: 663-676, 2006
[6] Hwang WS, et al.: Patient-specific embryonic stem cells derived from human SCNT blastocysts. Science, 308: 1777-1783, 2005
[7] Takahashi K, et al.: Induction of pluripotent stem cells from adult human fibroblasts by defined factors. Cell, 131: 861-872, 2007

◇ゲノムとビジネス (p. 52)
[1] The National Center for Biotechnology Information. (http://www.ncbi.nlm.nih.gov/genome)

- [2] Cyranoski D: 'Big science' protein project under file. Nature, 443: 382, 2006
- [3] Takahashi K, Yamanaka S: Induction of pluripotent stem cells from mouse embryonic and adult fibroblast cultures by defined factors. Cell, 126: 663-676, 2006

2. カラダの構造

◇骨格 (p. 56)
- [1] 後藤仁敏．骨の起源と進化．バイオメカニズム学会誌，21: 157-162, 1997
- [2] 齋藤基一郎，王 昌立（訳）．目でみる人体解剖．廣川書店，1996
- [3] 骨粗鬆症の予防と治療ガイドライン作成委員会（日本骨粗鬆症学会，日本骨代謝学会，骨粗鬆症財団）．骨粗鬆症の予防と治療ガイドライン2011年版．ライフサイエンス出版，2011
- [4] Feskanich D, Hankinson SE, Schernhammer ES.: Nightshift work and fracture risk: the Nurses' Health Study. Osteoporosis international, 20: 537-542, 2008
- [5] LeBlanc A, et al.: Bone mineral and lean tissue loss after lomg duration space flight. J Musculoskelet Neuronal Interact, 1: 157-160, 2000
- [6] Keyak JH, et al.: Reduction in proximal femoral strength due to long-duration spaceflight. Bone, 44: 449-453, 2009
- [7] Bonewald LF: The amazing osteocyte. J Bone Miner Res, 26: 229-238, 2011

◇関節 (p. 59)
- [1] 川島敏生，栗山節郎（監修）．ぜんぶわかる筋肉・関節の動きとしくみ事典．成美堂出版，2012
- [2] W. プラッツァー．長島聖司（訳）．分冊 解剖学アトラス I運動器（第5版）．文光堂，2002 (Platzer W: Atlas of Topographical Anatomy. Thieme, 1985)
- [3] 川野哲英．ファンクショナル・エクササイズ—安全で効果的な運動・動作づくりの入門書．ブックハウス・エイチディ，2004
- [4] 樋口雅俊，他．四肢の関節角度-関節トルク特性に関する性差・世代差について．日本生理人類学会誌，15, 23-32, 2010

◇運動器 (p. 62)
- [1] ノイマン DA．嶋田智明，平田総一郎（監訳）．筋骨格系のキネシオロジー．医歯薬出版，2006．
- [2] バーン RM，レヴィ MN．坂東武彦，小山省三（監訳）．基本生理学．西村書店，2003．
- [3] 中村隆一，斎藤 宏．基礎運動学（第4版）．医歯薬出版，1995．
- [4] A. シェフラー，S. シュミット．三木明徳，井上貴央（監訳）．身体の構造と機能．西村書店，2001．

◇筋 (p. 65)
- [1] 坂井建雄，他．カラー図解 人体の正常構造と機能（第10巻）運動器．日本医事新報社，2012
- [2] Campos GER, et al.: Muscular adaptations in response to three different resistance-training regimens: specificity of repetition maximum training zones. Eur J Appl Physiol 88: 50-60, 2002
- [3] Russell AP, et al.: UCP3 protein expression is lower in type I, IIa and IIx muscle fiber types of endurance-trained compared to untrained subjects. Pflügers Arch-Eur J Physiol 445: 563-569, 2003
- [4] Echtay KS: Mitochondrial uncoupling proteins-What is their physiological role? Free Radic Biol & Med 43: 1351-1371, 2007

◇筋紡錘 (p. 67)
- [1] Proske U, Gandevia S: The proprioceptive senses: Their roles in signaling body shape, body position and movement, and muscle force. Physiol Rev, 92: 1651-1697, 2011
- [2] レオナード CT．松村道一，他（監訳）．ヒトの動きの神経科学．市村出版，2002
- [3] 出崎順三．筋紡錘の神経支配．顕微鏡，45：97-102, 2010

◇運動単位 (p. 69)
   [1] Henneman E: Relation between size of neurons and their susceptibility to discharge. Science, 126: 1345-1347, 1957
   [2] Hodson-Tole EF, Wakeling JM: Motor unit recruitment for dynamic tasks: current understanding and future directions. J Comp Physiol B, 179: 57-66, 2009
◇循環器 (p. 71)
   [1] 佐伯由香，他（編訳）．トートラ人体解剖生理学（原書5版）．丸善，2002
◇心臓 (p. 73)
   [1] Okano T, et al.: Mechanism of cell detachment from temperature-modulated, hydrophilic-hydrophobic polymer surfaces. Biomaterials, 16: 297-303, 1995
   [2] Miyagawa S, et al.: Impaired myocardium regeneration with skeletal cell sheets—A preclinical trial for tissue-engineered regeneration therapy. Transplantation, 90: 364-372, 2010
   [3] Saito S, et al.: Myoblast sheet can prevent the impairment of cardiac diastolic function and late remodeling after left ventricular restoration in ischemic cardiomyopathy. Transplantation, 93: 1108-1115, 2012
   [4] Kawamura M, et al.: Feasibility, safety, and therapeutic efficacy of human induced pluripotent stem cell-derived cardiomyocyte sheets in a porcine ischemic cardiomyopathy model. Circulation, 126: S29-S37, 2012
   [5] Miki K, et al.: Bioengineered myocardium derived from induced pluripotent stem cells improves cardiac function and attenuates cardiac remodeling following chronic myocardial infarction in rats. Stem Cells Translational Medicine, 1: 430-437, 2012
   [6] シュミット RF，テウス G（編）．佐藤昭夫（監訳）．スタンダード人体生理学．シュプリンガー・フェアラーク東京，1994
   [7] ハンセン JT，ケッペン BM．相磯貞和，渡辺修一（訳）．ネッター解剖生理学アトラス．南江堂，2006
◇血液 (p. 75)
   [1] ハンセン JT，ケッペン BM．相磯貞和，渡辺修一（訳）．ネッター解剖生理学アトラス．南江堂，2006
◇神経系 (p. 77)
   [1] 高野廣子．解剖生理学．南山堂，2008
◇ニューロン (p. 79)
   [1] 原田 一．使うと増える神経細胞．日本生理人類学会（編），カラダの百科事典．丸善，121-124, 2009
   [2] アガメムノン D，シルバーナグル S，佐久間康夫（監訳）．よくわかる生理学の基礎．メディカル・サイエンス・インターナショナル，42-52, 2007
   [3] マーティン JH．野村 嶬，金子武嗣（監訳）．神経解剖学テキストとアトラス．西村書店，3-5, 2007
   [4] Chalmers DJ: Facing up to the problem of consciousness. JConsciousness Studies, 2: 200-219, 1995
   [5] Damasio H, et al.: A neural basis for lexical retrieval. Nature, 380: 499-505, 1996
   [6] ダマシオ AR．田中三彦（訳）．感じる脳．ダイヤモンド社，236-281, 2005
   [7] Ryle G: The concept of mind. The University of Chicago Press, 11-24, 1949
   [8] エックルス JC．伊藤正男（訳）．脳の進化．東京大学出版会，185-210, 1991
   [9] Edelman GM: Neural darwinism: the theory of neuronal group selection. Basic Books, 43-70, 1987
   [10] エーデルマン GM．冬樹純子（訳）．脳は空より広いか．草思社，57-66, 2006
   [11] Kandel ER, Schwartz JH, Jessell TM eds.: Principles of Neural Science, 4th ed. Mc Graw-Hill, 2000
◇感覚器 (p. 82)
   [1] 原田 一．感覚概論．生理人類士認定員会（編），生理人類士入門．国際文献印刷，86-90, 2012
   [2] 岩堀修明．図解 感覚器の進化．講談社ブルーブックス，21-76, 153-233, 2011

[3]　原田　一．ヒトの感覚特性．佐藤方彦（編），最新生理人類学．朝倉書店，6-22, 1997
[4]　佐藤方彦（監修）．人間工学基準数値数式便覧．技報堂出版，77-93, 1992
[5]　原田　一．日本人の皮膚感覚．佐藤方彦（編），日本人の事典．朝倉書店，57-66, 2003

◇内臓 (p. 84)
[1]　エレイン NM．林正健二，他（訳）．人体の構造と機能．医学書院，1999

◇消化器 (p. 86)
[1]　河原克雅，佐々木克典．カラー図解　人体の正常構造と機能　Ⅲ　消化管（第2版）．日本医事新報社．2012．

◇皮膚 (p. 88)
[1]　清水　宏．あたらしい皮膚科学（第2版）．中山書店，2011

◇手 (p. 90)
[1]　江木直子．霊長類の手の構造—樹上生活における把握能力の意義．霊長類研究，20: 11-29, 2004

◇足 (p. 92)
[1]　安陪大治郎，他．低速度の持久走が足アーチ構造に及ぼす影響．臨床スポーツ医学．22: 1517-1521, 2005
[2]　White TD, et al.: Stratigraphic, chronological and behavioural contexts of Pleistocene *Homo sapiens* from middle Awash, Ethiopia. Nature, 423: 742-747, 2003
[3]　Rodman PS, McHenry HM: Bioenergetics and the origin of hominid bipedalism. Am J Phys Anthropol, 52: 103-106, 1980
[4]　Taylor CR, Heglund NC, Maloiy GM: Energetics and mechanics of terrestrial locomotion. Ann Rev Physiol, 44: 97-107, 1982
[5]　ニューマン DA．嶋田智明，平田総一郎(監訳)．筋骨格系のキネシオロジー．医歯薬出版，2007
[6]　Williams KR: Relationships between distance running biomechanics and running economy. In Biomechanics of Distance Running. In Cavanagh PR ed. Human Kinetics Books, 271-305（Chapter 11），1990

◇眼 (p. 94)
[1]　Eiberg H, et al.: Blue eye color in humans may be caused by a perfectly associated founder mutation in a regulatory element located within the HERC2 gene inhibiting OCA2 expression. Hum Genet, 123: 177-187, 2008
[2]　Goel N et al.: Depressive symptomatology differentiates subgroups of patients with seasonal affective disorder. Depress Anxiety, 15: 34-41, 2002
[3]　樋口重和．光とヒトのメラトニン抑制．時間生物学，14: 13-20, 2008
[4]　Kobayashi H, Kohshima S: Unique morphology of the human eye. Nature, 387: 767-768, 1997
[5]　Nakano T, et al.: Blink-related momentary activation of the default mode network while viewing videos. Proc Natl Acad Sci USA, 110: 702-706, 2013

◇耳 (p. 96)
[1]　ローエン JW，他．解剖学カラーアトラス（第4版）．医学書院，1999
[2]　切替一郎(原著)，野村恭也(監修)，加我君孝(編)．新耳鼻咽喉科学．南山堂，1967
[3]　森満　保．イラスト耳鼻咽喉科．文光堂，1978
[4]　船坂宗太郎．耳小骨の系統発生．耳鼻咽喉科展望，613-618, 1978
[5]　椿　博幸．両生類聴器の比較発生学的研究．耳鼻咽喉科展望，167-183, 1991

◇身体サイズ (p. 98)
[1]　養老孟司．解剖学教室へようこそ．筑摩書房，1993
[2]　鈴木　尚．人体計測．人間と技術社，1973
[3]　永井由美子．生体計測．日本生理人類学会計測研究部会（編）．人間科学計測ハンドブック．技報

　　　　堂出版，1996
- [4] ステンプ R．川野美也子（訳）．ルネサンス美術解読図鑑―イタリア美術の隠されたシンボリズムを読み解く．悠書館，2007
- [5] オリヴィエ G．芹沢玖美（訳）．ヒトの形態と体型．メヂカルフレンド社，1975
- [6] Der Spiegel, vol. 8, 2011
- [7] ピアンカ ER．伊藤嘉昭（監訳）．進化生態学．蒼樹書房，1987
- [8] 井上 馨．単一種のバリエーション．日本生理人類学会（編）．カラダの百科事典．丸善，2009
- [9] 米倉伸之（編）．モンゴロイドの地球 4　極北の旅人．東京大学出版会，1995
- [10] ロバート MM，クロード B．高石昌弘，小林寛道（監訳）．事典　発育・成熟・運動．大修館書店，1995
- [11] Komi PV, et al.: Skeletal muscle fibres and muscle enzyme activities in monozygous and dizygous twins of both sexes. Acta Physiol Scand, 100(4): 385-392, 1977

◇**体型**（p. 101）
- [1] Carter JEL, Heath BH: Somatotyping: Development and Applications. Cambridge University Press, 1990
- [2] Siders W, Rue M: Reuleaux triangle somatocharts. Comput Biol Med, 22: 363-368, 1992

◇**成長**（p. 103）
- [1] Scammon RE: The first seriatim study of human growth. Am J Physical Anthtopol, 10: 329-336, 1927
- [2] Scammon RE: The measurement of the body in childhood. In Harris: The Measurement of Man, University of Minnesota Press, 1930

◇**性徴**（p. 105）
- [1] 高石昌広．思春期の健康教育とそのあり方―二次性徴の正しい理解を中心に．産婦人科治療，94: 364-370, 2007
- [2] Tanner JM: Growth and adolescence. Blackwell Scientific Publications, 1962
- [3] 田中敏章，今井敏子．縦断的検討による女児の思春期の成熟と初経年齢の標準化．日本小児医学会誌，109: 1232-1242, 2005

◇**体組成**（p. 107）
- [1] Lohman TG: Advances in body composition assessment. Human Kinetics, Champaign IL, 109-118, 1992
- [2] Rathbun EN, Pace N: Studies on body composition. I. The determination of total body fat by means of the body specific gravity. J Biol Chem, 158: 667-676, 1945
- [3] Brozek J, et al.: Densitometric analysis of body composition: Revision of some quantitative assumptions. Annals of New York Academic Science, 110: 113-140, 1963
- [4] Nagamine S, Suzuki S: Anthropometry and body composition of Japanese young men and women. Hum Biol, 36: 8-15, 1964
- [5] Nagamine S: Evaluation of body fatness by skinfold measurements. JIBP Synthesis, 4: 16-20, 1975

◇**体表面積**（p. 109）
- [1] DuBois D, DuBois EF: Clinical calorimetry, Tenth paper, a formula to estimate the approximate surface area if height and weight be known. Arch Intern Med, 17: 863-871, 1916
- [2] 藤本薫喜，他．日本人の体表面積に関する研究　第18篇　三期にまとめた算出式．日本衛生学会誌，23: 443-450, 1968
- [3] 藏澄美仁，他．日本人の体表面積に関する研究．日本生気象学会誌，31: 5-29, 1994
- [4] 設楽佳世，他．光学3次元人体形状計測法に基づく体表面積の推定式の開発．体力科学，58: 463-474, 2009

◇姿勢 (p. 111)
- ［1］人間工学用語研究会（編）．人間工学事典．日刊工業新聞社，1983
- ［2］河合信和．ネアンデルタールと現代人—ヒトの500万年史．文春新書，1999
- ［3］水野祥太郎．ヒトの足—この謎にみちたもの．創元社，1984
- ［4］日本建築学会(編)．建築資料集成—人間．丸善，2003
- ［5］多田道太郎．からだの日本文化．潮出版社，2002
- ［6］Alkhajah TA, et al.: Sit-stand workstations em dash a pilot intervention to reduce office sitting time. Am J Prev Med, 43: 298-303, 2012
- ［7］Tikuisis P, Ducharme MB: The effect of postural changes on body temperatures and heat balance. Eur J Appl Physiol, 72: 451-459, 1996
- ［8］Aizawa S, Cabanac M: The influence of temporary semi-supine and supine postures on temperature regulation in humans. J Thermal Biol, 27: 109-114, 2002

3. カラダの機能

◇呼吸 (p. 114)
- ［1］ウエスト JB．桑平一郎（訳）．ウエスト呼吸生理学入門　正常肺編．メディカル・サイエンス・インターナショナル，88，2009
- ［2］原澤道美．呼吸器系．吉川政己，江上信雄，山田正篤（編）．老化制御．朝倉書店，121-130，1977
- ［3］Préfaut C, et al.: Exercise-induced hypoxemia in older athletes. J Appl Physiol, 76: 120-126, 1994
- ［4］Wagner PD: Gas exchange and peripheral diffusion limitation. Med Sci Sports Exerc, 24: 54-58, 1992
- ［5］本田良行．呼吸の化学調節．本田良行，福原武彦（編）．新生理科学大系 17　呼吸の生理学．医学書院，274-323，2000
- ［6］Zhuang J, et al.: Hypoxic ventilatory responsiveness in Tibetan compared with Han residents of 3,658 m. J Appl Physiol, 74: 303-311, 1993

◇循環系 (p. 117)
- ［1］三木健寿．循環．彼末一之，能勢　博（編）．やさしい生理学（改訂第6版）．南江堂，27-50，2011
- ［2］藤田恒夫．脈管系．入門人体解剖学（改訂第4版）．南江堂，97-136，2000
- ［3］Calbet JAL, et al.: Determinants of maximal oxygen uptake in severe acute hypoxia. Am J Physiol Regul Comp Physiol, 284: R291-R303, 2003

◇酸塩基平衡 (p. 120)
- ［1］平木場浩二．酸塩基平衡．宮村実晴（編）．身体運動と呼吸・循環機能．新興交易医書出版部，118-125，2012
- ［2］バレット KE, 他．岡田泰伸（監訳）．ギャノング生理学（原書23版）．丸善出版，400-419，2011
- ［3］ガイトン AC, ホール JE．御手洗玄洋（総監訳）．ガイトン生理学（原著第11版）．エルゼビア・ジャパン，712-715，2010
- ［4］Sahlin K: Anaerobic metabolism, acid-base balance, and muscle fatigue during high intensity exercise. Harries M, et al. eds. Oxford Textbook of Sports Medicine. 2nd ed. Oxford University Press, 69-76, 1998
- ［5］本田良行．酸塩基平衡の基礎と臨床（基礎篇）．新興交易医書出版部，115-121，1974
- ［6］Hirakoba K, et al.: Effect of endurance training on excessive CO_2 expiration due to lactate production in exercise. Eur J Appl Physiol, 64: 73-77, 1992
- ［7］Wasserman K, et al.: Principles of Exercise Testing and Interpretation. Lea & Febiger, 3-26, 1987

◇自律神経系 (p. 122)
- ［1］Cowey AW, Jr, Liard JF, Guyton AC: Role of the baroreceptor reflex in daily control of arterial

    blood pressure and other variables in dogs. Circ Res, 32: 564-576, 1973
- [2] Phillips MI, et al.: Effect of vagotomy on brain and plasma atrial natriuretic peptide during hemorrhage. Am J Physiol Regul Integr Comp Physiol, 257: R1393-R1399, 1989
- [3] 三木成夫．ヒトのからだ―生物史的考察．うぶすな書院，1997
- [4] Funakoshi K, Nakano M: The sympathetic nervous system of anamniotes. Brain Behav Evol, 69: 105-113, 2007
- [5] ワトソン C，カーコディー M，パキシノス G．脳―「かたち」と「はたらき」．德野博信（訳）．共立出版，2012
- [6] トートラ GJ，デリクソン B．トートラ人体解剖生理学（原書 8 版）．丸善出版，2011
- [7] Cechetto DF: Cortical control of the autonomic nervous system. Exp Physiol, 99: 326-331, 2013

◇消化と吸収（p. 125）
- [1] 河原克雅，佐々木克典．カラー図解　人体の正常構造と機能　Ⅲ消化管．日本医事新報社，2000
- [2] Thomsen L, et al.: Interstitial cells of Cajal generate a rhythmic pacemaker current. Nat Med, 4: 848-851, 1998
- [3] Hirota S, et al.: Gain-of-Function Mutations of c-kit in Human Gastrointestinal Stromal Tumors. Science, 279: 577-580, 1998
- [4] Cummings JH, Rombeau JL, Sakata T: Physiological and Clinical Aspects of Short-Chain Fatty Acids. Cambridge University Press, 2004
- [5] Sone Y, et al.: Effects of Dim or Bright-Light Exposure during the Daytime on Human Gastrointestinal Activity. Chronobiol Int, 20: 123-133, 2003
- [6] Hirota N, Sone Y, Tokura H: Effect of Evening Exposure to Dim or Bright Light on the Digestion of Carbohydrate in the Supper Meal. Chronobiol Int, 20: 853-862, 2003
- [7] Tsumura Y, et al.: Seasonal Variation in Amount of Unabsorbed Dietary Carbohydrate from the Intestine after Breakfast in Japanese Subjects. Chronobiol Int, 22: 1107-1119, 2005

◇体温調節（p. 128）
- [1] 井上芳光，近藤徳彦（編）．体温 Ⅱ―体温調節システムとその適応．ナップ，2010
- [2] 入來正躬．体温調節のしくみ．文光堂，1995
- [3] 彼末一之，中島敏博．脳と体温―暑熱・寒冷環境との戦い．共立出版，2000
- [4] 中山昭雄．温熱生理学．理工学社，1981
- [5] 本間研一，彼末一之．環境生理学．北海道大学出版会，2007

◇発汗（p. 131）
- [1] 小川徳雄．新・汗のはなし―暑さの生理学．アドア出版，1994
- [2] Bramble DM, Lieberman DE: Endurance running and the evolution of Homo. Nature, 432: 345-352, 2004
- [3] 中山昭雄．温熱生理学．理工学社，1981
- [4] Kondo N, et al.: Non-thermal modification of heat-loss responses during exercise in humans. Eur J Appl Physiol, 110: 447-458, 2010
- [5] 井上芳光，近藤徳彦（編）．体温 Ⅱ―体温調節システムとその適応．ナップ，2010
- [6] Smith CJ, Havenith G: Body mapping of sweating patterns in male athletes in mild exercise-induced hyperthermia. Eur J Appl Physiol, 111: 1391-1404, 2011
- [7] Machado-Moreira CA, Taylor NA: Sudomotor responses from glabrous and non-glabrous skin during cognitive and painful stimulations following passive heating. Acta Physiologica, 204: 571-581, 2012

◇血圧調節（p. 134）
- [1] 三木健寿．循環．彼末一之，能勢　博（編）．やさしい生理学（改訂第 6 版）．南江堂，27-50, 2011

◇内分泌（p. 136）
　［1］近藤保彦 他．脳とホルモンの行動学．西村書店，2010
　［2］筏　義人．環境ホルモン．講談社，1998
◇免疫（p. 139）
　［1］Doan T, et al.: Immunology. Lippincott, 2008
　［2］子安重雄（編）．免疫学最新イラストレイテッド（改訂第2版）．羊土社，2009
◇直立二足歩行（p. 142）
　［1］江原昭善．人類の起源と進化―人間理解のために．裳華房，1993
　［2］岡田守彦．ヒトの運動の位置づけ―バイペダリズムを中心として．島村宗夫，中村隆一（編），運動の解析―基礎と臨床応用．医歯薬出版，35-51，1980
　［3］山口義臣，他．日本人の姿勢：分類とその加齢的変化の検討．第2回姿勢シンポジウム論文集，15-33，1977
　［4］Perry J: Gait Analysis. Nomal and Pathological Function. SLACK Incorporated, 1992
　［5］Götz-Neumann K: Gehen verstehen: Ganganalyse in der Physiotherapie. Georg Thieme Verlag, 2003
◇活動電位（p. 144）
　［1］シュミット RF，内薗耕二，佐藤昭夫，金　彪（訳）．神経生理学（第2版）．金芳堂，19-64, 2001
　［2］高羽順子，安部伸和，福田　浩．筋強直性ジストロフィーの拡散テンソル MR 画像を用いた頭部の検討．日本放射線技術學會雜誌，59: 831-838, 2003
　［3］Bengtsson SL, et al.: Extensive piano practicing has regionally specific effects on white matter development. Nat Neurosci, 8: 1148-1150, 2005
　［4］金　勝烈，他．長期運動トレーニング歴を有する車椅子陸上長距離選手の上肢末梢運動神経伝導速度．日本運動生理学雑誌，16: 17-24, 2009
◇筋収縮（p. 146）
　［1］Henneman E, et al.: Functional significance of cell size in spinal motoneurons. J Neurophysiol, 28: 560-580, 1965
　［2］Nardone A, Schieppati M: Shift of activity from slow to fast muscle during voluntary lengthening contractions of the triceps surae muscles in humans. J Physiol, 395: 363-381, 1988
　［3］猪飼道夫．体力の生理的限界と心理的限界に関する実験的研究．東京大学教育学部紀要，5: 1-18, 1961
　［4］伊東太郎．身体の機能低下と動的姿勢調節の変化．山下謙智（編）．多関節運動学入門（第2版）．ナップ，119-169，2012
　［5］Moritani T, Muro M, Nagata A: Intramuscular and surface electromyogram changes during muscle fatigue. J Appl Phys, 60: 1179-1185, 1986
◇眼球運動（p. 149）
　［1］Pierrot-Deseilligny C, et al.: Cortical control of saccades. Ann Neurol, 37: 557-567, 1995
　［2］Fujiwara K, Kunita K, Toyama H: Changes in saccadic reaction time while maintaining neck flexion in men and women. Eur J Appl Physiol, 81: 317-324, 2000
　［3］Fujiwara K, et al.: Saccadic reaction time during isometric voluntary contraction of the shoulder girdle elevators and vibration stimulation to the trapezius. Eur J Appl Physiol, 85: 527-532, 2001
　［4］Fujiwara K, Kunita K, Furune N: Effect of vibration stimulation to neck extensor muscles on reaction time in various saccadic eye movements. Int J Neurosci, 119: 1925-1940, 2009
◇音声（p. 151）
　［1］亀田和夫．声と言葉のしくみ．口腔保健協会，1986
　［2］岩宮眞一郎．図解入門 よくわかる最新音響の基本と仕組み（第2版）．秀和システム，2014

[3] 平原達也, 他. 音と人間. コロナ社, 2013

◇反射 (p. 153)
[1] Monnier M: Functions of the Nervous System. Vol. 2. Motor and Psychomotor Functions. Elsevier, 1970
[2] 福田　精. 運動と平衡の反射生理. 医学書院, 1957
[3] 丹治　順. 脳と運動―アクションを実行させる脳. 共立出版, 1999
[4] 中村隆一, 他. 基礎運動学（第6版）. 医歯薬出版, 2003
[5] Sato A, et al.: Calcitonin gene-related peptide produces skeletal muscle vasodilation following antidromic stimulation of unmyelinated afferents in the dorsal root in rats. Neurosci Lett, 283: 137-140, 2000

◇姿勢反射 (p. 155)
[1] Cordo PJ, Nashner LM: Properties of postural adjustments associated with rapid arm movements. J Neurophysiol, 47: 287-302, 1982
[2] 福田　精. 運動と平衡の反射生理. 医学書院, 1957
[3] Monnier M: Functions of the Nervous System: Motor and Psychomotor Functions. Vol. 2. Elsevier, 1970
[4] Magnus R: Some results of studies in the physiology of posture, part I and II. Lancet, 531-536, 585-588, 1926
[5] Twitchell TE: Attitudinal reflexes. Phys Ther, 45: 411-418, 1965
[6] Fujiwara K, et al.: Anticipatory activation of postural muscles associated with bilateral arm flexion in subject with different quiet standing positions. Gait and posture, 17: 254-263, 2003

◇伸張反射 (p. 158)
[1] Hammond PH: Involuntary activity in biceps following the sudden application of velocity to the abducted forearm. J Physiol, 127: 23-25, 1955
[2] Merton PA: Speculations on the servo-control of movements. In Malcolm JL, Gray JAB and Wolstenholm GEW eds. The Spinal Cord. Little Brown, 183-198, 1953
[3] Shemmell J, Krutky MA, Perreault EJ: Stretch sensitive reflexes as an adaptive mechanism for maintaining limb stability. Clin Neurophysiol, 121: 1680-1689, 2010
[4] Nashner LM: Adapting reflexes controlling the human posture. Exp Brain Res, 26: 59-72, 1976

◇巧緻性 (p. 160)
[1] Holding DH: Human Skills. John Wiley & Sons, 1981
[2] Napier JR: The evolution of the hand. Sci Am, 207: 56-62, 1962
[3] Schmidt RA: A schema theory of discrete motor skill learning. Psychol Rev, 82: 225-260, 1975

◇振戦 (p. 162)
[1] 日本神経治療学会治療指針作成委員会（編）. 標準的神経治療―本態性振戦. 神経治療, 28: 290-307, 2011
[2] Hess CW, Pullman SL: Tremor: clinical phenomenology and assessment techniques. Tremor and Other Hyperkinetic Movements, 2: 1-15, 2012
[3] 北川泰久. ふるえ（振戦）. 治療, 76: 253-257, 1994
[4] Mulder ER: Enhanced physiological tremor deteriorates plantar flexor torque steadiness after bed rest. J Electromyogr Kinesiol, 21: 384-393, 2011
[5] Kouzaki M, Shinohara M: The frequency of altenate muscle activity is associated with the attenuation in muscle fatigue. J Appl Physiol, 101: 715-720, 2006
[6] 田巻弘之. 筋疲労を遅延させるための神経―筋の戦略. バイオメカニクス研究, 8: 106-111, 2004
[7] Deuschl G: Consensus statement of the movement disorder society on tremor. Movemenr

Disorder, 13: 2-23, 1998

◇一側優位性 (p. 164)
[1] Springer S, Deutsch G: Left Brain, Right Brain. 4th ed. W.H. Freeman and Company, 1993
[2] Kimura D: Dual functional asymmetry of the brain in visual perception. Neuropsychologia, 4: 275-285, 1966
[3] Lake DA, Bryden MP: Handedness and sex differences in hemispheric asymmetry. Brain Lang, 3: 2, 266-282, 1976
[4] Briggs GG, Nebes RD: Patterns of hand preference in a student population. Cortex, 11: 230-238, 1975
[5] Searleman A: Subject variables and cerebral organization for language. Cortex, 16: 2, 239-254, 1980
[6] Peters M: Footedness: asymmetries in foot preference and skill and neuropsychological assessment of foot movement. Psychol Bull, 103: 2, 179-192, 1988
[7] Jonsson E, Seiger A, Hirschfeld H: One-leg stance in healthy young and elderly adults: a measure of postural steadiness? Clin Biomech, 19: 688-694, 2004
[8] Sun T, et al.: Early asymmetry of gene transcription in embryonic human left and right cerebral cortex. Science, 308: 5729, 1794-1798, 2005
[9] Francks C, et al.: LRRTM1 on chromosome 2p12 is a maternally suppressed gene that is associated paternally with handedness and schizophrenia. Mol Psychiatry, 12: 1129-1139, 2007

◇エネルギー代謝 (p. 166)
[1] 今堀和友, 山川民夫 (監修). 生化学辞典 (第4版). 東京化学同人, 2007
[2] ヴォート D, プラット CW, ヴォート JG. 田宮信雄, 他 (訳). ヴォート基礎生化学 (第3版). 東京化学同人, 2010
[3] 島薗順雄. 三大栄養素とエネルギー代謝. 栄養学の歴史. 朝倉書店, 48-57, 1989
[4] Weir JB: New methods for calculating metabolic rate with special reference to protein metabolism. J Physiol, 109: 1-9, 1949
[5] マッカードル WD, キャッチ FI, キャッチ VL. 田口貞善, 他 (訳). 運動生理学—エネルギー・栄養・ヒューマンパフォーマンス. 杏林書院, 124-134, 1992
[6] Black AE et al.: Use of food quotients to predict respiratory quotients for the doubly-labelled water method of measuring energy expenditure. Hum Nutr Clin Nutr, 40: 381-391, 1986
[7] Douglas CG: A method for determining the total respiratory exchange in man. J Physiol (Proceedings), 42: xvii-xviii, 1911
[8] Levine JA: Measurement of energy expenditure. Public Health Nutr, 8: 1123-1132, 2005

◇無酸素能力 (p. 169)
[1] Whipp BJ: The slow component of O_2 uptake kinetics during heavy exercise. Med Sci Sports Exerc, 26: 1319-1326, 1994
[2] Medbø JI, Tabata I: Relative importance of aerobic and anaerobic energy release during short-lasting exhausting bicycle exercise. J Appl Physiol, 67: 1881-1886, 1989
[3] 荻田 太. エナジェティクスを改善するトレーニングの考え方. 日本トレーニング科学会 (編). スプリントトレーニング. 朝倉書店, 57-67, 2009
[4] 福場良之, 三浦 朗. ガス交換のモデリング. 宮村実晴 (編). 身体運動と呼吸・循環機能. 真興交易医書出版部, 16-23, 2012
[5] Fukuba Y, Whipp BJ: The "fatigue threshold": Its physiological significance for assigning the transition from heavy to severe exercise. In Sato M, Tokura H, Watanuki S eds. Recent Advances in Physiological Anthropology. Kyushu University Press, 341-346, 1999

[6] Monod H, Scherrer J: The work capacity of a synergic muscular group. Ergonomics, 8: 329-338, 1965
[7] Miura A, et al.: The effect of oral creatine supplementation on the curvature constant parameter of the power-duration curve for cycle ergometry in humans. Jpn J Physiol, 49: 169-174, 1999
[8] Miura A, et al.: The effect of glycogen depletion on the curvature constant parameter of the power-duration curve for cycle ergometry. Ergonomics, 43: 133-141, 2000
[9] Miura A, et al.: Relationship between the curvature constant parameter of the power-duration curve and muscle cross-sectional area of the thigh for cycle ergometry in humans. Eur J Appl Physiol, 87: 238-244, 2002
[10] Weyand PG, et al.: High-speed running performance is largely unaffected by hypoxic reductions in aerobic power. J Appl Physiol, 86: 2059-2064, 1999
[11] 荻田　太．低酸素と酸素借．宮村実晴（編）．身体運動と呼吸・循環機能．真興交易医書出版部，75-81，2012

◇**有酸素能力** (p. 171)
[1] Bramble DM, Lieberman DE: Endurance running and the evolution of Homo. Nature, 432: 345-352, 2004
[2] 近藤徳彦，他．ヒトとしての身体機能調節の特徴―他の動物との比較から．日本生理人類学会誌，15：27-35，2010
[3] 古賀俊策．日本人の酸素摂取能力．佐藤方彦（編）．日本人の事典．朝倉書店，84-91，2003
[4] 古賀俊策，福岡義之．運動時の酸素動態．酸素ダイナミクス研究会（編）．からだと酸素の事典．朝倉書店，264-267，2009
[5] 古賀俊策．活動筋の酸素動態不均一性．宮村実晴（編）．身体運動と呼吸・循環機能．真興交易医書出版部，147-154，2012

◇**生理的多型性** (p. 173)
[1] Baker PT: The Raymond Pearl memorial lecture, 1996: the eternal triangle-genes, phenotype and environment. Am J Human Biol, 9: 93-101, 1997
[2] 佐藤方彦．気候への人類の適応．日本人類学会（編）．人類学―その多様な発展．日経サイエンス，158-169，1984
[3] Kirby CR, Convertino VA: Plasma aldosterone and sweat sodium concentrations after exercise and heat acclimatization. J Appl Physiol, 61: 967-970, 1986
[4] Maeda M, et al.: Effects of lifestyle, body composition, and physical fitness on cold tolerance in humans. J Physiol Anthropol Appl Human Sci, 24: 439-443, 2005
[5] Maeda T, et al: Involvement of basal metabolic rate in determination of type of cold tolerance. J Physiol Anthropol, 26: 415-418, 2007
[6] 安河内　朗．生理人類学の動向―第二報　環境適応研究の今後の取り組みへの試案．日本生理人類学誌，16：3，103-114，2012
[7] Aoki K: Effects of physical training on cardiovascular responses to head-up tilt in sedentary men. Ph. D diss, Kyushu Univ (in Japanese), 2008

◇**全身的協関** (p. 176)
[1] 安河内　朗．生理人類学の動向―第二報　環境適応研究の今後の取り組みへの試案．日本生理人類学誌，16: 103-114，2012

◇**機能的潜在性** (p. 178)
[1] Sato M: The development of conceptual framework in physiological anthropology. J Physiol Anthropol Appl Human Sci, 24: 4, 289-295, 2005
[2] Wyndham CH, Metz B, Munro A: Reactions to heat of Arabs and Caucasians. J Appl Physiol, 19:

1051-1054, 1964
- [3] Wyndham CH, et al.: Heat reactions of Caucasians and Bantu in South Africa. J Appl Physiol, 19: 598-606, 1964
- [4] Wyndham CH, et al.: Physiological reactions to heat of Bushmen and of unacclimatized and acclimatized Bantu. J Appl Physiol, 19: 885-888, 1964
- [5] 佐藤方彦．気候への人類の適応．日本人類学会（編）．人類学—その多様な発展．日経サイエンス，158-169, 1984
- [6] Scholander PF, et al.: Metabolic acclimation to cold in man. J Appl Physiol, 12: 1, 1-8, 1958
- [7] Wakabayashi H, et al.: The effect of repeated mild cold water immersions on the adaptation of the vasomotor responses. Int J Biometeorol, 56: 4, 631-637, 2012
- [8] Andersen KL, et al.: Metabolic and thermal response to a moderate cold exposure in nomadic Lapps. J Appl Physiol, 15: 649-653, 1960

◇ホメオスタシス（p. 180)
- [1] ガイトン AC, ホール JE．御手洗玄洋（総監訳）．ガイトン生理学（原著第11版）．エルゼビア・ジャパン，3-10, 2010
- [2] 彼末一之．生理学はじめの一歩．メディカ出版，7-37, 1999
- [3] 前田享史．環境適応能（第2章2項）．生理人類士認定委員会（編），生理人類士入門．国際文献印刷社，9-10, 2012

◇自律性情動反応（p. 182)
- [1] 八杉龍一，他（編）．岩波生物学辞典（第4版）．岩波書店，1996
- [2] Cannon WB: Bodily Changes in Pain, Hunger, Fear and Rage: An Account of Recent Researches into the Function of Emotional Excitement. Appleton, 1915
- [3] Cannon WB: The interrelations of emotions as suggested by recent physiological researches. Am J Physiol, 25: 256-282, 1914
- [4] Ekman P, Levenson RW, Friesen WV: Autonomic nervous system activity distinguishes among emotions. Science, 221: 1208-1210, 1983
- [5] Maclean PD: Psychosomatic disease and the "visceral brain": Recent developments bearing on the papez theory of emotion. Psychosom Med, 11: 338-353, 1949
- [6] Klüver H, Bucy PC: Preliminary analysis of functions of the temporal lobes in monkeys. J Neuropsychiatry Clin Neurosci, 9: 606-a-620, 1997
- [7] Adolphs R, et al.: Impaired recognition of emotion in facial expressions following bilateral damage to the human amygdala. Nature, 372: 669-672, 1994
- [8] Heilman KM, Gilmore RL: Cortical influences in emotion. J Clin Neurophysiol, 15: 409-23, 1998
- [9] LeDoux JE: The Emotional Brain: The Mysterious Underpinnings of Emotional Life. Simon & Schuster, 1996
- [10] Cahill L, McGaugh JL: Mechanisms of emotional arousal and lasting declarative memory. Trends Neurosci. 21: 294-299, 1998
- [11] ルドゥー J．松本 元，川村光毅（訳）．エモーショナル・ブレイン—情動の脳科学．東京大学出版会，2003

◇概日リズム（p. 184)
- [1] 柴田重信，平尾彰子．時間栄養学とはなにか．日本薬理學雜誌，137: 110-114, 2011
- [2] 明石 真，野出孝一．体内時計と生活習慣病．Diabetes Frontier, 22: 597-606, 2011
- [3] 肥田昌子，三島和夫．概日リズム睡眠障害の病態生理研究の動向．日本生物学的精神医学会誌，22: 165-170, 2011
- [4] Czeisler CA, et al.: Stability, precision, and near-24-hour period of the human circadian

pacemaker. Science, 284: 2177-2181, 1999

◇生体リズム (p. 187)
[1] Wehr TA, et al.: Suppression of men's responses to seasonal changes in day length by modern artificial lighting. Am J Physiol, 269: R173-R178, 1995
[2] 林 光緒．午後の眠気と短時間仮眠の効果．臨床脳波，50: 724-729, 2008
[3] Cajochen C, et al.: Evidence that the lunar cycle influences human sleep. Curr Biol, 23: 1485-1488, 2013

◇性差/性徴 (p. 189)
[1] 井上芳光，近藤徳彦（編）．体温 II——体温調節システムとその適応．ナップ，2010
[2] 加賀屋淳子（編）．女性とスポーツ．朝倉書店，1998
[3] 越野立夫，武藤芳照，定本朋子（編）．女性のスポーツ医学．南江堂，1996

4. 脳と心

◇脳 (p. 192)
[1] Huang H, et al.: White and gray matter development in human fetal, newborn and pediatric brains. Neuroimage, 33: 27-38, 2006
[2] Trevathan WR: Human birth: an evolutionary perspective. Aldine de Gruyter, 1987.
[3] Dunsworth HM, et al.: Metabolic hypothesis for human altriciality. Proc Natl Acad Sci, 18: 1512-1516, 2012
[4] Portmann A: Biologische Fragmente zu einer Lehre vom Menschen. Columbia University Press, 1969
[5] Rosenberg KR, Trevathan WR: An anthropological perspective on the evolutionary context of preeclampsia in humans. J Reprod Immunol, 76: 91-97, 2007

◇覚醒水準 (p. 194)
[1] 安西祐一郎，他．認知科学 9 注意と意識．岩波書店，1994
[2] 宮田 洋，他．新生理心理学（2巻）生理心理学の応用分野．北大路書房，1997
[3] Hebb DO: Drives and the C.N.S. (conceptual nervous system). Psychol Rev, 62: 243, 1955
[4] 岡田泰伸，他(監訳)．ギャノング生理学（原書23版）．丸善出版，2012
[5] Moruzzi G, Magoun H: Brain stem reticular formation and activation of the EEG. Electroencephalogr Clin Neurophysiol, 1: 455-473, 1949

◇意識 (p. 196)
[1] Edelman GM: The remembered recent: A biological thery of consciousness. Basic Books, NewYork, 1989
[2] Laureys S: The neural correlate of (un)awareness. Lesons from the vegetative state. Trends in Cogn Sci, 9: 556-559, 2005.
[3] Craig AD: How do you feel—now? The anterior insula and human awareness. Nat Rev Neurosci, 10: 59-70, 2009.
[4] Tamietto M, Gelder B: Neural bases of the non-conscious perception of emotional signals. Nat Rev Neurosci, 11: 697-709, 2010
[5] Crick F, Koch C: Are we aware of neural activity in primary visual cortex?. Nature, 375: 121-123, 1995
[6] Libet B, Gleason CA, Wright EW, Dennis K: Time of conscious intention to act in relation to onset of cerebral activity (readiness-potential). The unconscious initiation of a freely voluntary act. Brain, 106: 623-642, 1983
[7] Haggard P: Human volition: towards a neuroscience of will. Nat Rev Neurosci, 9: 934-946, 2008

[8] Soon CS, et al.: Unconscious determinants of free decisions in the human brain. Nature Neuroscience, 11: 543-545, 2008

◇遠心性コピー (p. 199)
[1] Woplpert DM, Miall RC, Kawato M: Internal models in the cerebellum. Trends Cogn Sci, 2: 338-347, 1998
[2] Blakemore SJ, Decety J: From the perception of action to the understanding of intention. Nat Rev Neurosci, 2: 561-567, 2001
[3] Blakemore S-J, Wolpert DM, Frith CD: Abnormalities in the awareness of action. Trends in Cognitive Sciences, 6: 237-242, 2002
[4] Ramachandran VS, et al.: Perceptual correlates of massive cortical reorganization. Science, 13: 258: 1159-1160, 1992
[5] Blanke O: Multisensory brain mechanisms of bodily self-consciousness. Nat Rev Neurosci, 13: 556-571, 2012

◇記憶 (p. 203)
[1] 高木貞敬．記憶のメカニズム．岩波新書，1976
[2] 時実利彦．人間であること．岩波新書，1970
[3] 酒田英夫，外山敬介（編著）．脳・神経の科学，脳の高次機能．岩波書店，現代医学基礎7，1999
[4] レイティ JJ．堀智恵子（訳）．脳のはたらきのすべてがわかる本．角川書店，2002

◇夢 (p. 206)
[1] Aserinsky E, Kleitman N: Regularly occurring periods of eye motility and concurrent phenomena during sleep. Science, 118: 273-274, 1953
[2] Nielsen TA: A review of mentation in REM and NREM sleep: "Covert" REM sleep as a possible reconciliation of two opposing models. Behav Brain Sci, 23: 851-866, 2000
[3] Takeuchi T, et al.: Intrinsic dreams are not produced without REM sleep mechanisms: evidence through elicitation of sleep onset REM period. J Sleep Res, 10: 43-52, 2001
[4] Nielsen T: Ultradian, circadian, and sleep-dependent features of dreaming. In Principle and Practice of Sleep Medicine. 5th ed. Elsevier Saunders, 576-584, 2011
[5] Ohayon MM, et al.: Meta-analysis of quantitative sleep parameters from childhood to old age in healthy individuals: Developing normative sleep values across the human lifespan. sleep, 27: 1255-1273, 2004
[6] Czeisler CA, et al.: Timing of REM sleep is coupled to the circadian rhythm of body temperature in man. Sleep, 2: 329-346, 1980
[7] Hobson JA, McCarley RW: The brain as a dream state generator: an activation-synthesis hypothesis of the dream process. Am J Psychiatry, 134: 1335-1348, 1977
[8] Hobson JA, Pace-Schott EF, Stickgold R: Dreaming and the brain: Toward a cognitive neuroscience of conscious state. Behav Brain Sci, 23: 793-842, 2000
[9] Okuma T: On the psychophysiology of dreaming. A sensory image-free association hypothesis of the dream process. Jan J Psychiat Neurol, 46: 7-22, 1992
[10] Solms M: Dreaming and REM sleep are controlled by different brain mechanisms. Behav Brain Sci, 23: 843-850, 2000
[11] De Gennaro L, et al.: How we remember the stuff that dreams are made of: neurobiological approaches to the brain mechanisms of dream recall. Behav Brain Res, 226: 592-596, 2012
[12] Fukuda K: Most experiences of precognitive dream could be regarded as a subtype of deja-vu experiences. Sleep and Hypnosis, 4: 111-114, 2002
[13] Maquet P, et al.: Functional neuroanatomy of human rapid-eye-movement sleep and dreaming.

Nature, 383: 163, 1996
[14] LeDoux JE: Emotion circuits in the brain. Annu Rev Neurosci, 23: 155-184, 2000
[15] American Academy of Sleep Medicine: Nightmare disorder. In The International Classification of Sleep Disorders, Diagnostic and Coding Manual. 2nd ed. AASM, 155-158, 2005
[16] Hartmann E: Dreams and Nightmares: The new theory on the origin and meaning of dreams. Plenum Trade, 1998

◇知能 (p. 209)
[1] Flynn JR, James R: The mean IQ of americans: massive gains 1932 to 1978. Psychol Bull, 95: 29-51, 1984
[2] Cochran G, Hardy J, Harpending H: Natural history of Ashkenazi intelligence. J Biosoc Sci, 38: 659-93, 2006

◇サブリミナル効果 (p. 211)
[1] 鈴木光太郎．オオカミ少女はいなかった―心理学の神話をめぐる冒険．新曜社，2008
[2] Vokey JR, Read JD: Subliminal messages: between the devil and the media. Am Psychol, 40: 1231-1239, 1985
[3] Murphy ST, Zajonc RB: Affect, cognition, and awareness: affective priming with optimal and suboptimal stimulus exposures. J Pers Soc Psychol, 64: 723-739, 1993
[4] Strahan EJ, et al.: Subliminal priming and persuasion: striking while the iron is hot. J Exp Soc Psychol, 38: 556-568, 2002
[5] 福田　充．サブリミナル効果再考―認知心理学的アプローチから見た効果の実態．東京大学社会情報研究所紀要，50: 39-59, 1995
[6] 坂元　章，他（編）．サブリミナル効果の科学―無意識の世界では何が起こっているか．学文社，1999
[7] キイ WB．植島啓司（訳）．メディア・セックス．リブロポート，1989

◇情動・感情 (p. 217)
[1] James W: What is an emotion? Mind, 9: 188-205, 1884
[2] Cannon WB: The James-Lange theory of emotion: a critical examination and an alternative theory. Am J Psychol, 39: 106-124, 1927
[3] LeDoux JE: Emotion and the limbic system concept. Concepts in Neurosci, 2: 169-199, 1991
[4] マクリーン PD．法橋登（訳）．三つの脳の進化．工作舎，1994（MacLean PD: Triune Brain in Evolution. First Plenum Printing, 1990）
[5] ダマシオ AR．田中三彦（訳）．感じる脳．ダイヤモンド社，2005（Damasio A: Looking for Spinoza. Harcourt, 2003）

◇快適性 (p. 220)
[1] 安河内　朗，他．快適性とカラダ．日本生理人類学会（編）．カラダの百科事典．丸善出版，569-616, 2009
[2] Russell J A: A circumplex model of affect. J Pers Soc Psychol, 39: 1161-1178, 1980
[3] 宮崎良文（編著）．快適さのおはなし．日本規格協会，2002
[4] Kanosue K, et al.: Brain activation during whole body cooling in humans studied with functional magnetic resonance imaging. Neurosci Lett, 329: 157-160, 2002
[5] Phelps EA, LeDoux JE: Contributions of the amygdala to emotion processing: From animal models to human behavior Neuron, 48: 175-187, 2005
[6] Rolls ET, et al.: Warm pleasant feelings in the brain. Neuroimage, 41: 1504-1513, 2008
[7] Sescousse G, et al.: Processing of primary and secondary rewards: a quantitative meta-analysis and review of human functional neuroimaging studies. Neurosci Biobehav Rev, 37: 681-696, 2013

[8] Kühn S, Gallinat J: The neural correlates of subjective pleasantness. Neuroimage, 61: 289-294, 2012
[9] Peen J, et al.: The current status of urban-rural differences in psychiatric disorders. Acta Psychiatr Scand, 121: 84-93, 2010
[10] Lederbogen F, et al.: City living and urban upbringing affect neural social stress processing in humans. Nature, 474: 498-501, 2011

◇感性（p. 223）
[1] ケストラー A. 田中三彦, 吉岡佳子（訳). ホロン革命（JANUS). 工作舎, 1983
[2] ケストラー A. 日高敏隆, 長野 敬（訳). 機械の中の幽霊（The Ghost in the Machine). 筑摩書房, 1995
[3] ダマシオ AR. 田中三彦（訳) デカルトの誤り（Deszarte's error). 筑摩書房, 2010
[4] ダマシオ AR. 田中三彦（訳). 生存する脳—心と脳と身体の神秘. 講談社, 2000
[5] 渡邊正孝. 思考と脳. サイエンス社, 2005
[6] 佐藤方彦. 感性と科学する. 丸善出版, 2011

◇ストレス（p. 226）
[1] セリエ H. 杉 靖三郎, 他（訳). 現代社会とストレス. 法政大学出版局, 1988
[2] ラザルス RS. 他. 本明 寛, 他（訳). ストレスの心理学—認知的評価と対処の研究. 実務教育出版, 1991
[3] 小杉正太郎, 大塚泰正. ストレス心理学—個人差のプロセスとコーピング. 川島書店, 2002
[4] Chrousos GP.: The hypothalamic-pituitary-adrenal axis and immune-mediated inflammation. N Engl J Med 332: 1351-62, 1995
[5] McEwen BS: Protective and damaging effects of stress mediators. N Engl J Med, 338: 171-179, 1998
[6] Zorumski CF, et al.: Neurosteroids, stress and depression: potential therapeutic opportunities. Neurosci Biobehav Rev, 37: 109-122, 2013
[7] Obayashi K: Salivary mental stress proteins. Clin Chim Acta, 425C: 196-201, 2013
[8] Chida Y, Steptoe A: Cortisol awakening response and psychosocial factors: a systematic review and meta-analysis. Biol Psychol, 80: 265-278, 2009
[9] Binder EB, Nemeroff CB: The CRF system, stress, depression and anxiety-insights from human genetic studies. Mol Psychiatry, 15: 574-588, 2010

◇精神的ストレス（p. 229）
[1] Liu X, et al.: Differences in cardiovascular and central nervous system responses to periods of mental work with a break. Ind Health, 51: 223-227, 2013
[2] Hawkley LC, Cacioppo JT: Loneliness matters: a theoretical and empirical review of consequences and mechanisms. Ann Behav Med, 40: 218-227, 2010
[3] Jiang W, et al: Effect of escitalopram on mental stress-induced myocardial ischemia: results of the REMIT trial. JAMA. 309: 2139-2149, 2013
[4] Chrousos GP, Torpy DJ, Gold PW: Interactions between the hypothalamic-pituitary-adrenal axis and the female reproductive system: clinical implications. Ann Intern Med, 129: 229-240, 1998
[5] Kuriyama K, Soshi T, Kim Y: Sleep deprivation facilitates extinction of implicit fear generalization and physiological response to fear. Biol Psychiatry. 68: 991-998, 2010
[6] Manji HK, Drevets WC, Charney DS: The cellular neurobiology of depression. Nat Med, 7: 541-547, 2001

◇季節性感情障害（p. 231）
[1] Rosenthal NE, et al.: Seasonal affective disorder. A description of the syndrome and preliminary findings with light therapy. Arch Gen Psychiatry, 41: 72-80, 1984

[2]　American Psychiatric Association: Diagnostic and statistical manual of mental disorders. 4th ed. American Psychiatric Association, 317-391, 1994
[3]　Wehr TA, et al.: Contrasts between symptoms of summer depression and winter depression. J Affect Disord, 23: 173-183, 1991
[4]　Rosenthal NE, et al.: Seasonal affective disorder and its relevance for the understanding and treatment of bulimia. In Hudson JI, Pope HG eds. The Psychobiology of Bulimia. American Psychiatric Press, 205-228, 1987
[5]　Williams JB, et al.: Seasonal Affective Disorders Version (SIGH-SAD). New York Psychiatric Institute, Structured Interview Guide for the Hamilton Depression Rating Scale. revised ed., 1994
[6]　Axelsson J, et al: Seasonal affective disorders: relevance of Icelandic and Icelandic-Canadian evidence to etiologic hypotheses. Can J Psychiatry, 47: 153-158, 2002
[7]　Blazer DG, Kessler RC, Swartz MS: Epidemiology of recurrent major and minor depression with a seasonal pattern. The National Comorbidity Survey. Br J Psychiatry, 172: 164-167, 1998
[8]　Eagles JM, et al.: Seasonal affective disorder among psychiatric nurses in Aberdeen. J Affect Disord, 37: 129-135, 1996
[9]　Kasper S, et al.: Epidemiological findings of seasonal changes in mood and behavior. A telephone survey of Montgomery County, Maryland. Arch Gen Psychiatry, 46: 823-833, 1989
[10]　Rosen LN, et al.: Prevalence of seasonal affective disorder at four latitudes. Psychiatry Res, 31: 131-144, 1990
[11]　Imai M, et al.: Cross-regional survey of seasonal affective disorders in adults and high-school students in Japan. J Affect Disord, 77: 127-133, 2003
[12]　Takahashi K, et al.: Multi-center study of seasonal affective disorders in Jaoan; A preliminary report. J Affect Disord, 21: 57-65, 1991
[13]　Okawa M, et al.: Seasonal variation of mood and behaviour in a healthy middle-aged population in Japan. Acta Psychiatr Scand, 94: 211-216, 1996
[14]　Praschak-Rieder N, Willeit M: Treatment of seasonal affective disorders. Dialogues Clin Neurosci, 5: 389-398, 2003
[15]　Miller AL: Epidemiology, etiology, and natural treatment of seasonal affective disorder. Altern Med Rev, 10: 5-13, 2005

5. ヒトの感覚
◇視覚 (p.234)
[1]　Wyszecki G, Stiles WS: Color science: concepts and methods. John Wiley, 1982
[2]　Dacey DM, et al.: Melanopsin-expressing ganglion cells in primate retina signal colour and irradiance and project to the LGN. Nature, 433: 749-754, 2005
◇視力 (p.237)
[1]　大野重昭，他．標準眼科学．医学書院，2011
[2]　渡邉郁緒，新美勝彦．イラスト眼科．文光堂，2012
[3]　鈴村昭弘．空間における動体視知覚の動揺と視覚適性の開発．日本眼科学会雑誌，75: 1974-2006, 1971.
[4]　三島濟一，他．眼の発達と加齢．金原出版，1989
[5]　Chen CJ, Cohen BH, Diamond EL: Genetic and environmental effects on the development of myopia in Chinese twin children. Ophthalmic Paediatr Genet, 6: 353-359, 1985
[6]　Hammond CJ, et al.: Genes and environment in refractive error: the twin eye study. Invest Ophthalmol Vis Sci, 42: 1232-1236, 2001

[7] Lyhne N, et al.: The importance of genes and environment for ocular refraction and its determiners: a population based study among 20-45 year old twins. Br J Ophthalmol, 85: 1470-1476, 2001
[8] Guggenheim JA, et al.: Correlations in refractive errors between siblings in the Singapore Cohort Study of Risk factors for Myopia. Br J Ophthalmol, 91: 781-784, 2007
[9] 文部科学省. 学校保健統計調査 1989-2012
[10] Abramov I, et al.: Sex & vision I: Spatio-temporal resolution. Biol Sex Differ, 3: 20, 2012
[11] 奈田亨二, 他. 3歳6か月児健診における屈折と生まれ月. 日本眼科学会誌, 116: 95-99, 2012

◇視野 (p. 239)
[1] Moreland JD, Cruz A: Colour perception with the peripheral retina. J Mod Optic, 6: 2, 117-151, 1959
[2] Wyszecki G, Stiles WS: Color science: concepts and methods. John Wiley, 1982
[3] Roorda A, Williams DR: The arrangement of the three cone classes in the living human eye. Nature, 6: 2, 117-151, 1999
[4] Dacey DM, et al.: Horizontal cells of the primate retina: cone specificity without spectral opponency. Science, 397: 6719, 520-522, 1996

◇立体視 (p. 243)
[1] 金子寛彦. 立体・奥行き知覚のてがかり. 塩入 諭（編）. 視覚Ⅱ─視覚系の中期・高次機能. 朝倉書店, 67-94, 2007
[2] 林部敬吉. 3次元視研究の新展開. ブイツーソリューション, 2011
[3] Sarmiento RF: The stereoacuity of macaque monkey. Vision Res, 15: 493-498, 1975
[4] Westheimer G: Cooperative neural processes involved in stereoscopic acuity. Exp Brain Res, 36: 585-597, 1979
[5] McKee SP: The spatial requirements for fine stereoacuity. Vision Res, 23: 191-198, 1983
[6] Kumar T, Glaser DA: Depth discrimination of a line is improved by adding other nearby lines. Vision Res, 32: 1667-1676, 1992
[7] Rogalski T: The visual paths in a case of unilateral anophthalmia with special reference to the problem of crossed and uncrossed visual fibres. J Anat, 80: 153-159, 1946
[8] Magnin M, Cooper HM, Mick G: Retinohypothalamic pathway: a breach in the law of Newton-Müller-Gudden? Brain Res, 488: 390-397, 1989
[9] Hubel DH, Livingstone MS: Segregation of form, color, and stereopsis in primate area 18. J Neurosci, 7: 3378-3415, 1987
[10] Shiozaki HM, et al.: Neural activity in cortical area V4 underlies fine disparity discrimination. J Neurosci, 32: 3830-3841, 2012
[11] Previc FH: Functional specialization in the lower and upper visual fields in humans: its ecological origins and neurophysiological implications. Behal Brain Sci, 13: 519-575, 1990
[12] Skrandies W: The upper and lower visual field of man: electro physiological and functional differences. In Autrum A ed. Progress in Sensory Physiology. Vol. 8. Springer-Verlag, 1987
[13] Skrandies W: Human contrast sensitivity: regional retinal differences. Hum Neurobiol, 4: 97-99, 1985
[14] Payne WH: Visual reaction times on a circle about the fovea. Science, 155: 481-482, 1967

◇色覚 (p. 245)
[1] Nathans J, Thomas D, Hogness DS: Molecular genetics of human color vision: the genes encoding blue, green, and red pigments. Science, 232: 193-202, 1986
[2] Zeki SM: Colour coding in rhesus monkey prestriate cortex. Brain Res, 53: 422-427, 1973

[3] Zeki SM: Colour coding in the superior temporal sulcus of rhesus monkey visual cortex. Proc R Soc Lond B Biol Sci, 197: 195-223, 1977
[4] Clarke S, Miklossy J: Occipital cortex in man: organization of callosal connections, related myelo- and cytoarchitecture, and putative boundaries of functional visual areas. J Comp Neurol, 298: 188-214, 1990
[5] Walraven PL, Bouman MA: Fluctuation theory of colour discrimination of normal trichromats. Vision Res, 6: 567-586, 1966
[6] Fletcher R, Voke J: Defective colour vision, fundamentals diagnosis and management. Adam Hilger, 1985
[7] Peeples DR, Teller DY: Color vision and brightness discrimination in two-month-old human infants. Science, 189: 1102-1103, 1975
[8] Sokol S: Measurement of infant visual acuity from pattern reversal evoked potentials. Vision Res, 18: 33-39, 1978
[9] Verriest G: Further studies on acquired deficiency of color discrimination. JOSA A, 53: 185-197, 1964
[10] Knoblauch K, et al.: Age and illuminance effects in the Farnsworth-Munsell 100-hue test. Appl Opt, 26: 1441-1448, 1987
[11] 野寄 忍, 他. Farnsworth-Munsell 100 hue test の正常値について. 日本眼科学会雑誌, 91: 298-303, 1987
[12] Curcio CA, et al.: Aging of the human photoreceptor mosaic: evidence for selective vulnerability of rods in central retina. Invest Ophthalmol Vis Sci, 34: 3278-3296, 1993
[13] Marshall J: Aging changes in human cones. In Shimizu K, Oosterhuis JA, eds. XXIII Concilium Ophthalmologicum. Elsevier, 375-378, 1993
[14] Curcio CA, Drucker DN: Retinal ganglion cells in Alzheimer's disease and aging. Ann Neurol, 33: 248-257, 1993
[15] Webvision. (http://webvision.med.utah.edu/book/)

◇内因性光感受性網膜神経節細胞（ipRGC）(p.247)
[1] Ruby NF, et al.: Role of melanopsin in circadian responses to light. Science, 298: 2211-2213, 2002
[2] Panda S, et al.: Melanopsin (Opn4) requirement for normal light-induced circadian phase-shifting. Science, 298: 2213-2216, 2002
[3] Lucas RJ, et al.: Diminished pupillary light reflex at high irradiances in melanopsin-knockout mice. Science, 299: 245-247, 2003
[4] Cajochen C, et al.: High sensitivity of human melatonin, alertness, thermoregulation, and heart rate to short wavelength light. J Clin Endocrinol Metab, 90: 1311-1316, 2005
[5] Hattar S, et al.: Central projections of melanopsin-expressing retinal ganglion cells in the mouse. J Comp Neurol, 497: 326-349, 2006
[6] Dkhissi-Benyahya O, et al.: Immunohistochemical evidence of a melanopsin cone in human retina. Invest Ophthalmol Vis Sci, 47: 1636-1641, 2006
[7] Dacey DM, et al.: Melanopsin-expressing ganglion cells in primate retina signal colour and irradiance and project to the LGN. Nature, 433: 749-754, 2005
[8] Hankins MW, Lucas RJ: The primary visual pathway in humans is regulated according to long-term light exposure through the action of a nonclassical photopigment. Curr Biol, 12: 191-198, 2002
[9] Fukuda Y, et al.: The ERG responses to light stimuli of melanopsin-expressing retinal ganglion cells that are independent of rods and cones. Neurosci Lett, 479: 282-286, 2010

[10] Do MT, et al.: Photon capture and signalling by melanopsin retinal ganglion cells. Nature, 457: 281-287, 2009
[11] Provencio I, et al.: Melanopsin: An opsin in melanophores, brain, and eye. Proc Natl Acad Sci USA 95: 340-345, 1998
[12] Porter ML, et al.: Shedding new light on opsin evolution. Proc Biol Sci, 279: 3-14, 2012
[13] 福田裕美．メラノプシン網膜神経節細胞に関する研究．日本生理人類学会誌，16: 31-37, 2011
[14] Zaidi FH, et al.: Short-wavelength light sensitivity of circadian, pupillary, and visual awareness in humans lacking an outer retina. Curr Biol, 17: 2122-2128, 2007
[15] Lall GS, et al.: Distinct contributions of rod, cone, and melanopsin photoreceptors to encoding irradiance. Neuron, 66: 417-428, 2010
[16] Allen AE, et al.: Visual responses in mice lacking critical components of all known retinal phototransduction cascades. PLoS One, 5: e15063, 2010
[17] Higuchi S, et al.: Melanopsin gene polymorphism I394T is associated with pupillary light responses in a dose-dependent manner. PLoS One, 8: e60310, 2013

◇聴覚 (p. 249)
[1] 岩宮眞一郎．図解入門 よくわかる最新音響の基本と応用．秀和システム，35-48，2011
[2] 岩宮眞一郎．図解入門 よくわかる最新音楽の科学がよくわかる本．秀和システム，29-32，2012
[3] 境 久雄，中山 剛．聴覚と音響心理．日本音響学会（編）．コロナ社，15-34，1978
[4] ムーア BCJ．大串健吾（監訳）．聴覚心理学概論．誠信書房，90-148，1994
[5] 平原達也，他．音と人間．日本音響学会（編）．コロナ社，100-101，2013

◇味覚 (p. 252)
[1] Boughter JD, Bachmanov AA: Genetics and evolution of taste. In Olfaction and Taste. In The Senses: A Comprehensive Reference, vol. 4. Basbaum AI, et al. eds. Elsevier, 371-390, 2008
[2] Hughes BO, Wood-Gush DGM: A specific appetite for calcium in domestic chickens. Anim Behav, 19: 490-499, 1971
[3] Tordoff MG, et al.: T1R3: A human calcium taste receptor. Sci Rep, 2: 496, 2012. Published online 2012 July 6. doi: 10.1038/srep00496
[4] Ogawa H, et al.: Functional MRI detection of activation in the primary gustatory cortices in humans. Chem Senses, 30: 583-592, 2005
[5] 斉藤幸子，他．うま味の感覚，知覚，反応時間，脳活動に関する国際比較的研究—イノシン酸ナトリウムによる第一次味覚野の賦活．日本味と匂学会誌，9: 389-392, 2002
[6] ベア MF，コノーズ BW，パラディーソ MA．加藤宏司，他（監訳）．神経科学—脳の探求．西村書店，2007

◇嗅覚 (p. 254)
[1] 高木貞敬，渋谷達明（編）．匂いの科学．朝倉書店，1989
[2] Buck L, Axel R: A novel multigene family may encode odorant receptors: a molecular basis for odor recognition. Cell, 65: 175-187, 1991
[3] 永田好男，竹内教文．三点比較式臭袋法による臭気物質の閾値測定結果．日本環境衛生センター所報，17: 77-89, 1990
[4] Hubert HB, Fabsitz RR, Feinleib M, Brown KS: Olfactory sensitivity in humans: genetic versus environmental control. Science, 208: 607-609, 1980
[5] Dalton P, Doolittle N: Gender-specific induction of enhanced sensitivity to odors. Nat Neurosci, 5: 199-200, 2002
[6] Kaneda H, et al.: Decline in taste and odor discrimination abilities with age, and relationship between gustation and olfaction. Chem Senses, 25: 331-337, 2000

[7] 綾部早穂, 他. スティック型嗅覚同定能力検査法 (OSIT) による嗅覚同定能力—年代と性別要因. AROMA RESEARCH, 6: 52-55, 2005
[8] Oberg C, Larsson M, Bäckman L: Differential sex effects in olfactory functioning: the role of verbal processing. J Int Neuropsychol Soc, 8: 691-698, 2002
[9] Whittaker DJ, et al.: Bird odour predicts reproductive success. Anim Behav, 86: 697-703, 2013
[10] Boyse EA, Beauchamp GK, Yamazaki K: The genetics of body scent. Trends Genet, 3: 97-102, 1987
[11] Yamazaki K, et al.: Control of mating preferences in mice by genes in the major histocompatibility complex. J Exp Med, 144: 1324-1335, 1976
[12] Wedekind C, et al.: MHC-dependent mate preferences in humans. Proc Biol Sci, 260: 245-249, 1995
[13] Ober C, et al.: HLA and mate choice in humans. Am J Hum Genet, 61: 497-504, 1997
[14] Chaix R, Cao C, Donnelly P: Is mate choice in humans MHC-dependent? PLoS Genet, 4: e1000184, 2008
[15] Hedrick PW, Black FL: HLA and mate selection: no evidence in South Amerindians. Am J Hum Genet, 61: 505-511, 1997
[16] Beauchamp GK, Yamazaki K: HLA and Mate Selection in Humans: Commentary. Am J Hum Genet, 61: 494-496, 1997
[17] 本郷利憲, 廣重 力, 豊田順一 (監修), 標準生理学 (第6版), 医学書院, 2005

◇痛覚 (p. 257)
[1] 原田 一. 脳自体は痛みを感じない. 日本生理人類学会 (編), カラダの百科事典. 丸善, 261-264, 2009
[2] Sternbach RA, Tursky B: Ethnic differences among housewives in psychophysiology and skin potential responses to electric shock. Psychophysiology, 1: 241-246, 1965
[3] 半場道子. 痛覚. 関 邦博, 坂本和義, 山崎昌廣 (編), 人間の許容限界ハンドブック. 朝倉書店, 152-163, 1990
[4] 原田 一. 日本人の皮膚感覚. 佐藤方彦 (編), 日本人の事典. 朝倉書店, 57-66, 2003
[5] 福本一朗. 痛覚. 関 邦博, 坂本和義, 山崎昌廣 (編), 人間の許容限界事典. 朝倉書店, 26-35, 2005
[6] Melzack R, Wall PD: Pain mechanisms: a new theory. Science, 150: 971-979, 1965

◇触圧覚 (p. 259)
[1] Loomis LM, Ledrman SJ: Tactual perception. In: Handbook of perception and human performance. KR Boff, L Kaufman, JP Thomas, eds. Wiley, 1986: 2: 1-41, 1986
[2] 清水 豊, 篠原正美. 痛覚. 山崎昌廣, 坂本和義, 関 邦博 (編), 人間の許容限界事典. 朝倉書店, 17-25, 2005
[3] 原田 一: 日本人の皮膚感覚. 佐藤方彦 (編), 日本人の事典. 朝倉書店, 57-66, 2003
[4] 和気典二, 和気洋美: 触覚. 山崎昌廣, 坂本和義, 関 邦博 (編), 人間の許容限界ハンドブック. 朝倉書店, 139-151, 1990
[5] 草島時介: 点字読書と普通読書. 秀英出版, 81-88, 1983
[6] 杉本洋介, 柴田知己, 佐藤陽彦. 手指触覚によるアルファベット文字およびドット数の知覚における左右差. 人間工学, 27: 35-41, 1991
[7] ローゼンブラム LD. 齋藤慎子 (訳). 最新脳科学でわかった五感の驚異. 講談社, 187-220, 2011
[8] 佐藤方彦. 感性を科学する. 丸善出版, 57-62, 2011
[9] 佐藤方彦. 肌ざわりと生理人類学. 衣生活, 34: 10-14, 1991
[10] 増山英太郎. 感性情報処理へのアプローチ. 辻 三郎 (編). 感性の科学. サイエンス社, 52-56,

1997
◇温度感覚（p. 262）
［1］ Caterina MJ, et al.: The capsaicin receptor: a heat activated ion channel in the pain pathway. Nature, 389: 816-824, 1997
［2］ 富永真琴．生体はいかに温度をセンスするか―TRPチャネル温度受容体．日本生理学雑誌, 65: 130-137, 2003
［3］ Moritz AR, Henriques FC: Studies of thermal injury Ⅱ. The relative importance of time and surface temperature in the causation of cutaneous burns. Am J Pathol, 23: 695-720, 1947
［4］ Lee JY, et al.: Body regional influences of L-menthol application on the alleviation of heat stress while wearing firefighter's protective clothing. Eur J Appl Physiol, 112: 2171-2183, 2012
［5］ 内田幸子，田村照子．高齢者の皮膚における温度感受性の部位差．日本家政学会誌, 58: 579-587, 2007
［6］ Tochihara Y, et al.: Age-related differences in cutaneous warm sensation thresholds of human males in thermoneutral and cool environments. J Therm Biol, 36: 105-111, 2011
［7］ Lee JY, et al.: Cutaneous warm and cool sensation thresholds and the inter-threshold zone in Malaysian and Japanese males. J Therm Biol, 35: 70-76, 2010
［8］ Lee JY, et al.: Cutaneous thermal thresholds of tropical indigenes residing in Japan. J Therm Biol, 36: 461-468, 2011

◇方向感覚（p. 264）
［1］ 竹内謙彰．方向感覚と方位評定，人格特性及び知的能力との関連．教育心理学研究, 40: 47-53, 2002
［2］ Bryant KJ: Personality correlation of sense of direction and geographical orientation. J Pers Soc Psychol, 43: 1318-1324, 1982
［3］ Shepard RN, Metzler J: Mental rotation of three-dimensional objects. Science, 171: 701-703, 1971
［4］ Wilson JR, et al.: Cognitive abilities: use of family data as a control to assess sex and age differences in two ethnic groups. Int J Aging Hum Dev, 6: 261-276, 1975
［5］ Nordenstrom A, et al.: Sex-typed toy play behavior correlates with the degree of prenatal androgen exposure assessed by CYP21 genotype in girls with congenital adrenal hyperplasia. J Clin Endocrinol Metab, 87: 5119-5124, 2002
［6］ Baucom DH, Besch PK, Callahan S: Relation between testosterone concentration, sex role identity, and personality among females. J Pers Soc Psychol, 48: 1218-1226, 1985
［7］ Silverman I, et al.: Testosterone levels and spatial ability in men. Psychoneuroendocrinology, 24: 813-822, 1999
［8］ Wolf OT, Kirschbaum C: Endogenous estradiol and testosterone levels are associated with cognitive performance in older women and men. Horm Behav, 41: 259-266, 2002
［9］ Neave N, Menaged M, Weightman DR: Sex differences in cognition: the role of testosterone and sexual orientation. Brain Cogn, 41: 245-262, 1999
［10］ Kozaki T, Yasukouchi A: Sex differences on components of mental rotation at different menstrual phases. Int J Neurosci, 119: 59-67, 2009
［11］ Joseph R: The evolution of sex differences in language, sexuality, and visual-spatial skills. Arch Sex Behav, 29: 35-66, 2000
［12］ Berry JW: Temne and Eskimo perceptual skills. Int J Psychol, 1: 207-229, 1966
［13］ Ginn SR, Pickens SJ: Relationships between spatial activities and scores on the mental rotation test as a function of sex. Percept Mot Skills, 100: 3 Pt 1, 877-881, 2005
［14］ De Lisi R, Wolford JL: Improving children's mental rotation accuracy with computer game

playing. J Genet Psychol, 163: 272-282, 2002
- [15] 藤田和生, 松沢哲郎. チンパンジーの表現能力―短期記憶再生と心的回転. 霊長類研究, 5: 58-74, 1989
- [16] 山内兄人, 新井康允. 脳の性分化. 裳華房, 330, 2006

◇平衡感覚（p. 267）
- [1] Fleagle JG: Primate Adaptation and Evolution. 3rd ed. Academic Press, 2012
- [2] Wolfe JM, Kluender KR, Levi DM: Sensation & Perception. 3rd ed. Sinauer Associates, 328-361, 2012
- [3] Brandt T: Vertigo: Its Multisensory Syndromes. 2nd ed. Springer, 1999
- [4] Dieterich M, Brandt T: Functional brain imaging of peripheral and central vestibular disorders. Brain, 131: 2538-2552, 2008
- [5] Karnath HO, Ferber S, Dichgans J: The neural representation of postural control in humans. PNAS, 97: 25, 13931-13936, 2000
- [6] Craig AD: The sentient self. Brain Struct Funct, 214: 563-577, 2010

◇時間感覚（p. 269）
- [1] Treisman M, et al.: The internal clock: evidence for a temporal oscillator underlying time perception with some estimates of its characteristic frequency. Perception, 19: 705-743, 1990
- [2] Treisman M, et al.: The internal clock: electroencephalographic evidence for oscillatory processes underlying time perception. Q J Exp Psychol, 47A: 241-289, 1994
- [3] Kristofferson AB: Quantal and deterministic timing in human duration discrimination. Ann N Y Acad Sci, 423: 3-15, 1984
- [4] Geissler HG: The temporal architecture of central information processing: evidence for a tentative time-quantum model. Psychol Res, 49: 99-106, 1987
- [5] Hoagland H: The physiological control of judgments of duration: evidence for a chemical clock. J Gen Psychol, 9: 267-287, 1933
- [6] Aschoff J: Human perception of short and long time intervals: its correlation with body temperature and the duration of wake time. J Biol Rhythms, 13: 437-442, 1998
- [7] Wearden JH, Penton-Voak IS: Feeling the heat: body temperature and the rate of subjective time, revisited. Q J Exp Psychol, 48B: 129-141, 1995
- [8] Kuriyama K, et al.: Diurnal fluctuation of time perception under 30-h sustained wakefulness. Neurosci Res, 53: 123-128, 2005
- [9] 本間研一. 閉鎖環境の生理心理学: 体内時計と時間感覚. 生理心理学と精神生理学, 11：85-89, 1993
- [10] Morita T, Nishijima T, Tokura H: Time sense for short intervals during the follicular and luteal phases of the menstrual cycle in humans. Physiol Behav, 85: 93-98, 2005
- [11] Morell V: Setting a biological stopwatch. Science, 271: 905-906, 1996
- [12] Holbar J: The sense of time: an electrophysiological study of its mechanisms in man. M. I. T. Press, 1969
- [13] 本川達夫. ゾウの時間ネズミの時間. 中公新書, 1992
- [14] Harrington DL, Haaland KY, Knight RT: Cortical networks underlying mechanisms of time perception. J Neurosci, 18: 1085-1095, 1998
- [15] Lalonde R, Hannequin D: The neurobiological basis of time estimation and temporal order. Rev Neurosci, 10: 151-173, 1999
- [16] Morita T, et al.: Subjective time runs faster under the influence of bright rather than dim light conditions during the forenoon. Physiol Behav, 91: 42-45, 2007

[17] Katsuura T, et al.: Effects of monochromatic light on time sense for short intervals. J Physiol Anthropol, 26: 95-100, 2007
[18] Adam N, et al.: Effect of anesthetic drugs on time production and alpha rhythm. Perception and Psychophysics, 10: 133-136, 1971
[19] Matsuda F: A tentative model of time estimation. Research Bulletin of Educational Sciences, Naruto University of Education, 4: 255-269, 1989
[20] Fraisse P: Perception and estimation of time. Annu Rev Psychol, 35: 1-36, 1984
[21] Thomas EAC, Cantor NE: Simultaneous time and size perception. Percept Psychophys, 19: 353-360, 1976
[22] 松田文子. 時間評価の発達Ⅰ―言語的聴覚刺激のまとまりの効果. 心理学研究, 36: 169-177, 1965
[23] Brown SW: Time, change, and motion: the effects of stimulus movement on temporal perception. Percept Psychphys, 57: 105-116, 1995
[24] Wilsoncroft WE, Stone JD, Bagrash FM: Temporal estimates as a function of difficulty of mental arithmetic. Percept Mot Skills, 46: 1311-1317, 1978
[25] Watts FN, Sharrock R: Fear and time estimation. Percept Mot Skills, 59: 597-598, 1984
[26] Craik FIM, Hay J: Aging and judgments of duration: effects of task complexity and method of estimation. Percept Psychophys, 61: 549-560, 1999
[27] Perbal S, et al.: Relationships between age-related changes in time estimation and age-related changes in processing speed, attention, and memory. Aging Neuropsychology and Cognition, 9: 201-216, 2002

◇**重量感覚** (p. 271)
[1] 後藤　稠 (編集代表). 最新医学大辞典 (第2版). 医歯薬出版, 1996
[2] Gove PB: Webster's Third New International Dictionary of the English Language. Unabridged. Merriam, 1961
[3] 本川弘一. 最新生理学 (第5版). 南山堂, 1969
[4] Dorland's Medical Dictionary for Health Consumers. WB Saunders, 2007
[5] Molina M, Jouen F: Weight perception in 12-month-old infants. Infant Behavior & Development, 26: 49-63, 2003
[6] 真島英信. 生理学 (改訂第18版). 文光堂, 1990
[7] Stevens SS: To honor Fechner and repeal his law. Science, 133: 80-86, 1961
[8] Charpentier A: Analyse experimentale: De quelques elements de la sensation de poids. [Experimental analysis: On some of the elements of sensations of weight]. Archives de Physiologie Normale et Pathologique, 3: 122-135, 1891
[9] Plaisier MA, Smeets JBJ: Mass is all that matters in the size-weight illusion. PLoS ONE, 7: e42518, 2012
[10] Chouinard PA, et al.: Dissociable neural mechanisms for determining the perceived heaviness of objects and the predicted weight of objects during lifting: An fMRI investigation of the size-weight illusion. Neuroimage, 44: 200-212, 2009
[11] De Camp J: The influence of color on apparent weight: A preliminary study. J Exp Psychol, 62: 347-370, 1917
[12] Alexander KR, Shansky M: Influence of hue, value, and chroma on the perceived heaviness of colors. Perception Ii Psychophylics, 19: 72-74, 1976
[13] Seashore C: Some psychological statistics: 2. the material weight illusion. University of Iowa Studies in Psychology, 2: 36-46, 1899
[14] Flanagan JR: Bandomir CA: Coming to grips with weight perception: efects of grasp

configuration on perceived heaviness. Perception & psychophysics, 62: 1204-1219, 2000

◇感覚の年齢差・性差 (p. 273)
[1] 市川　宏. 老化と眼の機能. 臨床眼科, 35: 9-26, 1981
[2] Weale RA: A biography of the eye: development, growth, age. Lewis, 1982
[3] 北原健二. 高齢者の視覚機能. 電子情報通信学会誌, 82: 502-505, 1999
[4] Fisher RF: The force of contraction of the human ciliary muscle during accommodation. J Physiol, 270: 51-74, 1977
[5] Gilbert JG: Age changes in color matching. J Gerontol, 12: 210-215, 1957
[6] 川口順子, 他. 100 hue test による高齢者の色彩弁別能力. 日本生理人類学会誌, 10: 1-7, 2005
[7] Dalderup LM, Friedrichs ML: Colour sensitivity in old age. J Am Geriatr Soc, 17: 388-390, 1969
[8] Schemper T, Voss S, Cain WS: Odor identification in young and elderly persons: sensory and cognitive limitations. J Gerontol, 36: 446-452, 1981
[9] 前島こず恵, 他. 老年の味とニオイの質の弁別能力について. 高齢者のケアと行動科学, 5: 71-79, 1998
[10] Miller IJ Jr: Human taste bud density across adult age groups. J Gerontol, 43: B26-B30, 1988
[11] Bartoshuk LM, et al.: Taste and aging. J Gerontol, 41: 51-57, 1986
[12] Than TT, Delay ER, Maier ME: Sucrose threshold variation during the menstrual cycle. Physiol Behav, 56: 237-239, 1994
[13] Kuga M, et al.: Changes in gustatory sense during pregnancy. Acta Otolaryngol Suppl, 546: 146-153, 2002
[14] Alberti-Fidanza A, Fruttini D, Servili M: Gustatory and food habit changes during the menstrual cycle. Int J Vitam Nutr Res, 68: 149-153, 1998
[15] Werner JS, Steele VG: Sensitivity of human foveal color mechanisms throughout the life span. J Opt Soc Am A, 5: 2122-2130, 1988
[16] Coile DC, Baker HD: Foveal dark adaptation, photopigment regeneration, and aging. Vis Neurosci, 8: 27-39, 1992
[17] Kosnik W, et al.: Visual changes in daily life throughout adulthood. J Gerontol, 43: 63-70, 1988
[18] Rumsey KE: Redefining the optometric examination: addressing the vision needs of older adults. Optom Vis Sci, 70: 587-591, 1993
[19] Verrillo RT: Age related changes in the sensitivity to vibration. J Gerontol, 35: 185-193, 1980
[20] Kenshalo DR Sr: Somesthetic sensitivity in young and elderly humans. J Gerontol, 41: 732-742, 1986
[21] Stevens JC, Choo KK: Temperature sensitivity of the body surface over the life span. Somatosens Mot Res, 15: 13-28, 1998
[22] 小田　恂. 老人性難聴の実態. 後藤修二 (編). リハビリテーション医学全書13 聴覚障害 (第2版). 医歯薬出版, 520-529, 1984
[23] Rosen S, et al.: Presbycusis study of a relatively noise-free population in the Sudan. Ann Otol Rhinol Laryngol, 71: 727-743, 1962
[24] 八木昌人, 他. 高齢者の聴力の実態について. 日本耳鼻咽喉科学会会報, 99: 869-874, 1996
[25] Schuknecht HF: Further observation on the pathology of presbycusis. Arch Otolaryngol, 80: 369-382, 1964
[26] 岡部正隆, 伊藤　啓. 色覚の原理と色盲のメカニズム. 細胞工学, 21: 733-745, 2002
[27] Bartoshuk LM, Duffy VB, Miller IJ: PTC/PROP tasting: anatomy, psychophysics, and sex effects. Physiol Behav, 56: 6, 1165-1171, 1994
[28] Dalton P, Doolittle N, Breslin PA: Gender-specific induction of enhanced sensitivity to odors. Nat

Neurosci, 5: 199-200, 2002
◇特殊感覚の法則（p. 275）
[1] Toates F: Biological Psychology. Pearson Prentice Hall. 2011
[2] Kingdom FAA, Prins N: Psychophysics. Academic Press. 2009
[3] Giummarra MJ, Gibson S. J, Georgiou-Karistianis N, Bradshaw J. L. Central mechanisms in phantom limb perception: the past, present and future. Brain Res Rev. 54: 219-232. 2007
[4] 小澤瀞司，福田康一郎（監修）．標準生理学．医学書院，2009

◇共感覚（p. 277）
[1] Baron-Cohen S, Harrison J: Synaesthesia. Encyclopedia of Cognitive Science, 2005
[2] シーバーグ M. 和田美樹（訳）．共感覚という神秘的な世界―言葉に色を見る人，音楽に虹を見る人．エクスナレッジ，2012
[3] Cytowic RE, Eagleman DM: Wednesday is indigo blue: Discovering the brain of synesthesia. Cambridge MA, MIT Press, 2009
[4] Jamie W, et al.: Synaesthesia: an overview of contemporary findings and controversies. Cortex, 42: 129-136, 2006
[5] Simner J, et al.: Synaesthesia: The prevalence of atypical cross-modal experiences. Perception, 35: 1024-1033, 2006
[6] Smilek D, et al.: Synaesthesia: Discordant male monozygotic twins. Neurocase, 11: 363-370, 2005
[7] Asano M, Yokosawa K: Determinants of synesthetic color choice for Japanese characters. J Vis, 10: article 876, 2010
[8] Rouw R, Scholte HS: Increased structural connectivity in grapheme-color synesthesia. Nat Neurosci, 10: 792-797, 2007
[9] Grossenbacher PG, Lovelace CT: Mechanisms of synesthesia: Cognitive and physiological constraints. Trends in Cognitive Sciences, 5: 36-41, 2001
[10] Pascual-Leone A, Hamilton R: The metamodal organization of the brain. Prog Brain Res, 134: 427-455, 2001
[11] Brang D, Ramachandran VS: Psychopharmacology of synesthesia: the role of serotonin S2a receptor activation. Medical Hypothesis 70: 903-904, 2007
[12] Sagiv N, Ward J: Cross-modal interactions: lessons from synesthesia. Prog Brain Res, 155: 263-275, 2006

◇感覚の統合（p. 279）
[1] 丸山欣哉．モダリティ，感覚間領域の諸研究．大山　正，他（編），新編 感覚・知覚心理学ハンドブック．誠信書房，80-81, 1994
[2] 積山　薫．唇を聴き，声を見て．日本音響学会誌，57: 60, 2000
[3] 長田典子．音を聞くと色が見える：共感覚のクロスモダリティ．日本色彩学会誌，34: 348-353, 2010
[4] McGurk H, MacDonald J: Hearillg lips and seeing voices. Nature, 264: 746-748, 1976
[5] 丸山欣哉，佐々木隆之．視覚と聴覚の相互作用諸効果．日本音響学会誌，52: 34-39, 1995
[6] 小宮山摂．定位に及ぼす視覚の影響．大山　正，他（編），新編 感覚・知覚心理学ハンドブック．誠信書房，1066-1070, 1994
[7] 下條信輔，他．知覚モダリティを超えて―視知覚に及ぼす聴覚の効果．日本音響学会誌，57: 219-225, 2001
[8] 妹尾正巳，元永千穂．香りイメージの色表現による伝達．日本感性工学会研究論文集，7: 497-503, 2008
[9] 大島直樹．香りと視覚情報の相互作用に関する研究紹介．Aroma research, 10: 22-24, 2009

[10]　三浦久美子, 堀部奈都香, 齋藤美穂. 色彩と香りの調和による心理的効果. 日本色彩学会誌, 34: 14-25, 2010
[11]　数野千恵子, 他. ゼリーの色が味覚の判別に与える影響. 実践女子大学生活科学部紀要, 43: 1-7, 2006
[12]　鳴海拓志, 他. メタクッキー—感覚間相互作用を用いた味覚ディスプレイの検討. 日本バーチャルリアリティ学会論文誌, 15: 579-588, 2010

6. ヒトと環境
◇温度 (p. 282)
[1]　IUPS Thermal Commission: Glossary of terms for thermal physiology. Third Edition. Jpn J Appl Phys, 51: 245-280, 2001
[2]　入來正躬. 体温生理学テキスト—わかりやすい体温のおはなし. 文光堂, 2003
[3]　空気調和・衛生工学会. 新版・快適な温熱環境のメカニズム—豊かな生活空間をめざして. 67-86, 2006
[4]　Tipton MJ, Stubbs DA, Elliott DH: Human initial responses to immersion in cold water at three temperatures and after hyperventilation. J Appl Physiol, 70: 317-322, 1991
[5]　Tipton M, et al.: Immersion deaths and deterioration in swimming performance in cold water. Lancet, 354: 626-629, 1999.
[6]　Racinais S, Oksa J: Temperature and neuromuscular function. Scand J Med Sci Sports, 20(Suppl. 3): 1-18, 2010.
[7]　Drinkwater E: Effects of peripheral cooling on characteristics of local muscle. Med Sport Sci, 53: 74-88, 2008.
[8]　Golden F, Tipton M: Essentials of sea survival. Human Kinetics, Champaign, 51-77, 2002.
[9]　山下脩二. 気候帯と気候区. からだと温度の事典. 朝倉書店, 568-570, 2010
[10]　Peel MC, Finlayson BL, McMahon TA: Updated world map of the Köppen-Geiger climate classification. Hydrol Earth Syst Sci, 11: 1633-1644, 2007

◇寒冷環境 (p. 285)
[1]　入来正躬, 田中正敏, 浅木 恭. 日本における偶発性低体温症の現状 (第1報). 日本老年医学会雑誌, 22：257-263, 1985
[2]　Lichtenbelt WDM, et al.: Cold-activated brown adipose tissue in healthy men. N Eng J Med, 360: 1500-1508, 2009
[3]　Kim T, et al.: Physiological responses and performance of loading work in a severely cold environment. Int J Industrial Ergonomics, 37: 725-732, 2007
[4]　Tochihara Y, et al.: A survey on workloads of forklift-truck workers in cold storage. Bull of Institute of Public Health, 39: 29-36, 1990
[5]　Tochihara Y, et al.: Effects of repeated exposures to severely cold environments on thermal responses of humans. Ergonomics, 38: 987-995, 1995
[6]　Ozaki H, Nagai Y, Tochihara Y: Physiological responses and manual performance in humans following repeated exposure to severe cold at night. Eur J Appl Physiol, 84: 343-349, 2001

◇高温環境 (p. 287)
[1]　井上芳光. 発育と老化. 井上芳光, 近藤徳彦 (編), 体温Ⅱ—体温調節システムとその適応. ナップ, 220-237, 2010
[2]　日本生理人類学会 (編). カラダの百科事典. 丸善, 2009
[3]　鷹股 亮. 体温調節システムと浸透圧調節. 井上芳光, 近藤徳彦 (編), 体温Ⅱ—体温調節システムとその適応. ナップ, 156-168, 2010

[4]　川原　貴, 他（編）. スポーツ活動中の熱中症予防ガイドブック. 日本体育協会, 2013
[5]　Fujii N, et al.: Comparison of hyperthermic hyperpnea elicited during rest and submaximal, moderate-intensity exercise. J Appl Physiol, 104: 998-1005, 2008
[6]　Nybo L, Secher NH, Nielsen B: Inadequate heat release from the human brain during prolonged exercise with hyperthermia. J Physiol, 545: 697-704, 2002
[7]　Cabanac M, White MD: Core temperature thresholds for hyperpnea during passive hyperthermia in humans. Eur J Appl Physiol, 71: 71-76, 1995
[8]　林　恵嗣, 西保　岳. ヒトにおける暑熱下運動時の換気調節. 井上芳光, 近藤德彦（編）. 体温Ⅱ—体温調節システムとその適応. ナップ, 131-140, 2010
[9]　Hiley PG: The thermoregulatory responses of the galago (*Galago crassicaudatus*), the baboon (*Papio cynocephalus*) and the chimpanzee (*Pan stayrus*) to heat stress. J Physiol, 254: 657-671, 1976
[10]　Jessen C: Temperature Regulation in Humans and Other Mammals. Springer-Verlag, 2001

◇**耐寒性**（p. 289）
[1]　入來正躬. 体温生理学テキスト. 文光堂, 41-44, 2003
[2]　紫藤　治. エネルギー代謝. 本郷利憲, 廣重　力, 豊田順一（監修）. 標準生理学（第6版）. 医学書院, 824-830, 2005
[3]　Saito M, et al.: High incidence of metabolically active brown adipose tissue in healthy adult humans: effects of cold exposure and adiposity. Diabetes, 58: 1526-1531, 2009
[4]　Stallknecht B: Influence of physical training on adipose tissue metabolism—with special focus on effects of insulin and epinephrine. Dan Med Bull, 51: 1-33, 2004
[5]　Ouellet V, et al.: Outdoor temperature, age, sex, body mass index, and diabetic status determine the prevalence, mass, and glucose-uptake activity of 18F-FDG-detected BAT in humans. J Clin Endocrinol Metab, 96: 192-199, 2011
[6]　Harri M, et al.: Related and unrelated changes in response to exercise and cold in rats: a reevaluation. J Appl Physiol, 57: 1489-1497, 1984
[7]　Scholander PF, et al.: Cold adaptation in Australian Aborigines. J Appl Physiol, 13: 211-218, 1958
[8]　Andersen Kl, et al.: Metabolic and thermal response to a moderate cold exposure in nomadic Lapps. J Appl Physiol, 15: 649-653, 1960
[9]　Yoshida T, et al.: Nonshivering thermoregulatory responses in trained athletes: effects of physical fitness and body fat. Jpn J Physiol, 48: 143-148, 1998
[10]　Maeda T, et al.: Involvement of basal metabolic rate in determination of type of cold tolerance. J Physiol Anthropol, 26: 415-418, 2007
[11]　Nishimura T, et al.: Relationship between seasonal cold acclimatization and mtDNA haplogroup in Japanese. J Physiol Anthropol, 31: 22, 2012, doi: 10.1186/1880-6805-31-22
[12]　Lewis T: Observations upon the reactions of the vessels of the human skin to cold. Heart, 15: 177-208, 1930
[13]　Daanen HA: Finger cold-induced vasodilation: a review. Eur J Appl Physiol, 89: 411-426, 2003
[14]　Takano N, Kotani M: Influence of food intake on cold-induced vasodilatation of finger. Jpn J Physiol, 39: 755-765, 1989
[15]　Yoshimura H, Iida T: Studies on the reactivity of skin vassels on extreme cold. Part I. A point test on the resistance against frost bite. Jpn J Physiol, 1: 147-159, 1950
[16]　中村　正, 他. 指の寒冷血管反応の新たな評価法. 日本衛生学雑誌, 32: 268, 1977

◇**耐暑性**（p. 292）
[1]　堀　清記. 暑熱適応. 中山昭雄（編）. 温熱生理学. 理工学社, 491-500, 1981

[2] 堀　清記. 耐熱性の測定法. 臨床スポーツ医学, 9: 11, 1255-1265, 1992
[3] 山崎文夫. 運動トレーニングと暑熱順化. 体温Ⅱ. ナップ, 186-192, 2010
[4] Inoue Y, et al.: Sweat gland function in Thai and Japanese males in relation to physical training. Enviro Ergon, 13: 276-279, 2009
[5] 井上芳光. 発育と老化. 井上芳光・近藤徳彦（編）. 体温Ⅱ. ナップ, 220-237, 2010

◇温熱指数 (p. 295)
[1] Houghten FC, Yaglou CP: Determining lines of equal comfort. ASHVE Trans, 29: 163-176, 1923
[2] Yaglou CP, Miller WE: Effective temperature with clothing. ASHVE Trans, 31: 89-99, 1925
[3] Vernon HM, Warner CG: The influence of the humidity of the air on capacity for work at high temperatures. J Hyg, 32: 431-463, 1932
[4] Yaglou CP, et al.: Industrial hygiene section: Atmospheric comfort (Thermal Standards in Industry)". Am J Public Health Nations Health, 40.5_Pt_2: 131-143, 1950
[5] Yaglou CP: A method for improving the effective temperature index. ASHVE Transactions, 53: 307-309, 1947
[6] Yaglou CP, Minard D: Prevention of heat casualties at marine corps training centers. Technical Report: AD0099920. Harvard School of Public Health, 1956
[7] Yaglou CP, Minard D: Control of heat casualties at military training centers. AMA Arch Ind Health, 16: 302-316, 1957
[8] Minard D, Belding HS, Kingston JR: Prevention of heat casualties. JAMA, 165: 1813-1818, 1957
[9] 持田　徹, 佐古井智紀. WBGT指標の科学. 日本生気象学会雑誌, 48: 103-110, 2011
[10] Budd GM: Wet-bulb globe temperature (WBGT)—its history and its limitations. J Sci Med Sport, 11: 20-32, 2008
[11] Winslow C-EA, Herrington LP, Gagge AP: Physiological reactions of the human body to varying environmental temperatures. Am J Physiol—Legacy Content, 120: 1-22, 1937
[12] Gagge AP, Stolwijk JAJ, Nishi Y: An effective temperature scale based on a simple model of human physiological regulatory response. ASHRAE Transactions, 77: 247-262, 1971
[13] Gonzalez RR. Nishi Y, Gagge AP: Experimental evaluation of standard effective temperature a new biometeorological index of man's thermal discomfort. Int J Biometeor, 18: 1-15, 1974
[14] Gagge AP, Fobelets AP, Berglund LG: A standard predictive index of human response to the thermal environment. ASHRAE Transactions, 92: 709-731, 1986
[15] PMV, SET*, cloに関する研究報告—温熱指標等研究委員会報告書. 3. SET*委員会報告書. 人間と生活環境 12. 特別, 75-99, 2005
[16] 西　安信. 温熱環境の評価. 中山昭雄（編）. 温熱生理学. 58-69, 1985
[17] Fanger PO: Thermal comfort: analysis and applications in environmental engineering. Danish Technical Press, 1970
[18] ASHRAE Standard 55-2004, Thermal Environmental Conditions for Human Occupancy. ASHRAE, 2004.

◇至適温度 (p. 298)
[1] Hashiguchi N, Feng Y, Tochihara Y: Gender differences in thermal comfort and mental performance at different vertical air temperatures. Eur J Appl Physiol, 109: 41-48, 2010
[2] Tochihara Y, et al.: Age-related difference in cutaneous warm sensation thresholds of human males in thermoneutral and cool environments. J Therm Biol, 36: 105-111, 2011
[3] Lee JY, et al.: Cutaneous warm and cool sensation thresholds and the inter-threshold zone in Malaysian and Japanese males. J Therm Biol, 35: 70-76, 2010
[4] 三浦豊彦, 他. 外気温を考慮した冷房の至適温度に関する研究（第1～6報）. 労働科学, 1960

[5] 安河内 朗，他．快適性とカラダ 人間-環境系からみた快適性．日本生理人類学会（編），カラダの百科事典．丸善出版，581-585，2009

◇湿度 (p. 300)
[1] 横山真太郎，大中忠勝．湿度．山崎昌廣，坂本和義，関 邦博（編），人間の許容限界事典．朝倉書店，815-821，2005
[2] Rohles FH: Humidity, human factors and energy shortage. ASHRAE J, April, 38-40, 1975
[3] 栃原 裕．湿度．栃原 裕，他（編）．人工環境デザインハンドブック．丸善，36-39, 2007
[4] 栃原 裕，他．長時間運動時の生理反応に及ぼす湿度の影響とその性差．デサントスポーツ科学，6: 234-239, 1985

◇空調 (p. 302)
[1] 三浦豊彦．至適温度の研究—至適温度を変動させる因子について．労働科学，44: 431-453, 1968
[2] 籾山政子，片山功仁恵．死亡の季節性よりみた日本人の気候順応．吉村寿人（編），日本人の熱帯順化．社会保険新報社，115-228, 1978
[3] 平賀洋明．かぜウイルス感染と抗ウイルス療法．Clinician，38: 27-31, 1991

◇電磁波 (p. 304)
[1] 産業創造研究所・マイクロ波応用技術研究会（編）．初歩から学ぶマイクロ波応用技術．工業調査会，2004
[2] 国際がん研究機関（IARC）報告．(http://www.iarc.fr/en/media-centre/pr/2011/pdfs/pr208_E.pdf)

◇放射線 (p. 306)
[1] 放射線医学総合研究所．(http://www.nirs. go. jp/publication/igaku_siryo/igaku_siryo.pdf)

◇赤外線 (p. 308)
[1] 照明学会照明専門用語調査委員会（編）．照明専門用語集（増補改訂版）．照明学会，2007
[2] Toison ML: Medical uses of infrared. In Infrared and Its Thermal Applications. International ed. Philips Technical Library, 141-147, 1966
[3] 松井松長，他．波長域別赤外放射に対する皮膚の温熱感覚．福山大学工学部紀要，8: 35-43, 1986
[4] Stevens JC, Marks LE, Simonson DC: Regional sensitivity and spatial summation in the warmth sense. Physiol Behav, 13: 825-836, 1974

◇紫外線 (p. 310)
[1] 日本規格協会．色彩．JISハンドブック．61, 2012
[2] Molina MJ, Rowland FS: Stratospheric sink for chlorofluoromethanes: chlorine atom-catalysed destruction of ozone. Nature, 249: 810-812, 1974
[3] 気象庁．オゾン層・紫外線の年のまとめ（2011 年）．3-33, 2012
[4] 環境省．平成 23 年度オゾン層等の監視結果に関する年次報告書．113-135, 2012
[5] 紫外線環境保健マニュアル編集委員会（環境省環境保健部環境安全課）．紫外線環境保健マニュアル 2008．14-23, 2008
[6] 気象庁．地表面の反射と紫外線．(http://www.data.kishou.go.jp/obs-env/uvhp/3-76uvindex_mini.html), 2013
[7] World Health Organization: Global solar UV index. A Practical Guide. 6-9, 2002
[8] World Health Organization: Ultraviolet radiation and human health. (http://www.who.int/mediacentre/factsheets/fs305/en/index.html), 2009
[9] Moran DJ, Hollows FC: Pterygium and ultraviolet radiation: a positive correlation. Br J Ophthalmol, 68: 343-346, 1984
[10] 嵩 義則，リディアクリア，雨宮次生．チュニジアと長崎における翼状片の臨床像についての比較研究．日本眼科紀要，47: 582-586, 1996

[11] 森ウメ子, 他. 年齢別および職業別における太陽紫外線被曝量の相違. 奈良県立医科大学看護短期大学部紀要, 1: 33-38, 1997
[12] 森ウメ子, 他. スポーツ種目別および年齢別における太陽紫外線被曝量の相違. 放射線生物研究, 30: 176-182, 1995
[13] 唐井一郎, 堀口俊一. 溶接工にみられた翼状片. 日本眼科学会雑誌, 88: 5, 815-818, 1984
[14] 日本化学繊維協会. よくわかる科学せんい 高機能化学繊維素材. (http://www.jcfa.gr.jp/fiber/high/summary.html), 2013
[15] 小島正美. 紫外線による眼の傷害について. 臨床スポーツ医学, 20: 1083-1090, 2003

◇光/可視光線 (p.312)
[1] CIE: sixieme session, 1924. Recueil des Travaux et Compte Rendu des Seances. Cambridge University Press, 1926
[2] Hecht S, Haig G, Chase AM: The influence of light adaptation on subsequent, dark adaptation of the eye. J Gen Physiol, 20: 831-850, 1937
[3] Khalsa SB, et al.: A phase response curve to single bright light pulses in human subjects. J Physiol, 549: Pt 3, 945-952, 2003
[4] Brainard GC, et al.: Action spectrum for melatonin regulation in humans: evidence for a novel circadian photoreceptor. J Neurosci, 21: 6405-6412, 2001
[5] Berson DM, et al.: Phototransduction by retinal ganglion cells that set the circadian clock. Science, 295: 1070-1073, 2002
[6] DIN SPEC 5031-100: Optical radiation physics and illuminating engineering—Part 100: non-visual effects of ocular light on human beings—Quantities, symbols and action spectra, 2011

◇色温度 (p.317)
[1] 日本規格協会. JIS Z 8725: 1999. 光源の分布温度及び色温度・相関色温度の測定方法.
[2] Brainard GC, et al.: Action spectrum for melatonin regulation in humans: evidence for a novel circadian photoreceptor. J Neurosci, 21: 6405-6412, 2001
[3] Kozaki T, et al.: Effects of short wavelength control in polychromatic light sources on nocturnal melatonin secretion. Neurosci Lett, 439: 256-259, 2008

◇採光 (p.319)
[1] 日本建築学会 (編). 建築環境心理生理用語集 [和英・英和]. 彰国社, 2013
[2] 日本建築学会 (編). 日本建築学会環境基準 AIJES-L001-2010 室内光環境・視環境に関する窓・開口部の設計・維持管理規準・同解説. 日本建築学会, 2010
[3] 日本建築学会 (編). 建築環境工学用教材 環境編. 日本建築学会, 52, 2011
[4] 宮田紀元. 建築における窓の意味と役割. 建築技術, 563, 110-116, 1997
[5] 宗方 淳, 他. 住宅居室の採光満足度に関する研究. 日本建築学会環境系論文集, 590, 17-22, 2005

◇光源 (p.321)
[1] Brainard G, et al.: Action spectrum for melatonin regulation in humans: Evidence for a novel circadian photoreceptor. J Neurosci, 21: 6405-6412, 2001
[2] Thapan K, et al.: An action spectrum for melatonin suppression: evidence for a novel non-rod, non-cone photoreceptor system in humans. J Physiol, 535: 261-267, 2001
[3] DIN SPEC 5031-100: Optical radiation physics and illuminating engineering—Part 100: non-visual effects of ocular light on human beings—Quantities, symbols and action spectra, 2011

◇照明 (p.323)
[1] 野口公喜, 他. 天井照明を用いた起床前漸増光照射による目覚めの改善. 照明学会誌, 85: 315-322, 2001

[2] 萩原　啓，他．脳波を用いた覚醒度定量化の試みとその応用．BME, 11: 86-92, 1997
[3] Smith K, et al.: Adaptation of human pineal melatonin suppression by recent photic history. J Clin Endocrinol Metab, 89: 3610-3614, 2004
[4] Mishima K, et al.: Diminished melatonin secretion in the elderly caused by insufficient environmental illumination. J Clin Endocrinol Metab, 86: 129-134, 2001
[5] Burgess H, et al.: The relationship between the dim light melatonin onset and sleep on a regular schedule in young healthy adults. Behav Sleep Med, 1: 102-114, 2003
[6] Brainard G, et al.: Action spectrum for melatonin regulation in humans: evidence for a novel circadian photoreceptor. J Neurosci, 21: 6405-6412, 2001
[7] Lockley S, et al.: Short-wavelength sensitivity for the direct effects of light on alertness, vigilance, and the waking electroencephalogram in humans, Sleep, 29: 161-168, 2006
[8] Lockley S, et al.: High sensitivity of the human circadian melatonin rhythm to resetting by short wavelength light, J Clin Endocrinol Metab, 88: 4502-4505, 2003
[9] CIE 117: Discomfort glare in interior lighting. 1995
[10] CIE 112: Glare evaluation system for use within outdoor sports and area lighting. 1994

◇グレア (p. 326)
[1] ISO 8995（CIE S 008/E: 2001）．Lighting of indoor work places. 2002
[2] 日本工業規格．JIS Z 9125. 屋内作業場の照明基準．2007
[3] CIE Technical Report 117-1995: Discomfort Glare in Interior Lighting. 1995
[4] Luckiesh M, Guth SK: Brightnesses in visual field at borderline between comfort and discomfort (BCD). Illum Eng, 44: 650-670, 1949
[5] UGRの研究調査委員会報告書．CIEグレア評価法．照明学会，1999
[6] 原　直也，長谷川早苗．LED素子を配列した光源の不快グレアに関する研究．照明学会誌，96: 81-88, 2012

◇色 (p. 328)
[1] Wyszecki G, Stiles WS.: Color Science: concepts and methods, quantitative data and formulae 2nd edition, Wiley series in pure and applied optics, 510, 1982
[2] MacAdam DL: Visual sensitivities to color differences in daylight, J Opt Soc Am, 32: 247-274, 271, 1942

◇空気質 (p. 330)
[1] 横山真太郎．室内空気質．落藤　澄（編）．現代の空気調整工学．朝倉書店，59-85, 1996
[2] 横山真太郎．室内空気質と健康．北海道大学工学部衛生環境工学コース（編）．健康と環境の工学（第2版）．技報堂出版，24-28, 2008

◇高圧環境 (p. 333)
[1] 関　邦博．高圧生理学の基礎．関　邦博，坂本和義，山崎昌廣（編）．高圧生理学．朝倉書店，7-24, 1988
[2] 蒲田　桂．高気圧酸素治療の適応疾患　1．日本高気圧環境医学会（編）．高気圧酸素治療法入門（第3版）．105-115, 2002
[3] 眞野喜洋（編）．潜水医学．朝倉書店，1992
[4] 池田知純．潜水医学入門―安全に潜るために．大修館書店，1995
[5] Flagstaff AZ: U. S. Navy Diving Manual, Volume 1（Air Diving），Rev. 3. Best Publishing, 1993

◇潜水 (p. 335)
[1] Lin YC: Breath-hold diving in terrestrial mammals. Exerc Sport Sci Rev, 270-307, 1982
[2] 日本フリーダイビング協会　Japan Apnea Society. (http://www.aida-japan.com/)
[3] マイヨールP, ムートンP. 岡田好恵（訳）．ジャック・マイヨール，イルカと海へ還る．講談社，

2003
[4] 関　邦博．高圧生理学の基礎．高圧生理学，朝倉書店，7-24，1988

◇**低圧環境**（p. 337）
[1] 山本正嘉．登山の運動生理学百科．東京新聞出版局，290-292，2000
[2] 勝浦哲夫．そこに高山があるから．日本生理人類学会（編）．カラダの百科事典．丸善，652-655，2009

◇**宇宙環境**（p. 339）
[1] 宇宙航空研究開発機構．「きぼう」日本実験棟ハンドブック．宇宙航空研究開発機構，2007
[2] 狼　嘉彰，他．宇宙ステーション入門．東京大学出版会，2008
[3] 青木伊知郎，他．国際宇宙ステーション日本実験モジュール「きぼう」の全貌　第11回系統概要（4）熱制御系．日本航空宇宙学会誌，50: 124-132, 2002
[4] 五家建夫，他．宇宙における放射線．保健物理，46: 31-41, 2011
[5] 国立天文台（編）．理科年表　平成13年．丸善出版，2000
[6] 井上洋夫，他．宇宙環境利用のサイエンス．裳華房，2001
[7] 佐藤温重，他．宇宙環境と生命．裳華房，2009
[8] National Council on Radiation Protection and Measurements (NICP): Operational Radiation Safety Program for Astronauts in Low-Earth Orbit: A Basic Framework. NCRP Report No. 142; 2002
[9] Francis A. Cucinotta, et al.: Radiation Protection Studies of International. Space Station Extravehicular Activity Space Suits. NASA/TP 2003-212051
[10] Fazio GG, et al.: Generation of Cherenkov Light Flashes by Cosmic Radiation Within the Eyes of the Apollo Astronauts. Nature, 228: 260-264, 1970
[11] 五家建夫，他．宇宙環境リスク事典．丸善出版サービスセンター，2006
[12] 宇宙開発事業団．有人サポート委員会　宇宙放射線被ばく管理分科会　報告書．宇宙開発事業団，2002
[13] International Commission on Radiological Protection (ICRP): The 2007 Recommendations of the International Commission on Radiological Protection: Publication 103. Annals of the ICRP, Vol. 37, 2007
[14] 関口千春，他．宇宙医学・生理学．社会保険出版，1998
[15] 大島　博，他．宇宙飛行による骨・筋への影響と宇宙飛行士の運動プログラム．リハビリテーション医学，43: 186-194, 2006
[16] Trappe S, et al.: Exercise in space: human skeletal muscle after 6 months aboard the International Space Station. J Appl Physiol, 106: 1159-1168, 2009
[17] Moore AD, et al.: Cardiovascular exercise in the U. S. space program Past, present and future. Acta Astronautica, 66: 974-988, 2010
[18] 上月正博，他．リハ医とコメディカルのための最新リハビリテーション医学．先端医療技術研究所，2010

◇**重力**（p. 342）
[1] Kurihara K, et al.: Frontal cortical oxygenation changes during gravity-induced loss of consciousness in humans: a near-infrared spatially resolved spectroscopic study. J Appl Physiol, 103: 1326-1331, 2007
[2] Ganzeboom KS, et al.: Lifetime cumulative incidence of syncope in the general population: a study of 549 Dutch subjects aged 35-60 years. J Cardiovasc Electrophysiol, 17: 1172-1176, 2006
[3] ストリンガー C，マッキー R．出アフリカ記―人類の起源．岩波書店，2001
[4] 岩永光一．ヒトの適応能．日本生理人類学会（編）．カラダの百科事典．丸善，651-698，2009

[5] 国立天文台（編）. 理科年表 平成 26 年. 丸善出版, 2013
[6] 水野祥太朗. ヒトの足—この謎にみちたもの. 創元社, 1984
[7] 遠藤秀紀. 動物解剖学. 東京大学出版会, 2013
[8] Schmidt-Nielsen K: Locomotion: energy cost of swimming, flying, and running. Science, 177: 222-228, 1972
[9] 八杉龍一, 他（編）. 岩波生物学辞典（第 4 版）. 岩波書店, 1996
[10] Sockol MD, Raichlen A, Pontzer H: Chimpanzee locomotor energetics and the origin of bipedalism. Proc Natl Acad Sci, 104: 12265-12266, 2007
[11] Lieberman D: Story of the Human Body: Evolution, Health and Disease. Pantheon, 2013
[12] Richmond BG, Aiello LC, Wood BA: Earlyhominin limb proportions. J Hum Evol, 43: 529-548, 2002
[13] van Dijk JG: Fainting in animals. Clin Auton Res, 13: 247-255, 2003
[14] Madsen P, et al.: Tolerance to head-up tilt and suspension with elevated legs. Aviat Space Environ Med, 69: 781-784, 1998
[15] Frey MAB, Charles JB, Houston DE: Weightlessness and response to orthostatic stress. In Circuratory Response to the Upright Posture. Smith JJ ed. CRC Press, 65-120, 1990
[16] Blaber AP, Zuj KA, Goswami N: Cerebrovascular autoregulation: lessons learned from spaceflight research. Eur J Appl Physiol, 113: 1909-1917, 2013
[17] Stein TP: Weight, muscle and bone loss during space flight: another perspective. Eur J Appl Physiol, 113: 2171-2181, 2013
[18] 渡辺勝巳, JAXA. 完全図解・宇宙手帳—世界の宇宙開発活動「全記録」. 講談社ブルーバックス, B-1762, 2012

◇音 (p. 344)
[1] 音の百科事典編集委員会(編). 音の百科事典. 丸善, 2006
[2] 岩宮眞一郎. 図解入門 よくわかる最新音響の基本と仕組み（第 2 版）. 秀和システム, 2014
[3] 岩宮眞一郎. 音のデザイン. 九州大学出版会, 2007
[4] 岩宮眞一郎. 音楽と映像のマルチモーダル・コミュニケーション（改訂版）. 九州大学出版会, 2011

◇騒音 (p. 347)
[1] 岩宮眞一郎. 図解入門 よくわかる最新音響の基本と仕組み（第 2 版）. 秀和システム, 2014
[2] 騒音計 NL-52/42.（http://svmeas.rion.co.jp/products/NL-52_42.html）
[3] 環境省. 騒音に係る環境基準について.（http://www.env.go.jp/kijun/oto1-1.html）, 2013.3.26

◇超音波 (p. 349)
[1] Sales G, Pye D: Ultrasonic Communication by Animals. Champ and Hall, 1974
[2] Wilson DR, Hare JF: Animal communication: ground squirrel uses ultrasonic alarms. Nature, 430: 523, 2004
[3] Acton WI: The effects of industrial airborne ultrasound on humans. Ultrasonics, 12: 124-128, 1974
[4] Dickson EDD, et al.: A clinical survey into the effects of turbo-jet engine noise on service personnel. Journal of Laryngology and Otology, 63: 276, 1949
[5] Byalko N, et al.: Certain biochemical abnormalities in workers exposed to high frequency noise. Doklady Vsesoyvznogo Nauchno-Prakticheskogo Soveshchaniya Po Izucheniyu Deistriya Shuma Na Organizm（Moscow）, 87-89, abstract No.2659 in Excerpta Medica, 17: 570, 1964
[6] Angeluscheff ZD: Ultrasonics, resonances and deafness. Rev Laryngol Otol Rhinol（Bord）78: 7-8, 655-667, 1957
[7] Skillern CP: Human responses to measured sound pressure levels from ultrasonic devices. Am Ind Hyg Asoc J, 26: 132-136, 1965

[8] Oohashi T, et al.: Inaudible high-frequency sounds affect brain activity: hypersonic effect. J Neurophysiol, 83: 3548-3558, 2000
[9] Lee S, Katsuura T, Shimomura Y: Effects of parametric speaker sound on physiological functions during mental task. J Physiol Anthropol, 30: 9-14, 2011
[10] Lee S, et al.: The effects of parametric speaker sound on salivary hormones and a subjective evaluation. Neuro Endocrinol Lett, 31: 524-529, 2010

◇振動 (p. 351)
[1] 長松昭男．モード解析入門．コロナ社，1-11，1993
[2] 岩村吉晃．タッチ．医学書院，2001
[3] Gescheider GA, Bolanowski SJ, Hardick KR: The frequency selectivity of information-processing channels in the tactile sensory system. Somatosens Mot Res, 18, 191-201, 2001
[4] 宮岡 徹．触受容器と末梢における触覚情報処理．下条 誠，他（編）．触覚認識メカニズムと応用技術．サイエンス＆テクノロジー，3-18，2010
[5] International Organization for Standardization. ISO 2631-1: Mechanical vibration and shock—Evaluation of human exposure to whole-body vibration—Part 1: General requirements. 1997
[6] Griffin MJ. Handbook of Human Vibration. Academic Press, 1996
[7] 西山勝夫，町田正作（編）．運転手の腰痛と全身振動．文理閣，2004
[8] 日本騒音制御工学会（編）．振動規制の手引き．技報堂出版，2003
[9] 昆陽雅司．振動刺激への錯覚を用いた触覚ディスプレイ．下条 誠，他（監修）．触覚認識メカニズムと応用技術．サイエンス＆テクノロジー，338-358，2010
[10] Tihanyi TK, et al.: One session of whole body vibration increases voluntary muscle strength transiently in patients with stroke. Clin Rehabil, 21, 782-793, 2007
[11] Collins JJ, Imhoff TT, et al.: Noise-enhanced tactile sensation. Nature, 383: 770, 1996
[12] Priplata AA, et al.: Noise-enhanced balance control in patients with diabetes and patients with stroke. Ann Neurol, 59, 4-12, 2006
[13] 中川千鶴．鉄道車両の乗り心地をはかる．日本機械学會誌，114, 886-867, 2011

◇動揺 (p. 353)
[1] Griffin MJ: Handbook of Human Vibration. Academic Press, 1990
[2] ISO 2631-1: Mechanical vibration and shock: human exposure to whole-body vibration—Part 1: General requirements, 1997
[3] Mansfield NJ: Human Response to Vibration. CRC Press, 2005
[4] 在田正義，宮本 武．船舶の動揺・振動に対する人体応答と乗り心地に関する研究と許容基準について．船舶技術研究所報告，23: 211-226, 1986
[5] O'Hanlon JF, McCauley ME: Motion sickness incidence as a function of the frequency and acceleration of vertical sinusoidal motion. Aerospace Medicine, 45: 366-369, 1974
[6] Donohew BE, Griffin MJ: Motion sickness: effect of the frequency of lateral oscillation, Aviation, Space, and Environmental Medicine, 78: 649-686, 2004
[7] Reason JJ, Brandt JJ: Motion Sickness. Academic Press, 1975
[8] 平柳 要．乗り物酔い（動揺病）研究の現状と今後の展望．人間工学，42: 200-211. 2006

◇乗り物 (p. 355)
[1] 荒井久治．自動車の発達史（下）．山海堂，1995
[2] 荒井久治．自動車の発達史（上）．山海堂，1995
[3] 安部正人．自動車と運動の制御．山海堂，1992
[4] 西山勝夫，町田正作（編）．運転手の腰痛と全身振動．文理閣，2004

[5] 日本自動車工業会．車と安全．（http://www.jama.or.jp/）
[6] Guizzo E: How Google's self-driving car works. IEEE Spectrum．（http://Spectrum.ieee.org）（Posted 18 Oct）
[7] 自動車事故対策機構．新・安全性能総合評価の概要．（http://www.nasva.go.jp/mamoru/assessment_car/newtest.html）
[8] 下野康史．「運転」―アシモからジャンボジェットまで．小学館，2003
[9] Segway Advaced Development．（http://www.segway.com/puma/）

◇加速度（p. 357）
[1] 株式会社共和電業ウェブサイト　http://www.kyowa-ei.com
[2] 株式会社アコーウェブサイト　http://www.aco-japan.co.jp/
[3] 株式会社瑞穂ウェブサイト　http://www.mizuho-ki.co.jp/

◇気候（p. 359）
[1] 日本生気象学会（編）．生気象学の事典．朝倉書店，1992
[2] 吉野正敏．気候分類・世界の気候区分．気候学．大明堂，24-50，1978
[3] 吉野正敏．新版　小気候．地人書館，1985
[4] Geiger R, Pohl W: Revision of the Köppen-Geiger Klimakarte der Erde ［Revision of Köppen-Geiger Climate Maps of the Earth］. Justus Perthes, 58-61, 1954
[5] 矢澤大二．Köppen の気候システムと気候地域．気候地域論考―その思想と展開．古今書院，65-104，1989
[6] 福井栄一郎．日本の気候区，第 2 類，地理学評論．9，1-19，1933
[7] 吉野正敏，山下脩二（編）．都市環境学事典．朝倉書店，1998
[8] 気象庁．ヒートアイランド監視報告（平成 22 年）．（http://www.data.kishou.go.jp/climate/cpdinfo/himr_faq/01/qa.html），2011
[9] Oke TR: The energetic basis of the urban heat island, Quar, terly J of Royal Mateor Soc, 108: 1-24, 1982
[10] Horikoshi T, et al.: Wind channel planning in Nagoya. Proc. the 14th Int. Conf. on Passive and Low Energy Architecture, 3: 147-150, 1997
[11] 田宮兵衞．気候変化，気候変動．日本生気象学会（編）．生気象学の事典．朝倉書店，322-323，1992

◇極地（p. 362）
[1] Higgs RD: Pibloktoq―A study of a culture-bound syndrome in the circumpolar region. The Macalester Review, 1: 3, 2011
[2] 佐藤方彦．9　ピブロクトク．人間と気候―生理人類学からのアプローチ．中公新書，156-173，1987
[3] Landy D: Pibloktoq (hysteria) and Inuit nutrition: possible implication of hypervitaminosis A. Soc Sci Med, 21: 173-185, 1985
[4] Palinkas LA, Reed HL, Do NV: Association between the Polar T3 Syndrome and the Winter-Over Syndrome in Antarctica. Antarct J US, 32: 112-113, 1997
[5] Reed HL, et al.: Changes in Serum Triiodothyronine (T3) Kinetics after Prolonged Antarctic Residence: The Polar T3 Syndrome. JCEM, 70: 965, 1990
[6] Palinkas LA, Suedfeld P: Psychological effects of polar expeditions. The Lancet, 371: 153-163, 2008
[7] Pääkkönen T, et al.: Seasonal levels of melatonin, thyroid hormones, mood, and cognition near the Arctic Circle. Aviat Space Environ Med, 79: 695-699, 2008
[8] Reed HL, et al.: Decreased free fraction of thyroid hormones after prolonged Antarctic residence. J Appl Physiol, 69: 1467-1472, 1990

[9] 神部福司,妹尾久雄.4 甲状腺ホルモン.清野 裕,他(編).ホルモンの事典.朝倉書店,220-245, 2004
[10] Yoneyama S, Hashimoto S, Honma K: Seasonal changes of human circadian rhythms in Antarctica. Am J Physiol, 277: R1091-1097, 1999
[11] Usui A, et al.: Seasonal changes in human sleep-wake rhythm in Antarctica and Japan. Psychiatry Clin Neurosci, 54: 361-362, 2000
[12] Arendt J: Biological rhythms during residence in polar regions. Chronobiol Int, 29: 379-394, 2012

◇森林 (p. 364)
[1] Miyazaki Y, Park BJ, Lee J: Nature therapy. In Osaki M, Braimoh A, Nakagami K eds. Designing Our Future: Local Perspectives on Bioproduction, Ecosystems and Humanity (Sustainability Science, Vol. 4). United Nations University Press, 407-412, 2011
[2] 佐藤方彦.おはなし生活科学.日本規格協会,1994
[3] 佐藤方彦.樹木伝説の現代化—生理人類学の視点.APAST, 16: 4, 1995
[4] Henry AG, et al.: The diet of *Australopithecus sediba*, Nature, 487, 90-93, 2012
[5] Brod C: Technostress: the human cost of the computer revolution. Addison-Wesley, 1984
[6] Lee J, et al.: Nature therapy and preventive medicine. In Maddoc J ed. Public Health—Social and Behavioral Health. InTech, DOI: 10.5772/37701, 325-350, 2012
[7] 宮崎良文,他.自然セラピーの予防医学的効果.日本衛生学雑誌,66: 651-656, 2011
[8] Li Q ed.: Forest medicine. Nova Biomedical, 2011
[9] Selhub EM, Logan AC: Your brain on nature, John Wiley & Sons, 2012
[10] Park BJ, et al.: Physiological effects of Shinrin-yoku (taking in the atmosphere of the forest) —using salivary cortisol and cerebral activity as indicators. J Physiological Anthropology, 26: 123-128, 2007
[11] 松葉直也,他.大規模都市緑地における歩行がもたらす生理的影響—新宿御苑における実験.日本生理人類学会誌,16: 133-139, 2011
[12] Matsunaga K, et al.: Physiologically relaxing effect of a hospital rooftop forest on elderly women requiring care. J Am Geriatr Soc, 59: 2162-2163, 2011

◇都市 (p. 366)
[1] 総務省統計局.人口推計.(http://www.stat.go.jp/data/jinsui/2012np/pdf/2012np.pdf).2012
[2] 国土交通省国土審議会政策部会長期展望委員会.「国土の長期展望」中間とりまとめ.(http://www.mlit.go.jp/common/000135853.pdf), 2011
[3] 日本生理人類学会居住環境評価研究部会(編).生理人類学からみた環境の科学—住居・オフィス・都市・自然空間を再考する.彰国社,2000

◇地下空間 (p. 368)
[1] 小堀 一,佐藤仁人.地下執務空間の環境に関する調査—その1 地下勤務に対するイメージ.日本建築学会大会学術講演梗概集D.環境工学,1129-1130, 1992
[2] 中山和美,佐藤仁人,小堀 一.地下執務空間の環境に関する調査—その2 地下及び地上勤務者による執務環境の評価.日本建築学会大会学術講演梗概集D.環境工学,1131-1132, 1992
[3] 大倉元宏,他.地下空間の快適性向上手法に関する研究(1)～(3).日本建築学会大会学術講演梗概集D.環境工学,55-60, 1990
[4] 尾入正哲,他.地下空間の快適性向上手法に関する研究(4)～(5).日本建築学会大会学術講演梗概集D.環境工学,237-240, 1990
[5] 宇治川正人,他.居住環境評価による地下オフィスの問題点と改善効果の把握—地下オフィスの環境改善に関する実証的研究 その1.日本建築学会計画系論文集,73-82, 1994
[6] 武藤 浩,他.窓の心理的効果とその代替可能性—地下オフィスの環境改善に関する実証的研究

その2．日本建築学会計画系論文集，57-63, 1995
◇オフィス（p. 370）
[1] 村井 敬，他．Human Office．日本経営協会総合研究所，1990
[2] クラインJG．清水祐子（訳），野田一夫（監修）．The Office Book オフィスの新時代．講談社，1985
[3] 野中郁次郎，竹中弘高，梅本勝博（訳）．知識創造企業．東洋経済新報社，1996
[4] クリエイティブ・オフィス・レポート v2.0．ニューオフィス推進協会，2008
[5] Thomas J, et al.: A Field Experiment to Improve Communication in a Project Engineering Department: The Nonterritorial Offce. Human Factors, 15: 487-498, 1973
[6] 建築環境・省エネルギー機構．誰でもできるオフィスの知的生産性測定 SAP 入門．テツアドー出版，2010
◇環境適応能（p. 373）
[1] Johnston FE, Little MA: History of human biology in the United State of America. In Human Biology: An Evolutionary and Biocultural Perspective. Stinson S, et al. eds. Wiley-Liss, 27-46, 2000
[2] Damon A: Physiological Anthropology. Oxford University Press, 1975
[3] Kimura M: Evolutionary rate at the molecular level. Nature, 217: 624-626, 1968
[4] Precht H: Concepts of the temperature adaptation of unchanging reaction systems of cold-blooded animals. In Physiological Adaptation. Prosser CL ed. Am Physiol Soc, 1958
[5] Delp MD, Laughlin MH: Time course of enhanced endothelium-mediated dilation in aorta of trained rats. Med Sci Sports Exerc, 29: 1454-1461, 1997
[6] Horowitz M: Genomics and proteomics of heat acclimation. Frontiers in Bioscience, S2: 1068-1080, 2010
[7] Frisancho AR: Developmental adaptation: where we go from here. Am J Hum Biol, 21: 694-703, 2009
◇適応（p. 376）
[1] 佐藤方彦．人間と気候 生理人類学からのアプローチ，中公新書，101，1987
[2] Baker PT: The adaptive limits of human populations. Man, 19: 1-14, 1984
[3] Moran EF: Human Adaptability. Duxbury Press, 1979
[4] Marks JM: Human Biodiversity: Genes, Race, and History. Aldinede Gruyter, 1995
[5] Frisancho RA: Human adaptation and accommodation. The University of Michigan Press, 1993
[6] Lasker GW: Human biological adaptability. Science, 166: 1480-1486, 1969
[7] Allison AC: Protection afforded by sickle-cell trait against subtertian malarial infection. Br Med J, 1, 290-294, 1954
[8] Prosser CL: Physiological adaptation. Am Physiol Soc, 1958

7．ヒトの営み
◇栄養（p. 380）
[1] ボウマン BA，ラッセル RM（編）．最新栄養学―専門領域の最新事情（第9版）．建帛社，2008
[2] 厚生労働省．日本人の食事摂取基準．(http://www.mhlw.go.jp/shingi/2009/05/s0529-4.html)，2010
◇食行動（p. 382）
[1] 厚生労働省．平成23年国民健康・栄養調査報告書，2014
[2] 浦上涼子，他．男子青年における痩身願望についての研究．教育心理学研究，57: 263-273, 2009
[3] Shah M, et al.: Slower-Paced Meal Reduces Hunger but Affects Calorie Consumption Differently in Normal-Weight and Overweight or Obese Individuals. The Academy of Nutrition and

Dietetics, December 30, 2013
- [4] 上田玲子（編）．子どもの食生活．ななみ書房，2007
- [5] 井上美津子．食べる力はどう育つか．大月書店，2002

◇**生活姿勢** (p. 384)
- [1] 木村　賛．サルとヒトと．サイエンス叢書23，1990
- [2] 入澤達吉．日本人の坐り方に就いて．杏林舎，1921
- [3] 桧山邦祐．つくえ物語．青也書店，1979
- [4] Morimoto I: The influence of squatting posture on the calcaneus in the Japanese. J Anthrop Soc Nippon, 68: 16-22, 1960
- [5] 馬場悠男．蹲踞その他坐法の影響による日本人下肢骨の特徴について．J Anthrop Soc Nippon, 78: 213-234, 1970
- [6] Baba H: On the squatting facets of primates, contemporary primatology. 5th Int Congr Primat, 25-29, 1974
- [7] 坂上和弘．日本人集団におけるkneeling facetの出現頻度について．日本人類学会第60回総会，2006

◇**住生活** (p. 386)
- [1] 浅見泰司(編)．住環境—評価方法と理論．東京大学出版会，3-30, 2001
- [2] 石井昭夫．住環境と快適性．The Annals of physiological anthropology, 6: 85-87, 1987
- [3] 沢田知子．現代の日本の空間，文化を探る 見える和風，潜む和風 各論1 イス坐・ユカ坐．建築と社会，82: 32-33, 2001
- [4] 工藤　卓．昭和初期和洋折衷住宅の移築再生プロジェクト．デザイン学研究作品集．日本デザイン学会，11: 6-11, 2006
- [5] 小原二郎(編)．インテリア大辞典．彰国社，1988
- [6] 総務省．平成22年国勢調査人口等基本集計結果—結果の概要，30-33, 2011
- [7] 牧野国義．日死亡数から観察した気象の主要死因死亡への影響．日本生気象学会雑誌，25: 79-88, 1998
- [8] 菊沢康子，他．高齢者の居住環境と温熱適応能力に関する研究（第3報）．日本家政学会誌，44: 55-63, 1993
- [9] 八木啓一，中島龍馬．体温異常．救急医学，30: 107-110, 2006
- [10] 中井誠一，他．スポーツ活動および日常生活を含めた新しい熱中症予防対策の提案．体力科学，56: 437-444, 2007
- [11] Yaglou CP, Minard D: Control of heat casualties at military training centers. Am Med Assoc Arch Ind Health, 16: 302-316, 1957
- [12] 寄本　明．WBGTを指標とした暑熱下運動時の生体応答と熱ストレスの評価．体力科学，41: 477-484, 1992
- [13] 岩田充永，他．高齢者熱中症の特徴に関する検討．日本老年医学会雑誌，45: 330-334, 2008
- [14] 入來正躬，浅木恭．高齢者の体温調節．バイオメカニズム学会誌，16: 31-37, 1992
- [15] 江上　徹．住居におけるコミュニケーション空間に関する研究．日本建築学会九州支部研究報告，32: 69-72, 1991
- [16] 春日伸予．IT化とストレス．日本労働研究雑誌，609: 34-37, 2011

◇**入浴** (p. 388)
- [1] 筒井　功．風呂と日本人．文春新書，2008
- [2] Hashiguchi N, et al.: Effects of room temperature on physiological and subjective responses during: whole-body bathing, half-body bathing and showering. J Physiol Anthropol Appl Human Sci, 21: 277-283, 2002

[3] 橋口暢子，他．福岡県における入浴実態の年齢差と季節差．第32回人間工学会九州支部大会，2011
[4] 高崎裕治，他．冬季における高齢者の入浴習慣と入浴事故死亡率の地域差に関連する要因．人間と生活環境，18: 99-106, 2011
[5] 大中忠勝，他．冬期における浴室温熱環境の全国調査．人間と生活環境，14: 11-16, 2007
[6] Tochihara Y, et al.: Effects of room temperature on physiological and subjective responses to bathing in the elderly. Journal of the Human-Environment System, 15: 13-19, 2012
[7] 安河内　朗．快適性とカラダ　文明は快適か─快適性の条件．日本生理人類学会（編）．カラダの百科事典．丸善出版，592-597, 2009

◇睡眠 (p. 390)
[1] Rechtschaffen A, Kales A: A manual of standardized terminology, techniques and scoring system for sleep stages of human subjects. U.S. National Institute of Neurological Diseases and Blindness, Neurological Information Network, Bethesda, MD, USA 1968
[2] 米国睡眠医学会．日本睡眠学会（監訳）．AASMによる睡眠および随伴イベントの判定マニュアル：ルール・用語，技術的仕様の詳細．ライフサイエンス，2010
[3] Daan S, Beersma DG, Borbely AA: Timing of human sleep: recovery process gated by a circadian pacemaker. Am J Physiol, 246(2 Pt 2): R161-183, 1984
[4] Carskadon MA, Dement WC: Multiple sleep latency tests during the constant routine. Sleep, 15: 396-399, 1992
[5] Krauchi K, et al.: Functional link between distal vasodilation and sleep-onset latency? Am J Physiol Regul Integr Comp Physiol, 278: R741-748, 2000
[6] Saper CB, et al.: Sleep state switching. Neuron, 68: 1023-1042, 2010
[7] Saper CB, Scammell TE, Lu J: Hypothalamic regulation of sleep and circadian rhythms. Nature, 437: 1257-1263, 2005
[8] Moller-Levet CS, et al.: Effects of insufficient sleep on circadian rhythmicity and expression amplitude of the human blood transcriptome. Proc Natl Acad Sci USA, 110: E1132-1141, 2013
[9] Walker MP, Stickgold R: Overnight alchemy: sleep-dependent memory evolution. Nat Rev Neurosci, 11: 218; author reply 218, 2010

◇学習 (p. 392)
[1] 山内光也，春木　豊．学習心理学─行動と認知．サイエンス社，1985
[2] 安西祐一郎，佐伯　胖，無藤　隆（監修）．LISPで学ぶ認知心理学1　学習．東京大学出版会，1981
[3] Yerkes RM, Margulis S: The method of Pavlov in animal psychology. Psychol Bull, 6: 257-273, 1909
[4] Charles HH: The sensory basis of maze learning in rats. Johns Hopkins Press in Baltimore, 1936

◇被服 (p. 394)
[1] Toups MA, et al.: Origin of clothing lice indicates early clothing use by anatomically modern humans in Africa. Mol Biol Evol, 28: 29-32, 2011
[2] Kvavadze E, et al.: 30,000-year-old wild flax fibers. Science, 325: 1359, 2009
[3] 板生　清．ウェアラブルコンピュータとは何か．NHKブックス，2004
[4] 金　泰圭，朴　映民，秦　尚佑．導電性複合繊維を利用したスマートウェアの開発．日本家政学会被服衛生学部会第28回被服衛生学セミナー要旨集，36-37, 2008
[5] 北山晴一．衣服は肉体になにを与えたか　現代モードの社会学．朝日選書，1999
[6] ラングナー R．吉井芳江（訳）．ファッションの心理．金沢文庫，1973
[7] カーライル T．谷崎隆昭（訳）．衣服哲学．山口書店，1983
[8] 日本家政学会被服衛生学部会(編)．アパレルと健康─基礎から進化する衣服まで．井上書院，

2012
- [9] 岡田宣子(編). ビジュアル衣生活論. 建帛社, 42-43, 2010
- [10] Fukazawa T, et al.: Convective heat transfer coefficient from baby is larger than that from adult. Proceedings of The 13th International Conference on Environmental Ergonomics, 318-322, 2009
- [11] 小柴朋子, 田村照子. 皮膚濡れ感覚の支配要因. 繊維製品消費科学, 36: 119-124, 1995
- [12] Whelan ME, MacHattie LE, Goodings AC: The diffusion of water vapour through laminae with particular reference to textile fabrics. Text Res J, 25: 197-223, 1955
- [13] ISO 9920: Ergonomics of the thermal environment: estimation of thermal insulation and water vapour resistance of clothing ensemble. ISO, 2007
- [14] 彼末一之(監). からだと温度の事典. 朝倉書店, 272-273, 2010
- [15] 田村照子(編). 衣環境の科学. 建帛社, 38, 2004
- [16] Kang I, Tamura T: Evaluation of clo values for infant's clothing using an infant-sized sweating thermal manikin. In Tochihara Y, Ohnaka T eds. Environmental Ergonomics: The Ergonomics of Human Comfort, Health and Performance in the Thermal Environment. Elsevier, 409-415, 2005
- [17] 深沢太香子, 他: 九州地域における乳幼児の着衣状態季節変動とその衣服熱抵抗. 日本家政学会誌, 60: 635-643, 2009

◇特殊服/防護服 (p. 396)
- [1] 東京電力. (http://www.tepco.co.jp)
- [2] 板井美浩. 暑熱環境下の運動における水分摂取の重要性. 自治医科大学紀要, 29: 223-228, 2006
- [3] 小山勝弘. 2 スポーツと体温調節. 臨床病理レビュー特集, 137: 110-116, 2006
- [4] American Conference of Governmental Industrial Hygienists (ACGIH): Threshold limit values for chemical Substance and physical agents and biological exposure indices, 2007
- [5] 栃原 裕, 他. 夏季におけるアスベスト防護服着用作業の労働負担に関する調査研究. Ann Physiol Anthropol, 12: 31-38, 1993

◇歩行 (p. 398)
- [1] 理学療法科学学会(監修). ザ・歩行. アイペック, 2003
- [2] 清水昌一. 歩くこと・足そして靴. 風濤社, 1995
- [3] 山崎信寿. 足の事典. 朝倉書店, 1999
- [4] 日本はきもの博物館. はきもの世界史. 日本はきもの博物館, 1993
- [5] 稲川 實. 西洋靴事始め. 現代書館, 2013
- [6] 石塚忠雄. 新しい靴と足の医学. 金原出版, 1992
- [7] 平林由果. ミュール型サンダルの歩行に及ぼす影響. 日本生理人類学会誌, 10: 53-60, 2005
- [8] 大西範和. 筋電図解析による流行靴ミュールを着用した歩行時の生体負担度の評価. 人間工学, 41: 51-56, 2005
- [9] 田中尚喜, 伊藤晴夫. 腰痛・下肢痛のための靴選びガイド. 日本医事新報社, 2004

◇運搬 (p. 400)
- [1] Carvalho S, et al.: Chimpanzee carrying behaviour and the origins of human bipedality. Curr Biol, 22: R180-R181, 2012
- [2] 川田順造. もうひとつの日本への旅. 中央公論新社, 2008
- [3] 香原志勢. 人類生物学入門. 中公新書, 1975
- [4] Esposito G, et al.: Infant calming responses during maternal carrying in humans and mice. Curr Biol, 23: 739-745, 2013
- [5] Gilbert RS, Johnson HA: Stress fractures in military recruits—A review of twelve years' experience. Mil Med, 131: 716-721, 1966
- [6] Hoeffler DF: Friction blisters and cellulitis in a navy recruit population. Mil Med, 140: 333-337,

1975
- [7] Jones BH: Overuse injuries of the lower extremities associated with marching, jogging and running: a review. Mil Med, 148: 783-787, 1983
- [8] Knapik JJ, et al.: Injuries associated with strenuous road marching. Mil Med, 157: 64-67, 1992
- [9] Myles WS, et al.: Self-pacing during sustained, repetitive exercise. Aviat Space Environ Med, 50: 921-924, 1979
- [10] Bessen RJ, et al.: Rucksack paralysis with and without rucksack frames. Mil Med, 152: 372-375, 1987
- [11] 河原雅典．人間・道具・環境の相互関係―運搬を例に．山口県（編），山口県史民俗編．315-371, 2010

◇労働（p. 402）
- [1] ラマツィーニ B．松藤　元（訳）．働く人々の病気―労働医学の夜明け．北海道大学出版会，1980
- [2] ラマツィーニ B．東　敏昭（監訳）．働く人の病，産業医学振興財団，2004
- [3] 厚生労働省．平成 20 年技術革新と労働に関する実態調査結果の概況，2009
- [4] Jastrzębowski W: An Outline of ergonomics, or the science of work. Central Institute for Labour Protection, 1997
- [5] 斉藤　進．人間工学のルーツと産業保健．産業医学ジャーナル，36: 19-24, 2013
- [6] イオテイコ J．芦澤正見（訳）．労働科学の方法　労働科学叢書 107．労働科学研究所，2000
- [7] 総務省統計局．労働力調査　長期時系列データ，2013

◇交代制勤務（p. 404）
- [1] 厚生労働省．就労条件総合調査．（http://www.e-stat.go.jp/SG1/estat/List.do?bid=000001024966 &cycode=0），2011
- [2] Griefahn B, et al.: Melatonin synthesis: A possible indicator of intolerance to shiftwork. Am J Ind Med, 42: 427-436, 2002
- [3] Horne JA, Östberg O: A self-assessment questionnaire to determine morningness-eveningness in human circadian rhythms. Int J Chronobiol, 4: 97-110, 1976
- [4] Torsvall L, Åkerstedt T: A diurnal type scale. Construction, consistency and validation in shift work. Scand J Work Environ Health, 6: 283-290, 1980
- [5] Wittmann M, et al.: Social jetlag: misalignment of biological and social time. Chronobiol Int, 23: 497-509, 2006
- [6] Urbán R, et al.: Morningness-Eveningness, chronotypes and health-impairing behaviors in adolescents. Chronobiol Int, 28: 238-247, 2011
- [7] Wittmann M, et al.: Decreased psychological well-being in late 'Chronotypes' is mediated by smoking and alcohol consumption. Subst Use Misuse, 45: 15-30, 2010
- [8] Rogers AE, et al.: The working hours of hospital staff nurses and patient safety. Health Aff, 23: 202-212, 2004
- [9] Scott LD, et al.: The relationship between nurse work schedules, sleep duration, and drowsy driving. Sleep, 30: 1801-1807, 2007
- [10] Knutsson A: Health disorders of shift works. Occup Med , 53: 103-108, 2003
- [11] Lowden A, et al.: Eating and shift work-effects on habits, metabolism, and performance. Scand J Work Environ Health, 36: 150-162, 2010
- [12] World Health Organization, International Agency for Research on Cancer, IARC Monographs on the Evaluation of Carcinogenic Risks to Humans.（http://monographs.iarc.fr/ENG/Preamble/ CurrentPreamble.pdf），2006

[13] Agents Classified by the IARC Monographs. (http://monographs.iarc.fr/ENG/Classification/ClassificationsGroupOrder.pdf), 1: 8, 2008
[14] Stevens RG: Circadian disruption and breast cancer. Epidemiology, 16: 254-258, 2005

◇精神作業 (p. 406)

[1] 厚生労働省．平成24年度「脳・心臓疾患と精神障害の労災補償状況」まとめ（平成25年6月21日発表），2014
[2] ブロードC．池 央耿，高見 浩（訳）．テクノストレス．新潮社，1984
[3] グリーンバーグ GS．服部祥子，山田冨美雄（監訳）．包括的ストレスマネジメント．医学書院，2006
[4] 芳賀 繁，水上直樹．日本語版 NASA-TLX によるメンタルワークロード測定—各種室内実験課題の困難度に対するワークロード得点の感度．人間工学，32: 71-79, 1996
[5] 宮田 洋（監修），山崎勝男，藤澤 清，柿木昇治（編）．新生理心理学（第3巻）．北大路書房，1998
[6] 厚生労働省．平成20年技術革新と労働に関する実態調査結果の概況（平成21年9月29日発表），2009
[7] 厚生労働省．新しい「VDT作業における労働衛生管理のためのガイドライン」の策定について（平成14年4月5日発表），2002

◇身体作業 (p. 408)

[1] Karlsson J, Ollander B.: Muscle metabolites with exhaustive static exercise of different duration. Acta Physiol Scand. 86: 309-314, 1972
[2] Nishiyasu T, et al: Enhancement of parasympathetic cardiac activity during activation of muscle metaboreflex in humans. J Appl Physiol. 77: 2778-2783, 1994
[3] VDT作業の労働衛生実務—厚生労働省ガイドラインに基づくVDT作業指導者用テキスト第2版，中央労働災害防止協会，2005
[4] ACSM．日本体力医学会体力科学編集委員会（訳）．運動処方の指針（原書第8版）．南江堂，2011
[5] 渡邊靜夫（編）．日本大百科全書10（第2版）．小学館，2011

◇単調作業 (p. 410)

[1] 河島則天．歩行運動における脊髄神経回路の役割．国立障害者リハビリテーションセンター研究所紀要，30: 9-14, 2010

◇操作性 (p. 412)

[1] 人間生活工学研究センター（編）．ワークショップ人間生活工学4巻．丸善，2004
[2] ユーザビリティハンドブック編集委員会（編）．ユーザビリティハンドブック．共立出版，2007
[3] 人間工学用語研究会（編）．人間工学事典．日刊工業新聞社，1983
[4] E. Hollnagel, Human Reliability Analysis: Context and Control. Academic
[5] エリック H．古田一雄（監訳），認知システム工学—状況が制御を決定する．海文堂，1996

◇作業能力 (p. 414)

[1] 内田勇三郎．新適性検査法—内田・クレペリン精神検査．日刊工業新聞社，1957
[2] 福場良之，福岡義之．2.1 作業能力．日本生理人類学会計測研究会部会（編）．人間科学計測ハンドブック．技報堂出版，1996
[3] 雨宮輝也．エアロビックスパワーからみたスポーツ選手の体力特性．Jpn J Sports Sci, 6: 692-696, 1987
[4] 彼末一之．第14章 体温・エネルギー代謝．二宮石雄，他（編）．スタンダード生理学．文光堂，2007
[5] DR, Carriera C Anders, N Schilling: The musculoskeletal system of humans is not tuned to maximize the economy of locomotion. PNAS, 108: 18631-18636, 2011

◇動作経済の法則 (p. 416)
[1] 金子公宥．ヒトの運動における機械的効率の源流を求めて—自転車作業と歩・走運動を中心に．体育の科学，62: 729-736, 2012
[2] di Prampero PE: The energy cost of human locomotion on land and in water. Int J Sports Med, 7: 55-72, 1986
[3] Saibene F, Minetti AE: Biomechanical and physiological aspects of legged locomotion in humans. Eur J Appl Physiol, 88: 297-316, 2003
[4] ニューマン DA．嶋田智明，平田総一郎（監訳）．筋骨格系のキネシオロジー（第5版）．医歯薬出版，572, 2007
[5] di Prampero PE, et al.: Energetics of best performances in middle-distance running. J Appl Physiol, 74: 2318-2324, 1993
[6] Saltin B, et al.: Aerobic exercise capacity at sea level and at altitude in Kenyan boys, junior and senior runners compared with Scandinavian runners. Scand J Med Sci Sports, 5: 209-221, 1995
[7] Williams KR: Relationships between distance running biomechanics and running economy. In Biomechanics of Distance Running. Cavanagh P. R, IL, ed. Human Kinetics Books, 271-305 (Chapter 11), 1990

◇疲労 (p. 418)
[1] Borg C: Perceived exertion as an indicator of somatic stress. Scand J Rehabil Med, 2: 92-98, 1970
[2] Hart SG, Staveland LE: Development of NASA-TLX（Task Load Index）: results of empirical and theoretical research. In Hancock PA, Meshkati N, eds. Human Mental Workload, Amsterdam: North Holland Press, 139-183, 1988

◇遊び (p. 420)
[1] ホイジンガ J．高橋英夫（訳）．ホモ・ルーデンス．中公文庫，2009
[2] オールズ J．大村 裕，小野武年（訳）．脳と行動—報酬系の生理学．共立出版，1981
[3] 真家和生．自然人類学入門．技報堂出版，2007

◇休養 (p. 422)
[1] Brod C: Technostress: the human cost of the computer revolution. Addison-Wesley, 242, 1984.
[2] Van der Hulst M: Long workhours and health. Scand J Environ Health, 29: 171-188, 2003
[3] Freeman R, Komaroff AL: Does the chronic fatigue syndrome involve the autonomic nervous system? Am J Med 102: 357-364, 1997
[4] Demitrack MA, et al.: Evidence for impaired activation of the hypothalamic-pituitary-adrenal axis in patients with chronic fatigue syndrome. J Clin Endocrinol Metab 73: 1224-1234, 1991
[5] Landay AL, et al.: Chornic fatigue syndrome: clinical condition associated with immune activation. The lancet 338: 707-712, 1991
[6] Lange G, et al.: Brain MRI abnormalities exist in a subset of patients with chronic fatigue syndrome. J Neurol Sci 171: 3-7, 1999
[7] 倉恒弘彦．慢性疲労症候群の疫学，病態，診断基準．日本臨床 65: 983-990, 2007
[8] Jason LA, et al.: Causes of death among patients with chronic fatigue syndrome. Health Care Women Int, 27: 615-626, 2006
[9] Miyazaki Y, Park BJ, Lee J.: Nature therapy. In Osaki M, Braimoh A, Nakagami K, eds Designing Our Future: Perspectives on Bioproduction, Ecosystems and Humanity. United Nations University Press, 407-412, 2011
[10] Lee J, et al.: Nature therapy and preventive medicine. In Maddock J, ed. Public Health-Social and Behavioral Health. Intech, 325-350, 2012

◇余暇（p. 424）
[1] 榎本知郎．なぜヒトは旅をするのか―人類だけにそなわった冒険心．化学同人，2011
[2] 印東道子（編）．人類大移動 アフリカからイースター島へ．朝日新聞出版，2012
[3] 日本生産性本部（編）．レジャー白書2014―マイ・レジャー時代の余暇満足度．生産性出版，2014

◇生存競争と行動（p. 426）
[1] Singh D: Adaptive significance of female physical attractiveness: Role of waist-to-hip ratio. J Pers Soc Psychol, 65: 293-293, 1993
[2] Lukas D, Clutton-Brock TH: The evolution of social monogamy in mammals. Science, 341: 526-530, 2013
[3] Park M: Biological Anthropology. 3rd edition. McGraw-Hill Mayfield, 237-239, 2002
[4] Harman SM, Talbert GB: Reproductive aging. In Finch CE, Hayflick L. Handbook of the Biology of Aging. Van Nostrand Reinhold, 457-510, 1985
[5] フォナギー P．遠藤利彦，北山 修（訳）．愛着理論と精神分析．誠信書房，2008
[6] 小田 亮．利他学．新潮選書，2011

◇脳内自己刺激行動（p. 428）
[1] Olds J, Milner P: Positive reinforcement produced by electrical stimulation of septal area and other regions of rat brain. J Comp Physiol Psychol, 47: 419-427, 1954
[2] Heath RG: Pleasure and brain activity in man. Deep and surface electroencephalograms during orgasm. J Nerv Ment Dis, 154: 3-18, 1972
[3] 菊池吉晃．明治安田厚生事業団（監修），永松俊哉（編）．メンタルヘルスと脳機能の関係―前頭前野におけるコントロール・評価・動機づけの機能．運動とメンタルヘルス―心の健康に運動はどうかかわるか，7-18，杏林書院，2012
[4] Kringelbach LM, et al.: Translational principles of deep brain stimulation. Nat Neurosci, 8: 623-635, 2007
[5] Kringelbach LM, Berridge CK: The joyful mind. Scientific Am, 40-45, 2012
[6] Berridge CK, Kringelbach LM: Affective neuroscience of pleasure: reward in humans and animals. Psychopharmacology, 199: 457-480, 2008
[7] 菊池吉晃，則内まどか．幸せを感じる脳―脳機能イメージング研究から見える「幸せ」の神経基盤．科学と工業，664: 135-137, 2011

◇恋愛（p. 430）
[1] Melges FT, Bowlby J.: Types of hopelessness in psychopathological processes. Arch Gen Psychiatry, 20: 690-699, 1969
[2] Hazan C, Shaver P: Romantic Love conceptualized as an attachment process. J Pers Soc Psychol, 52: 511-524, 1987
[3] Zajonc RB, Heingartner A, Herman EM: Social Enhancement and Impairment of Performance in the Cockroach. J Pers Soc Psychol, 13: 83-92, 1969
[4] Bornstein RF, D'Agostino PR: Stimulus recognition and the mere exposure effect. J Pers Soc Psychol, 63: 545-552, 1992

◇育児（p. 432）
[1] Bowlby J: Child care and the growth of love. Pelican, 1953
[2] MacLean PD: The triune brain in evolution: role in paleocerebral functions. Plenum Press, 1990
[3] Lorberbaum JP, et al.: Feasibility of using fMRI to studymothers responding to infant cries. Depress Anxiety, 10: 99-104, 1999
[4] Lorberbaum JP, et al.: A potential role for thalamocingulate circuitry in human maternal behavior. Biol Psychiatry, 51: 431-445, 2002

[5] Swain JE, et al.: Maternal brain response to own baby-cry is affected by cesarean section delivery. J Child Psychol Psychiatry, 49: 1042-1052, 2008
[6] Seifritz E, et al.: Differential sex-independent amygdala response to infant crying and laughing in parents versus nonparents. Biol Psychiatry, 54: 1367-1375, 2003
[7] Purhonen M, et al.: Dynamic behavior of the auditory N100 elicited by a baby's cry. Int J Psychophysiol, 41: 271-278, 2001
[8] Noriuchi M, Kikuchi Y, Senoo A: The functional neuroanatomy of maternal love: mother's response to infant's attachment behaviors. Biol Psychiatry, 63: 415-423, 2008
[9] Bartels A, Zeki S: The neural correlates of maternal and romantic love. Neuroimage, 21: 1155-1166, 2004
[10] Nitschke JB, et al.: Orbitofrontal cortex tracks positive mood in mothers viewing pictures of their newborn infants. Neuroimage, 21: 583-592, 2004
[11] Kim P, et al.: Perceived quality of maternal care in childhood and structure and function of mothers' brain. Dev Sci, 13: 662-673, 2010
[12] Kaffman A, Meaney MJ: Neurodevelopmental sequelae of postnatal maternal care in rodents: clinical and research implications of molecular insights. J Child Psychol Psychiatry, 48: 224-244, 2007
[13] Lupien SJ, et al.: Effects of stress throughout the lifespan on the brain, behaviour and cognition. Nat Rev Neurosci, 10: 434-445, 2009

8. 健康と生活
◇寿命 (p. 436)
[1] 森 望．生物の生存戦略と寿命制御の遺伝子背景．科学，74: 1398-1402, 2004
[2] Burnett C, et al.: Absence of effects of Sir2 overexpression on lifespan in *C. elegans* and *Drosophila*. Nature, 477: 482-485, 2011
[3] Cutler RG: Evolutionary perspective of human longevity. In Hazzard WR ed. Principles of geriatric medicine and gerontology. 2nd ed. McGraw-Hill Information Services: 15-21, 1990
[4] 五十嵐由里子．縄文人の寿命．科学，74: 1436-1437, 2004
[5] 厚生労働省．平成24年簡易生命表．(http://www.mhlw.go.jp/toukei/saikin/hw/life/life12/index.html)
[6] World Health Statistics. (http://www.who.int/gho/publications/world_health_statistics/EN_WHS2012_Full.pdf), 2012
[7] 国立社会保障・人口問題研究所．日本の将来推計人口（平成24年1月推計），2012
[8] 黒木登志夫．健康・老化・寿命．中公新書，2007
[9] 杉本正信．ヒトは120歳まで生きられる—寿命の分子生物学．ちくま新書，2012
[10] 濱田 穣．霊長類の寿命．科学，74: 1430-1435, 2004

◇成長・発達 (p. 438)
[1] シンクレア D, デンジャーフィールド P. 山口規容子，早川 浩（訳）．ヒトの成長と発達．メディカル・サイエンス・インターナショナル，2001
[2] Bogin B, Smith H: Evolution of the human life cycle. Am J Hum Biol, 8: 703-716, 1995
[3] Bogin B: Evolutionary Hypotheses for Human Childhood. Yrbk Phys Anthropol 40: 63-89, 1997
[4] 馬場悠男．人間性教育の重要性について—成長パターンの人類進化的意義．Anthropol Sci (J-Ser), 116: 184-187, 2008

◇老化 (p. 440)
[1] 藤原美定．老化とは何か．折茂 肇（編）．新老年学．東京大学出版会，3-14, 2000

[2] 林登志雄．高齢者の主な疾患．老年病の臨床．日本老年医学会（編）．老年医学テキスト（改訂第3版）．メジカルビュー社，24-26，2008
[3] 折茂 肇．老年学と老年医学の概念．日本老年医学会（編）．老年医学テキスト（改訂第3版）．メジカルビュー社，2-3，2008
[4] 岡田暁宜．現代医学におけるエイジング．安川悦子，竹島伸生（編）．高齢者神話の打破—現在エイジングの射程．お茶の水書房，195-225，2002
[5] 安川悦子．老年学と老年医学の概念．安川悦子，竹島伸生（編）．高齢者神話の打破—現在エイジングの射程．お茶の水書房，3-47，2002
[6] 長寿科学振興財団．健康長寿ネット．(https://www.tyojyu.or.jp/hp/menu000000100/hpg000000012.htm)

◇介護 (p. 442)
[1] 鈴木隆雄．骨からみた日本人古病理学が語る歴史．講談社学術文庫，17-45，2010
[2] 三井 誠．人類進化の700万年—書き換えられる「ヒトの起源」．講談社現代新書，121-122，2005
[3] 三井 誠．人類進化の700万年—書き換えられる「ヒトの起源」．講談社現代新書，96，2005
[4] 柳谷慶子．江戸時代の老いと看取り．山川出版社，81-111，2011
[5] 介護福祉士養成講座編集委員会(編)．介護の基本Ⅰ（第2版）．中央法規出版，2013
[6] 事典刊行委員会（編）．社会保障・社会福祉大事典．旬報社，596，2004
[7] 広井良典．死生観を問いなおす．筑摩新書，68-78，2010

◇QOLとADL (p. 444)
[1] フェイヤーズ PM，マッキン D．福原俊一，数間恵子（監訳）．QOL評価学，測定，解析，解釈のすべて．中山書店，2006
[2] 伊藤利之，江藤文夫（編）．新版日常衣生活活動（ADL）—評価と支援の実際．医歯薬出版，2010
[3] 松本芳博．ADL（運動能力，生活活動）評価．臨牀透析，24: 1437-1444, 2008

◇感染症 (p. 446)
[1] WHO: The world health report 1996—Fighting disease, fostering development, 1996
[2] 厚生労働省．感染症の予防及び感染症の患者に対する医療に関する法律施行規則（平成十年十二月二十八日厚生省令第九十九号），1999

◇ロコモティブシンドローム (p. 448)
[1] 日本整形外科学会（編）．ロコモティブシンドローム診療ガイド．文光堂，2010
[2] Rosenberg I: Summary comments. Am J Clin Nutr, 50: 1231-1233, 1989
[3] Rosenberg I: Sarcopenia: origins and clinical relevance. J Nutr, 127: 990S-991S, 1997
[4] Cruz-Jentoft AJ, et al.: Sarcopenia: European consensus on definition and diagnosis: Report of the European Working Group on Sarcopenia in Older People. Age Ageing, 39: 412-423, 2010

◇食生活と健康 (p. 451)
[1] 岸 康彦．食と農の戦後史．日本経済新聞社，1996
[2] 農林水産省．「食料需給表」品目別累年統計米（昭和35年～平成18年）
[3] Turner BL, et al., Human evolution, diet, and nutrition: When the body meets the buffet. In Evolutionary Medicine and Health, New Perspectives, Edited by Trevathan WR et al., Oxford University Press, 2008
[4] Mysterud I, et al., To eat or not to eat, That's the question: A critique of the official norwegian dietary guidelines. In Evolutionary Medicine and Health, New Perspectives, Edited by Trevathan WR, et al., Oxford University Press, 2008
[5] 厚生労働省．健康日本21（栄養・食生活）．(http://www1.mhlw.go.jp/topics/kenko21_11/top.html)
[6] 厚生労働省．1996年国民栄養調査の結果．(http://www1.mhlw.go.jp/topics/kenko21_11/b1f.html)
[7] Guidline Subcommittee of the WHO-International Society of Hypertension Mild Hypertension Liaison Committee: 1999 World Health Organization-International Society of Hypertension

guidelines for the management of hypertension. J Hypertension 17: 151-183, 1999
[8] 健康・養情報研究会（編）．第六次改定　日本人の栄養所要量―食事摂取基準．第一出版，1999

◇**運動と健康**（p. 453）
[1] 健康・体力づくり事業財団．健康日本 21 企画検討会報告書．7-18, 2000
[2] 江橋　博（編）．健康とスポーツの生理科学．西日本法規出版，2003
[3] 厚生労働省．平成 22 年人口動態統計の年間推計（確定版）．2010
[4] Oki I, et al.: Body mass index and risk of stroke mortality among a random sample of Japanese adults: 19-year follow-up of NIPPON DATA80. Cerebrovasc Dis, 22: 409-415, 2006
[5] Okamura T, et al.: The relationship between serum total cholesterol and all-cause or cause-specific mortality in a 17.3-year study of a Japanese cohort. Atherosclerosis, 190: 216-223, 2007
[6] Hozawa A, et al.: Relationship between BMI and all-cause mortality in Japan. NIPPON DATA80. Obesity, 16: 1714-1717, 2008
[7] 長澤純一．体力とはなにか．ナップ．60, 2007
[8] Fukuoka Y, et al.: Anthropometric method for determining masked obesity in the young Japanese female population. J Anthropol, doi: 10.1155/2012/595614, 2012
[9] Pedersen BK, Saltin B: Evidence for prescribing exercise as therapy in chronic disease. Scand J Med Sci Sports, 16 (Suppl): 3-63, 2006

◇**飲酒と喫煙**（p. 456）
[1] 和田光弘．タバコが語る世界史．山川出版社，2010
[2] 日本嗜好品アカデミー（編）．煙草おもしろ意外史．文春新書，2002
[3] Stolerman IP, Jarvis MJ: Psychopharmacology（Berl）.117: 2-10; discussion 14-20. Review, 1995
[4] Hecht, SS: Lung carcinogenesis by tobacco smoke. Int J Cancer, 131: 2724-2732, 2012
[5] 加濃正人，松崎道幸，渡辺文学．タバコ病辞典．実践社，2004
[6] 産業医科大学産業生態科学研究所（編）．喫煙の科学―職場の分煙テキストブック．労働調査会，2000
[7] Doll R, et al.: Mortality in relation to smoking: 40 years' observations on male British doctors. BMJ, 309: 901-911, 1994
[8] 宮崎正勝．知っておきたい「酒」の世界史．角川ソフィア文庫，2008
[9] 海野　弘．酒場の文化史．講談社学術文庫，2009
[10] 佐藤成美．お酒の科学．日刊工業新聞社，2012
[11] Helmut K, et al.: Alcohol and Cancer. Alcohol Clin Exp Res, 25: 137S-143S, 2001
[12] Yoshida A, Huang IY, Ikawa M: Molecular abnormality of an inactive aldehyde dehydrogenase variant commonly found in Orientals. Proc Natl Acad Sci, 81: 258-261, 1984
[13] Thun MJ, et al.: Alcohol consumption and mortality among middle-aged and elderly U.S. adults. N Engl J Med, 337: 1705-1714, 1997
[14] Holman CD, et al.: Meta-analysis of alcohol and all-cause mortality: a validation of NHMRC recommendations. Med J Aust, 164: 141-145, 1996
[15] Tsugane S, et al.: Alcohol consumption and all-cause and cancer mortality among middle-aged Japanese men: seven-year follow-up of the JPHC study Cohort I. Japan Public Health Center. Am J Epidemiol, 150: 1201-1207, 1999
[16] Lin Y, et al.: Alcohol consumption and mortality among middle-aged and elderly Japanese men and women. Ann Epidemiol, 15: 590-597, 2005
[17] Steevens J, et al.: Alcohol consumption, cigarette smoking and risk of subtypes of oesophageal and gastric cancer: a prospective cohort study. Gut, 59: 39-48, 2010
[18] Boffetta P, et al.: Multicenter case-control study of exposure to environmental tobacco smoke

and lung cancer in Europe. J Natl Cancer Inst, 90: 1440-1450, 1998
[19] 喫煙と健康問題に関する検討会（編）．喫煙と健康．保健同人社，2002

◇メタボリック・シンドローム（p. 459）
[1] Nakamura T, et al.: Magnitude of sustained multiple risk factors for ischemic heart disease in Japanese employees: A case-control study. Jpn Circ J, 65: 11-17, 2001
[2] メタボリックシンドローム診断基準検討委員会．メタボリックシンドロームの定義と診断基準．日本内科学会雑誌，94: 794-809, 2005

◇がん（p. 461）
[1] Kumar V, et al.: Robbins & Cotran Pathologic Basis of Disease. 8th ed With STUDENT ONSULT Online Access. Sanders, 2010
[2] ワインバーグ RA．武藤　誠，青木正博（訳）．ワインバーグ　がんの生物学．南江堂，2008
[3] 津田　均，関根茂樹（編）．特集　家族性腫瘍の基礎と疾患．病理と臨床，29: 683-736, 2011
[5] Lichtenstein P, et al.: Environmental and heritable factors in the causation of cancer—analyses of cohorts of twins from Sweden, Denmark, and Finland. N Engl J Med, 343: 78-85, 2000
[6] Schwartz AG, et al.: The molecular epidemiology of lung cancer. Carcinogenesis, 28: 507-18, 2007

◇こころの健康（p. 463）
[1] 内閣府．24年版　障害者白書．佐伯印刷，2012
[2] アメリカ精神医学会．高橋三郎，他(訳)．DSM-Ⅳ-TR 精神疾患の診断・統計マニュアル．医学書院，2000
[3] Gottesman II: Schizophrenia genesis: the origin of madness. Freeman, 2003
[4] Gottesman II, Shields S: A polygenic theory of schizophrenia. Proc Natl Acad Sci U S A, 58: 199-205, 1967
[5] National Institute for Health and Clinical Excellence: Clinical guideline 82. Core interventions in the treatment and management of schizophrenia in adults in primary and secondary care.（http://guidance.nice.org.uk/CG82/NICEGuidance/pdf/English），2009
[6] 厚生労働省．患者調査．(http://www.mhlw.go.jp/toukei/saikin/hw/kanja/11/index.html)，2011
[7] 川上憲人．世界のうつ病，日本のうつ病―疫学研究の現在．医学のあゆみ，219: 925-929, 2006
[8] Kawakami N, et al.: Twelve-month prevalence, severity, and treatment of common mental disorders in communities in Japan: A preliminary finding from The World Mental Health Japan 2002-2003. Psychiatry Clin Neurosci, 59: 441-452, 2005
[9] Merikangas KR, Kupfer DJ: Mood disorders: genetic aspects. Comprehensive Textbook of psychiatry, 1102-1116, 1995
[10] Cuijpers P, et al.: Adding psychotherapy to pharmacotherapy in the treatment of depressive disorders in adults: a meta-analysis. The J Clin Psychiatry, 70: 1219-1229, 2009
[11] Lynch D, Laws KR, McKenna PJ: Cognitive behavioural therapy for major psychiatric disorder: does it really work? A meta-analytical review of well-controlled trials. Psychiatry Med, 40: 9-24, 2010
[12] ベック AT, 他．坂野雄二(監訳)．新版うつ病の認知療法．岩崎学術出版社，2007
[13] クラーマン GL, 他．水島広子, 他(訳)．うつ病の対人関係療法．岩崎学術出版社，1997

9．社会と文化
◇衣文化（p. 466）
[1] 丹野　郁（監修）．世界の民族衣装の事典．東京堂出版，2008
[2] 小川安朗．世界民族服飾集成．文化出版局，1991
[3] 鷲田清一．シリーズ・服と社会を考える．岩崎書店，2007

［4］ 道明美保子，田村照子（編）．放送大学教材　アジアの風土と服飾文化．放送大学教育振興会，2006
［5］ 文化学園服飾博物館（編）．世界の伝統服飾．文化出版局，2001

◇住宅/住居 （p. 469）
［1］ 石毛直道．住居空間の人類学．SD 選書，1971
［2］ 後藤　久，沖田富美子（編）．住居学．朝倉書店，2003

◇住文化/住宅のデザイン （p. 471）
［1］ 国土交通省．「国土の長期展望」中間とりまとめ．我が国における総人口の長期的推移．（http://www.mlit.go.jp/policy/shingikai/kokudo03_sg_000030.html）
［2］ 旧建設省．平成 12 年建設白書．（http://www.mlit.go.jp/hakusyo/kensetu/h12_2/h12/index.htm）
［3］ 鈴木成文．五一 C 白書―私の建築計画学戦後史（住まい学大系）．住まいの図書館出版局，2006

◇食文化 （p. 474）
［1］ 和仁皓明．食文化の形成要因について．食生活総合研究会誌，1：46-50, 1991

◇人口 （p. 476）
［1］ 国連人口基金東京事務所．世界人口白書 2011（日本語版）．2011
［2］ Durand JD: Historical Estimates of World Population: An Evaluation. Popul Dev Rev, 3: 253-296, 1977
［3］ Haub C: How Many People Have Ever Lived on Earth?, Population Reference Bureau.（http://www.prb.org/Articles/2002/HowManyPeoplehaveEverLivedonEarth.aspx）
［4］ United Nations: World Population Prospects: The 2010 Revision. 2011
［5］ 河野稠果，佐藤龍三郎．世界人口と都市化の見通し．阿藤　誠，佐藤龍三郎（編）．世界の人口開発問題．原書房，35-69, 2012
［6］ 河野稠果．人口学への招待．中公新書，2007
［7］ 国立社会保障・人口問題研究所．日本の将来推計人口（平成 24 年 1 月推計）．2012

◇死 （p. 478）
［1］ 真家和生．自然人類学入門―ヒトらしさの原点．技報堂出版，2007

◇コミュニケーション （p. 480）
［1］ ハリティ TR，スレイター PJB．浅野俊夫，長谷川芳典，藤田和生（訳）．動物コミュニケーション．西村書店，1998
［2］ Brown JL: The integration of agonistic behavior in the Steller's jay *Cyanocitta Stelleri*（Gmelin）. University of California Pablications in Zoology 60, 223-328. 1.3.1, 1964
［3］ ホール ET．日高敏隆，佐藤信行（訳）．かくれた次元．みすず書房，1970

◇集団行動 （p. 482）
［1］ Dunbar RIM: Coevolution of neocortical size, group size and language in humans. Behav Brain Sci, 16: 681-735, 1993
［2］ Asch SE: Effects of group pressure upon the modification and distortion of judgment. In Guetzkow H ed. Groups, leadership and men. Carnegie Press, 1951

◇利他行動 （p. 484）
［1］ Trivers RL: The evolution of reciprocal altruism. Q Rev Biol, 46: 35-57, 1971
［2］ Nowak MA, Sigmund K: Evolution of indirect reciprocity by image scoring. Nature, 393: 573-577, 1998
［3］ Cosmides L: The logic of social exchange: has natural selection shaped how humans reason? Studies with the Wason selection task. Cognition, 31: 187-276, 1989
［4］ Haley KJ, Fessler DMT: Nobody's watching? Subtle cues affect generosity in an anonymous economic game. Evol Hum Behav, 26: 245-256, 2005

[5] Bateson M, Nettle D, Roberts G: Cues of being watched enhance cooperation in a real-world setting. Biol Lett, 2: 412-414, 2006

◇男女の役割 (p. 486)
[1] ハイデン D. 野口美智子, 他（訳）. アメリカン・ドリームの再構築 住宅, 仕事, 家庭生活の未来. 勁草書房, 1991
[2] 大日向雅美. 母性愛神話とのたたかい. 草土文化, 2002
[3] 袖井孝子, 他. 共働き家族. 家政教育社, 1993
[4] 坂東昌子, 功刀由紀子. 性差の科学. ドメス出版, 1997

◇パーソナルスペース (p. 488)
[1] ソマー R. 穐山貞登（訳）. 人間の空間―デザインの行動的研究. 鹿島出版会, 1972
[2] 日本建築学会（編）. 建築設計資料集成 人間. 丸善, 2003
[3] 日本建築学会（編）. 建築人間工学事典. 彰国社, 90, 1999

◇テリトリー (p. 490)
[1] 日本建築学会（編）. 建築人間工学事典. 彰国社, 1999
[2] Stanford ML, Marvin BS: Territoriality: A Neglocted sociological dimension, social problems, 15, 236-249, 1967
[3] ソマー R. 穐山貞登（訳）. 人間の空間―デザインの行動的研究. 鹿島出版会, 1972

◇ヒューマンインタフェース (p. 492)
[1] 岡田 明. 生活文化と道具. 佐藤方彦（編）. 生活文化論. 井上書院, 207-237, 1992
[2] 伊藤謙治, 桑野園子, 小松原明哲（編）. 人間工学ハンドブック. 朝倉書店, 2003
[3] 国際標準化機構. ISO 9241 シリーズ. 日本規格協会, 2013

◇バーチャルリアリティ (p. 494)
[1] 舘 暲. バーチャルリアリティとは何か. 第13回「大学と科学」公開シンポジウム組織委員会（編）. バーチャルリアリティ 人工現実感と人間のかかわりを考える. クバプロ, 1999
[2] 井須尚紀. 動揺病. 日本バーチャルリアリティ学会（編）. バーチャルリアリティ学. コロナ社, 49-52, 2011

◇標識/サイン (p. 496)
[1] 高柳泰世. つくられた障害「色盲」. 朝日新聞社, 1996
[2] 岡田 明. 10.3 公共表示・標識. 伊藤謙治, 桑野園子, 小松原明哲（編）. 人間工学ハンドブック. 朝倉書店, 751, 2003
[3] 共用品推進機構（編）. 高齢者にわかりやすい駅のサイン計画. 都市文化社, 50-51, 1999
[4] 日本工業規格. 案内用図記号 JIS s0101, z8210. 日本規格協会, 1996

◇道具 (p. 499)
[1] Toth N: The Oldowan reassessed: A close look at early stone artifacts. J Archaeol Sci, 12: 101-120, 1985
[2] Paddayya K, et al.: Recent findings on the Acheulian of the Hunsgi and Baichbal valleys, Karnataka, with special reference to the Isampur excavation and its dating. Curr Sci, 83: 641-647, 2002

◇職人技 (p. 501)
[1] 山下晃功, 他. 動作解析コンピュータシステムによるかんな削り作業の動作分析. 木材学会誌, 34: 222-227, 1988
[2] 山下晃功. 木材のかんな削り作業における動作分析および筋電図学的研究（第1報）作業動作および筋電図の基本的なパターンについて. 木材学会誌, 28: 614-626, 1982
[3] 陳 廣元, 他. 木工具による作業動作の3次元分析（第2報）木工技能熟練者と未熟練者ののこぎりびき動作の比較. 木材学会誌, 49: 171-178, 2003

◇機械（p.503）
 [1] 坂本大介，他．遠隔存在感メディアとしてのアンドロイド・ロボットの可能性．情報処理学会論文誌，48: 3729-3738, 2007
◇工業デザイン（p.505）
 [1] ポーター G．海野　弘（訳）．レイモンド・ローウィ—消費者文化のためのデザイン．美術出版社，53, 2004
 [2] 石川　弘．インダストリアルデザインのプロセスと方法．森　典彦（編）．インダストリアルデザイン—その科学と文化．朝倉書店，67-89, 1993
◇PAデザイン（p.507）
 [1] 日本生理人類学会PAデザイン賞制度．(http://jspa.net/pa_design)
◇ワークライフバランス（p.509）
 [1] 大沢真知子．ワークライフバランス社会へ．岩波書店，2006
 [2] 清山　玲．少子化とワーク・ライフ・バランス論—その危険性と可能性．日本婦人団体連合会（編）．女性白書2008．ほるぷ出版，2008
◇テクノアダプタビリティ（p.511）
 [1] デュボスR．木原弘二（訳）．人間と適応—生物学と医療（第2版）．みすず書房，2000
 [2] ブロードC．池　央耿，高見　浩（訳）．テクノストレス．新潮社，1984
 [3] Iwanaga K, et al.: The effect of mental loads on muscle tension, blood pressure and blink rate. J Physiol Anthropol Appl Human Sci, 19, 2000
 [4] Flaa A, et al.: Sympathoadrenal stress reactivity is a predictor of future blood pressure: an 18-year follow-up study. Hypertension, 52: 336-341, 2008
 [5] Baker, PT: The adaptive limits of human population. Man, 19: 1-14, 1984
◇文化的適応（p.514）
 [1] 佐藤陽彦．適応．人間工学用語研究会（編）．人間工学事典．日刊工業新聞社，300-302, 1983
 [2] Kittler R, Kayser M, Stoneking M: Molecular evolution of *Pediculus humanus* and the origin of clothing. Curr Biol, 13: 1414-1417, 2003
 [3] Kittler R, Kayser M, Stoneking M: Erratum: molecular evolution of *Pediculus humanus* and the origin of clothing. Curr Biol, 14: 2309, 2004
 [4] Toups MA, et al.: Origin of clothing lice indicates early clothing use by anatomically modern humans in Africa. Mol Biol Evol, 28: 29-32, 2011
 [5] Reed DL, et al.: Pair of lice lost or parasites regained: the evolutionary history of anthropoid primate lice. BMC Biol, 5: 7, 2007
 [6] ジャブロンスキー NG，チャップリンG．肌の色が多様になったわけ．日経サイエンス，2003

10．ヒトを測る
◇心電図（p.518）
 [1] Pomeranz B, et al.: Assessment of autonomic function in humans by heart rate spectral analysis. Am J Physiol 248, H151-153,1985
 [2] Angelone A, Coulter NA: Respiratory sinus arrhythmia: a frequency dependent phenomenon. J Appl Physiol, 19,479-482,1964
 [3] Hirsch JA, Bishop B: Respiratory sinus arrhythmia in humans: how breathing pattern modulates heart rate. Am J Physiol, 10, H620-H629,1981
 [4] Pagani M, et al.: Power spectral analysis of heart rate and arterial pressure variabilities as a marker of sympatho-vagal interaction in man and conscious dog. Circ Res 59,178-193,1986
 [5] Singer DH, Ori Z: Changes in heart rate variability associated with sudden cardiac death. In Malik

M, Camm AJ eds. Heart Rate Variability. Futura, 429-448, 1995

◇心拍出量 (p. 520)
[1] Harvey S, et al: Assessment of the clinical effectiveness of pulmonary artery catheters in management of patients in intensive care (PACMan): a randomized controlled trial. Lancet, 12; 366: 472-477, 2005
[2] Capek JM, Roy RJ: Nonivasive measurement of cardiac output using partial CO_2 reberathing. IEEE Trans Biomed Eng, 35: 653-661, 1988
[3] Tachibana K, et al.: Effect of ventilatory settings on accuracy of cardiac output measurement using partial CO_2 reberathing. Anesthesiology, 96: 96-102, 2002
[4] Wesseling KH, et al.: Computation of aortic flow from pressure in humans using a nonlinear, three-element model. J Appl Physiol, 74: 2566-2573, 1993
[5] Sugawara J, et al.: Non-invasive assessment of cardiac output during exercise in healthy young humans: comparison between Modelflow method and Doppler echocardiography method. Acta Physiol Scand, 179: 361-366, 2003
[6] Houtman S, Oeseburg B, Hopman MT: Noninvasive cardiac output assessment during moderate exercise: pulse contour compared with CO_2 rebreathing. Clin Physiol, 19: 230-237, 1999
[7] Shibasaki M, et al.: Modelflow underestimates cardiac output in heat-stressed individuals. Am J Physiol Regul Integr Comp Physiol, 300: R486-R491, 2011
[8] Kubicek WG, et al.: Development and evaluation of an impedance cardiac output system. Aerospace Med, 37: 1208-1212, 1966

◇心拍変動 (p. 522)
[1] Pomeranz B, et al.: Assessment of autonomic function in humans by heart rate spectral analysis. Am J Physiol, 248: 151-153, 1985
[2] Task Force of the European Society of Cardiology and the North American Society of Pacing and Electrophysiology: Heart rate variability:standards of measurement, physiological interpretation, and clinical use. Circulation, 93: 1043-1065, 1996
[3] Kobayashi H, et al.: Normative references of heart rate variability and salivary alpha-amylase in a healthy young male population. J Physiol Anthropol, 31: 39, 2012
[4] Kobayashi H: Normalization of respiratory sinus arrhythmia by factoring in tidal volume. Appl Human Sci, 17: 207-213, 1998
[5] Kobayashi H: Does paced breathing improve the reproducibility of heart rate variability measurements? J Physiol Anthropol, 28: 225-230, 2009

◇血圧 (p. 524)
[1] 杉　春夫 (編). 人体機能生理学 (改訂第4版). 南江堂, 386-401, 2003
[2] 日本エム・イー学会 (編). 生体計測の機器とシステム. コロナ社, 98-106, 2000
[3] 阿部正和, 他. バイタルサイン. 医学書院. 52-72, 1999

◇胃電図 (p. 526)
[1] Homma S: Isopower mapping of the erectrogastogram (EGG). J Auton Nerv Syst, 62: 163-166, 1997
[2] Alvarez WC: The electrogastrogram and what it shows. JAMA, 78: 1116-1119, 1922
[3] 松浦康之, 他. 胃電図の衛生学への応用にむけて. 日本衛生学雑誌, 66: 54-63, 2011
[4] Daniel EE, Wiebe GE: Transmission of reflexes arising on both sides of the gastroduodenal junction. Am J Physiol, 211: 634-642, 1966
[5] 金桶吉起, 他. Electrogastroenterograph I. 健常人による方法論的検討. J Auton Nerv Syst, 29: 29-37, 1992

[6] Brown BH, et al.: Intestinal smooth muscle electrical potentials recorded from surface electrodes. Med & Biol Eng, 13: 97-103, 1975
[7] Chen J, McCallum RW, Stewart WR: Characteristics of cutaneous gastric slow wave recordings after liquid and solid meals in normal subjects. Clin Res, 38: 533A, 1990
[8] 沈　惠芳, 市丸雄平, 小林美佳子. 若年女性における胃電図の90分リズム. 日本生理人類学会誌, 8: 31-36, 2003
[9] 沈　惠芳, 三宅香里, 市丸雄平. 精神ストレスは胃運動を抑制する―胃電図による検討. 薬理と臨床, 10: 525-532, 2000

◇筋電図（p. 528）
[1] 小宮山伴与志, 河合辰夫, 古林俊晃. 筋疲労の神経生理学的機序. 千葉大学教育学部研究紀要（第2部）, 42: 53-72, 1994
[2] Fuglevand AJ, et al.: Influence of electrode size and spacing. Biol Cybern, 67: 143-153, 1992
[3] Jonsson B.: Measurement and evaluation of local muscular strain in the shoulder during contrained work. J Human Ergol, 11: 73-88, 1982
[4] Ohashi J.: Differences in changes of surface EMG during low-level static contraction between monopolar and bipolar lead. Appl Human Sci, 14: 79-88, 1995
[5] Ohashi J, et al.: Assessment of workrelated muscle strain by using surface EMG during test contractions interposed between work periods of simulated mushroom picking. J Human Ergol, 39: 57-68, 2010

◇皮膚電気活動（p. 530）
[1] 山崎勝男. 皮膚電気活動. 生理心理学の基礎（新生理心理学1巻）. 北大路書房, 210-221, 1998
[2] 山崎勝男, 他. 加齢と手掌汗腺の電気活動. 自律神経, 14: 105-109, 1977
[3] アンドレアッシ JL. 今井　章（監訳）. 心理生理学. 北大路書房, 2012

◇眼球電図（p. 532）
[1] 日本生理人類学会計測研究部会（編）. 人間科学計測ハンドブック. 技法堂出版, 1996
[2] Singh H, Singh J: A Review on electrooculography. International Journal of Advanced Engineering Technology, 3: 115-122, 2012
[3] 廣瀬　卓, 板倉直明, 坂本和義. EOGを用いた垂直方向注視領域判定の可能性. 第16回生体・生理工学シンポジウム論文集, 299-302, 2001
[4] 梶原祐輔, 他. 交流眼電図による水平方向の眼球運動と随意性瞬目を用いた意思伝達支援装置の開発. 電気学会論文誌C編, 132: 555-560, 2012
[5] 映像情報メディア学会（編）. 視覚心理入門. オーム社, 2009
[6] Martina WB, et al.: Pattern recognition of EEG-EOG as a technique for all-night sleep stage scoring. Electroencephalogr Clin Neurophysiol, 32: 417-427, 1972
[7] 久野悦章, 他. EOGを用いた視線入力インタフェースの開発. 情報処理学会論文誌, 39: 1455-1462, 1998
[8] Barea R, et al.: System for assisted mobility using eye movements based on electrooculography. IEEE Transactions on Neural Systems and Rehabilitation Engineering, 10: 209-218, 2002
[9] 山口雄志, 小谷賢太郎, 堀井　健. サッカード特性を利用した視線入力インタフェースの提案とその評価. ヒューマンインタフェース学会論文誌, 9: 61-70, 2007

◇網膜電図（p. 534）
[1] Marmor MF, et al.: ISCEV Standard for full-field clinical electroretinography（2008 update）. Doc Ophthalmol, 118: 69-77, 2009
[2] 山本修一, 他（編）. どうとる？　どう読む？　ERG. メジカルビュー社, 2004
[3] Granit R: The components of the retinal action potential in mammals and their relation to the

discharge in the optic nerve. J Physiol, 77: 207-239, 1933
[4] Sieving PA, Murayama K, Naarendorp F: Push-pull model of the primate photopic electroretinogram: a role for hyperpolarizing neurons in shaping the b-wave. Vis Neurosci, 11: 519-532, 1994
[5] Hankins MW, Lucas RJ: The primary visual pathway in humans is regulated according to long-term light exposure through the action of a nonclassical photopigment. Curr Biol, 12: 191-198, 2002
[6] Fukuda Y, et al.: Distinct responses of cones and melanopsin-expressing retinal ganglion cells in the human electroretinogram. J Physiol Anthropol, 31: 20, 2012

◇体温 (p. 536)
[1] 入來正躬．体温生理学テキスト―わかりやすい体温のおはなし．文光堂，2003
[2] Kang DH, et al.: Energetics of wet-suit diving in Korean women breath-hold divers. J Appl Physiol, 54: 1702-1707, 1983
[3] Gagge AP, Nishi Y: Heat exchange between human skin surface and thermal environment. In: Lee DHK ed. Handbook of Physiology. Am Physiol Soc, 69-92, 1977
[4] Jay O, et al.: A three-compartment thermometry model for the improved estimation of changes in body heat content. Am J Physiol Regul Integr Comp Physiol, 292: R167-R175, 2007
[5] Jay O, et al.: Estimating changes in volume-weighted mean body temperature using thermometry with an individualized correction factor. Am J Physiol Regul Integr Comp Physiol, 299: R387-R394, 2010
[6] 日本生理人類学会計測研究部会（編）．人間科学計測ハンドブック．技報堂出版，1996
[7] 山越憲一，戸川達男．生体用センサと計測装置．コロナ社，2000
[8] Lee J-Y, et al.: Differences in rectal temperatures measured at depths of 4-19 cm from the anal sphincter during exercise and rest. Eur J Appl Physiol, 109: 73-80, 2010
[9] Benzinger TH: On physical heat regulation and the sense of temperature in man. Proc Nat Acad Sci, 45: 645-659, 1959
[10] McCaffrey TV, McCook RD, Wurster RD: Effect of head skin temperature on tympanic and oral temperature in man. J Appl Physiol, 39: 114-118, 1975
[11] Lee J-Y, et al.: Validity of infrared tympanic temperature for the evaluation of heat strain while wearing impermeable protective clothing in hot environments. Industrial Health, 49: 714-725, 2011
[12] Yamakage M, Namiki A: Deep temperature monitoring using a zero-heat-flow method. J Anesth, 17: 108-115, 2003
[13] Demachi K, Yoshida T, Tsuneoka H: Relationship between mean body temperature calculated by two- or three-compartment models and active cutaneous vasodilation in humans: a comparison between cool and warm environments during leg exercise. Int J Biometeorol, 56: 277-285, 2012

◇皮膚温 (p. 538)
[1] IUPS Thermal Commission: Glossary of terms for thermal physiology. 3rd edition. Jap J Physiol, 51: 245-280, 2001
[2] Parsons KC: Human thermal environments. 2nd edition. Taylor & Francis, 2003
[3] Gagge AP, Nishi Y: Heat exchange between human skin surface and thermal environment. In: Lee DHK ed. Handbook of Physiology. Am Physiol Soc, 69-92, 1977
[4] Fanger PO: Thermal Comfort, Analysis and Applications in Environmental Engineering. McGraw-Hill, 1972
[5] 山越憲一，戸川達男．生体用センサと計測装置．コロナ社，2000
[6] 入來正躬．体温生理学テキスト―わかりやすい体温のおはなし．文光堂，2003
[7] Hardy JD, DuBois EF: The technic of measuring radiation and convection. J Nutr, 15: 461-475,

1938
[8] Burton AC: Human calorimetry. II. The average temperature of the tissue of the body. J Nutr, 9: 261-280, 1935
[9] Ramanathan NL: A new weighting system for mean surface temperature of the human body. J Appl Physiol, 19: 531-533, 1964
[10] Mitchell D, Wyndham CH: Comparison of weighting formula for calculating mean skin temperature. J Appl Physiol, 26: 616-622, 1969
[11] Nadel ER, Mitchell JW, Stolwijk JAJ: Differential thermal sensitivity in the human skin. Pflügers Arch 340: 71-76, 1973
[12] Crawshaw LI, et al.: Effect of local cooling on sweat rate and cold sensation. Pflügers Arch, 354: 19-27, 1975
[13] Stolwijk JAJ, Hardy JD: Partitional calorimetric studies of response of man to thermal transients. J Appl Physiol, 21: 967-977, 1966
[14] Choi JK, et al.: Evaluation of mean skin temperature formulas by infrared thermography. Int J Biometeorol, 41: 68-75, 1997
[15] Lee JY, Nakao K, Tochihara Y: Chest, abdomen or back: selecting an optimum trunk region for Hardy and DuBois' weighted mean skin temperature formula. Journal of the Human-Environment System, 13: 7-14, 2010
[16] Lee JY, et al.: Cutaneous warm and cool sensation thresholds and the inter-threshold zone in Malaysian and Japanese males. J Therm Biol, 35: 70-76, 2010

◇発汗量 (p. 541)
[1] Mitchell D, Nadel ER, Stolwijk JAJ: Respiratory weight losses during exercise. J Appl Physiol, 32: 474-476, 1972
[2] Sugenoya J, et al.: Identification of sudomotor activity in cutaneous sympathetic nerves using sweat expulsion as the effector response. Eur J Appl Physiol, 61: 302-308, 1990
[3] Ohara K: Heat tolerance and sweating type. Nagoya Med J, 14: 133-144, 1968
[4] Morris NB, et al.: A comparison between the technical absorbent and ventilated capsule methods for measuring local sweat rate. J Appl Physiol, 114: 816-823, 2013
[5] Smith CJ, Havenith G: Body mapping of sweating patterns in athletes: a sex comparison. Med Sci Sports Exerc, 44: 2350-2361, 2012
[6] Gagnon D, et al.: The modified iodine-paper technique for the standardized determination of sweat gland activation. J Appl Physiol, 112: 1419-1425, 2012
[7] Shamsuddin AKM, Togawa T: Continuous monitoring of sweating by electrical conductivity measurement. Physiol Meas, 19: 375-382, 1998

◇脳波 (p. 544)
[1] 市川忠彦．新版 脳波の旅への誘い―楽しく学べるわかりやすい脳波入門（第2版）．星和書店，2006
[2] Nunez PL, Srinivasan R: Electric fields of the brain: The neurophysics of EEG. Oxford University Press, 2003
[3] Tonner PH, Bein B: Classic electroencephalographic parameters: median frequency, spectral edge frequency etc. Best Pract Res Clin Anaesthesiol, 20: 147-159, 2006
[4] Papadelis C, et al.: Monitoring sleepiness with on-board electrophysiological recordings for preventing sleep-deprived traffic accidents. Clin Neurophysiol, 118: 1906-1922, 2007
[5] Inouye T, et al.: Quantification of EEG irregularity by use of the entropy of the power spectrum. Electroencephalogr Clin Neurophysiol, 79: 204-210, 1991

[6] Liu J, Singh H, White PF: Electroencephalogram bispectral analysis predicts the depth of midazolam-induced sedation. Anesthesiology, 84: 64-69, 1996
[7] Shimomura Y, Katsuura T: Sustaining biological welfare for our future through consistent science. J Physiol Anthropol. 32: 1, 2013
[8] Buzsaki G: Rhythms of the Brain. Oxford University Press, 2011

◇事象関連電位 (p. 547)
[1] Pascual-Marqui RD, Michel CM, Lehmann D: Low resolution electromagnetic tomography: a new method for localizing electrical activity in the brain. Int J Psychophysiol, 18: 49-65, 1994
[2] Polich J: Updating P300: an integrative theory of P3a and P3b. Clin Neurophysiol, 118: 2128-2148, 2007
[3] Higuchi S, Watanuki S, Yasukouchi A: Effects of reduction in arousal level caused by long-lasting task on CNV. Appl Human Sci, 16: 29-34, 1997
[4] Pfurtscheller G, et al.: Event-related synchronization (ERS): an electrophysiological correlate of cortical areas at rest. Electroencephalogr Clin Neurophysiol, 83: 62-69, 1992
[5] D'Avanzo C, et al.: A Bayesian method to estimate single-trial event-related potentials with application to the study of the P300 variability. J Neurosci Methods, 198: 114-124, 2011

◇fMRI (p. 550)
[1] Kawamichi H, et al.: Distinct neural correlates underlying two- and three-dimensional mental rotations using three-dimensional objects. Brain Res, 1144: 117-126, 2007
[2] Noriuchi M, Kikuchi Y, Senoo A: The functional neuroanatomy of maternal love. Biol Psychiatry, 63: 415-423, 2009
[3] Miyamoto R, Kikuchi Y: Gender differences of brain activity in the conflicts based on implicit self-esteem. PLoS ONE, 7: e37901, 2012
[4] 菊池吉晃, 他 (編). SPM8脳画像解析マニュアル—fMRI, 拡散テンソルへの応用. 医歯薬出版, 2012
[5] Noriuchi M, et al.: Altered white matter fractional anisotropy and social impairment in children with autism spectrum disorders. Brain Res, 1362: 141-149, 2010
[6] 菊池吉晃, 則内まどか.「幸せを感じる脳」—脳機能イメージング研究から見える「幸せ」の神経基盤. 化学と工業, 64: 135-137, 2011

◇脳磁図 (p. 553)
[1] 原 宏, 栗城真也 (編). 脳磁気科学—SQUID計測と医学応用. オーム社, 1997
[2] 武田常広. 脳工学. コロナ社, 2003
[3] 武田常広. MEG (脳磁計). Equilibrium Res, 68: 413-423, 2009
[4] Suk J, et al.: Anatomical localization revealed by MEG recordings of the human somatosensory system. Electroencephalogr Clin Neurophysiol, 78: 185-196, 1991
[5] Cheyne D: Imaging the neural control of voluntary movement using MEG. In Fuchs A, Jirsa VK eds. Coordination: Neural, Behavioral and Social Dynamics. Springer, 2008

◇近赤外分光法 (p. 555)
[1] Jobsis FF: Noninvasive, infrared monitoring of cerebral and myocardial oxygen sufficiency and circulatory parameters. Science, 198: 1264-1267, 1977
[2] Fox PT, Raichle ME: Focal physiological uncoupling of cerebral blood flow and oxidative metabolism during somatosensory stimulation in human subjects. Proc Natl Acad Sci USA, 83: 1140-1144, 1986
[3] Delpy DT, et al.: Estimation of optical pathlength through tissue from direct time of flight measurement. Phys Med Biol, 33: 1433-1442, 1988

[4] Hock C, et al.: Decrease in parietal cerebral hemoglobin oxygenation during performance of a verbal fluency task in patients with Alzheimer's disease monitored by means of near-infrared spectroscopy (NIRS) —correlation with simultaneous rCBF-PET measurements. Brain Res, 755: 293-303, 1997
[5] Tomita M, Ohtomo M, Suzuki N: Contribution of the flow effect caused by shear-dependent RBC aggregation to NIR spectroscopic signals. Neuroimage, 33: 1-10, 2006
[6] Hoshi Y, Tamura M: Detection of dynamic changes in cerebral oxygenation coupled to neuronal function during mental work in man, Neurosci Lett, 150: 5-8, 1993
[7] Hoshi Y, et al.: Recognition of human emotions from cerebral blood flow changes in the frontal region: a study with event-related near-infrared spectroscopy. J Neuroimaging, 21: e94-101, 2011
[8] Liu X, Iwanaga K, Koda S: Circulatory and central nervous system responses to different types of mental stress. Ind Health, 49: 265-273, 2011
[9] 日本脳代謝モニタリング研究会（編）．臨床医のための近赤外分光法．新興医学出版社，2002

◇酸素摂取量/エネルギー代謝量 (p. 557)
[1] Weir JBdV: New methods for calculating metabolic rate with special reference to protein metabolism. J Physiol, 109: 1-9, 1949
[2] Wilmore JH, Costill DL: Semiautomated systems approach to the assessment of oxygen uptake during exercise. J Appl Physiol, 36: 618-620, 1974
[3] Wasserman K, et al.: Anaerobic threshold and respiratory gas exchange during exercise. J Appl Physiol, 35: 236-243, 1973
[4] Rossiter HB, Kowalchuk JM, Whipp BJ: A test to establish maximum O_2 uptake despite no plateau in the O_2 uptake response to ramp incremental exercise. J Appl Physiol, 100: 764-770, 2006
[5] Speakman JR: The history and theory of the doubly labeled water technique. Am J Clin Nutr, 68: 932S-938S, 1998

◇ストレスホルモン (p. 560)
[1] 本郷利憲，他（監修）．標準生理学（第6版）．医学書院，2005
[2] Cohen S, et al.: Psychological stress and disease. JAMA, 298: 1685-1687, 2007
[3] Kemeny ME: The psychobiology of stress. Current Directions in Psychological Science, 12: 124-129, 2003
[4] McEwen BS: Protective and damaging effects of stress mediators. N Engl J Med, 338: 171-179, 1998
[5] 井澤修平，他．唾液を用いたストレス評価—採取及び測定手順と各唾液中物質の特徴．日本補完代替医療学会誌，4: 91-101, 2007
[6] 勝又聖夫，他．新しい素材を用いた唾液採取器具による唾液中コチニン，コルチゾール，デヒドロエピアンドロステロン及びテストステロンの測定．日本衛生学雑誌，64: 811-816, 2009
[7] Kirschbaum C et al.: Salivary cortisol in psychobiological research: an overview. Neuropsychobiology, 22: 150-169, 1989
[8] Whembolua GS et al.: Bacteria in the oral mucosa and its effects on the measurement of cortisol, dehydroepiandrosterone, and testostrone in saliva. Horm Behav, 49: 478-483, 2006
[9] Dickerson SS, Kemeny ME: Acute stressors and cortisol responses: A theoretical integration and synthesis of laboratory research. Psychol Bull, 130: 355-391, 2004
[10] Fries E et al.: The cortisol awakening response (CAR): facts and future directions. Int J Psychophysiol, 72: 67-73, 2009

◇反応時間 (p. 562)
[1] 大山　正．反応時間研究の歴史と現状．人間工学，21: 57-64, 1985

[2] Kohfeld DL: Simple reaction time as a function of stimulus intensity in decibels of light and sound. J Exp Psychol, 88: 251-257, 1971

◇フリッカー値 (p. 564)
[1] Simonson E, Enzer N: Measurement of fusion frequency of flicker as a test for fatigue of the central nervous system. J Ind Hyg Toxicol, 23: 83-89, 1941
[2] Romero-Gomez M: Critical flicker frequency: it is time to break down barriers surrounding minimal hepatic encephalopathy. J Hepatol, 47: 10-11, 2007
[3] Kircheis G, et al.: Critical flicker frequency for quantification of low-grade hepatic encephalopathy. Hepatology, 35: 357-366, 2002
[4] 山田晋平, 三宅晋司. 長時間暗算の生理指標, 主観指標, 作業成績におよぼす影響. 産業医科大学雑誌, 29: 27-38, 2007
[5] 渡辺勝也, 他. 救急救命士の健康に関する調査結果について—2部制勤務と救急出場件数に対する健康管理. 日本臨床救急医学会雑誌, 10: 485-493, 2007
[6] 長谷川徹也, 神代雅晴. データ入力作業を例としたVDT作業における一連続作業時間についての実験的検討. 人間工学, 30: 405-413, 1994
[7] 長谷川勝久, 福田康明, 斎藤 真. セル生産における作業者の生体負担に関する研究. 人間工学, 45: 219-225, 2009
[8] 吉竹 博. 疲労自覚症状とフリッカー値の相関. 労働科学, 48: 69-76, 1972
[9] Wunsch E, et al.: Critical flicker frequency fails to disclose brain dysfunction in patients with primary biliary cirrhosis. Dig Liver Dis, 42: 818-821, 2010
[10] 岩木 直, 原田暢善. 視覚知覚の変化を利用した日常的に利用可能な客観的疲労計測技術: Flicker Health Management System. 電子情報通信学会技術研究報告 MBE. ME とバイオサイバネティックス, 111: 121-124, 2012
[11] 日本産業衛生協会産業疲労委員会(編). 疲労判定のための機能検査法 (第2版). 同文書院, 1962

◇生理的負担 (p. 566)
[1] Shimomura Y, Katsuura T: Sustaining biological welfare for our future through consistent science. J Physiol Anthropol, 32: 1, 2013
[2] Mamaghani NK, et al: Changes in surface EMG and acoustic myogram parameters during static fatiguing contractions until exhaustion: Influence of elbow joint angles, J Physiol Anthropol Appl Human Sci, 20: 131-140, 2001
[3] 豊泉深秋, 他. 短時間の軽作業における筋電図データに適した標準化および解析手法の検討. 日本生理人類学会誌, 19: 137-143, 2014
[4] LIU X-x, et al: The reproducibility of cardiovascular response to a mental task, J Physiol Anthropol, 29: 35-41, 2010
[5] 李 花子, 他. 単波長の光曝露に対する生理反応. 日本生理人類学会誌, 13, 75-83, 2008
[6] Lee S, et al: Physiological functions of the effects of the different bathing method on recovery from local muscle fatigue, J Physiol Anthropol, 31: 2012
[7] 下村義弘. 住環境における人の測定方法. 日本生理人類学会誌, 9: 24-25, 2004

◇生体観察 (p. 569)
[1] 安高 悟. 生体観察. 人間工学用語研究会 (編). 人間工学事典. 日刊工業新聞社, 225-246, 1983
[2] 藤田恒太郎. 生体観察. 南山堂, 1967
[3] 藤田恒太郎, 寺田春水. 生体観察. 南山堂, 1987
[4] 松村 瞭, 大島明義. 人類及び人種. 岩波講座生物学「人類學」. 岩波書店, 4: 40, 1932

◇生体計測 (p. 571)
[1] 河内まき子. 日本人の体格と体型. 佐藤方彦(編). 日本人の事典. 朝倉書店, 271, 2003

[2] 井上　馨．生体計測．人間工学用語研究会（編）．人間工学事典．日刊工業新聞社，226, 1983
[3] 藤田恒太郎．生体観察．南山堂，199-228, 1967
[4] 藤田恒太郎，寺田春水．生体観察．南山堂，215-235, 1987
[5] 金關丈夫．日本人の人種史．岩波講座生物學「醫學其他」．岩波書店，23, 1932

◇作業域 (p. 573)
[1] Barnes RM: Motion and time study. J. Wiley & Sons, 1937
[2] Squires PC: The shape of the normal work area (Rept. 275). Navy Department, Bureau of Medicine and Surgery. Medical Research Laboratory, 1956
[3] 坪内和夫．人間工学．日刊工業新聞社，1961
[4] 正田　亘．人間工学（増補新版）．恒星社厚生閣，1997
[5] McCormick EJ: Human Factors in Engineering and Design. McGraw-Hill, 278, 1976

◇動作分析 (p. 575)
[1] Muybridge E: The human figure in motion. Various Publishers, latest edition. Dover Publications, 1901
[2] Oxford Metrics: VICON Clinical Manager user's manual. Oxford: Oxford Metrics, 1995
[3] Ferrari A, et al.: Quantitative comparison of five current protocols in gait analysis, Gait & Posture 28: 207-216, 2008
[4] 江原義弘，山本澄子．臨床歩行計測入門．医歯薬出版，2008.
[5] 山岡俊樹，岡田　明．ユーザインタフェースデザインの実践．海文堂出版，1999.
[6] 金谷健一．画像理解—3次元認識の数理．森北出版，2011.
[7] ロバートソン G, 他．阿江道良（監訳）．身体運動のバイオメカニクス研究法．大修館書店，2008.

◇主観評価法 (p. 578)
[1] 野呂影勇（編）．図説エルゴノミクス．日本規格協会，1990

◇性格検査 (p. 580)
[1] 梅室博行．職場における適性と訓練．伊藤謙治，桑野園子，小松原明哲(編)，人間工学ハンドブック．朝倉書店，564-572, 2003
[2] Goldberg LR: The structure of phenotypic personality traits. Am Psychol, 48: 26-34, 1993
[3] 和田さゆり．性格特性用語を用いた Big Five 尺度の作成．心理学研究，67: 61-67, 1996
[4] 村上宣寛，村上千恵子．主要5因子性格検査の尺度構成．性格心理学研究，6: 29-39, 1997
[5] 下仲順子, 他．日本版 NEO-PI-R の作成とその因子的妥当性の検討．性格心理学研究, 6: 138-147, 1998
[6] FFPQ 研究会．FFPQ（5因子性格検査）マニュアル．北大路書房，2002
[7] Hathawaya SR, Mckinley JC: A multiphasic personality schedule (Minnesota): I. Construction of the schedule. J Psychol, 10: 249-254, 1940
[8] Eysenck HJ: Manual of the Maudsley Personality Inventory. University of London Press, 1959
[9] MMPI 新日本版研究会（編）．MMPI マニュアル．三京房，1993
[10] 岸本陽一，今田　寛．モーズレイ性格検査 (MPI) に関する基礎調査．人文論究，28: 63-83, 1978
[11] Meyer A: In memoriam: Emil Kraepelin. 1927. Am J Psychiatry, 151: 140-143, 1994
[12] 内田勇三郎．内田クレペリン精神検査法手引．日本・精神技術研究所，1958
[13] 戸川行男．内田クレペリン作業検査法の紹介報告．心理学研究，17: 1-20, 1942
[14] Sugimoto K, Kanai A, Shoji N: The effectiveness of the Uchida-Kraepelin test for psychological stress: an analysis of plasma and salivary stress substances. Biopsychosoc Med, 3: 5, 2009
[15] Rorschach H: Psychodiagnostics: A Diagnostic Test Based on Perception. Sabine Press, 2008
[16] Garb HN, et al.: Roots of the Rorschach controversy. Clin Psychol Rev, 25: 97-118, 2005
[17] 河合隼雄，南　伸坊．心理療法個人授業．新潮文庫，2004

[18] Murray HA: Uses of the thematic apperception test, Am J Psychiatry, 107: 577-581, 1951

◇シミュレーション (p. 583)
[1] 人間工学用語研究会（編）．人間工学事典．日刊工業新聞社，1983
[2] 大久保堯夫，他（編）．人間工学の百科事典．丸善，2005
[3] 齋藤あかね，木村 猛，ハリーシュ PV，柴野伸之．ディジタルヒューマンシミュレーションによる身体負荷予測法．パナソニック電工技報，59: 19-24，2011
[4] 中島 求，佐藤 憲，三浦康郁．全身の剛体動力学と非定常流体力を考慮した水泳人体シミュレーションモデルの開発．日本機械学会論文集 B 編，71: 1361-1369，2005
[5] 持丸正明．人間機能の個人差を再現する次世代デジタルヒューマン"Dhaiba"．計測と制御 45: 999-1004，2006
[6] 遠藤 維，多田充徳，持丸正明．モーションキャプチャを用いた個人別デジタルハンドモデルの構築．精密工学会誌 79: 860-867，2013

◇チェックリスト (p. 585)
[1] 桃生寛和，他（編）．タイプ A 行動パターン．星和書店，1993
[2] バーンズ DD．夏苅郁子，他（訳）．いやな気分よ，さようなら―自分で学ぶ「抑うつ」克服法．星和書店，2004
[3] 人間工学用語研究会（編）．人間工学事典．日刊工業新聞社，1983

◇尺度と統計的検定 (p. 587)
[1] 田口玄一．改訂新版 統計解析．丸善，1972
[2] 永田 靖．サンプルサイズの決め方．朝倉書店，2003
[3] 生理人類士認定委員会（編）．生理人類士入門．国際文献印刷，2012

◇代表値 (p. 589)
[1] 福富和夫，他．ヘルスサイエンスのための基本統計学（第 2 版）．南山堂，1998
[2] 石居 進．生物統計学入門―具体例による解説と演習．培風館，1975
[3] 岩原信九郎．新訂版 教育と心理のための推計学．日本文化科学社，1965
[4] 石村貞夫，アレン D．すぐわかる統計用語．東京図書，1997

◇実験計画法 (p. 591)
[1] 永田 靖．サンプルサイズの決め方．朝倉書店，2003
[2] 永田 靖．入門実験計画法．日科技連出版社，2000
[3] 中村義作．よくわかる実験計画法．近代科学社，1999
[4] 森田 浩．図解入門 よくわかる最新実験計画法の基本と仕組み―実験の効率化とデータ解析の全手法を解説．秀和システム，2010
[5] 大村 平．実験計画と分散分析のはなし―効率よい計画とデータ解析のコツ．日科技連出版社，1984
[6] 森 敏昭，吉田寿夫（編）．心理学のためのデータ解析テクニカルブック．北大路書房，1967

和文事項索引

(＊項目名のページは太字で示してある)

■ ギリシア文字・A〜Z

α-γ 連関　α-γ co-activation　68
α1 アドレナリン受容体　α-1 adrenergic receptor　289
α-アミラーゼ　α-amylase　228
α 運動ニューロン　α motor neuron　68, 69, 147, 158
α 線　α ray　306
α 波　α wave　545
α-ヘリックス　α-helix　12

β 線　β ray　306
β 波　β wave　545

γ-アミノ酪酸　4-aminobutanoic acid　464
γ 運動ニューロン　γ motor neuron　68, 69
γ 線　γ ray　304, 306
γ 波　γ wave　545

δ 波　δ wave　545

θ 波　θ wave　545

λ 反応　λ response　207

χ 二乗検定　χ-square test　587

Aα 線維（α 線維）　Aα fiber　159
Aβ 線維　Aβ herve fiber　258
Aγ 線維（γ 線維）　Aγ fiber　159
Aδ 線維　Aδ nerve fiber　257
ABO 式血液型　ABO blood type　75
AIM モデル　activation-input source-modulation model　207

Big 5 尺度　big five scales　581
B 細胞　B cell　15, 140

CDK 阻害因子　CDK inhibitor　44
C 線維　C fiber　257

DLT 法　direct linear transformation method　577
DNA シークエンシング　DNA sequencing　52
DNA 多型　DNA polymorphism　38, 462
DNA 付加体　DNA adduct　462
DSM-IV-TR（精神障害の診断・統計マニュアル）diagnostic and statistical manual of mental disorders 4th edition, text revision　464
DVA 動体視力　dynamic visual acuity: DVA　237

ES 細胞　embryonic stem cell　50

Fab 部分　Fab fragment　141
Fc 部分　Fc fragment　141
FFT 法　fast Fourier transform: FFT　529
FG 線維　fast-twitch glycolytic fiber　147
FLT 法　fractional linear transformation method　577
Fmθ 波　frontal-midline θ wave　546
FOG 線維　fast-twitch oxidative glycolytic fiber　147

GTP 結合タンパク　GTP-binding protein　43
G タンパク質共益受容体　G protein coupled-receptors　45

HF 成分　high frequency component　522
HPA 系　hypothalamic-pituitary-adrenocortical system　566

H 反射　Hoffmann reflex　68, 159, 163

iPS 細胞　induced pluripotent stem cell: iPS cell　50, 54, 74

KVA 動体視力　kinetic visual acuity　237

LC/NE 軸　LC/NE axis　227
LF 成分　low frequency component　522
LH サージ　LH surge　137
L 錐体細胞　long-wavelength sensitive cone　240

M 字型就業　employment structure with M-shaped curve　486
M 錐体細胞　middle-wavelength sensitive cone　240

Na$^+$-K$^+$ 連関ポンプ　sodium-potassium pump　144
NEO-PI-R 翻訳版　Japanese NEO PI-R　581
NK 活性　natural killer cell activity　364
nLDK 型住宅　nLDK house　470
NN 間隔　normal to normal interval　523

off 系双極細胞　off-bipolar cell　534
on 系双極細胞　on-bipolar cell　534

PA デザイン　Physiological Anthropology design : PA design　506, **507**
PA デザイン賞　Physiological Anthropology design award　507

QOL と ADL　quality of life and activity of daily living　**444**

RNA ワールド　RNA world　2

SAM 系　sympathetic adrenomedullary system　567
SD 法　semantic differential method　579
SECI モデル　SECI model　370
SO 線維　slow-twitch oxidative fiber　147

S 状結腸　sigmoid colon　87
S 錐体細胞　short-wavelength sensitive cone　240

TRP チャネル　trans receptor potential channel　262
t 検定　t test　587, 591
T 細胞　T cell　15, 140
T 細胞受容体（TCR）　T cell receptor　140

UV インデックス　UV index　311

V(D)J 組換え　VDJ reconbination　16
VDT 作業　visual display terminal work　229, 406, 408, 418
VE 酔い　virtual environment sickness　354
Visual Analog Scale（VAS）法　visual analog scale　419, 578
von Frey の刺激毛　Frey's irritation hairs　260

XYZ 表色系　XYZ color space　317
X 線　X ray　304, 306
X 染色体　X chromosome　277
X 連鎖遺伝病　X-linked inherited disease　40

Y 染色体性決定領域　sex-determinant region Y　41
Y 連鎖遺伝病　Y-linked inherited disease　40

■ あ

アース　earth, ground　528
アーチ　arch, structural arch　111, 398
アーチファクト　artifact　545
愛　love　551
アイオドプシン　iodopsin　236
愛着　attachment　430
愛着関係　attachment relationship　432
愛着行動　attachment behavior　430
愛着理論　attachment theory　427
アウストラロピテクス，アウストラロピテクス属　Australopithecus　28, 439
青い薔薇　blue rose　48

和文事項索引

アカゲザル　Rhesus macaque　192
赤の女王仮説　Red Queen's hypothesis　19
亜急性疲労　subacute fatigue　418
アクアポリン　aquaporin　137
悪性腫瘍　malignant tumor　43, 457
悪性新生物　neoplasm malignant　460
アクチビン　activin　10
アクチンフィラメント　actin filament　62, 146
アクティブ電極　active electrode　528, 545
悪夢　nightmare　208
麻　flax, hemp　394
朝型-夜型タイプ　morningness-eveningness type　404
朝型・夜型指向性　morningness-eveningness preference　186
足　foot　**92**, 111
脚, 肢　leg　111, 342
アシドーシス　acidosis　76, 120
亜種　subspecies　21
アシュケナージ系ユダヤ人　Ashkenazi Jews　210
アシュレアン型石器　Acheulian stone　499
アストロバイオロジー　astrobiology　2
アスベスト（石綿）　asbestos　396
汗塩分濃度　salt concentration of sweat　293
アセチルコリン　acetylcholine　123, 128, 131, 464
アセトアルデヒド　acetaldehyde　458
アセトアルデヒド脱水素酵素　acetaldehyde dehydrogenase　458
遊び　play　**420**
アダプタビリティ（適応能）　adaptability　511
アタマジラミ　Pediculus humanus capitis　514
圧覚　pressure sense, baresthesia　259
圧受容器反射　baroreflex　134
圧-発汗反射　pressure-sweating reflex　133
アディポサイトカイン　adipocytokine　138
アディポネクチン　adiponectin　138, 461
アデノシン三リン酸　adenosine triphosphate: ATP　4, 66, 146, 166
アドレナリン　adrenaline　124, 131, 137, 227, 560
アフォーダンス　affordance　412
アブミ骨　stapes　96

アポクリン腺　apocrine sweat gland　89, 131
アポトーシス　apoptosis　10, 43, 140, 436, 478
海女　ama　335
亜麻　linen　466
アマクリン細胞　amacrine cell　235, 248
アミノ酸　amino acid　2
アミノ酸配列　amino acid sequence　11
編み物　nit fabric　466
アミラーゼ　amylase　126
アメリカ合衆国環境保護庁　United States Environmental Protection Agency　457
誤り説　error prone theory　441
アルカローシス　alkalosis　76, 120
アルコール　alcohol　137, 457
アルコール脱水素酵素　alcohol dehydrogenase　458
アルタミラ洞窟　Altamira cave　499
アルツハイマー病　Alzheimer's disease　7, 12
アルドステロン　aldosterone　137
アルベド　albedo　283
アレルギー疾患　allergic disease　300
アレンの法則　Allen's rule　29, 100, 290, 514
アロスタシス（動的適応能）　allostasis　228
アロスタティック負荷　allostatic load　228
鞍関節　saddle joint, articulation sellaris　60
アンクル・ロッカー　ankle rocker　143
アンジオテンシン　angiotensin　137
暗順応　dark adaptation　313, 534
暗所視　scotopic vision　313, 316
安全靴　safety shoes　396
安全性　safety　356
アンチサッケード　anti-saccade　150
アンティキティラ島の機械　Antikythera mechanism　503
安定した愛着　secure attachment　432
安定性　stability　142
アンドロイド　android　8
アンドロゲン　androgen　137, 189
アンフェタミン　amphetamine　429
暗黙知　tacit knowledge　370

胃　stomach　84, 86
胃液　gastric juice　84

イオンチャネル　ion channel　45
異化　catabolism　6, 166
閾値　threshold　144, 211, 255, 260, 307
閾電位　threshold potential　80
育児　parenting　**432**
育児行動　parental behavior　432
育児不安　parental anxiety　433
椅坐位　seating posture　111
胃酸　gastric acid　84, 86, 139
意識　consciousness　**196**
意識のハードプロブレム　consciousness hard problem　80
意思決定　decision making　567
異所的種分化　allopatric speciation　20
異数体　heteroploid　40
椅子坐　sitting on a chair　386
胃腺　gastric gland　86
位相後退　phase delay　363
位相反応曲線　phase response curve　313
Ia群求心性線維　group Ia afferent fiber　68
Ia群線維　group Ia fiber　158
一塩基多型　single nucleotide polymorphism　38, 53, 95
位置感覚　position sense　271
一軸性関節　uniaxial joint　60
一次構造　primary structure　12
一次終末　primary ending　68, 158
一次性徴　primary sex characteristic　105, 189
一次痛　fast pain　257
一次的欲求　primary reward　428
1秒率　forced expiratory volume 1.0 sec : $FVC_{1.0}\% = FVC_{1.0}/FVC$　115
一部実施計画法　fractional factorial design　593
胃腸管ホルモン　gastrointestinal hormone　138
一卵性双生児　identical twins, monozygotic twins　210, 278
一回拍出量　stroke volume　134, 336, 507, 520
一酸化炭素中毒　carbon monoxide toxicity　334
一酸化窒素　nitric oxide　140
一側優位性　laterality　**164**, 384
一対比較法　paired comparison method　579
一般線型モデル　general linear model: GLM　551
一般知能 g　general factor, g　209
一般的運動プログラム　generalized motor program　161
遺伝　heredity　210
遺伝暗号　genetic code　34
遺伝学　genetics　18, **30**
遺伝形質　genetic character　30, 37, 51
遺伝子　gene　34, 37, 173, 277
遺伝子型　genotype　35, 37, 173, 377
遺伝子組み換え　gene recombination　19, 47
遺伝子工学　genetic engineering　**47**
遺伝子修復　DNA repair　36
遺伝子スーパーファミリー　supergene family　34
遺伝子増幅　gene amplification　461
遺伝子多型　gene polymorphism　173, 186, 291, 462
遺伝子重複　gene duplication　34
遺伝子治療　gene therapy　36, 44, 47
遺伝子とがん　gene and cancer　**43**
遺伝子発現　gene expression　34, 173, 374
遺伝子頻度　gene frequencies　377
遺伝子ファミリー　gene family　34
遺伝子プール　gene pool　31
遺伝情報　genetic information　45
胃電図　electrogastrogram: EGG　126, **526**
遺伝性がん　hereditary cancer　461
遺伝性乳がん・卵巣がん症候群　hereditary breast and ovarian cancer　44
遺伝的影響　genetic effect　307
遺伝的距離　genetic distance　21
遺伝的早老症　progeria: early aging due to genetic disorder　441
遺伝的多型　genetic polymorphism　374
遺伝的適応　genetic adaptation　178, 377, 511, 514
遺伝的浮動　genetic drift　18, 20
遺伝的分散　genetic variance　39
遺伝の法則　Mendelian inheritance　**32**
遺伝病　hereditary disease　31, **40**
遺伝物質（DNA）　deoxyribonucleic acid　4
遺伝率　heritability　39

緯度　latitude　310
胃内滞留時間　gastric residence time　126
イヌイット（イヌイット族）　Inuit　265, 362
衣服　clothing　394
衣服圧　clothing pressure　119
衣服気候　microclimate　394
衣服形態　clothing form　466
衣服総重量　total weight of the clothing ensemble　395
衣服祖型　archetype of clothing　466
衣服素材　clothing material　466
（衣服の）社会的役割　social aspects of clothing　394
（衣服の）生理的役割　physiological aspects of clothing　394
異物　foreign body　139
衣文化　dress culture　**466**
異文化交流　cross-cultural communication　402
異方性比率　fractional anisotropy　145
意味記憶　semantic memory　204
色　color　**328**
色温度　color temperature　**317**, 325
色恒常性　color constancy　242, 329
色視野　visual field of color　245
色による錯覚　color weight illusion　272
色の見えモデル　color appearance model　329
色立体　color solid　328
インクレチン　incretin　138
飲酒　alcohol drinking　456
飲酒と喫煙　drinking and smoking　**456**
飲水　drinking　136
インスリン　insulin　48, 87, 137, 461
インスリン様成長因子　insulin-like growth factor　137
インターネット依存症　internet addiction　387
インターフェロン　interferon　140
インターロイキン　interleukine　140
咽頭　pharyngeal　86
イントロン　intron　35, 46
インパルス応答　impulse response　551
インピーダンス法　bioelectrical impedance analysis　108
インピーダンス法　impedance cardiogram　521

インフラディアンリズム　infradian rhythm　187
ウィトルウィウス的人体図　Vitruvian man　98
ウイルス　virus　2, 300, 446
ウイルスベクター　virus vector　47
ウェーバーの法則　Weber's law　83, 271, 275
ウェーバー比　Weber ratio　83
ウェーバー-フェヒナーの法則　Weber-Fechner's law　271
ウェルニッケ領域　Wernicke's area　165
ウォームビズ　warm biz　372
魚の目　corn　399
羽状筋　pennate (bipennate) muscle　65
臼状関節　ball and socket joint, articulatio cotylica　60
内田クレペリン精神作業検査　Uchida Kraepelin test　216, 414, 581
内向き流束　influx　145
宇宙　space　58
宇宙環境　space environment　**339**
宇宙航空研究開発機構　Japan Aerospace eXploration Agency: JAXA　340
宇宙放射線　space radiation　339
宇宙酔い　space sickness　354
鬱　depression　420
うつ病　major depression　464
うなり　beat　251
裏切り者検知　cheater detection　485
ウルトラディアンリズム　ultradian rhythm　150, 187
運転　driving　356
運動感覚　kinesthesia　271
運動器　motor system, locomotorium, musculoskeletal system　**62**, 448, 504
運動系　motor system　566
運動視差　motion parallax　243
運動終板　motor end-plate　146
運動神経　motor nerve　67
運動神経伝導速度　motor nerve conduction velocity: MCV　145
運動スキーマ　motor schema　161
運動性誘発低酸素症　exercise induced hypoxe-

mia: EIH　114
運動単位　motor unit: MU　66, **69**, 147, 529
運動と健康　exercise and health　**453**
運動トレーニング　physical training　293
運動ニューロン　motor neurons　65, 79, 123
運動ニューロンプール　motor neuron pool　70
運動能力　athletic performance　189
運動の第二法則　second law of motion　357
運動プログラム　motor program　161
運動野　motor cortex　198, 410
運搬　load carriage　**400**

エアロゾル　aerosol　310
栄養　nutrition　136, **380**, 383, 474
栄養所要量　recommended dietary allowance　380
栄養素　nutrient　86, 166, 380
エウダイモニア　eudaimonia　429
腋窩温　axilla temperature　537
液胞　vesicle　4
エクソン　exon　35
エクリン腺　eccrine sweat gland　89, 131, 530
エコノミー症候群　economy class syndrome　355
エストラジオール　estradiol　230
エストロゲン　estrogen　13, 58, 137, 189, 274
エタノール　ethanol　458
越冬症候群　winter-over syndrome　363
エナメル質　enamel　27
エネルギー　energy　282
エネルギー代謝　energy metabolism　**166**
エネルギー代謝量　energy expenditure　**557**
エピジェネティクス　epigenetics　9, 36
エピソード記憶　episode memory　204
エピトープ　epitope　141
エピネフリン　epinephrine　560
エボデボ　evo devo　10
エボラ出血熱　ebola hemorrhagic fever　448
エラスチン　elastin　89
エルゴノミクス　ergonomics　402
遠位指節間関節（DIP 関節）　distal interphalangeal joint　91
遠隔受容器　distance receptor　276

遠隔転移　metastasis　43
円滑追跡眼球運動　smooth pursuit eye movement　163
縁側　veranda　469
嚥下　swallowing　126
嚥下反射　swallowing reflex　384
エンケファリン　encephalin　258, 429
塩酸　hydrochloric acid　121
遠視　hyperopia　238
炎症性サイトカイン　inflammatory cytokine　227
炎症反応　inflammatory response　141
演色性　color rendering　317, 323
猿人　Australopithecine　28
遠心性　efference　123
遠心性コピー　efference copy　**199**
遠心性信号　efferent signal　259
遠心路　efferent tract　123
延髄　medulla oblongata　77, 134, 203, 268
遠赤外線　far infrared radiation　308
遠点　far point　237
エンドルフィン　endorphin　258
エントロピー　entropy　6
エンハンサー　enhancer　35
円偏光　circular polarization　2

横臥　decumbence　112
横行結腸　transverse colon　87
黄色メラニン　pheomelanin　89
応接室　reception room　470
黄体形成ホルモン　luteinizing hormone　13, 104, 230
嘔吐　vomiting　121, 139
応答時間　response time　413, 562
（音の）大きさ　loudness　345
大きさによる錯覚　size-weight illusion　272
オーバーシュート　overshoot　144
オープン・スキル　open skill　160
大森貝塚　Omori shell mounds　260
オキシトシン　oxytocin　137, 433
奥行き知覚　depth perception　243
オシロメトリック法　oscillometric method　524
オゾン　ozone　310

オゾン層　ozone layer　304, 310
オゾンホール　ozone hole　310
音　sound　**344**
音のデザイン　sound design　346
オドボール課題　oddball task　549
オナガザル上科　Cercopithecoidea　25
おばあちゃん仮説　grandmother hypothesis　427
オピオイド　opioid　258
オフィス　office　**370**
オフィスの照明デザイン　design of office lighting　320
オフィスワーカー　office worker　370, 406
オプシン　opsin　26, 247
オプソニン　opsonin　139
オプソニン効果　opsonin effect　141
親子の相互作用　parent-infant interaction　432
折りたたみナイフ現象　clasp knife phenomenon　159
織物　woven fabric　466
オルソログ　ortholog　34
オルドワン型石器　Oldowan stone　499
オレキシン神経　orexin neuron　195
音圧レベル　sound pressure level　347, 350
温覚　warm sensation　262
温室効果ガス　greenhouse gas　283
温受容器　warm receptor　309
音声　speech　**151**
温点　warm spot　259, 262
温度　temperature　**282**, 394
温度感覚　thermal sensitivity　**262**
温度受容器　thermal receptor　262, 292
温熱環境　thermal environment　295, 388
温熱指数　thermal index　**295**
温熱性換気亢進　hyperthermia-induced hyperventilation　288
温熱性発汗　thermal sweating　132
温熱的快適感　thermal comfort sensation　394
温熱的快適性　thermal comfort　283
音波　sound wave　344, 349
温冷覚　worm and cold sensations　259
温冷覚閾値　warm and cold sensation thresholds　298

温冷覚閾値計　warm and cold thresholds meter　262
温冷感　thermal sensation　283, 295

■ か

臥位　lying posture　111
快-不快　pleasant-unpleasant　220
回外　supination　60
開回路　open loop　160
外殻温　shell body temperature　283, 536
外眼筋　extraocular muscle　237
介護　care　**442**
外骨格　exoskeleton　56
介護福祉士　certified care worker　443
外耳　outer ear　96
概日周期　circadian cycle　404
概日時計　circadian clock　184
概日リズム（サーカディアンリズム）　circadian rhythm　95, 136, 150, **184**, 187, 313, 320, 324, 362, 363, 390, 565
概日リズム位相　circadian rhythm phase　324, 390
概日リズム制御　circadian rhythm regulation　247
外耳道　external acoustic meatus　96, 249
外節　outer segment　534
回旋　rotation　60
外旋　lateral rotation　60
外側膝状体　lateral geniculate body, lateral geniculate nucleus　150, 235
回腸　ileum　86
概月リズム　circalunar rhythm　187
快適性　comfort, pleasantness, amenity　**220**, 366, 419
外転　abduction　60
解糖系　glycolysis　169
回内　pronation　60
概年リズム　circannual rhythm　187
海馬　hippocampus　182, 204, 391, 567
外胚葉　ectoderm　77
外胚葉型　ectomorphy　101
灰白質　grey matter, grey substance　69, 77

開発思想　development philosophy　508
開発途上地域　less developed region　476
外反　eversion　60
外反母趾　hallux valgus　399
回避の条件づけ学習　avoidance conditioning learning　392
外部環境　external environment　180
外分泌　external secretion　7
解剖学的立位姿勢　anatomical standing position　60
外有毛細胞　outer hair cell　250
海洋気候型　maritime climate type　360
改良型エクササイズ装置　advanced resistive exercise divice: ARED　340
カウザルギー　causalgia　257
カウプ指数　Kaup index　381
化学感覚　chemical sense, chemical sersation　254
科学技術社会　science and technology society　221
化学受容器　chemoreceptor　132
過覚醒　hyperarousal　391
化学繊維　chemical fiber　394
化学的消化　chemical digestion　125
加加速度　jerk　357
過換気症候群　hyper ventilation syndrome　121
夏季うつ病　summer depression　232
下丘　inferior colliculus　97
蝸牛　cochlea　96, 249
蝸牛孔　helicotrema　97
蝸牛神経核　cochlear nuclei　97
架橋　cross-bridges　63
架橋結合説　cross linking theory　441
角化細胞　keratinocyte　88
核家族　nuclear family　386, 472
顎骨　maxilla and mandibula　97
核鎖線維　nuclear chair fiber　67
核酸　nucleic acid　3, 30
拡散　diffusion　114
拡散テンソル画像　diffusion tensor image　145
拡散テンソル画像法　diffusion tensor imaging: DTI, diffusion tensor image　278, 552
学習　learning, study　161, 203, **392**, 410, 501

学習曲線　learning curve　393
核心温　core body temperature　283, 285, 289, 536
核心部　core　289
覚醒　arousal, alertness　194, 324
覚醒-睡眠　arousal-sleepiness　220
覚醒維持ゾーン　wake maintenance zone　390
覚醒水準　arousal level　**194**, 208, 313
覚醒度　alertness, awareness　188, 410
核袋線維　nuclear bag fiber　67
拡張期血圧　diastolic blood pressure　524
拡張国際10-20法　extended international ten-twenty electrode system　545
確定的影響　deterministic effect　307
獲得形質　acquired character　18
獲得免疫　acquired immune　15
獲得免疫系　acquired immune system　140
角度計　goniometer　571
核膜　nuclear membrane　4
角膜　cornea　94, 235
角膜-網膜電位　corneo-retinal standing potential　532
角膜反射法　corneal reflection method　532
確率共鳴　stochastic resonance　352
確率的影響　stochastic effect　307
隠れ肥満　masked obesity　454
家系研究　family tree study　277
仮現運動　apparent movement　214
下行結腸　descending colon　87
過呼吸　hyperventilation　335
重ね着　layered clothing　394
華氏温度　degree Fahrenheit　282
可視光　visible light　234, 321
可視光線　visible light, visible ray　304, 308, 310, **312**
加重　summation　146
荷重応答期　loading response phase　143
過重労働　overwork　403
過剰換気　hyper ventilation　121
顆状関節　condylar joint, articulatio condylaris　60
可照時間　possible duration of sunshine　319
家事労働　household work　470

過伸展　hyperextension　60
下垂体　pituitary gland　130, 560
ガス壊疽　gas gangrene　334
カスケード　cascade　118
ガストリン　gastrin　138
仮説検定　statistical hypothesis testing　588
下前頭回　inferior frontal gyrus　432
家族　family　27
家族集団　family group　470
加速度　acceleration　355, **357**
加速度環境　acceleration environment　354
加速度センサ　acceleration sensor　358
加速度病　motion sickness, kinetosis　353
加速度脈波　second derivative of photoplethysmogram　350
可塑的反応　plastic response　374
下腿　crus　111
課題　task　160
課題遂行時間　time on task performance　202
肩運搬　load carriage on the shoulder　400
可聴域　audible range　349
滑液　synovial fluid, synovia　59
滑液包　synovial bursa, bursa synovialis　59
滑車　pulley　503
褐色脂肪細胞　brown adipocyte　66, 128
褐色脂肪組織　brown adipose tissue　128, 285, 289
活性酸素　active oxygen　515
活性酸素説　active oxygen theory, free radicals theory　441
活動汗腺数　number of activated sweat gland　543
滑動計（small）sliding calipers　571
滑動性眼球運動　smooth pursuit eye movement　149
活動電位　action potential　69, 80, 82, **144**, 275, 528, 534, 544
滑膜　synovial membrane, membrane synovialis　59
滑膜性の連結　synovial junction, junctura synoviales　59
カテコールアミン　catecholamine　137, 227, 567
カテゴリ知覚　category perception　152

可動結合　movable junction, diarthrosis　59
下頭頂小葉　inferior parietal lobule　200
金縛り　*kanashibari*　208
カハール介在細胞　interstitial cells of Cajal: ICC　126, 526
カビ　mold　300
カプセル換気法　ventilated capsule method　542
カプセル濾紙法　filter paper capsule method　542
被り物　headgear　468
過分極　hyperpolarization　80, 144, 247, 534
構え　attitude　384
鎌形赤血球貧血　sickle-cell anaemia　377
下臨界温　lower critical temperature　285
カルシウム　calcium　56, 137
カルシウムに対する食欲　calcium appetite　252
カルシウム不足　lack of calcium　362
カルシトニン　calcitonin　137
カルタヘナ議定書　Cartagena protocol on biosafety　49
加齢　aging　103, 189
加齢性縮瞳　aging-related miosis　273
過労死　*karoshi*, death from overwork　403
カロリー　calorie　282
カロリンスカ眠気尺度　Karolinska sleepiness scale: KSS　195
勘　gut reaction　501
がん　cancer　307, 461
がん遺伝子　oncogene　43, 461
感覚　sensation　82
感覚映像・自由連想仮説　sensory image-free association hypothesis　207
感覚間促進効果　intersensory facilitation　280
感覚器　sense organ, sensor　82, 212, 275, 494
感覚記憶　sensory sensory system　413
感覚混乱説　sensory conflict theory　354
間隔尺度　interval scale　589
感覚受容体（器）sensory receptor, receptors in the sensory systems　**45**, 275
感覚神経　sensory nerve　67
感覚神経節　sensory ganglion　82
感覚神経線維　sensory nerve fiber　83

感覚的処理モデル　sensory processing model
　　269
感覚点　sensory spot　259
感覚ニューロン　sensory neuron　79, 82, 122
感覚の質　sensory quality　82
感覚の種類（感覚モダリティ）　sensory modality, sense modality　82, 563
感覚の統合　cross-modal integration　**279**
感覚の年齢差・性差　sex and age differences in sensory functions　**273**
感覚フィードバック　sensory feedback　199
感覚矛盾説　sensory conflict theory　354
感覚レジスター　sensory register　204
眼窩前頭皮質　orbitofrontal cortex　221, 432
がん幹細胞　cancer stem cell　43
換気　ventilation　302, 368
換気効率　ventilation efficiency　333
換気障害　ventilation disorder　120
換気性閾値　ventilation threshold: VT　148
眼球運動　eye movement　**149**, 532
眼球運動開始　initiation of eye movement　150
乾球温度　dry bulb temperature　295, 538
眼球電図　electro oculogram: EOG　202, **532**
環境アセスメント　environmental impact assessment　585
環境圧潜水　environment pressure diving　333
環境因子　environmental factor　386
環境因子説　environmental factor theory　441
環境影響評価法　environmental impact assessment law　585
環境基準　environmental quality standard　348
環境タバコ煙　environmental tobacco smoke　457
環境適応　environmental adaptation　26, 34, 221
環境適応能　environmental adaptability, human adaptability to the enviorment　45, 176, 178, 181, **373**, 446, 511
環境分散　environmental variance　39
環境ホルモン　environmental hormone　138
環境要因　environmental factor　418
含気率　air porosity　395
換気量　ventilation: $\dot{V}_E$　115
環形動物　annelid　83

観血的動脈圧測定法　direct measurement of arterial pressure　524
還元　reduction　6
がん原遺伝子　proto-oncogene　43
還元主義　reductionism　6
幹細胞　stem cell　50, 478
観察学習　observation learning　393
観察法　observation methods　575
監視作業　surveillance task　201, 411
間質液　interstitial fluid　71
間質細胞　interstitial cell　138
間質性気腫　interstitial emphysema　335
患者シミュレータ　patient simulator　583
癌腫　cancer　43
慣習　custom　475
感受性　sensibility　83, 223
冠循環　coronary circulation　118
緩衝　buffering　121
感情　feeling　**217**
杆状計　large sliding calipers　571
緩衝能力　buffering capacity　120
緩衝物質　buffer　120
肝小葉　hepatic lobule　87
緩徐痛　slow pain　257
感性　*Kansei*, sensibility　**223**, 468, 504
乾熱熱放散　dry heat loss　292, 538
眼精疲労　asthenopia　418
乾性放散　dry heat loss　174
関節　joint, articulation　59
関節運動　articular movement　60
関節円板　articular disc, discus articularis　59
関節窩　articular fossa, fossa articularis　59
関節可動域　range of motion　60, 574
関節腔　joint cavity, canvum articulare　59
間接互恵性　indirect reciprocity　484
関節受容器　joint receptor　59
間接照明　indirect lighting　323
関節頭　articular head, caput articulare　59
関節トルク　joint torque　60
関節軟骨　articular cartilage　59
間接熱量測定法　indirect calorimetry　166
関節半月　articular meniscus, meniscus articularis　59

関節包　articular capsule, capsular ligament　59
関節面　articular surface, facies articularis　59
汗腺　sweat gland　89, 189
完全寛解　complete remission　463
完全強縮　complete tetanus　146
感染症　infectious disease　**446**
汗腺でのNa⁺再吸収能（汗腺の塩分再吸収能力）　salt reabsorptive ability of sweat gland duct　293, 543
肝臓　liver　85, 86, 289
寒帯　arctic zone　342
杆体　rod　245, 247, 312, 316, 534
杆体系応答　rod-induced response/scotopic response　534
杆体細胞　rod cell　235
ガンツフェルト刺激装置　ganzfeld apparatus　535
貫頭型　poncho　466
間脳　diencephalon　77
カンブリア紀　Cambrian period　83, 97
カンブリア紀の大爆発　Cambrian explosion　10, 19
関門　gate　258
がん抑制遺伝子　tumor suppressor gene　44, 461
寒冷下作業　work in cold environments　286
寒冷環境　cold environment　285, 289
寒冷ショック反応　cold shock response　284
寒冷適応　cold adaptation　174
寒冷誘発血管拡張反応　cold-induced vasodilation: CIVD　291
関連痛　referred pain　258

記憶　memory　183, **203**, 567
記憶-蓄積モデル　memory-storage model　270
記憶-変化モデル　memory-change model　270
記憶固定　memory consolidation　391
記憶誘導性サッケード　memory-guided saccade　150
気温　air temperature, ambient temperature　161
機械　machine　503
機械受容器　mechanoreceptor　132, 259

機械的効率　mechanical efficiency　416
機械的消化　mechanical digestion　125
機械の中の幽霊　the ghost in the machine　80
幾何平均　geometric mean　587, 589
器官　organ　180
器官系　organ system　180
利き脚　footedness　165
利き側　dominant side　164, 165
利き手　handedness　165
利き手調査票　handedness inventory　165
利き耳　eardness　165
利き目　eyedness　165
棄却　rejection　588
気胸　pneumothorax　335
奇形　malformation　10
気候　climate　359
気候因子　climate factor　359
気候学　climatology　359
気候型　climatic type　360
気候区　climatic province　359
気候区分　climate division　359
気候適応　climate adaptation　394, 466
気候変化　climate change　361
気候変動　climate fluctuation　361
気候要素　climatic element　359
跪坐面　kneeling facet　385
起始　origin　65
疑似採光　false daylighting　369
基質　matrix　89
気質　temperament　215
気腫　aeroemphyseme　335
基準電極　reference electrode　531
気象学　meteorology　359
起床時コルチゾール反応　cortisol awakening response: CAR　228
起床前漸増光照射　dawn simulation lighting　324
寄生虫　parasite　446
季節感　sense of the season　467
季節性感情（情動）障害　seasonal affective disorder: SAD　95, 188, **231**, 363
季節変動　seasonal variation　127
帰属意識　identification　468

規則性　regularity　161
基礎代謝量（基礎代謝率）　basal metabolic rate
　　168, 175, 289, 454
喫煙　smoking　456
気づき（アウェアネス）　awareness　196
拮抗筋　antagonist　64, 160, 162
基底関数　basis function　551
基底状態　ground state　304
基底膜　basilar membrane　96, 249
輝度　luminance　315
気道閉鎖　airway closure　91
輝度対比　luminance contrast　326
輝度分布　luminance distribution　323
絹　silk　395, 466
キヌタ骨　incus　96
技能学習　skill learning　393
機能性胃腸症　functional dyspepsia: FD　527
機能的結合解析　functional connectivity analysis　552
機能的磁気共鳴画像法　functional magnetic resonance imaging: fMRI　220, 253, 272, 432, 546, 550
機能的潜在性　functional potentiality　171, 173, 176, **178**, 181, 378, 511
気分障害　mood disorder, mood disturbance　222, 363, 464
気分変調症　dysthymic disorder　464
基本音　fundamental tone　345
帰無仮説　null hypothesis　588
キモトリプシン　chymotrypsin　126
逆U字仮説　inverted U-shaped curves　194
逆色温度　reciprocal color temperature　318
脚橋被蓋核　pedunculopontine tegmental nuclei: PPT　390
客観的疲労度の指標　objective measures of fatigue　564
キャナリゼーション　canalization　9
キャノン・バード中枢起源説　Cannon-Bard theory　218
求愛行動　courtship behavior　430
嗅覚　olfaction, olfactory perception, olfactory sense, olfactory sensation　82, **254**, 273, 275
嗅覚受容体　olfactory receptors　254

球関節　spheroidal joint, articulatio spheroidea　60
嗅球　olfactory bulb　254
休憩　rest, break　397, 419
休憩時間　rest period　403
球形嚢　saccule　97, 267
旧口動物（先口動物）　Protostome　9
嗅細胞　olfactory cell　254
吸湿性　water vapour absorbability, water vapour adsorpability　395
吸収　absorption　7, 86, 124, 125, 308
九州芸術工科大学　Kyushu Institute of Design　373
嗅上皮　olfactory epithelium　254
求心性　afferent　122
求心性神経　afferent nerve　275
求心性神経線維　afferent nerve fiber　259
求心路　afferent tract　123
吸水性　water absorpability, wicking ability　395
吸水パッド法　technical absorbent method　542
急性アルコール中毒　acute alcoholism　458
急性酸素中毒　acute oxygen toxicity　333
急性ストレス障害　acute stress disorder: ASD　229
急性疲労　acute fatigue　418
旧世界ザル　old world monkey　25
吸啜反射　sucking reflex　384
嗅線毛　olfactory cilia　254
休息　rest　419
急速眼球運動　rapid eye movement: REM　206, 390
宮廷衣装　court costume　467
休養　recreation　**422**
橋　pons　77, 268, 390
仰臥　supine posture　112, 208
境界速度　transition speed　417
共感　empathy　192, 480, 551
協応　coordination　566
共感覚　synesthesia　**277**, 279
共感覚者　synesthete　277
共結晶　co-crystallization　3
器用さ　dexterity　161

凝集反応　agglutination response　141
強縮　tetanus　146
共振　resonance　351
胸髄　thoracic spinal cord　124
強制振動　forced vibration　351
強制脱同調プロトコル　forced desynchrony protocol　186
鏡像異性体　enantiomer　2
鏡像体過剰　enantiomeric excess　2
鏡像体選択率　enantiomeric selectivity　2
協調性　coordination　142
共同筋　synergist　64, 163
共同筋作用　synergy　163
狭鼻小目　Catarrhini　25
恐怖条件付け　fear conditioning　183
強膜　sclera　95
強膜反射法　limbus tracking method　532
漁具　fishing implements　499
極圏　polar zone　362
局在性姿勢反射　local postural reflex　155
局所耐寒性　local cold tolerance　291
局所発汗率　local sweat rate　541
局所疲労　local fatigue　418
極圏　polar region　**362**
極地T₃症候群　polar T₃ syndrome　363
局地気候　local climate　359
曲鼻猿亜目　Strepsirhini　25
局部照明　local lighting　323
極夜　polar night　362
起立性震戦　orthostatic tremor　163
起立性低血圧　orthostatic hypotension　134
起立耐性　orthostatic tolerance　134
気流　air velocity　394
筋　muscle　**65**, 259, 504, 566
均圧　pressure equalization　335
近位指節間関節　proximal interphalangeal joint　90
筋萎縮　muscular atrophy　147, 340
筋運動覚　kinesthesis sense　259
筋音図　mechanomyogram: MMG　70
銀河宇宙放射線　galactic cosmic rays: GCR　340
筋活動交替　alternate muscle activity　163
筋機械受容反射　muscle mechanoreflex　408

緊急反応　emergency response, emergency reaction　226, 229
緊急モード　emergency conrtol mode　413
筋原性　myogenic　122
筋原線維　myofiber　62
筋骨格系　musculoskeletal system　62, 342, 418
近視　myopia　237
筋収縮　muscle contraction　67, **146**
筋小胞体　sarcoplasmic reticulum: SR　146
均斉度　uniformity ratio　319
近赤外線　near infrared radiation, near infrared ray　308
近赤外分光法　near infrared spectroscopy: NIRS　309, **555**
筋節　sarcomere　63
筋線維　muscle fiber　62, 65, 67, 69
筋線維タイプ　muscle fiber type　100
筋束　muscle bundle　65, 69
筋代謝受容器反射　muscle metaboreflex　408
筋長自動制御　length servo　158
緊張性伸張反射　tonic stretch reflex　159
緊張性振動反射　tonic vibration reflex　352
筋電位　electromyopotential　528
筋電位活動時間　motor time　562
筋電図　electromyogram: EMG　69, 148, 409, **528**, 544, 562, 567, 574
均等色空間　uniform color space　241, 329
均等色度図　uniform-chromaticity-scale diagram　329
筋肉　muscle　69, 98, 399
筋疲労　muscle fatigue　120, 148
筋紡錘　muscle spindle　**67**, 69, 158, 271, 352, 411
筋放電量　amplitude of EMG　148
筋量　muscle mass　99

空間解像力　spatial resolution　260
空間学習　spatial learning　392
空間記憶　spatial memory　150
空間的加重　spatial summation　80, 144
空間認知機能　spatial ability　264
空気　air　395
空気質　(indoor) air quality: IAQ　**330**, 368
空気層　air gap　394

空気塞栓症　air embolism　334, 335
空気置換法　air displacement method　381
空気調和　air conditioning　302
空腸　jejunum　86
空調　air conditioning　**302**
偶発性低体温症　accidental hypothermia　285
クールビズ　cool biz　372
区間推定　interval estimation　588
くさび　wedge　503
屈曲　flexion　60
屈折　refraction　237
屈折異常　refractive error, ametropia　237
屈折力　diopter　237
グッドデザイン賞　Good Design Award　506
駆動力　driving force　143
グラジオメータ　gradiometer　553
クラススイッチ　class switch　16
グラフィカルユーザインタフェース　graphical user interface　493
グリア（神経膠細胞）　glia　79
クリエイティブ・オフィス　creative office　370
グリコーゲン　glycogen　137, 166, 170
クリティカル・パワー　critical power　170
グルカゴン　glucagon　87, 137
グルコース　glucose　252
グルコース依存性インスリン分泌刺激ポリペプチド　glucose-dependent insulinotropic polypeptide　138
グルタミン酸　glutamate　77
車酔い　car sickness　354
グレア　glare　323, **326**
クレアチンリン酸　phosphocreatine　166
クレペリンテスト　Kraepelin test　406
グレリン　ghrelin　138
クローズド・スキル　closed skill　160
クロー値　clo value　395
グローバル化　globalization　402
グローブ温度　globe temperature　395
クローン技術　clone method　47
クロスモーダル可塑性　cross-modal plasticity　260
クロスモダリティ　cross modality　279
クロマチン制御　chromatin regulation　35

クロモグラニンA　chromogranin A　228, 567
ケ　Ke　467
毛　hair　569
経験選択　experiential selection　81
警告反応　alert reaction　226
経済性　economy　416
経済速度　economical speed　417
形式知　explicit knowledge　370
形質　phenotype　34
形質細胞　plasma cell　141
形質転換　transformation　30, 47
痙縮　spasticity　159
経頭蓋磁気刺激　transcranial magnetic stimulation　150
計測点　land mark　571
形態覚遮断弱視　amblyopia　238
形態的適応　morphological adaptation　514
形態的特徴　morphological property　395
携帯電話　mobile phone, celluar phone　304, 305
系統樹　genealogical tree　209
系統発生　phylogenesis, phylogeny　9, 122
頸動脈小体　carotid body　76
頸背部筋　neck extensor muscle　150
頸反射　neck reflex　155
頸部前屈姿勢　neck flexion position　150
ゲートコントロール説　gate control theory　258
毛皮　fur　394
下船病　disembarkation sickness　354
血圧　blood pressure　72, 134, 365, **524**, 566
血圧調節　blood pressure regulation　**134**
血液　blood　71, **75**, 566
血液循環　blood circulation　504
血液動態関数　hemodynamic response function　551
結核　tuberculosis　447
血管　blood vessel　117, 122
血管拡張　vasodilation, vasodilitation　258, 514
血管収縮　vasoconstriction　514
血管収縮神経　vasoconstrictor nerve　128
血管反応　blood vessel reaction　194
血管平滑筋　vascular smooth muscle　289
血球　blood cell, hemocyte　75

月経　menstruation　104
血漿　blood plasma　75
血漿浸透圧　plasma osmolarity　294
結晶性知能　crystallized intelligence　209
血漿量　plasma volume　294
齧歯類　Rodent　433
結腸　colon　86
結腸ヒモ　teniae coli　87
血糖　blood glucose　137
ケッペンの気候区分　Köppen climate classification　284
血流速度　blood flow velocity　72
血流量　blood flow　72
結露　dew condensation　301
ゲノム　genome　12, 45, 52, 462
ゲノムインプリンティング　genomic imprinting　10
ゲノムとビジネス　genome as in the business scene　**52**
ケミカルゲノミクス　chemical genomics　53
ケラチン　keratin　88
下痢　diarrhea　139
ケルクリングヒダ　Kerckring's fold　86
ケルビン　kelvin　282
腱　tendon　65, 259
減圧症　decompression sickness　333, 336, 337
原意識　protoconsciousness　196
幻影肢　phantom limb　276
原猿亜目　Strepsirhini　25
幻覚　hallucination　213
原核細胞　procaryotic cell　4
原核生物　prokaryote　19
現金自動預け払い機　automated teller machine: ATM　413
原口　blastopore　9
健康関連 QOL　health-related quality of life　444
健康日本 21　Healthy Japan 21　452
言語的コミュニケーション　verbal communication: VC　480
言語的見積り法　verbal estimation method　269
減酸素吸入装置　reduced oxygen breathing device: ROBD　338

幻肢　phantom limb　199
原子核（atomic）nucleus　306
幻肢痛　phantom pain, phantom limb pain　199, 257
原始反射　primitive reflex　153
現状評価　current assessment　585
顕色系　color appearance system　328
原人　Hominid　28, 442
減数分裂　meiosis　13
現生人類　Modern human　425
原生生物　Protist　4
減速度　deceleration　357
倦怠感　lassitude　418
現代人（ホモ・サピエンス）　Homo sapiens　21
建築化照明　architectural lighting　324
ケンドールの一致係数　Kendall's coefficient of concordance　579
減能グレア　disability glare　326
腱反射　tendon reflex　159, 567
腱紡錘　tendon spindle　271
腱膜　aponeurosis　111
5 因子性格検査　five factor personality questionnaire　581
5 因子・モデル　five factor medel　581
高圧環境　hyperbaric environment　**333**
高圧酸素治療　high pressure oxygen treatment　334
高圧神経症候群　high pressure nervous syndrome　336
高閾値機械受容器　high threshold mechonoreceptor　257
行為主体　agency　199
行為主体感　sense of agency　200
高緯度　high latitude　362
高緯度地域　high latitudes　285
好塩基球　basophilic cell　139
高温環境　hot environment　**287**
構音点　place of articulation　152
恒温動物　homeotherm, homoiothermal animal　394, 514
構音様式　manner of articulation　152
口蓋帆張筋　levator veli palatine muscle　96

効果器　effector　80, 123, 180, 292
口渇感　thirst sensation　294
交感神経　sympathetic nerve　78, 128, 131, 522
交感神経-副腎髄質軸　sympathetic-adrenal-medullary (SAM) axis　560
交感神経活動　sympathetic nervous activity　365
交感神経幹　sympathetic trunk　123
交感神経系　sympathetic nervous system　79, 122, 560
高季節性集団　high-seasonality group　232
工業製品　industrial product　508
工業デザイン　industrial design　**505**
工具　tool　499
口腔　oral cavity　86
航空減圧症　altitude decompression sickness　337
航空性中耳炎　barotitis　337
航空性副鼻腔炎　barosinusitis　337
後屈　dorsiflexion　60
後脛骨筋　tibialis posterior muscle　111
高血圧　hypertension　138, 459
光源　light source　**321**
抗原抗体反応　antigen antibody response　141
膠原繊維　collagen fiber　89
光合成　photosynthesis　4
後根　posterior root　78
交叉　crossover　14
虹彩　iris　94, 235, 570
工作機械　machine tool　504
交叉適応　cross adaptation　374
高山気候型　alpine climate type　360
好酸球　acidophilic cell　139
光子　photon　534
公私室分離　separation of public and private rooms　470
光子照度　photon irradiance　316
光子束密度　photon flux density　316
膠漆浸透圧　oncotic pressure　75
向社会的行動，愛他行動　prosocial behavior　484
公衆衛生　public health　447
公衆距離　public distance　481

光周性　photoperiodism　187
高周波成分　high frequency component　519
抗重力　antigravity　142
抗重力筋　antigravity muscle　112
恒常性　homeostasis　120, 124, 136, 175, 176, 178, 180, 196, 422, 433, 560, 566
恒常性維持性情動　homeostatic emotion　196
甲状腺　thyroid gland　130, 136
甲状腺ホルモン　thyroid hormone　137, 363
高照度光療法　bright light therapy　188, 232
甲状軟骨　thyroid cartilage　106
高所環境　high altitude environment　120
高所馴化　high altitude acclimation　338
光子量　photon quantities　316
後生殖期　post-reproductive period　443
抗精神病薬　antipsychotic drug　463
後成説　epigenesis　9
抗生物質　antibiotics　446
厚生労働省　Ministry of Health, Labour and Welfare　402
酵素　enzyme　11
構造化インタビュー　structured interview　419
光束　luminous flux　315
拘束時間　total hours spent at work　403
光束発散度　luminous exitance　315
高速フーリエ変換　fast Fourier transform: FFT　519, 522, 527
抗体　antibody　15
抗体依存性細胞媒介性細胞障害　antibody-dependent cell cytotoxicity　141
交代制勤務　shift work　**404**
高地　highlands　285
巧緻性　skill, manual skills, motor skill　**160**, 501
高地適応　adaptation to high altitude　374
巧緻動作　skilled movement　410
好中球　neutrophilic cell　139
紅潮　flare　154, 258
公的（パブリック）生活空間　public living space　470
光度　luminous intensity　315
行動　behavior　567
後頭骨　occipital bone　111
行動性体温調節　behavioral temperature regula-

tion, behavioral thermoregulation 129, 394
後頭頂葉 posterior parietal lobe 150
行動的適応 behavioral adaptation 514
後頭葉 occipital lobe 150, 260
行動履歴 behavioral history 175
コーニス照明 cornice lighting 323
更年期 menopause 440
後発開発途上諸国 least developed countries 476
後発性遺伝子 delayed gene 7
紅斑紫外線量 erythema dose 310
広鼻小目 Platyrrhini 25
コーブ照明 cove lighting 323
興奮収縮連関 excitation-contraction coupling: E-C coupling 64, 146
興奮性 excitability 144
興奮性シナプス後電位 excitatory postsynaptic potential: EPSP 80, 144, 553
光幕反射 veiling reflection 326
合目的的行動 purposeful behavior 426
肛門 anus 86
膠様質 substantia gelatinosa: SG 258
効率 efficiency 160
抗利尿ホルモン antidiuretic hormone 135
光量 quantity of light 315
コールラウシュの屈曲点 Kohlrausch point 313
高齢化 aging 386
高齢化率 aged population ratio 441
高齢者 elderly person 320
高齢社会 aging society 437
高齢者住宅 housing of the aged 473
後弯 kyphosis 142
呼気中水素ガス測定法 breath hydrogen analysis 127
呼吸 respiration 114, 203
呼吸・循環系 respiratory and circulatory system 566
呼吸器 respiratory organ 84
呼吸交換比 respiratory exchange ratio 167
呼吸コントロール paced breathing 523
呼吸商 respiratory quotient 167
呼吸数 respiratory rate 194

呼吸性アシドーシス respiratory acidosis 120
呼吸性アルカローシス respiratory alkalosis 121
呼吸性洞性不整脈, 呼吸性不整脈 respiratory sinus arrhythmia: RSA 523, 519
呼吸性熱放散 respiratory heat loss 288
呼吸性補償作用 respiratory compensation 121
呼吸反射 respiratory reflex 154
呼吸保護具 respiratory protectors 396
国際宇宙ステーション International Space Station: ISS 339
国際がん研究機関 International Agency for Research on Cancer: IARC 305, 405, 457
国際高血圧学会 International Society of Hypertension 452
国際照明委員会 commission international de l'éclairage: CIE 241, 308
国際10-20法 international ten-twenty electrode system 545
国際疼痛学会 International Association for the Study of Pain 257
国際単位 international system of units 282
国際臨床視覚電気生理学会 International Society for Clinical Electrophysiology of Vision: ISCEV 534
国際労働機関 International Labour Organization: ILO 402
黒質 substantia nigra 428
黒体軌跡 blackbody locus 317
黒体放射 blackbody radiation 317
国連人口基金 United Nations Population Fund: UNFPA 476
互恵性 reciprocity 484
互恵的利他主義 reciprocal altruism 484
こころの健康 mental health **463**
こころの理解 mentalizing 192
誤差 error 591
古細菌 Ancient bacterium, Archaeon 4, 19
鼓室 tympanic cavity 96
鼓室階 scala tympani 96
腰布型 waist cloth 466
固縮 rigidity 159
個人間差 interindividual difference 591

個人差　individual difference　161
個人的要因　individual factor　418
個人内差　intraindividual difference　591
個体　individual　180
個体維持　individual preservation　428
個体距離　personal distance　481
固体光源　solid state light; SSL　321
個体死　individual death; somatic death　478
個体発生　ontogenesis　9, 43
骨格　skeleton　**56**, 566
骨格筋　skeletal muscle　62, 67, 112, 289, 363, 566
骨格系　skeletal system　56
骨芽細胞　osteoblast　57, 137
骨化中心　ossification center　57
骨化点　ossification point　57
骨間筋　interosseous muscle　91
骨吸収　bone resorption　57
骨形成　bone formation　57
骨細胞　osteocyte　58
骨髄　bone marrow　56
骨性の連結　synostosis, junctura ossea　59
骨折　fracture　448
骨粗鬆症　osteoporosis　58, 448
骨代謝　bone metabolism　56
骨端　epiphysis, articulating bones　59
骨端線　epiphysial line　103
骨端軟骨　epiphyseal cartilage　57
骨伝導　bone conduction　97
骨盤　pelvis　111, 142, 192
骨迷路　labyrinthus osseus　96
骨量減少　bone loss　340
古典的条件づけ　classical conditioning　204
誤答率　error ratio　202
子ども期　childhood　439
子ども室　children's room　472
コドン　codon　11, 22, 34, 40
ゴナドトロピン放出ホルモン　gonadotropin-releasing hormone: GnRH　13, 137
ゴニオメータ　goniometer　494, 576
鼓膜　tympanic membrane　96, 249
鼓膜温　tympanic temperature　129, 537
コミュニケーション　communication　95, 387, 480

コモン電極　common electrode　545
固有受容器　proprioceptor　91
固有受容性感覚　proprioceptive sense　267
コラーゲン　collagen　137
コリン感受性　cholinergic sensitivity　293
コリン作動性線維　cholinergic neuron　530
ゴルジ腱器官　Golgi tendon organ　67
ゴルジ体　Golgi body　4
コルチコトロピン放出ホルモン　corticotropin-releasing hormone: CRH　560
コルチゾル　cortisol　136, 227, 229, 365, 507, 560, 566
コレクティブハウス　collective house　472
コレシストキニン　cholocystokinin　138
コレステロール　cholesterol　460
コレラ　cholera　448
コロトコフ音　Korotkov sound　524
コロモジラミ　Pediculus humanus corporis　514
混合ガス潜水　mixed-gas diving　333
混色系　color mixing system　328
コンタクトレンズ電極　contact lens electrode　535
コンピュータシミュレーション　computer simulation　583
コンピュータマネキン　computer mannequin　574, 584
婚礼衣装　a bridal costume　467

■ さ

サーカセミディアンリズム　circasemidian rhythm　188
サーカディアンリズム（概日リズム）　circadian rhythm　95, 136, 150, **184**, 187, 313, 320, 324, 362, 363, 390, 565
サーストン法　Thurstone scaling　579
サーチコイル法　search coil method　533
サーチュイン遺伝子　sirtuin gene　8, 436
サーマルマネキン　thermal manikin　395, 583
サーミ　Sami　179
サーミスタ　thermistor　539
サーモグラフ　thermograph　539
サーモグラフィ（熱画像計測装置）　thermogra-

phy　309
坐位　sitting posture　111
再圧治療　recompression treatment　334, 336
鰓弓骨　brachial arch bone　97
細菌　Bacteria　139, 446
サイクリン　cyclin　44
サイクリン依存性キナーゼ　cyclin dependent kinase　44
サイクルタイム　cycle time　410
再結晶　recrystallization　3
採光　daylighting　319
再興感染症　re-emerging infectious disease　446
最高血圧　systolic blood pressure　72
最高酸素摂取量　peak oxygen uptake　559
最少分離閾　minimum separable visual acuity　237
サイズの原理　size principle　66, 70, 147
再生医療　regenerative therapy　50
再生法　reproduction method　269
再組織化　reorganization　199
最大エントロピー法　maximum entropy method: MEM　519, 522
最大筋力　maximum muscular strength　147
最大作業域　maximum working area　573
最大酸素借　maximal oxygen deficit　169
最大酸素摂取量　maximal O_2 uptake, maximum oxygen uptake, $\dot{V}_{O_2}$ max　171, 409, 414
最大寿命　maximum life span　436
最大随意収縮力（最大随意筋力）　maximum voluntay contraction force: MVC　147, 163, 409
最大随意の収縮時筋電位　maximal voluntary electrical activity: MVE　409
最低血圧　diastolic blood pressure　72
最適覚醒水準　optimum arousal level　201
彩度　chroma　328
細動脈　arteriole　72
サイトカイン　cytokine　140
再入力　reentry　81
最頻値　mode　590
再分極　repolarization　80, 144, 518
細胞　cell　4, 139, 180
細胞外液　extracellular fluid: ECF　80, 180

細胞外基質　extracellular matrix　4
細胞外マトリックス　extracellular matrix　89
サイボーグ　cyborg　8
細胞死　cell death　478
細胞質　cytoplasm　4
細胞周期　cell cycle　13, 43
細胞周期チェックポイント　cell cycle checkpoint　44
細胞体　cell body　79, 123
細胞内液　intracellular fluid: ICF　80
細胞内共生説　endosymbiotic theory　5, 19
細胞内小器官　subcellular organelle　4
細胞壁　cell wall　4
細胞膜　cell membrane　3, 4, 6, 136
作業域　working area　573
作業環境　work environment　419
作業計画　work planning　397
作業検査法　performance test　216, 580
作業効率（作業能率）　work efficiency　415, 418
作業条件　work condition　419
作業能力　work capacity　414
作業負荷　work load　407
作業服　working cloth　396
作業要因　work factor　418
作業量　workload　418
錯視　optic illusion　213
作成法　production method　269
錯聴　auditory illusion, paracusia, acoustic illusion　214
酒　liquor　456
鎖骨下静脈　subclavian vein　72
錯覚　illusion　213
サッケード　saccade　149
雑食　omnivorous　27
作動時間　operating time　413
差動増幅回路　differential amplifier　544
サバンナ　savanna　513
サブスタンスP　substance P　258
サブタスク　subtask　410
サブリミナル効果　subliminal effect　211
サブリミナル広告　subliminal advertising　211
サブリミナル刺激　subliminal stimuli　211
サヘラントロプス・チャデンシス　Sahelanthro-

pus tchadensis　27
作用温度　operative temperature　296
作用スペクトル　action spectrum　248
サリベット　salivette　560
サルコペニア　sarcopenia　449
サン　San　178
酸塩基平衡　acid-base balance　**120**
酸化　oxidation　6
酸化的リン酸化　oxidative phosphorylation　4
産業革命　industrial revolution　424, 476
産後うつ　postpartum depression　433
3歳児神話　myth of 3 years old infant　487
3次元動作解析　three-dimensional motion analysis　574
3次元マネキン　three dimension mannequin　583
三次構造　tertiary structure　12
算術平均　arithmetic mean　587, 589
三色説　trichromatic theory　245
酸素　oxygen　136, 166
酸素解離曲線　oxygen dissociation curve　75, 114
酸素カスケード　oxygen cascade　114
酸素化ヘモグロビン　oxyhemoglobin　309, 550, 555
酸素借　oxygen deficit　169
酸素摂取動態　oxygen uptake kinetics　172
酸素摂取量　oxygen uptake, oxygen consumption　167, 169, 290, 541, **557**
酸素中毒　oxygen toxicity　333
酸素不足　oxygen deficit　171
酸素分圧　oxygen tension　75
酸素飽和度　oxygen saturation: SpO_2　75, 114, 121
酸素摂取量/エネルギー代謝量　oxygen uptake/energy expenditure　**557**
3大栄養素　three major nutrient　380
サンタン　suntan　311
散瞳　mydriasis　123
三頭筋　triceps　65
産熱の寒冷適応型　thermogenic cold adaptation　290
産熱量　heat production　173, 285

サンバーン　sunburn　311
三半規管　semicircular canals　96, 267, 351, 354
散布度　dispersion　589
サンプルサイズ　sample size　588, 591

死　death　6, **478**
シアノバクテリア　Cyanobacteria　5
子音　consonant　152
ジーンズ　jeans　467
視運動性眼振　optokinetic nystagmus　149
シェアハウス　share house　472
ジェームズ・ランゲ末梢起源説　James-Lange theory　218
シェッフェ法　Scheffe's method　579
シェルター　shelter　366, 469
ジェンダー　gender　190
耳介　auricle, pinna　96, 249
磁界　magnetic field　304
紫外線　ultraviolet, ultraviolet light, ultraviolet ray: UV, UV ray　**310**, 234, 304, 321, 515
紫外線A　ultraviolet A: UVA　304
紫外線B　ultraviolet B: UVB　304
紫外線C　ultraviolet C: UVC　304
視蓋前域オリーブ核　pretectal olivary nucleus　247
紫外線角膜炎　ultraviolet keratitis　311
紫外線対策　ultraviolet protection　311
視覚　vision, visual sensation　82, **234**, 275, 410
視覚経路　visual pathway　236
自覚症状　subjective symptom　350
自覚症しらべ　survey of subjective symptom　419
視覚性マスキング　visual masking　197
視覚的評価スケール　visual analog scale: VAS　195
視覚の進化　evolution of the vision　26
視覚野　visual cortex　82, 244, 278
視覚誘導性サッケード　visually-guided saccade　150
耳管　auditory tube　96
時間遅れ　time lag　413
時間外労働　overtime work　403
時間感覚　time sense　269

耳管狭窄症　auditory tube stenosis　337
時間情報　temporal information　269
時間生物学　chronobiology　404
時間知覚　time perception　269
時間的加重　temporal summation　80, 144
時間評価　time estimation　269
時間分解分光法　time resolved spectroscopy　365
時間量子　time quantum　269
色覚　color sensation, color vision　26, **245**, 273, 498
色覚異常　color blindness, color deficiency, color-vision deficiency　26, 246, 273
磁気圏　magnetosphere　339
色差　color difference　328
磁気センサー　magnetic sensor　576
色相　hue　328
色相環　hue circle　328
識別閾　threshold of difference　83
子宮外胎児期　extrauterine spring　193
糸球体　glomerulus　85
指極　span of arms　98
視空間的　visuospatial　164
視空間統合　visual-spatial integration　150
軸索　axon　69, 79, 145, 205
軸索終末　axon terminal　79
軸索鞘　axolemma　80
軸索反射　axon reflex　154, 258
シグナル伝達系　signal transduction　45
刺激　stimulation, stimulus　82, 211
刺激閾　stimulus threshold　82, 276
刺激関連脱同調　event related desynchronization: ERD　549
刺激関連同調　event related synchronization: ERS　549
次元解析　dimensional analysis　109
自己　self　139
視紅　rhodopsin　245
視交叉　optic chiasma　244
視交叉上核　suprachiasmatic nucleus: SCN　185, 187, 247, 269, 391
指向性　directional characteristics　349
思考夢　thinking dream　206

自己家畜化　self-domestication　367
自己調節機構　autoregulation　118
事後評価　ex-post assessment　585
自己複製　self replication　2
自己免疫説　autoimmune theory　441
視細胞　photoreceptor cell　94, 534
視索前野・前視床下部　preoptic region/anterior hypothalamic region　130
視察　inspection　569
支持　support　165
示指伸筋　extensor indicis muscle　91
脂質異常症　dyslipidemia　138
刺繍　embroidery　467
思春期　puberty　189
思春期スパート　adolescent spurt　439
視床下部　hypothalamus　124, 130, 132, 136, 180, 185, 254, 289, 292, 407, 428, 432, 560
視床下部-下垂体-副腎系軸　hypothalamic-pituitary-adrenal（HPA）axis　227
視床下部-下垂体-副腎皮質軸　hypothalamic-pituitary-adrenocortical（HPA）axis　229, 560
事象関連デザイン　event-related design　551
事象関連電位　event related potential: ERP　194, 202, **547**
視床後外側腹側核　thalamus ventral posterolateral nucleus　268
耳小骨　audiatary ossicle tympani, ear ossicle　96, 249
視床-帯状回説　thalamocingulate theory　432
視床腹側中間核　ventro-intermediate nucleus of the thalamus　163
矢状面　sagitttal plane　60
視神経　optic nerve　247
視神経円板　optic disc　240
示数　index　571
システムバイオロジー　systems biology　54
姿勢　posture　68, **111**, 267, 384
姿勢解析　posture analysis　419
姿勢反射　postural reflex　153, **155**, 268
耳石　otolith　97, 354
耳石器　otolith organ　267, 351
脂腺　sebaceous gland　89

自然換気　natural ventilation　469
自然環境　natural environments　285
自然人類学（形質人類学）　physical anthropology　27
自然選択　natural selection　**22**, 374, 377
自然選択説　natural selection theory　18
自然淘汰　natural selection　94
事前評価　ex-ante assessment　585
視線付加型インタフェース　gaze-added interface　533
自然免疫　natural immunity, innate immunity　15
自然免疫系　innate immune system　139
持続的注意　vigilance　391
自尊感情　self-esteem　468
自尊心　self-esteem　551
舌　tongue　86
視対象　visual target　326
刺痛　pricking pain　257
疾患感受性遺伝子　disease susceptibility gene　463
湿球温度　wet bulb temperature　295
湿球グローブ温度，湿球黒球温度　wet bulb globe temperature: WBGT　295, 397
シックハウス症候群　sick house syndrom　330
実験計画法　experimental design, experimental planning　**591**
実験動物　experimental animal　124
湿潤　sticky, wet　395
湿性熱放散　wet heat loss　292, 538
質的データ　qualitative data　587
湿度　humidity　**300**
質問紙法　questionnaire method　580
実労働時間　actual working hours　403
私的（プライベート）生活空間　private living space　470
至適温度　optimum temperature　**298**
至適作業域　optimal working area　574
至適速度　optimal speed　415, 417
脂臀　steatopygia　28
自動運転技術　autonomous driving technology　356
自動化　automatization　155

四頭筋　quadriceps　65
自動的注意　automatic attention　201
自動能　automaticity　122
シナプス　synapse　77, 80, 146, 258, 278, 456, 544
シナプス可塑性　synaptic plasticity　205
シナプス間隙　synaptic cleft　80
シナプス形成　synaptogenesis　145
シナプス後膜　postsynaptic membrane　80
シナプス小胞　synaptic vesicle　80
シナプス前膜　presynaptic membrane　80
シナプス電位　synaptic potential　144
視認距離　range of visibility　241
視認性　visibility　**241**, 326, 497
死の四重奏　quartet of death　460
自発的瞬目　spontaneous eyeblink　411
視物質　visual pigment　534
脂肪　fat　98
脂肪組織　adipose tissue　136
死亡率　mortality, mortality rate, death rate　476
姉妹染色分体　sister chromatid　14
シミュレーション　simulation　**583**
指紋　finger prints　569
視野　visual field　**239**
ジャーク　jerk　357
ジャイロセンサー　gyro sensor　576
社会距離　social distance　481
社会集団　social group　95
社会ストレス　social stress　229
社会的　social　194
社会的交換理論　social exchange theory　431
社会的孤立　social isolation　229
社会的再適応評価尺度　social readjustment rating scale: SRRS　226
社会的促進　social facilitation　483
社会的手抜き　social loafing　483
社会的不適応　social maladjustment　387
社会的抑制　social inhibition　483
社会脳仮説　social brain hypothesis　482
社会福祉士　certified social worker　443
尺側手根屈筋　flexor carpi ulnaris muscle　91
尺側手根伸筋　extensor carpi ulnaris muscle　91

尺側偏位　ulnar deviation　60
尺度　scale　587
尺度と統計的検定　scale and statistical analysis　**587**
灼熱痛　burning pain　257
車軸関節　pivot joint, articulatio trochoidea　60
射精反射　ejaculatory reflex　154
射乳反射　milk ejection reflex　154
遮へい　（radiation）shield　306
斜面　inclined plane　503
車両運動　vehicle dynamics　355
車輪　wheel　355, 503
種　species　17, **20**
重回帰分析　multiple regression analysis　594
住環境　residential environment　386
住居　home, dwelling space, housing, residence　386, **469**
就業規則　rules of employment　403
宗教的規律　religious precepts　475
自由継続周期　free-running period　185
収縮期血圧　systolic blood pressure　524
収縮要素　contractile component: CC　146
重心　center of gravity　142, 267
自由神経終末　free nerve ending, free nerve terminals　82, 259, 262
就寝分離　separated use of space for sleeping　470
住生活　dwelling life, living　386, **469**
修正有効温度　corrected effective temperature: CET　295
重曹摂取　ingestion of bicarbonate　121
収束筋　convergent muscle　65
住宅　house　386, **469**
住宅内事故　household accident　470
集団圧力　group pressure　483
集団遺伝学　population genetics　31
集団規範　group norm　482
集団行動　group behavior　**482**
集団サイズ　group size　482
重炭酸イオン　bicarbonate ion　76, 120
自由度　degree of freedom　161
十二指腸　duodenum　86
終脳　telencephalon　203

周波数　frequency　345, 351, 528
周波数解析　frequency analysis　522
周波数加重曲線　frequency weighting curve　353
住文化/住宅のデザイン　housing culture/residential building design　**471**
周辺視　peripheral vision　239
周辺視野　peripheral visual field　239
絨毛　villus　86
絨毛性ゴナドトロピン　human chorionic gonadotropin: HCG　138
重量感覚　weight perception　**271**
重力　gravity　134, 267, **342**
重力加速度　acceleration of gravity　357
重力負荷　gravitational stress　342
ジュール　joule　282
修練　training　501
収斂進化　convergence evolution　83
就労形態　type of employment　402
16番染色体　chromosome 16　278
種間競争　interspecific competition　209
主観的時間　subjective time　269
主観的至適温度　subjective optimum temperature　298
主観的測定方法　subjective measurement　418
主観評価法　subjective assessment method　**578**
宿主　host　446
縮瞳　miosis　123
熟練　skillful　161
手根管　carpal tunnel　91
樹状細胞　dendritic cell　139
樹状突起　dendron, dendrite　77, 79, 205
主成分分析　principal component analysis　579, 595
受精卵　zygote　43
種族保存（性行動）　sexual behavior　136
受胎確率　chance of pregnancy　477
主題統覚検査　thematic apperception test　582
出アフリカ　out of Africa　342
出生率　birthrate　476
シュテファン-ボルツマン定数　Stefan-Boltzmann's constant　538

シュテファン-ボルツマンの法則　Stefan-Boltzmann's law　538
受動喫煙　passive smoking　457
主動筋　agonist　64, 162
受動触　passive touch　259
受動体験　passivity experience　199
受動的注意　passive attention　201
種内競争　intraspecific competition　209
『種の起源』　the origin of species　20
種分化　species differentiation　20
寿命　life span　**436**
須毛　eyelashes　570
主要5因子性格検査　big five personality inventory　581
主要栄養素　macronutrient　380
腫瘍壊死因子　tumor necrosis factor　140
受容器　receptor　82, 259, 504
主要組織適合遺伝子複合体　major histocompatibility complex　24, 140
主要組織適合抗原複合体　major histocompatibility complex: MHC　256
受容体　acceptor, receptor　80, 252, 567
受容体タンパク質　receptor protein　45
主流煙　mainstream smoke　457
狩猟採集　hunting and gathering　424
シュワン細胞　Schwann cell　80
順位法　method of rank order　579
純音　pure tone　345
馴化　acclimatization, acclimation　178, 378
純化選択　purifying selection　23
循環　circulation　124
循環器　circulatory organ　**71**, 84
循環器系　circulatory system　418
循環系　circulatory system　**117**
循環血液量　circulating blood volume　137
循環調節　circulatory function　292
瞬時心拍数　instantaneous heart rate　519
順序尺度　ordinal scale　587, 589
順応　adaptation, acclimation　83, 312, 377
順応輝度　adaptation luminance　327
準備電位　readiness potential　198
瞬目　blink　95, 149
瞬目反射　blink reflex　535

順モデル　forward model　199
常圧低酸素トレーニング　normobaric hypoxia training　338
省エネ　energy saving, conservation　355
上オリーブ核　superior olivary nucleus　97
消化　digestion　7, 86, 125
生涯有病率　lifetime prevalence　463
消化管　gastrointestinal tract, digestive tract　86, 136
消化器　digestive organ　84, **86**, 125
消化器系　digestive system　566
消化酵素　digestive enzyme　126
松果体　pineal body　187
消化と吸収　digestion and absorption　**125**
小気候　microclimate　359
上丘　superior colliculus　150, 247
消極的快適性　comfort　220
掌屈　palmar flexion　60
衝撃　impact, shock　143, 357
衝撃試験ダミー人形　crash test dummy　583
条件づけ学習　conditioning learning　392
上行結腸　ascending colon　87
上行性　ascending　150
上行性脳幹網様体賦活系　ascending reticular activating system: ARAS　390
上行性網様体賦活系　reticular activating system: RAS　195
踵骨　calcaneus　93, 111
少産少死　low birth and death rate　476
蒸散性熱放散　evaporative heat dissipation　128, 541
少子化　falling birth rate　190, 509
小指伸筋　extensor digiti minimi muscle　91
硝子体　corpus vitreum, vitreous body, vitreous humor　94, 235, 247
小進化　microevolution　19
常染色体優性遺伝病　autosomal dominant inherited disease　40
常染色体劣性遺伝病　autosomal recessive inherited disease　40
上側頭回　superior temporal gyrus　150
上側頭溝/側頭頭頂接続部　superior temporal gyrus/temporoparietal junction　432

常存電位　standing potential　534
小腸　small intestine　84, 86
照度　illuminance　312, 315, 323, 371
情動　emotion, affect　124, 182, 192, 196, 208, **217**, 268, 567
情動回路　emotional circuit　218
情動記憶　emotional memory　391
情動行動　emotional behavior　221
照度均斉度　uniformity of illuminance　323
衝突安全技術　passive safety　356
照度分布　illuminance distribution　323
少年期　juvenility　439
小脳　cerebellum　77, 150, 192, 199, 203, 410
蒸発　evaporation　282, 538
蒸発性熱放散　evaporative heat loss　287, 538
蒸発熱抵抗　water vapour resistance, evaporative thermal resistance　395
蒸発熱伝達係数　evaporative heat transfer coefficient　538
上皮性腫瘍　epithelial tumor　43
情報　information　203
小胞体　endoplasmic reticulum　4
情報通信技術　information and communication technology: ICT　402, 406
静脈　vein　117
静脈還流　venous return　134
静脈認証　vein authentication　309
照明　lighting　**323**, 368
照明手法　lighting method　323
消耗説　exhaustion theory　441
初期接地　initial contact phase　143
触圧覚　tactile and baresthesia　259
触（圧）点　touch spot　259
食行動　eating behavior　382, 383
触察　palpation　569
食事摂取基準　dietary reference intakes　380
職住近接　having one's workplace near one's home　471
食寝分離　separation of eating and sleeping rooms　472
食生活と健康　diet and health　**451**
食道　esophagus　86
食道温　esophageal temperature　129, 536

食道がん　esophageal cancer　458
職人技　craftsmanship　**501**
食寝分離　separation of eating and sleeping rooms　470
食の速さ　speed of eating　383
植物状態　vegetative state　197
植物性機能　vegetative function　122, 478
植物性神経系　vegetative nervous system　122
食文化　food culture　**474**
食物　food　86
初経　menarche　104
除脂肪量　lean body mass　107
女性ホルモン　female hormone　189
初潮　menarche　104
触覚　tactile, tactile sense　82, 259
触角計　spreading calipers　571
触感　tactile　261
食器　tableware　475
所定労働時間　prescribed working hours　403
暑熱馴化　heat acclimation, heat acclimatization　263, 292, 374
暑熱順化　heat acclimation　292
暑熱ストレス　heat stress　174
徐波睡眠　slow wave sleep　390, 545
徐脈　bradycardia　336
処理流暢性　processing fluency　431
ジリス　ground squirrel　349
自律神経　autonomic nerve　68, 78, 79, 180, 292, 353
自律神経活動　autonomic nervous activity　207
自律神経系　autonomic nervous system　**122**, 128, 134, 181, 268, 314, 407, 418, 560, 566
自律性情動反応　autonomic emotional response　**182**
自律性増殖　autonomous growth　461
自律性体温調節　autonomic thermoregulation　129, 394
自律的適応　autonomous adaptation　514
自律分散型調節　autonomous distributed neuronal regulation　130
視力　visual acuity　**237**, 273, 498
シルビウス裂周囲の　perisylvian　165
心因性　psychogenesis　418

心因性疲労　psychogenic fatigue　418
真猿亜目　Haplorrhini　25
真猿下目　Simiiformes　25
進化　evolution　17, 27, 83, 504
進化医学　evolutionary medicine　451
侵害受容性　nociceptive　257
人格　personality　215
真核細胞　eucaryotic cell　4
真核生物　Eukaryota　19
新型インフルエンザ　new strains of influenza　446
進化発生生物学　evolutionary developmental biology　10
進化論　evolution theory　18
腎機能　renal function　136
真菌　fungus, mycosis　4, 446
心筋　myocardium　62
寝具内気象　bed climate　507
神経　nerve　504
神経回路　neural network　203
神経管　neural tube　77
神経機能　neural function　438
神経筋接合部　neuromuscular junction　146
神経系　nervous system　77, 79, 136
神経溝　neural groove　77
神経膠腫（グリオーマ）　glioma　305
神経細胞（ニューロン）　neuron　77, 79, 254, 278
神経支配比　innervation ratio　69, 147
神経新生　neurogenesis　230
神経ステロイド　neurosteroid　228
神経節　ganglion　123
神経節後線維　postganglionic fiber　428
神経節細胞　ganglion cell　235, 314
神経線維　nerve fiber　77
神経組織　nervous tissue　122
神経ダーウィニズム　neural Darwinism　81
神経堤　neural crest　77
神経伝達物質　neurotransmitter　77, 80, 123, 131, 146
神経伝導速度　nerve conduction velocity　562
神経突起（軸索）　axon　77
心血管系　cardiovascular system　407
心血管疾患　cardiovascular disease　229, 391

人口　population　**476**
人口過密化　overpopulation area　366
人工環境　built environments　285
新興感染症　emerging infectious disease　446
人口高齢化　aging of a population　477
人工照明　artificial lightening　368
人工生命　artificial life　8
人工多能性幹細胞　inducible pluripotent stem cells　47, 50
人工知能　artificial intelligence　209
人口転換　demographic transition　476
信号伝達カスケード　phototransduction cascade　248
人口動態調査　vital statistics　388
新口動物（後口動物）　deuterostome　9
人口爆発　population explosion　476
人口ピラミッド　population pyramid　477
深指屈筋　flexor digitorum profundus muscle　91
心室　ventricle　73, 84
心疾患　heart disease　460
人種　race　21
浸潤　invasion　461
腎小体　renal corpuscle　85
新人　Homo sapiens　28
親水基　hydrophilic　395
真正細菌　eubacteria, bacterium　4, 19
新生児　neonate　192
真性メラニン　eumelanin　89
新世界ザル　new world monkey　25
振戦　tremor　**162**
心臓　heart　73, 84, 117, 122, 136, 566
腎臓　kidney　85, 136
心臓血管系　cardiovascular system　71
心臓死　cardiac death　478
心臓弛緩期　diastole　72
心臓収縮期　systole　72
靱帯　ligament, ligamentum　59, 111
身体依存　physical dependence　457
身体技法　techniques of the body　401
人体計測　anthropometry　98
身体サイズ　body size　**98**
身体作業　physical work　406, **408**

身体装飾　dressing　394
身体組成　body composition　381
身体的疲労　physical fatigue　418, 422
身体的不活動　physical inactivity　163
身体的負担　physical burden　566
身体保護　physiological protection　394
身長　height　438
身長計　anthropometer　571
伸張性収縮（遠心性収縮）　eccentric contraction　143, 147
伸張反射　stretch reflex　67, 153, 155, **158**, 163
心的外傷後ストレス障害　post-traumatic stress disorder: PTSD　208, 229
伸展　extension　60
心電図　electrocardiogram: ECG　194, **518**, 544
振動　vibration, oscillation　**351**, 357, 366
浸透圧　osmorality　137
浸透圧受容器　osmoreceptor　132
振動加速度　vibration acceleration　351
振動感覚　vibration sensation, pallesthesia　271
振動障害　vibration disorder　351
シンドローム X　syndrome X　460
心肺蘇生練習マネキン　cardiopulmonary patient simulator　583
心拍出量　cardiac output　72, 134, 229, 292, 507, **520**
心拍数　heart rate: HR　134, 292, 301, 365, 408, 507, 519, 520, 566
心拍変動　heart rate variability　407, **522**
心拍変動性　heart rate variability: HRV　350, 365, 519
真皮　dermis, corium　88, 309
深部　somatic deep　257
深部感覚　bathyesthesia, deep somatic sensation　82, 271
振幅　amplitude　345, 351, 528, 547
深部組織温度　deep tissue temperature　537
深部体温　deep body temperature, core temperature　112, 283, 289, 292, 313, 363, 390, 394
深部脳電極　deep brain stimulation　163
心房　atrium　73, 84
心房性ナトリウム利尿ペプチド　atrial natriuretic peptide　363

新有効温度　new effective temperature　297
人力運搬　human powered load carriage　400
心理社会的ストレス　psychosocial stress　222
心理的影響　psychological effect　300
心理的限界　psychological limit　148
心理的時間　psychological time　269
心理物理学　psychophysics　271
心理物理量　psychophysical measure　315
森林　forest　**364**
森林セラピー　forest therapy　364, 423
人類　Hominidae　**27**
人類学　anthropology　27, 374
人類集団　human population　178

図・地　figure-ground　431
随意運動　voluntary movement　155
膵液　pancreatic juice　126
錘外筋線維　extrafusal muscle fiber　67, 69, 158
水質汚濁　water pollution　366
髄鞘　myelin sheath　145
髄鞘化　myelination　145, 203
水蒸気　water vapour　395
水晶体　lens　94, 235, 273
水晶体眼　crystalline eye　83
推奨量　recommended dietary allowance　380
推進力　propulsive force　143
水素イオン濃度　hydrogen ion concentration　120
膵臓　pancreas　84, 86, 136
錐体　cone　245, 247, 312, 316
錐体系応答　cone-induced response, photopic response　535
錐体細胞　cone cell　235
水中体重秤量法　underwater weighing method　107, 381
垂直伝達多型　trans-species polymorphism　24
垂直面作業域　working area in vertical plane　574
推定エネルギー必要量　estimated energy requirement　380
推定平均必要量　estimated average requirement　380
錘内筋線維　intrafusal muscle fiber　67, 69, 158

随伴陰性変動　contingent negative variation: CNV　194, 549
水平細胞　horizontal cell　235, 248
水平面　horizontal plane　60
水平面作業域　working area in horizontal plane　573
睡眠　sleep　**390**, 419
睡眠覚醒サイクル　sleep-wake cycle　535
睡眠覚醒リズム　sleep-wake fulness rhythm　363, 391
睡眠経過図　hypnogram　390
睡眠傾向　sleep propensity　390
睡眠効率　sleep efficiency　363
睡眠障害　sleep disorder　391
睡眠段階　sleep stage　390
睡眠の質　quality of sleep　363
睡眠負債　sleep debt　391
睡眠紡錘波　sleep spindle　391
睡眠ポリグラフィー　polysomnography: PSG　390
数学モデル　mathematical model　583
数量化Ⅰ類　quantification theory type Ⅰ　596
数量化Ⅱ類　quantification theory type Ⅱ　596
数量化Ⅲ類　quantification theory type Ⅲ　596
頭蓋骨　cranial bone　111
スカベンジャー受容体　scavenger receptor　139
スキル　skill　160
スクイーズ　squeeze　335
スクーバ潜水　scuba diving, self contained underwater breathing apparatus diving　333, 335
スクラーゼ　sucrase　127
スクラップアンドビルド　scrap and build　473
頭上運搬　load carriage on the head　400
スタンフォード眠気尺度　Stanford sleepiness scale: SSS　194
スティーブンスのべき法則　Stevens' power law　272
ステッピング　stepping　160
ステップ　step　399
ステラーカケス　Cyanocitta stelleri　480
ステレオタイプ　stereotype　412

ストライド　stride　399
ストリオラ　striola　97
ストループカラーワードテスト　Stroop color word test　406
ストレイン　strain　226
ストレス　stress　**226**, 363, 391, 560
ストレス学説　stress theory　226
ストレス関連疾患　stress-related diseases　228
ストレス状態　stress state　350, 364
ストレス脆弱性　stress vulnerability　228
ストレス性不眠　stress-induced insomnia　230
ストレス性無月経　stress-induced amenorrhea　229
ストレスのメカニズム　mechanism of stress　227
ストレス評価法　evaluation methods for stress　228
ストレスホルモン　stress hormone　560
ストレスマーカー　stress marker　228, 582
ストレッサー　stressor　226, 229
スノーボールアース仮説　snowball earth hypothesis　19
スピアマン式触覚計　Spearman's esthesiometer　260
スピアマンの順位相関係数　Spearman's rank correlation coefficient　579
スフィンゴ脂質　sphingolipid　210
スプライシング　splicing　35
スプラリミナル刺激　supraliminal stimuli　211
スプロール化　urban sprawl　366
スペクトル　spectrum　345
スペクトルエントロピー　spectral entropy　546
滑り説　sliding filament theory　146
素潜り　breath-hold diving, free-diving　335

生　life　6
性格　character　**215**
性格検査　personality test　580
正確性　accuracy　160
性格特性　personality trait　228
静加速度　static acceleration　357
生活姿勢　posture in daily life　**384**
生活者の視点　dweller's point of view　510

生活習慣病　lifestyle related disease　100, 453, 460
生活の質　quality of life: QOL　444
生気象学　biometeorology　359
正規分布　normal distribution　523
制御室運転シミュレータ　control room operating simulator　583
性決定　sex determination　14
制限酵素　restriction emzyme　47
正弦波　sinusoidal wave　345, 351
生合成　biosynthesis　166
性差　sex difference　**189**, 264, 273
正坐　square sitting　111
生産的至適温度　productive optimum temperature　298
生産年齢人口　working age population, productive age population　477
精子　sperm　13
正視　emmetropia　238
静止視力　static visual acuity　237
静止電位　resting potential　79, 144, 534
脆弱性ストレスモデル　diathesis-stress model　463
性周期　reproductive cycle, menstrual cycle　13, 274
正常作業域　normal working area　573
正常周波数　normogastria　527
生殖　reproduction　**13**, 124
生殖器　reproductive organ　84
生殖期　reproductive period　437, 443
生殖機能　reproductive function　438
生殖の隔離　reproductive isolation　20
生殖輸管　gonoduct　105
精神作業　mental work　229, **406**, 418, 512
精神性発汗　mental sweating　91, 530
精神の健康　mental health　222
精神的ストレス　mental stress　**229**, 556
精神(的)疲労　mental fatigue　418, 422, 563
精神的負担　mental burden　567
精神的要因　mental factor　418
性成熟度　stages of sexual development　106
性腺原基　primordial gonad　105
性腺刺激ホルモン　gonadotropin　13, 105

性腺刺激ホルモン放出ホルモン　gonadotropin-releasing hormone: GnRH　104, 230
性染色体　sex chromosome　274
性選択　sexual selection　18
性腺ホルモン　gonadal hormone　105
精巣　testicle, testis　85, 136
精巣決定因子　testis determining factor　105
生息場所　habitat　342
生存競争（生存闘争）　struggle for existence　22, 426
生存競争と行動　struggle for existence and behavior　426
声帯　vocal cord, vocal folds　106, 151
生体観察　somatoscopy　569
生体計測　somatometry　571
生態的寿命　ecological life span　436
生体認証　biometrics　309
生体リズム　biological rhythm　150, **187**, 286, 320, 369
成長　growth　103, 377, 438
性徴　sexual character, sex characteristic　**105**, **189**
成長・発達　growth and development　**438**
成長加速現象　growth spurt　103
成長期　growth period　443
成長曲線　growth chart, growth curve　103, 438
成長速度　growth velocity　438
成長ホルモン　growth hormone　103, 137, 391
静的姿勢反射　static postural reflex　155
静的反応　static response　159
性的分業　sexual division of labor　27
声道　vocal tract　151
性淘汰　sexual selection　274
正答率　percentage of correct answers　419
生と死　life and death　**6**
青年期　adolescence　439
正の感覚　positive sense　45
正の自然選択　positive selection　23
青斑核　locus coeruleus: LC　195, 390
青斑核/ノルエピネフリン-交感神経軸　LC/NE axis　227, 229
性皮　sexual skin　426
生物学的適応　biological adaptation　299, 377,

514
生物学的適応能　biological adaptability　511
生物的-文化的　bio-cultural　451, 452
生物的消化　biological digestion　125
生物時計　biological clock　269
性別役割分業　division of labor by gender role　486
生命の起源　origin of the life　2
生命倫理　bioethics　36, 52
生毛　down　569
声門　glottis　151
性役割　sex role　189
性役割アイデンティティ　sex role identity　265
正乱視　regular astigmatism　238
生理活性物質（フェロモン）　pheromone　131
生理人類学　physiological anthropology　374, 511
生理的影響　physiological effect　300
生理的限界　physiological limit　148
生理的至適温度　physiological optimum temperature　298
生理的寿命　physiological life span　436
生理的早産　physiological premature delivery　27
生理的測定方法　physiological measurement　419
生理的対策　physiological counter measure　340
生理的多型性　physiological polytypism　**173**, 511
生理的適応　physiological adaptation　284, 377, 511
生理的負担　physiological burden　500, **566**
生理的老化　physiological aging　440
背負運搬　load carriage on the back　400
咳　cough　139
赤外線　infrared radiation, infrared, infrared light, infrared ray　234, 304, **308**, 310, 321
赤外線放射温度計　infrared rediation thermometor　539
脊髄　spinal cord　69, 77, 79, 122, 203, 410
脊髄介在ニューロン　spinal interneuron　65, 410, 567
脊髄神経　spinal nerve　64, 70, 78

脊髄反射　spinal reflex　153
脊柱　vertebral column　111
脊椎圧迫骨折　vertebral fracture　448
脊椎動物　vertebrate　73, 83, 122, 192
セクレチン　secretin　138
世帯　family unit　386
舌下温　sublingual temperature　537
石器　stone artifact　499
積極的な快適性　pleasantness　220
赤血球　red blood cell　85
節後ニューロン　postganglionic neuron　123
摂氏温度　degree Celsius　282
摂食行動　feeding　136
接触受容器　contact receptor　276
節前ニューロン　preganglionic neuron　123
節足動物　arthropod　83
絶対閾　absolute threshold　82
絶対色温度　absolute color temperature　317
絶対温度　absolute temperature　282
絶対湿度　absolute humidity　300
節度感　feeling of moderation　413
セットポイント　set point　270, 363
セディバ猿人　Australopithecus sediba　364
背広　jacket　467
セリン・スレオニンキナーゼ　serine-threonine kinase　43
セルトリー細胞　sertoli cell　138
セレラジェノミクス社　Celera Genomics　52
セロトニン　serotonin　464
繊維　fiber　395, 466
繊維芽細胞　fibroblast　89
線維性の連結　fibrous junction, junctura fibrosa　59
線維軟骨　fibro cartilage　59
線維膜　fibrous membrane, membrane fibrosa　59
線エネルギー付与　linear energy transfer: LTE　340
前額面　frontal plane　60
全か無かの法則　all-or-none principle, all-or-none law of excitation　80, 144
潜函工法　caisson construction method　333
先カンブリア時代　precambrian era　83

前筋電位活動時間　pre-motor time　562
前屈　anteflexion　60
前傾姿勢　fore posture　399
宣言的記憶　declarative memory　204, 391
前根　anterior root　78
潜在能力　potential ability　178, 260
潜時　latency　547
浅指屈筋　flexor digitorum superficialis muscle　91
腺腫がん関連説　adenoma carcinoma sequence　461
戦術的モード　tactical conrtol mode　413
線条体　striatum　432
染色体　chromosome　4
染色体異常症　chromosomal disorder　40
染色体転座　chromosomal translocation　461
全身振動　whole body vibration　352, 353
先進地域　more developed regions　476
全身適応症候群　general adaptation syndrome: GAS　226
全身的協関　whole body coordination　171, 173, 176, 181, 375, 378, 460, 511
全身反応時間　whole body reaction time　563
全身疲労　general fatigue　418
仙髄　sacral spinal cord　124
潜水　diving　335
潜水病　decompression sickness, bends　337
前成説　preformation theory　9
前帯状回　anterior cingulate gyrus　204
前帯状皮質　anterior cingulate cortex　432
選択的スプライシング　alternative splicing　35
選択的セロトニン再取込み阻害薬　selective serotonin reuptake inhibitors　464
選択的注意　selective attention　201
選択的脳冷却　selective brain cooling　288
選択反応時間　choice reaction time　563
全断眠　total sleep deprivation　391
線虫　nematode　8
前庭　vestibulum　96, 351
前庭階　scala vestibuli　96
前庭感覚　vestibular sensation　82, 267
前庭眼球反射　vestibule-ocluar reflex　163
前庭部　vestibule　354

前庭神経核　vestibular nucleus　268
先天性副腎皮質過形成　congenital adrenal hyperplasia　265
前庭動眼反射　vestibular ocular reflex　149
前適応　preadaptation　19
前頭-頭頂ネットワーク　fronto-parietal network　198
蠕動運動　peristaltic movement　125
前頭眼野　frontal eye field　150
前頭極　frontopolar cortex　198
前頭前野　prefrontal area　365
前頭前野眼窩皮質　orbitofrontal cortex　428
前頭前野腹内側部　ventromedial prefrontal cortex　224
前頭葉　frontal lobe　208
前頭連合野　frontal association area　192
セントラルコマンド　central command　129, 132
セントラルドグマ　central dogma　34
潜熱移動　water vapour transfer, latent heat transfer　395
前脳基底部　basal forebrain　390
全脳モデリング　whole brain modeling　546
全般照明　general lighting　323
前房　anterior chamber　235
前補足運動野　pre-supplementary motor area　198
前遊脚期　pre swing phase　143
戦略的モード　strategic conrtol mode　413
前弯　lordosis　142

騒音　noise　347, 366
騒音計　sound level meter　347
騒音レベル（A 特性音圧レベル）　A-weighted sound pressure level　347
相関色温度　correlated color temperature　317, 322
臓器　organ, internal organ　122, 504
想起スキーマ　recall schema　161
双極細胞　bipolar cell　235, 247
双極肢誘導　bipolar limb lead　518
双極性障害（躁うつ病）　bipolar disorder　464
双極誘導　bipolar lead　528

造血　hematopoiesis　56
造血幹細胞　hematopoietic stem cell　56
相互依存性理論　interdependence theory　431
操作　manipulation　165
走査仮説　scanning hypothesis　207
操作性　treatability, operability　160, **412**
操作量-表示量比（C/D 比）　control-display ratio　413
創始者効果　founder effect　18
総指伸筋　extensor digitorum muscle　91
ソーシャル・キャピタル　social capital　472
ソーシャルジェットラグ　social jet lag　404
相乗効果　synergistic effect　458
増殖因子　cell proliferation factor　43
装飾性　adornment　466
痩身願望　drive for thinness　383
装身具　accessories　468
創造　creation　223
葬送儀礼　funeral ritual　478
創造性　creativity　370
相対湿度　relative humidity　300, 394
相同構造　homological structure　90
相動性感覚器　phasic receptor　83
相動性伸張反射　phasic stretch reflex　159
相同染色体　homologous chromosome　14
挿入電極　inserted electrode　528
総発汗量　total sweat rate　541
相反神系支配　reciprocal innervation　64, 160
増幅単極肢誘導　augmented unipolar limb lead　518
総末梢血管抵抗　total peripheral resistance　72, 134
総務省　Ministry of Internal Affairs and Communications　403
側坐核　nucleus accumbens　428
速順応型　rapidly adapting　259
側性　laterality　164
足蹠　foot pad　111
側線器　lateral-line organ　83
側頭頭頂接合部　temporo-parietal junction　200, 268
側頭葉　temporal lobe　192
側窓　side window　319

素材による錯覚　material-weight illusion　272
ソシオフーガル　socio fugal　489, 491
ソシオペタル　socio petal　489, 491
組織　tissue　180
組織適応抗原　histocompatibility antigem　38
咀嚼　mastication　84, 126, 442
速筋線維　fast twitch muscle fiber, fast twitch fiber　65, 69, 100, 146
測光量　luminous quantities　**315**
ソマティックマーカー仮説　somatic marker hypothesis　567
ソマテック・マーカー　somatic marker　224
ソマトスコア　somatoscore　101
ソマトスチン　somatostatin　87
ソマトタイプ　somatotype　101
ソマトチャート　somatochart　102
ソマトトピー　somatotopy　554
ソマトトロピン　somatotropin　103
蹲踞面　squatting facet　385
尊厳死　death with dignity　478

■ た

ターミナル・ケア　terminal care　479
体位　position　384
帯域別含有率　band power ratio　546
第1色覚異常　protanopia　246
第1種の過誤　type I error　588
体移動様式　locomotion（type）　384
体位変換試験　orthostatic stress test　343
大うつ病性障害　major depressive disorder　231
体液シフト　body fluid shift　340
体液調節　body fluid regulation　292
体液バランス　balance of body fluid　292
ダイエット　diet　383
ダイオキシン　dioxin　396
体温　body temperature　178, 283, **536**, 566
体温調節　thermoregulation, body temperature regulation　112, **128**, 136, 173, 289, 397
体温調節機能　thermoregulatory function　180
体温調節中枢　thermoregulatory center　180, 289, 292

体温調節反射　thermoregulatory reflex　154
退化　degeneration　17
体外離脱体験　out-of-body experience: OBE　200
体格　body structure, physique　98, 574
体幹　truncus　342
耐寒性　cold tolerance　175, 179, **289**
耐寒反応　cold tolerance response　129
大気圧潜水　atmospheric diving　333
大気汚染　air pollution　366
大気圏　atmosphere　339
大気候（区）　macroclimate（province）　359
耐久消費財　durables　471
体型　somatotype　98, **101**
体形型　form tight fitting　466
大航海時代　the age of discovery　425
耐候性　weather resistance　394, 469
大後頭孔　foramen magnum　111, 142
対光反射　light reflex　154
対向流熱交換　countercurrent heat exchange　288
体細胞遺伝子病　somatic gene disease　40
体細胞超変異　somatic hypermutation　16
体細胞変異　somatic mutation　461
第3色覚異常　tritanopia　246
胎児　fetus　118, 192, 342
体軸　body axis　10
体脂肪率　percent body fat　107
体脂肪量　body fat mass　107
代謝型馴化　metabolic acclimatization　179
代謝受容器　metaboreceptor　132
代謝性アシドーシス　metabolic acidosis　121
代謝性アルカローシス　metabolic alkalosis　121
体重　weight　438
体重計　weighing machine　571
体循環　systemic circulation　71, 84, 117
帯状回　cingulate gyrus　219
対称性　symmetry　431
帯状束　cingulum　192
帯状皮質　cingulate cortex　428
耐暑性　heat tolerance　178, **292**
耐暑反応　heat tolerance response　129
大進化　macroevolution　19

対人関係療法　interpersonal psychotherapy : IPT　464
対人距離　interparsonal distance　481
耐性　tolerance　178
体性-内臓反射　somato-kinetic reflex　154
体性感覚　somatic sensation　82, 275
体性感覚器　somatic sense organ　155
体性感覚皮質　somatosensory cortex　225
体性感覚野　somatosensory area　82, 259
体性神経　somatic nerve　64, 79
体性神経系　somatic nervous system　122
体性反射　somatic reflex　153
体節　segment　10
体節性姿勢反射　segmental postural reflex　155
体組成　body composition　**107**
体大化の法則　low of increase in size　342
大腿骨　femur　111
大腿骨頸部骨折　hip fracture　448
大腸　colon, large intestine　85, 86
大動脈小体　aortic body　76
体内時計　body clock　404
第2色覚異常　deuteranopia　246
第2次世界大戦　the second world war, world war II: WWII　476
第2種の過誤　type II error　588
ダイニングキッチン　eat-in kitchen　472
大脳　cerebrum　77, 192
大脳基底核　basal ganglia　192, 204
大脳新皮質　neocortex　482
大脳性色盲　cerebral achromatopsia　245
大脳半球　cerebral hemisphere　77, 164, 192
大脳半球の機能的特異性　functional specialization of hemispheres　164
大脳半球の非対称性　cerebral hemispheric asymmetries　164
大脳皮質　cerebral cortex　132, 194, 259, 268, 499
大脳皮質運動野　corticocerebral motor area　62
大脳皮質感覚野　corticocerebral sensory area　275
大脳皮質味覚野　corticocerebral gustatory area　253
大脳辺縁系　limbic system　124, 182, 192, 220, 420

胎盤　placenta　86
代表値　measure of central tendency, cuntral value, representative value　**589**
体表面積/体重比　body surface area/body weight ratio　290
体表面積　body surface area　109, 376, 395
体表面積算出式　prediction equation for body surface area　109
体表面積比率　rate of regional body surface area　110
ダイビングリフレックス　diving reflex　336
タイプA行動パターン　type A behavior pattern, type A behavioral pattern　228, 585
タイプIエラー　type I error　592
タイプIIエラー　type II error　592
体密度法　densitometry　107
太陽光　sunlight　308
太陽高度　solar altitude　310
耐容上限量　tolerable upper intake level　381
耐用年数　service life　473
太陽放射　solar radiation　283, 308
太陽粒子線　solar energetic particles: SPE　340
大陸気候型　continental climate type　360
対立遺伝子　allele　31, 32, 38, 40
対立遺伝子頻度　allele frequency　31, 38
対立仮説　alternative hypothesis　588
対立形質　allelic character　32
対流　convection　538
対流性熱伝達　convective heat transfer　282
対流性熱放散　convective heat loss　538
対流熱伝達係数　convective heat transfer coefficient　538
多因子遺伝病　multifactorial diseases　40
多羽状筋　multipennate muscle　65
ダウン症　Down's syndrome　42
唾液　saliva　126, 560
唾液コルチゾル濃度　salivary cortisol concentration　350
唾液腺　salivary gland　86
唾液中コルチゾル　salivary cortisol　561
唾液分泌反射　salivary reflex　154
唾液免疫グロブリンA　secretory immunoglobulin A: s-IgA　507

高さ（ピッチ）　pitch　345
高這い　crawling　384
高窓　high side window　319
多環芳香族炭化水素　polycyclic aromatic hydrocarbons　457
多機能端末機　multifunctional terminal　407
多局所ERG　multifocal electroretinogram: ERG　534
ダグラスバッグ　Douglas bag　168, 558
タコ　tyloma　399
多細胞生物　multicellular organism　4, 6, 19
多産多死　high birth and death rate　476
多軸性関節　polyaxial joint　60
多シナプス反射　polysynaptic reflex　153
タスク＆アンビエント　task and ambient　371
タスクパフォーマンス　task performance　567
多段階発がん説　multistage carcinogenesis theory　44, 461
立ちくらみ　orthostatic fainting　342
立ち直り反射　righting reflex　155
脱感作　desensitization　258
脱共役タンパク質　uncoupling protein　289, 363
脱共役タンパク質-1　uncoupling protein-1　66
脱共役タンパク質-3　uncoupling protein-3　66
脱酸素化ヘモグロビン　deoxyhemoglobin　309, 550, 555
脱馴化　deacclimatization　263
脱水　dehydration　287
脱動員　derecruitment　70
タッピング　tapping　160
脱分極　depolarization　80, 144, 247, 314, 518, 534
脱毛　epilation　307
立膝　sitting with knee elect　111
多頭筋　multiheaded muscle　65
ダニ　mite　300
タバコ　tobacco　456
食べ合い関係　mutual food relation　29
多変量解析　multivariate analysis　579, **594**
多面発現　pleiotropic effect　7
多様な働き方　diversified way of working　510
単一遺伝子病　single gene disorder　40
単一汗腺あたりの汗出力　sweating rate per gland　293, 543

段階説　stage theory　245
単眼視野　monocular visual field　239
単関節　simple joint, articulatio simplex　60
短期記憶　short term memory　203, 410, 413
短期暑熱馴化　short-term heat acclimation　130
単脚支持期　single stance phase　399
単球　monocyte　139
単極胸部誘導　unipolar precordial lead　518
単細胞生物　unicellular organism, monad　4, 6
短鎖脂肪酸　short-chain fatty acid　127
炭酸　carbonic acid　120
炭酸ガス　carbonic gas　120
炭酸ガス貯留　store of carbonic gas　120
単シナプス性　monosynaptic　158
単シナプス反射　monosynaptic reflex　153
胆汁　bile　85, 126
単収縮　twitch　146
短縮性収縮（求心性収縮）concentric contraction　147
単純運動時震戦　simple kinetic tremor　162
単純機械　simple machine　503
単純接触効果　mere exposure effect　430
単純反応時間　simple reaction time　563
男女雇用機会均等法　equal employment opportunity act for men and women　509
男女の役割　gender role　**486**
弾性繊維　elastic fiber　89
弾性波　elastic wave　349
男性ホルモン　male hormone　189
断続平衡説　punctuated equilibrium　18
単調作業　monotonous work　**410**
断熱の寒冷適応型　adiabatic cold adaptation　290
断熱的馴化　insulative acclimatization　179
胆嚢　gallbladder　86
短波　short wave　304
タンパク質　protein　3, **11**
短波長感受性錐体細胞　short-wavelength sensitive cones　240
暖房　heating　302
短拇指屈筋　flexor pollicis brevis muscle　91
短拇指伸筋　extensor pollicis brevis muscle　91
断眠耐性　sleep deprivation tolerance　391

地域社会　community　387
チェック項目　check item　585
チェックポイント　check point　585
チェックリスト　check list　585
地下街　underground mall　320
地下空間　underground space　**368**
地球温暖化　global warming　283
地球低軌道　low earth orbit: LEO　339
地球放射　terrestrial radiation　283
遅筋線維　slow twitch muscle fiber, slow twitch fiber: ST　65, 69, 100, 146
蓄積容量説　storagesize theory　270
知識創造行動　knowledge creation activity　370
知識創造理論　knowledge creation theory　370
遅順応性　slowly adapting　259
知性　intellect　225
窒素酔い　nitrogen narcosis　333
知的回転課題　mental rotation test　264
知能　intelligence　**209**
知能指数　intelligence quotient　210
遅発性筋肉痛　delayed muscle soreness　147
地方自治法　local autonomy act　366
着衣行動　clothing behavior　394
着衣量　amount of clothing　372
着装方法　clothing condition　395
チャンク　chunk　413
チャンバ　Chamba　178
注意　attention　**201**, 410
注意前の自動処理過程　pre-attentative automatic processing　202
中央周波数　median frequency　546
中央値　median　587, 590
中気候（区）　mesoclimate (province)　359
昼光　daylight　319
昼行性動物　diurnal animal　404
昼光率　daylight factor　319
中腰位　half rising posture　111
中耳　middle ear　96
中手指節間関節（MP関節）　metacarpophalangeal joint　91
抽象化　abstraction　161
中心窩　fovea centralis　149, 235, 238
中心管　central canal　77

中心視　central vision　239
中心視野　central visual field　239
中心体　centrosome　4
虫垂　appendix　86
中枢化学受容器　central chemoreceptor　76, 116
中枢神経系　central nervous system　77, 79, 122, 203, 407, 418
中枢性疲労　central fatigue　288, 418
中枢パタン発生器　central pattern generator　410
中性子線　neutron ray　306
中赤外線　middle infrared radiation　308
中足骨　metatarsus　111
中側頭回　middle temporal gyrus　150
中脳　midbrain　77, 221, 432
中脳水道周囲灰白質　periaqueductal gray　433
中波　medium frequency: MF　304
中胚葉　mesoderm　77
中胚葉型　mesomorphy　101
中波感受性錐体細胞　middle-wavelength sensitive cone　240
虫様筋　lumbricalis muscle　91
中立進化説　neutral theory of molecular evolution　22, 373
中立説　neutral theory　18, 33
中和反応　neutralization response　141
超音波　ultrasonic　**349**
超音波音　ultrasonic sound　349
超音波診断装置　ultrasonography　349
超音波ドップラー法　ultrasonic doppler method　521
聴覚　audition, hearing, auditory sensation　82, **249**, 275
聴覚中枢系　central auditory system　251
聴覚フィルタ　auditory filter　250
聴覚野　auditory area　82, 97, 278
腸管出血性大腸菌　enterohemorrhagic Escherichia coli　448
長期記憶　long term memory　203, 413
鳥距溝　calcarine sulcus　244
超最大運動　supramaximal exercise　169
超最大運動強度　supramaximal exercise intensity　170

超指向性スピーカー（パラメトリック・スピーカー）　parametric speaker　349
長寿　longevity　441
長掌筋　palmaris longus muscle　91
聴神経　auditory nerve, acoustic nerve, vestibulocochlear nerve　97
長潜時反射　long-latency reflex　159
頂側窓　top side window　319
超短波　ultrashort wave, very high frequency: VHF　304
蝶番関節　hinge joint, ginglymus　60
頂点位相　acrophase　405
腸内細菌　enteric bacteria　127
長波　long wave, low frequency: LF　304
長波長感受性錐体細胞　long-wavelength sensitive cones　240
長腓骨筋　peroneus longus, long fibular muscle　111
重複課題　multiple task　143
腸壁内神経系　enteric nervous system　79
長拇指外転筋　abductor pollicis longus muscle　91
長拇指屈筋　flexor pollicis longus muscle　91
長拇指伸筋　extensor pollicis longus muscle　91
跳躍伝導　saltatory conduction　80, 145
調理器具　cookware　475
調理法　cooking method　474
調和平均　harmonic mean　589
直接照明　direct lighting　323
直接熱量測定法　direct calorimetry　166
直腸　rectum　86
直腸温　rectal temperature　129, 292, 404, 537
直鼻猿亜目　Haplorrhini　25
直立位　upright standing posture　111
直立姿勢　erect posture　142
直立二足歩行　erect bipedalism, upright bipedalism　27, 60, 92, 99, 111, **142**, 342, 384, 398, 400, 425, 426
直立二足立位　bipedal standing　267
直列弾性要素　series elastic component　146
直観　intuition　223
直交表　orthogonal table　593
貯熱量　heat storage　536

チロキシン　thyroxin: T_4　363
チロシン　tyrosine　89
チロシンキナーゼ　tyrosine kinase　43
チン小帯　zonule of Zinn　238
鎮痛作用　analgesic action　258
チンパンジーに寄生するシラミ　Pediculus schaeffi　514

椎間板　intervertebral disk　112
追従運動　pursuit movement　532
追想的時間評価　retrospective time estimation　269
痛覚　pain sensation　**257**, 259
痛覚閾値　pain threshold　257
通気性　breathability　397
通勤災害　commuting injury　403
通常作業域　normal working area　573
痛点　pain spot　257, 259
通電法　exosomatic method, electrization　530
通様相性（インターモダリティ）　intermodality　278
ツチ骨　malleus　96
土踏まず　foot arch, plantar arch　92, 111
槌趾（ハンマートゥー）　hammer toe　399

手　hand　**90**, 111
低圧　hypobaric　337
低圧環境　hypobaric environment　334, **337**
定位　localization　260
定位-注意過程　orienting-attentional process　201
ディーセント・ワーク　decent work　402
低温火傷　low temperature burn　262
底屈　plantar flexion　60
抵抗感覚　sense of resistance　271
抵抗期　stage of resistance　226
抵抗血管　resistance vessel　72
低酸素　hypoxia　119, 121, 337
低酸素換気応答　hypoxic ventilatory response　116
低酸素血症　hypoxemia　114
低酸素症　hypoxia　120, 334, 337
低酸素性低酸素症　hypoxic hypoxia　337

停止　insertion　65
低周波　low frequency, dominant frequency: DF　527
低周波成分　low frequency component　519
低体温型適応　hypothermic adaptation　179
低体温症　hypothermia　284, 285
ディフェンシン　defensin　139
データスーツ　data suit　494
デオキシリボ核酸　deoxyribonucleic acid: DNA　3, 11, 18, 21, 34, 40, 43
適応　adaptation　27, 83, 178, 181, **376**, 451, 484, 511, 514
適応度　fitness　426
適応能　adaptability　511
溺死　drowning　388
適刺激　adequate stimulus　275
テクノアダプタビリティ　technological adaptability, techno-adaptability　411, 504, **511**
テクノストレス　techno-stress　222, 364, 512
テクノロジー（技術）　technology　511
てこ　lever　503
デザインプロセス　design process　498, 506
デジャブ　deja-vu　208
テストステロン　testosterone　138, 189, 561
手続き記憶　procedural memory　205, 391
デヒドロエピアンドロステロン　dehydroepiandrosterone　561
デヒドロエピアンドロステロンサルフェート　dehydroepiandrosterone-sulfate　561
デフォルトモードネットワーク　default mode network　95
デボン紀　Devonian period　97
テムネ族　Temne　265
デュデュアナ洞窟遺跡　Dzudzuana cave　394
テリトリー　territory　488, **490**
テレワーク　telework, telecommuting　402
テロメア　telomere　7, 436
転移　metastasis　461
電位法　potential method　530
電界　electric field　304
電気緊張性伝導　electronic transmission　80
電気緊張性電流　electronic flow　145
電気力学的遅延　electromechanical delay: EMD

146
典型的夢　apex dreaming　206
点字　braille　259
電磁波　electromagnetic radiation　304, 306, 312
転写　transcrioption　34
転写因子　transcription factor　35, 43
伝送波　transmitted wave　350
伝達　transmission　80
転倒　falling　448
伝導　conduction　538
伝統工法　traditional construction method　473
伝導速度　conduction velocity, velocity of conduction, propagation velocity　80, 123, 145, 258, 529
点突然変異　point mutation　461
天然繊維　natural fiber　394
天然素材　natural material　467
電波　radio wave　304
臀部　gluteal region　111
展望記憶　perspective memory　198
天窓　sky light window　319
電離作用　ionization　304

ドイツ工作連盟　Deutscher Werkbund　505
島　insula　219
動員　recruitment　147
投影法　projective test　580
等温線　isothermal line　284
透過　transmission　308
同化　anabolism　6, 166
等価光幕輝度　equivalent veiling luminance　326
等価騒音レベル　equivalent continuous A-weighted sound pressure level　348
動加速度　dynamic acceleration　357
等加速度運動　uniform accelerated motion　357
等価電流双極子　equivalent current dipole　553
等価有効温度　equivalent temperature corrected for radiation　295
導管　duct　131
冬季うつ病　winter depression　231
同期加算平均　synchronized averaging　547
同義置換　synonymous substitution　22

投機的モード　opportunistic conrtol mode　413
道具　instrument　**499**
道具的適応　instrumental adaptation　401, 514
統計的検定　statistical analysis　591
統計量　statistics　587
洞結節　sinus node　518
瞳孔　pupil　94, 123, 235, 312
統合失調症　schizophrenia　199, 463
瞳孔の対光反射　pupillary light reflex　247
動作経済の法則（原則）　principles of motion economy　**416**, 573
動作研究　motion study　573
動作時間　movement time　562
動作分析　motion analysis　419, **575**
凍死　cold death　362
頭示数　cephalic index　571
糖質　carbohydrate　252
糖質コルチコイド　glucocorticoid　137
透湿性　water vapour permeability, permeability　395, 397
等尺性収縮　isometric contraction　146
投射の法則　law of projection　275
凍傷　frostbite　289, 362
動静脈吻合　arteriovenous anastomosis　91, 128
同所的種分化　sympatric speciation　21
島前部　anterior insula　433
痘そう　pox　448
闘争・逃走反応　fight-flight response, fight or flight response　182, 226
同族結婚　endogamy　210
橈側手根屈筋　flexor carpi radialis muscle　91
橈側手根伸筋　extensor carpi radialis muscle　91
等速性収縮　isokinetic contraction　146
橈側偏位　radial deviation　60
頭足類　cephalopod　83
淘汰圧　selective pressure　516
動体視力　kinetic/dynamic visual acuity　237
同調　conformity　483
同調因子（ツァイトゲーバー）　synchronizer, zeitgeber　185
等張性収縮　isotonic contraction　146
頭頂島前庭皮質　parieto-insular vestibular cor-

tex: PIVC 268
頭頂葉 parietal lobe 150
疼痛 aching pain（pain） 257
動的バランス dynamic balance 142
動的反応 dynamic response 159
動的平衡 dynamic equilibrium 6
糖尿病 diabetes mellitus 138
頭髪 head hair 570
ドーパミン dopamine 420, 429, 457, 463
ドーパミン神経（A10 神経） dopamine neuron（A10 neuron） 221
ドーパミン報酬系 dopamine reward system 428
島皮質 insular cortex 268, 432
逃避反射 flight reflex 153
動物性機能 animal function 122, 478
動物の可聴域 animal audible range 349
洞房結節 sinoatrial node 74, 122
動脈 artery 117
動脈圧・心肺圧受容器 arterial/cardiopulmonary baroreceptor 132
動脈血酸素分圧 arterial O_2 partial pressure, arterial oxygen partial pressure: PaO_2 114, 121
動脈血二酸化炭素分圧 arterial carbon dioxide pressure 288
動脈硬化 arteriosclerosis 460
動揺 motion **353**
動揺病 motion sickness, kinetosis 353, 495
特殊因子 s specific factor, s 209
特殊感覚 special sensation 275
特殊感覚エネルギーの法則 law of specific nerve energies 275
特殊感覚の法則 law of special sensation **275**
特殊服 special clothing 396
時計遺伝子 clock gene 185
登山 climbing 121
都市 city **366**
都市大気 urban atmosphere 361
土壌汚染 soil contamination 366
独居老人 senior living alone 386
突然変異 mutation 18, 31, 373
トップダウン処理 top-down processing 412

トノメトリ法 tonometry method 524
ドマニシ原人 Homo Dmanisi 442
ドライブシミュレータ driving simulator 583
トラウマ体験 traumatic experience 230
トランスクリプトーム transcriptome 54
トリカルボン酸回路 tricarboxylic acid cycle 166
トリソミー trisomy 42
トリプシン trypsin 126
トリミックスガス trimix gas 336
トリヨードチロニン triiodothyronine: T_3 363
努力性肺活量 forced vital capacity: FVC 115
貪食細胞 phagocytic cells 140

■ な

内因子 intrinsic factor 86
内因性光感受性網膜神経節細胞 intrinsically photosensitive retinal ganglion cell: ipRGC 236, **247**, 314, 534
内骨格 endoskeleton 56
内耳 inner ear 96
内耳神経 vestibulocochlear nerve 268
内受容性感覚 interoceptive sense 268
内受容性情報 interoceptive information 196
内旋 medial rotation 60
内臓 visceral **84**, 257
内臓-体性反射 viscero-somatic reflex 154
内臓-内臓反射 viscero-visceral reflex 154
内臓感覚 visceral sensation **82**, 275
内臓脂肪型肥満 visceral fat accumulation 383, 461
内臓痛 visceral pain 257
内臓反射 visceral reflex 154
内側膝状体 corpus geniculatum 97
内側前頭皮質 medial prefrontal cortex 432
内側前脳束 medial forebrain bundle 428
内的タイマー internal timer 269
内転 adduction 60
内胚葉 endoderm 77
内胚葉型 endomorphy 101
内反 inversion 60
内部環境 internal environment 180

内部モデル　internal model　199
内分泌　endocrine　**136**
内分泌系　endocrine system　124, 128, 136, 181, 407, 566
内有毛細胞　inner hair cell　250
中廊下型　double loaded corridor type　386
ナチュラルキラー（NK）細胞　natural killer cell　139
ナックル歩行　knuckle walk　90
ナトリウムイオン　sodium ion　543
7回膜貫通型膜受容体　seven-transmembrane domain receptors　46
なわばり　territory　490
南極　Antarctic Pole, south pole　362
南極観測隊　Japanese antarctic research expedition　363
軟骨性の連結　cartilaginnous junction, junctura cartilaginea　59

二過程モデル　two-process model　390
2区画体温モデル　2-compartment thermometry model　536
肉腫　sarcoma　43
肉体的疲労　physical fatigue　418
2区分モデル　two-compartment model　107
Ⅱ群求心性線維　group Ⅱ afferent fiber　68
Ⅱ群線維　group Ⅱ fiber　158
ニコチン　nicotine　456
二酸化炭素　carbon dioxide　330
二酸化炭素再呼吸法　CO_2 rebreathing method　520
二酸化炭素排出量　carbon dioxide output　167
二次感覚器　secondary sensor　82
二軸性関節　biaxial joint　60
二次構造　secondary structure　12
二次終末　secondary ending　68, 158
二次性徴　secondary sex characteristic　104, 105, 189
二次的欲求　secondary reward　428
二次放射線　secondary radiation　340
二重エネルギーX線吸収測定法　dual energy X-ray absorptiometry　347
二重エネルギーX線吸収法　dual energy X-ray absorptiometric scan　341, 381
二重課題　double tasks, dual tasks　201
二重支配　dual innervation　122
二重標識水法　doubly-labelled water method　559
二重らせん構造　double helix structure　18
二重らせん構造モデル　double helix　30
日常苛立事　daily hassles　226
日常生活動作　activities of daily living: ADL　444, 445
日内変動　diurnal fluctuation　565
日光黒子　solar lentigo　311
日照時間　actual sunshine duration, sunshine duration, hours of sunlight　232, 319, 362
ニッチェ　niche　28
日中の機能障害　daytime dysfunction　391
二点弁別閾　two point threshold　260
二頭筋　biceps　65
ニトロソアミン　nitrosamine　457
2ヒット説　two-hit theory　461
日本型食生活　Japanese dietary pattern　451
日本人の食事摂取基準　dietary reference intakes for japanese　452
二名法　binomial name　20
乳がん　breast cancer　405
乳酸閾値　lactate threshold　172
乳酸濃度　lactic acid concentration　121
乳児死亡率　infant mortality　446
乳頭下層　subpapillary layer　88
乳頭結節核　tuberomammillary nuclei　390
乳頭層　papillary layer　88
乳糖不耐症　lactose intolerance　127
ニュートラル-ゼロ-ポジション　neutral・zero・position　143
ニュートリゲノミクス　nutrigenemics　53
ニュートンの第2法則　Newton's second law　357
入眠禁止ゾーン　forbidden zone　390
乳幼児期　infancy　439
入浴　bathing　388
入浴習慣　bathing habit　388
ニューラルネットワーク　neural network　81
ニューロン　neuron　79, 210, 258

尿生殖洞　urogenital sinus　105
人間工学　ergonomics　402, 506, 512
妊娠　pregnancy　274
妊娠の期間　gestation length　193
認知　perception　567
認知行動シミュレーション　simulation of cognitive behabior　583
認知行動療法　cognitive behavioral therapy: CBT　463
認知症　dementia　203
認知障害　cognitive disturbance　363
認知スキーマ　recognition schema　161
認知的処理モデル　cognitive processing model　269

布　fabric, textile　395
布構造　fabric structure, textile structure, woven or knitted structure　395

ネアンデルタール人　Homo neanderthalensis, Neanderthal man, Homo sapiens neanderthalensis　21, 442, 466, 479
音色　timbre, sound color　345
ネガティブフィードバック　negative feedback　129, 185, 227
ネジ　screw　503
熱　heat　282
熱・水分移動性　heat and water vapour transfer　394
熱希釈　thermodilution　520
熱産生　heat production, thermogenesis　289, 363
熱収支　heat balance　387
熱帯　tropical zone　342
熱中症　heat disorders, heat stroke　292, 387, 397
熱的快適感　thermal comfort　295
熱電対　thermo-couple　539
熱伝導　thermal conduction　282
熱伝導性　thermal conductivity　395
熱伝導率　thermal conductivity　282
熱放散　heat loss　289
熱放散反応　heat dissipating response　287

熱放射　thermal radiation　282
熱容量　heat capacity　282
熱流　heat flow　282
熱流束　heat flux　282
熱流補償法　zero heat flow method　537
眠気　sleepiness　188
粘液　mucus　139
年少人口　juvenile population　477
年平均気温　annual mean air temperature　362
粘膜線毛　cilium　300
年齢　age　161
年齢差　age difference　273

ノイズ　noise　345
脳　brain　77, 79, 122, **192**, 504, 566
脳イメージング法　neuroimaging　432
脳下垂体　hypophysis　136
脳幹　brainstem　77, 124, 192, 203, 410
脳幹反射　brainstem reflex　153
脳幹網様体　reticular formation　194
脳幹網様体賦活系　brainstem reticular activating system　411
脳機能イメージング　functional brain imaging　124
脳弓　fornix　192
農具　farm implements　499
脳血管疾患　cerebral vascular disorder　459
脳血流　cerebral blood flow　288
脳血流量　cerebral blood flow, brain blood flow　350, 567
農耕革命　neolithic revolution（first agricultural revolution）, agricultural revolution　424, 451
農作物　agricultural products　36
脳酸素代謝モニタリング　cerebral oxygenation monitoring　555
脳死　brain death　478
脳磁図　magnetoencephalogram: MEG　194, 253, **553**, 567
脳室　ventricle　77, 192
脳循環　cerebral circulation　118
脳神経　cranial nerve　64, 78
脳卒中　stroke　448

農村　rural area　366
能動汗腺　active sweat gland　131, 294
能動触　active touch　259
能動的血管拡張システム　active vasodilator system　128
能動的注意　active attention　201
能動輸送　active transport　144
脳内自己刺激行動　brain self-stimulation behavior　428
脳の機能局在　functional localization of the brain　62
脳波　brain wave, electroencephalogram　194, 350, **544**, 547, 567
脳賦活　brain activation　150
脳由来神経栄養因子　brain-derived neurotrophic factor: BDNF　230
脳梁　corpus callosum　145
ノックアウトマウス　knockout mouse　429
乗り物　vehicle　**355**
乗り物酔い　motion sickness　353
ノルアドレナリン　noradrenaline: NA　77, 123, 131, 227, 229, 289, 464, 560
ノルエピネフリン　norepinephrine　560
ノンテリトリアルオフィス　nonterritorial office　370
ノンレム睡眠　non-REM sleep　188, 206, 390

■ は

歯　tooth　86
パーキンソニズム　Parkinsonism　162
パーキンソン病　Parkinson disease　162
把握反射　grasp reflex　153
バーゼル指数　Barthel index　445
パーセンタイル値　percentile　590
パーソナルスペース　personal space　**488**, 504
バーチャルスクリーニング　virtual screening　53
バーチャルリアリティ　virtual reality　**494**
肺　lung　84
バイオインフォマティクス　bioinformatics　54
バイオテクノロジー　biotechnology　8
バイオトロニクス　biotronics　373

倍音　harmonic　345
背外側前頭野　dorsolateral prefrontal area　428
背外側前頭野皮質　dorsolateral prefrontal cortex　432
背外側被蓋核　laterodorsal tegmental nuclei: LDT　390
肺活量　vital capacity: VC　115
肺がん　lung cancer　457
廃棄物処理問題　waste disposal problem　366
配偶子　gamete　13
背屈　dorsi-flexion　60
背景　background　326
肺呼吸　pulmonary respiration　342
胚細胞変異　germline mutation　461
排出　excretion　124
肺循環　pulmonary circulation　71, 84, 117
胚性幹細胞　embryonic stem cell　50
排泄　excretion　125
背内側前頭前皮質　dorsomedial prefrontal cortex　432
排尿　urination　139
這い這い　creeping　384
肺破裂　pulmonary laceration　335
排便　defecation　127
肺胞酸素分圧　alveolar O_2 partial pressure　114
廃用症候群　disuse syndrome　448
バウハウス　Bauhaus　505
墓　grave　479
履物　footwear　399
白質　white substance　77
バクテリオファージ　bacteriophage　7
バクテリオロドプシン　bacteriorhodopsin　45
白内障　cataract　273, 307, 311
白熱電球　incandescent lamp　321
白髪　gray hair　569
薄明視　mesopic vision　236, 316
白蝋病　vibration syndrome, Raynaud's disease　352
破骨細胞　osteoclast　57, 137
把持　grasp　410
バゾプレシン　vasopressin　137
パターン認識レセプター　pattern recognition

receptor: PRR　139
肌ざわり　texture　261
パタンマッチング　pattern matching　411
パチニ小体　Vater-Pacini corpuscle, Pacinian corpuscles（FA Ⅱ）　259, 351
爬虫類　reptiles　342
波長　wavelength　304, 325
発育　growth　103
発汗　sweating, sweat, perspiration　**131**, 287, 292, 387, 395, 514
発汗開始　onset of sweating　543
発汗効率　sweating efficiency　132
発汗サーマルマネキン　sweating thermal manikin　395
発汗漸減　hidromeiosis　543
発汗能力　sweating capacity　132
発汗波　sweat expulsion　542
発汗量　sweat rate　292, **541**
バックマスキング　back-masking　211
バックワードマスキング　backward-masking　211
白血病　leukemia　43, 307
発語機能　speech function　398
発射頻度　rate coding　147
発情期　estrus　426
発生　development　9
発生学　embryology　9
発生選択　developmental selection　81
パッセンジャー　passenger　143
発達　development　103, 189, 278, 438
発達期の適応　developmental adaptation　374
パデュー・ペグボード　Purdue pegboard　160
母親の愛情（母性愛）　maternal love　432
母親の代謝　maternal metabolism　193
バビンスキー反射　Babinski reflex　153
パフォーマンス　performance　160, 194, 418
パフォーマンス・テスト　performance test　419
パフォーマンス測定方法　performance measurement　419
ハプティクス　haptics　259
ハプロタイプ　haplotype　42
パラログ　paralog　34

バリアフリー　impediment removal　473
ハレ　Hare　467
晴れ着　gala dress　467
パワー　power　170
パワーグリップ　power grip　90
パワースペクトル　power spectrum　522
範囲　range　590
半羽状筋　semipennate (unipennate) muscle　65
半概日リズム　circasemidian rhythm　390
半球優位性　hemisphere dominance　164
半減期　life-time　306
半構造化インタビュー　semi-structured interview　419
晩婚化　late marriage trend　477
反射（生物的）　reflex　67, **153**
反射（光の）　reflection　308
反射運動　reflex movement　155
反射弓　reflex arc　153
反射マーカー　reflect marker　576
繁殖行動　breeding behavior, reproductive behavior　430
伴性劣性遺伝　X-linked recessive inheritance　274
反対色説　opponent-color theory　245
判断　judgment　567
ハンチントン病　Huntington disease　7
パンティング　panting　288
ハンティングリアクション　hunting reaction　291
バントゥー　Bantu　178
反応時間　reaction time　202, 419, **562**
反復説　recapitulation theory　9
反復測定法　repeated measure method　592
判別分析　discriminant analysis　595

ピアソンの積率相関係数　Pearson product-moment correlation coefficient　587
美意識　aesthetic sense　466
ヒース・カーター法　Heath-Carter method　101
非遺伝性がん　non-hereditary cancer　461
ヒートアイランド　heat island　284, 361, 366

ヒートアイランド強度　heat island intensity　361
ヒール・ロッカー　heel rocker　143
飛越運動　saccadic movement　532
非温熱性要因　non-thermal factor　130, 132
皮下気腫　subcutaneous emphysema　335
被殻　putamen　433
皮下組織　subcutaneous tissue　88, 309
光　light　304, **312**
光環境　light environment, lighting environment　127, 566
光受容器（光受容体）　photoreceptor　94, 235, 247
光同調　photic entrainment　185
非観血的血圧測定法　indirect blood pressure measurement　524
微気候　microclimate　359
鼻腔粘膜輸送速度　saccharin clearance time　300
ピクトグラム　pictogram　497
非言語的コミュニケーション　nonverbal communication　480
非言語的な　nonverbal　164
飛行機　air plane　355
飛行機酔い　air sickness　354
非婚化　trend to remain single　477
膝外反角　knee valgus　142
非撮像系経路　non-image forming pathway　236
非視覚経路　non-visual pathway　236
非視覚的作用　non-visual function　247
非自己　not-self　139
皮脂厚　skinfold thickness　108
皮脂厚計　skinfold caliper　571
皮質間の連絡　corticocortical connection　145
微絨毛　microvilli　86
尾状核　caudate nucleus　432
微小管　microtubule　4
微小作用点仮説　microsite hypothesis　80
非蒸散性熱放散　non-evaporative heat dissipation（loss）　128, 287
微小重力環境　microgravity environment　340
非上皮性腫瘍　nonepithelial tumor　43

ビジランスタスク　vigilance task　411
ヒス束　bundle of His　518
ヒストン　histone　35
ヒストンコード　histon code　36
微生物　microorganism, microbea　139, 447
非宣言的記憶　non-declarative memory　204
非対称性緊張性頸反射　asymmetrical tonic neck reflex　153
ビタミン　vitamin　380
ビタミンA過剰摂取　hypervitaminosis A　362
ビタミンD　vitamin D　137, 311, 362
ビタミンD3　vitamin D3　58, 516
ビタミン中毒　vitamin intoxication　362
左脚　left bundle branch　518
左側屈　left side flexion　60
筆記具　writing implements　499
ヒックの法則　Hick's law　563
非適応　maladaptation　451
ヒト　human　25
ヒト（ホモ・サピエンス）　Homo sapiens　27, 131, 514
非同義置換　nonsynonymous substitution　22
ヒト科　Hominidae　27
非特異的反応　non-specific response　226
ヒトゲノムプロジェクト　human genome project　52
ヒト上科　Hominoidea　25
非乳酸性機構　alactic process　169
泌尿器　urinary organ　84
ビネー尺度　Binet intelligence scale　210
比熱　specific heat　282, 536
疲憊期　stage of exhaustion　226
被ばく（radiation）exposure　306
皮膚　skin　88, 139, 308, 569
皮膚温　skin temperature　290, 536, **538**
皮膚温度受容器　skin thermoreceptor　289
皮膚がん　skin cancer　311
皮膚感覚　cutaneous sensation, cutaneous sense　82, 91, 259
皮膚機械受容器　cutaneous mechanoreceptor　351
被服　clothe, garment　**394**
腓腹筋　gastrocnemius　143

被服の起原　origin of clothes　394
皮膚血管拡張　cutaneous vasodilation　287
皮膚血管収縮　cutaneous vasoconstriction　289
皮膚血流　skin blood flow　287
皮膚血流量　skin blood flow　290, 292
皮膚コンダクタンス水準　skin conductance level: SCL　531
皮膚コンダクタンス反応　skin conductance response: SCR　531
皮膚コンダクタンス変化　skin conductance change: SCC　531
皮膚抵抗水準　skin resistance level: SRL　531
皮膚抵抗反応　skin resistance response: SRR　531
皮膚抵抗変化　skin resistance change: SRC　530
皮膚電位活動　skin potential activity: SPA　531
皮膚電位水準　skin potential level: SPL　531
皮膚電位反応　skin potential response: SPR　531
皮膚電気活動　electrodermal activity: EDA　194, 212, **530**
皮膚濡れ率　skin wittedness　538
皮膚紋理　dermatoglyphpics　569
非ふるえ熱産生（非ふるえ産熱）　non-shivering thermogenesis　128, 285, 289
ピブロクトク　pibloktoq　362
微分感覚器　differential receptor　83
被包性軸索終末　encapsulated axon terminal　259
肥満　obesity　100, 383, 391, 453
白夜　night of the midnight sun　362
比喩　metaphor　278
ヒューマンインタフェース　human interface　412, **492**, 495
ヒューマンエラー　human error　411
評価法　assessment method　220
表現型　phenotype　35, 37, 173
表現型可塑性　phenotypic plasticity　378
表現型適応　phenotypic adaptation　178
表現型と遺伝子型　phenotype and genotype　37
病原体関連分子パターン（PAMPs）　pathogen associated molecular patterns　139
標高　elevation　310

標識/サイン　sign　**496**
標準誤差　standard error　590
標準大気　international standard atmosphere: ISA　339
標準比視感度　spectral luminous efficiency　315
標準分光視感効率　spectral luminous efficiency　312
標準偏差　standard deviation　587, 590
標準有効温度　standard effective temperature　297
評定尺度法　rating scale method　578
標的細胞　target cell　136
評判　reputation　485
表皮　epidermis　88, 309
標本　sample　588
表面電極　surface electrode　528
病理的老化　pathological aging　440
ヒラメ筋　soleus　143
比率尺度　ratio scale　587
微量栄養素　micronutrient　380
鰭　fin　342
比例感覚器　proportional sensory organ　83
比例尺度　ratio scale　589
疲労　fatigue　418, 422, 528, 566
疲労閾値　fatigue threshold　170
疲労感　fatigue sensation, tiredness　418, 529
疲労自覚症状　subjective fatigue feeling　564
疲労部位しらべ　survey of fatigued body part　419
品質管理の7つ道具　seven QC tools　585
品種改良　selective breeding　8, 210
敏捷性　agility　160
頻度　frequency　587

ファーマコゲノミクス　pharmacogenomics　53
不安　anxiety　430
不安障害　anxiety disorder　222
フィードバック　feedback　259, 413
フィードバック制御　feedback regulation　136
フィードフォワード　feedforward　130
フィードフォワード制御　feedforward regulation　136
フィックの原理　Fick principle　520

フィラメント滑走説　sliding filament hypothesis　63
風土　climate　466
フーリエ変換　Fourier transform　546
フェヒナーの法則　Fechner's law　271, 275
フォアフット・ロッカー　forefoot rocker　143
フォスファーゲン　phosphagen　170
負荷　load　566
不快感　discomfortble sensation, uncomfortable sensation　395
不快グレア　discomfort glare　326
不可逆的病変　irreversible lesion　461
賦活・合成仮説　activation-synthesis hypothesis　207
不活性ガス　inert gas　333
不感蒸泄　insensible perspiration　541
不完全強縮　incomplete tetanus　146
武器　weapon　499
不気味の谷　uncanny valley　504
伏臥　prone posture　112
腹外側視索前野　ventrolateral preoptic area: VLPO　390
複眼　compound eye　83
複関節　composite joint, complex joint, articulatio composita　60
複合音　complex sound　345
副交感神経　parasympathetic nerve　78, 522
副交感神経活動　parasympathetic nervous activity　365
副交感神経系　parasympathetic nervous system　79, 122
複合現実感　mixed reality　495
副甲状腺　parathyroid gland　136
副甲状腺ホルモン　parathyroid hormone　137
複合数字抹消検査　compound digit checking test：CDCT　414
輻射　radiation　372
副腎　adrenal gland　136
副腎髄質　adrenal medulla　124, 289, 560
副腎皮質　adrenal cortex　560
副腎皮質刺激ホルモン　adrenocorticotropic hormone: ACTH　227, 560, 582
副腎皮質刺激ホルモン放出ホルモン　corticotropin releasing hormone: CRH　227, 230
副腎皮質ホルモン　adrenal cortical hormone　566
輻輳　vergence　243
輻輳角　angle of vergence　243
腹側線条体　ventral striatum　221, 428
腹側前頭前野　ventral prefrontal area　428
腹側淡蒼球　ventral pallidum　428
腹側被蓋野　ventral tegmental area　195, 221, 428
腹内側前頭前皮質　ventral medial prefrontal cortex　218, 221
副流煙　secondhand smoke　457
不正乱視　irregular astigmatism　238
舞台衣装　stage costume　467
負担　load, burden　566
プッシュプル理論　push-pull model　535
物理モデル　physics model　583
物理量　physical quantity　315
不適刺激　inadequate stimulus　276
不動結合　immovable junction, synarthrosis　59
船酔い　sea sickness　353
不妊　infertility, sterility　190, 307
負の感覚　negative sense　45
負の自然選択　negative natural selection　23
負のフィードバック　negative feedback　180
部分断眠　partial sleep deprivation　391
不眠症　insomnia　391
不眠症状　insomniac symptoms　391
フライトシミュレータ　flight simulator　583
プライバシー保護　privacy protection　469
プライミング　priming　211
ブラキエーション　brachiation　60, 91
ブラックボックス　black box　493
フラッシュバック体験　flashback experience　208
振子運動　pendular movement　125
フリッカー刺激　flicker stimulus　535
フリッカー値　flicker value, critical flicker fusion frequency　194, **564**, 584
フリッカーテスト　flicker test　564
フリッカー融合閾値　flicker fusion threshold　564

フリップフロップ回路　flip-flop cycle　390
不慮の事故　accident　470
不慮の事故死　accidental death　388
フリン効果　Flynn effect　210
ふるえ　shivering　285, 514
ふるえ産熱（ふるえ熱産生）　shivering thermogenesis　128, 285, 289
プルキンエ線維　Purkinje's fiber　518
プレグナンツの法則　law of prägnanz　412
プレシジョングリップ　precision grip　90
ブレスバイブレス　breath-by-breath　168
ブレスバイブレス法　breath-by-breath method　558
フレックス制　flextime　404
プレハブ工法　prefabrication method　471
ブローカ式桂変法　Broca-Katsura index　381
ブローカ指数　Broca index　381
フロースルー　flow-thraugh　168
プロゲステロン　progesterone　13, 138, 230, 274
プロスタグランジン　prostaglandin　258
ブロックデザイン　block design　551
プロテオーム　proteome　54
プロポーション　proportion　98
フロンガス　chlorofluorocarbon, frongas　310
分化　differentiation　43, 50
文化　culture　500
文化人類学　cultural anthropology　27
文化的　cultural　195
文化的適応　cultural adaptation　222, 284, 299, 378, 401, 411, 500, **514**
文化的適応能　cultural adaptability　511
分光吸収特性　characteristic of absorption spectrum　248
分光分布　spectral power distribution　318, 327
分散　variance　590
分散分析　analysis of variance　579, 587, 591
分子進化　molecular evolution　2
分子動力学計算　molecular dynamics　12
分子時計　molecular clock　18, 514
分子標的療法　molecularly targeted therapy　45
文章完成法検査　sentence completion test　216
分節運動　segmentation　125

分泌管　secretory canal　131
分娩ジレンマ　obstetric dilemma　192
文脈効果　context effect　412
文明社会　civilized society　222
噴門　cardia　86
分離脳　split brain　164
分離場面　separation situation　432
閉回路　closed loop　160
平滑筋　smooth muscle　62
平均演色評価数　general color rendering index　323
平均血圧　mean blood pressure：MBP　408, 524
平均周波数　mean power frequency：MPF　148, 529
平均寿命　average life expectancy at birth　436
平均体温　mean body temperature　536
平均値　mean　589
平均動脈血圧　mean arterial pressre　72
平均皮膚温　mean skin temperature　290, 536, 538
平均平方和　mean square　591
平均放射温度　mean radiant temperature　538
平均余命　average life expectancy　436
閉経　menopause　189
平衡運動反射　statokinetic reflex　155
平衡感覚　sense of equilibrium　82, 97, **267**, 275
平衡選択　balancing selection　23
平衡斑　macula　97
平衡理論　equilibrium theory　431
閉鎖空間　confined space　368
ヘイフリックの限界　Hayflick limit, Hayflick limit theory［of aging］　7, 436, 441
平面関節　plane joint, articulatio plana　60
ペースメーカー　pacemaker　122
ベックのうつ病調査表　Beck depression inventory　585
ヘッドマウントディスプレイ　head mounted display　494
ヘテロ接合　heterozygous, hetero junction, heterozygote　37, 40, 210
ヘテロ接合性の消失　loss of heterozygosity：LOH　461

ヘテロ 3 量体タンパク質　hetero trimer protein 46
ヘドニア　hedonia　429
ペプシノーゲン　pepsinogen　86
ペプシン　pepsin　84
ペプチドグリカン　peptideglycan　139
ヘモグロビン　hemoglobin　75, 84, 555
ヘリオックスガス　helium-oxygen gas　336
ベルクマンの法則　Bergmann's rule　28, 100, 290, 514
ヘルパー T 細胞　helper T cell　140
変異　mutation　11, 27
変異型対立遺伝子　mutant type allele　38
辺縁系　limbic system　132, 218, 407
変形　transformation　399
変形性関節症　osteoarthritis　448
偏差　deviation　590
偏差値　deviation value　210
変声　voice change　106
ベンゾ(a)ピレン　benzo(a)pyrene　457
変動係数　coefficient of variation　590
扁桃体　amygdala　182, 204, 208, 218, 220, 224, 254, 432
扁平足　flat foot　92
弁別閾　discriminative threshold, differential threshold　260, 271, 276, 326
弁別反応時間　discriminative reaction time　563

ポアズイユの法則　Poiseulle's law　72
母音　vowel　151
保因者　carrier　210
包括適応度　inclusive fitness　427
防寒手袋　cold protection glove　397
方向感覚　sense of direction　**264**
防護服　protective clothing　**396**
房室結節　atrioventricular node　518
放射　radiation　538
放射エネルギー　radiant energy, radiation energy　315, 539
放射輝度　radiance　315
放射強度　radiant intensity　315
放射照度　irradiance　315
放射性熱放散　radiative heat loss　538

放射性物質　radioactive material　306
放射線　radiation　**306**
放射線ホルミシス　radiation hormesis　307
放射束　radiant flux　315
放射能　radioactivity　306
放射発散度　radiant exitance　315
放射率　emissivity　538
放射量　radiant quantities　315
報酬　reward　428
報酬回路　reward eircuit　138
報酬系　reward system　221, 428, 433
紡錘鞘　spindle capsule　67
紡錘状回　fusiform gyrus　245, 432
紡錘状筋　fusiform muscle　65
縫線核　raphe nuclei: RN　390
膨大部　ampulla　97
法定労働時間　statutory working hours　403
放電灯　electric discharge lamp　321
放熱反応　heat loss response　178
放熱量　heat loss　173, 285
ボーマン嚢　Bowman's capsule　85
訪問介護　visiting care　443
飽和水蒸気量　amount of saturated water vapor　300
飽和潜水　saturation diving　333, 336
母系遺伝　maternal inheritance　5
歩行　walk, walking　**398**, 410
歩行周期　walking cycle　398
歩行速度　walking speed　399
歩行中枢　locomotor center　410, 567
保護手袋　protective glove　397
保護眼鏡　safety goggles　396
母指　thumb　161
ポジションインデックス　position index　327
拇指対向性（母指対向性）　opposability of thumb, thumb opposability　90, 161, 499
保温性　thermal resistance, thermal insulation　395
ポジトロン断層撮影法　positron emission tomography: PET　194
拇指内転筋　adductor pollicis muscle　91
母集団　population　588, 589
ポストゲノム　post genome　8

ポストランチディップ　post-lunch dip　390
ホスピス　hospice　479
補足運動野　supplementary motor area　198, 204, 218
補足眼野　supplementary eye field　150
捕捉放射線　trapped radiation　340
補体　complement　140
歩調　walking pace　399
北極　Arctic Pole　362
北極ヒステリー　Arctic hysteria　362
ホックス遺伝子　Hox gene　10
ポップアップ効果　pop-up effect　412
ボディマス指数　body mass index: BMI　381
ボトムアップ処理　bottom-up processing　412
ボトルネック効果　bottleneck effect　18
哺乳類　mammals　192, 342
骨　bone　56, 98
骨のモデリング　bone modeling　57
骨のリモデリング　bone remodeling　57
歩幅　stride　92
ホメオスタシス　homeostasis　85, **180**, 226, 289
ホメオティック　homeotic　10
ホメオティック遺伝子　homeotic gene　10
ホメオドメイン　homeodomain　10
ホメオボックス　homeobox　10
ホモ・エレクトス　Homo erectus　439, 442, 513
ホモ・ハビリス　Homo habilis　439, 442
ホモ・モビリタス　homo mobilitas　425
ホモキラリティー　homochirality　2
ホモ接合　homozygous, homo junction　37, 40, 210
ホモ接合体　homozygote　274
ホモ属　Homo, genus Homo　28, 499
歩容　gait　399
保養地　recreation area　422
ホラガイ　conch　83
ポリオ　poliomyelitis　448
ポリモーダル受容器　polymodal receptor　258
ボルグスケール　Borg Scale　419
ホルター心電計　Holter electrocardiograph　523
ホルター心電図　Holter electrocardiogram　519
ホルマント　formant　151
ホルムアルデヒド　formaldehyde　330
ホルモン　hormone　560
本態性高血圧　essential hypertension　512
本能性震戦　essential tremor　162
翻訳　translation　34

■ ま

マーカーセット　marker set　577
マーキング　marking　496
マイクロサテライト　microsatelite　38
マイクロ波　microwave　304
マイコプラズマ・ジェニタリウム　mycoplasma genitalium　8
マイスナー小体　Meissner's corpuscle (FA I)　259, 351
前開き型　front opening　466
前処理　pre-processing　551
マガーク効果　McGurk effect　279
巻尺　tape measure　571
巻垂型　drapery　466
マクアダム楕円　MacAdam ellipsis　329
膜電位　membrane potential　79, 144
膜迷路　membraneous labyrinth　83
マクロファージ　macrophage　139
正夢　prophetic dream　208
マスター遺伝子　master gene　10
末梢-中心皮膚温勾配　distal-proximal gradient: DPG　390
末梢化学受容器　peripheral chemoreceptor　116
末梢血管抵抗　peripheral vascular resistance　229
末梢血管収縮　peripheral vasoconstriction　363
末梢神経　peripheral nerve　78
末梢神経系　peripheral nervous system　79, 122
末梢性疲労　peripheral fatigue　418
末梢時計　peripheral clock　184
末梢部　peripheral　289
窓　window　319
マナー　manners　468
まばたき回数（瞬目数）　blinking rate　300
マラリア　malaria　377, 447

マルターゼ　maltase　127
マルチモーダル　multimodal　568
マルチン式計測法　Martin's anthropometry　571
マン・ホイットニーの U 検定　Mann-Whitney U test　587
慢性酸素中毒　chronic oxygen toxicity　333
慢性疲労　chronic fatigue　418, 422
マンセル表色系　Munsell color system　328

ミーム　meme　18
ミエリン鞘　myelin sheath　80
ミオグロビン　myoglobin　66
ミオシンフィラメント　myosin filament　63, 146
味覚　taste　82, **252**, 273, 275
右脚　right bundle branch　518
ミキシング・チャンバー　mixing chamber　558
右側屈　right side flexion　60
水時計　water clock　503
三つ組反応　triad response　226
密接距離　intimate distance　481
ミトコンドリア　mitochondria　4, 19, 363
ミトコンドリア DNA　mitochondrial DNA: mtDNA　5, 21, 291
ミトコンドリア遺伝子　mitochondrial gene　40
ミトコンドリア呼吸鎖　mitochondria respiratory chain　66
ミトコンドリア病　mitochondrial disease　42
ミネソタ多面的人格目録　Minnesota multiphasic personality inventory: MMPI　581
ミネラル　mineral　380
未分化　nondifferenciation　50
耳　ear　**96**
脈圧　pulse pressure　72, 524
脈管系　vascular system　124
ミュラー細胞　Müller cell　534
ミラーニューロンシステム　mirror neuron system　500
味蕾　taste bud　86, 126, 253
民族　ethnic group　21
民族衣装（民族服）　national costume　466, 467
民俗衣装　folk costume　467
民族移動　völkerwanderung（独）　425

無顎類　Agnatha　97
無拘束測定　ambulatory monitoring　523
無効発汗　ineffective sweat　397
無効発汗量　unevaporated sweat, ineffective sweat volume　301, 541
無彩色　achromatic color　328
無酸素性エネルギー代謝　anaerobic metabolism　408
無酸素性作業閾値　anaerobic threshold　171, 455, 559
無酸素的　anaerobic　166
無酸素能力　anaerobic work capacity　**169**
無重力シミュレータ　gravityless environment simulator　583
無髄神経　unmyelinated nerve　145
無髄神経線維　unmyelinated nerve fiber　80
無髄線維　unmyelinated fibers　123
無脊椎動物　invertebrate　83
ムチン　mucin　86
無毛部　glabrous region　132

眼（目）　eye　**94**, 485, 569
名義尺度　nominal scale　587, 589
明順応　light adaptation　313, 534
明所視　photopic vision　313, 316
明晰夢　lucid dream　208
明度　lightness　328
明度対比　lightness contrast　242
迷路反射　labyrinthine reflex　155
メインタスク　main task　410
メガネザル下目　Tarsiiformes　25
メタ解析　meta-analysis　458
メタボリック・シンドローム　metabolic syndrome　138, 383, 453, **459**, 460
メタボローム　metabolome　54
メチル化　methylation　35
眼の調節　accommodation　238
目まい　dizziness　134
目安量　adequate intake　380
メラトニン　melatonin　95, 187, 247, 314, 318, 325, 363, 390, 404
メラトニン分泌抑制　suppression of melatonin secretion　535

メラニン　melanin　89, 311, 515
メラニンキャップ（核帽）　melanin cap　89
メラニン形成細胞（メラノサイト）　melanocyte　515
メラニン細胞　melanocyte　88
メラニン色素　melanin pigment　95
メラノソーム　melanosome　89
メラノプシン　melanopsin　185, 347
メラノプシン神経節細胞　melanopsin-containing retinal ganglion cell: mRGC　236
メルケル細胞　Merkel cell, Merkel's cell, tactile cell　88, 259
メルケル盤　Merkel's disks（SA I）　351
綿　cotton　395, 466
免疫　immunity　15, **139**
免疫機能　immune function　364
免疫グロブリン　immunoglobulin　141, 566
免疫グロブリン A　immunoglobulin A: IgA　228
免疫系　immune system　181, 407, 560, 566
メンタルヘルス　mental health　406
メンタルワークロード　mental workload　419
メンデルの法則　Mendelian inheritance, Mendel's law　30

蒙古斑　Mongolian spots　569
蒙古ヒダ　Mongolian fold　570
毛細血管　capillary　117
毛細リンパ管　lymph capillary　72
盲視　blindsight　197
網状層　reticular layer　88
モーションキャプチャ　motion capture　575
モーズレイ性格検査　Maudsley personality inventory: MPI　581
盲腸　cecum　86
盲点　blind spot　240
毛包　hair follicle　131
毛包受容器　hair follicle receptor　259
網膜　retina　94, 235, 534
網膜色素上皮細胞　retinal pigment epithelial cell　534
網膜視床下部路　retinal hypothalamic pathway　247

網膜神経節細胞　retinal ganglion cell　534
網膜電図　electroretinogram: ERG　247, **534**
毛様体　corpus ciliare　94
網様体　reticular formation　150
毛様体筋　ciliary muscle　237
目標量　tentative dietary goal for preventing life-style related diseases　381
目標を目指した動作　goal-directed movement　162
モダリティ　modality　279
モデルフロー法　modelflow method　520
モノソミー　monosomy　42
模倣学習　imitative learning　393
モネル化学感覚研究センター　Monell Chemical Senses Center　253
モルヒネ　morphine　258
モルフォゲン　morphogen　10
モロー反射　Moro reflex　153
問題解決　problem solving　393
モントリオール神経学研究所　Montreal Neurological Institute　551
門脈　portal vein　85
文様　pattern　467

■ や

躍度　jerk　357
野生型対立遺伝子　wild type allele　38
矢田部・ギルフォード性格検査　Yatabe-Guilford personality inventory　580
ヤツメウナギ　lamprey　122
ヤミーフェイス　yummy face　429

有意差　significant difference　591
有意水準　significance level　588
優位半球　dominant hemisphere　164
有機 EL　organic electroluminescence: OEL　321
遊脚期　swing phase　143, 398
遊脚初期　initial swing phase　143
遊脚終期　terminal swing phase　143
遊脚中期　mid swing phase　143
有効温度　effective temperature: ET　295

有効発汗量　evaporated sweat, effective sweat volume　301, 541
有効放射面積率　effective radiating area ratio　538
有彩色　chromatic color　328
ユーザビリティ　usability　412, 493, 505
有酸素作業能力　aerobic physical capacity　414
有酸素性エネルギー代謝　aerobic metabolism　409
有酸素的　aerobic　166
有酸素能力　aerobic work capacity　**171**
有糸分裂　mitosis　14
有髄神経　myelinated nerve　145
有髄神経線維　myelinated nerve fiber　80
有髄線維　myelinated fiber　123, 258
優生学　eugenics　210
優性形質　dominant character　32
有性生殖　sexual reproduction　19
誘導　induction　10
ユーフォリア（オイフォリア）　euphoria　428
有毛部　non-glabrous region　132
誘目性　attention value　241
幽門　pylorus　86
幽門括約筋　pyloric sphincter　86
遊離 T_3　free triiodothyronine: free T_3　363
床坐　sitting on a floor　386
ユニバーサルデザイン　universal design　413, 493, 497
指鼻試験　finger to nose test　162
夢　dream　**206**
夢見　dreaming　390

要介護　long-term support need　448
葉酸塩　folate　516
要支援　long-term care need　448
幼少期の経験　early life experience　196, 433
羊水　amniotic fluid　342
腰髄　lumbar spinal cord　124
容積補償法　volume compensation method　524
腰仙部　lumbosacral portion　112
腰椎　lumbar vertebrae　111
ヨードでんぷん法　starch-iodine technique　543

洋風化　westernization　386
腰部脊柱管狭窄症　lumbar spinal canal stenosis　448
用不用説　use and disuse theory　18
羊毛　wool　394, 466
葉緑体　chloroplast　4, 19
ヨーロッパ人　European　178
余暇　leisure　**424**
予期的時間評価　prospective time estimation　269
抑うつ　depression　229, 391
翼状片　pterygium　311
抑制性シナプス後電位　inhibitory post-synaptic potential: IPSP　144
四次構造　quaternary structure　12
予測　anticipation　161
予測温冷感申告　predicted mean vote: PMV　297
予測的姿勢制御　anticipatory postural control　157
予知夢　precognitive dream　208
予防安全技術　active safety　356
予防医学　preventive medicine　364
予防接種　vaccination　446
喜びの中枢　pleasure center　428

■ ら

ライトフラッシュ　Cherenkov light flash　340
ライフイベント　life event　226, 230
ライフステージ　life stage　203
ラウドネス　loudness　347
ラクターゼ　lactase　127
ラクターゼ活性　lactase activity　127
ラスコー洞窟　Lascaux cave　499
ラセミ体　racemic modification　3
らせん形終末　annulospiral ending　158
ラップ　Lapp　179
ラテラリティ　laterality　164
ラテン方格法　Latin square method　593
ラドン　radon　306
卵割　cleavage　9
卵形嚢　utricle　97, 267

ランゲルハンス細胞　Langerhans cell　88
ランゲルハンス島　islets of Langerhans　87
卵子　ovum　13
乱視　astigmatism　238
卵巣　ovary　85, 136, 138
卵巣周期　ovarian cycle　13
藍藻類　cyanobacteria　5
ランドルト環　Landolt ring　237
ランニングエコノミー　running economy　417
ランビエの絞輪　Ranvier node　80
卵胞刺激ホルモン　follicular stimulating hormone: FSH　13, 104, 137, 230

リ・フラウメニ症候群　Li-Fraumeni syndrome　44
リクルートメント　recruitment　69
離散スペクトル　discrete spectrum　346
リスクファクター　risk factor　460
リソソーム　lysosome　4
リゾチーム　lysozyme　139
利他行動　altruistic behavior　**484**
離脱症状　withdrawal symptom　457
立位　standing posture　111
立脚期　stance phase　143, 398
立脚終期　terminal stance phase　143
立脚中期　mid stance phase　143
立体作業域　working area in three dimensions　574
立体視　stereoscopic vision　**243**
離乳食　baby food　384
リパーゼ　lipase　126
リバウンド　rebound　454
リバロッチ法　Riva-Rocci method　524
リファレンス電極　reference electrode　545
リプログラミング　reprogramming　10
リボ核酸　ribonucleic acid: RNA　2, 34
リボソーム　ribosome　4
リポ多糖　lipopolysaccharide: LPS　139
リモデリング　remodeling　137
流行　fashion　468
流涎法　passive drool　560
流動性知識　fluid intelligence　209
稜　crista ampullaris　97

両眼視　binocular vision　243
両眼視差　binocular parallax　243
両眼視野　binocular visual field　239
両脚支持期　double limb stance phase, double supporting phase　143, 399
良性腫瘍　benign tumour　311
両生類　amphibians　342
量的形質遺伝子　quantitative trait gene　39
量的データ　quantitative data　588
リラックス状態　relaxed state　364
リン　phosphorus　137
臨界期　critical period, critical stage　203, 209
臨界フリッカー周波数　critical flicker frequency　564
輪軸　wheelset　503
輪状甲状筋　cricothyroid muscle　106
輪状軟骨　cricoid cartilage　106
輪状ヒダ　circular folds　86
リンパ　lymph　71
リンパ幹管　lymphatic duct　72
リンパ系　lymph system　71
リンパ節　lymph node　72

類人猿　ape　25, 439
ルイスの関係　Lewis relation　538
ルームカロリメトリー　room calorimetry　168
ルーローの三角形　Reuleaux triangle　102
ルフィニ終末　Ruffini endings（SA Ⅱ）　351
ルフィニ小体　Ruffini corpuscle　259

レイアウト　layout　370
冷覚　cold sensation　262
励起状態　excited state　304
冷蔵倉庫　cold store　285
霊長類　Primate　**25**, 192, 433
冷点　cold spot　259, 262
礼服　formal wear　467
冷房　air-conditioning　302
冷房病　cold induced disorders　286
レーザー角膜内切削形成術　laser in situ keratomileusis: LASIK　238
レートコーディング　rate coding　69
レジナ　lagena　97

列車酔い　train sickness　354
劣性形質　recessive character　32
レニン　renin　137
レニン-アンギオテンシン-アルドステロン系
　　renin-angiotensin-aldosterone system　135
レム睡眠　REM sleep　188, 206, 390
恋愛　love　**430**
連合野　association area, association cortex　78, 192, 259
レンシュの法則　Renshe's law　28
連続スペクトル　continuous spectrum　346

老化　senscence, senility, aging　103, **440**
労災保険　workers' accident compensation insurance　403
老視　presbyopia　238
老人性難聴　age-related hearing loss　273
老衰　senescence, senility　440
労働　labour, work　**402**
労働科学　science of labour　402
労働科学研究所　The Institute for Science of Labour　402
労働基準法　labor standards act　403, 419
労働時間　working hours　403, 419
労働の価値観　values of labour　402
労働力人口　labour force　403
労働力人口比率（労働力率）　labour force participation rate　403
ロードエラー　load error　270
老年学　gerontology　440
老年人口　elderly population　477

老廃物蓄積説　spodophorous theory　441
ロールシャッハ検査　Rorschach inkblot test　216, 582
ローレル指数　Rohrer index　381
ロコモーション　locomotion　142
ロコモーションチェック　locomotion check　449
ロコモーショントレーニング　locomotion training　449
ロコモーター　locomotor　143
ロコモティブシンドローム　locomotive syndrome　448
ロドプシン　rhodopsin　45, 235, 245
ロバートソン型転座　Robertsonian translocation　42
ロバストネス　robustness　9
ロボット　robot　503
ロボットアームシミュレータ　robot arms simulator　583

■ わ

ワーキングメモリ　working memory　411, 549
ワークステーション　workstation　370
ワークライフバランス　work-life balance　402, **509**
技　skill　501
ワット　watt　282
和服　*kimono*　467
和洋折衷型　semi western style　386

欧文事項索引

(＊項目名のページは太字で示してある)

■ ギリシア，数字

α-γ co-activation　α-γ 連関　68
α-1 adrenergic receptor　α1 アドレナリン受容体　289
α-amylase　α-アミラーゼ　228
α-helix　α-ヘリックス　12
α motor neuron　α 運動ニューロン　68, 69, 147, 158
α ray　α 線　306
α wave　α 波　545

β ray　β 線　306
β-sheet　β-シート　12
β wave　β 波　545

γ motor neuron　γ 運動ニューロン　68, 69
γ ray　γ 線　304, 306
γ wave　γ 波　545

δ wave　δ 波　545

θ wave　θ 波　545

λ response　λ 反応　207

χ-square test　χ 二乗検定　587

2-compartment thermometry model　2 区画体温モデル　536

4-aminobutanoic acid　γ-アミノ酪酸　464

■ A

A-weighted sound pressure level　騒音レベル（A 特性音圧レベル）　347
Aα fiber（α fiber）　Aα 線維（α 線維）　159
Aβ nerve fiber　Aβ 線維　258
Aγ fiber（γ fiber）　Aγ 線維（γ 線維）　159
Aδ nerve fiber　Aδ 線維　257
abduction　外転　60
abductor pollicis longus muscle　長拇指外転筋　91
ABO blood type　ABO 式血液型　75
absolute color temperature　絶対色温度　317
absolute humidity　絶対湿度　300
absolute temperature　絶対温度　282
absolute threshold　絶対閾　82
absorption　吸収　7, 86, 124, 125, 308
abstraction　抽象化　161
acceleration　加速度　355, **357**
acceleration environment　加速度環境　354
acceleration of gravity　重力加速度　357
acceleration sensor　加速度センサ　358
acceptor, receptor　受容体　80, 252, 567
accessories　装身具　468
accident　不慮の事故　470
accidental death　不慮の事故死　388
accidental hypothermia　偶発性低体温症　285
acclimatization, acclimation　馴化　178, 378
accommodation　眼の調節　238
accuracy　正確性　160
acetaldehyde　アセトアルデヒド　458
acetaldehyde dehydrogenase　アセトアルデヒド脱水素酵素　458
acetylcholine　アセチルコリン　123, 128, 131, 464
ACGIH　American conference of governmental industrial hygienists　397
Acheulian stone　アシュレアン型石器　499
aching pain（pain）　疼痛　257

achromatic color　無彩色　328
acid-base balance　酸塩基平衡　**120**
acidophilic cell　好酸球　139
acidosis　アシドーシス　76, 120
acoustic illusion, auditory illusion, paracusia　錯聴　214
acoustic nerve, auditory nerve, vestibulocochlear nerve　聴神経　97, 268
acquired character　獲得形質　18
acquired immune　獲得免疫　15
acquired immune system　獲得免疫系　140
acrophase　頂点位相　405
actin filament　アクチンフィラメント　62, 146
action potential　活動電位　69, 80, 82, **144**, 275, 528, 534, 544
action spectrum　作用スペクトル　248
activation-deactivation adjective check list　ADACL　194
activation-input source-modulation model　AIM モデル　207
activation-synthesis hypothesis　賦活・合成仮説　207
active attention　能動的注意　201
active electrode　アクティブ電極　528, 545
active oxygen　活性酸素　515
active oxygen theory, free radicals theory　活性酸素説　441
active safety　予防安全技術　356
active sweat gland　能動汗腺　131, 294
active touch　能動触　259
active transport　能動輸送　144
active vasodilator system　能動的血管拡張システム　128
activin　アクチビン　10
activities of daily living: ADL　日常生活動作　444, 445
actual sunshine duration　日照時間　232
actual working hours　実労働時間　403
acute alcoholism　急性アルコール中毒　458
acute fatigue　急性疲労　418
acute oxygen toxicity　急性酸素中毒　333
acute stress disorder: ASD　急性ストレス障害　229

ADACL　activation-deactivation adjective check list　194
adaptability　アダプタビリティ（適応能）　511
adaptation, acclimation　順応（適応）　27, 83, 178, 181, 312, **376**, 377, 451, 484, 511, 514
adaptation luminance　順応輝度　327
adaptation to high altitude　高地適応　374
adduction　内転　60
adductor pollicis muscle　母指内転筋　91
adenoma carcinoma sequence　腺腫がん関連説　461
adenosine triphosphate: ATP　アデノシン三リン酸　4, 66, 146, 166
adequate intake　目安量　380
adequate stimulus　適刺激　275
adiabatic cold adaptation　断熱的寒冷適応型　290
adipocytokine　アディポサイトカイン　138
adiponectin　アディポネクチン　138, 461
adipose tissue　脂肪組織　136
ADL　activities of daily living　日常生活動作　444, 445
adolescence　青年期　439
adolescent spurt　思春期スパート　439
adornment　装飾性　466
adrenal cortex　副腎皮質　560
adrenal cortical hormone　副腎皮質ホルモン　566
adrenal gland　副腎　136
adrenal medulla　副腎髄質　124, 289, 560
adrenaline　アドレナリン　124, 131, 137, 227, 560
adrenocorticotropic hormone: ACTH　副腎皮質刺激ホルモン　227, 560, 582
advanced resistive exercise device: ARED　改良型エクササイズ装置　340
aerobic　有酸素的　166
aerobic metabolism　有酸素性エネルギー代謝　409
aerobic physical capacity　有酸素作業能力　414
aerobic work capacity　有酸素能力　**171**
aeroemphyseme　気腫　335
aerosol　エアロゾル　310
aesthetic sense　美意識　466

affect, emotion　情動　124, 182, 192, 196, 208, 217, 268, 567
afferent　求心性　122
afferent nerve　求心性神経　275
afferent nerve fiber　求心性神経線維　259
afferent tract　求心路　123
affordance　アフォーダンス　412
age　年齢　161
age difference　年齢差　273
age of discovery　大航海時代　425
age-related hearing loss　老人性難聴　273
aged population ratio　高齢化率　441
agency　行為主体　199
agglutination response　凝集反応　141
agility　敏捷性　160
aging　加齢，老化　103, 189, **440**
aging　高齢化　386
aging of a population　人口高齢化　477
aging-related miosis　加齢性縮瞳　273
aging society　高齢社会　437
Agnatha　無顎類　97
agonist　主動筋　64, 162
agricultural products　農作物　36
agricultural revolution, neolithic revolution　農耕革命　424, 451
air　空気　395
air conditioning　冷房，空気調和，空調　**302**
air displacement method　空気置換法　381
air embolism　空気塞栓症　334, 335
air gap　空気層　394
air plane　飛行機　355
air pollution　大気汚染　366
air porosity　含気率　395
air quality　空気質　**330**
air sickness　飛行機酔い　354
air temperature, ambient temperature　161
air velocity　気流　394
airway closure　気道閉鎖　91
alactic process　非乳酸性機構　169
albedo　アルベド　283
alcohol　アルコール　137, 457
alcohol dehydrogenase　アルコール脱水素酵素　458

alcohol drinking　飲酒　456
aldosterone　アルドステロン　137
alert reaction　警告反応　226
alertness, arousal　覚醒　194, 324
alertness, awareness　覚醒度　188, 410
alkalosis　アルカローシス　76, 120
all-or-none principle, all-or-none law of excitation　全か無かの法則　80, 144
allele　対立遺伝子　31, 32, 38, 40
allele frequency　対立遺伝子頻度　31, 38
allelic character　対立形質　32
allelomorph　対立遺伝子　31, 32, 38, 40
Allen's rule　アレンの法則　29, 100, 290, 514
allergic disease　アレルギー疾患　300
allopatric speciation　異所的種分化　20
allostasis　アロスタシス（動的適応能）　228
allostatic load　アロスタティック負荷　228
alpine climate type　高山気候型　360
Altamira cave　アルタミラ洞窟　499
alternate muscle activity　筋活動交替　163
alternative hypothesis　対立仮説　588
alternative splicing　選択的スプライシング　35
altitude decompression sickness　航空減圧症　337
altruistic behavior　利他行動　**484**
alveolar O_2 partial pressure　肺胞酸素分圧　114
Alzheimer's disease　アルツハイマー病　7, 12
ama　海女　335
amacrine cell　アマクリン細胞　235, 248
amblyopia　形態覚遮断弱視　238
ambulatory monitoring　無拘束測定　523
amenity, comfort, pleasantness　快適性　**220**, 366, 419
American conference of governmental industrial hygienists　ACGIH　397
amino acid　アミノ酸　2
amino acid sequence　アミノ酸配列　11
amniotic fluid　羊水　342
amount of clothing　着衣量　372
amount of saturated water vapor　飽和水蒸気量　300
amphetamine　アンフェタミン　429
amphibians　両生類　342

amplitude 振幅 345, 351, 528, 547
amplitude of EMG 筋放電量 148
amplitude probabilty distribution function APDF 529
ampulla 膨大部 97
amygdala 扁桃体 182, 204, 208, 218, 220, 224, 254, 432
amylase アミラーゼ 126
anabolism 同化 6, 166
anaerobic 無酸素的 166
anaerobic metabolism 無酸素性エネルギー代謝 408
anaerobic threshold 無酸素性作業閾値 171, 455, 559
anaerobic work capacity 無酸素能力 **169**
analgesic action 鎮痛作用 258
analysis of variance 分散分析 579, 587, 591
anatomical standing position 解剖学的立位姿勢 60
ancient bacterium, archaeon 古細菌 4, 19
androgen アンドロゲン 137, 189
android アンドロイド 8
angiotensin アンジオテンシン 137
angle of vergence 輻輳角 243
animal audible range 動物の可聴域 349
animal function 動物性機能 122, 478
ankle rocker アンクル・ロッカー 143
annelid 環形動物 83
annual mean air temperature 年平均気温 362
annulospiral ending らせん形終末 158
antagonist 拮抗筋 64, 160, 162
Antarctic pole, South pole 南極 362
anteflexion 前屈 60
anterior chamber 前房 235
anterior cingulate cortex 前帯状皮質 432
anterior cingulate gyrus 前帯状回 204
anterior insula 島前部 433
anterior root 前根 78
anthropology 人類学 27, 374
anthropometer 身長計 571
anthropometry 人体計測 98
anti-saccade アンチサッケード 150
antibiotics 抗生物質 446

antibody 抗体 15
antibody-dependent cell cytotoxicity 抗体依存性細胞媒介性細胞障害 141
anticipation 予測 161
anticipatory postural control 予測的姿勢制御 157
antidiuretic horumone 抗利尿ホルモン 135
antigen antibody response 抗原抗体反応 141
antigravity 抗重力 142
antigravity muscle 抗重力筋 112
Antikythera mechanism アンティキティラ島の機械 503
antipsychotic drug 抗精神病薬 463
anus 肛門 86
anxiety 不安 430
anxiety disorder 不安障害 222
aortic body 大動脈小体 76
APDF amplitude probabilty distribution function 529
ape 類人猿 25, 439
apex dreaming 典型的夢 206
apocrine sweat gland アポクリン腺 89, 131
aponeurosis 腱膜 111
apoptosis アポトーシス 10, 43, 140, 436, 478
apparent movement 仮現運動 214
appendix 虫垂 86
aquaporin アクアポリン 137
ARAS ascending reticular activating system 上行性脳幹網様体賦活系 390
arch, structural arch アーチ 111, 398
archaeon, ancient bacterium 古細菌 4, 19
archetype of clothing 衣服祖型 466
architectural lighting 建築化照明 324
arctic hysteria 北極ヒステリー 362
arctic pole 北極 362
arctic zone 寒帯 342
arithmetic mean 算術平均 587, 589
arousal, alertness 覚醒 194, 324
arousal level 覚醒水準 **194**, 208, 313
arousal-sleepiness 覚醒-睡眠 220
arterial carbon dioxide pressure 動脈血二酸化炭素分圧 288
arterial/cardiopulmonary baroreceptor 動脈

圧・心肺圧受容器　132
arterial O₂ (oxygen) partial pressure　動脈血酸素分圧　114, 121
arteriole　細動脈　72
arteriosclerosis　動脈硬化　460
arteriovenous anastomosis　動静脈吻合　91, 128
artery　動脈　117
arthropod　節足動物　83
articular capsule, capsular ligament　関節包　59
articular cartilage　関節軟骨　59
articular disc, discus articularis　関節円板　59
articular fossa, fossa articularis　関節窩　59
articular head, caput articulare　関節頭　59
articular meniscus, meniscus articularis　関節半月　59
articular movement　関節運動　60
articular surface, facies articularis　関節面　59
articulatio composita, complex joint, composite joint　複関節　60
articulatio condylaris, condylar joint　顆状関節　60
articulation, joint　関節　**59**
artifact　アーチファクト　545
artificial intelligence　人工知能　209
artificial life　人工生命　8
artificial lightening　人工照明　368
asbestos　アスベスト（石綿）　396
ascending　上行性　150
ascending colon　上行結腸　87
ascending reticular activating system: ARAS　上行性脳幹網様体賦活系　390
ASD　acute stress disorder　急性ストレス障害　229
Ashkenazi Jews　アシュケナージ系ユダヤ人　210
assessment method　評価法　220
association area/cortex　連合野　78, 192, 259
asthenopia　眼精疲労　418
astigmatism　乱視　238
astrobiology　アストロバイオロジー　2
asymmetrical tonic neck reflex　非対称性緊張性頸反射　153
athletic performance　運動能力　189

atmosphere　大気圏　339
atmospheric diving　大気圧潜水　333
(atomic) nucleus　原子核　306
ATP　adenosine triphosphate　4, 66, 146, 166
atrial natriuretic peptide　心房性ナトリウム利尿ペプチド　363
atrioventricular node　房室結節　518
atrium　心房　73, 84
attachment　愛着　430
attachment behavior　愛着行動　430
attachment relationship　愛着関係　432
attachment theory　愛着理論　427
attention　注意　**201**, 410
attention value　誘目性　241
attitude　構え　384
audible range　可聴域　349
auditary ossicle, ear ossicle　耳小骨　96, 249
audition, hearing, auditory sensation　聴覚　82, **249**, 275
auditory area　聴覚野　82, 97, 278
auditory filter　聴覚フィルタ　250
auditory nerve, acoustic nerve, vestibulocochlear nerve　聴神経　97, 268
auditory illusion, paracusia, acoustic illusion　錯聴　214
auditory tube　耳管　96
auditory tube stenosis　耳管狭窄症　337
augmented unipolar limb lead　増幅単極肢誘導　518
Australopithecus　アウストラロピテクス，アウストラロピテクス属　28, 439
Australopithecine　猿人　28
Australopithecus sediba　セディバ猿人　364
autoimmune theory　自己免疫説　441
automated teller machine: ATM　現金自動預け払い機　413
automatic attention　自動的注意　201
automaticity　自動能　122
automatization　自動化　155
autonomic adaptation　自律的適応　514
autonomic emotional response　自律性情動反応　**182**
autonomic nerve　自律神経　68, 78, 79, 180, 292,

353
autonomic nervous activity 自律神経活動 207
autonomic nervous system 自律神経系 **122**, 128, 134, 181, 268, 314, 407, 418, 560, 566
autonomic thermoregulation 自律性体温調節 129, 394
autonomous distributed neuronal regulation 自律分散型調節 130
autonomous driving technology 自動運転技術 356
autonomous growth 自律性増殖 461
autoregulation 自己調節機構 118
autosomal dominant inherited disease 常染色体優性遺伝病 40
autosomal recessive inherited disease 常染色体劣性遺伝病 40
average life expectancy 平均余命 436
average life expectancy at birth 平均寿命 436
avoidance conditioning learning 回避の条件づけ学習 392
awareness, alertness 覚醒度 410
awareness 気づき（アウェアネス）196
axilla temperature 腋窩温 537
axolemma 軸索鞘 80
axon 神経突起（軸索）69, 77, 79, 145, 205
axon reflex 軸索反射 154, 258
axon terminal 軸索終末 79

■ B

B cell B細胞 15, 140
Babinski reflex バビンスキー反射 153
baby food 離乳食 384
back-masking バックマスキング 211
background 背景 326
backward-masking バックワードマスキング 211
bacteria 細菌 139, 446
bacteriophage バクテリオファージ 7
bacteriorhodopsin バクテリオロドプシン 45
balance of body fluid 体液バランス 292
balancing selection 平衡選択 23
ball and socket joint, articulatio cotylica 臼状関節 60
band power ratio 帯域別含有率 546
bandmass 巻尺 571
Bantu バントゥー 178
baroreflex 圧受容器反射 134
barosinusitis 航空性副鼻腔炎 337
barotitis 航空性中耳炎 337
Barthel index バーゼル示数 445
basal forebrain 前脳基底部 390
basal ganglia 大脳基底核 192, 204
basal metabolic rate 基礎代謝量（基礎代謝率）168, 175, 289, 454
basilar membrane 基底膜 96, 249
basis function 基底関数 551
basophilic cell 好塩基球 139
bathing 入浴 **388**
bathing habits 入浴習慣 388
bathyesthesia, deep somatic sensation 深部感覚 82, 271
Bauhaus バウハウス 505
BDNF, brain-derived neurotrophic factor 脳由来神経栄養因子 230
beat うなり 251
Beck depression inventory ベックのうつ病調査表 585
bed climate 寝具内気象 507
behavior 行動 567
behavioral adaptation 行動的適応 514
behavioral history 行動履歴 175
behavioral temperature regulation, behavioral thermoregulation 行動性体温調節 129, 394
benign tumour 良性腫瘍 311
benzo(a)pyrene ベンゾ(a)ピレン 457
Bergmann's rule ベルクマンの法則 28, 100, 290, 514
biaxial joint 二軸性関節 60
bicarbonate ion 重炭酸イオン 76, 120
biceps 二頭筋 65
big five 216
big five personality inventory 主要5因子性格検査 581
big five scales Big Five 尺度 581

bile 胆汁 85, 126
Binet intelligence scale ビネー尺度 210
binocular parallax 両眼視差 243
binocular vision 両眼視 243
binocular visual field 両眼視野 239
binomial name 二名法 20
bio-cultural 生物的-文化的 451, 452
bioelectrical impedance analysis インピーダンス法 108
bioethics 生命倫理 36, 52
bioinformatics バイオインフォマティクス 54
biological adaptability 生物学的適応能 511
biological adaptation 生物学的適応 299, 377, 514
biological clock 生物時計 269
biological digestion 生物的消化 125
biological rhythm 生体リズム 150, **187**, 286, 320, 369
biometeorology 生気象学 359
biometrics 生体認証 309
biosynthesis 生合成 166
biotechnology バイオテクノロジー 8
biotronics バイオトロニクス 373
bipedal standing 直立二足位 267
bipolar cell 双極細胞 235, 247
bipolar disorder 双極性障害（躁うつ病） 464
bipolar lead 双極誘導 528
bipolar limb lead 双極肢誘導 518
birthrate 出生率 476
BIS bispectral index 546
black box ブラックボックス 493
blackbody locus 黒体軌跡 317
blackbody radiation 黒体放射 317
blastopore 原口 9
blind spot 盲点 240
blindsight 盲視 197
blink 瞬目 95, 149
blink reflex 瞬目反射 535
blinking rate まばたき回数（瞬目数） 300
block design ブロックデザイン 551
blood 血液 71, **75**, 566
blood cell, hemocyte 血球 75
blood circulation 血液循環 504

blood flow 血流量 72
blood flow velocity 血流速度 72
blood glucose 血糖 137
blood oxygenation level dependent BOLD 550
blood plasma 血漿 75
blood pressure 血圧 72, 134, 365, **524**, 566
blood pressure regulation 血圧調節 **134**
blood vessel 血管 117, 122
blood vessel reaction 血管反応 194
blue rose 青い薔薇 48
BMI body mass index 453
BMI brain-machine interface 549
body axis 体軸 10
body clock 体内時計 404
body composition （身）体組成 **107**, 381
body fat mass 体脂肪量 107
body fluid regulation 体液調節 292
body fluid shift 体液シフト 340
body mass index BMI ボディマス指数 381, 453
body size 身体サイズ **98**
body structure, physique 体格 98, 574
body surface area 体表面積 **109**, 290, 376, 395
body temperature 体温 178, 283, **536**, 566
body temperature regulation, thermoregulation 体温調節 112, 136, 173, 289, 397
body weight ratio 体重比 290
BOLD blood oxygenation level dependent 550
bone 骨 56, 98
bone conduction 骨伝導 97
bone formation 骨形成 57
bone loss 骨量減少 340
bone marrow 骨髄 56
bone metabolism 骨代謝 56
bone modeling 骨のモデリング 57
bone remodeling 骨のリモデリング 57
bone resorption 骨吸収 57
Borg scale ボルグスケール 419
bottleneck effect ボトルネック効果 18
bottom-up processing ボトムアップ処理 412
Bowman's capsule ボーマン嚢 85
brachial arch bone 鰓弓骨 97
brachiation ブラキエーション 60, 91

bradycardia 徐脈 336
braille 点字 259
brain 脳 77, 79, 122, **192**, 504, 566
brain activation 脳賦活 150
brain blood flow, cerebral blood flow 脳血流量 567
brain death 脳死 478
brain-derived neurotrophic factor: BDNF 脳由来神経栄養因子 230
brain-machine interface BMI 549
brain self-stimulation behavior 脳内自己刺激行動 **428**
brain wave, electroencephalogram 脳波 194, 350, **544**, 547, 567
brainstem 脳幹 77, 124, 192, 203, 410
brainstem reflex 脳幹反射 153
brainstem reticular activating system 脳幹網様体賦活系 411
break, rest 休憩 397, 419
breast cancer 乳がん 405
breath-by-breath method ブレスバイブレス法 168, 558
breath hydrogen analysis 呼気中水素ガス測定法 127
breath-hold diving, free-diving 素潜り 335
breathability 通気性 397
breeding behavior, reproductive behavior 繁殖行動 430
bridal costume 婚礼衣装 467
bright light therapy 高照度光療法 188, 232
Broca index ブローカ指数 381
Broca-Katsura index ブローカ式桂変法 381
brown adipocyte 褐色脂肪細胞 66, 128
brown adipose tissue 褐色脂肪組織 128, 285, 289
buffer 緩衝物質 120
buffering 緩衝 121
buffering capacity 緩衝能力 120
built environment 人工環境 285
bundle of His ヒス束 518
burden, load 負担 566
burning pain 灼熱痛 257

■ C

C fiber C線維 257
caisson construction method 潜函工法 333
calcaneus 踵骨 93, 111
calcarine sulcus 鳥距溝 244
calcitonin カルシトニン 137
calcium カルシウム 56, 137
calcium appetite カルシウムに対する食欲 252
calorie カロリー 282
Cambrian explosion カンブリア紀の大爆発 10, 19
Cambrian period カンブリア紀 83, 97
canales semicirculares 三半規管 96
canalization キャナリゼーション 9
cancer がん, 癌腫 43, 307, **461**
cancer stem cell がん幹細胞 43
Cannon-Bard theory キャノン・バード中枢起源説 218
capillary 毛細血管 117
capsular ligament, articular capsule 関節包 59
caput articulare, articular head 関節頭 59
CAR cortisol awakening response 起床時コルチゾル反応 228
car sickness 車酔い 354
carbohydrate 糖質 252
carbon dioxide 二酸化炭素 330
carbon dioxide output 二酸化炭素排出量 167
carbon monoxide toxicity 一酸化炭素中毒 334
carbonic acid 炭酸 120
carbonic gas 炭酸ガス 120
cardia 噴門 86
cardiac death 心臓死 478
cardiac output 心拍出量 72, 134, 229, 292, 507, **520**
cardiopulmonary patient simulator 心肺蘇生練習マネキン 583
cardiovascular disease 心血管疾患 229, 391
cardiovascular system 心臓血管系, 心血管系 71, 407
care 介護 **442**
carotid body 頸動脈小体 76
carpal tunnel 手根管 91

carrier　保因者　210
Cartagena protocol on biosafety　カルタヘナ議定書　49
cartilaginnous junction, junctura cartilaginea　軟骨性の連結　59
cascade　カスケード　118
catabolism　異化　6, 166
cataract　白内障　273, 307, 311
Catarrhini　狭鼻小目　25
catecholamine　カテコールアミン　137, 227, 567
category perception　カテゴリ知覚　152
caudate nucleus　尾状核　432
causalgia　カウザルギー　257
CBT　cognitive behavioral therapy　認知行動療法　463
CC　contractile component　収縮要素　146
CDCT　compound digit checking test　複合数字抹消検査　414
CDK inhibitor　CDK 阻害因子　44
CDS　coding sequence　22
cecum　盲腸　86
Celera Genomics　セレラジェノミクス社　52
cell　細胞　4, 139, 180
cell body　細胞体　79, 123
cell cycle　細胞周期　13, 43
cell cycle checkpoint　細胞周期チェックポイント　44
cell death　細胞死　478
cell membrane　細胞膜　3, 4, 6, 136
cell proliferation factor　増殖因子　43
cell wall　細胞壁　4
celluar phone, mobile phone　携帯電話　304, 305
center of gravity　重心　142, 267
central auditory system　聴覚中枢系　251
central canal　中心管　77
central chemoreceptor　中枢化学受容器　76, 116
central command　セントラルコマンド　129, 132
central dogma　セントラルドグマ　34
central fatigue　中枢性疲労　288, 418
central nervous system　中枢神経系　77, 79, 122, 203, 407, 418
central pattern generator　中枢パタン発生器　410
central vision　中心視　239
central visual field　中心視野　239
centrosome　中心体　4
cephalic index　頭示数　571
cephalopod　頭足類　83
Cercopithecoidea　オナガザル上科　25
cerebellum　小脳　77, 150, 192, 199, 203, 410
cerebral achromatopsia　大脳性色盲　245
cerebral blood flow　脳血流　288
cerebral blood flow, brain blood flow　脳血流量　350, 567
cerebral circulation　脳循環　118
cerebral cortex　大脳皮質　132, 194, 259, 268, 499
cerebral hemisphere　大脳半球　77, 164, 192
cerebral hemispheric asymmetries　大脳半球の非対称性　164
cerebral oxygenation monitoring　脳酸素代謝モニタリング　555
cerebral vascular disorder　脳血管疾患　459
cerebrum　大脳　77, 192
certified care worker　介護福祉士　443
certified social worker　社会福祉士　443
CET　corrected effective temperature　修正有効温度　295
Chamba　チャンバ　178
chance of pregnancy　受胎確率　477
character　性格　215
characteristic of absorption spectrum　分光吸収特性　248
cheater detection　裏切り者検知　485
check item　チェック項目　585
check list　チェックリスト　**585**
check point　チェックポイント　585
chemical digestion　化学的消化　125
chemical fiber　化学繊維　394
chemical genomics　ケミカルゲノミクス　53
chemical sense, chemical sensation　化学感覚　254
chemoreceptor　化学受容器　132
Cherenkov light flash　ライトフラッシュ　340
childhood　子ども期　439
children's rooms　子ども室　472

chlorofluorocarbon, fron gas　フロンガス　310
chloroplast　葉緑体　4, 19
choice reaction time　選択反応時間　563
cholera　コレラ　448
cholesterol　コレステロール　460
cholinergic neuron　コリン作動性線維　530
cholinergic sensitivity　コリン感受性　293
cholocystokinin　コレシストキニン　138
chroma　彩度　328
chromatic color　有彩色　328
chromatin regulation　クロマチン制御　35
chromogranin A　クロモグラニン A　228, 567
chromosomal disorder　染色体異常症　40
chromosomal translocation　染色体転座　461
chromosome　染色体　4
chromosome 16　16番染色体　278
chronic fatigue　慢性疲労　418, 422
chronic oxygen toxicity　慢性酸素中毒　333
chronobiology　時間生物学　404
chunk　チャンク　413
chymotrypsin　キモトリプシン　126
CIE　Commission international de l'éclairage　国際照明委員会　241, 308
ciliary muscle　毛様体筋　237
cilium　粘膜線毛　300
cingulate cortex　帯状皮質　428
cingulate gyrus　帯状回　219
cingulum　帯状束　192
circadian clock　概日時計　184
circadian cycle　概日周期　404
circadian rhythm　概日リズム，サーカディアンリズム　95, 136, 150, 184, 187, 313, 320, 324, 362, 363, 390, 565
circadian rhythm phase　概日リズム位相　324, 390
circadian rhythm regulation　概日リズム制御　247
circalunar rhythm　概月リズム　187
circannual rhythm　概年リズム　187
circasemidian rhythm　半概日リズム，サーカセミディアンリズム　188, 390
circular folds　輪状ヒダ　86
circular polarization　円偏光　2

circulating blood volume　循環血液量　137
circulation　循環　124
circulatory function　循環調節　292
circulatory organ　循環器　71, 84
circulatory system　循環（器）系　117, 418
city　都市　366
CIVD　cold-induced vasodilation　寒冷誘発血管拡張反応　291
civilized society　文明社会　222
clasp knife phenomenon　折りたたみナイフ現象　159
class switch　クラススイッチ　16
classical conditioning　古典的条件づけ　204
cleavage　卵割　9
climate　気候（風土）　**359**, 466
climate adaptation　気候適応　394, 466
climate change　気候変化　361
climate factor　気候因子　359
climate functuation　気候変動　361
climatic division　気候区分　359
climatic element　気候要素　359
climatic province　気候区　359
climatic type　気候型　360
climatology　気候学　359
climbing　登山　121
clo value　クロー値　395
clock gene　時計遺伝子　185
clone method　クローン技術　47
closed loop　閉回路　160
closed skill　クローズド・スキル　160
clothe, clothes, garment　被服　394
clothing　衣服　394
clothing behavior　着衣行動　394
clothing condition　着装方法　395
clothing form　衣服形態　466
clothing material　衣服素材　466
clothing pressure　衣服圧　119
CNV　contingent negative variation　随伴陰性変動　194, 549
co-crystallization　共結晶　3
CO_2 rebreathing method　二酸化炭素再呼吸法　520
cochlea　蝸牛　96, 249

cochlear nuclei 蝸牛神経核 97
coding sequence CDS 22
codon コドン 11, 22, 34, 40
coefficient of variation 変動係数 590
cognitive behavioral therapy: CBT 認知行動療法 463
cognitive disturbance 認知障害 363
cognitive processing model 認知的処理モデル 269
cold adaptation 寒冷適応 174
cold death 凍死 362
cold environment 寒冷環境 285, 289
cold induced disorders 冷房病 286
cold-induced vasodilation: CIVD 寒冷誘発血管拡張反応 291
cold protection glove 防寒手袋 397
cold sensation 冷覚 262
cold shock response 寒冷ショック反応 284
cold spot 冷点 259, **262**
cold store 冷蔵倉庫 285
cold tolerance 耐寒性 175, 179, **289**
cold tolerance response 耐寒反応 129
collagen コラーゲン 137
collagen fiber 膠原繊維 89
collective house コレクティブハウス 472
colon, large intestine 大腸 85, 86
color 色 328
color appearance model 色の見えモデル 329
color appearance system 顕色系 328
color blindness, color deficiency, color vision deficiency 色覚異常 26, 246, 273
color constancy 色恒常性 242, 329
color difference 色差 328
color mixing system 混色系 328
color rendering 演色性 317, 323
color sensation, color vision 色覚 26, **245**, 273, 498
color solid 色立体 328
color temperature 色温度 **317**, 325
color weight illusion 色による錯覚 272
comfort, pleasantness, amenity 快適性 **220**, 366, 419
Commission international de l'éclairage: CIE 国際照明委員会 241, 308
common electrode コモン電極 545
communication コミュニケーション 95, 387, **480**
community 地域社会 387
commuting injury 通勤災害 403
complement 補体 140
complete remission 完全寛解 463
complete tetanus 完全強縮 146
complex joint, composite joint, articulatio composita 複関節 60
complex sound 複合音 345
compound digit checking test: CDCT 複合数字抹消検査 414
compound eye 複眼 83
computer mannequin コンピュータマネキン 574, 584
computer simulation コンピュータシミュレーション 583
concentric contraction 短縮性収縮（求心性収縮） 147
conch ホラガイ 83
conditioning learning 条件づけ学習 392
conduction 伝導 538
conduction velocity, velocity of conduction, propagation velocity 伝導速度 80, 123, 145, 258, 529
condylar joint, articulatio condylaris 顆状関節 60
cone 錐体 245, 247, 312, 316
cone cell 錐体細胞 235
cone-induced response, photopic response 錐体系応答 535
confined space 閉鎖空間 368
conformity 同調 483
congenital adrenal hyperplasia 先天性副腎皮質過形成 265
consciousness 意識 **196**
consciousness hard problem 意識のハードプロブレム 80
consonant 子音 152
contact lens electrode コンタクトレンズ電極 535

contact receptor　接触受容器　276
context effect　文脈効果　412
continental climate type　大陸気候型　360
contingent negative variation: CNV　随伴陰性変動　194, 549
continuous spectrum　連続スペクトル　346
contractile component: CC　収縮要素　146
control-display ratio　操作量-表示量比（C/D比）　413
control room operating simulator　制御室運転シミュレータ　583
convection　対流　538
convective heat loss　対流性熱放散　538
convective heat transfer　対流性熱伝達　282
convective heat transfer coefficient　対流熱伝達係数　538
convergence evolution　収斂進化　83
convergent muscle　収束筋　65
cooking method　調理法　474
cookware　調理器具　475
cool biz　クールビズ　372
coordination　協調(性)　142, 566
core　核心部　289
core body temperature　核心温　283, 285, 289, 536
corium, dermis　真皮　88, 309
corn　魚の目　399
cornea　角膜　94, 235
corneal reflection method　角膜反射法　532
corneo-retinal standing potential　角膜-網膜電位　532
cornice lighting　コーニス照明　323
coronary circulation　冠循環　118
corpus callosum　脳梁　145
corpus ciliare　毛様体　94
corpus geniculatum　内側膝状体　97
corpus vitreum, vitreous body　硝子体　94, 235, 247
corrected effective temperature: CET　修正有効温度　295
correlated color temperature　相関色温度　317, 322
cortico-cerebral sensory area　大脳皮質感覚野　275
corticocerebral gustatory area　大脳皮質味覚野　253
corticocerebral motor area　大脳皮質運動野　62
corticocerebral sensory area　大脳皮質感覚野　275
corticocortical connection　皮質間の連絡　145
corticotropin-releasing hormone: CRH　副腎皮質刺激ホルモン放出ホルモン（コルチコトロピン放出ホルモン）　227, 230, 560
cortisol　コルチゾル　136, 227, 229, 365, 507, 560, 566
cortisol awakening response: CAR　起床時コルチゾル反応　228
cotton　綿　395, 466
cough　咳　139
countercurrent heat exchange　対向流熱交換　288
court costume　宮廷衣装　467
courtship behavior　求愛行動　430
cove lighting　コーブ照明　323
craftsmanship　職人技　**501**
cranial bone　頭蓋骨　111
cranial nerve　脳神経　64, 78
crash test dummy　衝撃試験ダミー人形　583
crawling　高這い　384
creation　創造　223
creative office　クリエイティブ・オフィス　370
creativity　創造性　370
creeping　這い這い　384
CRH　corticotropin-releasing hormone　副腎皮質刺激ホルモン放出ホルモン（コルチコトロピン放出ホルモン）　227, 230, 560
cricoid cartilage　輪状軟骨　106
cricothyroid muscle　輪状甲状筋　106
crista ampullaris　稜　97
critical flicker frequency　臨界フリッカー周波数　564
critical flicker fusion frequency, flicker value　フリッカー値　194, 564, 584
critical period/stage　臨界期　203, 209
critical power　クリティカル・パワー　170
cross adaptation　交叉適応　374

cross-bridges　架橋　63
cross-cultural communication　異文化交流　402
cross linking theory　架橋結合説　441
cross-modal integration　感覚の統合　**279**
cross-modal plasticity　クロスモーダル可塑性　260
cross modality　クロスモダリティ　279
crossover　交叉　14
crus　下腿　111
crystalline eye　水晶体眼　83
crystallized intelligence　結晶性知能　209
cultural　文化的　195
cultural adaptability　文化的適応能　511
cultural adaptation　文化的適応　222, 284, 299, 378, 401, 411, 500, **514**
cultural anthropology　文化人類学　27
culture　文化　500
current assessment　現状評価　585
custom　慣習　475
cutaneous mechanoreceptor　皮膚機械受容器　351
cutaneous sensation, cutaneous sense　皮膚感覚　82, 91, 259
cutaneous vasoconstriction　皮膚血管収縮　289
cutaneous vasodilation　皮膚血管拡張　287
Cyanobacteria　シアノバクテリア（藍藻類）　5
Cyanocitta stelleri　ステラーカケス　480
cyborg　サイボーグ　8
cycle time　サイクルタイム　410
cyclin　サイクリン　44
cyclin dependent kinase　サイクリン依存性キナーゼ　44
cytokine　サイトカイン　140
cytoplasm　細胞質　4

■ D

daily hassles　日常苛立事　226
dark adaptation　暗順応　313, 534
data suit　データスーツ　494
dawn simulation lighting　起床前漸増光照射　324
daylight　昼光　319

daylight factor　昼光率　319
daylighting　採光　**319**
daytime dysfunction　日中の機能障害　391
DCM　dynamic causal model　552
deacclimatization　脱馴化　263
death　死　6, **478**
death with dignity　尊厳死　478
deceleration　減速度　357
decent work　ディーセント・ワーク　402
decision making　意思決定　567
declarative memory　宣言的記憶　204, 391
decompression sickness, bends　減圧症（潜水病）　333, 336, 337
decumbence　横臥　112
deep body temperature, core temperature　深部体温　112, 283, 289, 292, 313, 363, 390, 394
deep brain stimulation　深部脳電極　163
deep somatic sensation, bathyesthesia　深部感覚　82, 271
deep tissue temperature　深部組織温度　537
default mode network　デフォルトモードネットワーク　95
defecation　排便　127
defensin　ディフェンシン　139
degeneration　退化　17
degree Celsius　摂氏温度　282
degree Fahrenheit　華氏温度　282
degree of freedom　自由度　161
dehydration　脱水　287
dehydroepiandrosterone　デヒドロエピアンドロステロン　561
dehydroepiandrosterone-sulfate　デヒドロエピアンドロステロンサルフェート　561
deja-vu　デジャブ　208
delayed gene　後発性遺伝子　7
delayed muscle soreness　遅発性筋肉痛　147
dementia　認知症　203
demographic transition　人口転換　476
dendrite, dendron　樹状突起　77, 79, 205
dendritic cell　樹状細胞　139
densitometry　体密度法　107
deoxyhemoglobin　脱酸素化ヘモグロビン　309, 550, 555

deoxyribonucleic acid: DNA　デオキシリボ核酸　3, 4, 11, 18, 21, 22, 34, 40, 43
depolarization　脱分極　80, 144, 247, 314, 518, 534
depression　鬱, 抑うつ　229, 391, 420
depth perception　奥行き知覚　243
derecruitment　脱動員　70
dermatoglyphpics　皮膚紋理　569
dermis, corium　真皮　88, 309
descending colon　下行結腸　87
desensitization　脱感作　258
design of office lighting　オフィスの照明デザイン　320
design process　デザインプロセス　498, 506
deterministic effect　確定的影響　307
deuteranopia　第2色覚異常　246
deuterostome　新口動物（後口動物）　9
Deutscher Werkbund　ドイツ工作連盟　505
development　発生（発達）　9, 103, 189, 278, 438
development philosophy　開発思想　508
developmental adaptation　発達期の適応　374
developmental selection　発生選択　81
deviation　偏差　590
deviation value　偏差値　210
Devonian period　デボン紀　97
dew condensation　結露　301
dexterity　器用さ　161
diabetes mellitus　糖尿病　138
diagnostic and statistical manual of mental disorders 4th edition, text revision　DSM-Ⅳ-TR（精神障害の診断・統計マニュアル）　464
diarrhea　下痢　139
diastole　心臓弛緩期　72
diastolic blood pressure　拡張期血圧, 最低血圧　72, 524
diathesis-stress model　脆弱性ストレスモデル　463
diencephalon　間脳　77
diet　ダイエット　383
diet and health　食生活と健康　451
dietary reference intakes　食事摂取基準　380
dietary reference intakes for Japanese　日本人の食事摂取基準　452

differential amplifier　差動増幅回路　544
differential receptor　微分感覚器　83
differential threshold　弁別閾　271, 276
differentiation　分化　43, 50
diffusion　拡散　114
diffusion tensor image　拡散テンソル画像　145
diffusion tensor imaging: DTI　拡散テンソル画像法　278, 552
digestion　消化　7, 86, 125
digestion and absorption　消化と吸収　**125**
digestive enzymes　消化酵素　126
digestive organ　消化器　84, **86**, 125
digestive system　消化器系　566
digestive tract, gastrointestinal tract　消化管　86, 136
dimensional analysis　次元解析　109
diopter　屈折力　237
dioxin　ダイオキシン　396
direct calorimetry　直接熱量測定法　166
direct lighting　直接照明　323
direct linear transformation method　DLT法　577
direct measurement of arterial pressure　観血的動脈圧測定法　524
directional characteristics　指向性　349
disability glare　減能グレア　326
discomfort glare　不快グレア　326
discomfortble sensation, uncomfortable sensation　不快感　395
discrete spectrum　離散スペクトル　346
discriminant analysis　判別分析　595
discriminative reaction time　弁別反応時間　563
discriminative threshold/discriminative threshold　弁別閾　260, 271, 276, 326
discus articularis　関節円板　59
disease susceptibility gene　疾患感受性遺伝子　463
disembarkation sickness　下船病　354
dispersion　散布度　589
distal interphalangeal joint　遠位指節間関節（DIP関節）　91
distal-proximal gradient: DPG　末梢-中心皮膚温勾配　390

distance receptor　遠隔受容器　276
disuse syndrome　廃用症候群　448
diurnal animal　昼行性動物　404
diurnal fluctuation　日内変動　565
diversified way of working　多様な働き方　510
diving　潜水　**335**
diving reflex　ダイビングリフレックス　336
division of labor by gender role　性別役割分業　486
dizziness　目まい　134
DNA　deoxyribonucleic acid　デオキシリボ核酸　3, 4, 11, 18, 21, 22, 34, 40, 43
DNA adduct　DNA 付加体　462
DNA polymorphism　DNA 多型　38
DNA repair　遺伝子修復　36
DNA sequencing　DNA シークエンシング　52
dominant character　優性形質　32
dominant frequency: DF, low frequency　低周波　527
dominant hemisphere　優位半球　164
dominant side　利き側　164, 165
dopamine　ドーパミン　420, 429, 457, 463
dopamine neuron (A10 neuron)　ドーパミン神経 (A10 神経)　221
dopamine reward system　ドーパミン報酬系　428
dorsi-flexion　背屈 (後屈)　60
dorsolateral prefrontal area　背外側前頭前野　428
dorsolateral prefrontal cortex　背外側前頭前野皮質　432
dorsomedial prefrontal cortex　背内側前頭前皮質　432
double helix　二重らせん構造モデル　30
double helix structure　二重螺旋構造　18
double loaded corridor type　中廊下型　386
double supporting phase, double limb stance phase　両脚支持期　143, 399
double tasks, dual tasks　二重課題　201
doubly-labelled water method　二重標識水法　559
Douglas bag　ダグラスバッグ　168, 558
down　生毛　569

Down's syndrome　ダウン症　42
DPG　distal-proximal gradient　末梢-中心皮膚温勾配　390
drapery　巻垂型　466
dream　夢　**206**
dreaming　夢見　390
dress culture　衣文化　**466**
dressing　身体装飾　394
drinking　飲酒　136
drinking and smoking　飲酒と喫煙　456
drive for thinness　痩身願望　383
driving　運転　356
driving force　駆動力　143
driving simulator　ドライブシミュレータ　583
drowing　溺死　388
dry bulb temperature　乾球温度　295, 538
dry heat loss　乾性熱放散, 乾性放熱　174, 292, 538
DTI　diffusion tensor imaging　拡散テンソル画像法　278, 552
dual energy X-ray absorptiometric scan　二重エネルギー X 線吸収法　341, 381
dual energy X-ray absorptiometry　二重エネルギー X 線吸収測定法　107
dual innervation　二重支配　122
duct　導管　131
duodenum　十二指腸　86
durables　耐久消費財　471
duv　317
dweller's point of view　生活者の視点　510
dwelling life, living　住生活　**386**, 469
dwelling space　住居　**469**
dynamic acceleration　動加速度　357
dynamic balance　動的バランス　142
dynamic causal model　DCM　552
dynamic equilibrium　動的平衡　6
dynamic response　動的反応　159
dynamic visual acuity DVA　DVA 動体視力　237
dyslipidemia　脂質異常症　138
dysthymic disorder　気分変調症　464
Dzudzuana cave　デュデュアナ洞窟遺跡　394

■ E

ear　耳　**96**
eardness　利き耳　165
early life experience　幼少期の経験　196, 433
earth, ground　アース　528
eat-in kitchen　ダイニングキッチン　472
eating behavior　食行動　**382**, 383
ebola hemorrhagic fever　エボラ出血熱　448
eccentric contraction　伸張性収縮（遠心性収縮）　143, 147
eccrine sweat gland　エクリン腺　89, 131, 530
ECG　electrocardiogram　心電図　194, **518**, 544
ecological life span　生態的寿命　436
economical speed　経済速度　417
economy　経済性　416
economy class syndrome　エコノミー症候群　355
ECP　extracellular fluid　細胞外液　80, 180
ectoderm　外胚葉　77
ectomorphy　外胚葉型　101
EDA　electrodermal activity　皮膚電気活動　194, **530**
EEG　electroencephalogram　脳波　194, 350, **544**, 547, 567
effective radiating area ratio　有効放射面積率　538
effective sweat volume, evaporated sweat　有効発汗量　301, 541
effective temperature: ET　有効温度　295
effector　効果器　80, 123, 180, 292
efference　遠心性　123
efferent copy　遠心性コピー　**199**
efferent signal　遠心性信号　259
efferent tract　遠心路　123
efficiency　効率　160
EGG　electrogastrogram　胃電図　126, **526**
EIH　exercise induced hypoxemia　運動性誘発低酸素症　114
ejaculatory reflex　射精反射　154
elastic fiber　弾性繊維　89
elastic wave　弾性波　349
elastin　エラスチン　89

elderly person　高齢者　320
elderly population　老年人口　477
electric discharge lamp　放電灯　321
electric field　電界　304
electrization, exosomatic method　通電法　530
electrocardiogram: ECG　心電図　194, **518**, 544
electrodermal activity: EDA, galvanic skin reflex: GSR　皮膚電気活動　194, 212, **530**
electroencephalogram: EEG, brain wave　脳波　194, 350, **544**, 547, 567
electrogastrogram: EGG　胃電図　126, **526**
electromagnetic radiation　電磁波　**304**, 306, 312
electromechanical delay: EMD　電気力学的遅延　146
electromyogram: EMG　筋電図　69, 148, 409, **528**, 544, 562, 567, 574
electromyopotential　筋電位　528
electronic flow　電気緊張性電流　145
electronic transmission　電気緊張性伝導　80
electro oculogram　眼球電図　202, **532**
electroretinogram: ERG　網膜電図　247, **534**
elevation　標高　310
embroidery　刺繍　467
embryology　発生学　9
embryonic stem cell　ES細胞（胚性幹細胞）　50
EMD　electromechanical delay　電気力学的遅延　146
emergency conrtol mode　緊急モード　413
emergency reaction, emergency response　緊急反応　226, 229
emerging infectious disease　新興感染症　446
EMG　electromyogram　筋電図　69, 148, 409, **528**, 544, 562, 567, 574
emissivity　放射率　538
emmetropia　正視　238
emotion, affect　情動　124, 182, 192, 196, 208, 217, 268, 567
emotoin and feeling　情動・感情　**217**
emotional behavior　情動行動　221
emotional circuit　情動回路　218
emotional memory　情動記憶　391
empathy　共感　192, 480, 551
employment structure with M-shaped curve　M

字型就業　486
enamel　エナメル質　27
enantiomer　鏡像異性体　2
enantiomeric excess　鏡像体過剰　2
enantiomeric selectivity　鏡像体選択率　3
encapsulated axon terminal　被包性軸索終末　259
encephalin　エンケファリン　258, 429
endocrine　内分泌　**136**
endocrine system　内分泌系　124, 128, 136, 181, 407, 566
endoderm　内胚葉　77
endogamy　同族結婚　210
endomorphy　内胚葉型　101
endoplasmic reticulum　小胞体　4
endorphin　エンドルフィン　258
endoskeleton　内骨格　56
endosymbiotic theory　細胞内共生説　5, 19
energy　エネルギー　282
energy metabolism　エネルギー代謝　**166**
energy expenditure　エネルギー代謝量　**557**
energy saving, conservation　省エネ　355
enhancer　エンハンサー　35
enteric bacteria　腸内細菌　127
enteric nervous system　腸壁内神経系　79
enterohemorrhagic Escherichia coli　腸管出血性大腸菌　448
entropy　エントロピー　6
environment factor　環境因子　386
environment pressure diving　環境圧潜水　333
environmental adaptability　環境適応能　45, 176, 178, 181, **373**, 446, 511
environmental adaptation　環境適応　26, 34, 221
environmental factor　環境要因　418
environmental factor theory　環境因子説　441
environmental hormone　環境ホルモン　138
environmental impact assessment　環境アセスメント　585
Environmental Impact Assessment Law　環境影響評価法　585
environmental quality standard　環境基準　348
environmental tobacco smoke　環境タバコ煙　457

environmental variance　環境分散　39
enzyme　酵素　11
epidermis　表皮　88, 309
epigenesis　後成説　9
epigenetics　エピジェネティクス　9, 36
epilation　脱毛　307
epinephrine　エピネフリン　560
epiphyseal cartilage　骨端軟骨　57
epiphysial line　骨端線　103
epiphysis, articulating bones　骨端　59
episode memory　エピソード記憶　204
epithelial tumor　上皮性腫瘍　43
epitope　エピトープ　141
EPSP　excitatory postsynaptic potential　興奮性シナプス後電位　80, 144, 553
equal employment opportunity act for men and women　男女雇用機会均等法　509
equilibrium theory　平衡理論　431
equivalent continuous A-weighted sound pressure level　等価騒音レベル　348
equivalent current dipole　等価電流双極子　553
equivalent temperature corrected for radiation　等価有効温度　295
equivalent veiling luminance　等価光幕輝度　326
ERD　event related desynchronization　刺激関連脱同調　549
erect bipedalism　直立二足歩行　27, 60, 92, 99, 111, 342, 384, 398, 400, 425, 426, 428
erect posture　直立姿勢　142
ERG　electroretinogram　網膜電図　247, **534**
ergonomics　人間工学（エルゴノミクス）　402, 506, 512
ERP　event related potential　事象関連電位　194, 202, **547**
error　誤差　591
error prone theory　誤り説　441
error ratio　誤答率　202
ERS　event related synchronization　刺激関連同調　549
erythema dose　紅斑紫外線量　310
esophageal cancer　食道がん　458
esophageal temperature　食道温　129, 536

esophagus　食道　86
essential hypertension　本態性高血圧　512
essential tremor　本能性震戦　162
estimated average requirement　推定平均必要量　380
estimated energy requirement　推定エネルギー必要量　380
estradiol　エストラジオール　230
estrogen　エストロゲン　13, 58, 137, 189, 274
estrus　発情期　426
ET　effective temperature　有効温度　295
ethanol　エタノール　458
ethnic group　民族　21
eubacteria　真正細菌　4, 19
eucaryotic cell　真核細胞　4
eudaimonia　エウダイモニア　429
eugenics　優生学　210
Eukaryota　真核生物　19
eumelanin　真性メラニン　89
euphoria　ユーフォリア（オイフォリア）　428
European　ヨーロッパ人　178
EuroQOL　Euro quality of life　444
evaluation methods for stress　ストレス評価法　228
evaporated sweat, effective sweat volume　有効発汗量　301, 541
evaporation　蒸発　282, 538
evaporative heat dissipation　蒸散性熱放散　128, 541
evaporative heat loss　蒸発性熱放散　287, 538
evaporative heat transfer coefficient　蒸発熱伝達係数　538
event-related design　事象関連デザイン　551
event related desynchronization: ERD　刺激関連脱同調　549
event related potential: ERP　事象関連電位　194, 202, **547**
event related synchronization: ERS　刺激関連同調　549
eversion　外反　60
evo devo　エボデボ　10
evolution　進化　**17**, 27, 83, 504
evolution of vision　視覚の進化　26

evolution theory　進化論　18
evolutionary developmental biology　進化発生生物学　10
evolutionary medicine　進化医学　451
ex-ante assessment　事前評価　585
ex-post assessment　事後評価　585
excitability　興奮性　144
excitation-contraction coupling: E-C coupling　興奮収縮連関　64, 146
excitatory postsynaptic potential: EPSP　興奮性シナプス後電位　80, 144, 553
excited state　励起状態　304
excretion　排出，排泄　124, 125
exercise and health　運動と健康　**453**
exercise induced hypoxemia: EIH　運動性誘発低酸素症　114
exhaustion theory　消耗説　441
exon　エクソン　35
exoskeleton　外骨格　56
exosomatic method, electrization　通電法　530
experiential selection　経験選択　81
experimental animal　実験動物　124
experimental design, experimental planning　実験計画法　**591**
explicit knowledge　形式知　370
extended international ten-twenty electrode system　拡張国際10-20法　545
extension　伸展　60
extensor carpi radialis muscle　橈側手根伸筋　91
extensor carpi ulnaris muscle　尺側手根伸筋　91
extensor digiti minimi muscle　小指伸筋　91
extensor digitorum muscle　総指伸筋　91
extensor indicis muscle　示指伸筋　91
extensor pollicis brevis muscle　短拇指伸筋　91
extensor pollicis longus muscle　長拇指伸筋　91
external acoustic meatus　外耳道　96, 249
external environment　外部環境　180
external secretion　外分泌　7
extracellular fluid: ECF　細胞外液　80, 180
extracellular matrix　細胞外基質（細胞外マトリックス）　4, 89

extrafusal muscle fiber　錘外筋線維　67, 69, 158
extraocular muscle　外眼筋　237
extrauterine spring　子宮外胎児期　193
eye　眼（目）　**94**, 485, 569
eye movement　眼球運動　**149**, 532
eyedness　利き目　165
eyelashes　睫毛　570

■ F

Fab fragment　Fab 部分　141
fabric, textile　布　395
fabric structure, textile structure, woven or knitted structure　布構造　395
facies articularis　関節面　59
falling　転倒　448
falling birth rate　少子化　190, 509
false daylighting　疑似採光　369
family　家族　27
family group　家族集団　470
family tree study　家系研究　277
family unit　世帯　386
far infrared radiation　遠赤外線　308
far point　遠点　237
farm implements　農具　499
fashion　流行　468
fast Fourier transform: FFT　高速フーリエ変換　519, 522, 527
fast pain　一次痛　257
fast twitch fiber, fast twitch muscle fiber　速筋線維　65, 69, 100, 146
fast-twitch glycolytic fiber　FG 線維　147
　速筋線維　65
fast-twitch oxidative glycolytic fiber　FOG 線維　147
fast, fatigable: FF　147
fast, fatigue-resistant: FR　147
fat　脂肪　98
fat-free mass: FFM　107
fatigue　疲労　**418**, 422, 528, 566
fatigue sensation, tiredness　疲労感　418, 529
fatigue threshold　疲労閾値　170
Fc fragment　Fc 部分　141

FD　functional dyspepsia　機能性胃腸症　527
fear conditioning　恐怖条件付け　183
Fechner's law　フェヒナーの法則　271, 275
feedback　フィードバック　259, 413
feedback regulation　フィードバック制御　136
feedforward　フィードフォワード　130
feedforward regulation　フィードフォワード制御　136
feeding　摂食行動　136
feeling　感情　217
feeling of moderation　節度感　413
female hormone　女性ホルモン　189
femur　大腿骨　111
fetus　胎児　118, 192, 342
FF　fast, fatigable　147
FFM　fat-free mass　107
FFT　fast Fourier transform　高速フーリエ変換　519, 522, 527, 529
fiber　繊維　395, 466
fibro cartilage　線維軟骨　59
fibroblast　繊維芽細胞　89
fibrous junction, junctura fibrosa　線維性の連結　59
Fibrous membrane, membrane fibrosa　線維膜　59
Fick principle　フィックの原理　520
fight or flight response, fight-flight response　闘争逃走反応　182, 226
figure-ground　図・地　431
filter paper capsule method　カプセル濾紙法　542
FIM　function independence measure　445
fin　鰭　342
finger prints　指紋　569
finger to nose test　指鼻試験　162
fishing implements　漁具　499
fitness　適応度　426
five factor personality question naire　5 因子性格検査　581
five factor model　5 因子モデル　581
flare　紅潮　154, 258
flashback experience　フラッシュバック体験　208

flat foot　扁平足　92
flax, hemp　麻　394
flexion　屈曲　60
flexor carpi radialis muscle　橈側手根屈筋　91
flexor carpi ulnaris muscle　尺側手根屈筋　91
flexor digitorum profundus muscle　深指屈筋　91
flexor digitorum superficialis muscle　浅指屈筋　91
flexor pollicis brevis muscle　短拇指屈筋　91
flexor pollicis longus muscle　長拇指屈筋　91
flextime　フレックス制　404
flicker fusion threshold　フリッカー融合閾値　564
flicker stimulus　フリッカー刺激　535
flicker test　フリッカーテスト　564
flicker value, critical flicker fusion frequency　フリッカー値　194, 564, **584**
flight reflex　逃避反射　153
flight simulator　フライトシミュレータ　583
flip-flop cycle　フリップフロップ回路　390
flow-thraugh　フロースルー　168
fluid intelligence　流動性知能　209
Flynn effect　フリン効果　210
fMRI　functional magnetic resonance imaging　機能的磁気共鳴画像法　194, 220, 253, 272, 432, 546, **550**
folate　葉酸塩　516
folk costume　民俗衣装　467
follicular stimulating hormone: FSH　卵胞刺激ホルモン　13, 104, 137, 230
food　食物　86
food culture　食文化　**474**
foot　足　**92**, 111
foot arch, planter arch　土踏まず　92
foot pad　足蹠　111
footedness　利き脚　165
footwear　履物　399
foramen magnum　大後頭孔　111, 142
forbidden zone　入眠禁止ゾーン　390
forced desynchrony protocol　強制脱同調プロトコル　186
forced expiratory volume 1.0 sec ; $FVC_{1.0}$

%＝$FVC_{1.0}$/FVC　1秒率　115
forced vibration　強制振動　351
forced vital capacity: FVC　努力性肺活量　115
fore posture　前傾姿勢　399
forefoot rocker　フォアフット・ロッカー　143
foreign body　異物　139
forest　森林　**364**
forest therapy　森林セラピー　364, 423
form tight fitting　体形型　466
formal wear　礼服　467
formaldehyde　ホルムアルデヒド　330
formant　ホルマント　151
fornix　脳弓　192
forward model　順モデル　199
fossa articularis　関節窩　59
founder effect　創始者効果　18
Fourier transform　フーリエ変換　546
fovea centralis　中心窩　149, 235, 238
FR　fast, fatigue-resistant　147
fractional anisotropy　異方性比率　145
fractional factorial design　一部実施実験計画法　593
fractional linear transformation method　FLT法　577
fracture　骨折　448
free-diving, breath-hold diving　素潜り　335
free nerve ending, free nerve terminals　自由神経終末　82, 259, 262
free-running period　自由継続周期　185
free triiodothyronine: free T_3　遊離 T_3　363
frequency　周波数　345, 351, 528
frequency　頻度　587
frequency analysis　周波数解析　522
frequency weighting curve　周波数加重曲線　353
Frey's irritation hairs　von Freyの刺激毛　260
fron gas, chlorofluorocarbon　フロンガス　310
front opening　前開き型　466
frontal association area　前頭連合野　192
frontal eye field　前頭眼野　150
frontal lobe　前頭葉　208
frontal-midline theta wave　Fmθ波　546
frontal plane　前額面　60

fronto-parietal network　前頭-頭頂ネットワーク　198
frontopolar cortex　前頭極　198
frostbite　凍傷　289, 362
FSH　follicular stimulating hormone　卵胞刺激ホルモン　13, 104, 137, 230
function independence measure　FIM　445
functional brain imaging　脳機能イメージング　124
functional connectivity analysis　機能的結合解析　552
functional dyspepsia: FD　機能性胃腸症　527
functional localization of the brain　脳の機能局在　62
functional magnetic resonance imaging: fMRI　機能的磁気共鳴画像法，脳機能核磁気共鳴画像　194, 220, 253, 272, 432, 546, **550**
functional potentiality　機能的潜在性　171, 173, 176, **178**, 181, 378, 511
functional specialization of hemispheres　大脳半球の機能的特異性　164
fundamental tone　基本音　345
funeral ritual　葬送儀礼　478
fungus　真菌　4
fur　毛皮　394
fusiform gyrus　紡錘状回　245, 432
fusiform muscle　紡錘状筋　65
FVC　forced vital capacity　努力性肺活量　115

■ G

G-LOC　gravity-induced loss of consciousness　342
G protein coupled-receptors　Gタンパク質共益受容体　45
gait　歩容　399
gala dress　晴れ着　467
Galactic cosmic rays: GCR　銀河宇宙放射線　340
gallbladder　胆嚢　86
galvanic skin reflex: GSR, electro-dermal activity: EDA　皮膚電気活動　194, 212, 530, 531
gamete　配偶子　13
ganglion　神経節　123
ganglion cell　神経節細胞　235, 314

ganzfeld apparatus　ガンツフェルト刺激装置　535
garment, clothe　被服　394
GAS　general adaptation syndrome　全身適応症候群　226
gas gangrene　ガス壊疽　334
gastric acid　胃酸　84, 86, 139
gastric gland　胃腺　86
gastric juice　胃液　84
gastric residence time　胃内滞留時間　126
gastrin　ガストリン　138
gastrocnemius　腓腹筋　143
gastrointestinal hormone　胃腸管ホルモン　138
gastrointestinal tract, digestive tract　消化管　86, 136
gate　関門　258
gate control theory　ゲートコントロール説　258
gaze-added interface　視線付加型インタフェース　533
GCR　Galactic cosmic rays　銀河宇宙放射線　340
gender　ジェンダー　190
gender role　男女の役割　486
gene　遺伝子　**34**, 37, 173, 277
gene amplification　遺伝子増幅　461
gene and cancer　遺伝子とがん　**43**
gene duplication　遺伝子重複　34
gene expression　遺伝子発現　34, 173, 374
gene family　遺伝子ファミリー　34
gene frequencies　遺伝子頻度　377
gene polymorphism　遺伝子多型　173, 186, 291, 462
gene pool　遺伝子プール　31
gene recombination　遺伝子組み換え　19, 47
gene therapy　遺伝子治療　36, 44, 47
genealogical tree　系統樹　209
general adaptation syndrome: GAS　全身適応症候群　226
general color rendering index　平均演色評価数　323
general factor, g　一般知能 g　209
general fatigue　全身疲労　418
general lighting　全般照明　323

general linear model: GLM　一般線型モデル　551
generalized motor program　一般的運動プログラム　161
genetic adaptation　遺伝的適応　178, 377, 511, 514
genetic character　遺伝形質　30, 37, 51
genetic code　遺伝暗号　34
genetic engineering　遺伝子工学　**47**
genetic distance　遺伝的距離　21
genetic drift　遺伝的浮動　18, 20
genetic effect　遺伝的影響　307
genetic information　遺伝情報　45
genetic polymorphism　遺伝的多型　374
genetic variance　遺伝的分散　39
genetics　遺伝学　18, **30**
genome　ゲノム　12, 45, 52, 462
genome as in the business scene　ゲノムとビジネス　**52**
genomic imprinting　ゲノムインプリンティング　10
genotype　遺伝子型　35, 37, 173, 377
genus Homo, Homo　ホモ属　28, 499
geometric mean　幾何平均　587, 589
germline mutation　胚細胞変異　461
gerontology　老年学　440
gestation length　妊娠の期間　193
ghrelin　グレリン　138
ginglymus, hinge joint　蝶番関節　60
glabrous region　無毛部　132
glare　グレア　323, **326**
glia　グリア（神経膠細胞）　79
glioma　神経膠腫（グリオーマ）　305
GLM　general linear model　一般線型モデル　551
global warming　地球温暖化　283
globalization　グローバル化　402
globe temperature　グローブ温度　295
glomerulus　糸球体　85
glottis　声門　151
glucagon　グルカゴン　87, 137
glucocorticoid　糖質コルチコイド　137
glucose　グルコース　252
glucose-dependent insulinotropic polypeptide　グルコース依存性インスリン分泌刺激ポリペプチド　138
glutamate　グルタミン酸　77
gluteal region　臀部　111
glycogen　グリコーゲン　137, 166, 170
glycolysis　解糖系　169
GnRH　gonadotropin-releasing hormone　ゴナドトロピン放出ホルモン　13
goal-directed movement　目標を目指した動作　162
Golgi body　ゴルジ体　4
Golgi tendon organ　ゴルジ腱器官　67
gonadal hormone　性腺ホルモン　105
gonadotropin　性腺刺激ホルモン　13, 105
gonadotropin-releasing hormone: GnRH　性腺刺激ホルモン放出ホルモン，ゴナドトロピン放出ホルモン　104, 137, 230
goniometer　ゴニオメータ，角度計　494, 571, 576
gonoduct　生殖輸管　105
good design award　グッドデザイン賞　506
ghost in the machine　機械の中の幽霊　80
gradiometer　グラジオメータ　553
grandmother hypothesis　おばあちゃん仮説　427
graphical user interface　グラフィカルユーザインタフェース　493
grasp　把持　410
grasp reflex　把握反射　153
grave　墓　479
gravitational stress　重力負荷　342
gravity　重力　134, 267, **342**
gravity-induced loss of consciousness: G-LOC　342
gravityless environment simulator　無重力シミュレータ　583
gray hair　白髪　569
greenhouse gas　温室効果ガス　283
grey matter, gray substance　灰白質　69, 77
ground squirrel　ジリス　349
ground state　基底状態　304
group Ia afferent fiber　Ⅰa群求心性線維　68

group Ia fiber　Ia 群線維　158
group Ⅱ afferent fiber　Ⅱ群求心性線維　68
group Ⅱ fiber　Ⅱ群線維　158
group behavior　集団行動　**482**
group norm　集団規範　482
group pressure　集団圧力　483
group size　集団サイズ　482
growth　成長，発育　**103**, 377, 438
growth and development　成長・発達　**438**
growth chart, growth curve　成長曲線　103, 438
growth hormone　成長ホルモン　103, 137, 391
growth period　成長期　443
growth spurt　成長加速現象　103
growth velocity　成長速度　438
GSR galvanic skin reflex　531
GTP-binding protein　GTP 結合タンパク　43
gut reaction　勘　501
gyro sensor　ジャイロセンサー　576

■ H

H reflex　H 反射　159
habitat　生息場所　342
hair　毛　569
hair follicle　毛包　131
hair follicle receptor　毛包受容器　259
half rising posture　中腰位　111
hallucination　幻覚　213
hallux valgus　外反母趾　399
hamilton depression rating-seasonal affective disorder　SIGH-SAD　232
hammer toe　槌趾（ハンマートゥー）　399
hand　手　**90**, 111
handedness　利き手　165
handedness inventory　利き手調査票　165
Haplorrhini　直鼻猿亜目　25
haplotype　ハプロタイプ　42
haptics　ハプティクス　259
Hare　ハレ　467
harmonic　倍音　345
harmonic mean　調和平均　589
having one's workplace near one's home　職住近接　471

Hayflick limit　ヘイフリックの限界　7, 436, 441
HCG　human chorionic gonadotropin　絨毛性ゴナドトロピン　138
head hair　頭髪　570
head mounted display　ヘッドマウントディスプレイ　494
headgear　被り物　468
health related quality of life　健康関連 QOL　444
Healthy Japan 21　健康日本 21　452
hearing　聴覚　**249**
heart　心臓　**73**, 84, 117, 122, 136, 566
heart disease　心疾患　460
heart rate: HR　心拍数　134, 292, 301, 365, 408, 507, 519, 520, 566
heart rate variability: HRV　心拍変動(性)　350, 365, 407, 519, **522**
heat　熱　282
heat acclimation　暑熱順化　292
heat acclimatization　暑熱馴化　292, 374
heat adaptation　暑熱馴化　263
heat and water vapour transfer　熱・水分移動性　394
heat balance　熱収支　387
heat capacity　熱容量　282
heat disorder/stroke　熱中症　292, 317
heat dissipating response　熱放散反応　287
heat flow　熱流　282
heat flux　熱流束　282
heat island　ヒートアイランド　284, 361, 366
heat island intensity　ヒートアイランド強度　361
heat loss　放熱量，熱放散　173, 285, 289
heat loss response　放熱反応　178
heat production, thermogenesis　産熱量，熱産生（量）　173, 285, 289, 292
heat storage　貯熱量　536
heat stress　暑熱ストレス　174
heat stroke　熱中症　387
heat tolerance　耐暑性　178, **292**
heat tolerance response　耐暑反応　129
Heath-Carter method　ヒース・カーター法　101
heating　暖房　302

heatstroke 熱中症 397
hedonia ヘドニア 429
heel rocker ヒール・ロッカー 143
height 身長 438
helicotrema 蝸牛孔 97
helium-oxygen gas ヘリオックスガス 336
helper T cell ヘルパーT細胞 140
hematopoiesis 造血 56
hematopoietic stem cell 造血幹細胞 56
hemisphere dominance 半球優位性 164
hemodynamic response function 血液動態関数 551
hemoglobin ヘモグロビン 75, 84, 555
hepatic lobule 肝小葉 87
hereditary breast and ovarian cancer 遺伝性乳がん・卵巣がん症候群 44
hereditary cancer 遺伝性がん 461
hereditary disease 遺伝病 31, **40**
heredity 遺伝 210
heritability 遺伝率 39
hetero junction ヘテロ接合 40
hetero trimer protein ヘテロ3量体タンパク質 46
heteroploid 異数体 40
heterozygote, heterojunction, heterozygous ヘテロ接合 37, 40, 210
Hick's law ヒックの法則 563
hidromeiosis 発汗漸減 543
high altitude acclimation 高所馴化 338
high altitude environment 高所環境 120
high birth and death rate 多産多死 476
high frequency 短波 304
high frequency component 高周波成分, HF 成分 519, 522
high latitude 高緯度 362
high latitudes 高緯度地域 285
high pressure nervous syndrome 高圧神経症候群 336
high pressure oxygen treatment 高圧酸素治療 334
high-seasonality group 高季節性集団 232
high side window 高窓 319
high threshold mechonoreceptor 高閾値機械受容器 257
highlands 高地 285
hinge joint, ginglymus 蝶番関節 60
hip fracture 大腿骨頸部骨折 448
hippocampus 海馬 182, 204, 391, 567
histocompatibility antigen 組織適応抗原 38
histon code ヒストンコード 36
histone ヒストン 35
Hoffmann reflex H 反射 68, 159, 163
Holter electrocardiogram ホルター心電図 519
Holter electrocardiograph ホルター心電計 523
home, dwelling space, housing, residence 住居 386, **469**
homeobox ホメオボックス 10
homeodomain ホメオドメイン 10
homeostasis ホメオスタシス, 恒常性(維持) 85, 120, 124, 136, 175, 176, 178, **180**, 196, 226, 289, 422, 433, 560, 566
homeostatic emotion 恒常性維持性情動 196
homeotherm, homoiothermal animal 恒温動物 394, 514
homeotic ホメオティック 10
homeotic gene ホメオティック遺伝子 10
hominid 原人 28, 442
Hominidae ヒト科, 人類 **27**
hominoidea ヒト上科 25
Homo, genus Homno ホモ属 28, 499
homochirality ホモキラリティー 2
Homo Dmanisi ドマニシ原人 442
Homo erectus ホモ・エレクトス 439, 442, 513
Homo habilis ホモ・ハビリス 439, 442
homo junction, homozygous ホモ接合 3, 7, 40, 210
homo mobilitas ホモ・モビリタス 425
Homo neanderthalensis ネアンデルタール人 442, 466
Homo sapiens ヒト, 現代人, 新人(ホモ・サピエンス) 21, 27, 28, 131, 514
homo sapiens neanderthalensis ネアンデルタール人 479
homological structure 相同構造 90
homologous chromosome 相同染色体 14

homozygote　ホモ接合体　274
homozygous　ホモ接合　37, 210
horizontal cell　水平細胞　235, 248
horizontal plane　水平面　60
hormone　ホルモン　560
hospice　ホスピス　479
host　宿主　446
hot environment　高温環境　**287**
hours of sunlight　日照時間　362
house　住宅　386, **469**
household accident　住宅内事故　470
household work　家事労働　470
housing, residence, home　住居　386, 469
housing culture/residential building design　住文化/住宅のデザイン　**471**
housing of the aged　高齢者住宅　473
Hox gene　ホックス遺伝子　10
HR　heart rate　心拍数　408, 519
HRV　heart rate variability　心拍変動性　350, 365, 519
hue　色相　328
hue circle　色相環　328
human　ヒト　25
human adaptability to the environment　環境適応能　**373**
human chorionic gonadotropin: HCG　絨毛性ゴナドトロピン　138
human error　ヒューマンエラー　411
human genome project　ヒトゲノムプロジェクト　52
human interface　ヒューマンインタフェース　412, **492**, 495
human population　人類集団　178
human powered load carriage　人力運搬　400
humidity　湿度　**300**
hunting and gathering　狩猟採集　424
hunting reaction　ハンティングリアクション　291
Huntington disease　ハンチントン病　7
hydrochloric acid　塩酸　121
hydrogen ion concentration　水素イオン濃度　120
hydrophilic　親水基　395

hyper ventilation　過剰換気　121
hyper ventilation syndrome　過換気症候群　121
hyperarousal　過覚醒　391
hyperbaric environment　高圧環境　**333**
hyperextension　過伸展　60
hyperopia　遠視　238
hyperpolarization　過分極　80, 144, 247, 534
hypertension　高血圧　138, 459
hyperthermia-induced hyperventilation　温熱性換気亢進　288
hyperventilation　過呼吸　335
hypervitaminosis A　ビタミン A 過剰摂取　362
hypnogram　睡眠経過図　390
hypobaric　低圧　337
hypobaric environment　低圧環境　334, **337**
hypophysis　脳下垂体　136
hypothalamic-pituitary-adrenal axis　視床下部-下垂体-副腎系（HPA）軸　227
hypothalamic-pituitary-adrenocortical（HPA）axis　視床下部-下垂体-副腎皮質軸　229, 560
hypothalamic-pituitary-adrenocortical system　HPA 系　566
hypothalamus　視床下部　124, 130, 132, 136, 180, 185, 254, 289, 292, 407, 428, 432, 560
hypothermia　低体温症　284, 285
hypothermic adaptation　低体温型適応　179
hypoxemia　低酸素血症　114
hypoxia　低酸素（症）　119, 120, 121, 334, 337
hypoxic hypoxia　低酸素性低酸素症　337
hypoxic ventilatory response　低酸素換気応答　116

I

IAQ　indoor air quality　空気質　368
IARC　International Agency for Research on Cancer　国際がん研究機関　305, 405, 457
IBP　international biological program　373
ICC　interstitial cells of Cajal　カハール介在細胞　126, 526
ICF　intracellular fluid　細胞内液　80
ICT　information and communication technol-

ogy　情報通信技術　402, 406
identical twins, monozygotic twins　一卵性双生児　278
identification　帰属意識　468
ileum　回腸　86
illuminance　照度　312, 315, 323, 371
illuminance distribution　照度分布　323
illusion　錯覚　**213**
ILO　International Labour organization　国際労働機関　402
imitative learning　模倣学習　393
immovable junction, synarthrosis　不動結合　59
immune function　免疫機能　364
immune system　免疫系　139, 181, 407, 560, 566
immunity　免疫　**15, 139**
immunoglobulin　免疫グロブリン　141, 566
immunoglobulin A（IgA）　免疫グロブリンA　228
impact, shock　衝撃　143, 357
impedance cardiogram　インピーダンス法　521
impediment removal　バリアフリー　473
impulse response　インパルス応答　551
inadequate stimulus　不適刺激　276
incandescent lamp　白熱電球　321
inclined plane　斜面　503
inclusive fitness　包括適応度　427
incomplete tetanus　不完全強縮　146
incretin　インクレチン　138
incus　キヌタ骨　96
index　示数　571
indirect blood pressure measurement　非観血的血圧測定法　524
indirect calorimetry　間接熱量測定法　166
indirect lighting　間接照明　323
indirect reciprocity　間接互恵性　484
individual　個体　180
individual death; somatic death　個体死　478
individual difference　個人差　161
individual factor　個人的要因　418
individual preservation　個体維持　428
indoor air quality; IAQ　空気質　368
induced pluripotent stem cell; iPS cell　iPS細胞　50, 54, 74

inducible pluripotent stem cells　人工多能性幹細胞　47, 50
induction　誘導　10
industrial design　工業デザイン　**505**
industrial product　工業製品　508
industrial revolution　産業革命　424, 476
ineffective sweat/volume　無効発汗　397, 541
inert gas　不活性ガス　333
infancy　乳幼児期　439
infant mortality　乳児死亡率　446
infectious disease　感染症　**446**
inferior colliculus　下丘　97
inferior frontal gyrus　下前頭回　432
inferior parietal lobule　下頭頂小葉　200
infertility, sterility　不妊　190, 307
inflammatory cytokine　炎症性サイトカイン　227
inflammatory response　炎症反応　141
influx　内向き流束　145
information　情報　203
information and communication technology; ICT　情報通信技術　402, 406
infradian rhythm　インフラディアンリズム　187
infrared light, infrared radiation, infrared ray　赤外線　234, 304, **308**, 310, 321
infrared rediation thermometer　赤外線放射温度計　539
ingestion of bicarbonate　重曹摂取　121
inheritance, X-linked recessive　伴性劣性遺伝　274
inhibitory post-synaptic potential; IPSP　抑制性シナプス後電位　144
initial contact phase　初期接地　143
initial swing phase　遊脚初期　143
initiation of eye movement　眼球運動開始　150
innate immune system　自然免疫系　139
inner ear　内耳　96
inner hair cell　内有毛細胞　250
innervation ratio　神経支配比　69, 147
insensible perspiration　不感蒸泄　541
inserted electrode　挿入電極　528
insertion　停止　65

insomnia 不眠症 391
insomniac symptoms 不眠症状 391
inspection 視察 569
instantaneous heart rate 瞬時心拍数 519
Institute for Science of Labour 労働科学研究所 402
instrument 道具 **499**
instrumental adaptation 道具的適応 401, 514
insula 島 219
insular cortex 島皮質 268, 432
insulative acclimatization 断熱的馴化 179
insulin インスリン 48, 87, 137, 461
insulin-like growth factor インスリン様成長因子 137
intellect 知性 225
intelligence 知能 **209**
intelligence quotient 知能指数 210
interdependence theory 相互依存性理論 431
interferon インターフェロン 140
interindividual difference 個人間差 591
interleukine インターロイキン 140
intermodality 通様相性（インターモダリティ） 278
internal environment 内部環境 180
internal model 内部モデル 199
internal organ, organ 臓器 122, 504
internal timer 内的タイマー 269
International Agency for Research on Cancer: IARC 国際がん研究機関 305, 405, 457
International Association for the Study of Pain 国際疼痛学会 257
international biological program: IBP 373
International Commission on Illumination 国際照明委員会（Commission internationale de l'éclairage（仏）: CIE）241, 308
International Labour Organization: ILO 国際労働機関 402
International Society for Clinical Electrophysiology of Vision: ISCEV 国際臨床視覚電気生理学会 534
International Society of Hypertension 国際高血圧学会 452
international space station: ISS 国際宇宙ステーション 339
international standard atmosphere: ISA 標準大気 339
international system of units 国際単位 282
international ten-twenty electrode system 国際10-20法 545
internet addiction インターネット依存症 387
interoceptive information 内受容性情報 196
interoceptive sense 内受容性感覚 268
interosseous muscle 骨間筋 91
interparsonal distance 対人距離 481
interpersonal psychotherapy: IPT 対人関係療法 464
intersensory facilitation 感覚間促進効果 280
interspecific competition 種間競争 209
interstitial cell 間質細胞 138
interstitial cells of Cajal: ICC カハール介在細胞 126, 526
interstitial emphysema 間質性気腫 335
interstitial fluid 間質液 71
interval estimation 区間推定 588
interval scale 間隔尺度 589
intervertebral disk 椎間板 112
intimate distance 密接距離 481
intracellular fluid: ICF 細胞内液 80
intrafusal muscle fiber 錘内筋線維 67, 69, 158
intraindividual difference 個人内差 591
intraspecific competition 種内競争 209
intrinsic factor 内因子 86
intrinsically photosensitive retinal ganglion cell: ipRGC 内因性光感受性網膜神経節細胞 236, **247**, 314, 534
intron イントロン 35, 46
intuition 直観 223
Inuit イヌイット（族）265, 362
invasion 浸潤 461
inversion 内反 60
invertebrate 無脊椎動物 83
inverted U-shaped curves 逆U字仮説 194
iodopsin アイオドプシン 236
ion channel イオンチャネル 45
ionization 電離作用 304
IPSP inhibitory post-synaptic potential 抑制

性シナプス後電位　144
IPT　interpersonal psychotherapy　対人関係療法　464
IQ　210
iris　虹彩　94, 235, 570
irradiance　放射照度　315
irregular astigmatism　不正乱視　238
irreversible lesion　不可逆的病変　461
ISA　international standard atmosphere　標準大気　339
islets of Langerhans　ランゲルハンス島　87
ISO　International Organization for Standardization　395
ISO 2631-1　353
isokinetic contraction　等速性収縮　146
isometric contraction　等尺性収縮　146
isothermal line　等温線　284
isotonic contraction　等張性収縮　146

■ J

jacket　背広　467
James-Lange theory　ジェームズ・ランゲ末梢起源説　218
Japan Aerospace eXploration Agency: JAXA　宇宙航空研究開発機構　340
Japanese antarctic research expedition　南極観測隊　363
Japanese dietary pattern　日本型食生活　451
jeans　ジーンズ　467
jejunum　空腸　86
jerk　加加速度（ジャーク，躍度）　357
joint, articulation　関節　**59**
joint cavity, canvum articulare　関節腔　59
joint receptor　関節受容器　59
joint torque　関節トルク　60
joule　ジュール　282
judgment　判断　567
juvenile population　年少人口　477
juvenility　少年期　439

■ K

kanashibari　金縛り　208
kansei, sensibility　感性　**223**, 468, 504
Karolinska sleepiness scale: KSS　カロリンスカ眠気尺度　195
karoshi, death from overwork　過労死　403
Kaup index　カウプ指数　381
Ke　ケ　467
Kelvin　ケルビン　282
Kendall's coefficient of concordance　ケンドールの一致係数　579
keratin　ケラチン　88
keratinocyte　角化細胞　88
Kerckring's fold　ケルクリングヒダ　86
kidney　腎臓　85, 136
kimono　和服　467
kinesthesia　運動感覚　271
kinesthesis sense　筋運動覚　259
kinetic/dynamic visual acuity　KVA 動体視力　237
knee valgus　膝外反角　142
kneeling facet　跪坐面　385
knockout mouse　ノックアウトマウス　429
knowledge creation activity　知識創造行動　370
knowledge creation theory　知識創造理論　370
knuckle walk　ナックル歩行　90
Kohlrausch point　コールラウシュの屈曲点　313
Köppen climate classification　ケッペンの気候区分　284
Korotkov sound　コロトコフ音　524
Kraepelin test　クレペリンテスト　406
kyphosis　後弯　142
Kyushu Institute of Design　九州芸術工科大学　373

■ L

labor standards act　労働基準法　403, 419
labour, work　労働　**402**
labour force　労働力人口　403
labour force participation rate　労働力人口比率

（労働力率） 403
labyrinthine reflex 迷路反射 155
labyrinthus osseus 骨迷路 96
lack of calcium カルシウム不足 362
lactase ラクターゼ 127
lactase activity ラクターゼ活性 127
lactate threshold 乳酸閾値 172
lactic acid concentration 乳酸濃度 121
lactose intolerance 乳糖不耐症 127
lagena レジナ 97
lamprey ヤツメウナギ 122
land mark 計測点 571
Landolt ring ランドルト環 237
Langerhans cell ランゲルハンス細胞 88
Lapp ラップ 179
large intestine, colon 大腸 85, 86
large sliding calipers 杵状計 571
Lascaux cave ラスコー洞窟 499
laser in situ keratomileusis: LASIK レーザー角膜内切削形成術 238
lassitude 倦怠感 418
late marriage trend 晩婚化 477
latency 潜時 547
latent heat transfer 潜熱移動 395
lateral geniculate body, lateral geniculate nucleus 外側膝状体 150, 235
lateral-line organ 側線器 83
lateral rotation 外旋 60
laterality 側性（一側優位性） **164**, 384
laterodorsal tegmental nuclei: LDT 背外側被蓋核 390
Latin square method ラテン方格法 593
latitude 緯度 310
law of prägnanz プレグナンツの法則 412
law of projection 投射の法則 275
law of special sensation 特殊感覚の法則 **275**
law of specific nerve energies 特殊感覚エネルギーの法則 275
layered clothing 重ね着 394
layout レイアウト 370
LC locus coeruleus 青斑核 195, 390
LC/NE axis 青斑核/ノルエピネフリン-交感神経軸 227, 229

LDT laterodorsal tegmental nuclei 背外側被蓋核 390
lean body mass 除脂肪量 107
learning, study 学習 161, 203, **392**, 410, 501
learning curve 学習曲線 393
least developed countries 後発開発途上諸国 476
LED light emitting diode 321, 327
left bundle branch 左脚 518
left side flexion 左側屈 60
leg 脚，肢 111, 342
leisure 余暇 **424**
length servo 筋長自動制御 158
lens 水晶体 94, 235, 273
LEO low earth orbit 地球低軌道 339
less developed regions 開発途上地域 476
leukemia 白血病 43, 307
levator veli palatine muscle 口蓋帆張筋 96
lever てこ 503
Lewis relation ルイスの関係 538
LF low frequency, long wave 長波 304
LF/HF low frequency/high frequency 522
LH surge: luteinizing hormone surge LHサージ 137
Li-Fraumeni syndrome リ・フラウメニ症候群 44
life 生 6
life and death 生と死 **6**
life event ライフイベント 226, 230
life span 寿命 **436**
life stage ライフステージ 203
life-time 半減期 306
lifestyle related disease, lifestyle-related illnesses 生活習慣病 100, 453, 460
lifetime prevalence 生涯有病率 463
ligament, ligamentum 靭帯 59, 111
light adaptation 明順応 313, 534
light emitting diode LED 321, 327
light environment, lighting environment 光環境 127, 566
light reflex 対光反射 154
light sources 光源 **321**
light/visible light 光/可視光線 312

lighting　照明　**323**, 368
lighting environment　光環境　566
lighting method　照明手法　323
lightness　明度　328
lightness contrast　明度対比　242
limbic system　（大脳）辺縁系　124, 132, 182, 192, 218, 220, 407, 420
limbus tracking method　強膜反射法　532
linear energy transfer: LTE　線エネルギー付与　340
linen　亜麻　466
lipase　リパーゼ　126
lipopolysaccharide: LPS　リポ多糖　139
liquor　酒　456
liver　肝臓　85, 86, 289
living, dwelling life　住生活　**386**, 469
load, burden　負荷　566
load carriage　運搬　**400**
load carriage on the back　背負運搬　400
load carriage on the head　頭上運搬　400
load carriage on the shoulder　肩運搬　400
load error　ロードエラー　270
loading response phase　荷重応答期　143
local autonomy act　地方自治法　366
local climate　局地気候　359
local cold tolerance　局所耐寒性　291
local fatigue　局所疲労　418
local lighting　局部照明　323
local postural reflex　局在性姿勢反射　155
local sweat rate　局所発汗量　541
localization　定位　260
locomotion　ロコモーション　142
locomotion（type）　体移動様式　384
locomotion check　ロコモーションチェック　449
locomotion training　ロコモーショントレーニング　449
locomotive syndrome　ロコモティブシンドローム　**448**
locomotor　ロコモーター　143
locomotor center　歩行中枢　410, 567
locomotorium　運動器　448, 504
locus coeruleus: LC　青斑核　195, 390

LOH　loss of heterozygosity　ヘテロ接合性の消失　461
long fibulay muscle, peroneus longus　長腓骨筋　111
long-latency reflex　長潜時反射　159
long-term care need　要支援　448
long term memory　長期記憶　203, 413
long-term support need　要介護　448
long wave, low frequency: LF　長波　304
long-wavelength sensitive cones　L錐体細胞（長波長感受性錐体細胞）　240
longevity　長寿　441
lordosis　前弯　142
loss of heterozygosity: LOH　ヘテロ接合性の消失　461
loudness　ラウドネス，（音の）大きさ　345, 347
love　恋愛，愛　**430**, 551
low birth and death rate　少産少死　476
low earth orbit: LEO　地球低軌道　339
low frequency: LF, long wave　長波，低周波　304, 522, 527
low frequency component　低周波成分（LF成分）　519, 522
low of increase in size　体大化の法則　342
low temperature burn　低温火傷　262
lower critical temperature　下臨界温　285
LSD　lysergic acid diethylamide　278
LTE　linear energy transfer　線エネルギー付与　340
lucid dream　明晰夢　208
lumbar spinal canal stenosis　腰部脊柱管狭窄症　448
lumbar spinal cord　腰髄　124
lumbar vertebrae　腰椎　111
lumbosacral portion　腰仙部　112
lumbricalis muscle　虫様筋　91
luminance　輝度　315
luminance contrast　輝度対比　326
luminance distribution　輝度分布　323
luminous exitance　光束発散度　315
luminous flux　光束　315
luminous intensity　光度　315
luminous quantities　測光量　**315**

lung　肺　84
lung cancer　肺がん　457
luteinizing hormone　黄体形成ホルモン　13, 104, 230
luteinizing hormone surge: LH surge　LHサージ　137
lying posture　臥位　111
lymph　リンパ　71
lymph capillary　毛細リンパ管　72
lymph node　リンパ節　72
lymph system　リンパ系　71
lymphatic duct　リンパ幹管　72
lysergic acid diethylamide　LSD　278
lysosome　リソソーム　4
lysozyme　リゾチーム　139

■ M

MacAdam ellipsis　マクアダム楕円　329
machine　機械　**503**
machine tool　工作機械　504
macroclimate（province）　大気候（区）　359
macroevolution　大進化　19
macronutrient　主要栄養素　380
macrophage　マクロファージ　139
macula　平衡斑　97
magnetic field　磁界　304
magnetic sensor　磁気センサー　576
magnetoencephalogram: MEG　脳磁図　194, 253, **553**, 567
magnetosphere　磁気圏　339
main task　メインタスク　410
mainstream smoke　主流煙　457
major depression　うつ病　464
major depressive disorder　大うつ病性障害　231
major histocompatibility complex: MHC　主要組織適合遺伝子複合体　24, 256
major histocompatibility complex class Ⅰ: MHC1　主要組織適合遺伝子複合体クラスⅠ　140
maladaptation　非適応　451
malaria　マラリア　377, 447
male hormone　男性ホルモン　189

malformation　奇形　10
malignant tumor　悪性腫瘍　43, 457
malleus　ツチ骨　96
maltase　マルターゼ　127
mammalism, mammals　哺乳類　192, 342
manipulation　操作　165
Mann-Whitney U test　マン・ホイットニーのU検定　587
manner of articulation　構音様式　152
manners　マナー　468
manual skills, motor skill　巧緻性　**160**, 501
maritime climate type　海洋気候型　360
marker set　マーカーセット　577
marking　マーキング　496
Martin's anthropometry　マルチン式計測法　571
masked obesity　隠れ肥満　454
master gene　マスター遺伝子　10
mastication　咀嚼　84, 126, 442
material-weight illusion　素材による錯覚　272
maternal inheritance　母系遺伝　5
maternal love　母親の愛情（母性愛）　432
maternal metabolism　母親の代謝　193
mathematical model　数学モデル　583
matrix　基質　89
Maudsley personality inventory: MPI　モーズレイ性格検査　581
maxilla and mandibula　顎骨　97
maximal O$_2$ uptake: $\dot{V}_{O_2}$ max　最大酸素摂取量　169, 171, 409, 414
maximal oxygen deficit　最大酸素借　169
maximal voluntary contraction force: MVC　最大随意収縮力（最大随意筋力）　409
maximal voluntary electrical activity: MVE　収縮時筋電位　409
maximum entropy method: MEM　最大エントロピー法　519, 522
maximum life span　最大寿命　436
maximum muscular strength　最大筋力　147
maximum oxygen uptake　最大酸素摂取量　171
maximum voluntay contraction　最大随意収縮力　163
maximum working area　最大作業域　573

MBP　mean blood pressure　平均血圧　408, 524
McGurk effect　マガーク効果　279
MCV　motor nerve conduction velocity　運動神経伝導速度　145
mean　平均値　589
mean arterial pressre　平均動脈血圧　72
mean blood pressure: MBP　平均血圧　408, 524
mean body temperature　平均体温　536
mean power frequency: MPF　平均周波数　148, 529
mean radiant temperature　平均放射温度　538
mean skin temperature　平均皮膚温　290, 536, 538
mean square　平均平方和　591
measure of central tendency, central value, representative value　代表値　**589**
mechanical digestion　機械的消化　125
mechanical efficiency　機械の効率　416
mechanism of stress　ストレスのメカニズム　227
mechanomyogram: MMG　筋音図　70
mechanoreceptor　機械受容器　132, 259
medial forebrain bundle　内側前脳束　428
medial prefrontal cortex　内側前頭皮質　432
medial rotation　内旋　60
median　中央値　587, 590
medium frequency: MF　中央周波数，中波　304, 546
medulla oblongata　延髄　77, 134, 203, 268
MEG　magnetoencephalogram　脳磁図　194, 253, **553**, 567
meiosis　減数分裂　13
Meissner's corpuscle（FA I）　マイスナー小体　259, 351
melanin　メラニン　89, 311, 515
melanin cap　メラニンキャップ（核帽）　89
melanin pigment　メラニン色素　95
melanocyte　メラニン細胞，メラニン形成細胞（メラノサイト）　88, 515
melanopsin　メラノプシン　185, 247
melanopsin-containing retinal ganglion cell: mRGC　メラノプシン神経節細胞　236
melanosome　メラノソーム　89

melatonin　メラトニン　95, 187, 247, 314, 318, 325, 363, 390, 404
MEM　maximum entropy method　最大エントロピー法　519, 522
membrane potential　膜電位　79, 144
membraneous labyrinth　膜迷路　83
meme　ミーム　18
memory　記憶　183, **203**, 567
memory-change model　記憶-変化モデル　270
memory consolidation　記憶固定　391
memory-guided saccade　記憶誘導性サッケード　150
memory-storage model　記憶-蓄積モデル　270
MEMS　micro electro mechanical system　358
menarche　初経，初潮　104
Mendelian inheritance, Mendel's law　メンデルの法則　30, **32**
menopause　更年期　440
menopause　閉経　189
menstrual cycle, reproductive cycle　性周期　13, 274
menstruation　月経　104
mental burden　精神的負担　567
mental factor　精神の要因　418
mental fatigue　精神（的）疲労　418, 422, 563
mental health　精神的健康，メンタルヘルス，こころの健康　222, 406, **463**
mental rotation test　知的回転課題　264
mental stress　精神的ストレス　**229**, 556
mental sweating　精神性発汗　91, 530
mental work　精神作業　229, **406**, 418, 512
mental workload　メンタルワークロード　419
mentalizing　こころの理解　192
mere exposure effect　単純接触効果　430
Merkel cell, Merkel's cell, tactile cell　メルケル細胞　88, 259
Merkel's disks（SA I）　メルケル盤　351
mesoclimate（province）　中気候（区）　359
mesoderm　中胚葉　77
mesomorphy　中胚葉型　101
mesopic vision　薄明視　236, 316
meta-analysis　メタ解析　458
metabolic acclimatization　代謝型馴化　179

metabolic acidosis　代謝性アシドーシス　121
metabolic alkalosis　代謝性アルカローシス　121
metabolic equivalents　METs　409
metabolic syndrome　メタボリック・シンドローム　138, 383, 453, **459**, 460
metabolome　メタボローム　54
metaboreceptor　代謝受容器　132
metacarpophalangeal joint　中手指節間関節（MP 関節）　91
metaphor　比喩　278
metastasis　（遠隔）転移　43, 161
metatarsus　中足骨　111
meteorology　気象学　359
method of rank order　順位法　579
methylation　メチル化　35
METs　metabolic equivalents　409
MHC　major histocompatibility complex　24, 256
micro electro mechanical systems: MEMS　358
microclimate　衣服気候，微気候，小気候　359, 394
microevolution　小進化　19
microgravity environment　微小重力環境　340
micronutrient　微量栄養素　380
microorganism, microbea　微生物　139, 447
microsatelite　マイクロサテライト　38
microsite hypothesis　微小作用点仮説　80
microtubule　微小管　4
microvilli　微絨毛　86
microwave　マイクロ波　304
mid stance phase　立脚中期　143
mid swing phase　遊脚中期　143
midbrain　中脳　77, 221, 432
middle ear　中耳　96
middle infrared radiation　中赤外線　308
middle temporal gyrus　中側頭回　150
middle-wavelength sensitive cone　中波長感受性錐体細胞（M 錐体細胞）　240
milk ejection reflex　射乳反射　154
mineral　ミネラル　380
minimum separable visual acuity　最少分離閾　237
Ministry of Health, Labour and Welfare　厚生労働省　402
Ministry of Internal Affairs and Communications　総務省　403
Minnesota multiphasic personality inventory: MMPI　ミネソタ多面的人格目録　581
miosis　縮瞳　123
mirror neuron system　ミラーニューロンシステム　500
mite　ダニ　300
mitochondria　ミトコンドリア　4, 19, 363
mitochondria respiratory chain　ミトコンドリア呼吸鎖　66
mitochondrial disease　ミトコンドリア病　42
mitochondrial DNA: mtDNA　ミトコンドリア DNA　5, 21, 291
mitochondrial gene　ミトコンドリア遺伝子　40
mitosis　有糸分裂　14
mixed-gas diving　混合ガス潜水　333
mixed reality　複合現実感　495
mixing chamber　ミキシング・チャンバー　558
mobile phone, cellular phone　携帯電話　304, 305
modality　モダリティ　279
mode　最頻値　590
modelflow method　モデルフロー法　520
modern humans　現生人類　425
mold　カビ　300
molecular clock　分子時計　18, 514
molecular dynamics　分子動力学計算　12
molecular evolution　分子進化　2
molecularly targeted therapy　分子標的療法　45
monad, unicellular organism　単細胞生物　4, 6
Monell Chemical Senses Center　モネル化学感覚研究センター　253
Mongolian fold　蒙古ヒダ　570
Mongolian spots　蒙古斑　569
monocular visual field　単眼視野　239
monocyte　単球　139
monosomy　モノソミー　42
monosynaptic　単シナプス性　158
monosynaptic reflex　単シナプス反射　153
monotonous work　単調作業　**410**
monozygotic twins, identical twins　一卵性双生

児　210, 278
Montreal Neurological Institute　モントリオール神経学研究所　551
mood disorder, mood disturbance　気分障害　222, 363, 464
more developed regions　先進地域　476
morningness-eveningness preference　朝型・夜型指向性　186
morningness-eveningness type　朝型-夜型タイプ　404
Moro reflex　モロー反射　153
morphine　モルヒネ　258
morphogen　モルフォゲン　10
morphological adaptation　形態的適応　514
morphological property　形態の特徴　395
mortality, mortality rate, death rate　死亡率　476
motion　動揺　**353**
motion analysis　動作分析　419, **575**
motion capture　モーションキャプチャ　575
motion parallax　運動視差　243
motion sickness, kinetosis　動揺病（乗り物酔い，加速度病）　353, 495
motion sickness dose value　MSDV　353
motion study　動作研究　573
motor cortex　運動野　198, 410
motor end-plate　運動終板　146
motor nerve　運動神経　67
motor nerve conduction velocity: MCV　運動神経伝導速度　145
motor neuron　運動ニューロン　65, 79, 123
motor neuron pool　運動ニューロンプール　70
motor program　運動プログラム　161
motor schema　運動スキーマ　161
motor system　運動器，運動系　**62**, 566
motor time　筋電位活動時間　562
motor unit: MU　運動単位　66, **69**, 147, 529
movable junction, diarthrosis　可動結合　59
movement time　動作時間　562
MPF　mean power frequency　平均周波数　148, 529
MPI　Maudsley personality inventory　モーズレイ性格検査　581

mRGC: melanopsin-containing retinal ganglion cell　メラノプシン神経節細胞　236
MSDV　motion sickness dose value　353
mtDNA　mitochondrial DNA　ミトコンドリアDNA　5, 21, 291
mucin, mucus　粘液（ムチン）　86, 139
Müller cell　ミュラー細胞　534
multicellular organism　多細胞生物　4, 6, 19
multifactorial diseases　多因子遺伝病　40
multifocal ERG（electroretinogram）　多局所ERG　534
multifunctional terminal　多機能端末機　407
multiheaded muscle　多頭筋　65
multimodal　マルチモーダル　568
multipennate muscle　多羽状筋　65
multiple regression analysis　重回帰分析　594
multiple task　重複課題　143
multistage carcinogenesis theory　多段階発がん説　44, 461
multivariate analysis　多変量解析　579, **594**
Munsell color system　マンセル表色系　328
mural painting　壁画　499
muscle　筋（筋肉）　**65**, 69, 98, 259, 399, 504, 566
muscle bundle　筋束　65, 69
muscle contraction　筋収縮　67, **146**
muscle fatigue　筋疲労　120, 148
muscle fiber　筋線維　62, 65, 67, 69
muscle fiber type　筋線維タイプ　100
muscle mass　筋量　99
muscle mechanoreflex　筋機械受容器反射　408
muscle metaboreflex　筋代謝受容器反射　408
muscle spindle　筋紡錘　**67**, 69, 158, 271, 352, 411
muscular atrophy　筋萎縮　147, 340
musculoskeletal system　筋骨格系　62, 342, 418
mutant type allele　変異型対立遺伝子　38
mutation　（突然）変異　11, 18, 27, 31, 373
mutual food relation　食べ合い関係　29
MVE　maximal voluntary electrical activity　収縮時筋電位　409
mycoplasma genitalium　マイコプラズマ・ジェニタリウム　8
mycosis　真菌　446
mydriasis　散瞳　123

myelin sheath　髄鞘，ミエリン鞘　80, 145
myelinated nerve　有髄神経　145
myelinated nerve fiber　有髄（神経）線維　80, 123, 258
myelination　髄鞘化　145, 203
myocardium　心筋　62
myofiber　筋原線維　62
myogenic　筋原性　122
myoglobin　ミオグロビン　66
myopia　近視　237
myosin filament　ミオシンフィラメント　63, 146
myth of 3 years old infant　3歳児神話　487

■ N

NA　noradrenaline　ノルアドレナリン　77, 123, 131, 227, 229, 289, 464, 560
NASA Task Load Index　NASA-TLX　407, 419
national costume　民族衣装（民族服）　466, 467
natural environments　自然環境　285
natural fiber　天然繊維　394
natural immunity, innate immunity　自然免疫　15
natural killer cell　ナチュラルキラー（NK）細胞　139
natural killer cell activity　NK活性　364
natural material　天然素材　467
natural selection　自然選択（自然淘汰）　**22**, 94, 374, 377
natural selection theory　自然選択説　18
natural ventilation　自然換気　469
Neanderthalensis, Neanderthal man, Homo neanderthalensis　ネアンデルタール人　21, 466
near infrared radiation, near infrared ray　近赤外線　308
near infrared spectroscopy: NIRS　近赤外分光法　309, **555**
neck extensor muscle　頸背部筋　150
neck flexion position　頸部前屈姿勢　150
neck reflex　頸反射　155
negative feedback　ネガティブフィードバック（負のフィードバック）　129, 180, 185, 227
negative natural selection　負の自然選択　23

negative sense　負の感覚　45
Nematode　線虫　8
neocortex　大脳新皮質　482
neolithic revolution (first agricultural revolution), agricultural revolution　農耕革命　424, 541
neonate　新生児　192
neoplasm malignant　悪性新生物　460
nerve　神経　504
nerve conduction velocity　神経伝導速度　562
nerve fiber　神経線維　77
nervous system　神経系　**77**, 79, 136
nervous tissue　神経組織　122
neural crest　神経堤　77
neural Darwinism　神経ダーウィニズム　81
neural function　神経機能　438
neural groove　神経溝　77
neural network　神経回路（ニューラルネットワーク）　81, 203
neural tube　神経管　77
neurogenesis　神経新生　230
neuroimaging　脳イメージング法　432
neuromuscular junction　神経筋接合部　146
neuron　神経細胞（ニューロン）　77, **79**, 210, 254, 258, 278
neurosteroid　神経ステロイド　228
neurotransmitter　神経伝達物質　77, 80, 123, 131, 146
neutral theory　中立説　18, 33
neutral theory of molecular evolution　中立進化説　22, 373
neutral-zero-position　ニュートラル-ゼロ-ポジション　143
neutralization response　中和反応　141
neutron ray　中性子線　306
neutrophilic cell　好中球　139
new effective temperature　新有効温度　297
new strains of influenza　新型インフルエンザ　446
new world monkey　新世界ザル　25
Newton's second law　ニュートンの第2法則　357
niche　ニッチェ　28

nicotine ニコチン 456
night of the midnight sun 白夜 362
nightmare 悪夢 208
nit fabric 編み物 466
nitric oxide 一酸化窒素 140
nitrogen narcosis 窒素酔い 333
nitrosamine ニトロソアミン 457
nLDK house nLDK型住宅 470
nociceptive 侵害受容性 257
noise 騒音（ノイズ） 345, **347**, 366
nominal scale 名義尺度 587, 589
non-declarative memory 非宣言的記憶 204
non-evaporative heat dissipation (loss) 非蒸散性熱放散 128, 287
non-glabrous region 有毛部 132
non-hereditary cancer 非遺伝性がん 461
non-image forming pathway 非撮像系経路 236
non-REM sleep ノンレム睡眠 188, 206, 390
non-shivering thermo geneis 非ふるえ熱産生，非ふるえ産熱 128, 285, 289
non-specific response 非特異的反応 226
non-thermal factor 非温熱性要因 130, 132
non-visual function 非視覚的作用 247
non-visual pathway 非視覚経路 236
nondifferenciation 未分化 50
nonepithelial tumor 非上皮性腫瘍 43
nonsynonymous substitution 非同義置換 22
nonterritorial office ノンテリトリアルオフィス 370
nonverbal 非言語的な 164
nonverbal communication 非言語的コミュニケーション 480
noradrenaline: NA ノルアドレナリン 77, 123, 131, 227, 229, 289, 464, 560
norepinephrine ノルエピネフリン 560
normal distribution 正規分布 523
normal to normal intervals NN間隔 523
normal working area 正常作業域（通常作業域） 573
normobaric hypoxia training 常圧低酸素トレーニング 338
normogastria 正常周波数 527

not-self 非自己 139
nuclear bag fiber 核袋線維 67
nuclear chair fiber 核鎖線維 67
nuclear family 核家族 386, 472
nuclear membrane 核膜 4
nucleic acid 核酸 3, 30
nucleus accumbens 側坐核 428
null hypothesis 帰無仮説 588
number of activated sweat gland 活動汗腺数 543
nutrient 栄養素 86, 166, 380
nutrigenemics ニュートリゲノミクス 53
nutrition 栄養 136, **380**, 383, 474

■ O

OBE out-of-body expercence 体外離脱体験 200
obesity 肥満 100, 383, 391, 453
objective measures of fatigue 客観的疲労度の指標 564
observation learning 観察学習 393
observation methods 観察法 575
obstetric dilemma 分娩ジレンマ 192
occipital bone 後頭骨 111
occipital lobe 後頭葉 150, 260
odd ball task オドボール課題 549
OEL organic electroluminesence 有機EL 321
off-bipolar cell off系双極細胞 534
office オフィス **370**
office worker オフィスワーカー 370, 406
old world monkey 旧世界ザル 25
Oldowan stone オルドワン型石器 499
olfaction, olfactory perception, olfactory sensation, olfactory sense 嗅覚 82, **254**, 273, 275
olfactory bulb 嗅球 254
olfactory cell 嗅細胞 254
olfactory cilia 嗅線毛 254
olfactory epithelium 嗅上皮 254
olfactory receptors 嗅覚受容体 254
olfactory sense, olfactory sensation 嗅覚 **254**
omnivorous 雑食 27

Omori shell mounds　大森貝塚　260
on-bipolar cell　on系双極細胞　534
oncogene　がん遺伝子　43, **461**
oncotic pressure　膠漆浸透圧　75
onset of sweating　発汗開始　543
ontogenesis　個体発生　9, 43
open loop　開回路　160
open reading frame　ORF　22
open skill　オープン・スキル　160
operability, treatability　操作性　160, **412**
operating time　作動時間　413
operative temperature　作用温度　296
opioid　オピオイド　258
opponent-color theory　反対色説　245
opportunistic conrtol mode　投機的モード　413
opposability of thumb, thumb opposability　拇（母）指対向性　90, 161, 499
opsin　オプシン　26, 247
opsonin　オプソニン　139
opsonin effect　オプソニン効果　141
optic chiasma　視交叉　244
optic disc　視神経円板　240
optic illusion　錯視　213
optic nerve　視神経　247
optimal speed　至適速度　415, 417
optimal working area　至適作業域　574
optimum arousal level　最適覚醒水準　201
optimum temperature　至適温度　**298**
optokinetic nystagmus　視運動性眼振　149
oral cavity　口腔　86
orbitofrontal cortex　（前頭前野）眼窩前頭皮質　221, 428, 432
ordinal scale　順序尺度　587, 589
orexin neurons　オレキシン神経　195
ORF　open reading frame　22
organ, internal organ　器官（臓器）　122, 180, 504
organ system　器官系　180
organic electroluminesence: OEL　有機EL　321
orienting-attentional process　定位-注意過程　201
origin　起始　65
origin of clothes　被服の起原　394

origin of the life　生命の起源　**2**
orthogonal table　直交表　593
ortholog　オルソログ　34
orthostatic fainting　立ちくらみ　342
orthostatic hypotension　起立性低血圧　134
orthostatic stress test　体位変換試験　343
orthostatic tolerance　起立耐性　134
orthostatic tremor　起立性震戦　163
oscillation, vibration　振動　**351**
oscillometric method　オシロメトリック法　524
osmorality　浸透圧　137
osmoreceptor　浸透圧受容器　132
ossification center　骨化中心　57
ossification point　骨化点　57
osteoarthritis　変形性関節症　448
osteoblast　骨芽細胞　57, 137
osteoclast　破骨細胞　57, 137
osteocyte　骨細胞　58
osteoporosis　骨粗鬆症　58, 448
otolith　耳石　97, 354
otolith organ　耳石器　267, 351
out of Africa　出アフリカ　342
out-of-body experience: OBE　体外離脱体験　200
outer ear　外耳　96
outer hair cell　外有毛細胞　250
outer segment　外節　534
ovarian cycle　卵巣周期　13
ovary　卵巣　85, 136, 138
overpopulation area　人口過密化　366
overshoot　オーバーシュート　144
overtime work　時間外労働　403
overwork　過重労働　403
ovum　卵子　13
oxidation　酸化　6
oxidative phosphorylation　酸化的リン酸化　4
oxygen　酸素　136, 166
oxygen cascade　酸素カスケード　114
oxygen deficit　酸素借（酸素不足）　169, 171
oxygen dissociation curve　酸素解離曲線　75, 114
oxygen saturation: SpO_2　酸素飽和度　75, 114, 121

oxygen tension 酸素分圧 75
oxygen toxicity 酸素中毒 333
oxygen uptake, oxygen consumption 酸素摂取
　（量） 167, 169, 290, 541, **557**
oxygen uptake kinetics 酸素摂取動態 172
oxyhemoglobin 酸素化ヘモグロビン 309, 550, 555
oxytocin オキシトシン 137, 433
ozone オゾン 310
ozone hole オゾンホール 310
ozone layer オゾン層 304, 310

■ P

paced breathing 呼吸コントロール 523
pacemaker ペースメーカー 122
Pacinian corpuscles（PAⅡ）, Vater-Pacini corpuscles パチニ小体 259, 351
pain sensation 痛覚 **257**, 259
pain spot 痛点 257, 259
pain threshold 痛覚閾値 257
paired comparison method 一対比較法 579
pallesthesia, vibration sensation 振動感覚 271
palmar flexion 掌屈 60
palmaris longus muscle 長掌筋 91
palpation 触診 569
pancreas 膵臓 84, 86, 136
pancreatic juice 膵液 126
panting パンティング 288
papillary layer 乳頭層 88
paralog パラログ 34
parametric speaker 超指向性スピーカー（パラメトリック・スピーカー） 349
parasite 寄生虫 446
parasympathetic nerve 副交感神経 78, 522
parasympathetic nervous activity 副交感神経活動 365
parasympathetic nervous system 副交感神経系 79, 122
parathyroid gland 副甲状腺 136
parathyroid hormone 副甲状腺ホルモン 137
parent-infant interaction 親子の相互作用 432
parental anxiety 育児不安 433

parental behavior 育児行動 432
parenting 育児 **432**
parietal lobe 頭頂葉 150
parieto-insular vestibular cortex: PIVC 頭頂島前庭皮質 268
Parkinson disease パーキンソン病 162
Parkinsonism パーキンソニズム 162
partial sleep deprivation 部分断眠 391
passenger パッセンジャー 143
passive attention 受動的注意 201
passive drool 流涎法 560
passive safety 衝突安全技術 356
passive smoking 受動喫煙 457
passive touch 受動触 259
passivity experience 受動体験 199
pathogen associated molecular patterns: PAMPs 病原体関連分子パターン 139
pathological aging 病理的老化 440
patient simulator 患者シミュレータ 583
pattern 文様 467
pattern matching パタンマッチング 411
pattern recognition receptor: PRR パターン認識レセプター 139
peak oxygen uptake 最高酸素摂取量 559
Pearson product-moment correlation coefficient ピアソンの積率相関係数 587
Pediculus humanus capitis アタマジラミ 514
Pediculus humanus corporis コロモジラミ 514
Pediculus schaeffi チンパンジーに寄生するシラミ 514
pedunculopontine tegmental nuclei: PPT 脚橋被蓋核 390
pelvis 骨盤 111, 142, 192
pendular movement 振子運動 125
pennate（bipennate）muscle 羽状筋 65
pepsin ペプシン 84
pepsinogen ペプシノーゲン 86
peptideglycan ペプチドグリカン 139
percent body fat 体脂肪率 107
percentage of correct answers 正答率 419
percentile パーセンタイル値 590
perception 認知 567
performance パフォーマンス 160, 194, 418

performance measurement　パフォーマンス測定方法　419
performance test　作業検査法（パフォーマンス・テスト）　216, 419, 580
periaqueductal gray　中脳水道周囲灰白質　433
peripheral　末梢部　289
peripheral chemoreceptor　末梢化学受容器　116
peripheral clock　末梢時計　184
peripheral fatigue　末梢性疲労　418
peripheral nerve　末梢神経　78
peripheral nervous system　末梢神経系　79, 122
peripheral vascular resistance　末梢血管抵抗　229
peripheral vasoconstriction　末梢血管収縮　363
peripheral vision　周辺視　239
peripheral visual field　周辺視野　239
peristaltic movement　蠕動運動　125
perisylvian　シルビウス裂周囲の　165
permeability, water vapour permeability　透湿性　395, 397
peroneus longus, long fibulay muscle　長腓骨筋　111
personal distance　個体距離　481
personal space　パーソナルスペース　**488**, 504
personality　人格　215
personality test　性格検査　**580**
personality trait　性格特性　228
perspective memory　展望記憶　198
PET　positron emission tomography　ポジトロン断層撮影法　194, 198
pH　75, 120
phagocytic cells　貪食細胞　140
phantom limb　幻影肢（幻肢）　199, 276
phantom limb pain, phantom pain　幻肢痛　199, 257
pharmacogenomics　ファーマコゲノミクス　53
pharyngeal　咽頭　86
phase delay　位相後退　363
phase response curve　位相反応曲線　313
phasic receptors　相動性感覚器　83
phasic stretch reflex　相動性伸張反射　159
phenotype　形質，表現型　34, 35, **37**, 173

phenotypic adaptation　表現型適応　178
phenotypic plasticity　表現型可塑性　378
pheomelanin　黄色メラニン　89
pheromone　生理活性物質（フェロモン）　131
phosphagen　フォスファーゲン　170
phosphocreatine　クレアチンリン酸　166
phosphorus　リン　137
photic entrainment　光同調　185
photon　光子　534
photon flux density　光子束密度　316
photon irradiance　光子照度　316
photon quantities　光子量　316
photoperiodism　光周性　187
photopic response, cone-induced response　錐体系応答　535
photopic vision　明所視　313, 316
photoreceptor　光受容器，光受容体　94, 235, 247
photoreceptor cell　視細胞　94, 534
photosynthesis　光合成　4
phototransduction cascade　信号伝達カスケード　248
phylogenesis, phylogeny　系統発生　9, 122
physical anthropology　自然人類学（形質人類学）　27
physical burden　身体の負担　566
physical dependence　身体依存　457
physical fatigue　身体の疲労，肉体の疲労　418, 422
physical inactivity　身体の不活動　163
physical quantity　物理量　315
physical training　運動トレーニング　293
physical work　身体作業　406, **408**
physics model　物理モデル　583
physiological adaptation　生理的適応　284, 377, 511
physiological aging　生理的老化　440
physiological anthropology　生理人類学　374, 511
Physiological Anthropology design: PA design　PAデザイン　506, **507**
Physiological Anthropology design award　PAデザイン賞　507

physiological aspects of clothing （衣服の）生理的役割　394
physiological burden　生理的負担　500, **566**
physiological counter measure　生理的対策　340
physiological effect　生理的影響　300
physiological life span　生理的寿命　436
physiological limit　生理的限界　148
physiological measurement　生理的測定方法　419
physiological optimum temperature　生理的至適温度　298
physiological polytypism　生理的多型性　**173**, 511
physiological premature delivery　生理的早産　27
physiological protection　身体保護　394
physique, body structure　体格　98, 574
pibloktoq　ピブロクトク　362
pictogram　ピクトグラム　497
pineal body　松果体　187
pinna　耳介　96, 249
pitch　高さ（ピッチ）　345
pituitary gland　下垂体　130, 560
PIVC　parieto-insular vestibular cortex　頭頂島前庭皮質　268
pivot joint, articulatio trochoidea　車軸関節　60
place of articulation　構音点　152
placenta　胎盤　86
plane joint, articulatio plana　平面関節　60
plantar arch, foot arch　土踏まず　92, 111
plantar-flexion　底屈　60
plasma cell　形質細胞　141
plasma osmolarity　血漿浸透圧　294
plasma volume　血漿量　294
plastic response　可塑的反応　374
Platyrrhini　広鼻小目　25
play　遊び　**420**
pleasant-unpleasant　快-不快　220
pleasantness　積極的快適性　220
pleasure center　喜びの中枢　428
pleiotropic effect　多面発現　7
PMV　predicted mean vote　予測温冷申告　297, 372

pneumothorax　気胸　335
point mutation　点突然変異　461
Poiseulle's law　ポアズイユの法則　72
polar night　極夜　362
polar region　極地　**362**
polar T$_3$ syndrome　極地T$_3$症候群　363
polar zone　極圏　362
poliomyelitis　ポリオ　448
polyaxial joint　多軸性関節　60
polycyclic aromatic hydrocarbons　多環芳香族炭化水素　457
polymodal receptor　ポリモーダル受容器　258
polysomnography: PSG　睡眠ポリグラフィー　390
polysynaptic reflex　多シナプス反射　153
poncho　貫頭型　466
pons　橋　77, 268, 390
pop-up effect　ポップアップ効果　412
population　人口，母集団　**476**, 588, 589
population explosion　人口爆発　476
population genetics　集団遺伝学　31
population pyramid　人口ピラミッド　477
portal vein　門脈　85
position　体位　384
position index　ポジションインデックス　327
position sense　位置感覚　271
positive selection　正の自然選択　23
positive sense　正の感覚　45
positron emission tomography: PET　ポジトロン断層撮影法　194, 198
possible duration of sunshine　可照時間　319
post genome　ポストゲノム　8
post-lunch dip　ポストランチディップ　390
post-reproductive period　後生殖期　443
post-traumatic stress disorder: PTSD　心的外傷後ストレス障害　208, 229
posterior parietal lobe　後頭頂葉　150
posterior root　後根　78
postganglionic fiber　神経節後線維　128
postganglionic neuron　節後ニューロン　123
postpartum depression　産後うつ　433
postsynaptic membrane　シナプス後膜　80
postural reflex　姿勢反射　153, **155**, 268

posture　姿勢　68, **111**, 267, 384
posture analysis　姿勢解析　419
posture in daily life　生活姿勢　**384**
potential ability　潜在能力　178, 260
potential method　電位法　530
power　パワー　170
power grip　パワーグリップ　90
power spectrum　パワースペクトル　522
pox　痘そう　448
PPT　pedunculopontine tegmental nuclei　脚橋被蓋核　390
pre-attentative automatic processing　注意前の自動処理過程　202
pre-motor time　前筋電位活動時間　562
pre-processing　前処理　551
pre-supplementary motor area　前補足運動野　198
pre-swing phase　前遊脚期　143
preadaptation　前適応　19
precambrian era　先カンブリア時代　83
precision grip　プレシジョングリップ　90
precognitive dream　予知夢　208
predicted mean vote: PMV　予測温冷感申告　297, 372
prediction equation for body surface area　体表面積算出式　109
prefabrication method　プレハブ工法　471
preformation theory　前成説　9
prefrontal area　前頭前野　365
preganglionic neuron　節前ニューロン　123
pregnancy　妊娠　274
preoptic region/anterior hypothalamic region　視索前野・前視床下部　130
presbyopia　老視　238
prescribed working hours　所定労働時間　403
pressure equalization　均圧　335
pressure sense, baresthesia　圧覚　259
pressure-sweating reflex　圧-発汗反射　133
presynaptic membrane　シナプス前膜　80
pretectal olivary nucleus　視蓋前域オリーブ核　247
preventive medicine　予防医学　364
pricking pain　刺痛　257

primary ending　一次終末　68, 158
primary reward　一次的欲求　428
primary sexual character, primary sex characteristic　一次性徴　105, 189
primary structure　一次構造　12
Primates　霊長類　**25**, 192, 433
priming　プライミング　211
primitive reflex　原始反射　153
primordial gonad　性腺原基　105
principal component analysis　主成分分析　579, 595
principles of motion economy　動作経済の法則（原則）　**416**, 573
privacy protection　プライバシー保護　469
private living space　私的（プライベート）生活空間　470
problem solving　問題解決　393
procaryotic cell　原核細胞　4
procedural memory　手続き記憶　205, 391
processing fluency　処理流暢性　431
production method　作成法　269
productive age population, working age population　生産年齢人口　477
productive optimum temperature　生産的至適温度　298
progeria, early aging due to genetic disorder　遺伝的早老症　441
progesterone　プロゲステロン　13, 138, 230, 274
projective test　投影法　580
Prokaryote　原核生物　19
pronation　回内　60
prone posture　伏臥　112
propagation velocity, conduction velocity, velocity of conduction　伝導速度　80, 123, 145, 258, 529
prophetic dream　正夢　208
proportion　プロポーション　98
proportional sensory organ　比例感覚器　83
proprioceptive sense　固有受容性感覚　267
proprioceptor　固有受容器　91
propulsive force　推進力　143
prosocial behavior　向社会的行動, 愛他行動　484

prospective time estimation 予期的時間評価 269
prostaglandin プロスタグランジン 258
protanopia 第1色覚異常 246
protective clothing 防護服 **396**
protective glove 保護手袋 397
protein タンパク質 3, **11**
proteome プロテオーム 54
Protist 原生生物 4
proto-oncogene がん原遺伝子 43
protoconscious 原意識 196
protostome 旧口動物（先口動物） 9
proximal interphalangeal joint 近位指節間関節 90
PRR pattern recognition receptor パターン認識レセプター 139
psychogenesis 心因性 418
psychogenic fatigue 心因性疲労 418
psychological effect 心理的影響 300
psychological limit 心理的限界 148
psychological time 心理的時間 269
psychophysical measure 心理物理量 315
psychophysics 心理物理学 271
psychosocial stress 心理社会的ストレス 222
pterygium 翼状片 311
PTSD post-traumatic stress disorder 心的外傷後ストレス障害 208, 229
puberty 思春期 189
public distance 公衆距離 481
public health 公衆衛生 447
public living space 公的（パブリック）生活空間 470
pulley 滑車 503
pulmonary circulation 肺循環 71, 84, 117
pulmonary laceration 肺破裂 335
pulmonary respiration 肺呼吸 342
pulse pressure 脈圧 72, 524
punctuated equilibrium 断続平衡説 18
pupil 瞳孔 94, 123, 235, 312
pupillary light reflex 瞳孔の対光反射 247
Purdue pegboard パデュー・ペグボード 160
pure tone 純音 345
purifying selection 純化選択 23

purkinje's fiber プルキンエ線維 518
purposeful behavior 合目的的行動 426
pursuit movement 追従運動 532
push-pull model プッシュプル理論 335
putamen 被殻 433
pyloric sphincter 幽門括約筋 86
pylorus 幽門 86

■ Q

quadriceps 四頭筋 65
qualitative data 質的データ 587
quality of life: QOL 生活の質 444
quality of life and activity of daily living QOLとADL **444**
quality of sleep 睡眠の質 363
quantification theory type Ⅰ 数量化Ⅰ類 596
quantification theory type Ⅱ 数量化Ⅱ類 596
quantification theory type Ⅲ 数量化Ⅲ類 596
quantitative data 量的データ 588
quantitative trait gene 量的形質遺伝子 39
quantity of light 光量 315
quartet of death 死の四重奏 460
quaternary structure 四次構造 12
questionnaire method 質問紙法 580

■ R

race 人種 21
racemic modification ラセミ体 3
radial deviation 橈側偏位 60
radiance 放射輝度 315
radiant energy, radiation energy 放射エネルギー 315, 519
radiant exitance 放射発散度 315
radiant flux 放射束 315
radiant intensity 放射強度 315
radiant quantities 放射量 315
radiation 輻射，放射（線） 306, 372, 538
（radiation）exposure 被ばく 306
radiation hormesis 放射線ホルミシス 307
（radiation）shield 遮へい 306
radiative heat loss 放射性熱放散 538

radio wave　電波　304
radioactive material　放射性物質　306
radioactivity　放射能　306
radon　ラドン　306
range　範囲　590
range of motion　関節可動域　60, 574
range of visibility　視認距離　241
Ranvier node　ランビエの絞輪　80
raphe nuclei: RN　縫線核　390
rapid eye movement: REM　急速眼球運動　206, 390
rapidly adapting　速順応型　259
RAS　reticular activating system　上行性網様体賦活系　195
rate coding　発射頻度，レートコーディング　69, 147
rate of regional body surface area　体表面積比率　110
rating scale method　評定尺度法　578
ratio scale　比率尺度，比例尺度　587, 589
Raynaud's disease, vibration syndrome　白蝋病　352
re-emerging infectious disease　再興感染症　446
reaction time　反応時間　202, 419, **562**
readiness potential　準備電位　198
rebound　リバウンド　454
recall schema　想起スキーマ　161
recapitulation theory　反復説　9
reception room　応接室　470
receptor　受容器，受容体　80, 82, 252, 259, 504, 567
receptor protein　受容体タンパク質　45
receptors in the sensory system, sensory receptor　感覚受容器　**45**
recessive character　劣性形質　32
reciprocal altruism　互恵的利他主義　484
reciprocal color temperature　逆色温度　318
reciprocal innervation　相反神系支配　64, 160
reciprocity　互恵性　484
recognition schema　認知スキーマ　161
recommended dietary allowance　栄養所要量，推奨量　380

recompression treatment　再圧治療　334, 336
recreation　休養　**422**
recreation area　保養地　422
recruitment　動員　147
recruitment　リクルートメント　69
recrystallization　再結晶　3
rectal temperature　直腸温　129, 292, 404, 537
rectum　直腸　86
red blood cell　赤血球　85
Red Queen's hypothesis　赤の女王仮説　19
reduced oxygen breathing device: ROBD　減酸素吸入装置　338
reduction　還元　6
reductionism　還元主義　6
reentry　再入力　81
reference electrode　基準電極（リファレンス電極）　531, 545
referred pain　関連痛　258
reflect marker　反射マーカー　576
reflection　反射（光の）　308
reflex　反射（生物的）　67, **153**
reflex arc　反射弓　153
reflex movement　反射運動　155
refraction　屈折　237
refractive error, ametropia　屈折異常　237
regenerative therapy　再生医療　**50**
regional difference, loeal difference　身体部位差　395
regular astigmatism　正乱視　238
regularity　規則性　161
rejection　棄却　588
relative humidity　相対湿度　300, 394
relaxed state　リラックス状態　364
religious precepts　宗教的規律　475
REM sleep　レム睡眠　188, 206, 390
REM　rapid eye movement　急速眼球運動　206, 390
remodeling　リモデリング　137
renal corpuscle　腎小体　85
renal function　腎機能　136
renin　レニン　137
renin-angiotensin-aldosterone system　レニン-アンギオテンシン-アルドステロン系　135

Renshe's law　レンシュの法則　28
reorganization　再組織化　199
repeated measure method　反復測定法　592
repolarization　再分極　80, 144, 518
reproduction　生殖　13, 124
reproduction method　再生法　269
reproductive behavior, breeding behavior　繁殖行動　430
reproductive cycle, menstrual cycle　性周期　13, 274
reproductive function　生殖機能　438
reproductive isolation　生殖的隔離　20
reproductive organ　生殖器　84
reproductive period　生殖期　437, 443
reprogramming　リプログラミング　10
reptiles　爬虫類　342
reputation　評判　485
residence, housing, home, dwelling space　住居　386, 469
residential environment　住環境　386
resistance vessel　抵抗血管　72
resonance　共振　351
respiration　呼吸　114, 203
respiratory acidosis　呼吸性アシドーシス　120
respiratory alkalosis　呼吸性アルカローシス　121
respiratory and circulatory system　呼吸・循環系　566
respiratory compensation　呼吸性補償作用　121
respiratory exchange ratio　呼吸交換比　167
respiratory heat loss　呼吸性熱放散　288
respiratory organ　呼吸器　84
respiratory protectors　呼吸保護具　396
respiratory quotient　呼吸商　167
respiratory rate　呼吸数　194
respiratory reflex　呼吸反射　154
respiratory sinus arrhythmia: RSA　呼吸性（洞性）不整脈　519, 523
response time　応答時間　413, 562
rest　休憩（休息）　397, 419
rest periods　休憩時間　403
resting potential　静止電位　79, 144, 534
restriction emzyme　制限酵素　47

reticular activating system: RAS　上行性網様体賦活系　195
reticular formation　（脳幹）網様体　150, 194
reticular layer　網状層　88
retina　網膜　94, 235, 534
retinal ganglion cell　網膜神経節細胞　534
retinal hypothalamic pathway　網膜視床下部路　247
retinal pigment epithelial cell　網膜色素上皮細胞　534
retrospective time estimation　追想的時間評価　269
Reuleaux triangle　ルーローの三角形　102
reward　報酬　428
reward system　報酬回路（報酬系）　138, 221, 428, 433
rhesus macaque　アカゲザル　192
rhodopsin　視紅（ロドプシン）　45, 235, 245
ribonucleic acid: RNA　リボ核酸　2, 34
ribosome　リボソーム　4
right bundle branch　右脚　518
right side flexion　右側屈　60
righting reflex　立ち直り反射　155
rigidity　固縮　159
risk factor　リスクファクター　460
Riva-Rocci method　リバロッチ法　524
rMSSD　root mean square of successive differences　523
RN　raphe nuclei　縫線核　390
RNA world　RNA ワールド　2
Robertsonian translocation　ロバートソン型転座　42
robot　ロボット　503
robot arms simulator　ロボットアームシミュレータ　583
robustness　ロバストネス　9
rod　杆体　245, 247, 312, 316, 534
rod cell　杆体細胞　235
rod-induced response/scotopic response　杆体系応答　534
rodent　齧歯類　433
Rohrer index　ローレル指数　381
room calorimetry　ルームカロリメトリー　168

root mean square of successive differences: rMSSD　523
Rorschach inkblot test　ロールシャッハ検査　216, 582
rotation　回旋　60
RSA　respiratory sinus arrhythmia　呼吸性（洞性）不整脈　519, 523
Ruffini corpuscle　ルフィニ小体　259
Ruffini endings (SA II)　ルフィニ終末　351
rules of employment　就業規則　403
running economy　ランニングエコノミー　417
rural area　農村　366

■ S

saccade　サッケード　149
saccadic movement　飛越運動　532
saccharin clearance time　鼻腔粘膜輸送速度　300
saccule（otolith organ）　球形嚢　97, 267
sacral spinal cord　仙髄　124
saddle joint, articulation sellaris　鞍関節　60
safety　安全性　356
safety goggles　保護眼鏡　396
safety shoes　安全靴　396
sagitttal plane　矢状面　60
Sahelanthropus tchadensis　サヘラントロプス・チャデンシス　27
saliva　唾液　126, 560
salivary cortisol　唾液中コルチゾル　561
salivary cortisol concentration　唾液コルチゾル濃度　350
salivary gland　唾液腺　86
salivary reflex　唾液分泌反射　154
salivette　サリベット　560
salt concentration of sweat　汗塩分濃度　293
salt reabsorptive ability of sweat gland ducts　汗腺での Na^+ 再吸収能　293, 543
saltatory conduction　跳躍伝導　80, 145
Sami　サーミ　179
sample　標本　588
sample size　サンプルサイズ　588, 591
San　サン　178

sarcoma　肉腫　43
sarcomere　筋節　63
sarcopenia　サルコペニア　449
sarcoplasmic reticulum: SR　筋小胞体　146
saturation diving　飽和潜水　333, 336
savanna　サバンナ　513
scale　尺度　587
scale and statistical analysis　尺度と統計的検定　587
scala tympani　鼓室階　96
scala vestibuli　前庭階　96
scanning hypothesis　走査仮説　207
scavenger receptor　スカベンジャー受容体　139
SCC　skin conductance change　皮膚コンダクタンス変化　531
Scheffe's method　シェッフェ法　579
schizophrenia　統合失調症　199, 463
Schwann cell　シュワン細胞　80
science and technology society　科学技術社会　221
science of labour　労働科学　402
SCL　skin conductance level　皮膚コンダクタンス水準　531
SCN　suprachiasmatic nuclei suprachiasmatic nucleus　視交叉上核　185, 187, 247, 269, 391
scotopic vision　暗所視　313, 316
SCR　skin conductance response　皮膚コンダクタンス反応　531
scrap and build　スクラップアンドビルド　473
screra　強膜　95
screw　ネジ　503
scuba diving, self contained underwater breathing apparatus　スクーバ潜水　333, 335
SDNN　standard deviation of NN intervals　523
sea sickness　船酔い　353
search coil method　サーチコイル法　533
seasonal affective disorder: SAD　季節性感情（情動）障害　95, 188, **231**, 363
seasonal pattern questionnaire　SPAQ　232
seasonal variation　季節変動　127
seating posture　椅坐位　111
sebaceous gland　脂腺　89

SECI model　SECIモデル　370
second derivative of photoplethysmogram　加速度脈波　350
second law of motion　運動の第2法則　357
secondary ending　二次終末　68, 158
secondary radiation　二次放射線　340
secondary reward　二次的欲求　428
secondary sensor　二次感覚器　82
secondary sex characteristic, secondary sexual character　二次性徴　104, 105, 189
secondary structure　二次構造　12
secondhand smoke　副流煙　457
secretin　セクレチン　138
secretory canal　分泌管　131
secretory immunogloblin A: s-IgA　唾液免疫グロブリンA　507
secure attachment　安定した愛着　432
segment　体節　10
segmental postural reflex　体節性姿勢反射　155
segmentation　分節運動　125
selective attention　選択的注意　201
selective brain cooling　選択的脳冷却　288
selective breeding　品種改良　8, 210
selective pressure　淘汰圧　516
selective serotonin reuptake inhibitors: SSRI　選択的セロトニン再取込み阻害薬　464
self　自己　139
self contained underwater breathing apparatus, scuba diving　スクーバ潜水　333, 335
self-domestication　自己家畜化　367
self-esteem　自尊感情（自尊心）　468, 551
self replication　自己複製　2
semantic differential method　SD法　579
semantic memory　意味記憶　204
semi-structured interview　半構造化インタビュー　419
semi western style　和洋折衷型　386
semicircular canal　三半規管　96, 267, 351, 354
semipennate (unipennate) muscle　半羽状筋　65
senescence, senility　老衰　103
senior living alone　独居老人　386
sensation　感覚　82

sense of agency　行為主体感　200
sense of direction　方向感覚　**264**
sense of equilibrium　平衡感覚　82, 97, **267**, 275
sense of resistance　抵抗感覚　271
sense of the season　季節感　467
sense organ, sensory system　感覚器　**82**, 212, 275, 494
sensibility　感受性　83, 223
sensibility, kansei　感性　468, 504
sensor, sensor organ　感覚器　**82**
sensory conflict theory　感覚混乱説（感覚矛盾説）　354
sensory feedback　感覚フィードバック　199
sensory ganglion　感覚神経節　82
sensory image-free association hypothesis　感覚映像・自由連想仮説　207
sensory memory　感覚記憶　413
sensory modality, sense modality　感覚の種類（感覚のモダリティ）　82, 563
sensory nerve　感覚神経　67
sensory nerve fiber　感覚神経線維　83
sensory neuron　感覚ニューロン　79, 82, 122
sensory organ　感覚器　**82**, 212, 275
sensory processing model　感覚的処理モデル　269
sensory quality　感覚の質　82
sensory receptor　感覚受容器　275
sensory register　感覚レジスター　204
sensory spot　感覚点　259
sentence completion test　文章完成法検査　216
separated use of space for sleeping　就寝分離　470
separation of eating and sleeping rooms　食寝分離　470, 472
separation of public and private rooms　公私室分離　470
separation situation　分離場面　432
series elastic component　直列弾性要素　146
serine-threonine kinase　セリン・スレオニンキナーゼ　43
serotonin　セロトニン　464
serotonin & norepinephrine reuptake inhibitors SNRI: セロトニン・ノルアドレナリン再取込

み阻害薬　464
sertoli cell　セルトリー細胞　138
service life　耐用年数　473
set point　セットポイント　270, 363
seven QC tools　品質管理の7つ道具　585
seven-transmembrane domain receptors　7回膜貫通型膜受容体　46
sex and age differences in sensory functions　感覚の年齢差・性差　**273**
sex chromosome　性染色体　274
sex-determinant region Y　Y染色体性決定領域　41
sex determination　性決定　14
sex difference　性差　**189**, 264, 273
sex role　性役割　189
sex role identity　性役割アイデンティティ　265
sexual behavior　種族保存（性行動）　136
sexual character, sex characteristic　性徴　**105, 189**
sexual division of labor　性的分業　27
sexual reproduction　有性生殖　19
sexual selection　性選択（性淘汰）　18, 274
sexual skin　性皮　426
share house　シェアハウス　472
shell body temperature　外殻温　283, 536
shelter　シェルター　366, 469
shift work　交代制勤務　**404**
shivering　ふるえ　285, 514
shivering heat production, shivering thermogenesis　ふるえ産熱（ふるえ熱産生）　128, 285, 289
shock, impact　衝撃　357
short-chain fatty acid　短鎖脂肪酸　127
short form 36　SF-36　444
short-term heat acclimation　短期暑熱馴化　130
short term memory　短期記憶　203, 410, 413
short-wavelength sensitive cones　S錐体細胞（短波長感受性錐体細胞）　240
sick house syndrom　シックハウス症候群　330
sickle-cell anaemia　鎌形赤血球貧血　377
side window　側窓　319
SIGH-SAD　hamilton depression rating-seasonal affective disorder　232

sigmoid colon　S状結腸　87
sign　標識/サイン　**496**
signal transduction　シグナル伝達系　45
significance level　有意水準　588
significant difference　有意差　591
silk　絹　395, 466
Simiiformes　真猿下目　25
simple joint, articulatio simplex　単関節　60
simple kinetic tremor　単純運動時震戦　162
simple machine　単純機械　503
simple reaction time　単純反応時間　563
simulation　シミュレーション　**583**
simulation of cognitive behabior　認知行動シミュレーション　583
single gene disorder　単一遺伝子病　40
single nucleotide polymorphism　一塩基多型　38, 53, 95
single stance phase　単脚支持期　399
sinoatrial node　洞房結節　74, 122
sinus node　洞結節　518
sinusoidal wave　正弦波　345, 351
sirtuin gene　サーチュイン遺伝子　8, 436
sister chromatid　姉妹染色分体　14
sitting on a chair　椅子坐　386
sitting on a floor　床坐　386
sitting posture　坐位　111
sitting with knee elect　立膝　111
size principle　サイズの原理　66, 70, 147
size-weight illusion　大きさによる錯覚　272
skeletal muscle　骨格筋　62, 67, 112, 289, 363, 566
skeletal system　骨格系　56
skeleton　骨格　**56**, 566
skill　巧緻性（スキル，技）　**160**, 501
skill learning　技能学習　393
skilled movement　巧緻動作　410
skillful　熟練　161
skin　皮膚　**88**, 139, 308, 569
skin blood flow　皮膚血流（量）　287, 290, 292
skin cancer　皮膚がん　311
skin conductance change: SCC　皮膚コンダクタンス変化　531
skin conductance level: SCL　皮膚コンダクタンス水準　531

skin conductance response: SCR　皮膚コンダクタンス反応　531
skin potential activity: SPA　皮膚電位活動　531
skin potential level: SPL　皮膚電位水準　531
skin potential response: SPR　皮膚電位反応　531
skin resistance change: SRC　皮膚抵抗変化　530
skin resistance level: SRL　皮膚抵抗水準　531
skin resistance response: SRR　皮膚抵抗反応　531
skin temperature　皮膚温　290, 536, **538**
skin thermoreceptor　皮膚温度受容器　289
skin wittedness　皮膚濡れ率　538
skinfold caliper　皮脂厚計　571
skinfold thickness　皮脂厚　108
sky light window　天窓　319
sleep　睡眠　**390**, 419
sleep debt　睡眠負債　391
sleep deprivation tolerance　断眠耐性　391
sleep disorder　睡眠障害　391
sleep efficiency　睡眠効率　363
sleep propensity　睡眠傾向　390
sleep spindle　睡眠紡錘波　391
sleep stage　睡眠段階　390
sleep-wake cycle　睡眠覚醒サイクル　535
sleep wakefulness rhythm　睡眠覚醒リズム　363, 391
sleepiness　眠気　188
sliding filament hypothesis　フィラメント滑走説　63
sliding filament theory　滑り説　146
slow pain　緩徐痛　257
slow twitch muscle fiber, slow twitch fiber: ST　遅筋線維　65, 69, 100, 146
slow-twitch oxidative fiber　SO 線維　147
slow wave sleep: SWS　徐波睡眠　390, 545
slowly adapting　遅順応型　259
small intestine　小腸　84, 86
（small）sliding calipers　滑動計　571
smoking　喫煙　456
smooth muscle　平滑筋　62
smooth pursuit eye movement　円滑追跡（滑性）眼球運動　149, 163

snowball earth hypothesis　スノーボールアース仮説　19
SNRI　serotonin & norepinephrine reuptake inhibitors　464
social　社会的　194
social aspects of clothing　（衣服の）社会的役割　394
social brain hypothesis　社会脳仮説　482
social capital　ソーシャル・キャピタル　472
social distance　社会距離　481
social exchange theory　社会の交換理論　431
social facilitation　社会の促進　483
social group　社会集団　95
social inhibition　社会的抑制　483
social isolation　社会的孤立　229
social jet lag　ソーシャルジェットラグ　404
social loafing　社会の手抜き　483
social maladjustment　社会的不適応　387
social readjustment rating scale: SRRS　社会的再適応評価尺度　226
social stress　社会ストレス　229
socio fugal　ソシオフーガル　489, 491
socio petal　ソシオペタル　489, 491
sodium ion　ナトリウムイオン　543
sodium-potassium pump　Na^+-K^+ 連関ポンプ　144
soil contamination　土壌汚染　366
solar altitude　太陽高度　310
solar energetic particles: SPE　太陽粒子線　340
solar lentigo　日光黒子　311
solar radiation　太陽放射　283, 308
soleus　ヒラメ筋　143
solid state light: SSL　固体光源　321
somatic deep　深部　257
somatic gene disease　体細胞遺伝子病　40
somatic hypermutation　体細胞超変異　16
somatic marker　ソマテック・マーカー　224
somatic marker hypothesis　ソマティックマーカー仮説　567
somatic mutation　体細胞変異　461
somatic nerve　体性神経　64, 79
somatic nervous system　体性神経系　122
somatic reflex　体性反射　153

somatic sensation　体性感覚　82, 275
somatic sense organ　体性感覚器　155
somato-kinetic reflex　体性-内臓反射　154
somatochart　ソマトチャート　102
somatometry　生体計測　**571**
somatoscopy　生体観察　**569**
somatoscore　ソマトスコア　101
somatosensory area　体性感覚皮質（体性感覚野）　82, 225, 259
somatostatin　ソマトスチン　87
somatotopy　ソマトトピー　554
somatotropin　ソマトトロピン　103
somatotype　ソマトタイプ（体型）　98, **101**
sound　音　**344**
sound color, thimbre　音色　345
sound design　音のデザイン　346
sound level meter　騒音計　347
sound pressure level　音圧レベル　347, 350
sound wave　音波　344, 349
south pole, antarctic pole　南極　362
SPA　skin potential activity　皮膚電位活動　531
space　宇宙　58
space environment　宇宙環境　**339**
space radiation　宇宙放射線　339
space sickness　宇宙酔い　354
span of arms　指極　98
SPAQ　seasonal pattern questionnaire　232
spasticity　痙縮　159
spatial ability　空間認知機能　264
spatial learning　空間学習　392
spatial memory　空間記憶　150
spatial resolution　空間解像力　260
spatial summation　空間的加算　80, 144
SPE　solar energetic particles　太陽粒子線　340
Spearman's esthesiometer　スピアマン式触覚計　260
Spearman's rank correlation coefficient　スピアマンの順位相関係数　579
special clothing　特殊服　**396**
special sensation　特殊感覚　275
species　種　17, **20**

species differentiation　種分化　20
specific factor, s　特殊因子 s　209
specific heat　比熱　282, 536
spectral entropy　スペクトルエントロピー　546
spectral luminous efficiency　標準比視感度（標準分光視感効率）　312, 315
spectral power distribution　分光分布　318, 327
spectrum　スペクトル　345
speech　音声　**151**
speech function　発語機能　398
speed of eating　食の速さ　383
sperm　精子　13
spheroidal joint, articulatio spheroidea　球関節　60
sphingolipid　スフィンゴ脂質　210
spinal cord　脊髄　69, 77, 79, 122, 203, 410
spinal interneuron　脊髄介在ニューロン　65, 410, 567
spinal nerve　脊髄神経　64, 70, 78
spinal reflex　脊髄反射　153
spindle capsule　紡錘鞘　67
SPL　skin potential level　皮膚電位水準　531
splicing　スプライシング　35
split brain　分離脳　164
SPM　statistical parametric mapping　551
spodophorous theory　老廃物蓄積説　441
spontaneous eyeblink　自発的瞬目　411
SPR　skin potential response　皮膚電位反応　531
spreading calipers　触角計　571
square sitting　正坐　111
squatting facet　蹲踞面　385
squeeze　スクイーズ　335
SQUID　superconducting quantum interference device　553
SRC　skin resistance change　皮膚抵抗変化　530
SRL　skin resistance level　皮膚抵抗水準　531
SRR　skin resistance response　皮膚抵抗反応　531
S-SAD　subsyndromal seasonal affective disorders　232
SSRI　selective serotonin reuptake inhibitors

択的セロトニン再取込み阻害薬　464
ST　slow twitch fiber, slow twitch muscle fiber　遅筋線維　65, 69, 100, 146
stability　安定性　142
stage costume　舞台衣装　467
stage of exhaustion　疲憊期　226
stage of resistance　抵抗期　226
stage theory　段階説　245
stages of sexual development　性成熟期　106
stance phase　立脚期　143, 398
standard deviation　標準偏差　587, 590
standard deviation of NN interval　SDNN　523
standard effective temperature　標準有効温度　297
standard error　標準誤差　590
standing posture　立位　111
standing potential　常存電位　534
Stanford sleepiness scale　スタンフォード眠気尺度：SSS　194
stapes　アブミ骨　96
starch-iodine technique　ヨードでんぷん法　543
static acceleration　静加速度　357
static postural reflex　静的姿勢反射　155
static response　静的反応　159
static sensation　平衡感覚　275
static visual acuity　静止視力　237
statistical analysis　統計的検定　591
statistical hypothesis testing　仮説検定　588
statistical parametric mapping: SPM　551
statistics　統計量　587
statokinetic reflex　平衡運動反射　155
statutory working hours　法定労働時間　403
steatopygia　脂臀　28
Stefan-Boltzmann's constant　シュテファン-ボルツマン定数　538
Stefan-Boltzmann's law　シュテファン-ボルツマンの法則　538
stem cell　幹細胞　50, 478
step　ステップ　399
stepping　ステッピング　160
stereoscopic vision　立体視　243
stereotype　ステレオタイプ　412

sterility　不妊　307
Stevens' power law　スティーブンスのべき法則　272
sticky, wet　湿潤　395
stimulation, stimulus　刺激　82, 211
stimulus threshold　刺激閾　82, 276
stochastic effect　確率的影響　307
stochastic resonance　確率共鳴　352
stomach　胃　84, 86
stone artifact　石器　499
storagesize theory　蓄積容量説　270
store of carbonic gas　炭酸ガス貯留　120
strain　ストレイン　226
strategic conrtol mode　戦略的モード　413
Strepsirhini　曲鼻猿亜目（原猿亜目）　25
stress　ストレス　226, 363, 391, 560
stress hormone　ストレスホルモン　**560**
stress-induced amenorrhea　ストレス性無月経　229
stress-induced insomnia　ストレス性不眠　230
stress marker　ストレスマーカー　228, 582
stress-related diseases　ストレス関連疾患　228
stress state　ストレス状態　350, 364
stress theory　ストレス学説　226
stress vulnerability　ストレス脆弱性　228
stressor　ストレッサー　226, 229
stretch reflex　伸張反射　67, 153, 155, **158**, 163
striatum　線条体　432
stride　ストライド（歩幅）　92, 399
striola　ストリオラ　97
stroke　脳卒中　448
stroke volume　一回拍出量　134, 336, 507, 520
Stroop color word test　ストループカラーワードテスト　406
structural arch, arch　アーチ　111, 398
structured interview　構造化インタビュー　419
struggle for existence　生存競争（生存闘争）　22, 426
struggle for existence and behavior　生存競争と行動　**426**
study, learning　学習　161, 203, **392**, 410, 501
subtask　サブタスク　410
subacute fatigue　亜急性疲労　418

subcellular organelle　細胞内小器官　4
subclavian vein　鎖骨下静脈　72
subcutaneous emphysema　皮下気腫　335
subcutaneous tissue　皮下組織　88, 309
subjective assessment method　主観評価法　**578**
subjective fatigue feeling　疲労自覚症状　564
subjective measurement　主観的測定方法　418
subjective optimum temperature　主観的至適温度　298
subjective symptom　自覚症状　350
subjective time　主観的時間　269
subliminal advertising　サブリミナル広告　211
subliminal effect　サブリミナル効果　**211**
subliminal stimuli　サブリミナル刺激　211
sublingual temperature　舌下温　537
subpapillary layer　乳頭下層　88
subspecie　亜種　21
substance P　サブスタンスP　258
substantia gelatinosa: SG　膠様質　258
substantia nigra　黒質　428
subsyndromal seasonal affective disorders: S-SAD　232
sucking reflex　吸啜反射　384
sucrase　スクラーゼ　127
summation　加重　146
summer depression　夏季うつ病　232
sunburn　サンバーン　311
sunlight　太陽光　308
sunshine duration　日照時間　319
suntan　サンタン　311
superconducting quantum interference device SQUID　553
supergene family　遺伝子スーパーファミリー　34
superior colliculus　上丘　150, 247
superior olivary nucleus　上オリーブ核　97
superior temporal gyrus　上側頭回　150, 432
supination　回外　60
supine posture　仰臥　112, 208
supplementary eye field　補足眼野　150
supplementary motor area　補足運動野　198, 204, 218

support　支持　165
suppression of melatonin secretion　メラトニン分泌抑制　535
suprachiasmatic nuclei suprachiasmatic nucleus: SCN　視交叉上核　185, 187, 247, 269, 391
supraliminal stimuli　スプラリミナル刺激　211
supramaximal exercise　超最大運動　169
supramaximal exercise intensity　超最大運動強度　170
surface electrode　表面電極　528
surveillance task　監視作業　201, 411
survey of fatigued body part　疲労部位しらべ　419
survey of subjective symptom　自覚症しらべ　419
swallowing　嚥下　126
swallowing reflex　嚥下反射　384
sweat expulsion　発汗波　542
sweat gland　汗腺　89, 189
sweat rate　発汗量　292, **541**
sweating, sweat, perspiration　発汗　**131**, 287, 292, 387, 395, 514
sweating capacity　発汗能力　132
sweating efficiency　発汗効率　132
sweating rate per gland　単一汗腺あたりの汗出力　293, 543
sweating thermal manikin　発汗サーマルマネキン　395
swing phase　遊脚期　143, 398
SWS　slow wave sleep　徐波睡眠　390, 545
symmetry　対称性　431
sympathetic-adrenal-medullary (SAM) axis　交感神経-副腎髄質軸　560
sympathetic adrenomedullary system　SAM系　567
sympathetic nerve　交感神経　78, 128, 131, 522
sympathetic nervous activity　交感神経活動　365
sympathetic nervous system　交感神経系　79, 122, 560
sympathetic trunk　交感神経幹　123
sympatric speciation　同所的種分化　21
synapse　シナプス　77, 80, 146, 258, 278, 456, 544

synaptic cleft　シナプス間隙　80
synaptic plasticity　シナプス可塑性　205
synaptic potential　シナプス電位　144
synaptic vesicle　シナプス小胞　80
synaptogenesis　シナプス形成　145
synchronized averaging　同期加算平均　547
synchronizer, zeitgeber　同調因子（ツァイトゲーバー）　185
syndrome X　シンドロームX　460
synergist　共同筋　64, 163
synergistic effect　相乗効果　458
synergy　共同筋作用　163
synesthesia　共感覚　277, 279
synesthete　共感覚者　277
synonymous substitution　同義置換　22
synostosis, junctura ossea　骨性の連結　59
synovial bursa, bursa synovialis　滑液包　59
synovial fluid, synovia　滑液　59
synovial junction, junctura synoviales　滑膜性の連結　59
synovial membrane, membrane synovialis　滑膜　59
systemic circulation　体循環　71, 84, 117
systems biology　システムバイオロジー　54
systole　心臓収縮期　72
systolic blood pressure　収縮期血圧（最高血圧）　72, 524

■ T

T cell　T細胞　15, 140
T cell receptor: TCR　T細胞受容体　140
t-test　t検定　587, 591
tableware　食器　475
tacit knowledge　暗黙知　370
tactical conrtol mode　戦術的モード　413
tactile　触覚（触感）　82, 261
tactile and baresthesia　触圧覚　**259**
tactile sense　触覚　259
tape measure　巻尺　571
tapping　タッピング　160
target cell　標的細胞　136
Tarsiiformes　メガネザル下目　25

task　課題　160
task and ambient　タスク＆アンビエント　371
task performance　タスクパフォーマンス　567
taste　味覚　80, **252**, 273, 275
taste bud　味蕾　86, 126, 253
technical absorbent method　吸水パッド法　542
techniques of the body　身体技法　401
techno-adaptability, technological adaptability　テクノアダプタビリティ　411, 504 **511**
techno-stress　テクノストレス　222, 364, 512
technology　テクノロジー（技術）　511
technology entertainment design　TED　223
technostress　テクノストレス　364
TED　Technology Entertainment Design　223
telencephalon　終脳　203
telework, telecommuting　テレワーク　402
telomere　テロメア　7, 436
Temne　テムネ族　265
temperament　気質　215
temperature　温度（気温）　161, **282**, 394
temporal information　時間情報　269
temporal lobe　側頭葉　192
temporal summation　時間的加重　80, 144
temporo-parietal junction　側頭頭頂接合部　200, 268, 432
tendon　腱　65, 259
tendon reflex　腱反射　159, 567
tendon spindle　腱紡錘　271
teniae coli　結腸ヒモ　87
terminal care　ターミナル・ケア　479
terminal stance phase　立脚終期　143
terminal swing phase　遊脚終期　143
terrestrial radiation　地球放射　283
territory　テリトリー（なわばり）　488, **490**
tertiary structure　三次構造　12
testicle, testis　精巣　85, 136
testis determining factor　精巣決定因子　105
testosterone　テストステロン　138, 189, 561
tetanus　強縮　146
texture　肌ざわり　261
thalamocingulate theory　視床-帯状回説　432
thalamus ventral posterolateral nucleus　視床後外側腹側核　268

The origin of species　『種の起源』　20
the second world war, world war II : WWII　第二次世界大戦　476
thematic apperception test　主題統覚検査　582
thermal comfort　温熱的快適性（熱的快適感）　283, 295
thermal comfort sensation　温熱的快適感　394
thermal conduction　熱伝導　282
thermal conductivity　熱伝導性（熱伝導率）　282, 395
thermal environment　温熱環境　295, 388
thermal index　温熱指数　**295**
thermal insulation, thermal resistance　保温性　395
thermal manikin　サーマルマネキン　395, 583
thermal radiation　熱放射　282
thermal receptor　温度受容器　262, 292
thermal sensation　温冷感　283, 345
thermal sensitivity　温度感覚　**262**
thermal sweating　温熱性発汗　132
thermistor　サーミスタ　539
thermo-couple　熱電対　539
thermodilution　熱希釈　520
thermogenesis　熱産生　289, 363
thermogenic cold adaptation　産熱的寒冷適応型　290
thermograph　サーモグラフ　539
thermography　サーモグラフィ（熱画像計測装置）　309
thermoregulation, body temperature regulation　体温調節　112, **128**, 136, 173, 289, 397
thermoregulatory center　体温調節中枢　180, 289, 292
thermoregulatory function　体温調節機能　180
thermoregulatory reflex　体温調節反射　154
thinking dream　思考夢　206
thirst sensation　口渇感　294
thoracic spinal cord　胸髄　124
three dimension mannequin　3次元マネキン　583
three-dimensional motion analysis　3次元動作解析　574
three major nutrient　3大栄養素　380

threshold　閾値　144, 211, 255, 260, 307
threshold　弁別閾　326
threshold of difference　識別閾　83
threshold potential　閾電位　80
thumb　母指　161
thumb opposability, opposability of thumb　母（拇）指対向性　90, 161, 499
Thurstone scaling　サーストン法　579
thyroid cartilage　甲状軟骨　106
thyroid gland　甲状腺　130, 136
thyroid hormone　甲状腺ホルモン　137, 363
thyroxin : T_4　チロキシン　363
tibialis posterior mustle　後脛骨筋　111
timbre, sound color　音色　345
time estimation　時間評価　269
time lag　時間遅れ　413
time on task performance　課題遂行時間　202
time perception　時間知覚　269
time quantum　時間量子　269
time resolved spectroscopy　時間分解分光法　365
time sense　時間感覚　**269**
tiredness, fatigue sensation　疲労感　418, 529
tissue　組織　180
tobacco　タバコ　456
tolerable upper intake level　耐容上限量　381
tolerance　耐性　178
tongue　舌　86
tonic stretch reflex　緊張性伸張反射　159
tonic vibration reflex　緊張性振動反射　352
tonometry method　トノメトリ法　524
tool　工具　499
tooth　歯　86
top-down processing　トップダウン処理　412
top side window　頂側窓　319
total hours spent at work　拘束時間　403
total peripheral resistance　総末梢血管抵抗　72, 134
total sleep deprivation　全断眠　391
total sweat rate　総発汗量　541
total weight of the clothing ensemble　衣服総重量　395
touch spot　触（圧）点　259

traditional construction method　伝統工法　473
train sickness　列車酔い　354
training　修練　501
trans receptor potential channel　TRP チャネル　262
trans-species polymorphism　垂直伝達多型　24
transcranial magnetic stimulation　経頭蓋磁気刺激　150
transcrioption　転写　34
transcription factor　転写因子　35, 43
transcriptome　トランスクリプトーム　54
transformation　形質転換，変形　30, 47, 399
transition speed　境界速度　417
translation　翻訳　34
transmission　伝達（透過）　80, 308
transmitted wave　伝送波　350
transverse colon　横行結腸　87
trapped radiation　捕捉放射線　340
traumatic experience　トラウマ体験　230
treatability, operability　操作性　160, **412**
tremor　振戦　**162**
trend to remain single　非婚化　477
triad response　三つ組反応　226
tricarboxylic acid cycle　トリカルボン酸回路　166
triceps　三頭筋　65
trichromatic theory　三色説　245
triiodothyronine: T$_3$　トリヨードチロニン　363
trimix gas　トリミックスガス　336
trisomy　トリソミー　42
tritanopia　第3色覚異常　246
tropical zone　熱帯　342
truncus　体幹　342
trypsin　トリプシン　126
tuberculosis　結核　447
tuberomammillary nuclei　乳頭結節核　390
tumor necrosis factor　腫瘍壊死因子　140
tumor suppressor gene　がん抑制遺伝子　44, 461
twitch　単収縮　146
two-compartment model　2区分モデル　107
two-hit theory　2ヒット説　461
two point threshold　二点弁別閾　260

two-process model　二過程モデル　390
tyloma　タコ　399
tympanic cavity　鼓室　96
tympanic membrane　鼓膜　96, 249
tympanic temperature　鼓膜温　129, 537
type Ⅰ error　タイプⅠエラー，第1種の過誤　588, 592
type Ⅱ error　タイプⅡエラー，第2種の過誤　588, 592
type A behavior pattern, type A behavioral pattern　タイプA行動パターン　228, 585
type of employment　就労形態　402
tyrosine　チロシン　89
tyrosine kinase　チロシンキナーゼ　43

■ U

Uchida Kraepellin test　内田クレペリン精神作業検査　216, 414, 581
UGR　unified glare rating　326
ulnar deviation　尺側偏位　60
ultradian rhythm　ウルトラディアンリズム　150, 187
ultrashort wave, very high frequency: VHF　超短波　304
ultrasonic　超音波　**349**
ultrasonic doppler method　超音波ドップラー法　521
ultrasonic sound　超音波音　349
ultrasonography　超音波診断装置　349
ultraviolet, ultraviolet ray（UV, UV ray），ultraviolet light　紫外線　234, 304, **310**, 321, 515
ultraviolet A: UV-A　紫外線A　304, 310
ultraviolet B: UV-B　紫外線B　304, 310
ultraviolet C: UV-C　紫外線C　304, 310
ultraviolet keratitis　紫外線角膜炎　311
ultraviolet protection　紫外線対策　311
uncanny valley　不気味の谷　504
uncoupling protein　脱共役タンパク質　289, 363
uncoupling protein-1　脱共役タンパク質-1　66
uncoupling protein-3　脱共役タンパク質-3　66
underground mall　地下街　320
underground space　地下空間　**368**

underwater weighing method 水中体重秤量法 107, 381
unevaporated sweat 無効発汗量 301
UNFPA United Nations Population Fund 国連人口基金 476
uniaxial joint 一軸性関節 60
unicellular organism, monad 単細胞生物 4, 6
unified glare rating UGR 326
uniform accelerated motion 等加速度運動 357
uniform-chromaticity-scale diagram 均等色度図 329
uniform color space 均等色空間 241, 329
uniformity of illuminance 照度均斉度 323
uniformity ratio 均斉度 319
unipolar precordial lead 単極胸部誘導 518
United Nations Population Fund: UNFPA 国連人口基金 476
United States Environmental Protection Agency アメリカ合衆国環境保護庁 457
universal design ユニバーサルデザイン 413, 493, 497
unmyelinated fibers, unmyelinated nerve fiber 無髄（神経）線維 80, 123
unmyelinated nerve 無髄神経 145
upright standing posture 直立位 111
urban atmosphere 都市大気 361
urban sprawl スプロール化 366
urinary organ 泌尿器 84
urination 排尿 139
urogenital sinus 尿生殖洞 105
usability ユーザビリティ 412, 493, 505
use and disuse theory 用不用説 18
utricle (otolith organ), utriculus 卵形嚢 97, 267
UV, UV ray (ultraviolet, ultraviolet ray), ultraviolet light 紫外線 234, 304, 321, 515
UV-A: ultraviolet A 紫外線 A 304, 310
UV-B: ultraviolet B 紫外線 B 304, 310
UV-C: ultraviolet C 紫外線 C 304, 310
UV index UV インデックス 311

■ V

vaccination 予防接種 446
values of labour 労働の価値観 402
variance 分散 590
VAS visual analog scale VAS（法） 419, 578
vascular smooth muscle 血管平滑筋 289
vascular system 脈管系 124
vasoconstriction 血管収縮 514
vasoconstrictor nerve 血管収縮神経 128
vasodilation, vasodilitation 血管拡張 258, 514
vasopressin バゾプレシン 137
Vater-Pacini corpuscle, Pacinian corpuscles（FA Ⅱ） パチニ小体 259, 351
VC vital capacity 肺活量 115
VC verbal communication 言語的コミュニケーション 480
VDJ reconbination V(D)J 組換え 16
VDT work: visual display terminals work VDT 作業 229, 418
vegetative function 植物性機能 122, 478
vegetative nervous system 植物性神経系 122
vegetative state 植物状態 197
vehicle 乗り物 **355**
vehicle dynamics 車両運動 355
veiling reflection 光幕反射 326
vein 静脈 117
vein authentication 静脈認証 309
velocity of conduction, conduction velocity, propagation velocity 伝導速度 80, 123, 145, 258, 529
venous return 静脈還流 134
ventilated capsule method カプセル換気法 542
ventilation 換気 302, 330, 368
ventilation : $\dot{V}_E$ 換気量 115
ventilation disorder 換気障害 120
ventilation efficiency 換気効率 333
ventilation threshold: VT 換気性閾値 148
ventral medial prefrontal cortex 腹内側前頭前皮質 218, 221
ventral pallidum 腹側淡蒼球 428
ventral prefrontal area 腹側前頭前野 428

ventral striatum 腹側線条体 221, 428
ventral tegmental area 腹側被蓋野 195, 221, 428
ventricle 心室, 脳室 73, 77, 84, 192
ventro-intermediate nucleus of the thalamus 視床腹側中間核 163
ventrolateral preoptic area: VLPO 腹外側視索前野 390
ventromedial prefrontal cortex 前頭前野腹内側部 224
veranda 縁側 469
verbal communication: VC 言語的コミュニケーション 480
verbal estimation method 言語的見積り法 269
vergence 輻輳 243
vertebral column 脊柱 111
vertebral fracture 脊椎圧迫骨折 448
vertebrate 脊椎動物 73, 83, 122, 192
very high frequency: VHF, ultrashort wave 超短波 304
vesicle 液胞 4
vestibular nucleus 前庭神経核 268
vestibular ocular reflex 前庭動眼反射 149
vestibular sensation, vestibular sense 前庭感覚 82, 267
vestibule 前庭器 354
vestibule-ocluar reflex 前庭眼球反射 163
vestibulocochlear nerve, auditory nerve, acoustic nerve 聴神経（内耳神経）97, 268
vestibulum, vestibular 前庭 96, 351
VHF very high frequency 超短波 304
vibration, oscillation 振動 351, 357, 366
vibration acceleration 振動加速度 351
vibration disorder 振動障害 351
vibration sensation, pallesthesia 振動感覚 271
vibration syndrome, Raynaud's disease 白蝋病 352
vigilance 持続的注意 391
vigilance task ビジランスタスク 411
villus 絨毛 86
virtual environment sickness VE酔い 354
virtual reality バーチャルリアリティ **494**
virtual screening バーチャルスクリーニング 53
virus ウイルス 2, 300, 446
virus vector ウイルスベクター 47
visceral, internal organ 内臓 **84**, 257
visceral fat accumulation 内臓脂肪型肥満 383, 461
visceral pain 内臓痛 257
visceral reflex 内臓反射 154
visceral sensation 内臓感覚 **82**, 275
viscero-somatic reflex 内臓-体性反射 154
viscero-visceral reflex 内臓-内臓反射 154
visibility 視認性 **241**, 326, 497
(visible) light 光 304, **312**
visible light, visible ray 可視光線 234, 304, 308, 310, **312**, 321
visiting care 訪問介護 443
visual acuity 視力 **237**, 273, 498
visual analog scale: VAS 視覚的評価スケール（法）195, 419, 578
visual cortex 視覚野 82, 244, 278
visual display terminal work: VDT work VDT作業 406, 408
visual field 視野 **239**
visual field of color 色視野 245
visual masking 視覚性マスキング 197
visual pathway 視覚経路 236
visual pigment 視物質 534
visual sensation, vision 視覚 82, **234**, 275, 410
visual-spatial integration 視空間統合 150
visual target 視対象 326
visually-guided saccade 視覚誘導性サッケード 150
visuospatial 視空間的 164
vital capacity: VC 肺活量 115
vital statistics 人口動態調査 388
vitamin ビタミン 380
vitamin D ビタミンD 137, 311, 362
vitamin D3 ビタミンD3 58, 516
vitamin intoxication ビタミン中毒 362
vitreous body, vitreous humor, corpus vitreum 硝子体 94, 235, 247
Vitruvian man ウィトルウィウス的人体図 98
vocal cord, vocal folds 声帯 106, 151

vocal tract 声道 151
voice change 変声 106
völkerwanderung（独） 民族移動 425
volume compensation method 容積補償法 524
voluntary movement 随意運動 155
vomiting 嘔吐 121, 139
vowel 母音 151

■ W

waist cloth 腰布型 466
wake maintenance zone 覚醒維持ゾーン 390
walk（walking） 歩行 **398**, 410
walking cycle 歩行周期 398
walking pace 歩調 399
walking speed 歩行速度 399
warm and cold sensations 温冷覚 259
warm and cold sensation thresholds 温冷覚閾値 298
warm and cold thresholds meter 温冷覚閾値計 262
warm biz ウォームビズ 372
warm receptor 温受容器 309
warm sensation 温覚 262
warm spot 温点 259, 262
waste disposal problem 廃棄物処理問題 366
water absorpability, wicking ability 吸水性 395
water clock 水時計 503
water pollution 水質汚濁 366
water vapour 水蒸気 395
water vapour absorbability, water vapour adsorpability 吸湿性 395
water vapour permeability, permeability 透湿性 395, 397
water vapour resistance, evaporative thermal resistance 蒸発熱抵抗 395
water vapour transfer, latent heat transfer 潜熱移動 395
watt ワット 282
wavelength 波長 304, 325
WBGT Wet Bulb Globe Temperature 387
weapon 武器 499

weather resistance 耐候性 394, 469
Weber-Fechner's law ウェーバー-フェヒナーの法則 271
Weber ratio ウェーバー比 83
Weber's law ウェーバーの法則 83, 271, 275
wedge くさび 503
weighing machine 体重計 571
weight 体重 438
weight perception 重量感覚 **271**
Wernicke's area ウェルニッケ領域 165
westernization 洋風化 386
wet bulb globe temperature: WBGT 湿球グローブ温度、湿球黒球温度 295, 387, 397
wet bulb temperature 湿球温度 295
wet heat loss 湿性熱放散 292, 538
wheel 車輪 355, 503
wheelset 輪軸 503
white substance 白質 77
WHO World Health Organization 世界保健機関 305, 311
whole body coordination 全身的協関 171, 173, **176**, 181, 375, 378, 460, 511
whole body reaction time 全身反応時間 563
whole body vibration 全身振動 352, 353
whole brain modeling 全脳モデリング 546
wicking ability, water absorpability 吸水性 395
wild type allele 野生型対立遺伝子 38
window 窓 319
winter depression 冬季うつ病 231
winter-over syndrome 越冬症候群 363
withdrawal symptom 離脱症状 457
wool 羊毛 394, 466
work 労働 **402**
work capacity 作業能力 **414**
work condition 作業条件 419
work efficiency 作業効率（作業能率） 415, 418
work environment 作業環境 419
work factor 作業要因 418
work in cold environments 寒冷下作業 286
work-life balance ワークライフバランス 402, **509**
work load 作業負荷 407

work planning　作業計画　397
workers' accident compensation insurance　労災保険　403
working age population, productive age population　生産年齢人口　477
working area　作業域　**573**
working area in horizontal plane　水平面作業域　573
working area in three dimensions　立体作業域　574
working area in vertical plane　垂直面作業域　574
working clothes　作業服　396
working hours　労働時間　403, 419
working memory　ワーキングメモリ　411, 549
workload　作業量　418
workstation　ワークステーション　370
World Health Organization: WHO　世界保健機関　305, 311
woven fabric　織物　466
writing implements　筆記具　499

X

X chromosome　X 染色体　277
X-linked inherited disease　X 連鎖遺伝病　40
X-linked recessive　伴性劣性遺伝　274
X ray　X 線　304, 306
XYZ color space　XYZ 表色系　317

Y

Y-linked inherited disease　Y 連鎖遺伝病　40
Yatabe-Guilford personality inventory　矢田部・ギルフォード性格検査　580
yummy face　ヤミーフェイス　429

Z

zero heat flow method　熱流補償法　537
zonule of Zinn　チン小帯　238
zygote　受精卵　43

和文人名索引

■ あ

アイゼンク，ハンス　Eysenck, Hans J.　216, 581
浅島 誠　Asashima Makoto　10
アショフ，ユルゲン　Aschoff, Jürgen　269
アッシュ，ソロモン　Asch, Solomon　483
アトウォーター，ウィルバー O.　Atwater, Wilbur O.　166
アベリー（エイブリー），オズワルド T.　Avery, Oswald T.　18, 30
天野貞祐　Amano Teiyu　223
アリソン，アンソニー C.　Allison, Anthony C.　377
アレー，ヘンリー　Murray, Henry　582

イオテイコ，ヨセファ　Joteyko, Józefa　402

ヴァーノン，フィリップ E.　Vernon, Philip E.　209
ヴァーノン，ホレス M.　Vernon, Horace M.　295
ウィアー，ジョン B.　Weir, John B.　167
ヴィカリー，ジェイムス M.　Vicary, James M.　211
ウィンズロー，チャールズ・エドワード A.　Winslow, Charles-Edward A.　296
ウィンダム，シリル H.　Wyndham, Cyril H.　178
ウーズ，カール R.　Woese, Carl R.　19
ウェーバー，エルンスト H.　Weber, Ernst H.　271, 276
ヴェーレン，リー M. V.　Valen, Leigh M. V.　19
ヴェンター，クレイグ J.　Venter, Craig J.　8
ウォール，パトリック D.　Wall, Patrick D.　258
ウォディントン，コンラート H.　Waddington, Conrad H.　9

ヴォルフ，カスパル F.　Wolff, Caspar F.　9
ウォレス，アルフレッド R.　Wallace, Alfred R.　18
内田勇三郎　Uchida Yuzaburo　581

エイブリー（アベリー），オズワルド T.　Avery, Oswald T.　18, 30
エーデルマン，ジェラルド M.　Edelman, Gerald M.　80, 196
エクマン，ポール　Ekman, Paul　182
エックルス，ジョン C.　Eccles, John C.　80
エルドリッジ，ナイルズ　Eldredge, Niles　18

大沢真知子　Osawa Machiko　510
大日向雅美　Ohinata Masami　486
オールズ，ジェームス　Olds, James　428
オールポート，ゴードン W.　Allport, Gordon W.　216

■ か

カーター，J. E. リンゼイ　Carter, J. E. Lindsay　101
ガランテ，レオナルド　Guarante, Leonard　8
カリエラ，デイビット R.　Carrier, David R.　415
ガリレオ，ガリレイ　Galileo, Galilei　522
川田順造　Kawada Junzo　400

キイ，ウィルソン B.　Key, Wilson B.　212
キトラー，ラルフ　Kittler, Ralf　514
キムラ，ドリーン　Kimura, Doreen　164
木村資生　Kimura Motoo　18, 33, 373
ギャッギ，アドルフ P.　Gagge, Adolf P.　297, 395
キャッテル，ジェームズ M.　Cattell, James M.

209
キャノン，ウォルター B. Cannon, Walter B. 180, 186, 218, 226
ギルフォード，ジョイ P. Guilford, Joy P. 209, 581
ギルブレス，フランク B. Gilbreth, Frank B. 573
グールド，スティーブン J. Gould, Stephen J. 18
クック，トーマス Cook, Thomas 425
クヌッドソン，アルフレッド G. Jr Knudson, Alfred G. Jr 461
クリック，フランシス H. C. Crick, Francis H. C. 18, 30, 34
クリンゲルバッハ，モルテン Kringelbach, Morten 429
クレッチマー，エルンスト Kretschmer, Ernst 101, 216
クレペリン，エミール Kraepelin, Emil 581
ケニヨン，シンシア Kenyon, Cynthia 8
ケルビン卿（ウィリアム・トムソン） Baron Kelvin (Thomson, William) 282
玄奘 Xuanzarg 425

香原志勢 Kouhara Yukinari 400
コスミデス，レダ Cosmides, Leda 485
ゴダード，ヘンリー H. Goddard, Henry H. 210
ゴルトン，フランシス Galton, Francis 210
コレンス，カール E. Correns, Carl E. 33
コロトコフ，ニコライ S. Korotkov, Nikolai S. 524
コロンブス，クリストファー Columbus, Christopher 456

■ さ

サーストン，ルイス L. Thurstone, Louis L. 209
サイトウィック，リチャード E. Cytowic, Richard E. 277
サットン，ウォルター S. Sutton, Walter S. 18
佐藤方彦 Sato Masahiko 225, 364
ジェームズ，ウィリアム James, William 218
シェルドン，ウィリアム H. Sheldon, William H. 101
ジェンセン，アーサー R. Jensen, Arthur R. 581
ジャブロンスキー，ニーナ G. Jablonski, Nina G. 516
シュプランガー，エドゥアルト Spranger, Eduard 216
シュレーディンガー，エルヴィン R. J. A. Schrödinger, Erwin R. J. A. 6
スキャモン，リチャード E. Scammon, Richard E. 103, 438
スクアイアーズ，P. C. Squires, P. C. 573
スコット，マービン Scotto, Marvin B. 490
鈴木慎次郎 Suzuki Shinjiro 108
スターン，ウィリアム L. Stern, William L. 210
スティーブンス，スタンレー Stevens, Stanley 272
スピアマン，チャールズ E. Spearman, Charles E. 209
スペリー，ロジャー W. Sperry, Roger W. 164
セリエ，ハンス Selye, Hans 226
セルシウス，アンデルス Celsius, Anders 282
ソーンダイク，エドワード L. Thorndike, Edward L. 209
袖井孝子 Sodei Takako 487
ソマー，ロバート F. Sommer, Robert F. 488

■ た

ダーウィン，エラズマス Darwin, Erasmus 18
ダーウィン，チャールズ R. Darwin, Charles R. 18, 22, 94, 373
高比良英雄 Takahira Hideo 109
ダグラス，ゴードン C. Douglas, Gordon C. 168
ダックス，マルク Dax, Marc 164

タナー，ジェームズ M. Tanner, James M. 106
ダマーシオ，アントニオ Damasio, Antonio 219
田村照子 Tamura Teruko 262
タルハノフ，イワン R. Tarkhanov, Ivan R. 531
ダンスワース，ホリー Dunsworth, Holly M. 193
ダンバー，ロビン Dunbar, Robin 482

チャップリン，ジョージ Chaplin, George 516
チャペク，カレル Čapek, Karl 504
陳廣元 Chin Kogen 501

辻岡美延 Tsujioka Bien 581

ディック，フィリップ K. Dick, Philip K. 8
デカルト，ルネ Descartes, René 217
デメント，ウィリアム Dement, William 207
デュボア，デラフィールド Dubois, Delafield 109
暉峻義等 Teruoka Gito 402

ド・フリース，ユーゴー・マリー de Vries, Hugo Marie 18, 33
ドーキンス，リチャード C. Dawkins, Richard C. 18
トウプス，メリッサ A. Toups, Melissa A. 515
トドロフ，マイケル G. Tordoff, Michael G. 253
トリヴァース，ロバート Trivers, Robert 484
トリプレット，ノーマン Triplett, Norman 483
ドンダース，フランシス C. Donders, Franciscus C. 563

■ な

長嶺晋吉 Nagamine Shinkichi 108

ニールセン，トア Nielsen, Tore 205
西 周 Nishi Amane 223
西 安信 Nishi Yasunobu 297

■ は

バーンズ，ラルフ M. Barnes, Ralph M. 573
ハイデン，ドロレス Hayden, Dolores 486
ハサウェイ，スターク R. Hathaway, Starke R. 581
パブロフ，イワン Pavlov, Ivan 392
パペッツ，ジェームズ W. Papez, James W. 218
ハレイ，ケヴィン J. Holey, Kevin J. 485

ヒース，バーバラ H. Heath, Barbara H. 101
ヒース，ロバート G. Heath, Robert G. 428
ビネー，アルフレッド Binet, Alfred 210

ファーレンハイト，ガブリエル Fahrenheit, Gabriel 282
ファンガー，P. オーレ Fanger, P. Ole 297
フェスラー，ダニエル M.T. Fessler, Daniel M.T. 485
フェヒナー，グスタフ T. Fechner, Gustav T. 271, 276
フェレ，シャルル S. Féré, Charles S. 530
フォン=チェルマック，エーリヒ von Tschermak, Erich 33
藤本薫喜 Fujimoto Shigeki 109
フック，ロバート Hooke, Robert 4
フランクリン，ロザリンド E. Franklin, Rosalind E. 30
フリサンチョ，ロベルト A. Frisancho, Roberto A. 377
フリン，ジェームズ R. Flynn, James R. 210
フロイト，ジークムント Freud, Sigmund 206
ブローカ，ポール Broca, Paul 164
ブロゼック，ジョーゼフ Brozek, Josef 107

ベイトソン，ウィリアム Bateson, William 10
ヘイフリック，レオナルド Hayflick, Leonard 7, 436
ベーカー，ポール T. Baker, Paul T. 173, 373, 377
ヘールズ，スティーブン Hales, Stephan 524
ヘッケル，エルンスト H. P. A. Haeckel, Ernst

ヘッケル, エルンスト H. P. A. Haeckel, Ernst H. P. A. 9
ベッセル, フレドリッヒ W. Bessel, Friedrich W. 562
ヘリング, エーヴァルト Hering, Ewald 245
ベルナルディ, ラマッツィーニ Ramazzini, Bernardino 402
ヘルムホルツ, ヘルマン・フォン L. F. Helmholtz, Herman von L. F. 245, 562
ポアズィユ, ジャン Poiseuille, Jean 524
ホートン, フェリー C. Houghten, Ferry C. 295
ポーリング, ライナス C. Pauling, Linus C. 18
ホール, エドワード T. Hall, Edward T. 481
ボールヴィ Bowlby 430
ホールデン, J. B. S. Haldane, J. B. S. 7
ホグランド, ハドソン Hoagland, Hudson 269
法顕 Faxian 425
ホブソン, J. アラン Hobson, J. Allan 207
ポルトマン, アドルフ Portmann, Adolf 193

■ ま

マーギュリス, リン Margulis, Lynn 19
マークス, ジョナサン M. Marks, Jonathan M. 377
マイヤー, エルンスト W. Mayr, Ernst W. 20
マクアダム, デーヴィッド MacAdam, David 329
マクリーン, ポール D. MacLean, Paul D. 182, 218
マッカリ, ロバート McCarley, Robert 207
マッキンリー, ジョン C. McKinley, John C. 581
マルチン, ルドルフ Martin, Rudolf 98
ミナード, ディビッド Minard, David 296
ミュラー, ヨハネス P. Müller, Johannes P. 275
ミラ, コマロフスキー Mirra, Komarovsky 486
ミルナー, ピーター Milner, Peter 428

メダワー, ピーター B. Medawar, Peter B. 7
メルザック, ロナルド Melzack, Ronald 258
メンデル, グレゴール J. Mendel, Gregor J. 18, 30, 32, 37
モーガン, クリスティアナ Morgan, Christiana 582
モーガン, トーマス H. Morgan, Thomas H. 18
モース, エドワード S. Morse, Edward S. 260
モーズリー, ヘンリー Maudslay, Henry 504
持田 徹 Mochida Tohru 296
モラン, エミリオ F. Moran, Emillio F. 377
モリス, デズモンド Morris, Desmond 515
モンベヤール, フィリップジェノー G. Montbeillard, Philiberd G. 103

■ や

ヤグロー, コンスタンチン P. Yaglou, Constantin P. 295
ヤストシェンボフスキ, ヴォイチェフ B. Jastrzebowski, Wojciech B. 402
矢田部達郎 Yatabe Tatsuro 581
山下晃功 Yamashita Akinori 501
山中伸弥 Yamanaka Shinya 36, 51
ヤング, トーマス Young, Thomas 245

ユング, カール G. Jung, Carl G. 216

■ ら

ライマント, スタンフォード M. Lyman, Stanford M. 490
ライル, ギルバート Ryle, Gilbert 80
ラヴォアジェ, アントワーヌ=ローラン Lavoisier, Antoine-Laurent 167
ラスカル, ガブリエル W. Lasker, Gabriel W. 377
ラマルク, ジャン=バティスト Lamarck, Jean-Baptiste 18
ランゲ, カール G. Lange, Carl G. 218

リバ=ロッチ, シピオーネ Riva-Rocci, Scipione

524
リベー，ベンジャミン　Libet, Benjamin　198
リンネ，カール　Linné, Carl von　20

ルーロー，フランツ　Reuleaux, Franz　503
ルドゥー，ジョセフ E.　LeDoux, Joseph E.　183, 218
ルブネル，マックス　Rubner, Max　166

レヒトシャッフェン，アラン　Rechtschaffen, Allan　207

ローウィ，レイモンド　Loewy, Raymond　505

ローザ，エドワード B.　Rosa, Edward B.　166
ローゼンタール，ノーマン E.　Rosenthal, Norman E.　231
ローマン，ティモシー G.　Lohman, Timothy G.　107
ロールシャッハ，ヘルマン　Rorschach, Hermann　582

■ わ
ワトソン，ジェームズ D.　Watson, James D.　18, 30, 34

欧文人名索引

■ A

Allison, Anthony C. アリソン，アンソニー C. 377
Allport, Gordon W. オールポート，ゴードン W. 216
Amano Teiyu 天野貞祐 223
Asashima Makoto 浅島 誠 10
Asch, Solomon アッシュ，ソロモン 483
Aschoff, Jürgen アショフ，ユルゲン 269
Atwater, Wilbur O. アトウォーター，ウィルバー O. 166
Avery, Oswald T. エイブリー（アベリー），オズワルド T. 18, 38

■ B

Baker, Paul T. ベーカー，ポール T. 173, 373, 377
Barnes, Ralph M. バーンズ，ラルフ M. 573
Baron Kelvin (Thomson, William) ケルビン卿（ウィリアム・トムソン） 282
Bateson, William ベイトソン，ウィリアム 10
Bessel, Friedrich W. ベッセル，フレドリッヒ W. 562
Binet, Alfred ビネー，アルフレッド 210
Bowlby ボールヴィ 430
Broca, Paul ブローカ，ポール 164
Brozek, Josef ブロゼック，ジョーゼフ 107

■ C

Cannon, Walter B. キャノン，ウォルター B. 180, 182, 218, 226
Čapek, Karl チャペック，カレル 504
Carrier, David R. カリエラ，デイビット R. 415
Carter, J. E. Lindsay カーター，J. E. リンゼイ 101
Cattell, James M. キャッテル，ジェームズ M. 209
Celsius, Anders セルシウス，アンデルス 282
Chaplin, George チャップリン，ジョージ 516
Chin Kogen 陳廣元 501
Columbus, Christopher コロンブス，クリストファー 456
Cook, Thomas クック，トーマス 425
Correns, Carl E. コレンス，カール E. 33
Cosmides, Leda コスミデス，レダ 485
Crick, Francis H. C. クリック，フランシス H. C. 18, 30, 34
Cytowic, Richard E. サイトウィック，リチャード E. 277

■ D

Damasio, Antonio ダマーシオ，アントニオ 219
Darwin, Charles R. ダーウィン，チャールズ R. 18, 22, 94, 373
Darwin, Erasmus ダーウィン，エラズマス 18
Dawkins, Richard C. ドーキンス，リチャード C. 18
Dax, Marc ダックス，マルク 164
de Vries, Hugo Marie ド・フリース，ユーゴー・マリー 18, 33
Dement, William デメント，ウィリアム 207
Descartes, René デカルト，ルネ 217
Dick, Philip K. ディック，フィリップ K. 8
Donders, Franciscus C. ドンダース，フランシスク C. 563
Douglas, Gordon C. ダグラス，ゴードン C.

168
Dubois, Delafield　デュボア，デラフィールド　109
Dunbar, Robin　ダンバー，ロビン　482
Dunsworth, Holly M.　ダンスワース，ホリー　193

■ E

Eccles, John C.　エックルス，ジョン C.　80
Edelman, Gerald M.　エーデルマン，ジェラルド M.　80, 196
Ekman, Paul　エクマン，ポール　182
Eldredge, Niles　エルドリッジ，ナイルズ　18
Eysenck, Hans J.　アイゼンク，ハンス J.　216, 581

■ F

Fahrenheit, Gabriel　ファーレンハイト，ガブリエル　282
Fanger, P. Ole　ファンガー，P. オーレ　297
Faxian　法顕　425
Fechner, Gustav T.　フェヒナー，グスタフ T.　271, 276
Féré, Charles S.　フェレ，シャルル S.　530
Fessler, Daniel M.T.　フェスラー，ダニエル M.T.　485
Flynn, James R.　フリン，ジェームズ R.　210
Franklin, Rosalind E.　フランクリン，ロザリンド E.　30
Freud, Sigmund　フロイト，ジークムント　206
Frisancho, Roberto A.　フリサンチョ，ロベルト A.　377
Fujimoto Shigeki　藤本薫喜　109

■ G

Gagge, A. Pharo　ギャッギ，A. ファロ　297
Gagge, Adolf P.　ギャッギ，アドルフ P.　395
Galileo, Galilei　ガリレオ，ガリレイ　522
Galton, Francis　ゴルトン，フランシス　210
Gilbreth, Frank B.　ギルブレス，フランク B.

573
Goddard, Henry H.　ゴダード，ヘンリー H.　210
Gould, Stephen J.　グールド，スティーブン J.　18
Guarante, Leonard　ガランテ，レオナルド　8
Guilford, Joy P.　ギルフォード，ジョイ P.　209, 581

■ H

Haeckel, Ernst H. P. A.　ヘッケル，エルンスト H. P. A.　9
Haldane, J. B. S.　ホールデン，J. B. S.　7
Hales, Stephan　ヘールズ，スティーブン　524
Hall, Edward T.　ホール，エドワード T.　481
Hathaway, Starke R.　ハサウェイ，スターク R.　581
Hayden, Dolores　ハイデン，ドロレス　486
Hayflick, Leonard　ヘイフリック，レオナルド　7, 436
Heath, Barbara H.　ヒース，バーバラ H.　101
Heath, Robert G.　ヒース，ロバート G.　428
Helmholtz, Herman L. F. von　ヘルムホルツ，ヘルマン L. F. フォン　245, 562
Hering, Ewald　ヘリング，エーヴァルト　245
Hoagland, Hudson　ホグランド，ハドソン　269
Hobson, J. Allan　ホブソン，J. アラン　207
Holey, Kevin J.　ハレイ，ケヴィン J.　485
Hooke, Robert　フック，ロバート　4
Houghten, Ferry C.　ホートン，フェリー C.　295

■ J

Jablonski, Nina G.　ジャブロンスキー，ニーナ G.　516
James, William　ジェームズ，ウィリアム　218
Jastrzebowski, Wojciech B.　ヤストシェンボフスキ，ヴォイチェフ B.　402
Jensen, Arthur R.　ジェンセン，アーサー R.　581
Joteyko, Józefa　イオテイコ，ヨセファ　402
Jung, Carl G.　ユング，カール G.　216

■ K

Kawada Junzo 川田順造 400
Kenyon, Cynthia ケニヨン，シンシア 8
Key, Wilson B. キイ，ウィルソン B. 212
Kimura Motoo 木村資生 18, 33, 373
Kimura, Doreen キムラ，ドリーン 164
Kittler, Ralf キトラー，ラルフ 514
Knudson, Alfred G. Jr クヌッドソン，アルフレッド G. Jr 461
Korotkov, Nikolai S. コロトコフ，ニコライ S. 524
Kouhara Yukinari 香原志勢 400
Kraepelin, Emil クレペリン，エミール 581
Kretschmer, Ernst クレッチマー，エルンスト 101, 216
Kringelbach, Morten クリンゲルバッハ，モルテン 429

■ L

Lamarck, Jean-Baptiste ラマルク，ジャン=バティスト 18
Lange, Carl G. ランゲ，カール G. 218
Lasker, Gabriel W. ラスカル，ガブリエル W. 377
Lavoisier, Antoine-Laurent ラヴォアジェ，アントワーヌ=ローラン 167
LeDoux, Joseph E. ルドゥー，ジョセフ E. 183, 218
Libet, Benjamin リベー，ベンジャミン 198
Linné, Carl von リンネ，カール 20
Loewy, Raymond ローウィ，レイモンド 505
Lohman, Timothy G. ローマン，ティモシー G. 107
Lyman, Stanford M. ライマント，スタンフォード M. 490

■ M

MacAdam, David マクアダム，デーヴィッド 329
MacLean, Paul D. マクリーン，ポール D. 182, 218
Margulis, Lynn マーギュリス，リン 19
Marks, Jonathan M. マークス，ジョナサン M. 377
Martin, Rudolf マルチン，ルドルフ 98
Maudslay, Henry モーズリー，ヘンリー 504
Mayr, Ernst W. マイヤー，エルンスト W. 20
McCarley, Robert マッキャリ，ロバート 207
McKinley, John C. マッキンリー，ジョン C. 581
Medawar, Peter B. メダワー，ピーター B. 7
Melzack, Ronald メルザック，ロナルド 258
Mendel, Gregor J. メンデル，グレゴール J. 18, 30, 32, 37
Milner, Peter ミルナー，ピーター 428
Minard, David ミナード，ディビッド 296
Mirra, Komarovsky ミラ，コマロフスキー 486
Mochida Tohru 持田徹 296
Montbeillard, Philiberd G. モンベヤール，フィリップジェノー G. 103
Moran, Emillio F. モラン，エミリオ F. 377
Morgan, Christiana モーガン，クリスティアナ 582
Morgan, Thomas H. モーガン，トーマス H. 18
Morris, Desmond モリス，デズモンド 515
Morse, Edward S. モース，エドワード S. 260
Müller, Johannes P. ミュラー，ヨハネス P. 275
Murray, Henry アレー，ヘンリー 582

■ N

Nagamine Shinkichi 長嶺晋吉 108
Nielsen, Tore ニールセン，トア 205
Nishi Amane 西周 223
Nishi Yasunobu 西安信 297

■ O

Ohinata Masami 大日向雅美 486
Olds, James オールズ，ジェームス 428
Osawa Machiko 大沢真知子 510

■ P

Papez, James W. パペッツ，ジェームズ W. 218
Pauling, Linus C. ポーリング，ライナス C. 18
Pavlov, Ivan パブロフ，イワン 392
Poiseuille, Jean ポアズイユ，ジャン 524
Portmann, Adolf ポルトマン，アドルフ 193

■ R

Ramazzini, Bernardino ベルナルディ，ラマッツィーニ 402
Rechtschaffen, Allan レヒトシャッフェン，アラン 207
Reuleaux, Franz ルーロー，フランツ 503
Riva-Rocci, Scipione リバ=ロッチ，シピオーネ 524
Rorschach, Hermann ロールシャッハ，ヘルマン 582
Rosa, Edward B. ローザ，エドワード B. 166
Rosenthal, Norman E. ローゼンタール，ノーマン E. 231
Rubner, Max ルブネル，マックス 166
Ryle, Gilbert ライル，ギルバート 80

■ S

Sato Masahiko 佐藤方彦 225, 364
Scammon, Richard E. スキャモン，リチャード E. 103, 438
Schrödinger, Erwin R. J. A. シュレーディンガー，エルヴィン R. J. A. 6
Scotto, Marvin B. スコット，マービン B. 490
Selye, Hans セリエ，ハンス 226
Sheldon, William H. シェルドン，ウィリアム H. 101
Sodei Takako 袖井孝子 487
Sommer, Robert F. ソマー，ロバート F. 488
Spearman, Charles E. スピアマン，チャールズ E. 209
Sperry, Roger W. スペリー，ロジャー W. 164
Spranger, Eduard シュプランガー，エドゥアルト 216
Squires, P. C. スクアイアーズ，P. C. 573
Stern, William L. スターン，ウィリアム L. 210
Stevens, Stanley スティーブンス，スタンレー 272
Sutton, Walter S. サットン，ウォルター S. 18
Suzuki Shinjiro 鈴木慎次郎 108

■ T

Takahira Hideo 高比良英雄 109
Tamura Teruko 田村照子 262
Tanner, James M. タナー，ジェームズ M. 106
Tarkhanov, Ivan R. タルハノフ，イワン R. 531
Teruoka Gito 暉峻義等 402
Thorndike, Edward L. ソーンダイク，エドワード L. 209
Thurstone, Louis L. サーストン，ルイス L. 209
Tordoff, Michael G. トドロフ，マイケル G. 253
Toups, Melissa A. トウプス，メリッサ A. 515
Triprett, Norman トリプレット，ノーマン 483
Trivers, Robert トリヴァース，ロバート 484
Tsujioka Bien 辻岡美延 581

■ U

Uchida Yuzaburo 内田勇三郎 581

■ V

Valen, Leigh M. V. ヴェーレン，リー M. V. 19
Venter, Craig J. ヴェンター，クレイグ J. 8
Vernon, Horace M. ヴァーノン，ホレス M. 295
Vernon, Philip E. ヴァーノン，フィリップ E. 209
Vicary, James M. ヴィカリー，ジェイムス M. 211
von Tschermak, Erich フォン=チェルマック，

エーリヒ 33

W

Waddington, Conrad H. ウォディントン，コンラート H. 9
Wall, Patrick D. ウォール，パトリック D. 258
Wallace, Alfred R. ウォレス，アルフレッド R. 18
Watson, James D. ワトソン，ジェームズ D. 18, 30, 34
Weber, Ernst H. ウェーバー，エルンスト H. 271, 276
Weir, John B. ウィアー，ジョン B. 167
Winslow, Charles-Edward A. ウィンズロー，チャールズ=エドワード A. 296
Woese, Carl R. ウーズ，カール R. 19

Wolff, Caspar F. ヴォルフ，カスパル F. 9
Wyndham, Cyril H. ウィンダム，シリル H. 178

X

Xuanzarg 玄奘 425

Y

Yaglou, Constantin P. ヤグロー，コンスタンチン P. 295
Yamanaka Shinya 山中伸弥 36, 51
Yamashita Akinori 山下晃功 501
Yatabe Tatsuro 矢田部達郎 581
Young, Thomas ヤング，トーマス 245

人間科学の百科事典

平成27年1月25日　発行

編　者　　日本生理人類学会

発行者　　池　田　和　博

発行所　　丸善出版株式会社
〒101-0051 東京都千代田区神田神保町二丁目17番
編集：電話(03)3512-3264／FAX(03)3512-3272
営業：電話(03)3512-3256／FAX(03)3512-3270
http://pub.maruzen.co.jp/

Ⓒ Japan Society of Physiological Anthropology, 2015

組版印刷・三美印刷株式会社／製本・株式会社 星共社

ISBN 978-4-621-08830-2 C 3540　　　　Printed in Japan

JCOPY〈(社)出版者著作権管理機構 委託出版物〉
本書の無断複写は著作権法上での例外を除き禁じられています．複写される場合は，そのつど事前に，(社)出版者著作権管理機構(電話03-3513-6969, FAX 03-3513-6979, e-mail：info@jcopy.or.jp)の許諾を得てください．